数理工学事典

茨木俊秀・片山　徹・藤重　悟
［監修］

太田快人・酒井英昭・高橋　豊
田中利幸・永持　仁・福島雅夫
［編集］

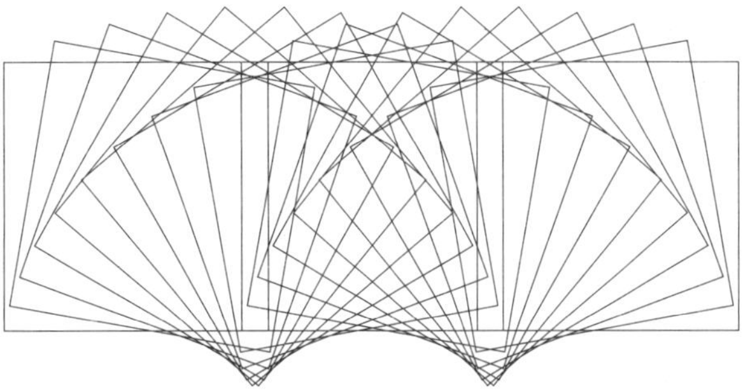

朝倉書店

はじめに

数理工学が取り扱う問題はさまざまな領域を横断して存在する．さらに，近年，数理工学の方法が適用できる新しい問題が多く開拓され，その範囲は拡大の一途をたどっている．この事典は数理工学を現実の問題解決に活用しようとする読者の便宜を図るため，その基本的な概念と方法をまとめたものである．

一般に工学分野の名称は，たとえば伝統的な電気工学，機械工学などから，比較的新しい生命工学，金融工学などに至るまで，対象とするモノの名前が冠せられるのがふつうである．これに対して，数理工学は「数理」というモノを対象とするのではなく,「数理」を基盤として，さまざまな対象に適用できる方法論を取り扱う．工学に限らず，わが国の学問分野には，欧米においてすでに存在していたものを持ち込んだものが多いが，数理工学は日本発祥の分野と考えられる．そのためもあってか，数理工学に対応する英語名も決定的なものはない．大学において数理工学の名称を用いた学科・コースの草分けといえる東京大学工学部応用物理学科数理工学コース（1951 年創設）では Mathematical Engineering が用いられたが，その後 1959 年に創設された京都大学工学部数理工学科（改組により現在は工学部情報学科数理工学コースと大学院情報学研究科数理工学専攻）の英語名では Applied Mathematics and Physics という言葉が使われており，そこでは「数理」という言葉は数学と物理を合わせたものとして使われている．このように「数理」が（応用）数学を意味するのか，あるいは数学と物理を意味するのかという点にいくらかの曖昧さがあるのも，ある意味で日本的といえるかも知れない．ただし，数理工学は日本発祥の分野であるといっても，それは数理工学を構成している個別の諸分野，たとえばオペレーションズ・リサーチや制御理論などが日本発祥という意味ではない．それらの諸分野をまとめ,「数理工学」という新しい「工学」の一分野を確立したことに，日本のオリジナリティーがあるといえるであろう．

数理工学は方法論の学問といえるが，数理工学を学習し活用するには，個々の方法・技法の知識を身に付けるだけではなく，それらの根底にある数理工学的思考を理解することが重要である．特に，数理工学ではそれらの方法および得られる結果の正当性・妥当性に合理的な根拠を与えるための理論を重視する．それによって，時間の経過とともに陳腐化しやすい個々の要素技術を超えて，普遍的な方法論を構築することが可能になる．このような理論重視という側面も数理工学の特色の一つということができる．

この事典の目的は数理工学の基本的な概念と方法を解説することである．しかし，数理科学に近い基礎的な部分については，すでに数理科学に関する事典やハンドブックがいくつか出版されているので，ここでは現実の問題により近い応用的なテーマに重点をおいて編集することにした．そこで，まず6名の編集委員がおのおのの専門に近い分野を担当することとし，分野ごとに10個程度の中項目とそれらに含まれる小項目のリストを作成した．編集会議では，各自が持ち寄ったリストをもとに内容を検討し，執筆者の選定を行った．その際，執筆陣には現在第一線で活躍している中堅・若手の研究者を主に配するという方針を立てた．また，個々の執筆者あるいは専門によって，おなじ事柄であっても違う用語や表記が用いられる場合もありうるが，全体で統一しなくても大きな混乱を招く恐れは少ないと判断し，用語・表記の選択は原則として執筆者に任せることとした．そのようにして執筆された原稿は編集委員が入念に読み，その意見を反映した改訂を経て，最終原稿が完成した．

本事典の出版にあたって，多忙にもかかわらず，快くご協力いただいた執筆者の方々にまずお礼を申し上げたい．さらに，監修の茨木俊秀先生，片山 徹先生，藤重 悟先生には数理工学の先達として，貴重なアドバイスをいただいた．また，朝倉書店編集部の方々には本事典の構想・企画の段階から出版に至るまで終始ご尽力いただいた．ここに深く感謝する．

上に述べたように，数理工学とは「数理」にその基盤を置き，現実のさまざまな問題を解決するための新しい方法論を開拓しようとするものであり，その先端的かつ学際的な学問分野としての重要性は今後いっそう大きくなっていくであろう．この事典が数理工学を活用しようとする読者の一助になれば，われわれ編集に携わった者にとってもこの上ない喜びである．

2011年10月

編集委員一同

監修者

茨木俊秀（いばら き とし ひで）	京都情報大学院大学，京都大学名誉教授
片山　徹（かた やま とおる）	京都大学名誉教授
藤重　悟（ふじ しげ さとる）	京都大学数理解析研究所

編　者

太田快人（おお た よし と）	京都大学大学院情報学研究科数理工学専攻	［第 III 編担当］
酒井英昭（さか い ひで あき）	京都大学大学院情報学研究科システム科学専攻	［第 II 編担当］
高橋　豊（たか はし ゆたか）	京都大学大学院情報学研究科システム科学専攻	［第 IV 編担当］
田中利幸（た なか とし ゆき）	京都大学大学院情報学研究科システム科学専攻	［第 I 編担当］
永持　仁（なが もち ひろし）	京都大学大学院情報学研究科数理工学専攻	［第 V 編担当］
福島雅夫（ふく しま まさ お）	京都大学大学院情報学研究科数理工学専攻	［第 VI 編担当］

（五十音順）

執筆者

東　俊一　京都大学大学院情報学研究科
飯國洋二　大阪大学大学院基礎工学研究科
池田和司　奈良先端科学技術大学院大学情報科学研究科
池田思朗　統計数理研究所
井坂元彦　関西学院大学理工学部
石井利昌　小樽商科大学商学部
石川将人　大阪大学大学院工学研究科
石崎文雄　南山大学情報理工学部
伊藤大雄　京都大学大学院情報学研究科
乾口雅弘　大阪大学大学院基礎工学研究科
茨木　智　名古屋市立大学大学院経済学研究科
今堀慎治　名古屋大学大学院工学研究科
岩田　覚　京都大学数理解析研究所
上野玄太　統計数理研究所
内田健康　早稲田大学理工学術院
宇野毅明　国立情報学研究所
宇野裕之　大阪府立大学大学院理学系研究科
梅谷俊治　大阪大学大学院情報科学研究科
蛯原義雄　京都大学大学院工学研究科
太田快人　京都大学大学院情報学研究科
大塚敏之　大阪大学大学院基礎工学研究科
大野修一　広島大学大学院工学研究院
小野廣隆　九州大学大学院経済学研究院
笠原正治　京都大学大学院情報学研究科
鹿島久嗣　東京大学大学院情報理工学系研究科
加藤直樹　京都大学大学院工学研究科
金森敬文　名古屋大学大学院情報科学研究科
軽野義行　京都工芸繊維大学大学院工芸科学研究科
川鍋一晃　株式会社国際電気通信基礎技術研究所
河西憲一　群馬大学大学院工学研究科
寒野善博　東京大学大学院情報理工学系研究科
葛岡成晃　和歌山大学システム工学部
佐久間　大　広島商船高等専門学校流通情報工学科
佐藤彰洋　京都大学大学院情報学研究科
繁野麻衣子　筑波大学システム情報系
澁谷智治　上智大学理工学部
杉山昭彦　日本電気株式会社情報・メディアプロセッシング研究所
鷹羽浄嗣　京都大学大学院情報学研究科
高橋則行　東京工業大学大学院理工学研究科

高橋敬隆　早稲田大学商学学術院
武田朗子　慶應義塾大学理工学部
田地宏一　名古屋大学大学院工学研究科
巽　啓司　大阪大学大学院工学研究科
田中聡久　東京農工大学大学院工学研究院
田中利幸　京都大学大学院情報学研究科
田中秀幸　広島大学大学院教育学研究科
檀　寛成　関西大学環境都市工学部
津田宏治　産業技術総合研究所生命情報工学研究センター
中島伸一　株式会社ニコン光技術研究所
成島康史　福島工業高等専門学校コミュニケーション情報学科
西原　理　大阪大学大学院経済学研究科
根本俊男　文教大学情報学部
野々部宏司　法政大学デザイン工学部
蓮沼　徹　徳島大学大学院ソシオ・アーツ・アンド・サイエンス研究部
林　和則　京都大学大学院情報学研究科
林　俊介　京都大学大学院情報学研究科
林　正人　東北大学大学院情報科学研究科
福島孝治　東京大学大学院総合文化研究科
福永拓郎　京都大学大学院情報学研究科
福水健次　統計数理研究所
藤吉正明　首都大学東京システムデザイン学部
牧野和久　東京大学大学院情報理工学系研究科
増田直紀　東京大学大学院情報理工学系研究科
増山博之　京都大学大学院情報学研究科
松井知己　中央大学理工学部
三浦一之　福島大学理工学群
三村和史　広島市立大学大学院情報科学研究科
宮崎修一　京都大学学術情報メディアセンター
三好直人　東京工業大学大学院情報理工学研究科
棟安実治　関西大学システム理工学部
村田　昇　早稲田大学先進理工学部
村山立人　日本電信電話株式会社 NTT コミュニケーション科学基礎研究所
柳浦睦憲　名古屋大学大学院情報科学研究科
山川栄樹　関西大学社会安全学部
山下信雄　京都大学大学院情報学研究科
山下英明　首都大学東京大学院社会科学研究科
山田　功　東京工業大学大学院理工学研究科
吉瀬章子　筑波大学システム情報系

（五十音順）

目　　次

I. 基 礎 関 連

II. 信号処理関連

III. 制 御 関 連

IV. 待ち行列，応用確率論関連

V.　ネットワーク関連

VI.　数理計画関連

五十音目次

ア　行

カ　行

サ　行

タ 行

ナ 行

ハ 行

マ 行

ヤ 行

ラ 行

英 文

I

基 礎 関 連

1　統計科学の基礎

1.1　統計的決定理論

statistical decision theory

統計的決定理論は，推定や検定などの統計的推測の方法を統一的に扱うための数学的枠組みであり，現在の数理統計学の基礎をなしている．統計的推測の問題を「自然」と「統計家」という 2 人のプレーヤー間での損失のやり取りによる零和ゲームとしてとらえるもので，ゲーム理論との関係も深い．

a.　統計的決定理論の枠組み

標本空間 (あるいは見本空間ともいう)$\mathcal{X}$ に値をとる確率変数 X を考え，その分布が未知母数 θ を含む確率関数あるいは密度関数 $f(x;\theta)$ で記述されているとする．母数 θ のとりうる値の全体 Θ を母数空間と呼ぶ．

観測の結果として，$\mathcal{X}$ の 1 点 x が得られるものとする．通常 x は 1 回だけの観測で得られるデータとは限らず，n 回の異なる観測がまとめられた大きさ n の観測データを考える．以降では簡単のため大きさによらず単に x あるいは X で表すことにする．観測データ x を確率変数 X の実現値と考え，x に基づいてなんらかの決定を行うことを考える．このときの決定は集合 $\mathcal{D}$ の 1 点をとるものとし，$\mathcal{D}$ を決定空間と呼ぶ．

観測データ x に基づいて決定を行う規則を統計的決定関数と呼ぶが，これには 2 種類のものを考えることができる．一つは非確率的な決定関数であり，観測データ x に対して確定した一つの決定 $\phi(x) \in \mathcal{D}$ を対応させる．もう一つは確率的な決定関数であり，観測データ x に対して $\mathcal{D}$ 上の確率分布 $\delta(d|x)$ を対応させるもので，x が観測されると $\delta(d|x)$ という確率にしたがって決定 $d \in \mathcal{D}$ を選択する．非確率的な決定関数に対しても

$$\delta(d|x) = \begin{cases} 1, & d = \phi(x) \\ 0, & \text{その他} \end{cases}$$

とおけば δ は確率的な決定関数と見なすことができるので，非確率的な決定関数は確率的な決定関数の特殊なものと考えることもできる．

以上の準備のもとで「統計家」の目的は,「自然」が選んだ母数 θ にしたがって提示されるデータ x に基づいて，与えられた決定関数の集合 Δ のなかからなんらかの意味でよい決定関数を選ぶことである．決定関数のよさを決める基準は通常以下のように損失関数とリスク関数を用いて定式化される．

真の母数が $\theta \in \Theta$ のときに決定 $d \in \mathcal{D}$ を行った場合，統計家の被る損失を $L(\theta, d)$ とする．ただし損失は非負で，正しい決定を行ったときには $L(\theta, d) = 0$ となるようにしておく．たとえば θ の値を推測する母数推定の問題では 2 乗誤差 $L(\theta, d) = (\theta - d)^2$ を損失として考えることができる．また検定の問題では最も単純な損失としては，棄却または受容の判定を正しく行った場合に損失を 0，誤りをおかした場合に損失を 1 とする 0–1 損失を考えることができる．

観測データ $x \in \mathcal{X}$ が与えられたとき確率的な決定関数 δ がもつ損失の平均値は

$$E_\delta\left[L(\theta, d)|x\right]$$

と書くことができる．ただし $E_\delta[\bullet|x]$ は確率分布 $\delta(d|x)$ のもとでの決定 d に関する平均を表す．さらに与えられる観測データの確率で平均をとれば

$$R(\theta, \delta) = E_\theta\left[E_\delta\left[L(\theta, d)|X\right]\right]$$

となる．ただし $E_\theta[\bullet]$ は確率密度 $f(x;\theta)$ のもとでの確率変数 X に関する平均を表す．このとき $R(\theta, \delta)$ を決定関数 δ のリスク関数と呼び，決定関数のよさを評価する基準とする．非確率的な決定関数についても同様に

$$R(\theta, \phi) = E_\theta\left[L(\theta, \phi(X))\right]$$

によって決定関数 ϕ のリスク関数を定義する．

統計的推測のいくつかの問題は，この枠組みを用いると次のように書くことができる．

点推定 母数の関数 $g(\theta)$ の値を推定する問題では，決定空間は関数の値域 $\mathcal{D}=\{g(\theta)|\theta\in\Theta)\}$ となる．観測データ x が与えられたときに非確率的な決定関数 ϕ を用いて $g(\theta)$ の値を推定する．このとき $\phi(X)$ を $g(\theta)$ の推定量という．よく用いられる損失関数は 2 乗損失

$$L(\theta,d)=(d-g(\theta))^2$$

で，そのリスク関数

$$R(\theta,\phi)=E_\theta\left[(\phi(X)-g(\theta))^2\right]$$

は**平均 2 乗誤差**と呼ばれる．

検定 母数空間 Θ が二つの排反な部分集合の和集合

$$\Theta=\Theta_0\cup\Theta_1,\quad \Theta_0\cap\Theta_1=\emptyset$$

となっているとする．観測データに基づいて未知の母数がどちらの集合に属するかを決定する問題は，帰無仮説 H_0 と対立仮説 H_1 を

$$H_0:\theta\in\Theta_0,\quad H_1:\theta\in\Theta_1$$

と定義すれば，H_0 を H_1 に対して検定する問題として考えることができる．帰無仮説の棄却を 1，帰無仮説の受容を 0 で表すことにすれば，決定空間は $\mathcal{D}=\{0,1\}$ の 2 値となる．最も単純な損失関数は

$$\begin{cases}\theta\in\Theta_0\text{のとき} & L(\theta,0)=0,\quad L(\theta,1)=1\\ \theta\in\Theta_1\text{のとき} & L(\theta,0)=1,\quad L(\theta,1)=0\end{cases}$$

で，これを **0–1 損失**という．ここで確率的な決定関数 δ に対して $[0,1]$ に値をとる関数 ϕ を用いて

$$\delta(0|x)=1-\phi(x),\quad \delta(1|x)=\phi(x)$$

とおく．この関数 ϕ を**検定関数**という．これを用いるとリスク関数は

$$R(\theta,\delta)=\begin{cases}E_\theta\left[\phi(X)\right] & \theta\in\Theta_0\text{のとき}\\ 1-E_\theta\left[\phi(X)\right] & \theta\in\Theta_1\text{のとき}\end{cases}$$

と書くことができる．右辺は，帰無仮説が正しいときの誤り確率と対立仮説が正しいときの誤り確率であるので，それぞれ検定における**第 1 種の過誤**と**第 2 種の過誤**を表している．伝統的な検定では**有意水準** α を定めて第 1 種の過誤の確率を α 以下

$$\sup_{\theta\in\Theta_0}E_\theta\left[\phi(X)\right]=\alpha$$

にする検定関数 ϕ のなかで，**検出力**

$$\inf_{\theta\in\Theta_1}E_\theta\left[\phi(X)\right]$$

を最大とするものがよい検定関数と考えられる．

多重決定問題 検定問題で考えた決定空間を 2 値ではなく一般の有限集合にすると，多重決定問題を考えることができる．この問題では決定空間と検定関数をそれぞれ

$$\mathcal{D}=\{1,2,\cdots,k\},$$
$$\delta(i|x)=\phi_i(x)\ (i\in\mathcal{D}),\quad \phi_i(x)\geq 0,\quad \sum_{i\in\mathcal{D}}\phi_i(x)=1$$

と定義して，検定問題と同様に考えればよい．

区間推定 (または領域推定) 真の母数が含まれる区間または領域を推定する問題では，決定空間として母数空間 Θ の部分集合の全体を考えることになる．真の母数を含むかどうかに関する損失と，区間 (領域) としてどれだけ小さなものが推定されたかに関する損失の二つが重要となるので，通常は損失関数としては母数空間の部分集合 $d\in\mathcal{D}$ に対して

$$L(\theta,d)=L_1(\theta\in d\text{ かどうか})+L_2(d\text{ の大きさ})$$

という形のものを考えることになる．

b. 許容性と完備類

統計家の役割は，与えられた決定関数の集合 Δ のなかからリスク関数に基づいてできるだけよい決定関数を選ぶことであった．ところが，二つの決定関数 δ_1,δ_2 が与えられたとき，ある母数 $\theta_1\in\Theta$ に対しては $R(\theta_1,\delta_1)<R(\theta_1,\delta_2)$ であるが，別の母数 $\theta_2\in\Theta$ に対しては $R(\theta_2,\delta_1)>R(\theta_2,\delta_2)$ となってしまい，どの母数に対してもよい決定関数を選ぶことができない場合がしばしばある．こうした場合には，もう少し弱い最適性の基準として**許容性**と呼ばれる概念が用いられる．

まず，決定関数の最良性を定義しておく．すべての

母数 $\theta \in \Theta$ に対して二つの決定関数 δ_1, δ_2 のリスク関数の間に

$$R(\theta, \delta_1) \leq R(\theta, \delta_2), \quad \forall \theta \in \Theta$$

が成り立つとき δ_1 は δ_2 と**少なくとも同程度に優れている**という．この条件に加えて，ある母数 $\theta_0 \in \Theta$ に対して

$$R(\theta_0, \delta_1) < R(\theta_0, \delta_2), \quad \exists \theta_0 \in \Theta$$

が成り立つ，すなわち少なくともある一つの母数については厳密にリスクが小さくなるとき，δ_1 は δ_2 より**優れている**という．またすべての母数 $\theta \in \Theta$ に対して

$$R(\theta, \delta_1) = R(\theta, \delta_2), \quad \forall \theta \in \Theta$$

が成り立つとき，δ_1 は δ_2 と**同等**であるという．

ある決定関数の集合 Δ を考え，一つの決定関数 $\delta_0 \in \Delta$ が，他の任意の決定関数 $\delta \in \Delta \backslash \{\delta_0\}$ と比べて少なくとも同程度に優れている，すなわち

$$R(\theta, \delta_0) \leq R(\theta, \delta), \quad \forall \theta \in \Theta, \quad \forall \delta \in \Delta \backslash \{\delta_0\}$$

であれば，δ_0 は Δ のなかで**最良**な決定関数であるという．最良な決定関数が存在するとき一つとは限らないが，明らかに最良な決定関数は互いに同等である．このため，最良な決定関数が存在すればそのうちの一つを選べばよいことがわかる．

問題となるのは，最良な決定関数が存在しない場合である．このときは最良性より弱い基準を考える必要がある．もしある決定関数 $\delta_0 \in \Delta$ に対して Δ のなかに δ_0 より優れた決定関数が存在しなければ，δ_0 は Δ のなかで**許容的**であるという．これはある母数においては δ_0 よりリスクが高いが，別の母数においてはリスクが低い決定関数の存在を許しているので，最適基準としては弱い概念となる．また，こうしたリスクの逆転を許しているため，許容的な決定関数が必ずしも合理的であるとは限らないことにも注意する．

さて Δ の部分集合 Δ_0 があり，任意の決定関数 $\delta \in \Delta \backslash \Delta_0$ に対して Δ_0 のなかに δ より優れた決定関数 $\delta_0 \in \Delta_0$ が存在するならば，Δ_0 は Δ のなかの**完備類**であるという．また Δ_0 が完備類で，Δ_0 の真部分集合がいずれも完備類とならないとき，完備類としてこれより小さい集合が存在しないので Δ_0 を**最小完備類**という．もし Δ の最小完備類 Δ_0 が存在すれば，Δ_0 は Δ のなかで許容的な決定関数全体の集合となる．

同様に Δ の部分集合 Δ_0 があり，任意の決定関数 $\delta \in \Delta \backslash \Delta_0$ に対して Δ_0 のなかに δ と少なくとも同程度に優れた決定関数 $\delta_0 \in \Delta_0$ が存在するならば，Δ_0 は Δ のなかの**本質的完備類**であるという．Δ_0 が本質的完備類で，Δ_0 の真部分集合がいずれも本質的完備類とならないとき，Δ_0 を**最小本質的完備類**という．なお Δ の最小完備類 Δ_1 が存在するとき，Δ_1 に属する同等な決定関数をまとめてグループとし，各グループから代表を一つずつとってきて決定関数の集合 Δ_0 をつくれば，Δ_0 は最小本質的完備類になる．このため一般に最小完備類は一意的であるが，最小本質的完備類は一意的とは限らない．

決定関数の集合 Δ に最良な決定関数が存在しない場合に，もし完備類または本質的完備類 Δ_0 が存在するのであれば，許容性の観点からは Δ_0 のなかから用いるべき決定関数を選べばよいことがわかる．このため統計的決定理論においては，どのような決定関数の集合が完備類となるかを調べることが重要となる．

c. ベイズ解とミニマックス解

決定関数 δ のリスク関数 $R(\theta, \delta)$ に対して $\sup_{\theta \in \Theta} R(\theta, \delta)$ を考え，この値が有限の最小値となるような決定関数 δ_0，すなわち

$$\sup_{\theta \in \Theta} R(\theta, \delta_0) = \inf_{\delta \in \Delta} \sup_{\theta \in \Theta} R(\theta, \delta) < \infty$$

を満足する δ_0 を**ミニマックス解**という．ミニマックス解が存在するのであれば，真の母数 θ の値について事前になんの情報もない場合でも，ミニマックス解の一つを利用することはリスクの最悪値を最小にするという意味で十分妥当性がある．

これに対して，あらかじめ母数 $\theta \in \Theta$ に関する情報が確率密度 $\pi(\theta)$ をもつ確率分布として与えられている場合を考える．この確率分布を**事前分布**という．任意の決定関数 $\delta \in \Delta$ に対してリスク関数の平均

$$r(\pi, \delta) = E_\pi[R(\theta, \delta)]$$

を，事前分布 π のもとでの決定関数 δ の**ベイズリスク**という．ただし $E_\pi[\bullet]$ は確率分布 $\pi(\theta)$ のもとで θ に

関して平均をとることを表す．この値が有限の最小値になるような決定関数 $\delta_0 \in \Delta$，すなわち

$$r(\pi, \delta_0) = \inf_{\delta \in \Delta} r(\pi, \delta) < \infty$$

となる決定関数 $\delta_0 \in \Delta$ を，事前分布 π に関するベイズ解という．

確率変数 X の密度関数 $f(x;\theta)$ を，母数 θ が与えられたもとでの X の条件つき確率分布の密度関数と考えて $f(x|\theta)$ と表すことにする．母数 θ の事前分布の密度関数を $\pi(\theta)$ とすれば，観測データ x を与えたときの θ の条件つき確率分布の密度関数はベイズの定理により

$$\pi(\theta|x) = \frac{f(x|\theta)\pi(\theta)}{m(x)}$$

と書くことができる．これを母数 θ の**事後分布**という．ただし m は X に関する周辺分布の密度関数であり，

$$m(x) = E_\pi\left[f(x|\theta)\right] = \int_\Theta f(x|\theta)\pi(\theta)\mathrm{d}\theta$$

によって計算される．これを用いると確率的な決定関数のベイズリスクは

$$r(\pi, \delta) = E_m\left[E_\pi\left[E_\delta\left[L(\theta, d)|X\right]|X\right]\right]$$

非確率的な決定関数のベイズリスクは

$$r(\pi, \delta) = E_m\left[E_\pi\left[L(\theta, \phi(X))|X\right]\right]$$

と書き直すことができる．ただし $E_m[\bullet]$ は確率分布 $m(x)$ のもとで X に関して，$E_\pi[\bullet|x]$ は事後確率 $\pi(\theta|x)$ のもとで θ に関してそれぞれ平均をとることを表す．いずれも内側の条件つき期待値 $E_\pi\left[E_\delta\left[L(\theta,d)|x\right]|x\right]$ あるいは $E_\pi\left[L(\theta, \phi(x))|x\right]$ を各 x において最小にするように決定関数を選べば，ベイズ解を構成することができる．この条件つき期待値を**事後期待損失**という．

これまでの議論は事前分布に関する積分が発散しない正則な事前分布を用いた場合を想定している．一方，曖昧な事前情報しかもたない場合には**無情報事前分布**と呼ばれる分布を用いることがある．たとえば母数空間上の一様分布によって母数について事前に情報がないことを表す場合には母数空間が有界でないときには積分が発散してしまい，全域での積分が 1 となるように正規化することができない．これを**非正則な事前分布**という．非正則な事前分布に対しては一般にベイズリスクが発散しベイズ解が存在しないが，事後期待損失が存在する場合には，それを最小化する決定関数を形式的に求めることができる．これを**一般化ベイズ解**という．

なお，事前分布の選択に関してはさまざまな議論があるが，実用上の観点からは**共役な事前分布**を用いることが多い．事前分布 $\pi(\theta)$ と事後分布 $\pi(\theta|x)$ が同じ分布族に属しているときに，事前分布 $\pi(\theta)$ は共役であるといい，計算上都合のよいさまざまな性質をもつ．

本来ベイズ解は事前分布が完全にわかっているとき，ミニマックス解は事前分布に関する知識がまったくないときに利用される方法であり，その用いられ方は異なるが，ベイズ解とミニマックス解の間にはいくつかの興味深い関係があることがわかっている．代表的なものとしてはたとえば以下の関係がある．

ある事前分布 $\pi_0(\theta)$ が任意の分布 $\pi(\theta)$ に対して

$$\inf_{\delta \in \Delta} r(\pi_0, \delta) \geq \inf_{\delta' \in \Delta} r(\pi, \delta')$$

となるとき，π_0 を最も不利な事前分布という．決定関数 δ_0 が事前分布 π_0 に関するベイズ解であって，すべての母数 $\theta \in \Theta$ に対して

$$R(\theta, \delta_0) \leq r(\pi_0, \delta_0), \quad \forall \theta \in \Theta$$

が成り立つならば，δ_0 はミニマックス解であり，π_0 は最も不利な事前分布となる．すなわち，決定関数の集合のなかでベイズリスクの最小値を最悪にする事前分布と，リスクの最悪値を最小にするミニマックス解が関連づけられることになる．

〔村 田　昇〕

参 考 文 献

[1] 鍋谷清治：数理統計学，共立出版，1978.
[2] 杉山高一ほか編：統計データ科学事典，朝倉書店，2007.

1.2 統計的仮説検定

statistical hypotheses testing

検定とは，推定と並ぶ統計的推測の大きな柱の一つで，未知の母数を含む統計モデル (確率分布) から観測されるデータを用いて,「母数がある領域に含まれるか」といった母数に関する仮説が正しいかどうかを判定するための枠組みである．たとえば，新しい薬が従来の薬より効果があることを検証したいとしよう．通常はそれぞれの薬を何人かの患者に投与し，その効果を数量化したデータを解析することによって判定を下す．しかしながら，患者ごとにその効果にばらつきがあるなど一般にデータには誤差が含まれ，判定には確率的な誤りが生じてしまう．そのため**統計的仮説検定**においては仮説の検証の問題を，誤差などを考慮した確率の計算に帰着させて客観的な判断を下すことになる．上記の薬の例のように，効果が上がったことを検証したいのであれば，まずは新しい薬と従来の薬の効果が変わらないという背理法的な仮定をおき，新しい薬と従来の薬の効果に関する観測データの違いがこの仮定のもとで生じる確率を計算する．仮定が正しいのであれば，この確率は効果が変わらないにもかかわらず効果が上がったと判定する誤りの確率に対応するが，この誤り確率を十分小さい値におさえることによって，判断の客観性を担保することになる．

なお，ここでは基本的な検定の考え方を簡潔に示すために分布形を仮定したパラメトリックな検定のみ扱うが，場合によっては母集団の分布形を仮定しないで検定を行うこともある．そのような分布によらない検定はノンパラメトリック検定と呼ばれる．

a. 検定の枠組み

集合 $\mathcal{X}$ に値をとる確率変数 X の分布が，**未知母数** θ を含む**確率関数**あるいは**密度関数** $f(x;\theta)$ で記述されているとする．母数 θ のとりうる値の全体 Θ を**母数空間**と呼び，一般に多次元であってよい．また集合 $\mathcal{X}$ を**標本空間**または**見本空間**と呼ぶ．

観測されるデータとしては一般に n 個の確率変数 $X_1,\cdots,X_n$ の実現値を考える．特に確率変数 $X_1,\cdots,X_n$ が，独立に密度関数 $f(x;\theta)$ をもつ同じ分布にしたがうとすれば，$(X_1,\cdots,X_n)$ の同時密度関数は $\prod_{i=1}^n f(x_i;\theta)$ で与えられる．以下では簡単のため n 個の確率変数をまとめて $X=(X_1,\cdots,X_n)$ と表し，その密度関数を $f(x;\theta)$ と書く．また大きさ n の標本 (実現値) を $x=(x_1,\cdots,x_n)$ で表すものとする．

母数空間 Θ の部分集合 $\Theta_0\subset\Theta$ を考え，未知母数 θ が Θ_0 に含まれるとする仮説

$$H_0:\theta\in\Theta_0$$

を**帰無仮説**と呼ぶ．部分集合 Θ_1 を Θ_0 と排反な集合 $(\Theta_0\cap\Theta_1=\emptyset)$ とし，これに未知母数 θ が含まれるとする仮説

$$H_1:\theta\in\Theta_1$$

を**対立仮説**と呼ぶ．仮説によって規定される θ の集合が母数空間の 1 点で表されるときには，この仮説を**単純仮説**と呼び，いくつかの点の集合で表されるときには**複合仮説**と呼ぶ．たとえば帰無仮説 Θ_0 が 1 点からなる集合 $\Theta_0=\{\theta_0\}$ のとき，これを**単純帰無仮説**と呼ぶ．また，母数 θ が 1 次元で，たとえば

$$\Theta_0=\{\theta|\theta\le\theta_0\},\quad \Theta_1=\{\theta|\theta_0\le\theta\}$$

のように特定の値 θ_0 を境に帰無仮説と対立仮説が分割される形の検定を**片側検定**と呼ぶ．一方，

$$\Theta_0=\{\theta_0\},\quad \Theta_1=\{\theta|\theta\ne\theta_0\}$$

のように対立仮説の領域が二つに分断される形の検定を**両側検定**と呼ぶ．

標本 $x=(x_1,\cdots,x_n)$ に基づいて帰無仮説が正しくないとすることを帰無仮説を**棄却**するという．逆に帰無仮説が正しいとすることを帰無仮説を**受容**するという．帰無仮説が正しくないときに受け入れられる仮説が対立仮説であり，帰無仮説の棄却は帰無仮説を偽，対立仮説を真と判定することを意味する．なお，対立仮説が陽に示されていない場合は母数空間のなかでの帰無仮説の補集合を対立仮説としていると考えればよい．統計的仮説検定においては帰無仮説を棄却するときはある程度積極的な意味をもつが，帰無仮説の受容は「正しくないと考えるには十分な証拠がない」あるいは「正しくないとはいえない」という程度に消極的

な意味として考えることが多い．このため積極的に捨てることを目的とする仮説，つまり無に帰するための仮説という意味で帰無仮説と呼ばれる．

検定の手続きとしては，事前に見本空間の部分集合 $R \subset \mathcal{X}$ を**棄却域**として設定し，「観測データ x が領域 R に入るならば帰無仮説を棄却する」

$$x \in R \quad \Rightarrow \quad \text{帰無仮説を棄却}$$

という手順を踏めばよい．一般には観測データ x の関数 $T(x)$ に対して閾値 c を定め

$$T(x) \geq c \quad \Rightarrow \quad \text{帰無仮説を棄却}$$

とすることが多い．関数 $T(x)$ を**検定統計量**といい，c を**棄却点**と呼ぶ．このとき**棄却域**は

$$R = \{x \in \mathcal{X} | T(x) \geq c\}$$

で定義される領域となる．なお，R の補集合は**受容域**と呼ばれる．

帰無仮説 H_0 が正しいときに，これを正しくないと判定して棄却してしまう誤りを**第 1 種の過誤**と呼ぶ．逆に帰無仮説が正しくないときに，これを正しいと判定して受容してしまう誤りを**第 2 種の過誤**と呼ぶ．伝統的な統計的仮説検定においては，第 1 種の過誤の起る確率はあらかじめ定めた値 α 以下にしておいて，第 2 種の過誤の起る確率がなるべく小さくなるように棄却域を定める．検定統計量を用いる場合には，すべての $\theta \in \Theta_0$ について

$$P_\theta(T(X) \geq c) \leq \alpha$$

となるように c を選ぶことになる．このような α を**有意水準**と呼び，典型的には 0.05(5%) または 0.01(1%) が用いられる．

従来はさまざまな検定統計量において代表的な有意水準に対応する統計量の値を計算した数表が用いられてきたが，最近では検定を行うための統計用ソフトウェアが整備されており，有意水準をより自由に設定できるようになっている．これは ***P* 値 (確率値)** と呼ばれる以下の量を計算することによって実現される．帰無仮説に含まれるさまざまな確率密度 $f(x;\theta)$ において，これにしたがう確率変数 X の検定統計量 $T(X)$ が観測データ x の検定統計量 $T(x)$ より大きくなる確率を考え，その最大値を求めたもの

$$\sup_{\theta \in \Theta_0} P_\theta(T(X) \geq T(x))$$

が P 値である．この値は，実際に観測されたデータが境界となるように棄却域を設定したうえで，帰無仮説に含まれる分布から生成されたデータが棄却される確率の最大値，つまり帰無仮説が誤って棄却される最大の確率を表しているため，観測された有意水準とも呼ばれる．多くの統計用ソフトウェアでは P 値が表示されるようになっている．なお，明らかであるが

$$P \text{ 値} \leq \alpha \quad \Rightarrow \quad \text{帰無仮説を棄却}$$

とすれば有意水準 α の検定と等価になる．

b. 最強力検定と一様最強力検定

母数 $\theta \in \Theta$ をもつ分布から得られたデータに対して，帰無仮説を棄却する確率を

$$\beta(\theta) = P_\theta(T(X) \geq c)$$

とおき，これを**検出力関数**と呼ぶ．検出力関数を用いると，有意水準が α であることは

$$\beta(\theta) \leq \alpha, \quad \forall\theta \in \Theta_0$$

あるいは

$$\sup_{\theta \in \Theta_0} \beta(\theta) = \alpha$$

と表される．

同じ有意水準をもつ検定のなかでは，第 2 種の過誤が起こる確率が小さいものが望ましい．言い換えると対立仮説が正しいときに帰無仮説を棄却する確率，すなわち対立仮説 $\theta \in \Theta_1$ における検出力関数の値が大きいほど望ましい検定方法ということになる．

特定の対立仮説 $\theta_1 \in \Theta_1$ を考え，有意水準 α の検定のなかで検出力 $\beta(\theta_1)$ を最大とする検定を θ_1 に対する**最強力検定**と呼ぶ．帰無仮説も対立仮説も単純仮説の場合には，以下のネイマン–ピアソン (Neyman–Pearson) の補題によって最強力検定を構成できる．

ネイマン–ピアソンの補題 確率変数 X が母数 θ を含む密度関数 $f(x;\theta)$ をもつ分布にしたがうとする．**単純帰無仮説と単純対立仮説**

$$\Theta_0 = \{\theta_0\}, \quad \Theta_1 = \{\theta_1\}$$

を考えるとき，有意水準 α の検定のなかで検出力を最大にする検定方式の棄却域は

$$T(x) = \frac{f(x;\theta_1)}{f(x;\theta_0)} \geq c$$

で与えられる．ただし c は

$$P_{\theta_0}(T(X) \geq c) = \alpha$$

となる定数である．

ネイマン–ピアソンの補題に現れる帰無仮説と対立仮説の密度関数の比 $T(x)$ は**尤度比**と呼ばれ，単純帰無仮説に対して単純対立仮説を検定する場合には，尤度比を検定統計量として用いるのが最良であることがわかる．また，**複合帰無仮説**と単純対立仮説の場合でも，帰無仮説のなかで最も対立仮説と区別がつきにくい分布が存在すれば，これを用いた尤度比によって最強力検定が構成できることが多い．

一般に最強力検定は対立仮説に依存するため，対立仮説によって最強力検定の棄却域は変化するが，複合対立仮説を考えたときに対立仮説に含まれるすべての母数 $\theta \in \Theta_1$ に対して最強力検定となる棄却域を定めることができる場合がある．このような検定を**一様最強力検定**という．一様最強力検定は常に存在するとは限らないが，以下のような特別な場合にはネイマン–ピアソンの補題を応用して一様最強力検定の存在を示すことができる．

単純帰無仮説と**複合対立仮説**

$$\Theta_0 = \{\theta_0\}, \quad \Theta_1 = \{\theta | \theta > \theta_0 (\text{または } \theta < \theta_0)\}$$

を考える．尤度比が観測データ x の関数である統計量 $T(x)$ を用いて

$$\frac{f(x;\theta)}{f(x;\theta_0)} = g(T(x);\theta)$$

と書け，$\theta \geq \theta_0$ のとき g が T の単調増加関数 (または $\theta \leq \theta_0$ のとき g が T の単調減少関数) となるとき，この分布は T に関して**単調尤度比**をもつという．このとき

$$R = \{x \in \mathcal{X} | T(x) \geq c\}$$

を棄却域とする検定は一様最強力検定となる．ただし c は

$$P_{\theta_0}(T(X) \geq c) = \alpha$$

となる定数である．

先に述べたように，一般には一様最強力検定は存在しないことが多いが，検定方法に適当な制約を加えて制限された方法のなかで考えると，一様最強力なものが存在する場合がある．このとき考えられる典型的な制約としては以下の不偏性の条件がある．対立仮説に含まれるすべての母数 $\theta \in \Theta_1$ について

$$P_\theta(X \in R) = \beta(\theta) \geq \alpha$$

となるように棄却域を定めることができたとき，これを**不偏棄却域**といい，対応する検定を**不偏検定**という．この検定に限定するならば，特に検定の対象となる母数が 1 次元の場合の多くには一様最強力なものが存在し，これを**一様最強力不偏検定**と呼ぶ．

これ以外にもたとえば未知母数が多次元の場合には，帰無仮説を不変とする変換群に基づいて定義される不変検定のなかで一様最強力なものを考えることもある．

c. 尤度比検定

一様最強力検定はいつも存在するとは限らないが，これに代わる比較的優れた方法として**尤度比検定**がある．ネイマン–ピアソンの補題によれば，帰無仮説と対立仮説がともに単純仮説の場合，同じ有意水準をもつ検定のなかでは尤度比を検定統計量とする検定が最も検出力が高い．このような単純な場合を除くと，検出力の意味での尤度比を用いた検定の最適性はかならずしも成り立たない．しかしながら，尤度関数だけから簡便に計算できる，確率変数 X や母数 θ の 1 対 1 変換に対して不変な手続きである，検出力のよさが実験的に確認されている，といった利点から尤度比検定は広く用いられている．

ネイマン–ピアソンの補題では尤度比の分母に帰無仮説が現れたが，ここでは標準的な定義を採用し，集合 Θ_0 で規定される帰無仮説に対する尤度比を

$$\lambda(x) = \frac{\sup_{\theta \in \Theta_0} f(x;\theta)}{\sup_{\theta \in \Theta} f(x;\theta)} = \frac{f(x;\widetilde{\theta})}{f(x;\widehat{\theta})}$$

とする．ただし $\widehat{\theta} \in \overline{\Theta}$, $\widetilde{\theta} \in \overline{\Theta}_0$ はそれぞれ母数空間 Θ および帰無仮説 Θ_0 の閉包において $f(x;\theta)$ を最大に

する θ の値，すなわち最尤推定量である．尤度比 $\lambda(x)$ は帰無仮説のなかでの最大尤度を，母数空間のなかでの最大尤度で割ったものであるから，尤度比が 0 に近いときには帰無仮説から標本 x が生成された可能性が低いことが示唆される．この尤度比を用いて棄却域を

$$R = \{x \in \mathcal{X} | \lambda(x) \leq c\}$$

と定めるのが尤度比検定である．ここで棄却点 c は有意水準を α とするとき

$$\sup_{\theta \in \Theta_0} P_\theta(\lambda(X) \leq c) = \sup_{\theta \in \Theta_0} \beta(\theta) = \alpha$$

となるように選ばれる．

尤度比検定のよさを保証する理論的な結果としては，適当な正則条件のもとで**一致性**，**漸近不偏性**が成り立つことなどがある．一致性とは，任意に固定した対立仮説 $\theta \in \Theta_1$ について標本の大きさ n が無限大に近づく漸近的な状況で検出力が 1 となること

$$\beta(\theta) \to 1 \ (n \to \infty), \quad \forall \theta \in \Theta_1$$

であり，漸近不偏性とは，漸近的な状況で不偏性が成り立つこと

$$\beta(\theta) \geq \alpha \ (n \to \infty), \quad \forall \theta \in \Theta_1$$

である．

おわりに

ここでは検定の一般的な枠組みを述べたが，多数の具体的な統計モデルにおいて検定統計量の厳密な，あるいは漸近的な分布が求められている．代表的なものとしては標準正規分布，t 分布，χ^2 分布，F 分布がある．

一様最強力検定が存在するのであれば，それを用いることが理論的には最適であるが，先に述べたように特別な場合を除いて一般には存在しない．このため実務的には，異なる検定統計量に基づくいくつかの検定方法のなかから，問題に応じて適切なものを選んで用いる必要がある．こうした要請から，検定を比較するためのさまざまな基準も提案されている．

〔村田　昇〕

参考文献

[1] E.L. Lehmann : Testing Statistical Hypotheses, Springer, 1986.
[2] 杉山高一ほか編：統計データ科学事典，朝倉書店，2007.

1.3 統計的推定

statistical estimation

推定とは，未知の母数を含む統計モデル (確率分布) から得られた観測データを用いて，母数や母数を含む関数などの値を推測することである．観測データから標本平均を用いて平均の推定を行うように，母数の値を近似する一つの値を推定する場合を**点推定**，ある確率で母数が含まれる領域を推定することを**領域推定**，あるいは 1 次元の場合には**区間推定**という．また，たとえばヒストグラムを描くなど，母数に関係なく分布形を推定する場合などを母数によらない推定，あるいは**ノンパラメトリック推定**と呼ぶ．ここでは主として母数を用いた点推定を扱い，推定の基本的な考え方を説明する．

a. 推定の枠組み

集合 $\mathcal{X}$ を**標本空間**とし，$\mathcal{X}$ に値をとる**確率変数** X を考える．集合 Θ を**母数空間**とし，Θ の 1 点 θ を**未知母数**とする**確率関数**あるいは**密度関数** $f(x;\theta)$ によって X の分布が記述されているとする．観測されるデータとして n 個の確率変数 $X_1, \cdots, X_n$ の実現値を考える．一般的な設定では，確率変数 $X_1, \cdots, X_n$ は独立に同じ密度関数 $f(x;\theta)$ をもつ分布にしたがうとする．このとき $(X_1, \cdots, X_n)$ の同時密度関数は $\prod_{i=1}^n f(x_i;\theta)$ で与えられる．観測データが相互に関係がある場合には，その関係を反映して同時密度関数を構成すればよい．以下では標本の大きさ n を考慮する場合はその旨明記するが，それ以外の場合は記述を簡略にするために標本の大きさによらず確率変数あるいは実現値を単に X あるいは x と表し，その密度関数を $f(x;\theta)$ と書く．

まず，基本的な母数の**推定量**について考える．確率変数 X に基づく母数 θ の推定量 $\widehat{\theta}$ は標本空間 $\mathcal{X}$ から母数空間 Θ への写像

$$\widehat{\theta} = \widehat{\theta}(X) : X \in \mathcal{X} \mapsto \theta \in \Theta$$

として定義される．統計では通例母数の推定量は $\widehat{\bullet}$ を

つけて表す．このとき推定量 $\widehat{\theta}(X)$ は確率変数となることに注意する．また，X の実現値である観測データ x に対する推定量の値 $\widehat{\theta}(x)$ は確率変数 $\theta(X)$ の実現値であり，これを**推定値**と呼んで推定量とは区別する．

より一般には，母数空間 Θ 上で定義された実数値関数 $g(\theta) \in \Re$ に対して，確率変数 X から実数への写像 $\phi(X)$ によって $g(\theta)$ の推定量

$$\phi = \phi(X) : X \in \mathcal{X} \mapsto \phi \in \Re$$

を考えることができる．当然ではあるが，g を恒等関数とすれば母数そのものの推定に帰着される．母数の推定と同様に，確率変数 $\phi(X)$ を $g(\theta)$ の推定量，観測データ x に対して定まる値 $\phi(x)$ を $g(\theta)$ の推定値という．

推定量 $\phi(X)$ は $g(\theta)$ に近いことが望ましいが，確率的に変動する量なのでなんらかの意味で $g(\theta)$ と $\phi(X)$ の近さを評価する指標が必要となる．このために用いられるのが，次にまとめる一致性，不偏性，有効性といった概念である．

b. 推定量の最適性

たとえばある母数 θ_0 に対して $g(\theta_0) = c$ であるとする．このとき，どんな観測データに対しても定数値 c を出力する推定量 $\phi(X) = c$ を考える．この推定量は，真の母数が θ_0 以外のときはもちろん間違った値を予測し誤りをおかすが，たまたま真の母数が θ_0 のときには正しい値を予測するため誤りは 0 となる．つまり，この推定量は，真の母数が θ_0 のときに限るが，他のどんな推定量よりよい推定値を与えることになる．

このような特殊な場合を考えてしまうと，すべての母数 $\theta \in \Theta$ にわたって一様によい推定量を考えることはできない．このため推定量のよさを比較するためには，妥当な推定量が満たすべきなんらかの条件を定め，その条件のもとで推定量を比較することが必要となる．

推定量に要請される最も基本的な性質の一つとして**一致性**がある．これは標本の大きさ n が無限大に近づく漸近的な状況において推定量 $\phi(X)$ が真の値 $g(\theta)$ に近づいていくこと，すなわち

$$P_\theta(|\phi(X) - g(\theta)| < \varepsilon) \to 1 \ (n \to \infty),$$

$$\forall \varepsilon > 0, \quad \forall \theta \in \Theta$$

が成り立つことである．先に述べたような特殊な推定量は特定の母数についてしかこの性質をもたないため，比較すべき妥当な推定量からは排除されることになる．

もう一つの標準的な性質は**不偏性**と呼ばれるものである．推定量 $\phi(X)$ が不偏であるとは，真の母数が θ であるときに，そこから得られた観測データに基づく推定値の平均値が，真の母数における値 $g(\theta)$ に一致すること，すなわち

$$E_\theta\left[\phi(X)\right] = g(\theta), \quad \forall \theta \in \Theta$$

が成り立つことである．ただし $E_\theta[\bullet]$ は確率密度 $f(x;\theta)$ において確率変数 X に関する平均をとることを表す．推定値は観測データごとに異なるものの，まったく見当違いの値になるわけではなく，真の値のまわりに分布して平均的には正しい値となることを保証する性質である．平均値の不偏性であることを明示するために**平均不偏性**と呼ぶこともある．また平均値ではなく，推定値が真の値より大きくなる確率と小さくなる確率が偏らないこと，すなわち

$$P_\theta(\phi(X) < g(\theta)) = P_\theta(\phi(X) > g(\theta))$$

という条件，または $\phi(X)$ の中央値が真の値 $g(\theta)$ となる

$$P_\theta(\phi(X) < g(\theta)) \leq \frac{1}{2} \leq P_\theta(\phi(X) \leq g(\theta))$$

という条件を考える場合もある．後者を特に**中央値不偏性**という．不偏性は標本の大きさによらず定義される概念であるが，少数の観測データでは偏りが生じるものの，十分多くのデータでは偏りが無視できる場合がある．このように標本の大きさ n が大きくなる漸近的な状況で成り立つ不偏性を，**漸近不偏性**と呼ぶ．

さて，推定量の平均値が正しい値になっていたとしても，そのばらつき方が大きいのであれば推定量としてよいものとはいえない．実際の推定においては，一つの観測データから推測を行わなければいけないので，推定値はできるだけ真の値に近いことが望ましい．推定量のばらつき方を評価する基準はいろいろ考えられるが，最も基本的な量は分散

$$V_\theta[\phi(X)] = E_\theta\left[\phi(X)^2\right] - E_\theta\left[\phi(X)\right]^2$$

である．

推定量に (平均値) 不偏性を課したとき，任意の母数 $\theta \in \Theta$ に対して一様に分散が最小となるものを，$g(\theta)$ の**一様最小分散不偏推定量**と呼ぶ．また，特定の母数 $\theta_0 \in \Theta$ に対して分散が最小となる不偏推定量を**局所最小分散不偏推定量**と呼ぶ．たとえば適切な正則条件を満たす指数型分布族では一様最小分散不偏推定量の構成の仕方が知られているが，一般には一様最小分散不偏推定量が存在するとはかぎらない．

一方，不偏推定量の分散のとりうる範囲についてはいくつかの理論的な結果がある．そのなかでも特に有名なものは以下のクラメール–ラオ (Cramér–Rao) の不等式である．

クラメール–ラオの不等式　任意の $g(\theta)$ の不偏推定量 $\phi(X)$ に対して，不等式

$$V_{\theta_0} \geq \sum_{i,j} g_i'(\theta_0) g_j'(\theta_0) J^{ij}(\theta_0)$$

が成り立つ．ただし $g_i'(\theta)$ は $g(\theta)$ の母数 θ の第 i 成分 θ_i に関する偏微分

$$g_i'(\theta) = \frac{\partial g(\theta)}{\partial \theta_i}$$

である．また $J^{ij}(\theta)$ は，大きさ n の標本の同時密度関数を $f(x;\theta)$ としたとき，

$$J_{ij}(\theta) = E_\theta \left[\frac{\partial \log f(X;\theta)}{\partial \theta_i} \frac{\partial \log f(X;\theta)}{\partial \theta_j} \right]$$

を要素とする行列 $J = (J_{ij}(\theta))$ の逆行列の要素である．

なお $X = (X_1, \cdots, X_n)$ が，密度関数 $f(x;\theta)$ をもつ分布からの大きさ n の独立な標本のときには X の同時密度関数は $\prod_{i=1}^n f(x_i;\theta)$ となるので，

$$\begin{aligned} I_{ij}(\theta) &= E_\theta \left[\frac{\partial \log f(X;\theta)}{\partial \theta_i} \frac{\partial \log f(X;\theta)}{\partial \theta_j} \right] \\ &= E_\theta \left[- \frac{\partial^2 \log f(X;\theta)}{\partial \theta_i \partial \theta_j} \right] \end{aligned}$$

とおけば，$J_{ij}(\theta) = nI_{ij}(\theta)$ である．行列 $I(\theta) = (I_{ij}(\theta))$ を**フィッシャー情報行列**と呼ぶ．

ある母数 $\theta_0 \in \Theta$ でこの不等式の等号を与える不偏推定量 $\phi(X)$ が存在したとき，これを θ_0 における**有効推定量**と呼ぶ．これは θ_0 において分散で測ったばらつきの大きさに関して最もよい推定量であり，局所最小分散不偏推定量となる．さらに任意の母数 $\theta \in \Theta$ において有効推定量となる推定量は，一様最小分散不偏推定量となる．不偏性と同様に，少数の観測データに対して等号を達成できなくても，標本の大きさ n が無限大に近づくとき等号が達成される推定量がある．これを**漸近有効推定量**と呼ぶ．

c. 最尤推定量

先に述べたように，不偏推定量のなかにすべての母数に対して一様に最小な分散を達成する推定量があるとは限らないが，母数に関する推定を考えたときには，実用上計算が簡便でなおかつよい母数の推定値を求める一般的な方法として**最尤法**がある．

観測データ x の確率密度を θ の関数

$$f(x;\theta) = L(\theta)$$

として考えたとき，これを「母数の尤もらしさの度合いを測る関数」という意味で**尤度関数**と呼ぶ．また，母数 θ での尤度関数の値を母数 θ の尤度と呼ぶ．尤度関数 $L(\theta)$ を最大にする値 $\widehat{\theta}$

$$L(\widehat{\theta}) = \max_{\theta \in \Theta} L(\theta)$$

を θ の**最尤推定量**という．

最尤推定量は一致性をもつが，一般に不偏ではなく，また分散も最小とはならない．しかしながら，密度関数 $f(x;\theta)$ に対するゆるやかな条件のもとで，漸近的な状況においては不偏性と有効性をもつため，実用上はかなりよい方法となっている．

最尤推定量の著しい性質として**漸近正規性**があげられる．以下では密度関数 $f(x;\theta_0)$ をもつ分布からの大きさ n の独立な標本 $x = (x_1, \cdots, x_n)$ を考え，この性質の概要を示す．簡単のため θ は 1 次元とし，密度関数 $f(x;\theta)$ が θ に関して連続で 2 階微分可能とする．

観測データ x の同時密度関数は $\prod_{i=1}^n f(x_i;\theta_0)$ であり，尤度関数 $L(\theta)$ はなめらかな関数で $\widehat{\theta}$ で最大となることから

$$\frac{\partial}{\partial \theta} L(\widehat{\theta}) = \sum_{i=1}^n \frac{\partial}{\partial \theta} \log f(x_i;\widehat{\theta}) = 0$$

となる．真の母数 θ_0 のまわりでテイラー展開すると

$$\sum_{i=1}^{n}\frac{\partial}{\partial\theta}\log f(x_i;\theta_0)+(\widehat{\theta}-\theta_0)\sum_{i=1}^{n}\frac{\partial^2}{\partial\theta^2}\log f(x_i;\widetilde{\theta})$$
$$=0$$

となる．ただし $\widetilde{\theta}$ は x に依存して決まる θ_0 と $\widehat{\theta}$ との間の値である．これから

$$\sqrt{n}(\widehat{\theta}-\theta_0)\left\{-\frac{1}{n}\sum_{i=1}^{n}\frac{\partial^2}{\partial\theta^2}\log f(x_i;\widetilde{\theta})\right\}$$
$$=\frac{1}{\sqrt{n}}\sum_{i=1}^{n}\frac{\partial}{\partial\theta}\log f(x_i;\theta_0)$$

と書き換えられる．左辺については，最尤推定量の一致性より n が大きくなると $\widehat{\theta}\to\theta_0$ となるので $\widetilde{\theta}\to\theta_0$ であり，また大数の法則により

$$-\frac{1}{n}\sum_{i=1}^{n}\frac{\partial^2}{\partial\theta^2}\log f(x_i;\widetilde{\theta})\to E_{\theta_0}\left[-\frac{\partial^2}{\partial\theta^2}\log f(X;\theta_0)\right]$$
$$=I(\theta_0)$$

となる．一方，

$$E_{\theta_0}\left[\frac{\partial}{\partial\theta}\log f(X_i,\theta_0)\right]=0$$

$$V_{\theta_0}\left[\frac{\partial}{\partial\theta}\log f(X_i,\theta_0)\right]=E_{\theta_0}\left[\left(\frac{\partial}{\partial\theta}\log f(X_i,\theta_0)\right)^2\right]$$
$$=I(\theta_0)$$

であるから，中心極限定理により右辺は平均 0，分散 $I(\theta_0)$ の正規分布 $\mathcal{N}(0,I(\theta_0))$ に近づくことがわかる．以上より

$$\sqrt{n}\,I(\theta_0)(\widehat{\theta}-\theta_0)\sim\mathcal{N}(0,I(\theta_0))\,(n\to\infty)$$

であるので

$$\sqrt{n}(\widehat{\theta}-\theta_0)\sim\mathcal{N}\left(0,I(\theta_0)^{-1}\right)\ (n\to\infty)$$

となり，$n\to\infty$ のとき最尤推定量は真の母数のまわりに正規分布する．

このことから，漸近的な状況では最尤推定量の平均は真の母数となり，またその分散はクラメール–ラオの不等式を等号で達成するので，最尤推定量は漸近不偏性と漸近有効性をもつことがわかる．

d. ベイズ統計

以下では統計モデル $f(x;\theta)$ の母数 $\theta\in\Theta$ に関する情報があらかじめ確率密度 $\pi(\theta)$ をもつ確率分布として与えられているベイズ統計の枠組みを考える．この確率分布 π を母数 θ の事前分布という．

確率変数 X の密度関数 $f(x;\theta)$ を，ここでは母数 θ が与えられたもとでの X の条件つき確率密度関数と考えて $f(x|\theta)$ と表す．観測データ x が与えられたときの θ の条件つき確率分布の密度関数は，ベイズの定理により母数 θ の事前分布を用いて

$$\pi(\theta|x)=\frac{f(x|\theta)\pi(\theta)}{m(x)}$$

と書くことができる．これを母数 θ の事後分布という．ただし事後分布の正規化定数にあたる m は X の周辺分布の密度関数であり，

$$m(x)=E_\pi\left[f(x|\theta)\right]=\int_\Theta f(x|\theta)\pi(\theta)\mathrm{d}\theta$$

によって計算される．ベイズ統計ではあらゆる推測が事後分布 $\pi(\theta|x)$ を通して計算される．たとえば事後分布のモード (**MAP** 解) や事後分布 $\pi(\theta|x)$ で X に関する確率モデル $f(x|\theta)$ を平均したベイズ予測分布

$$p(x'|x)=\int_\Theta f(x'|\theta)\pi(\theta|x)\mathrm{d}\theta$$

などがその典型である．また事後分布に基づいて信頼区間を計算したベイズ信用区間などもある．

ベイズ法の利用上問題となるのは X の周辺密度である m の計算で，一般には解析的に与えられないことが多い．このため事後分布を解析的に評価することも難しくなる．たとえば事後分布の最大値を与える母数 θ を求める場合のように，目的によっては正規化定数を求めることなく

$$p(\theta|x)\propto p(x|\theta)p(x)$$

として評価することもあるが，観測データ x に対する m の値は周辺尤度またはエビデンスと呼ばれ，異なるモデルを比較して選択するための基準などとしても用いられるためきわめて重要な値である．事後分布と事前分布が同じ分布族に含まれるような共役事前分布を用いると，事後分布は解析的に与えられるため，共役事前分布が存在するのであれば応用上はこれを利用することが多い．また，標本のサイズに関する漸近的な状況では，事後分布に対するさまざまな近似法が提案されており，代表的なものとしてはラプラス近似があ

る．さらに昨今の計算機環境の充実に伴ってモンテカルロ法などの数値計算も積極的に利用され，事前分布での期待値で表されるものなどについてはモンテカルロ積分によって推定される場面が増えている．古典的な方法としては**棄却法**，**インポータンスサンプリング**などがあるが，これらの手法は高次元になると非効率的なため，高次元では**MCMC**(Markov chain Monte Carlo) に基づく方法が用いられることが多い．代表的なものとして**ギブスサンプリング法**，**メトロポリス–ヘイスティングス法**がある．ベイズ法の実問題への積極的な応用が進むとともに，MCMC に関連した手法は急速に発展している．

なお，ベイズ統計でこれまで多く議論されてきたのは事前分布の選択の恣意性に関する問題であるが，最近では適当な事前分布の族のなかから観測データを利用して事前分布を決定する**経験ベイズ法**が広く用いられている．これをさらに階層化した**階層ベイズ**の方法も発展しており，さまざまな実問題でその有効性が実証されている．

〔村田　昇〕

参考文献

[1] E.L. Lehmann and G. Casella : Theory of Point Estimation, Springer, 1998.
[2] 杉山高一ほか編：統計データ科学事典，朝倉書店，2007.

1.4 統計的モデル選択

choice of statistical model

統計的データ解析では，データの生成機構のモデルとして確率分布の族を用意し，データによく当てはまる分布をそこから推定して予測や発見に利用していくというプロセスをとることが多い．このとき，どのようなモデルを用いるかを決める問題が**統計的モデル選択**である．現実のデータ解析ではモデルが既知であることは少なく，モデル選択はほとんどのデータ解析にかかわる重要な問題である．たとえば，ノイズを伴って観測されたデータ $(X_1, Y_1), \cdots, (X_n, Y_n)$ $(X_i, Y_i$ は 1 次元）を説明する回帰曲線を多項式モデルによって最小 2 乗法で求めるとき，多項式の次数を決める問題などがモデル選択の問題である．このとき，単純すぎるモデルを用いるとデータにうまく当てはめることができず，一方，複雑すぎるモデルでは，与えられたデータに対する適合はよいが，データのゆらぎに過剰に適応し意味のある情報抽出ができない．

モデル選択に対する古典的な統計的アプローチは，個々のモデル（上の例では多項式の各次数）に対して，データがそのモデルの確率分布から発生したという仮説に対する統計的検定を行うというものであった．しかしながら統計的検定の枠組みでは，帰無仮説を棄却することがそのモデルを積極的に肯定することにはならない，現実の問題ではデータが厳密にあるモデルから発生しているとは考えづらい，多数のモデルに対して検定を行うと多重比較の問題が生じる，など問題点も多かった．

この問題に対し，赤池弘次は「将来のデータに対する予測説明能力の高いモデルを選択する」という考えに基づいて**赤池情報量規準**（Akaike information criterion：**AIC**）を提案した[1]．これは，仮想的な「真のモデル」の存在を仮定する従来の考えからの脱却であり，その原理と方法の明快さや，実問題における多くの成功例によって，モデル選択問題に対する大きなブレークスルーとなった．

その後，モデル選択に対してはさまざまな方法が提案され，現在においても重要な研究課題の一つである．

以下ではその代表的なものについて解説する．なお本項目の a，b 項に関しては[2, 3] に詳しい解説がある．

a. 情報量規準

確率分布 Q にしたがう独立同分布 (i.i.d.) データ $X_1, \cdots, X_n$ から Q を推定する際に，K 個のモデル $\mathcal{M}_1, \cdots, \mathcal{M}_K$ を用意し，そのなかから最適なモデルを選ぶことを考える．各モデルは確率密度関数のパラメトリックな族 $\mathcal{M}_m = \{p(x|\theta^{(m)}) \mid \theta^{(m)} \in \Theta_m\}$ によって与えられているとする．ここで $\theta^{(m)} \in \Theta_m$ はモデル $\mathcal{M}_m$ のパラメータベクトルであり，Θ_m の次元を d_m とおく．モデル $\mathcal{M}_m$ を固定したとき，最適なパラメータは最尤推定によって求め，**最尤推定量**を $\widehat{\theta}^{(m)}$ で表す．すなわち

$$\widehat{\theta}^{(m)} = \arg\max L_n(\theta),$$
$$L_n(\theta^{(m)}) = \sum_{i=1}^{n} \log p(X_i|\theta^{(m)})$$

である．このとき，最尤推定量に対する対数尤度の値 $L_n(\widehat{\theta}^{(m)})$ を経験対数尤度と呼ぶ．

モデル $\mathcal{M}_m$ を用いて将来のデータに対する予測を行うには密度関数 $p(x|\widehat{\theta}^{(m)})$ を用いることになるので，この分布を予測分布と呼ぶ．予測分布と真の分布 Q が近いとき，将来の予測説明能力が高いことが期待される．AIC の導出では，予測分布と真の分布の近さをカルバック–ライブラー (Kullback–Leibler) 情報量

$$KL(q||p_{\widehat{\theta}^{(m)}}) = \int q(x)\log q(x)\mathrm{d}x - \int q(x)\log p(X_i|\widehat{\theta}^{(m)})\mathrm{d}x$$

($q(x)$ は Q の密度関数）によって測る．上式の第 1 項はモデルに依存しないので，第 2 項が小さくなればよい．そこで期待対数尤度を

$$L(\widehat{\theta}^{(m)}) = \sum_{i=1}^{n} \int q(x)\log p(X_i|\widehat{\theta}^{(m)})\mathrm{d}x$$

によって定義し，この値が最大になるモデルが最良のモデルと考える．

最尤推定量の漸近正規性を用いて，経験対数尤度と期待対数尤度のデータによる期待値を $n \to \infty$ のもとで漸近展開することにより，次の関係式が得られる．

$$E[L(\widehat{\theta}^{(m)})] = E[L_n(\widehat{\theta}^{(m)})] - d_m + o(1)$$

そこで，

$$\mathrm{AIC}_m = -2L_n(\widehat{\theta}^{(m)}) + 2d_m$$

をモデル $\mathcal{M}_m$ の AIC と定義し，この値が最小になるモデルを最良のモデルとして選択する．AIC の第 1 項はモデルが複雑になるほど一般に小さくなる．たとえば，冒頭の多項式回帰の例ではデータに対する最小 2 乗誤差に相当する．一方，第 2 項はパラメータ次元（の 2 倍）であり，モデルが複雑になると大きな値になる．したがって AIC は，経験対数尤度にモデルの複雑度に関する罰則項を加えたものと解釈することができる．

AIC は多くの応用においてその有効性が示されているが，無論問題点もある．AIC の導出では，期待対数尤度と経験対数尤度のデータに関する期待値を考えたが，実際の AIC 値では与えられたデータを用いて経験対数尤度を計算している．したがってデータの確率的なばらつきが AIC で選択されるモデルのばらつきを生じ，常に期待対数尤度を最小にするモデルを選択するとはかぎらない．この問題は，モデルの候補のなかに同じパラメータ数をもつものが複数存在する場合に特に顕著となる．そのような場合の一つとして，モデル選択問題の重要な例である変数選択がある．これは，たとえば l 次元の説明変数 $X = (X_1, \cdots, X_l)$ をもつ線形回帰モデル

$$Y = a_1X_1 + \cdots + a_lX_l + e \quad (e\ \text{はガウスノイズ})$$

において，予測に有効な変数の部分集合 $X_{k_1}, \cdots, X_{k_p}$ を選択する問題である．このとき AIC の第 2 項は $d_m = p$ であるが，同じ p をとるモデルは m 個の変数から p 個をとる組合せの数だけある．これらのなかに，AIC の第 1 項（最小 2 乗誤差）の期待値が近いモデルが存在すると，上で述べたデータのばらつきによって，最良の予測を与えないモデルを選択する可能性が生じる．同様の問題はグラフィカルモデルの構造推定などでも起こり，このような場合に AIC は必ずしもよいモデルを選択できるとはかぎらないので注意を要する．このばらつきの問題を考慮するために，最良のモデルを一つ選択するのではなく，最良のモデルの可能性があるモデル集合を求める方法もある[2].

AIC のアイデアを発展させてさまざまな情報量規準が提案されている．AIC で行った近似を補正した TIC（Takeuchi information criterion）や，最尤推定以外の推定量にも拡張した GIC（generalized information criterion）などが代表的である．さらに，ベイズ推定の立場からモデルの事後確率を比較することによって導かれる **BIC**（Bayesian information criterion）もある．BIC は次に述べる MDL によるモデル選択規準と等価な規準を与える．

b. MDL 原理

MDL は最小記述長（minimum discription length）の略であり，**MDL 原理**は Rissanen によって提案された，情報理論的な考えに基づくモデル選択規準である[4]．基本的なアイデアは，与えられたデータを最も小さく圧縮できるモデルを選択するというものである．

データがある確率分布にしたがう情報源によって発生すると仮定するとき，このデータを完全復号可能なように符号化したときの符号長，すなわちデータ圧縮の度合いと，情報源の分布には密接な関係がある．これは頻度が高いデータには短い符号を，頻度の低いデータには長い符号を与えるのが有利なためである．情報源がアルファベット $\{a_1, \cdots, a_K\}$ に値をとるデータを発生するとき，これを 2 値の任意の語頭符号で表したときの a_k の符号長を l_k とすると，

$$\sum_{k=1}^{K} 2^{-l_k} \leq 1 \qquad \text{(クラフトの不等式)}$$

が成り立つ．また，クラフト (Kraft) の不等式を満たす任意の l_k に対して，それを符号長をもつ語頭符号が存在することが知られている．いま，情報源が確率 p_k で a_k を発生するとき，クラフトの不等式の等式を満たす符号長を求めると，便宜上実数も許すことにすれば，その符号長は

$$-\log_2 p_k$$

で与えられることがわかる．したがって平均符号長はエントロピー $-\sum_k p_k \log_2 p_k$ に一致する．

モデル選択が問題となる状況では，情報源の確率分布をデータから推定する必要がある．そこで，復号する側もモデルを既知であるとして，符号化する際にはデータを発生した確率分布をデータから推定し，その推定量の情報も圧縮して符号化する必要がある．AIC の場合と同様，各モデルは確率密度関数のパラメトリックな族 $\mathcal{M}_m = \{p(x|\theta^{(m)}) \mid \theta^{(m)} \in \Theta_m\}$ で与えられ，データはそのなかのある分布からの i.i.d. サンプルとする．上述のように，データの記述長を最小にする確率分布は $-\sum_{i=1}^{n} \log_2 p(x_i|\theta^{(m)})$ を最小にする分布により与えられるため，パラメータ推定には最尤推定を用いる．最尤推定量を記述するための最小符号長は，データ数 $n \to \infty$ のとき $(d_m/2)\log_2 n + O(1)$ となることが知られている．したがって，データをモデル $\mathcal{M}_m$ で圧縮したときのトータルの符号長は，$O(1)$ を省いて

$$-\sum_{i=1}^{n} \log_2 p(x_i|\theta^{(m)}) + \frac{d_m}{2} \log_2 n$$

により与えられる．MDL は上式を最小にするモデル $\mathcal{M}_m$ を選択する．

MDL と AIC は，経験対数尤度 + モデルの複雑度に対する罰則項という似通った形をもっているが，$\log_2 n$ のオーダをもつことからわかるように，MDL はデータ数が大きいとき複雑なモデルに AIC より大きな罰則をかけている．

データを発生する分布に対する真のモデルが存在すると仮定した場合，データ数 $n \to \infty$ としたとき，AIC は真のモデルを選択する確率が 1 に収束しない場合があることが知られている[3]．一方，MDL については多くの場合にモデルに対して一致性（真のモデルを選択する確率が 1 に収束する性質）がある．これは，データ数が大きいときに MDL の罰則項がより強く大きなモデルを抑制することによる．

c. 交差検証法

交差検証法 (cross-validation，交差確認法ともいう) は，与えられたサンプルからのリサンプリングを用いて，将来の予測のよさを推定する方法である．ここでは典型的な設定である回帰問題における交差検証法を解説する．

i.i.d. データ $D = \{(X_1, Y_1), \cdots, (X_n, Y_n)\}$ に対し，X から Y への関係を推定するため，関数族のパラメトリックモデル $\{f(x;\theta) \mid \theta \in \Theta\}$ と損失関数 $l(y, f)$

を用いて，期待損失

$$R(\theta) = E[l(Y, f(X;\theta))]$$

がなるべく小さくなるような θ を求める問題を考える．期待損失は (X, Y) の未知の確率分布を用いているため，その代わりに経験損失

$$\widehat{R}_n(\theta) = \frac{1}{n}\sum_{i=1}^{n} l(Y_i, f(X_i;\theta))$$

を最小にする $\widehat{\theta}$ を用いる．このとき，情報量規準と同様に $R(\widehat{\theta})$ または $E[R(\widehat{\theta})]$ の値を推定したいが，このために交差検証法では以下の手続きを行う．

まずデータを K 分割しそれぞれを $D[k]$ とおく．$k = 1, \cdots, K$ に対して，$D[k]$ を除いたデータ $D - D[k]$ による経験損失を最小にするパラメータ $\widehat{\theta}_{[-k]}$ を求める．そのうえで，$R(\widehat{\theta})$ を

$$R_{CV} = \frac{1}{K}\sum_{k=1}^{K}\frac{1}{N_k}\sum_{i\in D[k]} l(Y_i, f(X_i;\widehat{\theta}_{[-k]}))$$

（N_k は $D[k]$ の要素数）によって推定する．この手続きを K 分割交差検証法（L-fold cross-validation）といい，$K = N$（すなわち $N_k = 1$）の場合を特に leave-one-out 交差検証法 (LOOCV) という．交差検証法では $\widehat{\theta}_{[-k]}$ の推定に用いるデータと損失を測るデータとは独立なので，R_{CV} は $R(\widehat{\theta})$ のよい推定量となっていることが期待される．実際，データ数 n を無限大にする極限では，LOOCV は AIC の一般化である TIC に漸近することが知られている[5]．

モデル選択を行う状況では，情報量規準の場合と同様に有限個のモデル $\mathcal{M}_m$ のおのおのに対して R_{CV} を計算し，その値が最小となるモデルを選択する．

さらに交差検証法は，**正則化問題**における正則化係数などハイパーパラメータを選択する問題にも適用可能である．たとえば，正則化問題は

$$\min_f \frac{1}{n}\sum_{i=1}^{n} l(Y_i, f(X_i)) + \lambda\Omega(f)$$

（$\Omega(f)$ は関数のなめらかさなどを表す正則化項）という形をとることが多いが，損失項と正則化項のバランスを決める正則化係数 λ によって解 $\widehat{f}$ は変化する．そこで λ を適切に決定する問題は一種のモデル選択と考えられる．この問題に交差検証法を用いる際には，いくつかの λ の候補それぞれに対して上記の交差検証法の手続きによって $R_{CV}(\lambda)$ を求め，これが最小になる λ を選択する．この方法はスプライン平滑化やサポートベクターマシンなどに広く用いられている．

d. ベイズ的モデル選択

ベイズ推論の枠組みでモデル選択を考えると，モデルの事後確率を計算することになる．すなわち，K 個のモデル $\mathcal{M}_m$ の事前分布を π_m とし，各モデル $\mathcal{M}_m = \{p(x|\theta^{(m)}) \mid \theta^{(m)} \in \Theta_m\}$ に対してパラメータ空間 Θ_m の事前分布を $p_m(\theta^{(m)})$ とするとき，i.i.d. データ $D = (X_1, \cdots, X_n)$ が観測されたときのモデル $\mathcal{M}_m$ の事後確率は

$$\begin{aligned} p(\mathcal{M}_m|D) &= \frac{p(D, \mathcal{M}_m)}{p(D)} \\ &= \frac{\int\prod_{i=1}^{n} p(X_i|\theta^{(m)})p_m(\theta^{(m)})\pi_m \mathrm{d}\theta^{(m)}}{\sum_m \int\prod_{i=1}^{n} p(X_i|\theta^{(m)})p_m(\theta^{(m)})\pi_m \mathrm{d}\theta^{(m)}} \end{aligned}$$

により計算される．上式の積分は，特に $\widehat{\theta}^{(m)}$ の次元が高い場合に一般には容易ではなく，近似手法や MCMC による数値積分などの特別な工夫が必要となる場合が多い．

e. スパース性

線形回帰の変数の係数のうち非零要素の個数が小さくなるような正則化項を用いると，変数選択を行うことが可能である．多くの変数をもつ場合には 0 でない係数をもつ変数が比較的少数になることが多く，スパース性と呼ばれる．以下 p 次元ベクトル w に対し，$\|w\|_0 = \sum_{i=1}^{p} I(w_i \neq 0)$，$\|w\|_1 = \sum_{i=1}^{p} |w_i|$ により ℓ_0 ノルムと ℓ_1 ノルムを定義する．ここで，$I(w_i \neq 0)$ は $w_i \neq 0$ のとき 1，そうでないとき 0 をとる．このとき，

$$\min_w \sum_{i=1}^{n} |Y_i - (w^\top X_i + b)|^2 + \lambda\|w\|_0$$

あるいは

$$\min_w \sum_{i=1}^{n} |Y_i - (w^\top X_i + b)|^2 + \lambda\|w\|_1$$

による正則化項つき線形回帰を行うと，$w_i = 0$ とな

る変数が現れてスパースな解が得られる．モデル選択としては $w_i \neq 0$ なる変数を選択する．

ℓ_0 ノルムを用いた正則化問題を解くには組合せ的困難が伴うため，ℓ_1 ノルムを用いる方法が実用的には好まれる．この方法は **Lasso** と呼ばれる[6]．Lasso の最適化は Least angle regression (Lars)[7] という方法で比較的簡単に計算することが可能である．また正則化係数 λ を変化させながら解を求めることも可能である．

正則化を用いない w の最小 2 乗推定量を w^* とするとき，重みつき ℓ_1 正則化

$$\min_w \sum_{i=1}^{n} |Y_i - (w^\top X_i + b)|^2 + \lambda_n \sum_{k=1}^{p} \frac{|w_k|}{|w_k^*|^\gamma}$$

($\gamma > 0$) を行うと，λ_n を適当に選べば，$n \to \infty$ のときに変数選択の一致性をもつことが知られている[8]．さらに無向グラフ上のグラフィカルモデルに関して，ノード数がデータ数にしたがって増加してもよいという設定において，Lasso を用いた構造推定が一致性をもつことも知られている[9]．スパース性を用いた変数選択やモデル選択は近年研究が活発になっており，今後の発展が期待される話題である．

おわりに

最後にモデル選択において重要な未解決問題に関して述べておく．有限混合モデルや多層ニューラルネットワークモデル，もっと一般に隠れ変数のあるグラフィカルモデルにおいては，隠れ変数の個数による階層的なモデル $\mathcal{M}_1 \subset \mathcal{M}_2 \subset \cdots \subset \mathcal{M}_m$ からのモデル選択を考える際に，小さなモデルで実現される確率密度関数を与えるパラメータが，大きいモデルのなかでは連続集合になるという識別不能性の問題が存在する．たとえば，コンポーネント数 2 の有限混合モデル

$$p(x|c, a_1, a_2) = cg(x|a_1) + (1-c)g(x|a_2)$$

のなかで，コンポーネント数 1 のモデルで実現される確率密度関数 $g(x|a_0)$ を与えるパラメータは，$\{(c, a_1, a_2) \mid a_1 = a_2 = a_0, c \in [0,1]\}$，$\{(c, a_1, a_2) \mid c = 0, a_2 = a_0, a_1 \text{は任意}\}$，$\{(c, a_1, a_2) \mid c = 1, a_1 = a_0, a_2 \text{は任意}\}$ の三つの集合の和集合となる．

確率密度関数の空間で考えると，上のような識別不能性はモデルの特異点に対応する[10]．データを発生する分布がより小さいモデルで実現されると仮定すると，推定量の漸近分布は通常の漸近正規性を満たさず，まったく異なる様相を呈する[10, 11]．このとき，AIC や MDL の導出に必要な仮定は成立せず，これらの規準は修正を必要とする．このような場合にどのようなモデル選択規準を用いるべきかは未解決の部分が多く，今後の研究の発展が待たれる．

ベイズ推論の枠組みでは特異性の有無にかかわらず事後確率を求めればよいが，事後確率の計算はしばしば困難を伴う．有限混合モデルなどに対しては reversible jump MCMC[12] を用いることが可能であるが，精度のよい計算は必ずしも容易ではない．

〔福 水 健 次〕

参 考 文 献

[1] H. Akaike : A new look at the statistical model identification. *IEEE Trans. Automatic Control*, **19**(6): 716–723, 1974.

[2] 下平英寿ほか：モデル選択（統計科学のフロンティア 3），岩波書店，2004.

[3] 小西貞則，北川源四郎：情報量規準（シリーズ〈予測と発見の科学〉2），朝倉書店，2004.

[4] J. Rissanen : Modeling by shortest data description. *Automatica*, **14**: 465–471, 1978.

[5] M. Stone : An asymptotic equivalence of choice of model by cross-validatiopn and Akaike's criterion. *J. Roy. Statist. Soc. Ser.B*, **39**: 44–47, 1977.

[6] R. Tibshirani : Regression shrinkage and selection via the lasso. *J. Roy. Statist. Soc.* Ser.B, **58**(1): 267–288, 1996.

[7] B. Efron et al. : Least angle regression. *Annals of Statistics*, **32**(2): 407–499, 2004.

[8] H. Zou : The adaptive Lasso and its oracle properties. *J. Amer. Statist. Assoc.*, **101**: 1418–1429, 2006.

[9] N. Meinshausen and P. Bühlmann : High-dimensional graphs and variable selection with the Lasso. *Ann. Statistics*, **34**(3): 1436–1462, 2006.

[10] 福水健次ほか：特異モデルの統計学（統計科学のフロンティア 7），岩波書店，2004.

[11] S. Watanabe : Algebraic Geometry and Statistical Learning Theory, Cambridge University Press, 2009.

[12] P. Green : Reversible jump Markov chain Monte Carlo. *Biometrika*, **82**: 711–732, 1995.

1.5 確率微分方程式

stochastic differential equations

確率微分方程式は，ランダム性を含む不確実な事象を記述するためのモデルとして用いられる，ノイズ項を含む微分方程式である．確率微分方程式では，決定論的項と確率論的項がそれぞれ，現象のもつ必然性 (necessity) と偶然性 (chance) とを表現している．確率微分方程式の研究は，物理学，経済学，数学において 1900 年代初頭から研究されはじめ，発展してきた．

物理学では，1827 年にブラウン (Robert Brown) によって見いだされた花粉中から出た微粒子の水溶液中での乱雑な運動のモデルとして，アインシュタイン (Einstein) およびスモルコフスキー (Smoluchowski) の拡散方程式による研究にそのルーツの一つをさかのぼることができる．一方，確率微分方程式の明示的記述としては，1908 年のブラウン運動のモデル化のために提案された，ランジュヴァン (Langevin) の論文があげられる．一方，経済学においては，バシェリエ (Bachelier) が 1900 年に博士論文として提出したオプション理論の研究のために，確率解析に対応する理論を開発している．数学では，1950 年代のコルモゴロフ (Kolmogorov) による確率解析の定式化と，それに先立ち伊藤 (Itô) により研究されてきた，伊藤積分および伊藤の公式と呼ばれる確率微分方程式に対する変数変換公式は特に有名である．

a. 確率微分方程式とは

確率過程は一般に時間 $t \in [0, \infty)$ と確率空間 $\omega \in \Omega$ の 2 変数をもつ変数として $x(t, \omega)$ と表現されうる．このとき，**時間平均** (temporal average)

$$\overline{X}(\omega) = \lim_{T \to \infty} \frac{1}{T} \int_0^T x(t, \omega)\mathrm{d}t$$

と確率空間に対する**集団平均** (ensemble average)

$$\langle X(t) \rangle = \lim_{N(\omega) \to \infty} \frac{1}{N(\omega)} \sum_{\omega \in \Omega} x(t, \omega)$$

は一般に異なる値をとる．特に，すべての ω と十分大きな t に対して，$\overline{X}(\omega) = \langle X(t) \rangle$ が成り立つ場合をエルゴード的と呼ぶ．この確率過程に対して，あらゆる ω についての，$\mathrm{d}x(t, \omega) = x(t + \mathrm{d}t, \omega) - x(t, \omega)$ を確率微分と呼ぶ．確率過程に対して確率空間を表現する ω はよく省略されるので注意が必要である．以下慣例にならい，特に必要でない場合は，ω を省略して表記する．

特に，$\xi(t)$ の平均値と自己相関関数がそれぞれ $\langle \xi(t) \rangle = 0$，$\langle \xi(t_1)\xi(t_2) \rangle = \delta(t_1 - t_2)$ と与えられるとき，この $\xi(t)$ を白色ノイズと呼ぶ．そして，$\xi(t)$ に対応する**ウィーナー過程** (Wiener process)

$$w(t) = \int_0^t \xi(t')\mathrm{d}t'$$

の確率微分 $\mathrm{d}w(t)$ の平均値と分散はそれぞれ，$\langle \mathrm{d}w(t) \rangle = 0$，$\langle (\mathrm{d}w)^2(t) \rangle = \mathrm{d}t$ で与えられる．数値的には $t_k = t_0 + kh (h > 0$ は時間刻み) を用いて，$w(t)$ は標準正規乱数 η_k により，$w(t_n) = w(t_0) + \sqrt{h}\sum_{k=1}^{n} \eta_k$ として近似できる．特に，$\mathrm{d}w(t)$ の確率密度関数が正規分布 (ガウス分布) にしたがう場合，$\xi(t)\mathrm{d}t = \mathrm{d}w(t)$ を白色ガウスノイズと呼ぶ．

確率微分方程式として，特に興味がもたれる一般形は

$$\mathrm{d}x(t) = f(x, t)\mathrm{d}t + g(x, t)\mathrm{d}w(t) \qquad (1)$$

である．ここで $f(x, t)$ は決定論的項 (deterministic term)，$g(x, t)$ は確率論的項 (stochastic term) と呼ばれる．

確率微分方程式の解を求めるためには，確率微分の逆演算に対応する**確率積分**を必要とする．たとえば，$\mathrm{d}x(t) = -\nu x(t)\mathrm{d}t + \mathrm{d}w(t)$ の形式解を初期値 $x(0) = 0$ のもとで求めると，

$$x(t) = \int_0^t e^{\nu(t'-t)}\mathrm{d}w(t')$$

を得るが，このノイズを含む積分をどのように扱うかが重要となる．白色ガウスノイズを含む積分

$$\int_0^T g(x, t)\mathrm{d}w(t)$$

は確率積分と呼ばれ，伊藤解釈とストラトノビチ (Stratonovich) 解釈の 2 種類の解釈が特に有名である．伊藤積分はウィーナー過程 $w(t)$ を用いて，

$$\int_0^T g(x,t)\mathrm{d}w(t)$$
$$= \lim_{h\to 0}\sum_{k=0}^{[T/h]} g(x(kh),kh)[w((k+1)h)-w(kh)]$$

により定義される．一方，ストラトノビチ積分は

$$\int_0^T g(x(t),t)\circ \mathrm{d}w(t)$$
$$= \lim_{h\to 0}\sum_{k=0}^{[T/h]} g\Big(x\Big(kh+\frac{h}{2}\Big),kh+\frac{h}{2}\Big)$$
$$\times[w((k+1)h)-w(kh)]$$

で定義される．一般に，伊藤積分とストラトノビチ積分は異なる結果を与える．たとえば，

$$\int_0^T w(t)\mathrm{d}w(t) = \frac{1}{2}w(T)^2 - \frac{1}{2}T,$$
$$\int_0^T w(t)\circ \mathrm{d}w(t) = \frac{1}{2}w(T)^2$$

となる．ここで $w(0)=0$ とした．

式 (1) の特殊な場合として，$f(x,t)$ と $g(x,t)$ が x に依存せず $f(x,t)=u(t)$，$g(x,t)=v(t)$ で与えられる伊藤過程 $\mathrm{d}x(t)=u(t)\mathrm{d}t+v(t)\mathrm{d}w(t)$ を考える．このとき，2 回微分可能な関数 $h(x,t)$ を用いて定義される $y(t)=h\big(x(t),\,t\big)$ は再び伊藤過程であり，

$$\mathrm{d}y(t) = \frac{\partial h}{\partial t}(x(t),t)\mathrm{d}t + \frac{\partial h}{\partial x}(x(t),t)\mathrm{d}x(t)$$
$$+\frac{1}{2}\frac{\partial^2 h}{\partial x^2}(x(t),t)(\mathrm{d}x(t))^2$$

を満たす．この変換公式は伊藤の公式と呼ばれる．ここで，$(\mathrm{d}x(t))^2 = \mathrm{d}x(t)\cdot\mathrm{d}x(t)$ は次の計算規則で求められる．

$$\mathrm{d}t\cdot\mathrm{d}t = \mathrm{d}t\cdot\mathrm{d}w(t) = \mathrm{d}w(t)\cdot\mathrm{d}t = 0,$$
$$\mathrm{d}w(t)\cdot\mathrm{d}w(t) = \mathrm{d}t$$

さらに，式 (1) において $f(x,t)$ と $g(x,t)$ とが時刻 t に依存しない場合を考え，両辺を $\mathrm{d}t$ で割り表記する．この方程式は物理学では，ランジュヴァン方程式とも呼ばれる．

$$\frac{\mathrm{d}x}{\mathrm{d}t} = f(x) + g(x)\xi(t) \tag{2}$$

$g(x)=0$ のとき，式 (2) は，常微分方程式であり，力学系理論の安定性解析により性質の一端を分析することが可能である．

$$\frac{\mathrm{d}x}{\mathrm{d}t} = f(x)$$

の固定点 (fixed point) は $f(x)=0$ の解として与えられ，

$$\frac{\partial f}{\partial x}(x_s) < 0$$

となる固定点 x_s を**安定固定点** (stable fixed point)，

$$\frac{\partial f}{\partial x}(x_u) > 0$$

となる固定点 x_u を**不安定固定点** (unstable fixed point) と呼ぶ．解 $x(t)$ は安定固定点に吸引され，不安定固定点から遠ざかる性質があるので，$g(x)\neq 0$ のときにも，その性質は保存され，式 (2) の標本 (path) は，安定固定点 x_s まわりに滞在しやすく，不安定固定点まわりには滞在しにくい性質をもつ．

b.　フォッカー–プランク方程式

この様子は，確率微分方程式を ω ごとの標本系列でみるよりも，標本集合 Ω 全体での集団的な広がりでみることにより，系統だてて調べることができる．与えられた経路 ω に対する式 (2) の標本を $x(t,\omega)\in\Omega$ と書くと，ある一つの標本の確率密度関数は確率 1 でその経路上に存在するので，$P(x;t,\omega)=\delta\big(x-x(t,\omega)\big)$ である．これを確率空間 Ω 全体にわたり集団平均をとった $p(x;t)=\langle P(x;t)\rangle$ を考える．この $p(x;t)$ の時間変化 $\Delta p(x;t)=p(x;t+\Delta t)-p(x;t)$ を $\mathrm{d}x(t)$ のべきに展開し，式 (2) を用い $\Delta t\to 0$ とおくことにより確率密度関数の発展方程式を得る．この偏微分方程式は**フォッカー–プランク (Fokker–Planck) 方程式**として知られている．フォッカー–プランク方程式は，導出途中に確率積分を用いるため，用いた確率積分の解釈に依存して，伊藤解釈とストラトノビチ解釈とで方程式の形が異なる．伊藤解釈では

$$\frac{\partial p}{\partial t} = -\frac{\partial}{\partial x}[f(x)p(x;t)] + \frac{1}{2}\frac{\partial^2}{\partial x^2}[g(x)p(x;t)]$$

であり，ストラトノビチ解釈の場合，

$$\frac{\partial p}{\partial t} = -\frac{\partial}{\partial x}\Big[\Big(f(x)+\frac{1}{2}\frac{\partial g}{\partial x}g(x)\Big)p(x;t)\Big]$$
$$+\frac{1}{2}\frac{\partial^2}{\partial x^2}[g(x)p(x;t)]$$

の偏微分方程式が対応する．特に，$f(x)=0$，$g(x)=$

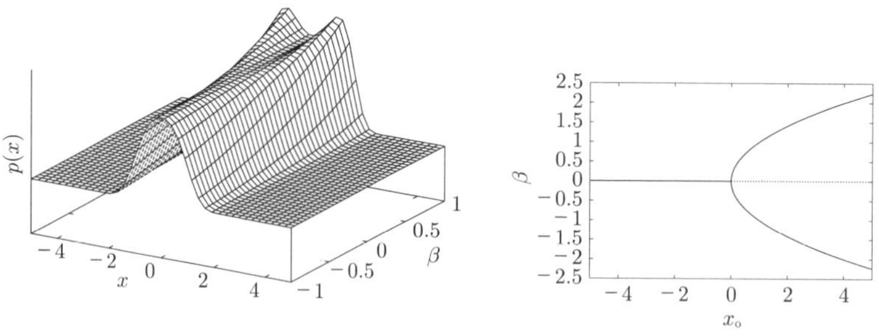

図 1　単峰から双峰への分布形状の変化と固定点の分岐
実線は安定固定点，破線は不安定固定点．

$2D$ ($D > 0$ は**拡散係数**と呼ばれる) では，対応するフォッカー–プランク方程式は，両解釈ともに

$$\frac{\partial p}{\partial t} = D\frac{\partial^2 p}{\partial x^2} \tag{3}$$

となり，アインシュタイン，スモルコフスキーにより研究された**拡散方程式**となる．式 (3) において，初期条件 $p(x;0) = \delta(x)$ とした場合の解は

$$p(x;t) = \frac{1}{\sqrt{4\pi Dt}}\exp\left(-\frac{x^2}{4Dt}\right)$$

である．

さらに，式 (2) において，$g(x) = 2D$ なる定数 ($D > 0$ は**強度** (strength) と呼ばれる) の場合，伊藤解釈とストラトノビチ解釈のフォッカー–プランク方程式は一致し，

$$\frac{\partial p}{\partial t} = -\frac{\partial}{\partial x}\Big[f(x)p(x;t)\Big] + D\frac{\partial^2 p}{\partial x^2}$$

と書くことができる．このフォッカー–プランク方程式の定常解 $p(x)$($\partial p/\partial t = 0$ の解) は**自然境界条件** (natural boundary condition)

$$p(x) \to 0\ (x \to \pm\infty),\quad \frac{\partial p}{\partial x}|_{x\to\pm\infty} \to 0$$

のもとで，

$$p(x) = N\exp\Big[D^{-1}\int_{x_0}^{x} f(x')\mathrm{d}x'\Big]$$

と書ける．ここで，N は規格化定数 (normalization constant) であり，

$$N = \Big(\int_{-\infty}^{\infty}\exp\Big[D^{-1}\int_{x_0}^{x} f(x')\mathrm{d}x'\Big]\mathrm{d}x\Big)^{-1}$$

により与えられる．

$p(x)$ の形状と常微分方程式 $\frac{\mathrm{d}x}{\mathrm{d}t} = f(x)$ の安定性との間には関連があり，$f(x_q) = 0$ を満たす x_q において $p(x)$ は極となる．さらに，安定固定点 x_s において $p(x)$ は極大値，不安定固定点 x_u において $p(x)$ は極小値となる．たとえば，$f(x) = \beta x - x^3$ としたランジュヴァン方程式では，$\beta > 0$ において，$x = 0, \pm\sqrt{\beta}$ の三つの固定点が存在し，$x = 0$ は不安定固定点，$\pm\sqrt{\beta}$ は安定固定点である．$\beta < 0$ において，$x = 0$ のみが固定点でありかつ安定固定点となる．一般に，確率微分方程式の定常確率密度関数の形状と $D = 0$ としてノイズを無視した場合に得られる微分方程式の吸引領域の分布との間には強い関連がある．この非線形力学系に対応する確率微分方程式の統計的性質から，もとの非線形力学系の吸引領域の様子を把握できる可能性がある．図 1 は，$f(x) = \beta x - x^3$ の例において，定常確率密度関数の形状が単峰から双峰へ変形していく様子と，固定点の分岐の様子を示している．β に対して固定点の分岐が生じ，この分岐が確率密度関数の形状変化と対応していることが読みとれる．

c. 数値解法

式 (1) で表される確率微分方程式を，伊藤型の確率積分の定義に戻って数値的に計算するための離散計算スキームを考えてみよう．式 (1) に対して，$h = t_{k+1} - t_k$ とおき，t_k から t_{k+1} まで積分 (右辺第 2 項のノイズを含む積分は伊藤型確率積分である) すると，

$$x(t_{k+1}) = x(t_k) + \int_{t_k}^{t_{k+1}} f\big(x(t),t\big)\mathrm{d}t + \int_{t_k}^{t_{k+1}} g\big(x(t),t\big)\mathrm{d}w(t)$$

を得る．さらに，$f\big(x(t),t\big)$ の t_k から t_{k+1} までの積分を $f\big(x(t),t\big)$ の t_k での端点の値 $f(x(t_k),t_k)h$ で近似

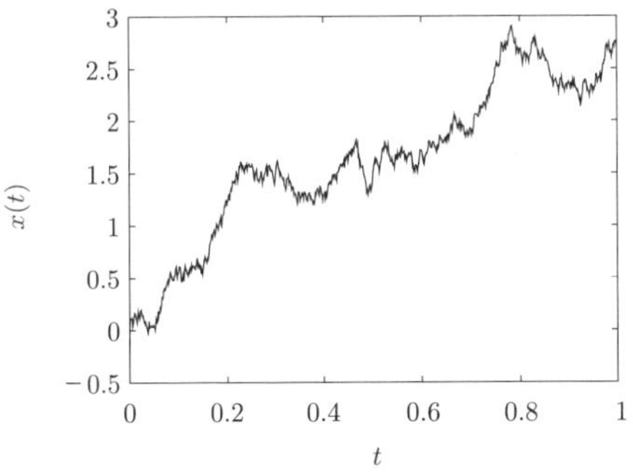

図 2　ランジュヴァン方程式の標本の例

し，$g\big(x(t),t\big)$ の t_k から t_{k+1} までの積分を伊藤解釈により正規乱数 η_k を用い，$t=t_k$ の値 $g(x(t_k),t_k)\sqrt{h}\eta_k$ により近似する．このとき得られる離散計算スキーム

$$x(t_{k+1})=x(t_k)+f\big(x(t_k),t_k\big)h+g\big(x(t_k),t_k\big)\sqrt{h}\eta_k$$

は**伊藤型オイラー–丸山スキーム**と呼ばれる．確率微分方程式の数値スキームはファイナンスにおけるオプション理論の計算や，水溶液中で運動する高分子鎖の分子動力学シミュレーションなどで多用される．図 2 に $f(x)=-0.5x$, $g(x)=2$，初期値 $x(0)=0$, $h=0.001$ としたときのオイラー–丸山スキームにより計算した標本の一例を示す．

確率微分方程式の数値解法においては，**強い近似** (strong approximation) と**弱い近似** (weak approximation) の 2 種類の近似概念がある．強い近似とは標本の近似を指し，弱い近似は平均や分散，確率密度関数などの統計量の近似を指す。オイラー–丸山スキームの強い近似は $O(h^{1/2})$，弱い近似は $O(h)$ の精度をもつ．より高精度の数値スキームとして，ミルシュタイン (Milstein) スキームやテイラースキームなどが知られている．

d.　多変量の場合

複数の金融商品の価格変動を考慮するポートフォリオ問題や，多数の高分子鎖が相互作用しながら水溶液中を運動する問題を考えてみよう．このような多自由度系を確率微分方程式により表現するためには，式 (2) を N 変量に拡張した

$$\frac{\mathrm{d}x_i}{\mathrm{d}t}=f_i(x_1(t),\cdots,x_N(t))$$
$$+\sum_{j=1}^{M}g_{ij}(x_1(t),\cdots,x_N(t))\xi_j(t)$$

を考える必要がある $(i=1,\cdots,N; j=1,\cdots,M)$．ここで，$\langle\xi_j(t)\rangle=0$，$\langle\xi_i(t_1)\xi_j(t_2)\rangle=\delta_{ij}\delta(t_1-t_2)$ とする．このとき，時刻 t における同時結合確率密度関数 $p(x_1,\cdots,x_N;t)$ に関するフォッカー–プランク方程式は，伊藤解釈では，

$$\frac{\partial p}{\partial t}=-\sum_{i=1}^{N}\frac{\partial}{\partial x_i}(f_i(x_1,\cdots,x_N)p(x_1,\cdots,x_N;t))$$
$$+\frac{1}{2}\sum_{i=1}^{N}\sum_{j=1}^{N}\frac{\partial^2}{\partial x_i\partial x_j}\Big[\sum_{m=1}^{M}g_{im}g_{jm}p(x_1,\cdots,x_N;t)\Big],$$

ストラトノビチ解釈では，

$$\frac{\partial p}{\partial t}=-\sum_{i=1}^{N}\frac{\partial}{\partial x_i}\Big[\Big(f_i(x_1,\cdots,x_N)$$
$$+\frac{1}{2}\sum_{k=1}^{N}\sum_{j=1}^{M}\frac{\partial g_{ij}}{\partial x_k}g_{kj}\Big)\times p(x_1,\cdots,x_N;t)\Big]$$
$$+\frac{1}{2}\sum_{i=1}^{N}\sum_{j=1}^{N}\frac{\partial^2}{\partial x_i\partial x_j}$$
$$\times\Big[\sum_{m=1}^{M}g_{im}g_{jm}p(x_1,\cdots,x_N;t)\Big]$$

で与えられる．多変量ランジュヴァン方程式に対応するフォッカー–プランク方程式から解析的に定常解を得ることができる例はきわめてまれである．そもそも定常解が存在しない場合すらある．定常解が存在するための条件として，**ポテンシャル条件** (potential condition) と呼ばれるものがある．特に，$g_{ij}(x_1,\cdots,x_N)=2D\delta_{ij}$ である場合，両解釈のフォッカー–プランク方程式は一致し，**確率流** (probability current)

$$S_i=f_ip-D\frac{\partial p}{\partial x_j}$$

は $f_i(x_1,\cdots,x_N)$ がスカラーポテンシャル $\Phi(x_1,\cdots,x_N)$ の勾配

$$f_i=-D\frac{\partial\Phi}{\partial x_i}$$

で与えられる場合に 0 となる．そして，このとき $x_i(t)$ は十分大きな t において定常状態となる．スカラーポテンシャルが存在する必要十分条件は，

$$\frac{\partial f_i}{\partial x_j}=\frac{\partial f_j}{\partial x_i}$$

が成り立つことである．定常確率密度は

$$p(x_1, \cdots, x_N) = Ne^{-\Phi}$$
$$\left(N^{-1} = \int \mathrm{d}x_1' \cdots \int \mathrm{d}x_N' e^{-\Phi(x_1', \cdots, x_N')}\right)$$

により与えられ,

$$\Phi(x_1, \cdots, x_N) = -D^{-1} \int \mathrm{d}x_i' f_i(x_1', \cdots, x_N')$$

となる．たとえば，$f_i(x_1, \cdots, x_N)$ がポテンシャル条件を満足する例として，非負正定値行列 A_{ij} により $f_i(x_1, \cdots, x_N) = -\sum_{j=1}^{N} A_{ij} x_j$ で与えられる場合がある．このとき，

$$\Phi(x_1, \cdots, x_N) = (2D)^{-1} \sum_{i=1}^{N} \sum_{j=1}^{N} A_{ij} x_i x_j$$

となり，定常確率密度関数として

$$p(x_1, \cdots, x_N) = \frac{(\det A)^{1/2}}{(2\pi D)^{N/2}} \exp\left(-(2D)^{-1} \sum_{i=1}^{N} \sum_{j=1}^{N} A_{ij} x_i x_j\right)$$

なる N 変量ガウス分布を得る．

さらに詳しく確率微分方程式を知りたければ，以下の文献を参照のこと．確率微分方程式とフォッカー–プランク方程式の対応は[1]，確率微分方程式の理論，数値解法については[2]，確率微分方程式の協同現象・相転移現象への応用については[3]，確率解析は[4] がある．

〔佐藤彰洋〕

参考文献

[1] H. Risken : The Fokker–Plank Equation: Methods of Solution and Applications, Springer, Berlin, 1989.

[2] C.W. Gardiner : Handbook of Stochastic Methods: for Physics, Chemistry and the Natural Sciences, Springer, Berlin, 1982.

[3] H. ハーケン著，牧島邦夫，小森尚志訳：協同現象の数理，東海大学出版会，1980; 奈良重俊訳：情報と自己組織化，シュプリンガー・フェアラーク東京，2002.

[4] B. エクセンダール著，谷口説男訳：確率微分方程式: 入門から応用まで，シュプリンガー・フェアラーク東京，1999.

2 機械学習

2.1 統計的学習理論

statistical learning theory

統計的学習理論の目的は，データからの推論 (inference) を研究するための枠組みを提供することにある．データからの推論では，通常，ある現象に対して，なんらかの数理モデルを仮定し，そのモデルのパラメータ（引数）をデータから学習する．そして，新しい事例（インスタンス）が与えられたとき，学習したモデルをもとにして予測を行う．このような推論は，科学研究や日々の暮らしにおいて，人間がさまざまな形で行っていることである．機械学習は，この推論のプロセスを計算機を用いて自動化することを目的としている．その基礎理論である統計的学習理論は，推論プロセスを定式化することを目的とする．

データからの推論には，さまざまな形が存在するが，最も基礎的なのは，以下に述べる 2 クラスパターン認識問題である．理論の本質を表すには十分であるので，本解説では，この問題を軸に説明する．ここでは，多数の事例のそれぞれが，二つのクラス（正クラスと負クラス）にすでに分類されているものをデータとする．事例が正クラスに属する場合には $+1$ となり，負クラスに属する場合には -1 となるラベルを用意すると，データは，多数の（事例，ラベル）ペアとして表現される．**学習アルゴリズム**は，データを用いて，事例をラベルに写像する関数を構築する．ここで問題となるのは，未知の事例をこの関数を使って分類した際に誤りを生じる確率（**汎化誤差**）である．さまざまなデータに関して汎化誤差の小さい関数を構築できるのがよい学習アルゴリズムである．

多くのニューロンをもつニューラルネットワークのような複雑な学習機械を，なんの工夫もなく用いると，与えられた事例は完璧に分類できるが，未知の事例に対しては誤差が非常に大きくなるという現象が起きる．この現象を過学習と呼ぶ．これは，複雑すぎる学習機械を用いたことによる弊害である．未知の事例に対する誤差を最小にするためには，適切な複雑さの学習機械を用いる必要がある．学習機械の複雑さを適切に定義し，それをもとに汎化誤差の上限の評価を行うことが，**統計的学習理論**の主なテーマとなる．

汎化誤差を定義するため，事例は，$p(x,y)$ という確率分布から独立に l 個サンプリングされていると仮定する．ここで，x は事例を表す変数，$y \in \{-1,1\}$ はラベルを表す変数である．サンプルされた事例の集合を，訓練事例 $(x_1,y_1),\cdots,(x_n,y_n)$ と呼ぶ．学習で得た関数を $f(x)$ とし，損失関数 q を誤りが起こったときのみ 1 になるように定義する．

$$q(x,y) = \begin{cases} 0 & yf(x) \geq 0 \\ 1 & yf(x) < 0 \end{cases}$$

すると未知の事例に対する汎化誤差は，

$$R(f) = \iint q(x,y)p(x,y)\mathrm{d}x\mathrm{d}y$$

と表せる．一方，訓練事例に対する誤差は，同様に，

$$R_{\mathrm{emp}}(f) = \frac{1}{l}\sum_{i=1}^{l} q(x_i,y_i)$$

と表せる．一般に $R(f)$ を期待リスク，$R_{\mathrm{emp}}(f)$ を経験リスクと呼ぶ．学習問題は，ある関数の集合 $\mathcal{F}$ が与えられたとき，そのなかから，期待リスクを最小化する f をみつける問題として定式化される．しかし，われわれは，経験リスクしか知ることができないので，代わりに経験リスクを最小化するしかない．この方法は，**経験リスク最小化** (empirical risk minimization：ERM) と呼ばれる．

ERM を用いるとき，学習結果は，関数の集合 $\mathcal{F}$ をどのように設定するかで異なる．そこで，学習結果の期待リスクをできるだけ小さくするための $\mathcal{F}$ の設定法が問題となる．このとき手がかりとなるのが，関数の集合 $\mathcal{F}$ におけるリスクの差の上限 (risk deviation)

$$\sup_{f\in\mathcal{F}} |R(f) - R_{\mathrm{emp}}(f)|$$

である．次の定理[1] は，リスクの差の上限が，ヴァプ

ニック–シェルヴォネンキス (Vapnik-Chervonenkis) 次元 (**VC 次元**) と呼ばれる量によって評価できることを示している．

定理 1 $\mathcal{F}$ の VC 次元を h とすると，次の不等式は $1-\eta$ 以上の確率で成り立つ．

$$\sup_{f\in\mathcal{F}}|R(f)-R_{\mathrm{emp}}(f)|\leq\frac{\varepsilon(l)}{2}\left(1+\sqrt{\frac{R_{\mathrm{emp}}(f)}{\varepsilon(l)}}\right)$$

ここで，$\varepsilon(l)$ は次式で与えられる．

$$\varepsilon(l)=\frac{4h(\ln(2l/h)+1)-4\ln(\eta/4)}{l}$$

VC 次元とは，関数クラスの大きさを表す量である．n 個のサンプル $x_1,\cdots,x_n$ が与えられたとき，関数クラス $\mathcal{F}$ に属する関数によって，サンプルが分類されるパターンの全集合を以下のように表す．

$$\mathcal{F}_{x_1,\cdots,x_n}=\{(f(x_1),\cdots,f(x_n))\mid f\in\mathcal{F}\}$$

次に，成長関数 (growth function) を，あらゆるサンプル集合に関する分類パターン数の最大値として定義する．

$$S_{\mathcal{F}}(n)=\sup_{(x_1,\cdots,x_n)}|\mathcal{F}_{x_1,\cdots,x_n}|$$

ここでは，f の値域が $\{-1,1\}$ であるので，$S_{\mathcal{F}}(n)$ の最大値は 2^n であり，この場合にはすべての分類パターンがありうる．このような場合，$\mathcal{F}$ は，任意の n 点を粉砕 (shatter) するという．成長関数を用いて，VC 次元は，粉砕可能な最大の n として定義される．本質的に，VC 次元は，関数集合の大きさを表している．もし $\mathcal{F}_0\subseteq\mathcal{F}_1$ であれば，$\mathcal{F}_1$ の VC 次元は，$\mathcal{F}_0$ のそれよりも大きい．過学習は，経験リスクと期待リスクの差が開きすぎるために，経験リスクの最小化が，期待リスクの最小化につながらないという現象である．上の定理から，リスクの差は VC 次元が大きいほど大きくなりうるため，過学習は大きい VC 次元をもつ関数集合を用いた際に起こりやすいといえる．関数集合の大きさを表す尺度は VC 次元だけではなく，Covering Number, Rademacher Average, Local Rademacher Average のような量を用いても，類似の定理を導き出すことができる[2]．

線形関数の集合に関しては，VC 次元が比較的簡単に計算できる．d 次元の空間における線形関数は，$d+1$ 個の点を粉砕できるが，$d+2$ 個の点は粉砕できないため，VC 次元は $d+1$ となる．たとえば，2 次元における線形関数は，任意の三つの点を粉砕できる (図 1)．この例では，VC 次元が線形関数のパラメータ数 d と密接に関連しているが，一般の場合には，必ずしもそうではない．たとえば，1 次元におけるサイン関数 $f(x)=\sin(tx)$ は，パラメータは t 一つしかないが，VC 次元は無限である．応用上重要な意味をもつ関数集合としては，重みベクトルに制限のある線形関数

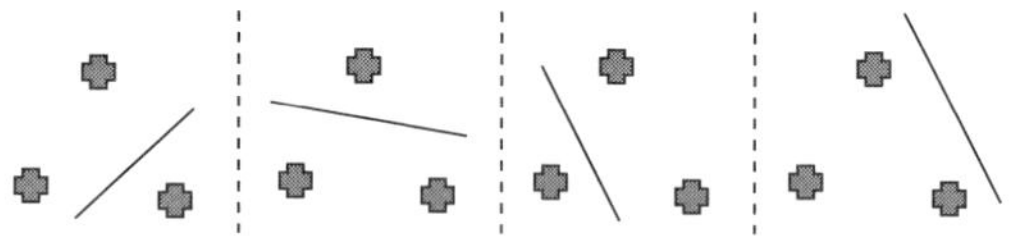

図 1　2 次元における線形関数を用いた 3 点の粉砕の例

$$\mathcal{F}_\gamma=\{f\mid f(x)=w^\top x+b,\|w\|\leq\gamma\}$$

があげられる．ここで，$w\in\mathbb{R}^d$ は線形関数の重みベクトル，b はバイアス項である．この集合では，重みベクトルのユークリッドノルムが γ 以下に制限されている．訓練事例が半径 D の球に含まれていると仮定すると，$\mathcal{F}_\gamma$ の VC 次元は，

$$h\leq\min\{D^2,r^2\}+1$$

と表される．

上記の定理を用いて，実際に期待リスクの最小化を行うために，**構造化リスク最小化** (structural risk minimization：SRM) という方法が提案されている[1]．ここでは，入れ子構造をもつ複数の関数集合を考えて，

$$\mathcal{F}_1\subset\cdots\subset\mathcal{F}_k$$

とし，このうちのどれを選んで ERM を行えば，最も期待リスクを小さくできるかを考える．この関数集合の族は構造 (structure) と呼ばれる．関数集合の大きさ (capacity) による，期待リスク (expected risk)，経験リスク (empirical risk)，リスクの差 (risk deviation) の変化の様子を図 2 に示す．小さい関数集合を選ぶと，訓練事例をうまく識別できるものが入っていないおそれがある．したがって，経験リスクを小さくするためには，できるだけ大きい集合を選ぶべきである．しかし，関数集合が大きいほど VC 次元が増加し，リスクの差は大きくなるので，リスクの差を小さくするためには，小さい集合のほうがよい．期待リスクは，経験リ

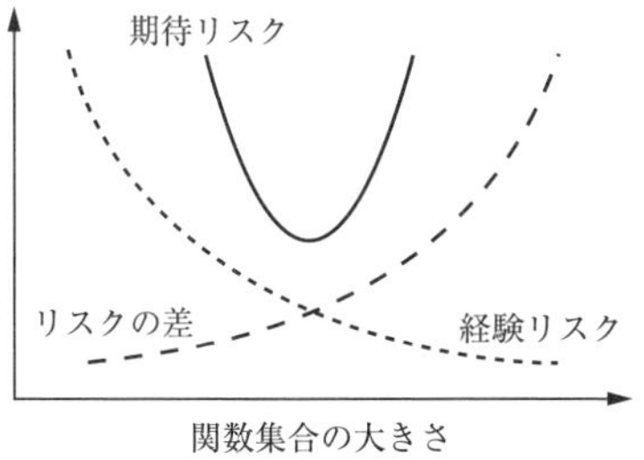

図 2　関数集合の大きさによる期待リスク，経験リスク，リスクの差の変化

スクとリスクの差の和であるから，これを最小にするには，中くらいの大きさのものを選べばよいことがわかる．この原理を，制限つき線形関数にあてはめた学習アルゴリズムは，**サポートベクターマシン** (support vector machine) として知られ，広く用いられている．

実際に，統計的学習理論を適用して学習アルゴリズムを設計するときに注意しておかなくてはいけないのは，定理で与えられるリスクの差の上限が，実際の値と離れすぎているために，SRM で関数集合を選んでも必ずしも期待リスクを最小化する点が選べないということである．サポートベクターマシンのような成功例では，期待リスクの上限と，実際の期待リスクが同様の振舞いをしていると考えられるが，一般の場合にそれが常に成り立つわけではない．しかし，学習問題の性質をつかみ，体系化するうえでは，統計的学習理論および構造的リスク最小化は重要である．特に，パラメータの数といった表面的な性質が，関数集合の複雑さを定義するのに適当でないということを指摘した歴史的意義は大きいと考えられる．〔津 田 宏 治〕

参 考 文 献

[1] V.N. Vapnik : Statistical Learning Theory, Wiley, 1998.

[2] O. Bousquet et al. : Introduction to statistical learning theory. Advanced Lectures in Machine Learning, pp.169–207, Springer, 2004.

2.2 EMアルゴリズム

EM algorithm

EM (expectation-maximization) アルゴリズムは，観測されない**潜在変数** (latent variable) を含む確率モデルにおいてパラメータの**最尤推定量** (maximum likelihood estimator：MLE) や**最大事後確率推定量** (maximum a posteriori estimator：MAP) を求める手法の一つで，期待値 (expectation：E) ステップと最大化 (maximization：M) ステップを交互に繰り返す反復法である．デンプスターらによる 1977 年の論文 [1] で導入され，その名がつけられた．**隠れマルコフモデル** (hidden Markov model：HMM) における**バウム–ウェルチ** (Baum–Welch) アルゴリズムなど個別の例で以前から知られているものもあったが，彼らはそれを一般的な形で定式化し，その性質を統一的な枠組みで議論した．それ以降，自然言語処理 (natural language processing)，計量心理学 (psychometrics)，医用画像処理 (medical image processing)，バイオインフォマティクス (bioinformatics) など幅広い分野に応用されている．

最初に，例として 2 成分の**ガウス混合モデル** (Gaussian mixture model：GMM) の場合を考える．d 次元の確率ベクトル x は 2 値の潜在変数 z に依存し，z が 1 のときはガウス分布 $N_d(\mu_1,\ \Sigma_1)$ に，z が 2 のときは $N_d(\mu_2,\ \Sigma_2)$ にしたがうとする．また，潜在変数 z は確率 π で 1 を，確率 $1-\pi$ で 2 をとるとする．この分布からの n 個の独立な観測値 $(x_1, \cdots, x_n)$ が与えられたときに，未知パラメータ $\theta=(\pi, \mu_1, \mu_2, \Sigma_1, \Sigma_2)$ を推定するための EM アルゴリズムは以下のようになる．

E ステップ　現在の推定値 $\theta^{(t)}$ において，各サンプルの潜在変数 z_i が 1 をとる確率を求める．ガウス分布 $N_d(\mu, \Sigma)$ の密度関数を $\phi_d(x;\mu,\Sigma)$ とする．

$$P(z_i=1|x_i,\theta^{(t)}) = \frac{\pi^{(t)}\phi_d(x_i;\mu_1^{(t)},\Sigma_1^{(t)})}{\pi^{(t)}\phi_d(x_i;\mu_1^{(t)},\Sigma_1^{(t)})+(1-\pi^{(t)})\phi_d(x_i;\mu_2^{(t)},\Sigma_2^{(t)})} \tag{1}$$

M ステップ　観測値 x と潜在変数 z の同時尤度関数を E ステップで計算した確率で重みづけして足し合わ

せたもの

$$
\begin{aligned}
&Q(\theta|\theta^{(t)}) \\
&= \sum_{i=1}^{n}[P(z_i = 1|x_i, \theta^{(t)}) \log\{\pi\phi_d(x_i; \mu_1, \Sigma_1)\} \\
&+ P(z_i = 2|x_i, \theta^{(t)}) \log\{(1-\pi)\phi_d(x_i; \mu_2, \Sigma_2)\}] \quad (2)
\end{aligned}
$$

を最大化するパラメータ θ を求める．ガウス混合分布の場合，この解を陽に計算することができる．

$$
\pi^{(t+1)} = \frac{1}{n}\sum_{i=1}^{n} w_{i,1}^{(t)}, \quad (3)
$$

$$
\mu_j^{(t+1)} = \frac{\sum_{i=1}^{n} w_{i,j}^{(t)} x_i}{\sum_{i=1}^{n} w_{i,j}^{(t)}},
$$

$$
\Sigma_j^{(t+1)} = \frac{\sum_{i=1}^{n} w_{i,j}^{(t)}(x_i - \mu_j^{(t)})(x_i - \mu_j^{(t)})^T}{\sum_{i=1}^{n} w_{i,j}^{(t)}},
$$

$$
j = 1, 2. \quad (4)
$$

ここで，$w_{i,1}^{(t)} = P(z_i = 1|x_i, \theta^{(t)})$，$w_{i,2}^{(t)} = P(z_i = 2|x_i, \theta^{(t)}) = 1 - w_{i,1}^{(t)}$ とおいた．

M ステップの式 (3) は観測値が第 1 のガウス分布から生成される確率の平均値，式 (4) は各ガウス成分から生成される確率に基づく重みつきのサンプル平均，および分散と解釈することができる．図 1 および 2 は 1 次元のガウス混合分布 $0.4N_1(3, 2) + 0.6N_1(-2, 1)$ からの 100 個のサンプルに対して，上記の EM アルゴリズムを適用した数値例である．初期値には大きい分散をもつほとんど重なったガウス分布を用いた．初期値，1 ステップ，2 ステップ，6 ステップ (収束値)，真値について，E ステップの出力 (1) と M ステップ (3)，(4) で推定された二つのガウス分布を表示した．二つの成分が徐々に離れて真値に近づき，それに伴い重み関数 (1) が鋭くなっていく様子がわかる．

続いて，全観測データを x，潜在変数もしくは欠測

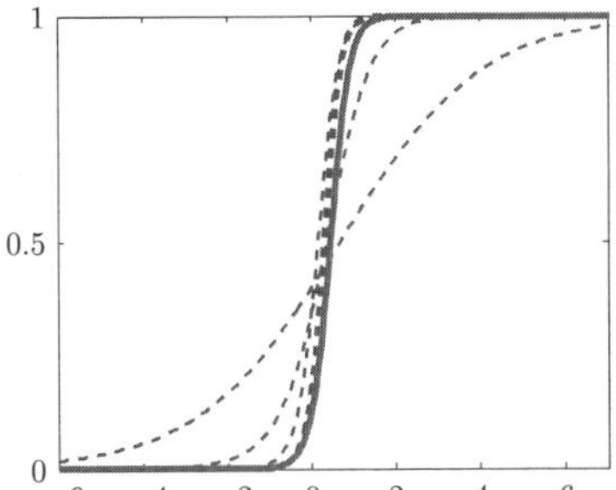

図 1 条件つき確率 $P(z_i = 1|x_i, \theta^{(t)})$ (E ステップ)

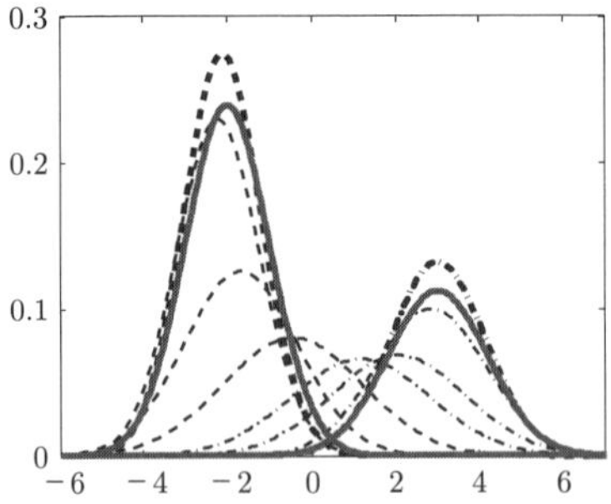

図 2 推定されたガウス分布 (M ステップ)

値 (missing value) 全体を z として，一般の潜在変数モデル $\{p(x, z; \theta)\}$ を考え，デンプスターら [1] による EM アルゴリズムの一般的な定義を述べる．最尤推定量は原理的には観測データ x の周辺尤度 (marginal likelihood)$L(\theta; x) = p(x; \theta)$ をパラメータ θ に関して最大化することによって求めることができる．しかし，ガウス混合分布のように x と z の同時分布 (joint distribution) $p(x, z; \theta)$ が単純な形であっても，それを z に関して積分 (あるいは加算) したもの $p(x; \theta) = \int p(x, z; \theta)\mathrm{d}z$ は複雑になることが多く，最尤解を求めるにはフィッシャーのスコア法 (Fisher's scoring algorithm) のような非線形最適化法が必要になる．さらに，実応用で使われるマルコフ確率場 (Markov random field) や大規模なグラフィカルモデル (graphical model) などでは周辺尤度最大化の直接解法を実装すること自体が困難である．このような状況下で，潜在変数 z を含む同時分布 $p(x, z; \theta)$ に基づく EM アルゴリズムは特に有用である．EM アルゴリズムは以下の E ステップと M ステップを適当な収束判定条件を満たすまで繰り返す．

E ステップ 現在の推定値 $\theta^{(t)}$ で定められる分布に基づいて，観測値 x を固定したときの同時尤度関数の条件つき期待値を計算する．

$$
Q(\theta|\theta^{(t)}) = E_z[\log p(x, z; \theta)|x; \theta^{(t)}]
$$

ここで，$E_z[\bullet|x; \theta]$ は条件つき確率 $p(z|x; \theta)$ で z に関して期待値をとることを意味する．

M ステップ E ステップで求められた関数 $Q(\theta|\theta^{(t)})$ を最大化するパラメータ θ を求める．ここで得られた最適値 $\theta^{(t+1)}$ が次の E ステップで用いられる．

$$
\theta^{(t+1)} \arg\max_{\theta} Q(\theta|\theta^{(t)})
$$

ガウス混合モデルを含め混合分布モデルでは関数 $Q(\theta|\theta^{(t)})$ が式 (2) のように単純化されるので，E ステップでは各サンプルがどの分布から出されたかの確率予測，すなわち条件つき確率 $P(z_i = 1|x_i, \theta^{(t)})$ などを求めればよい．**ベイズの定理** (Bayes theorem) によりこの条件つき確率は式 (1) のように陽に計算できる．成分がガウス分布の場合，さらに M ステップも式 (3) と (4) のように解析的に解くことができ，前述した簡単な更新則が導出される．

しかし，残念ながら E および M ステップが陽な形で書けるのはごく少数のモデルに限られる．M ステップが解析的に解けない場合には勾配法 (gradient method) などの反復法を用いる必要があるが，各 M ステップで関数 $Q(\theta|\theta^{(t)})$ の最大値に収束するまで待つのは効率が悪いため，通常は反復法を途中で打ち切って (たとえば勾配法の更新 1 回のみ) 次の E ステップに移行する．このように EM アルゴリズムの M ステップを緩和した方法は**一般化 EM アルゴリズム** (generalized expectation maximization algorithm：GEM) と呼ばれる．

M ステップ　関数 $Q(\theta|\theta^{(t)})$ を増加させるパラメータ $\theta^{(t+1)}$ を選ぶ．

$$Q(\theta^{(t+1)}|\theta^{(t)}) > Q(\theta^{(t)}|\theta^{(t)}) \tag{5}$$

たとえば，他の成分を固定し，θ の 1 成分についての最大化を逐次的に行う **ECM** (expectation conditional maximization) などが提案されている．一方，E ステップで条件つき期待値を解析的に計算できない場合には数値的に求めなければならないが，マルコフ連鎖モンテカルロ法 (Markov chain Monte Carlo method：MCMC) や後述する変分ベイズ近似 (variational Bayes approximation) によって一般の問題に対しても現実的な時間での計算が可能になった．

EM アルゴリズムの妥当性や収束性などの理論解析はデンプスターら [1] 以来研究が行われている．特に重要な性質として，EM ステップで周辺尤度が単調増加し，適当な条件下でその局所最大値に収束することが知られている．

$$\log p(x;\theta^{(t+1)}) - \log p(x;\theta^{(t)})$$
$$\geq Q(\theta^{(t+1)}|\theta^{(t)}) - Q(\theta^{(t)}|\theta^{(t)}) > 0$$

ここで，第 1 の不等式はイェンセン (Jensen) の不等式に基づいて証明され，第 2 の不等式は EM および GEM の M ステップにおける仮定 (5) である (詳しくは McLachlan et al., 1997 などを参照)．しかし，最尤推定法同様に解は一般に一意ではなく，収束先は初期値に依存する．このため，複数の初期値を使用するのが一般的である．また，EM アルゴリズムの収束は遅いためこれまでにさまざまな加速法が提案されている．

前述したように，E ステップにおける条件つき期待値の計算はベイズ推測における事後分布と同様に複雑かつ大規模な実問題で実行することが困難である．この問題に対処するにあたっては，Neal and Hinton (1999) による変分ベイズ法の考え方に基づいた EM アルゴリズムの解釈が役に立つ．彼らは EM アルゴリズムが汎関数

$$\begin{aligned} F(q,\theta) &= \int q(z) \log \frac{p(x,z;\theta)}{q(z)} \mathrm{d}z \\ &= E_z[\log p(x,z;\theta)|q] + H(q) \end{aligned}$$

の密度関数 $q(z)$ とパラメータ θ についての交互最大化となっていることを示した．ここで，$E_z[\bullet|q]$ は密度関数 $q(z)$ において z に関する期待値をとることを意味し，

$$H(q) = -\int q(z) \log q(z) \mathrm{d}z$$

は q の**エントロピー** (entropy) である．この汎関数 $F(q,\theta)$ は周辺対数尤度関数の下界になっている．

$$\log p(x;\theta) = F(q,\theta) + KL(q\|p) \geq F(q,\theta) \tag{6}$$

第 2 項は**カルバック–ライブラー (Kullback–Leibler) ダイバージェンス** (divergence) と呼ばれる量で，

$$KL(q\|p) = \int q(z) \log \frac{q(z)}{p(z|x;\theta)} \mathrm{d}z$$

により定義され，$q(z) = p(z|x;\theta)$ のとき 0，それ以外では正の値をとるため，二つの密度関数の差を測る指標として数理工学の諸分野で利用されている．この枠組みでは E および M ステップは以下のように表現される．

E ステップ　現在のパラメータ $\theta^{(t)}$ を固定し，F を分布 q について最大化する．

$$q^{(t)} = \arg\max_q F(q,\theta^{(t)}) \tag{7}$$

M ステップ　分布 $q^{(t)}$ を固定し，F をパラメータ θ について最大化する．

$$\theta^{(t+1)} = \arg\max_{\theta} F(q^{(t)}, \theta) \tag{8}$$

ダイバージェンスの性質と式 (6) より，E ステップ (7) は $q^{(t)}(z) = p(z|x;\theta^{(t)})$ により最大化される．したがって，M ステップ (8) では $F(q^{(t)}, \theta) = Q(\theta|\theta^{(t)}) + H(q^{(t)})$ となるから関数 Q の最大化と一致する．また，M ステップで θ を更新すると

$$\begin{aligned}\log p(x;\theta^{(t+1)}) &= F(q^{(t)}, \theta^{(t+1)}) \\ &\quad + KL(q^{(t)} \| p_{\theta^{(t+1)}}) \geq F(q^{(t)}, \theta^{(t)}) \\ &= \log p(x;\theta^{(t)})\end{aligned}$$

により対数周辺尤度が必ず増加することがわかる (図 3 参照)．ここで，$p_{\theta^{(t+1)}} = p(z|x;\theta^{(t+1)})$ である．

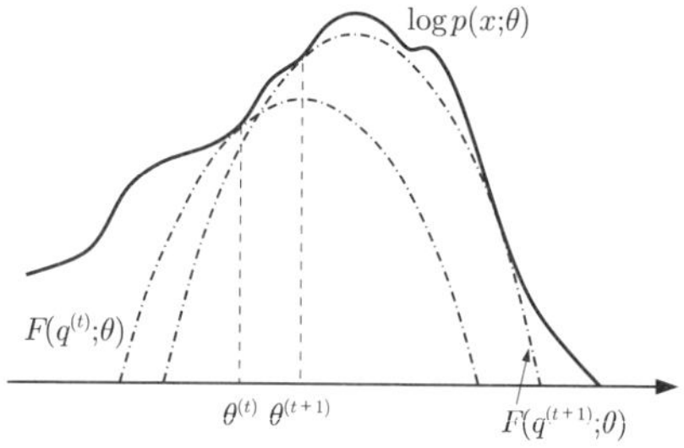

図 3　EM アルゴリズムの変分法的解釈

E ステップで式 (7) の最大化をすべての密度関数のなかで行えば条件つき分布 $q^{(t)}(z) = p(z|x;\theta^{(t)})$ が得られるが，大規模かつ複雑なモデルで実際にこれを計算することは困難である．このような場合には，$q(z)$ の候補として独立な分布 $\prod_i q_i(z_i)$ のみを考え，そのなかで式 (7) の最大化を行う変分近似，あるいはその一般化を適用することにより実用的な近似 EM アルゴリズムが導出される．ちなみに，パラメータ θ も点推定ではなくベイズ推定に置き換えると，潜在変数 z と確率的なパラメータ θ の区別がなくなり，通常のベイズ推論および変分ベイズ法などの近似推論法に帰着される．

最後に，甘利らが EM アルゴリズムを情報幾何学 (information geometry) の立場から直感的に説明しているので紹介する．情報幾何学では確率分布のつくる空間 $S = \{p(x, z)\}$ のなかで，統計的推定を観測データからモデル $M = \{p(x, z; \theta)\}$ への射影としてとらえる．潜在変数 z を含む場合，観測データ x は空間 S の中で 1 点ではなく多様体 $D = \{q(z|x)\widehat{p}(x)\}$ になる．ここで，$\widehat{p}(x)$ は x の経験分布，$q(z|x)$ は考えている空間 S により，すべての z の分布，もしくは有限次元パラメータ η で指定される分布族 $\{q(z|x;\eta)\}$ 全体をとる．ここで，データ多様体 D とモデル M の間のカルバック–ライブラーダイバージェンスを交互に最小化することを考える．

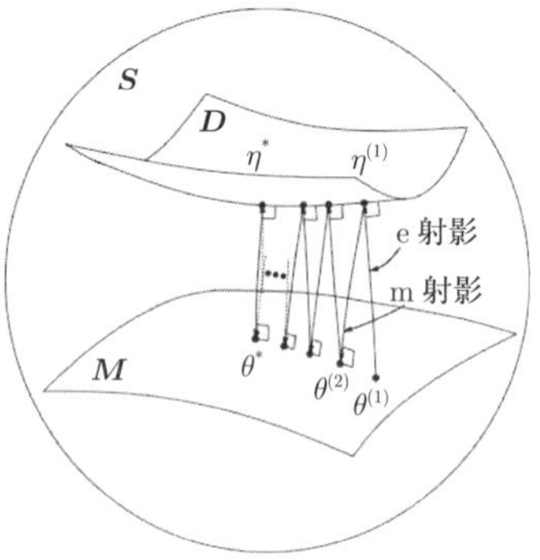

図 4　EM アルゴリズムの情報幾何学的解釈

$$\text{e ステップ：}\quad \eta^{(t)} = \arg\max_{\eta} KL(q_\eta \| p_{\theta^{(t)}}),$$
$$q_\eta = q(z|x;\eta)\widehat{p}(x) \in D$$
$$\text{m ステップ：}\quad \theta^{(t+1)} = \arg\max_{\theta} KL(q_{\eta^{(t)}} \| p_\theta),$$
$$p_\theta = p(x, z; \theta) \in M$$

このアルゴリズムは図 4 のように部分多様体 D と M の間で e 射影と m 射影を交互に繰り返していることになる．m ステップは M ステップと一致するが，残念ながら e ステップは E ステップとはかぎらず，区別するため em アルゴリズムと呼ばれている．数学的厳密性を無視すれば，密度関数全体の空間を S とした場合は EM の変分法的解釈 (7), (8) につながるが，詳細については Amari(1995) または村田・池田 (2000) を参照されたい．

〔川 鍋 一 晃〕

参 考 文 献

[1] A.P. Dempster et al.: Maximum Likelihood from Incomplete Data via the EM Algorithm. *J. Roy. Statist. Soc.* Ser. B (Methodological), **39**(1):1–38, 1977.

[2] 汪金芳ほか：計算統計 I —確率計算の新しい手法．統計科学のフロンティア，**11**，2003.

2.3 グラフィカルモデル

graphical model

グラフィカルモデルは複数の確率変数の関係をグラフによって表現するモデルである．図示することによって，変数の関係を視覚的に表現し，確率モデルの推定や推論などの計算方法を直感的に理解できる．

複数の確率変数をもつ確率モデルは各確率変数をノード (node) とするグラフによって表現され，各変数間に関係がある場合にはその間にリンク (link) をもつ*1．リンクを矢印として向きをつけて表現する有向グラフ (directed graph) による表現は広く人工知能の分野で用いられる．この場合，一般に矢印にしたがって辺をたどってもものノードに戻ることはなく，その意味で閉路をもたない (したがって directed acyclic graph (DAG) となる)．このように DAG によって同時分布を表現したものはベイジアンネット (Bayesian network)，あるいはビリーフネット (belief network) とも呼ばれる[1]．

一方，リンクに向きのない無向グラフ (undirected graph: UDG) によって同時確率分布を表すことのほうが適切な場合もある．このようなモデルはマルコフ確率場とも呼ばれ，画像処理[2] や統計物理のモデルとして用いられる．

以下では有向グラフによる表現と無向グラフによる表現，さらに互いの関係，そして因子グラフについてみていく．

a. 有向グラフによる表現

簡単なグラフィカルモデルの例として三つの確率変数 X_1, X_2, X_3 の分布に関する有向グラフの例を図 1 に示す．図中の 3 種類あるグラフは異なる構造の分布を表現している．

グラフのリンクに定義された矢印は確率変数の関係を示している．それぞれの確率分布の形を以下に示す．

*1 グラフ理論の言葉ではノードは頂点 (vertex)，リンクは辺 (edge) と呼ばれる．グラフィカルモデルでも頂点，辺，という言葉を用いることも多い．

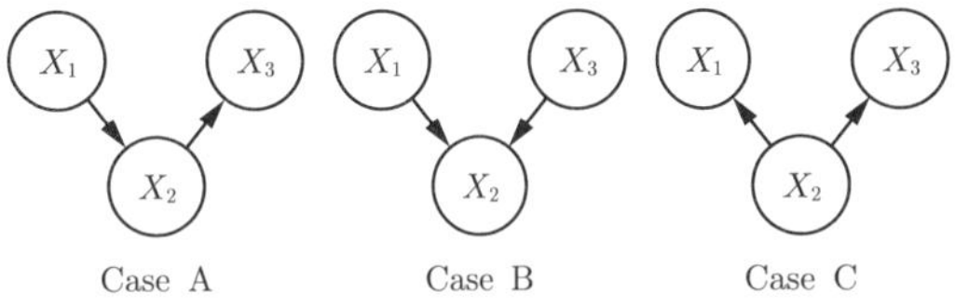

図 1 有向グラフによる確率分布の表現

Case A $p(X_1, X_2, X_3) = p(X_1)p(X_2|X_1)p(X_3|X_2)$

Case B $p(X_1, X_2, X_3) = p(X_2|X_1, X_3)p(X_1)p(X_3)$

Case C $p(X_1, X_2, X_3) = p(X_1|X_2)p(X_3|X_2)p(X_2)$

すなわち，矢印にしたがって条件つき確率が示され，因果関係 (causality) が表される．たとえば Case B では X_1 と X_3 は独立であり，X_2 は X_1 と X_3 の条件つきで確率が決まる．因果関係からグラフが決まるため，有向グラフによるグラフィカルモデルは矢印に沿った閉路をもたない．この性質は推論を行う際重要である．

グラフで表現された分布において重要な点は確率変数のマルコフ性，すなわち条件つき独立性である．前の例において X_1, X_3 と関係のある X_2 を観測した条件のもとで，X_1, X_3 の分布を考える．それぞれの有向グラフで表される分布には差がある．

Case A

$$p(X_1, X_3|X_2) = \frac{p(X_1)p(X_2|X_1)}{p(X_2)} p(X_3|X_2)$$

となることから，X_2 の条件つきで X_1 と X_3 は独立となる．これを $X_1 \perp\!\!\!\perp X_3|X_2$ と書く．

Case B これは X_2 の条件つきで X_1 と X_3 は独立とならない．

Case C 定義より $X_1 \perp\!\!\!\perp X_3|X_2$ である．

このように，有向グラフでは矢印とグラフの構造が重要である．

応用上重要な確率分布では，確率変数が一部の確率変数との間の因果関係のみをもつ場合が多い．このため，グラフィカルモデルによる表現は都合がよい．たとえばカルマンフィルタ (Kalman filter) や隠れマルコフモデル (hidden Markov model：HMM) なども有向グラフで表現できる．以下に隠れマルコフモデルの例を示す．

隠れマルコフモデル

時刻 t **の状態** $S_t \in \{1, \cdots, N\}, t = 1, \cdots, T$

時刻 t の観測　$O_t \in \mathcal{O}, t = 1, \cdots, T$

状態のとり方が $1, \cdots, N$ までであるとすれば，各時刻の S_t は $1, \cdots, N$ の離散状態をとる確率変数である．出力の状態 O_t は離散，あるいは連続の場合もあり，その集合を $\mathcal{O}$ とした．いま，$t = 1, \cdots, T$ の系列を考える．図 2 は隠れマルコフモデルのグラフィカルモデルによる表現である．時刻 t の状態 S_t は前の時刻の状態 S_{t-1} のみによって決まり，出力 O_t はその時点の状態 S_t のみによって決まることが表されている．

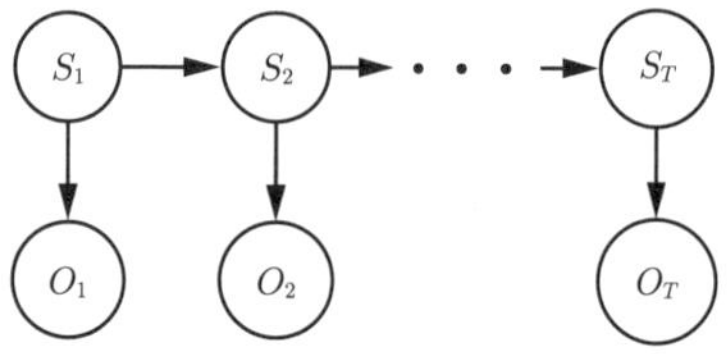

図 2　グラフィカルモデルによる隠れマルコフモデルの表現

マルコフモデルを表現する際，状態遷移図を用いることが多い．状態遷移図では各ノードが一つの状態に対応しているが，図 2 では，各時刻の状態を一つのノードで表すため，グラフの形が異なっている．

b. 無向グラフによる表現

有向グラフによる分布の表現は工学的に有用であることをみてきた．一方，問題によっては無向グラフのほうが適切な場合もある．無向グラフによって定義される確率分布は，正値をとる**クリーク関数** (clique function) の積で表現される．クリークとは，部分グラフ (一部のノードからなるグラフ) のうち，完全グラフ (すべてのノード間がリンクでつながっている) となっているものである．図 3 の例では正値関数 $\psi_{12}(X_1, X_2)$, $\psi_{234}(X_2, X_3, X_4)$, $\psi_{45}(X_4, X_5)$ を考え，

$$p(X_1, \cdots, X_5) = \frac{1}{Z}\psi_{12}(X_1, X_2)\psi_{234}(X_2, X_3, X_4)\psi_{45}(X_4, X_5)$$

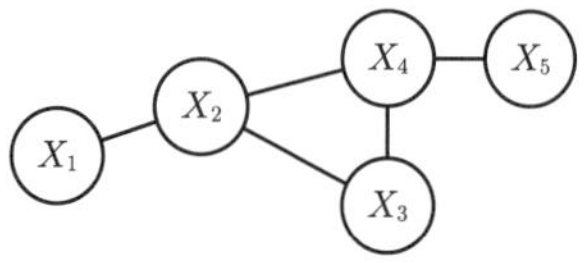

図 3　無向グラフ

となる．ただし，Z は確率の和を 1 とするための規格化のための定数である．一般に無向グラフによるグラフィカルモデルは閉路をもつ．このことが原因で，大規模なモデルでは**規格化定数** Z が簡単に求まらない場合も多い．

画像処理のためのモデル[2] や統計物理では，局所的な確率変数間の関係からエネルギー関数が与えられ，エネルギー関数から確率分布を求める．このとき得られる ギブス分布 (Gibbs distribution) はすべての確率変数間の因果関係が明らかなわけではなく，無向グラフで表すのが適切である．たとえばイジングスピン (Ising spin) のモデルを考えよう．各確率変数 X_i が $+1$ または -1 をとり，隣接する X_i の値によりエネルギー E が

$$E = \sum_{ij} J_{ij} X_i X_j$$

と定義されるとき，このエネルギー関数から導かれるギブス分布は

$$\begin{aligned} p(X_1, \cdots, X_N) &= \frac{1}{Z}\exp(-\beta E) \\ &= \frac{1}{Z}\prod_{ij}\exp(-\beta J_{ij} X_i X_j) \end{aligned}$$

と定義される．同時分布が二つのスピン間で定義されるクリーク関数の積として表現されていることがわかる．J_{ij} が 2 次元格子状に配置されているのならば，このグラフィカルモデルは図 4 のモデルによって表すのが適切であろう．この際，各リンクの向きは定められない．また，大規模なイジングスピンのモデルでは Z を求める計算は一般に難しい．Z は**分配関数**とも呼ばれ，特に統計物理では**自由エネルギー**と呼ばれる量と関係が深い．正確な値を計算することは重要な問題である．

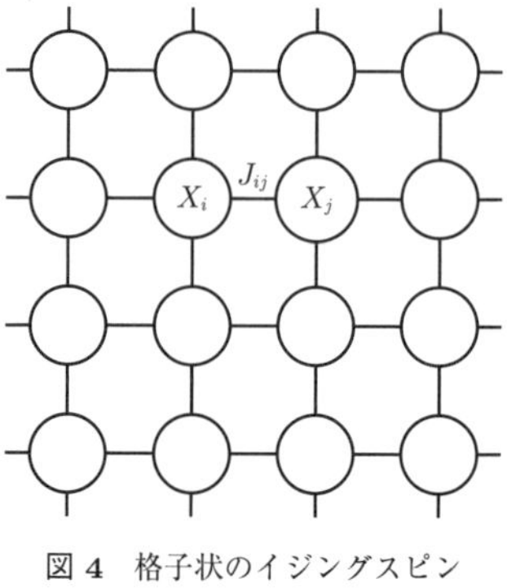

図 4　格子状のイジングスピン

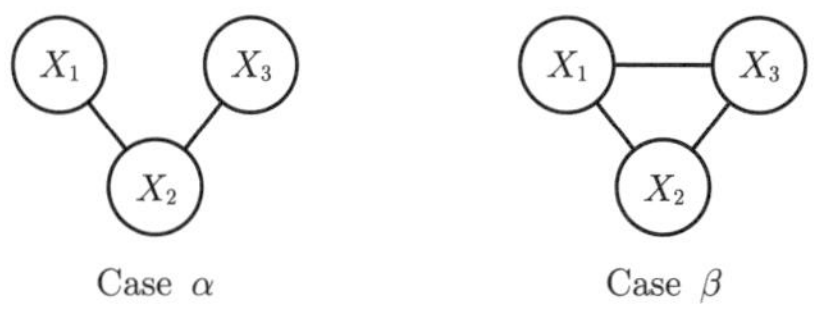

図 5　無向グラフによる確率分布の表現

無向グラフにおいても確率変数の独立性は重要である．図 1 のように 3 変数の無向グラフを図 5 に示す．図 5 の Case α では，X_2 を観測した条件のもとで X_1 と X_3 の分布は独立であり，$X_1 \perp\!\!\!\perp X_3 | X_2$ である．しかし，Case β では X_2 を観測した条件のもとで X_1 と X_3 は独立ではない．したがって 図 1 の Case A と Case C は図 5 の Case α で，また，図 1 の Case B は図 5 の Case β で表されることになる．特に図 1 の Case B と図 5 の Case β との差は重要である．図 1 の Case B では X_1, X_2, X_3 の同時分布では X_1 と X_3 は独立であったが，図 5 の Case β ではこの独立性は表現されていない．

木のグラフとジャンクションツリー

無向グラフにおいて，その構造が木 (tree) であるならば (単連結で閉路をもたない)，条件つき独立性が理解しやすく，そのグラフで示される確率分布を用いた推論が簡単になる (「2.4 確率伝搬法」を参照)．

仮に閉路をもつ無向グラフによって表されている確率分布であったとしても，木のグラフに変換できれば推論などの計算が便利になることがある．そのために，ノードを拡張することによって確率分布を再定義し，木の構造に変換することがある．簡単な例を図 6 に示す．左側の図は閉路をもっている．この X_3 と X_4 をまとめ，直積空間上の新たな X_a という確率変数を考える．こうしてできた拡張されたノードを用いてグラフを描くと図 6 の右側となる．このグラフは木の構造をもち，条件つき独立性に基づき，確率推論の計算が簡単になっている．このようなグラフの変換は，ジャンクションツリーアルゴリズム (junction tree algorithm) として定式化されている[3]．どのようなグラフであってもジャンクションツリーアルゴリズムを適用し木の構造に変換することはできるが，グラフが複雑で多くの閉路をもつ場合には拡張されたノードが多くの確率変数を含んでしまい，結果として意味をなさないこともある．

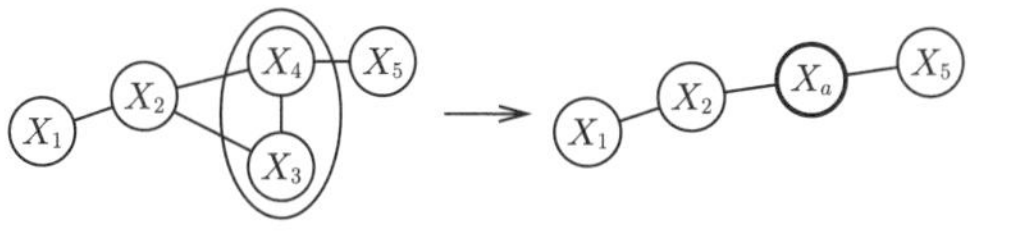

図 6　拡張されたノード

c. 有向グラフと無向グラフ

1) 有向グラフから無向グラフへ

以上でみたように，有向グラフと無向グラフによる確率分布の表現は形は似ていても表現している確率分布は異なる場合がある．違いを考慮したうえで，有向グラフから無向グラフへの変換は比較的簡単に行える．図 1 と図 5 をみるとわかるが，同じ確率分布を表現した有向グラフと無向グラフでノード間のリンクの結び方が異なるのは，有向グラフにおいて，あるノードの親ノード (ノードを終点とする矢印の始点となっているノード) どうしが結ばれていない場合である．したがって，有向グラフから矢印の向きを取り除き，結ばれていない親ノードどうしを結ぶことによって無向グラフへの変換ができる．この親ノードを結ぶ手続きをモラル化 (moralization) と呼ぶ*2．モラル化されてできた無向グラフには閉路が含まれる．

確率分布を求めるには分布をクリーク関数の積として定義し直す必要がある．閉路がある場合，規格化定数 Z を計算しなければならないが，モラル化の変換に関しては，もとの有向グラフの条件つき分布をそのままクリーク関数として用いればよく，規格化定数を求める必要はない ($Z = 1$ となる)．

一方，無向グラフから有向グラフへの変換は必ずしも簡単ではない．一つの理由は，無向グラフに因果関係が表現されていないことにある．なんらかの補助的な情報がなければ，グラフだけからリンクの向きを求めることは難しい．また，無向グラフでは規格化定数

図 7　モラル化による有向グラフから無向グラフへの変換

*2　現代では適切な呼び名ではないが，親を結ぶことから伝統的にこのように呼ばれている．

が求まらない場合がある．そのような分布では，意味のある構造をもった有向グラフへの変換はできない．

2) 因子グラフ

もう一つのよく用いられるグラフの表現は，因子グラフ (factor graph) である[4]．因子グラフは 2 種類のノードをもち，各ノードは他方の種類のノードのみにリンクをもつ 2 部グラフである．因子グラフでは，確率変数を示すノード (図中の丸いノード) と，因子を示す因子ノード (四角いノード) がある．因子ノードはクリークごとに定義し，クリーク関数に含まれる確率変数は対応する因子ノードにつながっている．複雑な構造をもった有向グラフのリンクの矢印の向きを見きわめることは簡単でないし，無向グラフでは，クリークをみつけることが難しい．しかし，因子グラフでは因子ノードに結びついている確率変数をみればよいため，確率変数間の関係を見きわめることが簡単である．有向グラフ，無向グラフから因子グラフへの変換はともに簡単である．

図 8 無向グラフ (左) と対応する因子グラフ (右)

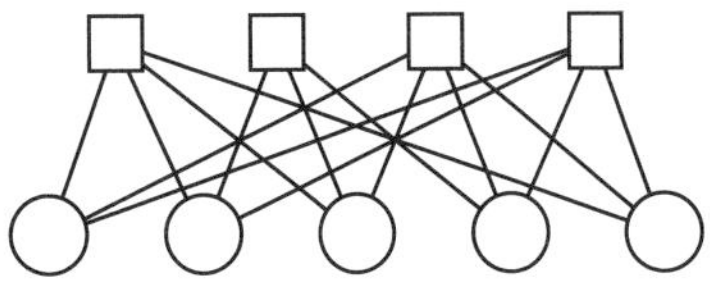

図 9 タナーグラフ

特に符号理論においては，因子グラフに対応するものはタナーグラフ (Tanner graph) と呼ばれる[5]．タナーグラフでは，2 部グラフを図 9 のように表示することが多い．誤り訂正符号との対応から，確率変数に当たるノードはメッセージノード (message node)，因子ノードはチェックノード (check node) と呼ばれる．

〔池田思朗〕

参考文献

[1] J. Pearl : Probabilistic Reasoning in Intelligent Systems: Networks of Plausible Inference. San Mateo. CA, Morgan Kaufmann, 1988.

[2] S. Geman and D. Geman : Stochastic relaxation, Gibbs distributions, and the Bayesian restoration of images. *IEEE Trans. Pattern Anal. Machine Intel.*, **PAMI-6**: 721–741, 1984.

[3] S. L. Lauritzen and D. J. Spiegelhalter : Local computations with probabilities on graphical structures and their application to expert systems. *J. Roy. Statist. Soc.*, **50**: 157–224, 1998.

[4] F. R. Kschischang et al.: Factor graphs and the sum-product algorithm. *IEEE Trans. Inform. Theory*, **47**: 498–519, 1998.

[5] R. M. Tanner : A recursive approach to low complexity codes. *IEEE Trans. Inform. Theory*, **27**: 533–547, 1981.

2.4 確率伝搬法

belief propagation (BP)

確率伝搬法[*1]は，グラフィカルモデルにおける確率推論のためのアルゴリズムである．BP と呼ばれるようになったのは Pearl の著書[1] によっていることから，Pearl's belief propagation と呼ぶこともある．

呼称は人工知能の著書からとられたが，アルゴリズムは一般的であり，人工知能のみならず他分野のさまざまな推論のアルゴリズムが確率伝搬法と同値であることが知られている．たとえば，誤り訂正符号の復号アルゴリズムである BCJR アルゴリズム[2] や隠れマルコフモデルにおけるバウム–ウェルチ (Baum–Welch) アルゴリズム，カルマンフィルター (Kalman filter) の状態更新式も確率伝搬法と見なすことができる．

確率伝搬法の特徴は局所的な計算結果を伝搬させることで全体の最適解を計算する点にある．以下ではまず確率伝搬法を，そして関連する手法について説明する．

a. 確率分布の周辺化

いま，離散値をとる n 個の確率変数 $X_1, \cdots, X_n$ の同時確率分布 (joint distribution) $p(X_1, \cdots, X_n)$ がグラフィカルモデルによって与えられているとする．この一部分，たとえばある一つのノード X_i の分布 $p(X_i)$ を X_i の**周辺分布** (marginal distribution) と呼ぶ．グラフィカルモデルによって与えられた同時分布から周辺分布を効率的に計算するアルゴリズムが確率伝搬法である．

それぞれの確率変数 X_i が離散値をとるとき，周辺化には以下の計算が必要である．

$$p(x_i) = \sum_{\boldsymbol{x}_{\setminus i}} p(x_1, \cdots, x_n)$$

ここで，$\boldsymbol{x}_{\setminus i}$ に関する和とは X_i 以外の確率変数 $(X_1, \cdots, X_{i-1}, X_{i+1}, \cdots, X_n)$ のとりうる状態すべてについての和である．各 X_i が 2 値の離散値をとるとしても，2^{n-1} の状態について和をとることになる．このため計算量が確率変数の数に対して指数的に増えそうである．しかし，グラフィカルモデルの構造によっては計算量が少なくてすむ．この方法を書き下したのが確率伝搬法である．

Pearl は有向木のグラフィカルモデルの各辺に λ と π と呼ばれる変数を定義し，これらを更新するアルゴリズムとして確率伝搬法を表現した．このため，人工知能の分野では伝統的に λ, π を用いて表記する場合が多い．一方，無向グラフで表されるグラフィカルモデルに対しても確率伝搬法を定式化できる．この場合には λ と π を用いないことが多い．同値なアルゴリズムが表記の差によって複数存在するようにみえるのは煩雑である．有向であっても無向であっても 2 部グラフである因子グラフに変換することは簡単であるため，ここでは木の構造をもつ因子グラフ (factor graph) を考え，アルゴリズムを示すことにする．

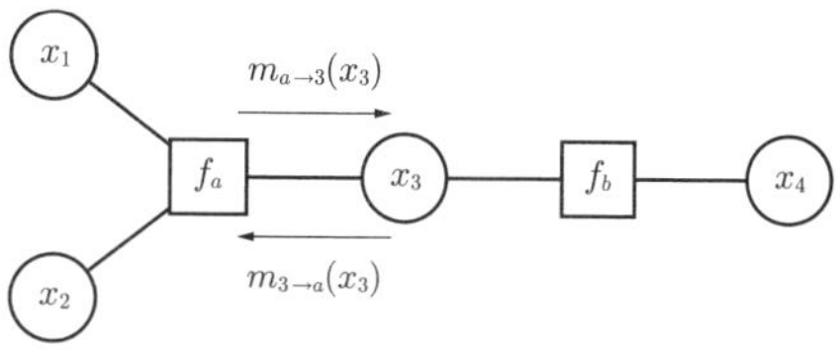

図 1　木の構造をもつ因子グラフとメッセージ

図 1 に木の構造をもつ因子グラフを示す．このグラフでは同時分布は以下のように表現される．

$$p(\boldsymbol{x}) = \prod_{r \in \mathcal{L}} \psi_r(\boldsymbol{x}_r)$$

因子 f の添字を r，確率変数 X の添字を i で表す．$\psi_r(\boldsymbol{x}_r)$ は各因子に定義された正値をとる関数であり，$\mathcal{L}$ は因子の集合，$\boldsymbol{x}_r$ は因子 f_r につながっている x_i をまとめて書いたものである．

$$\boldsymbol{x}_r = \{x_i | i \in \mathcal{N}(f_r)\}$$

$\mathcal{N}(f_r)$： f_r に隣接している x_i の添字の集合

周辺化の計算を効率よく行うために，和 (sum) と積 (product) に関する**分配法則** $ab + ac = a(b + c)$ を用いる．このため，確率伝搬法と同値なアルゴリズムのことを sum-product アルゴリズムとも呼ぶ．同時分

*1　確率伝播法，信念伝搬 (播) 法と呼ばれることもある．「伝搬 (でんぱん)」と「伝播 (でんぱ)」は同義だが「播」は常用漢字ではない．ここでは「伝搬」を用いる．

布 $p(\boldsymbol{x})$ が $\psi_r(\boldsymbol{x}_r)$ の積で表現されているとする．一つのノード x_i についての和をとるとき，x_i が含まれていない $\psi_r(\boldsymbol{x}_r)$ は影響を受けない．このため，分配法則を用いてまとめることができる．

$$\sum_{x_i} p(\boldsymbol{x}) = \prod_{r \notin \mathcal{N}(x_i)} \psi_r(\boldsymbol{x}_r) \left(\sum_{x_i} \prod_{r \in \mathcal{N}(x_i)} \psi_r(\boldsymbol{x}_r) \right)$$

$\mathcal{N}(x_i)$: x_i に隣接する f_r の添字の集合

この分配法則を用いて効率的な計算を実現するのが確率伝搬法である．

具体的なアルゴリズムを示そう．まず隣接している各 (r, i) の組に対して $m_{r \to i}(x_i)$, $m_{i \to r}(x_i)$ という 2 種類の向きの違うメッセージを定義する (図 1)．各メッセージは x_i を変数とする正値関数である．x_i に関する和を 1 になるように規格化してもよい．確率伝搬法ではメッセージを更新し，メッセージを用いて周辺分布を求める．いま，x_i の周辺分布に注目しているとすると，x_i を根 (root) として遠いノードから根に向かう順で対応するメッセージを更新する (図 2)．x_i が離散値をとるものとすると，確率伝搬法ではメッセージを適当に初期化したのち，更新の順番にしたがって 2 種類のメッセージを以下のように更新する．

$$m_{r \to i}(x_i) \propto \sum_{\boldsymbol{x}_r \backslash x_i} \psi_r(\boldsymbol{x}_r) \prod_{j \in \mathcal{N}(f_r) \backslash i} m_{j \to r}(x_j)$$

$$m_{i \to r}(x_i) \propto \prod_{s \in \mathcal{N}(x_i) \backslash r} m_{s \to i}(x_i)$$

最後に x_i の周辺分布 (belief と呼ぶ) は以下のように計算される．

$$b(x_i) \propto \prod_{r \in \mathcal{N}(x_i)} m_{r \to i}(x_i)$$

このアルゴリズムは木のグラフに対してはかならず正しい周辺分布を与える．また，すべての x_i に対する周辺分布を求める場合，おのおのを根として順番を

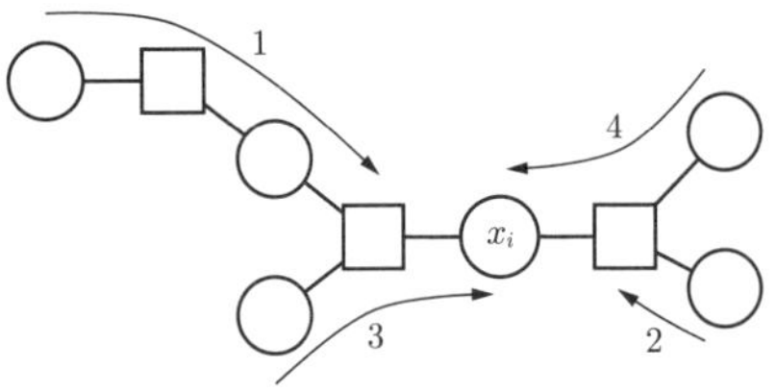

図 2　メッセージの更新の順番

決め上記のアルゴリズムを実行するのではなく，一度計算したメッセージを再利用することができる．このため，グラフの直径に比例した計算量ですべての周辺分布を求めることができる．グラフの直径はたかだかノードの数であるから周辺化の計算が効率よくできることがわかる．

メッセージの更新式は隣接するノードに関する局所的な情報しか用いない．このような局所情報を伝搬する形のアルゴリズムはメッセージパッシング (message passing) 法と呼ばれる．

b.　近似手法としての確率伝搬法

Pearl の示した確率伝搬法は木の構造のグラフィカルモデルの周辺分布を求めるためのものである．一方，閉路 (cycle) をもつモデルでは厳密に周辺分布を求める計算は NP 困難であることが知られている．したがって大きなグラフに対して周辺分布を現実的な計算時間で求めることは難しい．近似解であれグラフのノード数に比例する計算法が存在するならば実用上重要である．

確率伝搬法のアルゴリズムを眺めると，メッセージの更新には隣接するノードに関する局所的な情報のみが使われている．したがってグラフの構造を無視し，更新の順を考えず，すべてのメッセージを盲目的に更新するアルゴリズムを考えることができる．閉路をもつグラフィカルモデルに対して形式的に確率伝搬法を用いると，一般に収束性は保証されない．また，収束しても，その結果得られる belief は真の周辺分布とは異なる．しかしながら，特にグラフに長い閉路しか含まれていないときには，多くの場合確率伝搬法は収束し，その結果得られる belief も真の周辺分布に近いことが経験的に明らかになってきた．

確率伝搬法は木のグラフィカルモデルに対するアルゴリズムとして提案されたことから，厳密にはその場合に限定したアルゴリズムを確率伝搬法と呼ぶべきである．このため閉路のあるグラフィカルモデルに対する確率伝搬法を特に **loopy belief propagation** (LBP) と呼ぶこともある[*2]．LBP の重要性は 1990 年代に符号理論を中心に注目されるようになった．これまでの

*2　統計物理では 1935 年にベーテ (Bethe) によって同様の手法が提案され[4]，ベーテ近似と呼ばれている．

誤り訂正符号と比べ飛躍的に性能のよいターボ符号[3]をBerrouが提案し，Gallagerが1960年代の提案したLDPC符号の性能のよさをMacKayとNealが再発見したのをきっかけにこれらの復号法が研究され，そのアルゴリズムが形式的に確率伝搬法と同値であることが示されたことも要因の一つである．

2000年代に入り，特に近似手法としての確率伝搬法に関する理論，応用の研究が進んでいる．理論に関してはアルゴリズムの収束性や近似精度に関する研究が行われ，情報幾何的な解析[5]をはじめ，誤差の評価やアルゴリズムの改善法など興味深い結果が示されている．また，ターボ符号やLDPC符号は実際のシステムで用いられている．

c. 一般化確率伝搬法

確率伝搬法は木のグラフィカルモデルに対する周辺分布を求める際有効である．グラフィカルモデルの項で示したように，拡張したノードを考えることで，木と見なせる場合には，拡張したノードに対してアルゴリズムを動かすことにより拡張したノードの周辺分布を求めることができる．この方法をアルゴリズムとして定義したのがジャンクションツリーアルゴリズム (junction tree algorithm) と呼ばれるものである．一方，確率伝搬法を閉路のあるグラフに用いたように，拡張されたノードをもち，かつ閉路のあるグラフに対しても確率伝搬法と同等のアルゴリズムを適用できる．このようなアルゴリズムは generalized belief propagation (GBP) と呼ばれる[6]．統計物理では，このような近似手法は古くから知られており，クラスタ変分法 (あるいは菊池近似)[7] と呼ばれている．

d. 最大確率を求める max-product

確率伝搬法では周辺分布を求めたが，周辺分布ではなく，$p(x_1, \cdots, x_n)$ の最大値と最大値を与える特定の $\boldsymbol{x}$ を求める問題も重要である．

$$\boldsymbol{x}^* = \arg\max_{\boldsymbol{x}} p(\boldsymbol{x}) = \arg\max_{\boldsymbol{x}} \prod_{r\in\mathcal{L}} \psi_r(\boldsymbol{x}_r)$$

$$p^* = \max_{\boldsymbol{x}} p(\boldsymbol{x}) = \max_{\boldsymbol{x}} \prod_{r\in\mathcal{L}} \psi_r(\boldsymbol{x}_r)$$

ここでもグラフが木の場合には確率伝搬法と同様に効率のよいメッセージパッシング法が存在する．これには和と積ではなく，最大値 (max) と積 (product) に関する分配法則 $\max(ab, ac) = a\max(b, c)$ を用いる．このため，このアルゴリズムを max-product アルゴリズムと呼ぶ．max-product 法では確率伝搬法と同様にメッセージを定義し，更新の順を決める．順番にしたがってメッセージを以下のように更新する．

$$m_{r\to i}(x_i{=}a) = \max_{\boldsymbol{x}_r : x_i = a}\left(\psi_r(\boldsymbol{x}_r)\prod_{j\in\mathcal{N}(f_r)\setminus i} m_{j\to r}(x_j)\right)$$

$$m_{i\to r}(x_i{=}a) = \prod_{s\in\mathcal{N}(x_i)\setminus r} m_{s\to i}(x_i = a)$$

最後に p^* の最大値は以下のように計算される．

$$p^* = \max_a\left(\prod_{r\in\mathcal{N}(x_i)} m_{r\to i}(x_i = a)\right)$$

p^* を達成する x_i を求めれば $\boldsymbol{x}^*$ の x_i 成分の値はわかる．もし p^* を達成する $\boldsymbol{x}$ が唯一であればこの手法を繰り返せば $\boldsymbol{x}^*$ が求まる．複数の $\boldsymbol{x}^*$ が存在する場合には多少の工夫が必要である[8]．実際に用いる場合，乗算を重ねていく max-product 法は桁落ちが起きてしまい，精度を確保するのが難しい．そのため，対数に変換して計算を行う max-sum の形で実装することが多い．

閉路のあるグラフィカルモデルで最大確率を求める問題はNP困難であることが知られている．確率伝搬法と同様，このような場合に max-product を用いることができる．理論的には収束性や最適性が保証されないが，経験的にはうまく働く場合が多い．LDPC符号の復号では，確率伝搬法ではなく，対数領域で max-product と同等の手法を用いることが多い．

e. expectation propagation

expectation propagation (EP) は Minka によって提案された推論のための手法である[9]．この手法は特殊な場合として確率伝搬法を含む一種の拡張になっている．

確率伝搬法は，ビリーフの積 $\prod_i b(x_i)$ によって $p(\boldsymbol{x})$ を近似しているとみることもできる．x_i が離散値をとるときにはよいが，連続値をとる場合，確率伝搬法ではうまくいかない場合も多い．EP はそのような場合にも適用できる．

まずメッセージの更新則とビリーフの式から

$$b(x_i) \propto \sum_{\boldsymbol{x}_r \setminus x_i} \psi_r(\boldsymbol{x}_r) \prod_{j \in \mathcal{N}(f_r)} m_{j \to r}(x_j)$$

と書ける．これは $\psi_r(\boldsymbol{x}_r) \prod_{j \in \mathcal{N}(f_r)} m_{j \to r}(x_j)$ という $\boldsymbol{x}_r$ の分布 (以下では $p(\boldsymbol{x}_r; \{m\})$ と書く) を $b(\boldsymbol{x}_r) = \prod_{i \in \mathcal{N}(f_r)} b(x_i)$ という分布で近似していると見なすことができる．

ある分布 $p(x)$ を変数 θ をもつ分布 $q(x;\theta)$ で近似するとき，統計学でよく用いられる方法にモーメントマッチング法がある．これは，いくつかの統計量 $t_a(x)$, $a = 1, \cdots, L$ について，

$$\int t_a(x) p(x) \mathrm{d}x = \int t_a(x) q(x;\theta) \mathrm{d}x$$

となるようにパラメータを決める方法である．EP では $p(\boldsymbol{x}_r; \{m\})$ を $b(\boldsymbol{x}_r)$ で近似する際にこのモーメントマッチング法を用いる．ただし，モーメントマッチング法と異なるのは $p(\boldsymbol{x}_r; \{m\})$ も $b(\boldsymbol{x}_r)$ もメッセージという形でパラメータを含んでいる点である．

$$\int t_a(\boldsymbol{x}_r) b^{\mathrm{new}}(\boldsymbol{x}_r) \mathrm{d}x = \int t_a(x) p(\boldsymbol{x}_r; \{m^{\mathrm{old}}\}) \mathrm{d}x$$

となるようにメッセージを更新することになる．これは一種のメッセージパッシングとなるため，効率のよい計算が可能である．EP についても閉路のある場合に必ずしも収束性は保証されないが，経験的には有効な手法の一つである．

EP ではメッセージ $m_{r \to i}(x_i)$ は正値関数ならば任意に決めてよいが，ビリーフとの関係

$$b(x_i) \propto \prod_{r \in \mathcal{N}(x_i)} m_{r \to i}(x_i)$$

は満たさなければならない．簡単には $m_{r \to i}(x_i)$ として指数型分布族と同様の関数を用い，その際の十分統計量に当たるものについて，モーメントマッチングを用いるとよい．x_i を離散分布とし，各離散値の期待値をモーメントマッチングの際に用いるならば，EP は確率伝搬法と同値になる．

f. survey propagation

近年注目されているメッセージパッシング法の一つに Mézard らによって提案された survey propagation (SP) がある．

これは**充足可能性問題** (satisfiablity problem：SAT) を解くための手法として注目された[10]．充足可能性問題とは論理変数 $x_i, \cdots, x_n$ の組合せのうち，次のような形で与えられた論理式を真にするものが存在するかを判定するものである．

$$(x_1 \vee \bar{x}_3 \vee x_{10}) \wedge (\bar{x}_2 \vee x_3) \wedge \cdots \wedge (\bar{x}_i \vee \bar{x}_j \vee x_n)$$

各括弧内の論理式をクローズと呼ぶ．一般に変数の数に比してクローズの数が多くなると問題は難しくなる．

各クローズのなかの変数の数が三つ以上の場合，この問題は NP 完全問題であることが知られている．したがって，変数の数の増加に対し，解を求めるための計算量が多項式時間で増加するようなものは発見されていない．一方，SP は確率伝搬法を拡張したような形のアルゴリズムで書くことができ，計算量は多項式時間で増加する．したがってかならず解が得られるわけではないが，これまで知られていた経験的な方法に比べ，難しい問題についても多くの場合に解を求めることができることが示されている．

SAT に対する SP についての具体的なアルゴリズム，および確率伝搬法との関連については文献[11] に詳しい．論理変数は 0 または 1 をとる 2 値関数であるが，クローズの論理式に影響を及ぼさない $\{*\}$ という状態を導入し，$\{0, 1, *\}$ の 3 状態をもつ確率伝搬法のメッセージの更新を行うことで SP と確率伝搬法の関係が明らかになっている．　〔池 田 思 朗〕

参 考 文 献

[1] J. Pearl : Probabilistic Reasoning in Intelligent Systems: Networks of Plausible Inference, San Mateo. CA, Morgan Kaufmann, 1988.

[2] L. Bahl et al.: Optimal decoding of linear codes for minimizing symbol error rate. *IEEE Trans. Inform. Theory*, **20**: 284–287, 1974.

[3] C. Berrou et al.: Near Shannon limit error-correcting coding and decoding: Turbo-codes. Proc. IEEE Internat. Conf. Commun. pp. 1064–1070, Geneva, Switzerland, 1993.

[4] H. Bethe : Statistical theory of superlattices. *Proc. Roy. Soc. London.* Ser. A (Math. Phys. Sci.), **150**: 552–575, 1935.

[5] S. Ikeda et al.: Stochastic reasoning, free energy, and information geometry. *Neural Comput.*, **16**:

1779–1810, 2004.
[6] J. S. Yedidia et al: Generalized belief propagation. T. K. Leen, T. G. Dietterich and V. Tresp, eds.: Advances in Neural Information Processing Systems, vol. 13, pp. 689–695, Cambridge, MA, MIT Press, 2001.
[7] R. Kikuchi : A theory of cooperative phenomena. *Physical Rev.*, **81**: 988–1003, 1951.
[8] C. M. Bishop : Pattern Recognition and Machine Learning, Springer, 2006.
[9] T. Minka : Expectation propagation for approximate Bayesian inference. Proc. 17th Conf. Uncertainty in Artificial Intelligence (UAI'01), pp. 362–369, Seattle, USA, Morgan Kaufmann, 2001.
[10] M. Mézard et al.: Analytic and algorithmic solution of random satisfiability problems. *Science*, **297**: 812–815, 2002.
[11] E. Maneva et al.: A new look at survey propagation and its generalizations. *J. ACM*, **54**: Issue 4, Article No. 17, 2007.

2.5 カーネル法

kernel method

a. カーネル法

カーネル法[1] とは（データ集合を $\mathcal{X}$ とするとき）二つのデータ間のある種の類似度を表す「カーネル関数」$k : \mathcal{X} \times \mathcal{X} \to \mathbb{R}$ を通じてデータにアクセスするような学習モデルである．より具体的には，n 個のデータ $x^{(1)}, x^{(2)}, \cdots, x^{(n)} \in \mathcal{X}$ が与えられたときに，モデル $f(\bullet)$ が，

$$f(\bullet) = g\left(\sum_{i=1}^{n} \alpha^{(i)} k(\bullet, x^{(i)})\right) \qquad (1)$$

のような形，つまり，カーネル関数の線形結合の関数として表現されるようなモデルを扱うのがカーネル法である．なお，g はある関数，また $\{\alpha^{(i)}\}_{i=1}^{n}$ はモデルパラメータとする．カーネル関数はどのような関数でもよいというわけではなく，内積として書くことができる必要がある．つまり，データ $x^{(i)}$ の d 次元の特徴空間中でのベクトル表現を $\boldsymbol{\phi}(x^{(i)})$ とすると，i 番目と j 番目のデータの間のカーネル関数が

$$k(x^{(i)}, x^{(j)}) = \langle \boldsymbol{\phi}(x^{(i)}), \boldsymbol{\phi}(x^{(j)}) \rangle$$

のように定義されている必要がある．

式 (1) で注目すべきは，モデルがデータにアクセスする際には常にカーネル関数を経由している点である．つまり，モデルの学習時にも，モデルを用いた予測時にも，d 次元の特徴ベクトル $\boldsymbol{\phi}(x^{(i)})$ が直接的に扱われることはなく，データは必ず二つのデータのカーネル関数を通して扱われる．

カーネル法の例としては，なんといってもサポートベクトルマシン[2] が代表的であるが，多くの「古典的な」機械学習法のカーネル法版が提案されている[1]．まずは，2 値分類のための教師つき学習法であるパーセプトロンのカーネル化[3] を通して，カーネル法の具体例を紹介する．まず，n 個の訓練データ集合，すなわちデータの特徴ベクトルと対応する出力の組 $(\boldsymbol{\phi}(x^{(1)}), y^{(1)}), (\boldsymbol{\phi}(x^{(2)}), y^{(2)}), \cdots, (\boldsymbol{\phi}(x^{(n)}), y^{(n)})$

が与えられているとする．ここで，$\boldsymbol{\phi}(x^{(i)})$ は，それぞれ d 次元の実数値ベクトル，つまり $\mathcal{X} = \mathbb{R}^d$ であるとする．また，$y^{(i)} \in \{+1, -1\}$，すなわち出力集合が $\mathcal{Y} = \{+1, -1\}$ であるとする．パーセプトロンのモデル f の形は，パラメータベクトル $\boldsymbol{w} \in \mathbb{R}^d$ および閾値 $b \in \mathbb{R}$ として

$$f(x) = \mathrm{sign}\left(\langle \boldsymbol{w}, \boldsymbol{\phi}(x) \rangle\right) \tag{2}$$

のように線形識別器として表される．なお，sign は引数の符号（+1 か −1）を返す関数であるとする．パーセプトロンの学習は，まず初期パラメータとして $\boldsymbol{w} = \boldsymbol{0}$ から学習をスタートし，その後，訓練例を一つずつ処理しながら学習を進めていく逐次型の学習アルゴリズムである．たとえば i 番目のデータ $x^{(i)}$ を処理するとき，まずパーセプトロンはそのデータの出力を現在のモデルを用いて $y^{(i)} = f(x^{(i)})$ によって予測する．これが正しい出力 $y^{(i)}$ と異なったときにかぎり，以下の規則にしたがってパラメータベクトルを更新する．

$$\boldsymbol{w} \leftarrow \boldsymbol{w} + y^{(i)} \boldsymbol{\phi}(x^{(i)}) \tag{3}$$

訓練データを完全に分類できるパラメータ $\boldsymbol{w}^*$ が存在するとき，必ずこの学習は収束する，すなわち誤りが 0 になることが知られている．

ここでパーセプトロンをカーネル法の視点からとらえ直してみる．パラメータの更新式 (3) において $y^{(i)} \in \{+1, -1\}$ であることに注意すると，更新のたびにパラメータベクトルに特徴ベクトル $\boldsymbol{\phi}(x^{(i)})$ が加えられているか，もしくは引かれているかのどちらかであることがわかる．したがって，パラメータベクトルは特徴ベクトルの線形和によって

$$\boldsymbol{w} = \sum_{i=1}^{n} \alpha^{(i)} \boldsymbol{\phi}(x^{(i)}) \tag{4}$$

のように表現できるはずであることがわかる．ここで，$\alpha^{(i)}$ は i 番目の訓練例の重みである．これを式 (2) に代入してみると，次の式が得られる．

$$f(x) = \mathrm{sign}\left(\sum_{i=1}^{n} \alpha^{(i)} \langle \boldsymbol{\phi}(x^{(i)}), \boldsymbol{\phi}(x) \rangle\right) \tag{5}$$

また，学習も，すべての i について $\alpha^{(i)} = 0$ から学習を開始して，更新式 (3) は

$$\alpha^{(i)} \leftarrow \alpha^{(i)} + y^{(i)} \tag{6}$$

のように書き換えることができる．

式 (1) と式 (5) を見比べてみることで，$g(\bullet) = \mathrm{sign}(\bullet)$ と $k(x^{(i)}, x) = \langle \boldsymbol{\phi}(x^{(i)}), \boldsymbol{\phi}(x) \rangle$ とすれば，両者が対応していることがわかる．カーネル関数が内積となっていることもここからわかる．また，学習の更新式 (6) も，$\alpha^{(i)}$ に +1 もしくは −1 を加えているだけであり，特徴ベクトル $\boldsymbol{\phi}^{(i)}$ は直接的に扱っていないことがわかる．

b. カーネル関数

カーネル法の重要な特徴として，カーネル法ではカーネル関数の上での線形モデルを考えている点があげられる．これは，本来の特徴空間におけるモデルが，特徴空間の上の線形モデルを明示的に考えていたのとは対照的である．つまり，たとえば，データ x がグラフや時系列であったりなどのなんらかの理由により，明示的に特徴ベクトル $\boldsymbol{\phi}(x)$ を構成することが自明ではなくとも，カーネル関数 k として適当な類似度関数を構成できれば，特徴空間を経由せずに学習を実現できることになる．ただし，そのためには先に述べたようにカーネル関数が特徴ベクトルの内積として解釈できることが保証される必要がある．そのためには，カーネル関数が半正定，すなわち k が対称 $k(x, x') = k(x', x)$ かつ，

$$\sum_{x \in \mathcal{X}} \sum_{x' \in \mathcal{X}} \beta(x)\beta(x')k(x, x') \geq 0$$

が任意の $\sum_{x \in \mathcal{X}} \beta(x) < \infty$ である w について成立することが示せればよい．この条件はマーサー (Mercer) の定理として知られている．

カーネル法において，よく用いられるカーネル関数としては，m 次の**多項式カーネル**

$$k(x, x') = \langle \boldsymbol{\phi}(x), \boldsymbol{\phi}(x') \rangle$$

や，幅 $\sigma > 0$ をもつ**ガウスカーネル**

$$k(x, x') = \exp\left(-\frac{\| \boldsymbol{\phi}(x) - \boldsymbol{\phi}(x') \|^2}{\sigma}\right)$$

などがある．多項式カーネルの場合には，本来の ($\boldsymbol{\phi}$ の) 特徴のすべての m 個の組合せによる特徴空間が，ガウスカーネルの場合には無限次元の特徴空間が暗黙のうちに構成され，カーネル関数はこれらの空間にお

ける内積として解釈できる．

また，いくつかのカーネル関数を足し合わせたり，かけ合わせたりしたものもやはりカーネル関数になるため，カーネル関数を合成して新しいカーネル関数を構成することができる．たとえば，二つのタンパク質の間に相互作用関係があるかどうかなどの，二つのデータ $(x^{(i)}, x^{(j)})$ の組合せに対して予測を行うような問題はデータのペアどうしのカーネル関数 $k^{\mathrm{pair}}((x^{(i)}, x^{(j)}), (x^{(k)}, x^{(l)}))$ を用意する必要がある．このとき，二つのデータ間のカーネル関数 k をもとにして，

$$
\begin{aligned}
&k^{\mathrm{pair}}((x^{(i)}, x^{(j)}), (x^{(k)}, x^{(l)})) \\
&\quad = k(x^{(i)}, x^{(k)})k(x^{(j)}, x^{(l)}) \\
&\qquad + k(x^{(i)}, x^{(l)})k(x^{(j)}, x^{(j)})
\end{aligned}
$$

のように構成することができる．

c. さまざまな機械学習法のカーネル法化

パーセプトロンのほかにも，主成分分析，判別分析，正準相関分析，ロジスティック回帰など，さまざまな機械学習法がカーネル法化されている．

たとえば，通常の主成分分析では，データの特徴ベクトルを並べた行列 $\Phi = (\boldsymbol{\phi}(x^{(1)}), \boldsymbol{\phi}(x^{(2)}), \cdots, \boldsymbol{\phi}(x^{(n)}))$ として

$$
\Phi\Phi^\top \boldsymbol{w} = \lambda \boldsymbol{w}
$$
$$
\boldsymbol{w}^\top \boldsymbol{w} = 1
$$

を満たす $\boldsymbol{w}$ と λ を固有値問題を解くことによって求めるが，カーネル主成分分析では，やはり式 (4) を仮定することによって，

$$
K\boldsymbol{\alpha} = \lambda \boldsymbol{\alpha}
$$
$$
\boldsymbol{\alpha}^\top K \boldsymbol{\alpha} = 1
$$

のように書き直すことができる[4]．求まった $\boldsymbol{\alpha} = (\alpha^{(1)}, \alpha^{(2)}, \cdots, \alpha^{(n)})^\top$ を用いて，データ x に対する主成分は $\sum_{i=1}^{n} \alpha^{(i)} k(x, x^{(i)})$ として得ることができる．ここで，行列 K は，要素 $[K]_{i,j} = k(x^{(i)}, x^{(j)})$ をもつような行列で，カーネル行列と呼ばれる．

判別分析（フィッシャー判別分析）では目的関数

$$
J(\boldsymbol{w}) = \frac{\boldsymbol{w}^\top S_1 \boldsymbol{w}}{\boldsymbol{w}^\top S_2 \boldsymbol{w}}
$$

を最小化するような $\boldsymbol{w}$ を求める．ここで S_1 はクラス間共分散行列，S_2 はクラス内共分散行列と呼ばれる行列である．主成分分析と同様に，式 (4) を用いることで

$$
J(\boldsymbol{w}) = \frac{\boldsymbol{\alpha}^\top M \boldsymbol{\alpha}}{\boldsymbol{\alpha}^\top N \boldsymbol{\alpha}}
$$

のようにカーネル法版の判別分析の目的関数が導かれる[5]．ここで，二つの行列 M と N はカーネル行列から決まる行列である．この目的関数を最小化するパラメータ $\boldsymbol{\alpha}$ は，以下の一般化固有値問題を解くことによって求める．

$$
M\boldsymbol{\alpha} = \lambda N \boldsymbol{\alpha}
$$

以上の例でみたように，モデル中の $\langle \boldsymbol{w}, \boldsymbol{\phi}(x) \rangle$ を，式 (4) によってカーネル関数を用いて書き換えることで，カーネル関数の線形結合を導くのが標準的なカーネル法の構成法である．式 (4) の仮定が成り立つためには，最適なパラメータ $\boldsymbol{w}^*$ が特徴ベクトルの線形和によって書けることが保証される必要がある．一般に，目的関数が

$$
J(\boldsymbol{w}) = \sum_{i=1}^{n} l(y^{(i)}, \langle \boldsymbol{w}, \boldsymbol{\phi}(x) \rangle) + r(\|\boldsymbol{w}\|_2)
$$

と表されるとする．なお，l は正しい出力 $y^{(i)}$ とモデルの出力 $\langle \boldsymbol{w}, \boldsymbol{\phi}(x) \rangle$ の食い違いを評価する任意の損失関数，r は単調増加関数とする．このとき，この目的関数を最小化するパラメータは式 (4) の形で表される．この定理は表現定理と呼ばれ，カーネル法を支える根拠となっている．

d. カーネル関数の設計

文書や DNA 配列などのように文字列で表されるようなデータ，XML 文書や HTML 文書，RNA 構造などの木構造をもったデータ，あるいは原子が共有結合によって結び付けられた化合物のようなグラフ構造をもったデータを扱いたい場合，これらに対して適切にカーネル関数を設計することで，そのままカーネル法化されたアルゴリズムが適用できるところがカーネル法の利点である．

ここでは，これらの構造をもったデータに対して提案されているカーネル関数を紹介する．構造をもったデータに対する特徴定義として自然なものとしては，

その部分構造が考えられるであろう．この心をカーネル設計の一般的な枠組みとして表したのがたたみ込みカーネル[6] である．たたみ込みカーネルは一般的に

$$k(x,x') = \sum_{s\in\mathcal{S}(x)} \sum_{s'\in\mathcal{S}(x')} k_{\mathcal{S}}(s,s')$$

と定義される．ここで $\mathcal{S}(x)$ は x から取り出される部分構造の集合を表し，$k_{\mathcal{S}}$ は二つの部分構造の間に定義されるカーネル関数であるとする．たたみ込みカーネルは, x と x' から取り出された部分集合 $\mathcal{S}(x)$ と $\mathcal{S}(x')$ を取り出し，それらの間のカーネル関数値をすべて足し合わせることで定義される．

たたみ込みカーネル自体はあくまで枠組みであり，扱いたいデータに応じて部分構造 $\mathcal{S}(x)$ とカーネル関数を効率よく計算するためのアルゴリズムの設計が必要である．これまでに配列や木，グラフなどさまざまな構造をもつデータに対するカーネル関数とアルゴリズムが提案されている[7]．

たとえば，x が配列データの場合，$\mathcal{S}(x)$ は，x 中に含まれるすべての部分配列（$x=$ABCD における AC のように間があいていて出現していてもよい）とする．また，こうしてそれぞれの配列データから取り出された部分配列間のカーネル関数を $k_{\mathcal{S}}(s,s') = \delta(s=s')\lambda^{l(s,s')}$ のように定義する．ここで $\delta(s=s')$ は，s と s' の文字が一致するなら 1 を，そうでないなら 0 を返す関数とする．つまり，二つの部分配列が一致するときのみ 0 以外の値をとる．また，λ は 0 から 1 の間の定数，$l(s,s')$ を，s が x 内で出現した際に占めた長さと，s' が x' 内で出現した際に占めた長さの和とする．たとえば，上の例の場合，部分配列 AC は $x=$ ABCD において長さ 3 の位置を占めている．これは出現領域の長さについて減衰するように重みを与えていることになり，λ はその減衰の程度を指定している．

こうして取り出される部分配列の数は，配列の長さに関して指数的であるため，カーネル関数を単純に計算することは非常に困難である．しかし，部分配列の再帰性を利用した，動的計画法によって，二つの配列の長さの積に比例する時間で効率的に計算することができる[8]．

x が木構造データの場合には，$\mathcal{S}(x)$ は，x 中に含まれるすべての部分木（部分グラフ）として定義される．この場合も，木に含まれる部分木の数は膨大であるが，順序木の場合には，部分木の再帰的構造を利用することで，やはり動的計画法によって効率的に計算することが可能になる[9, 10]．

最後に，x がグラフ構造をもつデータの場合を考える．これまでの延長線上で考えれば $\mathcal{S}(x)$ として部分グラフを用いるのが自然であるが，残念ながら，この場合，カーネル関数を効率よく計算することはできない（NP 困難）ため，より限定された部分構造を用いる必要がある．たとえば $\mathcal{S}(x)$ を，x 上のランダムウォークによって生成されるパスの集合とすると，計算が効率よく行えるようになる[11]．

ここでは各データはノードにラベルのついた無向グラフであるとする．すなわちグラフ $x=(\mathcal{V}(x),\mathcal{E}(x))$ は頂点の集合 $\mathcal{V}(x)$ と辺の集合 $\mathcal{E}(x)$ からなり，各頂点 $v\in\mathcal{V}(x)$ にはラベルが振られているものとする．このグラフの上でランダムウォークを行うことでたどった頂点の列からラベルの列が得られる．すなわち一様にランダムに選んだ頂点からスタートし現在の頂点と隣接する頂点のなかから一様にランダムに一つを選び，その頂点に移動するものとする．二つのグラフ x と x' から取り出された長さ l の二つのパス s と s' の間のカーネル関数 $k_{\mathcal{S}}(s,s')$ は，二つのパスのラベルが完全に一致するときに λ^l，そうでないとき 0 であるとする．こうして定義されたカーネル関数を実際に計算するに当たって，パスの個数は無限個あるため総当たり的な計算は不可能であるが，やはりパスのもつ再帰的な構造を利用することで効率的に計算することが可能になる．頂点 v を終点とする頂点パスの集合 $\mathcal{S}_v(x)$ を定義すると，

$$k_{\mathcal{V}}(v,v') = \sum_{s\in\mathcal{S}_v(x)} \sum_{s'\in\mathcal{S}_{v'}(x')} k_{\mathcal{S}}(s,s') \qquad (7)$$

とすることでカーネル関数は，

$$k(x,x') = \sum_{v\in\mathcal{V}(x)} \sum_{v'\in\mathcal{V}(x')} k_{\mathcal{V}}(v,v')$$

と書くことができる．v を終点とする頂点パスの集合は，ランダムウォークが v でスタートした途端に終了する場合（v のみを含む頂点パスを生成する）と，隣接した頂点で終了する頂点パスに v を足してつくられる頂点パス集合の和集合であるため式 (7) は

$$k_{\mathcal{V}}(v,v')$$

$$= \lambda\delta(v = v')\left(1 + \sum_{\tilde{v}\in\mathcal{N}(v)}\sum_{\tilde{v}'\in\mathcal{N}(v')} k_{\mathcal{V}}(\tilde{v}, \tilde{v}')\right)$$

のように再帰的に書くことができる．なお，$\delta(v = v)$ は，v と v' のラベルが一致するときに 1，そうでないときに 0 を返すような関数であるとする．また $\mathcal{N}(v)$ は頂点 v に隣接する頂点の集合とする．この式は $k_{\mathcal{V}}$ について連立方程式の形をしているので，頂点数に関して多項式時間で解くことが可能になる．

〔鹿 島 久 嗣〕

参 考 文 献

[1] J. Shawe-Taylor and N. Cristianini : Kernel Methods for Pattern Analysis, Cambridge University Press, 2004.

[2] C. Cortes and V. N. Vapnik : Support vector networks. *Bioinformatics*, **20**: 273–297, 1995.

[3] Y. Freund and R. Shapire : Large margin classification using the perceptron algorithm. *Machine Learning*, **37**(3): 277–296, 1999.

[4] B. Schölkopf et al.: Nonlinear component analysis as a kernel eigenvalue problem. *Neural Computation*, **10**(5): 1299–1319, 1998.

[5] S. Mika et al.: Fisher discriminant analysis with kernels. Neural Networks for Signal Processing IX, pp. 41–48, 1999.

[6] D. Haussler : Convolution kernels on discrete structures. Technical Report UCSC-CRL-99-10, University of California, Santa Cruz, 1999.

[7] T. Gärtner : A survey of kernels for structured data. *SIGKDD Explorations*, **5**(1): S268–S275, 2003.

[8] H. Lodhi et al.: Text classification using string kernels. *J. Machine Learn. Res.*, **2**:419–444, 2002.

[9] M. Collins and N. Duffy : Convolution kernels for natural language. Advances in Neural Information Processing Systems 14, MIT Press, Cambridge, MA, 2002.

[10] H. Kashima and T. Koyanagi : Kernels for semi-structured data. Proceedings of the 19th International Conference on Machine Learning, pp. 291–298, Morgan Kaufmann, San Francisco, CA, 2002.

[11] H. Kashima et al.: Marginalized kernels between labeled graphs. Proceedings of the 20th International Conference on Machine Learning, Morgan Kaufmann, San Francisco, CA, 2003.

2.6 サポートベクトルマシン

support vector machine (SVM)

a. マージン最大化

与えられた例題の分布が未知の場合の二分類問題を考えよう．例題の分布が完全に未知であっても，その性質には一定の制限がある．この性質を利用して汎化誤差を議論したものが**統計的学習理論**である．ここでは汎化誤差の評価に，クラス間の距離を表す「マージン」が陽に現れ，一般にマージンが大きいほど汎化性能はよい．

線形二分機械，すなわち分離境界面が超平面で表されるような学習機械の場合，マージンは分離境界面と例題との距離の最小値となる．

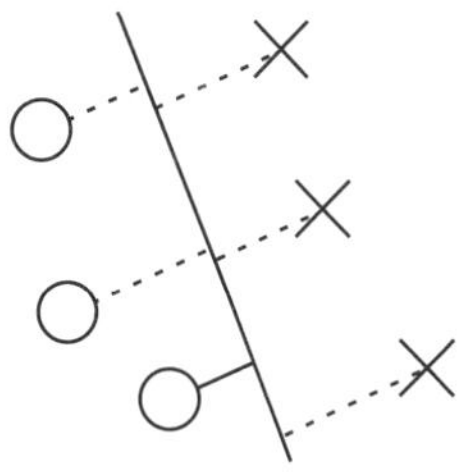

図 1 マージンの幾何学的描像

サポートベクトルマシンは，マージンを最大化する分離超平面をもつ線形二分機械であり，以下のように定式化される．入力ベクトル $\boldsymbol{x} \in F$ に対し，線形二分機械は重みベクトル $\boldsymbol{w} \in F$ としきい値 b を用いて

$$y = \mathrm{sgn}\left[\boldsymbol{w}^\top \boldsymbol{x} + b\right] \quad (1)$$

によって出力 $y \in \{+1, -1\}$ を定める．ここで sgn は符号関数である．線形分離可能，すなわちすべての例題を正しく分離する超平面が存在するような N 個の例題 $(\boldsymbol{x}_n, y_n)$, $n = 1, \cdots, N$ が与えられたとき，マージンは例題と超平面の距離の最小値として定義される．

$$\min_n \frac{y_n(\boldsymbol{w}^\top \boldsymbol{x}_n + b)}{\|\boldsymbol{w}\|} \quad (2)$$

したがって，SVM は (2) を最大にする $\boldsymbol{w}$, b を選

ぶ．具体的には，(2) が $\boldsymbol{w}$ および b の定数倍について不変であることを利用し，最も超平面に近い例題が $y_n(\boldsymbol{w}^\top \boldsymbol{x}_n + b) = 1$ を満たす，すなわち

$$y_n(\boldsymbol{w}^\top \boldsymbol{x}_n + b) \geq 1 \tag{3}$$

という制約条件のもとで (2) を最大化する．このとき，最大化すべき関数は $1/\|\boldsymbol{w}\|$ となるが，これは $\|\boldsymbol{w}\|^2/2$ を最小化することと等価である．したがって，SVM は

$$\min_{\boldsymbol{w},b} \frac{1}{2}\|\boldsymbol{w}\|^2 \quad \text{ただし } y_n(\boldsymbol{w}^\top \boldsymbol{x}_n + b) \geq 1 \tag{4}$$

という線形不等式制約つき**凸 2 次計画問題**に帰着される．

(4) は SVM の主問題と呼ばれる．通常，不等式制約つき凸計画問題は，ラグランジュ関数を用いて双対問題に変換できる．SVM の双対問題は，以下のように導出される．n 番目の制約式のラグランジュ乗数を $\alpha_n \geq 0$ とし，$\boldsymbol{\alpha} = (\alpha_1, \cdots, \alpha_N)$ とすれば，ラグランジュ関数 $L(\boldsymbol{w}, b, \boldsymbol{\alpha})$ は

$$L(\boldsymbol{w}, b, \boldsymbol{\alpha}) = \frac{1}{2}\|\boldsymbol{w}\|^2 - \sum_{n=1}^{N} \alpha_n [y_n(\boldsymbol{w}^\top \boldsymbol{x}_n + b) - 1] \tag{5}$$

と表される．(4) の解は (5) の鞍点となるので，$L(\boldsymbol{w}, b, \boldsymbol{\alpha})$ を $\boldsymbol{w}$ と b について微分したものは 0 に等しく，

$$\boldsymbol{w} = \sum_{n=1}^{N} \alpha_n y_n \boldsymbol{x}_n, \qquad 0 = \sum_{n=1}^{N} \alpha_n y_n \tag{6}$$

が成り立つ．(6) は，SVM の分離超平面の法線ベクトル $\boldsymbol{w}$ が例題 $\boldsymbol{x}_n$ の重みつき線形和で表されることを示している．上式を利用して $L(\boldsymbol{w}, b, \boldsymbol{\alpha})$ の $\boldsymbol{w}$ と b を消去すると，(4) の双対問題が得られ，

$$\max_{\alpha_n \geq 0} \sum_{n=1}^{N} \alpha_n - \frac{1}{2} \sum_{n=1}^{N} \sum_{n'=1}^{N} \alpha_n \alpha_{n'} y_n y_{n'} \boldsymbol{x}_n \boldsymbol{x}_{n'}$$
$$\text{ただし} \sum_{n=1}^{N} \alpha_n y_n = 0 \tag{7}$$

となる．これは再び凸 2 次計画問題になっている．(1) の解を $\hat{\alpha}_n, n = 1, \cdots, N$ とすると，SVM による分離超平面は

$$y = \sum_{n=1}^{N} \widehat{\alpha}_n y_n \boldsymbol{x}_n^\top \boldsymbol{x} + b \tag{8}$$

と表される．ここで b は，$\widehat{\alpha}_n > 0$ を満たす n 番目の例題を (8) に代入して得る．$\widehat{\alpha}_n > 0$ となる例題はサポートベクトルと呼ばれ，一般に例題数 N に比べ少数となる．**PAC 学習**の枠組みでは，サポートベクトルが少ないほど汎化能力が高いことが知られている．これは，近年研究が進んでいる**疎表現**とも関連がある．

入力ベクトルをそのまま利用する SVM では，例題が線形分離不可能な場合には解が存在しない．そこで多層パーセプトロンのように階層化することを考えよう．具体的には，入力ベクトル $\boldsymbol{x}$ を特徴写像と呼ばれる非線形関数 $\boldsymbol{f}(\bullet)$ により $\boldsymbol{f} = \boldsymbol{f}(\boldsymbol{x})$ に変換し，$\boldsymbol{f}$ の空間においてマージン最大化を行う．$\boldsymbol{f}$ を特徴ベクトルと呼び，$\boldsymbol{f}$ の空間を特徴空間と呼ぶ．特徴空間は特徴写像 $\boldsymbol{f}(\bullet)$ によって定まる．このとき，SVM の双対問題は $\boldsymbol{f}_n = \boldsymbol{f}(\boldsymbol{x}_n)$ を用いて

$$\max_{\alpha_n \geq 0} \sum_{n=1}^{N} \alpha_n - \frac{1}{2} \sum_{n=1}^{N} \sum_{n'=1}^{N} \alpha_n \alpha_{n'} y_n y_{n'} \boldsymbol{f}_n \boldsymbol{f}_{n'}$$
$$\text{ただし} \sum_{n=1}^{N} \alpha_n y_n = 0 \tag{9}$$

と表され，分離超平面は

$$y = \sum_{n=1}^{N} \widehat{\alpha}_n y_n \boldsymbol{f}_n^\top \boldsymbol{f} + b \tag{10}$$

となる．(9) および (10) には特徴ベクトルの内積は現れるが，特徴ベクトルそのものは現れない．したがってカーネル法を利用できるので，広い分野に適用可能である．

b. ソフトマージン

特徴空間をうまく選べばどんな例題集合でも線形分離可能にできるが，そのような SVM はかならずしも高い汎化性能をもたない．なぜなら SVM はマージンの小さい例題によって分離超平面を構成するため，ノイズや外れ値に大きく影響を受けるからである．この問題を克服するため，スラック変数 ξ_n を用いて拘束条件を緩める，ソフトマージンという手法が提案されている．マージンを ξ_n だけ割り込む例題の存在を許す代わりに，ξ_n をコスト関数に組み込むものであり，

$$\min_{\boldsymbol{w},b,\xi_n} \frac{1}{2}\|\boldsymbol{w}\|^2 + C \sum_{n=1}^{N} \xi_n$$

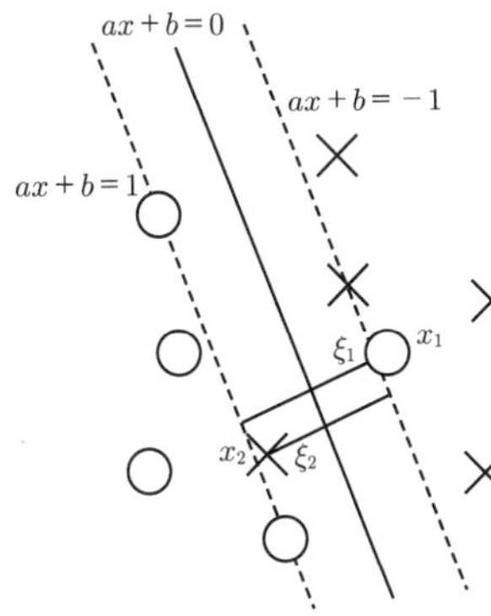

図 2 ソフトマージンの幾何学的描像

$$\text{ただし } y_n(\boldsymbol{w}^\top \boldsymbol{x}_n + b) \geq 1 - \xi_n, \quad \xi_n \geq 0 \qquad (11)$$

と定式化される．

その双対問題は

$$\max_{0\leq\alpha_n\leq C} \sum_{n=1}^{N} \alpha_n - \frac{1}{2}\sum_{n=1}^{N}\sum_{n'=1}^{N} \alpha_n \alpha_{n'} y_n y_{n'} \boldsymbol{x}_n \boldsymbol{x}_{n'}$$

$$\text{ただし } \sum_{n=1}^{N} \alpha_n y_n = 0 \qquad (12)$$

となり，α_n の上限 C を除いて (1) と同じである．この手法は次に紹介する ν–SVM と区別するため，しばしば C–SVM と称される．なお，ソフトマージンを導入しない SVM はハードマージンと呼ばれる．

ν–SVM はマージンを 1 に固定する代わりに変数 β とし，$-\beta$ をコスト関数に加えるもので，その主問題，双対問題は以下のように表される[2]．

$$\min_{\boldsymbol{w},b,\xi_n} \frac{1}{2}\|\boldsymbol{w}\|^2 + C\sum_{n=1}^{N}\xi_n - \beta$$

$$\text{ただし } y_n(\boldsymbol{w}^\top \boldsymbol{x}_n + b) \geq \beta, \quad \xi_n \geq 0 \qquad (13)$$

$$\max_{0\leq\alpha_n\leq C} -\frac{1}{2}\sum_{n=1}^{N}\sum_{n'=1}^{N} \alpha_n \alpha_{n'} y_n y_{n'} \boldsymbol{x}_n \boldsymbol{x}_{n'}$$

$$\text{ただし } \sum_{n=1}^{N} \alpha_n y_n = 0, \quad \sum_{n=1}^{N} \alpha_n = 1 \qquad (14)$$

C–SVM は主問題においてマージン最大化という幾何学的な意味をもっているが，ソフトマージン，特に「柔らかさ」を表す定数 C の意味ははっきりしない．一方，ν–SVM は α_n の和が一定という条件から，双対問題において例題の縮小凸包という幾何学的な意味をもっており，C は凸包の縮小の度合いを表すことが知られている[4]．そのため，例題の性質をパラメータ設定に反映させるのが容易である．たとえば $C = 1/3$ とすれば，例題の凸包の代わりに三つの例題の重心の凸包を考えることになり，加算平均による SN 比の向上が期待できる．

c. SVM の拡張

SVM のアイデアは二分類問題だけでなく，回帰問題にも適用できる．この回帰のための SVM はサポートベクトル回帰 (SVR) と呼ばれる．ソフトマージンを用いた SVM では，正例 ($y_n = +1$) に対して図 3 (a) の点線の誤差関数，負例 ($y_n = -1$) に対して破線の誤差関数を適用していた．回帰問題では ε 許容誤差関数と呼ばれる (b) のような誤差関数 $E_\varepsilon(\bullet)$ を用いればよい[1]．

したがって，SVR の誤差関数は以下のように表される．

$$\frac{1}{2}\|\boldsymbol{w}\|^2 + C\sum_{n=1}^{N} E_\varepsilon(\boldsymbol{w}^\top \boldsymbol{x}_n + b - y_n) \qquad (15)$$

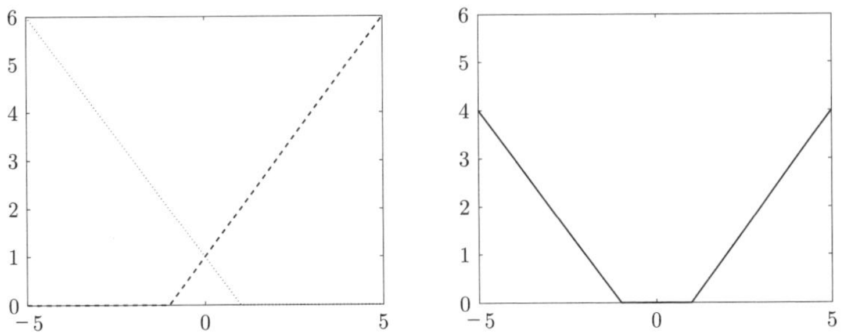

(a) 二分類問題の誤差関数　　(b) 回帰問題の誤差関数

図 3

二分類問題と同様にスラック変数を導入すると，上の双対問題は

$$\max_{0\le\alpha_n,\alpha'_n\le C} -\frac{1}{2}\sum_{n=1}^{N}\sum_{n'=1}^{N}(\alpha_n-\alpha'_n)(\alpha_{n'}-\alpha'_{n'})\boldsymbol{x}_n\boldsymbol{x}_{n'} - \varepsilon\sum_{n=1}^{N}(\alpha_n+\alpha'_n)+\sum_{n=1}^{N}(\alpha_n-\alpha'_n)y_n \tag{16}$$

という凸 2 次計画問題として表される．

SVM は線形二分機械であるため，二分類問題に特化されており，**多クラス分類問題**に直接応用するのは困難である．そのため，多クラス問題にはクラス SVM を組み合わせて利用し，一つのクラスとそれ以外のクラスに分ける SVM を組み合わせる 1 対他方式，すべてのクラスの組合せについて SVM を用いる 1 対 1 方式，誤り訂正符号を用いた手法などが提案されている．

一方，1 クラス SVM も提案されている[3]．これは SVM を利用して，特徴空間をデータがある領域と，ない領域に分けるという一種の確率密度分布推定の手法であり，ν–SVM によく似た定式化となる．

〔池 田 和 司〕

参 考 文 献

[1] V. N. Vapnik : The Nature of Statistical Learning Theory, Springer, New York, 1995.

[2] B. Schölkopf et al.: New support vector algorithms. *Neural Computation*, **12**: 1207–1245, 2000.

[3] B. Schölkopf et al.: Estimating the support of a high-dimensional distribution. *Neural Computation*, **13**: 1443–1471, 2001.

[4] K. Ikeda and T. Aoishi : An asymptotic statistical analysis of support vector machines with soft margins. *Neural Networks*, **18**: 251–259, 2005.

2.7 モンテカルロ法

Monte Carlo method

a. 乱数を用いた計算技法

モンテカルロ法は広く一般に乱数を用いた計算技法を指す．歴史的には，床に引かれた多数の平行線に針を落とし，交さ頻度から円周率の近似値を評価したビュフォンの針の実験が有名である．現代的には，計算機に発生させた疑似乱数を用いて，厳密に解析計算することが困難な関数の数値積分法として知られている．

より狭義には，ある関数 $f(\boldsymbol{x})$ の確率分布 $p(\boldsymbol{x})$ についての期待値を計算することが目的とされる．ここで確率変数 $\boldsymbol{x}$ は多次元のベクトルとして表され，問題に応じて離散変数や連続変数になりうる．$\boldsymbol{x}$ が連続変数の場合には，期待値は，

$$I=\langle f\rangle=\int f(\boldsymbol{x})p(\boldsymbol{x})\mathrm{d}\boldsymbol{x}$$

となる．モンテカルロ法の基本的な考え方は，確率分布 $p(\boldsymbol{x})$ から独立なサンプル集合 $\boldsymbol{x}^{(m)}(m=1,\cdots,M)$ を抽出することである．このことから，モンテカルロ法は確率分布からのサンプリング技法と見なすこともできる．この M 個の代表点からなるサンプル集合から，期待値の推定量は

$$\widehat{I}=\frac{1}{M}\sum_{m=1}^{M}f(\boldsymbol{x}^{(m)})$$

となる．サンプル集合 $\boldsymbol{x}^{(m)}$ が正しく分布 $p(\boldsymbol{x})$ から抽出されているとき，推定量 $\widehat{I}$ の期待値は I に等しい．またサンプル数 M が十分大きいときに推定量の分散は，関数 $f(\boldsymbol{x})$ の分布 $p(\boldsymbol{x})$ についての分散 $\sigma^2=\int(f(\boldsymbol{x})-I)^2p(\boldsymbol{x})\mathrm{d}\boldsymbol{x}$ を用いて，σ^2/M となる．このために，推定量 $\widehat{I}$ の精度は関数 f の分散に依存し，サンプル数 M の平方根に反比例し，非常にゆっくりと収束することがわかる．ここで，この精度が変数 $\boldsymbol{x}$ の次元には依存しない点は特徴的である．この性質が高次元積分の評価でモンテカルロ法が有効になることを示唆していて，他の計算技法が直面する次元の増大に伴う「次元の呪い」と呼ばれる困難点を回避し

うる方法として注目されてきた．

確率分布 $p(\boldsymbol{x})$ が単純な関数のときは，変数変換の方法や棄却法などの方法を用いて，一様分布の乱数から独立なサンプル集合を得ることができる．それらの方法も乱数を用いる点でモンテカルロ法と呼ばれる．しかし，高次元の確率変数を扱う際には「次元の呪い」の困難は残されたままである．高次元でも効率よくサンプルする一般的な方法として，**マルコフ連鎖モンテカルロ** (Markov–chain Monte Carlo : MCMC) **法**がある．

b. マルコフ連鎖モンテカルロ法

MCMC 法で扱う確率分布は次のような性質をもっているものとする．確率分布 $p(\boldsymbol{x})$ は単純ではなく独立なサンプル集合を直接得ることは難しいが，任意の与えられた $\boldsymbol{x}$ に対して，正規化定数 Z を除いた $\widetilde{p}(\boldsymbol{x}) = p(\boldsymbol{x})Z$ は容易に求められることを仮定する．MCMC 法では，確率変数のサンプル集合として，求めたい分布 $p(\boldsymbol{x})$ に収束するようなマルコフ連鎖を考えることにする．ここで，簡単のためマルコフ連鎖とは，サンプル集合 $\boldsymbol{x}^{(1)}, \cdots, \boldsymbol{x}^{(M)}$ のなかで，$\boldsymbol{x}^{(m)}$ は $\boldsymbol{x}^{(m-1)}$ のみに依存する系列として定義する．初期条件の分布 $p(\boldsymbol{x}^{(0)})$ と遷移確率 $W(\boldsymbol{x}^{(m)}|\boldsymbol{x}^{(m-1)})$ を決めることでマルコフ連鎖は指定される．ある遷移確率において，遷移の前後で確率分布が不変のとき，その分布はマルコフ連鎖の不変分布（定常分布）と呼ばれる．求めたい分布を不変分布とするマルコフ連鎖を用いてサンプルする方法を **MCMC 法**と呼ぶ．

MCMC 法を構成するための条件の一つは，求めたい分布に対して遷移確率が詳細つりあい条件

$$\widetilde{p}(\boldsymbol{x})W(\boldsymbol{x}'|\boldsymbol{x}) = \widetilde{p}(\boldsymbol{x}')W(\boldsymbol{x}|\boldsymbol{x}') \qquad (1)$$

を満たすことである．このとき，生成されるマルコフ連鎖は可逆であるという．求めたい分布に対して，詳細つりあい条件を満たすように遷移確率を選択することは多くの場合容易である．一方，詳細つりあいの条件は不変分布への収束性を保証するための必要条件ではなく，詳細つりあい条件は満たさなくても，より弱い条件であるつりあい条件 $\widetilde{p}(\boldsymbol{x}) = \sum_{\boldsymbol{x}'} \widetilde{p}(\boldsymbol{x}')W(\boldsymbol{x}|\boldsymbol{x}')$ を満たせばよい．しかし，条件が少なすぎるために遷移確率の決め方が非自明である．最近，詳細つりあい条件を破る MCMC 法はいくつか提案されているが，その実質的な効率も含めて現在研究が進められている．

マルコフ連鎖の不変分布が初期分布に依存しないためのもう一つの条件として，**エルゴード性**を遷移確率に課す必要がある．エルゴード性とは，任意の $\boldsymbol{x}$ と $\boldsymbol{x}'$ に対して，ある有限回数の試行での遷移確率がゼロでないことである．このエルゴード性と (詳細) つりあいの二つの条件を満たす遷移確率によるマルコフ連鎖は唯一の不変分布に収束することが証明されている．

代表的な遷移確率の決め方に，**メトロポリス–ヘイスティングス** (Metropolis–Hastings:MH) **法**がある．現在の確率変数を状態 $\boldsymbol{x}^{(m)}$ とすると，次の候補 $\boldsymbol{x}'$ を $\boldsymbol{x}^{(m)}$ に依存する提案分布 $q(\boldsymbol{x}'|\boldsymbol{x}^{(m)})$ からサンプルし，受理確率

$$A(\boldsymbol{x}', \boldsymbol{x}^{(m)}) = \min\left(1, \frac{\widetilde{p}(\boldsymbol{x}')q(\boldsymbol{x}^{(m)}|\boldsymbol{x}')}{\widetilde{p}(\boldsymbol{x}^{(m)})q(\boldsymbol{x}'|\boldsymbol{x}^{(m)})}\right)$$

にしたがって採択する．このとき，遷移確率は，$W(\boldsymbol{x}'|\boldsymbol{x}^{(m)}) = q(\boldsymbol{x}'|\boldsymbol{x}^{(m)})A(\boldsymbol{x}', \boldsymbol{x}^{(m)})$ と選択したことになる．この遷移確率が詳細つりあい条件を満たしていることは容易に確かめられる．この手続きのなかに正規化定数 Z は現れていない．ベイズ統計での事後分布や統計力学でのギブス分布などでは正規化定数が不明なことが多く，方法の適用の際にその値を知る必要がないことは一つの利点である．

また，別の方法として，**ギブスサンプラー** (Gibbs sampler) がある．物理の分野では熱浴法と呼ばれるこの方法では，受理確率が常に 1 となる性質をもつ．ギブスサンプラーの例として，確率変数 $\boldsymbol{x}$ の一つの成分 x_i のみが変更される場合を考える．成分 x_i 以外の変数を $\boldsymbol{x}_{\setminus i}$ と表すと，$\boldsymbol{x}_{\setminus i}$ を固定した条件つき分布 $p(x_i'|\boldsymbol{x}_{\setminus i})$ から x_i をサンプルする．これは MH 法での提案分布として $q(\boldsymbol{x}'|\boldsymbol{x}) = p(x_i'|\boldsymbol{x}_{\setminus i})$ を選択したことになる．このとき，受理確率 $A(\boldsymbol{x}'|\boldsymbol{x})$ は 1 となり，提案された候補は常に受理される．ギブスサンプラーでは必ずしも一つの成分だけを更新する必要はなく，複数の成分を同時に更新することも可能である．その場合には，条件つき分布からのサンプルの計算量が一般には増えることになる．これらのほかにも求めたい分布や問題に応じて，さまざまな遷移確率が考案されてきた．提案分布からのサンプルのための計算量と受理確率の兼ね

合いによって，方法の効率は決まるが，求めたい分布に対して効率のよい遷移確率の選択原理は一般にはわからない．

c. 収束判定条件と完全サンプリング

マルコフ連鎖の不変分布への収束性は保証されているものの，その収束の速さについては高次元の確率分布に関してわかっていることは少ない．そのために，マルコフ連鎖を停止する条件は多くの場合不明であり，これまでにさまざまな収束判定法が議論されている．収束判定として，初期分布の影響を取り除くためのマルコフ連鎖の初期部分の長さ (burn-in 時間) と停止時間を見積もるための統計量が提案されている．たとえば，Gelman-Rubin の方法では，複数の独立に生成したマルコフ連鎖の系列に対して，確率変数 $\boldsymbol{x}$ の評価したい関数 $\Psi(\boldsymbol{x})$ の系列内分散と系列間分散から決まるある統計量から収束判定を行う．系列間分散が十分小さくなることをある基準のもとに定量的条件としている．また，Geweke の方法では，非常に長い一つのマルコフ連鎖に対して，その系列を前半と後半に分割し，ある関数 $\Psi(\boldsymbol{x})$ の標本平均をそれぞれ評価し，それらが一致することを帰無仮説として，一致しないとする対立仮説に対して検定を行う．いずれの方法にしても，長所と短所があり，完全な判定条件とはいえない．たとえば，多峰的な分布の確率の大きなある状態がマルコフ連鎖の過程で実現すると，そこから別の状態への遷移が実質的に困難になる．そのとき，前者の方法では判定条件を満たさなく停止できなくなることが生じ，後者の方法では判定条件によって停止しても正しい不変分布に収束していないことが起こりうる．非常に汎用性が高く，幅広い問題に適用可能であることが MCMC 法の利点であるが，このように確立した収束判定条件がないことは欠点といえる．

それに対して，Propp と Wilson は**完全サンプリング法** (perfect sampler, perfect simulation, coupling from the past) と呼ばれる不変分布からの厳密なサンプルを可能にする新しい方法を提案した．状態空間のすべての状態から共通の乱数列で状態遷移を行うと，十分長い時間のあとではすべての状態は共通になる．乱数列を共通とするために一度同じ状態になると，その後は同じ状態が続く．この状況を**合体** (coalescence) といい，そのとき生成されるサンプル列は初期状態によらなくなる．合体の結果，得られる状態は不変分布からの正しいサンプルと見なすことができる．乱数列によらずある有限回 P の状態更新で合体することがわかれば，乱数列を変えて P 回状態更新をすることで，独立なサンプルが得られることになる．問題は，すべての状態を試行することなく，合体が実現することを判定することである．それを実現するためには，マルコフ連鎖が単調性 (monotonicity) と呼ばれるよい性質をもつ必要があり，求めたい分布や遷移確率への強い制限を与え，一般の分布には適用できるわけではない．画期的な考えであるが，現状では Ising モデルやタイリングなどいくつかの問題への適用に限られている．

d. シミュレーテッド・アニーリング法

MCMC 法を最適化問題の解法として発展させた手法に**アニーリング法** (simulated annealing) がある．この方法は最適化問題をはじめ，ベイズ統計での事後分布のモードや物理分野での最低エネルギー状態の汎用的探索手法と考えられ，一般に確率分布 $p(\boldsymbol{x})$ の最大値を与える状態 $\boldsymbol{x}$ を求めるために用いられる．分布が多峰的なときには $-\log p(\boldsymbol{x})$ に対する最急降下法を用いると，初期条件に依存した局所最適解に収束してしまい，大域的な最適解にたどりつかないことがたびたび起こる．これは MCMC 法にも共通する困難点である．アニーリング法では，温度パラメータ T を導入して，変形した分布

$$p(\boldsymbol{x}|T) = \frac{p^{1/T}(\boldsymbol{x})}{\sum_{\boldsymbol{x}} p^{1/T}(\boldsymbol{x})} \tag{2}$$

を考え，MCMC 法を用いて $\boldsymbol{x}$ をサンプルする．十分大きな T では $p(\boldsymbol{x}|T)$ はほぼ一様分布と見なせ，マルコフ連鎖に現れる状態はランダム抽出となる．一方で，小さな T では $p(\boldsymbol{x})$ のモード付近からサンプルされることが期待される．アニーリング法は大きな T での確率的なゆらぎによって，多峰的な分布の局所解にとどまり続ける可能性を低くし，徐々にパラメータ T を小さくすることで，最適解の探索を可能にする手法である．パラメータ T を変化させるときに詳細つりあい条件を破るために不変分布からのサンプル手法ではない

が，多峰的な分布でのサンプルの困難点を回避する考え方は拡張アンサンブル法へつながっていく．また，このような温度由来のゆらぎではなく，量子力学起源の量子ゆらぎを利用した量子アニーリング法の研究も進んできている．

e. 拡張アンサンブル法—交換モンテカルロ法—

多峰的な分布に現れる MCMC 法の困難点を解消するために，マルチカノニカル法 (multicanonical method)，シミュレーテッド・テンパリング (simulated tempering) や交換モンテカルロ法 (exchange MC, multiple-coupled MCMC, paralle tempering) などの一連の方法群が 1990 年代に主に統計物理の分野で相次いで提唱された．これらの方法は，興味ある確率分布に修正を加えたり，合体した拡張された分布を取り扱うことから**拡張アンサンブル法**と呼ばれている．

拡張アンサンブル法のなかで最も単純なものは**交換モンテカルロ法**である．求めたい分布に対して，アニーリング法で用いた変形された分布 (2) を考え，Q 個の異なる温度 $(T_1=1, T_2, \cdots, T_Q)$ と拡張された確率変数 $\boldsymbol{X}=\{\boldsymbol{x}_1, \boldsymbol{x}_2, \cdots, \boldsymbol{x}_Q\}$ についての同時分布は，

$$p_{\mathrm{ex}}(\boldsymbol{X})=\prod_{q=1}^{Q} p(\boldsymbol{x}_q|T_q)$$

となる．$p(\boldsymbol{x}_1|T_1=1)$ が求めたい分布となり，パラメータの順序は $T_q<T_{q+1}$ とする．交換モンテカルロ法のマルコフ連鎖は，この同時分布を不変分布とするように 2 種類の遷移確率により指定される．一つは，それぞれの分布 $p(\boldsymbol{x}_q|T_q)$ に対して変数 $\boldsymbol{x}_q$ の状態更新を行う．もう一つは，異なる温度に対応する変数の交換，すなわち，二つの温度 T_q と T_{q+1} の状態 $\boldsymbol{x}_q$ と $\boldsymbol{x}_{q+1}$ を交換する遷移を導入する．その交換遷移確率はメトロポリス法であれば，交換レート R を

$$R=\frac{p(\boldsymbol{x}_{q+1}|T_q)p(\boldsymbol{x}_q|T_{q+1})}{p(\boldsymbol{x}_q|T_q)p(\boldsymbol{x}_{q+1}|T_{q+1})}$$

とし，$W(\boldsymbol{x}_q \leftrightarrow \boldsymbol{x}_{q+1})=\min(1,R)$ とすればよい．これらの二つの遷移過程により，拡張された変数はそれぞれの温度で更新しながら，同時に温度軸上を動き回り，長時間の振舞はアニーリングとヒーティングを繰り返しながらランダムウォークと見なすことができる．結果として，低温で多峰的な分布のある状態にとどまり続けることがあったとしても，一度高温になり一様分布を介することにより状態空間を広く探索できる．ただし，アニーリング法と異なり，マルコフ連鎖のすべての遷移で詳細つりあい条件を満たしていることから，それぞれの $p(\boldsymbol{x}_q|T_q)$ からのサンプルが実現できる．

f. 拡張アンサンブル法—マルチカノニカル法—

もう一つの有力な拡張アンサンブル法は**マルチカノニカル法**である．ここでは対象とする分布を指数分布族に限定することにする．このとき，統計力学におけるギブス分布のようにエネルギー関数 $E(\boldsymbol{X})$ とパラメータ T を用いて，

$$p(\boldsymbol{x})=\frac{\exp(-E(\boldsymbol{x})/T)}{Z}$$

と表すことができる．交換モンテカルロ法では温度パラメータに対して拡張アンサンブルを構成したのに対して，マルチカノニカル法はエネルギーに対する修正された分布を用いる．まず，エネルギーが $E<E(\boldsymbol{x})<E+\mathrm{d}E$ の範囲にある変数 $\boldsymbol{x}$ の状態数を $D(E)$ と定義する．一般にエネルギーが高いほど状態数は大きな値をとる．この $D(E)$ を用いて，エネルギーの値を固定した分布

$$p(\boldsymbol{x}|E)=\frac{\delta(E(\boldsymbol{x})-E)}{D(E)}$$

を考える．マルチカノニカル法のポイントは，分布 $p(\boldsymbol{x})$ の代わりに，興味のあるエネルギーの範囲 $E\in[E_{\min}:E_{\max}]$ の分布 $p(\boldsymbol{x}|E)$ を同じ重みで重ね合わせたマルチカノニカル分布

$$p_{\mathrm{mul}}(\boldsymbol{x}) \equiv \int_{E_{\min}}^{E_{\max}} \mathrm{d}E\, p(\boldsymbol{x}|E)$$

をマルコフ連鎖の不変分布とすることである．これは単純に $p_{\mathrm{mul}}(\boldsymbol{x}) \sim 1/D(E(\boldsymbol{x}))$ となる．マルコフ連鎖の構成には，$\widetilde{p}(\boldsymbol{x})=D^{-1}(E(\boldsymbol{x}))$ として，詳細つりあい条件 (1) から，メトロポリス法の遷移確率は，

$$W_{\mathrm{mul}}(\boldsymbol{x}'|\boldsymbol{x})=\min\left(1, \frac{D(E(\boldsymbol{x}))}{D(E(\boldsymbol{x}'))}\right)$$

となる．求めたい分布の統計量の計算は，一度長いシミュレーションを行うことにより，再重率法により求めることができる．マルチカノニカル法の不変分布から，エネルギーの周辺分布は E によらない定数になり，

状態はエネルギー軸上をランダムウォークすると考えられる．このことから，高エネルギーの豊富な状態を通して，低エネルギーでの局所解からの脱出が期待できる．

先に解説した交換モンテカルロ法では温度パラメータの設定が必要であるように，マルチカノニカル法では $D(E)$ を知る必要がある．シミュレーションを行いながら，逐次的に近似的状態数に修正を加えるような学習を行う．求める分布が複雑であると，この学習過程も簡単でないことが多い．現時点では標準的な学習方法とされている手法は Wang-Landau 法である．

g. 逐次モンテカルロ法

MCMC 法とは異なるタイプのモンテカルロ法として**逐次モンテカルロ法** (sequential Monte Carlo：SMC) がある．時系列モデルの推定法としての粒子フィルターや偏微分方程式の固有値問題・境界値問題の手法としての拡散モンテカルロ法などがこの範疇に属する．MCMC 法がマルコフ連鎖の不変分布からのサンプル手法であるのに対して，SMC 法では有限の K 個の粒子 $\boldsymbol{x}^{(k)}$ とその重み $w^{(k)}$ の重ね合せが求めたい分布の近似分布を与える．SMC 法で扱う典型的な分布の構造では，状態 $\boldsymbol{x}_t$ から状態 $\boldsymbol{x}_{t+1}$ が確率 $p(\boldsymbol{x}_{t+1|\boldsymbol{x}_t})$ で生成され，状態 $\boldsymbol{x}_t$ から観測されるデータ $\boldsymbol{y}_t$ が確率 $p(\boldsymbol{y}_t|\boldsymbol{x}_t)$ で生成される．時系列モデルでは t は実時間を表す．このとき，各粒子は $\boldsymbol{x}_t^{(k)}$ から $\boldsymbol{x}_{t+1}^{(k)}$ へ遷移し，重み $w_t^{(k)}$ は $p(\boldsymbol{y}_t|\boldsymbol{x}_t)$ が掛け合わせられる．この過程を繰り返しながら，重み $w_t^{(k)}$ にしたがって粒子の分裂や消滅をすることで重みの分散を調整する．$\boldsymbol{y}_t$ として実データを取り込むデータ解析とシミュレーション科学を統合する手法は**データ同化** (assimilation) と呼ばれ，地球科学の分野での最先端手法として注目されている． 〔福島孝治〕

参考文献

[1] 伊庭幸人ほか：計算統計 II マルコフ連鎖モンテカルロ法とその周辺，岩波書店，2005.

[2] J.S.Liu : Monte Carlo Strategies in Scientific Computing, Springer, 2001.

[3] C.P. Robert and G.Casella: Monte Carlo Statistical Methods, Springer, 2004.

2.8 集団学習

ensemble learning

集団学習は，複雑で大規模なデータを効率的に処理し，高い予測精度を達成するための**学習アルゴリズム**である．計算機の性能の向上に伴って，非常に多くのパラメータを含む大規模な統計モデルが利用されるようになってきている．しかし，高速な計算機を用いても多数のパラメータを適切に学習することは難しく，効率的な計算方法を考える必要がある．また複雑すぎる統計モデルを用いると，観測データにモデルが過剰に適合する傾向があり，その結果として適切な予測ができなくなる．集団学習は，上にあげた計算量と予測精度の問題を同時に解決することを目指している．

集団学習の考え方にしたがうと，**大規模な問題**は次のように処理される．

ステップ 1 大規模な問題をいくつかの小規模な問題に分割する．

ステップ 2 それぞれの小問題に対して学習アルゴリズムを適用する．

ステップ 3 ステップ 2 で得た結果を統合して，もともとの大規模な問題に対する推論を行う．

このような学習アルゴリズムにより，計算量と予測精度の問題がどのように解決されるかを以下に述べる．

まず計算量について解説する．統計モデルが d 個のパラメータを含むとして，データに適合するようにこれらのパラメータを決定することを考える．統計モデルを適当に分割して d/K 個のパラメータを含む K 個の小モデルを構成する．それぞれの小モデルに対して学習を行い，結果を統合する．パラメータの個数が d である統計モデルの学習にかかる時間を $T(d)$ とすると，分割することにより計算時間はおおよそ $K \times T(d/K)$ となる．ただしステップ 3 での統合のための計算コストは無視している．計算時間がパラメータの個数に比例するなら，計算コストの観点からは問題を分割するメリットはないが，多くの場合，計算時間はパラメータの個数に対して線形よりも大きいオーダーで依存する．たとえば $T(d) = d^2$ とすると $K \times T(d/K) = d^2/K$ となるので $T(d) > K \times T(d/K)$ となり，集団学習により計算コストが軽減されることがわかる．さらに小問題を並列的に解くことができるなら，集団学習の計算時間は $T(d/K)$ 程度になり，$T(d)$ と比べて大幅に短縮される．

次に予測精度について簡単に述べる．大きな統計モデルを用いると，ノイズに過剰に適合した推定結果が得られる傾向がある．学習の本来の目的は，データからノイズを分離して本質的な情報を取り出すことなので，必要以上に大規模な統計モデルでは目的を達成することができない．したがって，適切な自由度をもつ統計モデルを利用する必要がある．集団学習では，分割した小問題に対して小規模な統計モデルを用いるため，データへの過剰適合の問題は回避される．ステップ 3 で推定結果を統合するためのモデルを考える場合もあるが，そのパラメータ数や自由度を適切に設定することで，統合されたモデルが過剰適合を起こさないように工夫することができる．大規模な学習の問題を「小問題に対する学習」と「統合のための推論」の 2 段階に分けることにより，過剰適合を回避するような学習アルゴリズムを設計しやすくなっている．これが集団学習の利点である．

以下では集団学習の代表例であるバギング，ブースティング，スタッキング，誤り訂正出力符号化について，判別問題に適用した場合の学習アルゴリズムを紹介する．詳しくは Hastie らの著書[1] の 8，10，16 章を参照してほしい．まず判別問題の設定を述べる．特徴ベクトル x_i に対してラベル y_i が割り当てられているデータの集合 $D=\{(x_1,y_1),\cdots,(x_n,y_n)\}$ が観測されたとする．2 値判別では y_i は $+1$ または -1，多値判別では y_i は $1,2,\cdots,K$ の値をとるとする．目標は，将来与えられる特徴ベクトル x のラベルを予測することである．2 値判別の場合には決定関数と呼ばれる実数値関数 $H(x)$ をデータから学習して，決定関数の符号 $\mathrm{sign}(H(x))$ によりラベルの予測を行う．ここで sign は $H\geq 0$ なら $\mathrm{sign}(H)=+1$，$H<0$ なら $\mathrm{sign}(H)=-1$ を出力する符号関数である．以下では学習アルゴリズムを $\mathcal{A}$ として，データ D に対する学習結果を $\mathcal{A}(D)$ とおく．学習された決定関数は，学習アルゴリズムの出力として与えられる．

a. バギング

バギング (bagging) は Bootstrap AGGregat-ING の略語であり，ブートストラップ法 (bootstrap method) を学習アルゴリズムに応用して学習の結果を安定化する方法である．ブートストラップ法は，復元抽出によってデータを複製して統計的推論を行う方法であり，推定量の信頼性の評価などによく用いられる．

バギングによる学習法について説明する．データ $D=\{(x_1,y_1),\cdots,(x_n,y_n)\}$ から n 回の復元抽出を行い，新たなデータセットを得る．これを B 回繰り返し，得られるデータセットを $D^{(b)}=\{(x_1^{(b)},y_1^{(b)}),\cdots,(x_n^{(b)},y_n^{(b)})\}$, $b=1,\cdots,B$ とする．このようにして複製されたデータを学習アルゴリズム $\mathcal{A}$ に入力して得られる決定関数を $H_b=\mathcal{A}(D^{(b)})$, $b=1,\cdots,B$ とする．バギングで得られる決定関数は，これらの平均

$$H(x)=\frac{1}{B}\sum_{b=1}^{B}H_b(x)$$

として与えられる．ラベルの予測値は $\mathrm{sign}(H(x))$ となる．各判別関数 H_b の学習は並列に実行することができるので，バギングは並列処理に適した方法である．B 個の判別関数のパラメータを同時に推定するのではなく，個々に学習を行いその結果を平均して統合するので，バギングは集団学習の一例と見なせる．

バギングによって推定が安定することが知られている．つまり，データ D が少々変わっても推定結果 $H(x)$ はそれほど大きくは変化しない．これはノイズの除去が適切に行われ，データの本質的な構造が取り出されることを意味するので，バギングを用いることで予測精度が向上することが期待される．学習アルゴリズム $\mathcal{A}$ で得られる推定結果が大域的に最適ではなく局所解である可能性が高い場合には，データによって $\mathcal{A}$ の出力が大きく変わることがある．特にこのような状況のもとで，バギングにより予測精度が向上することが多い．理論的にはバギングによって推定結果の分散が減少することが示されている．バギングは非常に一般的な枠組みであり，判別問題のほかにもさまざまな問題に応用できる．

b. ブースティング

ブースティング (boosting) は「あまり推定精度が高くない学習アルゴリズムを組み合わせて，高精度の予測を行うことは可能か?」という問題提議を契機として考案された方法であり，主に 2 値判別問題に対して利用されている．その考え方は，あまり学習が進んでいないデータに重みをつけて再度学習を行う，というものである．

重みとは各データの重要度を表す非負の値であり，重みが大きいデータほどそのデータを誤って学習したときのペナルティが大きくなる．このような重みつきデータを扱うため，学習アルゴリズム $\mathcal{A}$ は重みつきのデータを処理できることが望ましい．各データ (x_i, y_i) の重みを w_i として，データ D に対する重みを $W = (w_1, w_2, \cdots, w_n)$ とおく．学習アルゴリズム $\mathcal{A}$ がデータだけでなく重みも入力として受け入れるようなアルゴリズムの場合には，学習の結果として $\mathcal{A}(D, W)$ を出力する．ブースティングでは，この $\mathcal{A}$ を**弱学習機** (weak learner) という．重みを入力できないような学習アルゴリズムの場合には，データ D を重みつきでリサンプリングしたデータを学習アルゴリズムに入力すればよい．リサンプリングを用いる方法をフィルタリングによるブースティングと呼ぶ．バギングはフィルタリングによるブースティングの特別な場合と考えることもできる．本解説では，重みを入力できるタイプの学習アルゴリズムを用いてブースティングを説明する．

ブースティングの学習アルゴリズムの概略を以下に示す．

1. 初期化：データ D の重みを $W_0 = (1/n, \cdots, 1/n) \in \mathbb{R}^n$ とする．
2. $b = 1, \cdots, B$ として以下を繰り返す．
   (a) 重み W_{b-1} を用いて学習を行い，判別関数 $H_b = \mathcal{A}(D, W_{b-1})$ を得る．
   (b) 判別関数 H_b の寄与量 a_b を計算する．
   (c) 新たな重み W_b を計算し，重みの総和が 1 になるように規格化する．
3. $H(x) = \sum_{b=1}^{B} a_b H_b(x)$ を最終的な判別関数として出力する．

バギングとは異なりブースティングでは逐次的に学習が進むため，並列化には向いていない．寄与量 a_b と重み W_b を具体的に設計すれば，ブースティングによる学習アルゴリズムが定まる．関数 $\mathbb{I}[A]$ を A が真のときに 1，偽のとき 0 となる定義関数とすると，寄与量 a_b は重みつき誤り率

$$\mathcal{E}_b = \sum_{i=1}^{n} (W_{b-1})_i \mathbb{I}[y_i \neq H_b(x_i)]$$

が小さいほど大きな値をとる．また $y_i \neq H_b(x_i)$ であるような誤って学習されたデータ (x_i, y_i) に対する新しい重み $(W_b)_i$ は，$(W_{b-1})_i$ よりも大きくなるように設定される．誤り続けたデータ (x_i, y_i) には大きな重みが割り当てられ，ブースティングの過程でそのようなデータに対する学習が進むことになる．

広く応用されているアダブーストでは，寄与量は

$$a_b = \frac{1}{2} \log \frac{1 - \mathcal{E}_b}{\mathcal{E}_b}$$

と定められ，重みは

$$(W_b)_i \propto (W_{b-1})_i \times \exp\{2a_b \mathbb{I}[y_i \neq H_b(x_i)]\},$$
$$i = 1, \cdots, n$$

と更新される．適切に H_b の学習が行われれば重みつき誤り率 $\mathcal{E}_b$ は 1/2 以下になり，寄与率 a_b は非負値をとる．この結果 $y_i \neq H_b(x_i)$ であるようなデータの重みは大きくなることがわかる．

ブースティングによる学習は，損失を最小化する計算法と関連が深い．関数 U を増加関数として，判別関数 $H(x)$ の損失を

$$\frac{1}{n} \sum_{i=1}^{n} U(-y_i H(x_i))$$

と定める．損失が減少するように，判別関数 H を $H + a_b H_b$ に更新することを考える．判別関数 $H + a_b H_b$ の損失を H のまわりでテイラー展開すると，$W_i \propto U'(-y_i H(x_i))$ として $\sum_{i=1}^{n} W_i \, \mathbb{I}[y_i \neq \mathrm{sign}(H_b(x_i))]$ を小さくするような H_b を選べばよいことがわかる．また損失に対して**直線探索法** (line search) を用いれば，適切な係数 a_b を決定することができる．アダブーストは $U(z) = e^z$ として得られるブースティング法である．以上のようにして関数を最小化する方法は，数理計画法の標準的な方法である**座標降下法** (coordinate descent method) と等価である．重みつき誤り確率の最小化が損失関数の最適な勾配方向の探索と等価であり，そのため既存の学習アルゴリズム $\mathcal{A}$ を繰り返し用いることで，大規模な統計モデル $H(x) = \sum_{b=1}^{B} a_b H_b(x)$ を学習することができる．また適切に損失関数 U を選ぶことで，データの特性に応じたブースティング法を導出することができる．ブースティングを損失関数の最小化アルゴリズムとしてとらえたのは Friedman らが最初である．彼らの研究によりブースティングに対する理解が深まり，また簡単にさまざまなタイプのブースティング法が設計できるようになった．

c. スタッキング

さまざまな学習アルゴリズム $\mathcal{A}_b, b = 1, \cdots, B$ による学習結果を組み合わせる方法として，スタッキング (stacking) が提案されている．例として，線形判別，決定木，サポートベクトルマシンなどを用いてデータを学習して得られる判別関数をそれぞれ $H_1, \cdots, H_B$ とする．それぞれの手法によって予測精度が異なるが，判別関数を適切に組み合わせて $H(x) = \widetilde{H}(H_1(x), \cdots, H_B(x))$ とすることで，単独の学習アルゴリズムよりも高い予測精度を達成することができると考えられる．スタッキングでは次のようなアルゴリズムによって判別関数を統合する．

1. データ D を $D' = \{(x'_1, y'_1), \cdots, (x'_{n'}, y'_{n'})\}$ と $D'' = \{(x''_1, y''_1), \cdots, (x''_{n''}, y''_{n''})\}$ に分割する．
2. 学習アルゴリズム $\mathcal{A}_b$ を用いて D' を学習し，結果を $H_b = \mathcal{A}_b(D'), b = 1, \cdots, B$ とする．
3. $\widetilde{x}_i = (H_1(x''_i), \cdots, H_B(x''_i)) \in \mathbb{R}^B$ としてデータ $\widetilde{D} = \{(\widetilde{x}_1, y''_1), \cdots, (\widetilde{x}_{n''}, y''_{n''})\}$ を構成する．
4. 統合のための学習アルゴリズム $\widetilde{\mathcal{A}}$ を用いて $\widetilde{D}$ を学習し，結果を $\widetilde{H} = \widetilde{\mathcal{A}}(\widetilde{D})$ とする．
5. $H(x) = \widetilde{H}(H_1(x), \cdots, H_B(x))$ を最終的な判別関数として出力する．

判別関数 $H_1, \cdots, H_B$ の学習は並列に実行できるため，スタッキングは並列処理に向いている．学習アルゴリズム $\mathcal{A}_b$ がすべて同じ場合，得られる判別関数 H_b はすべて同じものになり，これらを統合することに意味がなくなってしまう．多様な学習アルゴリズムを用いることが，予測精度の向上に有効である．統合のための学習アルゴリズム $\widetilde{\mathcal{A}}$ として H_b の線形和をとるものを用いると，$H(x) = \sum_{b=1}^{B} a_b H_b(x)$ という形式の判別関数が最終的に得られる．これはモデルの平均化 (model averaging) と等価な統計モデルであり，その係数 a_b が学習アルゴリズム $\widetilde{\mathcal{A}}$ で決められる．また，学習アルゴリズム $\widetilde{\mathcal{A}}$ に与えるデータの特徴ベクトルに x''_i も付け加えて $\widetilde{x}_i = (x''_i, H_1(x''_i), \cdots, H_B(x''_i))$ とすれば，入力 x に依存して $H_1(x), \cdots, H_B(x)$ のなかから適切なものを選択する判別関数 $H(x) = \widetilde{H}(x, H_1(x), \cdots, H_B(x))$ を構成することができる．これは統計モデルとしては Mixture of Experts の拡張とみることもできる．

d. 誤り訂正出力符号化

誤り訂正出力符号化 (error correcting output coding) は多値判別の問題をいくつかの 2 値判別の問題に分割して学習する方法であり，省略して ECOC と呼ばれている．

ここでは 3 値の判別を例に解説する．データ $D = \{(x_1, y_1), \cdots, (x_n, y_n)\}$ の多値ラベル y_i は 1, 2, 3 のいずれかの値をとるとする．まず各ラベル 1, 2, 3 を 2 値の符号に変換する．たとえば 1 を $b_1 = (+1, -1, +1, -1, +1)$，2 を $b_2 = (-1, +1, +1, -1, -1)$，3 を $b_3 = (-1, -1, -1, +1, +1)$ のように 5 桁の 2 値ラベルで表す．この b_1, b_2, b_3 を出力符号と呼ぶ．出力符号の選び方は任意であるが，各出力符号ができるだけ異なるように設定するほうが予測精度が向上することが示されている．ECOC では，出力符号の各桁を 2 値判別のための学習アルゴリズム $\mathcal{A}$ で学習する．まず 1 桁目の学習を考える．データ D において $y_i = 1$ であるようなデータ (x_i, y_i) のラベルを $+1$ で置き換えて $(x_i, +1)$ とする．さらに $y_i = 2$ または $y_i = 3$ であるようなデータ (x_i, y_i) のラベルを -1 で置き換えて $(x_i, -1)$ とする．このようにしてデータ D から 2 値ラベルのデータ $D^{(1)}$ を得る．これを学習アルゴリズム $\mathcal{A}$ で学習して，判別関数 $H_1 = \mathcal{A}(D^{(1)})$ を得る．同様に 2 桁目では，D で $y_i = 2$ であるデータのラベルを $+1$ で置き換え，$y_i = 1$ または $y_i = 3$ であるデータのラベルを -1 で置き換えて 2 値データ $D^{(2)}$ を構成し，判別関数 $H_2 = \mathcal{A}(D^{(2)})$ を得る．このようにして各桁に対応する判別関数 $H_1, \cdots, H_5$

を得る．次に予測を考える．特徴ベクトル x が与えられたとき，これを判別関数に代入して 5 桁の符号 $b = (\mathrm{sign}(H_1(x)), \cdots, \mathrm{sign}(H_5(x))) \in \{+1, -1\}^5$ を計算する．この b からのハミング距離が最も小さい出力符号に対応するラベルを，特徴ベクトル x に対する予測ラベルとする．たとえば $b = (-1, +1, +1, -1, +1)$ のとき，出力符号 b_1, b_2, b_3 までのハミング距離はそれぞれ 2, 1, 3 なので予測ラベルは $y = 2$ となる．

一般の多値判別の場合にも同じようにして学習と予測を行うことができる．多値ラベルを $1, \cdots, K$，また符号間のハミング距離を $d(b, b')$ とすると，ECOC の学習アルゴリズムは以下のように記述される．

1. 多値ラベル $1, \cdots, K$ を B 桁の出力符号に符号化する．これを $b_1, \cdots, b_K \in \{+1, -1\}^B$ とする．
2. 各出力符号の b 桁目に応じて，データ D を 2 値ラベルデータ $D^{(b)}, b = 1, \cdots, B$ に変換する．
3. 2 値判別のための学習アルゴリズム $\mathcal{A}$ を用いて，判別関数 $H_b = \mathcal{A}(D^{(b)}), b = 1, \cdots, B$ を学習する．
4. $b(x) = (\mathrm{sign}(H_1(x)), \cdots, \mathrm{sign}(H_B(x)))$ として，ハミング距離 $d(b(x), b_y)$ を最小にする y を x に対する予測ラベルとする．

出力符号の各桁に対応する 2 値データの学習は並列に実行できるため，ECOC は並列処理に向いている．

集団学習として ECOC を解釈すると，もともとの問題に対応するのは多値判別であり，小問題はラベルを 2 値化した 2 値判別である．小問題の学習から得られる判別関数は，出力符号までのハミング距離を用いて統合される．出力符号のいろいろな構成法やハミング距離以外の基準を使った統合方法など，さまざまなバリエーションの ECOC が研究されている．

〔金 森 敬 文〕

参 考 文 献

[1] T. Hastie et al.: The Elements of Statistical Learning, 2nd ed.: Data Mining, Inference, and Prediction (Springer Series in Statistics), Springer, 2009. corr. 3rd printing edition, September 2009.

3 情報理論

3.1 情報理論

information theory

1948年にシャノン（Shannon）により創設[1] された情報理論は，情報の伝送に関する効率・信頼性・安全性の限界を明らかにすることを目的としている．さらに，それらを高い水準で達成するための情報の加工法（符号化と呼ぶ）を具体的に与えることは実用的な観点からも重要な課題となる．これらの問題を解決するための基礎は情報を量的に扱うことにあり，ここではまず a でその概要を述べる．さらに，b で情報理論における通信のモデルと基本的な定理についてふれる．さらに，情報理論的な暗号方式[2] について c 節でその基礎を扱う．なお，さらに学習したい読者にはコヴァー（Cover）らによる書籍[3] を薦める．

a. 情報量

集合 $\mathcal{X}$ 上に値をとる離散型確率変数 X を考える．X の値が $x \in \mathcal{X}$ に確定したことを知ることで得られる情報量を

$$I(x) = -\log_2 p(x) \tag{1}$$

と定義する．ただし，$p(x)$ は $X = x$ となる確率を示す．ここで対数の底を 2 とするとき，この量の単位は「ビット」であり，以下ではすべてこの単位を用いる．式 (1) の定義から，生起確率が小さい事象が生起するほど多くの情報量が得られ，確率 1 で生起する事象からは一切の情報量がもたらされないことが理解される．

確率変数 X のエントロピー（entropy）$H(X)$ は，式 (1) の情報量の期待値

$$H(X) = \mathsf{E}[I(X)] = -\sum_{x\in\mathcal{X}} p(x)\log_2 p(x) \tag{2}$$

と定義される．これは X の実現値により，もたらされる情報量の期待値であるが，見方を変えれば，X に関するあいまいさとも解釈される．

以下では，集合 $\mathcal{Y}$ 上に値をとる離散型確率変数 Y をも考え，X と Y に関する情報量を扱う．X と Y の結合エントロピー（joint entropy）は結合確率分布 p_{XY} を用いて式 (2) と同様，以下のように定義される

$$H(X,Y) = -\sum_{x\in\mathcal{X}}\sum_{y\in\mathcal{Y}} p(x,y)\log_2 p(x,y) \tag{3}$$

次に，$X = x$ なる条件のもとでの Y に関するあいまいさは式 (2) に対して条件つき確率分布 $p_{Y|X=x}$ を用いることで，

$$H(Y|X=x) = -\sum_{y\in\mathcal{Y}} p(y|x)\log_2 p(y|x) \tag{4}$$

と与えられる．ここで，X の確率分布に関して期待値をとることで得られる

$$\begin{aligned} H(Y|X) &= \sum_{x\in\mathcal{X}} p(x)H(Y|X=x) \\ &= -\sum_{x\in\mathcal{X}}\sum_{y\in\mathcal{Y}} p(x,y)\log_2 p(y|x) \end{aligned} \tag{5}$$

を条件つきエントロピー（conditional entropy）と呼ぶ．容易に確認できるように

$$\begin{aligned} H(X,Y) &= H(X) + H(Y|X) \\ &= H(Y) + H(X|Y) \end{aligned} \tag{6}$$

が成立し，これはエントロピーのチェイン則と呼ばれる．さらに，X と Y の**相互情報量**（mutual information）を

$$\begin{aligned} I(X;Y) &= H(X) - H(X|Y) \\ &= \sum_{x\in\mathcal{X}}\sum_{y\in\mathcal{Y}} p(x,y)\log_2 \frac{p(x,y)}{p(x)p(y)} \end{aligned} \tag{7}$$

と定義する．これは式 (7) より，Y の実現値が与えられる以前と以後での X のエントロピーの差であるから，相互情報量 $I(X;Y)$ は Y の実現値を知ることで X について得られる情報量の期待値となっている．ここで，$I(X;Y) = I(Y;X)$ が成立するが，一般に $H(Y|X) \neq H(X|Y)$ であることに注意されたい．また，以上で述べた量はいずれも非負であることが示さ

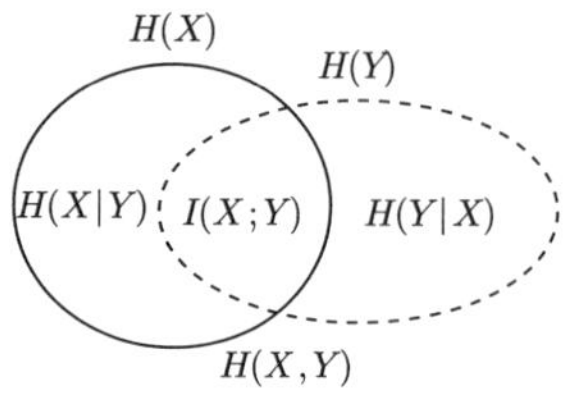

図 1　情報量の関係

れるが，その間の関係は図 1 に示されるベン図を用いると理解しやすい．とりわけ $I(X;Y) \geq 0$ より，ある確率変数の実現値を知ることで別の確率変数に関する知識は（平均的には）減少しない．

以上では，最も簡単な確率変数が 2 個の場合のみを考えたが，一般に n (>2) 個の確率変数に対しても情報量を定義することができる．

b. 情報理論における符号化定理

1) 通信のモデル

情報理論における通信のモデルは図 2 に示され，送信者（sender），受信者（receiver）とその間にある通信路（channel）から構成される．

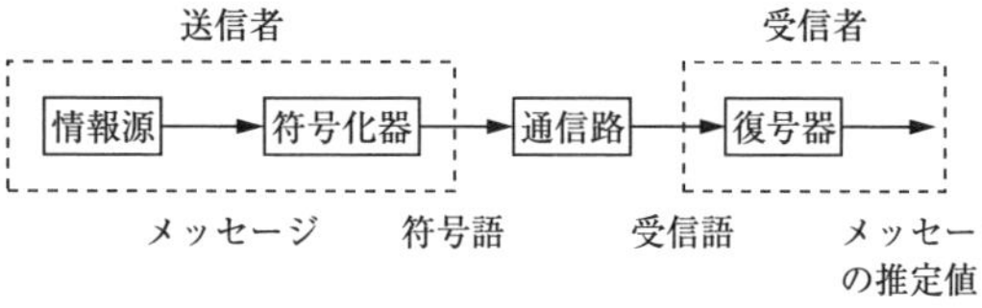

図 2　通信のモデル

ここで情報源（information source）は，ある確率分布にしたがって記号を出力するが，以下ではこれをメッセージと呼ぶ．送信者はメッセージに対して符号化と呼ばれる操作を行って得られた符号語を受信者に伝送する．受信者は，通信路からの出力である受信語に対して復号という操作を行うことでメッセージの推定値を求める．なお，符号語全体からなる集合を符号と呼ぶ（メッセージと符号語の対応関係まで含めて符号ということもある）．

2) の情報源符号化（source coding）は，メッセージをできるだけ短いビット列に置き換えることを目的としており，3) の通信路符号化（channel coding）は雑音のある通信路（noisy channel）を通してメッセージをできるだけ誤りなくかつ高速に受信者に伝達することを目指す．これらは，それぞれ「データ圧縮」および「誤り訂正符号化」として広く実用化されている技術であり，以下で述べる符号化定理はそれらの理論的基盤を与えている．

2) 情報源符号化定理

情報源符号化の目的は，情報源からの出力 $W^l = W_1 W_2 \cdots W_l$ をできるだけ短いビット列で表現することにある．以下では簡単のため，情報源を集合 $\mathcal{W}$ 上の確率変数 W とし，W^l はそれと同一の確率分布にしたがう独立な確率変数の列とする（このような情報源を無記憶情報源という）．

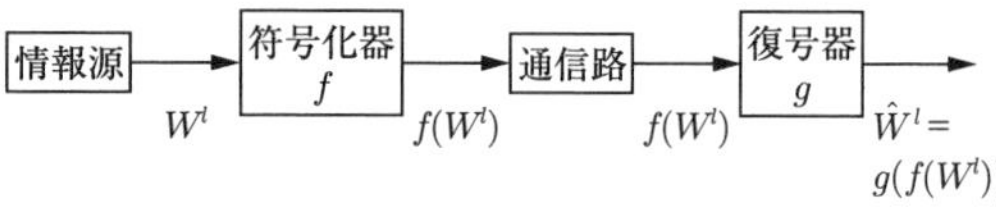

図 3　情報源符号化

ここで符号化の写像を $f : \mathcal{W}^l \to \{0,1\}^*$ とするとき，その出力である符号語 $f(W^l)$ の長さを $L_{f(W^l)}$（ビット）と記す．なお，$\{0,1\}^*$ は符号語の長さが一定値とは限らないことを意味する．さらに，復号の写像を $g : \{0,1\}^* \to \mathcal{W}^l$ とし，その出力を $\widehat{W^l} = g(f(W^l))$ と記すとき，以下では簡単のため $W^l = \widehat{W^l}$，すなわちメッセージが忠実に再現されることを要求しておく．

また，メッセージ 1 記号当たりの符号語長の期待値をレート（rate）と呼び，以下のように定義される

$$R_S = \frac{\mathsf{E}[L_{f(W^l)}]}{l} \tag{8}$$

ここで，達成可能なレートに関して以下の情報源符号化定理（source coding theorem）が示される．

定理 1　無記憶情報源 W に対する符号化について $H(W) \leq R_S$ が成立する．一方，任意の $\varepsilon > 0$ に対して l を十分大きくすることで $R_S < H(W) + \varepsilon$ を満たすような符号化と復号の写像 (f, g) が存在する．

すなわち，メッセージを表現するためには，1 記号当たり少なくとも情報源のエントロピーと等しいビット数が必要であるが，実際エントロピーにいくらでも近いビット数で表現しうるのである．具体的な符号化法として，情報源の確率分布が既知である場合に最小のレートを達成するハフマン符号（Huffman code）が

知られている.

3) 通信路符号化定理

通信路符号化はメッセージに対して冗長性を付加することで，雑音のある通信路を介してできるだけ正確にかつ高速にメッセージを受信者に伝達することを目的とする.

ここで雑音通信路の入力を X，出力を Y とする．受信者は，受信した記号 Y の実現値から送信された記号 X の値を推定することが求められるが，ここで受信をすることで X に関して得られる情報量の期待値は a の議論より相互情報量 $I(X;Y)$ にほかならない．できるだけ多くの情報量が伝達されることが望ましいとすれば，相互情報量を最大化するよう，送信者が送信記号 X の確率分布 p_X を定めればよい．その最大値を**通信路容量**（channel capacity）

$$C = \max_{p_X} I(X;Y) \tag{9}$$

と定義する．例として，$\mathcal{X} = \mathcal{Y} = \{0,1\}$ であるような 2 元対称通信路と呼ばれる通信路を考える．これは，送信された記号は確率 β, $0 \leq \beta \leq 0.5$ で反転するような通信路である．このとき，送信者は $\mathcal{X}$ 上の一様分布にしたがって記号を送信することで相互情報量が最大化され，通信路容量は $C = 1+\beta\log_2\beta+(1-\beta)\log_2(1-\beta)$ である.

以下では，通信路容量がいかなる操作的意味を有するかについて考える．簡単のため上記の 2 元対称通信路を n 回用いてメッセージの伝送を行うものとし，各回における誤りの発生は独立であるとする（このような性質をもつ通信路を無記憶通信路と呼ぶ).

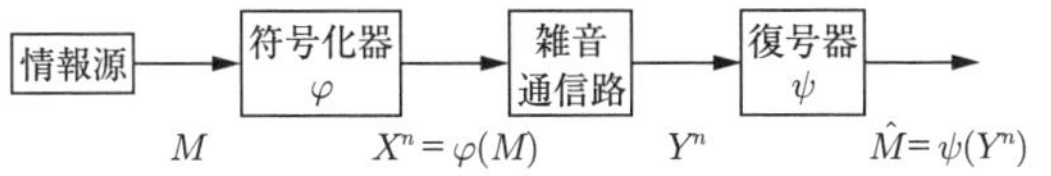

図 4　通信路符号化

ここで考える通信のモデルは図 4 に示される．メッセージ M を集合 $\mathcal{M}$ 上の一様分布にしたがう確率変数と考える．符号化の写像を $\varphi: \mathcal{M} \to \{0,1\}^n$ とするとき，符号語 $X^n = \varphi(M)$ が通信路へ送信される．通信路の出力として，受信者が Y^n を受信するとき，復号の写像 $\psi: \{0,1\}^n \to \mathcal{M}$ を用いることでメッセージの推定値である $\widehat{M} = \psi(Y^n)$ を得る.

ここで通信の効率の尺度として，レートを

$$R = \frac{H(M)}{n} = \frac{\log_2|\mathcal{M}|}{n} \tag{10}$$

と定義する．これは通信路に記号を 1 回送信するごとに，何ビットの情報が伝送されているかを示す量である．また，復号誤り確率（probability of decoding error）を復号器が M を正しく出力しない確率

$$P_{(\varphi,\psi)} = \Pr\{\widehat{M} \neq M\} \tag{11}$$

と定義する．通信路が与えられたとき，できるだけ大きいレート R のもとで，復号誤り確率 $P_{(\varphi,\psi)}$ を小さく抑えることが望ましいが，この限界を示すのが以下の**通信路符号化定理**（channel coding theorem）である.

定理 2　無記憶通信路の通信路容量が C であるとする．このとき，$R < C$ であるならば，任意の $\varepsilon > 0$ に対して n を十分大きくとることで $P_{(\varphi,\psi)} < \varepsilon$ を満たすようなレート R の符号化と復号の写像 (φ,ψ) が存在する．逆に，任意の $\varepsilon > 0$ に対して上記の復号誤り確率が達成されるならば $R < C$ である.

この定理は，レート R が通信路容量 C より真に小さければ，なんらかの符号化と復号により復号誤り確率をいくらでも小さくできることを述べている．しかしながら，具体的な符号化および復号の写像 (φ,ψ) を与えるものではない．そこで，符号を構成する問題は**符号理論**（coding theory）と呼ばれる分野で検討されており，有限体 $\mathbb{F}_q$ 上の n 次元ベクトル空間の部分空間として定義される**線形符号**（linear codes）が主な研究対象とされている．しかしながら，通信路符号化定理で主張されるような性能を達成し，かつ必要とされる計算量が n の多項式オーダー（できれば線形オーダー）であるような符号化と復号の手法を与えることは容易ではなく，当分野における長年の研究課題となってきた.

4) 情報源符号化と通信路符号化

ここまで個別に述べた情報源符号化と通信路符号化の目的は相反することに注意されたい．すなわち，情報源符号化は情報に含まれる冗長成分を取り除くことで短いビット列での表現を目指すのに対し，通信路符

号化では冗長成分をメッセージに付加することで通信の信頼性向上を図る．

実用化されている多くの通信系では，図 2 に基づいてメッセージに対してまず情報源符号化を行い，その出力に対して通信路符号化を施して伝送する．符号化を 2 段階に分離することで，それぞれの目的が明確化されることから符号の設計は容易になるが，その一方で統合的な符号化を行う場合と比して損失は生じないのであろうか．実は，広いクラスの情報源および通信路に対して，1 回の伝送により伝達可能な情報量に関する最適性は図 2 のモデルのもとで（十分大きな符号長が許容される場合）失わないことが知られている．

c. 情報理論的な暗号

送信者がメッセージ M を符号化して得られる X を通信路へ伝送したとする．ここで，盗聴者が通信路上で X を入手したとしても，メッセージ M に関する情報を得ることができないように符号化を行うことが暗号の目的である．

現在用いられている暗号方式の多くは，その安全性の根拠を計算量的な仮定に依存している．その例として，大きな合成数の素因数分解を現実的な時間で行うことは困難であるという仮定が代表的である．これに対して，攻撃者の計算能力にかかわらず，情報量の観点から安全性が保証されるような方式は情報理論的な暗号と呼ばれる．

ここで，図 5 のように符号化（暗号化とも呼ぶ）および復号において用いる鍵 K が事前に 2 人の通信者間で共有され，K に関する情報は盗聴者には一切与えられていないとする．送信者は符号化のための写像 e により符号語 $X = e(M, K)$ を計算して通信路へ送り出し，受信者は復号のための写像 d によりメッセージの推定値 $\widehat{M} = d(X, K)$ を得るとする．ここでは，簡単のため (e, d) には $\widehat{X} = X$ を満たすことを要求する．

盗聴者が X を入手しても，メッセージ M について一切の情報を得ることができない場合，すなわち

$$H(M|X) = H(M) \tag{12}$$

が成立するとき，暗号系 (e, d) は**完全守秘性**（perfect secrecy）を有するとシャノンは定義した[2]．さらに，

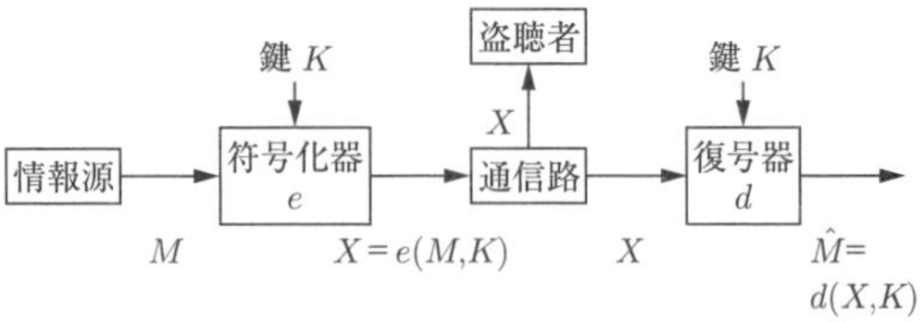

図 5　シャノン暗号系

完全守秘性を達成するためには，

$$H(M) \leq H(K) \tag{13}$$

が必要であることも示した．

完全守秘性を有する暗号系として**バーナム暗号**（Vernam cipher）がある．ここで，メッセージを $M = (M_1, \cdots, M_n)$，鍵を $K = (K_1, \cdots, K_n)$，符号語を $X = (X_1, \cdots, X_n)$ とし，これらはすべて $\mathbb{F}_2 = \{0, 1\}$ 上の長さ n の系列であるとする．バーナム暗号では $X_i = M_i \oplus K_i,\quad i = 1, \cdots, n$ により符号化を行う．ただし，$\oplus$ は排他的論理和の演算を表す．ここで，$\{0, 1\}^n$ から一様分布にしたがって鍵 K が選ばれ，かつ鍵の使用を一度きりとする場合は，完全守秘性が達成される．さらに，メッセージが一様分布にしたがって生起するならば，式 (13) で等号が成立することから，バーナム暗号は鍵長の観点からも最適である．

〔井 坂 元 彦〕

参 考 文 献

[1] C.E. Shannon : A mathematical theory of communication. *Bell Syst. Tech. J.*, **27**: 379–423, 623–656, 1948.

[2] C.E. Shannon : Communication theory of secrecy systems. *Bell Syst. Tech. J.*, **28**: 656–715, 1949.

[3] T. Cover and J. Thomas: Elements of Information Theory, 2nd ed., Wiley, 2006.

3.2 通信路符号化

channel coding

a. 通信路符号化の目的

携帯電話や衛星通信などの各種無線通信や，イーサネット，光ケーブルなどの有線通信のように，今日では多様な情報伝送システムが実用化され，さらにこれらシステムの高速化・大容量化の試みが続いている．また，各種デバイスを用いたディスク装置やポータブルなメモリなどの記録システムについても，その大容量化・小型化は著しい．空間的・時間的に隔てられた地点間で情報のやり取りを行うこれらの情報通信・記録システムでは，通信路における雑音や記録媒体の傷などによって，送信・記録した情報を正しく復元できない事態が起こりうる．このような伝達情報の信頼性の低下は情報通信・記録システムを構築するうえでの大きな問題であり，なんらかの対策を講じる必要がある．

あるシンボル系列を他のシンボル系列に変換することを一般に符号化と呼ぶ．情報の通信・記録システムの信頼性向上のために，誤りの検出や訂正を目的として行われる符号化を特に通信路符号化と呼ぶ．具体的には，情報に冗長を付加した系列 (符号語) を送信することによって，誤りを含む受信語からもとの情報を復元できるような工夫を施す．通信路符号化のための具体的な誤り訂正符号の構成とその復号法に関する理論を符号理論という．

b. 誤り訂正の原理

情報通信システムは一般に図 1 のようなモデルで表現できる．図中の C は送信語全体からなる集合であり，送信したい M 個の情報系列の集合 $\{\boldsymbol{i}_1, \boldsymbol{i}_2, \cdots, \boldsymbol{i}_M\}$ に対応する符号語の集合 $C := \{\boldsymbol{c}_1, \boldsymbol{c}_2, \cdots, \boldsymbol{c}_M\}$ として与えられる．この集合 C を符号と呼ぶ．符号器 (送信機) から送出された符号語 $\boldsymbol{c}$ は，通信路を通って復号器 (受信機) で受信語 $\boldsymbol{r}$ として受信される．受信語全体の集合を Y で表す．通信路の特性は，通信路の入力 $\boldsymbol{x} = \boldsymbol{c}$ に対する通信路の出力 $\boldsymbol{y} = \boldsymbol{r}$ の条件つき確率 $p_{\boldsymbol{y}|\boldsymbol{x}}(\boldsymbol{r}|\boldsymbol{c})$ によって特徴づけられる．この条件つき確率を通信路の遷移確率と呼ぶ．

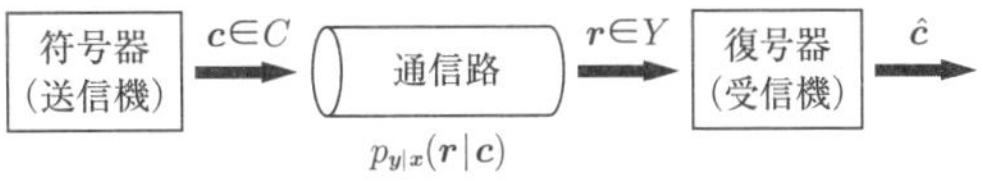

図 1　通信路符号のモデル

復号器は受信語から送信符号語を推定する．受信語 $\boldsymbol{r} \in Y$ に対し，$p_{\boldsymbol{x}|\boldsymbol{y}}(\hat{\boldsymbol{c}}|\boldsymbol{r}) \geq p_{\boldsymbol{x}|\boldsymbol{y}}(\boldsymbol{c}|\boldsymbol{r})$ $(\forall \boldsymbol{c} \in C)$ が成り立つような符号語 $\hat{\boldsymbol{c}} \in C$ を推定送信語とする復号法を**最大事後確率** (maximum a posteriori probability：MAP) **復号法**と呼ぶ．MAP 復号法は，復号誤り確率を最小化するという意味で最適な復号法である．一方，受信語 $\boldsymbol{r}$ に対し，$p_{\boldsymbol{y}|\boldsymbol{x}}(\boldsymbol{r}|\hat{\boldsymbol{c}}) \geq p_{\boldsymbol{y}|\boldsymbol{x}}(\boldsymbol{r}|\boldsymbol{c})$ $(\forall \boldsymbol{c} \in C)$ が成り立つような符号語 $\hat{\boldsymbol{c}} \in C$ を推定送信語とする復号法を**最尤** (maximum likelihood：ML) **復号法**という．$p_{\boldsymbol{x}|\boldsymbol{y}}(\boldsymbol{c}|\boldsymbol{r}) = \kappa p_{\boldsymbol{x}}(\boldsymbol{c}) p_{\boldsymbol{y}|\boldsymbol{x}}(\boldsymbol{r}|\boldsymbol{c})$ (κ は正規化の定数) より，送信語の生起確率が一様 ($p_{\boldsymbol{x}}(\boldsymbol{c}) = |C|^{-1}$) であるとき，MAP 復号法と ML 復号法の復号結果は一致する．

最も基本的な通信路モデルの一つとして，送信符号語 $\boldsymbol{c}$ に誤りベクトル $\boldsymbol{e}$ が加わって，受信語 $\boldsymbol{r}$ が $\boldsymbol{r} = \boldsymbol{c} + \boldsymbol{e}$ によって与えられる通信路がある．これを加法的誤り通信路と呼ぶ．送信符号語 $\boldsymbol{c}$ と誤り $\boldsymbol{e}$ が統計的に独立であるとすると，通信路の遷移確率 $p_{\boldsymbol{y}|\boldsymbol{x}}(\boldsymbol{r}|\boldsymbol{c})$ は誤りベクトル $\boldsymbol{e}$ $(= \boldsymbol{r} - \boldsymbol{c})$ の発生確率 $p_{\boldsymbol{\epsilon}}(\boldsymbol{e})$ に一致する．

送受信シンボルがともに 2 値 $\{0, 1\}$ である 2 値通信システムは実際に広く用いられているディジタル通信システムである．各送信シンボルの誤り率が p $(0 \leq p < 1/2)$ で送信シンボルごとに独立であるとき，このような通信路を (誤り確率 p の) **2 元対称通信路** (binary symmetric channel：BSC) と呼ぶ．$d_H(\boldsymbol{x}, \boldsymbol{y})$ で $\boldsymbol{x}$ と $\boldsymbol{y}$ の間の異なるシンボルの個数を表すものとする．$d_H(\boldsymbol{x}, \boldsymbol{y})$ は $\boldsymbol{x}$ と $\boldsymbol{y}$ の間のハミング (Hamming) **距離**と呼ばれる．誤りベクトル $\boldsymbol{e}$ の非零の要素の個数 ($\boldsymbol{e}$ のハミング重みと呼ばれる)，すなわち，通信路で生じた誤りの個数は $d_H(\boldsymbol{c}, \boldsymbol{r})$ に一致する．したがって，誤り確率 p の BSC における誤りベクトル $\boldsymbol{e}$ の生起確率は $p_{\boldsymbol{\epsilon}}(\boldsymbol{e}) = p^{d_H(\boldsymbol{c},\boldsymbol{r})}(1-p)^{n-d_H(\boldsymbol{c},\boldsymbol{r})}$ で与えられる．$p_{\boldsymbol{\epsilon}}(\boldsymbol{e})$ は $d_H(\boldsymbol{c}, \boldsymbol{r})$ に関する単調減少関数であるから，BSC における通信では，ハミング距離の意味で受信語

に最も近い符号語を推定送信語とする復号法 (最小距離復号法) は最尤復号法に一致する．

符号 C の最小ハミング距離

$$d_{\min}(C) := \min_{\substack{\boldsymbol{c}_1,\boldsymbol{c}_2\in C,\\ \boldsymbol{c}_1\neq\boldsymbol{c}_2}} d_H(\boldsymbol{c}_1,\boldsymbol{c}_2)$$

が与えられたとき，受信語 $\boldsymbol{r}$ に対して

$$d_H(\widehat{\boldsymbol{c}},\boldsymbol{r}) \le \left\lfloor \frac{d_{\min}(C)-1}{2} \right\rfloor$$

を満たす符号語 $\widehat{\boldsymbol{c}}\in C$ は存在すれば一意に定まる．このような符号語 $\widehat{\boldsymbol{c}}$ を推定送信語とする復号法を**限界距離復号法**という．限界距離復号法により，$\lfloor (d_{\min}(C)-1)/2\rfloor$ 個以下の任意の誤りを訂正することができる．

c. 線形符号

以後，q 元の体を $\mathbb{F}_q$ で表す．符号 C が $\mathbb{F}_q$ 上の n 次元線形空間 $\mathbb{F}_q^n$ の線形部分空間をなすとき，C を $\mathbb{F}_q$ 上の**線形符号**という．線形符号 C の $\mathbb{F}_q$ 線形空間としての次元を $\dim(C)$ で表す．$\boldsymbol{g}_1,\boldsymbol{g}_2,\cdots,\boldsymbol{g}_k$ $(k:=\dim(C))$ を線形符号 C の $\mathbb{F}_q$ 基底とし，$\boldsymbol{g}_i$ を行ベクトルとする $\mathbb{F}_q$ 上の $k\times n$ 行列を G とする．このとき $C=\{\boldsymbol{i}G \mid \boldsymbol{i}\in\mathbb{F}_q^k\}$ と表せる．G を C の**生成行列**と呼ぶ．特に，$G=[I_k,P]$ (I_k は $k\times k$ 単位行列) のように表されているとき，情報ベクトル $\boldsymbol{i}$ に対する符号語は $\boldsymbol{i}G=(\boldsymbol{i},\boldsymbol{i}P)$ で与えられる．符号語における $\boldsymbol{i}$，$\boldsymbol{i}P$ の要素を，それぞれ符号語の情報シンボル，検査シンボルと呼ぶ．符号長 n，情報シンボル数 k $(=\dim C)$ の線形符号を (n,k) 符号と呼ぶ．

線形符号 C に対して $C^{\perp}:=\{\boldsymbol{c}\in\mathbb{F}_q^n \mid \boldsymbol{c}'\cdot\boldsymbol{c}^{\top}=\boldsymbol{0}$ for all $\boldsymbol{c}'\in C\}$ を C の双対符号と呼ぶ．$C^{\perp}$ も $\mathbb{F}_q^n$ の線形部分空間であり $\dim(C^{\perp})=n-\dim(C)$ が成り立つ．また，$C^{\perp}$ を張る m 個のベクトル (かならずしも基底でなくてよい) を行ベクトルとする $m\times n$ 行列 H を C のパリティ**検査行列**または単に**検査行列**と呼ぶ．

受信語 $\boldsymbol{r}$ に対して，$\boldsymbol{s}:=H\boldsymbol{r}^{\top}$ をシンドロームと呼ぶ．線形符号 C の任意の符号語 $\boldsymbol{c}$ と誤りベクトル $\boldsymbol{e}$ に対し，$\boldsymbol{s}=H(\boldsymbol{c}+\boldsymbol{e})^{\top}=H\boldsymbol{e}^{\top}$ が成り立つ．すなわち，シンドロームは送信符号語に依存せず，誤りベクトルのみに依存する．線形符号では，ハミング重みが $\lfloor (d_{\min}(C)-1)/2\rfloor$ 以下の誤りベクトルに対するシンドロームは相異なり，シンドロームから誤りベクトルを一意に求めることができる．この結果，シンドロームを用いて限界距離復号を行うことができる．

d. 符号の限界式

符号長 n が一定であるとき，1 シンボル当たりの伝送情報量を大きくするという意味では，符号 C の情報シンボル数 k をできるだけ大きく定めたい．また，限界距離復号法の誤り訂正能力を高めるためには，最小距離 $d_{\min}(C)$ の大きな符号を用いる必要がある．しかしながら，k と $d_{\min}(C)$ を同時に大きくすることには限界がある．

(n,k) 符号 C に対して，一般に $d_{\min}(C)\le n-k+1$ が成立する．これをシングルトン (Singleton) 限界という．シングルトン限界において等号が成立する符号を最大距離分離符号といい，与えられた n,k に対して限界距離復号の性能の最もよい符号である．リード–ソロモン (Reed–Solomon：RS) 符号は**最大距離分離符号**の代表的な例である．

また，q 元の t $(:=\lfloor (d_{\min}(C)-1)/2\rfloor)$ 重誤り訂正符号の符号語数 M に関して

$$M \le \frac{q^n}{\sum_{i=0}^{t}\binom{n}{i}(q-1)^i}$$

が成り立つ．これをハミング (Hamming) 限界という．ハミング限界において等号が成立する符号を**完全符号**という．完全符号では，受信語の空間のすべての点が，いずれかの符号語からハミング距離 t 以内にあるため，限界距離復号が最尤復号に一致する．完全符号の例として，ハミング符号やゴーレイ (Goley) 符号などが知られている．

一方，

$$q^{n-k} > \sum_{i=0}^{d-2}\binom{n-1}{i}(q-1)^i$$

が成り立つならば，$d_{\min}(C)\ge d$ を満たす q 元 (n,k) 符号が存在する．これをヴァルシャモフ–ギルバート (Varshamov–Gilbert：VG) 限界という．VG 限界を符号長 n に関して漸近的に達成する符号の系列を構成することは非常に難しく，これまでにもごくわずかの例が知られているにすぎない．

e. 巡回符号

$\mathbb{F}_q$ 上の線形符号 C において，符号語 $\boldsymbol{c} = (c_0, c_1, \cdots, c_{n-1}) \in C$ の要素を巡回シフトして得られるベクトル $\boldsymbol{c}' := (c_{n-1}, c_0, \cdots, c_{n-2})$ も C の符号語であるとき，C を**巡回符号**という．

ベクトル $\boldsymbol{c} \in \mathbb{F}_q^n$ と $n-1$ 次以下の多項式 $c(x) \in \mathbb{F}_q[x]$ は $\boldsymbol{c} := (c_0, c_1, \cdots, c_{n-1}) \Leftrightarrow c(x) := \sum_{i=0}^{n-1} c_i x^i$ によって一対一に対応づけられる．$c(x)$ をベクトル $\boldsymbol{c}$ の多項式表現という．特に，符号語，受信語，誤りベクトルの多項式表現を，それぞれ符号多項式，受信多項式，誤り多項式などと呼ぶ．巡回符号 C の任意の符号多項式 $c(x)$ は，最高次係数が 1 のある多項式 $g(x)$ により割り切れる．このような多項式を C の**生成多項式**と呼ぶ．生成多項式は次数最小の符号多項式であり，巡回符号 C に対して一意に定まる．

生成多項式 $g(x)$ の巡回符号の符号長 n としては，$g(x)$ の位数 $(g(x)|x^{n_0} - 1$ となる最小の正整数 $n_0)$ の定数倍が許される．ただし，最小ハミング距離が 2 となることを防ぐため，通常は $g(x)$ の位数そのものを符号長とする．また，情報シンボル数は $n - \deg g(x)$ となる．

符号長 n の巡回符号 C の生成多項式 $g(x)$ に対し，$h(x) := (x^n - 1)/g(x)$ を C の**検査多項式**と呼ぶ．$n-1$ 次以下の多項式 $c(x)$ が符号多項式となるための必要十分条件は，$c(x)$ が $g(x)$ で割り切れること (これと同値な条件として，$c(x)h(x)$ が $x^n - 1$ で割り切れること) である．また，受信多項式 $r(x)$ を生成多項式 $g(x)$ で割った余り $s(x)$ をシンドローム多項式という．シンドローム多項式から誤り多項式を求める復号法として，**ピーターソン** (Peterson) **法**，**バーレカンプ–マッシー** (Berlekamp–Massey：BM) **法**，**ユークリッド** (Euclid) **法**などが知られている．

$\alpha \in \mathbb{F}_{q^m}^n$ を位数 n の元とする．さらに，正整数 l ならびに $\delta\ (\leq n)$ を定めて，$\{\alpha^l, \alpha^{l+1}, \cdots, \alpha^{l+\delta-2}\}$ のすべてを根とする，$\mathbb{F}_q$ 上の次数最小の多項式を $g(x)$ とおく．このとき，$g(x)$ を生成多項式とする $\mathbb{F}_q$ 上の線形符号を **BCH** (Bose–Chaudhuri–Hocquenghem) **符号**という．α^i の最小多項式を $f_i(x) \in \mathbb{F}_q[x]$ とすると，BCH 符号の生成多項式 $g(x)$ は $g(x) = \mathrm{LCM}\{f_l(x), f_{l+1}(x), \cdots, f_{l+\delta-2}(x)\}$ で与えられる．ただし，LCM は最小公倍多項式を意味する．BCH 符号の符号長 n は，$f_l(x)$ の位数を m_l としたとき $n = \mathrm{LCM}\{m_l, m_{l+1}, \cdots, m_{l+\delta-2}\}$ となる．また，BCH 符号の最小距離は δ 以上となる．BCH 符号において $m = 1$ である符号を特に**リード–ソロモン符号**という．

f. 低密度パリティ検査 (LDPC) 符号と反復復号

$\mathbb{F}_2$ 上の $m \times n$ 行列 $H = [h_{ij}]$ をパリティ検査行列とする線形符号 C を考える．H が疎行列のとき，C を**低密度パリティ検査** (low–density parity–check：LDPC) **符号**と呼ぶ．特に H の各行および各列の非零要素数がそれぞれ一定値であるとき，C を正則 LDPC 符号と呼ぶ．正則 LDPC 符号以外の LDPC 符号を非正則 LDPC 符号と呼ぶ．適切に設計された LDPC 符号と後述する**メッセージパッシング** (message passing：MP) **復号法**を組み合わせることによって，通信路符号化定理で保証された性能限界に肉薄する性能を有する符号化システムを構築することが可能である．

検査行列 H の各行および各列に対応する節点をそれぞれ $p_i\ (i = 1, 2, \cdots, m)$，$c_j\ (j = 1, 2, \cdots, n)$ で表し，二つの節点集合 $V_\mathrm{c} \triangleq \{p_1, p_2, \cdots, p_m\}$，$V_\mathrm{b} \triangleq \{c_1, c_2, \cdots, c_n\}$ を考える．さらに $V \triangleq V_\mathrm{c} \cup V_\mathrm{b}$ を節点集合，$E \triangleq \{(p_i, c_j) \in V_\mathrm{c} \times V_\mathrm{b} \mid h_{ij} = 1\}$ を枝集合とする 2 部グラフ $\Gamma = (V, E)$ を考える．Γ を H に関する**タナー** (Tanner) **グラフ**と呼ぶ．また，V_c，V_b の節点 p_i，c_j をそれぞれ**検査ノード** (check node)，**ビットノード** (bit node) と呼ぶ．タナーグラフにおいて検査ノード p_i に隣接するビットノードの添字集合を $A_i := \{j \mid h_{ij} = 1\}$，また，ビットノード c_j に隣接する検査ノードの添字集合を $B_j := \{i \mid h_{ij} = 1\}$ とする．図 2 にタナーグラフの例を示す．

LDPC 符号の復号法の多くは，タナーグラフ上の隣接するノード間でメッセージ (message) と呼ばれる数値を交換しながら送信ビットや送信符号語を推定するメッセージパッシング (MP) 復号法として解釈できる．MP 復号法では，検査ノード p_i からそれに隣接するビットノード $c_j\ (j \in A_i)$ に伝達されるメッセージ $m_{ij}(\alpha)\ (\alpha \in \mathbb{F}_2)$，および，それとは逆に，ビット

$$H=\begin{bmatrix}1&1&0&1&0&0\\1&0&1&0&1&0\\0&1&0&1&0&1\\0&0&1&0&1&1\end{bmatrix}$$

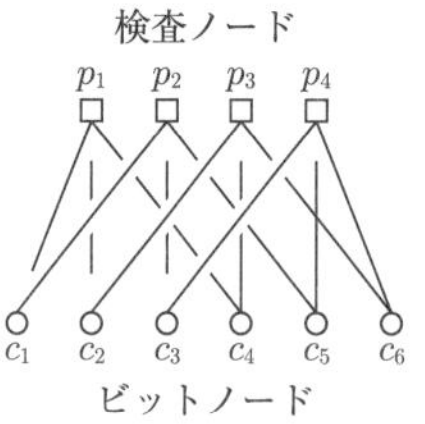

図 2　検査行列 (左) とそれに対応するタナーグラフ (右) の例

ノード c_j からそれに隣接する検査ノード p_i $(i \in B_j)$ に伝達されるメッセージ $m_{ji}(\alpha)$ $(\alpha \in \mathbb{F}_2)$ の 2 通りのメッセージを考える．また，各メッセージは，メッセージの伝達先以外の隣接するノードからもたらされたメッセージを用いて計算される．さらに，メッセージ $m_{ij}(\alpha)$ の更新と $m_{ji}(\alpha)$ の更新を交互に繰り返し，c_j の尤度とメッセージ $\{m_{ij}(\alpha) \mid i \in B_j\}$ に基づいて，各送信ビットの推定 $\widehat{c}_j$ あるいは送信符号語の推定 $\widehat{\boldsymbol{c}} := (\widehat{c}_1, \widehat{c}_2, \cdots, \widehat{c}_n)$ を決定する．このように，MP 復号はメッセージの反復更新に基づく反復復号の一種である．メッセージの更新式として，事後確率 $p_{\boldsymbol{x}|\boldsymbol{y}}(\boldsymbol{c}|\boldsymbol{r})$ の c_i に関する周辺分布 $p_{x_i|\boldsymbol{y}}(c_i|\boldsymbol{r})$ を求める **sum–product** アルゴリズムの更新式が用いられるとき，この MP 復号法を **sum–product 復号法**と呼ぶ．なお，アルゴリズムの反復中において $\widehat{\boldsymbol{c}}$ が $H\widehat{\boldsymbol{c}}^{\top} = \boldsymbol{0}$ を満たした ($\widehat{\boldsymbol{c}}$ が符号語となった) 時点で，メッセージの更新を止めて $\widehat{\boldsymbol{c}}$ を復号結果として出力することにより，復号性能をそれほど悪化させることなくメッセージの更新回数を抑制することができる．

多くの MP 復号法では，通信路を定めるパラメータ (加法的白色ガウス通信路における S/N 比や BSC における誤り確率など) のある値を境にして，復号誤り確率が急激に変化する現象が観測される．この値は反復閾値などと呼ばれ，LDPC 符号を設計するうえで重要なパラメータの一つとなっている．密度発展法や EXIT チャート法を用いることによって，符号アンサンブルに対する反復閾値を効率的に評価でき，さらに反復閾値の意味で優れた LDPC 符号，特に非正則 LDPC 符号のアンサンブルを構成することができる．

符号長が十分大きな場合には，MP 復号法の性能のアンサンブル平均と，アンサンブルに含まれる個々の符号の性能とが大きく乖離する確率は非常に小さくなるため，密度発展法による符号アンサンブルの設計は具体的な符号の構成にも有効である．一方，実用的な符号長では，符号アンサンブルの平均的な性能と個々の符号の性能との乖離が大きくなるため，符号の構成にいっそうの工夫を凝らす必要がある．タナーグラフに短いループ，特に長さ 4 のループが多数含まれるとき，MP 復号法の性能劣化が著しいことが知られている．そこで，長さ 4 のループを含まないタナーグラフを構成することによって MP 復号法の性能劣化を抑えた LDPC 符号を構成する方法が数多く提案されている．代表的なものに，有限幾何・射影幾何に基づく符号や，組合せデザインに基づく符号，ラマヌジャン (Ramanujan) グラフに基づく符号，擬巡回符号や配列 (array) 符号の応用による符号などがある．

〔澁 谷 智 治〕

参 考 文 献

[1] V.S. Pless and W.C. Huffman, ed.: Handbook of Coding Theory I, II, Elsevier Science, 1998.

[2] T. Richardson and R. Urbanke : Modern Coding Theory, Cambridge University Press, 2008.

3.3 ネットワーク情報理論

network information theory

シャノンによって創始された情報理論では，一人の送信者からもう一人の受信者へ情報を伝送する一対一の通信問題が中心的な研究対象であった．これを拡張し，複数の送受信者による多対多の通信問題を考察するのがネットワーク情報理論である．これは，**多端子情報理論** (multi-terminal information theory) あるいは**マルチユーザ情報理論** (multi-user information theory) などとも呼ばれる．

a. 多端子情報源符号化

1) スレピアン–ウォルフの定理

相関を有する二つの情報源に対する分散符号化問題について考える（図 1）．情報源 X と Y からの出力が，離れた場所に存在する二つの符号器によって別々に観測・符号化され，復号器に送られる（ここでは符号器・復号器の間の通信路では誤りは発生しないとする）．復号器では，受け取った二つの符号語を同時復号することにより，X と Y からの出力を復元しようとする．ここで，復号した結果がもとの情報源出力と一致しない確率を十分小さくするためには，二つの符号器の伝送率 R_1 と R_2 はどのような条件を満たすべきだろうか？

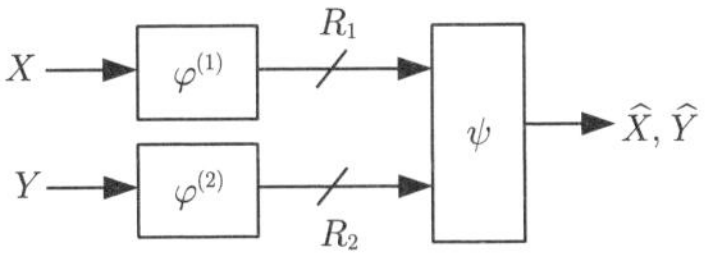

図 1　スレピアン–ウォルフ符号化のモデル

この問題を考察するため，まず，情報源と符号器・復号器を定義しよう．情報源は，集合 $\mathcal{X}$ に値をとる確率変数 X と集合 $\mathcal{Y}$ に値をとる確率変数 Y の組 (X,Y) で定義される．すなわち，情報源の出力は定常かつ無記憶で，(X,Y) の同時確率分布 $p(x,y)$ にしたがって発生するとする．一方，符号器 1 は，情報源 X から発生する長さ n の系列 $\boldsymbol{X}=X_1X_2\cdots X_n$ を符号語に割り当てる写像

$$\varphi_n^{(1)}\colon \mathcal{X}^n \to \mathcal{M}_n^{(1)}$$

によって定義される．ただし $\mathcal{M}_n^{(1)}=\{1,2,\cdots,M_n^{(1)}\}$ である．同様に，情報源 Y からの出力 $\boldsymbol{Y}=Y_1Y_2\cdots Y_n$ を符号化する符号器 2 は，

$$\varphi_n^{(2)}\colon \mathcal{Y}^n \to \mathcal{M}_n^{(2)}$$

なる写像で定められる．ただし，$\mathcal{M}_n^{(2)}=\{1,2,\cdots,M_n^{(2)}\}$ である．また，復号器は

$$\psi_n\colon \mathcal{M}_n^{(1)}\times\mathcal{M}_n^{(2)} \to \mathcal{X}^n\times\mathcal{Y}^n$$

なる写像で定義される．

二つ符号器の伝送率はそれぞれ $(1/n)\log M_n^{(i)}$ $(i=1,2)$ で与えられる．さらに，復号結果ともとの情報源出力の一致の尺度として，復号誤り確率

$$\varepsilon_n=\Pr\left\{(\boldsymbol{X},\boldsymbol{Y})\neq\psi_n\left(\varphi_n^{(1)}(\boldsymbol{X}),\varphi_n^{(2)}(\boldsymbol{Y})\right)\right\}$$

を考える．条件

$$\lim_{n\to\infty}\frac{1}{n}\log M_n^{(i)}\le R_i\quad(i=1,2)$$

および

$$\lim_{n\to\infty}\varepsilon_n=0$$

を満足する符号の列 $\{(\varphi_n^{(1)},\varphi_n^{(2)},\psi_n)\}_{n=1}^{\infty}$ が存在するとき，伝送率の対 (R_1,R_2) は許容 (admissible) あるいは達成可能 (achievable) であるという．許容な伝送率の対全体の集合を**許容伝送率領域** (admissible rate region) もしくは**達成可能伝送率領域** (achievable rate region) と呼ぶ．

この許容伝送率領域は，スレピアン (Slepian) とウォルフ (Wolf) によって求められた．

定理 1　定常無記憶情報源 (X,Y) に対して，許容伝送率領域は

$$R_1\ge H(X|Y)$$
$$R_2\ge H(Y|X)$$
$$R_1+R_2\ge H(X,Y)$$

を満たす (R_1,R_2) の集合で与えられる（図 2）．

2) スレピアン–ウォルフの結果の拡張

スレピアンとウォルフの結果は，情報源が三つ以上の場合にも拡張することができる．一方，復号器では

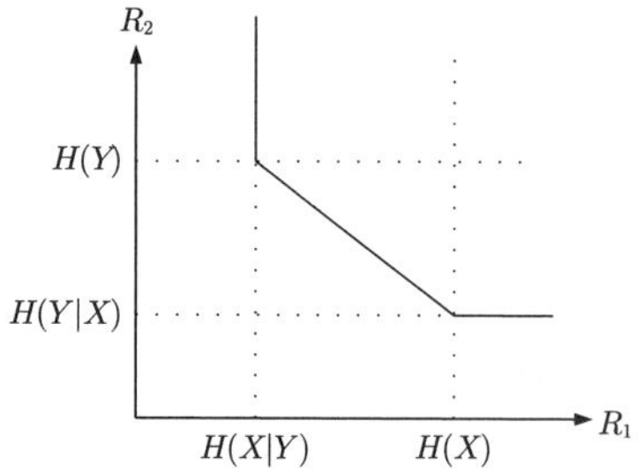

図 2　スレピアン–ウォルフ符号化の許容伝送率領域

X からの出力だけを復元することを要請し，Y からの出力は補助情報として利用する符号化問題なども研究されている．さらに，情報源の出力をそのまま復元するのではなく，一定の歪みが生じることを許容することにして歪み制約のもとでの情報伝送を議論する，**多端子伝送率・歪み理論** (multi-terminal rate-distortion theory) も研究されている．

b. 多端子通信路符号化

1) 多重アクセス通信路

$\mathcal{X}_1$ および $\mathcal{X}_2$ を入力アルファベット，$\mathcal{Y}$ を出力アルファベットとして，条件つき確率 $p(y|x_1,x_2)$ によって定まる定常で無記憶な 2 入力 1 出力通信路を考える (図 3)．このような通信路を**多重アクセス通信路** (multiple access channel) と呼ぶ．

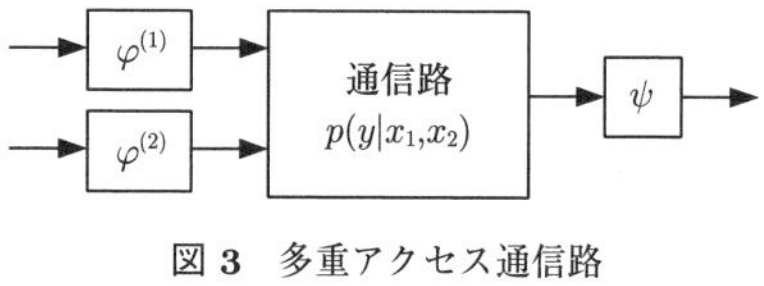

図 3　多重アクセス通信路

この通信路に対する符号器・復号器は以下のように定義される．二つの符号器は，それぞれ写像

$$\varphi_n^{(i)} \colon \mathcal{M}_n^{(i)} \to \mathcal{X}_i^n \quad (i=1,2)$$

で定義される．ただし $\mathcal{M}_n^{(i)} = \{1,2,\cdots,M_n^{(i)}\}$ である．また，復号器は

$$\psi_n \colon \mathcal{Y}^n \to \mathcal{M}_n^{(1)} \times \mathcal{M}_n^{(2)}$$

なる写像で定義される．

二つ符号器の伝送率はそれぞれ $(1/n)\log M_n^{(i)}$ ($i=1,2$) で与えられる．一方，符号器 1・2 がそれぞれメッセージ $i \in \mathcal{M}_n^{(1)}$，$j \in \mathcal{M}_n^{(2)}$ に対応する符号語 $\varphi_n^{(1)}(i)$ と $\varphi_n^{(2)}(j)$ を送信したとき，$\psi_n(\boldsymbol{y}) \neq (i,j)$ となる $\boldsymbol{y} \in \mathcal{Y}^n$ が受信されると復号誤りとなる（この確率を $\Pr\{\psi_n(\boldsymbol{Y}) \neq (i,j)|(i,j)\ \mathrm{sent}\}$ で表すことにする）．さらに，二つのメッセージが独立で $\mathcal{M}_n^{(1)}$ および $\mathcal{M}_n^{(2)}$ 上の一様分布で与えられるならば，平均復号誤り確率は，

$$\varepsilon_n = \frac{1}{M_n^{(1)}M_n^{(2)}} \sum_{i=1}^{M_n^{(1)}} \sum_{j=1}^{M_n^{(2)}} \Pr\{\psi_n(\boldsymbol{Y}) \neq (i,j)|(i,j)\ \mathrm{sent}\}$$

となる．条件

$$\lim_{n\to\infty} \frac{1}{n} \log M_n^{(i)} \geq R_i \quad (i=1,2)$$

および

$$\lim_{n\to\infty} \varepsilon_n = 0$$

を満足する符号の列 $\{(\varphi_n^{(1)}, \varphi_n^{(2)}, \psi_n)\}_{n=1}^{\infty}$ が存在するとき，符号化率の対 (R_1,R_2) は達成可能であるという．達成可能な (R_1,R_2) 全体を**容量域** (capacity region) あるいは**達成可能伝送率領域** (achievable rate region) と呼ぶ．多重アクセス通信路の容量域は以下の定理から求められる．

定理 2　多重アクセス通信路 $p(y|x_1,x_2)$ の容量域は，X_1 と X_2 が統計的に独立となる $\mathcal{X}_1 \times \mathcal{X}_2$ 上の同時確率分布が存在して

$$R_1 \leq I(X_1;Y|X_2)$$
$$R_2 \leq I(X_2;Y|X_1)$$
$$R_1 + R_2 \leq I(X_1,X_2;Y)$$

を満たす (R_1,R_2) 全体の凸閉包で与えられる．ただし $I(X_1;Y|X_2) = H(X_1|X_2) - H(X_1|Y,X_2)$ は条件つき相互情報量である．

入力 X_1 と X_2 を入力したとき，両者の和に平均 0・分散 N のガウス雑音 Z が加わった $Y = X_1 + X_2 + Z$ が出力されるガウス型多重アクセス通信路を考えよう．各符号器に対して電力制限 $\mathbb{E}[|X_i|^2] \leq P_i$ ($i=1,2$) が課されているとき，容量域は

$$R_1 \leq \mathrm{C}\left(\frac{P_1}{N}\right)$$

$$R_2 \le \mathrm{C}\left(\frac{P_2}{N}\right)$$

$$R_1 + R_2 \le \mathrm{C}\left(\frac{P_1+P_2}{N}\right)$$

を満たす (R_1, R_2) の集合となる（図 4）．ただし

$$\mathrm{C}(S) = \frac{1}{2}\log(1+S)$$

である．

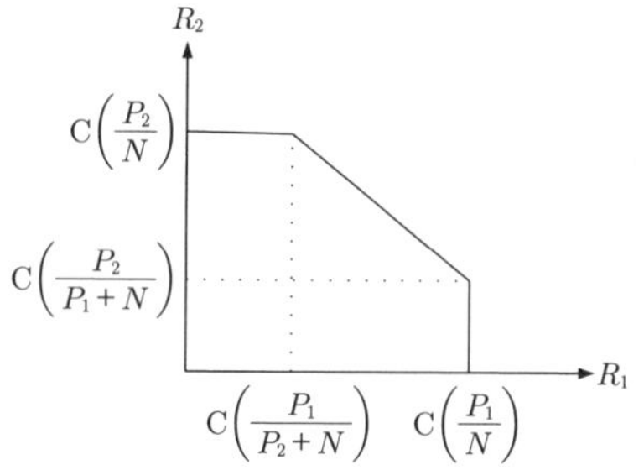

図 4 ガウス型多重アクセス通信路の容量域

2) 放送通信路

$\mathcal{X}$ を入力アルファベット，$\mathcal{Y}_1$ と $\mathcal{Y}_2$ を出力アルファベットとして，条件つき確率 $p(y_1, y_2|x)$ で定まる定常で無記憶な 1 入力 2 出力通信路を考える．このような通信路を**放送通信路** (broadcast channel) と呼ぶ．

放送通信路を用いた通信のモデルを図 5 に示す．符号器は，復号器 1 あてのメッセージ i と復号器 2 あてのメッセージ j の対 (i, j) を符号語に割り当てる写像

$$\varphi_n \colon \mathcal{M}_n^{(1)} \times \mathcal{M}_n^{(2)} \to \mathcal{X}^n$$

で定義される．また，二つの復号器は，それぞれの受信語から自分あてのメッセージを復号する写像

$$\psi_n^{(i)} \colon \mathcal{Y}_i^n \to \mathcal{M}_n^{(i)} \quad (i = 1, 2)$$

で定義される．

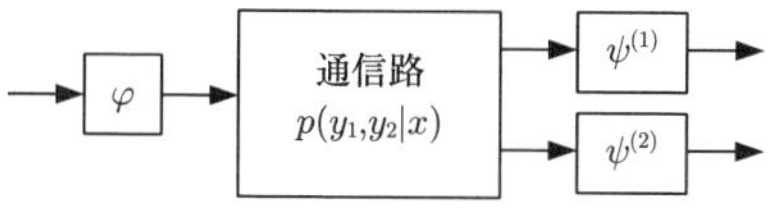

図 5 放送通信路

多重アクセス通信路の場合と同様に，二つの伝送率がそれぞれ $(1/n)\log M_n^{(i)}$ $(i = 1, 2)$ で定義される．また，どちらか一方あるいは両方の復号器がメッセージを正しく復号できない確率で，復号誤り確率を定義する．そして，容量域も多重アクセス通信路の場合と同様に定義される．

一般の放送通信路に対する容量域は明らかにされていない．そこで，ある条件つき確率 $p'(y_2|y_1)$ が存在して $p(y_2|x) = \sum_{y_1 \in \mathcal{Y}_1} p'(y_2|y_1)p(y_1|x)$ が成り立つ場合を考える．この条件を満たす放送通信路は，**劣化型放送通信路** (degraded broadcast channel) と呼ばれており，その容量域も求められている．

定理 3 劣化型放送通信路 $p(y_1, y_2|x)$ の容量域は，ある補助確率変数 U と入力 X の同時確率分布 $p(u, x)$ が存在して

$$R_1 \le I(X; Y_1|U)$$

$$R_2 \le I(U; Y_2)$$

を満たす (R_1, R_2) 全体の凸閉包で与えられる．ただし U が値をとる集合 $\mathcal{U}$ は $|\mathcal{U}| \le \min\{|\mathcal{X}|, |\mathcal{Y}_1|, |\mathcal{Y}_2|\} + 1$ を満たすものだけを考えれば十分である．

入力 X に対する二つの出力が，それぞれ X に平均 0・分散 N_i のガウス雑音 Z_i が加わった $Y_i = X + Z_i$ $(i = 1, 2)$ となるような**ガウス型放送通信路**を考える．ただし $N_1 \le N_2$ とする．この場合は劣化型の放送通信路とみなすことができる．電力制限 $\mathbb{E}[|X|^2] \le P$ が課されている場合の容量域は，ある α $(0 \le \alpha \le 1)$ が存在して

$$R_1 \le \mathrm{C}\left(\frac{\alpha P}{N_1}\right)$$

$$R_2 \le \mathrm{C}\left(\frac{(1-\alpha)P}{\alpha P + N_2}\right)$$

を満たす (R_1, R_2) の集合となる（図 6）．

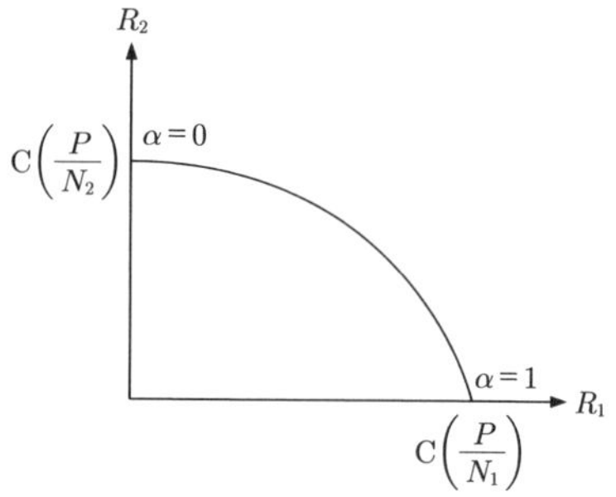

図 6 ガウス型放送通信路の容量域

3) その他の多端子通信路

符号器 1 から復号器 1 への通信と符号器 2 から復号器 2 への通信とが干渉を起こすような通信を考える．これは，条件つき確率 $p(y_1, y_2|x_1, x_2)$ によって定まる 2 入力 2 出力通信路でモデル化できる（図 7）．このような通信路を**干渉通信路** (interference channel) と呼ぶ．例として，入力 X_1，X_2 に対して独立なガウス雑音 Z_1, Z_2 が加わり，

$$Y_1 = g_{11}X_1 + g_{12}X_2 + Z_1$$
$$Y_2 = g_{21}X_2 + g_{22}X_1 + Z_2$$

が出力されるガウス型干渉通信路などがある．ただし g_{ij} $(i, j = 1, 2)$ は伝搬路利得である．ガウス型干渉通信路については，干渉が非常に強い場合には，干渉がまったくない場合と同じ伝送率を達成できることが知られている．しかしながら，特別な場合を除いて，干渉通信路の容量域は求まっていない．

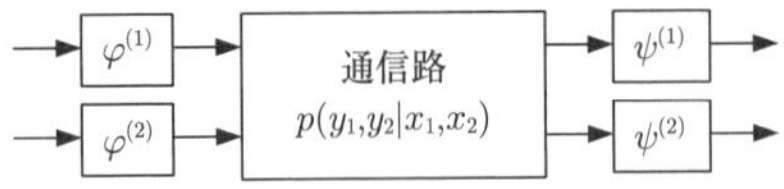

図 7　干渉通信路

送信者と受信者以外に通信を補助する中継器が存在する場合についても研究されている．このような通信は条件つき確率 $p(y, y_1|x, x_1)$ によって定まる**中継通信路** (relay channel) によってモデル化される（図 8）．符号器はメッセージを符号化して X を通信路に入力する．中継器はその出力 Y_1 を受信しながら，X_1 を通信路に入力する．そして復号器は受信した Y からもとのメッセージを復元しようとする．中継通信路の容量域を求める問題も，一般的には未解決である．

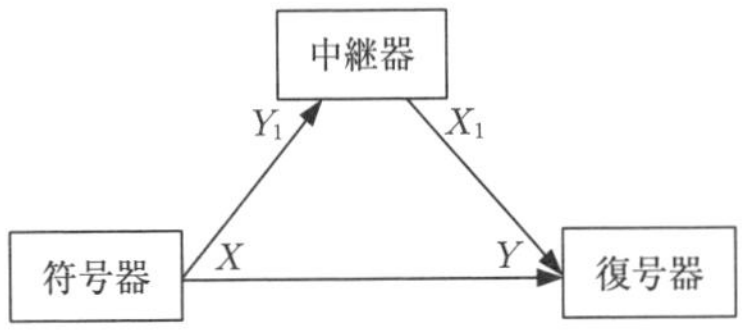

図 8　中継通信路

無線通信への応用では，送信機と受信機の双方がそれぞれ複数のアンテナをもつ **MIMO** (multiple-input multiple-output) システムによる通信技術が重要である．MIMO システムを利用した多端子通信路符号化の問題を扱うマルチユーザ **MIMO 通信** (multi-user MIMO communication) もさかんに研究されている．

c. ネットワーク符号化

前項までの多端子情報源符号化・多端子通信路符号化では，送信側と受信側が一つの通信路で結ばれているモデルを扱っていた．これを拡張した，送信側と受信側の間に複数の中間ノードを含むネットワークを介した通信問題も研究が行われている．

特に近年，アルスウェーデ (Ahlswede) らの論文[3]に端を発する，**ネットワーク符号化** (network coding) の理論がさかんに研究されている．アルスウェーデらは，一つのソースから複数のシンクへのネットワークを介したマルチキャスト (multicast) **問題**を考察した．そして，中間ノードで単にルーチングを行うだけでなく適切な符号化を行うことによって，ソースから各シンクへの最大フローの最小値と等しい伝送率のマルチキャストが可能になることを明らかにした．ネットワーク符号化については，その後，ネットワーク障害による誤りへの対応やセキュリティに関する研究などが行われるようになるとともに，実際のネットワークへの適用研究も行われるようになっている．

〔葛 岡 成 晃〕

参 考 文 献

[1] T. M. Cover and J. A. Thomas : Elements of Information Theory, 2nd ed., Wiley-Interscience, 2006.

[2] D. Tse and P. Visvanath : Fundamentals of Wireless Communication, Cambridge University Press, 2005.

[3] R. Ahlswede, N. Cai, S.-Y. R. Li, and R. W. Yeung : Network information flow. *IEEE Trans. Inf. Theory*, **46** (4) : 1204–1216, 2000.

[4] R. W. Yeung, S.-Y. R. Li, N. Cai, and Z. Zhang : Network coding theory. *Foundations and Trends in Communications and Information Theory*, **2** (4–5) : 241–381, 2005.

3.4 量子情報理論

quantum information theory

a. 量子情報理論の範囲

量子情報理論とは，量子論的振舞いをする素子に基づいた情報処理に関する理論を指す．そのため，量子情報理論の意味する範囲が人によってばらばらであり，しばしば混乱を生じることがある．狭い意味では，通信路符号化，情報源符号化などの情報理論の体系を量子力学系の上で展開したものを指すが，広い意味では，量子暗号，量子系での統計的推測理論，量子状態の幾何学的理論である量子情報幾何学，量子情報処理プロトコル，さらには，量子もつれ，量子論的な非局所性，不確定性などについての定量的理論なども含めることがある．

b. 量子通信路符号化と量子誤り訂正

量子通信路符号化には，複数の問題設定がある．一つめは量子通信路を用いて，古典的な情報を送る問題であり，もう一つは**量子通信路**を用いて，量子的な情報を送る問題である．前者は光通信過程の受信プロセスの最適化に関連して，1960年代に始められ，量子情報理論のなかで最も古い歴史をもつテーマの一つである．後者は，量子計算の計算過程をデコヒーレンスから保護する目的で1990年代に入ってから始められた．これらの設定に共通して，前回の通信の影響が次の通信に影響を与えない場合，通信路を n 回用いたとき，漸近的に誤りの度合いが0に収束するときの1回当たりの伝送量の最大値として，**通信路容量**が与えられる．

さらに，前者の設定のなかでも，量子通信路の定式化の方法に依存して複数の設定がある．第1の設定では，入力信号の変調を入力と見なし，出力系の**量子状態**を出力と見なし，量子通信路を与える．第2の設定では，通信路を与えるファイバーの入力系の量子状態を入力と見なす．第1の設定では，送りたいメッセージに対して，変調の組合せを選択するのが符号化に対応し，出力系での測定と測定値からメッセージを復元する過程を合わせて復号化と見なす．復号化では複数の量子信号に跨った測定を用いることとすると，量子通信路の**通信路容量**は量子論的な**相互情報量**の最大値と一致する．群論的な対称性を用いることで，この設定でのユニバーサル符号も構成されている．第2の設定では，n 回の通信についての1回当たりの量子論的な相互情報量の最大値が1回の通信についてのその最大値と等しくなると予想されていたが（加法性予想），一般には，より大きくなることが示された．通信路容量は n を無限大にしたときのこの値の極限値と一致する．この事実は，入力系において，複数の量子信号の間でもつれあった状態を用いることが，通信速度を向上させることを意味している．通信の記憶が残り，次の通信に影響が残る設定では，**量子情報スペクトル**を用いた解析が行われているが，具体的に通信路容量を与えることには成功していない．

一方，後者の設定では，ノイズのある量子通信路を取り扱うことになり，メッセージ空間から入力系への盗聴写像として，符号化が与えられ，出力系からメッセージ空間への一般の量子操作として，復号化が与えられる．この設定においては，量子通信路と入力系の量子状態に対して定義される**コヒーレント情報量**が重要な役割を果たす．入力系の量子状態を動かした場合のコヒーレント情報量の最大値が重要になるが，この最大値も，一般には n 回量子通信路を使用した場合の値を n で割った値が1回の場合の値よりも大きくなる．通信路容量はこの値の極限値と一致する．一方，古典系と同様に，実用的観点から操作の複雑さを考慮して，符号化・復号化を代数的な構造をもつものに限ることが多い．このような設定では，この問題は**量子誤り訂正**と呼ばれる．量子誤り訂正には，**スタビライザー符号**と呼ばれるクラスと，その部分クラスとして，**CSS** (Calderbank–Shor–Steane) **符号**が知られている．スタビライザー符号とは，量子系においてパウリ (Pauli) 行列の作用からなる群を考え，その可換部分群の同時固有空間を符号とする方法である．この可換部分群を入れ子構造 $C_1 \subset C_2$ をもつ古典符号の対 C_1, C_2 から構成したものがCSS符号である．CSS符号をランダム構成する場合の性能も調べられており，その漸近的な通信速度は，量子通信路がパウリ行列の確率的な作用で与えられる場合（パウリ通信路），入力状態として完全混合状態を選んだ場合のコヒーレント情報量に一致する．

c. 量子情報源符号化

量子情報源符号化は，量子的なデバイスに量子状態として情報が蓄えられている場合に，そのサイズを圧縮する方法である．この問題は可変長とするか固定長とするかによって扱いが異なる．固定長の場合，情報源が**独立同一性条件**を満たす場合，わずかな誤りを許す設定では，最適な**圧縮率**は情報源を与える量子状態の**フォン・ノイマン (von Neumann) エントロピー**に一致する．エントロピーレートよりも圧縮率が大きい場合は，情報源のサイズ n に関して指数的に復号エラーが減少し，最適指数も求められている．群論的な対称性を用いて，**ユニバーサル符号**も与えられており，このユニバーサル符号は圧縮率がフォン・ノイマンエントロピーより大きい場合には，エラーの最適減少指数を達成する．マルコフ性のある情報源については，量子情報スペクトルを用いる方法など，いくつかの方法が提案されており，ユニバーサル符号も提案されている．可変長の場合は，古典的な場合，エラーなしの**情報源圧縮**が可能であるが，量子系の場合，自明な冗長度がある場合を除き，エラーなしのメモリサイズそのものの情報源圧縮は不可能である．設定を変更することで量子系での情報源圧縮は可能となる．一つめの変更は，わずかなエラーを許すことである．この変更によって，独立同一性のもとで，ユニバーサル符号によって，フォン・ノイマンエントロピーレートまで圧縮できる．もう一つの変更は，復号エラーをまったく許さない代わりに平均符号長だけに注目する方法である．最適な平均符号長は情報源のフォン・ノイマンエントロピーに一致する．漸近的に，最適な平均符号長を達成するユニバーサル符号の存在も知られている．この場合の冗長度についても調べられている．多端子の量子情報源符号化については，スレピアン–ウルフ (Slepian–Wolf) 符号化の量子版が得られている．

d. 量子暗号

量子暗号とは量子的素子を用いた暗号全般のことを指すが，ここでは，量子素子を用いて実現される秘密鍵の配布のみを扱うこととし，これを量子鍵配送と呼ぶことにする．量子鍵配送の有力な方式の一つに，BB(Bennett, Brassard)84 方式がある．BB84 では非直交な基底の対を準備し，送信者はランダムに基底を選んで量子通信を行う．量子通信のあとに，基底照合を行うため，盗聴者は基底がわからないため，誤った基底に基づいて測定を行うと，基底照合のあとに行う一部の鍵についての鍵照合において鍵の不一致が検出されると，盗聴があったと見なし，盗聴が検出できる仕組みになっている．

しかし，この盗聴検出の方法は，量子通信路にノイズがないことを前提にしており，ノイズがある場合は，ノイズによる鍵の不一致か，盗聴による鍵の不一致であるか判定することはできない．そのため，一定量の盗聴があっても安全に鍵が共有できる仕組みが必要となる．同時にノイズによる鍵の不一致も解消する必要がある．これを解決する方法が鍵蒸留である．このプロセスは，**誤り訂正**と**秘匿性増強**の二つのパートに分けられる．最初に，誤り訂正を行い，鍵の不一致を解消する．その次に，秘匿性増強によって，鍵の量を減らす代わりに安全性を高める．量子誤り訂正との関係を述べると，誤り訂正が量子通信路のビットエラーの訂正に相当し，秘匿性増強が量子通信路の位相エラーの訂正に対応する．そのため，秘匿性増強で必要な犠牲にするビット数は，通信路の位相エラー率（相補的関係にある基底でのエラー率）の**2 値エントロピー**で与えられる．ただ，現実のシステムの安全性を正確に保証するには，秘匿性増強過程で用いる符号のサイズの有限性や，統計誤差を考慮する必要があり，複雑な取扱いが必要となる．また，光源が単一光子でない場合，光源の不完全性を利用した攻撃法が知られている．特に，盗聴者が光子数に応じて攻撃法を変えるとかなり強力な攻撃が可能となる．光源の強さを意図的に変化させることで，盗聴者がそのような攻撃を行った場合検出することができる．この手法はデコイ (decoy) 法と呼ばれ，光源が不完全である場合に用いられる．これらの方式を組み合わせることで，実装された量子鍵配送システムの安全性を定量的に保証する実験がなされている．また，通信路がパウリ通信路からかなり離れている場合，秘匿性増強で犠牲にするビット数をさらに減らすことができる．その他，B(Bennett)92 方式も知られており，この方式の安全性も同様に示すことができる．

e. 量子系の統計的推測

量子系の統計的推測には古典系と同様に，仮説検定と統計的推定の二つの設定がある．モデル選択についても考えることができるが，問題の難しさのため，いまのところほとんど研究が進んでいない．統計推測では，未知の量子状態と同一の状態にあると考えられる系を複数（n 個）準備し，これらに対して，正作用素値測度で記述される測定を行い，得られたデータから未知状態を推測するという設定が多い．しかし，量子光学系ではある一定時間に，フィルタを経由して光子検出器で検知した光子の数が測定値になる場合が多い．この場合，n の代わりに，実験時間 t を増やすことで精度を向上させることになる．一定時間に光源から生成される光子の数も確定しておらず，ポアソン分布にしたがうことが多い．この場合，ある時間で，検出がなかった場合，フィルタを通過しなかったから検出されなかったのか，そもそも光子が生成されなかったからなのか区別できない．このため，前者の最適化と若干異なった最適化が必要となるので注意を要する．一般には，同一の状態にある系を n 個準備するとした設定を扱うことが多いため，以下では前者の設定の議論を説明するが，実用的には後者の設定が重要となる．

仮説検定では，ある仮説（**帰無仮説**）を棄却することで，帰無仮説が成立しないときに成り立つ仮説（**対立仮説**）を採用することを目的とする．帰無仮説が成り立つときに誤って棄却する確率（**第 1 種の誤り確率**）と対立仮説が成り立つときに誤って棄却する確率（**第 2 種の誤り確率**）があり，この二つの誤り確率のトレードオフを扱うことが問題となる．量子系では，未知の量子状態についての仮説を扱うことが多い．未知状態に対する仮説が単一密度行列で与えられる場合，単純仮説と呼び，複数の密度行列で与えられる場合，複合仮説という．双方の仮説が単純である場合は，複合となる場合に比べ問題が簡単になり，その数学的解析が進んでいる．この場合，重みつけの第 1 種の誤り確率と第 2 種の誤り確率の和の最小化は，**尤度比検定**の量子版によって得られる．準備される系の数 n が多い場合，最適な検定方法を採用すると，n に応じて指数的に誤り確率が 0 に収束する．その最適な減少指数に関しては近年，著しくその解析が進展した．双方の誤り確率の和の減少指数の最適化や，たとえば，第 2 種誤り確率の減少指数について拘束条件を課したうえでの最適な第 1 種誤り確率の減少指数については計算されている．また，第 1 種誤り確率に対して定数拘束を課したうえでの最適な第 2 種誤り確率の減少指数は，候補となる二つの状態の**量子相対エントロピー**に一致することが知られている．一方，仮説が複合となる場合については，最大エンタングル状態の検定について解析が進んでいる．この場合，帰無仮説または対立仮説をターゲットとなる最大エンタングル状態の近傍とし，群論的な対称性を用いて問題を単純化して扱う．

状態推定では，古典系と同じく，n が十分大きい場合，適切な推定量を選択すると，推定するパラメータが一つの場合，その平均 2 乗誤差は n に反比例して減少する．そのため，漸近的設定では，平均 2 乗誤差の $1/n$ の項の係数を最適化することが一つのテーマとなる．この最小値は，**フィッシャー情報量**の量子版を用いて与えられるが，複数存在するフィッシャー情報量の量子版のなかで最小値の逆数が，$1/n$ の項の係数の最小値を与える．

一方，推定するパラメータが複数存在する場合，複数のパラメータの**平均 2 乗誤差**を同時に最小化することは一般にはできない．各パラメータの推定に対応する物理量が互いに非可換になることが原因である．一方，ガウス分布の量子版である**量子ガウス状態族**は位置方向のパラメータと運動量方向のパラメータをもつが，この二つのパラメータの同時推定については，非可換があるものの，最も扱いやすい非可換性であるため，1970 年代に解決された．一般のモデルでの漸近的なパラメータ推定は，漸近的に局所的な振舞いが量子ガウス状態族で近似できることを示すことで解決できる．なお，未知状態が純粋状態であることは既知の場合は，パラメータが複数存在する場合でも，比較的問題は簡単である．

一方，一般に量子系での非可換な関係にある二つの物理量を同時に測ることは狭い意味では不可能であるが，測定の意味を広げると，その精度を落とすことで可能となる．その精度が落ちる度合いについては，その交換子を用いて評価することができる．この関係は，測定による擾乱を評価することにも用いられており，大変強力な手法となっている．

尤度比推定の量子版が存在しないこともあり，漸近論を用いない枠組みでは一般的な成果は出ていない．しかし，モデルが群論的な対称性をもつ場合は，**ベイズ解**と**ミニマックス解**が一致し，著しく問題が容易になる．量子系では古典系よりもこの手法がきわめて強力となる．特に，群の作用が物理系を記述する表現空間に対する既約表現として与えられる場合，問題が著しく単純になる．このような形で，問題が著しく単純化される状況は古典系には存在しない．その他，パラメータが一つの場合の平均 2 乗誤差を**ベイズ事前分布**のもとで最小化する推定量についても求められている．

f. 量子情報幾何学

確率分布の空間で計量に加え接続などを扱う幾何学は，情報幾何学と呼ばれるが，同様に，量子状態の空間にも，計量に加え接続を考えることができ，その幾何学は量子情報幾何学と呼ばれる．量子系での計量は古典系での計量と同じく，単調性を満たし，上述の状態推定の漸近論とも密接に結びつくので，その推定論的意味は明らかである．情報幾何学では接空間上の接続を考えるが，計量を保存する**レビ–チビタ接続**ではなく，双対な関係にある接続の対を考える．量子状態の空間には複数の計量があるため接続も複数存在する．Bogoljubov 計量と呼ばれる計量は，推定論的には，重要な役割を果たさないが，この計量に関して量子状態の空間は平坦になり，その接続に基づくダイバージェンスは，量子情報理論でしばしば現れる**量子相対エントロピー**に一致する．一方，最大の**単調計量**である右対数計量に関する接続に基づくダイバージェンスは量子相対エントロピーとは異なるタイプの相対エントロピーの量子版と一致する．これらの接続に関する議論が推定の漸近論と結びつかず，量子情報幾何学と推定論の関係は不明である．一方，幾何学的位相に関連して導入された接続は，古典系での接続と推定との関係とはまったく異なる形で推定の漸近論と結びつく．このように，古典系で用いられた幾何学的手法がそのまま適用できることはほとんどないので，量子系特有の幾何学的特徴を踏まえた幾何学的議論が重要となる．

g. 量子もつれ

量子もつれは，エンタングルとも呼ばれ，古典系にない量子系の特徴として注目されている．量子もつれを用いることで，古典系ではできなかったいくつかの量子情報処理プロトコルが提案されている．あらかじめ，二つの 2 準位系に最もエンタングルした状態（**最大エンタングル状態**）を準備することで，古典情報の伝送だけで，量子状態の伝送が可能となるプロトコル（**量子テレポーテーション**）が提案されている．このプロトコルでは 2 ビットの古典情報を伝送することで，2 準位系の量子系を一つ（**1 キュービット**と呼ばれる）を伝送することが可能となる．逆に，同じ準備のもとで 2 準位系の量子系を一つ伝送するだけで，2 ビットの古典情報の伝送が可能となるプロトコル（稠密度符号化）もある．このように，最大エンタングル状態は量子情報処理の資源として大変重要であり，最大エンタングル状態の量がエンタングルの量を表していると考えることができる．たとえば，二つの量子系の間で部分的にエンタングルした状態 ρ のエンタングルの量を測るために，ρ と同一の状態を n 個準備したとき，1 個当たりの取り出すことのできる最大エンタングル状態の数の限界によってエンタングルを定量的に測ることが提案されている．この量は**エンタングルメント蒸留**と呼ばれる．逆に，最大エンタングル状態を n 個準備したとき 1 個当たりの取り出すことのできる状態 ρ の数の限界は**エンタングルメントコスト**と呼ばれ，もう一つのエンタングルの定量化法と考えられている．ρ が純粋状態の場合は，これら二つの値は，ρ の縮約密度行列（片方の量子系について部分トレースをとった状態）のフォン・ノイマンエントロピーに一致し，エンタングルメント蒸留については群論的対称性を用いたユニバーサルなプロトコルが提案されている．しかし，ρ が混合状態のときは，この二つのエンタングルの定量化量は一般には一致しない．また，その計算も困難で一般には陽に書くことはできず，極限を含んだ形でのみ与えられる．多体系のエンタングルメントの定量化については，純粋状態に制限しても一般的な成果は得られていない．3 体以上の多体系では複数のタイプのエンタングル状態があり，一つの尺度だけでは測りきれないのが特徴である． 〔林 正人〕

参考文献

[1] M. ニールセン，I. チャン著，木村達也訳：量子コンピュータと量子通信，全 3 巻，オーム社，2004.
[2] 林 正人：量子情報理論入門（臨時別冊・数理科学 SGC ライブラリ 32），サイエンス社，2004.

4 アドバンストな話題

4.1 情報幾何

information geometry

a. 統計モデルの多様体

たとえば正規分布は，平均 μ と分散 σ^2 を与えれば，その値に応じて分布 $N(\mu,\sigma^2)$ が一意に定まる．このように，パラメータで定まる統計モデルをパラメトリックモデルと呼ぶ．パラメータ θ で定まる x の分布 $p(x;\theta)$ とパラメータが $\theta+\Delta\theta$ である分布 $p(x;\theta+\Delta\theta)$ はどれほど「離れている」だろうか．

最も単純な考え方は，分布の距離の 2 乗を $D(p(x;\theta),p(x;\theta+\Delta\theta)) = \|\Delta\theta\|^2$ と定義することである．これは θ はユークリッド空間のデカルト座標系であると見なすことに相当する．しかしこれは，統計モデルの性質を無視している．たとえば x を $y=f(x)$ と変数変換して $p(y;\theta)$ としても，確率分布としての性質は変わらない．また，パラメータを変数変換しても同様である．たとえば正規分布は，平均と分散 (μ,σ^2) の代わりに，1 次および 2 次モーメント $(\mu,\mu^2+\sigma^2)$ や平均と標準偏差 (μ,σ) で定めることもできる．分布の距離 D は，これらの表現の違いがあっても不変になるように定義されなければならない．

統計モデルをリーマン多様体と考えよう．すなわち，確率モデルは各パラメータ値 θ ごとに異なる距離基準 (計量) をもつとする．このとき，距離の 2 乗は

$$D(p(x;\theta),p(x;\theta+\Delta\theta)) = \Delta\theta^\top G(\theta)\Delta\theta$$

と表される．ここで $G(\theta)$ はこの多様体のリーマン計量であり，上記の不変性などからフィッシャー情報行列でなければならないことが知られている．すなわち

$$G(\theta) = \mathrm{E}\left[\frac{\partial \log p(x;\theta)}{\partial\theta}\frac{\partial \log p(x;\theta)}{\partial\theta}\right]$$

である．θ の第 i 成分を θ^i とし，$\partial/\partial\theta^i$ を ∂_i，$\log p(x;\theta)$ を l と略記すれば，$G(\theta)$ の ij 成分 g_{ij} は

$$g_{ij} = \mathrm{E}[\partial_i l \partial_j l] = \langle\partial_i, \partial_j\rangle$$

と表される．

b. 双対接続

多様体に計量を導入することは，多様体を局所的に線形空間で近似することを意味する．この空間を接空間と呼び，$\{\partial_i\}_i$ はその基底系をなす．接空間は多様体の各点で定義されるため，離れた 2 点を関連づけるには，接空間どうしの対応を定義しなければならない．これをアファイン接続と呼ぶ．

接空間は線形空間であるので，アファイン接続は基底ベクトルが平行移動でどのように変換されるかを定める．すなわち，多様体上の点 P での接空間の基底 ∂_j を点 P' に平行移動したものが，

$$\Pi_{P,P'}(\partial_j) = \partial'_j - \mathrm{d}\theta^i\Gamma^k_{ij}\partial'_k$$

と表されるとき，Γ^k_{ij} がアファイン接続を表す．ここで $\{\partial'_j\}_j$ は P' の基底系であり，P の座標を θ, P' の座標を $\theta+\mathrm{d}\theta$ とした．また，上下に現れるインデックスについては和をとることにする．すなわち最後の項は $\sum_{i,k}\mathrm{d}\theta^i\Gamma^k_{ij}\partial'_k$ を意味している．この表記法は以下でも同様である．

接続は局所的に定義されているので，離れた 2 点の接空間どうしの対応関係は 2 点を結ぶ曲線 γ に沿って上式を積分することで求められる．すなわち対応関係は曲線 γ に依存する．

ある接空間のベクトルを別の接空間に曲線 γ に沿って移動することを平行移動と呼ぶ．平行移動は単なるベクトルの移動であるから，アファイン接続はベクトルの性質を変えないように定義されていることが望まれる．具体的には，接空間での任意の 2 ベクトルの内積は平行移動に対して不変としたい．このような接続は実は一意に定まり，計量接続，リーマン接続あるいはレビ–チビタ接続と呼ばれる．

$$\langle \Pi_\gamma X, \Pi_\gamma Y \rangle = \langle X, Y \rangle$$

情報幾何学ではこの制限を緩めるため，内積が不変になるように二つの接続を導入する．すなわち，一方のベクトルをある接続 Γ で平行移動するとき，もう一方のベクトルは別の接続 Γ^* で平行移動することで内積を保存する．

$$\left\langle \Pi_\gamma X, \Pi_\gamma^* Y \right\rangle = \langle X, Y \rangle$$

このような接続のペアを**双対接続**と呼び，

$$\partial_k g_{ij} = \Gamma_{ki}^h g_{hj} + \Gamma_{kj}^{*h} g_{hi} \tag{1}$$

が成り立つことが知られている．

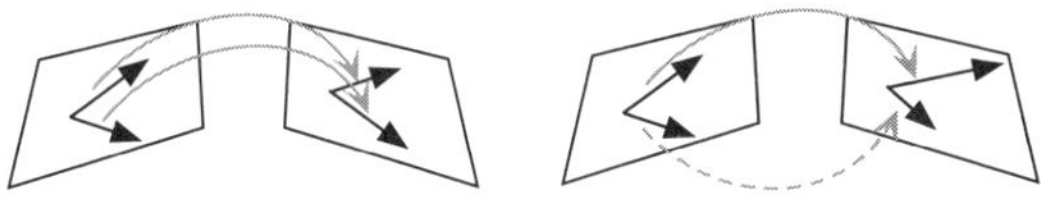

図 1　計量接続 (左) に比べ，双対接続 (右) には自由度がある

統計モデルにおいては，二つの確率分布を指数的に結びつける e 接続と線形に結びつける m 接続が互いに双対な接続となっている．

$$p_t(x) \propto p_0^{(1-t)} \cdot p_1^t \tag{2}$$

$$p_t(x) = (1-t)p_0 + tp_1 \tag{3}$$

c. 平坦性と測地線

多様体の座標系は自由に選ぶことができる．$\Gamma = 0$ となるような座標系 θ をアファイン座標系と呼び，アファイン座標系が存在する多様体は平坦であるという．

ある接続 Γ について平坦な多様体は，双対な接続 Γ^* についても平坦になる．したがって，この多様体を**双対平坦空間**と呼ぶ．しかし式 (1) からもわかるように，座標系 θ で $\Gamma = 0$ のときに $\Gamma^* = 0$ が成り立つとは限らない．そこで双対接続に関するアファイン座標系を η とし，$\partial/\partial\theta^i$ を ∂_i, $\partial/\partial\eta_i$ を ∂^i と表すと，任意の点 P で

$$\langle \partial_i, \partial^j \rangle = \delta_i^j$$

となるように η を選ぶことができる．ただし δ_i^j は $i = j$ で 1, $i \neq j$ で 0 をとる．また，双対平坦空間には以下の性質がある．

$$g_{ij} = \langle \partial_i, \partial_j \rangle = \partial_i \eta_j$$
$$g^{ij} = \langle \partial^i, \partial^j \rangle = \partial^i \theta^j$$
$$g_{ij} g^{jk} = \delta_i^k$$

これは，η の計量行列は θ の計量行列の逆行列であることを意味している．実際，θ と η は以下のように双対な構造をもっている．

$$\psi(\theta) + \phi(\eta) - \theta^i \eta_i = 0 \tag{4}$$
$$\eta_i = \partial_i \psi(\theta), \quad \theta^i = \partial^i \phi(\eta)$$
$$g_{ij} = \partial_i \partial_{ij} \psi(\theta), \quad g^{ij} = \partial^i \partial^j \phi(\eta)$$

ここで $\psi(\theta)$ および $\phi(\eta)$ はポテンシャル関数および双対ポテンシャル関数であり，これは θ と η が互いに**ルジャンドル変換**で結びつけられることを示している．逆に，ポテンシャル関数 $\psi(\theta)$ から双対平坦空間を導出することができる．このとき，双対座標および双対ポテンシャルは上式にしたがって定義される．

双対平坦空間において，アファイン座標系の 1 次式で表される曲線を**測地線**と呼ぶ．測地線とはユークリッド空間における直線を一般化したもので，1 次元自己平行部分多様体として定義される．双対平坦空間においては 2 種類のアファイン座標系が導入されるので，2 種類の測地線がある．

統計モデルにおいては，指数分布族が e 接続について平坦，混合分布族が m 接続について平坦なモデルであり，式 (2) が e 接続での測地線，式 (3) が m 接続での測地線となる．

d. ダイバージェンス

式 (4) では同一の点の θ 座標および η 座標を考えた．ここで点 P の θ 座標を $\theta(P)$, 点 Q の η 座標を $\eta(Q)$ とすると，

$$D(P||Q) = \psi(\theta(P)) + \phi(\eta(Q)) - \theta^i(P)\eta_i(Q)$$

という関数が定義できる．これは P から Q への**ダイバージェンス**と呼ばれ，距離を一般化したものに相当しており，距離の 2 乗の次元をもつ．

実際，ダイバージェンスには $P = Q$ で $D(P||Q) =$

0, $P \neq Q$ で $D(P||Q) > 0$ という性質があり，拡張ピタゴラスの定理

$$D(P||Q) = D(P||R) + D(R||Q)$$

が成り立つ．

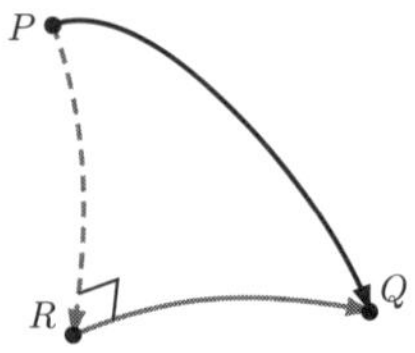

図 2　破線は Γ^* 測地線，灰色の実線は Γ 測地線である

統計モデルにおいては，e 接続および m 接続から導出されるダイバージェンスがカルバック–ライブラー (Kullback–Leibler) ダイバージェンスである．

逆に，ダイバージェンスからリーマン多様体の計量および双対接続を導出することもでき，ダイバージェンスの 2 階微分が計量，2 階微分と 1 階微分の積が接続になる．

e. 曲率と高次推定理論

統計的推論では，データからモデルのパラメータを推定する．データは経験分布で表されるので，統計的推論は，統計モデル S において，経験分布 $\hat{\eta}$ からモデルを表す部分多様体 M への射影法であると見なせる．

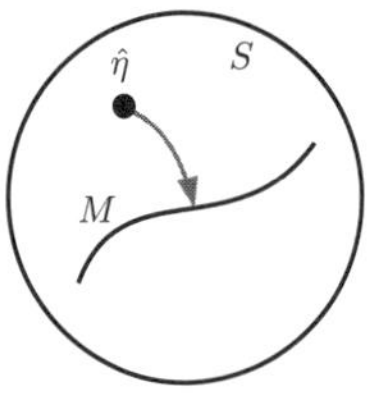

図 3　統計的推論の概念図

指数分布族および混合分布族は，e 接続および m 接続のもとで平坦であるが，一般に統計モデルは平坦であるとは限らない．この「曲がり具合」を表す曲率は，接続 Γ やその微分で表され，統計的推論に影響を及ぼす．ここでは最尤推定を考えよう．

最尤推定量は指数分布族に自然パラメータを用いたモデルにおいては不偏推定量であり，その分散はクラメル–ラオ不等式を等号で達成する．しかし一般のモデルにおいては不偏推定ではなく，推定量の期待値は母集団の統計量と一致しない．このとき，データ数 N が無限に大きくなるときにはバイアスは 0 に漸近する．この性質を漸近不偏性という．分散についても同様の性質があり，$N \to \infty$ では分散は下限である g^{ij}/N に漸近する．これを 1 次有効推定量であるという．ここで g_{ij} はフィッシャー情報行列であり，g^{ij} はその逆行列である．

1 次有効推定量とは，分散が $1/N$ のオーダーまで最適であることを意味しているが，1 次有効な推定量は最尤推定以外にも多くある．それ以上の最適性を議論する高次推定理論では $1/N^2$ 以上の項を考慮しなければならず，ここに曲率が現れる．最尤推定は，2 次有効推定量であるが，3 次有効推定量ではないことが知られている．

f. 広がる情報幾何学の応用

これまでは主として統計モデルの多様体を考えてきたが，情報幾何学の本質は双対幾何学，すなわち双対接続を導入したリーマン幾何学である．したがって，その応用範囲はパラメトリックモデルに限らない．

たとえば，関数自由度をもつ攪乱パラメータが存在するなかで有限個のパラメータを推定するセミパラメトリック推定問題においては，**推定関数法**が有効であることが知られている．ここでは情報幾何学は無限次元に拡張され，推定関数が存在する条件が導かれ，そのクラスが同定され，さらに最適な推定関数が導出されている．この推定関数の情報幾何学は，神経スパイクから情報を取り出すスパイク統計問題にも応用されている．

あるいは，正則な行列の空間にも自然に双対幾何学を導入することができる．これはシステム理論の理論的な解析を容易にするだけでなく，数値最適化法の幾何学的描像を与えることにも利用されている．

また，凸ポテンシャルから双対平坦空間が導出できることから，準加法的アルゴリズムなどの学習アルゴリズムの解析にも利用可能であり，今後，その応用範囲はますます広がっていくことが期待されている．

〔池 田 和 司〕

参考文献

[1] S. Amari and H. Nagaoka : Methods of Information Geometry, AMS & Oxford University Press, 2000.

[2] S. Amari and M. Kawanabe : Information geometry of estimating functions in semiparametric statistical models. *Bernoulli*, **2** (3), 1996.

4.2 情報統計力学

statistical mechanical informatics

統計力学は，気体や磁性体などの物質に現れる巨視的な特徴を，微視的な法則をもとにして導くための物理学の体系である．統計力学の概念や計算技法を用いて，情報科学の問題へ接近する研究分野を**情報統計力学** (statistical mechanical informatics) という．個々の問題の代わりに，規模の十分に大きいランダムな問題群を考えて，問題の詳細によらない巨視的な構造をとらえようとするのが情報統計力学の方法論である．

情報統計力学では，個々問題に対する発見法的な対処ではなく，解析からアルゴリズム開発までを，主にベイズ統計に基づく定式化を用いて系統的に行う．ここでは情報統計力学で用いられる代表的な解析手法の概要について説明する．詳細に関しては，文献[1～6]を参照されたい．

a. 用 語

まず，用いられる用語について簡単に紹介する．有限集合 $\mathcal{X}^N$（直積集合）上の確率変数 $\boldsymbol{x}$ について考える．関数 $\mathcal{O} : \mathcal{X}^N \to \mathbb{R}$ を観測量という．重要な役割をはたす観測量は**エネルギー関数** (energy function) $E(\boldsymbol{x}; \boldsymbol{w})$ である．ここで，$\boldsymbol{w}$ は含まれるパラメータである．エネルギー関数はハミルトニアン (Hamiltonian) とも呼ばれる．

集合 $\mathcal{X}^N$ とエネルギー関数 $E(\boldsymbol{x}; \boldsymbol{w})$ が与えられたとき，系の状態が $\boldsymbol{x} \in \mathcal{X}^N$ である確率を次の**正準分布** (canonical distribution) または**ボルツマン分布** (Boltzmann distribution) と呼ばれる分布

$$\mu_\beta(\boldsymbol{x}; \boldsymbol{w}) = Z(\beta; \boldsymbol{w})^{-1} e^{-\beta E(\boldsymbol{x}; \boldsymbol{w})}$$

で与える．ここで，

$$Z(\beta; \boldsymbol{w}) = \sum_{\boldsymbol{x} \in \mathcal{X}^N} e^{-\beta E(\boldsymbol{x}; \boldsymbol{w})}$$

は規格化定数であり**分配関数** (partition function) と呼ばれている．また，パラメータ $\beta \geq 0$ を**逆温度** (inverse temperature) という．

観測量 $\mathcal{O}(\boldsymbol{x})$ の正準分布に関する期待値 $\langle \mathcal{O}(\boldsymbol{x}) \rangle_{\boldsymbol{x}} \equiv \sum_{\boldsymbol{x} \in \mathcal{X}^N} \mu_\beta(\boldsymbol{x}; \boldsymbol{w}) \mathcal{O}(\boldsymbol{x})$ を熱平均 (thermal average) という．特に，エネルギー関数 $E(\boldsymbol{x})$ の熱平均 $U(\beta; \boldsymbol{w}) = \langle E(\boldsymbol{x}; \boldsymbol{w}) \rangle_{\boldsymbol{x}}$ を内部エネルギー (internal energy) という．正準分布は，分布の規格化条件と内部エネルギー一定の条件のもとでエントロピー (entropy) $S(\beta; \boldsymbol{w}) = \langle -\ln \mu_\beta(\boldsymbol{x}; \boldsymbol{w}) \rangle_{\boldsymbol{x}}$ が最大となる分布として導出される．

正準分布は，$\beta \to 0$ で $\mathcal{X}^N$ を台とする一様分布になり，$\beta \to \infty$ でエネルギー関数の最小値を与える状態の集合を台とする一様分布となる．このため，コスト関数の最小値を求める組合せ最適化問題の解析では，コスト関数をエネルギー関数と見なして $\beta \to \infty$ での内部エネルギーを評価すればよい．

逆温度 β とエネルギー関数のパラメータ $\boldsymbol{w}$ のみの関数は状態量と呼ばれる．最も重要な状態量は**自由エネルギー** (free energy)

$$F(\beta; \boldsymbol{w}) = -\beta^{-1} \ln Z(\beta; \boldsymbol{w})$$

である．内部エネルギーとエントロピーが，それぞれ

$$U(\beta; \boldsymbol{w}) = \frac{\partial}{\partial \beta}(\beta F(\beta; \boldsymbol{w})),$$
$$S(\beta; \boldsymbol{w}) = \beta^2 \frac{\partial}{\partial \beta} F(\beta; \boldsymbol{w})$$

と求まるように，さまざまな重要な量が自由エネルギーを経由して評価できる．

エネルギー関数は，通常その値が $O(N)$ となるように定義されるため，自由エネルギーなどは $O(N)$ となる．このため，解析では 1 自由度当たりの自由エネルギー $f(\beta; \boldsymbol{w}) = \lim_{N \to \infty} F(\beta; \boldsymbol{w})/N$ が評価される．任意の正数 $\delta > 0$ に対して，$O(N)$ の状態量 X が，

$$\lim_{N \to \infty} \mathbb{P}\left\{ \left| \frac{X}{N} - \mathbb{E}\left(\frac{X}{N}\right) \right| \geq \delta \right\} = 0$$

となるとき，X は**自己平均性** (self-averaging property) をもつという．ただし，$\mathbb{P}(\mathcal{A})$ は事象 $\mathcal{A}$ の生起確率，$\mathbb{E}$ は（添字のあるときは添字の確率変数についての）期待値をとる演算子である．自己平均性があるときは，個々の与えられたパラメータ $\boldsymbol{w}$ での評価ではなく，その期待値を評価すればよいため評価が容易になる．

1 自由度当たりの自由エネルギー $f(\beta; \boldsymbol{w})$ が逆温度 β について解析関数でないとき，**相転移** (phase transition) が起こるという．系全体の性質を特徴づける観測量を**秩序変数** (order parameter) といい，相転移が起こる逆温度を境に変化するような秩序変数を用いて相 (phase) が特徴づけられる．

b. 手　法

情報統計力学で用いられている代表的な解析手法について簡単に紹介する．

1)　レプリカ法

配位平均をとった 1 自由度当たりの自由エネルギー $f(\beta) = -\beta^{-1} \mathbb{E}_{\boldsymbol{w}}[\ln Z(\beta, \boldsymbol{w})]$ に含まれる期待値は，恒等式

$$\mathbb{E}[\ln Z] = \lim_{n \to 0} \frac{\partial}{\partial n} \ln \mathbb{E}[Z^n]$$

を用いて評価できる．このような，べきの期待値を用いて対数の期待値を計算する方法を**レプリカ法** (replica method) という．レプリカ法では，n が整数のときは分配関数のべきが

$$Z(\beta; \boldsymbol{w})^n = \sum_{\boldsymbol{x}_1 \cdots \boldsymbol{x}_n} e^{-\beta(E(\boldsymbol{x}_1; \boldsymbol{w}) + \cdots + E(\boldsymbol{x}_n; \boldsymbol{w}))}$$

と簡単に表せることを利用して，まず $\mathbb{E}[Z^n]$ の n を整数として計算しておき，解析接続によって $n \to 0$ の極限をとる．このべきに現れる同じパラメータ $\boldsymbol{w}$ のエネルギー関数で記述される独立な n 個の複製された系のことをレプリカ (replica) という．

レプリカ法の解析の概要の説明のために，次の 2 次形式

$$E(\boldsymbol{x}; \boldsymbol{w}) = -\sum_{i=1}^{N} \sum_{j>i}^{N} J_{ij} x_i x_j - h \sum_{i=1}^{N} x_i$$

をエネルギー関数とする正準分布 $\mu_\beta(\boldsymbol{x}; \boldsymbol{w})$ にしたがう確率変数 $\boldsymbol{x}$ について考える．ここで，パラメータ $\boldsymbol{w} = \{J_{ij}, h\}$ のうち，J_{ij} は正規分布 $\mathcal{N}(\frac{J_0}{N}, \frac{J^2}{N})$ にしたがう確率変数とする．後述のように，このエネルギー関数と類似した関数の最小化によって記述できる情報科学の問題は多い．べきの期待値 $\mathbb{E}[Z^n]$ は，

$$m_a = \frac{1}{N} \sum_{i=1}^{N} x_{ai}$$

と

$$q_{ab}=\frac{1}{N}\sum_{i=1}^{N}x_{ai}x_{bi}$$

のパラメータを通してのみ変数 $\boldsymbol{x}_1,\cdots,\boldsymbol{x}_n$ に依存し，レプリカ番号の交換について対称な形式となる．このため，レプリカ番号の置換に対して鞍点解が不変である（$m_a=m$, $q_{ab}=\delta_{a,b}+(1-\delta_{a,b})q$）という要請であるレプリカ対称性 (replica symmetry：RS) を仮定する場合が多い．これらのパラメータは，もとの複製されていない系では，

$$m=\mathbb{E}_{\boldsymbol{w}}\left[\frac{1}{N}\sum_{i=1}^{N}\langle x_i\rangle_{\boldsymbol{x}}\right],\quad q=\mathbb{E}_{\boldsymbol{w}}\left[\frac{1}{N}\sum_{i=1}^{N}\langle x_i\rangle_{\boldsymbol{x}}^2\right]$$

という値に対応することが示される．m と q は，系全体の性質を特徴づける秩序変数であり，これらの値に応じて，$m=0$ かつ $q=0$ の常磁性相 (ferromagnetic phase)，$m\neq 0$ かつ $q\neq 0$ の強磁性相 (paramagnetic phase)，および $m=0$ かつ $q\neq 0$ のスピングラス相 (spin-glass phase) などが相として特徴づけられる．

レプリカ対称性が成り立たないことをレプリカ対称性破れ (replica symmetry breaking：RSB) という．RSB の起こる原因の一つは，自由エネルギーが多谷構造 (multi-valley structure) をもつことであると考えられている．RSB 解 (RSB solution) を求めるために，階層的にレプリカ対称性を導入する方法が提案されている．

レプリカ法の解の妥当性は多くの数値実験で検証されており，またいくつかの系に対してはレプリカ法の結果をレプリカ法以外の方法で導出されているが，一般の場合について，レプリカ法の正当性はまだ示されておらず数学的理論の整備が待たれている．

2) 空洞法

変数 $\boldsymbol{x}$ のうちのひとつを取り除いた系を考えることによって，再帰的に自由エネルギーなどを求める方法を**空洞法** (cavity method) という．変数ノードの集合 V_v，関数ノードの集合 V_f，エッジの集合 E のファクターグラフ $G=(V_v\cup V_f,E)$ を用いて定義される変数 $\boldsymbol{x}=(x_i)\in\mathcal{X}^{|V_v|}$ の同時分布 $\mu(\boldsymbol{x})=Z^{-1}\prod_{a\in V_f}\psi_a(\boldsymbol{x}_{\partial a})$ について考える．ここで，$\partial a\subseteq V_v$ は関数ノード a に接続している変数ノードの集合，$\partial i\subseteq V_f$ は変数ノード i に接続している関数ノードの集合，Z は規格化定数，$\boldsymbol{x}_{\partial a}=\{x_i:i\in\partial a\}$ である．

空洞法では，以下の**確率伝搬法** (belief propagation: BP) の固定点を用いて諸量の評価を行う．変数ノードから関数ノードへのメッセージ $\{\nu_{j\to a}^{(t)}(x_j)\}$ と関数ノードから変数ノードへのメッセージ $\{\hat{\nu}_{a\to j}^{(t)}(x_j)\}$ の反復式

$$\nu_{j\to a}^{(t+1)}(x_j)\propto\prod_{b\in\partial j\backslash a}\hat{\nu}_{b\to j}^{(t)}(x_j)$$

$$\hat{\nu}_{a\to j}^{(t)}(x_j)\propto\sum_{\boldsymbol{x}_{\partial a\backslash j}}\psi_a(\boldsymbol{x}_{\partial a})\prod_{k\in\partial a\backslash j}\nu_{k\to a}^{(t)}(x_k)$$

を適当な初期値から更新する．各メッセージは非負で，$x_i\in\mathcal{X}$ についての和は 1 である．確率伝搬法は，各反復ステップ t でのメッセージを用いて，周辺分布の近似値 $\nu_i^{(t)}(x_i)\propto\prod_{a\in\partial i}\hat{\nu}_{a\to i}^{(t-1)}(x_i)$ をはじめ，2 変数以上の周辺分布や，自由エネルギー $F=-\beta^{-1}\ln Z$ などを求めるアルゴリズムである．

メッセージの固定点 $\boldsymbol{\nu}=\{\nu_{j\to a}(x_j),\hat{\nu}_{a\to j}(x_j)\}$ が存在すると仮定して，それを用いて得られる自由エネルギー F はベーテ自由エネルギー (Bethe free energy) と呼ばれる．このような評価は，ファクターグラフがループを含む場合は近似であるが，木の場合は厳密である．

$|V_v|\to\infty$ の大自由度極限において，固定点をそれぞれ独立同一分布にしたがう確率変数と見なして，その分布関数を固定点方程式から評価すると，ファクターグラフ G についてのアンサンブル平均をとった 1 自由度当たりのベーテ自由エネルギーの期待値 $\mathbb{E}_{\boldsymbol{\nu},G}[F/N]$ を評価できる．この方法は特に RS 空洞法 (RS cavity method) と呼ばれる．レプリカ法による解析で RSB が起こるような問題に対しては，メッセージの固定点の数の評価に基づいて自由エネルギーを評価する 1RSB 空洞法 (1RSB cavity method) が用いられる．

3) 経路積分法

変数 $\boldsymbol{x}(t)=(x_1(t),\cdots,x_N(t))\in\mathcal{X}^N$ が時刻 t とともに確率的に変化するとき，同時分布 $\mu(\boldsymbol{x}(0),\cdots,\boldsymbol{x}(t_m))$ の母関数 (generating functional) を評価することによって，各時刻での変数の期待値を評価する方法を**経路積分法** (generating functional analysis) という．確率伝搬法のような，反復計算に基づくアルゴリズムの解析などに用いられる．一般に

は，初期状態が $p(\boldsymbol{x}(0))$ で，時刻 $t+1$ での状態が条件つき確率 $\rho(\boldsymbol{x}(t+1)|\boldsymbol{x}(t),\cdots,\boldsymbol{x}(0))$ で与えられる場合を考えて，同時分布を $\mu(\boldsymbol{x}(0),\cdots,\boldsymbol{x}(t_m)) = p(\boldsymbol{x}(0))\prod_{t=0}^{t_m-1}\rho(\boldsymbol{x}(t+1)|\boldsymbol{x}(t),\cdots,\boldsymbol{x}(0))$ として扱う．決定論的な反復計算のときは，1点分布によって記述される．変数を $\boldsymbol{\psi}=(\boldsymbol{\psi}(0),\cdots,\boldsymbol{\psi}(t_m))$ として母関数は，

$$Z[\boldsymbol{\psi}] = \mathbb{E}_{\boldsymbol{x}}[e^{\mathrm{i}\sum_{t=0}^{t_m}\boldsymbol{\psi}(t)\cdot\boldsymbol{x}(t)}]$$

と定義される．ここで，$\boldsymbol{x}=(\boldsymbol{x}(0),\cdots,\boldsymbol{x}(t_m))$ とおいた．この母関数は特性関数の一種である．時刻 t での変数 $x_i(t)$ の期待値や，2時刻 t, t' での変数 $x_i(t)$, $x_i(t')$ の期待値（相関関数）が，それぞれ

$$\mathbb{E}_{\boldsymbol{x}}[x_i(t)] = -\mathrm{i}\lim_{\boldsymbol{\psi}\to\boldsymbol{0}}\frac{\partial Z[\boldsymbol{\psi}]}{\partial\psi_i(t)},$$

$$\mathbb{E}_{\boldsymbol{x}}[x_i(t)x_i(t')] = -\lim_{\boldsymbol{\psi}\to\boldsymbol{0}}\frac{\partial^2 Z[\boldsymbol{\psi}]}{\partial\psi_i(t)\partial\psi_i(t')}$$

のようにして求められる．ただし，$\boldsymbol{\psi}\to\boldsymbol{0}$ はすべての t について $\boldsymbol{\psi}(t)\to\boldsymbol{0}$ の極限をとることを表す．

経路積分法では母関数は漸近的な評価以外の近似を用いないため，反復計算に起因する過去の状態との複雑な相関を厳密に取り扱うことができるのが特徴である．また，定常状態の存在を仮定することによって，反復計算の定常状態の解析が可能である．

c. 応　用

情報統計力学は，理論計算機科学や情報理論などを中心として応用が広がっている．特に，重要な貢献のある情報通信に関する研究について簡単に紹介する．

1) 通信理論への応用

通信理論の分野で情報統計力学の手法が利用されるきっかけとなった**符号分割多元接続** (code division multiple access：CDMA) 通信方式を紹介する．CDMA 通信方式は，情報ビットを拡散符号を用いて冗長な情報へと変調することによって，複数の移動局が単一の基地局へ情報を送ることを可能にする通信技術であり，携帯電話や無線 LAN などで利用されている．受信信号系列と拡散符号を用いて送信された情報ビットを推定する問題を CDMA 復調問題という．すべての移動局の情報を同時に復調するマルチユーザ復調によりよい性能が得られる．

田中は，マルチユーザ復調の性能評価がレプリカ法により解析的に行えることを示した．移動局 k の情報ビットを $x_k\in\{-1,1\}$ とおく．拡散符号系列と情報ビット系列との比（拡散比）を N とする．受信信号系列を $\boldsymbol{y}=(y_1,\cdots,y_N)\in\mathbb{R}^N$ とおくと，最も基本的な CDMA 通信路モデルは，$y_\ell = N^{-1/2}\sum_{k=1}^{K}s_{k\ell}x_k + n_\ell$ と表される．ここで，$\boldsymbol{s}_k=(s_{k1},\cdots,s_{kN})\in\{-1,1\}^N$ は移動局 k の拡散符号系列，$n_\ell\sim\mathcal{N}(0,\sigma_0^2)$ は通信路ノイズを表す．

CDMA 復調問題は，拡散符号系列とノイズの振幅が既知とする条件下で，受信信号系列 $\boldsymbol{y}$ から送信情報ビット $\boldsymbol{x}=(x_1,\cdots,x_K)$ を推定する問題である．さまざまな基準についての最適な復調は，ベイズ推定を用いて議論できる．送信情報ビットの事前分布 $p(\boldsymbol{x})$ を一様分布と仮定すると，通信路を表す条件つき確率 $p(\boldsymbol{y}|\boldsymbol{x})$ から，事後分布は $p(\boldsymbol{x}|\boldsymbol{y})\propto\exp\{-\beta E(\boldsymbol{x};\boldsymbol{y})\}|_{\beta=1}$ となる．ここで，

$$E(\boldsymbol{x};\boldsymbol{y}) = \frac{1}{2}\sum_{k,k'}W_{kk'}x_k x_{k'} - \sum_k h_k x_k$$

である．ただし，$W_{kk'} = \sigma_0^{-2}N^{-1}\sum_{\ell=1}^{N}s_{k\ell}s_{k'\ell}$, $h_k = \sigma_0^{-2}N^{-1/2}\sum_{\ell=1}s_{k\ell}y_\ell$, とおいた．これは，$E(\boldsymbol{x};\boldsymbol{y})$ をエネルギー関数とした正準分布と同じ形式をしている．$\gamma=K/N$ を一定に保ったまま $K,N\to\infty$ とする大自由度極限を考えて，レプリカ法を適用すると，真の情報ビット $\boldsymbol{x}_0$ に対する推定値の重なり $m = K^{-1}\sum_k x_{0k}\langle x_k\rangle_{\boldsymbol{x}}$ が秩序変数（の一部）となり，情報ビットのベイズ推定値 $\widehat{\boldsymbol{x}}=\mathrm{argmax}_{\boldsymbol{x}}\,p(\boldsymbol{x}|\boldsymbol{y})$ のビット誤り率などが評価できる．

上の解析で導かれるのは理論上の性能であり，その性能を引き出すためのアルゴリズムについては別途検討が必要である．確率伝搬法の近似として導出される**並列干渉除去法** (parallel interference canceller) は，$x_k^{(t+1)} = \mathrm{sgn}(h_k - \sum_{k'=1,\neq k}^{K}W_{kk'}x_{k'}^{(t)})$ を反復することによって復調を行うもので，構成が簡単なマルチユーザ復調アルゴリズムとして知られている．ここで，$\mathrm{sgn}(x)$ は $x\geq 0$ のとき 1，$x<0$ のとき -1 となる符号関数，反復の初期値は $x_k^{(-1)}=0$ である．三村らは，経路積分法を用いて反復アルゴリズムを性能評価した．

このように，これまでの手法では解析の困難であった

幅広い問題に対して情報統計力学の解析手法が有効である．並列干渉除去法の改良や，より高性能な確率伝搬法に基づくマルチユーザ検出法の開発など，多項式時間のアルゴリズムの開発も系統的に行われている．これらの成果は，多入力多出力 (multi-input multi-output: MIMO) 通信路を含む，より一般的な通信システムの解析へと発展している．

2) 通信路符号化への応用

$M \times N$ の検査行列 $H \in \{0,1\}^{M\times N}$ により定まる符号 $C(H) = \{\boldsymbol{c} \in \mathbb{F}_2^N : H\boldsymbol{c} = \boldsymbol{0}\}$ について考える．ただし，$\mathbb{F}_2$ は 2 個の元 $\{0,1\}$ をもつガロア体である．疎な（非 0 要素が少ない）検査行列によって定義される符号を**低密度パリティ検査** (low-density parity-check: LDPC) 符号といい，計算機実験によって高い誤り訂正能力をもつことが示されている．「復号が成功する」ことや「復号が失敗する」ことなど，通信路ノイズの大きさや符号化率といった制御変数のわずかな違いに対して，性能が劇的に変化する相転移現象をとらえることで性能が評価できる．樺島らは，レプリカ法を用いて解析的に評価して詳細に符号の性質を明らかにした．

ビット反転確率が p の 2 元対称通信路 (binary symmetric channel: BSC) の場合についての解析の概略を述べる．以降，排他的論理和を表現するために，$c_j \in \{0,1\}$ を $x_j = (-1)^{c_j} \in \{-1,1\}$ へ，$c_j \oplus c_{j'}$ を $x_j x_{j'}$ へと変換するバイポーラ表現を用いる．バイポーラ表現された符号語 $\boldsymbol{x}$ と受信語 $\boldsymbol{y}$ を用いて，通信路は条件つき確率 $p(\boldsymbol{y}|\boldsymbol{x}) \propto \exp(\lambda \sum_{j=1}^N x_j y_j)$ で記述される．ただし，$\lambda = (1/2)\ln\{(1-p)/p\}$ である．符号語は，符号 $C(H)$ から等確率で出現すると仮定して，$p(\boldsymbol{x}) \propto \prod_{i=1}^M \exp\{\lim_{\gamma\to\infty} \gamma(\prod_{j\in\mathcal{J}(i)} x_j - 1)\}$ とする．ただし，$\mathcal{J}(i) = \{j : (H)_{ij} = 1\}$ とおいた．LDPC 符号においても，さまざまな基準についての最適な復号はベイズ推定を用いて構成される．事後分布は $p(\boldsymbol{x}|\boldsymbol{y}) \propto \exp\{-\beta E(\boldsymbol{x};\boldsymbol{y})\}|_{\beta=1}$ で与えられる．ここで，

$$E(\boldsymbol{x};\boldsymbol{y}) = \lim_{\gamma\to\infty} \gamma \sum_{i=1}^M \left(1 - \prod_{j\in\mathcal{J}(i)} x_j\right) - \lambda \sum_{j=1}^N x_j y_j$$

である．先と同様に，$E(\boldsymbol{x};\boldsymbol{y})$ をエネルギー関数として解析できる．LDPC 符号の性能は，個々の符号ではなく符号のアンサンブルを考えてビット誤り率などのアンサンブル平均を評価するのが一般的な方法となっている．符号化率 $R = 1 - \frac{M}{N} (< 1)$ を一定に保ったまま $M, N \to \infty$ とする大自由度極限での解析を行うと，真の符号語 $\boldsymbol{x}_0$ に対する推定値の重なり $m = N^{-1} \sum_j x_{0j} \langle x_j \rangle_{\boldsymbol{x}}$ が秩序変数（の一部）となり，ビット誤り率などが評価できる．符号化率 R に依存するある臨界値 $p_c(R)$ があり，$p < p_c$ ではビット誤り率が 0 と復号に成功し，$p > p_c$ ではビット誤り率が正と復号に失敗するという相転移現象が起こることが示される．その他，マッカイ–ニール (MacKay-Neal: MN) 符号など種々の誤り訂正符号についても解析が進められている．

3) 情報源符号化への応用など

低密度パリティ検査符号の解析などに用いられたこれらの方法は，村山らによりスレピアン–ウルフ符号 (Slepian–Wolf source codes) や有歪圧縮 (lossy compression) などへ応用されている．

また，**圧縮センシング** (compressed sensing) の解析などへも情報統計力学の手法が利用されている．圧縮センシングは，疎な情報を線形変換によって圧縮するデータ圧縮法であり，医用画像処理などへも応用されている技術である．情報源系列 $\boldsymbol{x}_0 \in \mathbb{R}^N$ を $M \times N$ の圧縮行列 $A \in \mathbb{R}^{M\times N}$（$M < N$）を用いて，圧縮符号を $\boldsymbol{y} = A\boldsymbol{x}_0$ として求める．復号は ℓ_p ノルム最小化，すなわち最適化問題 $\mathrm{minimize}_{\boldsymbol{x}} ||\boldsymbol{x}||_p$ subject to $\boldsymbol{y} = A\boldsymbol{x}$ を解くことによって行う．ここで，圧縮行列 $A \in \mathbb{R}^{M\times N}$ をランダムな $M \times N$ 行列とし，ℓ_p ノルムを $||\boldsymbol{x}||_p = (|x_1|^p + \cdots + |x_N|^p)^{1/p}$ とする．情報が疎であるとは $\boldsymbol{x}_0$ の要素の多くが 0 であることをいう．特に，$p = 1$ の ℓ_1 ノルムを用いた復号（ℓ_1 復元）は，疎な $\boldsymbol{x}$ を発見しやすく，かつ既存の復号に線形計画法の手法が利用できるために活発に議論されている．

情報統計力学の手法は，既存理論と比較してより一般的な枠組みでの解析を可能にする．樺島らは，条件つき確率 $p(\boldsymbol{x}|\boldsymbol{y}) \propto e^{-\beta(||\boldsymbol{x}||_p)^p} \delta(A\boldsymbol{x} - \boldsymbol{y})$ が，$\beta \to \infty$ で復号に用いる最適化問題の解を台とする一様分布となることを利用して，一般の $p \geq 0$ での ℓ_p 復元の性能を明らかにした．

その他，公開鍵暗号 (public key cryptography) への応用や，行列の固有値分布 (eigenvalue distribution)

の評価，および主に空洞法を用いて解析されている充足可能性問題 (satisfiability problem：SAT) など，多くの分野の問題に対して情報統計力学の手法は適用されている． 〔三 村 和 史〕

参 考 文 献

[1] M. Mézard et al.: Virasoro: Spin Glass Theory and Beyond, World Scientific, Singapore, 1987.

[2] H. Nishimori : Statistical Physics of Spin Glasses and Information Processing, Oxford University Press, 2001.

[3] M. Opper and D. Saad : Advanced Mean Field Methods, MIT Press, 2001.

[4] A.C.C. Coolen et al.: Theory of Neural Information Processing Systems, Oxford University Press, 2005.

[5] A.K. Hartmann and M. Weigt : Phase Transitions in Combinatorial Optimization Problems, Wiley-VCH, 2005.

[6] M. Mézard and A. Montanari : Information, Physics, and Computation, Oxford University Press, 2009.

4.3 大偏差原理

large deviation principle

最初に，スイスの数学者であるベルヌイによって提唱された簡単な確率過程のモデルを考える．連続して行われる試行において，ある事象 A の起こる確率 $P(A)$ が一定で p であるとする．さらに，各試行は独立であると仮定する．つまり，各試行で事象 A が起きるか起きないかは，その他の試行で A が起きるか起こらないかには無関係に決定されているのである．このような 2 通りの結果をもつ独立試行のことを**ベルヌイ試行**という．ここで，最初の問題が提起された．つまり，ベルヌイ試行が N 回だけ行われたときに事象 A がそのうち M 回だけ起きる確率を評価したかったのである．M を確率変数と考えてその実現値を m で表すことにすれば，その確率は二項分布として $p_N(m) = {}_NC_m p^m (1-p)^{N-m}$ と書けることが初等的計算で明らかになる．この基本的な事実をもとに，ベルヌイの定理が証明される．つまり，任意の（小さい）正の数 ε に対して，ある（大きな）N が存在して，$M/N - p$ の絶対値が ε より小さくなる確率はいくらでも 1 に近づく．これは**確率収束**という収束概念を例示し，ベルヌイ試行列だけでなく一般の独立同分布（i.i.d.）の確率変数列にあてはまる**大数の法則**に拡張される．

いま，独立同分布にしたがう N 個の確率変数 $X_1, X_2, \cdots, X_N$ に対して，新たな確率変数を $M_N = (1/N)\sum_{i=1}^{N} X_i$ と定義する．ここで，各確率変数 X_i の期待値は同一なので i に依存しない $\mathbb{E}(X)$ と略記できる．すると，確率変数 M_N はこの共通の期待値 $\mathbb{E}(X)$ に確率収束する．言い換えると，下記になる．

a. 大数の法則

任意の $\epsilon > 0$ に対し，

$$\lim_{N\to\infty} P\{|M_N - \mathbb{E}(X)| \geq \varepsilon\} = 0.$$

証明はチェビシェフの不等式による．これは確率論の「第 1 の原理」と見なせる重要な定理である[1]．大数の法則の定式化によって，独立同分布にしたがう確率変数列の平均値の漸近挙動が明らかになった．ところで，大数の法則における M_N の確率分布は $N \to \infty$ の極限でどうなるのだろうか？

確率変数 X_i の微視的な和 $S_N = X_1 + \cdots + X_N$ を定義しよう．もちろん，S_N 自身も確率変数である．また N を時刻と見なした比喩から S_N はランダムウォークと呼ばれる．この表記にしたがえば，前述の確率変数 M_N は S_N/N と再定義できる．ここで，確率変数 M_N のしたがう確率分布が $N \to \infty$ の極限でどうなるかを考える．簡単のため S_N が等確率 1/2 で $x = \pm 1$ の値をとる N 個の独立な確立変数 X_i の和だと仮定すると，直ちに $\mathbb{E}(S_N) = 0$ かつ $\mathbb{E}(S_N^2) = N$ がいえる．これは分散が $\mathbb{V}(S_N) = N$ であることを意味し，確率変数 S_N の期待値まわりの広がりがだいたい $O(\sqrt{N})$ であることを示唆する．一方，確率変数 M_N は S_N を試行回数の N で正規化した量なので，その分散は $\mathbb{V}(X_N) = 1/N$ となる．したがって，期待値まわりの広がりは $O(1/\sqrt{N})$ と概算できる．これは，大数の法則の舞台裏で M_N の確率分布が通常の意味での確率分布に収束しないことの証拠である．もし $N \to \infty$ で極限分布が通常の意味での確率分布として存在するのなら，その広がりは N に依存せずに一定であるべきだからである．

仮に，確率変数 M_N の $N \to \infty$ における実現値を m と書く約束で，その極限分布の存在を形式的に仮定し $\delta(m)$ と表記しよう．これをディラックのデルタ関数という．直感的要請より $m \neq 0$ の各点で $\delta(m)$ は値をもたず，しかし全区間で積分すれば規格化されている必要がある．当然，このような「確率分布」は通常の意味では存在しないが，デルタ収束列などの概念整備と平行した発見法的な議論によって，電磁気学や量子力学の計算に有用な積分公式などを形式的に導くことができる[2]．こういった 20 世紀前半の物理学における成功体験は，極限分布を直接的に議論する方向も，十分な数学的内容を備えていることを示唆している．しかし，このデルタ関数の数学的な正当化は 1950 年代のシュワルツの超関数論の登場を待たなければならない．

M_N の確率分布を考えるときは，むしろ，有限の N に対してまず分析を進めるのが自然だろう．より正確にいえば，列の長さ N の関数として，確率変数 M_N の実現値 m が得られる確率分布 $p_N(m)$ の構成問題を考えるのである．まず最初に S_N を N ではなく，むしろ $\sqrt{N}$ で正規化した確率変数で思考実験をしてみよう．確率変数 $S_N/\sqrt{N}$ の分散は 1 であり，その期待値まわりの広がりも $O(1)$ と見積もられるからである．これは，$N \to \infty$ の操作で $P(S_N/\sqrt{N})$ の極限分布が N に依存しないことを示唆している．実際 X_i が等確率で $x_i = \pm 1$ に値をとるベルヌイ確率変数の場合は，極限分布が平均 0，分散 1 の標準正規分布 $N(0,1)$ に収束することが二項定理を使って示せる．また X_i が平均 0，分散 1 の標準正規分布のときも，正規分布の再生性より極限分布は $N(0,1)$ に一致する．これより，一般に平均が 0 で分散が 1 の確率変数 X_i は，$S_N/\sqrt{N}$ の極限分布として $N(0,1)$ を与えることが予想できる．これは確率論における「第 2 の原理」というべき次の主張によって正当化される．独立同分布な確率変数 X_i が $\mathbb{E}(X) = m, \mathbb{V}(X) = \sigma^2$ を満たすとする．$\sqrt{N}$ で正規化した新たな確率変数を $\sqrt{N}M_N = (1/\sqrt{N})\sum_{i=1}^N X_i$ と定義すると，その極限分布は正規分布 $N(m, \sigma^2)$ となる．積分形式では，次のように定式化できる．

b. 中心極限定理

任意の実数 a に対し，

$$\lim_{N\to\infty} P\left\{\sqrt{N}M_N \leq a\right\} = \int_{-\infty}^{a} \frac{\mathrm{d}x}{\sqrt{2\pi\sigma^2}} e^{-e(x-m)^2/2\sigma^2}$$

ただし，この定理が成立するためには，いわゆるリンデベルグ条件が必要であることが知られている．

ところで，確率変数 X_i が正規分布のときは，さらに踏み込んだ事実がいえる．たとえば，平均 0，分散 1 の標準正規分布のときには，簡単な計算から

$$\lim_{N\to\infty} P\{M_N \leq \delta\} = \int_{-\infty}^{\delta\sqrt{N}} \frac{\mathrm{d}x}{\sqrt{2\pi}} e^{-x^2/2}$$

が示せることに注意しよう．上の式は，**中心極限定理**の積分形式で，形式的に $a/\sqrt{N}$ を新たに定義した定数 δ と置き換えた表現になっていることに気がつく．定数 a が任意なので，δ も任意である．よって，余事象の確率などを考えて両辺の対数をとれば

$$\lim_{N\to\infty} \frac{1}{N} \ln P\{|M_N| \geq \delta\} = -\frac{\delta^2}{2}$$

となる[3]．これは確率変数 X_i が $N(0,1)$ にしたがうとき厳密に成立する．では，任意の独立同分布（i.i.d.）な確率変数 X_i の平均と分散が同じだったとして，この結果は一般的に正しいのだろうか？　この自然な予想に否定的に答えるのが大偏差理論である．この確率論の新分野は大数の法則，中心極限定理に次ぐという意味で「第3の原理」ともいわれる**大偏差原理**を中心概念として構築された理論体系である．

c. 大偏差原理

任意の集合 A に対し，

$$\lim_{N\to\infty}\frac{1}{N}\ln P\{M_N\in A\}=-\inf_{m\in A}I(m)$$

が成立するとき，M_N は大偏差原理を満足するという．

ここで，非負の値をとる $I(m)$ は**レート関数**と呼ばれることが多い．いま，独立同分布な確率変数 X_i がしたがう確率分布を $p(x)$ とする．ここで，対応するレート関数は確率分布 $p(x)$ のキュムラント母関数 $c(\lambda)=\ln\mathbb{E}(e^{\lambda X})$ を使って，

$$I(m)=\sup_{\lambda}\{\lambda x-c(\lambda)\}$$

と書けることを主張するのが**クラメールの定理**である．簡単な議論から，これは非負の凸関数であり，平均値を与える $\mathbb{E}(M_N)=m^*$ で $I(m^*)=0$ となる事実が証明できる．これより，集合 A が平均値 m^* を含まない領域であるとき，確率 $P\{M_N\in A\}$ はいつでも指数的に減少することがわかる．逆に，確率 $P\{M_N\in A\}$ の減少速度を与えているのがレート関数 $I(m)$ であると解釈できる．

実際，X_i が正規分布にしたがうとき，レート関数を計算すると2次形式 $I(m)=m^2/2$ を得る．これは，正規分布の再生性を無矛盾に再現している．また X_i がベルヌイ確率変数のとき，レート関数は

$$I(m)=\ln 2-H\left(\frac{1+m}{2}\right)$$

となる．これは X_i がベルヌイ確率変数のときも，平均値から外れた領域 A に M_N が値をとる確率が指数的に減少することを示している．ただし，上記では2値エントロピー関数を

$$H(p)=-p\ln p-(1-p)\ln(1-p)$$

と略記した．しかし，このベルヌイ確率分布についての結果は，正規分布に基づく先の予想が破綻していることをも証明している．つまり，M_N の偏差を $O(1/\sqrt{N})$ のスケールで測る中心極限定理の場合とは事情が異なり，$O(1)$ のスケールで測るクラメールの定理では，微視的な確率変数 X_i の個性が顕在化するのである．

大偏差理論の基礎を築いたクラメールの記念碑的定理は，しかし，独立同分布の確率変数だけに限定した結果だった．そのため，クラメールの定理を相関のある確率変数に一般化しようと試みるのは自然であり，次のガードナー–エリスの定理が確立した．

d. ガードナー–エリスの定理

任意の λ に対し，有限の極限値

$$c(\lambda)=\lim_{N\to\infty}\frac{1}{N}\mathbb{E}\left(e^{\lambda\sum_{i=1}^{N}X_i}\right)$$

が存在し，かつ λ で微分可能だとすると M_N は大偏差原理を満足する[4]．

大偏差原理の表現は，X_i が独立同分布かどうかには依存しない普遍的な形式になっている．したがって，X_i の確率分布を一般化したときの自由度は，キュムラント母関数の一般化によってレート関数 $I(m)$ を再定義することで吸収される．実際，X_i が独立同分布のときは，上記の $c(\lambda)$ は X_i のキュムラント母関数に帰着することを示すことができる．ガードナー–エリスの定理は，大偏差原理の適用範囲をマルコフ連鎖などの工学的応用にまで拡張させることに成功し，いわゆるドンスカー–バラダン理論と呼ばれる分野の基礎となっている．

大偏差原理の典型的な応用として，ラプラスに始まる積分極限の評価問題がある．任意の $x\neq a$ に対して $F(x)<F(a)$ で，$F(x)$ は $x=a$ で2階微分が可能な実関数だとしよう．このとき，ラプラスの方法によると

$$\lim_{N\to\infty}\ln\int_{-\infty}^{\infty}\mathrm{d}x\ e^{NF(x)}\varphi(x)=\max_{x\in\mathbb{R}}F(x)$$

が成立することが示せる．この事実は極限 $N\to\infty$ における積分値が，$F(x)$ を最大化させる $x=a$ の近傍によってのみ支配されることを示唆している．このような立場から大偏差原理の形式を見直すと，次のような

予想を立てたくなる．つまり，規格化の自由度を別にして，M_N の確率分布 $p_N(m)$ は $e^{-NI(m)}$ に収束していくと考えたい．この発見法的議論をある部分正当化するのが，積分極限についてのバラダンの定理である．

e. バラダンの定理

M_N の確率分布列 $p_N(m)$ がレート関数を $I(m)$ として大偏差原理を満足し，$F(x)$ が有界な連続関数だとする．すると，

$$\lim_{N\to\infty}\frac{1}{N}\ln\int_{-\infty}^{\infty}\mathrm{d}m\; p_N(m)e^{NF(m)} = \sup_{m\in\mathbb{R}}\{F(m)-I(m)\}$$

が成立する[5]．バラダンの定理は，大偏差原理を満足する確率分布列 $p_N(m)$ に対していつでも成立する強力な定理である．同時に，レート関数 $I(m)$ が簡単に求められない確率変数 X_i の分析も可能とする，統計力学の方法の数学的基礎を与えている．バラダンの定理で最大化される $F(m)-I(m)$ は統計力学でいう自由エネルギーに対応している．さらに，レート関数 $I(m)$ はエントロピー，$F(m)$ はエネルギーにそれぞれ対応していると解釈できる．

経験平均 $M_N=(1/N)\sum_{i=1}^{N}X_i$ の自然な拡張として，大偏差理論では**経験分布** L_N を扱う．経験分布とは試行結果によって観測される確率分布である．X_i の実現値が有限個の実数 $y_1,\cdots,y_\alpha(\alpha\geq 2)$ をとれると一般化すると，ベクトル形式では

$$L_N=(L_N(y_1),\cdots,L_N(y_\alpha))$$

と表現できる．ここで，$L_N(y_k)$ は N 回の試行で y_k が実現した割合

$$L_N(y_k)=\frac{1}{N}\sum_{j=1}^{N}\delta_{X_j}\{y_k\}$$

として定義される．$\delta_{X_j}\{y_k\}$ はクロネッカーのデルタ関数であり，$X_j=y_k$ が成立すると 1，それ以外は 0 となる．

クラメールの定理が M_N に対応した大偏差原理の成立を表現しているのに対して，L_N に対応した大偏差原理の成立を表現したのが次の**サノフの定理**である．この定理は，経験分布 L_N が**相対エントロピー** $I_\rho(\gamma)$ をレート関数として大偏差原理を満足することを主張する．ただし，相対エントロピーとは

$$I_\rho(\gamma)=\sum_{k=1}^{\alpha}\gamma_k\ln\frac{\gamma_k}{\rho_k}$$

で定義される確率分布間の擬似的な距離概念である．対称律だけは成立していない[4]．

f. サノフの定理

任意の確率分布の集合 A に対して，

$$\lim_{N\to\infty}\frac{1}{N}\ln P\{L_N\in A\}=-\inf_{\gamma\in A}I_\rho(\gamma).$$

この定理は，試行結果によって観測される確率分布が真の確率分布に近づいていくことを主張している．ここでいう「近さ」を表現するための測度が相対エントロピーである．

大偏差理論では，M_N に基づく議論をレベル 1，L_N に基づく議論をレベル 2 と呼称して各レベルを明確に区別している．このとき，レベル 2 の定理が成立すれば，それに対応するレベル 1 の定理は自動的に成立してしまう．この顕著な性質は**継承原理**と呼称される．大偏差理論の諸成果を応用する立場では，興味のある問題に適したレベルを選択することで効率的な分析が可能となっている．〔村山立人〕

参考文献

[1] T. M. Cover and J. A. Thomas: Elements of Information Theory, Wiley, New York, 1991.
[2] P. A. M. Dirac: The Principles of Quantum Mechanics, Oxford University Press, Oxford, 1958.
[3] A. Dembo and O. Zeitouni: Large Deviations Techniques and Applications, 2nd ed., Springer, New York, 1998.
[4] R. S. Ellis: Entropy, Large Deviations, and Statistical Mechanics, Springer, Berlin, 2006.
[5] S. R. S. Varadhan: Large Deviations and Applications, Springer, Berlin, 1984.

4.4 ランダム行列

random matrix

ランダム行列とは行列に値をとる確率変数のことである．1920 年代のウィシャート (Wishart) らによる多変量統計学[1] に起源をもつが，1950 年代のウィグナー (Wigner) による原子核エネルギー準位解析への適用をきっかけに[2]，より詳しい性質が調べられるようになった．以後，統計学や物理学だけでなく，金融工学，通信理論，生態学や数論に至るまで，広い分野に応用をもつ．

数理工学への応用において特に重要なのは，ランダム行列の固有値分布である．ある種の対称性を満たし，要素が独立に確率的な値をとる（行と列の数が）無限に大きい行列の漸近固有値分布が知られており，対称性の種類に応じてウィグナーの半円則，マルチェンコ–パストゥール則 (Marčenko-Pastur law) およびギルコ (Girko) の円則と呼ばれる．

これらの法則の重要な特徴として普遍性と自己平均性があげられる．普遍性とは，各要素がしたがう確率分布の詳細に漸近固有値分布が依存しないという性質である．自己平均性とは，ただ一つのランダム行列の漸近固有値分布が多数のランダム行列の平均的な分布に一致するという性質である．また,（行数および列数が）数百～数千程度の有限サイズの行列の固有値分布が漸近固有値分布によって比較的よい精度で近似されることも実用上重要である．

ランダム行列理論は Voiculescu によって創始された自由確率論[3] によってさらなる発展を遂げる．自由確率論は非可換確率論の一種であり，自由独立性と呼ばれる概念を通じてランダム行列の和や積の固有値分布がしたがう法則を規定する．ウィグナーの半円則およびマルチェンコ–パストゥール則が自由確率論における基本的な分布であることが示され，また，より広いクラスのランダム行列の漸近固有値分布を導出することが可能となった．

金融工学におけるランダム行列理論の応用としては，ポートフォリオ理論で必要となる変動価格の共分散行列を推定する問題があげられる．共分散行列は自由度が大きいため，これを精度よく推定するのに十分な数のサンプルを得られない場合が多い．ブショー (Bouchaud) らは，マルチェンコ–パストゥール則を利用してランダムネスから発生しうる固有成分を推定共分散行列から排除する方法を開発した[4]（邦訳は[5]）．通信理論における応用としては，CDMA や MIMO 通信路など，通信路行列がランダムネスをもつと考えられる系の容量評価があげられる．通信路行列が単純な分布にしたがう場合にはマルチェンコ–パストゥール則が用いられるが，より複雑な系に対する自由確率論を応用した評価も行われている[6]．生態学では，多数の種間の競争，捕食，共生などの関係を表す行列をランダム行列と見なしたときの系の安定性が議論された．ウィグナーの半円則に基づいて導き出されたメイ (May) による逆説的な結果は，長い論争の発端となった[7]．

ランダム行列理論の入門的な和書として，第一に文献[8] をあげる．固有値分布のほか，固有ベクトル分布，固有値の相関関数，最大固有値分布など，ランダム行列に関して知られる多くの性質について解説されている．洋書では[9] が有名である．自由確率論については英語で書かれたモノグラフとして[10, 11] があげられるが，[10] の概略を邦文でまとめた[12] を入門として勧める．最後に，数論や物理学を含むランダム行列理論の広い範囲の応用例を集めた特集記事として[13] をあげる．

a. ガウス型行列

確率密度関数

$$p(A) \propto \exp\left(-\frac{\beta}{2\sigma^2}\mathrm{Tr}(AA^\dagger)\right) \tag{1}$$

にしたがう行列 A をガウス型行列 (Gaussian matrix) と呼ぶ．ただし，

$$\beta = \begin{cases} 1 & (A \text{ は実行列}) \\ 2 & (A \text{ は複素行列}) \end{cases}$$

であり，$\mathrm{Tr}(\cdot)$ はトレース，$\dagger$ はエルミート共役（実行列の場合は転置 $\top$ に相当）を表す．行列サイズを $L \times M$ ($L \le M$) とし，第 (l, m) 要素を A_{lm} と書く．さらに，$\sigma^2 = 1/M$ のとき A を標準ガウス型行列と呼ぶ（なお，A の成分が 4 元数の場合にも，$\beta = 4$ とすることによって以下の議論が同様に成立する）．

1) ウィグナー型行列

エルミートなガウス型行列（$L = M$ かつ $A_{lm} = \overline{A_{ml}}$）をウィグナー型行列 (Wigner matrix) と呼ぶ．ただし $\overline{a}$ は $a \in \mathbb{C}$ の複素共役を指す．確率密度関数 (1) を成分で書き下すと，実行列の場合

$$p(A) \propto \exp\left(-\frac{1}{2\sigma^2}\left(\sum_{l=1}^{L} A_{ll}^2 + 2\sum_{l=1}^{L}\sum_{m>l}^{L} A_{lm}^2\right)\right)$$

となる（対角要素および非対角要素の分散がそれぞれ σ^2 および $\sigma^2/2$）．この分布は直交変換 $A \to OAO^\top$（$OO^\top = I$）に関して不変であることから，ウィグナー型実行列全体の集合をガウス型直交アンサンブル (Gaussian orthogonal ensemble：GOE) と呼ぶ．複素行列の場合，式 (1) は

$$p(A) \propto \exp\left(-\frac{2}{2\sigma^2}\left(\sum_{l=1}^{L} A_{ll}^{\mathrm{Re}\,2} + 2\sum_{l=1}^{L}\sum_{m>l}^{L}\left(A_{lm}^{\mathrm{Re}\,2} + A_{lm}^{\mathrm{Im}\,2}\right)\right)\right)$$

となり（Re および Im は複素数の実部および虚部を指す），同様にユニタリ変換 $A \to UAU^\dagger$（$UU^\dagger = I$）不変性をもつため，ウィグナー型複素行列全体の集合をガウス型ユニタリアンサンブル (Guassian unitary ensemble：GUE) と呼ぶ．

2) ウィシャート型行列

任意の行列 A に対して $AA^\dagger$ はエルミートである．A がガウス型行列 (1) であるとき，$AA^\dagger$ をウィシャート型行列 (Wishart matrix) と呼ぶ．実ウィシャート型行列（A が実ガウス型行列）は，共分散パラメータ Σ が単位行列 I に比例するウィシャート分布にしたがう．実ガウス型行列の集合をカイラルガウス型直交アンサンブル (Chiral GOE)，複素ガウス型行列の集合をカイラルガウス型ユニタリアンサンブル (Chiral GUE) と呼ぶ．

b. 漸近固有値分布

1) ウィグナーの半円則

標準（$\sigma^2 = 1/M$）ウィグナー型行列の漸近固有値分布はウィグナーの半円則 (Wigner's semicircle law) にしたがう．

行列 A の固有値を $\{u_1, \cdots, u_L\}$ と書く．各 u_l を確率変数 u の一つの実現値と考え，u の経験分布を

$$\delta P_u = \frac{1}{L}\left(\delta(u_1) + \cdots + \delta(u_L)\right) \qquad (2)$$

で定義する．ただし $\delta(u)$ は 1 点 u におけるディラック測度である．ウィグナー型はエルミートなので固有値はすべて実数であり，$L \to \infty$ の極限で δP_u は $p(u)\mathrm{d}u$ に概収束する．ただし確率密度関数 $p(u)$ は以下で与えられる（図 1）．

$$p(u) = \begin{cases} \dfrac{1}{\pi}\sqrt{2 - u^2} & (|u| \le \sqrt{2}) \\ 0 & (\text{それ以外}) \end{cases}$$

ここで，δP_u は $\mathbb{R}$ 上の確率分布全体の空間 $\mathrm{Prob}\mathbb{R}$ に値をとる確率変数であり，そこには法則収束の意味で位相が入っていることに注意する（すなわち，$u \in \mathbb{R}$ 上の二つの確率分布 $\delta P_u, \delta P'_u \in \mathrm{Prob}\mathbb{R}$ は，任意の有界連続関数 $f(u)$ に対して $\int f(u)\delta P_u = \int f(u)\delta P'_u$ であれば $\delta P_u = \delta P'_u$）．

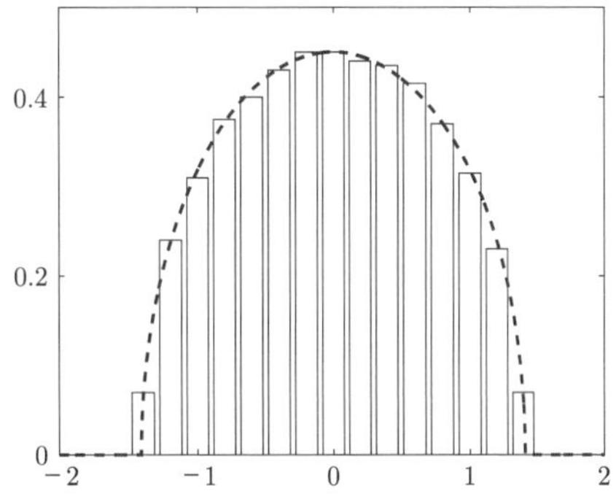

図 1 ウィグナーの半円則（破線）
ヒストグラムは一つの標準ウィグナー型行列（$L = M = 1000$）から計算された数値例．

2) マルチェンコ–パストゥール則

標準（$\sigma^2 = 1/M$）ウィシャート型行列の漸近固有値分布はマルチェンコ–パストゥール則にしたがう．

ウィシャート型行列 $AA^\dagger$ において A は正方である必要がないので，漸近極限を考える際には比 $\alpha = L/M$（$0 < \alpha \le 1$）を一定に保つ．$AA^\dagger$ の固有値を $\{u_1, \cdots, u_L\}$（$l = 1, \cdots, L$）と書き，u の経験分布式 (2) を考えると，δP_u は $p(u)\mathrm{d}u$ に概収束する．ただし確率密度関数 $p(u)$ は $u_- = (\sqrt{\alpha} - 1)^2, u_+ = (\sqrt{\alpha} + 1)^2$ を用いて

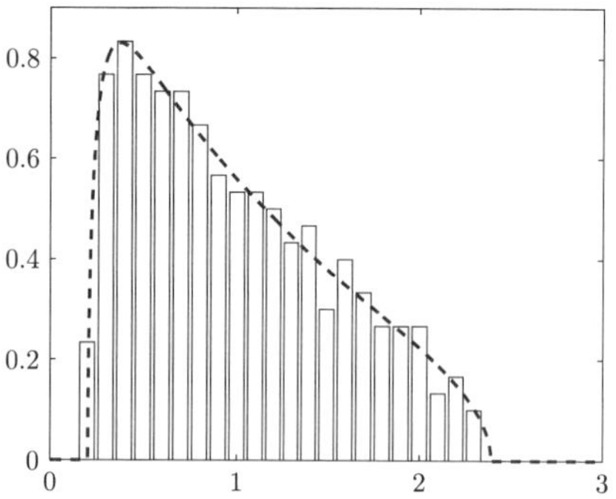

図 2 マルチェンコ–パストゥール則（破線）
ヒストグラムは一つの標準ウィシャート型行列（$L = 300, M = 1000$）から計算された数値例.

$$p(u) = \begin{cases} \dfrac{1}{2\pi\alpha}\dfrac{\sqrt{(u-u_-)(u_+-u)}}{u} & (u_- \leq u \leq u_+) \\ 0 & (\text{それ以外}) \end{cases}$$

で与えられる（図 2）.

3) ギルコの円則

標準（$\sigma^2 = 1/M$）正方非エルミートガウス型行列の漸近固有値分布はギルコの円則 (Girko's full-circle law) にしたがう.

正方（$L = M$）ガウス型行列 (1) は一般に非エルミートであり，固有値は複素数値をとる．A の固有値を $\{u_1, \cdots, u_L\}$（$l = 1, \cdots, L$）と書き，u の経験分布 (2) を考えると，δP_u は $p(u)\mathrm{d}u$ に概収束する．ただし確率密度関数 $p(u)$ は

$$p(u) = \begin{cases} \dfrac{1}{\pi}, & u\bar{u} \leq 1 \\ 0, & \text{その他} \end{cases}$$

で与えられる．これは円形の複素平面領域内の一様分布である（図 3）.

4) 普遍性

漸近固有値分布に関する 3 法則（ウィグナーの半円則，マルチェンコ–パストゥール則およびギルコの円則）は，A の各要素がしたがう分布がガウス分布でなくても，以下の条件を満たせば成立することが知られている．①（対称性を満たす範囲で独立な）要素が（統計的に）独立で分散が同じ，②奇数次モーメントがすべて 0，③偶数次モーメントがすべて有界．この性質をランダム行列の**普遍性** (universality) という.

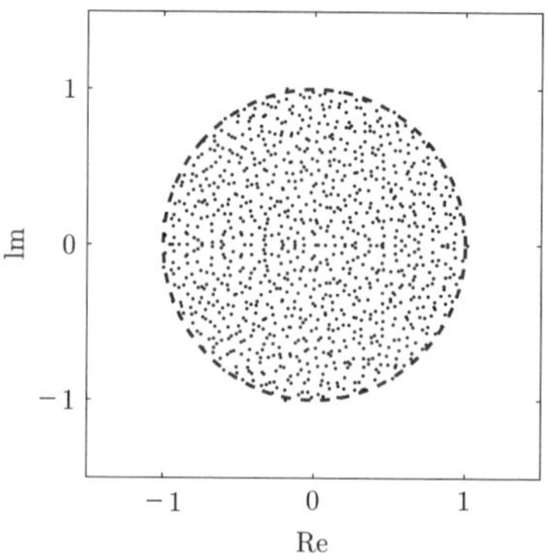

図 3 ギルコの円則（破線の内側で一様分布）
点は一つの標準非エルミートガウス型行列（$L = M = 1000$）から計算された数値例（1000 個の固有値が複素平面内の点としてプロットされている）.

5) 自己平均性

漸近固有値分布に関する 3 法則は,「一つの」ランダム行列の経験固有値分布 (2) が漸近的に確率 1 で確定的な分布 $p(u)\mathrm{d}u$ に収束することを主張する．この性質をランダム行列の**自己平均性** (self averaging) という.

6) 疎なランダム行列

応用上，各要素 A_{lm} が確率 κ（$0 < \kappa \leq 1$）でガウス型，確率 $1-\kappa$ で 0 をとるような疎なランダム行列 (sparse random matrix) を考えたい場合がある．$\kappa \sim O(1)$ であるかぎり，ガウス型行列の分散を $\sigma^2 = 1/\tau M$ ととることによって 3 法則は成立するが，$\kappa \sim O(1/L)$ の場合には漸近固有値分布が異なることが知られている[14].

c. 自由確率論

自由確率論 (free probability theory) は非可換環上に値をとる確率変数を取り扱う確率論の一種であり，Voiculescu によって創始された．自由確率論の枠組みを利用すれば，自由独立性という関係を満たす二つのランダム行列の固有値分布から，それらの和や積によって合成された行列の固有値分布を系統的に計算できる.

単位元 $\mathbf{1}$ を含む非可換*環 $\mathbb{A}$ と，以下の性質を満たす期待値演算子 φ との組 $(\mathbb{A}, \varphi)$ を，非可換確率空間と呼ぶ．①$\varphi : \mathbb{A} \to \mathbb{C}$ は線形，②$\varphi(\mathbf{1}) = 1$，③$\varphi(A^*) = \overline{\varphi(A)}$，④$\varphi(AA^*) \geq 0$.

ランダム行列に適用する場合には，$\mathbb{A}$ をエルミート

行列，φ を規格化トレースの期待値

$$\varphi(A) = \mathbb{E}\left(\frac{1}{L}\mathrm{Tr}(A)\right)$$

にとる．$A \in \mathbb{A}$ はエルミートなので $k \in \mathbb{N}$ に対して

$$\varphi(A^k) = \mathbb{E}\left(\frac{1}{L}\mathrm{Tr}(A^k)\right) = \mathbb{E}\left(\int u^k \delta P_u\right)$$

であり，$\varphi(A^k)$ が固有値分布 δP_u に関する平均 k 次モーメント（漸近極限 $L \to \infty$ では漸近固有値分布のモーメント $\varphi(A^k) = \int u^k p(u)\mathrm{d}u$）に対応する．

（通常の）可換確率論ではモーメントと確率密度がコーシー (Cauchy) 変換（スティルチェス (Stieltjes) 変換）によって結ばれるので，全モーメントの情報から確率分布を復元できる．自由確率論でも，$\mathbb{A}$ が $\mathbb{C}^*$ 環のときには任意の「一つの」自己共役な確率変数 $A = A^* \in \mathbb{A}$ に対して確率分布を復元できる．しかし，二つ以上の確率変数に対する結合分布は存在しない．そのため，自由確率論では確率変数の組 $\{A_1, \cdots, A_n\}$ の関連性を結合モーメントの集合 $\{\varphi(A_{i_1}^{k_1} \cdots A_{i_s}^{k_s}); i_1, \cdots, i_s \in \{1, \cdots, n\}, s, k_1, \cdots, k_n \in \mathbb{N}\}$ のみによって表現する．非可換性のため，隣り合わない確率変数が同じもの（たとえば $\varphi(A_1A_2A_1)$ など）も考えなければならないことに注意されたい．

いま，$B = A_1 + A_2$ の固有値分布に興味があるとする．そのために必要な情報はすべて $\varphi(B^k) = \varphi\left((A_1 + A_2)^k\right)$ $(k \in \mathbb{N})$ に含まれる．A_1 と A_2 との結合モーメントを含むこの量を 1 変数のモーメント集合 $\{\varphi(A_1^k), \varphi(A_2^k); k \in \mathbb{N}\}$ で表現できれば，A_1，A_2 それぞれの固有値分布から $A_1 + A_2$ の固有値分布が得られることになり，これを可能にするのが自由独立性という概念である．

1)　自由独立性

$i_1 \neq i_2, \cdots, i_{s-1} \neq i_s$ を満たす（隣り合う二つが異なる）任意の $i_1, \cdots, i_s \in \{1, \cdots, n\}, s \in \mathbb{N}$ に対して以下が成立するとき，確率変数の組 $\{A_1, \cdots, A_n\}$ は互いに自由独立であるという．

$$\varphi(A_1) = \varphi(A_2) = \cdots = \varphi(A_n) = 0$$
$$\Rightarrow \varphi(A_{i_1}A_{i_2}\cdots A_{i_s}) = 0$$

自由独立性 (freeness) は，可換確率論における独立性と等価な性質

$$\mathbb{E}(a_1) = \mathbb{E}(a_2) = \cdots = \mathbb{E}(a_n) = 0$$
$$\Rightarrow \mathbb{E}(a_1a_2\cdots a_n) = 0$$

（$\{a_1, \cdots, a_n\}$ は可換な確率変数の組）のアナロジーである．

$\varphi(A_i^k - \varphi(A_i^k)\mathbf{1}) = 0$ であるので，自由独立であれば任意の $k_1, \cdots, k_s \in \mathbb{N}$ に対して

$$\varphi\Big((A_{i_1}^{k_1} - \varphi(A_{i_1}^{k_1})\mathbf{1})(A_{i_2}^{s_2} - \varphi(A_{i_2}^{k_2})\mathbf{1})$$
$$\cdots(A_{i_s}^{k_s} - \varphi(A_{i_s}^{k_s})\mathbf{1})\Big) = 0$$

が成り立ち，これを解けば $\varphi(A_{i_1}^{k_1}A_{i_2}^{k_2}\cdots A_{k_s}^{k_s})$ をより低次のモーメントの多項式で表せる．この操作を繰り返せば，複数変数の結合モーメントを最終的には 1 変数モーメントの多項式で表現できるのである．

実際にはより便利な方法が確立されている．A_1, A_2 が互いに自由独立であるとき，確率分布の $\boldsymbol{R}$ **変換**と呼ばれる関数が $R_{A_1+A_2}(z) = R_{A_1}(z) + R_{A_2}(z)$ という関係を満たすことが知られている（R 変換は可換確率論におけるキュムラント母関数の役割を果たす）．したがって，個々の確率分布を R 変換して足し合わせ，R 変換の逆を行うことによって和の確率分布が得られるのである．積 A_1A_2 の確率分布に関しても，$\boldsymbol{S}$ **変換**と呼ばれる関数が $S_{A_1A_2}(z) = S_{A_1}(z)S_{A_2}(z)$ なる関係を満たすことが知られている．R 変換と S 変換とを用いれば，分布が既知で自由独立な確率変数の和および積によってつくられる，任意の確率変数の分布が計算可能となる．

2)　自由中心極限定理 (free central limit theorem)

$\{A_1, \cdots, A_n\}$ が互いに自由独立であり，$\varphi(A_i) = 0(\forall i)$，$\lim_{n\to\infty}\sum_{i=1}^n \varphi(A_i^2)/n = r^2/4 > 0$，$\sup|\varphi(A_i^k)| < +\infty$ $(\forall i, k \in \mathbb{N})$ のとき，

$$\lim_{n\to\infty}\varphi\left(\left(\frac{A_1 + \cdots + A_n}{\sqrt{n}}\right)^k\right)$$
$$= \int_{-r}^{r} x^k \frac{2}{\pi r^2}\sqrt{r^2 - x^2}\mathrm{d}x \quad (\forall k \in \mathbb{N})$$

が成り立つ．この定理は，無限個の自由独立な非可換確率変数の和の分布がウィグナーの半円則にしたがうことを主張する．

複素ウィグナー行列 $A \in \mathrm{GUE}$ は $L \to \infty$ において互いに漸近自由独立であることが示されている．$\{A_i \in$

GUE; $i=1,\cdots,n\}$ のとき $\sum_{i=1}^{n} A_i/\sqrt{n} \in$ GUE であることを考えると，複素ウィグナー行列の漸近固有値分布がウィグナーの半円則にしたがうことは自由極限定理からも導かれる．

マルチェンコ–パストゥール則についても，複素ガウス型行列 $A \in$ Chiral GUE の縦ベクトル $\boldsymbol{a}_m = A_{\cdot m}$ によってウィシャート型行列を $AA^\dagger = \sum_{m=1}^{M} \boldsymbol{a}_m \boldsymbol{a}_m^\dagger$ と分解したとき，$\{\boldsymbol{a}_1\boldsymbol{a}_1^\dagger, \cdots, \boldsymbol{a}_M\boldsymbol{a}_M^\dagger\}$ が互いに漸近自由独立であり，それらの漸近固有値分布が $\frac{L-1}{L}\delta(0)+\frac{1}{L}\delta(1)$ であることを用いて導出される．これは通常の確率論における少数の法則に対応する．すなわち，自由確率論におけるウィグナーの半円則とマルチェンコ–パストゥール則は，それぞれ可換確率論におけるガウス分布とポアソン分布に対応する基本的な分布なのである．

〔中 島 伸 一〕

参 考 文 献

[1] J. Wishart : The generalized product moment distribution in samples from a normal multivariate population. *Biometrika*, **20A**: 32–52, 1928.

[2] E. P. Wigner : On the distribution of the roots of certain symmetric matrices. *Ann. Mathematics*, **67**(2): 325–327, 1958.

[3] D. V. Voiculescu : Addition of certain non-commuting random variables. *J. Funct. Analysis*, **66**(3): 323–346, 1986.

[4] J. P. Bouchaud and M. Potters : Theory of Financial Risks: From Statistical Physics to Risk Management, Cambridge University Press, 2000.

[5] J.–P. ブショーほか著，森平爽一郎監修：金融リスクの理論—経済物理からのアプローチ—（ファイナンス・ライブラリー 6），朝倉書店，2003.

[6] A. Tulino and S. Verdú : Random Matrix Theory and Wireless Communications, now Publishers, 2004.

[7] R. M. May : Will a large complex system be stable? *Nature*, **238**: 413–414, 1972.

[8] 永尾太郎：ランダム行列の基礎，東京大学出版会，東京，2005.

[9] M. L. Mehta : Random Matrices, 3rd ed., Elsevier, 2004.

[10] F. Hiai and D. Petz : The Semicircle Law, Free Random Variables and Entropy, American Mathematical Society, 2000.

[11] D. V. Voiculescu et al.: Free Random Variables, American Mathematical Society, 1992.

[12] 日合文雄，植田好道：ランダム行列と自由確率論．小嶋泉編：数理物理への誘い 6，pp. 121–147，遊星社，2006.

[13] 特集 ランダム行列の広がり — その多彩な応用．数理科学，2 月号，2007.

[14] G. Semerjian and L. F. Cugliandolo : Sparse random matrices: the eigenvalue spectrum revisited. *J. Phys. A*, **32**(23): 4837–4851, 2002.

4.5 極値統計と順序統計

extreme-value statistics and order statistics

実数上の確率分布からの独立同分布な多数の標本を，その大きさの順に並べたとき，最大値や最小値，中央値などがしたがう分布を議論することが，**極値統計**や**順序統計**の基本的な問題である．$X_1, X_2, \cdots, X_n$ を独立同分布な実数値確率変数の列とする．これらを値が小さい順に並べたとき，小さい方から i 番目の値を $X_{i:n}$ と表記する．最大値 $X_{n:n} = X_n^{\max}$，最小値 $X_{1:n} = X_n^{\min}$，中央値 $X_{(n+1)/2:n} = X_n^{\mathrm{med}}$ (n が奇数のとき) などはそれぞれ確率変数であるから，それらの確率分布を考えることができる．確率変数 $X_{i:n}$ は一般に順序統計量と呼ばれる．最大値 $X_n^{\max}$，最小値 $X_n^{\min}$ などは順序統計量の特別な場合に相当し，極値統計量と呼ばれる．極値統計量は，為替レートの急激な変動や異常な海面上昇など，極端な事象の出現を統計的にモデル化するためによく使われる．

a. 極値統計量，順序統計量の分布

$X_1, X_2, \cdots, X_n$ がしたがう確率分布の分布関数を $F(x) = P(X_i \leq x)$ とおく．事象 $X_n^{\max} \leq x$ は，すべての $i = 1, \cdots, n$ に対して $X_i \leq x$ が成り立つという事象と等しいので，$X_n^{\max}$ の分布関数 $F_n^{\max}$ は

$$F_n^{\max}(x) = [F(x)]^n \tag{1}$$

によって与えられる．同様に，順序統計量 $X_{i:n}$ の分布関数 $F_{i:n}$ は，$\{X_1, X_2, \cdots, X_n\}$ のうち i 個以上が x 以下である事象を考えることにより

$$F_{i:n}(x) = \sum_{k=i}^{n} {}_nC_k \, [F(x)]^k \, [1 - F(x)]^{n-k} \tag{2}$$

で与えられることが導かれる．

b. 最大値の漸近分布

最小値の議論は，形式的に最大値の議論の符号を逆転させればよいので，最大値 $X_n^{\max}$ について議論する．式 (1) から直ちに自明な結果

$$\lim_{n\to\infty} F_n^{\max}(x) = \begin{cases} 1 & (F(x) = 1) \\ 0 & (F(x) < 1) \end{cases} \tag{3}$$

が得られる．確率変数の個数 n が大きい場合において非自明な漸近分布を議論するには，適切なスケーリングを導入する必要がある．具体的には，n に依存する係数 $a_n > 0, b_n$ をうまく選んだときの $(X_n^{\max} - b_n)/a_n$ の漸近分布がしばしば議論される．極限 $n \to \infty$ における $(X_n^{\max} - b_n)/a_n$ の非自明な分布は一般には存在する保証はないが，以下ではそれが存在するものと仮定し，その分布関数を $G(z)$ とおく．Nn 個の独立同分布な確率変数の列 $X_1, \cdots, X_{Nn}$ の最大値 $X_{Nn}^{\max}$ はまた，独立同分布な N 個の確率変数

$$\max_{k=1,\cdots,n} X_{(j-1)n+k}, \quad j = 1, 2, \cdots, N \tag{4}$$

の最大値でもあることに注目すると，$G(z)$ は関係式

$$[G(a_N z + b_N)]^N = G(z) \tag{5}$$

を満たさねばならないことが導かれる．式 (5) は**安定性仮説**と呼ばれることがある．

安定性仮説を満たす $G(z)$ は，本質的には一般極値分布あるいはフォン・ミーゼス (von Mises) 分布と呼ばれる 3 パラメータ族に限られることが知られている．以下の定理が成り立つ．

定理 1 ある系列 $\{a_n > 0\}, \{b_n\}$ に対して

$$\lim_{n\to\infty} P\left(\frac{X_n^{\max} - b_n}{a_n} \leq z\right) = G(z) \tag{6}$$

が成り立つとき，$G(z)$ は

$$G(z) = \exp\left\{-\left[1 + \xi\left(\frac{z-\mu}{\sigma}\right)\right]^{-1/\xi}\right\} \tag{7}$$

の形である．ただし，$\mu \in (-\infty, \infty)$，$\sigma \in (0, \infty)$，$\xi \in (-\infty, \infty)$ であり，$\xi = 0$ のときの式 (7) 右辺は極限 $\xi \to 0$ によって定義されるものとする．また，$G(z)$ の定義域は $\{z | 1 + \xi(z - \mu)/\sigma > 0\}$ である．

一般極値分布 (7) は，形状パラメータ ξ の値によってさらに 3 通りに分類される．$\xi > 0$ の場合には，式 (7) は**フレシェ (Fréchet) 分布**と呼ばれる．$\xi < 0$ の場合には，**ワイブル (Weibull) 分布**と呼ばれる．また，極限 $\xi \to 0$ においては

$$G(z) = \exp\left[-\exp\left(-\frac{z-\mu}{\sigma}\right)\right] \tag{8}$$

となり，これはガンベル (Gumbel) 分布と呼ばれる．形状パラメータ ξ のいくつかの値に対する一般極値分布の確率密度関数の概形を図 1 に示す．

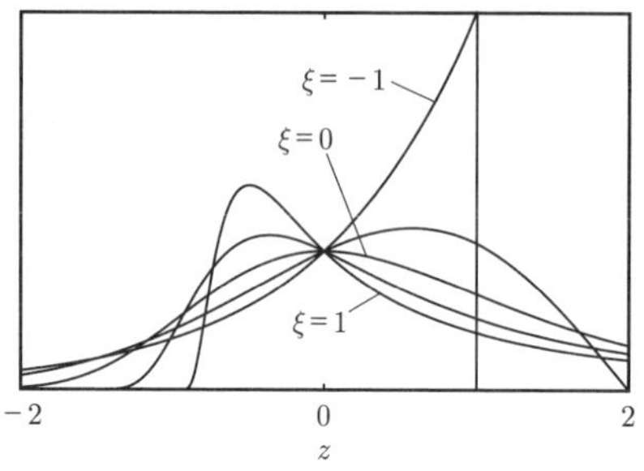

図 1　一般極値分布の確率密度関数
$(\mu,\ \sigma) = (0,\ 1)$, $\xi \in \{-1,\ -0.5,\ 0,\ 0.5,\ 1\}$ の場合．

$F(x) = P(X_i \le x)$ が与えられたとき，極限 $n \to \infty$ において上述の意味で $X_n^{\max}$ の非自明な漸近分布が存在するかどうかという問題については，1943 年にグネジェンコ (Gnedenko) により必要十分条件が与えられている．しかし，グネジェンコの必要十分条件はかならずしも使いやすくはないため，フォン・ミーゼスによって 1936 年に提案された簡便な十分条件がしばしば使われる．

c. パラメータの推定

上述の結果を実データの解析に適用する際には，入手したデータに基づいて分布のパラメータを推定する必要がある．さまざまな推定法が考案されているが，汎用の推定法として最尤法を適用することもできる．極値分布のパラメータの最尤推定においては，分布の端点がパラメータ値に依存することによって問題が生じうる．具体的には，$\xi > -0.5$ であれば最尤推定量は通常と同様の漸近的な振舞いを示すが，$-1 < \xi < -0.5$ の場合には最尤推定量は特異な漸近的挙動を示し，$\xi < -1$ となると一致性をもつ最尤推定量はもはや存在しないことが知られている．

d. 上位有限個の値の漸近結合分布

独立同分布の $X_1, X_2, \cdots, X_n$ に対して，その最大値 $X_{n:n}$ だけでなく，大きいほうから r 個までを集めた $\boldsymbol{X}^{(r)} = (X_{n:n},\ X_{n-1:n},\ \cdots,\ X_{n-r+1:n})$ の結合分布を考える形で，極値分布の議論をさらに一般化することが可能である．定理 1 と同じ条件のもとで漸近結合分布が存在することが示されるが，その分布関数はもはや解析的に陽な形で書き表すことはできない．対応する結合密度関数は

$$
\begin{aligned}
f(z_{n:n},\ z_{n-1:n},\ \cdots,\ z_{n-r+1:n}) \\
= \exp\left\{-[\tau(z_{n-r+1:n})]^{-1/\xi}\right\} \\
\times \prod_{k=1}^{r} \frac{[\tau(z_{n-k+1:n})]^{-1/\xi-1}}{\sigma},
\end{aligned} \tag{9}
$$

$$
\tau(z) = 1 + \xi\left(\frac{z-\mu}{\sigma}\right) \tag{10}
$$

と与えられる．上の結果で $r = 1$ とおいたものは，一般極値分布の確率密度関数に帰着する．

e. 超過確率の漸近分布

独立同分布の実数値確率変数列 $X_1, X_2, \cdots, X_n$ に対して，極端な事象として最大値 $X_{n:n}$ を考える代わりに，ある大きな値 u をしきい値として，確率変数 X_i の値がしきい値を超過するという事象 $\{X_i > u\}$ を議論の対象とすることも考えられる．事象 $\{X_i > u\}$ のもとでの $(X_i - u)$ の条件つき確率分布は**超過確率分布**と呼ばれ，

$$
P(X_i - u > y | X_i > u) = \frac{1 - F(u+y)}{1 - F(u)}, \quad y > 0 \tag{11}
$$

によって与えられる．定理 1 と同じ条件のもとで以下が成り立つ．

定理 2　十分大きい u に対して，条件 $X > u$ のもとでの $(X - u)$ の条件つき確率分布は，適切にスケーリングを行うことにより，

$$
H(y) = 1 - \left(1 + \frac{\xi y}{\widetilde{\sigma}}\right)^{-1/\xi} \tag{12}
$$

でよく近似できる．ただし，形状パラメータ ξ は式 (7) におけるものと同じ値であり，$\widetilde{\sigma}$ は式 (7) のパラメータを使って

$$
\widetilde{\sigma} = \sigma + \xi(u - \mu) \tag{13}
$$

と表される．また，$H(y)$ の定義域は $\{y | y > 0,\ 1 + \xi y/\widetilde{\sigma} > 0\}$ である．

式 (12) で表される確率分布は，一般パレート (Pareto) 分布と呼ばれる．定理 2 により，極値分布のパラメータを直接推定する代わりに，データから超過確率分布のパラメータを推定し，その結果を極値分布のパラメータに変換するというアプローチが可能となる．

f. 定常過程の極値分布

ここまでの説明では，$X_1, X_2, \cdots, X_n$ が独立同分布であることを仮定していた．しかし，実際の問題において $X_1, X_2, \cdots, X_n$ が時系列に対応している状況などを想定するならば，独立性の仮定が妥当性を欠く場合も少なくない．より妥当な仮定としては，定常な確率過程 $X_1, X_2, \cdots, X_n$ に対して，たとえば $|i-j|$ が大きくなると X_i と X_j との間の統計的相関が弱まり独立に近づく，といったものを考えることができる．具体的には，事象 $A_i(u)$ を $A_i(u)=\{X_i \le u\}$ によって定義するとき，$j_1 - i_p > l = o(n)$ である任意の $i_1 < i_2 < \cdots < i_p < j_1 < j_2 < \cdots < j_q$ に対して

$$\left| P\left[\left(\bigcap_{a=1}^{p} A_{i_a}(u_n)\right) \cap \left(\bigcap_{a=1}^{q} A_{j_a}(u_n)\right)\right] - P\left(\bigcap_{a=1}^{p} A_{i_a}(u_n)\right) P\left(\bigcap_{a=1}^{q} A_{j_a}(u_n)\right)\right| \tag{14}$$

が $n \to \infty$ で 0 に漸近する，という強混合性に対応する性質を，n の増大につれて増加する適当な系列 $\{u_n\}$ に対してのみ要請する．このとき，定理 1 に相当する結果が成り立つことがわかっている．具体的には，ある系列 $\{a_n > 0\}, \{b_n\}$ に対して

$$P\left(\frac{X_{n:n} - b_n}{a_n} \le z\right) \tag{15}$$

が極限 $n \to \infty$ においてある非自明な分布 $G(z)$ に収束するならば，$G(z)$ は一般極値分布 (7) に限られる．さらに，定常過程 $X_1, X_2, \cdots, X_n$ における X_i の周辺分布と同じ分布にしたがう独立同分布な確率変数列を $X_1^*, X_2^*, \cdots, X_n^*$ とおき，

$$\lim_{n\to\infty} P\left(\frac{X_{n:n}^* - b_n}{a_n} \le z\right) = G^*(z) \tag{16}$$

とすると，$G(z) = [G^*(z)]^{\theta}$, $\theta \in (0, 1]$ が成り立つことが知られている．パラメータ θ は**極値指数** (extremal index) と呼ばれることがある[*1]．極値分布 $G(z)$, $G^*(z)$ のパラメータをそれぞれ (μ, σ, ξ), (μ^*, σ^*, ξ^*) とおくと，これらはパラメータ θ を介して

$$\mu^* = \mu - \frac{\sigma}{\xi}\left(1-\theta^{-\xi}\right), \quad \sigma^* = \sigma\theta^{-\xi}, \quad \xi^* = \xi \tag{17}$$

と関連づけられることがわかる．

g. 多変量極値分布

対象に関して多次元のデータが得られるような状況では，多変量の極値分布を考えることが有用である場合がある．独立同分布の p 次元実確率ベクトル $\boldsymbol{X}_i = (X_{i,1}, X_{i,2}, \cdots, X_{i,p})$ の系列 $\boldsymbol{X}_1, \boldsymbol{X}_2, \cdots, \boldsymbol{X}_n$ に対して，成分ごとに最大値をとることによって構成される p 次元ベクトル $\boldsymbol{X}_{n:n} = (X_{n:n,1}, X_{n:n,2}, \cdots, X_{n:n,p})$ を考えるものとしよう．ベクトル $\boldsymbol{X}_{n:n}$ の各成分は，個別にみれば一般極値分布にしたがう．複数成分を同時に考えたときに，それらの間にもしなんらかの統計的相関があるのであれば，それを利用することによって，各成分を個別に取り扱うよりもデータの特徴をよりよくとらえることができる可能性がある．

議論を簡単にするために，各成分に対して単調な非線形変換を施すことによって，$X_{i,k}$ は分布関数が

$$F(x) = \exp\left(-\frac{1}{x}\right), \quad x > 0 \tag{18}$$

で与えられるフレシェ分布にしたがうものと仮定する．このとき，各成分の極値分布はフレシェ分布となる．具体的には，

$$P\left(\frac{X_{n:n,k}}{n} \le z\right) = \exp\left(-\frac{1}{z}\right) \tag{19}$$

が成り立つ．以上の条件のもとで，p 次元ベクトル $(1/n)\boldsymbol{X}_{n:n}$ の分布が極限 $n \to \infty$ において非自明な分布 $G(\boldsymbol{z})$ に収束するとき，すなわち

$$\lim_{n\to\infty} P\left(\frac{X_{n:n,1}}{n} \le z_1, \cdots, \frac{X_{n:n,p}}{n} \le z_p\right) = G(\boldsymbol{z}) \tag{20}$$

---

*1 一般極値分布の形状パラメータ ξ を極値指数 (extremal value index) と呼ぶこともあるが，パラメータ θ はこれとは別のものであることに注意せよ．

が成り立つとき，分布関数 $G(\boldsymbol{z})$ は

$$G(\boldsymbol{z}) = \exp[-V(\boldsymbol{z})] \tag{21}$$

$$V(\boldsymbol{z}) = p\int_{S_p} \max\left(\frac{w_1}{z_1}, \frac{w_2}{z_2}, \cdots, \frac{w_p}{z_p}\right) \mathrm{d}H(\boldsymbol{w}) \tag{22}$$

という形で表されることが知られている．ただし，

$$S_p = \left\{\boldsymbol{w} \in \mathbb{R}^p,\ w_k \geq 0,\ \sum_{k=1}^{p} w_k = 1\right\} \tag{23}$$

であり，H は S_p 上の確率測度で

$$\int_{S_p} w_k \, \mathrm{d}H(\boldsymbol{w}) = \frac{1}{p}, \quad k = 1, \cdots, p \tag{24}$$

を満たすものとする．

1 変量の極値分布に関する議論と比較すると，多変量の極値分布は測度 H の選び方に対応する無数の自由度をもつため，有限個のパラメータを使ったパラメトリゼーションができないことが本質的な相違である．しかしこれでは実際のデータを扱う際に具合が悪いので，多変量極値分布を近似的に表現するために少数自由度のパラメトリックなモデルが仮定されることが多い．

h. 順序統計量の漸近分布

極値統計では，極限 $n \to \infty$ において $X_{r:n}$ がどのような分布にしたがうかを $n - r = O(1)$ である場合について議論する．一方で，ある定数 $p \in (0, 1)$ に対して np に最も近い整数を r_n としたとき，$X_{r_n:n}$ が極限 $n \to \infty$ においてどのような漸近分布にしたがうか，という問題についても多くの研究がなされており，基本的な結果としてたとえば以下のような事実が知られている．ξ_p を分布関数 F の p 分位点，すなわち $F(\xi_p) = p$ を満たす値とし，$F(x)$ は $x = \xi_p$ で微分可能で，密度関数 $f(x) = F'(x)$ が $x = \xi_p$ で正であるものとする．さらに，$F(x)$ は $x = \xi_p$ の近傍で有界な 2 階導関数をもつものとすると，

$$X_{r_n:n} = \xi_p - \frac{\widetilde{F}_n(\xi_p) - p}{f(\xi_p)} + R_n \tag{25}$$

と表すことができ，さらに極限 $n \to \infty$ において $n^{1/2}R_n$ は 0 に確率収束する．ただし，$\widetilde{F}_n(x)$ は $\{X_1, X_2, \cdots, X_n\}$ から定まる $\mathbb{R}$ 上の経験分布関数である．

上記のケースと極値統計との中間的なケースとして，以下のような結果も知られている．分布関数 F が極値分布の存在に関するフォン・ミーゼスの条件を満たす場合に，極限 $n \to \infty$ において $r_n \to \infty$ かつ $r_n/n \to 0$ であるような系列 $\{r_n\}$ に対して，$p_n = (n - r_n)/n$ とおくと，

$$nf(\xi_{p_n})r_n^{-1/2}(X_{n-r_n:n} - \xi_{p_n}) \tag{26}$$

の分布は標準正規分布に漸近する．〔田中利幸〕

参考文献

[1] S. Kotz and S. Nadarajah : Extreme Value Distributions: Theory and Applications, Imperial College Press, 2000.
[2] S. Coles : An Introduction to Statistical Modeling of Extreme Values, Springer, 2001.
[3] H. A. David and H. N. Nagaraja : Order Statistics, 3rd ed., John Wiley, 2003.

4.6 複雑ネットワーク

complex networks

複雑ネットワークは1998年頃に勃興した研究分野である．分野全体を概観するための啓蒙書[1, 2, 4, 5]や専門書[3]が出版されている．

複雑ネットワークの指すネットワークは，離散数学の分野におけるグラフ理論が指す「グラフ」と同値である．よって，一つのネットワークは，最も単純な場合には，頂点集合 $\{v_1, v_2, \cdots, v_N\}$ と枝集合からなる．枝集合に含まれる各枝は，二つの頂点が直接つながっていることを表す．たとえば，頂点1と頂点2をつなぐ枝は (v_1, v_2) と表される．複雑ネットワークの研究においては，自分から自分へと向かう枝（グラフ理論でいうループ）や，ある頂点ペアを結ぶ枝が2本以上ある状況（多重辺）は除外することが多い．

複雑ネットワークの指すネットワークは，グラフ一般を指すので，日常用語の「ネットワーク」がしばしば暗黙に指すインターネットと同義ではない．ただし，インターネットは複雑ネットワークの一例である．また，複雑ネットワークの指すネットワークは，離散数学における，フローなどを扱うネットワーク理論とも異なる．

次に，複雑ネットワークの主要な研究対象は，現実世界に存在するネットワーク（＝グラフ）である．「複雑」という単語は，現実世界のネットワークが複雑なつながり方をしていることに起因する．インターネット，航空網，食物網，タンパク質の相互作用，種々の人間関係，会社の取引き関係，が例である．複雑であるという意味は，古典的なネットワークのモデルによっては本質を理解することができない，という程度の意味である．古典的なネットワークの代表例に，図1に示すように2次元平面上に頂点と枝が規則的に配列した正方格子 (square lattice)，図2に示すように各頂点ペアの間に確率 p で独立に枝を配置したランダム・グラフ (random graph) がある．

複雑系の一分野として複雑ネットワークを把握する見方もあるが，そのような視点はさほど重視されていないようである．単純な個々の素子が相互作用の結果として総体としては複雑な現象を生み出すことが，複雑系の主な特徴の一つである．複雑ネットワークもその例外ではない．しかし，複雑ネットワークの研究においては，個々と総体を対比するよりも，そもそも，あるネットワーク（＝総体）がどのような構造や機能をもつかを問う傾向が強い．

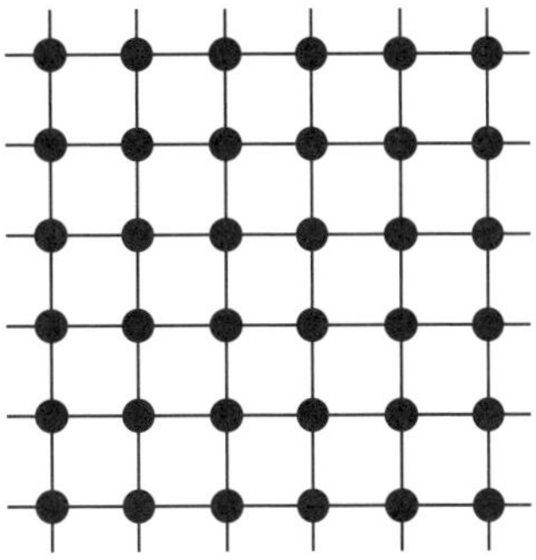

図1　正方格子

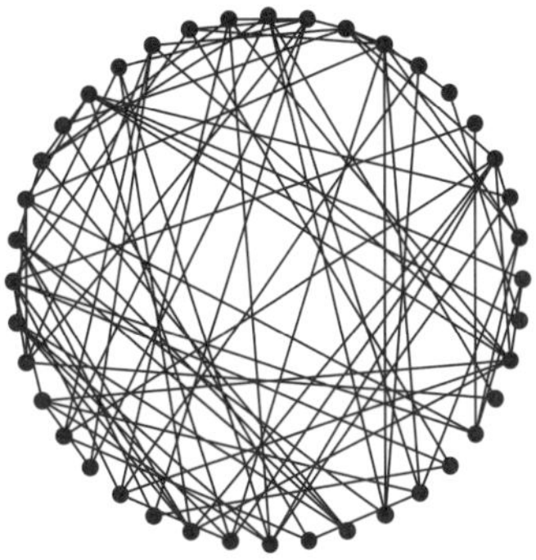

図2　ランダム・グラフ（フリーソフトの Pajek を用いて作成．図4も同様）

複雑ネットワークを特徴づけたり解析したりする際に，グラフ理論の道具立ては相対的には頻用されていない．統計物理学の研究者が研究を先導してきたこともあって，グラフ理論の依拠するような純粋数学よりは，もう少し粗い物理学の解析手法や数値計算を多用することが主要なアプローチである．それによって，現実ネットワークの特性をより多面的・定量的に理解することに成功してきた．たとえば，頂点数 N は離散であるが，N を連続量と見なしてしまって近似理論をつくることはよく行われる．もちろん，純粋数学に基づく研究も行われていて，そこではグラフ理論や種々の離散数学や確率論が主な手法である．

複雑ネットワークにおいて最も重要な概念は，スモー

ルワールド (small-world) とスケールフリー (scale-free) の二つであるといえる．

スモールワールド性には，狭い意味と広い意味がある．広い意味の定義は，社会学のネットワーク分析の文脈において，ミルグラム (Stanley Milgram) が 1960 年代に提出したものであり，頂点間距離が平均的に小さいということである[6]．頂点間距離の概念を説明するために，連結なネットワークを考える．枝には方向や重みはないとする．v_i と v_j の距離 L_{ij} は v_i から v_j へ到達するために通る枝数の最小値である．$L_{ij} = L_{ji}$ である．ネットワークの**平均頂点間距離** (平均距離ともいう．average path length, characteristic path length) は

$$L = \frac{2}{N(N-1)} \sum_{1 \le i < j \le N} L_{ij} \tag{1}$$

で定義される．広義のスモールワールドとは，L が小さいことである．ミルグラムは，知人関係に基づくネットワークの L が 6 程度であることを，社会実験に基づいて結論した．

L の大小は N に依存する概念である．N に比して $L = \mathrm{O}(\log N)$ のときに L を小さいと見なし (たとえばランダム・グラフ)，それよりは大きなオーダーのときに L は大きいと見なす (たとえば，正方格子では $L = \mathrm{O}(N^{1/2})$)．現実のネットワークにおいては，N は固定されている．この場合には，N や各頂点につながっている枝の数を固定したうえでランダムなグラフを仮に生成する．生成したネットワークは通常は L が小さいので，その L ともとのネットワークの L を比べることによって，L の大小の判定を行うことができる．

狭義のスモールワールドは，ワッツ (Duncan J. Watts) とストロガッツ (Steven H. Strogatz) によって，1998 年に出された概念である[7]．この場合は，L が小さく，かつ，**クラスター係数** C が大きいときに，与えられたネットワークはスモールワールドであると判定される．C は，局所的なつながりの密度の指標である．具体的には，ネットワーク全体にある三角形の数によって定義される．頂点 v_i がもつ枝の数を次数といい k_i で表す．k_i が与えられたとき，v_i を含む三角形の可能な最大個数は $k_i(k_i-1)/2$ である．与えられたネットワークにおいて実際に存在する三角形の個数を $k_i(k_i-1)/2$ で割って正規化した数を v_i のクラスター係数 (clustering coefficient) といい C_i で表す．$0 \le C_i \le 1$ である．ネットワーク全体のクラスター係数は

$$C = \frac{1}{N} \sum_{i=1}^{N} C_i \tag{2}$$

で定義される．$k_i = 1$ の場合は C_i が未定義だが，そのような頂点の扱い方は，特に決まっていない．たとえば，式 (2) にしたがって C を求めるときに，$k_i = 1$ である頂点を除外してから C_i の平均をとる．

現実世界の大多数のネットワークにおいて，C は大きい．L の大小が N に依存したように，C の大小も N に依存する概念である．そこで，C が大きいとは $\lim_{N\to\infty} C > 0$ を指すとする．なお，ランダム・グラフでは $\lim_{N\to\infty} C = 0$ である．頂点数 N のあるネットワークが与えられたときに C の大小を判定するには，L の大小の判定のときと同じ手法を用いることができる．

L が小さいことと C が大きいことをあわせて，狭義のスモールワールド性という．スモールワールドというときに，狭義の意味で用いている文献と，広義の意味で用いている文献があるので，注意を要する．現実のネットワークの多くは，広義の意味でも狭義の意味でもスモールワールドである．広義の意味ではスモールワールドだが狭義の意味ではそうではない (L は小さく，C は小さい) 例には，多くの食物網，ランダム・グラフ，後述する BA モデルがある．広義の意味ですらもスモールワールドではない例として道路網や正方格子がある．

狭義の意味でスモールワールド・ネットワークとなる数理モデルの代表例は，ワッツとストロガッツのモデルであり[7]，両名の頭文字をとって WS モデルとも呼ばれる．WS モデルは確率モデルであり，適当なパラメータ領域において，L は小さく，C は大きくなる．WS モデルから生成したネットワークの例を図 3 に示す．そのつくり方は，以下のようである．

①N 個の頂点を円環上に並べる．

②各頂点を両隣それぞれ $a(\ge 2)$ 個までの頂点と枝でつなぐ．図 3 は $a = 2$ の場合である．各頂点の次数は $2a$ となる．

③枝は全部で aN 本ある．そのうち割合 p の枝をつなぎかえる．つなぎかえを行うには，選ばれた枝の片方の端点は保って，もう片方の端点からは切り離し，

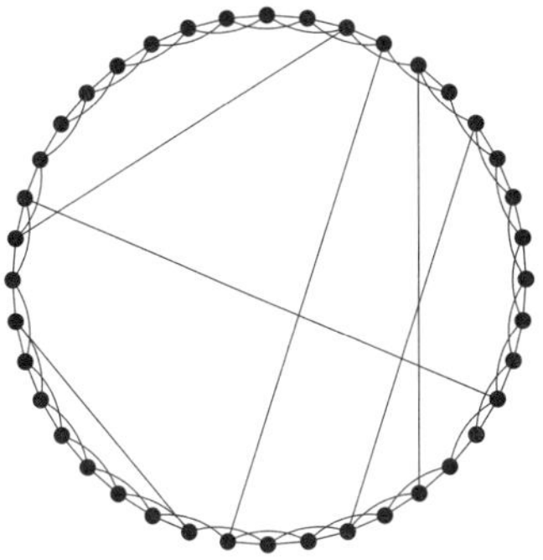

図 3　WS モデルに基づくスモールワールド・ネットワーク

枝の新しい端点をネットワーク全体からランダムに選択する．ループや多重辺を避けるようにつなぎかえる，などの細かい制約はあるが，本質的ではない．

生成されたネットワークは，ある小さい p の範囲で，狭義の意味でスモールワールド・ネットワークとなる．そのような p の範囲は，N に依存する．なお，$p = 0$ では L も C も大きい．L が大きいので，スモールワールドではない．p が十分に大きいときはランダム・グラフに近くなり，L も C も小さい．C が小さいので，狭義のスモールワールドではない．

WS モデルは，つくり方の単純さ，狭義のスモールワールド・ネットワークの最初のモデルであること，などが理由で，よく用いられる．ただし，図 3 からわかるように，WS モデルは，L と C 以外の特性に着目すれば，さほど現実的というわけではないことには注意する．

スケールフリー (scale-free) は，スモールワールドと双璧をなす概念である．次数分布 (degree distribution) が**べき則** (power law) にしたがうネットワークを**スケールフリー・ネットワーク** (scale-free network) という．ネットワークの場合に限らずに，べき分布は特徴的な尺度 (スケール) がない (フリー) 分布であることから，しばしばスケールフリーと呼ばれる．次数分布がべき則であるとは，次数 k をもつ頂点の割合が $k^{-\gamma}$ に比例することである．**べき指数** (power-law exponent, scaling exponent) γ は正の数であり，通常のモデルやデータでは 2 と 3 の間であることが多い．$k^{-\gamma}$ は k が大きくなると減っていくので，次数の大きい頂点は，次数の小さい頂点よりも少ない．しかし，その減り方が指数分布や正規分布の減り方よりは遅いために，次数の巨大な頂点も，少ないながらもそれなりの割合でネットワーク内にみつかる．大多数の頂点は非常に小さい次数をもち，一部の頂点のみが非常に大きい次数をもつことになる．この分布の性質は，個人の収入の分布や都市サイズの分布についてパレートの法則，ジップの法則，80 対 20 の法則などとして知られるものと同じである．次数の大きい頂点をハブ (hub) と呼ぶ．たとえば，航空網は典型的なスケールフリー・ネットワークであり，多数の他の空港と結ばれているハブ空港が，複雑ネットワークの意味でもハブである．

インターネット，航空網など現実に存在するネットワークの多くがスケールフリー・ネットワークであることは，1999 年頃から報告されはじめた．スケールフリー・ネットワークを生成する代表的な数理モデルとして，バラバシ (Albert-László Barabási) とアルバート (Réka Albert) が 1999 年に提案したモデルが有名である[8]．両名の頭文字をとって BA モデルと呼ばれる．ただし，等価なモデルは 1965 年にプライス (Derek John de Solla Price) によって提案されていて[9]，これをスケールフリー・ネットワークの端緒と考える人もいることに注意する．BA モデルは確率モデルであり，次々とネットワークに頂点を追加していくこと (成長，growth, network growth) と，追加される頂点が既存のハブにつきやすいこと (**優先的選択**, preferential attachment) の組合せによって，スケールフリー・ネットワークを実現している．

BA モデルから生成したネットワークの例を図 4 に示す．そのつくり方は，以下のようである．

①m_0 個の頂点を用意し，各頂点の次数が 1 以上となるようにネットワークをつくる．

②頂点を 1 個追加する．この頂点は $m \le m_0$ 本の

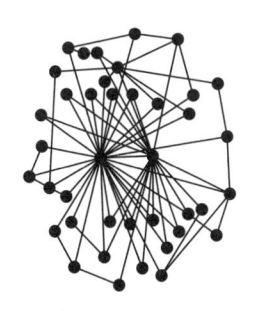

図 4　BA モデルに基づくスケールフリー・ネットワーク

枝をもってネットワークに加入する．

③m 本の新しい枝の行き先を，m_0 個の頂点のうちから m 個の頂点をランダムに選ぶことによって行う．ここで，既存の頂点 v_i が新しい枝を受けとる確率を $k_i/\sum_{j=1}^{m_0} k_j$ で定める．すなわち，自分の次数に比例して，新しい枝を受けとりやすい．これが優先的選択である．m 本の枝の行き先を同時に決めるか，逐次的に決めるか，によって生成されるネットワークは多少異なるが，大局には影響しない．

④再び，m 本の枝をもった1個の頂点をネットワークに追加する．新しい枝の行き先は，優先的選択にしたがって m_0+1 個の頂点から m 個の頂点を選ぶことによって行う．

⑤全体の頂点数が N になるまで，頂点と枝を，優先的選択にしたがって加える．

BA モデルについて，次数分布が $p(k) \propto k^{-3}$ であること，L は小さいこと，C も小さいことが知られている．C が小さいという意味では BA モデルは現実の多くのネットワークの特性と合致しないが，スケールフリー性を現実的な仮定のもとで再現できるために，BA モデルは非常によく用いられる．

頂点数が増えていかないスケールフリー・ネットワークも現実には多く存在し，それに対応するモデルも提案されている．なお，成長の有無にかかわらず，C が大きくなるスケールフリー・ネットワークのモデルも多数提案されている．また，γ が3以外の値をとるモデルもある．これら種々のモデルのなかで，BA モデルや他のいくつかのモデルが，スケールフリー・ネットワークの標準モデルとして他のモデルよりも頻繁に用いられる傾向がある．構成法や解析の単純さが主な理由である．

ネットワークのその他の特性や特徴量としては，次数相関 (degree correlation)，コミュニティ構造 (community structure, modular structure)，階層性 (hierarchical structure)，モチーフ (network motifs)，中心性 (centrality) などが有名である．

ここでは，複雑ネットワークの構造について主に述べた．実際には，研究の地平は，複雑ネットワークの機能や，そのうえでのダイナミクスへと広がっている．そのような応用例として，スケールフリー・ネットワークでは病気や情報が伝播しやすいことや，ランダムに頂点が壊れていくことに対しては耐性があることなどが知られている．これらの知見は，実世界の感染症予防対策やインターネットの統制などに寄与している．

〔増 田 直 紀〕

参 考 文 献

[1] アルバート=ラズロ・バラバシ著，青木　薫訳：新ネットワーク思考，日本放送出版協会，2002.

[2] M. ブキャナン著，阪本芳久訳：複雑な世界，単純な法則，草思社，2005.

[3] 増田直紀，今野紀雄：複雑ネットワーク，近代科学社，2010.

[4] 増田直紀，今野紀雄：「複雑ネットワーク」とは何か（講談社ブルーバックス），講談社，2006.

[5] 増田直紀：私たちはどうつながっているのか（中公新書），中央公論新社，2007,

[6] S. Milgram : The small-world problem. *Psychology Today*, **1**: 60–67, 1967.

[7] D. J. Watts and S. H. Strogatz : Collective dynamics of 'small-world' networks. *Nature*, **393**: 440–442, 1998.

[8] A.-L. Barabási and R. Albert : Emergence of scaling in random networks. *Science*, **286**: 509–512, 1999.

[9] D. J. de S. Price : A general theory of bibliometric and other cumulative advantage processes. *J. Amer. Soc. Inform. Sci.*, **27**: 292–306, 1976.

II

信号処理関連

1 信号理論の基礎

1.1 連続時間信号と離散時間信号

continuous–time signal and discrete–time signal

a. 信号の分類

時間の経過とともに振幅が変化する信号は，時間と振幅が離散値であるか連続値であるかにより，次のように分類できる．時間も振幅も連続値の場合をアナログ信号 (analog signal)，時間も振幅も離散値の場合をディジタル信号 (digital signal)，時間は離散値，振幅は連続値の場合をサンプル値信号 (sampled signal)，時間は連続値，振幅は離散値の場合を多値信号 (multi-level signal) という．各信号の例を図 1 に示す．また，時間が連続値のアナログ信号と多値信号をまとめて**連続時間信号** (continuous-time signal)，時間が離散値のディジタル信号とサンプル値信号をまとめて**離散時間信号** (discrete-time signal) という．

連続時間信号 $x(t)$ において，時間 t を一定時間間隔 T で離散化することで，離散時間信号 $x(nT)$，あるいは $x[n]$ に変換する操作を，**標本化**あるいは**サンプリング** (sampling) という．そして，時間間隔 T をサンプリング時間 (sampling time)，あるいはサンプリング周期 (sampling period)，$1/T$ をサンプリング周波数 (sampling frequency) という．アナログ信号あるいはサンプル値信号の振幅を量子化し，多値信号あるいはディジタル信号に変換する操作を量子化 (quantization)，ハードウェアを量子化器 (quantizer) という．

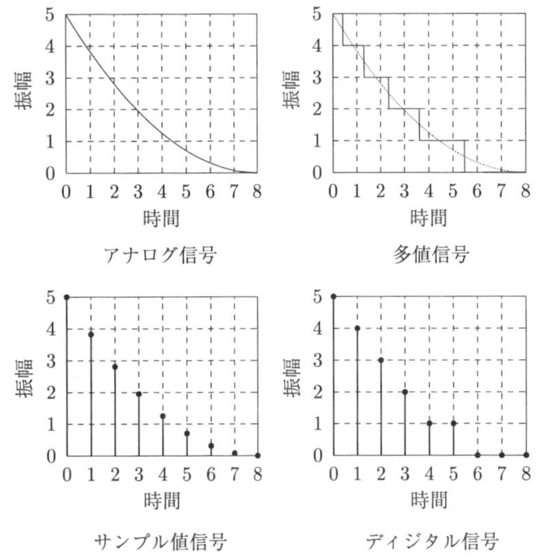

図 1　各信号の例

量子化器にはさまざまなタイプがあるが，最も一般的なのが量子化幅 Δ が一定の一様量子化器である．一様量子化器では，サンプル値信号 x とそれを量子化したディジタル信号 $\widehat{x}$ との間には次の関係が成り立つ．

$$\widehat{x} = m\Delta, \quad (m - 0.5)\Delta \leq x < (m + 0.5)\Delta$$

ただし，m は整数である．量子化誤差 $e(= x - \widehat{x})$ を確率変数と見なすと，e は区間 $[-\Delta/2, \Delta/2)$ でほぼ一様分布するので，e の平均は 0，分散 σ_e^2 は $\Delta^2/12$ となる．量子化器の語長を符号ビットも含め b bit とすると，x の最大振幅 x_M は $\Delta 2^{b-1}$ となる．したがって，x の標準偏差を σ_x，x の最大振幅と標準偏差の比を p $(= x_M/\sigma_x)$ とすると，SNR（signal to noise ratio，信号対雑音比）をデシベル表示すると，

$$\begin{aligned} \mathrm{SNR} &= 10 \log_{10} \frac{\sigma_x^2}{\sigma_e^2} \\ &= 10 \log_{10} \left(3 \frac{2^{2b}}{p^2} \right) \\ &\approx 6.02 \cdot b + 4.77 - 20 \log_{10} p \ [\mathrm{dB}] \end{aligned}$$

となる．これは，量子化器の語長を 1 bit 増やすと，信号の品質が約 6 dB 向上することを示している．

b. 基本的な信号

特に断らないかぎり，連続時間信号はアナログ信号を，離散時間信号はサンプル値信号を指すものとする．

1) 連続時間信号

時刻 t を $-\infty < t < \infty$ の連続値として，基本的な

連続時間信号 $x(t)$ をまとめておく．

a) 正弦波 (sinusoid)

$$x(t) = A\sin(\omega t + \varphi) \quad (A,\ \omega,\ \varphi \text{ は実数})$$

b) 実指数信号 (real exponential signal)

$$x(t) = Ae^{\omega t} \quad (A,\ \omega \text{ は実数})$$

c) 複素正弦波 (complex sinusoid)

$$x(t) = e^{\beta t} \quad (\beta \text{ は実数})$$

複素信号 $x(t)$ の実部を $\mathrm{Re}(x(t))$，虚部を $\mathrm{Im}(x(t))$ とする．たとえば，複素正弦波の場合は，$\mathrm{Re}(x(t)) = \cos(\beta t)$，$\mathrm{Im}(x(t)) = \sin(\beta t)$ となる．

d) 複素指数信号 (complex exponential signal)

$$x(t) = Ae^{\omega t} \ (A, \omega \text{ は複素数})$$

e) 周期信号 (periodic signal)

$$x(t) = x(t+T) \ (T \text{ は正定数})$$

$2T$, $3T$, $\cdots$ も周期といえるが，最小の T を基本周期 (fundamental period)，$1/T$ を基本周波数 (fundamental frequency) という．

f) 符号信号 (signum signal)

$$\mathrm{sgn}(t) = \begin{cases} 1 & (t > 0) \\ 0 & (t = 0) \\ -1 & (t < 0) \end{cases}$$

g) 単位ステップ信号 (unit step signal)

$$u(t) = \begin{cases} 1 & (t > 0) \\ 0 & (t < 0) \end{cases}$$

h) 単位インパルス信号 (unit impulse signal)

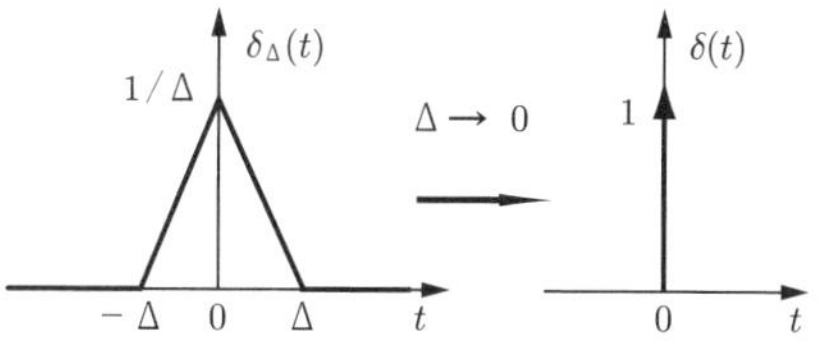

図 2 $\delta_\Delta(t)$ と $\delta(t)$ の関係

図 2 に示すように，原点を中心とする底辺 2Δ，高さ $1/\Delta$，面積 1 の三角波 $\delta_\Delta(t)$ において，$\Delta \to 0$ とした信号を単位インパルス信号 $\delta(t)$，あるいはディラックのデルタ関数 (Dirac's delta function) という．単位インパルス信号の重要な性質をまとめておく．

1) $\delta(t) = \begin{cases} 0 & (t \neq 0) \\ \infty & (t = 0) \end{cases}$ ， 2) $\displaystyle\int_{-\infty}^{\infty} \delta(t)\mathrm{d}t = 1$

3) $\displaystyle\int_{-\infty}^{\infty} x(t)\delta(t - t_0)\mathrm{d}t = x(t_0)$

4) $\delta(ct) = \dfrac{1}{|c|}\delta(t) \quad (c \text{ は複素定数})$

5) $\dfrac{\mathrm{d}u(t)}{\mathrm{d}t} = \delta(t)$

i) 単位パルス列 (unit impulse train)

$$p_T(t) = \sum_{n=-\infty}^{\infty} \delta(t - nT) \quad (T \text{ は実定数})$$

j) 因果的な信号 (causal signal)

$$x(t) = 0 \ (t < 0)$$

k) sinc 信号 (sinc signal)*1

$$\mathrm{sinc}(t) = \frac{\sin(\pi t)}{\pi t}$$

図 3 に示すように，sinc 信号は $|t|$ の増加とともに振動しながらゆっくりと減衰する．

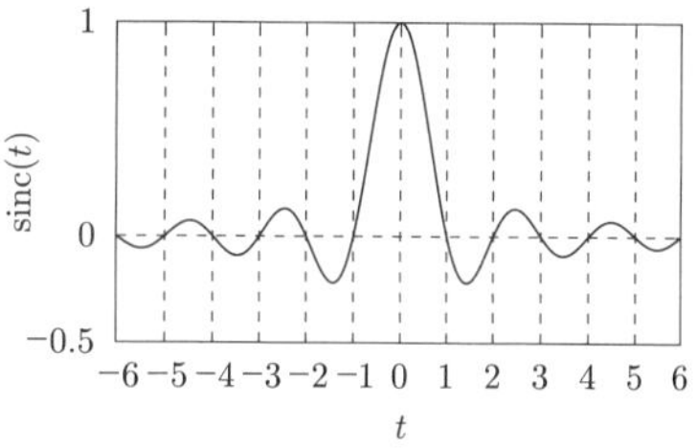

図 3 sinc 信号

2) 離散時間信号

時刻 n を整数として，基本的な連続時間信号 $x[n]$ をまとめておく．

a) 正弦波　$x[n] = A\sin(\Omega n + \varphi) \ (A, \Omega, \varphi \text{ は実数})$

b) 実指数信号　$x[n] = Ae^{\Omega n} \ (A, \Omega \text{ は実数})$

c) 複素正弦波　$x[n] = e^{\beta n} \ (\beta \text{ は実数})$

d) 複素指数信号　$x[n] = Ae^{\Omega n} \ (A, \Omega \text{ は複素数})$

e) 周期信号　$x[n] = x[n + N] \ (N \text{ は正整数})$

$2N, 3N, \cdots$ も周期といえるが，最小の N を基本周期という．

*1　$\mathrm{sinc}(t) = \sin t/t$ と定義することもある．

f) 単位ステップ信号 $u[n]=\begin{cases}1 & (n\geq 0)\\ 0 & (n<0)\end{cases}$

g) 単位インパルス信号 $\delta[n]=\begin{cases}1 & (n=0)\\ 0 & (n\neq 0)\end{cases}$

h) 単位パルス列

$$p_N[n]=\sum_{k=-\infty}^{\infty}\delta[n-kN] \qquad (N \text{ は整数})$$

i) 因果的な信号 $x[n]=0 \ \ (n<0)$

c. 信号のエネルギーとパワー

1) エネルギー

連続時間信号 $x(t)$ と離散時間信号 $x[n]$ の**エネルギー** (energy) は，それぞれ

$$E=\int_{-\infty}^{\infty}|x(t)|^2\mathrm{d}t$$

$$E=\sum_{n=-\infty}^{\infty}|x[n]|^2$$

で定義される．$E<\infty$ であるとき，**有限エネルギー信号** (finite energy signal) という．

2) 平均パワー

単位時間当たりのエネルギーは**平均パワー** (average power) と呼ばれており，

$$P=\lim_{T\to\infty}\frac{1}{T}\int_{-T/2}^{T/2}|x(t)|^2\mathrm{d}t$$

$$P=\lim_{N\to\infty}\frac{1}{2N+1}\sum_{n=-N}^{N}|x[n]|^2$$

で定義される．$P<\infty$ であるとき，**有限パワー信号** (finite power signal) という．特に，$x(t)$ が周期 T，あるいは $x[n]$ が周期 N の周期信号の場合は，次式で計算できる．

$$P=\frac{1}{T}\int_{-T/2}^{T/2}|x(t)|^2\mathrm{d}t$$

$$P=\frac{1}{N}\sum_{n=0}^{N-1}|x[n]|^2$$

なお，有限エネルギー信号 ($E<\infty$) であれば，$P=0$ となるので有限パワー信号でもある．

平均 有限エネルギー信号の平均 (mean) は，エネルギーの定義式で $|x(t)|^2$ を $x(t)$，$|x[n]|^2$ を $x[n]$ に置き換えたもので定義される．同様に有限パワー信号の平均は，平均パワーの定義式で $|x(t)|^2$ を $x(t)$，$|x[n]|^2$ を $x[n]$ に置き換えたもので定義される．

d. 信号の相関

1) 内 積

連続時間信号 $x(t)$ と離散時間信号 $x[n]$ を共通化して x とすると，有限エネルギー信号 x, y の**内積** (inner product) は，

$$\langle x,y\rangle=\int_{-\infty}^{\infty}x(t)\overline{y(t)}\mathrm{d}t$$

$$\langle x,y\rangle=\sum_{n=-\infty}^{\infty}x[n]\overline{y[n]}$$

で定義される．ただし，$\overline{y}$ は y の複素共役である．したがって，有限エネルギー信号のエネルギーは $E=\langle x,x\rangle$ と表現できる．一方，有限パワー信号の内積は

$$\langle x,y\rangle=\lim_{T\to\infty}\frac{1}{T}\int_{-T/2}^{T/2}x(t)\overline{y(t)}\mathrm{d}t$$

$$\langle x,y\rangle=\lim_{N\to\infty}\frac{1}{2N+1}\sum_{n=-N}^{N}x[n]\overline{y[n]}$$

で定義される．特に，周期信号の内積は，

$$\langle x,y\rangle=\frac{1}{T}\int_{-T/2}^{T/2}x(t)\overline{y(t)}\mathrm{d}t$$

$$\langle x,y\rangle=\frac{1}{N}\sum_{n=0}^{N-1}x[n]\overline{y[n]}$$

で計算できる．したがって，有限パワー信号の平均パワーは $P=\langle x,x\rangle$ と表現できる．

2) ノルム

信号 x, y が $\langle x,y\rangle=0$ を満たすとき，x と y は直交するといわれる．内積 $\langle x,x\rangle$ に対し，信号 x の**ノルム** (norm) は，

$$||x||=\sqrt{\langle x,x\rangle}$$

で定義される．内積とノルムの間には，次のシュワルツの不等式 (Schwarz's inequality) が成り立つ．

$$|\langle x,y\rangle|\leq ||x||\,||y||$$

ただし，等号が成立するのは，$x=cy$(c は複素定数)，あるいは $y=0$ の場合である．

3) 相 関

連続時間信号 $x(t)$, $y(t)$ の**相互相関関数** (cross correlation function) は,

$$r_{xy}(\tau) = \langle x, y^{\tau} \rangle$$

で定義される. ただし, $y^{\tau}(t) = y(t-\tau)$ (τ は実数) である.

直交条件 $\langle x, y \rangle = 0$ に加え, 正規条件 (normal condition) $||x|| = ||y|| = 1$ を満たす信号は, **正規直交信号** (orthonormal signal) といわれる. これは, 二つの信号 $x(t)$ と $y(t-\tau)$ の類似度を表すものである. 特に $x = y$ とおいた $r_{xx}(\tau)$ を**自己相関関数** (autocorrelation function) という. 離散時間信号 $x[n]$, $y[n]$ の相互相関関数は, $y^{\tau}[n] = y[n-\tau]$ (τ は整数) として同様に定義される. 〔飯 國 洋 二〕

参 考 文 献

[1] 飯國洋二：基礎から学ぶ信号処理, 培風館, 2004.
[2] 前田 肇：信号システム理論の基礎, コロナ社, 1997.

1.2 フーリエ変換と z 変換

Fourier transform and z–transform

a. フーリエ級数展開

1) 定 義

フーリエ級数展開 (Fourier series expansion) とは, 周期 T をもつ連続時間信号 $x(t)$ を, 次のように正弦波 $\{\sin(n\omega_0 t)\}$ と余弦波 $\{\cos(n\omega_0 t)\}$ の線形和で表現するものである.

$$x(t) = \frac{a_0}{2} + \sum_{n=1}^{\infty} \{a_n \cos(n\omega_0 t) + b_n \sin(n\omega_0 t)\} \quad (1)$$

ただし, ω_0 は**基本角周波数** (fundamental angular frequency) であり, $\omega_0 = 2\pi/T$ で定義される. a_n, b_n は**フーリエ係数** (Fourier coefficient) であり,

$$a_n = \frac{2}{T}\int_{-T/2}^{T/2} x(t)\cos(n\omega_0 t)\mathrm{d}t$$

$$b_n = \frac{2}{T}\int_{-T/2}^{T/2} x(t)\sin(n\omega_0 t)\mathrm{d}t$$

で定義される.

フーリエ係数 a_n, b_n に対し, 新たなフーリエ係数 c_n $(n = 0, \pm 1, \cdots)$ を,

$$c_n = \begin{cases} (a_{-n} + jb_{-n})/2 & (n = -1, -2, \cdots) \\ a_0/2 & (n = 0) \\ (a_n - jb_n)/2 & (n = 1, 2, \cdots) \end{cases}$$

と定義すると, 式 (1) のフーリエ級数展開とフーリエ係数 c_n は次のようにコンパクトに表現できる.

$$x(t) = \sum_{n=-\infty}^{\infty} c_n e^{jn\omega_0 t} \quad (2)$$

$$c_n = \frac{1}{T}\int_{-T/2}^{T/2} x(t) e^{-jn\omega_0 t}\mathrm{d}t \quad (3)$$

これは, 周期信号 $x(t)$ を複素正弦波 $\{e^{jn\omega_0 t}\}$ の線形和で表現しようというものであり, $x(t)$ に含まれる複素正弦波 $e^{jn\omega_0 t}$ の成分が c_n であることを意味している. そして, c_n を周波数スペクトル (frequency spectrum), $|c_n|$ を振幅スペクトル (amplitude spectrum),

$\angle c_n$ を位相スペクトル (phase spectrum)，$|c_n|^2$ をパワースペクトル (power spectrum) という．信号 $x(t)$ が実数の場合は，フーリエ係数 a_n, b_n は実数となるので，$\overline{c}_n = c_{-n}$ が成り立つ．したがって，$|c_n| = |c_{-n}|$，$\angle c_n = -\angle c_{-n}$ であることから，振幅スペクトルは偶対称，位相スペクトルは奇対称となる．

2) パーセバルの等式

周期 T をもつ複素正弦波を $\varphi_n(t) = e^{jn\omega_0 t}$ $(n = 0, \pm 1, \cdots)$ とおくと，フーリエ級数展開は $x(t) = \sum_n c_n \varphi_n(t)$ と表現できる．このとき，φ_n の正規直交性より，次のパーセバルの等式 (Parseval's equation) が導かれる．

$$P = \langle x, x \rangle = \sum_n |c_n|^2$$

これは，周期信号 $x(t)$ の平均パワーがパワースペクトル $|c_n|^2$ に分解できることを示している．

3) ギブス現象

時間区間 $[-1, 1)$ で $\mathrm{sgn}(t)$ となる周期 2 の周期信号のフーリエ級数展開を考える．フーリエ級数展開の N 項までの部分和は，

$$x_N(t) \triangleq \frac{4}{\pi} \sum_{k=0}^{N} \frac{\sin\{\pi(2k+1)t\}}{2k+1}$$

と表される．$x_{63}(t)$ を図 1 に示す．このように $x_{63}(t)$ は不連続点 $t = 0, \pm 1, \cdots$ 付近で振動する．N を増やすほど $x_N(t)$ は $x(t)$ に近づくものの，振動そのものはいつまでも消えずに残る．$N \to \infty$ とした場合でも，$t = 0$ 付近のオーバーシュートは約 11.79%，アンダーシュートは約 9.7%となり，かなりの大きさをもつ．これを**ギブス現象** (Gibbs phenomenon) という．フーリエ級数展開 (1) あるいは (2) の右辺は連続信号である．このため，不連続点をもつ信号のフーリエ級数展開では，不連続信号を連続信号で展開しようとする．しかし，不連続信号と連続信号は決して一致しないので，不連続点周辺で振動が生じるのである[*1]．このようにフーリエ級数展開 (1), (2) ではかならずしも等号が成立しないので,「=」ではなく「～」などを使うのが一般的である．

*1 $N \to \infty$ で，$x_N(t)$ は $x(t)$ に平均 2 乗収束，つまり $\lim_{N\to\infty} \int_{-T/2}^{T/2} |x(t) - x_N(t)|^2 \mathrm{d}t = 0$ となる．しかし，$N \to \infty$ で $x_N(t)$ が $x(t)$ に一致するとはかぎらない．

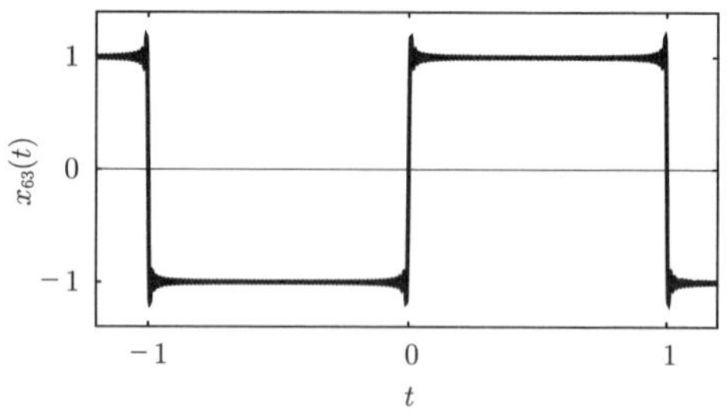

図 1　$x_{63}(t)$ の軌跡

b. フーリエ変換

1) 定　義

図 2 のように，区間 $[-T/2, T/2]$ でのみ値をもつ孤立波 $x(t)$ を，区間外に周期的に拡張した周期信号を $\widetilde{x}(t)$ とする．そして，$\widetilde{x}(t)$ のフーリエ級数展開において $T \to \infty$ とすると，次のように積分で置き換えることができる．

$$\widetilde{x}(t) = \sum_{n=-\infty}^{\infty} \left(\frac{1}{T} \int_{-T/2}^{T/2} \widetilde{x}(\tau) e^{-jn\omega_0 \tau} \mathrm{d}\tau \right) e^{jn\omega_0 t}$$
$$\downarrow$$
$$x(t) = \frac{1}{2\pi} \int_{-\infty}^{\infty} \left(\int_{-\infty}^{\infty} x(\tau) e^{-j\omega\tau} \mathrm{d}\tau \right) e^{j\omega t} \mathrm{d}\omega$$

したがって，

$$X(\omega) = \int_{-\infty}^{\infty} x(t) e^{-j\omega t} \mathrm{d}t \tag{4}$$

と定義すると，

$$x(t) = \frac{1}{2\pi} \int_{-\infty}^{\infty} X(\omega) e^{j\omega t} \mathrm{d}\omega \tag{5}$$

となる．ただし，ω $(-\infty < \omega < \infty)$ は連続時間信号の角周波数である．式 (4) が**フーリエ変換** (Fourier transform)，式 (5) が逆フーリエ変換である．$x(t)$ と $X(\omega)$ はフーリエ変換対 (Fourier transform pair) であり，$x(t) \leftrightarrow X(\omega)$ と記述する．式 (4) は $x(t)$ が周

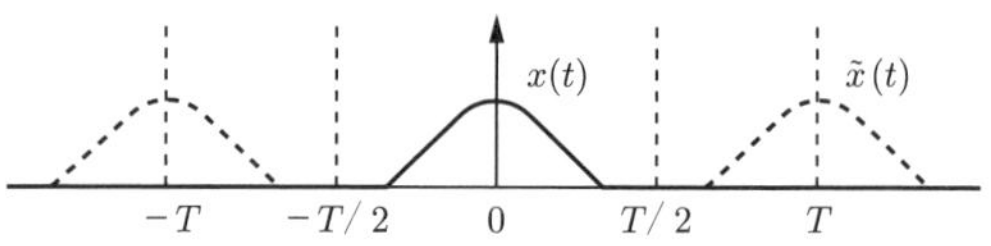

図 2　フーリエ変換

波数 ω の複素正弦波成分をどれだけ含むかを表す．式(5) は $x(t)$ が複素正弦波 $e^{j\omega t}$ で分解できることを表す．$e^{j\omega t}$ への重み $X(\omega)$ を周波数スペクトル，$|X(\omega)|$ を振幅スペクトル，$\angle X(\omega)$ を位相スペクトル，$|X(\omega)|^2$ をエネルギースペクトルという．なお，$x(t)$ が不連続点をもつ場合，逆フーリエ変換は，

$$\frac{1}{2}(x(t-0)+x(t+0)) = \frac{1}{2\pi}\int_{-\infty}^{\infty} X(\omega)e^{j\omega t}\mathrm{d}\omega$$

で与えられる．

$x(t)$ が絶対可積分 (absolutely integrable) であれば，$|X(\omega)| \leq \int_{-\infty}^{\infty} |x(t)|\,\mathrm{d}t < \infty$ よりフーリエ変換が存在する．ただし，これは十分条件であり，1，$u(t)$, $\sin t$ など絶対可積分でなくてもフーリエ変換が存在する場合がある．また，孤立波 $x(t)$ のフーリエ変換 $X(\omega)$ と，周期信号 $\tilde{x}(t)$ のフーリエ係数 c_n との間には，次の関係式が成り立つ．

$$X(n\omega_0) = Tc_n$$

2) フーリエ変換の例

さまざまな信号のフーリエ変換を表 1 に示す[*2]．ただし，t_0, ω_0 は実定数，a は複素定数である．また，

$$x_a(t) = \begin{cases} 1 & (|t| \leq a) \\ 0 & (|t| > a) \end{cases}, \quad X_a(\omega) = \begin{cases} 1 & (|\omega| \leq a) \\ 0 & (|\omega| > a) \end{cases}$$

とおいている．$x_a(t)$ のように，信号が有限の時間区間でのみ値をもつという条件を時間制限条件 (time–limited condition)，信号を**時間制限信号** (time–limited signal) という．$X_a(\omega)$ のように，フーリエ変換が有限の周波数区間でのみ値をもつという条件を帯域制限条件 (band–limited condition)，信号を**帯域制限信号** (band–limited signal) という．なお，

$$\frac{2\pi}{T}\sum_{n=-\infty}^{\infty}\delta\Big(\omega - \frac{2\pi n}{T}\Big) = \sum_{n=-\infty}^{\infty} e^{-jn\omega T} \qquad (6)$$

が成り立つことから，単位インパルス信号のフーリエ変換対は，次のように表すこともできる．

*2 $\mathrm{sgn}(t)$ や $u(t)$ のフーリエ変換を計算するには次の積分を用いる．

$$\int_0^{\infty}\cos(\omega t)\mathrm{d}t = \pi\delta(\omega), \quad \int_0^{\infty}\sin(\omega t)\mathrm{d}t = \frac{1}{\omega} \ (\omega \neq 0)$$

表 1　フーリエ変換

$\delta(t)$	$\leftrightarrow$	1
$\delta(t-t_0)$	$\leftrightarrow$	$e^{-j\omega t_0}$
1	$\leftrightarrow$	$2\pi\delta(\omega)$
$e^{j\omega t_0}$	$\leftrightarrow$	$2\pi\delta(\omega-\omega_0)$
$\cos(\omega_0 t)$	$\leftrightarrow$	$\pi[\delta(\omega+\omega_0)+\delta(\omega-\omega_0)]$
$\sin(\omega_0 t)$	$\leftrightarrow$	$j\pi[\delta(\omega+\omega_0)-\delta(\omega-\omega_0)]$
$u(t)$	$\leftrightarrow$	$\pi\delta(\omega)+1/(j\omega)$
$u(-t)$	$\leftrightarrow$	$\pi\delta(\omega)-1/(j\omega)$
$e^{-at}u(t)$	$\leftrightarrow$	$\dfrac{1}{j\omega+a}$ $(\mathrm{Re}(a)>0)$
$-e^{-at}u(-t)$	$\leftrightarrow$	$\dfrac{1}{j\omega+a}$ $(\mathrm{Re}(a)<0)$
$\dfrac{t^n}{n!}e^{-at}u(t)$	$\leftrightarrow$	$\dfrac{1}{(j\omega+a)^{n+1}}$ $(\mathrm{Re}(a)>0)$
$e^{-a\lvert t\rvert}$	$\leftrightarrow$	$\dfrac{2a}{\omega^2+a^2}$ $(a>0)$
$\dfrac{1}{a^2+t^2}$	$\leftrightarrow$	$e^{-a\lvert\omega\rvert}$ $(a>0)$
e^{-at^2}	$\leftrightarrow$	$\sqrt{\dfrac{\pi}{a}}e^{-\omega^2/4a}$ $(a>0)$
$x_a(t)$	$\leftrightarrow$	$2\dfrac{\sin(a\omega)}{\omega}$
$\dfrac{\sin(at)}{\pi t}$	$\leftrightarrow$	$X_a(\omega)$
$\mathrm{sgn}(t)$	$\leftrightarrow$	$\dfrac{2}{j\omega}$
$p_T(t)$	$\leftrightarrow$	$\dfrac{2\pi}{T}\displaystyle\sum_{n=-\infty}^{\infty}\delta\Big(\omega-\frac{2\pi n}{T}\Big)$

$$p_T(t) \leftrightarrow \sum_{n=-\infty}^{\infty} e^{-jn\omega T}$$

3) フーリエ変換の性質

t_0, ω_0 を実定数，a, b を複素定数として，フーリエ変換の性質をまとめておく．

a) 実信号　$x(t)$ が実信号の場合，$\overline{X(\omega)} = X(-\omega)$．したがって，

$$|X(\omega)| = |X(-\omega)|, \ \angle X(\omega) = -\angle X(-\omega)$$

b) 線形性　$ax(t)+by(t) \leftrightarrow aX(\omega)+bY(\omega)$

c) 時間シフト　$x(t-t_0) \leftrightarrow X(\omega)e^{-j\omega t_0}$

d) 周波数シフト　$x(t)e^{j\omega_0 t} \leftrightarrow X(\omega-\omega_0)$

e) 時間スケール　$x(at) \leftrightarrow \dfrac{1}{|a|}X\left(\dfrac{\omega}{a}\right)$ $(a \neq 0)$

f) 時間反転　$x(-t) \leftrightarrow X(-\omega)$

g) 複素共役　$\overline{x(t)} \leftrightarrow \overline{X(-\omega)}$

h) 双対性　$X(t) \leftrightarrow 2\pi x(-\omega)$

i) 時間微分　$\dfrac{\mathrm{d}^n x(t)}{\mathrm{d}t^n} \leftrightarrow (j\omega)^n X(\omega)$

j) 周波数微分　$(-jt)^n x(t) \leftrightarrow \dfrac{\mathrm{d}^n X(\omega)}{\mathrm{d}\omega^n}$

k) 積分 $\int_{-\infty}^{t} x(\tau)\mathrm{d}\tau \leftrightarrow \frac{X(\omega)}{j\omega} + \pi X(0)\delta(\omega)$

l) たたみ込み

$$(x * y)(t) \triangleq \int_{-\infty}^{\infty} x(\tau)y(t-\tau)\mathrm{d}\tau \leftrightarrow X(\omega)Y(\omega)$$

m) 積 $x(t)y(t) \leftrightarrow \frac{1}{2\pi}(X * Y)(\omega)$

n) ウィーナー–ヒンチンの関係式 (Wiener–Khintchine relation) (有限エネルギー信号)

$$r_{xx}(t) = \int_{-\infty}^{\infty} x(\tau)\overline{x(\tau - t)}\mathrm{d}\tau \leftrightarrow |X(\omega)|^2$$

有限エネルギー信号の自己相関関数とエネルギースペクトルはフーリエ変換対をなす.

n′) ウィーナー–ヒンチンの関係式 (有限パワー信号)

$$r_{xx}(t) = \lim_{T\to\infty} \frac{1}{T} \int_{-T/2}^{T/2} x(\tau)\overline{x(\tau - t)}\mathrm{d}\tau$$

$$\leftrightarrow \lim_{T\to\infty} \frac{1}{T} \left| \int_{-T/2}^{T/2} x(t)e^{-j\omega t}\mathrm{d}t \right|^2 \triangleq S(\omega)$$

$S(\omega)$ は単位時間当たりのエネルギースペクトルであり, パワースペクトルと呼ばれている. 有限パワー信号の自己相関関数とパワースペクトルはフーリエ変換対をなす.

o) パーセバルの等式

$$E = \int_{-\infty}^{\infty} |x(t)|^2\mathrm{d}t = \frac{1}{2\pi}\int_{-\infty}^{\infty} |X(\omega)|^2\mathrm{d}\omega$$

信号のエネルギー E がエネルギースペクトル $|X(\omega)|^2$ に分解できることを示す.

c. 離散時間フーリエ変換

1) 定 義

離散時間信号 $x[n]$ の離散時間フーリエ変換 (discrete–time Fourier transform：DTFT) は,

$$X(\Omega) = \sum_{n=-\infty}^{\infty} x[n]e^{-jn\Omega} \tag{7}$$

で定義される. ただし, Ω は離散時間信号の角周波数である. $X(\Omega)$ は周期 2π の周期関数であり, $-\pi \leq \Omega \leq \pi$ でのみ意味をもつ. フーリエ級数展開 (2) で $x(t)$ を $X(\Omega)$, c_n を $x[n]$, t を $-\Omega$ に置き換えると式 (7) が得られるので, 式 (3) より, 逆 DTFT は,

$$x[n] = \frac{1}{2\pi}\int_{-\pi}^{\pi} X(\Omega)e^{jn\Omega}\mathrm{d}\Omega \tag{8}$$

となる. $x[n]$ と $X(\Omega)$ はフーリエ変換対といわれ, $x[n] \leftrightarrow X(\Omega)$ と記述する. 式 (7) は $x[n]$ が周波数 Ω の複素正弦波成分をどれだけ含むかを示す. 式 (8) は $x[n]$ が複素正弦波 $e^{jn\Omega}$ で分解できることを示す. $e^{jn\Omega}$ への重み $X(\Omega)$ は周波数スペクトル, $|X(\Omega)|$ は振幅スペクトル, $\angle X(\Omega)$ は位相スペクトル, $|X(\Omega)|^2$ はエネルギースペクトルといわれる. また, $x[n]$ が絶対総和可能 (absolutely summable) であれば, $|X(\Omega)| \leq \sum_n |x[n]| < \infty$ より, DTFT が存在する.

2) DTFT の例

さまざまな信号の DTFT を表 2 にまとめておく. ただし, Ω_0, n_0 を実定数, a を複素定数, 時間制限信号

表 2 離散時間フーリエ変換

$\delta[n]$	$\leftrightarrow$	1
$\delta[n-n_0]$	$\leftrightarrow$	$e^{-j\Omega n_0}$
1	$\leftrightarrow$	$2\pi\sum_{n=-\infty}^{\infty}\delta(\Omega - 2\pi n)$
$e^{j\Omega_0 n}$	$\leftrightarrow$	$2\pi\sum_{n=-\infty}^{\infty}\delta(\Omega - \Omega_0 - 2\pi n)$
$\cos(\Omega_0 n)$	$\leftrightarrow$	$\pi\sum_{n=-\infty}^{\infty}\{\delta(\Omega + \Omega_0 - 2\pi n) + \delta(\Omega - \Omega_0 - 2\pi n)\}$
$\sin(\Omega_0 n)$	$\leftrightarrow$	$j\pi\sum_{n=-\infty}^{\infty}\{\delta(\Omega + \Omega_0 - 2\pi n) - \delta(\Omega - \Omega_0 - 2\pi n)\}$
$u[n]$	$\leftrightarrow$	$\frac{1}{1-e^{-j\Omega}} + \pi\sum_{n=-\infty}^{\infty}\delta(\Omega - 2\pi n)$
$\mathrm{sgn}[n]$	$\leftrightarrow$	$\frac{1+e^{-j\Omega}}{1-e^{-j\Omega}}$
$a^n u[n]$	$\leftrightarrow$	$\frac{1}{1-ae^{-j\Omega}}$ $(\lvert a\rvert < 1)$
$-a^n u[-n-1]$	$\leftrightarrow$	$\frac{1}{1-ae^{-j\Omega}}$ $(\lvert a\rvert > 1)$
$na^n u[n]$	$\leftrightarrow$	$\frac{ae^{-j\Omega}}{(1-ae^{-j\Omega})^2}$ $(\lvert a\rvert < 1)$
$-na^n u[-n-1]$	$\leftrightarrow$	$\frac{ae^{-j\Omega}}{(1-ae^{-j\Omega})^2}$ $(\lvert a\rvert > 1)$
$a^{\lvert n\rvert}$	$\leftrightarrow$	$\frac{1-a^2}{1-2a\cos\Omega + a^2}$ $(\lvert a\rvert < 1)$
$x_N[n]$	$\leftrightarrow$	$\frac{\sin(\Omega(N+1/2))}{\sin(\Omega/2)}$
$\frac{\sin(Wn)}{\pi n}$	$\leftrightarrow$	$X_W(\Omega)$
$p_N[n]$	$\leftrightarrow$	$\frac{2\pi}{N}\sum_{n=-\infty}^{\infty}\delta\left(\Omega - \frac{2\pi n}{N}\right)$

$x_N[n]$，帯域制限条件 $X_W(\Omega)$ を次式で定義している．

$$x_N[n] = \begin{cases} 1 & (|n| \le N) \\ 0 & (|n| > N) \end{cases}$$

$$X_W(\Omega) = \begin{cases} 1 & (|\Omega| \le W) \\ 0 & (W < |\Omega| < \pi) \end{cases}$$

3) DTFT の性質

Ω_0, n_0 を実定数，a, b を複素定数として，DTFT の性質をまとめておく．

a) 実信号　$x[n]$ が実信号の場合，$\overline{X(\Omega)} = X(-\Omega)$．したがって，$|X(\Omega)| = |X(-\Omega)|$, $\angle X(\Omega) = -\angle X(-\Omega)$

b) 周期性　$X(\Omega) = X(\Omega + 2\pi)$

c) 線形性　$ax[n] + by[n] \leftrightarrow aX(\Omega) + bY(\Omega)$

d) 時間シフト　$x[n - n_0] \leftrightarrow X(\Omega)e^{-j\Omega n_0}$

e) 周波数シフト　$x[n]e^{jn\Omega_0} \leftrightarrow X(\Omega - \Omega_0)$

f) 時間スケール

$$\begin{cases} x[n/m] & (n/m \text{ が整数}) \\ 0 & (\text{その他}) \end{cases} \leftrightarrow X(m\Omega)$$

g) 時間反転　$x[-n] \leftrightarrow X(-\Omega)$

h) 複素共役　$\overline{x[n]} \leftrightarrow \overline{X(-\Omega)}$

i) 一階差分　$x[n] - x[n-1] \leftrightarrow (1 - e^{-j\Omega})X(\Omega)$

j) 微分　$(-jn)^k x[n] \leftrightarrow \dfrac{\mathrm{d}^k X(\Omega)}{\mathrm{d}\Omega^k}$

k) 総和

$$\sum_{n=-\infty}^{\infty} x[n] \leftrightarrow \frac{X(\Omega)}{1 - e^{-j\Omega}} + \pi X(0) \sum_{n=-\infty}^{\infty} \delta(\Omega - 2\pi n)$$

l) たたみ込み

$$(x * y)[n] \triangleq \sum_{k=-\infty}^{\infty} x[k]y[n-k] \leftrightarrow X(\Omega)Y(\Omega)$$

m) 積

$$x[n]y[n] \leftrightarrow \frac{1}{2\pi} \int_{-\pi}^{\pi} X(\theta)Y(\Omega - \theta)\mathrm{d}\theta$$

n) ウィーナー–ヒンチンの関係式 (有限エネルギー信号)

$$r_{xx}[n] = \sum_{\tau=-\infty}^{\infty} x[\tau]\overline{x[\tau - n]} \leftrightarrow |X(\Omega)|^2$$

有限エネルギー信号の自己相関関数とエネルギースペクトルはフーリエ変換対をなす．

n′) ウィーナー–ヒンチンの関係式 (有限パワー信号)

$$r_{xx}[n] = \lim_{N\to\infty} \frac{1}{2N+1} \sum_{\tau=-N}^{N} x[\tau]\overline{x[\tau - n]}$$

$$\leftrightarrow \lim_{N\to\infty} \frac{1}{2N+1} \left| \sum_{n=-N}^{N} x[n]e^{-jn\Omega} \right|^2 \triangleq S(\Omega)$$

$S(\Omega)$ は単位時間当たりのエネルギースペクトルでありパワースペクトルと呼ばれている．有限パワー信号の自己相関関数とパワースペクトルはフーリエ変換対をなす．

o) パーセバルの等式

$$E = \sum_{n=-\infty}^{\infty} |x[n]|^2 = \frac{1}{2\pi} \int_{-\pi}^{\pi} |X(\Omega)|^2 \mathrm{d}\Omega$$

信号のエネルギー E がエネルギースペクトル $|X(\Omega)|^2$ に分解できることを示す．

d. 離散フーリエ変換

DTFT を計算するためには全時刻の信号

$$\{x[n]\}_{n=-\infty}^{\infty}$$

が必要となる．しかし，実際には有限時間区間の信号しか観測できない．また，コンピュータで扱えるのは離散値のみであるが，周波数 Ω は連続値であり，しかも逆 DTFT には積分計算が含まれている．このため，実際には離散フーリエ変換が用いられる．

1) 定　義

時刻 $n = 0, 1, \cdots, N-1$ において N 個の離散時間信号 $\{x[n]\}_{n=0}^{N-1}$ を観測したものとする．そして，$x[n]$ は周期 N の周期信号と仮定する．次に，図 3 に示すように，$x[n]$ において観測時間区間以外の信号を 0 とおいた時間制限信号を $x^0[n]$ とする．このとき，$x^0[n]$

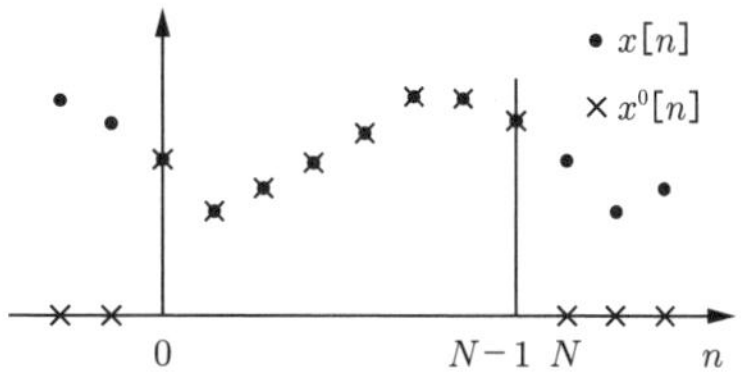

図 3　$x[n]$ と $x^0[n]$ の関係

と $x[n]$ は，単位インパルス信号 $p_N[n]$ を用いて次のように定式化できる．

$$x^0[n] = \begin{cases} x[n] & (n = 0, 1, \cdots, N-1) \\ 0 & (\text{その他}) \end{cases}$$

$$x[n] = (x^0 * p_N)[n]$$

$x[n]$，$x^0[n]$，$p_N[n]$ の DTFT をそれぞれ $X(\Omega)$, $X^0(\Omega)$, $P_N(\Omega)$ と定義する．さらに，

$$X[k] = X^0\left(\frac{2\pi k}{N}\right)$$

とおくと，DTFT のたたみ込みの性質により，

$$X(\Omega) = X^0(\Omega)P_N(\Omega) = \frac{2\pi}{N}\sum_{k=-\infty}^{\infty} X[k]\delta\left(\Omega - \frac{2\pi}{N}k\right)$$

となる．よって，逆 DTFT は，

$$x[n] = \frac{1}{N}\sum_{k=-\infty}^{\infty} x[k]\int_{-\pi}^{\pi}\delta\left(\Omega - \frac{2\pi k}{N}\right)e^{jn\Omega}\mathrm{d}\Omega$$

となる．ここで，$\delta(\Omega - 2\pi k/N)$ は積分区間 $[-\pi, \pi)$ で N 個のパルスをもち，$X[k]$ と $e^{jn(2\pi k/N)}$ は k について周期 N をもつので，

$$x[n] = \frac{1}{N}\sum_{k=0}^{N-1} X[k]W^{-nk} \ (n = 0, 1, \cdots, N-1) \quad (9)$$

となる．ただし，$W = e^{-j2\pi/N}$ とおいている．一方，$X[k]$ の定義式より，

$$X[k] = \sum_{n=0}^{N-1} x[n]W^{nk} \ (k = 0, 1, \cdots, N-1) \quad (10)$$

となる．式 (10) が**離散フーリエ変換** (discrete Fourier transform：DFT)，式 (9) が逆離散フーリエ変換である．$x[n]$ と $X[k]$ はフーリエ変換対といわれ，$x[n] \leftrightarrow X[k]$ と記述する．$X[k]$ は周波数スペクトル，$|X[k]|$ は振幅スペクトル，$\angle X[k]$ は位相スペクトル，$|X[k]|^2$ はエネルギースペクトルといわれる．

データ数 N の DFT あるいは逆 DFT を直接計算しようとすると，約 N^2 回の加算と乗算が必要になる．しかし，**高速フーリエ変換** (fast Fourier transform：FFT) を使えば，N が 2 のべき乗の場合に計算量削減の効果が最大となり，乗算回数を約 $(N/2)\log_2 N$，加算回数を約 $N\log_2 N$ にまで減らすことができる．

2) DFT の意味

データ数 N，整数 p $(1 \le p \le N/2)$ に対して，離散時間余弦波を $x^{(p)}[n] = A\cos(2\pi np/N)$, $(n = 0, 1, \cdots, N-1)$ とおく．この信号の DFT $X^{(p)}[k]$ は，$k = p, N-p$ で大きさ $AN/2$ のピークをもつ．ただし，実信号の振幅スペクトルは偶対称となるので，$k = p$ のピークのみ意味をもつ．複数の余弦波の和の DFT は，後に述べる DFT の線形性より，各余弦波の周波数 k において振幅に比例した大きさのピークをもつようになる．したがって，DFT により，もとの信号がいかなる周波数成分をどれだけ含んでいるかを知ることができる．

3) DFT の性質

k_0, n_0 を実定数，a, b を複素定数として，DFT の性質をまとめておく．

a) 実信号　$x[n]$ が実信号の場合，$\overline{X[k]} = X[-k]$．したがって，$|X[k]| = |X[-k]|$, $\angle X[k] = -\angle X[-k]$

b) 周期性　$x[n] = x[n+N]$,　$X[k] = X[k+N]$

c) 線形性　$ax[n] + by[n] \leftrightarrow aX[k] + bY[k]$

d) 時間シフト　$x[n-n_0] \leftrightarrow X(k)W^{kn_0}$

e) 周波数シフト　$x[n]W^{-nk_0} \leftrightarrow X[k-k_0]$

f) 時間反転　$x[-n] \leftrightarrow X[-k]$

g) 複素共役　$\overline{x[n]} \leftrightarrow \overline{X[-k]}$

h) 双対性　$X[n] \leftrightarrow Nx[-k]$

i) 巡回たたみ込み　$(x * y)[n] \leftrightarrow X[k]Y[k]$

j) 積

$$x[n]y[n] \leftrightarrow \frac{1}{N}\sum_{m=0}^{N-1} X[m]Y[k-m]$$

k) パーセバルの等式

$$P = \frac{1}{N}\sum_{n=0}^{N-1}|x[n]|^2 = \frac{1}{N^2}\sum_{k=0}^{N-1}|X[k]|^2$$

e. z 変換

離散時間信号と離散時間システムの解析で重要な役割を果たす z 変換について説明する．

1) 定義と z 変換の例

離散時間信号 $x[n]$ の **z 変換** (z–transform) は，

$$X(z) = \sum_{n=-\infty}^{\infty} x[n]z^{-n} \tag{11}$$

で定義される．ただし，z は複素数である．z がリング状の領域 $R_1 < |z| < R_2$ (R_1, R_2 は定数) にあるとき，式 (11) の無限級数が収束し $X(z)$ が存在する．この領域のことを $X(z)$ の**収束領域** (region of convergence：ROC) という．

式 (11) で $z = e^{j\Omega}$ とおくと，

$$X(e^{j\Omega}) = \sum_{n=-\infty}^{\infty} x[n]e^{-jn\Omega}$$

となり信号 $x[n]$ の DTFT と一致する．あるいは，$z = re^{j\Omega}$ (r は実数) とおくと，

$$X(re^{j\Omega}) = \sum_{n=-\infty}^{\infty} x[n]r^{-n}e^{-jn\Omega}$$

となり信号 $x[n]/r^n$ の DTFT を表す．$|r| > 1$ で $\lim_{n\to\infty} 1/r^n = 0$ となるので，DTFT が存在しない信号であっても z 変換が存在する場合がある．たとえば，$x[n] = 2^n u[n]$ の DTFT は存在しないが，$|z| > 2$ であれば $X(z) = 1/(1-2z^{-1})$ となり z 変換は存在する．

さまざまな信号の z 変換と ROC を表 3 にまとめておく．

表 3　z 変換 (括弧内は ROC を表す)

$\delta[n] \leftrightarrow 1$	(全領域)
$u[n] \leftrightarrow \dfrac{1}{1-z^{-1}}$	$(\|z\| > 1)$
$-u[-n-1] \leftrightarrow \dfrac{1}{1-z^{-1}}$	$(\|z\| < 1)$
$\delta[n-n_0] \leftrightarrow z^{-n_0}$	$(z \neq 0\ (n_0 > 0), z \neq \infty\ (n_0 < 0))$
$a^n u[n] \leftrightarrow \dfrac{1}{1-az^{-1}}$	$(\|z\| > \|a\|)$
$-a^n u[-n-1] \leftrightarrow \dfrac{1}{1-az^{-1}}$	$(\|z\| < \|a\|)$
$na^n u[n] \leftrightarrow \dfrac{az^{-1}}{(1-az^{-1})^2}$	$(\|z\| > \|a\|)$
$-na^n u[-n-1] \leftrightarrow \dfrac{az^{-1}}{(1-az^{-1})^2}$	$(\|z\| < \|a\|)$
$\dfrac{(n+m)!}{n!m!}a^n u[n] \leftrightarrow \dfrac{1}{(1-az^{-1})^{m+1}}$	$(\|z\| > \|a\|)$
$-\dfrac{(n+m)!}{n!m!}a^n u[-n-1] \leftrightarrow \dfrac{1}{(1-az^{-1})^{m+1}}$	$(\|z\| < \|a\|)$
$r^n \cos(\Omega_0 n)u[n] \leftrightarrow \dfrac{1-r\cos(\Omega_0)z^{-1}}{1-2r\cos(\Omega_0)z^{-1}+r^2z^{-2}}$	$(\|z\| > \|r\|)$
$r^n \sin(\Omega_0 n)u[n] \leftrightarrow \dfrac{r\sin(\Omega_0)z^{-1}}{1-2r\cos(\Omega_0)z^{-1}+r^2z^{-2}}$	$(\|z\| > \|r\|)$
$a^{\|n\|}\ (\|a\| < 1) \leftrightarrow \dfrac{1-a^2}{(1-az^{-1})(1-az)}$	$(\|a\| < \|z\| < 1/\|a\|)$
$\begin{cases} a^n & (0 \le n \le N-1) \\ 0 & (\text{その他}) \end{cases} \leftrightarrow \dfrac{1-a^N z^{-N}}{1-az^{-1}}$	$(\|z\| > 0)$

2)　逆 z 変換

$X(z)$ から離散時間信号 $x[n]$ への逆 z 変換は，

$$x[n] = \frac{1}{2\pi j}\int_C X(z)z^{n-1}\mathrm{d}z$$

で与えられる．積分経路 C は，ROC 内の原点を囲む反時計回りの閉路である．ただし，$X(z)$ が

$$X(z) = \sum_{k=1}^{\ell} \frac{\alpha_k}{1-p_k z^{-1}} + \sum_{m=-\infty}^{\infty} \beta_m z^{-m}$$

(α_k, β_m は複素定数，p_k は $X(z)$ の極)

のように部分分数に展開できる場合は，表 3 に示す $1/(1-az^{-1})$，z^{-n_0} の逆変換を各項ごとに適用すれば，簡単に逆 z 変換が求められる．なお，$X(z)$ が $(m+1)$ 重極 $1/(1-p_k z^{-1})^{m+1}$ をもつ場合は，表 3 の $1/(1-az^{-1})^{m+1}$ の逆変換を用いればよい．このようにして逆 z 変換を求める方法を，**部分分数展開法** (partial fraction expansion method) という．

3)　z 変換の性質

Ω_0, n_0 を実定数，a, b を複素定数，R_x を $x[n]$ の収束領域として，z 変換の性質をまとめておく．

a) 線形性

$$ax[n] + by[n] \leftrightarrow aX(z) + bY(z),\ (R_x \cap R_y)$$

b) 時間シフト　$x[n-n_0] \leftrightarrow z^{-n_0}X(z)$, (R_x)

c) 積　$z_0^n x[n] \leftrightarrow X(z/z_0)$, $(|z_0|R_x)$

d) 周波数シフト　$x[n]e^{jn\Omega_0} \leftrightarrow X(e^{-j\Omega_0}z)$, (R_x)

e) 時間反転　$x[-n] \leftrightarrow X(z^{-1})$, $(1/R_x)$

f) 複素共役　$\overline{x[n]} \leftrightarrow \overline{X(\overline{z})}$, (R_x)

g) 微分

$$\frac{(n+k-1)!}{(n-1)!}x[n] \leftrightarrow (-z)^k \frac{\mathrm{d}^k X(z)}{\mathrm{d}z^k},\ (R_x)$$

h) 総和

$$\sum_{n=-\infty}^{\infty} x[n] \leftrightarrow \frac{1}{1-z^{-1}}X(\Omega),\ (R \cap \{|z| > 1\})$$

i) たたみ込み $(x * y)[n] \leftrightarrow X(\Omega)Y(\Omega)$, $(R_x \cap R_y)$

j) 初期値定理 $x[n]$ が因果的な信号ならば,

$$x[0] = \lim_{z\to\infty} X(z)$$

k) 最終値定理 $x[\infty]$ が存在するならば,

$$x[\infty] = \lim_{z\to 1}(1 - z^{-1})X(z)$$

l) 積

$$x[n]y[n] \leftrightarrow \frac{1}{2\pi j}\int_{C_1} X(v)Y(z/v)v^{-1}\mathrm{d}v$$
$$(R_{x+}R_{y+} < |z| < R_{x-}R_{y-})$$

C_1 は $X(v)$ と $Y(z/v)$ の ROC の共通領域にある閉路である.

m) パーセバルの等式

$$\sum_{n=-\infty}^{\infty} |x[n]|^2 = \frac{1}{2\pi j}\int_{C_2} X(v)\overline{X(1/\overline{v})}v^{-1}\,\mathrm{d}v$$

C_2 は $X(v)$ と $\overline{X(1/\overline{v})}$ の ROC の共通領域にある閉路である.

4) 片側 z 変換

式 (11) の z 変換において, 級数和の n の範囲を次のように $[0, \infty]$ に置き換えたものを片側 $\boldsymbol{z}$ 変換 (unilateral z–transform) という.

$$X(z) = \sum_{n=0}^{\infty} x[n]z^{-n} \tag{12}$$

それに対し式 (11) を, 両側 z 変換 (bilateral z–transform) という. $x[n]$ が因果的な信号ならば両者は一致する. 両側 z 変換が存在しない信号でも, 片側 z 変換が存在する場合があるので, z 変換が適用可能な信号のクラスを広げることができる. たとえば, $x[n] = 2^n$ の両側 z 変換は存在しないが, $2 < |z|$ であれば $X(z) = 1/(1 - 2z^{-1})$ となり, 片側 z 変換は存在する.

片側 z 変換でも積, 微分, 複素共役の性質が成り立つが, 時間反転は成り立たない. 時間シフトの性質は, m を正整数として

$$Z[x[n-m]] = z^{-m}X(z) + z^{-m+1}x[-1] + \cdots + x[-m]$$

$$Z[x[n+m]] = z^{m}X(z) - z^{m}x[0] - z^{m-1}x[1] - \cdots - zx[m-1]$$

となる. $x[n]$ と $y[n]$ が因果的な信号ならば, $(x{*}y)[n] = \sum_{m=0}^{n} x[m]y[n-m]$ となるので, 因果的な信号の場合にのみたたみ込みの性質が成り立つ. 〔**飯 國 洋 二**〕

参 考 文 献

[1] 飯國洋二：基礎から学ぶ信号処理, 培風館, 2004.
[2] 前田 肇：信号システム理論の基礎, コロナ社, 1997.

1.3 サンプリング定理

sampling theorem

連続時間信号 $x(t)$ から離散時間信号 $x(nT)$ は一意に決まるが，図 1 に示すように，離散時間信号 $x(nT)$ から連続時間信号 $x(t)$ は一意に決まらない．ただし，$x(t)$ がある帯域制限条件を満たせば，$x(nT)$ から $x(t)$ を一意に決めることができる．ここではその条件について説明する．

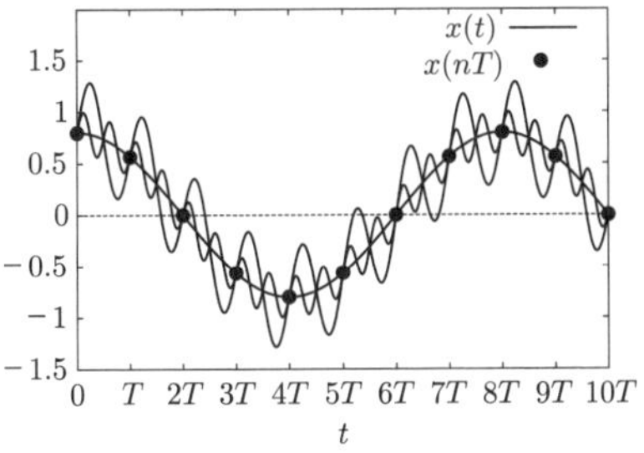

図 1　連続時間信号 $x(t)$ と離散時間信号 $x(nT)$

a. インパルスサンプリング

連続時間信号 $x(t)$ と単位パルス列 $p_T(t)$ の積 $x_s(t)$ は，$t=nT$ で大きさ $x(nT)$ をもつパルス列となる．

$$x_s(t) = x(t)p_T(t) = \sum_{n=-\infty}^{\infty} x(nT)\delta(t-nT)$$

$x(t)$ から $x_s(t)$ に変換する操作をインパルスサンプリング (impulse sampling) という．インパルスサンプリングで生成された信号 $x_s(t)$ のフーリエ変換は，

$$X_s(\omega) = \sum_{n=-\infty}^{\infty} x(nT)e^{-j\omega nT} \quad (1)$$

と表される．ここで，$x(t)$ の逆フーリエ変換で $t=nT$ とおいたものを代入し，1.2 節の式 (6) を利用すると，

$$\begin{aligned} X_s(\omega) &= \frac{1}{2\pi}\int_{-\infty}^{\infty} X(\omega')\sum_n e^{-j(\omega-\omega')nT}\mathrm{d}\omega' \\ &= \frac{1}{T}\sum_n X\left(\omega - \frac{2\pi}{T}n\right) \quad (2) \end{aligned}$$

となる．これは，$x_s(t)$ のフーリエ変換 $X_s(\omega)$ が，$x(t)$ のフーリエ変換 $X(\omega)$ を $\omega_0(=2\pi/T)$ ずつシフトさせたものの和で表されることを示している．

b. サンプリング定理

サンプリング角周波数 ω_0 の半分の大きさの角周波数 ω_M $(=\omega_0/2=\pi/T)$，あるいは周波数 $f_M(=1/2T)$ をナイキスト周波数 (Nyquist frequency) という．このとき，$X_s(\omega)$ と $X(\omega)$ の関係を表す式 (2) は，$x(t)$，$X(\omega)$ が実信号の場合，図 2 のように表される．(I) は**ナイキスト条件** (Nyquist condition) と呼ばれる帯域制限条件 $X(\omega)=0$ $(|\omega|>\omega_M)$ を満たす場合であり，

$$X(\omega) = TX_s(\omega) \quad (|\omega| \le \omega_M) \quad (3)$$

となる．これは，$|\omega|\le\omega_M$ の範囲で，定数倍 T を除いて $X_s(\omega)$ と $X(\omega)$ は一致することを示す．一方，ナイキスト条件を満たさない (II) の場合は，$|\omega|\le\omega_M$ の範囲でも $X(\omega)$ の重ね合わせにより $X_s(\omega)$ に歪みが生じる．これを折り返し歪み，あるいはエリアシング (aliasing) という．

ナイキスト条件を満たす (I) の場合，式 (3) に式 (1) を代入すると，

$$X(\omega) = T\sum_{n=-\infty}^{\infty} x(nT)e^{-j\omega nT} \quad (|\omega|\le\omega_M) \quad (4)$$

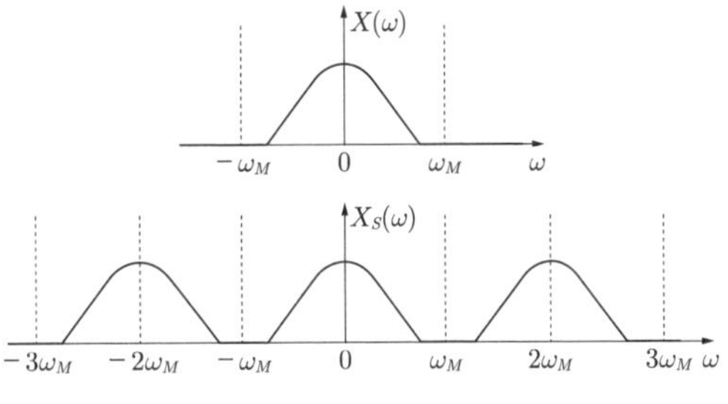

(I) $X(\omega)=0$ $(|\omega|>\omega_M)$ の場合

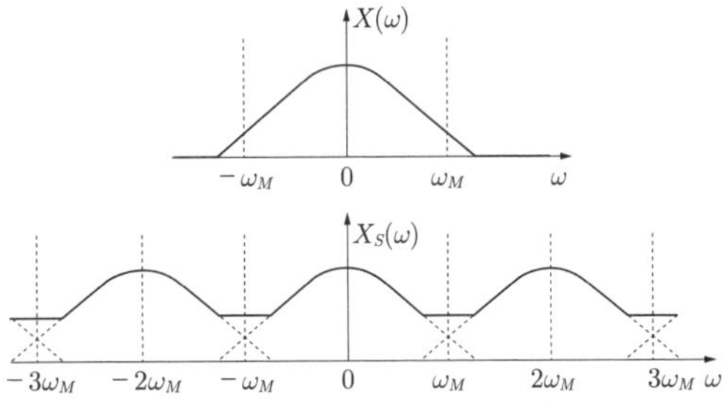

(II) $X(\omega)\neq 0$ $(|\omega|>\omega_M)$ の場合

図 2　$X_s(\omega)$ と $X(\omega)$ の関係

となる*1．ここで，$X(\omega)=0$ $(|\omega|>\omega_M)$ に注意し，$X(\omega)$ の逆フーリエ変換を計算すると次式を得る．

$$x(t)=\sum_{n=-\infty}^{\infty}x(nT)\mathrm{sinc}\left(\frac{t}{T}-n\right) \tag{5}$$

これは，$x(t)$ がナイキスト条件を満たせば，サンプリングしてももとの信号の情報は失われず，離散時間信号 $\{x(nT)\}_{n=-\infty}^{\infty}$ からもとの連続時間信号 $x(t)$ が完全に再構成できることを示している．これを，**サンプリング定理** (sampling theorem)，あるいは**標本化定理**という．

ナイキスト条件を満たさない場合は，そのままサンプリングするとエリアシングによりもとの連続時間信号の情報が失われてしまう．この場合は，ω_M より高い周波数成分を遮断する低域通過フィルタ（アンチエリアシングフィルタ）を通過させたあとにサンプリングする．これにより，低域通過フィルタ通過後の信号の情報を保存することができる．たとえば，人間の可聴域は 20 kHz までなので，音楽をサンプリングする場合は，低域通過フィルタによりおおむね 20 kHz 以上の周波数成分を取り除いたあとに，おおむね 40 kHz のサンプリング周波数でサンプリングする．

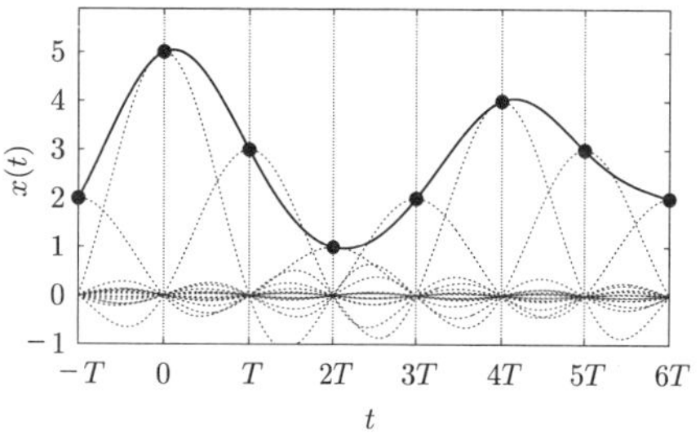

図 3　sinc 信号による補間

式 (5) は，T 間隔で並んだ離散点 $x(nT)$ の間の値を重みつき基底関数 $x(nT)\mathrm{sinc}(t/T-n)$ の和で補間するものと解釈できる．その様子を図 3 に示す．黒点は離散時間信号 $x(nT)$，点線は重みつき基底関数 $x(nT)\mathrm{sinc}(t/T-n)$，実線はそれらの和である補間信号 $x(t)$ を表している．ただし，この補間方法の実用性は薄く理論的な側面が強い．なぜなら，sinc 信号は減衰が遅く無限の広がりをもつ信号なので，近似計算するにしても計算量が膨大になり，しかも全時刻の離散時間信号 $\{x(nT)\}_{n=-\infty}^{\infty}$ が得られることを前提としているからである．

*1　式 (4) より，$x(nT)$ の DTFT を $X(\Omega)$，$x(t)$ のフーリエ変換を $\widetilde{X}(\omega)$ とすると，次の関係が成り立つ．

$$\widetilde{X}(\Omega)=TX(\Omega T)\quad(|\Omega|\le\pi/T)$$

c. 周波数領域のサンプリング定理

実数値をとる連続時間信号 $x(t)$ において，時間区間 $[-T/2,\ T/2)$ 以外の信号を 0 とした時間制限信号を $x^0(t)$ とする．また，時間区間 $[-T/2,T/2)$ における信号 $x^0(t)$ を周期的に拡張した信号を $\widetilde{x}(t)$ とする．$\widetilde{x}(t)$ は周期 T をもつので，次のようにフーリエ級数展開できる．

$$\widetilde{x}(t)=\frac{1}{T}\sum_{n=-\infty}^{\infty}\left(\int_{-T/2}^{T/2}\widetilde{x}(t)e^{-jn\omega_0 t}\mathrm{d}t\right)e^{jn\omega_0 t}$$

一方，時間区間 $[-T/2,T/2)$ で $x^0(t)=\widetilde{x}(t)$ となるので，$x^0(t)$ のフーリエ変換は，

$$\widetilde{X}^0(\omega)=\int_{-T/2}^{T/2}\widetilde{x}(t)e^{-j\omega t}\mathrm{d}t \tag{6}$$

となる．したがって，

$$\widetilde{x}(t)=\frac{1}{T}\sum_{n=-\infty}^{\infty}\widetilde{X}^0(n\omega_0)e^{jn\omega_0 t}$$

となる．さらに，これを式 (6) に代入すると，

$$\widetilde{X}^0(\omega)=\sum_{n=-\infty}^{\infty}\widetilde{X}^0(n\omega_0)\mathrm{sinc}\left(n-\frac{\omega}{\omega_0}\right)$$

となる．これは，時間制限信号 $x^0(t)$ のフーリエ変換 $\widetilde{X}^0(\omega)$ が，その ω_0 ごとの値 $\{\widetilde{X}^0(n\omega_0)\}_{n=-\infty}^{\infty}$ から完全に再構成できることを示しており，周波数領域のサンプリング定理と呼ばれている．それに対し b で述べた帯域制限信号に対するサンプリング定理は，時間領域のサンプリング定理と呼ばれている．

〔飯國洋二〕

参考文献

[1]　飯國洋二：基礎から学ぶ信号処理，培風館，2004.

2 確率過程とスペクトル解析

2.1 確率過程

stochastic process

確率過程とは，時間とともにランダムに変化する信号を表現するための数学モデルであり，時間パラメータをもった確率変数である．ランダムプロセス (random process) とも呼ばれる．確率過程は，T を時間パラメータ t の集合，Ω を見本空間とすると，$X_t(\omega)$ $(t \in T, \omega \in \Omega)$ と表記できる．なお，一般に $X_t(\omega)$ はベクトル値となるが，説明を簡単にするため $X_t(\omega)$ はスカラー値をとるものと仮定する．

たとえば，時刻 0，1，2 にサイコロを振り，サイコロの目が順に 2，3，5 であったとする．このとき，時間パラメータ t の集合 T は $T = \{0, 1, 2\}$ であり，見本空間はサイコロの目の出方のすべてである．また，見本空間の要素数は 6^3 である．

上の例のように時間パラメータ t が離散値をとるとき，離散時間確率過程あるいは時系列 (time series) と呼ぶ．一方，時間パラメータ t が $T = [0, \infty)$ のようなある区間で連続値となるとき連続時間確率過程という．

通常，多くの物理現象は時間に関して連続な関数となる．また，時間区間が有限であっても時間パラメータ t は非可算無限個になる．しかし，実際には無限個の値を扱うことができないため，通常，時間パラメータ t から有限個の点をとり，計算機などで解析する．このように構成した系列は一つの離散時間過程となる．

ω は 見本空間 Ω の一つの要素である．上の例では $\omega = (2, 3, 5)$ である．いま，時刻 t にサイコロの目が偶数であれば確率過程 $X_t(\omega)$ の値を 1，奇数であれば値を 0 とする．ω を固定すると $X_t(\omega)$ は時間関数となる．たとえば，上の例において $\omega = (2, 3, 5)$ であれば，$\{X_t(\omega)\}_{t=0,1,2} = \{1, 0, 0\}$ となる．一般に，ω を固定したときの値の列 $\{X_t(\omega)\}_{t \in T}$ を見本過程 (sample process) と呼ぶ．

以下，ω を省略し確率過程を単に X_t と表す．たとえば，上の例では，$X_0 = 1$，$X_1 = 0$，$X_2 = 0$ と表記する．

$\{t_1, t_2, \cdots, t_k\}$ $(t_1 < t_2 < \cdots < t_k)$ を任意の k 個の時刻とする．ただし，k は自然数とする．$X_t(\omega)$ は実数値をとるとする．実数 $x_{t_1}, \cdots, x_{t_k}$ に対して事象

$$X_{t_1} \leq x_{t_1}, X_{t_2} \leq x_{t_2}, \cdots, X_{t_k} \leq x_{t_k} \qquad (1)$$

の確率 $\mathrm{Prob}(X_{t_1} \leq x_{t_1}, X_{t_2} \leq x_{t_2}, \cdots, X_{t_k} \leq x_{t_k})$，つまり，$X_{t_1}, X_{t_2}, \cdots, X_{t_k}$ の同時確率分布関数

$$F_{X_{t_1}, \cdots, X_{t_k}}(x_{t_1}, \cdots, x_{t_k}) \qquad (2)$$

が定義できる．

k 次元ベクトル

$$X = (X_{t_1}, X_{t_2}, \cdots, X_{t_k})^\top$$

を定義すると，k 変数の確率過程と X は同一であり，確率過程は，この有限次元確率分布関数で特徴づけされる．

X_t が複素数をとる場合，(1) の各要素を実部と虚部ごとに，$\mathrm{Re}\{X_t\} \leq \mathrm{Re}\{x_t\}$，$\mathrm{Im}\{X_t\} \leq \mathrm{Im}\{x_t\}$ とし，$X_{t_1}, X_{t_2}, \cdots, X_{t_k}$ の実部と虚部の同時確率分布関数を定義することができる．なお，表記を簡単にするため，X_t が複素数をとる場合であっても同時確率分布関数として式 (2) を用いる．

a. ガウス過程

確率過程の任意の k 時刻の $X_{t_1}, X_{t_2}, \cdots, X_{t_k}$ が k 次元ガウス分布となるときガウス過程 (Gaussian process) あるいは正規過程 (normal process) と呼ぶ．

ガウス過程は，確率分布が平均と相関関数のみで記述できるため数学的取扱いが容易であり，多くの確率過程のモデルとして，しばしば用いられる．

b. 白色過程

離散時間確率過程の任意の時刻 t, s での共分散が

$$E\{(X_t - E\{X_t\})(X_s - E\{X_s\})^*\} = 0, \forall s \neq t$$

を満たすとき，確率過程を**白色過程** (white process) あるいは白色雑音 (white noise) という (* は複素共役を示す)．白色過程はさまざまな確率過程の基本となる重要な確率過程である．特に，各確率変数が同一のガウス分布をもつとき，白色ガウス過程あるいは白色ガウス雑音という．白色ガウス過程は，さまざまな分野で現れる雑音の重要なモデルである．

図 1 に計算機上のソフトウェアで (擬似的に) 発生させた平均 0 分散 1 の離散時間白色ガウス過程の見本過程を示している．なお，計算機上のソフトウェアで作成できるのは，擬似的な確率変数であり，厳密な意味での確率変数ではない．しかし，ここではそれらを区別しない．

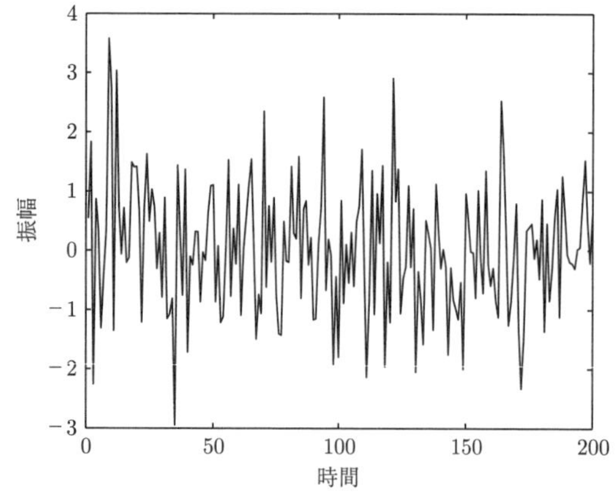

図 1 白色ガウス過程

$X_{t_1}, X_{t_2}, \cdots, X_{t_k}$ の確率分布関数が

$$F_{X_{t_1},\cdots,X_{t_k}}(x_{t_1},\cdots,x_{t_k}) = F_{X_{t_1}}(x_{t_1})F_{X_{t_2}}(x_{t_2})\cdots F_{X_{t_k}}(x_{t_k}) \quad (3)$$

と，それぞれの時刻の確率分布関数の積となるとき，つまり，各時刻の確率変数が独立で，各時刻の確率分布関数が同一の場合，**独立同分布** (independent and identically-distributed : i.i.d.) **過程**と呼ぶ．

なお，白色ガウス過程は式 (3) を満たすが，一般の白色過程が式 (3) を満たすとはかぎらない．

c. マルコフ過程

将来の値が現在の値だけで決まり，過去の値と無関係な確率過程を**マルコフ過程** (Markov process) という．たとえば，離散時間確率過程 X_t $(t = 0, 1, \cdots)$ の場合，条件つき確率分布関数が

$$F_{X_{k+1}|X_0,X_1,\cdots,X_k}(x_{k+1}|x_0,x_1,\cdots,x_k) = F_{X_{k+1}|X_k}(x_{k+1}|x_k) \quad (4)$$

となるとき，マルコフ過程となる．式 (4) からわかるように，現在の値を x_k とすると，将来の値 x_{k+1} は，過去の値 $x_0, \cdots, x_{k-1}$ と関係なく，現在の値 x_k のみに依存する．

X_t が有限あるいは加算無限個の値をとる離散時間マルコフ過程は，**マルコフ連鎖** (Markov chain) と呼ばれ，さまざまな分野で利用されている．

d. ウィーナー過程

$T = [0, \infty)$ または $T = [0, T_f]$ とする．連続時間確率過程 X_t $(t \in T)$ が，$X_0 = 0$ で，任意の $s < t$ に対し $X_t - X_s$ が $X_u (u \leq s)$ と独立で，$X_t - X_s$ の分布が平均 0 分散 $t - s$ のガウス分布となるとき，**ウィーナー過程** (Wiener process) あるいは**ブラウン運動** (Brownian motion) と呼ぶ．ウィーナー過程は，ガウス過程であり，複雑な確率過程を定義するときに用いられる．

X_t $(t = 0, 1, \cdots)$ は，1 または −1 をとる独立同分布過程とする．$Y_0 = 0$ とし，$Y_{t+1} = Y_t + X_t$ $(t = 0, 1, \cdots)$ より作成した Y_t $(t = 0, 1, \cdots)$ を 1 次元ランダムウォークという．ランダムウォークは，マルコフ連鎖の一例である．

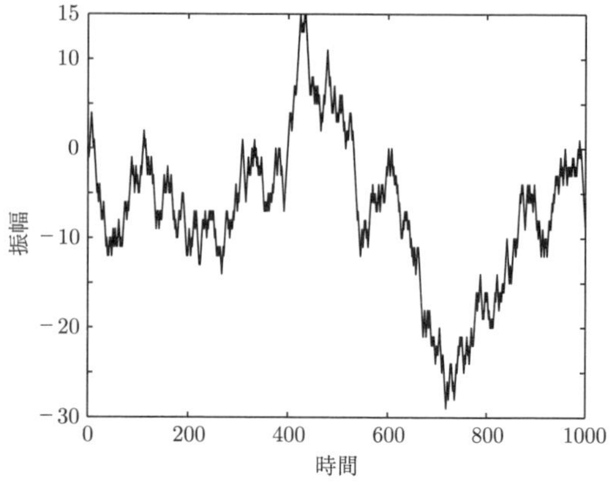

図 2 ランダムウォーク

図2に1と -1 が等確率で発生する場合のランダムウォークの見本過程を示している．ランダムウォークのサンプル時刻点間を1ではなく ε とし，$\varepsilon \to 0$ とするとウィーナー過程が得られる．

e. 平均関数，相関関数

確率過程 X_t の平均は時間関数

$$E\{X_t\} = \mu_X(t)$$

となる．また，時刻 t と s における相関は

$$E\{X_t X_s^*\} = R_X(t,s)$$

と，2変数の時間関数として定義される．$R_X(t,s)$ は，**相関関数** (correlation function) あるいは自己相関関数 (auto-correlation function) と呼ばれる．同様に，共分散関数 (covariance function) あるいは自己共分散関数 (auto-covariance function) は

$$C_X(t,s) = E\{(X_t - \mu_X(t))(X_s - \mu_X(s))^*\}$$

で定義される．

f. 定常過程

確率過程 X_t の時刻 $t_1, \cdots, t_k$ $(t_1 < \cdots < t_k)$ における $X_{t_1}, \cdots, X_{t_k}$ の同時確率分布関数 $F_{X_{t_1},\cdots,X_{t_k}}(x_{t_1}, \cdots, x_{t_k})$ が，どのような k と実数値 τ に対しても

$$\begin{aligned} &F_{X_{t_1},\cdots,X_{t_k}}(x_{t_1}, \cdots, x_{t_k}) \\ &\quad = F_{X_{t_1+\tau},\cdots,X_{t_k+\tau}}(x_{t_1}, \cdots, x_{t_k}) \end{aligned} \tag{5}$$

となるとき，確率過程 X_t を**定常過程** (stationary process) あるいは**強定常過程** (strongly stationary process) という．つまり，時間が変化しても統計的性質が変化しない確率過程が定常過程である．

すべての τ に対して，式 (5) が成り立つためには，連続時間確率過程の場合 $T = (-\infty, \infty)$，離散時間確率過程の場合 $T = \{0, \pm 1, \pm 2, \cdots, \pm\infty\}$ でなければならない．したがって，定常過程は純粋な数学モデルといえる．実際には，十分長い時間が経過しても統計的性質が変化しない信号や系列を定常過程としてモデル化する．

一方，時間が変化しても次のように1次と2次の統計量が変化しないとき，**弱定常過程** (weakly stationary process) あるいは広義定常過程 (wide-sense stationary process) という．つまり，確率過程 X_t の平均関数が時間に関係なく一定値 μ_X になり，相関関数が

$$R_X(t,s) = R_X(t+\tau, s+\tau), \quad \tau \in \mathbb{R}$$

となる．このとき

$$R_X(t,s) = R_X(t+\tau, s+\tau) = R_X(t-s, 0)$$

となるので，相関関数は時刻 t と s の時間差 $t-s$ の関数となる．したがって，弱定常過程の相関関数は単に

$$R_X(\tau) = E\{X_t X_{t-\tau}^*\}$$

と書ける．同様に，弱定常過程の共分散関数を

$$C_X(\tau) = E\{(X_t - \mu_X)(X_{t-\tau} - \mu_X)^*\}$$

と書く．

弱定常ガウス過程は強定常ガウス過程となる．そのためか，信号処理などいくつかの分野では，弱定常過程を定常過程と呼ぶこともある．しかし，ガウス過程でない弱定常過程は強定常過程とはならない．

なお，m 次までの統計量が時間移動に関し不変であれば，m 次定常過程 (mth order stationary process) という．したがって，弱定常過程を **2次定常過程**とも呼ぶ．

弱定常過程は数学的に取り扱いやすい．たとえば，線形システムに弱定常過程を入力すると，出力も弱定常過程となる．そのため，多くの信号が弱定常過程にモデル化される．

g. パワースペクトル密度

X_t を平均0の弱定常過程とする．なお，平均0の仮定は本質的ではない．X_t の平均が μ_X のとき，$\widetilde{X}_t = X_t - \mu_X$ とし $\widetilde{X}_t$ を考えれば，以下，同様の結果が得られる．

弱定常過程の周波数領域における重要な統計量に**パワースペクトル密度** (power spectral density) がある．パワースペクトル密度をパワースペクトルまたは単に

スペクトルと呼ぶこともある.

X_t が連続時間確率過程の場合，パワースペクトル密度は，時間領域における統計量である相関関数 $R_X(\tau)$ のフーリエ変換が存在するとき

$$S_X(\omega) = \int_{-\infty}^{\infty} R_X(\tau) e^{-j\omega\tau} \mathrm{d}\tau \tag{6}$$

で与えられる.

一方，X_t が離散時間確率過程の場合，パワースペクトル密度は相関関数 $R_X(\tau)$ の離散時間フーリエ変換が存在するとき

$$S_X(\omega) = \sum_{\tau=-\infty}^{\infty} R_X(\tau) e^{-j\omega\tau}, \quad -\pi \leq \omega \leq \pi \tag{7}$$

で定義される.

連続時間確率過程のパワースペクトル密度が，$-\infty < \omega < \infty$ で定義されるのに対し，離散時間確率過程のパワースペクトル密度は周期 2π の周期関数であり，多くの場合 $-\pi \leq \omega \leq \pi$ で定義される．また，パワースペクトル密度の逆変換が相関関数となることを，**ウィーナー–ヒンチンの定理** (Wiener–Khinchin theorem) と呼ぶ.

パワースペクトル密度を積分すると確率過程の平均パワー $E\{|X_t|^2\}$ となる．つまり，パワースペクトル密度は確率過程 X_t の平均パワーがどの角周波数にどのように分布しているのかを示す.

なお，通信などの分野では，式 (6) と式 (7) において $\omega = 2\pi f$ とし，角周波数 ω ではなく周波数 f でパワースペクトル密度を定義することが多い.

図 3 に，相関関数が $R_X(\tau) = a^{|\tau|}$ $(|a| < 1)$ の離散時間弱定常過程のパワースペクトル密度を示している．ただし，$0^0 = 1$ とする.

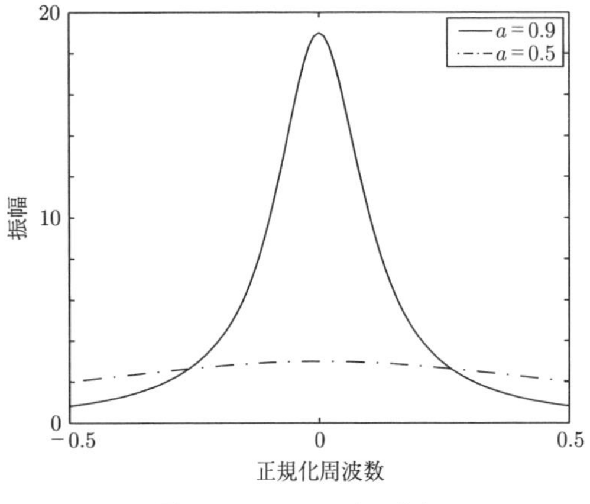

図 3 パワースペクトル密度

a が 1 に近づくと低周波成分のパワーが強くなりピーク値が大きくなる．a が 0 のとき，パワースペクトル密度は一定値となり，このとき白色過程となる．なお，図 3 の横軸は，正規化周波数をとり $-1/2 \leq \omega/(2\pi) \leq 1/2$ としている.

h. 周期定常過程

確率過程 X_t の時刻 $t_1, \cdots, t_k$ $(t_1 < \cdots < t_k)$ における $X_{t_1}, \cdots, X_{t_k}$ の同時確率分布関数 $F_{X_{t_1},\cdots,X_{t_k}}(x_{t_1}, \cdots, x_{t_k})$ が，どのような k に対してもある周期 T_s の周期関数となるとき，つまり整数値 m に対し

$$\begin{aligned} &F_{X_{t_1},\cdots,X_{t_k}}(x_{t_1}, \cdots, x_{t_k}) \\ &\quad = F_{X_{t_1+mT_s},\cdots,X_{t_k+mT_s}}(x_{t_1}, \cdots, x_{t_k}) \end{aligned}$$

となるとき，確率過程 X_t を**周期定常過程** (cyclostationary process) あるいは**強周期定常過程** (strongly cyclostationary process) という.

定常過程であれば周期定常過程であるが，その逆は一般には成り立たない.

定常過程に関する定義の多くが，周期定常過程に対しても定義できる.

確率過程の 1 次と 2 次の統計量が周期 T_s の周期関数となるとき，つまり

$$\mu_X(t) = \mu_X(t + mT_s), \forall m \in \mathbb{Z}$$
$$R_X(t, s) = R_X(t + mT_s, s + mT_s), \forall m \in \mathbb{Z}$$

のとき，**弱周期定常過程**あるいは**広義周期定常過程**という.

周期定常過程は，周期的な操作を伴う信号の数学モデルである．たとえば，ディジタル通信において，送信情報列を S_k $(k = 0, \pm 1, \cdots)$，T_s ごとに情報をのせるパルス信号を $P(t)$ とすると，送信信号は

$$X_t = \sum_{k=-\infty}^{\infty} S_k P(t - kT_s)$$

と書ける．ここで，S_k が定常過程であると，X_t は周期定常過程となる.

Θ を $[0, T_s]$ に一様分布する確率変数とし，Θ と独

立な周期定常過程 X_t を Θ だけ時間をずらした信号 $\overline{X}_t = X_{t-\Theta}$ を考える．$\overline{X}_t$ の平均は

$$E\{\overline{X}_t\} = E\{X_{t-\Theta}\} = E\{E\{X_{t-\Theta}|\Theta\}\}$$

と書ける．ここで，Θ は X_t と独立で $[0, T_s]$ に一様分布する確率変数であるから

$$\begin{aligned} E\{\overline{X}_t\} &= E\{\mu_X(t-\Theta)\} \\ &= \frac{1}{T_s}\int_0^{T_s} \mu_X(t-\theta)\mathrm{d}\theta \end{aligned} \quad (8)$$

となる．$\mu_X(t)$ は周期 T_s の周期関数なので上式右辺は一定値

$$\frac{1}{T_s}\int_0^{T_s} \mu_X(\theta)\mathrm{d}\theta$$

になる．

同様に自己相関関数は

$$R_{\overline{X}}(t,s) = \frac{1}{T_s}\int_0^{T_s} R_X(\theta+t-s,\theta)\mathrm{d}\theta := R_{\overline{X}}(t-s) \quad (9)$$

となり，時間差 $t-s$ の関数となる．以上より，周期定常過程 X_t を Θ ずらした信号 $\overline{X}_t = X_{t-\Theta}$ は弱定常過程となる．一方，式 (8) を周期定常過程の平均の 1 周期の平均，式 (9) を周期定常過程の相関関数の 1 周期の平均と見なすことができる．〔大野修一〕

参考文献

[1] A. Papoulis and S.U. Pillai : Probability, Random Variables and Stochastic Processes, 4th Revised ed., McGraw Hill Higher Education, 2002.

2.2 ノンパラメトリックスペクトル解析

nonparametric spectral analysis

スペクトル解析 (spectral analysis) とは，信号を周波数領域で表現することで，周波数領域での信号の特徴量を調べたり，その特徴量を利用することである．

スペクトル解析には，信号のモデルを仮定しないノンパラメトリック (nonparametric) 法と，信号があるパラメータモデルにしたがうと仮定するパラメトリック (parametric) 法とがある．この項目では，主にノンパラメトリック法について述べる．

a. スペクトル推定

有限時間内の観測値より，ランダムな信号のパワースペクトル密度を推定することをスペクトル推定問題と呼ぶ．スペクトル推定問題は，スペクトル解析の主要な問題の一つである．

信号の解析には計算機を用いるので，以下断りのないかぎり，計算機に適した離散時間信号を考える．また，信号は平均 0 の 2 次定常過程と仮定する．

スペクトル推定の困難さは以下の 2 点にある．

1. 信号の期待値である相関関数で定義されるパワースペクトル密度を，有限個 (通常は一つ) の見本過程から推定しなければならない．
2. 加算無限個の相関関数値で定義されるパワースペクトル密度を相関関数の有限個のサンプル値から推定しなければならない．

通常，スペクトル推定の性能は解像度，誤差分散，偏差などで評価される．

b. ピリオドグラムとコレログラム

2 次定常過程 Y_t の相関関数 $R_Y(\tau)$ が $|\tau|$ が大きくなるにつれ，十分速く 0 に近づくとき，2.1 節の式 (7) のパワースペクトル密度は

$$S_Y(\omega) = \lim_{N\to\infty} E\left(\frac{1}{N}\left|\sum_{t=0}^{N-1} Y_t e^{-j\omega t}\right|^2\right) \quad (1)$$

と等価になる．

Y_t の N 個の観測値 y_t $(t=0,\cdots,N-1)$ が与えられたとする．式 (1) の Y_t を観測値 y_t に置き換え，右辺の極限と期待値をとらない

$$\widehat{S}_{Y,p}(\omega)=\frac{1}{N}\left|\sum_{t=0}^{N-1}y_te^{-j\omega t}\right|^2$$

をピリオドグラム (periodogram) と呼ぶ．ピリオドグラムをパワースペクトル密度の推定値とする方法をピリオドグラム法という．

一方，パワースペクトル密度の定義式 2.1 節の (7) を N 個の相関関数の推定値 $\widehat{R}_X(\tau)$ に置き換え，相関の性質 $R_X(-\tau)=R_X^*(\tau)$ を用い，有限の和をとった

$$\widehat{S}_{Y,c}(\omega)=\sum_{\tau=-(N-1)}^{N-1}\widehat{R}_Y(\tau)e^{-j\omega\tau}$$

をコレログラム (correlogram) と呼ぶ．コレログラムをパワースペクトル密度の推定値とする方法をコレログラム法という．

コレログラムにかぎらず相関関数 $\widehat{R}_Y(\tau)$ の推定値として，次の二つが主に用いられる．

$$\widehat{R}_Y(\tau)=\frac{1}{N-\tau}\sum_{t=\tau}^{N-1}y_ty_{t-\tau}^*,\quad \tau=0,\cdots,N-1 \tag{2}$$

$$\widehat{R}_Y(\tau)=\frac{1}{N}\sum_{t=\tau}^{N-1}y_ty_{t-\tau}^*,\quad \tau=0,\cdots,N-1 \tag{3}$$

式 (2) は不偏推定値であるが，τ が N に近くなるにつれ，正規化した誤差分散が大きくなる．また，式 (2) の推定値から作成した行列

$$\begin{pmatrix}\widehat{R}_Y(0) & \widehat{R}_Y^*(1) & \cdots & \widehat{R}_Y^*(N-1)\\ \widehat{R}_Y(1) & \widehat{R}_Y(0) & \cdots & \widehat{R}_Y^*(N-2)\\ \vdots & \vdots & \ddots & \vdots\\ \widehat{R}_Y(N-1) & \widehat{R}_Y(N-2) & \cdots & \widehat{R}_Y(0)\end{pmatrix} \tag{4}$$

が正定値行列とならない場合があり，いくつかの応用で利用できないことがある．

一方，式 (3) は不偏推定値ではないが式 (3) の推定値より作成した行列 (4) は正定値行列となる．また，式 (3) を用いたコレログラムは，ピリオドグラムに一致する．

長さ $2N-1$ の三角窓 (triangular window) あるいはバートレット (Bartlett) 窓

$$w_t=\begin{cases}1-|t|/N & t=0,\pm1,\cdots,\pm N-1\\ 0 & \text{その他}\end{cases} \tag{5}$$

を定義すると，ピリオドグラムの期待値は

$$\begin{aligned}E\{\widehat{S}_{Y,p}(\omega)\}&=\sum_{\tau=-\infty}^{\infty}w_\tau R_Y(\tau)e^{-j\omega\tau}\\ &=\frac{1}{2\pi}\int_{-\pi}^{\pi}S_Y(\psi)W(\omega-\psi)\mathrm{d}\psi\end{aligned} \tag{6}$$

と書ける．ただし，$W(\omega)$ は，式 (5) の w_t の離散時間フーリエ変換とする．

一般に，式 (5) の w_t のように，ある有限な区間以外で 0 となる関数を**窓関数**（window function）という．信号 y_t に窓関数 w_t を乗算すると窓関数が 0 のときかならず $w_ty_t=0$ となり，窓関数が 0 でなければ値 w_ty_t が得られる．窓関数は，スペクトル解析だけでなくフィルタ設計などにも利用される．

図 1 に $N=26$ のときの三角窓のスペクトルを示している．ただし，ピーク値が 0 dB になるよう正規化している．最大のピーク値をもつ山をメインローブ，メインローブの以外の山をサイドローブという．

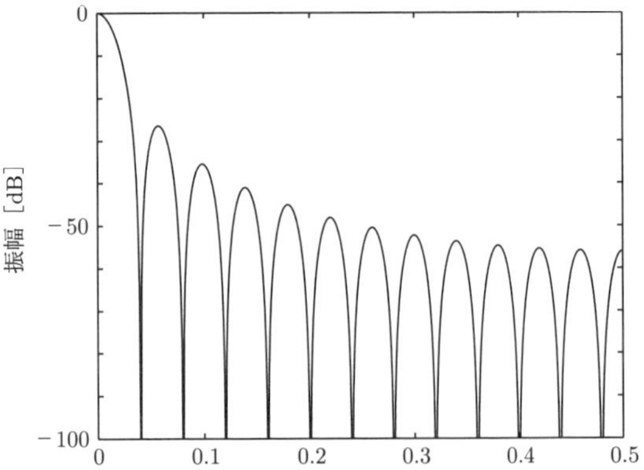

図 1　三角窓 (バートレット) 窓のスペクトル

ピリオドグラムの期待値に対する窓関数の影響を調べるため，理想パルス形のパワースペクトル密度 $S_Y(\omega)=2\pi\delta(\omega)$ を考える．$S_Y(\omega)=2\pi\delta(\omega)$ を式 (6) に代入すると，$E\{\widehat{S}_{Y,p}(\omega)\}=W(\omega)$ となる．

メインローブのピークが理想パルスに対応している．ピリオドグラムの期待値は図 1 のメインローブのよう

な山形となり不鮮明化 (smearing) する．不鮮明化により，周波数の間隔が狭い二つの異なる理想パルスが一つの山となることがある．

周波数の異なる二つの理想パルスを分解できる周波数間隔を，解像度あるいは周波数分解能という．解像度はメインローブの形状に依存する．

メインローブがピーク値をとる周波数とピーク値が半分となる周波数の 2 点間の幅 (3 dB 幅) をメインローブ幅と呼ぶ．二つの理想パルスの周波数間隔がメインローブ幅より狭ければ，原理的に二つの理想パルスは分離できない．

メインローブ幅が小さいほど解像度が高くなる．ピリオドグラム法の解像度はおおよそ $1/N$ である．したがって，解像度を上げるためには多くの観測値が必要となる．

窓関数のサイドローブは，他の周波数への平均パワーの漏れあるいはリーケージ (leakage) となる．そのためサイドローブはメインローブよりできるだけ小さいほうが望ましい．

E_t を白色ガウス過程とする．E_t を線形フィルタで処理した出力が Y_t のとき，観測値数 N が十分大きければ ω におけるピリオドグラムの誤差分散は $[S_Y(\omega)]^2$ となり，異なる周波数におけるピリオドグラムは無相関となる．そのため，ピリオドグラム法で求めたパワースペクトル密度の推定値は大きな変動をもつ．また，誤差分散はサンプル数を増やしても変化しない．

周波数 $f_1 = 240$ Hz と $f_2 = 250$ Hz の正弦波と，平均 0 分散 0.01 の白色ガウス雑音 E_t の和の連続時間信号

$$Y_t = \sin(2\pi f_1 t) + 2\sin(2\pi f_2 t) + E_t \qquad (7)$$

を考える．

式 (7) の連続時間信号をサンプリング周波数 1 kHz で 100 個サンプルした離散時間信号のピリオドグラム法によるパワースペクトル密度推定値を図 2 に示している．また，図 3 は同じ信号を同じサンプリング周波数で 1000 個サンプルした場合の推定値である．

図 2 では，二つの正弦波のスペクトルが漏れにより重なっている．また，図 3 から，サンプル数を増やすと解像度は向上するが，誤差分散はあまり変化していないことがわかる．

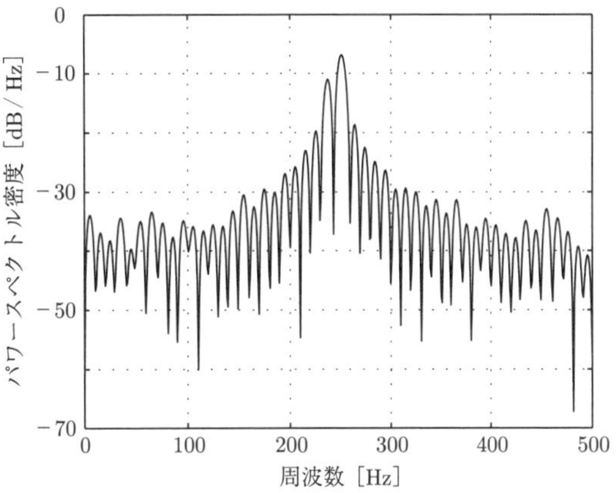

図 2 ピリオドグラム法によるパワースペクトル密度推定値 (サンプル数 100)

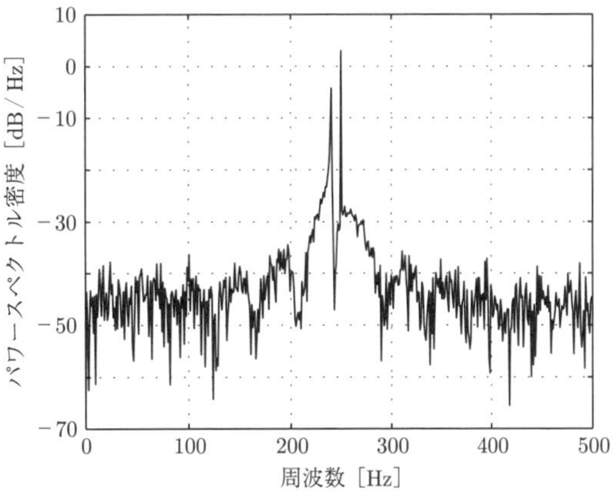

図 3 ピリオドグラム法によるパワースペクトル密度推定値 (サンプル数 1000)

c. ブラックマン–チューキー法

$M \le N$ とし，次の式を満たす窓関数を考える．

$$w_0 = 1, \quad w_{-t} = w_t, \quad w_t = 0 \quad |t| \ge M \text{ のとき}$$

窓関数と相関関数の推定値から定義した

$$\widehat{S}_{Y,BT}(\omega) = \sum_{\tau=-(N-1)}^{N-1} w_\tau \widehat{R}_Y(\tau) e^{-j\omega\tau}$$

をパワースペクトル密度の推定値とする方法をブラックマン–チューキー (Blackman–Tukey) 法と呼ぶ．ブラックマン–チューキー法は，コレログラムに窓関数をかけることで，よりよい推定値を得ようとする方法といえる．

式 (3) を用いたとき，コレログラムはピリオドグラムに一致するので

$$\widehat{S}_{Y,BT}(\omega) = \frac{1}{2\pi}\int_{-\pi}^{\pi}\widehat{S}_{Y,p}(\psi)W(\omega-\psi)\mathrm{d}\psi$$

となる．したがって，ブラックマン–チューキー法はピリオドグラムを窓関数で重みつき平均していると解釈できる．

通常，窓関数は解像度が高くサイドローブによる漏れが小さいほうがよい．しかし，両者はトレードオフの関係にあり，アプリケーションに応じた窓関数を選択しなければならない．

これまで，さまざまな窓関数が提案されている．たとえば

$$w_t = 0.54 + 0.46\cos\left(\frac{\pi t}{M-1}\right)$$

をハミング (Hamming) 窓と呼ぶ．また

$$w_t = 0.42 + 0.5\cos\left(\frac{\pi t}{M-1}\right) + 0.08\cos\left(\frac{\pi t}{M-1}\right)$$

をブラックマン (Blackman) 窓という．

一方，解像度と漏れを一つのパラメータ γ で調節する方法の一つに以下のカイザー (Kaiser) 窓がある．

$$w_t = \frac{I_0\left(\gamma\sqrt{1-(\frac{t}{M-1}-1)^2}\right)}{I_0(\gamma)}$$

ただし，I_0 は第 1 種 0 次修正ベッセル関数とする．

図 4 にハミング窓，ブラックマン窓，カイザー窓 ($\gamma=1$) のスペクトルを示している．図から，解像度と漏れがトレードオフの関係にあることがわかる．

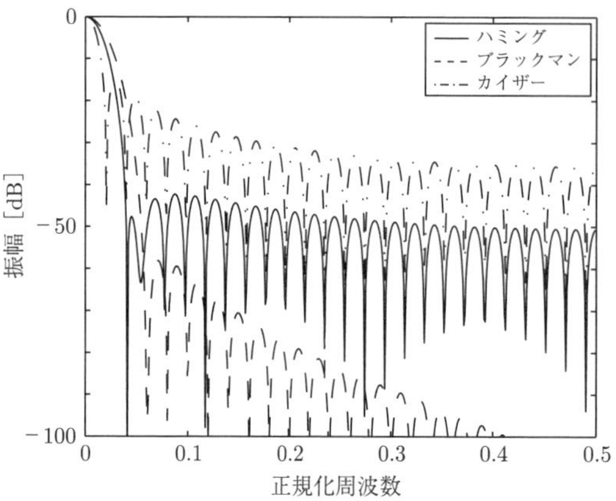

図 4 ハミング窓，ブラックマン窓，カイザー窓 ($\gamma=1$) のスペクトル

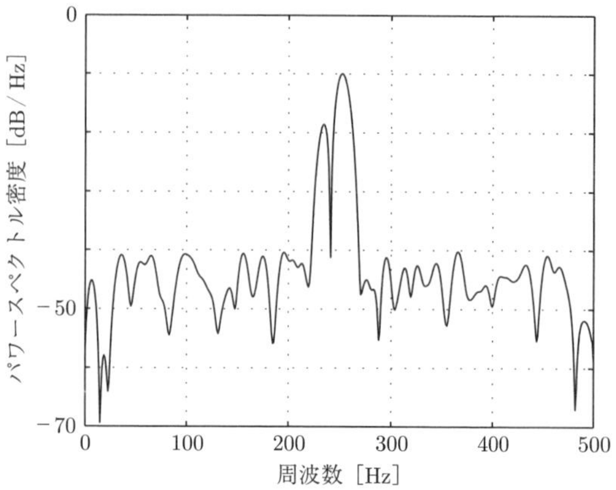

図 5 ブラックマン–チューキー法によるパワースペクトル密度推定値

図 5 は，ハミング窓を用いたブラックマン–チューキー法によるパワースペクトル密度の推定値である．図 3 のピリオドグラム法より解像度は低下しているが，推定値がよりなめらかになっている．

d. バートレット法

バートレット (Bartlett) 法は観測値信号をオーバラップのない複数のセグメントに分割し，各セグメントごとにピリオドグラムを計算し，それらの算術平均をとる方法である．

$N = ML$ とする．観測値信号を長さ M の L 個のデータ列に以下のように分割する．

$$y_{l,t} = y_{(l-1)M+t},\quad l = 1,\cdots,L,\quad t = 0,\cdots,M-1$$

このとき，バートレット法によるパワースペクトル密度の推定値は

$$\frac{1}{L}\sum_{l=1}^{L}\left[\frac{1}{M}\sum_{t=0}^{M-1}\left|y_{l,t}e^{-j\omega t}\right|^2\right]$$

となる．

ピリオドグラム法と比較してバートレット法は解像度が L 倍に低下するが，誤差分散は $1/L$ に減少する．

e. ウェルチ法

ウェルチ (Welch) 法は，バートレット法を改良した

もので，バートレット法において，セグメント間のデータの重複を許し，ピリオドグラムではなく修正ピリオドグラムを用いる．

$K \leq M$ に対し，観測値信号を

$$y_{i,t} = y_{(i-1)K+t}, \quad i = 1, \cdots, I, \quad t = 0, \cdots, M-1$$

と分割する．次に，

$$P = \frac{1}{M} \sum_{t=0}^{M-1} |w_t|^2$$

を満たす窓関数を用いた修正ピリオドグラム

$$\frac{1}{MP} \sum_{t=0}^{M-1} \left| w_t y_{i,t} e^{-j\omega t} \right|^2$$

を計算し，その算術平均

$$\frac{1}{I} \sum_{i=1}^{I} \left[\frac{1}{M} \sum_{t=0}^{M-1} \left| y_{i,t} e^{-j\omega t} \right|^2 \right]$$

をパワースペクトル密度の推定値とする．

図 6 は，$M = 256$，$K = M/2$ のウェルチ法によるパワースペクトル密度の推定値である．図 5 のブラックマン–チューキー法と比較すると，解像度は若干低下しているが，白色雑音に対応する推定値が平坦になっている．

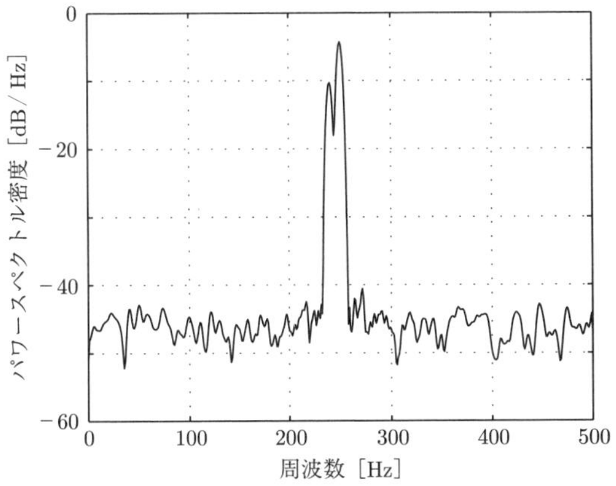

図 6 ウェルチ法によるパワースペクトル密度推定値

f. マルチテイパー法

$N = KM$ とする．(m, n) 要素が

$$\frac{\sin[(m-n)\pi/M]}{(m-n)\pi}$$

である $N \times N$ 行列 Γ の第 k 番目に大きい固有値に対応する固有ベクトルを第 k スレピアン (Slepian) 列と呼ぶ．

第 k スレピアン列を $h_{k,t}$ $(t = 0, \cdots, N-1)$ とし，次のように $h_{k,t}$ で重みづけをした観測値信号のピリオドグラム

$$\frac{1}{N} \left| \sum_{t=0}^{N-1} h_{k,N-1-t} y_t e^{-j\omega t} \right|^2$$

を求め，その算術平均

$$\frac{1}{K} \sum_{k=1}^{K} \left[\frac{1}{N} \left| \sum_{t=0}^{N-1} h_{k,N-1-t} y_t e^{-j\omega t} \right|^2 \right]$$

をパワースペクトル密度の推定値とする手法を，マルチテイパー法と呼ぶ．

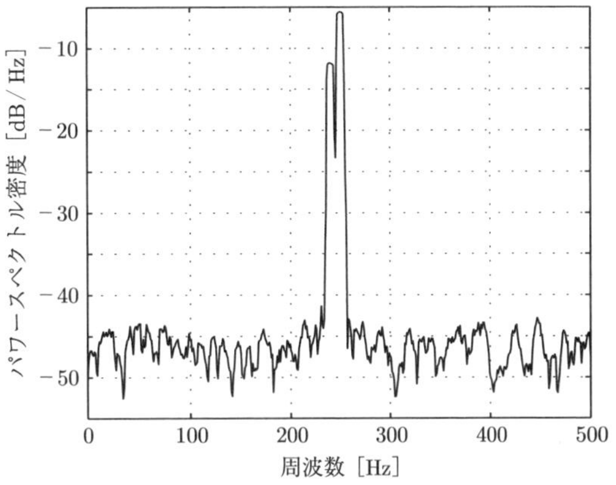

図 7 マルチテイパー法によるパワースペクトル密度推定値

図 7 にマルチテイパー法によるパワースペクトル密度推定値を示す．ピリオドグラム法と比較すると，マルチテイパー法は解像度が K 倍に低下するが，誤差分散は $1/K$ に減少する．〔大 野 修 一〕

参 考 文 献

[1] P. Stoica and R. L. Moses : Spectral Analysis of Signals, Prentice-Hall, 2005.

[2] 川嶋弘尚，酒井英昭：現代スペクトル解析 (POD 版)，森北出版，2007.

2.3 線形予測とパラメトリックスペクトル解析

linear prediction and parametric spectral analysis

この項目では，離散時間信号を扱う．

線形予測（linear prediction）とは，ある時刻までの信号の線形結合で，ある信号の将来を予測することである．たとえば，時刻 N までの信号 Y_t $(t = 0, \cdots, N-1)$ の線形結合で将来の時刻 $s > N-1$ の信号 Z_s を予測することである．$s = N$ のとき，時間差が 1 なので一段予測と呼び，最も広く使用されている．ここでは一段予測を考える．

予測変数 $\widehat{Z}_N$ を

$$\widehat{Z}_N = \sum_{k=1}^{n} c_k Y_{N-k}$$

と定義する．ただし，$n \le N$ とする．ここで，c_k を予測係数，n を次数という．また，予測誤差を

$$E_N = Z_N - \widehat{Z}_N \tag{1}$$

とする．

ある評価規範が最小になるよう予測係数 c_k を決める．広く利用されて評価規範に，最小誤差分散 (minimum mean–square error : MMSE) と最小自乗誤差 (least squares : LS) がある．前者による推定値を**線形 MMSE 推定値**，後者による推定値を**線形 LS 推定値**と呼ぶ．

a. 線形 MMSE 予測

線形 MMSE 法は，予測誤差の分散を最小にするように予測係数を決める．つまり，$c = [c_1, \cdots, c_n]^\top$ とすると

$$c = \arg\min_{c} E\{|E_N|^2\}$$

となる．

二つの 2 次定常過程 Y_t と Z_t の相関が次のように時刻に依存していないとき，Y_t と Z_t は結合 2 次定常過程という．

$$R_{ZY}(\tau) = E\{Z_t Y_{t-\tau}^*\}$$

いま，Y_t と Z_t は平均 0 の結合 2 次定常過程とする．$n \times n$ 相関行列

$$R_{Y,n} = \begin{pmatrix} R_Y(0) & R_Y^*(1) & \cdots & R_Y^*(n-1) \\ R_Y(1) & R_Y(0) & \cdots & R_Y^*(n-2) \\ \vdots & \vdots & \ddots & \vdots \\ R_Y(n-1) & R_Y(n-2) & \cdots & R_Y(0) \end{pmatrix} \tag{2}$$

を定義すると，誤差分散は

$$r_{ZY} = [R_{ZY}(1), R_{ZY}(2), \cdots, R_{ZY}(n)]^\top \tag{3}$$

を用いて

$$E\{|E_N|^2\} = R_Z(0) - c^{\mathcal{H}} r_{ZY} - r_{ZY}^{\mathcal{H}} c + c^{\mathcal{H}} R_{Y,n} c \tag{4}$$

と表現できる ($\mathcal{H}$ は複素共役転置)．式 (4) を c の各要素に関し偏微分し 0 とおくと

$$R_{Y,n} c = r_{ZY} \tag{5}$$

を得る．

式 (5) を変形すると

$$E\{Y_{N-k}^* E_N\} = 0, \quad k = 1, \cdots, n \tag{6}$$

となる．式 (6) は，誤差 E_N と推定に用いる Y_{N-k} が確率空間で直交，つまり無相関でなければならないことを示している．これを**直交性原理** (orthogonal principle) と呼ぶ．

式 (4) は c の 2 次形式であり $R_{Y,n}$ が正則であれば

$$\begin{aligned} E\{|E_N|^2\} &= R_Z(0) - r_{ZY}^{\mathcal{H}} R_{Y,n}^{-1} r_{ZY} \\ &\quad + \left(c - R_{Y,n}^{-1} r_{ZY}\right)^{\mathcal{H}} R_{Y,n} \left(c - R_{Y,n}^{-1} r_{ZY}\right) \end{aligned}$$

となる．したがって，予測係数は $c = R_{Y,n}^{-1} r_{ZY}$，予測誤差分散は $R_Z(0) - r_{ZY}^{\mathcal{H}} R_{Y,n}^{-1} r_{ZY}$ となる．

通常，信号の統計量は未知である．したがって，MMSE 法を適用する場合，真値の代わりに統計量の推定値を使用し，予測係数を求める．

b. 線形 LS 予測

観測値信号 y_t と z_t $(t = 0, \cdots, N-1)$ が利用できるとする．線形 LS 予測は，z_N の予測値

$$\widehat{z}_N = \sum_{k=1}^{n} c_k y_{N-k}$$

に対する予測誤差の自乗和

$$\sum_{t=N_1}^{N_2} |z_t - \hat{z}_t|^2$$

を最小にするように予測係数 c を決める．ただし，N_1 と N_2 は整数で，$0 \leq N_1 < N_2 \leq N-1+n$ とする．

$z_t = 0$ $(t = N, \cdots, N+n)$ とおき $N_1 = 0$, $N_2 = N-1+n$ とするとき自己相関法と呼ぶ．一方，$N_1 = 0$, $N_2 = N-1$ とするとき共分散法という．なお，これら以外の N_1 と N_2 のとり方もある．

時刻 $N-1$ までの y_t から $(N+n) \times n$ テープリッツ (Toeplitz) 行列

$$\widetilde{Y}_n = \left[\begin{array}{cccc} 0 & 0 & \cdots & 0 \\ y_0 & 0 & \cdots & 0 \\ y_1 & \ddots & \ddots & 0 \\ \vdots & \ddots & \ddots & 0 \\ \hline y_{n-1} & y_{n-2} & \cdots & y_0 \\ y_n & y_{n-1} & \cdots & y_1 \\ \vdots & & & \vdots \\ y_{N-2} & y_{N-3} & \cdots & y_{N-n-1} \\ \hline y_{N-1} & y_{N-2} & \cdots & y_{N-n} \\ 0 & y_{N-1} & \cdots & y_{N-n+1} \\ \vdots & \ddots & \ddots & \vdots \\ 0 & \cdots & 0 & y_{N-1} \end{array}\right] \tag{7}$$

と $N+n$ 列ベクトル

$$\widetilde{z} = [z_0, z_1, \cdots, |z_{n-1}, z_n, \cdots, z_{N-1}|, 0, \cdots, 0]^{\top}$$

を定義する．

自己相関法では $\widetilde{Y}_n$ と $\widetilde{z}$ を，共分散法では $\widetilde{Y}_n$ と $\widetilde{z}$ の線で区切った真ん中部分を $\widetilde{Y}_n$ と $\widetilde{z}$ と置き換え使用する．以下，自己相関法を主に考える．

自己相関法の予測誤差の自乗和は

$$||\widetilde{z} - \widetilde{Y}_n c||^2 = ||\widetilde{z}||^2 - c^{\mathcal{H}} \widehat{r}_{ZY} - \widehat{r}_{ZY}^{\mathcal{H}} c + c^{\mathcal{H}} \widehat{R}_{Y,n} c$$

となる．ただし

$$\widehat{R}_{Y,n} = \widetilde{Y}_n^{\mathcal{H}} \widetilde{Y}_n, \quad \widehat{r}_{ZY} = \widetilde{Y}_n^{\mathcal{H}} \widetilde{z}$$

とする．なお，$\widehat{R}_{Y,n}/N$ とすると 2.2 節において式 (3) を用いた行列 (4) に一致する．また，$\widehat{r}_{ZY}/N$ は式 (4) のバイアスのある推定値となる．

線形 MMSE 推定の場合と同様にすると，線形 LS 推定の予測係数は

$$\widehat{R}_{Y,n} c = \widehat{r}_{ZY} \tag{8}$$

を満たさなければならないことがわかる．式 (8) を最小自乗推定の**正規方程式** (normal equations) と呼ぶ．

$y_t = 0$ $(t = 0, 1, \cdots, N-1)$ でなければテープリッツ行列 $\widehat{R}_{Y,n}$ は正定となり，線形 LS 推定の予測係数は

$$c = \widehat{R}_{Y,n}^{-1} \widehat{r}_{ZY}$$

となる．また，自乗誤差は

$$||\widetilde{z}||^2 - \widehat{r}_{ZY}^{\mathcal{H}} \widehat{R}_{Y,n}^{-1} \widehat{r}_{ZY}$$

となる．

c. パラメトリックスペクトル推定

複素数値の白色過程のうち，実部と虚部が無相関で同じ分散値をもつとき巡回 (あるいは複素) **白色雑音**という．

平均 0 分散 σ^2 の巡回白色雑音 V_t を，分母多項式が

$$A[z] = 1 + a_1 z^{-1} + \cdots + a_n z^{-n}$$

分子多項式が

$$B[z] = 1 + b_1 z^{-1} + \cdots + b_m z^{-m}$$

の線形システム

$$H[z] = \frac{B[z]}{A[z]}$$

に入力すると，線形システムの出力 Y_t のパワースペクトル密度は

$$S_Y(\omega) = \left| \frac{B[e^{j\omega}]}{A[e^{j\omega}]} \right|^2 \sigma^2 \tag{9}$$

となる．

パラメトリックスペクトル推定は，図 1 のように信号 Y_t が巡回白色雑音 V_t から生成されたと仮定し，線形システムのパラメータ $\{a_1, \cdots, a_n\}$, $\{b_1, \cdots, b_m\}$, σ^2 を推定する．次に，$\{a_1, \cdots, a_n\}$, $\{b_1, \cdots, b_m\}$, σ^2 の推定値より $H[z]$ を構成し，式 (9) よりパワースペ

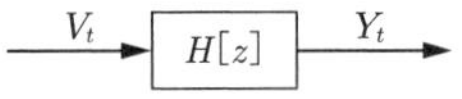

図 1 線形離散時間システム

クトル密度を推定する．一般に，十分な数の信号が得られないとき，パラメトリック法はノンパラメトリック法よりよい性能を示す．

$B[z]=1$ のとき，Y_t を**自己回帰** (auto regressive：AR) **モデル**，$A[z]=1$ のとき，**移動平均** (moving average：MA) **モデル**という．$A[z]$ と $B[z]$ がともに定数でない場合は，**ARMA モデル**と呼ぶ．

通信信号や音声などでよくあるように，ある周波数でピークをもつパワースペクトル密度を求める場合，$H[z]$ の分母が単位円周上で 0 に近づくことができる AR モデルが適している．一方，スペクトルヌルをもつ (スペクトルが 0 に近い値となる) パワースペクトル密度を求める場合，MA モデルが適している．多くの応用においてピークをもつパワースペクトルが現れるため，AR モデルが主に利用されている．

d. AR モデルを用いる方法

次数 n の AR モデルを時間領域で表現すると

$$Y_t = -\sum_{k=1}^{n} a_{k,n} Y_{t-k} + V_t \tag{10}$$

となる．ただし，AR 係数 $\{a_{k,n}\}$ は次数 n に依存するので，n を添字に使用している．

式 (10) は，式 (1) において $N=t$ とし，$Z_t=Y_t$，$E_t=V_t$，$c_k=-a_{k,n}$ とすることで得られる．したがって，AR モデルによるスペクトル推定は線形推定と密接に関連している．

式 (10) の両辺に $Y^*_{t-i}(i=0,1,\cdots,n)$ を乗算し期待値をとると

$$R_Y(i) = -\sum_{k=1}^{n} a_{k,n} R_Y(i-k) + \sigma_n^2 \delta(i) \tag{11}$$

となる．ただし，V_t の分散は次数 n に依存しているので，その分散を σ_n^2 と表記している．

$i=0,1,\cdots,n$ に対する式 (11) をまとめると

$$\left[\begin{array}{c|ccc} R_Y(0) & R_Y^*(1) & \cdots & R_Y^*(n) \\ \hline R_Y(1) & & & \\ \vdots & & R_{Y,n} & \\ R_Y(n) & & & \end{array}\right] \begin{bmatrix} 1 \\ a_{1,1} \\ \vdots \\ a_{n,n} \end{bmatrix} = \begin{bmatrix} \sigma_n^2 \\ 0 \\ \vdots \\ 0 \end{bmatrix} \tag{12}$$

を得る．

式 (12) を**ユール–ウォーカー** (Yule–Walker) **方程式**と呼ぶ．$R_{Y,n}$ が正定であると，ユール–ウォーカー方程式の解 $f_n=[a_{1,n},a_{2,n},\cdots,a_{n,n}]^\top$ は

$$f_n = -R_{Y,n}^{-1}[R_Y(1),R_Y(2),\cdots,R_Y(n)]^\top \tag{13}$$

で与えられる．

1) ユール–ウォーカー AR 法

式 (13) で用いる相関関数を 2.2 節の式 (3) のバイアスのある推定値に置き換え求めた解 $\widehat{f_n}$ でパワースペクトル密度を推定することを，ユール–ウォーカー AR 法あるいはユール–ウォーカー法と呼ぶ．ユール–ウォーカー法で得られた $1/A[z]$ は常に安定となる．このとき，ユール–ウォーカー法で得られた $\widehat{f_n}$ は，Y_N を Y_{N-k} $(k=1,\cdots,n)$ で自己相関法で線形予測した予測係数を，符号を反転させたものと一致する．

2.2 節の図 3 と同じ条件で 2.2 節の式 (7) の信号のパワースペクトル密度をユール–ウォーカー法で推定

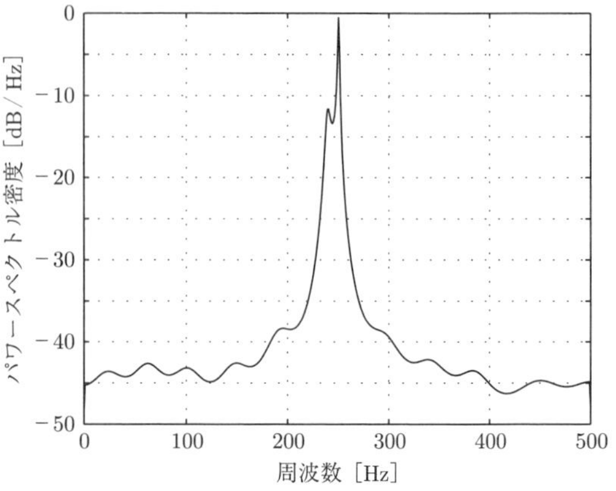

図 2 ユール–ウォーカー法によるパワースペクトル密度推定値

したものを図 2 に示している．ただし，AR モデルの次数は 25 としている．雑音部は平坦になっているが，二つのピークはあまり明確に分離できていない．

次数 n のユール–ウォーカー法を直接計算すると $O(n^3)$ の計算が必要となる．

ベクトル $x = [x_1, x_2, \cdots, x_k]$ に対し，その要素の順序を反対にするオペレータ $(\bullet)^B$ を $x^B = [x_k, x_{k-1}, \cdots, x_1]$ と定義する．

相関行列 $R_{Y,m+1}$ は，次数の一つ少ない相関行列 $R_{Y,m}$ を用いて次のように表現できる．

$$R_{Y,m+1} = \left[\begin{array}{c|c} R_Y(0) & r_{Y,m}^{\mathcal{H}} \\ \hline r_{Y,m} & R_{Y,m} \end{array}\right] = \left[\begin{array}{c|c} R_{Y,m} & r_{Y,m}^{B*} \\ \hline r_{Y,m}^{B\top} & R_Y(0) \end{array}\right]$$

この構造を利用し，次数 1 から次数 n まで再帰的にユール–ウォーカー方程式を解くことで，計算量を $O(n^2)$ に減少させる方法にレヴィンソン–ダービン (Levinson-Durbin) アルゴリズムがある．

2) 共分散法

式 (7) の真ん中の部分行列を $\widetilde{Y}_n^m$ とする．ユール–ウォーカー法において，式 (12) の相関行列を，$\widetilde{Y}_n^{\mathcal{H}}\widetilde{Y}_n$ ではなく $(\widetilde{Y}_n^m)^{\mathcal{H}}\widetilde{Y}_n^m$ とする方法が共分散法である．

共分散法では，$(\widetilde{Y}_n^m)^{\mathcal{H}}\widetilde{Y}_n^m/(N-n)$ が相関行列の不偏推定値となるが，テープリッツ行列とはならないためレヴィンソン– ダービンアルゴリズムが適用できない．また，$(\widetilde{Y}_n^m)^{\mathcal{H}}\widetilde{Y}_n^m/(N-n)$ の正則性が保証されないので，得られたモデルが不安定となる可能性がある．

図 3 に次数 25 の共分散法によるパワースペクトル密度推定値を示す．ユール–ウォーカー法と比べピーク値が分離できている．

3) バーグ法

式 (13) の f_n より，$a_{k,n} = -c_{k,n}$ とした

$$E_{f,t} = Y_t - \sum_{k=1}^{n} c_{k,n} Y_{t-k}, \quad t = n, \cdots, N-1$$

を次数 n の前向き予測誤差という．一方，Y_{t-n} を n 個の Y_{t-n+i} $(i = 1, 2, \cdots, n)$ で線形予測したときの予測誤差

$$E_{b,t} = Y_{t-n} - \sum_{k=1}^{n} \widetilde{c}_{k,n} Y_{t-n+k}, \quad t = n, \cdots, N-1$$

を次数 n の後向き予測誤差という．

バーグ (Burg) 法は，$\widetilde{c}_{k,n} = c_{k,n}^*$ とおき，次の評価関数

$$\kappa_n = \arg\min_{\kappa_n} \frac{1}{2}\left[\sum_{t=n}^{N-1}\left(|E_{f,t}|^2 + |E_{b,t}|^2\right)\right]$$

を最小にする反射係数 κ_n を逐次的に計算することで AR モデルを求める方法である．なお，$-\kappa_n$ を偏相関 (partial correlation：PARCOR) 係数と呼ぶ．

バーグ法は計算が単純で，得られたモデルは常に安定となる．

図 4 に次数 25 のバーグ法によるパワースペクトル密度推定値を示す．共分散法とほぼ同じ結果となって

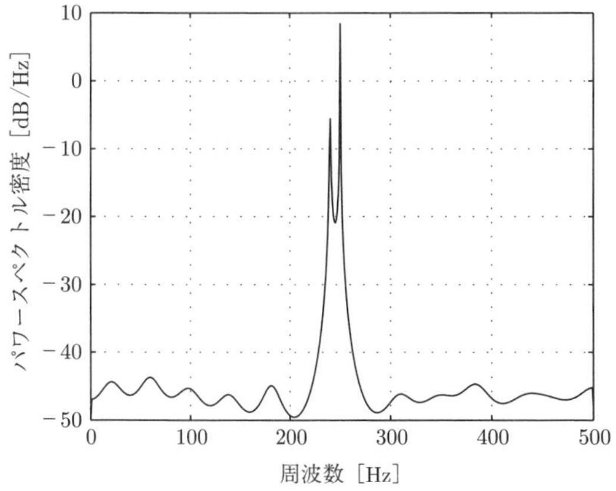

図 3 共分散法によるパワースペクトル密度推定値

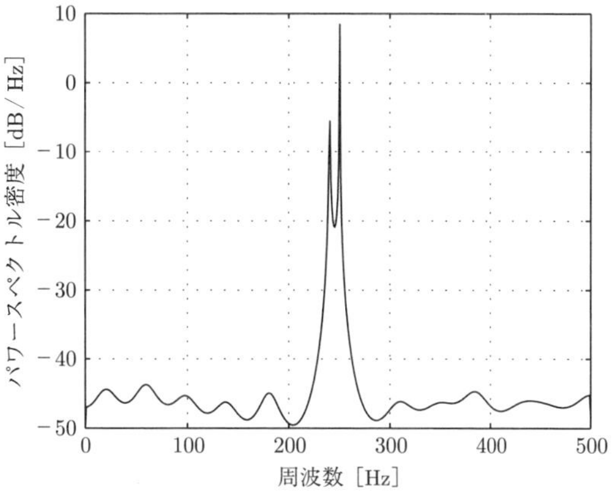

図 4 バーグ法によるパワースペクトル密度推定値

いる．一般に，バーグ法はデータ数が少ないとき効果的である．

e. MA モデルを用いる方法

次数 m の MA モデルは，$b_0 = 1$ とおくと

$$Y_t = \sum_{k=0}^{m} b_k V_{t-k}$$

と書ける．このとき

$$R_Y(\tau) = \begin{cases} \sigma^2 \sum_{k=0}^{m} b_k b_{k-\tau}^* & |\tau| \le m \\ 0 & |\tau| > m \end{cases} \tag{14}$$

が成り立つ．

$R_Y(\tau)$ $(|\tau| \le m)$ から，係数 $b = [1, b_1, \cdots, b_m]^\top$ と σ^2 を求めることを (MA 過程の) スペクトル分解という．式 (14) からわかるように $R_Y(\tau)$ は $\{b_1, \cdots, b_m\}$ の非線形関数なので，スペクトル分解は容易ではない．

スペクトル分解法として，コレスキー (Cholesky) 分解を用いたバウアー (Bauer) 法，最小自乗法を用いたダービン法，半正定プログラミング (semi–definite programming) を用いた方法などがある．

f. ARMA モデルを用いた方法

ARMA モデルは最も表現力のあるモデルであるが，ARMA モデルのパラメータを常に安定して求める標準的な方法はいまだ確立していない．

提案されている方法の多くは $H[z]$ の分母 $A[z]$ を推定し，推定した $A[z]$ を用いて $B[z]$ と σ^2 を推定する．

z^{-1} を時間遅れオペレータとすると ARMA モデルは

$$A[z]Y_t = B[z]V_t \tag{15}$$

と書ける．

$A[z]$ が推定できたとし，$Z_t = A[z]Y_t$ とおく．このとき，式 (15) は

$$Z_t = B[z]V_t$$

となり，Z_t から $B[z]$ と σ^2 を推定する問題，つまり MA モデルのスペクトル分解に帰着する．なお，$A[z]$ の推定として，拡張ユール–ウォーカー法などがある．

g. パラメータ数の決定法

スペクトル推定にかぎらずパラメータモデルを用いた推定を行うには，適切にパラメータ数を指定しなければならない．

パラメータ数決定の代表的な方法に，尤度を用いた赤池情報量規範 (Akaike's information criterion : AIC)，情報理論に基づく MDL (minimum description length) 規範，ベイズ情報量に基づく BIC(Bayesian information criterion) 規範がある．

h. 部分空間法

通信，レーダ，ソナーなどの分野では，2.2 節の式 (7) のように複数の正弦波と雑音の和である信号のスペクトル解析を行うことがある．

n 個の異なる周波数の複素正弦波

$$S_{k,t} = \alpha_k e^{j(\omega_k t + \phi_k)}, \quad \alpha_k > 0$$

があり信号が

$$Y_t = \sum_{k=1}^{n} S_{k,t} + V_t$$

と書けるとする．ただし，V_t は平均 0 分散 σ^2 の巡回白色雑音とする．

正弦波の位相 ϕ_k はそれぞれ独立で一様分布しているとすると相関関数は

$$R_Y(\tau) = \sum_{k=1}^{n} \alpha_k^2 e^{j\omega_k \tau} + \sigma^2 \delta_\tau$$

となる．したがって，相関行列 $R_{Y,m}$ $(m > n)$ は，$[1, e^{j\omega_k}, e^{j2\omega_k}, \cdots, e^{j\omega_k(m-1)}]^\top$ を第 k 列にもつ $m \times n$ ヴァンデルモンド (Vandermonde) 行列 A を用いて

$$R_{Y,m} = A \, \mathrm{diag}(\alpha_1^2, \cdots, \alpha_n^2) A^{\mathcal{H}} + \sigma^2 I$$

と書ける．

$m > n$ のとき，ヴァンデルモンド行列 A のランクは n となる．A の列ベクトルの張る空間 $\mathcal{R}(A)$ を信号空間，A の列ベクトルと直交するベクトルの張る空間 $\mathcal{N}(A)$ を雑音空間と呼ぶ．

部分空間法は，信号空間の情報を取り出し

$\{\omega_k, \alpha_k\}_{k=1,\cdots,n}$ と σ^2 を推定する方法である．$\{\omega_k, \alpha_k\}_{k=1,\cdots,n}$ と σ^2 が推定できれば，それらを用いてスペクトル推定できる．

代表的な部分空間法に MUSIC (multiple signal characterization) 法，ESPRIT (estimation of signal parameters by rotational invariance techniques) 法がある．〔大野修一〕

参考文献

[1] P. Stoica and R. L. Moses : Spectral Analysis of Signals, Prentice-Hall, 2005.

[2] S. Haykin : Adaptive Filter Theory, 4th ed., Prentice-Hall, 2001.

3 ディジタルフィルタとウェーブレット

3.1 ディジタルフィルタ設計

digital filter design

a. ディジタルフィルタのパラメータ

ディジタルフィルタは，加算器と乗算器，および遅延器の組合せで不要な周波数成分をカットした出力を得るためのシステムである．フィルタを設計するということは，システムのパラメータを決定することにほかならない．まずここでは，ディジタルフィルタを実現するシステムとそのパラメータについて述べる．

1) 因果的な線形時不変システム

離散信号 $x[n]$ を入力したときの出力を $y[n]$ とする．$\widetilde{x}[n] = x[n-m]$ を m サンプルだけシフトした信号とする．このとき，出力 $\widetilde{y}[n]$ に関して，$\widetilde{y}[n] = y[n-m]$ が成り立つとき，システムは**時不変**であるという．特に，システムに線形性が成立する場合，**線形時不変** (linear time-invariant：LTI) であるという．LTI システムは $y[n] = \sum_{k=-\infty}^{\infty} h[k]x[n-k]$ と表現できる．つまり，LTI システムとは，たたみ込み演算で表現できるシステムである．$\{h[k]\}$ は，離散インパルス信号をシステムに入力したときの出力となるため，これを**インパルス応答**と呼んでいる．

特に，インパルス応答 $\{h[n]\}$ が，$n < 0$ で $h[n] = 0$ であるとき，入出力関係は

$$y[n] = \sum_{k=0}^{\infty} h[k]x[n-k] \tag{1}$$

によって表現でき，このようなシステムを因果的な **LTI システム**と呼んでいる．通常，ディジタルフィルタといえば，因果的な LTI システムで表現できるフィルタのことを指す．

z 変換を用いれば，式 (1) は $Y(z) = H(z)X(z)$ と表現できる．ここで，$H(z) = \sum_{n=0}^{\infty} h[n]z^{-n}$ を離散システムの**伝達関数**と呼ぶ．伝達関数を単位円上 $z = e^{j\omega}$ で評価したものである $H(e^{j\omega})$ をフィルタの周波数特性と呼び，所望の特性に近くなるように $\{h[n]\}$ を選ぶことをフィルタ設計という．ここで，ω は**正規化角周波数**と呼ばれ，標本化周期 T を乗じた ωT が，連続信号の角周波数に対応する．ここでは，特に明示しない場合，周波数とは正規化角周波数を指すものとする．周波数特性を極座標表示すると，

$$H(e^{j\omega}) = |H(e^{j\omega})|e^{j\theta(\omega)}$$

となる．$|H(e^{j\omega})|$ を振幅特性，$\theta(\omega) = \arg H(e^{j\omega})$ を**位相特性**と呼ぶ．特に位相特性が 1 次関数で表現できるとき，このフィルタは直線位相をもつという．**直線位相性**は，波形の形状を保持したい場合 (画像など) では，特に重要である．

実際にディジタルフィルタを設計する際には，$\{h[n]\}$ を直接設計するのではなく，探索空間を制限した次の有理関数で与えられる伝達関数

$$H(z) = \frac{\sum_{k=0}^{N} b[k]z^{-k}}{1 - \sum_{k=1}^{M} a[k]z^{-k}} = \frac{\sum_{k=0}^{N} b[k]z^{-k}}{\sum_{k=0}^{M} \overline{a}[k]z^{-k}} \tag{2}$$

の係数 $\{a[k]\}, \{b[k]\}$ を定めるのが普通である．ここで便宜上，$\overline{a}[0] = 1$，$\overline{a}[k] = -a[k]$ $(k > 0)$ とした表現も併せて定義してある．このシステムは，図 1 に示すブロック図で表現できる．図中の z^{-1} は 1 サンプルの遅延を表している．図 1 は，式 (2) を実現するための最も基本的な構成法を示しており，これを標準形と呼んでいる．ディジタルフィルタの設計とは，式 (2)

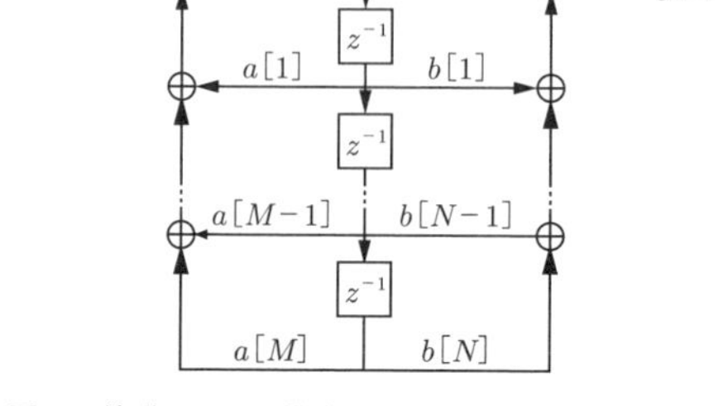

図 1 線形システム構成の標準形 ($M = N$ の場合)
矢印はサンプルの流れ，線上の係数は乗算を表す．

の有理関数の係数を決定することにほかならない．

ディジタルフィルタの構成法には，さまざまなものが存在する．$H(z)$ を因数分解することによって縦続型を構成できるし，部分分数分解によって並列型を構成できる．また，格子型と呼ばれる構成法も存在する．これらの構成法には一長一短があり，ハードウェアやソフトウェアでディジタルフィルタを実現する際に，適切な形を選ぶ必要がある．

2) FIR と IIR

簡単のため $H(z)$ の分母と分子は互いに素であるとする．式 (2) の第 2 式の表現において，$M = 0$ とすることで $H(z)$ は有限のインパルス応答をもつ．このとき，$H(z)$ は**有限インパルス応答** (finite impulse response：**FIR**) フィルタであるという．これに対して，$M > 1$ の場合，$H(z)$ は**無限インパルス応答** (infinite impulse response：**IIR**) フィルタであるという．

IIR フィルタは，伝統的なアナログフィルタの概念をもとにしたものであり，少ないパラメータで所望の周波数特性を実現できることが特徴である．これに対して FIR フィルタは，ディジタルフィルタによってのみ実現できるものである．IIR フィルタには，常に安定性の問題を気にする必要があるが，FIR フィルタは常に安定である．さらに FIR フィルタは，直線位相性を実現できるといった利点をもっている．

3) 平均フィルタと差分フィルタ

式 (2) で，$M = 0$ とし，$b[0] = 1/(N+1), b[1] = 1/(N+1), \cdots, b[N] = 1/(N+1)$ で与えられるシステムは，連続する $N+1$ サンプルを平均したものが出力となるため，移動平均フィルタと呼ばれる．M が奇数のときの周波数特性は

$$H(e^{j\omega}) = \frac{1}{M+1}\sum_{k=0}^{M} e^{-j\omega k}$$
$$= \frac{2e^{-j\omega\frac{M}{2}}}{M+1}\sum_{k=0}^{(M-1)/2}\cos\omega\left(\frac{M}{2}-k\right)$$

なので，直線位相性をもつことがわかる．

次に，$M = 0, N = 1$ としたとき，$b[0] = 1/2, b[1] = -1/2$ で与えられるシステムは**差分フィルタ**と呼ばれる．連続する 2 サンプルを差分したものが出力となる．周波数特性は $H(e^{j\omega}) = e^{j(\omega+\pi)/2}\sin\omega/2$ となり，直線位相であることがわかる．

一般に，フィルタが直線位相性をもつための必要十分条件は，インパルス応答が対称 (偶対称・奇対称) であることが知られている．上の例はすべて対称インパルス応答をもつフィルタとなっている．

4) 1 次の IIR 低域通過フィルタと安定性

$M = 1, N = 1$ のとき，$a[1] = a$ ($|a| < 1$)，$b[0] = 1$ としたものは，IIR フィルタの最も基本的な構造を与える．このとき，周波数特性は以下のようになる．

$$H(e^{j\omega}) = \frac{1}{1-ae^{-j\omega}} = \frac{1}{\sqrt{1+a^2-2a\cos\omega}}e^{-j\theta}$$

ここで，$\theta = \arctan\{a\sin\omega/(1-a\cos\omega)\}$ である．このことからわかるように，IIR フィルタは直線位相性をもたない．

このシステムは $y[n] = ay[n-1] + x[n]$ で表現できるが，これを無限級数で書き下すと $y[n] = \sum_{k=0}^{\infty} a^k x[n-k]$ となる．この形式をもとに，$y[n]$ が発散しない (安定である) ための条件を調べよう．まず，部分級数 $y[n] = \sum_{k=0}^{n} a^k x[n-k]$ を定義する．$x[n]$ のとりうる最大の値を M_x，つまり $|x[n]| \leq M_x$ とすると，

$$|y[n]| \leq \sum_{k=0}^{n} |a^k||x[n-k]|$$
$$\leq M_x \sum_{k=0}^{n} |a|^k = M_x \frac{1-|a|^{n+1}}{1-|a|}$$

なる関係を得る．したがって，$n \to \infty$ に対しては $|a| < 1$ のときのみ収束し，安定性が保証される．この条件を満たさない $|a| \geq 1$ のとき，n が増すにつれて，$y[n]$ は増大し続けるため，不安定となる．

式 (2) で示される任意の伝達関数 $H(z)$ に対しても，分母を因数分解することで，1 次の IIR フィルタの積となる．結局，各項が安定となるためには，$H(z)$ の極，すなわち分母多項式の根がすべて単位円の内側に存在しなくてはいけないことがわかる．

b. フィルタの設計

フィルタを設計する場合，フィルタの所望特性をま

ず定める必要がある．多くの場合，それらは図 2 に示すように，通過域エッジと阻止域エッジの周波数，また通過域における最大リプルと阻止域におけるリプルの上限により決まる．

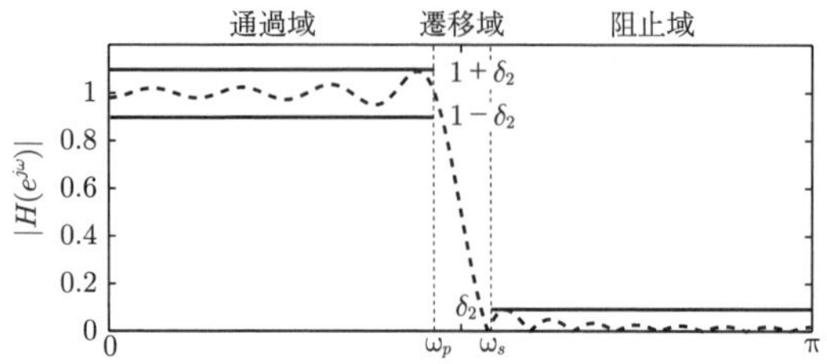

図 2　通過域 (passband)，阻止域 (stopband)，および遷移域 (transition)

通過域と阻止域のエッジ周波数をそれぞれ ω_p，ω_s で，通過域リプルと阻止域リプルの上限をそれぞれ δ_1，δ_2 で示している．

1)　FIR フィルタ設計

FIR フィルタの設計法として代表的なものには，窓関数法 (fir1)，周波数サンプリング法 (fir2)，最小 2 乗法 (firls)，パークス–マクレラン (Parks-McClellan) 法 (remez)，固有フィルタ法がある．括弧内に示したものは，**MATLAB** あるいは **Octave** (以下 MATLAB/Octave と記す) と呼ばれる信号処理に適した数値計算ソフトウェアで実装されている関数の名前である．これらの関数を用いることで，簡単にフィルタ係数を定めることができる．

ここでは，このなかでも基礎的な最も簡単な手法である，窓関数法について述べる．

2)　窓関数法

窓関数法によりフィルタを設計する手順をまとめると，以下のようになる．

1. 所望の周波数特性曲線 $H_i(e^{j\omega})$ を定義する．
2. $H_i(e^{j\omega})$ の離散時間フーリエ逆変換 $h_i[n]$ の中心部分を窓関数 $w[n]$ で切り出し，$w[n]h_i[n]$ を得る．
3. 因果性を満たすために，最も小さいインデックスが $n=0$ となるように，シフトさせて，$h[n]$ を得る．

まず，設計したいフィルタの周波数特性を決める．ここでは，低域通過型のフィルタを設計する．振幅特性が正負の周波数で対称であることに注意すると，

$$H(e^{j\omega}) = \begin{cases} 1 & \omega \in [-\omega_c, \omega_c] \\ 0 & \omega \in [-\pi, -\omega_c] \cup [\omega_c, \pi] \end{cases}$$

とする．ここで，$\omega_c = (\omega_p + \omega_s)/2$ としている．この特性の離散時間フーリエ逆変換 (周波数特性のフーリエ級数展開と等価) をとると，

$$\begin{aligned} h[n] &= \frac{1}{2\pi}\int_{-\pi}^{\pi} H(e^{j\omega})e^{j\omega n}\mathrm{d}\omega \\ &= \frac{1}{j2\pi n}(e^{j\omega_c n} - e^{-j\omega_c n}) \\ &= \frac{\omega_c}{\pi}\frac{\sin\omega_c n}{\omega_c n} \end{aligned}$$

となるが，これは非因果的で IIR をもつ理想フィルタである．そこで，正負の十分に大きいインデックス以上のサンプルを切り捨てるか，$n=0$ を中心とした窓関数を使って有限長のインパルス応答を取り出す．

標準的に用いられる窓関数はいくつか存在するが，ここでは，カイザー (Kaiser) 窓と呼ばれる，可変パラメータをもつものについて述べる．カイザー窓の窓関数は

$$w[n] = \begin{cases} \dfrac{I_0\left[\beta\sqrt{1-(\frac{2n}{M}-1)^2}\right]}{I_0(\beta)}, & 0 \le n \le M \\ 0, & \text{その他} \end{cases}$$

で与えられる．$I_0(x) = 1 + \sum_{k=0}^{\infty}((x/2)^k/(k!))^2$ は第 1 種 0 次変形ベッセル (Bessel) 関数と呼ばれるものである．β と M がフィルタの所望特性に応じて調整すべきパラメータである．

カイザー窓のパラメータは，通過域周波数エッジと阻止域周波数エッジ，および，阻止域でのゲインをもとに

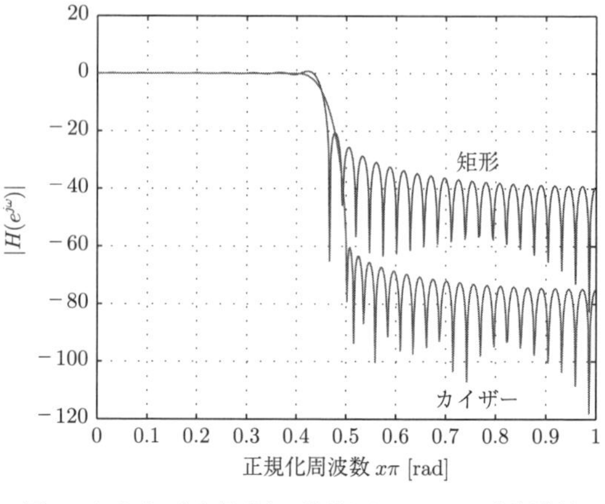

図 3　カイザー窓と矩形窓で設計したフィルタの振幅特性

決められることがわかっている．まず，$\Delta\omega = \omega_s - \omega_p$, $A = -20\log_{10}\delta_2$ とすると，β は

$$\beta = \begin{cases} 0.1102(A-8.7) & A > 50 \\ 0.5842(A-21)^{0.4} + 0.07886(A-21) & \\ & 21 \le A \le 50 \\ 0.0 & A < 21 \end{cases}$$

とし，M は $M = (A-8)/(2.285\Delta\omega)$ にとればよいことが知られている．図 3 は，カイザー窓で切り出した場合と，単純に矩形窓で切り出した場合の，振幅特性の比較を表している．ここでは，$A = -60$ dB とし，$\omega_p = 0.4\pi$，$\omega_s = 0.6\pi$ とした．カイザー窓を用いることによって，阻止域での特性が改善されている様子がわかるだろう．

3) IIR フィルタの設計法

IIR フィルタはアナログフィルタの自然な拡張になっている．したがって，標準的な設計法は，まず所望の特性をもつアナログフィルタ $H_c(s)$ を設計し，次にその $H_c(s)$ をディジタルフィルタ $H(z)$ に変換するという手順をとる．アナログフィルタの伝達関数はラプラス変換で与えられるため，ラプラス変換と z 変換を相互に関係づける変換が必要となる．

アナログフィルタとして何を選ぶかにより，フィルタの周波数特性が異なってくる．よく使われるものが，バターワース (Butterworth) フィルタ (butter)，チェビシェフ (Chevyshev) フィルタ (chev1，cheb2)，楕円フィルタ (ellip) である．ここでは，まず伝達関数の変換法について述べ，バターワースフィルタを用いた設計法についてふれる．

4) 双 1 次変換

双 1 次変換は，連続信号の周波数 $\Omega \in [-\infty, \infty]$ と，離散信号の正規化角周波数 $\omega \in [-\pi, \pi]$ の間に 1 対 1 の対応をつけるもので，

$$s = \frac{2}{T}\left(\frac{1-z^{-1}}{1+z^{-1}}\right) \tag{3}$$

で与えられる．この双 1 次変換は，s 平面の左半平面と z 平面の単位円内に 1 対 1 の対応を与えるものである．この変換を用いることで，ディジタルフィルタの伝達関数は

$$H(z) = H_c\left[\frac{2}{T}\left(\frac{1-z^{-1}}{1+z^{-1}}\right)\right]$$

となる．s 平面から z 平面への変換は，簡単な計算で

$$z = \frac{1+(T/2)s}{1-(T/2)s} \tag{4}$$

となる．

次に，s 平面の虚軸 (周波数軸) が，z 平面の単位円上に移ることをみてみよう．式 (4) に $s = j\Omega$ を代入すると $|z| = 1$ であることが示せる．このことは，$z = e^{j\omega}$ とパラメータ表示できることを意味しており，これを式 (3) に代入すれば，

$$\begin{aligned} s &= \frac{2}{T}\frac{1-e^{-j\omega}}{1+e^{-j\omega}} = \frac{2}{T}\frac{2e^{-j\omega/2}\{j\sin(\omega/2)\}}{2e^{-j\omega/2}\{\cos(\omega/2)\}} \\ &= \frac{j2}{T}\tan\frac{\omega}{2} \end{aligned}$$

となる．$s = \sigma + j\Omega$ と両辺比較することで

$$\Omega = \frac{2}{T}\tan\frac{\omega}{2}$$

を得る．これは 連続信号の角周波数 (虚軸) と，離散信号の正規化角周波数 (単位円) の間の関係を表している．

5) バターワース特性を用いた設計

$H_c(s)$ が，以下に示すバターワース特性をもつとして，設計しよう．

$$|H_c(j\Omega)|^2 = H_c(s)H_c(-s)\big|_{s=j\Omega} = \frac{1}{1+\left(\frac{j\Omega}{j\Omega_c}\right)^{2N}}$$

$H_c(s)$ がバターワース特性をもつとき，

$$H_c(s)H_c(-s) = \frac{1}{1+\left(\frac{s}{j\Omega_c}\right)^{2N}} = \frac{\Omega_c^{2N}}{(j\Omega_c)^{2N}+s^{2N}}$$

より，極 ($(j\Omega_c)^{2N} + s^{2N} = 0$ の解) は

$$s_k = \Omega_c e^{j\theta_k} \quad k = 0, \cdots, 2N-1$$

となる．ここで，

$$\theta_k = \frac{2k+1+2N}{2N}\pi$$

である．したがって，半径 Ω_c の円周を $2N$ 等分するように極が分布している．

すなわち，極 s_k のうち半数は左半平面に存在するため，これらを含むように $H_c(s)$ を選ぶことによって，

安定性の保証された $H_c(s)$ を構成できる．つまり，第3象限にある極 s_k $(k=0,\cdots,N/2-1)$ を選ぶことによって，それらの共役 s_k^* も，左半平面に存在するため，安定性の条件を満たす．したがって，

$$H_c(s)=\frac{\Omega_c^N}{\prod_{k=0}^{N-1}(s^2+2\Omega_c\cos\theta_k+\Omega_c^2)}$$

が，遮断周波数 Ω_c のバターワース特性を満たすバターワースフィルタの伝達関数となる．この $H_s(c)$ を，先に述べた双1次変換によってディジタルフィルタの伝達関数 $H(z)$ に変換すればよい．

最後に，バターワース特性のパラメータ Ω_c と N を定める方法について述べる．Ω_c と N は，特性曲線上で2点 $(\Omega_p,|H_c(j\Omega_p)|^2)$，$(\Omega_s,|H_c(j\Omega_s)|^2)$ を定めることで，連立方程式の解として求まる．したがってまず，$H(z)$ の特性を決め，通過域エッジ周波数 ω_p と，遮断域エッジ周波数 ω_s を双1次変換によりそれぞれ Ω_p，Ω_s に変換し，所望の減衰率 $|H_c(j\Omega_p)|^2$，$|H_c(j\Omega_s)|^2$ を満たす Ω_c と N を求めればよい．このとき，N は整数となるので，通過域エッジまたは遮断域エッジに関しては，近似的な特性となる．

6) 周波数変換

いままで述べたIIRフィルタは，すべて低域通過型のものであるが，変数変換をすることで高域通過型や帯域通過型のフィルタが得られる．一般的には，

$$z^{-1}\leftarrow\pm\prod_{k=1}^{K}\frac{z^{-1}-\alpha_k}{1-\alpha_k z^{-1}}$$

で表現される全域通過型の変換を用いると，リプル特性を保持したまま，単位円上の区間を伸縮・移動することができる．低域通過型フィルタをもとに，高域通過型と帯域通過型フィルタをつくる変換を以下に示す．

- 高域通過型

$$z^{-1}\leftarrow-\frac{z^{-1}-\alpha}{1-\alpha z^{-1}},\quad \alpha=\frac{\cos(\theta_p+\omega_p)/2}{\cos(\theta_p-\omega_p)/2}$$

ここで，θ_p は変換前，ω_p は変換後の通過域エッジの周波数である．

- 帯域通過型

$$z^{-1}\leftarrow-\frac{z^{-2}-\frac{2\alpha k}{k+1}z^{-1}+\frac{k-1}{k+1}}{\frac{k-1}{k+1}z^{-2}-\frac{2\alpha k}{k+1}z^{-1}+1}$$

$$\alpha=\frac{\cos(\omega_{p2}+\omega_{p1})/2}{\cos(\omega_{p2}-\omega_{p1})/2}$$

$$k=\frac{\cot(\omega_{p2}-\omega_{p1})}{2\tan(\theta_p/2)}$$

ここで，ω_{p1} と ω_{p2} はそれぞれ，変換後の低域側通過域エッジと高域側通過域エッジの周波数である．

おわりに

ディジタルフィルタの設計法に関しては，文献[1]が詳しい．日本語の入門書としては，文献[2]がとりつきやすい．また文献[3]では，IIRフィルタ設計の基礎となるアナログフィルタについて詳しく解説されている．また，ここでは詳しく述べなかったディジタルフィルタの構成法や窓関数についても，これらの文献に詳しい．

以上で述べたディジタルフィルタは，所望の周波数特性を実現するものであった．これはアナログフィルタから派生した伝統的なアプローチである．またここでは，1次元の信号にかぎったが，画像などを扱う際には2次元もしくは多次元のディジタルフィルタを設計する必要が生じる．設計には，直接伝達関数を定める方法だけでなく，状態空間表現を用いる方法などがある．

また，入出力信号の統計を用いて設計するディジタルフィルタはウィーナーフィルタと呼ばれる．これは，入出力によって時々刻々と伝達関数が変化する適応フィルタの基礎となっている．〔田中聡久〕

参考文献

[1] A. V. Oppenheim and R. W. Schafer : Discrete-time Signal Processing, Prentice-Hall, Englewood Cliffs, NJ, 1989.
[2] 三上直樹：はじめて学ぶディジタル・フィルタと高速フーリエ変換，CQ出版，2005.
[3] 谷萩隆嗣：ディジタルフィルタと信号処理，コロナ社，2001.

3.2 マルチレート信号処理

multirate signal processing

a. レート変換の数理

コンパクトディスクの標本化周波数（レート）は 44.1 kHz であるが，DVD ビデオの音声には 48 kHz がよく使われる*1．このような場合，固定レートを前提としたディジタル信号処理のシステムを適用することはできない．ディジタル信号処理のシステムが想定しているレートと入力信号のレートが異なる場合は，レートを変換する処理が必要になる．異なるレートの信号処理を**マルチレート信号処理**という．その核心はできるだけ歪みを出さないように，信号の標本化周期を変換することである．

以下では実際の信号処理についてふれる前に，レート変換の数理を，連続信号を基点に述べることにする．連続信号 $x(t)$ を，周期 T_1 で標本化した信号を $x_1[n]=x(nT_1)$ と書く．ここで，$x(t)$ は，標本化定理

$$x(t)=\sum_{n=-\infty}^{\infty}x[n]\frac{\sin\pi(t-nT_1)/T_1}{\pi(t-nT_1)/T_1}$$

が成立するように，十分に帯域制限されているとする．

原理的には，$x_1[n]$ を標本化定理によって連続信号 $x(t)$ に戻し，異なるレート T_2 で再標本化することで，レートを変換できる*2．

残念ながら，標本化定理は無限過去から無限未来までの和を必要とするので，現実的ではない．したがって，なんらかの近似が必要になる．さらに，一度連続信号に戻したあとの再標本化は，D/A 変換と A/D 変換を必要とするため，あまり望ましい方法ではない．これに対してマルチレート信号処理では，ディジタル信号処理のみでレート変換を実現する．

そのために，まず再標本化によるレート変換，すなわち無歪みのレート変換が周波数領域でどのように行われるのかをみてみよう．以下では，角周波数を Ω [rad/sec] で表し，正規化角周波数を ω [rad] で表す．

*1 標本化周波数は標本化周期の逆数である．
*2 $T_1<T_2$ のときは，より狭く帯域制限する必要がある．

標本化周期が T_1 のとき，ナイキスト角周波数は π/T_1 である．$|\Omega|\le\pi/T_1$ に帯域制限された連続信号 $x(t)$ の周波数スペクトルを $X(j\Omega)$ とする．このとき，標本化した信号 $x_1[n]$ は，2π 周期のスペクトルをもっているので，これを $X_1(e^{j\omega})$ と書く．角周波数を用いると，$X_1(e^{j\omega})=X_1(e^{j\Omega T_1})$ であることに注意する．$|\Omega|\le\pi/T_1$ においては，$X(j\Omega)=X_1(e^{j\Omega T_1})$ が成り立っている．$x_1[n]$ と $X(e^{j\Omega T_1})$ の間には，

$$\begin{aligned}x_1[n]&=\frac{1}{2\pi}\int_{-\pi}^{\pi}X_1(e^{j\omega})e^{j\omega n}\mathrm{d}\omega\\&=\frac{1}{2\pi/T_1}\int_{-\pi/T_1}^{\pi/T_1}X(j\Omega)e^{j\Omega T_1 n}\mathrm{d}\Omega\end{aligned}$$

なる関係がある．これは，**離散時間逆フーリエ変換**と呼ばれ，$x(t)$ の逆フーリエ変換を標本化したものである．

レートを T_1 から T_2 に変換するということは，ナイキスト角周波数を π/T_1 から π/T_2 に変更するということにほかならない．すなわち，$X(j\Omega)$ の積分範囲は $|\Omega|\le\pi/T_2$ となり，

$$x_2[m]=\frac{1}{2\pi/T_2}\int_{-\pi/T_2}^{\pi/T_2}X(j\Omega)e^{j\Omega T_2 m}\mathrm{d}\Omega$$

となる．ここで，図 1 に示すように，$T_1>T_2$ のとき $\omega=\Omega T_2$ より

$$X_2(e^{j\Omega T_2})=\begin{cases}X_1(e^{j\Omega T_1}) & |\Omega|\le\frac{\pi}{T_1}\\0 & \frac{\pi}{T_1}\le|\Omega|\le\frac{\pi}{T_2}\end{cases}$$

であり，$T_1<T_2$ のとき $|\Omega|\le\pi/T_2$ で

$$X_2(e^{j\Omega T_2})=X_1(e^{j\Omega T_1})$$

である．特に，$T_1>T_2$ のときは $\Omega=\omega/T_2$ により，

$$x_2[m]=\frac{1}{2\pi}\left(\int_{-\frac{T_2}{T_1}\pi}^{0}X_1(e^{j\frac{T_1}{T_2}\omega})\mathrm{d}\omega+\int_{0}^{\frac{T_2}{T_1}\pi}X_1(e^{j\frac{T_1}{T_2}\omega})\mathrm{d}\omega\right)$$

であり，$X_2(e^{j\omega})$ は $X_1(e^{j\omega})$ を伸縮したものになっていることが理解できる．

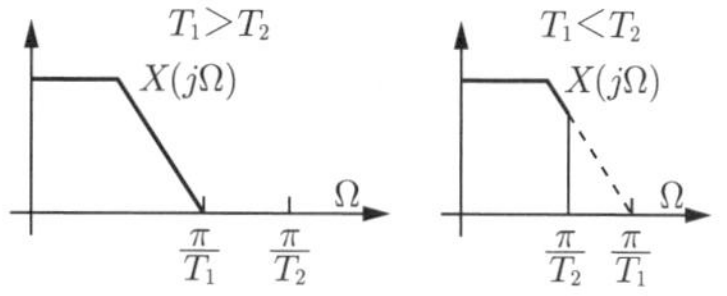

図 1 角周波数軸上でのレート変換

以上の処理を，ディジタル信号処理で実現するにはどうすればよいであろうか．方法の一つは，離散フーリエ変換 (DFT) を用いることであろう．すなわち，時々刻々と入力してくる信号をある程度の長さでバッファリングして，上記の処理を行ったあと，出力するのである．しかしながら，この方法はリアルタイム性という意味で劣るし，切り出した信号どうしの「つなぎ目」をどのように処理するか，という問題がのこる．

これに対して以下では，入力信号をリアルタイムにレート変換するディジタル信号処理について述べる．結論を先に述べると，ダウンサンプラと呼ばれる間びき器，アップサンプラと呼ばれる零挿入器，そして低域通過型フィルタを組み合わせるだけで，レート変換を実現できる．

b. マルチレート信号処理

1) インタポレータ

インタポレータは，アップサンプラと低域通過フィルタで構成される．アップサンプラとは，I サンプルごとに 0 を挿入する処理のことであり，以下のように表現できる．

$$v[m] = \begin{cases} x[m/I] & m = \pm kI \\ 0 & \text{その他} \end{cases}$$

この z 変換は

$$\begin{aligned} V(z) &= \sum_{k=-\infty}^{\infty} v[m]z^{-m} \\ &= \sum_{m=kI} x[m/I]z^{-m} + \sum_{m\neq kI} 0z^{-m} \\ &= \sum_{m=-\infty}^{\infty} x[m]z^{-mI} = X(z^I) \end{aligned} \quad (1)$$

となる．したがって，$z = e^{j\omega}$ としたときの周波数特性 $V(e^{j\omega}) = X(e^{j\omega I})$ は，$X(e^{j\omega})$ のスペクトル幅が $1/I$ に縮んだものとなる．したがって，同じ形状のスペクトルが $|\omega| \leq \pi$ において I 個存在する．これらを像と呼んでいる．この像を取り除くには，特性

$$H_u(e^{j\omega}) = \begin{cases} c & |\omega| \leq \pi/I \\ 0 & \text{その他} \end{cases}$$

をもつ低域通過型のフィルタを用いて，$Y(z) = H_u(z)V(z)$ を出力してやればよい．ここで c はゲイン係数であり，たとえば入出力のあるサンプルが等しくなるように決めてやる．最も簡単な方法は，$x[0] = y[0]$ となるように決めることである．つまり，

$$\begin{aligned} y[0] &= \frac{1}{2\pi}\int_0^{2\pi} Y(e^{j\omega})\mathrm{d}\omega = \frac{1}{2\pi}\int_0^{2\pi} cX(e^{j\omega I})\mathrm{d}\omega \\ &= \frac{1}{2\pi}\frac{c}{I}\int_0^{2\pi} X(e^{j\omega})\mathrm{d}\omega = \frac{c}{I}x[0] \end{aligned}$$

より，$c = I$ となる．

2) デシメータ

デシメータは，ダウンサンプラと低域通過フィルタで構成される．ダウンサンプラとは，離散信号 $x[m]$ を D サンプルずつ間びく操作のことである．具体的には，$y[m] = x[mD]$ と記述できる．ここで，信号 $\overline{x}[n] = x[n]p[n]$ を導入する．$p[n]$ は，D サンプルごとに 1 となり，それ以外は 0 となる周期信号である．

$$p[n] = \begin{cases} 1 & n = \pm Dk \\ 0 & \text{その他} \end{cases}$$

以上の準備のもとに $y[m]$ の z 変換を求めると，

$$\begin{aligned} Y(z) &= \sum_{m=-\infty}^{\infty} y[m]z^{-m} = \sum_{m=-\infty}^{\infty} \overline{x}[mD]z^{-m} \\ &= \sum_{m=-\infty}^{\infty} \overline{x}[m]z^{-m/D} \end{aligned}$$

となる．離散フーリエ変換 (DFT) 核 $W_D = e^{-j(2\pi/D)}$ を用いると，$p[m] = \frac{1}{D}\sum_{k=0}^{D-1} W_D^{-mk}$ なる関係を得る[*3]．この関係より

$$\begin{aligned} Y(z) &= \sum_{m=-\infty}^{\infty} x[m]p[m]z^{-m/D} \\ &= \sum_{m=-\infty}^{\infty} x[m]\left(\frac{1}{D}\sum_{k=0}^{D-1} W_D^{-mk}\right)z^{-m/D} \\ &= \frac{1}{D}\sum_{k=0}^{D-1}\sum_{m=-\infty}^{\infty} x[m]\left(W_D^k z^{1/D}\right)^{-m} \\ &= \frac{1}{D}\sum_{k=0}^{D-1} X\left(W_D^k z^{1/D}\right) \end{aligned} \quad (2)$$

が得られる．したがって，周波数特性は

$$Y(e^{j\omega}) = \frac{1}{D}\sum_{k=0}^{D-1} X\left(e^{j(\omega-2\pi k)/D}\right)$$

*3 周期 D の直流信号のフーリエ変換を考えればよい．

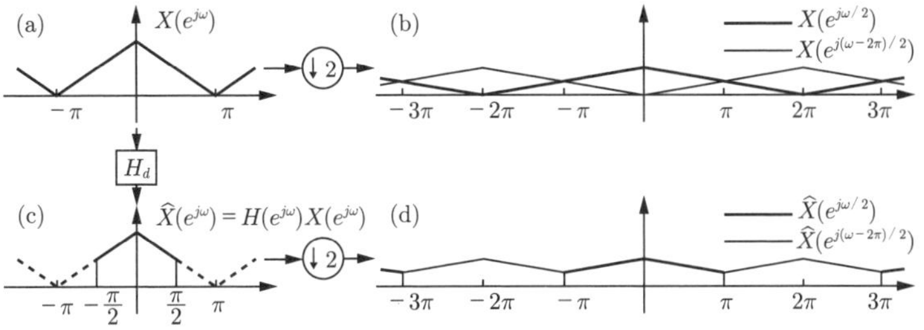

図 2　$D=2$ のとき，ダウンサンプリングによってエリアシングが生ずる様子
(a) $X(e^{j\omega})$ のスペクトル．(b) 2 サンプルごとに間びいたときのスペクトル．レプリカによってエリアシングが発生する．(c) $X(e^{j\omega})$ を低域通過型フィルタ $H(e^{j\omega})$ で帯域制限したスペクトル．(d) レプリカとの重なりが起きず，エリアシングを回避できている．

である．これの意味するところは，2π 周期のスペクトルが横に D 倍伸びて $2D\pi$ 周期になり，さらにこの伸びたスペクトルが 2π ずつ平行移動して D 個現れる，ということである．この平行移動したスペクトル $X\left(e^{j(\omega-2\pi k)/D}\right)$ $(k=1,\cdots,D-1)$ をレプリカと呼んでいる．これが本来のスペクトル $(k=0)$ と折り重なってしまい，エリアシングと呼ばれる歪みが発生する (図 2 の (b))．

これを避けるには，デシメータの前段に以下のような特性をもつ低域通過型フィルタをおく．

$$H_d(e^{j\omega})=\begin{cases}1 & |\omega|\le\frac{\pi}{D}\\ 0 & \text{その他}\end{cases}$$

そうすることで，図 2(c), (d) に示すように，ダウンサンプリングをしてもレプリカと干渉することがない．

3)　整数比のレート変換

以上の準備のもとで，標本化周期 T_1 の信号を周期 T_2 の信号にレート変換する仕組みが明らかになる．I でアップサンプリングすると，標本化周期 T_1 は $T'=T_1/I$ となる．D でダウンサンプリングすると，標本化周期 T' は $T_2=DT'$ となる．したがって，$T_2/T_1=D/I$ となる互いに素な D と I によって，T_1 から T_2 へのレート変換が実現できるのである．

具体的には，図 3 に示すように，インタポレータとデシメータを縦続接続すればよい．ここで，前後段に付随するフィルタ $H_u(z)$ と $H_d(z)$ は，ともに低域通過型なので，一つのフィルタ $H(z)$ にまとめることができる．エリアシングを起こさないために，周波数特性は

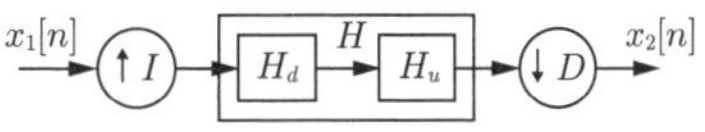

図 3　レート変換器の構成

$$H(e^{j\omega})=\begin{cases}I & |\omega|\le\min\left\{\frac{\pi}{D},\frac{\pi}{I}\right\}\\ 0 & \text{その他}\end{cases}$$

と設定することになる．

c. インタポレータ/デシメータの実装

1)　貴等価性

貴等価性 (noble identities) とは，アップ (ダウン) サンプラとフィルタの順序を入れ替えても同じ入出力関係が得られることをいう．

図 4 に，インタポレータの貴等価性を示す．フィルタ $H(z)$ のあとにアップサンプリングすることと，アップサンプリングのあとにフィルタ $H(z^I)$ を適用することが等価であることを示している．図 4 の (a) と (b) が等価であることを示そう．以下では，小文字で表される信号の z 変換を，すべて対応する大文字で記している．(a) の出力 $Y(z)$ は，$A(z)=H(z)X(z)$ をアップサンプリングしたものなので，式 (1) より出力 $Y(z)=A(z^I)X(z^I)$ を得る．一方 (b) においては，式

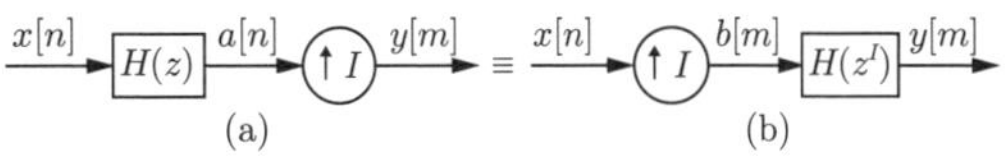

図 4　インタポレータの貴等価性

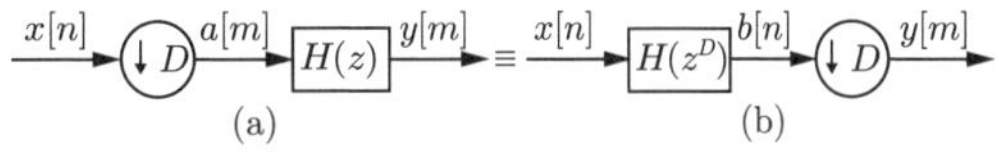

図 5　デシメータの貴等価性

(1) より $B(z) = X(z^I)$ なので，(b) における出力も $Y(z) = H(z^I)B(z) = H(z^I)X(z^I)$ となり等価性が示された．

次にデシメータの貴等価性を図 5 に示す．まず (a) の出力の z 変換を求めよう．図 5(a) における出力は，式 (2) から

$$Y(z) = H(z)\frac{1}{D}\sum_{k=0}^{D-1} X(W_D^k z^{1/D})$$

である．次に (b) の出力は，$H(z^D)X(z)$ をダウンサンプリングしたものであることに注意すると，

$$\begin{aligned} Y(z) &= \frac{1}{D}\sum_{k=0}^{D-1} H(W_D^{kD} z)X(W_D^k x^{1/D}) \\ &= \frac{1}{D}\sum_{k=0}^{D-1} H(z)X(W_D^k x^{1/D}) \end{aligned}$$

であるため，等価性が示された．ここで，その定義より $W_D^{kD} = 1$ なる関係を用いている．

貴等価性は，このあとで述べるフィルタのポリフェイズ表現で活用される．

2)　ポリフェイズ表現

伝達関数 $H(z)$ を

$$H(z) = \sum_{i=0}^{M-1} z^{-i}E_i(z^M)$$

のように表現することを，M 分割のポリフェイズ分解と呼ぶ．分解した

$$E_i(z) = \sum_{n=0}^{\infty} h[nM+i]z^{-n}$$

をポリフェイズフィルタと呼ぶ．

ポリフェイズ分解を用いると，デシメータは図 6 のように表現できる．このことは，たとえば $M = 3$ のとき

$$\begin{aligned} Y(z) &= H(z)X(z) \\ &= \{E_0(z^3) + z^{-1}E_1(z^3) + z^{-2}E_2(z^3)\}X(z) \\ &= E_0(z^3)X(z) + z^{-1}\left[E_1(z^3)X(z)\right. \\ &\qquad \left. + z^{-1}\{E_2(z^3)X(z)\}\right] \end{aligned}$$

のように書き下すことができることからも理解できる．

ここで，図 6 の各チャンネルに貴等価性を適用することで，図 7 のような構造を得る．貴等価性によって，ダウンサンプリングしたあとの低レートの信号にフィルタを適用できるようになった．つまり，計算コストは $1/M$ に減少するのである．

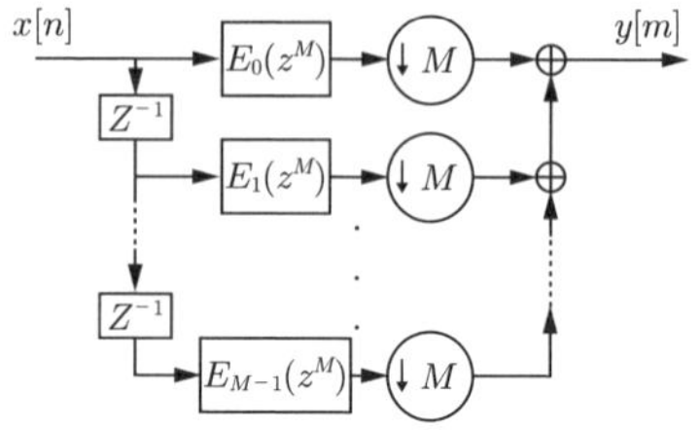

図 6　ポリフェイズ分解によるデシメータの表現

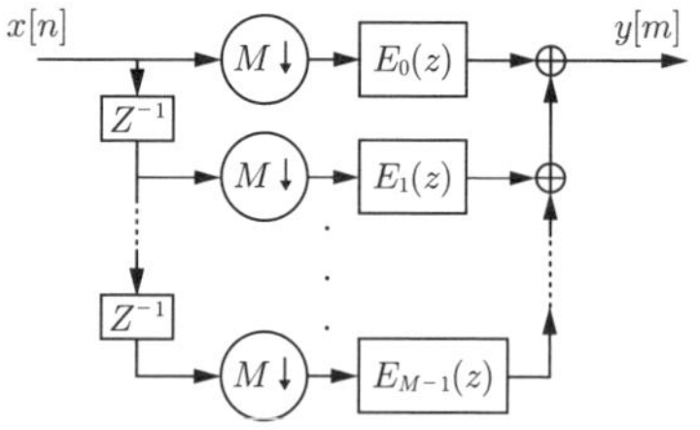

図 7　貴等価性によるデシメータの等価表現

インタポレータについても同様である．ポリフェイズ分解と貴等価性を用いることで，低レート信号に対してのフィルタリングを実現できる．

おわりに

ここで扱ったポリフェイズ分解やレート変換の考え方は，フィルタバンクやウェーブレット理論と深い関係がある．これに関しては，「3.3 多重解像度解析とウェーブレット」で述べることとする．

マルチレート信号処理に関する最も標準的な文献は[1]であるが，ディジタル信号処理に通暁していないと読みにくいかもしれない．文献[2] は，一般的なディジタル信号処理の教科書であるが，マルチレート信号処理に関してはよくまとまっている．本節の執筆に際しても，これらの文献を参考にしている．

マルチレート信号処理は，オーディオや映像などのマルチメディア処理においては欠かせない技術である．そのディジタル信号処理による実現方法は，「枯れた」技術のようにも思えるが，数理的にはまだよくわかっていないことが多い．たとえばここで扱った，周波数

領域でのスペクトル形状を保存する処理は，標本化定理で離散信号から連続信号を復元できることを前提としている．しかしながら，帯域制限の仮定は非現実的であるし，信号の瞬時値を標本化することはできない．この問題に対しても，数多くの研究が現在進行形で行われている (たとえば[3] を参照されたい)．このように，マルチレート信号処理は，離散から離散への単純なディジタル信号処理ではなく，その背後にある連続信号との関連を意識すべき信号処理なのである．

〔田 中 聡 久〕

参 考 文 献

[1] P. P. Vaidyanathan : Multirate Systems and Filter Banks, Prentice-Hall, Englewood Cliffs, NJ, 1993.

[2] J. G. Proakis and D. K. Manolakis : Digital Signal Processing, Prentice-Hall, Englewood Cliffs, NJ, 2006.

[3] M. Unser : Sampling—50 years after Shannon, *Proc. IEEE*, **88**(4): 569–587, 2000.

3.3 多重解像度解析とウェーブレット

multiresolution analysis and wavelets

ウェーブレット変換は，非定常な信号の解析を可能にするツールである．フーリエ変換や短時間フーリエ変換と異なり，信号を階層的に表現することが可能である．階層的な表現とは，粗い (周波数の低い) 成分は低いサンプリングレートで，細かい (周波数の高い) 成分は高いサンプリングレートで効率よく表現するということである．この特性を利用して，ウェーブレット変換は，画像圧縮やコンピュータヴィジョンで広く用いられている．

具体的には，ある核となる関数

$$\psi_{u,s}(t) = \frac{1}{\sqrt{s}}\psi\left(\frac{t-u}{s}\right)$$

を用いて，信号 $f(t)$ を

$$Wf(u,s) = \int_{-\infty}^{\infty} f(t)\overline{\psi_{u,s}(t)}\mathrm{d}t$$

により，(u,s) の領域に移す変換を，連続ウェーブレット変換と呼んでいる．ここで，$\psi(t)$ は

$$\int_{-\infty}^{\infty} \psi(t)\mathrm{d}t = 0$$

を満たす関数で，マザーウェーブレットと呼ばれ，u と s はそれぞれシフト，スケーリングと呼ばれる．マザーウェーブレットに適切な関数を選ぶことによって，信号の不連続点を効率よく検出できる．

ここで解説する問題は，この $\psi_{u,s}(t)$ を離散化，つまり (u,s) を離散化し，これが信号空間 (通常は $L^2(\mathbb{R})$) で基底となるにはどうしたらよいかというものである．実際には，$\psi(t)$ が与えられてそれを離散化するのではなく，信号空間の基底になるような離散ウェーブレットを構成するという手順をとる．

a. 離散ウェーブレット変換

まず断っておくべきことは，離散フーリエ変換が，離散信号から離散周波数への変換を指すのに対して，離散ウェーブレット変換は，連続信号から離散領域への変換を指す．つまり，ここでの「離散」とは，時間 t

ではなく，シフト u とスケーリング s に対するものである．解析対象とする信号 $f(t)$ の空間は，連続関数の空間であることに注意されたい．

まず先に結論をいえば，$u=2^j n$，$s=2^j$ と離散化した関数によって，$L^2(\mathbb{R})$ の正規直交基底

$$\left\{\psi_{j,n}(t)=\frac{1}{\sqrt{2^j}}\psi\left(\frac{t-2^j n}{2^j}\right)\right\}_{(j,n)\in\mathbb{Z}^2}$$

を構成できることが知られている．そして，この基底を構成する手順を与えるものが，**多重解像度解析** (multiresolution analysis：MRA) と呼ばれる，部分空間列に関する公理である．

1) MRA による離散ウェーブレットの構成

$L^2(\mathbb{R})$ の閉部分空間列 $\{V_j\}_{j\in\mathbb{Z}}$ が，以下の性質を満たすとき，これは **MRA** と呼ばれる．

1. $V_{j+1}\subset V_j$
2. $\bigcap_{j\in\mathbb{Z}} V_j=\{\boldsymbol{o}\}$
3. $\overline{\bigcup_{j\in\mathbb{Z}} V_j}=L^2(\mathbb{R})$
4. 任意の $(j,n)\in\mathbb{Z}^2$ に対して，
$$f(t)\in V_j\Leftrightarrow f(t-2^j n)\in V_j$$
5. 任意の $j\in\mathbb{Z}$ に対して，
$$f(t)\in V_j\Leftrightarrow f(t/2)\in V_{j+1}$$
6. V_0 の基底 (Riesz 基底[*1]) となるような関数系 $\{\theta(t-n)\}_{n\in\mathbb{Z}}$ が存在する．特に，$\theta(t)$ を正規直交化した関数 $\varphi(t)$ のことを，スケーリング関数と呼ぶ．

このように MRA $\{V_j\}_{j\in\mathbb{Z}}$ が与えられたとき，V_j は V_{j-1} に含まれているため，V_{j-1} における V_j の直交補空間 が存在し，それを W_j と書く．すなわち，

$$V_{j-1}=V_j\oplus W_j \tag{1}$$

である．このとき，次の定理は重要である．

定理 1　$L^2(\mathbb{R})$ の正規直交基底 $\{\psi_{j,n}(t)\}_{(j,n)\in\mathbb{Z}^2}$ が必ず存在する．また，j を固定した正規直交系 $\{\psi_{j,n}(t)\}_{n\in\mathbb{Z}}$ は，W_j の正規直交基底となる．

以下では，この $\{\psi_{j,n}(t)\}_{(j,n)\in\mathbb{Z}^2}$ を構成する手順をみていこう．基本的な考え方は，スケーリング関数から定義される「フィルタ」を介することで，ウェーブレットを構成できるということである．このフィルタは，MRA の公理から自然に導かれるものであるが，逆にフィルタによって，スケーリング関数を決定できることが示される．

いま，スケーリング関数 $\varphi(t)$ が与えられているものとする．MRA の公理 5 より，$\varphi(t)\in V_0$ のとき $1/\sqrt{2}\varphi(t/2)\in V_1$ である．さらに公理 1 より，$V_1\subset V_0$ であるから，$1/\sqrt{2}\varphi(t/2)\in V_1$ は V_0 の正規直交基底 $\{\varphi(t-n)\}_n$ の線形結合で表現できる．

$$\frac{1}{\sqrt{2}}\varphi\left(\frac{t}{2}\right)=\sum_n g_0[n]\varphi(t-n). \tag{2}$$

この両辺をフーリエ変換することで

$$\Phi(2\omega)=\frac{1}{\sqrt{2}}G_0(e^{j\omega})\Phi(\omega) \tag{3}$$

を得る．$\Phi(\omega)$ は $\varphi(t)$ のフーリエ変換で，$G_0(e^{j\omega})$ は，$g_0[n]$ の離散時間フーリエ変換である[*2]．このように，スケーリング関数によって「フィルタ」$g_0[n]$ が決まる．そしてこのフィルタは，$\{\varphi(t-n)\}_n$ が正規直交系であることを用いると，

$$|G_0(e^{j\omega})|^2+|G_0(e^{j(\omega+\pi)})|^2=2 \tag{4}$$

という性質をもつことを示すことができる．この性質をもつフィルタを，**共役鏡像フィルタ** (conjugate mirror filter) と呼ぶ．

それでは逆に，$g_0[n]$ を与えることで，スケーリング関数を決定できないだろうか．そこで，式 (3) を再帰的に適用すると，

$$\begin{aligned}\Phi(\omega)&=\left(\prod_{m=1}^{M}\frac{1}{\sqrt{2}}G_0(e^{j2^{-m}\omega})\right)\Phi(2^{-M}\omega)\\&\to\prod_{m=1}^{\infty}\frac{1}{\sqrt{2}}G_0(e^{j2^{-m}\omega})\Phi(0)\end{aligned} \tag{5}$$

---

*1　ヒルベルト空間 H の関数列 $\{\phi_n\}_n$ と，$f\in H$ について，
$$A\|f\|^2\le\sum_n|\langle f,\phi_n\rangle|^2\le B\|f\|^2$$
となるような $A,B>0$ が存在するとき，$\{\phi_n\}_n$ は H のフレームと呼ばれる．さらに，$\{\phi_n\}_n$ が 1 次独立であるとき Riesz 基底と呼ばれる．

*2　$\varphi(t-n)$ は標本化周期が 1 であるため，フーリエ変換の角周波数と離散時間フーリエ変換の正規化角周波数は一致することに注意．

を得る．$\Phi(0)$ は定数なので，結局

$$\Phi(\omega)=\prod_{m=1}^{\infty}\frac{1}{\sqrt{2}}G_0(e^{j2^{-m}\omega})$$

によってスケーリング関数を $g_0[n]$ から生成できることがわかる*3．適切な $g_0[n]$ の設計方法については，あとで述べる．

再び定理 1 を考えよう．式 (1) と (3) から直感的にわかることは，フィルタ $g_0[n]$ は V_0 から V_1 を，その名のとおり「濾し取る」役割をしているということである．したがって，$\Phi(\omega)$ に別のフィルタ ($g_0[n]$ が「取り残した部分」を与えるもの) を適用することで，W_1 の基底，すなわち $\{\psi_{1,n}(t)\}_n$ が得られるのではないかと考えられる．このことを以下にみてみよう．

まず MRA の公理から，$W_1\subset V_0$ である．したがって，式 (2) と同じように，$1/\sqrt{2}\psi(t/2)\in W_1$ は，結合係数 $g_1[n]$ を用いて，

$$\frac{1}{\sqrt{2}}\psi\left(\frac{t}{2}\right)=\sum_n g_1[n]\varphi(t-n) \qquad (6)$$

と表現できる．この両辺をフーリエ変換すれば，

$$\Psi(2\omega)=\frac{1}{\sqrt{2}}G_1(e^{j\omega})\Phi(\omega) \qquad (7)$$

を得る．式 (1) より，$\langle\psi(\bullet-n),\varphi(\cdot)\rangle=0$ が任意の n に対して成り立たなくてはいけない．これをフーリエ変換すると $\sum_k\Psi(\omega+2\pi k)\Phi^*(\omega+2\pi k)=0$ なる関係を得る．詳細は省略するが，この式に，$\{\varphi(t-n)\}_n$ の正規直交性を周波数領域上で表した $\sum_k|\Phi(\omega+2\pi k)|^2=1$ と，式 (3), (4), (7) を代入，整理することで，$G_0(e^{j\omega})$ と同様に，

$$|G_1(e^{j\omega})|^2+|G_1(e^{j(\omega+\pi)})|^2=2$$

なる関係を得る．また，$G_0(e^{j\omega})$ と $G_1(e^{j\omega})$ の間には

$$G_1(e^{j\omega})G_0^*(e^{j\omega})+G_1(e^{j(\omega+\pi)})G_0^*(e^{j(\omega+\pi)})=0 \quad (8)$$

なる関係があることもわかる．つまり，

$$G_1(e^{j\omega})=-e^{-j\omega}G_0^*(e^{j(\omega+\pi)}) \qquad (9)$$

のようにとれば，式 (8) を満たすことになり，結局 $g_0[n]$ と $g_1[n]$ の間には

$$g_1[n]=(-1)^n g_0[-n+1] \qquad (10)$$

という関係があることなる．これは $\{g_0[n]\}_n$ がローパスフィルタであれば，$\{g_1[n]\}_n$ はハイパスフィルタになっており，先に述べたとおり $g_0[n]$ が「取り残した部分」を「濾し取る」ものが $g_1[n]$ であるという直感的理解と一致する．

まとめると，共役鏡像フィルタ $G_0(e^{j\omega})$ を「うまく」選ぶことで，式 (5) によってスケーリング関数 $\varphi(t)$ が決定し，さらに $G_1(e^{j\omega})$ が式 (9) によって決まるので，式 (7) を変形した

$$\Psi(\omega)=\frac{1}{\sqrt{2}}G_1(e^{j\omega/2})\Phi\left(\frac{\omega}{2}\right)$$

によって正規直交基底を与える離散ウェーブレット $\psi_{j,n}(t)$ が決まるのである．

2) ドベシィのウェーブレット

MRA によって，共役鏡像フィルタを決めることで離散ウェーブレットが構成できることをみた．それでは，そのフィルタ $G_0(e^{j\omega})$ をどのように設計すればよいのだろうか．

これに対する一つの解が，ドベシィ(Daubechies) のコンパクトサポートをもったウェーブレットである．このウェーブレットは，

$$\begin{aligned}G_0(e^{j\omega})&=\sum_{n=0}^{N-1}g_0[n]e^{-jn\omega}\\&=\sqrt{2}\left(\frac{1+e^{-j\omega}}{2}\right)^p R(e^{j\omega}) \qquad (11)\end{aligned}$$

で定義されるフィルタから生成される．このフィルタは，$\omega=\pi$ で p 個の零点をもつことから，ローパスフィルタであることがわかる．また，このようなローパスフィルタから生成されるウェーブレット $\psi(t)$ は，$k=0,\cdots,p-1$ に対して，

$$\int_{-\infty}^{\infty}t^k\psi(t)\mathrm{d}t=0$$

を満たす．このことを，$\psi(t)$ は p 個のバニシングモーメントをもつといい，なるべく少ないウェーブレット係数 $|\langle f,\psi_{j,n}\rangle|$ で信号 f を展開するための指標となっている．

また，$G_0(e^{j\omega})$ のインパルス応答は N 個の係数からなる．有限インパルス応答をもつフィルタから生成されるスケーリング関数 φ とウェーブレット ψ は，有限区間のみで値をもつ (コンパクトサポートである) こと

*3 ただし収束の問題は残る．

がわかっている．このウェーブレットのクラスが，コンパクトなサポートをもつといわれるゆえんである．

フィルタ係数 $g_0[n]$ を特定するには，$R(e^{j\omega})$ を決めなくてはならない．式 (11) から，$R(e^{j\omega})$ の次数を m とすると，$N=p+m+1$ の関係があることがわかる．ドベシィは，$g_0[n]$ が実係数をもつ場合，$m=p-1$ である $R(e^{j\omega})$ を次のように決められることを示した．まず，$|G_0(e^{j\omega})|^2$ を

$$|G_0(e^{j\omega})|^2 = 2\left(\cos\frac{\omega}{2}\right)^{2p} P(y)$$

のように表す．ここで，$y=\sin^2\omega/2=(1-\cos\omega)/2\in[0,1]$ であり，$P(y)=|R(e^{j\omega})|^2$ である．このように表現できる理由は，$g_0[n]$ が実係数をもつことから，$G_0(e^{j\omega})$ が $\cos\omega$ の多項式となるためである．このように表した $|G_0(e^{j\omega})|^2$ を式 (4) に代入すると $(1-y)^pP(y)+y^pP(1-y)=1$ を得る．この式を満たす $P(y)\geq 0$ は次のように与えられる．

$$P(y) = \sum_{k=0}^{p-1}\binom{p-1+k}{k}y^k$$

$P(y)=P(\sin^2\omega/2)=P((2-e^{j\omega}-e^{-j\omega})/4)$ なので，結局，$R(z)R(z^{-1})=P((2-z-z^{-1})/4)$ をスペクトル分解して，$R(z)$ が最小位相になる (零点が単位円内にある) ように構成すればよい．

例として $p=2$ の場合を考えよう．このとき，$P(y)=1+2y$ である．$y=(2-z-z^{-1})/4$ より零点は $z+z^{-1}=4$ で与えられる．したがって，単位円内にある零点は $2-\sqrt{3}$ であるから，$R(z)$ として $R(z)=(1-(2-\sqrt{3})z^{-1})/(\sqrt{3}-1)$ を選べばよい．したがって，式 (11) より，

$$\begin{aligned} G_0(z) =& \sqrt{2}\left(\frac{1+z^{-1}}{2}\right)^2\left(\frac{1-(2-\sqrt{3})z^{-1}}{\sqrt{3}-1}\right) \\ =& \Big((1+\sqrt{3})+(3+\sqrt{3})z^{-1} \\ &+(3-\sqrt{3})z^{-2}+(1-\sqrt{3})z^{-3}\Big)/4\sqrt{2} \end{aligned}$$

なる伝達関数 (フィルタ係数) を得る．

b. ウェーブレット係数とフィルタバンク

定理 1 では，MRA で構成したウェーブレット $\{\psi_{j,n}(t)\}_{(j,n)}$ が，$L^2(\mathbb{R})$ の正規直交基底となることをみた．以下では，その展開係数

$$d_j[n] = \langle f,\psi_{j,n}\rangle = \int_{-\infty}^{\infty} f(t)\psi_{j,n}^*(t)\mathrm{d}t$$

が，積分を実行することなく，積和演算のみで再帰的に求められることを示す．また，ウェーブレットの展開係数を求める構造が，信号処理における 2 チャンネルの直交フィルタバンクと呼ばれるものであることを示す．

1) ウェーブレット係数の逐次算出

MRA より，$V_{j+1}\subset V_j$ の基底関数 $\varphi_{j+1,m}(t)$ は，V_j の基底 $\{\varphi_{j,n}\}_n$ で展開でき，式 (2) を用いると

$$\begin{aligned} \varphi_{j+1,m}(t) &= \sum_n \langle\varphi_{j+1,m},\varphi_{j,n}\rangle\varphi_{j,n}(t) \\ &= \sum_n g_0[n-2m]\varphi_{j,n}(t) \end{aligned}$$

と表現できる．したがって，両辺で f との内積をとると，

$$a_{j+1}[m] = \sum_n g_0[n-2m]a_j[n] \qquad (12)$$

を得る．ここで，$a_j[n]=\langle f,\varphi_{j,n}\rangle$ である．

同様にして，$W_{j+1}\subset V_j$ の基底関数 $\psi_{j+1,m}(t)$ も $\{\varphi_{j,n}\}_n$ で展開できるため，式 (6) を用いると，

$$\begin{aligned} \psi_{j+1,m}(t) &= \sum_n \langle\psi_{j+1,m},\varphi_{j,n}\rangle\varphi_{j,n}(t) \\ &= \sum_n g_1[n-2m]\varphi_{j,n}(t) \end{aligned}$$

となり，f との内積をとることでウェーブレット係数

$$d_{j+1}[m] = \sum_n g_1[n-2m]a_j[n] \qquad (13)$$

が得られるのである．

ここで，式 (12) と (13) において，

$$h_0[n] = g_0[-n], h_1[n] = g_1[-n] \qquad (14)$$

と定義すると，a_{j+1} は，h_0 と a_j をたたみ込んだあとに，1/2 に間びいた (ダウンタンプリングした) 系列となる．同様に，d_{j+1} は，h_1 と a_j のたたみ込みをダウンサンプリングしたものである．これを示したものが図 1 である．インパルス応答 $\{h_0[n]\}_n$, $\{h_1[n]\}_n$ をもつ FIR フィルタとダウンサンプラを逐次適用することで，ウェーブレット係数 $d_j[n]=\langle f,\psi_{j,n}\rangle$ が求まる

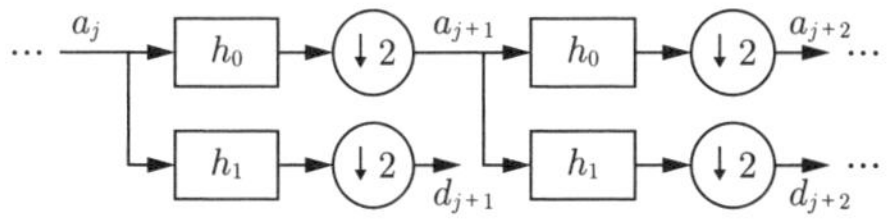

図 1　分析フィルタバンクによるウェーブレット係数の逐次展開

のである．

このようにして逐次的にウェーブレット係数を求める際，初期値 (たとえば a_0) をどうすればよいのだろうか．画像や音声などを実際に処理する場合，すでにサンプリングされていることが多い．もともと，$\varphi(t)$ は低周波数帯域にエネルギーが集中しているので，サンプリング定理が要請する帯域制限条件をほぼ満たしていると考えられる．そこで，このサンプリングされた信号で $f[n] = a_0[n]$ としてしまうのが一般的である．

次に，a_{j+1} と d_{j+1} から a_j を再構成できることを示す．式 (1) より，V_j の正規直交基底は $\{\varphi_{j+1,n}, \psi_{j+1,n}\}_n$ である．したがって，$\varphi_{j,m}(t)$ の正規直交展開

$$\varphi_{j,m}(t) = \sum_n \langle \varphi_{j,m}, \varphi_{j+1,n} \rangle \varphi_{j+1,n}(t) + \sum_n \langle \varphi_{j,m}, \psi_{j+1,n} \rangle \psi_{j+1,n}(t)$$

を得る．この内積部分をフィルタ係数で置き換え，両辺で f との内積をとると

$$a_j[m] = \sum_n g_0[m-2n] a_{j+1}[n] + \sum_n g_1[m-2n] d_{j+1}[n]$$

と表現できる．これは，図 2 に示すように，a_{j+1} と d_{j+1} をアップサンプリングしたものに，それぞれ FIR フィルタ $\{g_0[n]\}_n$ と $\{g_1[n]\}_n$ を適用したときの出力の和となっている．

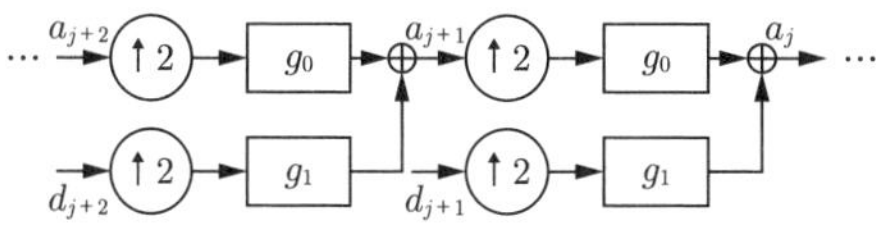

図 2　合成フィルタバンクによる信号の再構成

2)　直交フィルタバンク

複数のフィルタの集合で構成されるシステムをフィルタバンクと呼ぶ．ここでは，図 3 に示す，2 チャンネルのフィルタバンクについて，ウェーブレット係数算出との関連を示す．

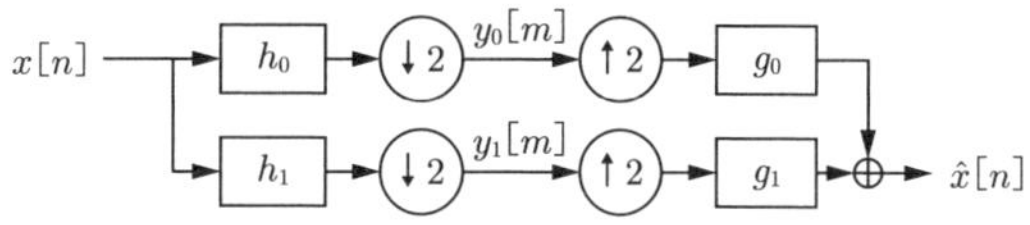

図 3　2 チャンネルフィルタバンク

入力信号 $x[n]$ の z 変換を $X(z)$ とする．また，インパルス応答 $\{h_0[n]\}_n$ をもつフィルタの伝達関数を $H_0(z)$ と書き，他のフィルタも同様に伝達関数を大文字で表すとする．図 3 の左半分を**分析フィルタバンク**と呼び，右半分を**合成フィルタバンク**と呼ぶ．分析フィルタバンクの出力 $y_i[m]$ $(i = 0, 1)$ の z 変換は

$$Y_i(z) = \frac{1}{2}[H_i(z^{1/2})X(z^{1/2}) + H_i(-z^{1/2})X(-z^{1/2})]$$

である (「3.2 マルチレート信号処理」参照)．これを分析フィルタバンクに通すと，その出力は

$$\begin{aligned}\widehat{X}(z) &= G_0(z)Y_0(z^2) + G_1(z)Y_1(z^2) \\ &= \frac{1}{2}\{G_0(z)H_0(z) + G_1(z)H_1(z)\}X(z) \\ &\quad + \frac{1}{2}\{G_0(z)H_0(-z) + G_1(z)H_1(-z)\}X(-z)\end{aligned}$$

となる．したがって，フィルタバンクの入出力が一致するには

$$G_0(z)H_0(z) + G_1(z)H_1(z) = 2 \qquad (15)$$

$$G_0(z)H_0(-z) + G_1(z)H_1(-z) = 0 \qquad (16)$$

が条件となる．フィルタバンク $\{H_i(z), G_i(z)\}_{i=1,2}$ がこの条件を満たすとき，完全再構成フィルタバンクと呼ばれ，音声圧縮や画像圧縮などのマルチメディア信号処理において大きな役割を果たしている．

次に，MRA から導かれるウェーブレットを構成するフィルタが，この完全再構成の条件を満たすことを示そう．式 (14) の z 変換は，$i = 0, 1$ に対して

$$H_i(z) = G_i(z^{-1})$$

である．また，式 (10) の z 変換は

$$G_1(z) = -z^{-1}G_0(-z^{-1})$$

である．これらを用いると，任意の $G_0(z)$ に対して式 (15)，(16) が成り立つことを確認できる．また，フィルタのインパルス応答が実数であることから，$z = e^{j\omega}$

とすることで，共役鏡像フィルタの条件 (4) も導かれる．このとき，この完全再構成フィルタバンクは特に直交フィルタバンクと呼ばれる．その理由は，フィルタどうし，また 2 サンプルずつシフトしたフィルタどうしが直交する $(\langle g_i[\bullet], g_j[\bullet + 2m]\rangle = \delta_{i,j}\delta_m)$ からである．

おわりに

以上のように，ウェーブレット変換を離散化し，$L^2(\mathbb{R})$ の正規直交基底をつくる数学と，ディジタル信号処理におけるフィルタバンク理論は，実はまったく等価であることがわかる．そして，完全再構成フィルタバンクから，双直交ウェーブレットと呼ばれるより自由度の高い基底 (双直交基底) が構成できるようになり，JPEG2000 などの国際標準規格で広く使われる技術となっている．

本節においては，MRA の発明者である Mallat の本[1]，およびウェーブレットとフィルタバンクのパイオニアである Vetteri の本[2] を参考にした．ここで割愛した双直交ウェーブレットの構成法も，これらの文献に記載されている．また，MRA を用いた他のウェーブレットに関しても詳しく説明がある．

〔田 中 聡 久〕

参 考 文 献

[1] S. Mallat : A Wavelet Tour of Signal Processing, Academic Press, New York, NY/London, 1998.
[2] M. Vetterli and J. Kovačević : Wavelets and Subband Coding, Prentice-Hall PTR, New Jersey, 1995.

4　統計的信号処理

4.1　ウィーナーフィルタとカルマンフィルタ

Wiener filter and Kalman filter

本項目では，離散時間信号を考える．

a.　予測，濾波，平滑

次のように，信号 X_t に雑音 V_t が付加された Y_t を考える (図 1).

$$Y_t = X_t + V_t, \quad t = 0, \pm 1, \cdots$$

時刻 t までの Y_t より，時刻 s の信号 Z_s を推定したい．図 1 では $f(\bullet)$ が推定法を，$\widehat{Z}_s$ が Z_s の推定値を示している．$s > t$ であり，時刻 t までの Y_t から未来の時刻 s の Z_s を推定することを予測 (prediction) という．特に $s = t + k$ $(k > 0)$ のとき，時刻 t までの情報で k 時間先の値を予測するので k 段予測という．また，$s = t$ のとき濾波 (filtering)，$s < t$ のとき平滑 (smoothing) という (図 2).

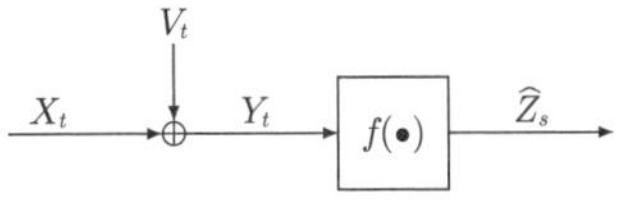

図 1　推定問題

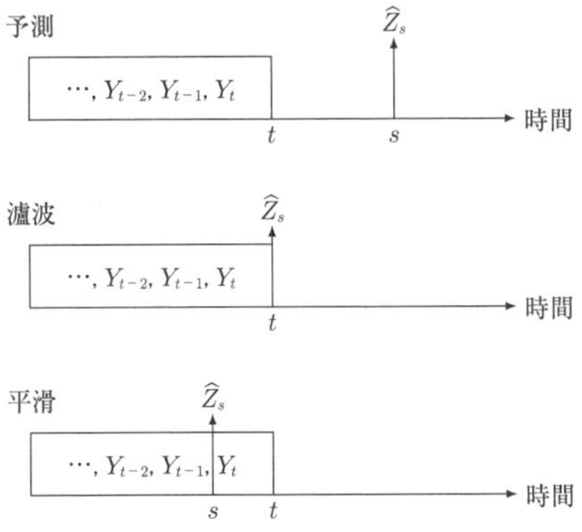

図 2　予測，濾波，平滑

b.　ウィーナーフィルタ

図 1 の推定関数を線形フィルタ $H[z]$ とし，信号 $Z_t = X_t$ の推定値 $\widehat{Z}_t$ の誤差 $E_t = Z_t - \widehat{Z}_t$ の誤差分散を最小にするよう線形フィルタ $H[z]$ を設計する問題をウィーナーフィルタリング問題という (図 3).

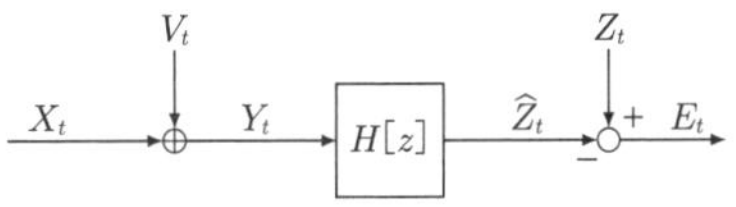

図 3　ウィーナーフィルタリング問題

ウィーナーフィルタ (Wiener filter) は，Y_t から雑音 V_t を除去するフィルタと考えることができる．連続時間ウィーナーフィルタリング問題はウィーナー (Wiener) が考察し，離散時間ウィーナーフィルタリング問題はコルモゴロフ (Kolmogorov) が解いている．

推定値 $\widehat{Z}_t$ は

$$\widehat{Z}_t = \sum_{k=0}^{\infty} h_k Y_{t-k}, \quad k = 0, 1, 2, \cdots$$

と書ける．ただし，$\{h_k\}_{k=0,1,\cdots}$ は，$H[z]$ のインパルス応答である．

X_t と V_t が平均 0 の 2 次定常過程であるとき，誤差 $E_t = Z_t - \widehat{Z}_t$ の分散を最小にするには

$$E\{E_t Y_{t-\tau}^*\} = 0, \quad \tau = 0, 1, 2, \cdots$$

を満足しなければならない．したがって，最適なフィルタは

$$E\{Z_t Y_{t-\tau}^*\} - \sum_{k=0}^{\infty} h_k E_t\{Y_{t-k} Y_{t-\tau}^*\} = 0$$

つまり

$$R_{ZY}(\tau) = \sum_{k=0}^{\infty} h_k R_Y(\tau - k), \quad \tau = 0, 1, 2, \cdots \quad (1)$$

を満たさなければならない．

式 (1) を (離散時間) ウィーナー–ホップ (Wiener–Hopf) 方程式といい，式 (1) を満足する最適なフィルタをウィーナーフィルタと呼ぶ．

なお，式 (1) において，有限の長さのインパルス応答をもつ $H[z]$ に限定すると，ウィーナー–ホップ方程式は 2.3 節の線形 MMSE 予測の式 (5) と本質的に同じになる．

もし，インパルス応答が因果性を満たさなくてもよければ，式 (1) は

$$R_{ZY}(\tau)=\sum_{k=-\infty}^{\infty}h_kR_Y(\tau-k),\quad \tau=0,1,2,\cdots \tag{2}$$

と書ける．

$R_{ZY}(\tau)$ の Z 変換

$$S_{ZY}[z]=\sum_{\tau=-\infty}^{\infty}R_{ZY}(\tau)z^{-\tau}$$

と $R_Y(\tau)$ の Z 変換

$$S_Y[z]=\sum_{\tau=-\infty}^{\infty}R_Y(\tau)z^{-\tau} \tag{3}$$

を用いると，式 (2) の両辺の Z 変換は

$$S_{ZY}[z]=H[z]S_Y[z]$$

となるので，最適フィルタは

$$H[z]=\frac{S_{ZY}[z]}{S_Y[z]}$$

で与えられる．

一方，因果性を満たすフィルタは，以下のように設計する．

$\sum_{k=-\infty}^{\infty}|h_k|<\infty$ を仮定すると

$$H[z]=\sum_{k=-\infty}^{\infty}h_kz^{-k}$$

が存在する．ここで

$$[H[z]]_+=\sum_{k=0}^{\infty}h_kz^{-k},\quad [H[z]]_-=\sum_{k=-\infty}^{-1}h_kz^{-k}$$

とおき，前者を $H[z]$ の因果的部分，後者を反因果的部分という．

$$\frac{1}{2\pi}\int_{-\pi}^{\pi}\log S_Y[e^{j\omega}]\mathrm{d}\omega>-\infty \tag{4}$$

を満足すれば，$S_Y[z]$ は

$$S_Y[z]=S_Y^+[z]S_Y^-[z]$$

と一意にスペクトル分解できる．ただし，$S_Y^+[z]$ は単位円内に極と零点をもつ最小位相関数であり，$S_Y^-[z]$ は単位円外に極と零点をもつ非最小位相関数である．

因果性を満たすフィルタはスペクトル分解を用いて

$$H[z]=\left[\frac{S_{ZY}[z]}{S_Y^-[z]}\right]_+\frac{1}{S_Y^+[z]}$$

で与えられる．

c. 線形確率システム

図 4 の離散時間線形システムを考える．ここで，X_t は n 次元内部状態ベクトル，Y_t は p 次元観測ベクトル，U_t は外部入力ベクトルとする．

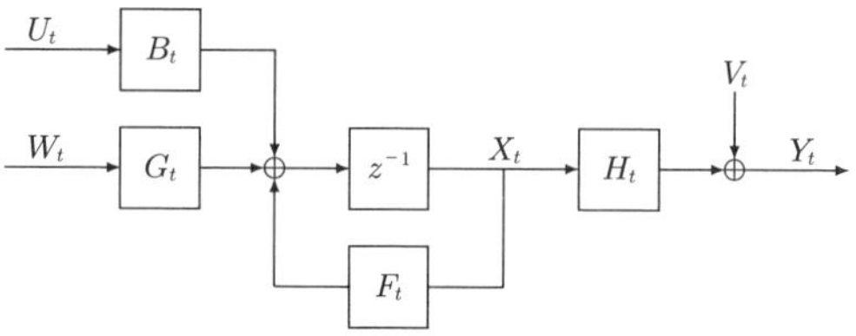

図 4 離散時間線形システム

W_t はシステムの内部雑音，V_t は観測雑音をモデル化したものである．W_t は平均 0 の r 次元白色ガウス過程，V_t は平均 0 の p 次元白色ガウス過程であり

$$E\left\{\begin{bmatrix}W_t\\V_t\end{bmatrix}\begin{bmatrix}W_s\\V_s\end{bmatrix}^{\mathcal{H}}\right\}=\begin{bmatrix}Q_t&0\\0&R_t\end{bmatrix}\delta_{t-s}$$

と仮定する．ただし，$Q_t(\geq 0)$ は $r\times r$ 行列，$R_t(>0)$ は $p\times p$ 行列である．なお，W_t と V_t に相関がある場合，適切な変形を施すと同様の結果が得られるため，ここでは簡単のため無相関としている．

システムのパラメータ B_t，F_t，G_t，H_t は既知とする．U_t は確定的な信号であり，システムへの入力とする．W_t と V_t がなければ確定入力 U_t に対する X_t と Y_t が求まる．それらを $\overline{X}_t$ と $\overline{Y}_t$ とおく．一方，U_t がないときの確率的信号 W_t と V_t に対する X_t と Y_t を X_t' と Y_t' とする．

システムの線形性より，U_t，W_t，V_t に対する X_t と

Y_t は $X_t = X'_t + \overline{X}_t$, $Y_t = Y'_t + \overline{Y}_t$ となる．確定的な信号 U_t に対する $\overline{X}_t$ と $\overline{Y}_t$ はあらかじめ求めることができるので，以下，一般性を失うことなく $U_t = 0$ $(\forall t)$ とする．

$U_t = 0$ $(\forall t)$ であれば，確率的信号 W_t を入力とする線形システム

$$X_{t+1} = F_t X_t + G_t W_t, \quad t = 0, 1, \cdots \tag{5}$$
$$Y_t = H_t X_t + V_t$$

が得られる (図 5)．このシステムを**線形確率システム**と呼ぶ．

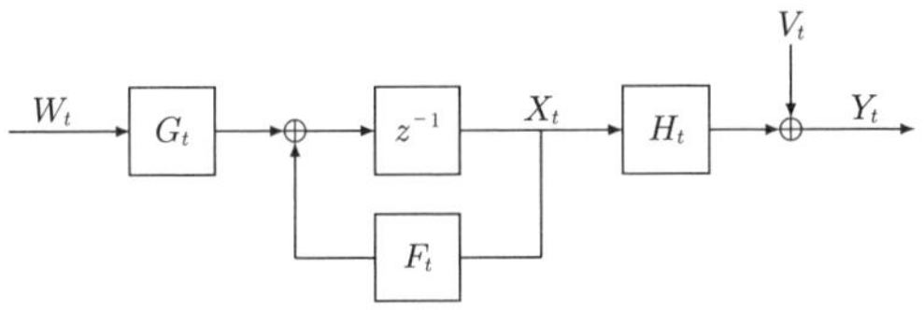

図 5　線形確率システム

線形確率システムにおいて F_t を状態遷移行列，G_t を駆動行列，H_t を観測行列という．システムの内部状態 X_t は，確率的信号 W_t により式 (5) にしたがい生成される．Y_t は $H_t X_t$ に観測雑音 V_t が付加された確率的信号である．

現象を線形確率システムにモデル化することで，さまざまな解析ができる．たとえば，システムの内部状態が直接観測できないとき Y_t から X_t を推定したり，Y_t から将来の Y_s $(s > t)$ を予測できる．

X_0 は平均 0 相関行列 Σ_0 のガウス分布と仮定する．

状態推移行列

$$\Phi(t, s) = \begin{cases} F_{t-1}F_{t-2}\cdots F_s, & t > s \\ I, & t = s \end{cases}$$

を定義すると，式 (5) より

$$X_t = \Phi(t, 0)X_0 + \sum_{k=0}^{t-1} \Phi(t, k+1) G_k W_k$$

となる．

ガウスベクトルの線形和はガウスベクトルとなるので，X_t はガウス過程となる．このとき，同様に，Y_t もガウスベクトルの線形和となるのでガウス過程となる．

d.　最小分散推定値

p 次元確率変数 Y の観測値 y から，未知の n 次元確率変数 Θ の値 θ を推定することを考える．つまり，θ の推定値 $\widehat{\theta}$ を $f(y)$ で求める．ただし，Y と Θ の平均は 0 とする．

f は Y から Θ への写像である．$\Theta - f(Y)$ の分散

$$E\{|\Theta - f(Y)|^2\}$$

を最小にする推定法を**最小分散 (MMSE) 推定**という．

MMSE 推定値は Y が与えられたときの Θ の条件つき期待値

$$\widehat{\theta} = E\{\Theta | Y = y\} = \int_{-\infty}^{\infty} \theta \mathrm{d}F_{\Theta|Y}(\theta|y)$$

となることが知られている．しかし，一般に $F_{\Theta|Y}(\theta|y)$ は未知であるので，関数 $f(\bullet)$ を線形関数に限定した線形 MMSE 推定値が利用される．

Θ と Y が結合ガウス分布になるとき，線形 MMSE 推定値と MMSE 推定値は一致し，MMSE 推定値は以下で与えられる．

$$\widehat{\theta} = Ay$$

ただし，A は

$$AE\{YY^{\mathcal{H}}\} = E\{\Theta Y^{\mathcal{H}}\} \tag{6}$$

の解である．

確率変数 Θ の推定値 $\widehat{\Theta}$ は $\widehat{\Theta} = AY$ と書け，式 (6) は

$$E\{(\Theta - \widehat{\Theta})Y^{\mathcal{H}}\} = 0 \tag{7}$$

となる．式 (7) は推定誤差 $\Theta - \widehat{\Theta}$ が，Y に直交していること (直交性の原理) を示している．また，誤差分散行列は

$$E\{\Theta\Theta^{\mathcal{H}}\} - AE\{YY^{\mathcal{H}}\}A^{\mathcal{H}}$$

となる．

e.　イノベーション

Y_t $(t = 0, 1, \cdots)$ を平均 0 の p 次元ガウス過程とする．

$\widetilde{Y}_0 = Y_0$ とする．また，$k=2,3,\cdots,t$ に対し $p\times p$ 行列 $\{A_{k,l}\}_{l=0,\cdots,k-1}$ により

$$\widetilde{Y}_k = Y_0 - \sum_{l=0}^{k-1} A_{k,l} Y_l$$

を定義する．ただし，$\{A_{k,l}\}_{l=0,\cdots,k-1}$ は

$$E\{\widetilde{Y}_k \widetilde{Y}_l^{\mathcal{H}}\} = 0,\ \ k \neq l$$

となるよう決定される．

$\{\widetilde{Y}_0, \widetilde{Y}_1, \cdots, \widetilde{Y}_t\}$ を $\{Y_0, Y_1, \cdots, Y_t\}$ のイノベーション (innovation) という．イノベーションは，$\{Y_0, Y_1, \cdots, Y_t\}$ と同じ情報をもち，構成要素が互いに独立な集合といえる．

f. カルマンフィルタ

図 5 の線形確率システムにおいて，時刻 t までの Y_t から，時刻 $t+m$ の状態 X_{t+m} $(m \geq 0)$ の MMSE 推定値を求めることを，状態予測問題という．

式 (6) に対応する方程式から予測器を構成することもできるが，時刻 t が大きくなると方程式の数が膨大になり計算が困難になる．

カルマンフィルタは，式 (6) を直接解くのではなく，時間に関し逐次的に低計算量で MMSE 予測値を計算することができ，工学だけでなく経済学，医学などさまざまな分野で利用されている．

時刻 t までの Y_t から求めた時刻 $t+m$ の MMSE 推定値を $\widehat{X}_{t+m|t}$ と表記する．また，推定誤差分散を

$$P_{t+m|t} = E\{||X_{t+m} - \widehat{X}_{t+m|t}||^2\}$$

と定義すると，カルマンフィルタアルゴリズムは図 6 のように書ける．

まず，初期値を

$$\widehat{X}_{0|-1} = 0,\ \ P_{0|-1} = \Sigma_0$$

とおく．次に，$t=0$ のカルマンゲインを

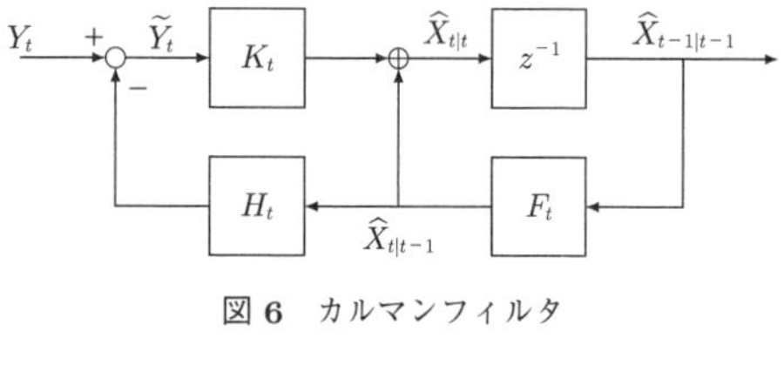

図 6 カルマンフィルタ

$$K_t = P_{t|t-1} H_t^{\mathcal{H}} \left[H_t P_{t|t-1} H_t^{\mathcal{H}} + R_t \right]^{-1} \quad (8)$$

で求め，入力 Y_0 からイノベーションの要素

$$\widetilde{Y}_t = Y_t - H_t \widehat{X}_{t|t} \quad (9)$$

を計算する．そして濾波推定値

$$\widehat{X}_{t|t} = \widehat{X}_{t|t-1} + K_t \widetilde{Y}_t$$

と，その誤差分散行列を

$$P_{t|t} = (I - K_t H_t) P_{t|t-1} \quad (10)$$

で求める．さらに予測値と予測誤差分散行列を

$$\widehat{X}_{t+1|t} = F_t \widehat{X}_{t|t} \quad (11)$$

$$P_{t+1|t} = F_t P_{t|t} F_t^{\mathcal{H}} + G_t Q_t G_t^{\mathcal{H}} \quad (12)$$

で計算し，$t \leftarrow t+1$ として式 (8) に戻る．

以上のようにカルマンフィルタは，時刻 t の入力 Y_t から，逐次的に推定値を求める．

式 (12) に式 (10) の $P_{t|t}$ を代入し，式 (8) を用いたのち $\widetilde{P}_{t+1} = P_{t+1|t}$ とおくと

$$\begin{aligned}\widetilde{P}_{t+1} &\\ &= F_t \left(\widetilde{P}_t - \widetilde{P}_t H_t^{\mathcal{H}} [H_t \widetilde{P}_t H_t^{\mathcal{H}} + R_t]^{-1} H_t \widetilde{P}_t^{\mathcal{H}} \right) F_t^{\mathcal{H}} \\ &\quad + G_t Q_t G_t^{\mathcal{H}} \end{aligned} \quad (13)$$

を得る．これを**離散時間型リッカチ方程式** (discrete-time Riccati equation) と呼ぶ．

$\widetilde{P}_{t+1} = P_{t+1|t}$ はデータに依存していないので，初期値が与えられると式 (13) よりオフラインで計算できる．また，求めた $P_{t|t-1}$ からカルマンゲインも式 (8) でオフラインで計算できる．

g. 定常カルマンフィルタ

線形確率システムにおいて，雑音の相関行列とシステムの係数行列が時間に依存しないと仮定する．また，$(F, GQ^{1/2})$ は可安定，(H, F) は可検出とする．

このとき，$t \to \infty$ とすると $\widetilde{P}_t = P_{t|t-1}$ が**代数リッカチ方程式** (algebraic Riccati equation)

$$\begin{aligned}\widetilde{P} &= F \left(\widetilde{P} - \widetilde{P} H^{\mathcal{H}} [H \widetilde{P} H^{\mathcal{H}} + R]^{-1} H \widetilde{P}^{\mathcal{H}} \right) F^{\mathcal{H}} \\ &\quad + GQG^{\mathcal{H}}\end{aligned}$$

の非負定値解 $\widetilde{P}$ に収束し，カルマンゲインも一定値 K に収束する．

このカルマンゲイン K と，式 (9)，(10)，(11) から

$$\widehat{X}_{t+1|t} = F(I - KH)\widehat{X}_{t|t-1} + FKY_t$$

で予測するフィルタを定常カルマンフィルタと呼ぶ．

h.　線形最小分散推定フィルタ

X_t，Y_t がガウス過程でなければ，通常，カルマンフィルタは最小分散推定フィルタとならない．しかし，線形推定に限定するとカルマンフィルタは線形推定のなかで最小の誤差分散を与える推定法となる．

〔大 野 修 一〕

参 考 文 献

[1] S. M. Kay : Fundamentals of Statistical Signal Processing, Prentice-Hall, 2001.

[2] 片山　徹：新版応用カルマンフィルタ，朝倉書店，2000.

4.2 非線形最適フィルタ

nonlinear optimal filter

非線形状態空間モデル

$$\boldsymbol{x}_t = \boldsymbol{f}_t(\boldsymbol{x}_{t-1}, \boldsymbol{v}_t) \quad (1)$$

$$\boldsymbol{y}_t = \boldsymbol{h}_t(\boldsymbol{x}_t, \boldsymbol{w}_t) \quad (2)$$

を考える $(t = 1, \cdots, T)$．ここで，$\boldsymbol{x}_t$ は状態ベクトル（k 次元），$\boldsymbol{f}_t$ は非線形の状態遷移演算子，$\boldsymbol{v}_t$ はシステムノイズ（m 次元），$\boldsymbol{y}_t$ は時系列データ（l 次元），$\boldsymbol{h}_t$ は非線形の観測演算子，$\boldsymbol{w}_t$ は観測ノイズ（s 次元）である．初期状態 $\boldsymbol{x}_0$ の確率分布 $p(\boldsymbol{x}_0)$ を与えたとき，以降の時刻での状態 $\boldsymbol{x}_t$ の一期先予測分布，フィルタ分布はそれぞれ次のように与えられる．

$$p(\boldsymbol{x}_t|\boldsymbol{y}_{1:t-1}) = \int p(\boldsymbol{x}_t|\boldsymbol{x}_{t-1})\, p(\boldsymbol{x}_{t-1}|\boldsymbol{y}_{1:t-1})\, \mathrm{d}\boldsymbol{x}_{t-1} \quad (3)$$

$$p(\boldsymbol{x}_t|\boldsymbol{y}_{1:t}) = \frac{p(\boldsymbol{y}_t|\boldsymbol{x}_t)\, p(\boldsymbol{x}_t|\boldsymbol{y}_{1:t-1})}{\int p(\boldsymbol{y}_t|\boldsymbol{x}_t)\, p(\boldsymbol{x}_t|\boldsymbol{y}_{1:t-1})\, \mathrm{d}\boldsymbol{x}_t} \quad (4)$$

ここで，$\boldsymbol{y}_{1:t}$ は $\{\boldsymbol{y}_1, \cdots, \boldsymbol{y}_t\}$ を表す．式 (3)，(4) からわかるように，一期先予測分布は前時刻のフィルタ分布 $p(\boldsymbol{x}_{t-1}|\boldsymbol{y}_{1:t-1})$ と状態遷移確率 $p(\boldsymbol{x}_t|\boldsymbol{x}_{t-1})$ の畳み込みから，フィルタ分布は一期先予測分布 $p(\boldsymbol{x}_t|\boldsymbol{y}_{1:t-1})$ と現時刻の尤度 $p(\boldsymbol{y}_t|\boldsymbol{x}_t)$ の積で表される．これらの確率分布をどのように表現し，推定するかが問題である．

a.　線形最適フィルタ—カルマンフィルタ

準備として，本項目の主題である非線形フィルタを扱う前に，線形フィルタを振り返ってみよう．すなわち，状態空間モデル (1)，(2) に現れる関数 $\boldsymbol{f}_t(\boldsymbol{x}_{t-1})$，$\boldsymbol{h}_t(\boldsymbol{x}_t)$ が線形であり，システムノイズ，観測ノイズがそれぞれ $\boldsymbol{v}_t \sim N(\boldsymbol{0}, Q_t)$，$\boldsymbol{w}_t \sim N(\boldsymbol{0}, R_t)$ とガウス分布にしたがう場合，すなわち線形・ガウス状態空間モデルを考える．

$$\begin{aligned} \boldsymbol{x}_t &= F_t \boldsymbol{x}_{t-1} + G_t \boldsymbol{v}_t \\ \boldsymbol{y}_t &= H_t \boldsymbol{x}_t + \boldsymbol{w}_t \qquad (t = 1, \cdots, T) \end{aligned} \quad (5)$$

F_t，G_t，H_t はそれぞれ $k \times k$，$k \times m$，$l \times k$ の行列

である．

時刻 $t-1$ でのフィルタ分布がガウス分布

$$\boldsymbol{x}_{t-1}|\boldsymbol{y}_{1:t-1} \sim N\left(\boldsymbol{x}_{t-1|t-1}, V_{t-1|t-1}\right)$$

である場合に，式 (3) を計算すると，t での一期先予測分布もガウス分布 $\boldsymbol{x}_t|\boldsymbol{y}_{1:t-1} \sim N\left(\boldsymbol{x}_{t|t-1}, V_{t|t-1}\right)$ となる．ここで，

$$\boldsymbol{x}_{t|t-1} = F_t \boldsymbol{x}_{t-1|t-1} \tag{6}$$

$$V_{t|t-1} = F_t V_{t-1|t-1} F_t^\top + G_t Q_t G_t^\top \tag{7}$$

である．続いて，式 (4) を計算すると，t でのフィルタ分布もガウス分布 $\boldsymbol{x}_t|\boldsymbol{y}_{1:t} \sim N\left(\boldsymbol{x}_{t|t}, V_{t|t}\right)$ となる．ただし，

$$\boldsymbol{x}_{t|t} = \boldsymbol{x}_{t|t-1} + K_t\left(\boldsymbol{y}_t - H_t \boldsymbol{x}_{t|t-1}\right) \tag{8}$$

$$V_{t|t} = V_{t|t-1} - K_t H_t V_{t|t-1} \tag{9}$$

$$K_t = V_{t|t-1} H_t^\top \left(H_t V_{t|t-1} H_t^\top + R_t\right)^{-1} \tag{10}$$

である．式 (6)，(7)，(8)，(9)，(10) は，よく知られたカルマンフィルタによる推定値と推定誤差の更新式である．

つまり，線形・ガウス状態空間モデルに対しては，初期 $t=0$ でのフィルタ分布をガウス分布 $\boldsymbol{x}_0|\boldsymbol{y}_0 \sim N\left(\boldsymbol{x}_{0|0}, V_{0|0}\right)$ と仮定すれば，以降の一期先予測分布，フィルタ分布はすべてガウス分布となり，それらの平均ベクトル，分散共分散行列はカルマンフィルタにより計算されることがわかる．平均は確率分布に無関係に最小分散推定値であることから，推定値 (6)，(8) は**最小分散推定値**であり，この意味でカルマンフィルタは最適フィルタであるといえる．

b. 非線形最適フィルタ

線形・ガウス状態空間モデルの線形性・ガウス性の仮定が一つでも崩れると，一期先予測分布 (3)，フィルタ分布 (4) がガウス分布となることは保証されない．このような場合，状態の確率分布を近似的に表現する方法として，決定論的な近似法と確率論的な近似法が知られている．前者はシグマ点と呼ばれる代表値とその重みを用い，ここではシグマ点近似と呼ぶことにする．後者は乱数を利用する方法で，モンテカルロ近似と呼ぶ．シグマ点近似を用いたフィルタがアンセンテッドカルマンフィルタであり，モンテカルロ近似を用いたフィルタが粒子フィルタ，アンサンブルカルマンフィルタである．

c. アンセンテッドカルマンフィルタ

1) アンセンテッド変換

アンセンテッド変換とは，確率変数 $\boldsymbol{x}$ がしたがう確率分布のパラメータ (平均 $\boldsymbol{\mu}_{\boldsymbol{x}}$, 共分散 $\Sigma_{\boldsymbol{x}}$ など) から，$\boldsymbol{x}$ を非線形変換して得られる確率変数 $\boldsymbol{y} = \boldsymbol{f}(\boldsymbol{x})$ がしたがう確率分布のパラメータを推定する方法である．その過程において，シグマ点近似を用いるのが特徴である．

アンセンテッド変換は，まず，$\boldsymbol{x}$ を $N_{\boldsymbol{x}}$ 次元としたとき，$2N_{\boldsymbol{x}}+1$ 個のベクトル (シグマ点と呼ぶ) の集合 $\left\{\boldsymbol{x}^{(n)}\right\}_{n=0}^{2N_{\boldsymbol{x}}}$:

$$\boldsymbol{x}^{(0)} = \boldsymbol{\mu}_{\boldsymbol{x}}$$

$$\boldsymbol{x}^{(n)} = \boldsymbol{\mu}_{\boldsymbol{x}} + \boldsymbol{\sigma}^{(n)} \qquad n = 1, \cdots, N_{\boldsymbol{x}}$$

$$\boldsymbol{x}^{(n)} = \boldsymbol{\mu}_{\boldsymbol{x}} - \boldsymbol{\sigma}^{(n-N_{\boldsymbol{x}})} \qquad n = N_{\boldsymbol{x}}+1, \cdots, 2N_{\boldsymbol{x}}$$

とそれぞれの重みからなる集合 $\left\{W^{(n)}\right\}_{n=0}^{2N_{\boldsymbol{x}}}$ を用いて，$\boldsymbol{x}$ の確率分布を近似表現する．ここで，$\boldsymbol{\sigma}^{(n)}, W^{(n)}$ は，シグマ点 $\boldsymbol{x}^{(n)}$ の重みつき標本平均が $\boldsymbol{\mu}_{\boldsymbol{x}}$，重みつき標本共分散が $\Sigma_{\boldsymbol{x}}$ となる，すなわち

$$\sum_{n=0}^{2N_{\boldsymbol{x}}} W^{(n)} \boldsymbol{x}^{(n)} = \boldsymbol{\mu}_{\boldsymbol{x}}$$

$$\sum_{n=0}^{2N_{\boldsymbol{x}}} W^{(n)} \left(\boldsymbol{x}^{(n)} - \widehat{\boldsymbol{x}}\right)\left(\boldsymbol{x}^{(n)} - \widehat{\boldsymbol{x}}\right)^\top = \Sigma_{\boldsymbol{x}}$$

が満たされるように選ぶものとする．一つの選び方は，$W^{(0)}$ の関数として，

$$W^{(n)} = \frac{1 - W^{(0)}}{2N_{\boldsymbol{x}}} \qquad (n = 1, \cdots, 2N_{\boldsymbol{x}})$$

$$\boldsymbol{\sigma}^{(n)} = \left(\sqrt{\frac{N_{\boldsymbol{x}}}{1 - W^{(0)}} \Sigma_{\boldsymbol{x}}}\right)_n \qquad (n = 1, \cdots, N_{\boldsymbol{x}})$$

とするものである．ここで，$\left(\sqrt{A}\right)_n$ は行列 A の平方根行列の n 番目の列ベクトルを示す．$W^{(0)}$ は任意の実数を選ぶことができるが，$\boldsymbol{x}$ がガウス分布にしたがう場合は，$W^{(0)} = 1 - N_{\boldsymbol{x}}/3$ と選ぶと尖度 (4 次モーメント) まで正確に表現できる．歪度 (3 次モーメン

ト) は $W^{(0)}$ の選び方によらず 0 となり，自動的に満たされる．

つづいて，生成したシグマ点に非線形変換

$$\boldsymbol{y}^{(n)} = \boldsymbol{f}(\boldsymbol{x}^{(n)})$$

を施す $(n = 0, \cdots, 2N_{\boldsymbol{x}})$．得られた $\boldsymbol{y}^{(n)}$ と与えた重み $W^{(n)}$ を用いることで，$\boldsymbol{y}$ の平均 $\boldsymbol{\mu}_{\boldsymbol{y}}$, 共分散 $\Sigma_{\boldsymbol{y}}$ の推定値を

$$\widehat{\boldsymbol{\mu}}_{\boldsymbol{y}} = \sum_{n=0}^{2N_{\boldsymbol{x}}} W^{(n)} \boldsymbol{y}^{(n)}$$

$$\widehat{\Sigma}_{\boldsymbol{y}} = \sum_{n=0}^{2N_{\boldsymbol{x}}} W^{(n)} \big(\boldsymbol{y}^{(n)} - \widehat{\boldsymbol{\mu}}_{\boldsymbol{y}}\big)\big(\boldsymbol{y}^{(n)} - \widehat{\boldsymbol{\mu}}_{\boldsymbol{y}}\big)^\top$$

として得る．他の $\boldsymbol{y}$ に関する統計量も同様にして推定が可能である．

2) アンセンテッドカルマンフィルタ

アンセンテッドカルマンフィルタは，カルマンフィルタの一期先予測の計算ステップにおいて，アンセンテッド変換を用いることで，フィルタ分布の平均，共分散から一期先予測分布の平均，共分散を得る手法である．

アンセンテッドカルマンフィルタのアルゴリズム

[初期条件] $\boldsymbol{x}_{0|0}, V_{0|0}$ を与える．$\widehat{\boldsymbol{x}}_{0|0} = \boldsymbol{x}_{0|0}$，$\widehat{V}_{0|0} = V_{0|0}$ とおく．

$t = 1, \cdots, T$ に対して，次を行う．

[一期先予測]

状態，システムノイズ，観測ノイズをまとめて一つのベクトルとして扱い，平均，共分散がそれぞれ

$$\begin{pmatrix} \boldsymbol{x}_{t-1|t-1} \\ \boldsymbol{q}_t \\ \boldsymbol{r}_t \end{pmatrix}, \begin{pmatrix} V_{t-1|t-1} & 0 & 0 \\ 0 & Q_t & 0 \\ 0 & 0 & R_t \end{pmatrix}$$

であるようなシグマ点

$$\begin{pmatrix} \boldsymbol{x}^{(n)}_{t-1|t-1} \\ \boldsymbol{v}^{(n)}_t \\ \boldsymbol{w}^{(n)}_t \end{pmatrix}$$

を構成する $(n = 0, \cdots, 2(k+m+s))$．なお，ここではシステムノイズの平均，共分散は $\boldsymbol{q}_t$, Q_t，観測ノイズの平均，共分散は $\boldsymbol{r}_t$, R_t としている (平均，共分散が定義できればガウス分布である必要はない)．また，$\boldsymbol{x}_{t-1}|\boldsymbol{y}_{1:t-1}$, $\boldsymbol{v}_t$, $\boldsymbol{w}_t$ 間には相関はないものとしている．

各シグマ点に対して，

$$\boldsymbol{x}^{(n)}_{t|t-1} = \boldsymbol{f}_t\left(\boldsymbol{x}^{(n)}_{t-1|t-1}, \boldsymbol{v}^{(n)}_t\right)$$

を求める $(n = 0, \cdots, 2\,(k+m+s))$．これらの点の重みつき標本平均，重みつき標本共分散

$$\widehat{\boldsymbol{x}}_{t|t-1} = \sum_{n=0}^{2(k+m+s)} W^{(n)} \boldsymbol{x}^{(n)}_{t|t-1}$$

$$\widehat{V}_{t|t-1} = \sum_{n=0}^{2(k+m+s)} W^{(n)} \left(\boldsymbol{x}^{(n)}_{t|t-1} - \widehat{\boldsymbol{x}}_{t|t-1}\right) \times \left(\boldsymbol{x}^{(n)}_{t|t-1} - \widehat{\boldsymbol{x}}_{t|t-1}\right)^\top$$

により，一期先予測分布の平均ベクトル，共分散行列の推定値を求める．また，フィルタで用いる他の統計量の推定値を求める．

$$\widehat{\boldsymbol{h}}_t\left(\boldsymbol{x}_{t|t-1}, \boldsymbol{w}_t\right) = \sum_{n=0}^{2(k+m+s)} W^{(n)} \boldsymbol{h}_t\left(\boldsymbol{x}^{(n)}_{t|t-1}, \boldsymbol{w}^{(n)}_t\right)$$

$$\langle V_{t|t-1} H_t^\top \rangle = \sum_{n=0}^{2(k+m+s)} W^{(n)} \left(\boldsymbol{x}^{(n)}_{t|t-1} - \widehat{\boldsymbol{x}}_{t|t-1}\right) \times \left(\boldsymbol{h}_t\left(\boldsymbol{x}^{(n)}_{t|t-1}, \boldsymbol{w}^{(n)}_t\right) - \widehat{\boldsymbol{h}}_t\left(\boldsymbol{x}_{t|t-1}, \boldsymbol{w}_t\right)\right)^\top$$

$$\langle H_t V_{t|t-1} \rangle = \langle V_{t|t-1} H_t^\top \rangle^\top$$

$$\langle H_t V_{t|t-1} H_t^\top + R_t \rangle = \sum_{n=0}^{2(k+m+s)} W^{(n)} \times \left(\boldsymbol{h}_t\left(\boldsymbol{x}^{(n)}_{t|t-1}, \boldsymbol{w}^{(n)}_t\right) - \widehat{\boldsymbol{h}}_t\left(\boldsymbol{x}_{t|t-1}, \boldsymbol{w}_t\right)\right) \times \left(\boldsymbol{h}_t\left(\boldsymbol{x}^{(n)}_{t|t-1}, \boldsymbol{w}^{(n)}_t\right) - \widehat{\boldsymbol{h}}_t\left(\boldsymbol{x}_{t|t-1}, \boldsymbol{w}_t\right)\right)^\top$$

[フィルタ]

$$\widehat{K}_t = \langle V_{t|t-1} H_t^\top \rangle \langle H_t V_{t|t-1} H_t^\top + R_t \rangle^{-1}$$

$$\widehat{\boldsymbol{x}}_{t|t} = \widehat{\boldsymbol{x}}_{t|t-1} + \widehat{K}_t\big(\boldsymbol{y}_t - \widehat{\boldsymbol{h}}_t\left(\boldsymbol{x}_{t|t-1}, \boldsymbol{w}_t\right)\big)$$

$$\widehat{V}_{t|t} = \widehat{V}_{t|t-1} - \widehat{K}_t \langle H_t V_{t|t-1} \rangle$$

推定される $\widehat{\boldsymbol{x}}_{t|t-1}, \widehat{\boldsymbol{x}}_{t|t}$ は一期先予測分布，フィルタ分布の平均ベクトルであるため，最小分散推定値であり，この意味で最適フィルタであるといえる．

d. 粒子フィルタ

1) モンテカルロ近似

粒子フィルタおよび後述するアンサンブルカルマンフィルタでは，$\boldsymbol{x}$ の確率分布を多数 (N 個とする) の実現値 $\left\{\boldsymbol{x}^{(n)}\right\}_{n=1}^{N}$ を用いて

$$p(\boldsymbol{x}) \doteq \frac{1}{N}\sum_{n=1}^{N}\delta\left(\boldsymbol{x}-\boldsymbol{x}^{(n)}\right)$$

とモンテカルロ近似により表現する．ここで，$\doteq$ はモンテカルロ近似等号，$\delta(\boldsymbol{x})$ はディラックのデルタ関数である．個々の実現値 $\boldsymbol{x}^{(n)}$ を粒子と呼ぶ．なお，アンサンブルカルマンフィルタの文脈では，$\boldsymbol{x}^{(n)}$ をアンサンブルメンバーと呼び，その集合 $\left\{\boldsymbol{x}^{(n)}\right\}_{n=1}^{N}$ をアンサンブルと呼ぶ．

2) 粒子フィルタ

一期先予測分布 $p(\boldsymbol{x}_t|\boldsymbol{y}_{1:t-1})$，フィルタ分布 $p(\boldsymbol{x}_t|\boldsymbol{y}_{1:t})$ を近似する粒子をそれぞれ $\boldsymbol{x}_{t|t-1}^{(n)}$, $\boldsymbol{x}_{t|t}^{(n)}$ と書き，

$$p(\boldsymbol{x}_t|\boldsymbol{y}_{1:t-1}) \doteq \frac{1}{N}\sum_{n=1}^{N}\delta\left(\boldsymbol{x}_t-\boldsymbol{x}_{t|t-1}^{(n)}\right) \tag{11}$$

$$p(\boldsymbol{x}_t|\boldsymbol{y}_{1:t}) \doteq \frac{1}{N}\sum_{n=1}^{N}\delta\left(\boldsymbol{x}_t-\boldsymbol{x}_{t|t}^{(n)}\right) \tag{12}$$

と近似表現する．一期先予測分布は，式 (3) のほかにも

$$p(\boldsymbol{x}_t|\boldsymbol{y}_{1:t-1}) = \iint p(\boldsymbol{x}_t|\boldsymbol{x}_{t-1},\boldsymbol{v}_t) \times p(\boldsymbol{x}_{t-1},\boldsymbol{v}_t|\boldsymbol{y}_{1:t-1})\,\mathrm{d}\boldsymbol{x}_{t-1}\mathrm{d}\boldsymbol{v}_t$$

と表現が可能であることを利用し，

$$p(\boldsymbol{x}_t|\boldsymbol{x}_{t-1},\boldsymbol{v}_t) = \delta(\boldsymbol{x}_t-\boldsymbol{f}_t(\boldsymbol{x}_{t-1},\boldsymbol{v}_t))$$

$$p(\boldsymbol{x}_{t-1},\boldsymbol{v}_t|\boldsymbol{y}_{1:t-1}) \doteq \frac{1}{N}\sum_{n=1}^{N}\delta\left(\boldsymbol{x}_{t-1}-\boldsymbol{x}_{t-1|t-1}^{(n)}\right)\delta\left(\boldsymbol{v}_t-\boldsymbol{v}_t^{(n)}\right)$$

を代入すると，

$$p(\boldsymbol{x}_t|\boldsymbol{y}_{1:t-1}) \doteq \frac{1}{N}\sum_{n=1}^{N}\delta\left(\boldsymbol{x}_t-\boldsymbol{f}_t\left(\boldsymbol{x}_{t-1|t-1}^{(n)},\boldsymbol{v}_t^{(n)}\right)\right)$$

となる．ここで，$\boldsymbol{v}_t^{(n)}$ はシステムノイズの確率分布 $p(\boldsymbol{v}_t)$ を近似する粒子である．

フィルタは，式 (4) に式 (11) を用いると，

$$p(\boldsymbol{x}_t|\boldsymbol{y}_{1:t}) = \frac{p(\boldsymbol{y}_t|\boldsymbol{x}_t)}{\sum_{n=1}^{N}p\left(\boldsymbol{y}_t|\boldsymbol{x}_{t|t-1}^{(n)}\right)}\sum_{n=1}^{N}\delta\left(\boldsymbol{x}_t-\boldsymbol{x}_{t|t-1}^{(n)}\right)$$

となる．この式を式 (12) のように，各粒子で等しい重み $(1/N)$ をもつ粒子 $\boldsymbol{x}_{t|t}^{(n)}$ で表現するには，$\left\{\boldsymbol{x}_{t|t-1}^{(n)}\right\}_{n=1}^{N}$ から重み

$$\alpha_t^{(n)} = \frac{p\left(\boldsymbol{y}_t|\boldsymbol{x}_{t|t-1}^{(n)}\right)}{\sum_{n=1}^{N}p\left(\boldsymbol{y}_t|\boldsymbol{x}_{t|t-1}^{(n)}\right)}$$

で N 回の復元抽出を行って得られた標本を $\boldsymbol{x}_{t|t}^{(n)}$ とすることで実現できる．

粒子フィルタのアルゴリズム

[初期条件] $\left\{\boldsymbol{x}_{0|0}^{(n)}\right\}_{n=1}^{N}$ を与える．

$t=1,\cdots,T$ に対して，次を行う．

[一期先予測] 各粒子に対して，

$$\boldsymbol{x}_{t|t-1}^{(n)} = f_t\left(\boldsymbol{x}_{t-1|t-1}^{(n)},\boldsymbol{v}_t^{(n)}\right)$$

を求める $(n=1,\cdots,N)$.

[フィルタ] $\alpha_t^{(n)}$ を重みとして $\left\{\boldsymbol{x}_{t|t-1}^{(n)}\right\}_{n=1}^{N}$ から N 回の復元抽出し，得られた標本を $\boldsymbol{x}_{t|t}^{(n)}$ とする $(n=1,\cdots,N)$.

粒子の標本平均

$$\widehat{\boldsymbol{x}}_{t|t-1} = \frac{1}{N}\sum_{n=1}^{N}\boldsymbol{x}_{t|t-1}^{(n)}$$

$$\widehat{\boldsymbol{x}}_{t|t} = \frac{1}{N}\sum_{n=1}^{N}\boldsymbol{x}_{t|t}^{(n)}$$

により一期先予測分布，フィルタ分布の平均ベクトルが推定できることから，粒子フィルタも最適フィルタであるといえる．

e. アンサンブルカルマンフィルタ

アンサンブルカルマンフィルタは，観測モデルが線形・ガウス (5) のときに使われる，モンテカルロ近似をベースとしてカルマンフィルタに似せてつくられたアルゴリズムである．フィルタの操作では，カルマンゲイン (10) に現れる共分散行列 $V_{t|t-1}$ をアンサンブ

ルの標本共分散行列

$$\widehat{V}_{t|t-1} = \frac{1}{N-1}\sum_{n=1}^{N}\left(\boldsymbol{x}_{t|t-1}^{(n)} - \widehat{\boldsymbol{x}}_{t|t-1}\right) \times \left(\boldsymbol{x}_{t|t-1}^{(n)} - \widehat{\boldsymbol{x}}_{t|t-1}\right)^{\top}$$

で近似する．

アンサンブルカルマンフィルタのアルゴリズム

粒子フィルタのアルゴリズムにおけるフィルタの操作を次の操作と入れ替える．

［フィルタ］

$$\widehat{K}_t = \widehat{V}_{t|t-1}H_t^{\top}\left(H_t\widehat{V}_{t|t-1}H_t^{\top} + \widehat{R}_t\right)^{-1}$$

$$\boldsymbol{x}_{t|t}^{(n)} = \boldsymbol{x}_{t|t-1}^{(n)} + \widehat{K}_t\left(\boldsymbol{y}_t + \boldsymbol{w}_t^{(n)} - H_t\boldsymbol{x}_{t|t-1}^{(n)}\right)$$

〔上 野 玄 太〕

参 考 文 献

[1] S. J. Julier and J. K. Uhlmann : Unscented filtering and nonlinear estimation. *Proc. IEEE*, **92**: 401–422, 2004.

[2] G. Kitagawa and W. Gersch : Smoothness Priors Analysis of Time Series. Lecture Notes in Statistics, 116, Springer, 1996.

[3] G. Evensen : The ensemble Kalman filter: theoretical formulation and practical implementation. *Ocean Dynamics*, **53**: 343–367, 2003.

4.3 適応フィルタの学習アルゴリズム —基本原理と性能解析—

learning algorithm of adaptive filter—basic principle and performance analysis

a. 適応フィルタリングの目的と方針

適応フィルタリングは，未知の線形システム (未知系という) の入力と観測値から，未知系のインパルス応答を推定するために考案された信号処理技術であり，通信システムのチャンネル推定技術やエコー消去技術などに広く応用されている[1〜4].

未知系のインパルス応答ベクトルが $\boldsymbol{h}^* := (h_0^*, h_1^*, \cdots, h_{N-1}^*)^{\top} \in \mathbb{R}^N$ であれば，時刻 $k \in \mathbb{N}$ における観測値 $d_k \in \mathbb{R}$ はランダムな入力 $\boldsymbol{u}_k := (u_k, u_{k-1}, \cdots, u_{k-N+1})^{\top} \in \mathbb{R}^N$ とランダムな観測雑音 $v_k \in \mathbb{R}$ を用いて

$$d_k = \boldsymbol{u}_k^{\top}\boldsymbol{h}^* + v_k, \quad k \in \mathbb{N} \tag{1}$$

となる．一方，同じ入力が既知のインパルス応答 $\boldsymbol{h} := (h_0, h_1, \cdots, h_{N-1}) \in \mathbb{R}^N$ をもつ線形システム (フィルタという) に入力され，その出力

$$y_k(\boldsymbol{h}) := \sum_{l=0}^{N-1} h_l u_{k-l} = \boldsymbol{u}_k^{\top}\boldsymbol{h}, \quad \forall k \in \mathbb{N}$$

が d_k に十分近い振舞いをみせるとき，フィルタは未知系のレプリカと見なしてよく，$\boldsymbol{h}$ は $\boldsymbol{h}^*$ の推定値として利用できるはずである．

適応フィルタリングは，時刻 $k-1$ で得られた「$\boldsymbol{h}^*$ の推定値 $\boldsymbol{h}_{k-1} \in \mathbb{R}^N$」を時刻 k までに得られた観測情報 $(\boldsymbol{u}_l, d_l, y_l(\boldsymbol{h}_{l-1}))_{l \leq k}$ を用いて，「$\boldsymbol{h}^*$ に対するよりよい推定値 $\boldsymbol{h}_k \in \mathbb{R}^N$」に更新する方針を具現化して

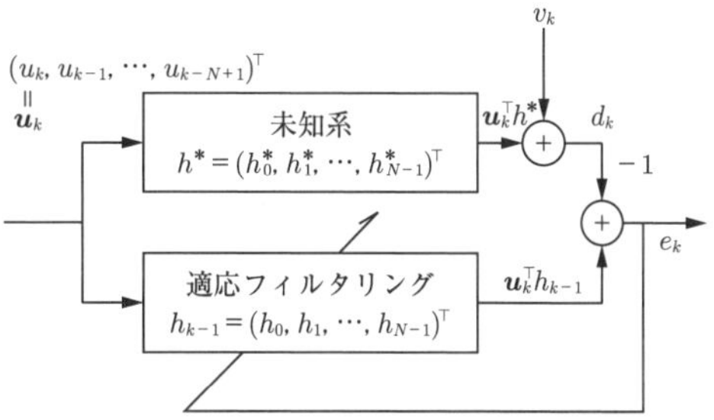

図 1 適応フィルタリング (未知系の推定の場合)

いる（図 1）．推定値 $\boldsymbol{h}_k$ の更新規則は適応フィルタリングの学習アルゴリズムと呼ばれ，応用に適した複合的な性能 (計算コスト，収束速度，雑音に対するロバスト性，定常特性など) を総合的に考慮して設計される．以下では，代表的な学習アルゴリズムのいくつかを取り上げ，それらの設計方針と特徴を紹介する．

b. RLS 法と LMS 法 (ニュートン法と最急降下法の近似実現)

ここでは $(u_k)_{k\in\mathbb{N}}$ と $(d_k)_{k\in\mathbb{N}}$ は定常で，$\mathcal{R}_u := \mathbb{E}(\boldsymbol{u}_k\boldsymbol{u}_k^\top) \in \mathbb{R}^{N\times N}$，$\boldsymbol{r}_{ud} := \mathbb{E}(\boldsymbol{u}_k d_k) \in \mathbb{R}^N$ ($\mathbb{E}$ は集合平均をとる操作を表す) であると仮定する．**RLS** (recursive least squares) 法と **LMS** (least mean squares) 法はおのおの最も基本的な二つの逐次最適化法[5](ニュートン法，最急降下法) を近似実現することにより，自然に導かれる．**ニュートン法** (Newton's method) と**最急降下法** (steepest descent method) は微分可能な関数 $J:\mathbb{R}^N \to \mathbb{R}$ の最小化問題のための逐次近似アルゴリズムであり，いずれも適当に選ばれた初期値 $\boldsymbol{x}_0 \in \mathbb{R}^N$ から，J の微分情報を用いて点列 $\boldsymbol{x}_k \in \mathbb{R}^N$ $(k=0,1,2,\cdots)$ を生成することにより，局所最適解への接近を実現している．ニュートン法は，

$$\boldsymbol{x}_k := \boldsymbol{x}_{k-1} - \mu_k \left(\nabla^2 J(\boldsymbol{x}_{k-1})\right)^{-1} \nabla J(\boldsymbol{x}_{k-1}) \quad (2)$$

にしたがって点列 $\boldsymbol{x}_k \in \mathbb{R}^N$ $(k=0,1,2,\cdots)$ を生成する．ただし，$\nabla J(\boldsymbol{x})$ は，$\boldsymbol{x}$ における微分 (勾配 gradient) であり，$\nabla^2 J(\boldsymbol{x})$ は，$\boldsymbol{x}$ における 2 階微分 (ヘッセ行列 Hessian) を表し，$\mu_k > 0$ は k 回目の更新に用いられるステップサイズと呼ばれる係数である．特に $\mu_k = 1$ のとき，式 (2) で生成された $\boldsymbol{x}_k$ は，$J(\boldsymbol{x}_{k-1})$，$\nabla J(\boldsymbol{x}_{k-1})$ と $\nabla^2 J(\boldsymbol{x}_{k-1})$ を用いて定義された J の 2 次のテイラー近似を最小化する点として与えられることに注意されたい．一方，最急降下法は

$$\boldsymbol{x}_k := \boldsymbol{x}_{k-1} - \mu_k \nabla J(\boldsymbol{x}_{k-1}) \quad (3)$$

にしたがって $\boldsymbol{x}_k \in \mathbb{R}^N$ $(k=0,1,2\cdots)$ を生成する．$\boldsymbol{x}_k$ は $\boldsymbol{x}_{k-1}$ における $J(\boldsymbol{x})$ の 1 次のテイラー近似関数の値が最も急激に降下する方向 $(-\nabla J(\boldsymbol{x}_{k-1}))$ に更新されていることに注意されたい*1．

式 (1) の未知系がインパルス応答 $\boldsymbol{h}$ をもつフィルタによってどの程度近似されているのかを測るために，出力誤差の 2 乗

$$D_k(\boldsymbol{h}) := |y_k(\boldsymbol{h}) - d_k|^2$$

の集合平均 $\mathbb{E}(D_k(\boldsymbol{h}))$ (平均 2 乗出力誤差) の定数倍を利用するのが自然であり，その最小化は正規方程式 $\mathcal{R}_u \boldsymbol{h}_{opt} = \boldsymbol{r}_{ud}$ の解 $\boldsymbol{h}_{opt}$ で達成される．ところが，時刻 k で $\mathcal{R}_u$ や $\boldsymbol{r}_{ud}$ は得られないので $\mathbb{E}(D_k(\boldsymbol{h}))$ の代わりに簡単な関数 $J_k(\boldsymbol{h})$（たとえば，$(1/2)D_k(\boldsymbol{h})$ や $\sum_{i=0}^k \lambda^{k-i} D_i(\boldsymbol{h})$，ただし，$\lambda (0 < \lambda \le 1)$ は忘却係数）を抑圧する方針に基づき，$\boldsymbol{h}_{k-1}$ が更新される．

RLS 法[6] は各時刻 k で 2 次関数 $J_k(\boldsymbol{h}) := \sum_{i=0}^k \lambda^{k-i} D_i(\boldsymbol{h})$ の最小化問題の解 $\boldsymbol{h}_k$ を生成するアルゴリズムである．ステップサイズ $\mu_k = 1$ のニュートン法 (式 (2)) を時間変動する 2 次関数 J_k に形式的に適用したアルゴリズム

$$\boldsymbol{h}_k := \boldsymbol{h}_{k-1} - \left(\nabla^2 J_k(\boldsymbol{h}_{k-1})\right)^{-1} \nabla J_k(\boldsymbol{h}_{k-1})$$

にほかならないが，

$$\nabla^2 J_k(\boldsymbol{h}_{k-1}) = 2\sum_{i=0}^{k} \lambda^{k-i} \boldsymbol{u}_i \boldsymbol{u}_i^\top$$

の逆行列に要する計算コストを抑えるために，逆行列の補題*2が利用されているのが最大の特徴である．$\boldsymbol{h}_k$ は，方程式

$$\left(\sum_{i=0}^{k} \lambda^{k-i} \boldsymbol{u}_i \boldsymbol{u}_i^\top\right) \boldsymbol{h}_k = \sum_{i=0}^{k} \lambda^{k-i} \boldsymbol{u}_i d_i$$

の解なので，$\boldsymbol{R}_k := \sum_{i=0}^k \lambda^{k-i} \boldsymbol{u}_i \boldsymbol{u}_i^\top$ を用いて，

$$\left.\begin{aligned} \boldsymbol{R}_k \boldsymbol{h}_k &= \lambda \boldsymbol{R}_{k-1} \boldsymbol{h}_{k-1} + \boldsymbol{u}_k d_k \\ \boldsymbol{R}_k &= \lambda \boldsymbol{R}_{k-1} + \boldsymbol{u}_k \boldsymbol{u}_k^\top \end{aligned}\right\} \quad (4)$$

を得る．特に，$\boldsymbol{R}_k$ が正則であれば，式 (4) と逆行列の補題を用いて，RLS 法

---

*1 たとえば，関数 J が凸関数でその勾配 $\nabla J:\mathbb{R}^N \to \mathbb{R}^N$ がリプシッツ連続でそのリプシッツ定数が $L > 0$ であれば，アルゴリズム (3) のステップサイズを μ_k を $2/L$ 未満の正定数に固定することにより，J の大域的最小化を達成する最適解に収束することが知られている．

*2 行列 A, B, C, D, E が $A = B + CDE$ の関係にあるとき，$A^{-1} = B^{-1} - B^{-1}C(D^{-1} + EB^{-1}C)^{-1}EB^{-1}$ が (この表現に現れるすべての逆行列が存在するという仮定のもとで) 成立する．この公式は「逆行列の補題」またはシャーマン–モリソン–ウッドベリー (Sherman-Morrison-Woodbury) の公式という (たとえば[2] 参照)．

$$\left.\begin{aligned} \boldsymbol{R}_k^{-1} &= \lambda^{-1}\boldsymbol{R}_{k-1}^{-1} - \frac{\lambda^{-1}\boldsymbol{R}_{k-1}^{-1}\boldsymbol{u}_k\boldsymbol{u}_k^\top\boldsymbol{R}_{k-1}^{-1}}{\lambda+\boldsymbol{u}_k^\top\boldsymbol{R}_{k-1}^{-1}\boldsymbol{u}_k} \\ \boldsymbol{h}_k &= \boldsymbol{h}_{k-1} - \frac{(\boldsymbol{h}_{k-1}^\top\boldsymbol{u}_k - d_k)\boldsymbol{R}_{k-1}^{-1}\boldsymbol{u}_k}{\lambda+\boldsymbol{u}_k^\top\boldsymbol{R}_{k-1}^{-1}\boldsymbol{u}_k} \end{aligned}\right\}$$

が導かれる．初期値には $\boldsymbol{R}_0 = \alpha\boldsymbol{I}_N$ ($\boldsymbol{I}_N$ は単位行列，α は小さな正数)，$\boldsymbol{h}_0 = \boldsymbol{0}$ が採用されることが多い．RLS 法を利用する場合には，J_k に使われる忘却係数 λ の選択や行列 $\boldsymbol{R}_k$ が悪条件になる場合への十分な対策が必要である．

一方，最急降下法 (式 (3)) を時間変動する 2 次関数 $(1/2)D_k$ に形式的に適用したアルゴリズム

$$\begin{aligned} \boldsymbol{h}_k &:= \boldsymbol{h}_{k-1} - \frac{\mu_k}{2}\nabla D_k(\boldsymbol{h}_{k-1}) \\ &= \boldsymbol{h}_{k-1} - \mu_k e_k \boldsymbol{u}_k \end{aligned} \tag{5}$$

(ただし，$e_k := y_k(\boldsymbol{h}_{k-1}) - d_k$ とした) が LMS 法[7] にほかならない．LMS 法 (式 (5)) の構造はきわめて簡潔であり，計算コストも小さいため，広く応用されている．(現実的とはいえない) 強い独立性条件を課し，$J(\boldsymbol{h}) := (1/2)\mathbb{E}(D_k(\boldsymbol{h}))$ に対する最急降下法の解析のシナリオを修正することにより，LMS 法のステップサイズ μ_k に関する簡易な収束条件

$$\begin{aligned} &\mu_k \in \left[\varepsilon_1, \frac{2}{\lambda_{\max}} - \varepsilon_2\right] \\ &\Rightarrow \lim_{n\to\infty}\left(\mathbb{E}(\boldsymbol{h}_k) - \boldsymbol{h}_{\mathrm{opt}}\right) = 0 \end{aligned}$$

(ただし，$\lambda_{\max}$ は $\mathcal{R}_u$ の最大固有値であり，$[\varepsilon_1, 2/\lambda_{\max} - \varepsilon_2] \subset (0, 2/\lambda_{\max})$ は適当な閉区間) が示されている[7]．実は現実的な仮定のもとで LMS 法の精密な収束解析を実行することはきわめて困難であり，現在もなお多くの研究結果が報告されている[8]．LMS 法を含む広いクラスの学習アルゴリズムに対して収束後の定常状態の特性を直接解析する実用的なアイデアが Sayed[2] によって提案されている (d 参照)．

c. 凸集合への単調接近を利用した学習アルゴリズム

時刻 k までに得られた観測情報 $(\boldsymbol{u}_l, d_l, y_l(\boldsymbol{h}_l))_{l\le k}$ から定義される適当な閉凸集合 $S_k \subset \mathbb{R}^N$ に所望の $\boldsymbol{h}^*$ が高い確率で所属していることが判明した状況を考える．直前までに獲得した「$\boldsymbol{h}^*$ の推定値 $\boldsymbol{h}_{k-1}$」に対して，$\boldsymbol{h}_{k-1} \in S_k$ であれば，$\boldsymbol{h}_k := \boldsymbol{h}_{k-1}$ とし，$\boldsymbol{h}_{k-1} \notin S_k$ であれば，凸集合 S_k に所属するすべての点への単調接近

$$\left.\begin{aligned} &\|\boldsymbol{h}_k - \boldsymbol{z}\| < \|\boldsymbol{h}_{k-1} - \boldsymbol{z}\| \\ &(\forall \boldsymbol{z} \in S_k) \end{aligned}\right\} \tag{6}$$

を実現することにより，$\boldsymbol{h}^*$ に対する推定精度の改善が期待できる．

点 $\boldsymbol{x}$ から集合 S_k への最短距離 $d_{S_k}(\boldsymbol{x}) := d(\boldsymbol{x}, S_k) := \min_{\boldsymbol{z}\in S_k}\|\boldsymbol{x}-\boldsymbol{z}\| =: \|\boldsymbol{x} - P_{S_k}(\boldsymbol{x})\|$ の位置に存在する唯一の点 $P_{S_k}(\boldsymbol{x}) \in S_k$ を $\boldsymbol{x}$ の S_k 上への距離射影 (または凸射影) という．距離射影 P_{S_k} は任意の点 $\boldsymbol{x} \in \mathbb{R}^N$ と任意の $\lambda \in [0,2]$ に対して

$$\begin{aligned} &\|\boldsymbol{z} - (\boldsymbol{x} + \lambda(P_{S_k}(\boldsymbol{x}) - \boldsymbol{x}))\|^2 \\ &\quad \le \|\boldsymbol{z} - \boldsymbol{x}\|^2 - \lambda(2-\lambda)\|\boldsymbol{x} - P_{S_k}(\boldsymbol{x})\|^2 \\ &(\forall \boldsymbol{z} \in S_k) \end{aligned} \tag{7}$$

を満たす．実は適応フィルタリングの多くのアルゴリズムがこの性質を利用して式 (6) の機能を実現している．以下，いくつかの例を紹介する．式 (1) から r 個の時刻分をまとめたデータモデル

$$\boldsymbol{d}_k = \boldsymbol{U}_k^\top \boldsymbol{h}^* + \boldsymbol{v}_k, \quad k \in \mathbb{N} \tag{8}$$

を考える．ただし，$\boldsymbol{U}_k := (\boldsymbol{u}_k, \cdots, \boldsymbol{u}_{k-r+1}) \in \mathbb{R}^{N\times r}$，$\boldsymbol{v}_k := (v_k, \cdots, v_{k-r+1})^\top, \boldsymbol{d}_k := (d_k, \cdots, d_{k-r+1})^\top \in \mathbb{R}^r$ である．時刻 k で定義される閉凸集合 S_k として線形多様体*3

$$\begin{aligned} V_k &:= \arg\min_{\boldsymbol{h}\in\mathbb{R}^N}\left\|\boldsymbol{U}_k^\top\boldsymbol{h} - \boldsymbol{d}_k\right\| \\ &= \left\{\boldsymbol{h}\in\mathbb{R}^N \mid \boldsymbol{U}_k^\top\boldsymbol{h} = P_{\mathcal{R}(\boldsymbol{U}_k^\top)}(\boldsymbol{d}_k)\right\} \end{aligned} \tag{9}$$

を採用したアルゴリズム

$$\left.\begin{aligned} \boldsymbol{h}_k &= \boldsymbol{h}_{k-1} + \lambda_k\left(P_{V_k}(\boldsymbol{h}_{k-1}) - \boldsymbol{h}_{k-1}\right) \\ &= \boldsymbol{h}_{k-1} - \lambda_k\left(\boldsymbol{U}_k^\top\right)^\dagger \boldsymbol{e}_k \\ &\quad \boldsymbol{e}_k := \boldsymbol{U}_k^\top\boldsymbol{h}_{k-1} - \boldsymbol{d}_k, \\ &\quad \lambda_k \in (0,2) \end{aligned}\right\} \tag{10}$$

が「(アフィン次数 r の) アフィン射影法 (affine projection algorithm)」[9,10] である．ただし，式 (9) の $\mathcal{R}\left(\boldsymbol{U}_k^\top\right) := \left\{\boldsymbol{U}_k^\top\boldsymbol{h} \mid \boldsymbol{h}\in\mathbb{R}^N\right\}$ は $\mathbb{R}^r$ の部分空間であり，式 (10) 中，$\left(\boldsymbol{U}_k^\top\right)^\dagger$ は $\boldsymbol{U}_k^\top$ の (ムーア–ペンローズ

*3 $\mathbb{R}^N$ の部分空間を平行移動として表せる集合を線形多様体という．特に $N-1$ 次元部分空間の平行移動であるとき，線形多様体は $\mathbb{R}^N$ の超平面であるという．

型) 一般逆行列である．アフィン射影法によって V_k への単調接近 (式 (6)) が実現されることは性質 (7) から確かめられる．特に，$r=1$ で $\boldsymbol{u}_k \neq \boldsymbol{0}$ のときには，V_k は超平面 $\Pi_k := \left\{\boldsymbol{h} \in \mathbb{R}^N \mid \boldsymbol{u}_k^\top \boldsymbol{h} = d_k\right\}$ に一致する．実は，$N \gg r$ の場合，$V_k = \left\{\boldsymbol{h} \in \mathbb{R}^N \mid \boldsymbol{U}_k^\top \boldsymbol{h} = \boldsymbol{d}_k\right\}$ と仮定できることが多く，式 (10) は

$$\boldsymbol{h}_k = \boldsymbol{h}_{k-1} - \lambda_k \boldsymbol{U}_k \left(\boldsymbol{U}_k^\top \boldsymbol{U}_k\right)^{-1} \boldsymbol{e}_k$$

と表せる．実際には，行列 $\boldsymbol{U}_k^\top \boldsymbol{U}_k$ が悪条件になる場合への対策として，十分小さな正数 ε を用いて正則化されたアルゴリズム

$$\boldsymbol{h}_k = \boldsymbol{h}_{k-1} - \lambda_k \boldsymbol{U}_k \left(\boldsymbol{U}_k^\top \boldsymbol{U}_k + \varepsilon \boldsymbol{I}_r\right)^{-1} \boldsymbol{e}_k$$

が利用されるのが普通である．特に，アフィン次数 $r=1$ の場合には，

$$\boldsymbol{h}_k = \boldsymbol{h}_{k-1} - \frac{\lambda_k}{\|\boldsymbol{u}_k\|^2 + \varepsilon} e_k \boldsymbol{u}_k \qquad (11)$$

となるので，ステップサイズとして $\mu_k = \lambda_k / (\|\boldsymbol{u}_k\|^2 + \varepsilon)$ を採用した LMS 法 [式 (5)] となっており，**NLMS** (normalized LMS) 法[11] と呼ばれ，広く応用されている．NLMS 法 (式 (11)) は，$\lambda_k = 1$ に固定されるとき

$$\sup_{\boldsymbol{h}^* \in \mathbb{R}^N} \sup_{(v_k)_{k=0}^\infty \in l^2} \frac{\sum_{l=0}^\infty \left|(\boldsymbol{h}^* - \boldsymbol{h}_l)^\top \boldsymbol{u}_l\right|^2}{\varepsilon \|\boldsymbol{h}^* - \boldsymbol{h}_0\|^2 + \sum_{k=0}^\infty |v_k|^2} \leq 1 \qquad (12)$$

を達成し，H^∞ の意味で最適になっている*4[12].

V_k の代わりに，これを膨らませた

$$C_k(\rho) := \left\{\boldsymbol{h} \in \mathbb{R}^N \mid \left\|\boldsymbol{U}_k^\top \boldsymbol{h} - \boldsymbol{d}_k\right\| \leq \rho\right\} \neq \emptyset$$

を採用することにより，$\boldsymbol{h}^* \in C_k(\rho)$ となる確率を高めるアイデアも提案されている．特に，$r=1$ の場合には $P_{C_k(\rho)}(\boldsymbol{h}_{k-1})$ の計算は容易であり，

$$\boldsymbol{h}_k = \boldsymbol{h}_{k-1} + \lambda_k \left(P_{C_k(\rho)}(\boldsymbol{h}_{k-1}) - \boldsymbol{h}_{k-1}\right) \qquad (13)$$

(またはこれを正則化したアルゴリズム) は **set-membership-NLMS** (SM-NLMS) 法[16] と呼ばれ，NLMS 法に比べ，すぐれた定常特性が達成される．

*4 $\left.\begin{array}{l} d_l = \boldsymbol{u}_l^\top \boldsymbol{h}_0 \quad (l = 0, 1, \cdots, k) \text{ であるとき} \\ \boldsymbol{h}_l = \boldsymbol{h}_0 \quad (l = 0, 1, \cdots, k) \end{array}\right\}$ を満たすすべての学習アルゴリズムのなかで不等式 (12) の左辺を最小にする学習アルゴリズムは H^∞ 基準の意味で最適であるという．

$r \geq 2$ の場合には，$g_k(\boldsymbol{x}) := \left\|\boldsymbol{U}_k^\top \boldsymbol{x} - \boldsymbol{d}_k\right\|^2 - \rho^2$ の勾配を利用して定義された半空間 $H_k^-(\boldsymbol{h}) := \{\boldsymbol{x} \in \mathcal{H} \mid (\boldsymbol{x} - \boldsymbol{h})^\top \nabla g_k(\boldsymbol{h}) + g_k(\boldsymbol{h}) \leq 0\}$ への距離射影 $P_{H_k^-(\boldsymbol{h})}(\boldsymbol{h})$ によって $C_k(\rho)$ への単調接近

$$\boldsymbol{h} \notin C_k(\rho) \Rightarrow \begin{cases} \|P_{H_k^-(\boldsymbol{h})}(\boldsymbol{h}) - \boldsymbol{z}\| < \|\boldsymbol{h} - \boldsymbol{z}\| \\ (\forall \boldsymbol{z} \in C_k(\rho)) \end{cases}$$

が実現されるので，$P_{H_k^-(\boldsymbol{h})}(\boldsymbol{h})$ を $P_{C_k(\rho)}(\boldsymbol{h})$ の低計算コストな近似として利用できる．

以下の定理は凸集合への単調接近を利用した多くのアルゴリズムの統一的な収束解析を可能にしている．

定理 1 (適応射影劣勾配法と収束定理[14]) 閉凸集合 $K \subset \mathbb{R}^N$ 上で定義された連続な非負凸関数の列 $\Theta_k : \mathbb{R}^N \to [0, \infty)$ $(k = 0, 1, 2, \cdots)$ が

$$\Omega_k := \{\boldsymbol{x} \in K \mid \Theta_k(\boldsymbol{x}) = 0\} \neq \emptyset \ (\forall k \in \mathbb{N})$$
$$\Omega := \bigcap_{k \geq N_0} \Omega_k \neq \emptyset \ (\exists N_0 \in \mathbb{N}).$$

を満たしているとする．点列 $(\boldsymbol{h}_k)_{k \geq 0}$ が任意の $\boldsymbol{h}_0 \in \mathbb{R}^N$ と適当な閉区間 $[\varepsilon_1, 2 - \varepsilon_2] \subset (0, 2)$ に対して，

$$\boldsymbol{h}_k := \begin{cases} P_K\left(\boldsymbol{h}_{k-1} - \lambda_k \dfrac{\Theta_k(\boldsymbol{h}_{k-1})}{\|\Theta_k'(\boldsymbol{h}_{k-1})\|^2} \Theta_k'(\boldsymbol{h}_{k-1})\right) \\ \qquad (\Theta_k'(\boldsymbol{h}_{k-1}) \neq 0 \text{ のとき}) \\ P_K(\boldsymbol{h}_{k-1}) \ (\Theta_k'(\boldsymbol{h}_{k-1}) = 0 \text{ のとき}) \\ \text{ただし} \\ (\boldsymbol{x} - \boldsymbol{h}_{k-1})^\top \Theta_k'(\boldsymbol{h}_{k-1}) + \Theta_k(\boldsymbol{h}_{k-1}) \\ \quad \leq \Theta_k(\boldsymbol{x}) \quad \forall \boldsymbol{x} \in \mathbb{R}^N \\ \lambda_k \in [\varepsilon_1, 2 - \varepsilon_2] \end{cases} \qquad (14)$$

によって生成されるとき，以下が成立する．

(a) 任意の $\boldsymbol{z} \in \Omega_k$ に対して

$$\|\boldsymbol{h}_{k-1} - \boldsymbol{z}\|^2 - \|\boldsymbol{h}_k - \boldsymbol{z}\|^2 \geq \frac{2 - \lambda_n}{2} \|\boldsymbol{h}_{k-1} - \boldsymbol{h}_k\|^2.$$

(b) $(\Theta_k'(\boldsymbol{h}_{k-1}))_{k \in \mathbb{N}}$ が有界であれば，

$$\lim_{k \to \infty} \Theta_k(\boldsymbol{h}_{k-1}) = 0.$$

(c) ある超平面 $\Pi \subset \mathbb{R}^N$ に対して $\boldsymbol{x}_0 \in \Pi \cap \Omega$ と $\varepsilon_3 > 0$ が存在し，$\{\boldsymbol{x} \in \Pi \mid \|\boldsymbol{x} - \boldsymbol{x}_0\| \leq \varepsilon_3\} \subset \Omega$ が成立するとき，$(\boldsymbol{h}_k)_{k \in \mathbb{N}}$ はある点 $\widehat{\boldsymbol{h}} \in K$ に収束する．さらに，$(\Theta_k'(\boldsymbol{h}_{k-1}))_{k \geq 0}$ と $(\Theta_k'(\widehat{\boldsymbol{h}}))_{k \geq 0}$ が有界であれば，$\lim_{k \to \infty} \Theta_k(\widehat{\boldsymbol{h}}) = 0$ も成立する．

実は，$\Theta_k := d_{V_k}$，$K := \mathbb{R}^N$ に対して，適応射影劣勾配法 (式 (14)) を適用すると，アフィン射影法 (式 (10))($r = 1$ の場合は NLMS 法) が得られる．$\Theta_k := d_{C_k(\rho)}$ ($r = 1$)，$K := \mathbb{R}^N$ に対して，適応射影劣勾配法を適用すると，set-membership-NLMS 法 (式 (13)) が得られる．定理 1(a) が示すように，適応射影劣勾配法は，P_{Ω_k} の計算が容易でない場合にも，Ω_k への単調接近を P_{Ω_k} を用いずに実現している．

時刻 k で 複数の閉凸集合 $S_\iota^{(k)} \subset \mathbb{R}^N$ ($\iota \in \mathcal{J}_k \subset \mathbb{N}$, $|\mathcal{J}_k| < \infty$) に所望の $\boldsymbol{h}^* \in K \subset \mathbb{R}^N$ が高い確率で所属している状況を考える．各 $P_{S_\iota^{(k)}}$ と P_K の計算は容易に実現できると仮定する．このとき，適応射影劣勾配法の特別な例として導かれる以下の適応並列射影法はきわめて効果的である．

例 1 (適応並列射影法[13]) 時刻 $k-1$ で得られた $\boldsymbol{h}^*$ の推定値 $\boldsymbol{h}_{k-1} \in K$ が与えられるとき，重み $\{\omega_\iota^{(k)}\}_{\iota \in \mathcal{J}_k} \subset (0, 1]$ を $\sum_{\iota \in \mathcal{J}_k} \omega_\iota^{(k)} = 1$ を満たすように選び，非負凸関数

$$\Theta_k^{(1)}(\boldsymbol{h}) := \begin{cases} \frac{1}{L_k} \sum_{\iota \in \mathcal{J}_k} \omega_\iota^{(k)} d(\boldsymbol{h}_{k-1}, S_\iota^{(k)}) d(\boldsymbol{h}, S_\iota^{(k)}), \\ (L_k := \sum_{\iota \in \mathcal{J}_k} \omega_\iota^{(k)} d(\boldsymbol{h}_{k-1}, S_\iota^{(k)}) \neq 0 \text{ のとき}) \\ 0, \text{(その他)} \end{cases}$$

と

$$\mathcal{M}_k := \begin{cases} \dfrac{\sum_{\iota \in \mathcal{J}_k} \omega_\iota^{(k)} \left\| P_{S_\iota^{(k)}}(\boldsymbol{h}_{k-1}) - \boldsymbol{h}_{k-1} \right\|^2}{\left\| \sum_{\iota \in \mathcal{J}_k} \omega_\iota^{(k)} P_{S_\iota^{(k)}}(\boldsymbol{h}_{k-1}) - \boldsymbol{h}_{k-1} \right\|^2}, \\ (\boldsymbol{h}_{k-1} \notin \bigcap_{\iota \in \mathcal{J}_k} S_\iota^{(k)} \text{ のとき}) \\ 1, \quad \text{(その他)}. \end{cases}$$

を定義すると，$\Omega_k^{(1)} = \left\{\boldsymbol{x} \in K \mid \Theta_k^{(1)}(\boldsymbol{x}) = 0\right\} = K \cap \left(\bigcap_{\iota \in \mathcal{I}_k} S_\iota^{(k)}\right)$, $\mathcal{M}_k \geq 1$ となり (ただし，$\mathcal{I}_k := \left\{\iota \in \mathcal{J}_k \mid \boldsymbol{h}_{k-1} \notin S_\iota^{(k)}\right\}$)，$\Theta_k^{(1)}$ に式 (14) を適用するとステップサイズの範囲が $\mu_k \in [\varepsilon_1 \mathcal{M}_k, (2-\varepsilon_2)\mathcal{M}_k]$ に限定されたアルゴリズム

$$\boldsymbol{h}_k := P_K\left(\boldsymbol{h}_{k-1} + \mu_k \left(\sum_{\iota \in \mathcal{J}_k} \omega_\iota^{(k)} P_{S_\iota^{(k)}}(\boldsymbol{h}_{k-1}) - \boldsymbol{h}_{k-1}\right)\right) \tag{15}$$

が導かれる．一方，

$$\Theta_k^{(2)}(\boldsymbol{h}) := \sum_{\iota \in \mathcal{J}_k} \omega_\iota^{(k)} d(\boldsymbol{h}, S_\iota^{(k)})^2$$

を定義すると，$\Omega_k^{(2)} = \left\{\boldsymbol{x} \in K \mid \Theta_k^{(1)}(\boldsymbol{x}) = 0\right\} = K \cap \left(\bigcap_{\iota \in \mathcal{J}_k} S_\iota^{(k)}\right)$ となり，$\Theta_k^{(2)}$ に式 (14) を適用するとステップサイズの範囲が $\mu_k \in \left[\varepsilon_1 \frac{\mathcal{M}_k}{2}, (2-\varepsilon_2)\frac{\mathcal{M}_k}{2}\right]$ に限定されたアルゴリズム (15) が得られる．

例 1 のアルゴリズム (式 (15)) は距離射影を用いた多くの学習アルゴリズム (たとえば[15]) の基礎を与えている．

d. 適応フィルタの平均性能解析

前半では適応フィルタのアルゴリズムの構成に関して述べた．後半では適応フィルタの性能解析手法について述べる．

1) 確率モデル

適応フィルタの統計的な性能を解析するために，データモデル (8) において，入力 $(\boldsymbol{U}_k)$ と雑音 $(\boldsymbol{v}_k)$ に確率的なモデルを導入する．すなわち，$(\boldsymbol{U}_k)_{k \in \mathbb{N}}$ を $N \times r$ 行列値確率過程とし，$(\boldsymbol{v}_k)_{k \in \mathbb{N}}$ と $(\boldsymbol{d}_k)_{k \in \mathbb{N}}$ はそれぞれ $\mathbb{R}^r$ 値確率過程とモデル化する．また，未知系のインパルス応答 $\boldsymbol{h}^* \in \mathbb{R}^N$ は非ランダムなベクトルと仮定する．以下では，$\mathbb{R}^N$ 値確率過程 $(\boldsymbol{h}_k)_{k \in \mathbb{N} \cup \{0\}}$ により任意の適応フィルタの係数を表すものとする．すなわち，$\boldsymbol{h}_k$ は時刻 k における $\boldsymbol{h}^*$ の推定値であり，$\boldsymbol{h}_0$ は初期推定値である．適応フィルタの性能解析では，通常次のことが仮定される．

仮定 1

1) **入力** $\boldsymbol{U}_k$ の 1 次および 2 次モーメントは時刻 $k \in \mathbb{N}$ によらず一定である (広義定常性).
2) **雑音** $(\boldsymbol{v}_k)$ は独立同分布に従い，$\mathbb{E}(\boldsymbol{v}_k) = \boldsymbol{0}$, $\mathbb{E}(\boldsymbol{v}_k \boldsymbol{v}_k^\top) = \boldsymbol{Q}$ をもつ．また，入力 $(\boldsymbol{U}_k)$ と独立である．
3) **フィルタの適合性** $\boldsymbol{h}_0$ は $\{\boldsymbol{U}_k, \boldsymbol{v}_k : k \in \mathbb{N}\}$ と独立で，$(\boldsymbol{h}_k)$ は情報 $\{\boldsymbol{h}_0, \boldsymbol{U}_l, \boldsymbol{d}_l : l \leq k\}$ により決定される*5.

*5 上記の仮定は確率過程の観点からはあいまいな表現を含むが，ここでの内容を理解するうえでは不要であると判断したため

2) 誤差指標

適応フィルタの性能解析では，推定誤差の平均的な振舞いを解析することが目標となる．まず，推定誤差の指標として代表的なものを定義する．

定義 1　確率過程 $(\widetilde{\boldsymbol{h}}_k)$，$(\boldsymbol{e}_{k,a})$，$(\boldsymbol{e}_k)$ を，各 $k \in \mathbb{N}$ に対し，次のように定義する．

$$\widetilde{\boldsymbol{h}}_k := \boldsymbol{h}^* - \boldsymbol{h}_k \qquad \text{(誤差ベクトル)}$$
$$\boldsymbol{e}_{k,a} := \boldsymbol{U}_k^\top \widetilde{\boldsymbol{h}}_{k-1} \qquad \text{(事前誤差)}$$
$$\boldsymbol{e}_k := \boldsymbol{d}_k - \boldsymbol{U}_k^\top \boldsymbol{h}_{k-1} \qquad \text{(出力誤差)}$$

また，$[0,\infty]$ 値数列 (ξ_k)，(η_k)，(ζ_k) を，各 $k \in \mathbb{N}$ に対し，次のように定義する．

$$\eta_k := \mathbb{E}\big(\|\widetilde{\boldsymbol{h}}_k\|^2\big) \qquad \text{(平均 2 乗誤差)}$$
$$\zeta_k := \mathbb{E}\big(\|\boldsymbol{e}_{k,a}\|^2\big) \qquad \text{(超過平均 2 乗出力誤差)}$$
$$\xi_k := \mathbb{E}\big(\|\boldsymbol{e}_k\|^2\big) \qquad \text{(平均 2 乗出力誤差)}$$

ここで，$\|\bullet\|$ はユークリッドノルムを表す[*6]．

各誤差の定性的な意味は明らかであるが，事前誤差と出力誤差は，時刻 k におけるフィルタ更新前の誤差であることに注意されたい．また，モデル (8) より

$$\boldsymbol{e}_k = \boldsymbol{e}_{k,a} + \boldsymbol{v}_k, \quad \forall k \in \mathbb{N} \tag{16}$$

であり，仮定 1 のもとでは，

$$\xi_k = \zeta_k + \mathrm{tr}(\boldsymbol{Q}), \quad \forall k \in \mathbb{N} \tag{17}$$

が成立することも簡単に確認できる．したがって，雑音の大きさ $\mathrm{tr}(\boldsymbol{Q})$ は平均 2 乗出力誤差の下界を与える．また，超過平均 2 乗出力誤差 ζ_k は，下界からの超過分を与える指標であると解釈できる．

e. 適応フィルタのエネルギー保存則

適応フィルタの解析を行うためには，推定値 $(\boldsymbol{h}_k)$ の生成規則を規定しなければならないが，多くの適応フィルタを統一的な原理で解析する手法として，Sayed[2] により提案されたエネルギー保存則を用いる方法がある．後述するエネルギー保存則は，次の更新式をもつ適応フィルタについて共通に成立する原理である．

仮定 2　$(\boldsymbol{h}_k)_{k\in\mathbb{N}\cup\{0\}}$ は，$\boldsymbol{h}_0$ を初期値として次の漸化式により生成される．

$$\boldsymbol{h}_k = \boldsymbol{h}_{k-1} + \boldsymbol{U}_k \boldsymbol{c}_k, \quad k \in \mathbb{N} \tag{18}$$

ここで，$\boldsymbol{c}_k$ は情報 $\{\boldsymbol{h}_0, \boldsymbol{U}_l, \boldsymbol{d}_l : l \le k\}$ により決定される任意の $\mathbb{R}^r$ 値確率過程である．

この更新則で鍵となる点は，更新方向が入力 $\boldsymbol{U}_k$ の列ベクトルの線形結合となっている点である（ベクトル $\boldsymbol{c}_k$ が線形結合の係数となる）．すなわち，更新方向は $\boldsymbol{U}_k$ の列空間に属する（図 2）．実際，数々の適応フィルタが更新式 (18) の形をもつ．例として，表 1 に代表的なものをあげておく．

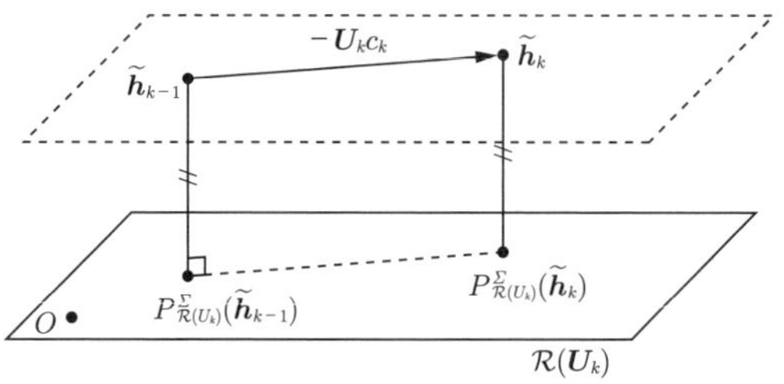

図 2　直交射影原理によるエネルギー保存則の解釈

さて，更新則 (18) をもつ任意の適応フィルタについて，次のエネルギー保存の関係が成り立つ．

定理 2 (エネルギー保存則[2])　$\boldsymbol{\Sigma}$ を任意の $N \times N$ 実対称正定値行列とし，各 $k \in \mathbb{N}$ について，$\boldsymbol{U}_k$ の列ベクトルはほとんど確実に 1 次独立であると仮定する．このとき，各 $k \in \mathbb{N}$ について以下の関係が成り立つ．

$$\|\widetilde{\boldsymbol{h}}_k\|^2_{\boldsymbol{\Sigma}} + (\boldsymbol{e}^{\boldsymbol{\Sigma}}_{k,a})^\top (\boldsymbol{U}_k^\top \boldsymbol{\Sigma} \boldsymbol{U}_k)^{-1} \boldsymbol{e}^{\boldsymbol{\Sigma}}_{k,a}$$
$$= \|\widetilde{\boldsymbol{h}}_{k-1}\|^2_{\boldsymbol{\Sigma}} + (\boldsymbol{e}^{\boldsymbol{\Sigma}}_{k,p})^\top (\boldsymbol{U}_k^\top \boldsymbol{\Sigma} \boldsymbol{U}_k)^{-1} \boldsymbol{e}^{\boldsymbol{\Sigma}}_{k,p}, \quad \text{a.s.}$$

ここで，$\boldsymbol{e}^{\boldsymbol{\Sigma}}_{k,a} := \boldsymbol{U}_k^\top \boldsymbol{\Sigma} \widetilde{\boldsymbol{h}}_{k-1}$，$\boldsymbol{e}^{\boldsymbol{\Sigma}}_{k,p} := \boldsymbol{U}_k^\top \boldsymbol{\Sigma} \widetilde{\boldsymbol{h}}_k$ である[*7]．

証明　式 (18) の両辺から $\boldsymbol{h}^*$ を引き，左から $\boldsymbol{U}_k^\top \boldsymbol{\Sigma}$ を

簡単に述べた．厳密には，2) は各 $k \in \mathbb{N}$ について，$\boldsymbol{v}_k$ が $\{\boldsymbol{h}_0, \boldsymbol{U}_k, \boldsymbol{U}_l, \boldsymbol{v}_l : l \le k-1\}$ により生成される σ 加法族と独立ということであり，3) は $(\boldsymbol{h}_k)$ が $\{\boldsymbol{h}_0, \boldsymbol{U}_k, \boldsymbol{d}_k\}_{k\in\mathbb{N}}$ により生成されるフィルトレーションに適合するということである．

*6　現実のシステムでは，$\widetilde{\boldsymbol{h}}_k$ や $\boldsymbol{e}_{k,a}$ は未知ベクトル $\boldsymbol{h}^*$ によるため，測定不可能である．

*7　$\|\widetilde{\boldsymbol{h}}_k\|^2_{\boldsymbol{\Sigma}}$ を推定値のエネルギーとして解釈すると，更新前と更新後には定理 2 の保存関係が成立するということである．

表 1　更新式 (18) をもつ代表的なアルゴリズムの例

(a) ベクトル入力 ($r = 1$ の場合) に対するアルゴリズム．ここでは $\boldsymbol{U}_k = \boldsymbol{u}_k$(モデル (1) 参照) であり，$\boldsymbol{c}_k = c_k$, $\boldsymbol{e}_k = e_k$ はスカラーとなる．

アルゴリズム	係数 c_k	備考（以下のパラメータは時変でもよい）
符号誤差法	$\mu \operatorname{sgn} e_k$	$\mu > 0$, sgn は符号関数
LMS 法の族	μe_k^{2K-1}	$\mu > 0$, $K \in \mathbb{N}$（$K = 1$ のとき LMS 法，$K = 2$ のとき LMF 法）
NLMS 法	$\dfrac{\mu e_k}{\lVert \boldsymbol{u}_k \rVert^2 + \varepsilon}$	$\mu > 0$, $\varepsilon \geq 0$
SM-NLMS 法	$\begin{cases} 0 & \text{if } \lvert e_k \rvert \leq \rho \\ \mu \dfrac{e_k - (\operatorname{sgn} e_k)\rho}{\lVert \boldsymbol{u}_k \rVert^2 + \varepsilon} & \text{if } \lvert e_k \rvert > \rho \end{cases}$	$\mu > 0$，$\varepsilon \geq 0$，$\rho \geq 0$，sgn は符号関数

(b) 行列入力 ($r \geq 2$ の場合) に対するアルゴリズム．

アルゴリズム	ベクトル $\boldsymbol{c}_k$	備考（以下のパラメータは時変でもよい）
アフィン射影法	$\mu(\boldsymbol{U}_k^\top \boldsymbol{U}_k + \varepsilon \boldsymbol{I}_r)^{-1} \boldsymbol{e}_k$	$\mu > 0$, $\varepsilon \geq 0$
適応並列射影法	$c_{i,k} = \begin{cases} 0 & \text{if } \lvert e_{i,k} \rvert \leq \rho \\ \mu \omega_i \dfrac{e_{i,k} - (\operatorname{sgn} e_{i,k})\rho}{\lVert \boldsymbol{u}_{i,k} \rVert^2 + \varepsilon} & \text{if } \lvert e_{i,k} \rvert > \rho \end{cases}$	$c_{i,k}$, $e_{i,k}$ は $\boldsymbol{c}_k$, $\boldsymbol{e}_k$ の第 i 成分 $\boldsymbol{u}_{i,k}$ は $\boldsymbol{U}_k$ の第 i 列 $\mu > 0$, $\varepsilon \geq 0$, $\rho \geq 0$, sgn は符号関数 $(\omega_i)_{i=1}^r$ は正の凸結合重み

かけることで

$$\boldsymbol{e}_{k,p}^{\boldsymbol{\Sigma}} = \boldsymbol{e}_{k,a}^{\boldsymbol{\Sigma}} - \boldsymbol{U}_k^\top \boldsymbol{\Sigma} \boldsymbol{U}_k \boldsymbol{c}_k \tag{19}$$

を得る．これを $\boldsymbol{c}_k$ について解き，式 (18) に代入すると

$$\begin{aligned} &\widetilde{\boldsymbol{h}}_k + \boldsymbol{U}_k(\boldsymbol{U}_k^\top \boldsymbol{\Sigma} \boldsymbol{U}_k)^{-1} \boldsymbol{e}_{k,a}^{\boldsymbol{\Sigma}} \\ &\quad = \widetilde{\boldsymbol{h}}_{k-1} + \boldsymbol{U}_k(\boldsymbol{U}_k^\top \boldsymbol{\Sigma} \boldsymbol{U}_k)^{-1} \boldsymbol{e}_{k,p}^{\boldsymbol{\Sigma}}, \quad \text{a.s.} \end{aligned} \tag{20}$$

を得る．両辺の $\boldsymbol{\Sigma}$ ノルム*8を評価して定理を得る．

エネルギー保存則は直交射影原理として理解することもできる（図 2）．いま，標本空間の元 ω を固定し，$\boldsymbol{U}_k(\omega)$ の列空間 $\mathcal{R}(\boldsymbol{U}_k(\omega))$ の上への $\boldsymbol{\Sigma}$ 内積の意味での直交射影*9を $P_{\mathcal{R}(\boldsymbol{U}_k(\omega))}^{\boldsymbol{\Sigma}} \colon \mathbb{R}^N \to \mathcal{R}(\boldsymbol{U}_k(\omega))$ で表すとき，$\boldsymbol{h}_{k-1}(\omega)$ の更新方向が $\mathcal{R}(\boldsymbol{U}_k(\omega))$ に平行であることに注意すると，図 2 より，明らかに

$$\widetilde{\boldsymbol{h}}_k - P_{\mathcal{R}(\boldsymbol{U}_k)}^{\boldsymbol{\Sigma}}(\widetilde{\boldsymbol{h}}_k) = \widetilde{\boldsymbol{h}}_{k-1} - P_{\mathcal{R}(\boldsymbol{U}_k)}^{\boldsymbol{\Sigma}}(\widetilde{\boldsymbol{h}}_{k-1})$$

が成り立つ（ω は省略した）．実際，これを整理したものが式 (20) である．さらに，図 2 においてピタゴラスの定理を用いれば

$$\begin{aligned} &\lVert \widetilde{\boldsymbol{h}}_k \rVert_{\boldsymbol{\Sigma}}^2 - \lVert P_{\mathcal{R}(\boldsymbol{U}_k)}^{\boldsymbol{\Sigma}}(\widetilde{\boldsymbol{h}}_k) \rVert_{\boldsymbol{\Sigma}}^2 \\ &\quad = \lVert \widetilde{\boldsymbol{h}}_{k-1} \rVert_{\boldsymbol{\Sigma}}^2 - \lVert P_{\mathcal{R}(\boldsymbol{U}_k)}^{\boldsymbol{\Sigma}}(\widetilde{\boldsymbol{h}}_{k-1}) \rVert_{\boldsymbol{\Sigma}}^2 \end{aligned}$$

が成り立ち，これを整理すれば定理 2 を直ちに得る．

平均的な性能解析では，式 (19) を用いて，エネルギー保存則から $\boldsymbol{e}_{k,p}^{\boldsymbol{\Sigma}}$ を消去して期待値を評価した形が出発点となるので，ここに示しておく．

系 1 (平均におけるエネルギー保存則)

$$\begin{aligned} \mathbb{E}\big(\lVert \widetilde{\boldsymbol{h}}_k \rVert_{\boldsymbol{\Sigma}}^2\big) &= \mathbb{E}\big(\lVert \widetilde{\boldsymbol{h}}_{k-1} \rVert_{\boldsymbol{\Sigma}}^2\big) - 2\mathbb{E}\big(\boldsymbol{c}_k^\top \boldsymbol{e}_{k,a}^{\boldsymbol{\Sigma}}\big) \\ &\quad + \mathbb{E}\big(\boldsymbol{c}_k^\top \boldsymbol{U}_k^\top \boldsymbol{\Sigma} \boldsymbol{U}_k \boldsymbol{c}_k\big) \end{aligned}$$

この関係を用いて，適応フィルタに関するさまざまな性質を解析できることが知られている．また，$\boldsymbol{\Sigma}$ の任意性は，平均 2 乗誤差 (η_k) の学習曲線の解析などに便利である．詳細は[2] を参照されたい．

f.　定常性能解析

さて，エネルギー保存則の性能解析への応用として，**定常性能解析**を例にあげる．定常性能解析では，定義 1 にあげた平均 2 乗誤差 (η_k) や平均 2 乗出力誤差 (ξ_k) の極限値を求めることが問題となる．一般にはこれらの数列は発散する可能性もあるが，収束を仮定してしまうことで，適応フィルタの安定条件解析を回避するのがエネルギー保存則を用いた定常解析の手法である．まずは系 1 において $\boldsymbol{\Sigma} = \boldsymbol{I}_N$ として極限を評価しよう．

*8　任意の対称正定値行列 $\boldsymbol{\Sigma}$ を用いて $\langle \boldsymbol{x}, \boldsymbol{y} \rangle_{\boldsymbol{\Sigma}} := \boldsymbol{x}^\top \boldsymbol{\Sigma} \boldsymbol{y}$ と定義すれば，$\langle \cdot, \cdot \rangle_{\boldsymbol{\Sigma}}$ は $\mathbb{R}^N$ 上の内積となる．この内積により誘導されるノルム $\lVert \boldsymbol{x} \rVert_{\boldsymbol{\Sigma}} := \langle \boldsymbol{x}, \boldsymbol{x} \rangle_{\boldsymbol{\Sigma}}^{1/2}$ をここでは $\boldsymbol{\Sigma}$ ノルムと呼ぶ．

*9　$\boldsymbol{\Sigma}$-ノルムにより誘導される距離 $d_{\boldsymbol{\Sigma}}(\boldsymbol{x}, \boldsymbol{y}) := \lVert \boldsymbol{x} - \boldsymbol{y} \rVert_{\boldsymbol{\Sigma}}$ の意味での距離射影．すなわち，$\min_{\boldsymbol{z} \in \mathcal{R}(\boldsymbol{U}_k(\omega))} \lVert \boldsymbol{x} - \boldsymbol{z} \rVert_{\boldsymbol{\Sigma}} =: \lVert \boldsymbol{x} - P_{\mathcal{R}(\boldsymbol{U}_k(\omega))}^{\boldsymbol{\Sigma}}(\boldsymbol{x}) \rVert_{\boldsymbol{\Sigma}}$．

系 2 (適応フィルタの特性方程式) 数列 $(\mathbb{E}(\|\widetilde{\boldsymbol{h}}_k\|^2))$, $(\mathbb{E}(\boldsymbol{c}_k^\top \boldsymbol{e}_{k,a}))$, $(\mathbb{E}(\boldsymbol{c}_k^\top \boldsymbol{U}_k^\top \boldsymbol{U}_k \boldsymbol{c}_k))$ が有限値に収束するとき，次の特性方程式が成立する．

$$2\lim_{k\to\infty}\mathbb{E}\big(\boldsymbol{c}_k^\top \boldsymbol{e}_{k,a}\big)=\lim_{k\to\infty}\mathbb{E}\big(\boldsymbol{c}_k^\top \boldsymbol{U}_k^\top \boldsymbol{U}_k \boldsymbol{c}_k\big)$$

ここで注目すべき点は，多くの適応フィルタにおいて，$\boldsymbol{c}_k$ が出力誤差 $\boldsymbol{e}_k$ と入力 $\boldsymbol{U}_k$ によって決定されるという点である（表 1）．さらに，関係 (16) に注意すると，特性方程式の両辺のモーメントは，確率変数 $\boldsymbol{e}_{k,a}$（もしくは $\boldsymbol{e}_k$）と $\boldsymbol{U}_k$, $\boldsymbol{v}_k$ により決定されることがわかる．したがって，特性方程式より $\zeta_\infty := \lim \zeta_k$（もしくは $\xi_\infty := \lim \xi_k$）に関する方程式を導くことができれば，定常性能を求められるはずである．ところが，一般には $\boldsymbol{e}_{k,a}$ と入力 $\boldsymbol{U}_k$ は独立でないため，ζ_∞ に関する方程式を導くことは難しい．したがって，個々の適応フィルタに応じて適切な近似が用いられる．以下，代表的な二つの近似手法を用いた解析例を紹介する．簡単のため，モデル (1)($\boldsymbol{U}_k=\boldsymbol{u}_k$ の場合) に対するアルゴリズムに限定する．また，$\boldsymbol{e}_k$ や $\boldsymbol{c}_k$ などスカラーになるものについては（太字でない）標準体を用いる．

1) 独立性仮定法—LMS 法の例

LMS 法では $c_k=\mu e_k$ であり，特性方程式の各辺のモーメントは，式 (16) を用いて

$$\mathbb{E}(c_k e_{k,a})=\mu\mathbb{E}(e_{k,a}^2)=\mu\zeta_k,$$
$$\mathbb{E}\big(c_k \boldsymbol{u}_k^\top \boldsymbol{u}_k c_k\big)=\mu^2\mathbb{E}(e_{k,a}^2\|\boldsymbol{u}_k\|^2)+\mu^2\sigma^2\mathrm{tr}(\boldsymbol{R})$$

と計算される．ここで，$\sigma^2 := \mathbb{E}(v_k^2)$ は雑音の分散で，$\boldsymbol{R} := \mathbb{E}(\boldsymbol{u}_k\boldsymbol{u}_k^\top)$ は入力の自己相関行列である．第 2 式に現れる $\mathbb{E}(e_{k,a}^2\|\boldsymbol{u}_k\|^2)$ を評価することは一般には難しいため，次のことを仮定しよう．

仮定 3 (独立性) 十分大きな番号 $k_0 \in \mathbb{N}$ が存在し，すべての $k \geq k_0$ について，事前誤差 $e_{k,a}$ と入力 $\boldsymbol{u}_k$ は独立となる[*10]．

さて，仮定 3 のもとでは，$\mathbb{E}(e_{k,a}^2\|\boldsymbol{u}_k\|^2)=\zeta_k\mathrm{tr}(\boldsymbol{R})$ となるため，LMS 法の特性方程式

$$2\mu\zeta_\infty=\mu^2\big(\zeta_\infty+\sigma^2\big)\mathrm{tr}(\boldsymbol{R}),\quad \zeta_\infty:=\lim_{k\to\infty}\zeta_k$$

が得られる．これを ζ_∞ について解き，式 (17) を用いれば，次の結果を得る．

*10 一般には，$e_{k,a}$ と $\boldsymbol{u}_k$ の独立性は保証できない．

例 2 (LMS 法の定常性能) 定常状態における LMS 法の超過平均 2 乗出力誤差 ζ_∞ および平均 2 乗出力誤差 ξ_∞ は次のように近似できる[*11]．

$$\zeta_\infty=\frac{\mu\sigma^2\mathrm{tr}(\boldsymbol{R})}{2-\mu\mathrm{tr}(\boldsymbol{R})},\qquad \xi_\infty=\zeta_\infty+\sigma^2$$

2) 分離近似法—SM–NLMS 法の例

以下に紹介する分離近似法は，c_k が入力 $\boldsymbol{u}_k$ に関する量の除算を含む場合に用いられることが多い．ここでは，表 1 にあげた **SM–NLMS 法**を例に紹介する．

まず，任意の集合 A に対し，1_A により A の指示関数を表す．すなわち，

$$1_A(x):=\begin{cases}1 & \text{if } x\in A\\ 0 & \text{if } x\notin A\end{cases}$$

と定義する．さらに，連続区分線形関数 $f_\rho(x)\colon \mathbb{R}\to[-\rho,\rho]$ を次のように定める．

$$f_\rho(x):=-\rho 1_{(-\infty,-\rho)}(x)+x1_{[-\rho,\rho]}(x)+\rho 1_{(\rho,\infty)}(x)$$

このとき，表 1 で与えられる SM–NLMS 法の c_k は次のように表現できる．

$$c_k=\mu\frac{e_k-f_\rho(e_k)}{\|\boldsymbol{u}_k\|^2+\varepsilon}$$

これと式 (16) より，

$$\mathbb{E}(c_k e_{k,a})=\mu\mathbb{E}\left(\frac{e_{k,a}^2}{\|\boldsymbol{u}_k\|^2+\varepsilon}\right)-\mu\mathbb{E}\left(\frac{e_{k,a}f_\rho(e_k)}{\|\boldsymbol{u}_k\|^2+\varepsilon}\right),$$
$$\begin{aligned}&\mathbb{E}\big(c_k\boldsymbol{u}_k^\top\boldsymbol{u}_k c_k\big)\\ &\quad\approx \mu^2\gamma_\varepsilon\mathbb{E}\left(\frac{e_{k,a}^2}{\|\boldsymbol{u}_k\|^2+\varepsilon}\right)-\mu^2\gamma_\varepsilon\mathbb{E}\left(\frac{e_{k,a}f_\rho(e_k)}{\|\boldsymbol{u}_k\|^2+\varepsilon}\right)\\ &\qquad+\mu^2\beta_\varepsilon\sigma^2-\mu^2\beta_\varepsilon\mathbb{E}\big(v_k f_\rho(e_k)\big)\\ &\qquad-\mu^2\rho\beta_\varepsilon\mathbb{E}\big(|e_k|1_{[-\rho,\rho]^c}(e_k)\big)\\ &\qquad+\mu^2\rho^2\beta_\varepsilon\mathbb{E}\big(1_{[-\rho,\rho]^c}(e_k)\big)\end{aligned}$$

を得る．ここで，$[-\rho,\rho]^c$ は $[-\rho,\rho]$ の補集合であり，$\mathbb{E}\big(c_k\boldsymbol{u}_k^\top\boldsymbol{u}_k c_k\big)$ の評価には，一部，LMS 法の場合と同

*11 仮定 3 における $e_{k,a}$ と $\boldsymbol{u}_k$ の独立性は，より弱い条件，$e_{k,a}^2$ と $\|\boldsymbol{u}_k\|^2$ の無相関性に置き換え可能であるが，解析対象によっては独立性を仮定する場合もある．類似の仮定として，入力 $\boldsymbol{u}_k$ と更新前の誤差ベクトル $\widetilde{\boldsymbol{h}}_{k-1}$ の独立性などが使われることもある．一般に，確率変数の積の期待値を個々の期待値の積で近似する手法は，適応フィルタの解析において広く用いられている．

様に，積の期待値を期待値の積で近似している．β_ε と γ_ε はその際に現れる定数で，それぞれ

$$\beta_\varepsilon := \mathbb{E}\left(\frac{\|\boldsymbol{u}_k\|^2}{(\|\boldsymbol{u}_k\|^2+\varepsilon)^2}\right), \quad \gamma_\varepsilon := \mathbb{E}\left(\frac{\|\boldsymbol{u}_k\|^2}{\|\boldsymbol{u}_k\|^2+\varepsilon}\right)$$

である．分離近似法では，次のように期待値演算子を分子分母に分配する近似を用いる．

$$\mathbb{E}\left(\frac{e_{k,a}^2}{\|\boldsymbol{u}_k\|^2+\varepsilon}\right) \approx \frac{\mathbb{E}(e_{k,a}^2)}{\mathbb{E}(\|\boldsymbol{u}_k\|^2+\varepsilon)} = \frac{\zeta_k}{\mathrm{tr}(\boldsymbol{R})+\varepsilon},$$

$$\mathbb{E}\left(\frac{e_{k,a}f_\rho(e_k)}{\|\boldsymbol{u}_k\|^2+\varepsilon}\right) \approx \frac{\mathbb{E}(e_{k,a}f_\rho(e_k))}{\mathbb{E}(\|\boldsymbol{u}_k\|^2+\varepsilon)} = \frac{\mathbb{E}(e_{k,a}f_\rho(e_k))}{\mathrm{tr}(\boldsymbol{R})+\varepsilon}$$

これらの近似を用いれば，あとは四つのモーメント $\mathbb{E}(e_{k,a}f_\rho(e_k))$，$\mathbb{E}(v_k f_\rho(e_k))$，$\mathbb{E}(|e_k|1_{[-\rho,\rho]^c}(e_k))$，$\mathbb{E}(1_{[-\rho,\rho]^c}(e_k))$ を評価すればよいことになる．これらを求めることは一般に困難であるため，v_k と $e_{k,a}$ の分布を仮定する．

仮定 4 $v_k \sim \mathcal{N}(0,\sigma^2)$ かつ $e_{k,a} \sim \mathcal{N}(0,\zeta_k)$（したがって式 (16) より $e_k \sim \mathcal{N}(0,\xi_k)$）．ここで，$X \sim \mathcal{N}(0,\bullet)$ は X が平均 0，分散 $\bullet$ の正規分布にしたがうことを表す．

この仮定を用いて各モーメントを求めれば SM–NLMS 法の特性方程式が得られる．得られた特性方程式を，式 (17) を用いて ξ_∞ に関して整理すれば，次の結果を得る．

例 3 (SM–NLMS 法の定常性能[16]) 定常状態における SM–NLMS 法の平均 2 乗出力誤差 $\xi_\infty := \xi_\infty(\rho,\mu,\varepsilon)$ は，近似的に次の ξ に関する不動点方程式の正の唯一解で与えられる．

$$\xi = \sigma^2 + A_{\mu,\varepsilon}\left\{\sigma^2+\rho^2-\rho\sqrt{\frac{2\xi}{\pi}}\frac{\exp\left(-\frac{\rho^2}{2\xi}\right)}{1-\mathrm{erf}\left(\frac{\rho}{\sqrt{2\xi}}\right)}\right\}$$

ここで，

$$A_{\mu,\varepsilon} := \frac{\mu\beta_\varepsilon(\mathrm{tr}(\boldsymbol{R})+\varepsilon)}{2-\mu\gamma_\varepsilon}$$

であり，$\mathrm{erf}\colon \mathbb{R}\to(-1,1)$ は誤差関数

$$\mathrm{erf}(x) := \frac{2}{\sqrt{\pi}}\int_0^x \exp(-s^2)\,\mathrm{d}s$$

である．また，解 $\xi_\infty(\rho,\mu,\varepsilon)$ は ρ に関して単調減少であり，次を満たす．

$$\sigma^2 = \lim_{\rho\to\infty}\xi_\infty(\rho,\mu,\varepsilon) < \xi_\infty(\rho,\mu,\varepsilon) \le \xi_\infty(0,\mu,\varepsilon) = (1+A_{\mu,\varepsilon})\sigma^2$$

超過平均 2 乗出力誤差は $\zeta_\infty = \xi_\infty - \sigma^2$ で与えられる*12．

〔山田 功・高橋則行〕

参考文献

[1] S. Haykin : Adaptive Filter Theory, 4th ed., Prentice-Hall, 2001.

[2] A. H. Sayed : Fundamentals of Adaptive Filtering, Wiley-IEEE Press, 2003.

[3] 辻井重男ほか：適応信号処理，昭晃堂，1995.

[4] 飯國洋二：適応信号処理アルゴリズム，培風館，2000.

[5] J. M. Ortega and W. C. Rheinboldt : Iterative Solution of Nonlinear Equations in Several Variables, Academic Press, 1970.

[6] R. L. Plackett : Some theorems in least squares. *Biometrika*, **37**: 149–157, 1950.

[7] B. Widrow and S. D. Stearns : Adaptive Signal Processing, Prentice-Hall, 1985.

[8] H. Sakai : A frequency domain method for analyzing adaptive filter algorithms, Technical report of IEICE, Kyoto, Dec., 2000.

[9] 雛元孝夫，前田禎男：拡張された学習的同定法．電気学会論文誌，**95-C**(10): 227–234, 1975.

[10] 尾関和彦，梅田哲夫：アフィン部分空間への直交射影を用いた適応フィルタアルゴリズムとその性質．電子情報通信学会誌，**67-A**(5): 126–132, 1984.

[11] J. Nagumo and J. Noda : A learning method for system identification. *IEEE Trans. Autom. Control*, **12**(3): 282–287, 1967.

[12] B. Hassibi et al.: H^∞ optimality of the LMS algorithm. *IEEE Trans. Signal Processing*, **44**(2): 267–280, 1996.

[13] I. Yamada et al.: An efficient robust adaptive filtering algorithm based on parallel subgradient projection techniques. *IEEE Trans. Signal Processing*, **50**(5): 1091–1101, 2002.

[14] I. Yamada and N. Ogura : Adaptive projected subgradient method for asymptotic minimization of sequence of nonnegative convex functions. *Numerical Functional Anal. Optim.*, **25**(7&8): 593–617, 2004.

[15] M. Yukawa et al.: Adaptive parallel quadratic-metric projection algorithms. *IEEE Trans. Audio, Speech and Language Proc.*, **15**(5): 1665–1680, 2007.

[16] N. Takahashi and I. Yamada : Steady-state mean-square performance analysis of a relaxed set-membership NLMS algorithm by the energy con-

*12 $\rho = 0$ の場合，SM-NLMS 法は NLMS 法と一致し，$\xi(0,\mu,\varepsilon)$ は NLMS 法の平均 2 乗出力誤差を与える．したがって，ρ に関する単調減少性は，SM-NLMS 法が定常状態において NLMS 法を上回る性能をもつことを明らかにしている．より詳細な解析は[16] を参照されたい．

servation argument. *IEEE Trans. Signal Proc.*, **57**(9): 3361–3372, 2009.

4.4 主成分分析と独立成分分析

principal component analysis and independent component analysis

信号 $\boldsymbol{x} \in \mathbb{R}^N$ が与えられたとき，線形変換によって，統計的に見通しがよくなることがある．また，扱いやすくなったり，みえないものがみえてきたりする．結論をいうと，信号を無相関化する直交変換が主成分分析であり，信号を独立にする線形変換が独立成分分析である．ただし，主成分分析はかならず信号を無相関化できるが，独立成分分析の場合は信号の観測モデルによる．

a. 主成分分析

主成分分析 (principal component analysis：**PCA**) は，観測した信号サンプルを，最も平均的に近似する「軸」をみつけだす作業のことである．それでは，信号のまとまりを代表する「軸」をどのように決めればよいだろうか．

図 1 は，各信号の点から軸までの距離を表している図である．信号は 2 点で構成される 2 次元信号であるが，この考え方は容易に N 次元の場合に拡張できる．N 次元の信号とは，たとえば CD から 1 秒だけ抜き出したものをベクトルとして並べたもの ($N = 44100$) でもよいし，画像圧縮の標準規格である JPEG の最小ブロック単位の画素を並べたもの ($N = 8 \times 8 = 64$) でもよい．また，N 個のアレイアンテナや複数センサである瞬間観測した信号のまとまりでもよい．要素の値は実数でもよいし，複素数でもよい．

以下の議論では $\boldsymbol{x}$ の要素を実数とする．この信号に

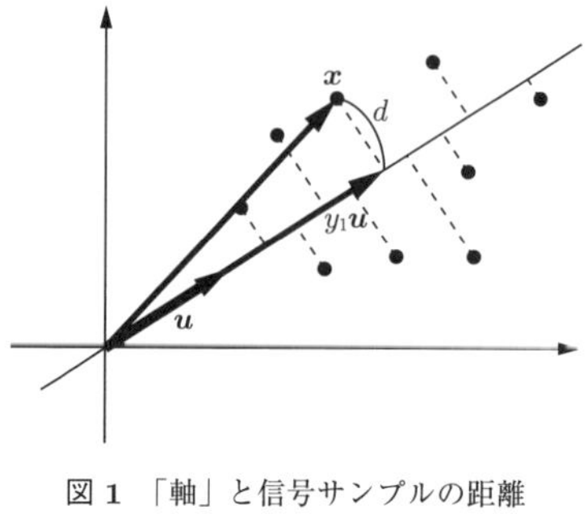

図 1 「軸」と信号サンプルの距離

対して，相関行列 $\boldsymbol{R}=E[\boldsymbol{x}\boldsymbol{x}^\top]$ が定義できる．このとき，固有値問題

$$\boldsymbol{R}\boldsymbol{u}=\lambda\boldsymbol{u}$$

を解くと，N 個の固有値 $\lambda_1 \geq \cdots \geq \lambda_N \geq 0$ と，それに対応する固有ベクトル $\boldsymbol{u}_n$ $(n=1,\cdots,N)$ が得られる．ここで，$\boldsymbol{R}$ の対称性から $\{\boldsymbol{u}_n\}$ は $\mathbb{R}^N$ の正規直交基底になるようにとることができる．そして，$\boldsymbol{U}=[\boldsymbol{u}_1,\cdots,\boldsymbol{u}_N]$ を定義すると，$\boldsymbol{U}$ は $\boldsymbol{U}^\top\boldsymbol{U}=\boldsymbol{I}$ を満たす直交行列である．$\boldsymbol{R}$ の表現

$$\boldsymbol{R}=\boldsymbol{U}\boldsymbol{D}\boldsymbol{U}^\top=\sum_{n=1}^{N}\lambda_n\boldsymbol{u}_n\boldsymbol{u}_n^\top$$

を固有値分解と呼ぶ．ここで，$\boldsymbol{D}$ は固有値を成分にもつ対角行列であり，$\boldsymbol{D}=\mathrm{diag}[\lambda_1,\cdots,\lambda_N]$ である．

以上の準備のもとで $\boldsymbol{y}=\boldsymbol{U}^\top\boldsymbol{x}$ は，直交座標変換を与える．$\boldsymbol{y}$ は新たな座標系で表された信号のベクトルであり，その要素 y_i を第 i 主成分と呼ぶ．単に主成分という場合は，第 1 主成分 y_1 のことを指す．これはちょうど，離散フーリエ解析が，信号をフーリエ核関数 (ベクトル) によって新たな座標軸に変換する操作に似ている．フーリエ解析が，時不変作用素の固有関数 (ベクトル) で信号を解析するのに対し，主成分分析では信号の相関行列で決まる固有ベクトルを用いて信号を解析するのである．

主成分分析は，以下の特徴をもっている．

1. 信号の分散を最大化する．

$$E[y_1^2]=\lambda_1=\max_{\|\boldsymbol{u}\|=1}E|\boldsymbol{u}^\top\boldsymbol{x}|^2$$

2. 原信号に対する最良近似を与える．

$$d=\min_{\boldsymbol{u}}E\|\boldsymbol{x}-y_1\boldsymbol{u}\|^2$$

3. 信号を無相関化する．

$$\boldsymbol{U}^\top\boldsymbol{R}\boldsymbol{U}=\boldsymbol{D}$$

1 番目の信号分散を最大にする性質を用いれば，観測信号に比較的弱い雑音が重畳されている場合に，信号と雑音を分離することができる．いま，原信号 $\boldsymbol{x}$ に雑音 $\boldsymbol{n}$ が重畳された信号 $\boldsymbol{y}=\boldsymbol{x}+\boldsymbol{n}$ を観測したとする．雑音は無相関で信号とも無相関，雑音分散 σ^2 は比較的小さいと仮定する．このとき，受信信号の相関行列と固有値分解は

$$E[\boldsymbol{y}\boldsymbol{y}^\top]=\boldsymbol{R}+\sigma^2\boldsymbol{I}=\sum_{n=1}^{N}\mu_n\boldsymbol{u}_n\boldsymbol{u}_n^\top$$

である．$\boldsymbol{R}$ の固有値 $\{\lambda_n\}$ を用いると，$\mu_n=\lambda_n+\sigma^2$ である．信号の λ_n が n に対して急激に減少すると仮定すると，ある r に対して $n \leq r$ のとき，$\mu_n \approx \lambda_n$，$n \geq r+1$ のとき，$\mu_n \approx \sigma^2$ のように近似できる．このような r が存在するとき，$\boldsymbol{w}_1,\cdots,\boldsymbol{w}_r$ で張られる部分空間を信号部分空間，$\boldsymbol{w}_{r+1},\cdots,\boldsymbol{w}_N$ で張られる部分空間を雑音部分空間と呼び，信号のスペクトル推定などで広く用いられる概念である．

2 番目の最良近似の性質は，信号圧縮やパターン認識では重要なものである．上位 $r \ll N$ 個の主成分が，原信号を十分近似できれば，信号を表現するためのデータ量を大幅に削ることができる．最良近似の文脈では，軸の回転変換 $\boldsymbol{U}^\top\boldsymbol{x}$ のことをカルフーネン–レーベ変換 (KLT) と呼ぶ場合がある．実は，画像や動画像，また音声・音響の圧縮符号化で使用される離散コサイン変換 (DCT) は，KLT の特別な場合である．信号の相関行列が $[\boldsymbol{R}]_{ij}=\rho^{|i-j|}$ で表される場合，固有ベクトルは，$\rho \to 1$ のとき，DCT の基底ベクトルに近づく．この信号モデルは画像の統計的性質をよく近似しているため，DCT を画像の圧縮符号化で用いる理論的根拠となっている．

b. PCA から ICA へ

PCA の第 3 の性質を再び考えてみよう．この性質によれば，PCA は信号を無相関化する直交行列をみつける問題であった．ここで，直交行列 $\boldsymbol{U}^\top$ の条件を緩めて，任意の正則行列 $\boldsymbol{W}$ で無相関化することを考える．つまり，$\boldsymbol{W}\boldsymbol{R}\boldsymbol{W}^\top$ が対角行列になるような正則行列を求めよ，という問題を考える．

すぐにわかるように，そのような正則行列は無限に存在する．たとえば，

$$\boldsymbol{R}=\begin{bmatrix}3 & 1\\ 1 & 3\end{bmatrix}$$

のとき，

$$\boldsymbol{W}=\frac{1}{\sqrt{2}}\begin{bmatrix}1 & -1\\ 1 & 1\end{bmatrix}$$

は対角化する直交行列である．直交条件を緩めた場合，

直交化する行列は無限に存在し，たとえば，

$$\boldsymbol{W}_1 = \begin{bmatrix} 7 & 1 \\ -5 & 2 \end{bmatrix}$$

と

$$\boldsymbol{W}_2 = \begin{bmatrix} 1 & 1 \\ -3 & 0 \end{bmatrix}$$

は，どちらも $\boldsymbol{R}$ を対角化する．

1) 独立性の導入

以上の議論からわかることは，行列 $\boldsymbol{W}$ は正則であればよいので，信号を無相関にする「軸」はいくらでもとることができる，ということである．しかし，無相関性より強い統計的な概念である独立性を導入することによって，対角化する行列を「一意に」決めることができるようになる．つまり，$\boldsymbol{y} = [y_1, \cdots, y_N]^\top = \boldsymbol{W}\boldsymbol{x}$ が互いに独立になるように $\boldsymbol{W}$ を探すのである．信号 $\boldsymbol{y}$ [*1]が互いに独立であるとは，同時密度関数 $p_{\boldsymbol{Y}}(\boldsymbol{y}) = p_{Y_1,\cdots,Y_N}(y_1,\cdots,y_N)$ が

$$p_{\boldsymbol{Y}}(\boldsymbol{y}) = p_{Y_1}(y_1)\cdots p_{Y_N}(y_N)$$

のように，周辺分布 $p_{Y_n}(y_n)$ の積に分解できることである．独立であれば無相関なので，$E[\boldsymbol{y}\boldsymbol{y}^\top]$ は対角行列となる．なお，無相関であっても独立とならないことに注意する．

ところで，$p_{\boldsymbol{Y}}(\boldsymbol{y})$ はどのような確率分布でもよいのだろうか．実は，$\boldsymbol{y}$ は正規分布であってはならない．ここでは省略するが，$\boldsymbol{y}$ が正規分布であることを許容すると，対角化行列 $\boldsymbol{W}$ が一意に定まらない．たとえある行列 $\boldsymbol{W}$ によって，独立な $\boldsymbol{y}$ が得られても，さらに直交行列を $\boldsymbol{y}$ にかけた新たな信号は，また独立になるのである．

また，スケーリングと y_n の順番に関しては，一意に定まらない．つまり，y_1 と y_2 が独立であれば，y_1 と cy_2 (c はスカラ) は独立である．また，$\boldsymbol{W}$ の行が入れ替わっていたとしても，変換後の変数は独立である．したがって，$\boldsymbol{W}$ の行ベクトルが任意の定数倍されていたり，順番が入れ替わっていたとしても，それらはすべて等価であると見なす．独立な $\boldsymbol{y}$ を与える $\boldsymbol{W}$ の一意性とは，非正規性と，スケーリング，順序の任意性を除いたうえでのものである．$\boldsymbol{W}$ を求めることを独立成分分析 (**ICA**)，信号 $\boldsymbol{x}$ から得られる各 y_i を独立成分 (IC) という．

*1 厳密には，確率変数のベクトルである．

2) KL 情報量による評価関数

さて，ICA を与える行列 $\boldsymbol{W}$ を求めよう．そのためには，独立性を測る評価関数を設定し，それを最適化すればよい．PCA の場合は，固有値問題を解くことで，所望の行列を求めることができた．ICA の場合，独立性を測る基準が多数存在すること，それを最適化するアルゴリズムが多数存在することが，この問題をわかりにくくしている．したがって，ICA に関する文献にあたるときには，評価基準は何か (what)，最適値をどのように求めているか (how) を常に気にかける必要がある．

最も素直な独立性の測り方は，確率分布間の距離を与える **KL 情報量** (Kullback–Liebler divergence) を使う方法である．KL 情報量は以下のように与えられる．

$$\begin{aligned} J_{\mathrm{KL}}[\boldsymbol{W}|\boldsymbol{Y}] &= \int p_{\boldsymbol{Y}}(\boldsymbol{y}) \log \frac{p_{\boldsymbol{Y}}(\boldsymbol{y})}{\prod_{i=1}^N p_{Y_i}(y_i)} \mathrm{d}\boldsymbol{y} \\ &= \sum_{i=1}^N H(Y_i) - H(\boldsymbol{Y}) \end{aligned}$$

ここで，$H(\bullet)$ はエントロピーである．この評価関数の最小点は

$$\frac{\partial J_{\mathrm{KL}}[\boldsymbol{W}/\boldsymbol{T}]}{\partial \boldsymbol{W}} = 0$$

で与えられる．$p_{\boldsymbol{Y}}(\boldsymbol{y}) = p_{\boldsymbol{X}}(\boldsymbol{x})/|\boldsymbol{W}|$ であることに注意すると，

$$\begin{aligned} H(\boldsymbol{Y}) &= -\int p_{\boldsymbol{Y}}(\boldsymbol{y}) \log p_{\boldsymbol{Y}}(\boldsymbol{y}) \mathrm{d}\boldsymbol{y} \\ &= -\int p_{\boldsymbol{X}}(\boldsymbol{x}) \log p_{\boldsymbol{X}}(\boldsymbol{x}) \mathrm{d}\boldsymbol{x} + \log|\boldsymbol{W}| \\ &= H(\boldsymbol{X}) + \log|\boldsymbol{W}| \end{aligned}$$

したがって，

$$\frac{\partial H(\boldsymbol{Y})}{\partial \boldsymbol{W}} = \frac{\partial}{\partial \boldsymbol{W}} \log|\boldsymbol{W}| = \boldsymbol{W}^{-\top}$$

次に，

$$\begin{aligned} H(Y_i) &= E_{\boldsymbol{Y}}[-\log p_{Y_i}(y_i)] \\ &= E_{\boldsymbol{X}}\left[-\log p_{Y_i}\left(\sum_{k=1}^N w_{ik}x_k\right)\right] \end{aligned}$$

であることに注意すると，

$$\frac{\partial H(Y_i)}{\partial \boldsymbol{W}} = E[\boldsymbol{\varphi}(\boldsymbol{y})\boldsymbol{x}^\top]$$

を得る．ここで，

$$[\boldsymbol{\varphi}(\boldsymbol{y})]_i = \varphi_i(y_i) = -\frac{p'_{Y_i}(y_i)}{p_{Y_i}(y_i)}$$

である．結局，

$$\begin{aligned} 0 = \frac{\partial J_{\mathrm{KL}}[\boldsymbol{W}]}{\partial \boldsymbol{W}} &= E[\boldsymbol{\varphi}(\boldsymbol{y})\boldsymbol{x}^\top] - \boldsymbol{W}^{-\top} \\ &= E[\boldsymbol{\varphi}(\boldsymbol{y})\boldsymbol{y}^\top - \boldsymbol{I}]\boldsymbol{W}^{-\top} \end{aligned}$$

を解けばよい．この方程式の解析解を求めるのは難しいので，勾配法で解く．通常は微分の右側に $\boldsymbol{W}^\top\boldsymbol{W}$ をかけた自然勾配

$$\mathrm{grad}_{\boldsymbol{W}} J_{\mathrm{KL}}[\boldsymbol{W}] = E[\boldsymbol{\varphi}(\boldsymbol{y})\boldsymbol{y}^\top - \boldsymbol{I}]\boldsymbol{W}$$

がよく使われる．$\varphi(\bullet)$ は信号の確率分布によって選ぶ．スーパーガウシアン (とがっている分布) の場合は $\varphi(y) = \tanh y$，サブガウシアン (平坦な分布) の場合は $\varphi(y) = y^3$ ととればよいことが知られている．ICA アルゴリズムの文脈で，最尤法，情報量最大化法，エントロピー最小化法と呼ばれるものは，すべてこの形の更新則に帰着する．

3) $\boldsymbol{W}$ の自由度と白色化

ところで，$\boldsymbol{W}$ の自由度はどれくらいだろうか．$\boldsymbol{W} \in \mathbb{R}^{N\times N}$ は 正則なので求めるべき変数は N^2 個である．しかしながら，観測信号 $\boldsymbol{x}$ を前処理することで $\boldsymbol{W}$ を求める問題は，直交行列を求める問題に帰着するのである．

まず，一般性を失うことなく，$\boldsymbol{x}$ は零平均をもつ，つまり $E[\boldsymbol{x}] = 0$ であるとする．いま，$\boldsymbol{W}$ を二つの正則行列 $\boldsymbol{V}, \boldsymbol{Q}$ の積 $\boldsymbol{W} = \boldsymbol{V}^\top\boldsymbol{Q}^\top$ で表すことを考えよう．$\boldsymbol{R} = E_{\boldsymbol{x}}[\boldsymbol{x}\boldsymbol{x}^\top]$ の固有値分解を $\boldsymbol{R} = \boldsymbol{U}\boldsymbol{\Lambda}\boldsymbol{U}^\top$ とする．$\boldsymbol{U}$ は直交行列，$\boldsymbol{\Lambda}$ は正値対角行列となる．$\boldsymbol{Q}$ は自由にとることができるので，$\boldsymbol{Q} = \boldsymbol{U}\boldsymbol{\Lambda}^{-1/2}$ とおいて $\boldsymbol{y}$ の相関行列を調べる．

$$\begin{aligned} E[\boldsymbol{y}\boldsymbol{y}^\top] &= \boldsymbol{W}E[\boldsymbol{x}\boldsymbol{x}^\top]\boldsymbol{W}^\top \\ &= \boldsymbol{V}^\top\boldsymbol{\Lambda}^{-1/2}\boldsymbol{U}^\top\boldsymbol{R}\boldsymbol{U}\boldsymbol{\Lambda}^{-1/2}\boldsymbol{V} = \boldsymbol{V}^\top\boldsymbol{V} \end{aligned}$$

スケーリングの任意性 (ICA の仮定) より，$E[\boldsymbol{y}\boldsymbol{y}^\top] = \boldsymbol{I}_N$ を仮定すると，$\boldsymbol{V}$ は直交行列である．したがって，自由度は $N(N-1)/2$．つまり，固有値分解を用いると，$\boldsymbol{W}$ を探す問題が，直交行列 $\boldsymbol{V}$ を探す問題に帰着するのである．なお，$\boldsymbol{Q}$ は平方根行列と呼ばれ，$\boldsymbol{Q}\boldsymbol{Q}^\top = \boldsymbol{R}$ を満たす．$\boldsymbol{Q}^\top\boldsymbol{x}$ の相関行列は単位行列になるので，$\boldsymbol{Q}^\top$ をかけることを**白色化**と呼んでいる．

4) 非正規化による独立化

KL 情報量に基づく評価関数は確率分布を仮定しているが，適切な確率密度関数を設定するのは難しい．そこで，中心極限定理の考え方，すなわち独立な確率変数を足し合わせると，正規分布に近づいていく，という性質を用いた ICA がいくつか提案されている．すなわち，$\boldsymbol{y}$ ができるだけ正規分布から「遠くなる」ように $\boldsymbol{W}$ を選べば，$\boldsymbol{y}$ はより独立であろう，ということである．

最も有名なものは，高次統計量を用いたものである．ここでは，**尖度** (kurtosis) を用いた ICA についてふれる．確率変数 Y が平均 0 であるとき，尖度は次のように定義される．

$$\mathrm{kurt}(y) = E[y^4] - 3(E[y^2])^2$$

スーパーガウシアンのときは $\mathrm{kurt}(y) > 0$ であり，正規分布のとき $\mathrm{kurt}(y) = 0$ となる．サブガウシアンのときは $\mathrm{kurt}(y) < 0$ である．そこで，尖度の絶対値を評価関数として採用し，それを最大化する．

まず，$\boldsymbol{W}$ のある行を $\boldsymbol{w}^\top$ で表し，それに対応する $\boldsymbol{y}$ の成分を y と書く．すなわち，$y = \boldsymbol{w}^\top\boldsymbol{x}$．このとき，

$$\mathrm{kurt}(y) = E[(\boldsymbol{w}^\top\boldsymbol{x})^4] - 3(\boldsymbol{w}^\top E[\boldsymbol{x}\boldsymbol{x}^\top]\boldsymbol{w})^2$$

であるが，あらかじめ $\boldsymbol{x}$ を白色化しておけば，$E[\boldsymbol{x}\boldsymbol{x}^\top] = \boldsymbol{I}$ より

$$\mathrm{kurt}(y) = E[(\boldsymbol{w}^\top\boldsymbol{x})^4] - 3\|\boldsymbol{w}\|^4$$

と簡略化できる．$\|\boldsymbol{w}\| = 1$ なる制約条件のもとでは，ラグランジュ乗数を用いて，以下の最適化関数を得る．

$$J[\boldsymbol{w}, \lambda] = \mathrm{kurt}(y) - \frac{1}{2}\lambda(\boldsymbol{w}^\top\boldsymbol{w} - 1)$$

$\boldsymbol{w}$ の不動点は，$0 = \partial J[\boldsymbol{w}, \lambda]/\partial \boldsymbol{w}$ で与えられるため，この場合の不動点アルゴリズムは，

$$\begin{aligned} \widetilde{\boldsymbol{w}}(n+1) &= E[(\boldsymbol{w}^\top(n)\boldsymbol{x})^3\boldsymbol{x}] - 3\boldsymbol{w}(n), \\ \boldsymbol{w}(n+1) &= \frac{\widetilde{\boldsymbol{w}}(n+1)}{\|\widetilde{\boldsymbol{w}}(n+1)\|} \end{aligned}$$

となる．このアルゴリズムは，3次収束するため収束が速いことが知られている．また最適な $\boldsymbol{w}^*$ が求まったら，$\boldsymbol{w}$ の張る空間の直交補空間で同じ操作を繰り返すことで，$\boldsymbol{W}$ が得られる．

5) 時間ずれ相関を用いる方法

ICA は，純粋に信号を確率変数として扱う解析であった．しかしながら，対象とする信号は $\boldsymbol{x}(t)$ のように，時間の関数で与えられ，ほとんどの場合で時間軸に沿ってなんらかの構造(相関や分布など)をもっている．そこで，時間構造を用いて $\boldsymbol{W}$ を決定する方法について述べよう．

ここで導入する仮定は，$\boldsymbol{y}$ の無相関性 $E[\boldsymbol{y}\boldsymbol{y}^\top]=\boldsymbol{I}$ に加えて，$y_i(t)$ と $y_j(t+\tau)$ が無相関 $E[y_i(t)y_j(t+\tau)]=0$ であるというものである．たとえば，$\boldsymbol{R}_\tau=E[\boldsymbol{x}(t)\boldsymbol{x}^\top(t+\tau)]+E[\boldsymbol{x}(t+\tau)\boldsymbol{x}(t)^\top]$ なる行列を定義する．$\boldsymbol{W}$ が $\boldsymbol{R}$ だけでなく，$\boldsymbol{R}_\tau$ も対角化するように選べば，上の仮定を満たす．この場合，それぞれの行列は正則であるとすれば，一般化固有値問題

$$\boldsymbol{R}_\tau\boldsymbol{w}=\lambda\boldsymbol{R}\boldsymbol{w}$$

を解くことで，N 個の一般化固有ベクトル $\{\boldsymbol{w}_n\}_{n=1}^N$ が得られるので，これを列にもつ行列 $\boldsymbol{W}$ が求めるべき行列となる．実際は，雑音の影響を考慮し，複数の時間ずれ τ に対して $\boldsymbol{R}_\tau$ を用意し，それらをすべて対角化する $\boldsymbol{W}$ をみつける．3個以上の行列を同時に対角化することはできないので，近似的に対角化できる行列を探すことになる(近似同時対角化問題)．

6) 生成信号推定としての立場

ここまで，ICA は観測信号 $\boldsymbol{x}$ を独立にする行列 $\boldsymbol{W}$ をみつける問題として取り扱ってきた．$\boldsymbol{x}$ に関しては，特にその生成モデルを仮定することはなかった．

これに対して，多くの ICA の文献では，観測信号 $\boldsymbol{x}$ が，ある生成信号 $\boldsymbol{s}\in\mathbb{R}^N$ の線形結合であることを仮定し，$\boldsymbol{W}$ を求める ICA の問題は，$\boldsymbol{s}$ を求める「信号分離」の問題として取り扱っている．以下そのことについて述べる．すなわち，観測信号は

$$\boldsymbol{x}=\boldsymbol{A}\boldsymbol{s}$$

で生成されているとし，$\boldsymbol{s}$ は互いに独立で，正規ではないか，たかだか一つの要素のみが正規であるとする．このとき，行列 $\boldsymbol{W}$ は，$\boldsymbol{A}$ が未知でありながら $\boldsymbol{s}$ を推定する行列となり，このような処理のことをブラインド信号分離(BSS)と呼ぶ．このとき，$\boldsymbol{y}$ は $\boldsymbol{s}$ を推定した信号となり，$\boldsymbol{W}$ は分離行列と呼ばれている．

また，ICA における，スケーリングと，基底の順番の任意性により，$\boldsymbol{y}$ と $\boldsymbol{s}$ における要素の順序および振幅の大きさは一致しないことに注意する．このことから，分離に成功した場合，分離行列 $\boldsymbol{W}$ と混合行列 $\boldsymbol{A}$ の間には，次の関係が成り立つ．

$$\boldsymbol{G}=\boldsymbol{W}\boldsymbol{A}=\boldsymbol{P}\boldsymbol{D}$$

ここで，$\boldsymbol{P}$ は置換行列，$\boldsymbol{D}$ は対角行列である．また，$\boldsymbol{G}$ をグローバル行列といい，対角成分の「残り具合」をみることで，分離性能の評価に用いることができる．

図2には，混合された音声を ICA によって分離・復元した様子を示している．混合行列 $\boldsymbol{A}$ の知識がなくても，原信号を推定できる様子がわかる．ただし，実環境における観測音声は，遅延・反射によるフィルタリングを受けている．したがって，実環境で BSS をするためには，たたみ込み混合モデル

$$\boldsymbol{x}(t)=(\boldsymbol{A}*\boldsymbol{s})(t)=\sum_{k=1}^{K}\boldsymbol{A}(k)\boldsymbol{s}(t-k)$$

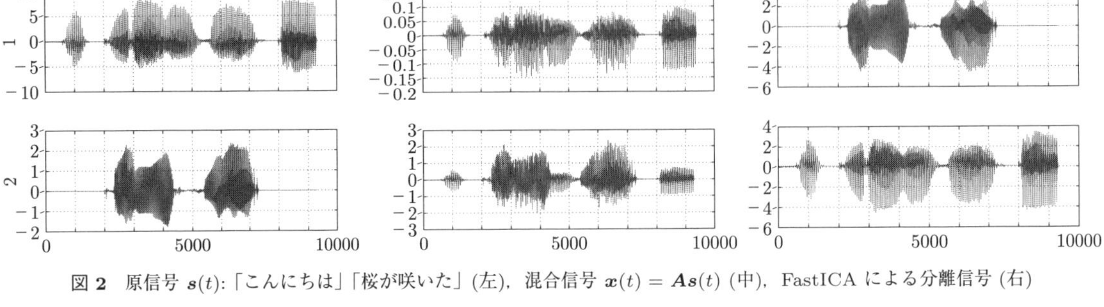

図2 原信号 $\boldsymbol{s}(t)$:「こんにちは」「桜が咲いた」(左)，混合信号 $\boldsymbol{x}(t)=\boldsymbol{A}\boldsymbol{s}(t)$ (中)，FastICA による分離信号 (右)

を考慮する必要がある．この問題は，両辺をフーリエ変換することで $\boldsymbol{X}(\Omega)=\boldsymbol{A}(\Omega)\boldsymbol{S}(\Omega)$ となる (Ω は角周波数) ので，周波数領域で ICA を実行すればよい．実際には，周波数領域の信号の期待値をどうとるのか，周波数の瞬時値をどのように近似するのか，といった問題が生ずるため，音声の分離に関しては現在も多くの研究がされている．

おわりに

以上，PCA の対角化 (無相関化) の性質に着目して，ICA を駆け足で解説した．ICA の数理とアルゴリズムを簡潔にまとめているものが[1] である．和訳も出版されている．和書では，[2] が読みやすいが，線形代数，微分積分，確率統計に関して，大学教養課程程度の知識がないと理解しづらいかもしれない．これらの書籍では，ICA は脳のスパースコーディング，脳の信号処理など脳神経科学とのつながりについても述べている．数多くのアルゴリズムについて網羅しているのが[3] である．また，MATLAB をもっていれば，アルゴリズムを GUI 上で実行できる Toolbox[4] がある．

〔田 中 聡 久〕

参 考 文 献

[1] A. Hyvaärinen et al.: Independent Component Analysis, John Wiley, England, 2001.

[2] 村田　昇：入門 独立成分分析，東京電機大学出版局，2004.

[3] A. Cichocki and S. Amari : Adaptive Blind Signal and Image Processing: Learning Algorithmsand Applications, John Wiley, England, 2002.

[4] A. Cichocki et al: ICALAB toolboxes ver. 2.0, http://www.bsp.brain.riken.jp/ICALAB RIKEN Brain Science Institute, Japan, 2003.

4.5 ブラインド信号処理

blind signal processing

本項目では信号は離散時間信号とする．

図 1 のように，入力信号 X_t に対するシステムの出力信号 Y_t を観測しているとする．システムは入力信号を出力信号に写像する関数とする．

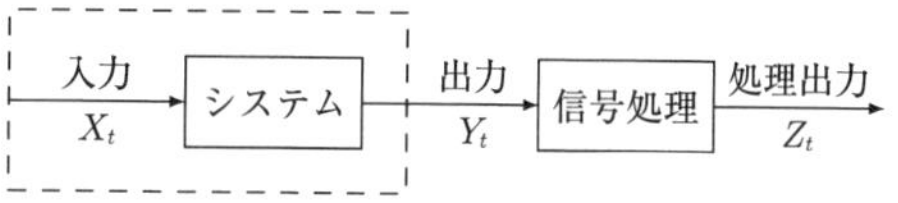

図 1　信号処理とブラインド信号処理

システムが伝達関数 $H[z]$ の線形システムであれば

$$Y_t = H[z]X_t \tag{1}$$

となる．

$H[z]$ が既知でその逆関数が存在すれば，観測信号 Y_t より入力信号 X_t が求まる．また，入力信号 X_t が既知であれば，入力信号 X_t と観測信号 Y_t より $H[z]$ を求めることができる．

上のように，通常の信号処理は，入力信号あるいはシステムの少なくともいずれかを既知とし，それらの情報を用いて処理を行う．一方，図 1 の点線の内部，つまりシステムと入力信号が未知のとき，かぎられた先見情報からシステムの出力信号を処理することをブラインド信号処理という．

ブラインド信号処理は，音声処理，画像処理，通信システム，医療などに利用されている．ここでは，主に通信システムを例にとり，いくつかのブラインド信号処理について述べる．

a.　等化とブラインド等化

1 入力 1 出力動的システムを考える．出力信号から入力信号を復元することを等化 (equalization) という．システムが線形であれば，線形システムの出力は線形システムと入力のたたみ込みであるので，等化を逆たたみ込み (deconvolution) ともいう．また，ノイズがなければ，等化は受信信号から逆システムを作成する

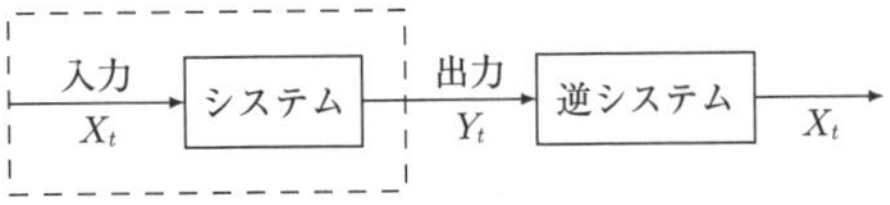

図 2 等化 (逆たたみ込み) とブラインド等化 (逆たたみ込み)

問題となる (図 2).

システムが線形であっても，その因果的な逆システムが存在するとはかぎらない．そこで，理論的には非因果的な逆システムを許容する．また，逆システムが無限の係数をもつこともあるため，逆システムの係数は無限であっても理論上許容する．実際には，非因果的な逆システムを FIR フィルタで近似し観測信号を処理する．ただし，このとき，誤差や遅延が発生する．

通信システムにおいて，受信信号 Y_t から送信信号 X_t を復元，つまり等化することを考える．ただし，X_t と Y_t 間のシステムは線形システムとし，その伝達関数を $H[z]$ とする．なお，一般のシステムでは，入力信号 X_t を源信号と呼ぶことがある．

通常，受信機が既知であるトレーニング信号を送り，システムを推定したあと，その推定値を用いて等化器 $G[z]$ を構成し等化を行う．一方，トレーニング信号を使用せず，送信信号の既知の性質を用いて等化を行うことをブラインド等化という (図 3).

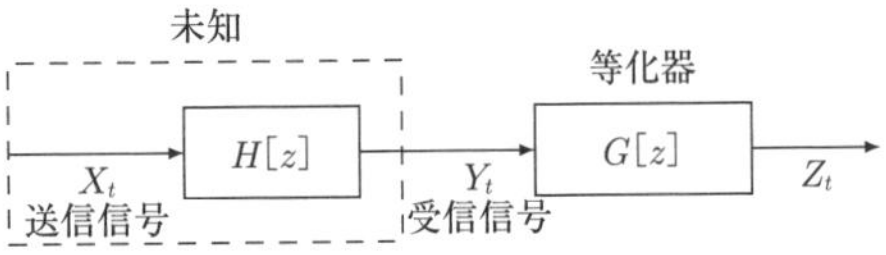

図 3 通信システムにおけるブラインド等化

送信信号 X_t，受信信号 Y_t は平均 0 の 2 次定常過程とする．さらに，X_t は独立同分布 (i.i.d.) であり，したがって白色過程であるとする．X_t が白色過程なので，システムの逆システムはシステムの出力を白色化することになる．

X_t の分散を σ_X^2 とすると，システムの出力のパワースペクトル密度は

$$S_Y(\omega) = |H[e^{j\omega}]|^2 \sigma_X^2$$

と書ける．

σ_X^2 は既知とする．$S_Y(\omega)$ が 4.1 節の式 (4) を満たし $H[z]$ が最小位相関数であれば，$S_Y(\omega)$ をスペクトル分解し，最小位相関数を求めると $c^*H[z]$ が求まる．ただし，c^* は $|c|^2 = 1$ を満たす未知の定数とする．このようにシステムの出力だけでは $c^* = e^{j\theta}$ の位相 θ は求まらない．

$H[z]$ が最小位相関数であれば，$c^*H[z]$ の逆システム $(c^*H[z])^{-1}$ も安定となるので

$$(c^*H[z])^{-1} Y_t = cH[z]^{-1}H[z]X_t = cX_t$$

となる．

$Y_t = X_t$ であれば，$S_Y(\omega) = \sigma_X^2$ である．一方，$H[z]$ が単位時間の遅延，つまり $Y_t = X_{t-1}$ の場合も $H[z] = z^{-1}$ から $S_Y(\omega) = \sigma_X^2$ となる (なお，$H[z] = z^{-1}$ は非最小位相関数である)．この例のように，システムの出力だけで遅延時間を求めることはできない．

そこで，システムの出力から，$|c|^2 = 1$ を満たす未知の定数と未知の遅延時間 D まで入力が復元できるとき，つまり

$$G[z]Y_t = cX_{t-D}$$

とできるとき，**ブラインド等化可能**という．なお，必要に応じて，未知定数 c と遅延時間 D はなんらかの方法で求めることになる．

上で述べたスペクトル分解によるブラインド等化は，パワースペクトル密度が最小位相関数で一意に分解できることを利用している．$H[z]$ が非最小位相関数のとき，同じパワースペクトル密度をもつ他の伝達関数が存在するため，スペクトル分解によるブラインド等化はできない．

以上より，(パワースペクトル密度と相関関数は同じ情報をもっているので) 1 入力 1 出力線形システムは 2 次までの統計量でブラインド等化できないことがわかる．

また，X_t がガウス過程であれば Y_t もガウス過程となり，ガウス過程の統計量は 2 次までの統計量で決まるため，入力が白色ガウス過程の 1 入力 1 出力線形システムのブラインド等化は不可能である．

しかし，X_t が非ガウス性白色過程であれば，1 入力 1 出力線形システムのブラインド等化が可能となる．

非ガウス性白色過程のブラインド等化は

1. ブスガングアルゴリズムによるブラインド等化
2. 高次統計量によるブラインド等化

3. 情報理論に基づくブラインド等化

に大別できる．

1) ブスガングアルゴリズム

図 4 にブスガング (Bussgang) アルゴリズムの概要を示している．ここで，Y_t は観測値，Z_t は時刻 t における等化器 $G_t[z]$ の出力，$f(\bullet)$ は 1 変数のある非線形関数とする．

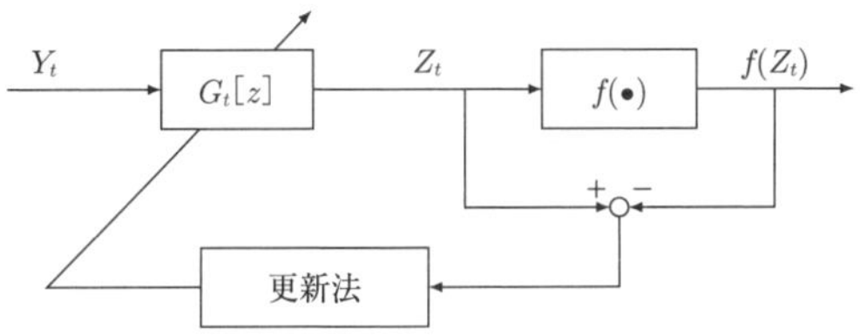

図 4 ブスガングアルゴリズム

ブスガングアルゴリズムは，ある非線形関数 $f(\bullet)$ に対し評価規範

$$E\{|Z_t - f(Z_t)|^2\}$$

を最小にするよう等化器 $G_t[z]$ の係数の更新法を決め，観測値 Y_t が入力されるごとに適応的に $G_t[z]$ を更新する．

ゴダール (Godard) は $p \geq 2$ の整数値 p に対し

$$\gamma(p) = \frac{E\{|X_t|^{2p}\}}{E\{|X_t|^p\}} \qquad (2)$$

を定義し，評価規範

$$E\{(|Z_t|^p - \gamma(p))^2\} \qquad (3)$$

のある極小値において，ブラインド等化できることを示した．

式 (2) と式 (3) において，$p = 2$ とするとき，**定係数** (constant modulus : CM) **アルゴリズム**と呼ぶ．定係数アルゴリズムは，ある条件のもとで，評価規範の極小値においてかならずブラインド等化が達成されることが示されている．

$f(Z_t) = Z_t + |Z_t|^p - \gamma(p)$ とおけば，ゴダールの評価規範とブスガングの評価規範が一致する．このようにこれまで提案されてきたいくつかのブラインド等化法は，ブスガングアルゴリズムで実装できる．

ブスガングアルゴリズムによるブラインド等化は，収束が遅いため大量の観測値を必要とするが，更新アルゴリズムが単純なため単位時間当たりの計算量は少ない．

2) 高次統計量によるブラインド等化

先に述べたように，特別な場合を除き，2 次までの統計量で 1 入力 1 出力線形システムをブラインド等化することはできない．ブスガングアルゴリズムによるブラインド等化は，(たとえ明示されていなくても) なんらかの形で 3 次以上の高次統計量を利用している．

非ガウス性白色過程の高次統計量は，ある特徴をもっている．そこで，等化器の出力が源信号の特徴をもつように等化器を構成する方法が考えられる．

X_t の 4 次の統計量である 4 次キュムラント (cumulant) は

$$C_X(\tau_1, \tau_2, \tau_3) = E\{X_t X^*_{t+\tau_1} X_{t+\tau_2} X^*_{t+\tau_3}\}$$

で定義される．X_t が非ガウス性白色過程であると

$$C_X(\tau_1, \tau_2, \tau_3) = \delta_{\tau_1} \delta_{\tau_2} \delta_{\tau_3} \gamma \qquad (4)$$

となる．なお，白色ガウス過程であると $\gamma = 0$ となる．

一方，システムの出力は，式 (1) と式 (4) より

$$C_Y(\tau_1, \tau_2, \tau_3) = \sum_{l=0}^{\infty} h_l h^*_{l+\tau_1} h_{l+\tau_2} h^*_{l+\tau_3} \gamma \qquad (5)$$

と書ける．

一般に，線形システムの出力のみから線形システムを，未知定数 c^* と遅延時間 D まで同定すること，つまり $c^* H[z] z^{-D}$ を求めることをブラインド同定と呼ぶ．

式 (5) において $\gamma \neq 0$ であれば，ブラインド同定可能であり，同定したシステムの逆システムを構成することでブラインド等化可能となる．また，等化器の出力の 4 次統計量が

$$C_Z(\tau_1, \tau_2, \tau_3) = \delta_{\tau_1} \delta_{\tau_2} \delta_{\tau_3} \widetilde{\gamma}$$

となるよう等化器を構成すれば，直接ブラインド等化できる．

高次統計量によるブラインド等化法の多くは，ブラインド等化可能性が示されている．しかし，実際には推定した高次統計量を用いなければならないため，大量の観測値が必要であり計算量も多くなる．

3) 情報理論に基づくブラインド等化

非ガウス性白色過程を構成する各確率変数は独立であるので，等化器の出力が独立となるよう等化器を構成する方法も考えられる．確率過程の独立性を評価するため，情報理論に基づく評価規範が利用できる．説明を簡単にするため，ここでは確率変数は確率密度関数をもつものとする．

確率ベクトル $X = [X_0, X_1, \cdots, X_t]$ の確率密度関数を，$x = [x_0, x_1, \cdots, x_t]$ を用いて $p_X(x)$ と表記する．このとき

$$H(X) = -\int_{\mathbb{X}} p_X(x) \log p_X(x) \mathrm{d}x$$

を X のエントロピーという．ただし，積分範囲は x の定義域 $\mathbb{X}$ とする．

エントロピーは，各要素が独立なとき最大になる．したがって，等化器の出力のエントロピーが最大となるよう等化器の係数を決めれば，ブラインド等化できる．

$X = [X_0, \cdots, X_t]$ と $Z = [Z_0, \cdots, Z_t]$，二つの確率ベクトルの確率密度関数の差を評価する値にカルバック–ライブラー (Kullback–Leibler) 差

$$D_{\mathrm{KL}} = \int_{-\infty}^{\infty} p_X(x) \log \frac{p_X(x)}{p_Z(x)} \mathrm{d}x$$

がある．カルバック–ライブラー差は，$p_X(x) = p_Z(x)$ のときのみ 0 となる．

未知システムへの入力の確率密度関数

$$p_X(x) = p_{X_0}(x_0) \cdots p_{X_t}(x_t)$$

がわかっていれば，カルバック–ライブラー差が 0 となるよう等化器の係数を決めることでブラインド等化できる．なお，$\{p_{X_i}(x_i)\}_{i=0,\cdots,t}$ が未知の場合であっても，$\{p_{X_i}(x_i)\}_{i=0,\cdots,t}$ を適切にモデル化した確率密度関数で代用することでブラインド等化できることが知られている．

4) 2 次統計量によるブラインド等化

入力が白色ガウス過程の 1 入力 1 出力線形システムは，ブラインド等化できない．一方，1 入力多出力 (single input multiple output : SIMO) FIR (finite impulse response) 線形システムは，入力が白色ガウス過程であっても，ある条件のもとでブラインド等化可能となる．

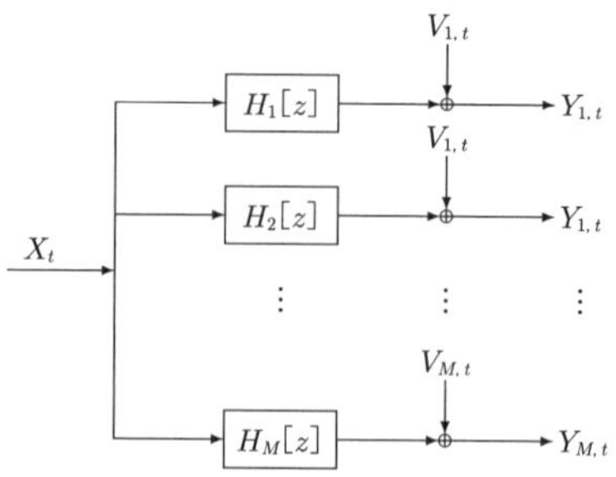

図 5 1 入力多出力 (マルチチャンネル) システム

図 5 において，一つの信号 X_t を M 個の受信機 (あるいはセンサー) で受信し，m 番目の受信機での受信信号を $Y_{m,t}$ とする．X_t と $Y_{m,t}$ 間は伝達関数が $H_m[z]$ の線形システムで表現できるとすると

$$Y_{m,t} = H_m[z]X_t + V_{m,t}$$

とモデル化できる．ただし，$\{V_{m,t}\}_{m=1,\cdots,M}$ は平均 0 分散 σ^2 の巡回白色ノイズであり，互いに無相関で，X_t と無相関とする．1 入力多出力システムはマルチチャンネルシステムとも呼ばれる．

単一の受信機であっても，ある操作をすることで 1 入力多出力システムに帰着できる場合がある．たとえば，シンボル時間 T_s のディジタル通信システムにおいて，シンボル時間の M 分の 1 の時間 T_s/M でサンプリングすることをオーバーサンプリングと呼び，オーバーサンプリングした信号を M 個ずつ並べると，1 入力多出力システムが得られる．

1 入力多出力システムの次数を L と仮定し

$$H[z] = [H_1[z], H_2[z], \cdots, H_M[z]]^\top = \sum_{l=0}^{L} h_l z^{-l}$$

と表記する．

1 入力多出力システムがブラインド等化可能である理由は，$h_0 \neq 0, h_L \neq 0$ で，$\{H_m[z]\}_{m=1,\cdots,M}$ が共通のゼロ点をもたなければ

$$G_1[z]H_1[z] + G_2[z]H_2[z] + \cdots + G_M[z]H_M[z] = 1$$

を満足する FIR フィルタ $\{G_m[z]\}_{m=1,\cdots,M}$ が存在することにある．

言い換えると $H[z]$ の出力を 1 変数の白色信号にできればブラインド等化できる．FIR フィルタ $\{G_m[z]\}_{m=1,\cdots,M}$ の求め方には線形予測を用いる方法

や部分空間法を用いる方法が提案されている．

b.　ブラインド信号分離と多入力多出力システムのブラインド等化

一つの部屋で $N(>1)$ 人の話者が同時に話をしているとする．同時に聞こえている N 人の話からそのうちの 1 人の話を取り出すことを，**カクテルパーティ問題**という．人間は (ある程度の人数までなら) 複数の話し声のなかからある 1 人の話を理解することができる．しかし，カクテルパーティ問題を計算機で解くためには少なくとも話者の人数以上の数のマイクからの情報が必要となる．

N 人の話者の音声を $\{X_{n,t}\}_{n=1,\cdots,N}$ とし，M 個のマイクでの受信信号を $\{Y_{m,t}\}_{m=1,\cdots,M}$ とする．ノイズがなければ，$X_t = [X_{1,t},\cdots,X_{N,t}]^\top$，$Y_t = [Y_{1,t},\cdots,Y_{M,t}]^\top$ とおくと，$M\times N$ 行列 H を用いて

$$Y_t = HX_t$$

と書けるとする．このとき，H を混合行列と呼ぶ．

H が既知で列フルランクであれば X_t の要素を分離することは容易である．一方，H が未知のとき Y_t から X_t を求めることを**ブラインド信号分離**と呼ぶ．カクテルパーティ問題は，ブラインド信号分離の一つの例といえる．

図 6 は，1 入力 1 出力動的システムを多入力多出力動的システムに一般化したブラインド等化を図示している．

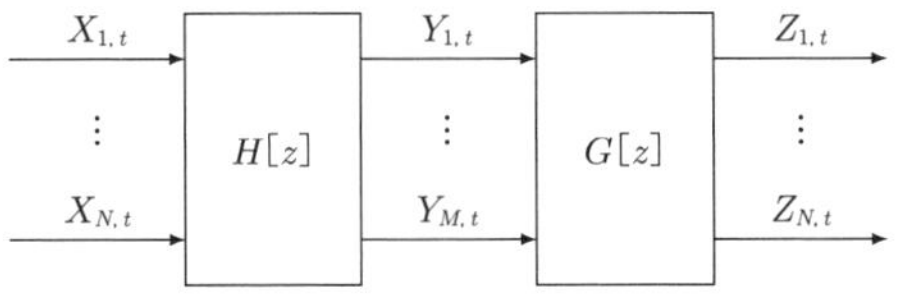

図 6　多入力多出力システムの等化

多入力多出力動的システムの場合，X_t の要素の順序までは復元することができないため，第 n 対角要素が z^{-D_n} の $N\times N$ 対角行列 $\Lambda[z]$，$N\times N$ 定数対角行列 C, $N\times N$ 置換行列 P により

$$G[z]Y_t = G[z]H[z]X_t = \Lambda[z]CPX_t$$

とできるときブラインド信号可能と定義する．なお，ブラインド信号分離は，多入力多出力静的システムのブラインド等化，つまり多入力多出力動的システムのブラインド等化の特別な場合と考えることもできる．

多入力多出力動的システムのブラインド等化は，1 入力 1 出力動的システムのブラインド等化の原理を応用することで可能となり，多くの方法が提案されている．

c.　独立成分分析との関係

平均 0 の 2 次定常確率ベクトル過程 $Y_t = [Y_{1,t},\cdots,Y_{M,t}]^\top$ を考える．

相関行列 $E\{Y_tY_t^{\mathcal{H}}\}$ を固有値分解し，相関行列に大きな影響を与える成分を解析することが主成分分析である．一方，Y_t から独立な成分を取り出すことが**独立成分分析** (independent component analysis) である．

ブラインド等化とブラインド信号分離は，観測値から源信号を復元することを目的としているのに対し，独立成分分析は独立な成分を抽出することを目的とする．しかし，ブラインド等化とブラインド信号分離において，もとの源信号が独立であれば，ブラインド等化とブラインド信号分離は独立成分分析に一致する．したがって，源信号が独立な場合のブラインド等化とブラインド信号分離の手法は独立成分分析に適用できる．

〔大 野 修 一〕

参 考 文 献

[1] A. Cichocki and S. Amari : Adaptive Blind Signal and Image Processing: Learning Algorithms and Applications, Wiley, 2002.

[2] G. B. Giannakis et al.: Signal Processing Advances in Wireless Communications: Trends in Channel Estimation and Equalization, Prentice-Hall, 2000.

5 無線信号処理

5.1 マルチチャンネル・アレイ信号処理

multichannel array signal processing

マルチチャンネル・アレイ信号処理とは，センサーアレイ，すなわち複数のセンサーを異なる空間位置に配置したものを用いて空間中を伝搬する波を観測し，そこで得られた信号を処理することで所望の情報を抽出するものである[1]．ここで波とは，たとえば電磁波や音波などのことであり，それぞれセンサーとしてアンテナやマイクロホンが使用される．

アレイ信号処理の最も基本的かつ重要なものに，波の到来方向 (direction-of-arrival：DOA) 推定がある．これは，時間領域の信号処理における「付加雑音に埋もれた複素正弦波の周波数推定」と本質的に等価な問題である[2]．以下ではこれらを比較することで，空間領域の信号処理，すなわちアレイ信号処理がどのようなものであるかについて説明する．

まず，時間領域の信号処理として，角周波数および複素振幅がそれぞれ $\omega_1, \cdots, \omega_L$ と $\alpha_1, \cdots, \alpha_L$ である L 個の複素正弦波からなる信号のサンプル

$$r(n) = \sum_{l=1}^{L} \alpha_l e^{j\omega_l n} + v(n), \quad n = 0, 1, \cdots, N-1 \quad (1)$$

を考える．ここで $v(n)$ は白色付加雑音であり，N $(N > L)$ はサンプル数である．$\omega_1, \cdots, \omega_L$ を確定的な未知のパラメータ，$\alpha_1, \cdots, \alpha_L$ をスカラー確率変数としたときに，$r(n)$ から $\omega_1, \cdots, \omega_L$ を推定する問題が先に述べた DOA 推定と等価な複素正弦波の周波数推定問題である．

次に，図 1 に示すような，N 個のセンサーを等間隔 d で直線上に配置したリニアセンサーアレイを用いた空間信号処理について考える．各センサーは無指向性であるとし，L $(L < N)$ 個のインコヒーレントな波源からの波がそれぞれ異なる方向 θ_l $(-\pi/2 \leq \theta_l \leq \pi/2,\ l = 1, \cdots, L)$ から到来している（図 1 では 1 波のみ示している）．ここで，各波源はセンサーアレイから遠方に存在するとし，すべての到来波は平面波であるものとする（平面波近似）．さらに，各到来波は狭帯域信号であり，同一の搬送波周波数 f_0 で特徴づけられるものとする．この仮定は，到来波がセンサーアレイ上を伝搬する間にその包絡線が大きく変化しないことを意味する．このとき，n 番目のセンサーと $n+1$ 番目のセンサーにおける l 番目の到来波の受信信号の相違は，（付加雑音を除き）行路差 $d \sin\theta_l$ に起因する位相差

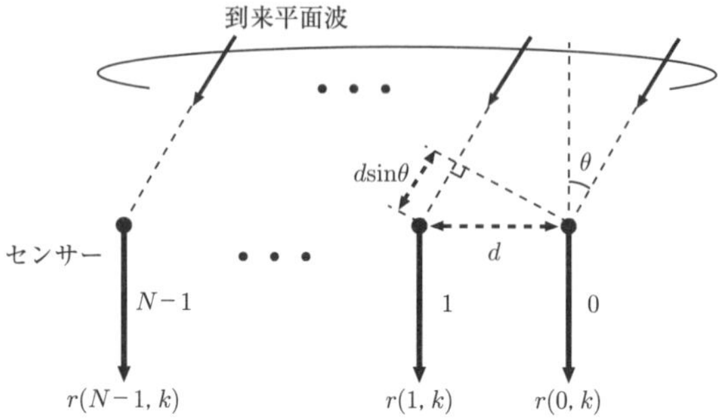

図 1 リニアセンサーアレイ

$$\phi_l = 2\pi \frac{d \sin\theta_l}{\lambda}$$

のみとなる．ここで，光速を c として $\lambda = c/f_0$ である．これより，n 番目のセンサーでの時刻 k における受信信号 $r(n, k)$ は

$$r(n, k) = \sum_{l=1}^{L} \alpha_l(k) e^{j\phi_l n} + v(n, k),$$
$$n = 0, 1, \cdots, N-1 \quad (2)$$

と表される．ただし，$\alpha_l(k)$ は l 番目の到来波の時刻 k における複素振幅であり，$v(n, k)$ は時間・空間的に白色な付加雑音である．

式 (1) と (2) を比較することで，時系列 $r(n)$，$n = 0, \cdots, N-1$ から周波数 ω_l を推定する問題と，空間軸の系列（スナップショットという）$r(n, k)$，$n = 0, \cdots, N-1$ から ϕ_l を推定する問題は本質的に同じであることがわかる．ϕ_l から到来角 θ_l を求めるために ϕ_l と θ_l が一対一対応である必要があるが，$-\pi/2 \leq \theta_l \leq \pi/2$ より ϕ_l は区間 $(-2\pi d/\lambda, 2\pi d/\lambda)$

内に存在することから，センサー間隔 d を $\lambda/2$ 以下に設定することで ϕ_l から θ_l をユニークに決定できる．このことは，時間軸での信号処理におけるサンプリング定理，すなわちサンプリング周期を T としたとき，サンプリング前のアナログ信号が $(-\pi/T, \pi/T)$ に帯域制限されていればもとの信号が復元できることに対応している．

次に DOA 推定アルゴリズムの具体例として，その特性が優れていることで知られる **MUSIC** (multiple signal classification) アルゴリズム[3] について説明する．式 (2) の信号モデルは，ステアリングベクトル $\boldsymbol{s}_l = [1 \;\; e^{j\phi_l} \;\; \cdots \;\; e^{j\phi_l(N-1)}]^\top$ を導入することで

$$
\begin{aligned}
\boldsymbol{r}(k) &= \sum_{l=1}^{L} \alpha_l(k)\boldsymbol{s}_l + \boldsymbol{v}(k) \\
&= \boldsymbol{S}\boldsymbol{\alpha}(k) + \boldsymbol{v}(k)
\end{aligned}
$$

と書ける．ただし，$\boldsymbol{r}(k) = [r(0,k) \;\cdots\; r(N-1,k)]^\top$，$\boldsymbol{v}(k) = [v(0,k) \;\cdots\; v(N-1,k)]^\top$，$\boldsymbol{S} = [\mathbf{s}_1 \;\cdots\; \mathbf{s}_L]$，$\boldsymbol{\alpha}(k) = [\alpha_1(k) \;\cdots\; \alpha_L(k)]^\top$ である．ここで，L 個の到来波は異なる到来角 θ_l をもつことから，$N \times L$ の行列 $\boldsymbol{S}$ はフル列ランク rank $\boldsymbol{S} = L$ となる．さらに，$\boldsymbol{v}(k)$ の相関行列が

$$
\boldsymbol{R}_v = E[\boldsymbol{v}(k)\boldsymbol{v}^{\mathrm{H}}(k)] = \sigma^2 \boldsymbol{I}_N
$$

であり ($\boldsymbol{I}_N$ は $N \times N$ の単位行列)，$\boldsymbol{\alpha}(k)$ の相関行列

$$
\boldsymbol{R}_\alpha = E[\boldsymbol{\alpha}(k)\boldsymbol{\alpha}^{\mathrm{H}}(k)]
$$

はフルランク，すなわち rank $\boldsymbol{R}_\alpha = L$ であると仮定すると，受信信号ベクトル $\boldsymbol{r}(k)$ の相関行列は

$$
\begin{aligned}
\boldsymbol{R} &= E[\boldsymbol{r}(k)\boldsymbol{r}^{\mathrm{H}}(k)] \\
&= \boldsymbol{S}\boldsymbol{R}_\alpha \boldsymbol{S} + \sigma^2 \boldsymbol{I}_{\mathrm{N}}
\end{aligned}
$$

となる．$\boldsymbol{R}$ の N 個の固有値をその大きさにより $\lambda_0 \geq \lambda_1 \geq \cdots \geq \lambda_{N-1}$ とし，$\boldsymbol{S}\boldsymbol{R}_\alpha\boldsymbol{S}^{\mathrm{H}}$ の N 個の固有値を同様に $\nu_0 \geq \nu_1 \geq \cdots \geq \nu_{N-1}$ とする．$\boldsymbol{R}$ はエルミート行列なので N 個の互いに直交する固有ベクトルをもち，固有値 λ_n に対応する正規化固有ベクトルを q_n とすると

$$
\begin{aligned}
\lambda_n \boldsymbol{q}_n &= \boldsymbol{R}\boldsymbol{q}_n \\
&= (\boldsymbol{S}\boldsymbol{R}_\alpha\boldsymbol{S}^H + \sigma^2 \boldsymbol{I})\boldsymbol{q}_n \\
&= (\nu_n + \sigma^2)\boldsymbol{q}_n
\end{aligned}
$$

となり，よって λ_n と ν_n の間には

$$
\lambda_n = \nu_n + \sigma^2, \quad n = 0, 1, \cdots, N-1 \tag{3}
$$

なる関係がある．行列 $\boldsymbol{S}$ は rank $\boldsymbol{S} = L$ であることから，$\boldsymbol{S}\boldsymbol{R}_\alpha\boldsymbol{S}^{\mathrm{H}}$ の固有値の小さいほうから数えて，$N-L$ 個はすべてその値が 0 となる．よって，式 (3) はさらに

$$
\lambda_n = \begin{cases} \nu_n + \sigma^2, & n = 0, \cdots, L-1 \\ \sigma^2, & n = L, \cdots, N-1 \end{cases} \tag{4}
$$

となる．実際，rank $\boldsymbol{S}^{\mathrm{H}} = L$ より，$\boldsymbol{S}^{\mathrm{H}}$ のカーネル空間 $\mathcal{N}(\boldsymbol{S}^{\mathrm{H}})$ の次元は $N-L$ であり，$\boldsymbol{z} \in \mathcal{N}(\boldsymbol{S}^{\mathrm{H}})$ に対しては $\boldsymbol{R}\boldsymbol{z} = \sigma^2 \boldsymbol{z}$ となる．すなわち，$\boldsymbol{z}$ は固有値 σ^2 に対応する固有ベクトルであり，このカーネル空間の次元は $N-L$ なので，式 (4) のように重複度は $N-L$ である．よって，$\boldsymbol{q}_L, \cdots, \boldsymbol{q}_{N-1}$ は $\mathcal{N}(\boldsymbol{S}^{\mathrm{H}})$ の基底であり，

$$
\boldsymbol{q}_n^{\mathrm{H}} \boldsymbol{S} = \boldsymbol{0}, \quad n = L, \cdots, N-1 \tag{5}
$$

となる．ここで，$\boldsymbol{Q}_{\mathrm{S}} = [\boldsymbol{q}_0, \cdots, \boldsymbol{q}_{L-1}]$，$\boldsymbol{Q}_{\mathrm{N}} = [\boldsymbol{q}_L, \cdots, \boldsymbol{q}_{N-1}]$ と定義し，固有ベクトル $\boldsymbol{q}_0, \cdots, \boldsymbol{q}_{L-1}$ の張る空間を $\mathcal{R}(\boldsymbol{Q}_{\mathrm{S}})$，$\boldsymbol{q}_L, \cdots, \boldsymbol{q}_{N-1}$ 張る空間を $\mathcal{R}(\boldsymbol{Q}_{\mathrm{N}})$ とすると，$\mathcal{R}(\boldsymbol{Q}_{\mathrm{S}})$ は信号部分空間，$\mathcal{R}(\boldsymbol{Q}_{\mathrm{N}})$ は雑音部分空間と呼ばれる[4]．これは，式 (5) より $\mathcal{R}(\boldsymbol{Q}_{\mathrm{N}}) = \mathcal{N}(\boldsymbol{S}^{\mathrm{H}})$ であり，また $\boldsymbol{q}_0, \cdots, \boldsymbol{q}_{N-1}$ は正規直交基底であることから $\mathcal{R}(\boldsymbol{Q}_{\mathrm{S}}) = \mathcal{R}(\boldsymbol{Q}_{\mathrm{N}})^\perp$ であるが ($^\perp$ は直交補空間を表す)，一般に $\mathcal{R}(\boldsymbol{S}) = \mathcal{N}(\boldsymbol{S}^{\mathrm{H}})^\perp$ であることから，$\mathcal{R}(\boldsymbol{Q}_{\mathrm{S}}) = \mathcal{R}(\boldsymbol{S})$ および $\mathcal{R}(\boldsymbol{Q}_{\mathrm{N}}) = \mathcal{R}(\boldsymbol{S})^\perp$ が成立するからである．

MUSIC アルゴリズムは，信号の到来角により決定されるステアリングベクトルと，相関行列の最小の固有値に対応した固有ベクトルが直交するという性質 ($\mathcal{R}(\boldsymbol{Q}_{\mathrm{N}}) = \mathcal{R}(\boldsymbol{S})^\perp$) を利用した DOA 推定アルゴリズムである．具体的には，相関行列の最小固有値に対応する固有ベクトルを用いて

$$
S_{\mathrm{MUSIC}}(\phi) = \frac{1}{\displaystyle\sum_{n=L}^{N-1} |\boldsymbol{s}^{\mathrm{H}}(\phi)\boldsymbol{q}_n|^2},
$$

$$
\boldsymbol{s}(\phi) = \begin{bmatrix} 1 \\ e^{j\phi} \\ \vdots \\ e^{j\phi(N-1)} \end{bmatrix} \tag{6}
$$

で定義される MUSIC スペクトルを計算する．式 (6) で ϕ を変化させると，到来波の到来角 θ_l に対応した空間周波数のところで分母が 0 となり，そのグラフに鋭いピークができるため，これにより信号の到来角を推定することが可能となる．

以上まとめると，以下のようになる．

1. アレーアンテナでの受信信号の相関行列 $\boldsymbol{R}$ を求める（実際には標本相関行列を用いる）．
2. 相関行列 $\boldsymbol{R}$ の最小固有値（σ^2）に対応する固有ベクトル $\boldsymbol{q}_L, \cdots, \boldsymbol{q}_{N-1}$ を求める．
3. MUSIC スペクトル (5) を ϕ を変化させながら計算し，スペクトルのピークの位置から到来角を推定する．

〔林　和則〕

参 考 文 献

[1] D. H. Johnson and D. E. Dudgeon : Array Signal Processing: Concept and Techniques, Prentice-Hall, 1993.

[2] S. Haykin : Adaptive Filter Theory, 2nd ed., Prentice-Hall, 1991.

[3] R. O. Schmidt : Multiple emitter location and signal parameter estimation. *IEEE Trans. Antenna Propagation*, **AP-34**(3): 276–280, 1986.

[4] 酒井英昭：主成分分析と独立成分分析．システム/制御/情報，**43**(4): 188–195，1999.

5.2 通信のための信号処理 (OFDM)

signal processing for communications systems (OFDM)

現代の無線通信システムでは，送受信機におけるほとんどの処理がディジタル信号処理によって行われている．なかでも，現在さまざまな標準において採用されている **OFDM** (orthogonal frequency division multiplexing)[1, 2] は，ディジタル信号処理の一つの柱である**高速フーリエ変換** (fast Fourier transform：FFT) を直接的に利用した通信方式であり，信号処理の分野でよく知られた周波数領域で線形畳み込み演算を高速に計算するアルゴリズムである重畳加算法 (overlap-add) や重畳保留法 (overlap-save)[3] によく似たアイデアが，通信路での信号歪みの補償のために用いられている．ここでは，OFDM 方式の基本的なアイデアについて述べることで，通信システムで利用される代表的な信号処理技術について説明する．

OFDM 方式はブロック伝送方式の一種であり，複数のシンボルから構成される信号ブロックを送信し，受信側ではこのブロックごとに通信路での信号歪み補償や信号検出の処理が行われる．送信信号のブロック長を Q とし，n 番目の送信信号ブロックを $\overline{\boldsymbol{s}}(n) = [\overline{s}_0(n), \cdots, \overline{s}_{Q-1}(n)]^\top$ とすると，周波数選択性通信路の影響は線形畳み込みでモデル化できることから，これに対応する受信信号ブロック $\overline{\boldsymbol{r}}(n) = [\overline{r}_0(n), \cdots, \overline{r}_{Q-1}(n)]^\top$ は

$$\overline{\boldsymbol{r}}(n) = \boldsymbol{H}_1 \overline{\boldsymbol{s}}(n-1) + \boldsymbol{H}_0 \overline{\boldsymbol{s}}(n)$$

と書ける (以下，簡単のため熱雑音の影響は無視する)．ただし，

$$\boldsymbol{H}_1 = \begin{bmatrix} 0 & \ldots & h_L & \ldots & h_1 \\ \vdots & & \ddots & \ddots & \vdots \\ \vdots & & & \ddots & h_L \\ \vdots & & & & \vdots \\ 0 & \ldots & \ldots & \ldots & 0 \end{bmatrix}$$

$$\boldsymbol{H}_0 = \begin{bmatrix} h_0 & & & \\ \vdots & h_0 & & \mathbf{0} \\ h_L & & \ddots & \\ & \ddots & & \ddots \\ \mathbf{0} & & h_L & \dots & h_0 \end{bmatrix}$$

であり，$\{h_0, \cdots, h_L\}$ は通信路のインパルス応答である．右辺第 1 項は $(n-1)$ 番目の送信ブロックからのブロック間干渉 (inter-block interference：IBI) の成分を表している．また，右辺第 2 項は n 番目のブロックの信号のみから構成されるが，行列 $\boldsymbol{H}_0$ によってブロック内でのシンボル間干渉 (inter-symbol interference：ISI) が生じている．ブロック伝送ではガード区間と呼ばれる時間を挿入することで IBI の成分を完全に除去し，これにより各ブロックごとに独立に ISI の補償，すなわち等化を行うことが可能となる．

OFDM 方式では，ブロック間干渉を除去するために受信信号ブロック $\overline{\boldsymbol{r}}(n)$ に次のような行列を左から乗算する．

$$\boldsymbol{R}_{\rm cp} = \begin{bmatrix} \mathbf{0}_{(Q-K)\times K} & \boldsymbol{I}_{Q-K} \end{bmatrix}, \quad (K \geq L)$$

ただし，$\mathbf{0}_{A\times B}$ は $A \times B$ の零行列を $\boldsymbol{I}_A$ は $A \times A$ の単位行列をそれぞれ表す．これにより，$\boldsymbol{R}_{\rm cp}\boldsymbol{H}_1$ が常に零行列となるため，

$$\begin{aligned} \widetilde{\boldsymbol{r}}(n) &= \boldsymbol{R}_{\rm cp}\overline{\boldsymbol{r}}(n) \\ &= \boldsymbol{R}_{\rm cp}\boldsymbol{H}_0\overline{\boldsymbol{s}}(n) \end{aligned} \qquad (1)$$

にはブロック間干渉の成分が含まれないことがわかる．行列 $\boldsymbol{R}_{\rm cp}$ は，長さ Q のベクトル $\overline{\boldsymbol{r}}(n)$ の先頭の K 個の成分を削除して，長さ $Q-K$ のベクトル $\widetilde{\boldsymbol{r}}(n)$ を生成する処理を表している．このため，$\overline{\boldsymbol{s}}(n)$ が Q 個の独立な信号からなる場合，これを $\widetilde{\boldsymbol{r}}(n)$ から求めることはできない．そこで $\overline{\boldsymbol{s}}(n)$ は $M(=Q-K)$ 個の情報信号からなるベクトル $\widetilde{\boldsymbol{s}}(n)$ に $(M+K)\times M$ の行列 $\boldsymbol{T}_{\rm cp}$ によって K 個の冗長（ガード区間）をつけたもの，すなわち $\overline{\boldsymbol{s}}(n) = \boldsymbol{T}_{\rm cp}\widetilde{\boldsymbol{s}}(n)$ とすると式 (1) は

$$\widetilde{\boldsymbol{r}}(n) = \boldsymbol{R}_{\rm cp}\boldsymbol{H}_0\boldsymbol{T}_{\rm cp}\widetilde{\boldsymbol{s}}(n) \qquad (2)$$

となる．行列 $\boldsymbol{R}_{\rm cp}\boldsymbol{H}_0\boldsymbol{T}_{\rm cp}$ は $M \times M$ の行列であり，$\boldsymbol{R}_{\rm cp}\boldsymbol{H}_0\boldsymbol{T}_{\rm cp}$ が正則であれば，$\widetilde{\boldsymbol{r}}(n)$ から $\widetilde{\boldsymbol{s}}(n)$ を一意に決定することができる．

送信側で冗長を付加する行列 $\boldsymbol{T}_{\rm cp}$ としてさまざまなものが考えられるが，OFDM 方式では

$$\boldsymbol{T}_{\rm cp} = \begin{bmatrix} \mathbf{0}_{K\times(M-K)} & \boldsymbol{I}_K \\ \multicolumn{2}{c}{\boldsymbol{I}_M} \end{bmatrix}$$

が用いられる．これは $\boldsymbol{s}(n)$ の最後の K 個の成分をそのままの順序で先頭にコピーする操作を表しており，**サイクリックプレフィックス** (CP) と呼ばれる．このとき，$\boldsymbol{R}_{\rm cp}\boldsymbol{H}_0\boldsymbol{T}_{\rm cp}$ は次のような特別な構造をもつ行列となる[4]．

$$\boldsymbol{R}_{\rm cp}\boldsymbol{H}_0\boldsymbol{T}_{\rm cp} = \begin{bmatrix} h_0 & & & h_L & \dots & h_1 \\ \vdots & h_0 & & & \ddots & \vdots \\ h_L & & \ddots & \mathbf{0} & & h_L \\ & \ddots & & \ddots & & \\ & & \ddots & & \ddots & \\ \mathbf{0} & & & h_L & \dots & h_0 \end{bmatrix} \stackrel{\rm def}{=} \boldsymbol{C}_{\rm cp}$$

このような構造をもつ行列は**巡回行列** (circulant matrix) と呼ばれ，その成分によらず行列

$$D = \frac{1}{\sqrt{M}} \begin{bmatrix} 1 & 1 & \dots & 1 \\ 1 & e^{-j\frac{2\pi\times1\times1}{M}} & \dots & e^{-j\frac{2\pi\times1\times(M-1)}{M}} \\ \vdots & \vdots & & \vdots \\ 1 & e^{-j\frac{2\pi(M-1)\times1}{M}} & \dots & e^{-j\frac{2\pi(M-1)\times(M-1)}{M}} \end{bmatrix}$$

によって対角化が可能という非常に有用な性質をもっている[5]．ここで $M \times M$ の行列 $\boldsymbol{D}$ は M ポイントの離散フーリエ変換を表すユニタリ行列であり，**離散フーリエ変換** (discrete fourier transform：DFT) 行列と呼ばれる．また，**離散フーリエ逆変換** (inverse discrete fourier transform：IDFT) は $\boldsymbol{D}^{-1}(=\boldsymbol{D}^{\rm H})$ によって計算される．巡回行列の性質を用いると

$$\boldsymbol{C}_{\rm cp} = \boldsymbol{D}^{\rm H}\boldsymbol{\Lambda}\boldsymbol{D}$$

と書ける．ただし $\boldsymbol{\Lambda}$ は

$$\begin{bmatrix} \lambda_0 \\ \vdots \\ \lambda_{M-1} \end{bmatrix} = \boldsymbol{D} \begin{bmatrix} h_0 \\ \vdots \\ h_L \\ \mathbf{0}_{(M-L-1)\times 1} \end{bmatrix}$$

で定義される $\{\lambda_0, \cdots, \lambda_{M-1}\}$ を対角成分にもつ対角行列である．これより式 (2) は改めて

$$\widetilde{\boldsymbol{r}}(n) = \boldsymbol{D}^{\mathrm{H}} \boldsymbol{\Lambda} \boldsymbol{D} \widetilde{\boldsymbol{s}}(n)$$

と書くことができる．

OFDM 方式では送信すべきシンボルからなるブロック $\boldsymbol{s}(n)$ を離散フーリエ逆変換したものを，CP 付加前の送信ブロック $\widetilde{\boldsymbol{s}}(n)$ とする．つまり，$\widetilde{\boldsymbol{s}}(n) = \boldsymbol{D}^{\mathrm{H}} \boldsymbol{s}(n)$ である．さらに，CP 除去後の受信ブロック $\widetilde{\boldsymbol{r}}(n)$ を DFT したものを $\boldsymbol{r}(n)$ とすると

$$\begin{aligned}\boldsymbol{r}(n) &= \boldsymbol{D} \widetilde{\boldsymbol{r}}(n) \\ &= \boldsymbol{D}\boldsymbol{D}^{\mathrm{H}} \boldsymbol{\Lambda} \boldsymbol{D}\boldsymbol{D}^{\mathrm{H}} \boldsymbol{s}(n) \\ &= \boldsymbol{\Lambda} \boldsymbol{s}(n)\end{aligned}$$

となる．これは受信信号ブロック $\boldsymbol{r}(n)$ が，送信信号ブロック $\boldsymbol{s}(n)$ に単に対角行列 $\boldsymbol{\Lambda}$ を乗算したものであることを意味している．よって等化行列として $\{\gamma_0, \cdots, \gamma_{M-1}\}$ を対角成分にもつ対角行列 $\boldsymbol{\Gamma}$ を考えると，等化器出力の信号は

$$\widehat{\boldsymbol{s}}(n) = \boldsymbol{\Gamma} \boldsymbol{\Lambda} \boldsymbol{s}(n)$$

となり，($\boldsymbol{\Lambda}$ を正則と仮定して)$\boldsymbol{\Gamma} = \boldsymbol{\Lambda}^{-1}$ であれば $\widehat{\boldsymbol{s}}(n) = \boldsymbol{s}(n)$ となることがわかる．$\boldsymbol{\Lambda}$ は対角行列なので容易に逆行列を計算でき，

$$\gamma_i = \frac{1}{\lambda_i}, \quad i = 0, \cdots, M-1$$

である．以上が OFDM 方式の伝送方法の概要である．重要な点は，ガード区間の導入によって IBI を完全に除去し，さらにそのガード区間に CP を採用することで，テプリッツ行列で表現される通信路での歪みが巡回行列による歪みに変換される点である．また，送信側での IDFT および受信側での DFT の処理は FFT アルゴリズムによって低演算量で効率的に計算できることが，OFDM 方式を工学的に意味のある伝送方式にしていることにも注意されたい． 〔林　和則〕

参考文献

[1] J.M. Cioffi : Asymmetric Digital Subscriber Lines, The CRC Handbook of Communications, 1996.

[2] L. J. Cimini, Jr.: Analysis and simulation of a digital mobile channel using orthogonal frequency division multiplexing. *IEEE Trans. Commun.*, **COM-33**(7): 529–540, 1985.

[3] A. V. Oppenheim et al.: Discrete-time Signal Processing, Prentice-Hall, 1989.

[4] Z. Wang and G.B. Giannakis : Wireless multicarrier communications. *IEEE Signal Proc. Mag.*, **17**: 29–48, 2000.

[5] R. M. Gray : Toeplitz and Circulant Matrices: A review, Now Publishers Inc., 2006.

5.3 MIMO 通信信号処理

signal processing for MIMO communications systems

MIMO (multiple-input multiple-output) システムとは，一般に多入力多出力のシステムを意味するが，無線通信においては通常，送信機および受信機にそれぞれ複数のアンテナを装備し，これらを用いて無線通信を行うことにより，送受信機がそれぞれ 1 本のアンテナを用いる場合 (single-input single-output: SISO) に比べて，より高い通信速度や信頼性を達成する無線伝送システムを意味する．複数の送信アンテナや受信アンテナを用いた無線通信システムは，アンテナダイバーシチやスマートアンテナ，アダプティブアンテナアレイなどとして 1950 年代から研究されていたが，現在広く受け入れられている意味での MIMO 通信システムの研究は，ベル (Bell) 研究所の G. J. Forschini によって 1996 年に発表された **D-BLAST** (diagonal–Bell Labs layered space-time architecture)[1] に端を発する．ここではまず，D-BLAST を簡易化した **V-BLAST** (vertical-BLAST) について述べることで，MIMO 通信信号処理の基本的な原理の一つである空間多重 (spatial multiplexing) について説明する．

MIMO による空間多重の基本的なアイデアは，送信信号を複数のストリームと呼ばれる信号系列に分割し，これらのストリームを複数のアンテナを用いて並列に伝送することで通信速度の向上を図ることにある．特に V-BLAST では，複数の独立なストリームがそれぞれ異なるアンテナから送信される．送信アンテナが N 本の場合を考え，n 番目のストリームの (n 番目の送信アンテナから送信される) シンボルを x_n とすると，送信信号は N 次元ベクトル $\boldsymbol{x} = [x_1, \cdots, x_N]^\top$ で表される．受信アンテナ数を M とし，n 番目の送信アンテナから m 番目の受信アンテナまでのフラットフェージング通信路の複素ゲインを h_{mn} とすると，MIMO 通信路による送信信号への影響を表す通信路行列は

$$\boldsymbol{H} = \begin{bmatrix} h_{11} & \dots & h_{1N} \\ \vdots & & \vdots \\ h_{M1} & \dots & h_{MN} \end{bmatrix}$$

となる．このとき，m 番目の受信アンテナでの受信信号 r_m を m 番目の要素にもつ M 次元受信信号ベクトル $\boldsymbol{r} = [r_1, \cdots, r_M]^\top$ は

$$\boldsymbol{r} = \boldsymbol{H}\boldsymbol{x} + \boldsymbol{n}$$

で与えられる．ここで $\boldsymbol{n} = [n_1, \cdots, n_M]^\top$ は各受信アンテナでの受信信号に含まれる雑音からなる M 次元雑音ベクトルであり，各雑音は平均 0，分散 σ_n^2 の複素ガウス雑音とし，$\mathrm{E}[\boldsymbol{n}\boldsymbol{n}^{\mathrm{H}}] = \sigma_n^2 \boldsymbol{I}_M$ とする ($\mathrm{E}[\bullet]$ は集合平均，$\boldsymbol{I}_M$ は $M \times M$ の単位行列を表す)．MIMO 通信信号処理ではこのように通信路をフラットフェージングと仮定することが多いが，通信路が周波数選択性になるような高速通信環境においても OFDM (orthogonal frequency division multiplexing) のようなマルチキャリア変調方式を用いることで，各サブキャリアの通信路はフラットフェージング通信路でモデル化できることに注意されたい．

MIMO 通信システムでは一般に送信信号が通信路行列によって混合された形で受信されるため，受信側でこれらの信号を分離し，送信信号の推定値 $\widehat{\boldsymbol{x}}$ を得る信号処理が必要となる．平均誤り率 $\Pr(\widehat{\boldsymbol{x}} \neq \boldsymbol{x})$ を最小にする最適検出器は，最尤 (maximum likelihood: ML) 推定に基づく最適化問題

$$\widehat{\boldsymbol{x}} = \arg\min_{\boldsymbol{x}} ||\boldsymbol{r} - \boldsymbol{H}\boldsymbol{x}||^2$$

を解くことで実現されるが，これは一般に指数オーダーの計算量が必要となるためアンテナ数や変調多値数が大きい場合には実現が困難である．そこで V-BLAST では，次のようなヌリングとキャンセリングと呼ばれる 2 ステップの信号処理を繰り返す経験的なアプローチによって信号分離を行う．まず，ヌリングではストリームのうちの一つを選択し，それ以外のストリームの成分の影響を受信信号中から打ち消すことにより選択されたストリームの検出を行う．具体的には，1 番目のストリームが選択されたとし，ZF (zero-forcing) 基準が用いられたとすると (デコリレータとも呼ばれる，ほかには MMSE (minimum mean-square-error) 基準も用いられる)，ヌリングによる x_1 の推定値は受信信号ベクトル $\boldsymbol{r}$ に通信路行列 $\boldsymbol{H}$ の擬似逆行列 $\boldsymbol{H}^\dagger = (\boldsymbol{H}^{\mathrm{H}}\boldsymbol{H})^{-1}\boldsymbol{H}^{\mathrm{H}}$ を左から乗算し，その 1 番目の成分で与えられる．ここで，送信アンテナ数と受信ア

ンテナ数の間に $n \leq m$ なる関係が必要であることに注意する．こうして得られた x_1 の推定値を判定したものを $\bar{x}_1$ とすると，キャンセリングのステップでは受信信号から x_1 の成分を除去した信号が生成される．

$$\boldsymbol{r}_1 = \boldsymbol{r} - \boldsymbol{h}_1 \bar{x}_1$$

ここで，$\boldsymbol{h}_1$ は $\boldsymbol{H}$ の1番目の列ベクトルである．次に2番目のストリームを選択すると，$\boldsymbol{r}_1$ に対してヌリングを行うことで x_2 の判定値 $\bar{x}_2$ を得る．ただし，$\boldsymbol{r}_1$ に乗算する行列は，$\boldsymbol{H}$ から第1列目を除去した行列 $\boldsymbol{H}_1$ の擬似逆行列である．さらに，キャンセリングのステップ

$$\boldsymbol{r}_2 = \boldsymbol{r}_1 - \boldsymbol{h}_2 \bar{x}_2$$

によって，受信信号から x_1 および x_2 の成分を除去した信号 $\boldsymbol{r}_2$ を得る．同様にヌリングとキャンセリングを繰り返すことにより，すべてのストリームの判定値を得る．以上がV-BLASTによる空間多重伝送の概要である．

V-BLASTの説明の最後に，検出を行うストリームの順番についてふれておく．ヌリングとキャンセリングを繰り返すアルゴリズムでは，誤り伝播が問題となる．すなわち，もし x_1 が誤って判定された場合，それ以降の $x_2, x_3, \cdots$ のすべての推定に悪影響を与えてしまう．V-BLASTでは誤り伝播の影響を小さくするために，最も受信信号電力の大きいストリームから順にヌリングとキャンセリングを行っていく手法が採用されている．

マルチアンテナを用いた空間多重では，信号検出の際に誤りが発生しないとすればSISOシステムに比べて送信アンテナ本数倍の伝送速度を達成することが期待されるが，一方でMIMO空間多重では同時に送信される複数のストリームは互いに干渉として影響を及ぼしあうため，複数のアンテナから信号を送信することがSISOシステムに比べて優れた方策であるかどうかは自明ではない．この問題に対しては，G. J. Foschini, E. Teletarらの情報理論に基づく評価[2, 3]によって，「MIMOシステムの導入が通信路容量（誤りなく信号伝送可能な通信速度の限界値）を増加させる」というMIMOシステムに対するポジティブな答えが与えられている．

送受信アンテナが1本のSISOシステムの送信シンボルを x，フラットフェージング通信路の複素通信路ゲインを h，平均0，分散 $\sigma_n^2 = 1$ の付加雑音を n とすると達成可能な伝送速度すなわち通信路容量は

$$C_{\rm siso} = \log_2\left(1 + \frac{\sigma_s^2}{\sigma_n^2}|h|^2\right) \quad \text{bit/sec/Hz}$$

となる．ここで，$\sigma_s^2|h|^2/\sigma_n^2$ は受信**SNR** (signal-to-noise ratio) である．次に，送信アンテナが1本で受信アンテナが M 本の**SIMO** (single-input multiple-output) システムを考える．このとき，送信アンテナから m 番目の受信アンテナまでの複素通信路ゲインを h_m とすると，通信路容量は

$$C_{\rm simo} = \log_2\left(1 + \frac{\sigma_s^2}{\sigma_n^2}\sum_{m=1}^{M}|h_m|^2\right) \quad \text{bit/sec/Hz}$$

で与えられる．ここで受信アンテナの本数 M を増加させたとき，通信路容量はその対数でしか増加しないことに注意する．これに対し，送信アンテナ数 N, 受信アンテナ数 M のMIMOシステムではその通信路容量が

$$C_{\rm mimo} = \log_2\left[\det\left(\boldsymbol{I}_M + \frac{\sigma_s^2}{N\sigma_n^2}\boldsymbol{H}\boldsymbol{H}^{\rm H}\right)\right] \quad \text{bit/sec/Hz}$$

となる．ここで，総送信信号電力をSISOおよびSIMOシステムと同一にするため，各アンテナからの送信電力を σ_s^2/N としている．G. J. Foschini と E. Teletar はMIMOシステムの通信路容量 $C_{\rm mimo}$ が，$\min(M, N)$ に対して対数ではなく線形に増加することを示した（厳密には $\boldsymbol{H}\boldsymbol{H}^{\rm H}$ の固有値分布に依存する）．これは送受信アンテナ数を増やすことで通信路容量を増加できることを意味し，この研究成果がMIMOシステムが大きな注目を集めるきっかけとなった．

複数の送受信アンテナの採用によって得られた空間軸の自由度を，空間多重による通信速度の向上ではなく通信品質（受信SNR）の向上のために利用するMIMO信号処理技術として，**時空間符号化** (space-time codes) がある．時空間符号化の概念が導入されたのはS. M. Alamoutiによって提案された送信アンテナが2本の場合の**時空間ブロック符号** (space-time block codes: STBC)[4] が最初であり，その後より多くの送信アンテナを用いる場合や畳み込み符号化を利用するもの[5]

などに拡張されている．ここでは最も基本的な時空間符号化法である S. M. Alamouti の方法について説明する．

送信アンテナ数は 2 とし，簡単のため受信アンテナ数は 1 とする．いま，二つの送信シンボル x_1, x_2 を送信することを考える．Alamouti の方法では，2 シンボル時間を用いてこれら二つのシンボルを送信する．具体的には，最初のシンボル時間に送信アンテナ 1 から x_1 を，送信アンテナ 2 から x_2 をそれぞれ送信し，次のシンボル時間には送信アンテナ 1 から $-x_2^*$ を，送信アンテナ 2 から x_1^* を送信する．このとき受信信号はそれぞれ

$$r_1 = h_1 x_1 + h_2 x_2 + n_1$$
$$r_2 = -h_1 x_2^* + h_2 x_1^* + n_2$$

と書ける．ここで，h_1, h_2 は 1 番目および 2 番目の送信アンテナから受信アンテナまでの複素通信路ゲインであり，n_1, n_2 は平均 0，分散 σ_n^2 の複素白色ガウス雑音である．受信信号ベクトルを $\boldsymbol{r} = [r_1, r_2^*]^\top$，送信シンボルベクトルを $\boldsymbol{x} = [x_1, x_2]^\top$，雑音ベクトルを $\boldsymbol{n} = [n_1, n_2^*]^\top$ とすると受信信号は

$$\boldsymbol{r} = \boldsymbol{H}\boldsymbol{x} + \boldsymbol{n}$$

と書き直される．ここで，$\boldsymbol{H}$ は通信路行列

$$\boldsymbol{H} = \begin{bmatrix} h_1 & h_2 \\ h_2^* & -h_1^* \end{bmatrix}$$

であるが，空間多重の場合の通信路行列と異なり，列が空間軸，行が時間軸をそれぞれ表していることに注意する．最適 ML 検出器は

$$\widehat{\boldsymbol{x}} = \arg\max_{\boldsymbol{x}} ||\boldsymbol{r} - \boldsymbol{H}\boldsymbol{x}||^2$$

で与えられるが，通信路行列 $\boldsymbol{H}$ は通信路ゲインにかかわらず常に $\boldsymbol{H}^{\mathrm{H}}\boldsymbol{H} = \alpha \boldsymbol{I}_2$, $\alpha = |h_1|^2 + |h_2|^2$ であることから，受信信号ベクトルを

$$\widetilde{\boldsymbol{r}} = \boldsymbol{H}^{\mathrm{H}}\boldsymbol{r} = \alpha\boldsymbol{x} + \widetilde{\boldsymbol{n}}$$

と書き直すと ML 検出ルールは

$$\widehat{\boldsymbol{x}} = \arg\max_{\boldsymbol{x}} ||\widetilde{\boldsymbol{r}} - \alpha\boldsymbol{x}||^2$$

となる．ここで，$\boldsymbol{H}^{\mathrm{H}}$ の性質より $\widetilde{\boldsymbol{n}} = \boldsymbol{H}^{\mathrm{H}}\boldsymbol{n}$ の成分は独立であり，よってこの ML 検出はそれぞれ x_1, x_2 に対する個別の検出問題に分離される．このように Alamouti の方法は，送信機が通信路の情報を知る必要がなく，かつ受信機で ML 推定に基づく検出を線形の信号処理で実現可能という，特筆すべきダイバーシチ法である．

MIMO 通信信号処理技術は，以上述べた空間多重による通信速度向上を目指したものとダイバーシチによる通信品質の改善を目指したものに大別される．MIMO システムにおける空間多重とダイバーシチの利得の間にはトレードオフの関係があることが知られており (diversity-multiplexing tradeoff：DMT)，空間多重とダイバーシチの両方をできるかぎり高い水準で実現するような MIMO 通信方式の研究も行われている． 〔林　和則〕

参考文献

[1] G. J. Forschini : Layered space-time architecture for wireless communication in a fading environment when using multi-element antennas. *Bell. Labs. Tech. J.*, **1**(2): 41–59, 1996.

[2] G. J. Foschini and M.J. Gans : On limits of wireless communications in a fading environment when using multiple antennas. *Wireless Personal Commun.*, **6**(3): 311–335, 1998.

[3] E. Teletar : Capacity of multi-antenna Gaussian channels. *European Trans. Telecom.*, **10**(6): 585–595, 1999.

[4] S. M. Alamouti : A simple transmit diversity technique for wireless communications. *IEEE J. Select. Areas Commun.*, **16**(8): 1451–1458, 1998.

[5] V. Tarokh et al.: Space-time codes for high data rate wireless communication: performance criterion and code construction. *IEEE trans. Inform. Theory*, **44**(2): 744–765, 1998.

5.4 センサーネットワーク

sensor network

遠隔のセンサーで得られた情報を有線や無線の通信ネットワークを介して取得するシステム，すなわちテレメータ (telemeter) は，古くから工場のような比較的小規模かつ限定された応用において広く用いられてきた．自動車レースの F1 (formula one) において，車の各部にとりつけられたセンサーが検出したエンジン回転数，アクセル開度，ステアリング舵角，加速度などの情報を走行中の車からリアルタイムでピットに送信するシステムもテレメータの代表的な例である．広義にはこのようなシステムもセンサーネットワークの一種と考えられるが，センサー間で構築される自律分散的なネットワークを想定したセンサーネットワークの研究は，1980 年代初頭に軍事目的で始まった米国国防総省高等研究計画局 (Defense Advanced Research Projects Agency：DARPA) のプロジェクト (Distributed Sensor Networks Program) が最初とされている[1, 2]．1990 年代に入ると，無線通信技術の進歩や低消費電力の VLSI (very large scale integration) の出現に伴い，現在検討されているような「実際の物理環境に稠密に埋め込まれた非常に多くの低消費電力かつ低価格のセンサーデバイスが相互に情報をやり取りする無線ネットワーク」の実現が現実味を帯び始め，1990 年代後半には米国の大学や研究機関を中心とした民生用の研究が活発になった．UCLA (University of California, Los Angeles) の LWIM (Low-power Wireless Integrated Microsensors) プロジェクトは，大規模かつ高密度なセンシングを目指した最も初期の研究であり，主に低消費電力のデバイス開発にその焦点が当てられた．また，カリフォルニア大学バークレー校 (University of California, Berkeley：UC Berkeley) で開発された TinyOS と呼ばれるセンサーネットワーク専用のオープンソースの組み込み OS もこの時期のプロジェクトの成果としてよく知られており，この OS をベースにして，最も早くに市販されたセンサーネットワークプラットフォームである Crossbow 社の MICA MOTE が開発された．MICA MOTE の登場によって，容易にプログラム可能で，センシング，演算処理，無線通信のすべての機能を利用可能な無線センサーネットワークの実験用デバイスが比較的低価格で入手できるようになり，これが契機となって，2000 年代には無線センサーネットワークの研究が急速に活性化した．

現在の無線センサーネットワークの研究の源流は計算機科学の分野においてもたどることができる．1990 年代初頭に Mark Weiser によって未来のコンピュータの姿として提唱されたユビキタスコンピューティングでは，ユーザにはその存在がみえない数多くのコンピュータが環境の一部としてわれわれの身のまわりの実世界にシームレスに溶け込んでいて，これらが人間が気がつかないところで自律分散的に協調することで，ユーザがコンピュータの操作を意識することなくその機能を享受できるような，人とコンピュータの新しい関係が描かれている[3]．ユビキタスコンピューティングは，従来の仮想世界に閉じた計算機と異なり，現実の物理世界とのインタラクションをその特徴としているため，実世界から情報を取得するセンシングの技術が必要不可欠である[4]．すなわち，無線センサーネットワークは，実世界と計算機内の仮想世界との接点を提供する，ユビキタスコンピューティングを実現するための最も重要な要素技術の一つであると見なすこともできる．無線センサーネットワークの基本的なアプリケーションの一つにターゲットの位置推定があげられ，現在もさかんに研究が行われているが[5]，これは物理世界における物体の属性のうち，その空間位置が最も基本的かつ重要な情報であることを考えるとその理由が自然に理解される．

図 1　典型的なセンサーノードの構成要素

無線センサーネットワークはセンシング，信号処理，無線通信の三つの機能を有する小さなノードから構成される．典型的なセンサーノードデバイスの構成を図1に示す．各構成要素の特徴は以下の通りである．

マイクロプロセッサ (micro processor)　各ノードは低消費電力のマイクロプロセッサを装備しており，そのノード自身のセンサーで観測した信号だけでなく，他のノードから無線通信で伝えられた信号も処理するに用いられる．通常，コストおよび消費電力の観点から，非常にかぎられた演算処理能力のプロセッサであることが多い．現在，研究開発に用いられているデバイスの多くでは，8ビットで16 MHz程度のクロックの組込み用プロセッサが用いられている．また，さらなる低消費電力を実現するために，効率的なスリープモードや動的にプロセッサ電圧を制御するDVS (dynamic voltage scaling) などの機能も備えていることが望ましい．

メモリ (memory)　マイクロプロセッサによって実行されるプログラムを格納するプログラムメモリとセンサーによって観測されたデータや他のセンサーノードから受け取ったデータを格納するデータメモリが用意される．コストの制約から，その容量は限られていることが多い．

無線通信モジュール (radio module)　各ノードは低速 (10〜100 kbps) でかつ短距離 (<100 m) の無線通信デバイスを備えており，これによってノード間通信が可能である．無線センサーネットワークは自律分散的に動作する必要があるため，単に無線の信号を送受信するだけでなく相互の干渉を回避する機能が必要である．また，直接通信できる範囲外のノードとデータをやり取りするためには各ノードが中継器やルータとして機能することでマルチホップ転送を実現することも求められる．さらに，無線通信による消費電力がセンサーノードの構成要素のなかで最も大きいことが報告されており，効率のよいスリープモードの採用など消費電力低減のための機能も必要不可欠である．現在では無線センサーネットワークのための標準規格も存在しており，IEEE 802.15.4が規定する物理層，MAC層を採用し，より上位のネットワーク層やアプリケーション層までを含んだ無線通信規格であるZigBeeがよく知られている．また，UWB (ultra wide band) 方式を物理層の通信方式として用いる規格 (IEEE802.15.4a) も検討されている．

センサー (sensor)　実世界の情報を取得することが無線センサーネットワークの主眼であり，各ノードには実世界との接点となるセンサーが装備される．多くの場合，各ノードで複数の異なるセンサーを用いたマルチモーダルセンシングが行われる．使用されるセンサーの種類はアプリケーションに大きく依存し，たとえば，温度センサー，光センサー，湿度センサー，圧力センサー，加速度センサー，磁気センサー，低解像度のイメージセンサーなどが使用される．

電源 (power source)　さまざまな環境で柔軟にノードを配置する必要があることから，携帯電話に代表される移動体無線通信システムの端末などと同様に，通常バッテリーが電源として用いられる．しかしながら，携帯電話は定期的に充電して使用することが想定されているのに対して，無線センサーネットワークの各ノードは一度配置されるとそれらのバッテリーを回収することが困難な場合が多く，数カ月から数年，あるいは数十年という長期間にわたって電池の充電や交換なしに動作することが求められる．

このように，電力とコストに対する厳しい制約から，無線センサーネットワークの構成要素で利用可能なリソースは非常に限られている．このことが，従来の無線通信システムとは異なる，無線センサーネットワーク特有の新しい技術課題を生み出している．特に電力制限による影響は非常に大きく，送信電力や送信時間は当然のこと，パケット転送にかかわる演算量などプロトコルスタックのすべてのレイヤに影響する．実際，単位エネルギー当たりの通信路容量に関する研究や，消費電力を最小にする変調方式，通信路符号化に関する研究，電力制限があるときのランダムアクセス法やルーティング法の研究などが行われている．さらにアプリケーションレイヤにおいても，大規模なネットワークで観測した生のデータをすべて転送すると，非常に多くのトラヒックが発生し，これによる消費電力が大きな問題となるため，各ノードが自身の観測データや他のノードから受け取ったデータを処理する (in–network processing) 機能をもつことが必要不可欠である．また，これらのことから無線センサーネットワークでは，複数のレイヤにまたがったクロスレイヤの設計がより効果的かつ重要になることが理解できる．一方，電源に関しては，環境に存在する光や振動，音，熱，電磁波などから発電する技術 (energy scavenging や energy harvesting と呼ばれる) がさかんに研究されており，これらの環境発電技術によって得られるエネルギー以下の消費電力で動作するセンサーノードを実現できれば，無線センサーネットワークを長期にわたって動作させられることから大変注目されている．〔林　和則〕

参考文献

[1] B. Krishnamachari : Networking Wireless Sensors, Cambridge University Press, 2005.
[2] 阪田史郎：ユビキタス技術— センサーネットワーク，オーム社，2006.
[3] M. Weiser : The computer for the 21st Century. *Scientific American*, **265**: 78–89, 1991.
[4] 安藤　繁ほか：センサーネットワーク技術— ユビキタス情報環境の構築に向けて，東京電機大学出版局，2005.
[5] X. Y. Li : Wireless Ad Hoc and Sensor Networks, Theory and Applications, Cambridge University Press, 2008.

6 応用信号処理

6.1 多次元信号処理と画像処理

multi-dimensional signal processing and image processing

多次元信号，たとえば $x(i_1, i_2, \cdots, i_n)$ は，複数の独立変数（ここでは $i_1, i_2, \cdots, i_N$）によって値が決まる信号である．典型的な多次元信号として，位置 n_1, n_2 を変数とする画像信号 $p(n_1, n_2)$（2 次元信号）や位置と時間を変数 n_1, n_2, n_t とする動画像信号 $p(n_1, n_2, n_t)$（3 次元信号）などがある．多次元信号処理は，基本的に 1 次元信号処理の拡張と考えられるが，多次元特有の性質もある．以下では，画像を典型とする 2 次元信号を例として，多次元信号処理について解説する．

2 次元連続信号を $p_a(x, y)$ とする．いま，$x = n_1 T_x, y = n_2 T_y$ というサンプリングを考える．このとき，2 次元離散信号は $p(n_1, n_2) = p_a(n_1 T_x, n_2 T_y)$ と得られる．ここで，T_x, T_y をそれぞれ水平および垂直サンプリング間隔といい，その逆数を水平・垂直サンプリング周波数と呼ぶ．このようなサンプリングの方法を方形サンプリングという．2 次元信号のサンプリングには，このほかにも 6 角形の格子上でサンプリングする方法などもある．多次元信号の場合，1 次元信号と比べてサンプリングの自由度が高く，複雑な場合がある．最終的に $p(n_1, n_2)$ を量子化することで，2 次元ディジタル信号 $\widehat{p}(n_1, n_2)$ が得られる．以下では，2 次元離散信号を用いて説明を行う．

まず，$p(n_1, n_2)$ の周波数表現について考える．周波数表現は多次元信号処理においても重要である．特に画像は，低周波領域に大きな成分をもち，高周波成分は小さいなどの特徴が知られており，画像圧縮などに利用されている．**2 次元離散フーリエ変換** (two-dimensional discrete Fourier transform：2DDFT) は次式で定義される．

$$P(k_1, k_2) = \sum_{n_1=0}^{N_1-1} \sum_{n_2=0}^{N_2-1} p(n_1, n_2) W_{N_1}^{k_1 n_1} W_{N_2}^{k_2 n_2} \quad (1)$$

ここで，$k_1 = 0, 1, \cdots, N_1 - 1$，$k_2 = 0, 1, \cdots, N_2 - 1$，$W_{N_1} = \exp(-j(2\pi/N_1))$，$W_{N_2} = \exp(-j(2\pi/N_2))$．

さらに式 (1) を

$$P(k_1, k_2) = |P(k_1, k_2)| e^{j\theta(k_1, k_2)}$$

と書き換えることができる．このとき，$|P(k_1, k_2)|$ を振幅スペクトル，$\theta(k_1, k_2)$ を位相スペクトルと呼ぶ．1 次元信号では，振幅スペクトルに注目することが多いが，画像の場合，位相スペクトルが画像の特徴を表す重要な特徴であることに注意が必要である．一方，**2 次元逆離散フーリエ変換** (two-dimensional inverse discrete Fourier transform：2DIDFT) は，

$$p(n_1, n_2) = \frac{1}{N_1 N_2} \sum_{k_1=0}^{N_1-1} \sum_{k_2=0}^{N_2-1} P(k_1, k_2) W_{N_1}^{-k_1 n_1} W_{N_2}^{-k_2 n_2}$$

となる．

次に，2 次元システムの伝達関数 (transfer function) 表現を考えるために 2 次元 z 変換を定義する．信号 $p(n_1, n_2)$ に対する **2 次元 z 変換** (two-dimensional z transform) は

$$P(z_1, z_2) = \sum_{n_1=-\infty}^{\infty} \sum_{n_2=-\infty}^{\infty} p(n_1, n_2) {z_1}^{-n_1} {z_2}^{-n_2} \quad (2)$$

で与えられる．ここで，z_1, z_2 は複素変数である．**2 次元逆 z 変換** (two-dimensional inverse z transform) は，

$$p(n_1, n_2) = \frac{1}{(2\pi j)^2} \oint_{C_1} \oint_{C_2} P(z_1, z_2) {z_1}^{n_1-1} {z_2}^{n_2-1} \mathrm{d}z_1 \mathrm{d}z_2$$

となる．ここで，C_1, C_2 はそれぞれ z_1 および z_2 平面の原点を囲む適当な閉曲線である．1 次元の場合と同様に，DFT の結果と関連づけることができる．

いま，2 次元信号に対する信号処理システムとして **2 次元離散空間システム** (two-dimensional discrete spatial system) $\phi[\bullet]$ を考える．このとき，システムの入力を $p(n_1, n_2)$，出力を $y(n_1, n_2)$ とすれば，

$y(n_1, n_2) = \phi[p(n_1, n_2)]$ と表せる．さらに 1 次元の場合と同様に，このシステムに線形性 (linearity) とシフト不変性 (shift invariant) を仮定すれば，

$$y(n_1, n_2) = \sum_{m_1=-\infty}^{\infty} \sum_{m_2=-\infty}^{\infty} h(m_1, m_2) p(n_1 - m_1, n_2 - m_2) \tag{3}$$

と書き換えることができる．ここで，**2 次元インパルス信号** (two-dimensional impulse signal)

$$\delta(n_1, n_2) = \begin{cases} 1, & n_1 = n_2 = 0 \\ 0, & \text{その他} \end{cases}$$

を考え，これを式 (3) の入力とすれば，$y(n_1, n_2) = h(n_1, n_2)$ が得られる．すなわち，式 (3) の $h(m_1, m_2)$ はシステムのインパルス応答であり，システムの性質を決める．

式 (3) を式 (2) にしたがって，2 次元 z 変換を行えば，

$$Y(z_1, z_2) = H(z_1, z_2) P(z_1, z_2)$$

を得る．ここで，

$$Y(z_1, z_2) = \sum_{n_1=-\infty}^{\infty} \sum_{n_2=-\infty}^{\infty} y(n_1, n_2) {z_1}^{-n_1} {z_2}^{-n_2}$$

$$H(z_1, z_2) = \sum_{n_1=-\infty}^{\infty} \sum_{n_2=-\infty}^{\infty} h(n_1, n_2) {z_1}^{-n_1} {z_2}^{-n_2}$$

である．伝達関数は入力と出力の比で与えられるので，$H(z_1, z_2)$ が伝達関数となる．

さらに，2 次元離散空間システムを次の 2 次元多項式で表すとする．

$$y(n_1, n_2) = \sum_{m_1=0}^{M_1} \sum_{m_2=0}^{M_2} a(m_1, m_2) y(n_1 - m_1, n_2 - m_2) + \sum_{m_1=0}^{N_1} \sum_{m_2=0}^{N_2} b(m_1, m_2) p(n_1 - m_1, n_2 - m_2)$$

ただし，$a(0, 0) = 0$ とする．この式を 2 次元 z 変換し，システムの伝達関数を求めれば，

$$H(z_1, z_2) = \frac{\sum_{m_1=0}^{M_1} \sum_{m_2=0}^{M_2} b(m_1, m_2) {z_1}^{-m_1} {z_2}^{-m_2}}{1 - \sum_{m_1=0}^{N_1} \sum_{m_2=0}^{N_2} a(m_1, m_2) {z_1}^{-m_1} {z_2}^{-m_2}}$$

となる．これが 2 次元システムの一般的な伝達関数となる．特別な場合として，伝達関数が

$$H(z_1, z_2) = H_1(z_1) H_2(z_2)$$

のように表されるとき，**分離形** (separable form) であるという．このとき，インパルス応答も $h(n_1, n_2) = h_1(n_1) h_2(n_2)$ と書くことができる．分離形の伝達関数は 1 次元の伝達関数の積で表されるため，取扱いが容易であるが，かぎられた仕様しか表現することができない．この欠点を補うモデルとして，次の**分母分離形** (denominator sparable form) がある．

$$H(z_1, z_2) = \frac{N(z_1, z_2)}{D_1(z_1) D_2(z_2)}$$

このモデルは以下に述べる 2 次元特有の複雑な安定性の問題を回避することができ，仕様の表現に関する制約も少ない．

1 次元伝達関数の場合，極が複素平面の単位円内にあれば有界入力有界出力安定が保証されるが，2 次元の場合は 2 次元多項式の因数分解が困難であるため，極を用いた安定性の議論を行うことが難しい．また，極–零点相殺についても考慮することが難しい．そのため，2 次元伝達関数の安定性の議論は 1 次元と比べて容易ではないが，次のシャンクス (Shanks) の定理が知られている．

定理 1 2 次元フィルタ $H(z_1, z_2) = 1/D(z_1, z_2)$ が安定であるための必要十分条件は，$|z_1| \le 1$ かつ $|z_2| \le 1$ の任意の (z_1, z_2) に対して，$D(z_1, z_2) \ne 0$ となることである．

この定理を用いれば，複雑ではあるが安定性を示すことができる．

2 次元システムのもう一つの表現に状態空間表現がある．2 次元システムでよく知られた表現として，レッサー (Roesser) の**状態空間モデル** (state space model) がある．

$$\begin{bmatrix} \boldsymbol{x}^h(n_1+1, n_2) \\ \boldsymbol{x}^v(n_1, n_2+1) \end{bmatrix} = \begin{bmatrix} \boldsymbol{A}_{11} & \boldsymbol{A}_{12} \\ \boldsymbol{A}_{21} & \boldsymbol{A}_{22} \end{bmatrix} \begin{bmatrix} \boldsymbol{x}^h(n_1, n_2) \\ \boldsymbol{x}^v(n_1, n_2) \end{bmatrix} + \begin{bmatrix} \boldsymbol{b}_1 \\ \boldsymbol{b}_2 \end{bmatrix} u(n_1, n_2) \tag{4}$$

$$y(n_1,n_2)=\begin{bmatrix} \boldsymbol{c}_1 & \boldsymbol{c}_2 \end{bmatrix}\begin{bmatrix} \boldsymbol{x}^h(n_1,n_2) \\ \boldsymbol{x}^v(n_1,n_2) \end{bmatrix}+du(n_1,n_2) \tag{5}$$

ここで，$\boldsymbol{x}^h(n_1,n_2)$ と $\boldsymbol{x}^v(n_1,n_2)$ はそれぞれ $M_1\times 1$ 水平状態ベクトル (horizontal state space vector)，$M_2\times 1$ 垂直状態ベクトル (vertical state space vector) と呼ばれ，M_1，M_2 は各ベクトルのサイズを表し，フィルタの次数を示す．また，$u(n_1,n_2)$ はスカラー入力，$y(n_1,n_2)$ はスカラー出力を表す．$\boldsymbol{A}_{11},\boldsymbol{A}_{12},\boldsymbol{A}_{21},\boldsymbol{A}_{22},\boldsymbol{b}_1,\boldsymbol{b}_2,\boldsymbol{c}_1,\boldsymbol{c}_2$ は適当なサイズの行列，ベクトルである．この状態空間モデルでは，境界条件として $\boldsymbol{x}^h(0,n_2),\boldsymbol{x}^v(n_1,0),n_1\geq 0,n_2\geq 0$ の値が与えられたとき，入力 $u(n_1,n_2),n_1\geq 0,n_2\geq 0$ に対する出力が計算できることに注意が必要である．

境界条件を $\boldsymbol{x}^h(n_1,n_2)=\boldsymbol{0}$ と $\boldsymbol{x}^v(n_1,n_2)=\boldsymbol{0}$ として，式 (4),(5) を 2 次元 z 変換して伝達関数を求めれば，

$$\begin{aligned} &H(z_1,z_2)\\ &=\begin{bmatrix} \boldsymbol{c}_1 & \boldsymbol{c}_2 \end{bmatrix}\left[\begin{pmatrix} z_1\boldsymbol{I}_{M_1} & \boldsymbol{0} \\ \boldsymbol{0} & z_2\boldsymbol{I}_{M_2} \end{pmatrix}\right.\\ &\qquad\left.-\begin{pmatrix} \boldsymbol{A}_{11} & \boldsymbol{A}_{12} \\ \boldsymbol{A}_{21} & \boldsymbol{A}_{22} \end{pmatrix}\right]^{-1}\begin{bmatrix} \boldsymbol{b}_1 \\ \boldsymbol{b}_2 \end{bmatrix}+d \end{aligned}$$

が得られる．先に述べた分離形の伝達関数に対しては，$\boldsymbol{A}_{12}=\boldsymbol{A}_{21}=\boldsymbol{0}$ となり，分母分離形の場合には，$\boldsymbol{A}_{12}=\boldsymbol{0}$ または $\boldsymbol{A}_{21}=\boldsymbol{0}$ となる．

次に実際に処理を行うための 2 次元フィルタの設計について述べる．式 (3) は 2 次元線形シフト不変システムであり，**2 次元ディジタルフィルタ**を表現している．2 次元の場合も 1 次元と同様に **FIR**(finite impulse response) フィルタと **IIR**(infinite impulse response) フィルタがあるが，ここでは FIR フィルタの設計法について紹介する．画像処理に 2 次元フィルタを用いる場合，1 次元フィルタのように因果性 (causality) に注意する必要はあまりない．なぜなら，画像はすべての入力信号が一度に与えられる場合が多いためである．また，フィルタによって位相特性が変化すると画像に歪みが生じるため，インパルス応答に $h(n_1,n_2)=h(-n_1,-n_2)$ という拘束条件をつけた零位相特性をもつフィルタがよく用いられる．

2 次元 FIR フィルタの設計法として，分離形フィルタを用いた 1 次元フィルタに基づく方法，変数変換に基づく方法，目的関数を最適化する方法など多数の方法が提案されている．ここでは，1 次元零位相フィルタから変数変換によって，2 次元零位相 FIR フィルタを設計するマクレラン (McClellan) 変換を説明する．

1 次元零位相フィルタは，次数が偶数，インパルス応答が偶対称なものが用いられる．**マクレラン変換**は，この式中の $\cos\omega$ を $A\cos\omega_1+B\cos\omega_2+C\cos\omega_1\cos\omega_2+D$ に置き換えるものである．係数 A,B,C,D は目的とする仕様によって決定すればよい．たとえば，**円対称** (circular symmetric) **フィルタ**については $A=B=C=-D=0.5$，すなわち

$$\cos\omega=\frac{1}{2}(\cos\omega_1+\cos\omega_2+\cos\omega_1\cos\omega_2-1)$$

とする．また，**ファン** (fan) **フィルタ**については $A=-B=0.5,C=D=0$，すなわち

$$\cos\omega=\frac{1}{2}(\cos\omega_1-\cos\omega_2)$$

とすれば所望の特性が得られることになる．マクレラン変換をさらに一般化して，

$$\cos\omega=\sum_{p=0}^{P}\sum_{q=0}^{Q}t_{p,q}\cos(p\omega_1)\cos(q\omega_2)$$

とした変換も提案されている．

最後に，2 次元フィルタを実際に画像処理に用いた例について述べる．インパルス応答の範囲を 3×3 として，$\{h(n_1,n_2)=1/9\mid -1\leq n_1\leq 1,-1\leq n_2\leq 1\}$ とすれば，2 次元平均値フィルタが得られる．平均値フィルタは低域通過フィルタであるため，白色雑音の低減が期待できる．白色ガウス性雑音によって劣化した画像を図 1 に，図 1 の画像に対して平均値フィルタ

図 1 劣化画像

図 2 平均値フィルタによる処理結果

処理を行った結果を図 2 に示す．図 2 から雑音が低減されている様子が確認できる．〔棟安実治〕

参考文献

[1] 樋口龍雄編：特集／多次元ディジタル信号処理．コンピュートロール，30 号，コロナ社，1990．
[2] 樋口龍雄，川又政征：ディジタル信号処理—MATLAB 対応，昭晃堂，2000．
[3] 雛元孝夫ほか：2 次元信号と画像処理，計測自動制御学会，1996．

6.2 信号圧縮 (MPEG)

signal compression (MPEG)

a. MPEG の全体像

MPEG (Moving Picture Experts Group) は，マルチメディア符号化の国際標準規格を制定する専門家グループの名称であり，正式には ISO/IEC*1 JTC1/SC29 WG11*2 と呼ばれる．マルチメディアとしては，ビデオ，オーディオ，これらを連携させるシステムなどを含む．これまでに標準化が完了した，または近日中に完了の予定されている主なオーディオ規格には，次のようなものがある．

1. MPEG-1[1]
2. MPEG-2 BC (Backward Compatible)[2]
3. MPEG-2 AAC (Advanced Audio Coding)[3]
4. MPEG-4[4]
5. MPEG Surround (MPS)[5]
6. Spatial Audio Object Coding (SAOC)[6]

これらに続いて，音声・オーディオ統一符号化 (Unified Speech and Audio Coding : USAC) の標準化が進められている[7]．

ISO/IEC におけるオーディオ符号化の国際規格は，1988 年にその制定作業を開始した．これまで 22 年間に上記の標準化を達成している．応用も広範囲に及び，MPEG-1 Layer III (通称 **MP3**) は携帯オーディオプレイヤーに，MPEG-2 BC Layer II は衛星放送に，MPEG-2 AAC[3] はディジタル TV 放送に，MPEG-4 AAC[4] はその帯域拡張版を含めて携帯電話（音楽配信，着メロ），ワンセグ放送，携帯オーディオプレイヤー[8] などに利用されている．

以下，特に広く利用されている MPEG-2 AAC，MPEG-4 AAC，およびこれらと組み合わせるスペクトル帯域複製について説明する．これら以外の規格や

*1 ISO: International Standardization Organization（国際標準化機構），IEC: International Electrotechnical Commission（国際電気標準会議）．
*2 JTC: Joint Technology Committee, SC: Subcomittee, WG: Working Group.

音質評価結果に関しては，[9] や実際の規格文書などを参照されたい．

b. MPEG-2/4 AAC の符号化処理

MPEG-2 AAC は，MPEG-1 および MPEG-2 BC との互換性を廃することによって音質を向上し，5 チャネルを 320 kbit/s で符号化した際に，欧州放送連合 (European Broadcasting Union : EBU) が定めた放送品質を達成できる．また，音質重視のメインプロファイル，ハードウェア規模を重視した**低演算量** (low complexity : LC) **プロファイル**，サンプリング周波数と帯域を階層化した SSR (scaleable sampling rate) プロファイルから構成される**プロファイル構造**[*3]を，オーディオ規格でははじめて導入した．MPEG-4 の**汎用オーディオ** (general audio : GA) **符号化**である MPEG-4 AAC は，MPEG-2 AAC の予測を長時間予測 (long term prediction : LTP) で置き換え，**聴覚ノイズ置換** (perceptual noise substitution : PNS) を追加した構造が基本となる．実際の応用では，MPEG-2 AAC の LC プロファイルおよび **MPEG-4 AAC** の MPEG-4 AAC プロファイルが利用されることが多い．これらの符号化処理を，図 1 に示す．グレーで着色された PNS ブロックが，MPEG-4 AAC 特有の処理である．これらの規格は，一部の極低ビットレートを除くあらゆるビットレート，具体的にはチャンネル当たり 6 kbit/s[*4]から 64 kbit/s 以上の，放送品質オーディオを含む包括的なオーディオ符号化に適用できる．基本的な符号化処理は，次の通りである．

まず，16 ビット直線量子化された PCM 入力信号を分析して，フィルタバンクのための窓長を決定する．フィルタバンクでは，信号レベルが急増するとき（アタック）に，短い窓長を適用することで，復号後の量子化ノイズ（プリエコー）を抑圧する[10]．窓長の決定には，時間領域の信号レベル変化を用いる方法や心理聴覚モデルを用いる方法（図 1 のグレー線）などがある[*5]．

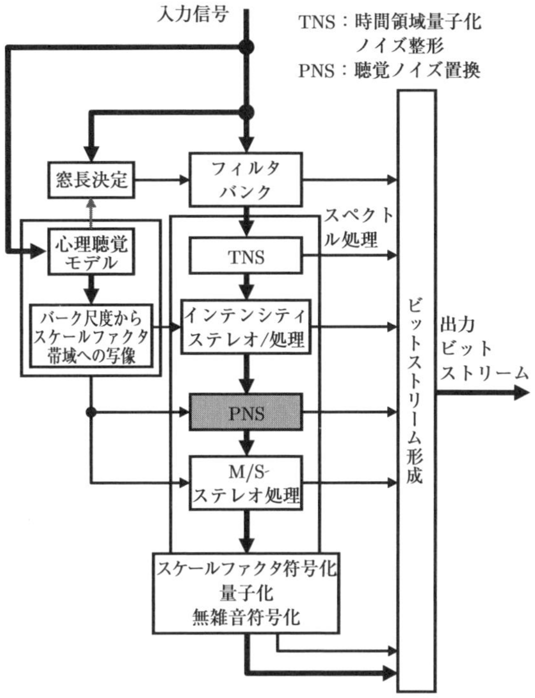

図 1 MPEG-2/4 AAC の符号化処理

次に，入力信号は適応ブロック長 **MDCT**（修正離散コサイン変換）で実現されるフィルタバンクによって，複数の周波数成分に分解される．**TDAC** (time-domain aliasing cancellation)[11] とも呼ばれる MDCT は，隣接ブロック間で 50%のオーバラップをかけてから窓関数によるフィルタ操作を行い，続いて演算する DCT（離散コサイン変換）の時間項にオフセットを導入することにより，得られた変換係数が対称になる．すなわち，直前ブロックの後半 50%と同一サンプル数の新たな入力信号を組み合わせて (50%オーバラップ)，1 ブロックを構成する．入力信号分析結果に基づいて，上記アタックではブロック長を 256 に，通常時はブロック長を 2048 に設定する．

時間領域量子化ノイズ整形 (temporal noise shaping : TNS) は，量子化ノイズを信号波形の振幅値に応じて整形することにより，音声信号に対する品質向上をはかる[12]．符号化時には，MDCT 係数の一部を時系列と見なして線形予測分析し，線形予測係数を用いた

*3 ツールの組合せをオブジェクト，オブジェクトの集合をプロファイルと定めている．

*4 MPEG-2 AAC の LC プロファイルおよび MPEG-4 AAC の MPEG-4 AAC プロファイルでは，チャネル当たり 24 kbit/s 程度となる．

*5 ビットストリームと復号手順だけを規定する MPEG は，さまざまな符号化手順を許しており，符号化装置に依存した音質差を生み出している．

トランスバーサルフィルタ処理を，MDCT 係数系列に適用する．復号時には，復号した MDCT 係数に逆処理である巡回型フィルタ処理を施す．これらの処理によって，量子化ノイズは信号波形の振幅が大きい部分に集中する．TNS は，予測利得がしきい値を超えた場合だけ，実行される．

心理聴覚モデルは，入力信号を周波数成分に変換して，各周波数成分の音圧を求め，純音成分と非純音成分を選別して間引く．続いて，信号でマスクすることのできる最大の値をマスキング閾値として求め，最小マスキングレベルを計算する．最後に，信号対マスク比を計算する．マスキング閾値と信号対マスク比は，インテンシティおよび M/S (middle-side) ステレオ処理，予測，PNS に利用する．

インテンシティステレオは，両チャンネルの和信号と各チャンネル信号の比を，本来の 2 チャンネル信号の代わりに用いる．PNS は，ノイズに似た信号成分を検出し，その帯域では検出フラグとノイズ状信号のパワーを符号化情報とする．復号側では，検出フラグの設定された帯域に，指定パワーの擬似ランダムノイズを注入する．

M/S ステレオは，対をなすチャンネルの和信号と差信号を，本来の 2 チャンネル信号の代りに用いる．M/S ステレオは最も簡単な 2 点直交変換である．両チャネルの相関が大きいときには，得られた和信号と差信号の情報差が大きくなり，エネルギー偏在によるデータ圧縮効果が期待できる．

M/S 処理されたスペクトル成分とスペクトル成分から求めたスケールファクタは，ともに非線形量子化される．非線形量子化されたスペクトル成分とスケールファクタは，さらにハフマン符号化される．ハフマン符号化に合わせて，極大値置換可逆符号化[13] を適用することもできる．これは，大きな振幅を有する成分を取り除いてサイド情報とした後，値域の狭くなった値をハフマン符号化するものである．使用するハフマン符号表のサイズを小さくできるため，復号演算量の増加なしに，約 41%の信号区間で音質を向上できる．ハフマン符号化されたスケールファクタには，さらに差分パルス符号化 (DPCM) を用いた無雑音符号化が適用される．予測を用いた DPCM は，信号の劣化無し (無雑音) に，ビット数を削減することができる．

最後に，窓長，TNS 情報，インテンシティステレオ制御情報，PNS 情報，M/S ステレオ符号化の有無，DPCM が適用されたスペクトルとスケールファクタを統合して，符号化ビットストリームを形成する．

c. スペクトル帯域複製

スペクトル帯域複製 (spectral band replication : **SBR**) は，復号側で低域信号を用いて高域信号を複製することによって音質を向上させる技術であり，インターネットストリーミング，携帯電話，携帯オーディオプレーヤ，ディジタル放送などに広く利用されている．SBR では，実数フィルタバンクを用いて実数演算を行なう，LC-SBR 技術も標準化されている．図 2 に，SBR 符号化器，SBR 復号器，LC-SBR 復号器の構成を示す．

入力信号の低域成分は，間引きによって高域成分と分離されたあと，**AAC コア符号化器**で符号化される．入力信号はまた，**QMF** (quadrature mirror filter)[14] バンクによって 64 帯域に分割される．AAC の 1 ブロックは 2048 サンプルなので，各帯域の信号は 1 ブロック当たり 32 サンプルとなる．これらの帯域別サンプルを分析して，包絡線情報を符号化するための時間分解能と周波数分解能を決定する．時間・周波数分解能に応じた範囲のサブバンドパワー値を平均化し，求めたスケールファクタを出力する．入力信号の分析によって，ノイズフロアスケールファクタ，逆フィルタ強度，サイン波挿入周波数など，SBR 関連パラメータの推定も行う．最後に，AAC コア符号化器の出力，包絡線情報，SBR 関連パラメータ推定値を多重化し，ビットストリームを形成する．

SBR 復号器では，分解したビットストリームから取り出した低域成分のデータを AAC コア復号器で復号し，復号結果を用いて高域成分を生成する．生成された高域成分を，線形予測係数を用いた逆フィルタで処理する．さらに，ビットストリームが定める時間分解能と周波数分解能に対応したスケールファクタを用いて，逆フィルタ処理した高域成分を補正する．この補正に合わせて，特定の周波数にサイン波を挿入したり，ノイズ成分を付加することもできる．このようにして最終的に得られた高域成分と分析複素 QMF バン

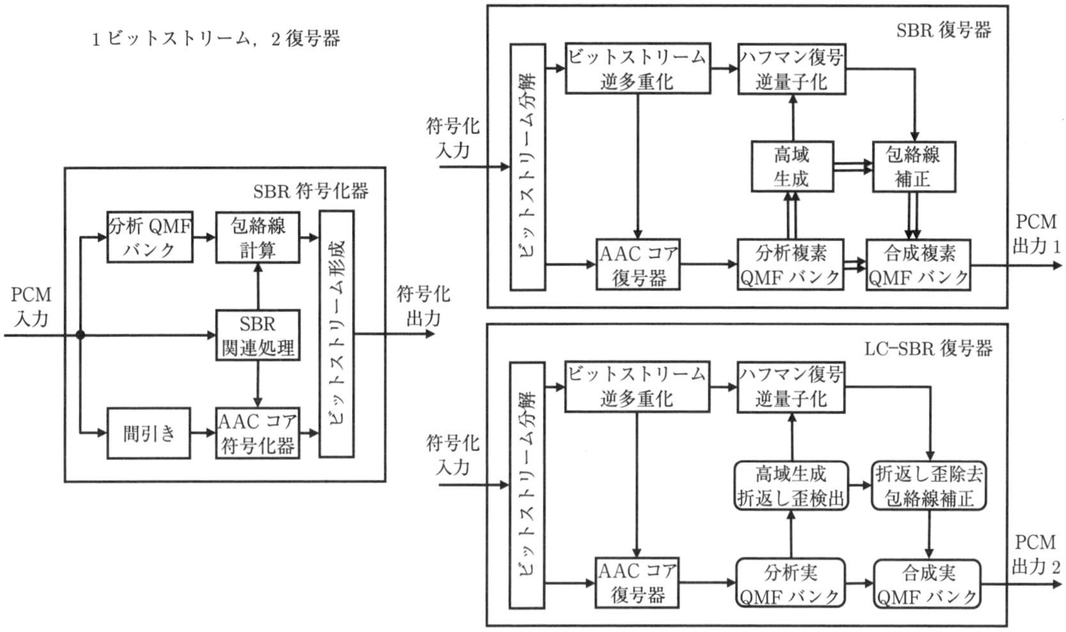

図 **2**　SBR の符号化復号処理

クから出力される低域成分を合成複素 QMF バンクで合成して，広帯域出力である PCM 出力 1 を得る．

LC-SBR 復号器では，分析 QMF バンクと合成 QMF バンクを実フィルタバンクとして実現する．このために，高域生成が実数演算になるが，クリティカルサンプリングの QMF バンクにより，折返し歪が発生する．この歪を補正して音質を向上させるために，折返し歪検出および除去の操作が必要となる．折返し歪の検出は，連続する三つの帯域信号を比較することで行う．折返し歪除去は，包絡線補正量を修正することで実現する．多くの演算が実数で行われるため，LC-SBR 復号器は SBR 復号器の 60%弱の演算量で実現することができる．複素数演算と実数演算を明示するため，図 2 に示す SBR 復号器では複素数信号経路を複線で表示してある．

SBR 復号器には，低域信号の情報とわずかのサイド情報だけを伝送すればよいため，低いビットレートで従来の AAC 復号器と同等の音質を達成することができる．また，LC-SBR 復号器の演算量は，従来の AAC 復号器とほぼ等しい．すなわち，LC-SBR は従来の AAC と同等の音質を，同等の演算量と約 1/2 のビットレートで達成できる，優れた技術である．図 2 から明らかなように，同一ビットストリームに対する SBR と LC-SBR の復号結果は，それぞれ PCM 出力 1 と PCM 出力 2 となる．すなわち，同一ビットストリームに対して，二つの異なる復号器が標準化されていることになる．これは，従来の AAC 復号器に対して，高能率版復号器と低電力高能率版復号器を，利用者の希望に応じて選択できることを意味する．スペクトル帯域複製は，MPEG-4 AAC プロファイルと組み合わせて，MPEG-4 HE-AAC プロファイルとして標準化されている．また，MPEG-2 AAC LC プロファイルと組み合わせて，MPEG-2 AAC LC + SBR として利用することもできる．

d.　MPEG オーディオの応用

MPEG オーディオによって世の中が変った例として，iPod® の右に出るものはないであろう．しかし，その祖先として，世界初の完全半導体オーディオプレーヤー[8] であるシリコンオーディオ® が 1994 年に日本で開発されたことは，あまり知られていない．シリコンオーディオ® は，半導体メモリカードに記録された MPEG-1 オーディオ符号化信号を，必要なときにカードメモリから読み出して再生するシステムである．機械的動作部分をまったくもたず，すべて半導体で構成

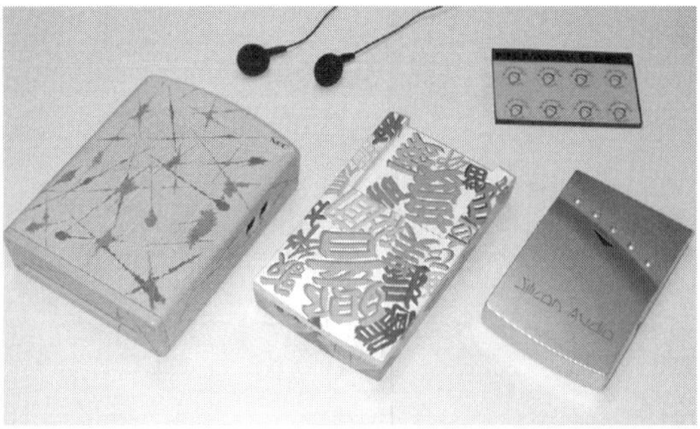

図3 3世代のシリコンオーディオ
左から，1994，1995，1997年試作，右上は名刺サイズのメモリカード．

されているため，これまでの携帯型オーディオ装置で問題となっていた振動による音飛びの問題を解決している．また，同時に，半導体製品の特徴である小型軽量性，低消費電力性を併せもっている．さらに，ランダムアクセス性によって，曲のスキップ，頭出し，反復も容易に行うことができる．LSIや電池技術の発達に伴って，図3[15, 16]に示すような進化を遂げたシリコンオーディオ® は，その開発から10年近くを経て，2001年秋のiPod® 発売から爆発的な普及へ踏み出した．開発直後からオーディオ符号化の「究極の応用」[17]として認知されていたシナリオが，現実となったのである．その後，複合機能端末iPhone®/iPad® として進化を続けているのは周知の通りである．

〔杉山昭彦〕

注：シリコンオーディオは日本電気株式会社の，iPod, iPhone, iPadはApple Inc.の登録商標である．

参考文献

[1] ISO/IEC 11172-3:1993, Information technology–Coding of moving pictures and associated audio for digital storage media at up to about 1.5 Mbit/s–Part 3 : Audio.

[2] ISO/IEC 13818-3:1998, –Generic coding of moving pictures and associated audio information–Part3 : Audio, 2nd ed., Apr. 1998.

[3] ISO/IEC 13818-7:1997, Information technology–Generic coding of moving pictures and associated audio information–Part 7 : Advance Audio Coding (AAC), 4th ed., Jan. 2006.

[4] ISO/IEC 14496-3:2009, Information technology–Coding of audio-visual objects–Part 3 : Audio, 4th ed., Sep. 2009.

[5] ISO/IEC 23003-1:2007, Information technology–MPEG audio technologies–Part 1 : MPEG Surround (MPS), Feb. 2007.

[6] ISO/IEC 23003-2:2010, Information technology–MPEG audio technologies–Part 2 : Spatial Audio Object Coding (SAOC), Oct. 2010.

[7] ISO/IEC 23003-3, Information technology–MPEG audio technologies–Part 3 : Uni.ed Speech and Audio Coding (USAC), DIS, Jul. 2011.

[8] A. Sugiyama et al: The silicon audio—An audio–data compression and storage system with a semiconductor memory card—. *IEEE Trans. CE*, **41**(1): 186–194, 1995.

[9] 杉山昭彦：各種MPEGオーディオ標準の概要．藤原洋・安田 浩監修：ポイント図解式ブロードバンド+モバイル標準MPEG教科書，pp.255-290，アスキー，2003.

[10] A. Sugiyama et al.: Adaptive Transform Coding with an Adaptive Block Size. Proc. ICASSP'90, pp.1093–1096, Apr. 1990.

[11] J. Princen et al.: Subband/Transform Coding Using Filter Bank Designs Based on Time Domain Aliasing Cancellation. Proc. ICASSP'87, pp.2161-2164, Apr. 1987.

[12] 守谷健弘：音声音響信号の符号化手法．日本音響学会誌，**57**(9): 604–609，2001.

[13] 高見沢雄一郎ほか：極大値置換可逆符号化方式とそのオーディオ符号化への適用．電子情報通信学会論文誌A，**J80-A**(9): 1388–1395，1997.

[14] P. P. Vaidyanathan : Multirate Systems and Filter Banks, Prentice-Hall, 1993.

[15] A. Sugiyama et al.: A New Implementation of the Silicon Audio Decoder Based on an MPEG/Audio Decoder LSI. IEEE Trans. CE, **43**(2): 207–215, 1997.

[16] 岩垂正宏ほか：操作性の高い小型シリコンオーディオプレーヤ．電子情報通信学会全国大会，1998年3月.

[17] M. Kahs et al.: The past, present, and future of audio signal processing. *IEEE Signal Processing Magazine*, **14**(5): 30–57, 1997.

6.3 マルチメディア信号処理

multimedia signal processing

情報を表現する形式は，たとえば，文書，静止画像，音，映像，アニメーションなどさまざま存在する．従来，情報は形式に応じて異なる媒体（メディア，medium）として記録され，また，独立に再生されてきた．これに対して，異なる媒体・形式を同時に複数用いて表現される情報をマルチメディア（multimedia）情報と呼ぶ．

マルチメディア信号処理は，マルチメディア情報を構成する複数の異なる媒体・形式の信号を，同時に取り扱ったり，組み合わせて取り扱ったり，または，統合的に取り扱ったりする技術である．たとえば，映像と音とからなるマルチメディア情報を要約する場合に，映像信号，音信号それぞれによって要約するのではなく，双方の信号を総合的に用いて要約するなどの試みがある．

以降では，マルチメディア信号処理の一例として，情報埋込みについて述べる．情報埋込みは，画像信号などのメディア信号に別の情報信号を重畳する技術である．ここで，重畳する情報信号は別のメディア信号であってもよい．すなわち，画像信号への音信号の重畳，映像信号への文書信号の重畳などが可能である．

a. 情報埋込みの基礎

図1に示すとおり，**情報埋込み**（情報ハイディング，information hiding，information embedding）はメディア信号に別の情報信号を重畳する技術であり，データ埋込み（データハイディング，data hiding，data embedding）とも呼ばれる．ここで，情報信号が重畳されるメディア信号を原信号（original signal），あるいは，ホスト信号（host signal），カバー信号（cover signal）と呼ぶ．原信号に情報信号を重畳して得られるメディア信号は，**ステゴ信号**（stego signal）と呼ばれる．

情報信号の重畳は，情報信号に応じて原信号を歪ませることでなされる．この歪み，すなわち，ステゴ信号と原信号との差は，人間の知覚特性が考慮されており知覚しづらくなっている．換言すると，情報埋込みは

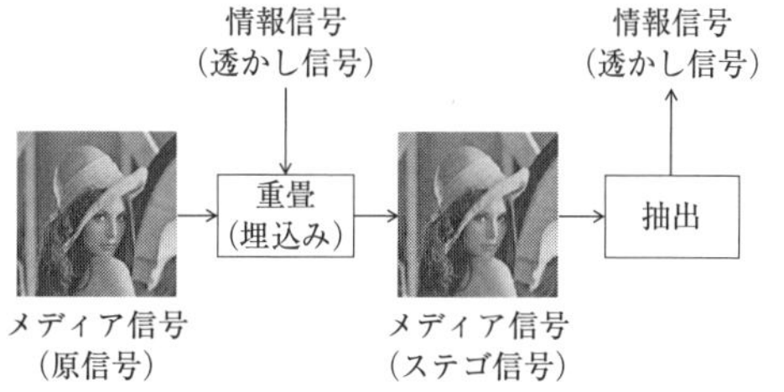

図1 情報埋込みのブロック図（メディア信号が静止画像信号の例）

メディア信号の知覚的冗長性を活用して，ステゴ信号に別の情報信号を内包させている．この知覚特性はメディアに応じて異なるため，情報埋込みは原信号のメディアに応じた処理が前提となる．なお，上述のとおり，ステゴ信号中に別の情報信号の存在を知覚することができないため，情報信号の重畳を埋める（embed）とも呼ぶ．

埋められた情報信号は，必要に応じてステゴ信号から抽出（extract）され，応用に即して利用される．このように，情報埋込みは，知覚できないように埋められた情報信号を，必要に応じて発露可能である．この特徴を紙幣などの透かし（watermark）になぞらえ，埋める情報信号を**透かし信号**（watermark signal）と呼ぶ．

原信号を $\boldsymbol{x}$，透かし信号を $\boldsymbol{w}$，ステゴ信号を $\boldsymbol{y}$，歪みを $\boldsymbol{n}=\boldsymbol{y}-\boldsymbol{x}$，埋込み関数を $f(\bullet)$ とすると，ステゴ信号の生成は

$$\boldsymbol{y}=f(\boldsymbol{x},\boldsymbol{w})=\boldsymbol{x}+\boldsymbol{n}$$

で表される．

b. 情報埋込みの分類

ここでは，透かし信号の抽出方法など四つの観点から，情報埋込みを分類する．

1) 参照型・非参照型

透かし信号の抽出に，原信号などの参照信号（reference signal）を必要とする手法を参照型（nonoblivious）手法と呼び，参照信号不要な手法を非参照型（oblivious）手法と呼ぶ（図2）．抽出関数を $g(\bullet)$ とすると，参照型の透かし信号抽出はたとえば

$$\boldsymbol{w}=g(\boldsymbol{y},\boldsymbol{x})$$

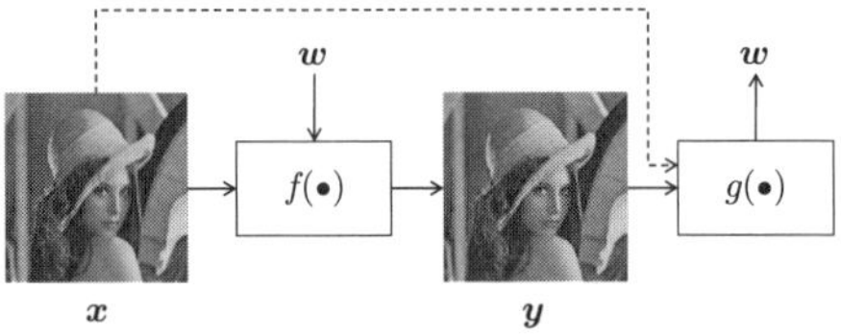

図 2　参照型・非参照型（非参照型は点線部不要）

と表され，非参照型の透かし信号抽出は

$$\boldsymbol{w} = g(\boldsymbol{y})$$

と表される．

2)　非可逆型・可逆型

透かし信号を抽出しても，ステゴ信号から歪みは除去されない．すなわち，ステゴ信号から原信号は復元（recover，restore）されない．このような情報埋込みを非可逆型（irreversible，lossy，noninvertible）と呼ぶ．一方，ステゴ信号から原信号の復元も可能な可逆型（reversible，lossless，invertible）情報埋込み（図 3）も提案されている．ここで，復元関数を $r(\bullet)$ とすると，可逆型の復元は一般に

$$\boldsymbol{x} = r(\boldsymbol{y}, \boldsymbol{w}) = r(\boldsymbol{y}, g(\boldsymbol{y}))$$

と表される．

3)　時間（空間）領域型，変換領域型，圧縮領域型，符号列領域型

図 4 に示すとおり，埋込みや抽出の関数がメディア信号の標本値領域（時間領域や空間領域など）で定義される情報埋込みを時間領域型（temporal domain based）や空間領域型（spatial domain based）と呼ぶ．一方，メディア信号に離散フーリエ変換（discrete Fourier transformation：DFT），離散コサイン変換（discrete cosine transformation：DCT），離散ウェーブレット変換（discrete wavelet transformation：DWT）などを施した変換領域で定義される場合，変換領域型（transformed domain based）や周波数領域型（frequency domain based）と呼ぶ．

さらに，圧縮符号化を考慮して関数 $f(\bullet)$，$g(\bullet)$ を定義する情報埋込みもある．圧縮符号化はメディア信号の知覚的冗長性を排除するため，ステゴ信号の圧縮符号化は透かし信号を欠損させる．そこで，圧縮符号化手順の非可逆処理後に透かし信号を埋めることで，透かし信号の損失を回避した圧縮領域型（compressed domain based）情報埋込み（図 5）が提案されている．さらに，圧縮符号化後に圧縮符号列へ透かしを直接埋める，符号列領域型（codestream domain based）情報埋込みも提案されている．符号列領域型は圧縮復号せずに透かし信号を抽出可能である特徴を有する．

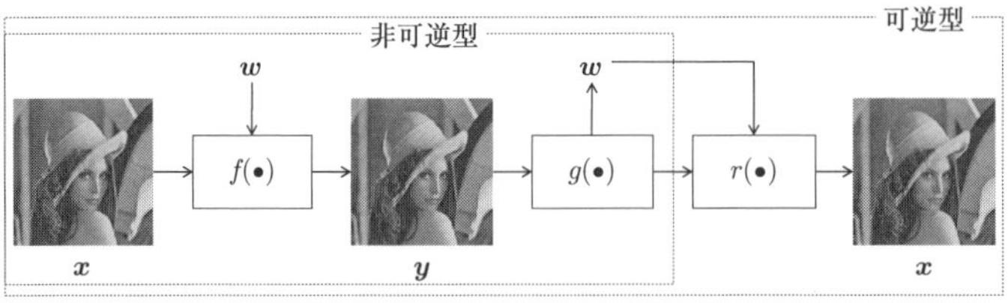

図 3　非可逆型・可逆型

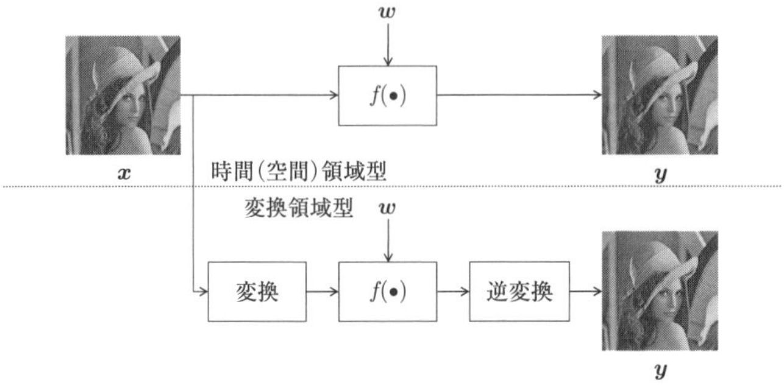

図 4　時間（空間）領域型と変換領域型

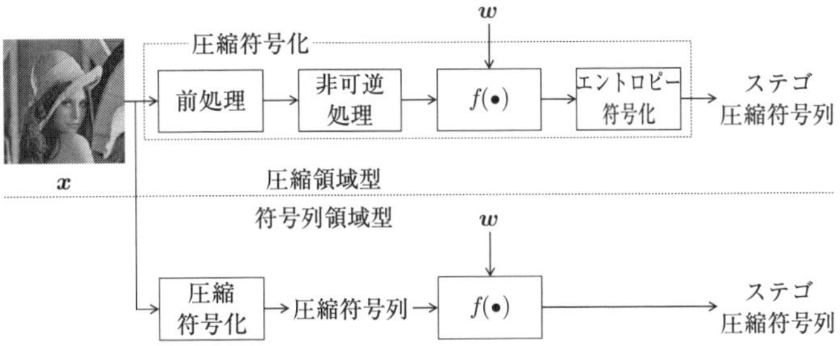

図 5 圧縮領域型と符号列領域型

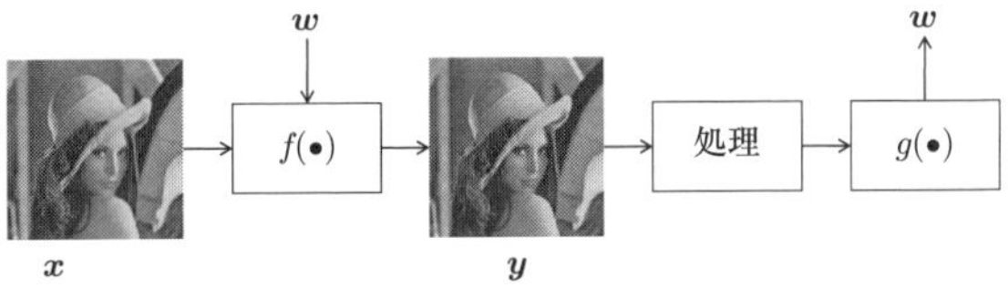

図 6 脆弱型・頑強型（脆弱型は $\boldsymbol{w}$ を正しく抽出不能）

4) 脆弱型・頑強型

上述の圧縮符号化を含め，一般に，ステゴ信号に処理を施すと，透かし信号を誤りなく抽出することが困難となる．ステゴ信号への処理によって透かし信号の欠損が生じる情報埋込みを脆弱型（fragile）と呼ぶ．一方，処理後も透かし信号を抽出可能な情報埋込み（図 6）を頑強型（robust）と呼び，処理に**耐性**（robustness, resilience）を有するという．なお，特定の処理にだけ耐性を有し，その他の処理には耐性をもたない準脆弱型（semi–fragile）情報埋込みも存在する．

c. 情報埋込みの応用

情報埋込みは，異なる要件を有するさまざまな応用が検討されている．情報埋込みに対する主たる要件は，上述した歪みの知覚しづらさ（**不知覚性**，imperceptibility）や耐性に関するもの以外に，埋込み可能な透かし信号の最大情報量（**容量**，capacity）に関するものがある．多くの応用では，高い不知覚性，高い耐性，大容量が望まれるが，これらは相反する要求であり，実際には応用によって優先される要求が異なる．また，これらの要求を最適化（optimization）問題に帰着させ，均衡させる試みもある．

以下では，広範に検討されている応用である，① 電子透かし（digital watermarking），② 電子指紋（digital fingerprinting），③ 電子ステガノグラフィ（digital steganography），④ 改ざん検出（tamper detection）の四つについて，その目的と要件，さらに関連する技術に関して概説する．なお，不知覚性に関してはどの応用でも要求されるので，説明を割愛する．

1) 電子透かし

電子透かしは，メディア信号に係る著作権（copyright）や知的財産権（intellectual property rights）

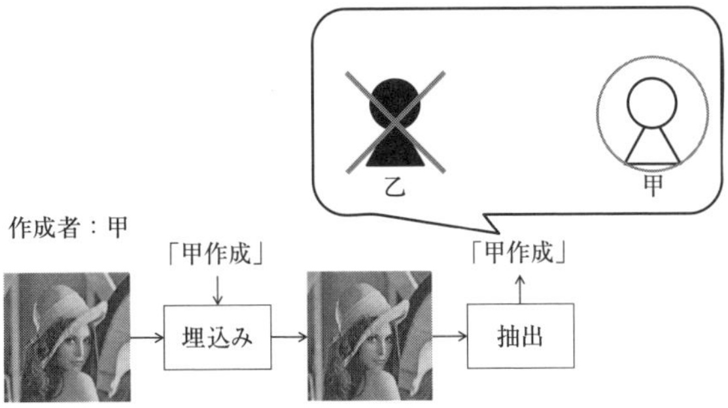

図 7 電子透かし

を保護する応用である．図7に示すとおり，電子透かしでは，透かし信号は著作者などを表す情報信号であり，抽出した透かし信号によって権利の不正な主張を退けることが可能になる．また，著作者の連絡先を透かし信号とすることで，権利処理などの手続きの円滑化も期待されている．なお，電子透かしでは一つの原信号に対して一つの透かし信号のみ対応し，したがって，一つのステゴ信号のみ生成される．

電子透かしにおいて，容量に関する要求は数段階存在する．透かし信号の有無で権利の有無を判断する場合，1ビットの容量でよい．著作者などが誰であるかを特定する必要がある場合，候補のなかから1名を特定できる情報量が必要となり，連絡先など任意の情報を埋める場合には，任意の大きさの容量を必要とする．また，上述のとおり，電子透かしでは，透かし信号の存在や内容によって著作者などを明らかにする．したがって，透かし信号の除去などを意図した編集，もしくは，意図しない圧縮などに対して，耐性を有する必要がある．

電子透かしにおいては，原信号は厳重に管理され，ステゴ信号のみ流通される．よって，原信号を有し，かつ，原信号を用いて透かし信号を誤りなく抽出できることは，著作権などの所有者である証となる．この場合，参照型の手法が適用可能である．一方，著作者の連絡先などを埋める場合，第三者が透かし信号を抽出するため，参照信号を利用できず非参照型の手法を必要とする．

電子透かし応用では，耐性に関する性能評価が重要である．圧縮やフィルタリングなど汎用処理に対する耐性は，圧縮率やフィルタ係数などの条件を統一しなければ，手法の優劣を判断できない．そのため，関連研究として，情報埋込み法の耐性を統一的に評価するベンチマークの開発もなされている．一方，情報埋込み法に特化した新たな攻撃的処理も開発され，また，情報埋込み法の耐性を理論的に解析する試みもなされている．

2)　電子指紋

電子指紋もメディア信号に係る著作権などを保護する目的を有するが，電子透かしとは異なり，購入者に関する情報を透かし信号として埋める．図8に示すとおり，電子指紋では，不正に複製や流通されたステゴ信号から透かし信号を抽出することで，どの購入者による不正かを特定する．したがって，一つの原信号に対して，多数の透かし信号が存在し，透かし信号の数だけ異なるステゴ信号が生成される．このように，購入者一人一人に異なる透かし信号を対応させることから，透かし信号を購入者の指紋になぞらえて電子指紋と呼ぶ．

電子指紋も電子透かし同様，高い耐性が要求される．電子指紋では，一つの原信号から生成された異なる複数のステゴ信号が流通するため，複数の購入者が互いのステゴ信号をもちより，ステゴ信号の歪みを解析し，透かし信号の除去，破壊，改変を試みることも想定される．このような複数の購入者による不正を結託攻撃（collusion attack）と呼び，結託攻撃に加担した購入者を特定可能な情報埋込み法の検討もなされている．

電子指紋でも原信号は厳重に保管され，参照型情報埋込み法を利用可能である．なお，上述のとおり，購入者ごとに異なる透かし信号を用いるため，透かし信号は多数の購入者を識別するのに十分な情報量を担う必要がある．すなわち，電子指紋用の情報埋込み法は大きな容量を提供することが求められる．さらに，多数の透かし信号は管理コストを増大させ，また，透かし信号から購入者を特定するためのコストも大きい．そのため，透かし信号の生成や特定に関して効率化を図

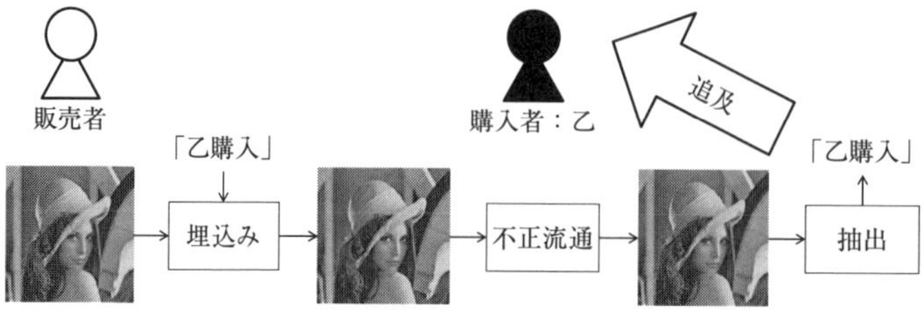

図8　電子指紋

る検討もなされている．また，流通するメディア信号を監視して疑いのあるメディア信号を自動検出するシステムも，関連研究として検討が進められている．

3) 電子ステガノグラフィ

電子ステガノグラフィは秘匿通信（covert communication）を目的とする応用で，日本では早くから深層暗号技術として研究が進められてきた．暗号が通信内容を秘密にする一方で通信の存在は隠せないのに対し，電子ステガノグラフィでは通信の存在そのものを秘密にする．真に重要な情報は透かし信号であり，その存在をステゴ信号のなかに隠すことで，傍受者に気づかれない通信が可能となる（図 9）．

電子ステガノグラフィにおいて，容量は情報埋込み法に対する重要な要件である．一般に，透かし信号として送信する秘密情報は任意の情報量を有する．したがって，情報埋込み法が大きい埋込み容量を達成できなければ，送信可能な秘密情報に制限が生じる．また，一般に送信者・受信者間で原信号を共有することは想定されておらず，したがって，非参照型情報埋込み法を用いる必要がある．

一方，電子ステガノグラフィにおいて，耐性は一般に重要視されない．送信者，受信者，傍受者とも，通信されているステゴ信号に対して，編集などの処理を施す理由が存在しないためである．ただし，通信に際してステゴ信号が圧縮される可能性は存在する．このような場合は，圧縮領域型や符号列領域型の手法を用いて，透かし信号の損失を回避する必要がある．

また，透かし信号の存在の検出，情報埋込み法の推定，透かし信号の抽出などを目的に，ステゴ信号を解析するステガノグラフィ解析（ステガナリシス，steganalysis）も活発に研究されている．たとえば，画像信号の画素値の分布を表すヒストグラム（histogram）が情報埋込みによって変化しやすい点などが解析に用いられる．それを踏まえて，たとえばヒストグラムを保持する情報埋込み法などが開発されている．

4) 改ざん検出

改ざん検出は，メディア信号に対する不正な編集，すなわち，改ざんを検出する応用であり（図 10），真正性検証（integrity verification）とも呼ばれる．従来，メディア信号の改ざん検出は，メディア信号から生成したハッシュ値（hash value）などの電子署名（digital signature）どうしを比較することで実現されてきた．しかし，メディア信号とは別に電子署名を管理・送信する必要があるため，改ざん検出用の情報を透かし信号として原信号に埋める検討がなされてきた．情報埋込みに基づく改ざん検出では，ステゴ信号から抽出し

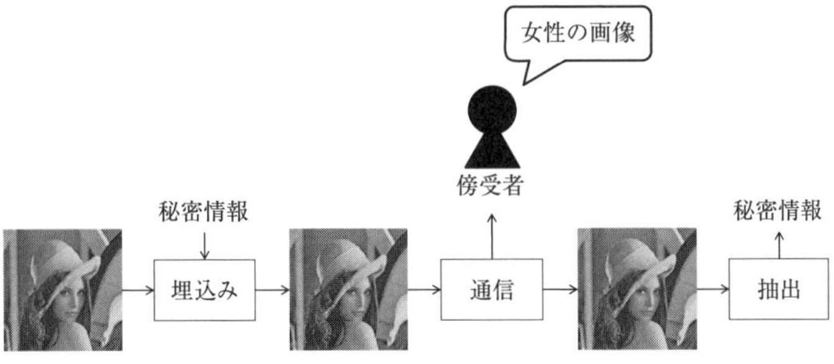

図 9　電子ステガノグラフィ

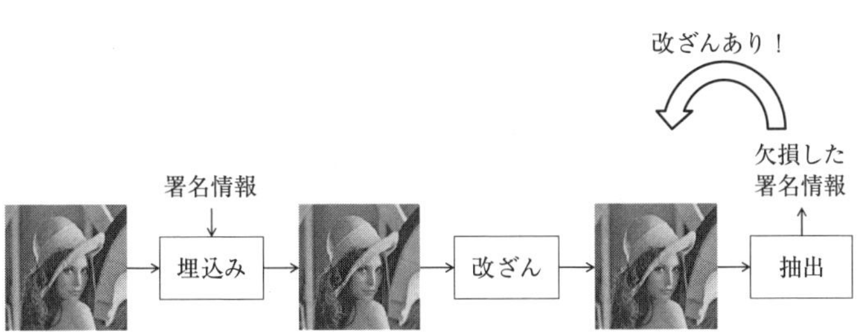

図 10　改ざん検出

た透かし信号に損失がなければステゴ信号に改ざんはなく，損失があればステゴ信号に改ざんが施されたと判断する．

改ざん検出では上述のとおり，透かし信号が損失したかを検査することによって，ステゴ信号に編集が施されたかを検証する．したがって，改ざん検出には脆弱な情報埋込み法を利用する必要がある．また，圧縮など悪意のない処理を改ざんとして検出しないことを目的に，圧縮などの処理には耐性を有する準脆弱な情報埋込み法も開発されている．

改ざん検出では，真正性検証時に原信号を参照可能であるとはかぎらず，したがって，非参照型の情報埋込み法が前提となる．また，ステゴ信号に改ざんがない場合には原信号の入手が望まれるため，可逆型の情報埋込みが利用される．なお，可逆情報埋込みに基づく改ざん検出では，原信号から生成したハッシュ値を透かし信号として埋めることが可能である．一方，非可逆な情報埋込み法に基づく場合，原信号の復元が不可能であることから，既知の透かし信号を原信号によらず埋める必要があり，改ざん検出時にもその透かし信号を必要とする．

まとめ

ここでは，マルチメディア信号処理を概説し，その一例である情報埋込みについて，原理や特徴，主要な応用と対応する要件，関連する研究とを述べた．ここで取り扱ったセキュリティ応用に関する情報埋込技術に関しては，文献 [1〜5] に詳しい．文献 [6] は電子透かしや電子指紋に対して，当時の社会的見地からの記述がなされている点で興味深い．また，電子ステガノグラフィに特化した書籍として文献 [7, 8] があげられ，日本では 1980 年代中盤から検討が進んでいたことがわかる．最後に，情報埋込み技術の非セキュリティ応用も検討されていることを述べる．詳細については，文献 [9] などを参照されたい．〔藤 吉 正 明〕

参考文献

[1] M. Barni : What is the future of watermarking? (Part I). *IEEE Signal Proc. Magazine*, **20**(5): 55–59, 2003.
[2] I.J. Cox et al.: Digital Watermarking and Steganography, 2nd ed., Morgan Kaufmann Publish, 2008.
[3] M. Wu and B. Liu : Multimedia Data Hiding, Springer, 2003.
[4] 松井甲子雄：電子透かしの基礎，森北出版，1998.
[5] 画像電子学会編：電子透かし技術，東京電機大学出版局，2004.
[6] S. Moskowitz : So This is Convergence?, Blue Spike, 1998; S. モスコウィッツ著，坂本 仁訳：電子透かし，セレンディップ，1999.
[7] J. Fridrich : Steganography in Digital Media, Cambridge University Press, 2010.
[8] 松井甲子雄：画像深層暗号，森北出版，1993.
[9] M. Barni : What is the future of watermarking? (Part II). *IEEE Signal Proc. Magazine*, **20**(6): 53–59, 2003.

III

制　御　関　連

1　線形システムモデル

1.1　ラプラス変換

Laplace transform

ラプラス変換は，信号やシステムの過渡特性を解析するための重要なツールとして物理学，工学の分野で広く用いられている．

区間 $[0, \infty)$ 上で区分的連続な時間関数 $f(t)$ に対して，広義積分

$$F(s) = \int_0^{\infty} f(t)e^{-st}\,\mathrm{d}t \tag{1}$$

が収束するとき，$F(s)$ を f のラプラス変換と呼び*1，$F(s) = \mathscr{L}[f(t)](s)$ と表す．ここに，パラメータ s は複素数であり，$\mathscr{L}[f(t)](s)$ が収束する s の領域を収束域 (region of convergence) という．

ラプラス変換の収束域は次の命題によって特徴づけられる．

命題 1　$\mathscr{L}[f(t)](s)$ が $s = s_0$ において収束するならば，それは半平面 $\mathrm{Re}[s] > \mathrm{Re}[s_0]$ においても収束する．

a.　ラプラス変換の性質

関数 $f(t), g(t)$ のラプラス変換をそれぞれ $F(s) = \mathscr{L}[f(t)](s)$, $G(s) = \mathscr{L}[g(t)](s)$ とするとき，次の性質が成り立つ．

1. 線形性

$$\mathscr{L}[af(t) + bg(t)](s) = aF(s) + bG(s) \quad (a, b\text{: 定数})$$

2. 時間領域シフト

$$\mathscr{L}[f(t-\tau)](t) = e^{-s\tau}F(s) \quad (\tau\text{: 定数})$$

*1　積分区間を $(-\infty, \infty)$ としたラプラス変換

$$\int_{-\infty}^{\infty} f(t)e^{-st}\mathrm{d}t$$

を両側ラプラス変換といい，式 (1) を片側ラプラス変換ということがある．$s = j\omega$ (ω:実数) とおけばわかるように，両側ラプラス変換はフーリエ変換の一般化となっている．

表 1　ラプラス変換表

$f(t)$	$\mathscr{L}[f(t)](s)$
$\delta(t)$	1
$\mathbf{1}(t)$	$\dfrac{1}{s}$
t^k	$\dfrac{k!}{s^{k+1}}$
e^{-at}	$\dfrac{1}{s+a}$
$t^k e^{-at}$	$\dfrac{k!}{(s+a)^{k+1}}$
$\sin\omega t$	$\dfrac{\omega}{s^2+\omega^2}$
$\cos\omega t$	$\dfrac{s}{s^2+\omega^2}$

$\delta(t)$: ディラックのデルタ関数
$\mathbf{1}(t)$: 単位ステップ関数

3. s 領域シフト

$$\mathscr{L}[e^{-at}f(t)](s) = F(s+a) \quad (a\text{: 定数})$$

4. 導関数のラプラス変換

$$\mathscr{L}\left[\frac{\mathrm{d}f}{\mathrm{d}t}(t)\right](s) = sF(s) - f(0)$$

5. 合成積のラプラス変換

$$\mathscr{L}\left[\int_0^t f(t-\alpha)g(\alpha)\,\mathrm{d}\alpha\right](s) = F(s)G(s)$$

次の命題はシステムの定常特性などを調べるのに有用である．

命題 2　$F(s) = \mathscr{L}[f(t)](s)$ とするとき，以下が成立する．

最終値定理：

$f(\infty) = \lim_{t\to\infty} f(t)$ が存在するならば，

$$f(\infty) = \lim_{s\to 0} sF(s)$$

初期値定理：

$\lim_{s\to\infty} sF(s)$ が存在するならば，

$$f(0) = \lim_{s\to\infty} sF(s)$$

ラプラス変換 $F(s)$ からもとの時間関数 $f(t)$(ただし，$f(t) = 0,\ t < 0$ に限定) を求める変換は，逆ラプ

ラス変換 (inverse Laplace transform) といい,

$$\mathscr{L}^{-1}[F(s)](t) = \frac{1}{2\pi j}\int_{\sigma-j\infty}^{\sigma+j\infty} F(s)e^{st}\,\mathrm{d}s$$

で与えられる．ただし，σ は，$\mathrm{Re}[s] \geq \sigma$ でラプラス変換が収束するような実数である．ただし，$\mathrm{Re}[\lambda]$ は複素数 λ の実部を表す．

逆ラプラス変換の計算は，留数の定理に基づいて

$$\frac{1}{2\pi j}\int_{\sigma-j\infty}^{\sigma+j\infty} F(s)e^{st}\,\mathrm{d}s = \begin{cases} \displaystyle\sum_{i=1}^{n} \mathrm{Res}[F(s)e^{st};\ s = p_i], & t \geq 0 \\ 0, & t < 0 \end{cases}$$

により計算できる．ただし，$p_i,\ i = 1, \cdots, n$ は半平面 $\mathrm{Re}[s] > \sigma$ 内の $F(s)$ の極であり，関数 $f(s)$ の極 $s = p$ における留数を $\mathrm{Res}[f(s);\ s = p]$ と表す．

また，$F(s)$ が有理関数

$$F(s) = \frac{b_m s^m + b_{m-1}s^{m-1} + \cdots + b_1 s + b_0}{a_n s^n + a_{n-1}s^{n-1} + \cdots + a_1 s + a_0} \quad (n \geq m)$$

で与えられる場合には，部分分数展開とラプラス変換表を用いれば逆ラプラス変換を簡単に計算できる．たとえば，$F(s)$ の部分分数展開が

$$F(s) = \frac{k_1}{s-\lambda_1} + \frac{k_2}{s-\lambda_2} + \cdots + \frac{k_n}{s-\lambda_n}$$

（簡単のため，$\lambda_1, \cdots, \lambda_n$ は相異なると仮定する）で与えられるならば，逆ラプラス変換は

$$\mathscr{L}^{-1}[F(s)](t) = k_1 e^{\lambda_1 t} + k_2 e^{\lambda_2 t} + \cdots + k_n e^{\lambda_n t}$$

となる．

b. 定係数線形常微分方程式への応用

定係数線形常微分方程式の初期値問題のラプラス変換による解法を例題を用いて示す．

例　強制入力 $u(t)$ を有する定係数線形常微分方程式

$$\ddot{y}(t) + 3\dot{y}(t) + 2y(t) = u(t)$$

を初期条件 $\dot{y}(0) = 1,\ y(0) = 1$ のもとで解く．

微分方程式をラプラス変換することにより

$$s^2Y(s) - sy(0) - \dot{y}(0) + 3\{sY(s) - y(0)\} + Y(s) = U(s)$$

を得る．ただし，

$$Y(s) = \mathscr{L}[y(t)](s),\ U(s) = \mathscr{L}[u(t)](s)$$

とおいた．初期条件に注意して，$Y(s)$ についてまとめると

$$Y(s) = \frac{s+4}{s^2+3s+2} + \frac{1}{s^2+3s+2}U(s)$$

となる．これを逆ラプラス変換することにより，解

$$y(t) = (3e^{-t} - 2e^{-2t}) + \int_0^t g(t-\tau)u(\tau)\,\mathrm{d}t$$

を得る．ただし，

$$g(t) = \mathscr{L}^{-1}\left[\frac{1}{s^2+3s+2}\right](t) = e^{-t} - e^{-2t}$$

である．このように定係数線形常微分方程式の初期値問題の解は，初期値に関する項 (第 1 項) および入力に関する合成積の項 (第 2 項) からなる．

〔鷹 羽 浄 嗣〕

参 考 文 献

[1] 片山　徹：新版フィードバック制御の基礎，朝倉書店，2002.

[2] 木村英紀：フーリエ−ラプラス解析，岩波書店，2007.

[3] G. Doetch : Introduction to the Theory and Application of the Laplace Transformation, Springer, 1970.

1.2 伝達関数

transfer function

次の定係数線形常微分方程式で表されるシステムを考える．

$$\frac{\mathrm{d}^n y}{\mathrm{d}t^n}+a_1\frac{\mathrm{d}^{n-1}y}{\mathrm{d}t^{n-1}}+\cdots+a_{n-1}\frac{\mathrm{d}y}{\mathrm{d}t}+a_n y = b_0\frac{\mathrm{d}^m u}{\mathrm{d}t^m}+b_1\frac{\mathrm{d}^{m-1}u}{\mathrm{d}t^{m-1}}+\cdots+b_{m-1}\frac{\mathrm{d}u}{\mathrm{d}t}+b_m u \tag{1}$$

ただし，u および y は，入力信号および出力信号（ともにスカラー値）である．

システムの入出力特性を調べるために，初期条件はすべて 0 と仮定する．

$$\frac{\mathrm{d}^k y}{\mathrm{d}t^k}(0)=0,\ k=0,1,\cdots,n-1,$$
$$\frac{\mathrm{d}^l u}{\mathrm{d}t^l}(0)=0,\ l=0,1,\cdots,m-1$$

ここで，$\widehat{y}(s)=\mathscr{L}[y(t)](s)$, $\widehat{u}(s)=\mathscr{L}[u(t)](s)$ とおく（$\mathscr{L}$ はラプラス変換を表す）．式 (1) をラプラス変換して，$\widehat{y}(s)$ について解けば

$$\widehat{y}(s)=G(s)\widehat{u}(s) \tag{2}$$

を得る．ただし，

$$G(s)=\frac{b(s)}{a(s)}:=\frac{b_0 s^m+b_1 s^{m-1}+\cdots+b_{m-1}s+b_m}{s^n+a_1 s^{n-1}+\cdots+a_{n-1}s+a_n} \tag{3}$$

である．$G(s)$ はシステムの入出力特性を表しており，**伝達関数** (transfer function) と呼ばれる．

分母多項式 $a(s)=s^n+a_1s^{n-1}+\cdots+a_{n-1}s+a_n$ の次数 n を $G(s)$ の**次数** (order) という．n 次の伝達関数で表されるシステムを n 次系 (n-th order system) または n 次遅れ系という．また，分母多項式の次数と分子多項式の次数との差 $\nu := n-m$ を**相対次数** (relative degree) という．$\nu \geq 0$ のとき $G(s)$ はプロパー (proper)，$\nu > 0$ ならば $G(s)$ は厳密にプロパー (strictly proper) であるという．

分母多項式 $a(s)$ の根（すなわち特性方程式 $a(s)=0$ の根）を $G(s)$ の**極** (pole) といい，分子多項式 $b(s)$ の根を $G(s)$ の**零点** (zero) または有限零点 (finite zero) という．また，$G(s)$ が厳密にプロパーであるとき，$G(\infty)=0$ となるので $s=\infty$ を無限大零点 (infinite zero) という．

プロパーな伝達関数 $G(s)$ で表されるシステムが入出力安定であるための必要十分条件は，$G(s)$ のすべての極が負の実部をもつことである．

伝達関数 $G(s)$ の逆ラプラス変換を $g(t)=\mathscr{L}^{-1}[G(s)](t)$ と表す．式 (2) を逆ラプラス変換すれば，ラプラス変換の性質により，出力 y は g と入力 u との合成積で与えられる．

$$y(t)=\int_0^t g(t-\tau)u(\tau)\,\mathrm{d}\tau,\ t\geq 0$$

例 1 (i) RC 回路

抵抗 R とコンデンサ C からなる図 1 の電気回路において，入力電圧 e_i から出力電圧 e_o までの伝達関数を求める．ただし，i は回路内の電流である．

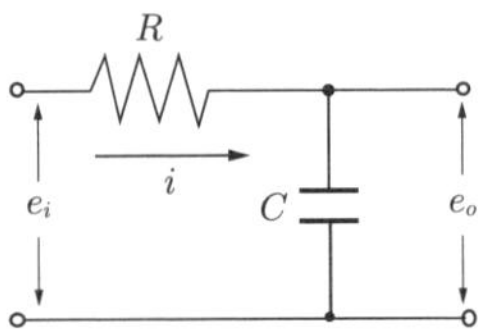

図 1 RC 回路

抵抗にかかる電圧を e_R とすると，各要素について

$e_R=Ri$	オームの法則
$C\frac{\mathrm{d}e_o}{\mathrm{d}t}=i$	キャパシタンス
$e_i=e_R+e_o$	キルヒホッフ電圧法則

が成り立つ．これらから i と e_R を消去することにより

$$RC\frac{\mathrm{d}e_o}{\mathrm{d}t}+e_o=e_i$$

を得る．したがって，e_i から e_o への伝達関数は

$$G(s)=\frac{1}{RCs+1}\quad (1\text{ 次系})$$

となる．

一般に，1 次系は

$$G(s)=\frac{K}{Ts+1}$$

の形で表され，K をゲイン，T を時定数という．

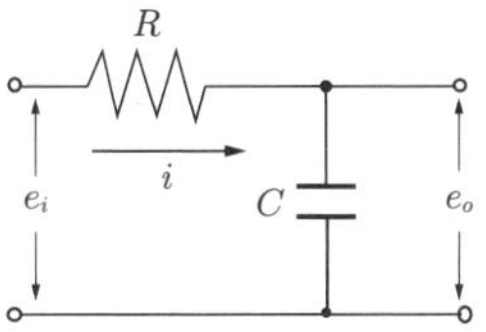

図 **2** マス–バネ–ダンパ系

(ii) マス–バネ–ダンパ系

壁にバネ (バネ定数 K) とダンパ (粘性係数 D) を介してつながれて水平方向に運動する質量 M の台車を考える (図 2). 外力 u を入力, 平衡点からの変位 y を出力とする. 摩擦がないという仮定のもとで, この台車の運動方程式は

$$M\frac{\mathrm{d}^2y}{\mathrm{d}t^2}+D\frac{\mathrm{d}y}{\mathrm{d}t}+Ky=u$$

であり, この系の伝達関数は

$$G(s)=\frac{1}{Ms^2+Ds+K} \qquad (2\text{ 次系})$$

である.

2 次系の標準形は次式で与えられ, ζ は減衰係数, ω_n は自然角周波数という.

$$G(s)=\frac{K\omega_n^2}{s^2+2\zeta\omega_n s+\omega_n^2}$$

〔鷹 羽 浄 嗣〕

参 考 文 献

[1] 片山 徹:新版フィードバック制御の基礎, 朝倉書店, 2002.

[2] 杉江俊治, 藤田政之:フィードバック制御入門, コロナ社, 1999.

1.3 インパルス応答とステップ応答

impulse response and step response

伝達関数 $G(s)$ で表される連続時間線形システムを考える.「1.2 伝達関数」の節で述べたように, 時間領域において, このシステムの入出力関係は

$$y(t)=\int_0^t g(t-\tau)u(\tau)\mathrm{d}\tau, \quad t\geq 0$$

と表される. ただし, g は伝達関数 G の逆ラプラス変換 $\mathscr{L}^{-1}[G(s)](t)$ であり, u, y はそれぞれ入力と出力である.

入力として単位インパルス関数 (ディラック (Dirac) のデルタ関数) δ を印加する場合を考える. デルタ関数は, 厳密には関数ではないが,

① $\delta(t)=0, \quad t\neq 0$ かつ $\displaystyle\int_{-\infty}^{\infty}\delta(t)\,\mathrm{d}t=1$

② 任意の連続関数 f に対し

$$\int_{-\infty}^{\infty}\delta(t-\tau)f(\tau)\,\mathrm{d}\tau=f(t)$$

の性質を満たす関数と見なすことができる. 入力を $u(t)=\delta(t)$ としたとき, 上記の性質から

$$y(t)=\int_0^t g(t-\tau)\delta(\tau)\,\mathrm{d}\tau=g(t), \quad t\geq 0$$

を得る. このことから g は**インパルス応答** (impulse response) と呼ばれる.

システムが入出力安定であるための必要十分条件は

$$\int_0^{\infty}|g(t)|\,\mathrm{d}t<\infty$$

が成り立つことである.

次に, 単位ステップ関数

$$\mathbf{1}(t)=\begin{cases}1, & t>0\\ 0, & t<0\end{cases}$$

を印加したときの出力応答は**ステップ応答** (step response) と呼ばれ,

$$y(t)=\int_0^t g(t)\,\mathrm{d}\tau, \quad t\geq 0$$

で与えられる.

ステップ応答は, システムの過渡特性および定常特性を解析するうえで非常に有用である. ステップ応答

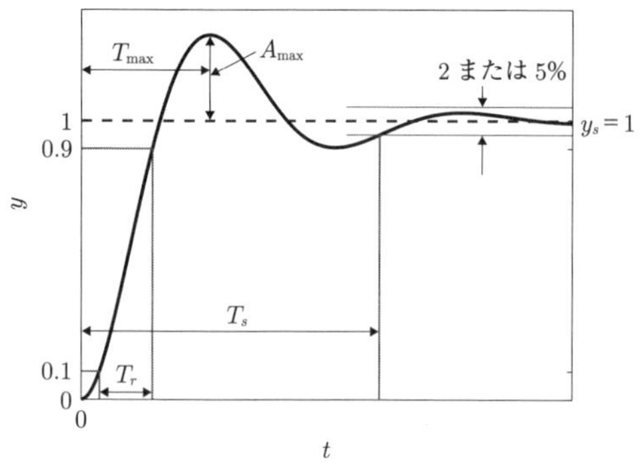

図 1 ステップ応答と過渡特性指標

から読みとられる過渡応答指標を以下にあげる (図 1).

①整定時間 (settling time) T_s：出力 y とその定常値 y_s との差が ±2% または ±5% 以内になるまでの時間

②立上がり時間 (rise time) T_r：出力 y が定常値 y_s の 10% から 90% まで移行するのにかかる時間

③最大オーバーシュート (maximum overshoot)：$A_{\max}$ 出力 y の定常値 y_s に対する最大行き過ぎ量

④ピーク時間 (peak time) $T_{\max}$：最大オーバーシュートに至るまでの時間

例 (1) 1 次系 $G(s) = K/(Ts+1)$ のインパルス応答およびステップ応答はそれぞれ

$$\frac{K}{T}e^{-t/T}, \quad K\left(1 - e^{-t/T}\right)$$

で与えられる (図 2). 特に, $t = T$ のとき, ステップ応答の出力は, 最終値の約 63.2% になる.

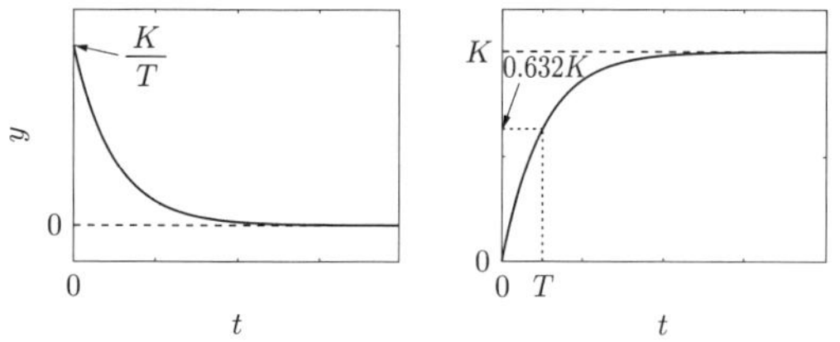

(a) インパルス応答 (b) ステップ応答

図 2 1 次系の時間応答

(2) 次の標準形で表された 2 次系の応答を考える.

$$G(s) = \frac{K\omega_n^2}{s^2 + 2\zeta\omega_n + \omega_n^2}$$

$K = 1, \omega_n = 1$ に対するインパルス応答とステップ応答を図 3 に示す.

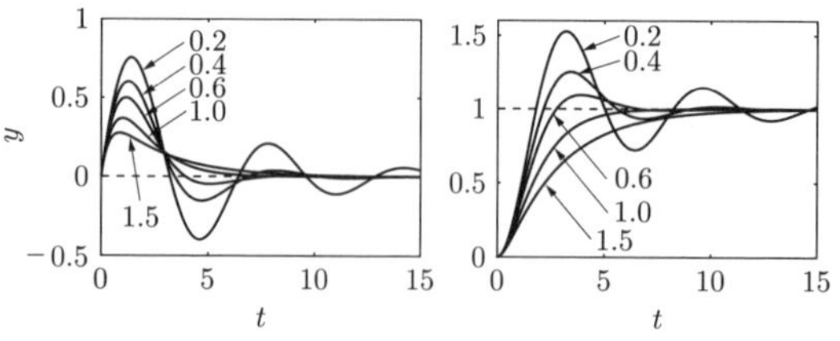

(a) インパルス応答 (b) ステップ応答

図 3 2 次系の時間応答

この系は, 減衰係数 ζ の値によって, 純虚数極 ($\zeta = 0$), 複素数極 ($0 < \zeta < 1$), 実数極 ($\zeta \geq 1$) をとる. したがって, 2 次系の応答は, $0 \leq \zeta < 1$ のとき振動的, $\zeta \geq 1$ で非振動的となる. 特に, $0 < \zeta < 1$ のとき, 周期 $2\pi/(\omega_n\sqrt{1-\zeta^2})$ の減衰振動となり, ステップ応答の最大オーバーシュートおよびピーク時間は

$$A_{\max} = e^{-\zeta\pi/\sqrt{1-\zeta^2}}, \quad T_{\max} = \frac{\pi}{\omega_n\sqrt{1-\zeta^2}}$$

で与えられる. 〔鷹 羽 浄 嗣〕

参 考 文 献

[1] 片山 徹：新版フィードバック制御の基礎, 朝倉書店, 2002.

[2] 杉江俊治, 藤田政之：フィードバック制御入門, コロナ社, 1999.

1.4 周波数応答

frequency response

動的システムに対してさまざまな周波数の正弦波信号を入力した場合の出力の定常応答を**周波数応答**という．周波数応答は非常に有用であり，制御工学や信号処理などの分野における主要な解析・設計手法となっている．

安定な伝達関数 $G(s)$ で表される連続時間線形システムに対して角周波数 ω の正弦波入力 $u(t) = \sin\omega t$ を加えたときの周波数応答は，同じく角周波数 ω の正弦波信号となり，

$$y(t) = |G(j\omega)|\sin(\omega t + \angle G(j\omega)) \tag{1}$$

で与えられることがよく知られている．このように，周波数応答は $G(s)$ に $s = j\omega$ を代入して得られる**周波数応答関数** (frequency response function) $G(j\omega)$ によって特徴づけられる．

$G(j\omega)$ の絶対値 $|G(j\omega)|$ および偏角 $\angle G(j\omega)$ をそれぞれ**ゲイン** (gain) および**位相** (phase) という．ゲインは入力信号の周波数成分に対する帯域通過特性を表し，位相は入力信号に対する出力定常応答のずれ (遅れ) を表す．

周波数応答に基づく解析・設計には，周波数応答を

(a) 微分要素 s および積分要素 $1/s$

(b) 1次系 $K/(Ts+1)$

(c) 2次系 $K\omega_n^2/(s^2+2\zeta\omega_n s + \omega_n^2)$

(d) 位相進み遅れ系 $(T_1 s+1)/(T_2 s+1)$

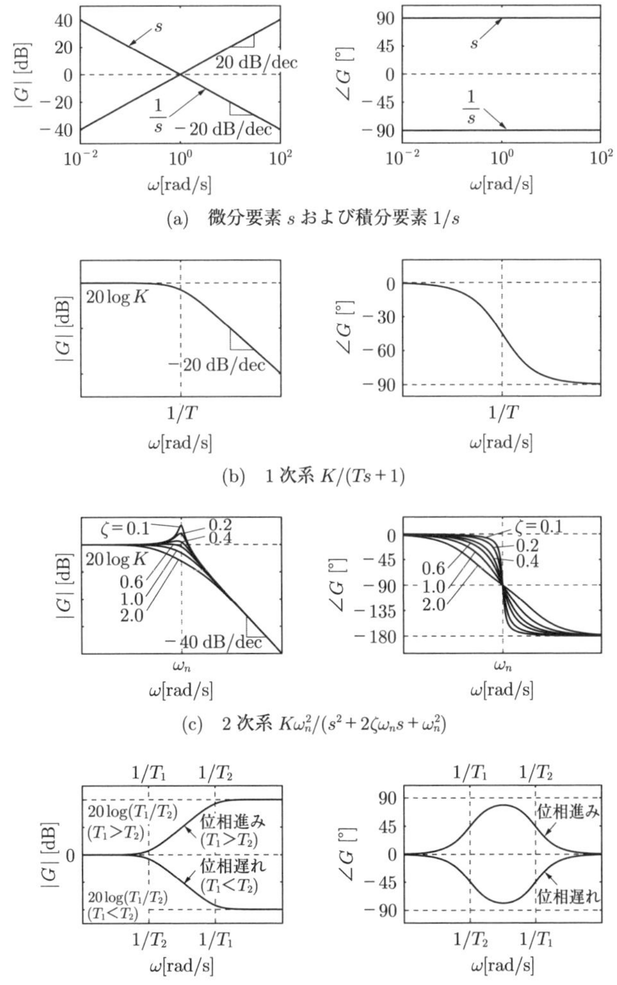

図 1 低次系のボード線図

図的に表現するのが便利である．周波数応答を描画する方法として，ボード線図 (Bode plot) とナイキスト線図（Nyquist plot) が代表的である．

ボード線図は，ゲイン線図と位相線図の二つからなる．いずれも横軸に角周波数 ω（単位:rad/s または Hz）を対数スケールでとる．ゲイン線図は，ゲイン $|G(j\omega)|$ を dB(デシベル) 値（すなわち，$20\log|G(j\omega)|$，対数の底は 10）でプロットしたものであり，位相線図は $\angle G(j\omega)$（単位：°(度)）をプロットしたものである．

一方，ナイキスト線図は，角周波数 ω を $-\infty$ から ∞ まで変化させたときの $G(j\omega)$ の軌跡を複素平面上に描いたものであり，ベクトル線図ともいう．ナイキスト線図は実軸に関して対称であるので，ナイキスト線図として $\omega \geq 0$ に対する $G(j\omega)$ の軌跡のみを図示することも多い．また，ナイキスト線図はフィードバック系の安定性判別において重要な役割を果たし，この安定判別法は**ナイキストの安定定理**として知られている（2.2 節参照)．

低次系のボード線図およびナイキスト線図をそれぞれ図 1 および図 2 に示す．　〔鷹 羽 浄 嗣〕

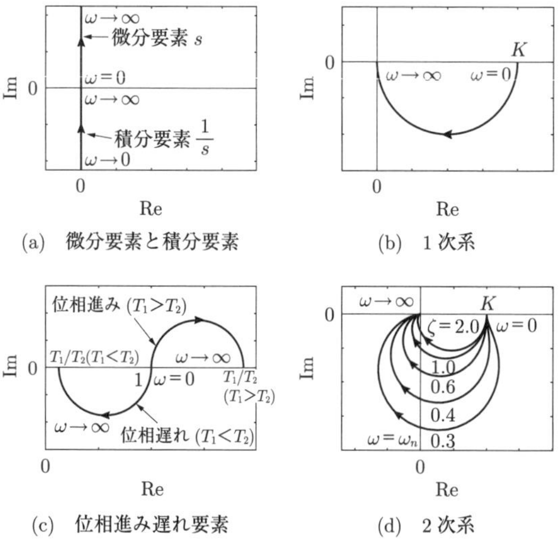

(a)　微分要素と積分要素　(b)　1 次系

(c)　位相進み遅れ要素　(d)　2 次系

図 2　低次系のナイキスト線図 ($\omega \geq 0$)

参 考 文 献

[1]　片山　徹：新版フィードバック制御の基礎，朝倉書店，2002.

[2]　杉江俊治，藤田政之：フィードバック制御入門，コロナ社，1999.

1.5 状態方程式

state equation

a. 状態空間モデル

動的システム (dynamical system) とは，現在の出力が過去の入力に依存して決まるシステムである．一方，入力の瞬時値のみから出力が決まるシステムを**静的システム** (static system) という．静的システムが代数方程式で表されるのに対して，動的システムは微分方程式や差分方程式で表される．

動的システムは過去の入力に関する記憶をもつため，その解析・設計では記憶された情報を表す内部変数が重要な役割を果たす (図 1)．**状態方程式**は，そのような内部変数を陽に表したシステム表現である．

図 1　動的システム

ここでは，常微分方程式で表される連続時間集中定数系の状態方程式表現について述べる．離散時間系やむだ時間系，そして偏微分方程式で表される分布定数系に対しても，ここでの考え方を拡張して状態方程式表現を定義することができる．

入力ベクトル $u:\mathbb{R}\to\mathbb{R}^m$ と出力ベクトル $y:\mathbb{R}\to\mathbb{R}^p$ をもつ動的システムに対して，次式のシステム表現を**状態空間モデル** (state space model) または**状態方程式表現** (state equation representation) という．

$$\dot{x}(t) = f(x(t), u(t), t) \tag{1a}$$

$$y(t) = h(x(t), u(t), t) \tag{1b}$$

ここに，$f:\mathbb{R}^n\times\mathbb{R}^m\times\mathbb{R}\to\mathbb{R}^n$ と $h:\mathbb{R}^n\times\mathbb{R}^m\times\mathbb{R}\to\mathbb{R}^p$ は静的な関数である．内部変数 $x:\mathbb{R}\to\mathbb{R}^n$ を**状態ベクトル** (state vector) または単に状態という．各時刻 t において $x(t)$ の属する空間 (式 (1) では $\mathbb{R}^n$) を**状態空間** (state space) といい，状態空間の次元を**システムの次数** (order) という．また，式 (1a) を**状態方**

程式 (state equation)，式 (1b) を**出力方程式** (output equation) という．

状態空間モデル (1) がシステムを適切に定義するために，関数 f は x に関するリプシッツ連続性など解軌道の存在と一意性を保証する条件を満たさなければならないが，ここでは詳細は省略する．以下では，与えられた初期状態 x_0 と入力 u に対して一意な解軌道 x が存在することを仮定する．

また，式 (1) において u, y はベクトル値変数なので，状態空間モデルは多入力多出力システムを扱うのに適したシステム表現であるといえる．

一般に，状態空間モデル (1) は非線形時変システムを表す．関数 f, h が時刻 t を含まない，すなわち，$f(x,u,t)=f(x,u)$ かつ $h(x,u,t)=h(x,u)$ であるとき，その状態空間モデルの表すシステムは**時不変** (time invariant) であるという．また，f, h が x, u について線形であるとき，システムは**線形** (linear) であるという．特に，線形時不変システムでは，適当なサイズの定数行列 A, B, C, D を用いて，$f(x,u)=Ax+Bu$, $h(x,u)=Cx+Du$ と表すことができる．

入力 u の時間区間 $[a,b]$ への制限を $u_{[a,b]}$ と表す．初期時刻を t_0 として初期状態 $x(t_0)=x_0$ および入力 u に対する状態ベクトル x の軌道 (式 (1a) の解軌道) を

$$x(t)=\varphi(t,t_0,x_0,u_{[t_0,t]}),\quad t\geq t_0$$

と表すことにする．このとき，任意の入力 u, 初期状態 x_0 および $t\geq t_1\geq t_0$ に対して

$$\varphi(t,t_0,x_0,u_{[t_0,t]})=\varphi(t,t_1,\varphi(t_1,t_0,x_0,u_{[t_0,t_1]}),u_{[t_1,t]})$$

が成り立つ．これは，t_1 を現時刻とするとき，現在の状態 $x(t_1)$ と未来の入力 $u_{[t_1,t]}$ が与えられれば，過去の入力 $u_{[t_0,t_1]}$ にかかわらず未来のシステムの振舞い $(x(t),y(t))$, $t>t_1$ が一意に定まることを示している．すなわち，x は過去の入力に関する必要かつ十分な情報を集約した変数であり，このことが x を「状態」と呼ぶ所以である．

b.　モデリングの例

いくつかの例に対して状態空間モデルを導出する．状態方程式によるモデリングの典型的な手順は，以下の通りである．

(1) 各構成要素の物理法則 (微分/差分方程式，代数方程式) を列挙する．

(2) 物理変数のなかから状態変数を選び出す．

(3) 冗長な変数と代数方程式を消去して，状態変数に関する一階連立微分方程式 (状態方程式) を構成する．

例 1 (倒立振子)　倒立振子 (図 2) は，台車を水平方向に動かすことにより，台車に取り付けられた振子を倒立位置に安定化する制御実験装置である．振子は鉛直面上を運動するとして，このシステムの状態方程式を導出しよう．台車の質量を M, 基準点からの変位を z とし，台車に加える力を u とする．また，振子の傾き角を θ, 質量を m, 回転軸から振子の重心までの長さを l, そして重心まわりの慣性モーメントを J とする．また，回転軸および台車・地面間の摩擦係数をそれぞれ γ,ν とする．このとき，台車と振子の運動方程式は

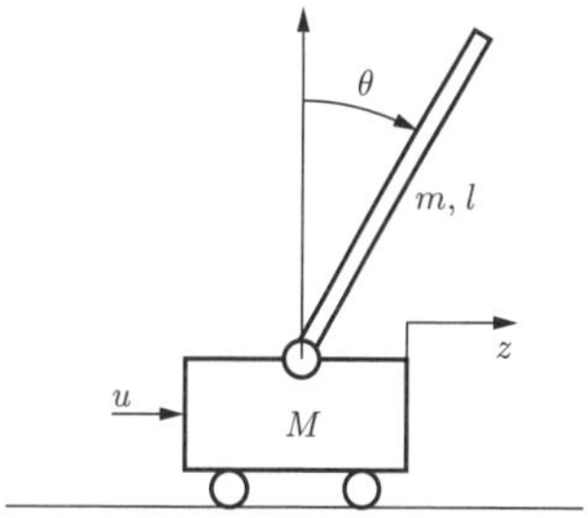

図 2　倒立振子

$$(M+m)\ddot{z}+ml\ddot{\theta}\cos\theta-ml\dot{\theta}^2\sin\theta+\nu\dot{z}=u$$

$$(J+ml^2)\ddot{\theta}-ml\ddot{z}\cos\theta-mgl\sin\theta-\gamma\dot{\theta}=0$$

で与えられる．状態を $(x_1,x_2,x_3,x_4)=(z,\theta,\dot{z},\dot{\theta})$, 出力を $(y_1,y_2)=(z,\theta)$ とおくと，上の運動方程式より，1 入力 2 出力の 4 次非線形状態空間モデル

$$\frac{\mathrm{d}}{\mathrm{d}t}\begin{bmatrix}x_1\\x_2\\x_3\\x_4\end{bmatrix}=\begin{bmatrix}x_3\\x_4\\\dfrac{m^2l^2gs_2c_2+Wmlx_4^2s_2+ml\gamma x_4c_2-W\nu x_3+Wu}{VW-m^2l^2c_2^2}\\\dfrac{Vmgls_2+m^2l^2x_4^2s_2c_2+V\gamma x_4-ml\nu x_3c_2+mluc_2}{VW-m^2l^2c_2^2}\end{bmatrix}$$

$$y=\begin{bmatrix}x_1\\x_2\end{bmatrix}$$

を得る．ただし，$V = M + m, W = J + ml^2$ であり，$s_2 = \sin x_2$, $c_2 = \cos x_2$ とおいた．

実際のシステムでは，この例のように状態方程式が非線形になることが多い．

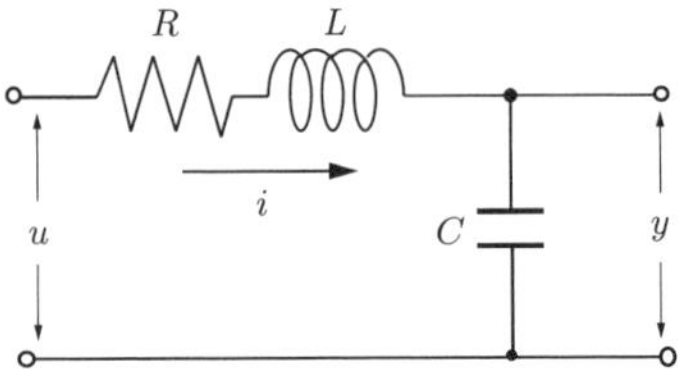

図 3　RLC 回路

例 2 (電気回路)　抵抗 R，インダクタンス L およびコンデンサ C からなる図 3 の電気回路を考える．入力電圧を u，出力電圧を y，および回路内の電流を i とする．抵抗，インダクタンス，コンデンサの端子電圧をそれぞれ $v_R, v_L, v_C (= y)$ とすると，オームの法則，ファラデーの法則，クーロンの法則とキルヒホッフ電圧法則より

$$v_R = Ri, \quad L\frac{\mathrm{d}i}{\mathrm{d}t} = v_L, \quad C\frac{\mathrm{d}v_C}{\mathrm{d}t} = i$$

$$u = v_R + v_L + v_C$$

が成り立つ．ここで，状態を $(x_1, x_2) = (v_C, i)$ ととり，これらの式から v_R, v_L を消去することにより，2 次の線形時不変状態空間モデルを得る．

$$\frac{\mathrm{d}}{\mathrm{d}t}\begin{bmatrix} x_1 \\ x_2 \end{bmatrix} = \begin{bmatrix} 0 & 1/C \\ -1/L & -R/L \end{bmatrix}\begin{bmatrix} x_1 \\ x_2 \end{bmatrix} + \begin{bmatrix} 0 \\ 1/L \end{bmatrix} u$$

$$y = \begin{bmatrix} 1 & 0 \end{bmatrix}\begin{bmatrix} x_1 \\ x_2 \end{bmatrix}$$

c.　近似線形化

状態方程式が非線形であるとき，これをそのまま取り扱うのは数学的に厄介である．この場合，実際の解析・設計では，平衡点まわりで状態方程式・出力方程式を線形近似して得られる近似線形化モデルが役に立つ．

点 $(x, u) = (\overline{x}, \overline{u})$ を平衡点として，線形化モデルを導出しよう．f, h は x,u について滑らかであると仮定し，平衡点の条件 $f(\overline{x}, \overline{u}, \bullet) = 0$ に注意して

$$f(x, u, t) = A(t)(x - \overline{x}) + B(t)(u - \overline{u}) + (\text{高次項})$$

$$\begin{aligned} h(x, u, t) = h(\overline{x}, \overline{u}, t) &+ C(t)(x - \overline{x}) \\ &+ D(t)(u - \overline{u}) + (\text{高次項}) \end{aligned}$$

$$A(t) = \frac{\partial f}{\partial x}(\overline{x}, \overline{u}, t), \quad B(t) = \frac{\partial f}{\partial u}(\overline{x}, \overline{u}, t)$$

$$C(t) = \frac{\partial h}{\partial x}(\overline{x}, \overline{u}, t), \quad D(t) = \frac{\partial h}{\partial u}(\overline{x}, \overline{u}, t)$$

とテイラー展開する．これらを式 (1) に代入し高次項を打ち切れば，平衡点 $(\overline{x}, \overline{u})$ の近傍におけるシステムの振舞いは，近似的に線形化モデル

$$\dot{\widetilde{x}}(t) = A(t)\widetilde{x}(t) + B(t)\widetilde{u}(t)$$

$$\widetilde{y}(t) = C(t)\widetilde{x}(t) + D(t)\widetilde{u}(t)$$

によって表される．ただし，$\widetilde{x}, \widetilde{u}$ および $\widetilde{y}$ は，それぞれ x, u, y の $\overline{x}$, $\overline{u}$, $h(\overline{x}, \overline{u}, t)$ からの変動である．

$$\widetilde{x}(t) = x(t) - \overline{x}, \quad \widetilde{u}(t) = u(t) - \overline{u},$$

$$\widetilde{y}(t) = y(t) - h(\overline{x}, \overline{u}, t)$$

例 3 (倒立振子つづき)　倒立振子の安定化では，倒立姿勢に対応する平衡点 $((\theta, z, \dot{\theta}, \dot{z}), u) = ((0, 0, 0, 0), 0)$ 近傍のシステムの振舞いに興味がある．この平衡点まわりの線形化モデルは

$$\frac{\mathrm{d}}{\mathrm{d}t}\begin{bmatrix} x_1 \\ x_2 \\ x_3 \\ x_4 \end{bmatrix} = \begin{bmatrix} 0 & 0 & 1 & 0 \\ 0 & 0 & 0 & 1 \\ 0 & \frac{m^2l^2g}{Z} & -\frac{W\nu}{Z} & \frac{ml\gamma}{Z} \\ 0 & \frac{mgl}{Z} & -\frac{ml\nu}{Z} & \frac{V\gamma}{Z} \end{bmatrix}\begin{bmatrix} x_1 \\ x_2 \\ x_3 \\ x_4 \end{bmatrix} + \begin{bmatrix} 0 \\ 0 \\ \frac{W}{Z} \\ \frac{ml}{Z} \end{bmatrix} u$$

$$y = \begin{bmatrix} 1 & 0 & 0 & 0 \\ 0 & 1 & 0 & 0 \end{bmatrix}\begin{bmatrix} x_1 \\ x_2 \\ x_3 \\ x_4 \end{bmatrix}$$

となる．これは，もとの非線形状態空間モデル（例 1）で $\sin x_2 \simeq x_2$, $\cos x_2 \simeq 1$ と近似して高次項を無視したものになっている．

d.　システムの等価性

正則な定数行列 T により，状態空間モデル (1) に座標変換 $z = Tx$ を施すと，新しい状態空間モデル

$$\dot{z}(t) = \widehat{f}(z(t), u(t), t)$$

$$y(t)=\widehat{h}(z(t),u(t),t)$$

を得る．ただし，$\widehat{f}(z,u,t)=Tf(T^{-1}z,u,t)$, $\widehat{h}(z,u,t)=h(T^{-1}z,u,t)$ である．このように適当な座標変換により二つの状態空間モデルが1対1に対応づけられるとき，これらが表すシステムは等価であるという．

等価なシステムの入出力応答は等しいので，与えられた入出力応答を実現する状態空間モデルは一意ではなく座標変換の選び方によって無数に存在する．一方，同じ入出力応答を与える二つのシステムが等価とはかぎらない．同じ入出力応答を与えるシステムは入出力等価であるという．例として，次の二つの線形時不変システムはともに伝達関数 $1/(s-1)$ を与えるので入出力等価だが，状態空間の次元が違うので等価ではない．

$$\begin{bmatrix}\dot{x}_1\\ \dot{x}_2\end{bmatrix}=\begin{bmatrix}1 & 0\\ 1 & 2\end{bmatrix}\begin{bmatrix}x_1\\ x_2\end{bmatrix}+\begin{bmatrix}1\\ 1\end{bmatrix}u,\quad y=\begin{bmatrix}1 & 0\end{bmatrix}\begin{bmatrix}x_1\\ x_2\end{bmatrix} \tag{2}$$

$$\dot{x}=x+2u,\quad y=\frac{1}{2}x$$

e. 線形時不変システムの応答

次式で定義される線形時不変システムを考える．

$$\dot{x}(t)=Ax(t)+Bu(t) \tag{3a}$$

$$y(t)=Cx(t)+Du(t) \tag{3b}$$

初期時刻 $t=0$，初期状態 $x(0)=x_0$ に対する式 (3a) の解軌道は，行列指数関数 e^{At} を用いて

$$x(t)=e^{At}x_0+\int_0^t e^{A(t-\tau)}Bu(\tau)\,\mathrm{d}\tau,\quad t\geq 0$$

で与えられる．これを式 (3b) に代入すれば

$$y(t)=Ce^{At}x_0+\int_0^t g(t-\tau)u(\tau)\,\mathrm{d}\tau,\quad t\geq 0 \tag{4}$$

が成り立つ．ただし，

$$g(t)=Ce^{At}B+D\delta(t),\quad t\geq 0$$

であり，$\delta(t)$ はディラックのデルタ関数である．式 (4) より，出力 y は初期状態 x_0 に対する応答 (右辺第1項) と入力 u に対する応答 (右辺第2項) の和に分解できることがわかる．前者の応答を**ゼロ入力応答** (zero input response)，後者を**ゼロ状態応答** (zero state response) という．

ゼロ状態応答は g と u との合成積であるので，インパルス入力 $u(t)=v\delta(t)$, $v\in\mathbb{R}^m$ を印加したときのゼロ状態応答は $y(t)=g(t)v$ となる．このことから，関数 g を**インパルス応答行列** (impulse response matrix) という．

さらに，式 (4) をラプラス変換することにより，

$$\widehat{y}(s)=C(sI-A)^{-1}x_0+G(s)\widehat{u}(s)$$

を得る (I: 単位行列)．ただし，$\widehat{u}$, $\widehat{y}$ および $G(s)$ は，それぞれ u, y と g のラプラス変換である．$G(s)$ を**伝達関数行列** (transfer function matrix) という．

状態空間モデルの係数行列を用いれば，$G(s)$ は

$$G(s)=C(sI-A)^{-1}B+D \tag{5}$$

と表される．$G(s)$ の各要素はたかだか n 次のプロパーな有理伝達関数である．ある複素数は，それが $G(s)$ のいずれかの要素の極であるとき，伝達関数行列 $G(s)$ の極であるという．式 (5) より $G(s)$ の極は A の固有値である．ただし，式 (2) の例のように極零相殺が生じる場合があるので，逆は成り立たない．

また，任意のプロパーな n 次伝達関数行列 $G(s)$ に対して，式 (5) を満たす状態空間モデル (3) が必ず存在することも知られている．そのような状態空間モデルの係数行列の組 (A,B,C,D) を $G(s)$ の**実現** (realization) という．〔鷹 羽 浄 嗣〕

参 考 文 献

[1] 前田　肇：線形システム，朝倉書店，2001.
[2] N.H. McLamroch : State Models of Dynamic Systems: A Case Study Approach, Springer, 1980.

1.6 ビヘイビアアプローチ

behavioral approach

ビヘイビアアプローチは，動的システムを従来のように入出力関係によって定義するのではなく，システム変数の軌道の集合 (behavior) によって特徴づけるシステム理論である．

a. 動的システムとカーネル表現

動的システム Σ は，三つの集合の組 $\Sigma = (\mathbb{T}, \mathbb{W}, \mathcal{B})$ によって定義される．ここで，$\mathbb{T}$ は時間軸であり，典型的には，$\mathbb{T} = \mathbb{R}$ (連続時間系）または $\mathbb{T} = \mathbb{Z}$（離散時間系）である．$\mathbb{W}$ は信号空間と呼ばれ，各時刻におけるシステム変数の値が存在する集合である．$\mathbb{T}$ から $\mathbb{W}$ への時間関数全体の集合を $\mathbb{W}^{\mathbb{T}}$ と記す．$\mathcal{B} \subset \mathbb{W}^{\mathbb{T}}$ は，ビヘイビア (behavior) と呼ばれ，システムのダイナミクスにしたがうシステム変数の軌道の集合である．

例 1 運動方程式 $m\ddot{x} + d\dot{x} + kx = 0$ で表される簡単な 2 次振動系においては，$\mathbb{T} = \mathbb{R}, \mathbb{W} = \mathbb{R}$ であり，ビヘイビアは

$$\mathcal{B} = \{x : \mathbb{R} \to \mathbb{R} |\ m\ddot{x} + d\dot{x} + kx = 0\}$$

となる．

例 2 オートマトンにより定義される離散事象システムは，事象集合 $\mathbb{A}$，状態集合 $\mathbb{X}$ および，生起事象と状態遷移を対応づける状態遷移則からなる．このシステムも $\mathbb{T} = \mathbb{N}$（事象の生起順序），$\mathbb{W} = \mathbb{A}$（事象集合），$\mathcal{B} = \{$ 状態遷移則によって生成される事象列 $\}$ とおくことにより，動的システム $\Sigma = (\mathbb{N}, \mathbb{A}, \mathcal{B})$ として定義される．

$\mathtt{w}$ 次元変数ベクトル w と $\mathtt{p}$ 本の方程式からなる連立微分代数方程式

$$R_0 w + R_1 \frac{\mathrm{d}}{\mathrm{d}t} w + R_2 \frac{\mathrm{d}^2}{\mathrm{d}t^2} w + \cdots + R_N \frac{\mathrm{d}^N}{\mathrm{d}t^N} w = 0 \tag{1}$$

$$R_i \in \mathbb{R}^{\mathtt{p} \times \mathtt{w}},\ i = 0, 1, \cdots, N$$

あるいは，略記して

$$R\left(\frac{\mathrm{d}}{\mathrm{d}t}\right) w = 0, \qquad R(s) = R_0 + R_1 s + \cdots + R_N s^N$$

で定義される線形時不変システム $\Sigma = (\mathbb{R}, \mathbb{R}^{\mathtt{w}}, \mathcal{B})$ を考える．多項式行列 $R(s)$ の変数 s は微分演算子 $\mathrm{d}/\mathrm{d}t$ に対応している．式 (1) の解 w のクラスは $\mathbb{R}$ から $\mathbb{R}^{\mathtt{w}}$ への $\mathfrak{C}^\infty$ 級関数 ($\mathfrak{C}^\infty(\mathbb{R}, \mathbb{R}^{\mathtt{w}})$ と表記する）であるとする．すなわち，

$$\mathcal{B} = \left\{ w \in \mathfrak{C}^\infty(\mathbb{R}, \mathbb{R}^{\mathtt{w}}) \,\middle|\, R\left(\frac{\mathrm{d}}{\mathrm{d}t}\right) w = 0 \right\}$$

ビヘイビア $\mathcal{B}$ は多項式行列 $R(s)$ から誘導される微分作用素 $R(\mathrm{d}/\mathrm{d}t)$ の零化空間であるので，式 (1) の表現を**カーネル表現** (kernel representation) といい，$\mathcal{B} = \ker R(\mathrm{d}/\mathrm{d}t)$ と表記する．カーネル表現を有する線形時不変システム $\Sigma = (\mathbb{R}, \mathbb{R}^{\mathtt{w}}, \mathcal{B})$ の全体を $\mathfrak{L}^{\mathtt{w}}$ と表す．$\mathfrak{L}^{\mathtt{w}}$ は線形システムのクラスとして十分大きく，従来広く扱われてきた線形システムモデルを包含している．たとえば，状態方程式

$$\frac{\mathrm{d}}{\mathrm{d}t} x = Ax + Bu, \quad y = Cx + Du \tag{2}$$

$$x:\ \mathbb{R} \to \mathbb{R}^{\mathtt{n}},\ u:\ \mathbb{R} \to \mathbb{R}^{\mathtt{m}},\ y:\ \mathbb{R} \to \mathbb{R}^{\mathtt{p}}$$

によって定義される線形システムは

$$w = \begin{pmatrix} x \\ u \\ y \end{pmatrix},\ R(s) = \begin{pmatrix} A - sI_{\mathtt{n}} & B & 0 \\ C & D & -I_{\mathtt{p}} \end{pmatrix} \tag{2'}$$

とおくことにより $\mathfrak{L}^{\mathtt{n+m+p}}$ に属することがわかる．

システム $\Sigma \in \mathfrak{L}^{\mathtt{w}}$ を表すカーネル表現は一意ではない．いくつものカーネル表現のうち，方程式数 $\mathtt{p}$ が最小のものを最小カーネル表現という．$R(s)$ が最小カーネル表現を与えるための必要十分条件は，それが（多項式行列として）行フルランクとなることである．

b. 自律性・可制御性・可観測性

線形システム $\Sigma = (\mathbb{R}, \mathbb{R}^{\mathtt{w}}, \mathcal{B})$ を考える．任意の $w_1, w_2 \in \mathcal{B}$ に対して

$$w_1(t) = w_2(t)\ \forall t \le 0 \ \Rightarrow\ w_1(t) = w_2(t)\ \forall t > 0$$

が成り立つとき，Σ(および $\mathcal{B}$) は**自律的**であるという．上式は，システムの未来 ($t > 0$) の振舞いが過去 ($t \le 0$)

の履歴に対して一意に定まることを意味している．言い換えれば，自律性は，Σ に外部入力が存在しないことと等価である．$\Sigma = (\mathbb{R}, \mathbb{R}^{\mathtt{w}}, \ker R(\mathrm{d}/\mathrm{d}t))$ が自律的であるための必要十分条件は，$R(s)$ が列フルランクとなることである．

自律的でないシステム $\Sigma = (\mathbb{R}, \mathbb{R}^{\mathtt{w}}, \mathcal{B}) \in \mathfrak{L}^{\mathtt{w}}$ に対して，変数 $w \in \mathcal{B}$ の要素の適当な並べ替えによって

$$w = \begin{pmatrix} y \\ u \end{pmatrix}, \quad R(s) = \begin{pmatrix} P(s) & -Q(s) \end{pmatrix},$$
$$\det P(s) \neq 0 \tag{3}$$

なる最小カーネル表現を得ることができる．$\det P(s) \neq 0$ なので，任意の $u \in \mathfrak{C}^{\infty}(\mathbb{R}, \mathbb{R}^{\mathtt{w}-\mathtt{p}})$ に対して $w \in \mathcal{B}$ となる $y \in \mathfrak{C}^{\infty}(\mathbb{R}, \mathbb{R}^{\mathtt{p}})$ が必ず存在する．すなわち，u と y はそれぞれ入力および出力の役割を果たしている．この意味で式 (3) は，入出力分割と呼ばれる．ただし，入出力分割は一意ではなく，ビヘイビアアプローチにおいては特定の入出力分割を前提としていないことに注意されたい．$\det P(s) \neq 0$ により，u から y への伝達関数行列 $G(s) = P(s)^{-1}Q(s)$ が形式的に導かれる．また，入出力分割は一意ではないが，その選び方によらず入出力変数の次元は不変であり，それぞれを $\mathtt{m}(\Sigma)$, $\mathtt{p}(\Sigma)$ と記すことにする．明らかに，$\mathtt{p}(\Sigma) = \mathrm{rank}(R)$, $\mathtt{m}(\Sigma) = \mathtt{w} - \mathtt{p}(\Sigma)$ が成り立つ．

任意の $w_1, w_2 \in \mathcal{B}$ に対して，ある $w \in \mathcal{B}$ と $T > 0$ が存在して

$$w(t) = \begin{cases} w_1(t) & (t < 0) \\ w_2(t - T) & (t > T) \end{cases}$$

が成り立つとき，$\Sigma = (\mathbb{R}, \mathbb{R}^{\mathtt{w}}, \mathcal{B})$ および $\mathcal{B}$ は**可制御** (controllable) であるという．これは，システム変数 w を有限時間で任意の軌道 w_1 から w_2 へと移す「制御」が存在することを意味している．$\Sigma = (\mathbb{R}, \mathbb{R}^{\mathtt{w}}, \ker R(\mathrm{d}/\mathrm{d}t))$ が可制御であるための必要十分条件は，$\mathrm{rank}\, R(\lambda)$ がすべての複素数 λ に対して一定値をとることである．式 $(2')$ のカーネル表現より，状態空間システム (2) が可制御であるための必要十分条件は $\mathrm{rank}(A - \lambda I_{\mathtt{n}} \;\; B) = \mathtt{n}\ \forall\lambda \in \mathbb{C}$ であることが直ちにわかる．また，$\mathcal{B}_{\mathrm{cont}} \subseteq \mathcal{B}$ を最大可制御部分ビヘイビア（$\mathcal{B}$ の可制御な部分空間のなかで最大のもの）とすると，ある自律的な部分ビヘイビア $\mathcal{B}_{\mathrm{auto}} \subseteq \mathcal{B}$ が存在して，直和分解

$$\mathcal{B} = \mathcal{B}_{\mathrm{cont}} \oplus \mathcal{B}_{\mathrm{auto}}$$

が成立する．

システム変数 $w \in \mathcal{B}$ を $w = (w_1, w_2)$ と分割する．このとき，対応するカーネル表現は次式のようになる．

$$R_1\left(\frac{\mathrm{d}}{\mathrm{d}t}\right) w_1 + R_2\left(\frac{\mathrm{d}}{\mathrm{d}t}\right) w_2 = 0$$

変数 w_2 に対して $w \in \mathcal{B}$ なる w_1 が一意に定まるとき，w_1 は w_2 から可観測であるという．w_1 が w_2 から**可観測** (observable) であるための必要十分条件は，$R_1(s)$ が右既約，すなわち $R_1(\lambda)$ が任意の複素数 λ に対して列フルランクとなることである．たとえば，式 $(2')$ において

$$R_1(s) = \begin{pmatrix} A - sI_{\mathrm{n}} \\ C \end{pmatrix}, \quad R_2(s) = \begin{pmatrix} B & 0 \\ D & -I_{\mathrm{p}} \end{pmatrix},$$
$$w_1 = x, \; w_2 = (u, y)$$

とおけば，上の条件から直ちによく知られた状態空間モデル (2) の可観測条件 $\mathrm{rank}\begin{pmatrix} A-\lambda I_{\mathrm{n}} \\ C \end{pmatrix} = \mathtt{n}\ \forall\lambda \in \mathbb{C}$ が導かれる．

c．システム結合と制御

システム $\Sigma_1 = (\mathbb{R}, \mathbb{R}^{\mathtt{w}}, \mathcal{B}_1)$ と $\Sigma_2 = (\mathbb{R}, \mathbb{R}^{\mathtt{w}}, \mathcal{B}_2)$ からなる結合系 $\Sigma_1 \wedge \Sigma_2$ は，

$$\Sigma_1 \wedge \Sigma_2 := (\mathbb{R}, \mathbb{R}^{\mathtt{w}}, \mathcal{B}_1 \cap \mathcal{B}_2)$$

によって定義される．すなわち，結合系 $\Sigma_1 \wedge \Sigma_2$ のシステム変数 w は Σ_1 と Σ_2 両方のダイナミクスにしたがわなくてはならない．さらに，$\mathtt{p}(\Sigma_1) + \mathtt{p}(\Sigma_2) = \mathtt{p}(\Sigma_1 \wedge \Sigma_2)$ が成り立つとき，$\Sigma_1 \wedge \Sigma_2$ はレギュラーであるという．レギュラー性は，システム変数を制約する 1 次独立な微分代数方程式の数がシステム結合のもとで不変であることを意味しており，フィードバック系の well-posedness の概念を一般化したものである．

システム $\Sigma_P = (\mathbb{R}, \mathbb{R}^{\mathtt{w}}, \mathcal{P})$, $\Sigma_C = (\mathbb{R}, \mathbb{R}^{\mathtt{w}}, \mathcal{C})$ をそれぞれプラントおよび制御器とする．制御器 Σ_C は $w \in \mathcal{C}$ という制約をプラント Σ_P に付加することにより w の軌道を望ましいものに整形する役割を担う．この観点に立てば，ビヘイビアアプローチにおける「制御」の

概念は次のように定式化される．

「所望の制御仕様を表すビヘイビア $\mathcal{K}$ に対して，

$$\mathcal{K} = \mathcal{P} \cap \mathcal{C} \tag{4}$$

を満たす $\Sigma_C = (\mathbb{R}, \mathbb{R}^{\mathtt{w}}, \mathcal{C})$ を設計せよ」

たとえば安定化問題では，$\mathcal{K}$ は任意の安定系のビヘイビアとして与えられる．

この制御問題に対して，式 (4) を満たし，かつ，$\Sigma_1 \wedge \Sigma_2$ をレギュラーにする $\Sigma_C \in \mathfrak{L}^{\mathtt{w}}$ が存在するための必要十分条件は

$$\mathcal{K} \subseteq \mathcal{P} \text{ かつ } \mathcal{K} + \mathcal{P}_{\text{cont}} = \mathcal{P} \tag{5}$$

が成立することである．第 1 の条件は，所望の応答がプラントのビヘイビアに含まれることを要求している．第 2 の条件は，プラントのなかの不可制御なダイナミクスが制御仕様 $\mathcal{K}$ に許容されていなければレギュラー結合のもとで式 (4) を達成できないことを意味している．なお，式 (5) が成立すれば，$\mathcal{P}, \mathcal{K}$ のカーネル表現の多項式行列の代数的操作により，上記の条件を満たす制御器 Σ_C のカーネル表現を得ることができる．

〔鷹 羽 浄 嗣〕

参 考 文 献

[1] J.W. Polderman and J.C. Willems : Introduction to Mathematical Systems Theory, Springer, 1999.

[2] J.C Willems : The behavioral approach to open and interconnected systems. *IEEE Control Systems Magazine*, **27**: 46–99, 2007.

2 安定理論

2.1 リャプノフの安定性理論

Lyapunov stability theory

動的システムの内部状態の振舞いに関する安定性を内部安定性という．リャプノフ (A.M. Lyapunov) が 1892 年に学位論文で提唱したいわゆるリャプノフの安定性理論は，平衡点に関する内部安定性 (internal stability) を特徴づけるものであり，現代科学技術における基礎概念の一つとなっている．

a. リャプノフ安定性

常微分方程式

$$\dot{x} = f(x), \quad x(0) = x_0 \tag{1}$$

で表される連続時間非線形システムを考える．ここに，$x:\ [0,\infty) \to \mathbb{R}^n$ は式 (1) の解軌道を表す状態変数である．軌道 $x(t), t \geq 0$ は，初期状態 x_0 に対して一意に定まるので，このシステムは**自律的** (autonomous) である．常微分方程式 (1) の一意解の存在を保証するために，関数 $f:\ \mathbb{R}^n \to \mathbb{R}^n$ に対して，次の仮定をおく．

仮定 1 (リプシッツ条件)　関数 f は連続であり，かつある正定数 L が存在して

$$\|f(x) - f(y)\| \leq L\|x - y\| \quad \forall x,\ y \in \mathbb{R}^n$$

が成り立つ．

初期状態 $x_0 = \overline{x}$ から出発した式 (1) の軌道が $x(t) = \overline{x}, \forall t \geq 0$ となるとき，$\overline{x}$ をシステム (1) の**平衡点** (equilibrium) という．平衡点 $\overline{x}$ に対して $f(\overline{x}) = 0$ が成り立つ．

仮定 2　原点 $x = 0$ は非線形システム (1) の平衡点である．すなわち，$f(0) = 0$ が成り立つ．

任意の平衡点 $\overline{x}$ は状態変数を $z := x - \overline{x}$ に取り直すことにより，原点 $z = 0$ に移すことができるので，この仮定は一般性を失わない．

リャプノフの安定性は，次のように定義される．

定義 1　非線形システム (1) において，任意の正定数 ε に対して適当な正定数 δ が存在して，

$$x_0 \in \mathbf{B}(\delta) \Rightarrow x(t) \in \mathbf{B}(\varepsilon) \quad \forall t \geq 0 \tag{2}$$

が成り立つとき，原点 $x = 0$ は**リャプノフ安定** (Lyapunov stable)，または単に**安定** (stable) であるという．ただし，$\mathbf{B}(r)$ は，半径 r の球状閉領域

$$\mathbf{B}(r) := \{x \in \mathbb{R}^n \mid \|x\| \leq r\}$$

である．また，ある正定数 ε が存在して，いかなる $\delta > 0$ に対しても式 (2) が満たされないとき，原点 $x = 0$ は**不安定** (unstable) であるという．

リャプノフ安定性は，平衡点の近傍から出発した軌道 $x(t)$ が有界で，平衡点の近傍にとどまることを意味している．次の定義では，軌道 $x(t)$ の有界性に加えて平衡点への収束をも要請した漸近安定性の概念を導入する．図 1 に定義 1 および 2 の概念図を示す．

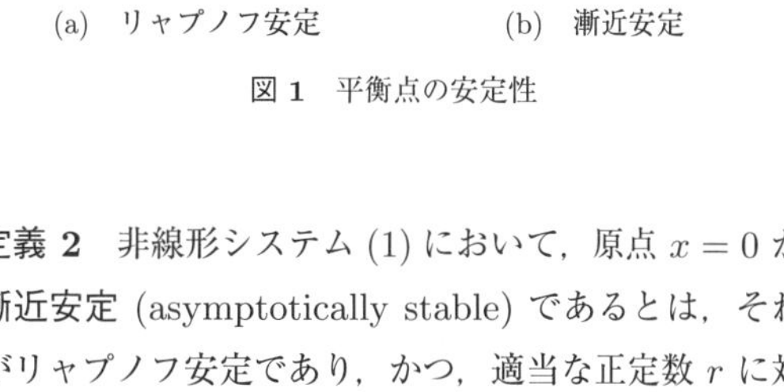

(a) リャプノフ安定　　(b) 漸近安定

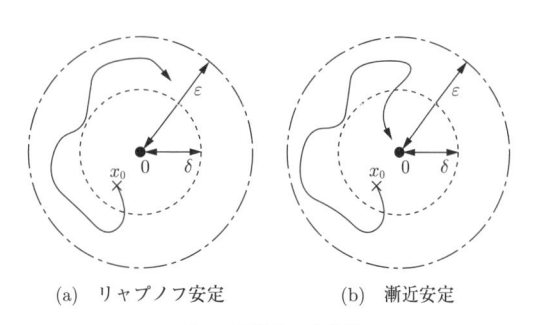

図 1　平衡点の安定性

定義 2　非線形システム (1) において，原点 $x = 0$ が**漸近安定** (asymptotically stable) であるとは，それがリャプノフ安定であり，かつ，適当な正定数 r に対して

$$x_0 \in \mathbf{B}(r) \;\Rightarrow\; \lim_{t\to+\infty} \|x(t)\| = 0 \tag{3}$$

が成り立つことをいう．

特に，式 (3) で $r = +\infty$ とすることができ，かつ，任意の初期状態 $x_0 \in \mathbb{R}^n$ に対して軌道 $x(t)$ が有界となるとき，漸近安定性は**大域的** (global) であるといい，そうでなければ**局所的** (local) であるという．

b. リャプノフ安定定理

リャプノフの安定定理を述べる前にいくつかの定義を与えておく．

原点を含む閉領域 $\mathbf{D} \subseteq \mathbb{R}^n$ 上で定義される連続なスカラー値関数 $V : \mathbf{D} \to \mathbb{R}$ について，$V(x) > 0,\ \forall x \in \mathbf{D}\backslash\{0\}$ かつ $V(0) = 0$ が成り立つとき，V は**正定値** (positive definite) であるという．また，$V(x) \geq 0,\ \forall x \in \mathbf{D}$ かつ $V(0) = 0$ が成り立つとき，V は**半正定値** (positive semi-definite) であるという．対称行列 P に対して，$V(x) = x^\top Px$ が正定値 (半正定値) 関数となるとき，行列 P は正定値 (半正定値) であるという．

また，連続微分可能な関数 $V : \mathbb{R}^n \to \mathbb{R}$ の式 (1) の軌道に沿った微分を

$$\dot{V}(x) = \frac{\partial V}{\partial x} f(x) \tag{4}$$

により定義する．ここに，

$$\frac{\partial V}{\partial x} = \begin{bmatrix} \dfrac{\partial V}{\partial x_1} & \dfrac{\partial V}{\partial x_2} & \cdots & \dfrac{\partial V}{\partial x_n} \end{bmatrix}$$

である．

非線形システム (1) に対して，集合 $S \subseteq \mathbb{R}^n$ が

$$x_0 \in S \;\Rightarrow\; x(t) \in S \quad \forall t \geq 0$$

を満たすとき，S を**不変集合** (invariant set) という．

以上の準備のもとでリャプノフの**安定定理** (Lyapunov's stability theorem) は次の定理で与えられる．

定理 1 適当な球状閉領域 $\mathbf{B}(\rho)$, $\rho > 0$ においてある連続微分可能なスカラー値関数 V が存在して，V が正定値かつ $-\dot{V}$ が半正定値であるならば，非線形システム (1) において原点 $x = 0$ はリャプノフ安定である．

定理 2 非線形システム (1) について，適当な球状閉領域 $\mathbf{B}(r)$, $r > 0$ において連続微分可能なスカラー値関数 V が存在して，V と $-\dot{V}$ がともに正定値ならば，原点 $x = 0$ は漸近安定である．

さらに，$r = +\infty$ とすることができ，かつ，$V(x) \to +\infty$ ($\|x\| \to +\infty$) が成り立つならば，原点は大域的漸近安定である．

定理 1 の条件を満たす関数 V を**リャプノフ関数** (Lyapunov function) という．リャプノフ関数 V のもつ意味について述べよう．V が正定値であるとき，図 2 の概念図に示されるように，$V(x)$ は x–V 空間上でカップ形の曲面となる．式 (4) より，軌道 $x(t)$ に対して

$$\frac{\mathrm{d}}{\mathrm{d}t} V(x(t)) = \dot{V}(x(t)) = \left.\frac{\partial V}{\partial x} f(x)\right|_{x=x(t)}$$

が任意の時刻 $t \geq 0$ で成り立つ．したがって，$-\dot{V}$ が半正定値であるとき，$\dot{V}(x) = 0$ の点を除いて $x(t)$ は $V(x(t))$ が減少する方向に進んでいく．このことと V の正定値性を合わせると，原点近傍より出発した $x(t)$ は，原点の近傍にとどまり続けることが結論づけられる．定理 2 では，$-\dot{V}$ の正定値性より $V(x(t))$ が軌道に沿って厳密に減少するため，$x(t)$ が原点へ収束することが保証される．また，リャプノフ関数はシステムに蓄えられるエネルギーを表すと解釈することができる．実際，後述する単振子の例では，振子の力学的エネルギーがリャプノフ関数の一つとなっている．よって，リャプノフ安定定理は，システムのエネルギーが減少し定常状態に向かって軌道 $x(t)$ が時間発展していくことを表している．

定理 2 は，リャプノフ関数 V について $-\dot{V}$ が正定

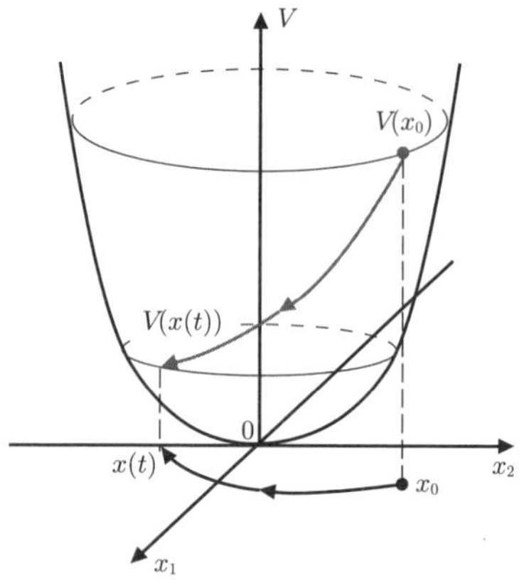

図 2 リャプノフ関数

値ならば，原点の近傍から出発した軌道 $x(t)$ が原点に収束することを保証している．$-\dot{V}$ が半正定値の場合に $x(t)$ がどこに漸近するかは，**ラサールの不変性原理** (La Salle's invariance principle) として知られる次の定理により与えられる．

定理 3 非線形システム (1) を考える．適当な有界閉領域 $\Omega \subseteq \mathbb{R}^n$ と連続微分可能なスカラー値関数 V が存在して，Ω は不変集合であり，かつ，$-\dot{V}$ は Ω 上で半正定値であるとする．また，集合 $\{x \in \Omega |\, \dot{V}(x) = 0\}$ に含まれる最大の不変集合を M とする．このとき，Ω から出発した状態軌道 $x(t)$ は，$t \to +\infty$ のとき M に漸近する．

ラサールの不変性原理 (定理 3) は，V の正定値性を仮定せず，軌道 $x(t)$ が平衡点ではなく不変集合へ収束することを保証している点で，リャプノフ安定定理の拡張であるといえる．

また，平衡点や周期軌道は不変集合の特別な場合なので，これらの漸近安定条件も適当な仮定のもとで定理 3 から導くことができる．たとえば，V の正定値性と $\dot{V}(x(t)) \not\equiv 0$ の条件を定理 3 に加味することにより，原点の漸近安定条件が次のように得られる．

系 1 非線形システム (1) を考える．適当な球状閉領域 $\mathbf{B}(r)$, $r > 0$ において連続微分可能なスカラー値関数 V が存在して，V が正定値，$-\dot{V}$ が半正定値であるとする．さらに，$\mathbf{B}(r)$ から出発する任意の軌道 $x(t) \not\equiv 0$ に対して，$\dot{V}(x(t)) = 0$, $\forall t \geq T$ なる $T \geq 0$ は存在しないとする．このとき，原点 $x = 0$ は漸近安定である．

c. 線形システムのリャプノフ安定定理

自律的な線形システム

$$\dot{x} = Ax, \quad x(0) = x_0 \tag{5}$$

を考える ($f(x) = Ax$, $A \in \mathbb{R}^{n \times n}$)．$A$ が正則ならば，原点 $x = 0$ は線形システムの唯一の平衡点である．

よく知られているように，微分方程式 (5) の解は，行列指数関数 e^{At} を用いて

$$x(t) = e^{At}x_0, \quad t \geq 0$$

によって与えられる．したがって，原点の安定性は，e^{At} の振舞いにより特徴づけられる．

行列 A の固有値とその幾何的重複度をそれぞれ λ_i および n_i ($i = 1, \cdots, r$; $\sum_{i=1}^{r} n_i = n$) とすれば，適当な相似変換 T により，A のジョルダン標準形

$$A = T\,\mathrm{diag}(J_1, J_2, \cdots, J_r)\,T^{-1}$$

を得る．ただし，diag はブロック対角行列を表し，ジョルダンブロック $J_i \in \mathbb{R}^{n_i \times n_i}$ ($i = 1, 2, \cdots, r$) は次式で与えられる．

$$J_i = \lambda_i I_{n_i} + N_i, \quad I_{n_i}\text{: 単位行列}, \quad N_i\text{: べき零行列}$$

このとき，e^{At} は

$$e^{At} = T\,\mathrm{diag}(e^{J_1 t}, e^{J_2 t}, \cdots, e^{J_r t})\,T^{-1} \tag{6}$$

と表される．さらに，N_i がべき零行列であるから，次式が成立する．

$$e^{J_i t} = \sum_{k=1}^{n_i} e^{\lambda_i t} t^{k-1} \frac{N_i^{k-1}}{(k-1)!} \tag{7}$$

ここで，式 (6), (7) からわかるように，e^{At} が有界となるためには，すべての $i = 1, \cdots, r$; $k = 1, \cdots, n_i$ に対して $e^{\lambda_i t} t^{k-1}$ が有界となることが必要十分である．さらに，$e^{At} \to 0$ ($t \to \infty$) が成り立つことは，すべての $i = 1, \cdots, r$; $k = 1, \cdots, n_i$ に対して $e^{\lambda_i t} t^{k-1} \to 0$ ($t \to \infty$) となることと同値である．したがって，線形システムの安定性について次の定理が成り立つ．

定理 4 線形システム (5) に対して，以下が成り立つ．

(i) 原点 $x = 0$ がリャプノフ安定であるための必要十分条件は，A のすべての固有値が閉左半平面上に存在し，かつ，すべての虚軸上の固有値の幾何的重複度が 1 となることである．

(ii) 原点 $x = 0$ が漸近安定であるための必要十分条件は，行列 A のすべての固有値が開左半平面上に存在する (負の実部をもつ) ことである．

上の議論から明らかに，線形システムにおいて，原点の漸近安定性は大域的であり，$x(t)$ は指数的に原点に収束する．

行列 A のすべての固有値が負の実部をもつとき，A はフルヴィッツ (Hurwitz) であるという．

次の定理は漸近安定性を線形行列方程式により特徴づけるものである．

定理 5　以下の条件は同値である．

(1) 線形システム (5) について，原点 $x = 0$ は漸近安定である．すなわち，行列 A はフルヴィッツである．

(2) 正定値行列 Q を任意にとるとき，線形行列方程式

$$A^\top P + PA = -Q \tag{8}$$

を満たす正定値対称行列 P が存在する．

線形行列方程式 (8) を**リャプノフ方程式** (Lyapunov equation) という．上の定理は，線形システムにおける漸近安定性が 2 次形式リャプノフ関数の存在と同値であることを示している．実際，式 (8) の正定値解 P に対して $V(x) = x^\top Px$ と定義すれば，

$$\dot{V}(x) = 2x^\top PAx = x^\top(A^\top P + PA)x = -x^\top Qx$$

を得る．このとき，Q の正定値性より $-\dot{V}$ は正定値となるので，V はリャプノフ関数である．

正定値行列 Q は任意であるので，リャプノフ方程式 (8) は次式のリャプノフ不等式と等価である．

$$A^\top P + PA < 0$$

ただし，$A < B$ は $B - A$ が正定値であることを表す．上式の左辺は P について線形となっている．このように未知変数を線形に含む行列の正定値条件で表される不等式を**線形行列不等式** (linear matrix inequality: LMI) という．線形行列不等式は，未知変数に対する凸制約を表し，凸最適化手法により数値的に効率よく解くことができるので，線形システムの解析・制御系設計の多くの局面で有用なツールとして使われている．

d. 近似線形化モデルに基づく安定判別

再び非線形システム (1) を考える．

原点が平衡点であることに注意して，関数 $f : \mathbb{R}^n \to \mathbb{R}^n$ を原点まわりでテイラー展開すると

$$f(x) = \frac{\partial f}{\partial x}(0)x + g(x)$$

を得る．ただし，$g(x)$ は x について 2 次以上の高次項である．よって，原点まわりの**近似線形化モデル**は

$$\dot{x} = Ax, \quad A := \frac{\partial f}{\partial x}(0)$$

で与えられる．

高次項について $\|g(x)\|/\|x\| \to 0$ $(\|x\| \to 0)$ が成り立つので，上記の線形化モデルの漸近安定性から非線形システムにおける漸近安定性を容易に判別できる．

定理 6 (i) 行列 $A = \frac{\partial f}{\partial x}(0)$ がフルヴィッツであるならば，非線形システム (1) において原点は漸近安定である．

(ii) 行列 $A = \frac{\partial f}{\partial x}(0)$ が開右半平面上に固有値をもつならば，非線形システム (1) において原点は不安定である．

例題　鉛直平面上を自由運動する単振子の安定性を調べよう．単振子の運動方程式は

$$ml\ddot{\theta} = -mg\sin\theta - dl\dot{\theta}$$

で与えられる．ここに，m, l, g, d はそれぞれ錘の質量，振子の長さ，重力加速度および支点の摩擦係数であり，鉛直線 (下向き) に対する振子の角度を θ とする．

$x_1 = \theta,\ x_2 = \dot{\theta}$ とおくことにより，状態方程式

$$\begin{bmatrix} \dot{x}_1 \\ \dot{x}_2 \end{bmatrix} = \begin{bmatrix} x_2 \\ -\dfrac{g}{l}\sin x_1 - \dfrac{d}{m}x_2 \end{bmatrix} \tag{9}$$

を得る．上式より平衡点は，$(x_1, x_2) = (k\pi, 0)$ (k: 整数) であるが，これらは k が偶数のとき鉛直下向きの静止点，奇数のとき鉛直上向きの静止点に一致するので，$(x_1, x_2) = (0, 0), (\pi, 0)$ のみを考えればよい．

平衡点 $(0, 0)$ の安定性を示すために，振子の力学的エネルギー

$$V(x) = \frac{1}{2}ml^2x_2^2 + mgl(1 - \cos x_1) \tag{10}$$

をリャプノフ関数の候補とする．明らかに V は平衡点 $(0, 0)$ の近傍で正定値である．また，式 (9), (10) より

$$\dot{V}(x) = -dl^2x_2^2 \le 0 \tag{11}$$

が成り立つ．したがって，V はリャプノフ関数であり，定理 1 により平衡点 $(0, 0)$ は安定である．特に，$d = 0$ の場合，$\dot{V}(x(t)) \equiv 0$ が成り立つので，$x(0) \neq 0$ から始まる軌道 $x(t)$ は周期運動を続け原点に収束しない．一方 $d > 0$ の場合，式 (11) より明らかに $-\dot{V}$ は平衡点近傍で半正定値である．式 (9), (11) より $\dot{V}(x) = 0 \Leftrightarrow x_2 = 0 \Rightarrow \dot{x}_2 = (-g/l)\sin x_1$ が成り立つ．これは，$x(t) \equiv 0$ でないかぎり，ある時刻で

$\dot{V}(x)=0$ となったとしても，それ以降 $\dot{V}(x)=0$ を恒等的に満たし続けることはできないことを意味する．したがって系 1 より，$d>0$ のとき平衡点 $(0,0)$ は漸近安定である．また，平衡点 $(0,0)$ まわりの近似線形化モデルの A 行列は

$$A=\frac{\partial f}{\partial x}((0,0))=\begin{bmatrix}0 & 1\\ -\frac{g}{l} & -\frac{d}{m}\end{bmatrix}$$

となり，フルヴィッツであるから，定理 6(i) からも漸近安定性が確認できる．

平衡点 $(\pi,0)$ の不安定性は，直観的に明らかであるが，定理 6(ii) に基づき，近似線形化モデルの A 行列

$$A=\frac{\partial f}{\partial x}((\pi,0))=\begin{bmatrix}0 & 1\\ \frac{g}{l} & -\frac{d}{m}\end{bmatrix}$$

が開左半平面上の固有値をもつことからも確認できる．

まとめ

平衡点の安定性をリャプノフ関数の存在に帰着させるリャプノフ安定定理は，微分方程式の解軌道を直接求めることなく安定性を判別できるため，多くの有用なクラスの動的システムで用いられ，物理学，制御工学などの諸分野で重要な役割を果たしている．

関数 f が連続微分可能である場合，平衡点が漸近安定ならばリャプノフ関数が存在すること (逆安定定理) が知られている．しかし，一般にはリャプノフ安定定理は安定性のための十分条件であり，リャプノフ関数を構成する普遍的な手順も知られていない．リャプノフ関数を用いたシステム解析・制御系設計では，対象システムに応じて，関数形の精密さと計算の複雑さとのトレードオフに配慮してリャプノフ関数の構成法を与えることが重要である．　〔鷹 羽 浄 嗣〕

参 考 文 献

[1] 井村順一：システム制御のための安定論，コロナ社，2000.

[2] H.K. Khalil : Nonlinear Systems, 2nd ed., Prentice-Hall, 1996.

[3] J. La Salle and S. Lefschetz : Stability by Liapunov's Direct Method with Applications, Academic Press, 1961.

[4] S. Boyd et al. : Linear Matrix Inequalities in System and Control Theory, SIAM, 1994.

2.2 入出力安定性

input–output stability

ここでは，システムの外部的振舞いである入出力応答に関する安定性について述べる．

入力 u と出力 y をもつ入出力システム $\mathcal{G}$ を考える．

$$y=\mathcal{G}u$$

このシステム $\mathcal{G}$ の安定性は入出力信号の有界性によって定義される．すなわち，有界な入力 u に対して出力 y も有界となるとき，$\mathcal{G}$ は**入出力安定** (input–output stable) または **BIBO 安定** (bounded–input–bounded-output stable) であるという．

a. L^p 安定性

安定解析において，以下に導入する **L^p ノルム** $(1\le p\le\infty)$ が，信号の大きさの尺度として有用である．

$$\|x\|_p=\begin{cases}\left(\int_0^\infty |x(t)|^p\mathrm{d}t\right)^{1/p} & (1\le p<\infty)\\ \sup_{t\ge 0}|x(t)| & (p=\infty)\end{cases}$$

また，L^p ノルムが有界となる信号の全体を

$$L^p=\{x:[0,\infty)\to\mathbb{R}\mid \|x\|_p<\infty\}$$

と定義する．以上の準備のもとで，L^p ノルムを尺度とする入出力安定性は次のように定義される．

定義 1　入力 $u\in L^p$ に対して出力が $y\in L^p$ となるとき，システム $\mathcal{G}$ は **L^p 安定** (L^p stable) であるという．さらに，ある非負定数 γ と β が存在して

$$\|y\|_p\le\gamma\|u\|_p+\beta\quad\forall u\in L^p$$

が成り立つとき，$\mathcal{G}$ は**有限ゲイン L^p 安定** (finite gain L^p stable) であるという．また，上式を満たす γ の下限値 $\gamma_p(\mathcal{G})$ を $\mathcal{G}$ の L^p ゲインという．

$$\gamma_p(\mathcal{G})=\inf\{\gamma\mid\exists\beta\ \text{s.t.}\|y\|_p\le\gamma\|u\|_p+\beta\quad\forall u\in L^p\}$$

L^p ノルムの定義より，L^2 空間と L^∞ 空間は，それぞれエネルギー有界な信号と振幅有界な信号の全体で

ある．よって，L^2 安定性はエネルギー有界な入力に対する出力エネルギーの有界性を，L^∞ 安定性は振幅有界な入力に対する出力振幅の有界性を表している．

b. 線形時不変システムの入出力安定性

システム $\mathcal{G}$ がプロパーな有理伝達関数

$$G(s)=\frac{B(s)}{A(s)}=\frac{b_0s^m+b_1s^{m-1}+\cdots+b_{m-1}s+b_m}{a_0s^n+a_1s^{n-1}+\cdots+a_{n-1}s+a_n}$$

で与えられる場合の入出力安定性について述べる．ただし，一般性を失うことなく，$a_0>0, n\geq m$，かつ，分母多項式 $A(s)$ と分子多項式 $B(s)$ は既約であると仮定する．また，インパルス応答関数を $g(t)=\mathscr{L}^{-1}[G](t)$ ($\mathscr{L}$: ラプラス変換) とする．

古典制御理論では，入出力安定性は L^∞ 安定の意味で定義されている．ただし，線形時不変システムの L^1 安定性，L^2 安定性および L^∞ 安定性は等価であり，かつ，これらは有限ゲイン安定性 ($\beta=0$) となるので，以下では，これらの安定性を単に入出力安定性と呼ぶことにする．

線形時不変システムの入出力安定条件として，次の定理が知られている．

定理 1 次の条件は同値である．

(i) システム $\mathcal{G}$ は入出力安定である．

(ii) $\|g\|_1=\int_0^\infty|g(t)|\mathrm{d}t<\infty$

(iii) $G(s)$ のすべての極は，複素平面の開左半面上に存在する．

条件 (iii) が成り立つとき，$G(s)$ は安定であるという．

システム $\mathcal{G}$ が入出力安定であるとき，L^2 ゲインおよび L^∞ ゲインは，それぞれ

$$\gamma_2(\mathcal{G})=\sup_{\omega\in\mathbb{R}}|G(j\omega)|,\quad \gamma_\infty(\mathcal{G})=\|g\|_1$$

で与えられる．

定理 1(iii) より，システム $\mathcal{G}$ の入出力安定性は $G(s)$ の極（すなわち特性方程式 $A(s)=0$ の根）の値によって定まる．すべての根を開左半平面上にもつとき，多項式 $A(s)$ はフルヴィッツ (Hurwitz) であるという．

高次代数方程式の根を求めることは困難なので，根を直接求めることなく簡便な計算で多項式のフルヴィッツ性を判定する必要がある．その代表的な方法として，ラウスの方法とフルヴィッツの方法がある．

ラウスの方法では，ラウス表（表 1）を以下の手順で構成することにより安定性を判別する．

表 1 ラウス表

s^n	$a_0^{(0)}$	$a_1^{(0)}$	$a_2^{(0)}$	$a_3^{(0)}$	$\cdots$
s^{n-1}	$a_0^{(1)}$	$a_1^{(1)}$	$a_2^{(1)}$	$a_3^{(1)}$	$\cdots$
s^{n-2}	$a_0^{(2)}$	$a_1^{(2)}$	$a_2^{(2)}$	$\cdots$	
$\vdots$	$\vdots$	$\vdots$	$\vdots$		
s^2	$a_0^{(n-2)}$	$a_1^{(n-2)}$	$a_2^{(n-2)}$		
s^1	$a_0^{(n-1)}$	$a_1^{(n-1)}$			
s^0	$a_0^{(n)}$				

まず，多項式 $A(s)$ に対して

$$A_0(s)=a_0s^n+a_2s^{n-2}+a_4s^{n-4}+\cdots$$

$$A_1(s)=a_1s^{n-1}+a_3s^{n-3}+a_5s^{n-5}+\cdots$$

と定義する．n が奇数 (偶数) のとき，$A_0(s), A_1(s)$ はそれぞれ $A(s)$ の奇数次 (偶数次) および偶数次 (奇数次) の項からなる多項式である．

1. $a_0^{(0)}=a_0$, $a_1^{(0)}=a_2$, $a_2^{(0)}=a_4$, $\cdots$，および $a_0^{(1)}=a_1$, $a_1^{(1)}=a_3$, $a_2^{(1)}=a_5$, $\cdots$ とおく．すなわち，$A_0(s), A_1(s)$ の係数をそれぞれラウス表の第 0 行と第 1 行とする．
2. $k=2,\cdots,n$ に対して，ピボット演算
$$a_i^{(k)}=a_{i+1}^{(k-2)}-\frac{a_0^{(k-2)}a_{i+1}^{(k-1)}}{a_0^{(k-1)}}\quad(i=0,1,2,\cdots)$$
を繰り返し実行することにより，第 k 行の要素 $a_i^{(k)}$ を追加していく．

このようにして構成されたラウス表から得られる数列 $a_0^{(0)}, a_0^{(1)}, \cdots, a_0^{(n)}$ をラウス数列という．

定理 2 多項式 $A(s), a_0>0$ がフルヴィッツであるための必要十分条件は，ラウス数列 $a_0^{(i)}, i=0,1,\cdots,n$ がすべて正となることである．

次に，フルヴィッツの方法を示す．行列

$$H_n=\begin{bmatrix} a_1 & a_3 & a_5 & a_7 & \cdots & & \\ a_0 & a_2 & a_4 & a_6 & \cdots & & \\ 0 & a_1 & a_3 & a_5 & \cdots & & \\ 0 & a_0 & a_2 & a_4 & \cdots & & \\ & & & & \ddots & & \\ & & & & \cdots & a_{n-1} & 0 \\ & & & & \cdots & a_{n-2} & a_n \end{bmatrix}$$

を定義する（対角要素が $a_1, a_2, \cdots, a_n$ となることに注意）．行列 H_n の主座小行列式をフルヴィッツ行列式という．

$$\Delta_1 = a_1,\ \ \Delta_2 = \begin{vmatrix} a_1 & a_3 \\ a_0 & a_2 \end{vmatrix},\ \ \Delta_3 = \begin{vmatrix} a_1 & a_3 & a_5 \\ a_0 & a_2 & a_4 \\ 0 & a_1 & a_3 \end{vmatrix},$$

$$\cdots,\ \Delta_n = \det H_n (= a_n \Delta_{n-1})$$

定理 3　多項式 $A(s)$, $a_0 > 0$ がフルヴィッツであるための必要十分条件は，フルヴィッツ行列式 Δ_k, $k = 1, \cdots, n$ がすべて正となることである．

定理 2, 3 の安定条件は，それぞれラウス (1877 年) とフルヴィッツ (1920 年) によって独立に導出されたが，のちに等価であることが示され，今日では両者を合わせてラウス–フルヴィッツの安定判別法と呼ばれている．なお，ラウス数列とフルヴィッツ行列式の間には次式が成立する．

$$a_0^{(1)} = \Delta_1,\ \ a_0^{(i)} = \frac{\Delta_i}{\Delta_{i-1}}\ \ (i = 2, 3, \cdots, n)$$

例　$A(s) = s^3 + 5s^2 + 2s + K$ がフルヴィッツとなるための K の範囲を求める．

この多項式に対するラウス表は，以下のようになる．

s^3	1	2
s^2	5	K
s^1	$\frac{10-K}{5}$	0
s^0	K	

定理 2 より $A(s)$ がフルヴィッツであるための条件は $(10 - K)/5 > 0$ かつ $K > 0$ であり，まとめると $0 < K < 10$ を得る．

一方，フルヴィッツ行列式は

$$\Delta_1 = 5,\ \Delta_2 = \begin{vmatrix} 5 & K \\ 1 & 2 \end{vmatrix} = 10 - K,$$

$$\Delta_3 = \begin{vmatrix} 5 & K & 0 \\ 1 & 2 & 0 \\ 0 & 5 & K \end{vmatrix} = K(10 - K)$$

となるから，定理 3 からもラウス法と同じ結論を得る．

〔鷹 羽 浄 嗣〕

参 考 文 献

[1] 片山　徹：新版フィードバック制御の基礎，朝倉書店，2002.
[2] 井村順一：システム制御のための安定論，コロナ社，2000.

2.3 フィードバック系の安定性

stability of feedback systems

ここでは，システム $\mathcal{G}_1$ と $\mathcal{G}_2$ を構成要素とする一般的なフィードバック系（図 1）の安定性を入出力安定性に基づいて論じる．

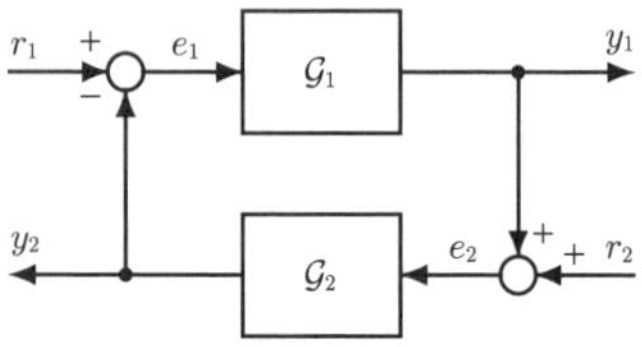

図 1　フィードバック系

図 1 のフィードバック系は多入力多出力系となるので，その安定性は以下のように，外乱や参照信号に対応する外部入力 (r_1, r_2) から各要素の出力 (y_1, y_2) へのすべての入出力関係を網羅して定義される．なお，(r_1, r_2) から (y_1, y_2) への閉ループ写像が存在することは仮定しておく．

定義 1　図 1 のフィードバック系が安定であるとは，有界な外部入力 r_1, r_2 に対して出力 y_1, y_2 がともに有界となることである．

（注）(y_1, y_2) の代わりに (e_1, e_2) を出力にとっても，等価な安定性の定義を得る．

a.　線形フィードバック系の安定性

構成要素 $\mathcal{G}_1$, $\mathcal{G}_2$ がそれぞれ有理伝達関数 $G_1(s) = N_1(s)/D_1(s)$, $G_2(s) = N_2(s)/D_2(s)$ で与えられる場合を考える．ただし，(D_1, N_1) および (D_2, N_2) は，それぞれ互いに素な多項式対である．

このとき，(r_1, r_2) から (y_1, y_2) への入出力関係は

$$\begin{bmatrix} y_1 \\ y_2 \end{bmatrix} = \begin{bmatrix} \dfrac{G_1(s)}{1+G_1(s)G_2(s)} & \dfrac{-G_1(s)G_2(s)}{1+G_1(s)G_2(s)} \\ \dfrac{G_1(s)G_2(s)}{1+G_1(s)G_2(s)} & \dfrac{G_2(s)}{1+G_1(s)G_2(s)} \end{bmatrix} \begin{bmatrix} r_1 \\ r_2 \end{bmatrix} \tag{1a}$$

$$= \begin{bmatrix} \dfrac{N_1(s)D_2(s)}{\varphi(s)} & \dfrac{-N_1(s)N_2(s)}{\varphi(s)} \\ \dfrac{N_1(s)N_2(s)}{\varphi(s)} & \dfrac{D_1(s)N_2(s)}{\varphi(s)} \end{bmatrix} \begin{bmatrix} r_1 \\ r_2 \end{bmatrix} \tag{1b}$$

となる．ただし，$\varphi(s)$ は次式の特性多項式である．

$$\varphi(s) = D_1(s)D_2(s) + N_1(s)N_2(s)$$

以下では，プロパーな閉ループ伝達関数の存在を保証するため，次式を仮定する．

仮定 1　$1 + G_1(\infty)G_2(\infty) \neq 0$

定義 1 によれば，線形時不変システム $\mathcal{G}_1$, $\mathcal{G}_2$ からなるフィードバック系が安定であるための必要十分条件は，式 (1) 中の (r_1, r_2) から (y_1, y_2) への閉ループ伝達関数がすべてプロパーかつ安定となることである．このとき，(D_1, N_1), (D_2, N_2) の既約性に注意すれば，次の定理を得る．

定理 1　仮定 1 のもとで，図 1 のフィードバック系が安定となるための必要十分条件は，特性多項式 $\varphi(s)$ がフルヴィッツとなることである．

定理 1 の安定条件について，$\varphi(s)$ がフルヴィッツであるとき，$D_1(s)$ と $N_2(s)$ は不安定根 (閉右半平面上の根) を共有しないことがわかる．$D_2(s)$ と $N_1(s)$ についても同様である．これは，フィードバック系が安定であるためには，$G_1(s)$ と $G_2(s)$ の間に不安定な極零相殺が存在してはならないことを示している．

図 1 のフィードバック系で，$G(s) := G_1(s)G_2(s)$ を一巡伝達関数 (loop gain)，$F(s) := 1 + G(s)$ を環送差 (return difference) という．

等式 $F(s) = \varphi(s)/D_1(s)D_2(s)$ と上述の不安定極零相殺の議論より，フィードバック系の安定性の必要十分条件は，次の条件が同時に成り立つことである．

(i) $G(s)$ のなかで不安定な極零相殺は存在しない．

(ii) $F(s)$ は閉右半平面上の零点をもたない．

以下では，ナイキスト線図を用いて図的に条件 (ii) を判定する方法について述べる．

図 2(a) の閉路 C(虚軸+半径無限大の半円周; 時計方向) の $F(s)$ による像 Γ_F を考える．閉路 C の形から明らかなように，像 Γ_F は $F(s)$ のナイキスト線図にほかならない．複素解析における偏角の原理より，Γ_F が反時計方向に原点のまわりを回る回転数 N は，

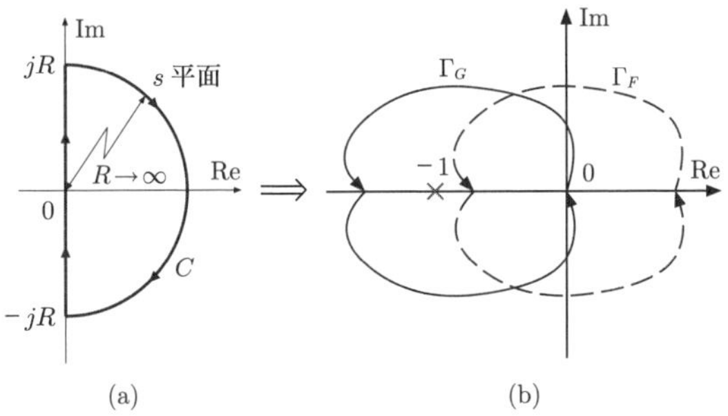

図 2 ナイキスト安定判別法

$$N = \Pi - Z$$

となることが知られている．ここに，Π と Z はそれぞれ $F(s)$ の不安定極 (閉右半平面上の極) の総数と不安定零点 (閉右半平面上の零点) の総数であり，条件 (ii) は $Z = 0$ となる．また，$F(s) = 1 + G(s)$ より $G(s)$ のナイキスト線図 Γ_G は Γ_F を -1 だけシフトしたものである (図 2(b))．以上より，Γ_G によるフィードバック系の安定性 ($Z = 0$) の条件として定理 2 を得る．

定理 2 (**ナイキスト安定定理** (Nyquist stability theorem)) $G_1(s)$ と $G_2(s)$ の間に不安定な極零相殺はないと仮定する．このとき，図 1 のフィードバック系が安定となるための必要十分条件は，

$$N = \{G(s) \text{ の不安定極の総数 }\}$$

が成り立つことである．ただし，N は $G(s)$ のナイキスト線図が点 -1 を反時計方向に回る回転数である．

ラウス–フルヴィッツの方法 (2.2 節) が代数的な安定判別法であるのに対して，ナイキスト安定定理（定理 2）は，周波数応答に基づいて図的にフィードバック系の安定性を判別する方法を与えている．ナイキストの安定判別法の利点として，ナイキスト線図を使って直観的な安定判別が可能であること，むだ時間系にも適用できること，そして，周波数応答に基づいた安定余裕・ロバスト安定性の解析が容易であることがあげられる．

b. 小ゲイン定理と受動定理

$\mathcal{G}_1$ または $\mathcal{G}_2$ が非線形系である場合にも適用可能な安定条件として小ゲイン定理と受動定理について述べる．以下では，$\boldsymbol{L^p}$ **安定**[*1] の意味でフィードバック系の安定性を考える．すなわち，任意の $r_1, r_2 \in L^p$ に対して $y_1, y_2 \in L^p$ となるとき図 1 のフィードバック系は L^p 安定であるという．有限ゲイン L^p 安定性も同様に定義される．

定理 3 (**小ゲイン定理** (small gain theorem)) 構成要素 $\mathcal{G}_1, \mathcal{G}_2$ はともに有限ゲイン L^p 安定であり，

$$\gamma_p(\mathcal{G}_1)\gamma_p(\mathcal{G}_2) < 1 \tag{2}$$

が成り立つとする．ただし，γ_p は L^p ゲインを表す．このとき，図 1 のフィードバック系は有限ゲイン L^p 安定である．

ここで，$\mathcal{G}_1, \mathcal{G}_2$ が安定な伝達関数 $G_1(s), G_2(s)$ で与えられる場合の定理 2 と定理 3 との関係について考える．各構成要素の L^2 ゲインは $\gamma_2(\mathcal{G}_i) = \sup_{\omega\in\mathbb{R}} |G_i(j\omega)|$ ($i = 1, 2$) であるので，小ゲイン条件 $\gamma_2(\mathcal{G}_1)\gamma_2(\mathcal{G}_2) < 1$ より，一巡伝達関数 $G(s) = G_1(s)G_2(s)$ は

$$|G(j\omega)| < 1 \quad \forall\omega \in \mathbb{R}$$

を満たす．これは，$G(s)$ のナイキスト線図が，原点を中心とする単位円内部にとどまるため，定理 2 の条件を満たしていることを意味する．

小ゲイン定理は，構成要素のゲイン特性に着目したフィードバック安定性の十分条件であるが，非線形フィードバック系やロバスト制御系の安定解析における基礎定理として重要な役割を果たしている．

次に，受動定理について述べる．

定義 2 入出力システム $\mathcal{G}$（u：入力，y：出力）が

$$\langle u, y\rangle := \int_0^\infty u(t)y(t)\mathrm{d}t \geq 0 \quad \forall u \in L^2$$

を満たすとき，$\mathcal{G}$ は受動的 (passive) であるという．さらに，ある正定数 ε が存在して

$$\langle u, y\rangle \geq \varepsilon\|u\|_2^2 \quad \forall u \in L^2$$

ならば，$\mathcal{G}$ は強受動的 (strictly passive) であるという．

定理 4 (**受動定理** (passivity theorem)) $\mathcal{G}_1$ は受動的であり，$\mathcal{G}_2$ は有限ゲイン L^2 安定かつ強受動的である

---

*1 L^p 空間，L^p 安定性の定義は「2.2 入出力安定性」を参照．

とする．このとき，図 1 のフィードバック系は有限ゲイン L^2 安定である．

定義 2 において，$\mathcal{G}$ が安定な伝達関数 $G(s)$ で与えられるとき，受動性および強受動性は，それぞれ $\mathrm{Re}\, G(j\omega) \geq 0$ $(\forall \omega \in \mathbb{R})$ および $\exists \delta > 0$ s.t. $\mathrm{Re}\, G(j\omega) \geq \delta$ $(\forall \omega \in \mathbb{R})$ と同値である．これらは，位相 $\angle G(j\omega)$ の変化が $90°$ 以内または $90°$ 未満となることを意味する．受動性は，このような位相特性を時間領域で非線形を含む一般のシステムへ拡張したものである．この意味で，定理 4 は位相特性に基づくフィードバック系の安定条件を与えている．

なお，フィードバック系の適当なループ変換により受動定理は小ゲイン定理に帰着でき，またその逆も可能であることが知られている．〔鷹 羽 浄 嗣〕

参 考 文 献

[1] 片山　徹：新版フィードバック制御の基礎，朝倉書店，2002.

[2] 井村順一：システム制御のための安定論，コロナ社，2001.

[3] 平井一正，池田雅夫：非線形制御システムの解析，オーム社，1986.

[4] C.A. Desoer and M.Vidyasagar : Feedback Systems: Input-Output Properties, Academic Press, 1975.

3 フィードバック制御系の設計

3.1 直列補償

series compensation

ここでは，周波数領域での制御系解析法と設計法について説明をする．詳しくは，文献[1, 2] などを参照されたい．

a. フィードバック系

制御対象の出力を用いて制御入力を発生させる仕組みをもつ制御系をフィードバック制御系という．線形制御理論では，図 1 に示すように制御対象が伝達関数 $P(s)$ で表されるときに，参照信号 r と $P(s)$ の出力 y との差 e を補償器 $C(s)$ を通して制御入力 u を生成する構成を考える．ただし，d_u, d_y はそれぞれ制御入力，出力に加わる未知外乱である．

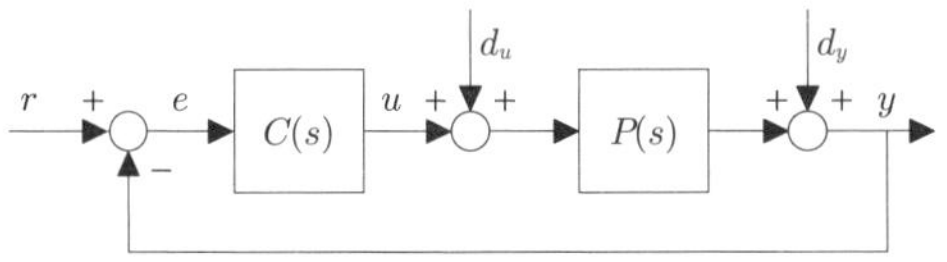

図 1　フィードバック系

フィードバック制御は，制御対象の不確かさや未知外乱に対する影響を低減することを目的としている．

b. 感度関数，相補感度関数

図 1 で表されるフィードバック系において，r から e への伝達関数を感度関数（sensitivity function）という．計算すると

$$S(s) = \frac{1}{1 + P(s)C(s)}$$

である．相補感度関数（complementary sensitivity function）は，

$$T(s) = 1 - S(s) = \frac{P(s)C(s)}{1 + P(s)C(s)}$$

のことであり，これは r から y への伝達関数となっている．

感度関数は，フィードバック制御の目的である制御対象の不確かさや未知外乱に対する影響の低減がどの程度達成されているかをみる指標となっていることが以下のようにしてわかる．

制御対象の不確かさを考えるために，制御対象が $P(s)$ から $\widetilde{P}(s)$ へと変動したとする．このとき r から y への閉ループ伝達関数が，$T(s)$ から $\widetilde{T}(s)$ になったとすると，

$$\begin{aligned}
&\frac{\widetilde{T}(s) - T(s)}{\widetilde{T}(s)} \\
&= \left\{ \frac{\widetilde{P}(s)C(s)}{1 + \widetilde{P}(s)C(s)} - \frac{P(s)C(s)}{1 + P(s)C(s)} \right\} \frac{1 + \widetilde{P}(s)C(s)}{\widetilde{P}(s)C(s)} \\
&= \frac{(1 + P(s)C(s))\widetilde{P}(s) - (1 + \widetilde{P}(s)C(s))P(s)}{(1 + P(s)C(s))\,\widetilde{P}(s)} \\
&= \frac{1}{1 + P(s)C(s)} \frac{\widetilde{P}(s) - P(s)}{\widetilde{P}(s)} \\
&= S(s)\frac{\widetilde{P}(s) - P(s)}{\widetilde{P}(s)}
\end{aligned}$$

を得る．つまり，閉ループの伝達関数の変動は，開ループの伝達関数の変動に感度関数を乗じたものになっている．ここから ω が $|S(j\omega)| < 1$ を満たせば，フィードバックの効果がある周波数，$|S(j\omega)| > 1$ を満たせば，フィードバックの効果がない周波数であることがわかる．フィードバックによって感度関数を低減できれば，制御対象の不確かさによる変動の影響を受けにくくなる．

次に外乱の影響を考える．図 1 において，外乱 d_u から出力 y への伝達関数は

$$\frac{P(s)}{1 + P(s)C(s)} = S(s)P(s)$$

である．これは，外乱の出力への影響は，フィードバックのないときに比べて $S(s)$ 倍になることを示している．つまりフィードバックによって感度関数を低減で

きれば，入力端の外乱の影響を低減することができる．出力端の外乱 d_y から y への伝達関数は

$$\frac{1}{1+P(s)C(s)}=S(s)$$

であり，感度関数に一致している．したがって感度関数の低減は，出力端の外乱の影響の低減になる．

c. 安定条件

図1のフィードバック系において，外部信号 r, d_u, d_y が有界であれば，内部信号 y, u, e も有界になるとき，入出力安定または**BIBO 安定**（bounded input bounded output stable）という．制御対象 $P(s)$，補償器 $C(s)$ を

$$P(s)=\frac{n(s)}{d(s)},\quad C(s)=\frac{n_c(s)}{d_c(s)}$$

と共通因子をもたない多項式の比として表すとき，フィードバック系が安定であるためには，以下の2条件を満たすことが必要十分である．

(a) $n(s)$ と $d_c(s)$ あるいは $n_c(s)$ と $d(s)$ の間に $\mathrm{Re}s\geq 0$ での因子の相殺がない．ただし Re は複素数の実部を表す．

(b) 多項式 $p(s)=n(s)n_c(s)+d(s)d_c(s)$ は，その根がすべて $\mathrm{Re}s<0$ にある．

条件 (b) に現れる多項式 $p(s)$ を**特性多項式**（characteristic polynomial）という．また条件 (b) を満たす多項式を，**フルヴィッツ多項式**（Hurwitz polynomial）という．

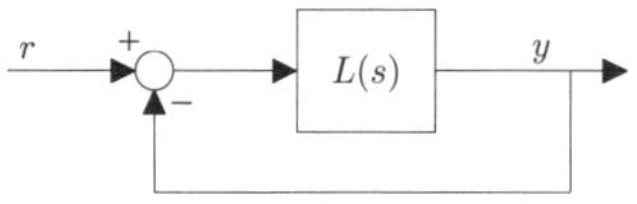

図2 フィードバック系

次に図2のフィードバック系を考える．ここで $L(s)$ は**一巡伝達関数**（loop transfer function）と呼ばれ，図1では $L(s)=P(s)C(s)$ に相当する．ここで積 $P(s)C(s)$ において分母分子の相殺がないとすれば，安定条件は特性多項式の根の実部がすべて負になることということができる．これは以下のように $L(s)$ の周波数応答を用いて与えることができる．

周波数 ω を $-\infty<\omega<\infty$ とするとき $L(j\omega)$ を複素平面に描く．$L(s)$ が虚軸上に極をもたず，かつ $\lim_{\omega\to\infty}L(j\omega)$ が有限値になれば，この軌跡は，複素平面の閉曲線になる．これを**ナイキスト軌跡**（Nyquist plot）という．$L(s)$ が有理関数で分母次数が分子次数を下回らないとき，**プロパー**（proper）であるという．このとき $\lim_{\omega\to\infty}L(j\omega)$ は有限値になる．

定理 1（ナイキストの安定判別法） 図2のフィードバック系を考える．一巡伝達関数 $L(s)$ はプロパーであり，虚軸上に極をもたないとする．右半面の極数を重複度を含めて数えて P とする．このときフィードバック系が安定であるためには，ナイキスト軌跡が -1 を反時計回りに P 回囲むことが必要十分である．

定理1において，$L(s)$ が安定な伝達関数である場合には，$P=0$ であるから，フィードバック系が安定であるためには，ナイキスト軌跡が -1 を囲まないことが必要十分になる．

また $L(s)$ が虚軸上に極 $j\omega_0$ をもつ場合には，$j\omega_0$ を左にみるように小さな半径 $\varepsilon>0$ の半円で回避して，複素数 s を動かす（図3参照）．このとき十分小さな $\varepsilon>0$ に対して，ナイキスト軌跡が -1 を囲む回数は一定となる．そのとき $L(s)$ の $\mathrm{Re}s>0$ の極数の総和を P とすると，定理1がそのまま成り立つ．この状況は，たとえば補償器 $C(s)$ に積分要素をもたせたいときなどに生じる．

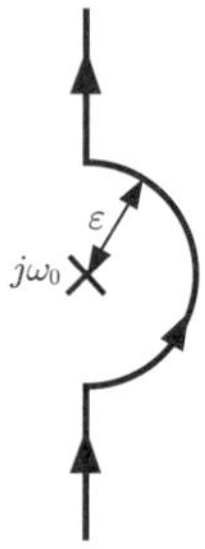

図3 半円での回避

d. 安定余裕

図4のフィードバック系を考える．ここで Δ は一巡伝達関数 $L(s)$ の変動を表すために挿入された仮想的なブロックである．たとえば $\Delta=k$ とすれば，$L(s)$ が k

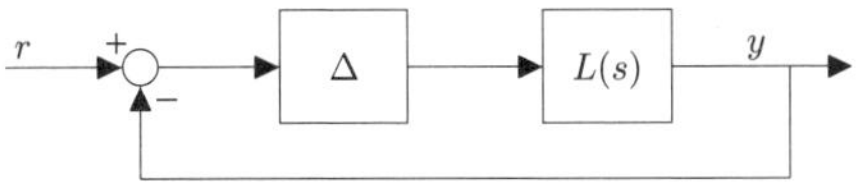

図 **4**　フィードバック系

倍になるゲイン変動を想定したことになり，$\Delta = e^{-j\phi}$ とすれば，位相が ϕ 遅れる変動を表している．後者は，実際の変動としてはありえないが，むだ時間 h の伝達関数が e^{-sh} であり，周波数依存となる位相遅れを有していることに注意する．

図 2 のフィードバック系が安定であるとする．もし $k_{\min} < k < k_{\max}$, $k_{\min} < 1$, $k_{\max} > 1$ であるゲインに対して $\Delta = k$ とした図 4 も安定であるならば，図 2 のフィードバック系は，**ゲイン余裕**（gain margin）$20\log_{10} k_{\max}$[dB] をもつという．ただし任意の $k \geq 1$ について安定となるときには，ゲイン余裕は無限大であるという．

同様に $0 \leq \phi < \phi_{\max}$ であるとき $\Delta = e^{-j\phi}$ とした図 4 も安定であるならば，図 2 のフィードバック系は，**位相余裕**（phase margin）$\phi_{\max}$ をもつという．

定理 1 で用いたナイキスト軌跡をみることによって，ゲイン余裕ならびに位相余裕の大きさを知ることができる．図 2 のフィードバック系が安定であるとして，$L(s)$ のナイキスト軌跡の -1 付近の形が，図 5 のようになったとする．このとき -1 より右側の負の実軸ではじめて軌跡が横切る点が $-k_{\max}^{-1}$ に相当する．また -1 より右側の負の実軸を軌跡が横切らないときには，ゲイン余裕は無限大になる．

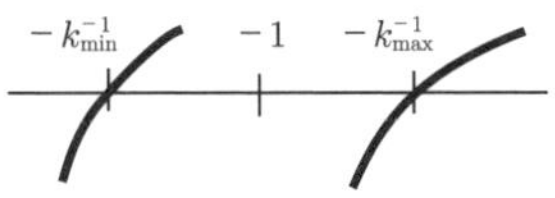

図 **5**　ゲイン余裕

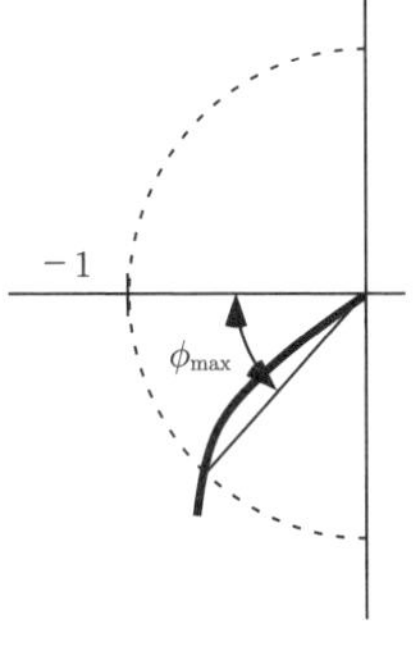

図 **6**　位相余裕

また $L(s)$ のナイキスト軌跡の絶対値 1 の近辺の形が図 6 のようになったとする．-1 から時計回りにみて原点中心半径 1 の円と最初に交わる点を考え，原点とその点を結ぶ線分が，負の実軸となす角度が位相余裕 $\phi_{\max}$ に相当する．

e.　制御対象変動に対する安定性

図 1 のフィードバック系で，制御対象 $P(s)$ は $\widetilde{P}(s)$ に変動（不安定極数の変動はない）したとし

$$\widetilde{P}(s) = (1 + \Delta(s))\,P(s), \quad |\Delta(j\omega)| < \rho(j\omega)$$

と表せるものとする．変動以前は，フィードバック系は安定であったとする．このとき一巡伝達関数の変動を考えると，$L(j\omega) \neq 0$ ならば

$$\begin{aligned}&\left|\widetilde{P}(j\omega)C(j\omega) - P(j\omega)C(j\omega)\right|\\&= |\Delta(j\omega)P(j\omega)C(j\omega)|\\&< \rho(j\omega)\,|L(j\omega)|\end{aligned}$$

が成り立つ．したがって

$$\rho(j\omega)\,|L(j\omega)| < |L(j\omega) + 1| \tag{1}$$

が成り立つならば，変動後の一巡伝達関数 $\widetilde{P}(s)C(s)$ のナイキスト軌跡は，変動前のナイキスト軌跡と -1 を囲む回数は変化せず，閉ループ系は安定である．不等式 (1) は，相補感度関数 $T(s)$ を用いて

$$\rho(j\omega)\left|\frac{L(j\omega)}{1 + L(j\omega)}\right| = \rho(j\omega)\,|T(j\omega)| < 1$$

と記述することができる．つまり相補感度関数の大きさを小さくおさえることができれば，制御対象の変動に対しても安定性を維持することができる．

f.　位相遅れ要素と位相進み要素

位相遅れ補償（phase lag compensation）は，伝達関数

$$C(s) = \frac{\alpha(Ts + 1)}{\alpha Ts + 1}, \quad \alpha > 1 \tag{2}$$

で表される要素を用い，**位相進み補償**（phase lead compensation）は，

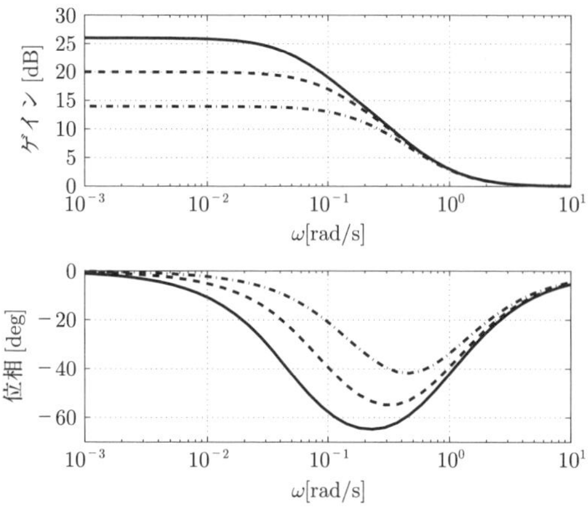

図 7　位相遅れ要素

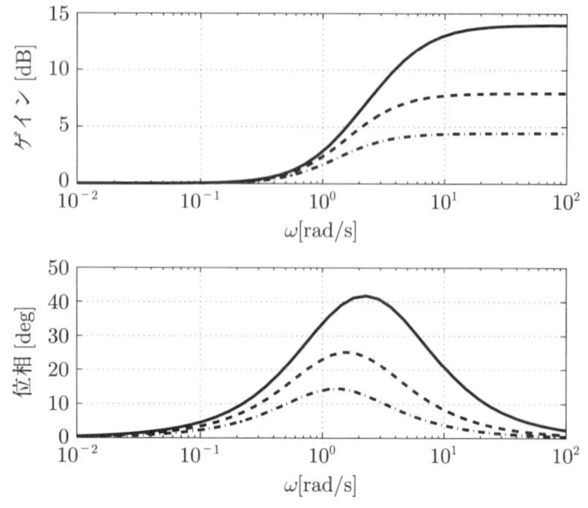

図 8　位相進み要素

$$C(s) = \frac{Ts+1}{\alpha Ts+1}, \quad 0 < \alpha < 1 \tag{3}$$

で表される要素を用いる，フィードバック制御における直列補償の方法である．具体的な補償の方法は，**ループ整形法**（loop shaping）として「g. ループ整形法」にまとめるが，ここでは伝達関数 (2),(3) の特徴をまとめておく．

位相遅れ要素の $T=1$ のときのボード線図を図 7 に示す．鎖線は $\alpha=5$ のとき，破線は $\alpha=10$ のとき，実線は $\alpha=20$ のときをそれぞれ示す．位相遅れ要素は，定常特性の改善のために低周波数域でのゲインを増大させる役割をもつ．名前のとおり位相が遅れるが，低周波数帯でゲインが大きくなっている．パラメータ T は周波数軸の位置を定め，位相遅れが生じる周波数帯が $1/(\alpha T)$ から $1/T$ の間にあり，$10/T$ より大きな角周波数では位相遅れは小さくなる．$1/(\alpha T)$ より小さな周波数帯では，ゲインが増大しており，角周波数 0 では $20\log_{10}\alpha$[dB] のゲインをもつ．つまり α が大きいほど，ゲイン増大の効果が大きい．ここで α を非常に大きいとすれば，

$$C(s) = 1 + \frac{1}{Ts}$$

となり，積分補償器に近くなる．

位相進み要素の $T=1$ のときのボード線図を図 8 に示す．鎖線は $\alpha=0.6$ のとき，破線は $\alpha=0.4$ のとき，実線は $\alpha=0.2$ のときをそれぞれ示す．パラメータ T は周波数軸の位置を定め，位相進みが生じる周波数帯が $1/T$ から $1/(\alpha T)$ の間にある．位相進みの最大量は

$$\sin^{-1}\frac{1-\alpha}{1+\alpha}$$

で与えられ，そのときの角周波数は $1/(\sqrt{\alpha}T)$ となることを示すことができる．α が小さいほど，位相進みの効果が大きい．位相進みを利用して安定余裕の改善や過渡応答の改善をはかることができる．

g.　ループ整形法

図 1 のフィードバック系を考える．ここで補償器 $C(s)$ を適切に設計して，フィードバック系の特性をよいものにしたい．補償器の設計を一巡伝達関数 $L(s)=P(s)C(s)$ の周波数応答を適切にする問題としてとらえるのが，ループ整形法である．

一巡伝達関数と感度関数，相補感度関数の間には

$$S(s) = \frac{1}{1+L(s)}, \quad T(s) = \frac{L(s)}{1+L(s)}$$

の関係があるので，

$$|S(j\omega)| \ll 1 \Leftrightarrow |L(j\omega)| \gg 1 \tag{4}$$

$$|T(j\omega)| \ll 1 \Leftrightarrow |L(j\omega)| \ll 1 \tag{5}$$

であることに注意する．

一巡伝達関数のゲインが 0[dB] を交差する角周波数を**ゲイン交差角周波数**（gain crossover frequency）という．外乱除去などのフィードバック性能を求めるために，感度関数を低周波数帯で小さくする．制御対象の不確かさの大きくなる高周波数帯で相補感度関数を小さくする．これらのことを関係 (4), (5) を用いて一

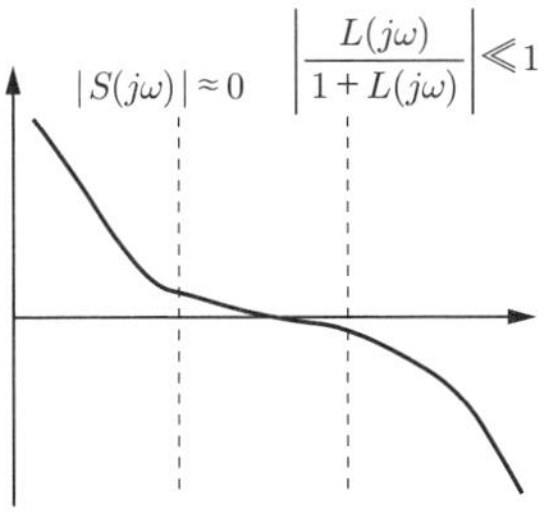

図 9 望ましい一巡伝達関数のゲイン特性

巡伝達関数の大きさに置き直す．ゲイン交差角周波数付近では，一巡伝達関数のゲインの傾きを小さくすることによって，安定余裕を大きくする．以上まとめると望ましい一巡伝達関数は図 9 のようになる．

望ましい一巡伝達関数を与える補償器を定数ゲインや位相進み位相遅れなどの直列補償器を用いて達成するフィードバック系設計法をループ整形法という．低周波数帯で $L(s)$ のゲインを大きくするためには，位相遅れ補償器や積分補償器を用いる．またゲイン交差角周波数付近でのゲインの傾きを小さくするためには，位相進み補償器を用いる．具体的な設計方法は文献[1, 2] に詳しい．

h. PID 制御

図 1 のフィードバック系において，

$$C(s) = K_{\mathrm{P}}\left(1 + \frac{1}{T_{\mathrm{I}}s} + T_{\mathrm{D}}s\right)$$

と選ぶ補償器を **PID 調節器**（PID controller）という．ここで K_{P} は**比例ゲイン**，T_{I} は**積分時間**，T_{D} は**微分時間**と呼ばれ，それぞれ比例補償，積分補償，微分補償の効き方を定めるパラメータである．

積分補償は，位相遅れ補償と同様に，低周波域で大きなゲインを有し，定常特性の改善に用いられる．微分補償は，位相進み補償と同様に，位相の進みを与え，過渡応答や安定余裕の改善に用いられる．微分操作が実現できないときには，十分小さな $\varepsilon > 0$ を用いて，近似微分

$$T_{\mathrm{D}}s \approx \frac{T_{\mathrm{D}}s}{\varepsilon s + 1}$$

で代用する．

PID 調節器のパラメータ調整は，種々の方法があるが，詳しくは文献[3] を参照されたい．

〔太 田 快 人〕

参 考 文 献

[1] 杉江俊治，藤田政之：フィードバック制御入門，コロナ社，1999.
[2] S. Skogestad and I. Postlethwaite : Multivariable Feedback Control, John Wiley, 1996.
[3] 須田信英編著：PID 制御（システム制御情報ライブラリー 6），朝倉書店，1992.

3.2 内部モデル原理

internal model principle

a. 参照信号追従と外乱除去

図1で与えられるフィードバック系を考える．ここで $P(s)$ は制御対象の伝達関数，$C(s)$ は補償器の伝達関数である．信号 r は参照信号，d は外乱信号，u は制御入力，e は追従誤差，y は出力である．**参照信号追従問題**（tracking problem）での制御目標は，出力における外乱信号の影響を除去し，参照信号に出力が漸近的に追従するように補償器を設計することである．

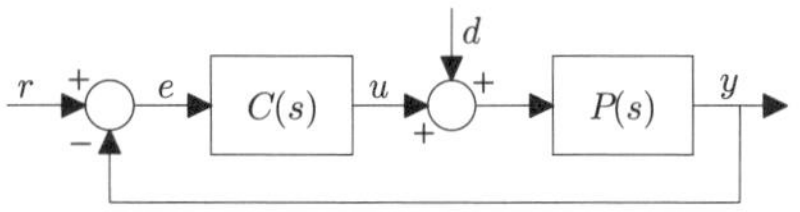

図 1　フィードバック系

ここで，参照信号や外乱信号は，時間が経過しても 0 には収束せず，そのラプラス変換が有理関数であり，

$$r(s) = \frac{n_r(s)}{m_r(s)}, \quad d(s) = \frac{n_d(s)}{m_d(s)} \tag{1}$$

と互いに素な多項式の比で書けるものとする．ここで参照信号や外乱信号が $t \to \infty$ で 0 に収束しない場合に興味があるので，$m_r(s)$, $m_d(s)$ の零点は，右半面（$\mathrm{Re}s \geq 0$）にあると仮定する．たとえば，$r(s)$ や $d(s)$ として

$$\frac{1}{s}, \ \frac{1}{s^2}, \ \frac{1}{s^2+\omega^2}$$

のように，単位階段関数，ランプ関数，三角関数を考えることができる．

b. 補償器の条件

外乱が存在するときに参照入力追従を達成する補償器について，以下の定理が成り立つ．詳しくは，文献[1]などを参照されたい．

定理 1　図1のフィードバック系で制御対象，補償器は1入力1出力系であり，

$$P(s) = \frac{n(s)}{m(s)}, \quad C(s) = \frac{n_c(s)}{m_c(s)}$$

と互いに素な多項式の比で書けるものとする．式 (1) において $m_r(s)$ と $m_d(s)$ の最小公倍多項式を $l(s)$ とする．もし $l(s)$ は $n(s)$ と共通因子をもたないとすれば，$x(s)l(s)m(s) + n_c(s)n(s)$ の零点がすべて左半面（$\mathrm{Re}s < 0$）に存在するように多項式 $x(s)$, $n_c(s)$ を選ぶことができ，補償器

$$C(s) = \frac{n_c(s)}{m_c(s)} = \frac{n_c(s)}{x(s)l(s)}$$

は，参照値追従問題の制御目標を達成する．

ここで，追従誤差 e のラプラス変換は，

$$e(s) = \frac{m(s)m_c(s)n_r(s)}{(m(s)m_c(s) + n(s)n_c(s))\, m_r(s)} - \frac{n(s)m_c(s)n_d(s)}{(m(s)m_c(s) + n(s)n_c(s))\, m_d(s)}$$

である．右辺の $\mathrm{Re}s \geq 0$ の因子は，分母分子で相殺されており，極は $\mathrm{Re}s < 0$ にしかない．したがって，時間応答は $t \to \infty$ で 0 に収束することがわかる．

定理1は，補償器が参照信号や外乱と同じモデルをもつことによって，参照信号追従や外乱除去ができることを示したものであり，**内部モデル原理**と呼ばれている．たとえば，ステップ状の参照入力（このラプラス変換は $1/s$ である）に追従することを考える．制御対象が $s = 0$ に零点をもたないとすると，補償器に積分特性をもたせて閉ループを安定化することができる．そのとき，参照入力に偏差なく追従することができる．このような積分補償は，偏差を小さくする制御として広く用いられている．

制御対象の微小な変動に対して，参照信号追従性能が保たれるためには，補償器が内部モデルを有することが必要であるとの結果もある．詳しい展開は文献[2]を参照されたい．〔太 田 快 人〕

参 考 文 献

[1] 片山　徹：フィードバック制御の基礎，朝倉書店，1987.
[2] B.A. Francis and W.M. Wonham : The internal model principle of control theory. *Automatica*, **12**: 457–465, 1976.

3.3 2自由度制御系

two-degree of freedom control system

a.　1自由度制御系

直列補償の項で説明したフィードバック系は，**1自由度制御系**と呼ばれている（図1参照）．ここで参照入力 r から偏差 e までの伝達関数と出力端外乱 d_y から出力 y までの伝達関数はともに感度関数 $S(s)$ に一致する．つまり参照入力への追従特性と外乱抑制の特性は関連しあうことになる．またフィードバック系の安定余裕などの特性は，一巡伝達関数によって定まるが，これも参照入力への追従特性と関連する．このように1自由度系では，制御特性を改善するための自由度が不足している場合が起こる．

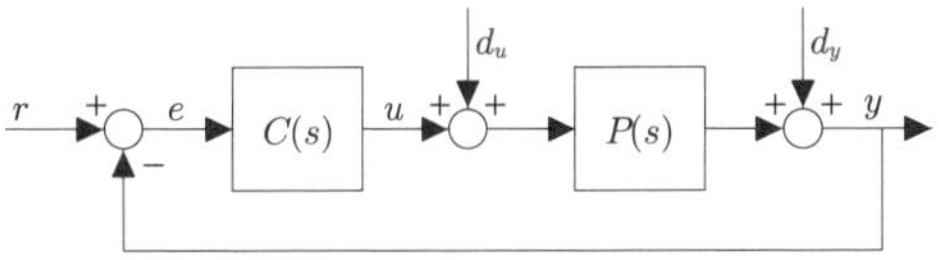

図1　1自由度制御系

b.　2自由度制御系の構成

2自由度制御系は，参照入力への追従特性とフィードバック特性を別々に設定することを目標としている．このために図2のフィードバック系構成を考える．ここで，r は参照入力，d_u は入力端外乱，d_y は出力端外乱，y は観測出力，u は制御入力であり，$P(s)$ は制御対象，$C(s)$ は r と y を入力として u を出力にする補償器である．1自由度系とは異なり，r と y は差をとらずに二つの信号として補償器へ直接入力していることに注意したい．

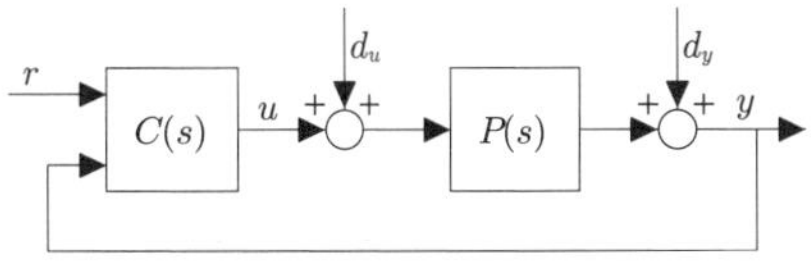

図2　2自由度制御系

補償器 $C(s)$ の入出力関係を

$$u(s) = C_r(s)r(s) - C_y(s)y(s)$$

とすれば，

$$y(s) = \frac{1}{1+P(s)C_y(s)}d_y(s) + \frac{P(s)}{1+P(s)C_y(s)}d_u(s) + \frac{P(s)C_r(s)}{1+P(s)C_y(s)}r(s)$$

となる．特に，参照入力から制御出力までの伝達関数は

$$\frac{P(s)C_r(s)}{1+P(s)C_y(s)} \tag{1}$$

であり，$C_r(s)$ を適切に選ぶことによって参照入力追従特性を向上させることができる．詳しくは文献[2, 3]などを参照されたい．

ところで，図2では，補償器 $C(s)$ は r と y を入力として u を出力する形になっている．そのため，式(1)において，見かけ上の右半面極零相殺があっても，安定性を失わない構成が可能であることに注意したい．

c.　参照入力への追従

2自由度制御系を用いて，参照入力追従性能を向上させることができることを示しておく．図3の構造の制御系を考える．これは，図2の2自由度制御系の特別な場合に相当している．ここで，参照信号 r から y への伝達関数 $T_{ry}(s)$ を計算すると，

$$T_{ry}(s) = F(s)$$

であることがわかる．つまり，参照信号への追従特性として望ましい $F(s)$ を準備すればよい（$F(s)$ は安定な伝達関数であることは当然要求される）．ここで $C_1(s)$ は $T_{ry}(s)$ に現れないことになるが，フィードバック系の特性をよいものにするためには適切に選ぶ必要がある．実際の制御系では，制御対象 $P(s)$ にモ

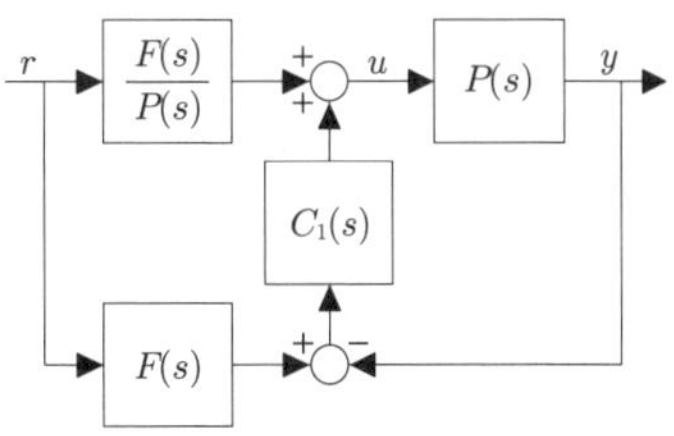

図3　参照入力への追従

デル化誤差があり，外乱も存在するために，$C_1(s)$ の選定は重要である．また図3左上のブロックの伝達関数 $F(s)/P(s)$ は安定な伝達関数でなくてはならないことも注意する．詳しくは文献[1] を参照されたい．

〔太田快人〕

参考文献

[1] 杉江俊治，藤田政之：フィードバック制御入門，コロナ社，1999.

[2] S. Skogestad and I. Postlethwaite : Multivariable Feedback Control, John Wiley, 1996.

[3] M. Morari and F. Zafiriou : Robust Process Control, Prentice-Hall, 1989.

3.4 むだ時間系制御

control of time-delay systems

変化率が過去の履歴に依存する関数微分方程式としてモデル化される現象やシステムは数多い．むだ時間系は，その典型的な例である．文献[1] はむだ時間系を含む関数微分方程式の理論と応用に関して詳しく，物理現象，プロセス制御のような工学的な応用，生物システムのモデル，医学的な応用，経済学などへの応用などの具体例があげられている．

ここでは，むだ時間系のなかでも，線形な方程式で記述されるクラスに関して述べたのち，安定解析・安定化，入力むだ時間系の制御に関して述べる．

a. むだ時間系のクラス

線形なむだ時間系として，入力むだ時間系，遅れ型むだ時間系，中立型むだ時間系の三つのクラスを説明する．

入力むだ時間系（input delay system）は，

$$\frac{\mathrm{d}}{\mathrm{d}t}x(t) = Ax(t) + Bu(t-h), \quad y(t) = Cx(t) \quad (1)$$

で記述されるシステムである．入力が x の変化に影響を与えるまで $h > 0$ の時間がかかるとする．入力むだ時間系の伝達関数は，$P(s)e^{-sh}$ で記述される．ここで $P(s) = C\,(sI - A)^{-1}\,B$ は有理伝達関数となるので，入力むだ時間系の極は有限個しかない．

微分差分方程式

$$\frac{\mathrm{d}}{\mathrm{d}t}x(t) = A_0x(t) + A_1x(t-h) + Bu(t) \quad (2)$$

で記述されるシステムは，**遅れ型むだ時間系** (retarded system) の例である．ここで x_t によってむだ時間に相当する x の履歴 $x_t(\theta) = x(t+\theta), \theta \in [-h, 0]$ を表すことにする．区間 $[-h, 0]$ での連続関数 ϕ を考え，$x_t(0) = \phi$ となる初期値のもとに，式 (2) の解を考えることができる．

一般には，遅れ型むだ時間系は

$$\frac{\mathrm{d}}{\mathrm{d}t}x(t) = f(t, x_t, u_t)$$

で記述される．たとえば

$$\frac{\mathrm{d}}{\mathrm{d}t}x(t) = \int_{-h}^{0} (G(\theta)x_t(\theta) + H(\theta)u_t(\theta))\,\mathrm{d}\theta$$

は分布遅れをもつ線形な遅れ型むだ時間系である．

微分差分方程式

$$\frac{\mathrm{d}}{\mathrm{d}t}x(t) = A_0x(t)+A_1x(t-h)+A_d\frac{\mathrm{d}}{\mathrm{d}t}x(t-h)+Bu(t)$$

で記述されるシステムは，**中立型むだ時間系** (neutral system) の一例である．この場合，x と $\dot{x} = (\mathrm{d}x/\mathrm{d}t)$ 双方にむだ時間の項を有する．一般には，中立型むだ時間系は

$$\frac{\mathrm{d}}{\mathrm{d}t}x(t) = f(t, x_t, \dot{x}_t, u_t)$$

で記述される．

b.　安定性解析と安定化

1)　特性方程式

遅れ型むだ時間系

$$\frac{\mathrm{d}}{\mathrm{d}t}x(t) = A_0x(t) + A_1x(t-h) \tag{3}$$

を考える．このとき初期条件 $x_t = 0$ に対しては，恒等的に 0 となる解を零解という．

任意に $\varepsilon > 0$ を与える．このとき $\delta > 0$ が存在して，$[-h, 0]$ の連続関数 ϕ を $\max_\theta |\phi(\theta)| \leq \delta$ とするならば，初期条件 $x_t(0) = \phi$ となる解は，任意の $t \geq 0$ について $|x(t)| \leq \varepsilon$ を満たすとき，式 (3) の零解は**安定**であるという．安定でありさらに，$\lim x(t) \to 0$ を満たすとき，式 (3) の零解は**漸近安定**であるという．

定理 1　むだ時間系 (3) の零解が漸近安定であるためには，特性方程式

$$\det\left(sI - A_0 - A_1e^{-sh}\right) = 0$$

の解が複素平面の閉右半面（$\mathrm{Re}s \geq 0$）に存在しないことが必要十分である．

中立型の場合，状況はより複雑である．特性方程式の解が複素平面の閉右半面に存在しなくとも漸近安定にならないような例も存在する．中立型むだ時間系の特性方程式と安定性の関係については，文献[1, 3] を参照されたい．

2)　リャプノフ関数

リャプノフ関数を用いた安定解析を，むだ時間が存在する場合に拡張することを考える．遅れ型むだ時間系 (3) に対して，汎関数

$$V(x_t) = x_t(0)^\top Px_t(0) + \int_{-h}^{0} x_t(\theta)^\top Qx_t(\theta)\mathrm{d}\theta \tag{4}$$

を考える．ただし P, Q は正定行列である．ここで x_t は，むだ時間系 (3) の $x(t)$ と $x_t(\theta) = x(t+\theta)$ との関係を有し，区間 $[-h, 0]$ での連続関数になっている．もし解軌道に沿った微分 $\dot{V}(x_t)$ が負定になるならば，式 (3) の零解は漸近安定になる．式 (4) のような汎関数を**リャプノフ–クラソフスキー関数**（Lyapunov–Krasovskii functional）という．

解軌道に沿った微分 $\dot{V}(x_t)$ が負定になることの十分条件を線形行列不等式を用いて表すことができる．たとえば

$$\begin{bmatrix} A_0^\top P + PA_0 + Q & PA_1 \\ A_1^\top P & -Q \end{bmatrix} < 0$$

を満たす $P > 0,\ Q > 0$ があれば，式 (4) の汎関数を用いて，漸近安定性が結論できる．ただし行列 P が正定 (または負定) であることを $P > 0$ (または $P < 0$) と表していることに注意する．ここで，この条件は，むだ時間 $h > 0$ の大きさに依存しないことからもわかるように，保守的な条件である．

汎関数の選び方や不等式を抑え込む工夫を加えると別の十分条件を与えることができる．たとえば式 (3) をディスクリプタ形式と呼ばれる

$$\frac{\mathrm{d}}{\mathrm{d}t}x(t) = y(t), \quad 0 = -y(t) + A_0x(t) + A_1x(t-h)$$

と書きくだした後，汎関数を

$$V(x_t, y_t) = \begin{bmatrix} x_t(0)^\top & y_t(0)^\top \end{bmatrix} EP \begin{bmatrix} x_t(0) \\ y_t(0) \end{bmatrix} + V_2 + V_3$$

$$V_2 = \int_{-h}^{0} y_t(\theta)^\top Qy_t(\theta)\mathrm{d}\theta$$

$$V_3 = \int_{-h}^{0}\int_{t+\theta}^{t} y_t(\tau)^\top Ry_t(\tau)\mathrm{d}\tau\mathrm{d}\theta$$

$$E = \begin{bmatrix} I & 0 \\ 0 & 0 \end{bmatrix}, \quad P = \begin{bmatrix} P_1 & 0 \\ P_2 & P_3 \end{bmatrix}$$

とおく．ただし $P_1 > 0,\ Q > 0,\ R > 0$ とする．解軌道に沿った微分 $\dot{V}(x_t)$ が負定になることの十分条件は

線形行列不等式を用いて

$$\begin{bmatrix} A^\top P_2 + P_2^\top A & A^\top P_3 + P_1 - P_2^\top & hP_2^\top A_1 \\ P_3^\top A + P_1 - P_2 & -P_3 - P_3^\top + hR & hP_3^\top A_1 \\ hA_1^\top P_2 & hA_1^\top P_3 & -hR \end{bmatrix} < 0 \tag{5}$$

と与えられる．ただし $A = A_0 + A_1$ とおいた．また $Q > 0$ は十分小さくとれば解軌道に沿った微分 $\dot{V}(x_t)$ は負定になるので，線形行列不等式 (5) に現れていない．

なお，ここでは遅れ型システム (3) を扱ったが，遅れ項が複数ある遅れ型システムや，中立型システムの安定解析をディスクリプタ形式に記述することで線形行列不等式条件を記述することができる[3].

3)　安定化

リャプノフ関数を用いた安定解析の手法は，安定化問題へ応用することができる．ここでは，

$$\frac{\mathrm{d}}{\mathrm{d}t}x(t) = A_0 x(t) + A_1 x(t-h) + Bu(t)$$

で表される遅れ型むだ時間系に対して，$u = Kx$ とする状態フィードバックを用いて安定化する場合の線形行列不等式条件を記す．閉ループ系は，

$$\frac{\mathrm{d}}{\mathrm{d}t}x(t) = (A_0 + BK)\,x(t) + A_1 x(t-h)$$

であり，式 (5) を適用して，変数の置き換えを行う．すると

$$\begin{bmatrix} X_2^\top + X_2 & * & * & * \\ AX_1 + X_3^\top - X_2 + BY & -X_3^\top - X_3 & * & * \\ 0 & hZA_1^\top & -hZ & * \\ 0 & hX_3 & 0 & -hZ \end{bmatrix} < 0$$

を満たす $X_1 > 0$, X_2, X_3, Y, $Z > 0$ が存在すれば，フィードバックゲイン $K = YX_1^{-1}$ は安定化ゲインであることが示される．ただし対称行列のため，対称位置のある要素は $*$ を用いて省略している．文献[5] では係数行列 A_0, A_1 に不確かさの有する場合のロバスト安定化条件を記している．また H^∞ ノルム条件などの使用を行列不等式に織り込むことも可能である．

c.　入力むだ時間系の制御

1)　スミス補償器

スミス補償器は，入力むだ時間系に対する補償器の構成法の一つである．むだ時間系 $P(s)e^{-sh}$ に対して，$C(s)$ に対してむだ時間を補償するためのループ $P(s) - P(s)e^{-sh}$ を局所的にフィードバックした系を補償器に用いるものである（図 1 参照）．つまり補償器は

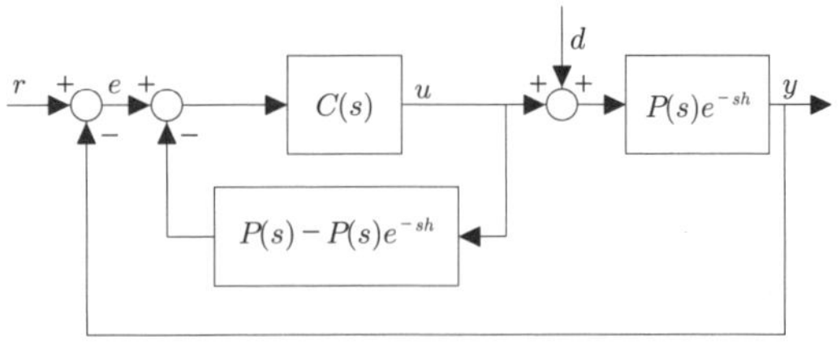

図 1　スミス法

$$\frac{C(s)}{1 + C(s)P(s)(1 - e^{-sh})}$$

を用いることになる．このとき参照入力 r から出力 y までの伝達関数を計算すると

$$\frac{P(s)C(s)e^{-sh}}{1 + P(s)C(s)}$$

である．つまり閉ループ系の応答は，補償器 $C(s)$ を $P(s)$ に適用したときの応答をむだ時間分だけ遅延したものに等しくなる．

2)　最適レギュレータ

入力むだ時間系 (1) に対して，評価関数

$$\int_0^\infty \left\{ x^\top(t)Qx(t) + u^\top(t)Ru(t) \right\} \mathrm{d}t \tag{6}$$

を最小化する最適制御問題を考える．ここで $Q > 0$, $R > 0$ とする．ここで

$$\overline{Q} = e^{A^\top h} Q e^{Ah}, \quad \overline{B} = e^{-Ah} B$$

とおき，代数リッカチ方程式

$$A^\top X + XA - X\overline{B}R^{-1}\overline{B}^\top X + \overline{Q} = 0 \tag{7}$$

を考える．

定理 2　入力むだ時間系 (1) の (A, B) は可制御とする．このとき代数リッカチ方程式 (7) の安定化解 X が存在し，それを用いてゲインを $K = -R^{-1}\overline{B}^\top X$ と定める．このとき評価関数 (6) を最小化する制御は

$$u(t) = K\left\{ x(t) + \int_{-h}^0 e^{-A(\theta+h)} B u_t(\theta) \mathrm{d}\theta \right\} \tag{8}$$

で与えられる．

式 (8) の制御則は，状態の予測値に基づいて入力を決定する状態予測制御の一種であると考えられる．つまり，入力むだ時間系 (1) において時刻 t における x の値 $x(t)$ と，$[t-h,t]$ に加わった入力 $u_t(\theta)=u(t+\theta)$, $-h\leq\theta\leq 0$ をもとに $x(t+h)$ の値を式 (1) を用いて予測すれば

$$x(t+h)=e^{Ah}\left\{x(t)+\int_{-h}^{0}e^{-A(\theta+h)}Bu_t(\theta)\mathrm{d}\theta\right\}$$

である．このことから式 (8) は，むだ時間によってこれから x の変化に寄与するであろう u の影響を考慮した第 2 項を $x(t)$ に加えてフィードバックゲインをかけていることに注意したい． 〔太 田 快 人〕

参 考 文 献

[1] V. Kolmanovskii and A. Myshkis : Introduction to the Theory and Applications of Functional Differential Equations, Kluwer Academic Publications, 1999.

[2] 阿部直人，児島　晃：むだ時間・分布定数系の制御，コロナ社，2007.

[3] J-P. Richard : Time-delay systems: an overview of some recent advances and open problems. *Automatica*, **39**: 1667–1694, 2003.

[4] E. Fridman : New Lyapunov-Krasovskii functionals for stability of linear retarded and neutral type systems. *Sys. Contr. Lett.*, **43**: 309–319, 2001.

[5] E. Fridman and U. Shaked : An improved stabilization method for linear time-delay systems. *IEEE Trans. Automat. Cont.*, **47**: 1931–1937, 2002.

4 線形状態方程式

4.1 可制御性と可観測性

controllability and observability

線形状態方程式で記述されるシステムの可制御性と可観測性は，線形システム論での基本的な概念である．可制御性と可観測性の代数条件，状態フィードバックや出力インジェクションによる極配置問題，さらにはオブザーバの構成との関連がある．詳しくは，文献[1, 2]を参照されたい．

a. 可制御性と可観測性の定義

線形時不変な状態方程式で記述されるシステム

$$\frac{\mathrm{d}}{\mathrm{d}t}x = Ax + Bu \tag{1}$$

$$y = Cx + Du \tag{2}$$

を考える．ここで x は状態，u は入力，y は出力である．

x_0, x_f を任意に与える．初期時刻 $t=0$ において $x(0)=x_0$ であるとき，ある終端時刻 $t_f>0$ と区間 $[0, t_f]$ で定義された入力 u が存在して，

$$x(t_f) = e^{At_f}x_0 + \int_0^{t_f} e^{A(t_f-\tau)}Bu(\tau)\mathrm{d}\tau = x_f$$

が成り立つときに，システム (1) は**可制御**であるという．次項で示すように，可制御性は行列 A, B のみに依存するので，(A, B) は可制御であるという言い方をする．定義の上では，終端時刻 $t_f>0$ が存在すればよいことになっているが，実際には，任意の時刻 $t_f>0$ を選ぶことができる．

次に入力 u を 0 に固定する．ある $t_f>0$ が存在して，出力 y を区間 $[0, t_f]$ で観測するとき，初期条件 $x(0)=x_0$ が唯一に定まるならば，システム (1),(2) は**可観測**であるという．次項で示すように，可制御性は行列 A, C のみに依存するので，(A, C) は可制御であるという言い方をする．この場合も，時刻 $t_f>0$ は任意に選ぶことができる．

b. 代数条件

可制御性の有無は，システムの係数行列 A, B に関する代数的な条件として記述することができる．

定理 1 以下の条件は等価である．

(a) システム (1) は可制御である．

(b) 行列

$$[B \quad AB \quad \cdots \quad A^{n-1}B]$$

は行最大階数をもつ．ただし n はシステム (1) の状態ベクトル x の次元である．

(c) 任意の複素数 s に対して行列

$$[sI-A \quad B]$$

は行最大階数をもつ．

条件 (b) に現れる行列を**可制御行列**という．また条件 (c) を **PBH 条件** (Popov–Belevitch–Hautus test) という．

次に可観測性の有無に関する条件を述べる．

定理 2 以下の条件は等価である．

(a) システム (1),(2) は可観測である．

(b) 行列

$$\begin{bmatrix} C \\ CA \\ \vdots \\ CA^{n-1} \end{bmatrix}$$

は列最大階数をもつ．ただし n はシステム (1) の状態ベクトル x の次元である．

(c) 任意の複素数 s に対して行列

$$\begin{bmatrix} sI-A \\ C \end{bmatrix}$$

は列最大階数をもつ．

条件 (b) に現れる行列を**可観測行列**という．定理 1 と定理 2 を見比べると，可制御性と可観測性の条件において (A, B) を $\left(A^\top, C^\top\right)$ に置き換えれば同一の代数的な条件になっていることがわかる．このことを可制御性と可観測性の**双対性**ということがある．

c. 状態フィードバックと出力インジェクション

線形システム (1) において $u = Fx$ と状態に比例した入力を加えるものとする．そのとき状態遷移は

$$\frac{\mathrm{d}}{\mathrm{d}t}x = (A + BF)\,x \tag{3}$$

にしたがう．この振舞いには，$A + BF$ の固有値が関係する．フィードバックゲイン F を選ぶことによって固有値が自由に設定できるための条件は以下のとおりである．

定理 3 最大次の係数が 1 である n 次の多項式 $p(s)$ を任意に与えるとき，$A + BF$ の特性多項式が，$p(s)$ に一致するようにゲイン F を決めることができるためには，(A, B) が可制御であることが必要十分である．

次に線形システム (1),(2) において，出力 y にゲイン L を乗じて状態遷移に直接差し込むことができるとすれば

$$\frac{\mathrm{d}}{\mathrm{d}t}x = (A + LC)\,x + (B + LD)\,u \tag{4}$$

となる．したがって $u = 0$ のときの振舞いは，$A + LC$ の固有値が関係する．

定理 4 最大次の係数が 1 である n 次の多項式 $p(s)$ を任意に与えるとき，$A + LC$ の特性多項式が $p(s)$ に一致するようにゲイン L を決めることができるためには，(A, C) が可観測であることが必要十分である．

定理 3 において，与えられた多項式を特性方程式にするゲイン F を求める問題を**極配置問題**という．その数値計算アルゴリズムに関しては，文献[3] を参照されたい．

d. 可安定性と可検出性

状態フィードバック $u = Fx$ を施すと，システムは式 (3) にしたがうが，このとき $A + BF$ の固有値の実部がすべて負であるならば，すべての初期状態に対して，$t \to \infty$ のとき $x(t)$ は原点に収束することになる．そのような状態フィードバックゲイン F が存在するとき，(A, B) は**可安定**という．(A, B) が可制御であれば，可安定であることは自明であるが，両者の差は，次の定理で明らかになる．

定理 5 (A, B) が可安定であるためには，任意の複素数 s, $\mathrm{Re}\,s \geq 0$ に対して行列

$$[sI - A \quad B]$$

が行最大階数をもつことが必要十分である．

出力インジェクションを用いてシステム (4) での，$A + LC$ の固有値の実部をすべて負にできるとき，(A, C) は**可検出**という．

定理 6 (A, C) が可検出であるためには，任意の複素数 s, $\mathrm{Re}\,s \geq 0$ に対して行列

$$\begin{bmatrix} sI - A \\ C \end{bmatrix}$$

が列最大階数をもつことが必要十分である．

e. 離散時間システム

ここまでは連続時間システムについて述べてきたが，離散時間線形時不変なシステム

$$x(t+1) = Ax(t) + Bu(t)$$
$$y(t) = Cx(t) + Du(t)$$

に関する可制御性，可観測性についてまとめておく．可制御性および可観測性の定義については，連続時間系とほぼ同じである．ただし時刻 $t_f > 0$ を任意にとることはできず，たとえば 1 入力系の場合については，$t_f \geq n$（n は状態方程式の次数）でなくてはならない．

連続時間線形システムにおいては，行列指数関数の性質から，目標状態を $x_f = 0$ に限定しても可制御性の条件は変わらない．しかし離散時間系では状態遷移は A のべき乗になることから，可制御性がなくとも任意の状態から $x_f = 0$ へ遷移可能な場合がある（極端

な例として $A=0$ の場合がある）.

以上の理由から，離散時間システムの可制御性，可観測性の定義においては，連続時間システムの定義を $t_f \geq n$ と書きかえることにする．連続時間システムに対する代数条件（定理 1, 2）は，そのまま離散時間システムに対しても成立する．したがって，状態フィードバックと出力インジェクションによる極配置問題についても連続時間と離散時間の違いはない．

可安定性と可検出性について，離散時間系の場合，次のような定義を用いる．状態フィードバック $u=Fx$ を施したときに，$A+BF$ の固有値の絶対値がすべて 1 未満であれば，すべての初期状態について $t\to\infty$ のとき $x(t)$ は原点に収束する．そのような F が存在するとき (A,B) は**可安定**であるという．$A+LC$ の固有値の絶対値がすべて 1 未満であるような L が存在するとき (A,C) は**可検出**であるという．

定理 7 (A,B) が可安定であるためには，任意の複素数 s, $|s|\geq 1$ に対して行列

$$[sI-A \quad B]$$

が行最大階数をもつことが必要十分である．

定理 8 (A,C) が可検出であるためには，任意の複素数 s, $|s|\geq 1$ に対して行列

$$\begin{bmatrix} sI-A \\ C \end{bmatrix}$$

が列最大階数をもつことが必要十分である．

〔太 田 快 人〕

参 考 文 献

[1] 前田　肇：線形システム，朝倉書店，2001.
[2] 須田信英：線形システム理論（システム制御情報ライブラリー 7），朝倉書店，1993.
[3] J. Kautsky et al.: Robust pole assignment in linear state feedback. *Internat. J. Contr.*, **41**, 1129–1155, 1985.

4.2 オブザーバ

observer

状態方程式で記述されるシステムに対して，その観測値から状態量を推定する機構をオブザーバという．ここでは，線形状態方程式で記述されるシステムに対するオブザーバの構成方法とオブザーバを用いたフィードバック制御系について述べる．なお詳しくは，文献[1, 2]などを参考にされたい．

a. 全状態オブザーバ

線形時不変状態方程式

$$\frac{\mathrm{d}}{\mathrm{d}t}x = Ax + Bu \qquad (1)$$

$$y = Cx + Du \qquad (2)$$

で記述されるシステムを考える．ただし (A,C) は可検出であるとする．このとき $A+LC$ の固有値の実部をすべて負にするように行列 L を定めることができる．その L を用いて

$$\frac{\mathrm{d}}{\mathrm{d}t}\widehat{x} = A\widehat{x} + Bu + L\left(C\widehat{x} + Du - y\right) \qquad (3)$$

で記述されるシステムを考える．このとき

$$\frac{\mathrm{d}}{\mathrm{d}t}\left(x-\widehat{x}\right) = (A+LC)\left(x-\widehat{x}\right)$$

である．したがって $t\to\infty$ のとき $x(t)-\widehat{x}(t)\to 0$ となる．つまり式 (3) で記述されるシステムは，式 (1) の状態を推定する機構になっている．式 (3) を**全状態オブザーバ**（full state observer）または**同一次元状態オブザーバ**（identity observer）という．

b. オブザーバの一般化

線形状態方程式 (1),(2) に対して，行列 F, G, H を用いて

$$\frac{\mathrm{d}}{\mathrm{d}t}z = Fz + Gu + Hy \qquad (4)$$

と定める．ただし F はすべての固有値の実部が負である．ここで

$$TA - FT = HC \quad (5)$$

$$G = TB - HD \quad (6)$$

$$MT + NC = I \quad (7)$$

を満たす行列 T, M, N があるものとし,

$$\widehat{x} = Mz + N(y - Du) \quad (8)$$

と定める.

定理 1 線形システム (1),(2) を考える. F はすべての固有値の実部が負であるとして, 式 (5),(6),(7) を満たすような行列が存在するとする. このとき式 (4),(8) を用いて $\widehat{x}$ を定めると, $t \to \infty$ のとき, $x(t) - \widehat{x}(t) \to 0$ が成り立つ.

全状態オブザーバの構成は, 定理 1 の特別な場合であることがわかる. また線形システム (1),(2) は可検出であるとき, 定理 1 から, 低次元オブザーバの構成が可能となる.

まず全状態オブザーバに関してであるが, 可検出性より $A + LC$ が安定行列となるように L を定める. そして $T = I$, $F = A + LC$, $G = B + LD$, $H = -L$, $M = I$, $N = 0$ とおく. このとき式 (4) は全状態オブザーバになっている.

次に低次元オブザーバについて説明する. 観測量 y が m 変数であり, $\operatorname{rank} C = m$ である場合を考える. ただし状態の次元を n とし, $m < n$ とする. このとき正則行列 $\overline{T}$ を行列 C の行を含むように選ぶ. つまり

$$\overline{T} = \begin{bmatrix} \overline{T}_1 \\ C \end{bmatrix}, \quad \overline{S} = \overline{T}^{-1} = \begin{bmatrix} \overline{S}_1 & \overline{S}_2 \end{bmatrix}$$

と選ぶ. そして

$$\overline{T} A \overline{T}^{-1} = \begin{bmatrix} \overline{A}_{11} & \overline{A}_{12} \\ \overline{A}_{21} & \overline{A}_{22} \end{bmatrix}, \quad \overline{T} B = \begin{bmatrix} \overline{B}_1 \\ \overline{B}_2 \end{bmatrix}$$

とおく. このとき (A, C) が可検出であることから $(\overline{A}_{11}, \overline{A}_{21})$ も可検出である. したがって $F = \overline{A}_{11} - L\overline{A}_{21}$ の固有値の実部がすべて負になるように L を選ぶことができる. このとき

$$\begin{aligned} \frac{\mathrm{d}}{\mathrm{d}t} z &= \left(\overline{A}_{11} - L\overline{A}_{21}\right) z \\ &\quad + \left(\overline{A}_{12} - L\overline{A}_{22} + \overline{A}_{11} L - L\overline{A}_{21} L\right)(y - Du) \\ &\quad + \left(\overline{B}_1 - L\overline{B}_2\right) u \end{aligned} \quad (9)$$

$$\widehat{x} = \overline{S}_1 z + \left(\overline{S}_1 L + \overline{S}_2\right) y \quad (10)$$

はオブザーバである. これは式 (4) において $T = \overline{T}_1$, $G = \overline{B}_1 - L\overline{B}_2 - HD$, $H = \overline{A}_{12} - L\overline{A}_{22} + \overline{A}_{11} L - L\overline{A}_{21} L$, $M = \overline{S}_1$, $N = \overline{S}_1 L + \overline{S}_2$ と設定したことに相当する. 式 (9),(10) の次数は $n - m$ であり, **低次元オブザーバ** (reduced order observer) と呼ばれている.

c. オブザーバを用いた閉ループ系

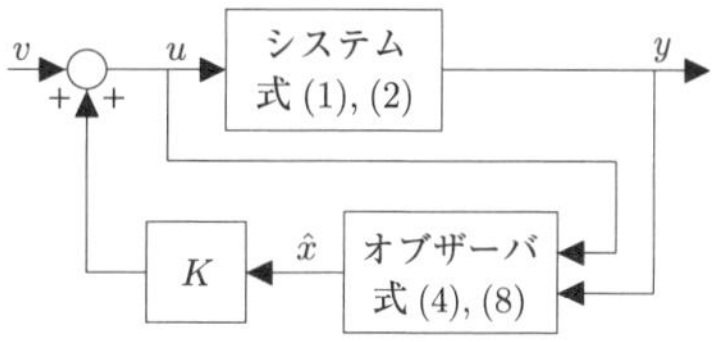

図 1 オブザーバを用いた閉ループ系

線形状態方程式 (1),(2) で記述される系をオブザーバを用いてフィードバック制御することを考える. ここで (A, B) は可安定, (A, C) は可検出であるとする. 状態フィードバックゲイン K を $A + BK$ の固有値の実部がすべて負になるように選ぶ. もし状態すべてを観測することはできず, 観測は式 (2) で与えられるとすれば, 状態フィードバック $u = Kx$ は実現できない.

そこでオブザーバを用いて Kx の代わりに $K\widehat{x}$ をフィードバックすることを考える. 外部入力 v を考えて, $u = K\widehat{x} + v$ とする. このときシステム (1),(2) とオブザーバ (4),(8) との全体系は

$$\frac{\mathrm{d}}{\mathrm{d}t} \begin{bmatrix} x \\ z \end{bmatrix} = \begin{bmatrix} A + BKNC & BKM \\ HC + TBKNC & F + TBKM \end{bmatrix} \begin{bmatrix} x \\ z \end{bmatrix} + \begin{bmatrix} B \\ TB \end{bmatrix} v$$

$$y = \begin{bmatrix} C + DKNC & DKM \end{bmatrix} \begin{bmatrix} x \\ z \end{bmatrix} + Dv$$

である. ここで座標を

$$\begin{bmatrix} x \\ \xi \end{bmatrix} = \begin{bmatrix} I & 0 \\ -T & I \end{bmatrix} \begin{bmatrix} x \\ z \end{bmatrix}$$

と取り換えると

$$\frac{\mathrm{d}}{\mathrm{d}t}\begin{bmatrix} x \\ \xi \end{bmatrix} = \begin{bmatrix} A+BK & BKM \\ 0 & F \end{bmatrix}\begin{bmatrix} x \\ \xi \end{bmatrix} + \begin{bmatrix} B \\ 0 \end{bmatrix} v \quad (11)$$

$$y = \begin{bmatrix} C+DK & DKM \end{bmatrix}\begin{bmatrix} x \\ \xi \end{bmatrix} + Dv \quad (12)$$

となる．以上より次の結果を得る．

定理 2 線形状態方程式 (1),(2) とオブザーバ (4),(8) とを，$u = K\hat{x} + v$ を用いてフィードバック結合する．このとき，閉ループ系を表す状態方程式 (11) の固有値は，F と $A+BK$ の固有値の和集合で与えられる．また $F, A+BK$ をともに安定行列になるように選べば，$v=0$ とするとき，閉ループ系 (11) の原点は漸近安定である．

ここで閉ループ系 (11),(12) において v から y への伝達関数は

$$D + (C+DK)(sI - A - BK)^{-1}B$$

で与えられる．これは，線形システム (1),(2) において $u = Kx + v$ と状態フィードバックを行ったときの伝達関数に等しい．変数 ξ は，入力 v の影響を受けない．

特に全状態オブザーバを用いたときには，閉ループ系の固有値は，$A+LC, A+BK$ の固有値の和集合となる．もしシステム (1),(2) が可制御かつ可観測であれば，ゲイン L, K を適切に選ぶことによって，閉ループ系の固有値は，任意に設定可能になる．

d. デュアルオブザーバ

一般に図 2 の左側と右側のフィードバック系の安定性は等価である．このことをオブザーバを用いたフィードバック系（図 1）に適用してみる．$P(s)$ の状態空間表現が式 (1),(2) で与えられるとする（係数行列を $[A,B,C,D]$ とまとめて書くことにする）．$P(s)^\top$ の状態空間表現の係数行列は，$[A^\top, C^\top, B^\top, D^\top]$ である．

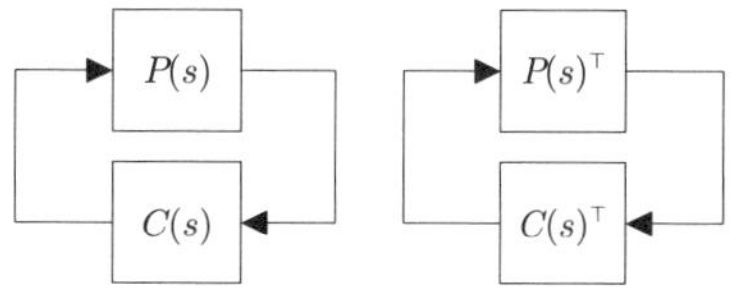

図 2 双対なフィードバック系

これに対して式 (4),(8) の形のオブザーバを構成して，推定状態にゲインを乗じて安定化補償器を得る．この補償器を $C(s)^\top$ とすれば，$C(s)$ がもとの制御対象を安定化することがわかる．このようにして得られる補償器をデュアルオブザーバ（dual observer）という．

直接状態方程式の係数行列を用いて，デュアルオブザーバを構成する式を記述することができる．式 (1),(2) は，可安定，可検出であるとする．以下では簡単のために $D=0$ としておく．$A+LC$ を安定行列にする L を選ぶ．

$$AT - TF = BH$$

$$TM + BN = L$$

を満たす行列 T, M, N, H, F があるものとする．ただし F は安定行列に選ぶ．このとき状態方程式

$$\frac{\mathrm{d}}{\mathrm{d}t}z = (F + MCP)z + My \quad (13)$$

$$u = (H + NCP)z + Ny \quad (14)$$

がデュアルオブザーバとなる．式 (1) の制御入力 u が p 変数であり，$\mathrm{rank}\,B = p$ かつ $p < n$ であるとすると，低次元オブザーバを求めたときと同様にして，式 (13) の次元を $n-p$ に選ぶことができる．

〔太 田 快 人〕

参 考 文 献

[1] D.G. Luenberger : An introduction to observers. *IEEE Trans. Automat. Contr.*, **16**: 596–602, 1971.
[2] 前田 肇：線形システム，朝倉書店，2001.

4.3 LQ/LQG 制御

LQ/LQG control

ここでは，LQ 制御問題（最適レギュレータ問題）と LQG 制御問題を扱う．より詳しくは，文献[1] を参照されたい．またリッカチ方程式の扱いに関しては，文献[2] が参考になる．

a. LQ 制御問題設定

連続時間線形時不変な状態方程式

$$\frac{\mathrm{d}}{\mathrm{d}t}x = Ax + Bu, \quad x(0) = x_0$$

で記述されるシステムを考える．ここで x は状態，u は入力である．このシステムに対して評価関数

$$J = \int_0^\infty \left\{ x^\top(t)Qx(t) + u^\top(t)Ru(t) \right\} \mathrm{d}t \qquad (1)$$

を最小にする制御入力を求める問題を **LQ 制御問題** (linear quadratic control problem) または**最適レギュレータ問題** (optimal regulator problem) という．ただし Q は準正定行列，R は正定行列であるとする．ここで (A, B) は可安定，$(A, Q^{1/2})$ は可検出であるとする．

評価関数 (1) の被積分関数は第 1 項，第 2 項ともに非負である．第 1 項は，状態 x が原点に近ければ小さな値になり，第 2 項は，入力 u が小さいことを要求する．つまり状態の原点への制御と入力の大きさとをバランスさせて，妥当な制御則をつくろうとしている．

b. 最適制御則とその特徴

前述の LQ 制御問題に対して，**代数リッカチ方程式** (algebraic Riccati equation)

$$A^\top X + XA - XBR^{-1}B^\top X + Q = 0 \qquad (2)$$

を考える．$A - BR^{-1}B^\top X$ の固有値の実部がすべて負になる解 X を**安定化解** (stabilizing solution) と呼ぶ．

定理 1 問題設定で述べた仮定のもとで，代数的リッカチ方程式 (2) は唯一の安定化解 X をもつ．安定化解を用いて，$K = -R^{-1}B^\top X$ と定めると，状態フィードバック $u = Kx$ は評価関数 (1) を最小にする制御則を与える．

定理 2 一巡伝達関数 $L(s) = K(sI - A)^{-1}B$ は

$$\overline{(I + L(j\omega)^\top)}R(I + L(j\omega)) \geq R \qquad (3)$$

を満たす．

特に一入力系であるときには，R は行列ではなくスカラーになるので，不等式 (3) は

$$|1 + L(j\omega)|^2 \geq 1$$

となる．つまり一巡伝達関数の周波数応答 ω をパラメータとして複素平面上に描いて得られるナイキスト軌跡が -1 を中心とする半径 1 の円内に入らないことが結論できる．これからゲイン余裕が増加側に無限大にあり，位相余裕が 60 度以上あることがわかる．

c. 評価関数の拡張

評価関数 (1) を拡張して

$$J = \int_0^\infty (Cx(t) + Du(t))^\top (Cx(t) + Du(t))\,\mathrm{d}t \qquad (4)$$

の場合を考える．つまり $D^\top C \neq 0$ であれば，状態と入力が乗じる項を含む．このとき仮定として (A, B) は可安定，D は列最大階数，

$$\begin{bmatrix} A - \lambda I & B \\ C & D \end{bmatrix}$$

は，虚軸上の λ に対して，列最大階数であるとする．

代数リッカチ方程式，

$$\begin{aligned}
&(A - B(D^\top D)^{-1}D^\top C)^\top X \\
&\quad + X(A - B(D^\top D)^{-1}D^\top C) \\
&\quad - XB(D^\top D)^{-1}B^\top X \\
&\quad + C^\top (I - D(D^\top D)^{-1}D)C = 0
\end{aligned}$$

を考える．その安定化解は $A - B\left(D^\top D\right)^{-1}\left(B^\top X + D^\top C\right)$ の固有値の実部がすべて負になる解のことである．ゲインを $K = -R^{-1}B^\top X$ と定めると，状態フィードバック $u = Kx$ は評価関数 (4) を最小にする制御則となっている．

d. 離散時間系

離散時間線形時不変なシステム

$$x(t+1) = Ax(t) + Bu(t)$$

に対して，評価関数

$$J = \sum_{t=0}^{\infty} \left\{ x^{\top}(t)Qx(t) + u^{\top}(t)Ru(t) \right\} \qquad (5)$$

を考える．ここで Q は準正定行列，R は正定行列である．ただし A は正則行列，(A, B) は可安定，$(A, Q^{1/2})$ は可検出であるとする．

代数リッカチ方程式

$$X = A^{\top}XA - A^{\top}XB(R + B^{\top}XB)^{-1}B^{\top}XA + Q \qquad (6)$$

を考える．$A - B\left(R + B^{\top}XB\right)^{-1}B^{\top}X$ の固有値の絶対値がすべて 1 未満になる解を安定化解と呼ぶ．

定理 3 問題設定で述べた仮定のもとで，代数リッカチ方程式 (6) は唯一の安定化解 X をもつ．安定化解を用いて，ゲインを $K = -\left(R + B^{\top}XB\right)^{-1}B^{\top}X$ と定めると，状態フィードバック $u = Kx$ は評価関数 (5) を最小にする制御則を与える．

e. 代数リッカチ方程式

1) 連続時間系

連続時間のリッカチ方程式 (6) の安定化解は，ハミルトン行列

$$H = \begin{bmatrix} A & -BR^{-1}B^{\top} \\ -Q & -A^{\top} \end{bmatrix}$$

を用いて計算することができる．H の固有値は虚軸に対して対称となっているが，(A, B) が可安定，$(A, Q^{1/2})$ が可検出の仮定のもとで，虚軸上に固有値をもたない．このとき行列

$$\begin{bmatrix} I \\ X \end{bmatrix}$$

の列の張る部分空間が，H の安定固有値に対応する固有空間に一致するように X を選ぶことができ，$A - BR^{-1}B^{\top}X$ の固有値はその実部がすべて負になる（したがって X は安定化解である）．

2) 離散時間系

離散時間のリッカチ方程式 (6) の安定化解は，シンプレクティック行列

$$M = \begin{bmatrix} I & BR^{-1}B^{\top} \\ 0 & A^{\top} \end{bmatrix}^{-1} \begin{bmatrix} A & 0 \\ -Q & I \end{bmatrix}$$

を用いて計算することができる．ここで行列 A が正則であることに注意する．M の固有値は単位円に対して対称となっているが，(A, B) が可安定，$(A, Q^{1/2})$ が可検出の仮定のもとで，単位円上に固有値をもたない．このとき行列

$$\begin{bmatrix} I \\ X \end{bmatrix}$$

の列の張る部分空間が，H の安定固有値に対応する固有空間に一致するように X を選ぶことができ，そのとき $A - B\left(R + B^{\top}XB\right)^{-1}B^{\top}X$ の固有値はその絶対値がすべて 1 未満になる（したがって X は安定化解である）．

f. LQG 制御問題

1) 問題設定

ガウス性白色雑音が加わり

$$\frac{\mathrm{d}}{\mathrm{d}t}x = Ax + Bu + Gw$$
$$y = Cx + v$$

で記述される線形時不変システムを考える．ここで，w, v は

$$\mathbb{E}\left[w(t_1)w^{\top}(t_2)\right] = Q_o\delta(t_1 - t_2),$$
$$\mathbb{E}\left[v(t_1)v^{\top}(t_2)\right] = R_o\delta(t_1 - t_2)$$

を満たすガウス型白色雑音であるとする．ただし δ はデルタ関数であり，Q_o は準正定行列 R_o は正定行列である．ここで評価関数

$$J = \mathbb{E}\left[\lim_{T\to\infty}\frac{1}{T}\int_0^T \left\{x(t)^{\top}Qx(t) + u(t)^{\top}Ru(t)\right\}\mathrm{d}t\right]$$

を最小化する制御入力 u を求める問題を **LQG 制御問題**（linear quadratic Gaussian control problem）という．ただし入力 $u(t)$ は区間 $(0, t)$ の観測 y に基づいて発生させるものとする．ここで Q は準正定行列，R は正定行列とする．また (A, B) は可安定，(A, C)

は可検出とし,

$$\begin{bmatrix} A - j\omega I \\ Q^{1/2} \end{bmatrix}, \quad \begin{bmatrix} A - j\omega I & GQ_o^{1/2} \end{bmatrix}$$

は任意の ω に対してそれぞれ列最大階数, 行最大階数であるとする.

2)　最適制御則

代数リッカチ方程式 (2) に加え, もう一つのリッカチ方程式

$$YA^\top + AY - YC^\top R_o^{-1} CY + GQ_o G^\top = 0 \quad (7)$$

を考える. この安定化解は $A - YC^\top R_o^{-1} C$ を安定行列にする解のことをいう.

定理 4　仮定のもとで, リッカチ方程式 (2), (7) は安定化解をもち, それらを用いてゲインを

$$K = -R^{-1} B^\top X, \quad L = -YC^\top R_o^{-1}$$

と定める. このときオブザーバを用いて制御則を

$$\frac{\mathrm{d}}{\mathrm{d}t} x_c = (A + BK + LC)\, x_c - Ly$$

$$u = Kx_c$$

と定めると, これは最適制御を与える.

定理 4 は, LQG 制御問題の最適解が, 最適フィードバックゲインと最適オブザーバゲインを求めることに分離されることを述べている. これを**分離原理** (separation principle) という.　〔太 田 快 人〕

参 考 文 献

[1] B.D.O. Anderson and J.B. Moore : Optimal Control: Linear Quadratic Methods, Prentice-Hall, 1990.

[2] S. Bittanti et al., eds. : The Riccati Equation, Springer, 1991.

4.4 幾何学的アプローチ

geometric approach

幾何学的アプローチは, 線形状態方程式で記述されるシステムのなかの部分空間に注目して, 動的システムの特徴や, 制御問題を考えようとするものである. ここでは, **外乱非干渉化問題**について, 幾何学的アプローチの要点を説明する. 詳しくは, 文献[1～3] を参照されたい.

なお, 以下の用語を用いることにする. 線形空間 $\mathcal{X}$ と線形作用素 $A : \mathcal{X} \to \mathcal{X}$ を考える. 部分空間 $\mathcal{L} \subset \mathcal{X}$ が A–不変 (A–invariant) であるとは, $A\mathcal{L} \subset \mathcal{L}$ であることをいう. $\mathcal{L} \subset \mathcal{X}$ が A–不変であるとき, A の $\mathcal{L}$ への制限 $A|\mathcal{L} : \mathcal{L} \to \mathcal{L}$ を $A|\mathcal{L}\, x = Ax$ で定める. また A は $\mathcal{X}$ の $\mathcal{L}$ による商空間 $\mathcal{X}$ (mod $\mathcal{L}$) 上の作用素 $A(\mathrm{mod}\ \mathcal{L})\ x(\mathrm{mod}\ \mathcal{L}) = Ax(\mathrm{mod}\ \mathcal{L})$ を引き起こす.

a.　可到達部分空間と不可観測部分空間

線形状態方程式

$$\frac{\mathrm{d}}{\mathrm{d}t} x = Ax + Bu \quad (1)$$

$$y = Cx \quad (2)$$

を考える. ここで $x \in \mathcal{X} := \mathbb{R}^n$ は状態, $u \in \mathcal{U}$ は制御入力, y は観測出力である. まず $\mathcal{B} = \mathrm{ran}\, B$ とおき, $\langle A \mid \mathcal{B} \rangle = \mathcal{B} + A\mathcal{B} + \cdots + A^{n-1}\mathcal{B}$ と定める. $\langle A \mid \mathcal{B} \rangle$ は**可到達部分空間** (reachable subspace) と呼ばれ, $\mathcal{B}$ を含む最小の **A–不変部分空間**である. (A, B) が可制御であるための必要十分条件は, $\langle A \mid \mathcal{B} \rangle = \mathcal{X}$ である. 次に $\mathcal{C} = \ker C$ とおき, $\langle \mathcal{C} \mid A \rangle = \ker C \cap A^{-1} \ker C \cap \cdots \cap A^{-n+1} \ker C$ と定める. ただし $A^{-1} \ker C$ は $\ker C$ の A による原像である. $\langle \mathcal{C} \mid A \rangle$ は**不可観測部分空間** (unobservable subspace) と呼ばれ, $\mathcal{C}$ に含まれる最大の **A–不変部分空間**である. (A, C) が可観測であるための必要十分条件は $\langle \mathcal{C} \mid A \rangle = \{0\}$ である. 係数行列 (A, B, C) をもつシステム (1),(2) に対して, $\left(A^\top, C^\top, B^\top\right)$ をもつシステムを双対系という. 可到達部分空間は, 双対系に対する不可観測部分空間の直交補空間, 不可観測

部分空間は，双対系に対する可到達部分空間の直交補空間になっている．

b. 制御不変部分空間と可制御性部分空間

部分空間 $\mathcal{V} \subset \mathcal{X}$ は，$x_0 \in \mathcal{V}$ を任意に与えるとき，初期値 $x(0) = x_0$ に対して適切な入力を選択すれば，式 (1) の解が $x(t) \in \mathcal{V}$ を満たすとき，**制御不変部分空間**（controlled invariant subspace）という．これは **$(\boldsymbol{A}, \boldsymbol{B})$–不変部分空間**（$(A, B)$–invariant subspace），あるいは A (mod $\mathcal{B}$)–不変部分空間とも呼ばれる．部分空間 $\mathcal{R} \subset \mathcal{X}$ は，$x_0, x_1 \in \mathcal{V}$ を任意に与えるとき，ある $T > 0$ が存在して，初期値 $x(0) = x_0$，終端値 $x(T) = x_1$ に対して適切な入力を選択すれば，式 (1) の解が $x(t) \in \mathcal{V}$ を満たすとき，**可制御性部分空間**（controllability subspace）という．

制御不変部分空間と可制御性部分空間について，以下の定理 1, 2 が成り立つ．

定理 1 システム (1) の状態空間の部分空間 $\mathcal{V} \subset \mathcal{X}$ について，以下の条件は等価である．

(a) $\mathcal{V}$ は制御不変部分空間である．

(b) $A\mathcal{V} \subset \mathcal{V} + \mathcal{B}$ である．

(c) 行列 F が存在して $(A + BF)\mathcal{V} \subset \mathcal{V}$ となる．

定理 1 において (c) は，部分空間を制御不変にするための制御入力 u は状態 x の線形関数として選べることをいっている．制御不変部分空間 $\mathcal{V}$ が $A + BF$ になるようなゲイン F の集合を $\underline{F}(\mathcal{V})$ で表す．

定理 2 システム (1) の状態空間の部分空間 $\mathcal{R} \subset \mathcal{X}$ が可制御性部分空間であるためには，行列 F と部分空間 $\mathcal{B}_1 \subset \mathcal{B}$ が存在して $\mathcal{R} = \langle A + BF \mid \mathcal{B}_1 \rangle$ となることである．

可制御性部分空間は，制御不変部分空間であることは明らかである．もう一つ，制御不変部分空間の部分クラスとして，**可安定制御不変部分空間**（stabilizable controlled invariant subspace）を考える．これは $\mathcal{V}$ は制御不変部分空間であり，ある $F \in \underline{F}(\mathcal{V})$ に関して $A + BF \mid \mathcal{V}$（$A + BF$ を $\mathcal{V}$ 上に制約した写像）の固有値が安定領域（複素平面の左半面）に存在するものをいう．

定理 3 $\mathcal{V}_1, \mathcal{V}_2$ が制御不変部分空間であれば，$\mathcal{V}_1 + \mathcal{V}_2$ もまた制御不変部分空間である．

定理 3 は，可制御性部分空間，可安定制御不変部分空間についても，同様に成り立つ．3 種類の部分空間は，部分空間の和をとることに対して性質を保存するので，部分空間 $\mathcal{L} \subset \mathcal{X}$ を任意に与えるとき，それに含まれる最大の不変部分空間が存在することがわかる．これを $\mathcal{V}^*(\mathcal{L})$ で表す．同様に $\mathcal{L}$ に含まれる最大の可制御性部分空間と可安定制御不変部分空間をそれぞれ $\mathcal{R}^*(\mathcal{L})$, $\mathcal{V}_g^*(\mathcal{L})$ で表す．

c. 外乱非干渉化問題

線形状態方程式

$$\frac{\mathrm{d}}{\mathrm{d}t}x = Ax + Bu + Ed, \quad z = Hx \tag{3}$$

を考える．ここで d は外乱であり，z は制御出力である．外乱の影響が制御出力に表れないように状態フィードバック $u = Fx$ を求める問題を**外乱非干渉化問題**（disturbance decoupling problem）という．つまり

$$\Gamma_F(s) = H\left(sI - A - BF\right)^{-1} E = 0$$

とする F を求める問題である．$\Gamma_F(s) = 0$ かつ $A+BF$ を安定行列にする F を求める問題を**安定化を伴う外乱非干渉化問題**（disturbance decoupling problem with stability）という．最後に，$\Gamma_F(s) = 0$ かつ $A + BF$ の固有値を任意に設定する問題を**極配置を伴う外乱非干渉化問題**（disturbance decoupling problem with pole placement）という．

定理 4 式 (3) のシステムに対して以下が成り立つ．

(a) 外乱非干渉化問題が解けるためには，$\mathrm{ran}\, E \subset \mathcal{V}^*(\ker H)$ であることが必要十分である．

(b) 安定化を伴う外乱非干渉化問題が解けるためには，(A, B) は可安定であり，かつ $\mathrm{ran}\, E \subset \mathcal{V}_g^*(\ker H)$ であることが必要十分である．

(c) 極配置を伴う外乱非干渉化問題が解けるためには，(A, B) は可制御であり，かつ $\mathrm{ran}\, E \subset \mathcal{R}^*(\ker H)$ であることが必要十分である．

d. 条件不変部分空間

部分空間 $\mathcal{S} \subset \mathcal{X}$ は,

$$A(\mathcal{S} \cap \ker C) \subset \mathcal{S}$$

を満たすとき，システム (1),(2) の**条件不変部分空間**（conditionally invariant subspace）という．または **$\boldsymbol{A} \mid \ker \boldsymbol{C}$–不変部分空間**ともいう．条件不変部分空間は，係数行列 $(A^\top, C^\top, B^\top)$ をもつ双対系に対する制御不変部分空間の直交補空間になっており，部分空間としても双対な性質を有している（たとえば定理 6 参照）.

定理 5 システム (1) の状態空間の部分空間 $\mathcal{S} \subset \mathcal{X}$ が条件不変部分空間であるためには，行列 L が存在して $(A+LC)\mathcal{S} \subset \mathcal{S}$ となることが必要十分である.

条件不変部分空間の特別な二つのクラスをあげておく．**補可観測性部分空間**（complementary observability subspace）は，双対系に対する可制御性部分空間の直交補空間である．つまり $\mathcal{S}$ が補可観測部分空間であるとは，$n - \dim \mathcal{S}$ 次の任意の実行数多項式を $(A+LC)(\mathrm{mod}\ \mathcal{S})$ の特性多項式にし，かつ $\mathcal{S}$ を $(A+LC)$–不変にするような L が存在することをいう．同様に $\mathcal{S}$ が**補可検出条件不変部分空間**（complementary detectability conditionally invariant subspace）であるとは，$(A+LC)(\mathrm{mod}\ \mathcal{S})$ を安定にし，かつ $\mathcal{S}$ を $(A+LC)$–不変にするような L が存在することをいう.

定理 6 $\mathcal{S}_1, \mathcal{S}_2$ が条件不変部分空間であれば，$\mathcal{S}_1 \cap \mathcal{S}_2$ もまた条件不変部分空間である.

定理 6 と同様の結果は，上述の二つのクラスについても成り立つ．部分空間 $\mathcal{L} \subset \mathcal{X}$ を任意に与えるとき，それを含む最小の条件不変部分空間が存在する．これを $\mathcal{S}^*(\mathcal{L})$ で表す．同様に $\mathcal{L}$ を含む最小の補可観測性部分空間と補可検出条件不変部分空間をそれぞれ $\mathcal{N}^*(\mathcal{L})$, $\mathcal{S}_g^*(\mathcal{L})$ で表す.

e. 出力フィードバック外乱非干渉化問題

ここでは，制御対象 (3) の観測出力

$$y = Cx \tag{4}$$

を用いて出力フィードバック

$$\frac{\mathrm{d}}{\mathrm{d}t}w = Kw + Ly, \quad u = Mw + Ny \tag{5}$$

を施すことにする．このとき外乱 d から制御出力 z までの伝達関数を $\Gamma(s)$ とおく．また閉ループ系の A 行列を

$$A_{\mathrm{cl}} = \begin{bmatrix} A+BNC & BM \\ LC & K \end{bmatrix}$$

とおく．**出力フィードバック外乱非干渉化問題**（disturbance decoupling problem with measurements）は，$\Gamma(s) = 0$ にする補償器 (5) が存在するかを問う問題である．同様に**安定化を伴う出力フィードバック外乱非干渉化問題**（disturbance decoupling problem with measurements and stability）は，$\Gamma(s) = 0$ と A_{cl} の安定性を満たすように補償器 (5) が存在するかを問い，**極配置を伴う出力フィードバック外乱非干渉化問題**（disturbance decoupling problem with measurements and pole placement）は，$\Gamma(s) = 0$ と A_{cl} 固有値設定の任意性を満たす補償器 (5) が存在するかを問う問題である.

定理 7 式 (3), (4) のシステムに対して以下が成り立つ.

(a) 出力フィードバック外乱非干渉化問題が解けるためには，$\mathcal{S}^*(\mathrm{ran}\, E) \subset \mathcal{V}^*(\ker H)$ であることが必要十分である.

(b) 安定化を伴う出力フィードバック外乱非干渉化問題が解けるためには，(A, B) は可安定，(A, C) は可検出であり，かつ $\mathcal{S}_g^*(\mathrm{ran}\, E) \subset \mathcal{V}_g^*(\ker H)$ であることが必要十分である.

(c) 極配置を伴う出力フィードバック外乱非干渉化問題が解けるためには，(A, B) は可制御，(A, C) は可観測であり，かつ $\mathcal{N}^*(\mathrm{ran}\, E) \subset \mathcal{R}^*(\ker H)$ であることが必要十分である. 〔太 田 快 人〕

参考文献

[1] W.M. Wonham : Linear Multivariable Control: A Geometric Approach, 3rd ed., Springer, 1985.

[2] G. Basile and G. Marro : Controlled and conditioned invariant subspaces in linear system theory. *J. Optim. Theory Appl.*, **3** (5): 306–315, 1969.

[3] J.C. Willems and C. Commault : Disturbance decoupling by measurement feedback with stability or pole placement. *SIAM J. Contr. Optim.*, **19**: 490–504, 1981.

5　非線形制御

5.1　非線形システムの安定性

stability of nonlinear system

a.　自律システムの安定性

まず，自律的な非線形システム

$$\dot{\boldsymbol{x}} = f(\boldsymbol{x}) \tag{1}$$

を考える．ここで $\boldsymbol{x} \in \mathbb{R}^n$ は状態変数，$f : \mathbb{R}^n \to \mathbb{R}^n$ はベクトル場である．特に断らないかぎり，以下では関数やベクトル場は $\mathbb{R}^n$ 上で C^∞ 級であると仮定する．また原点 $\mathbf{0}$ を中心とした半径 r の開球を $B_r := \{\boldsymbol{x} \in \mathbb{R}^n | \|\boldsymbol{x}\| < r\}$ と表記する．

以下を満たす関数 $\boldsymbol{s}(t, \boldsymbol{x}_0)$ を初期状態 $\boldsymbol{x}_0$ に対するシステム (1) の解という．

$$\frac{\mathrm{d}}{\mathrm{d}t}\boldsymbol{s}(t, \boldsymbol{x}_0) = f(\boldsymbol{s}(t, \boldsymbol{x}_0))$$

$$\boldsymbol{s}(0, \boldsymbol{x}_0) = \boldsymbol{x}_0$$

特に $\boldsymbol{s}(t, \boldsymbol{x}^*) = \boldsymbol{x}^*, {}^\forall t \in [0, \infty)$ を満たす $\boldsymbol{x}^*$ を平衡点という．以下，一般性を失うことなく原点 $\boldsymbol{x} = \mathbf{0}$ を平衡点とする．

定義 1　任意の $\varepsilon > 0$ に対し，ある $\delta(\varepsilon) > 0$ が存在して，

$$\|\boldsymbol{x}_0\| < \varepsilon \Rightarrow \|\boldsymbol{s}(t, \boldsymbol{x}_0)\| < \delta(\varepsilon), \quad {}^\forall t \in [0, \infty)$$

を満たすとき，原点は**安定**または**リャプノフ (Lyapunov) 安定**という．安定でないときは**不安定**であるという．安定性は，原点に十分近い初期状態から発した解がその後も原点の近くにとどまり続けることを意味している．原点が安定であり，かつ $\eta > 0$ が存在して

$$\|\boldsymbol{x}_0\| < \eta \Rightarrow \lim_{t \to \infty} \|\boldsymbol{s}(t, \boldsymbol{x}_0)\| = 0 \tag{2}$$

を満たすとき，$\boldsymbol{x}^*$ は**局所漸近安定**という．任意の $\eta > 0$ について (2) が成り立つときは**大域的漸近安定**という．

大域的漸近安定ならば局所的漸近安定，局所的漸近安定ならば安定である．線形システムにおいては，システムのすべての極の実部が非正であれば安定，負であれば漸近安定となる（線形システムでは局所と大域の区別はない）．

b.　リャプノフの方法による安定性解析

リャプノフの方法は，微分方程式 (1) の解を直接求めることなく，リャプノフ関数と呼ばれるあるスカラ値関数の性質によって間接的に安定性を調べる方法である．まず準備として以下を定義する．関数 $V(\boldsymbol{x}) : \mathbb{R}^n \to \mathbb{R}$ について，

定義 2 (正定性)

1. $V(\mathbf{0}) = 0$ であり，ある $r > 0$ が存在して $\boldsymbol{x} \in B_r \backslash \{\mathbf{0}\} \Rightarrow V(\boldsymbol{x}) > 0$ を満たすとき，V は**局所正定**であるという．
2. $V(\mathbf{0}) = 0$ であり，ある $r > 0$ が存在して $\boldsymbol{x} \in B_r \Rightarrow V(\boldsymbol{x}) \geq 0$ を満たすとき，V は**局所準正定**であるという．
3. $V(\mathbf{0}) = 0$ であり，$\boldsymbol{x} \in \mathbb{R}^n \backslash \{\mathbf{0}\} \Rightarrow V(\boldsymbol{x}) > 0$ を満たし，かつある $r > 0$ が存在して $\inf_{\|\boldsymbol{x}\| > r} V(\boldsymbol{x}) > 0$ であるとき[*1]，V は**正定**であるという．

$-V$ が局所正定，局所準正定，正定であるとき，それぞれ V は**局所負定**，**局所準負定**，**負定**であるという．また，システム (1) に沿った関数 $V(\boldsymbol{x})$ の時間微分が

$$\dot{V}(\boldsymbol{x}) = \frac{\partial V}{\partial \boldsymbol{x}} f(\boldsymbol{x})$$

で与えられることに注意すると，原点の各種安定性の条件は以下のように与えられる．

定理 1 (リャプノフの安定定理)

1. ある関数 V が存在して，V が局所正定かつ $\dot{V}$ が局所準負定であるならば，原点は安定である．

---

*1　$\lim_{\|\boldsymbol{x}\| \to \infty} V(\boldsymbol{x}) = 0$ となるのを避けるための条件である．

2. ある関数 V が存在して，V が局所正定かつ $\dot{V}$ が局所負定であるならば，原点は局所漸近安定である．
3. ある関数 V が存在して，V が正定かつ $\dot{V}$ が負定であり，$\|\boldsymbol{x}\| \to \infty$ のとき $V(\boldsymbol{x}) \to \infty$ となる*2ならば，原点は大域的漸近安定である．

このような関数 V を**リャプノフ関数**という．リャプノフの方法による安定性判別は「リャプノフ関数の候補を探す」ことと「その正定性／負定性などの条件の確認」という試行錯誤的な手順を含んでいる．特に，ある候補 V が条件を満たさなかったからといって，原点が「安定でない」と結論づけることはできない点に注意が必要である．判別にあたっては，システムの物理的性質などをよく吟味して適切な候補を構成することが重要となる．

さて，漸近安定性における $\dot{V}$ が（局所）負定であるという条件はしばしば厳しく，条件を満たす V をみつけることが困難なことが多い．この条件を緩和するために次のような定理が知られている．

定理 2　ある関数 V が存在して，V が正定かつ $\dot{V}$ が準負定であるとする．$\Omega := \{\boldsymbol{x} | \dot{V}(\boldsymbol{x}) = 0\}$ とする．このとき，原点以外に Ω に恒等的にとどまる解が存在しないならば，原点は大域的漸近安定である．

直感的には，$\dot{V} = 0$ になることがあっても，そこにとどまることなく通過するならば漸近安定といってよいということを保証している．この定理は解が最大不変集合に収束することを述べた**ラサール (LaSalle) の不変原理**の特別な場合である．

c. リャプノフの線形化法

リャプノフの安定定理と線形システムの関係については，次の二つの事実が重要である．まず，線形システムの安定判別において重要な行列リャプノフ方程式の解は，リャプノフ関数と一対一に対応していることである．

定理 3　線形システム $\dot{\boldsymbol{x}} = A\boldsymbol{x}$ の原点が漸近安定であることは次と等価である．行列 $Q > 0, Q \in \mathbb{R}^{n \times n}$ が任意に与えられたとき，それぞれに対して

$$PA + A^\top P = -Q$$

を満たす行列 $P > 0$ が一意に存在する．このとき，$V(\boldsymbol{x}) := (1/2)\boldsymbol{x}^\top P\boldsymbol{x}$ は定理 1 の条件 3. を満たすリャプノフ関数となる．

もう一つは，テイラー展開による 1 次近似に基づいた安定性解析や設計にある種の妥当性を与えるものである．

定理 4（リャプノフの線形化法）　システム (1) の原点における 1 次近似線形システム

$$\dot{\boldsymbol{x}} = A\boldsymbol{x}, \quad A := \left.\frac{\partial f}{\partial \boldsymbol{x}}\right|_{\boldsymbol{x}=0} \tag{3}$$

を考える．このとき，

1. 線形システム (3) が漸近安定ならば非線形システム (1) の原点は漸近安定である．
2. 線形システム (3) が不安定ならば非線形システム (1) の原点は不安定である．

いずれも逆は成り立たないことに注意されたい．たとえば $\dot{x} = -x^3$ のように非双曲的なアトラクタをもつ場合，原点が漸近安定であっても (3) が中立安定（極が虚軸上）の場合が存在する．

d. 非自律システムの安定性

ダイナミクスが状態 $\boldsymbol{x}$ だけでなく時刻や外部信号にも依存するシステムを**非自律システム** (non-autonomous) と呼ぶ．ここでは式 (1) に制御入力を加えたシステム

$$\dot{\boldsymbol{x}} = f(\boldsymbol{x}) + g(\boldsymbol{x})u \tag{4}$$

を考えよう．ここで $g : \mathbb{R}^n \to \mathbb{R}^n$ はベクトル場，$\boldsymbol{u} \in \mathbb{R}$ は制御入力である．このようなクラスのシステムは**入力アフィンシステム** (input affine system) とも呼ばれる．線形システムにおける有界入力有界出力安定性 (BIBO 安定) の拡張に当たる考え方を紹介する．

定義 3（クラス $\mathcal{K}$ とクラス $\mathcal{KL}$）　関数 $\alpha(r) : [0, \infty) \to [0, \infty)$ が連続かつ狭義単調増加で $\alpha(0) = 0$ を満たすとき，**クラス $\mathcal{K}$** に属するという．2 変数の関数

*2　放射状に非有界 (radially unbounded) という．

$\beta(r,t):[0,\infty)\times[0,\infty)\to[0,\infty)$ が次の性質を満たすとき，クラス $\mathcal{KL}$ に属するという．

1. $^{\forall}t\geq 0$ について $\beta(\bullet,t)$ がクラス $\mathcal{K}$ に属する．
2. $^{\forall}r\geq 0$ について $\beta(r,\bullet)$ が連続かつ減少関数で，$\lim_{t\to\infty}\beta(r,t)=0$ を満たす．

定義 4 (入力状態安定性) 任意の初期値 $x(0)\in\mathbb{R}^n$ と任意の有界入力に対し，

$$\|x(t)\|\leq\beta(\|x(0)\|,t)+\alpha\left(\sup_{\tau\in[0,t]}\|u(\tau)\|\right)$$

を満たすようなクラス $\mathcal{K}$ の関数 α およびクラス $\mathcal{KL}$ の関数 β が存在するとき，システムは**入力状態安定** (input-to-state stable: ISS) という．

ISS は，状態の発展が初期値と入力できまるある関数で抑えられることを要請している．ISS についてもリャプノフの方法に基づく安定解析の方法がさまざまに研究されている．さらに進んだ内容については文献 [1, 2] に詳しい． 〔石 川 将 人〕

参 考 文 献

[1] H.K. Khalil : Nonlinear Systems, Prentice-Hall, 3rd ed., 2000.

[2] 伊藤 博：非線形的な安定性によるシステムの特徴付け．計測と制御，**42**(10)，2003.

5.2 厳密な線形化

exaxt linearization

非線形システムという困難な対象を解析または制御するに当たって，なんらかの意味で線形システムを扱う問題に帰着しようとすることは基本的なアプローチの一つである．ここでは，非線形システムに入力変換と座標変換を施すことによって，等価的に線形システムと見なす方法を解説する．理論展開には多様体論の初歩的な知識 [1] が必要である．

a. 準 備

ここでは簡単のため 1 入力の問題に限定して述べる．$\mathbb{R}^n$ 上の関数 $\phi:\mathbb{R}^n\to\mathbb{R}$ に対し，

$$L_f\phi:=\frac{\partial\phi}{\partial x}f(\boldsymbol{x})$$

を ϕ の f による**リー (Lie) 微分**という．$L_f\phi$ もまた新たな $\mathbb{R}^n$ 上の関数である．リー微分を用いると，$\dot{\boldsymbol{x}}=f(\boldsymbol{x})$ というシステムに沿った $\phi(x)$ の時間微分は $\dot{\phi}(\boldsymbol{x})=L_f\phi(\boldsymbol{x})$ と表される．リー微分を繰り返すときは

$$L_f^0\phi:=\phi,\quad L_f^i\phi:=L_f(L_f^{i-1}\phi)$$

と表す．つづいて，二つのベクトル場 f,g に対し，

$$[f,g]:=\frac{\partial g}{\partial\boldsymbol{x}}f(\boldsymbol{x})-\frac{\partial f}{\partial\boldsymbol{x}}g(\boldsymbol{x})$$

で定義される $\mathbb{R}^n$ 上の新たなベクトル場 $[f,g]$ を f と g の**リー括弧積**という．リー括弧積を繰り返すときは

$$ad_f^ig:=[f,ad_f^{i-1}g],\quad ad_f^0g:=g$$

のように表す．リー微分とリー括弧積の間には

$$L_{[f,g]}\phi(\boldsymbol{x})=L_fL_g\phi-L_gL_f\phi \tag{1}$$

という関係があるので，リー括弧積はリー微分の非可換性を表す量であるということもできる*1．またリー括弧積は①双線形性 $[f,\alpha g_1+\beta g_2]=\alpha[f,g_1]+\beta[f,g_2]$,

*1 任意の関数 ϕ に対して式 (1) を満足するベクトル場がリー括弧積 $[f,g]$ である，と定義してもよい．

②交代性 $[f,g]=-[g,f]$，$[f,f]=0$，③ヤコビ律 $[f,[g,h]]+[g,[h,f]]+[h,[f,g]]=0$ を満たすという性質をもつ．

各点 $\boldsymbol{x}\in\mathbb{R}^n$ において $\mathbb{R}^n$ の $r(\leq n)$ 次元線形部分空間を値にもつなめらかな写像を $\mathbb{R}^n$ 上の**接分布** (tangent distribution) という．接分布 $G(\boldsymbol{x})$ とベクトル場 $g(\boldsymbol{x})$ に対し，各点 $x\in\mathbb{R}^n$ において $g(\boldsymbol{x})\in G(\boldsymbol{x})$ であるとき g は G に属するといい，$g\in G$ と表す．r 個のベクトル場 $g_1(\boldsymbol{x}),\cdots,g_r(\boldsymbol{x})$ があったとき，その C^∞ を係数とした線形結合の集合を

$$\mathrm{span}\{g_1,\cdots,g_r\}$$
$$:=\left\{\sum_{i=1}^{r}c_i(\boldsymbol{x})g_i(\boldsymbol{x})|c_1,\cdots,c_r\in C^\infty(\mathbb{R}^n)\right\}$$

と表すと，これは $\{g_1,\cdots,g_r\}$ によって張られる r 次元の接分布になる．接分布 $G(\boldsymbol{x})$ がリー括弧積について閉じているとき，すなわち任意の $f,g\in G$ に対して $[f,g]\in G$ を満たすとき，G は**インボリューティブ** (involutive) であるという．一方，任意の $g\in G$ に対して $L_g\phi_i=0$ を満たすような $n-r$ 個の関数 $\phi_1,\cdots,\phi_{n-r}$ が存在するとき，G は**完全可積分**であるという．この二つの性質は次の定理によって結ばれる．

定理 1 (フロベニウス)　$\mathbb{R}^n$ 上の r 次元接分布がインボリューティブであることと完全可積分であることは等価である．

b.　システムの等価変換

入力アフィンな非線形システム

$$\dot{\boldsymbol{x}}=f(\boldsymbol{x})+g(\boldsymbol{x})u$$

に次のような変換を施すことを考える．

入力変換　関数 $\alpha(\boldsymbol{x}),\beta(\boldsymbol{x})$ を用いて，

$$u=\alpha(\boldsymbol{x})+\beta(\boldsymbol{x})v \tag{2}$$

によって新しい入力 v を定義する[*2]．

座標変換　微分同相な写像 $T:\mathbb{R}^n\to\mathbb{R}^n$ を用いて，

$$\boldsymbol{\xi}=T(\boldsymbol{x}) \tag{3}$$

によって新しい状態 $\boldsymbol{\xi}$ を定義する．

このとき，システムの状態方程式は

$$\dot{\boldsymbol{x}}=\overline{f}(\boldsymbol{\xi})+\overline{g}(\boldsymbol{\xi})v \tag{4}$$
$$\overline{f}(\boldsymbol{\xi}):=\frac{\partial T}{\partial \boldsymbol{x}}(f(T^{-1}(\boldsymbol{\xi}))+g(T^{-1}(\boldsymbol{\xi}))\alpha(T^{-1}(\boldsymbol{\xi})))$$
$$\overline{g}(\boldsymbol{\xi}):=\frac{\partial T}{\partial \boldsymbol{x}}g(T^{-1}(\boldsymbol{\xi}))\beta(T^{-1}(\boldsymbol{\xi}))$$

と等価変換される．

c.　厳密な線形化問題

以上の準備のもとに，厳密な線形化問題は図 1 のように定式化される．

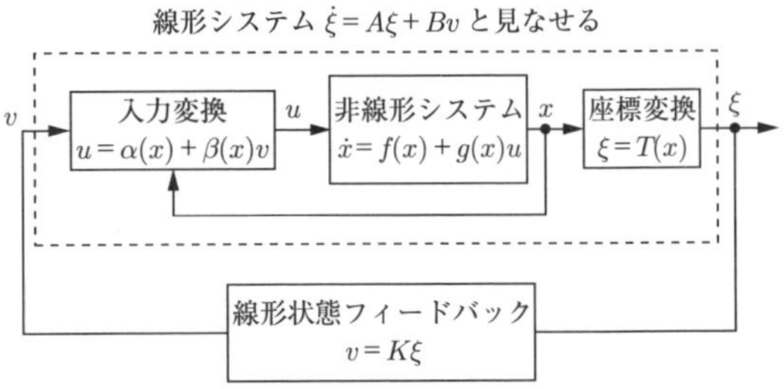

図 1

問題 1 (厳密な線形化問題)　システム (4) が可制御な線形システム

$$\dot{\boldsymbol{\xi}}=A\boldsymbol{\xi}+Bv \tag{5}$$

となるような入力変換 (2) および座標変換 (3) を求めよ．

厳密な線形化が可能であるための必要十分条件は次で与えられる [2]．

定理 2　原点のある近傍で定義された $\alpha(\boldsymbol{x})$，$\beta(\boldsymbol{x})$，$T(\boldsymbol{x})$ が存在して (4) と (5) が等しくなるための必要十分条件は以下の二つがともに満たされることである．

(a) 接分布 $G_1:=\mathrm{span}\{ad_f^0g,\cdots,ad_f^{n-1}g\}$ が原点の近傍で正則 (すなわち次元が n で一定となる)．

(b) 接分布 $G_2:=\mathrm{span}\{ad_f^0g,\cdots,ad_f^{n-2}g\}$ がインボリューティブである．

条件 (a) は原点における 1 次近似線形システムが可制御であることを要請している．条件 (b) が満たされると

---

*2　入力変換に状態 $\boldsymbol{x}$ の情報を用いるため，フィードバック変換ともいう．同様に厳密な線形化をフィードバック線形化ということもある．

き，フロベニウス (Frobenius) の定理により $^{\forall}h \in G_2$ に対して $L_h\phi = 0$ となるような関数 ϕ が存在する．ここで重要な役割を果たすのが以下の補題である．

補題 1 以下の 2 式は等価である*3．

$$L_g L_f^i \phi(\boldsymbol{x}) = 0, \quad i = 1, \cdots, n-2 \tag{6}$$

$$L_{adg_f^i g}\phi(\boldsymbol{x}) = 0, \quad i = 1, \cdots, n-2 \tag{7}$$

この補題により式 (7) から式 (6) が導かれる．これを用いて ϕ を繰り返し時間微分していくと，

$$\begin{aligned}\dot{\phi} &= L_{f+gu}\phi = L_f\phi + (L_g\phi)u = L_f\phi \\ \ddot{\phi} &= L_{f+gu}(L_f\phi) = L_f^2\phi + (L_g L_f\phi)u = L_f^2\phi \\ &\vdots \\ \phi^{(i)} &= L_f^i\phi, \quad i = 1, \cdots, n-1 \\ \phi^{(n)} &= L_f^n\phi + (L_g L_f^{n-1}\phi)u\end{aligned}$$

のような関係が得られる．そこで，変換を

$$\begin{aligned}\xi_i &:= L_f^{i-1}\phi(\boldsymbol{x}), \quad i = 1, \cdots, n \\ \alpha(\boldsymbol{x}) &:= L_f^n\phi(\boldsymbol{x}) \\ \beta(\boldsymbol{x}) &:= L_g L_f^{n-1}\phi(\boldsymbol{x})\end{aligned}$$

と定義すれば，線形システム (5) が原点に n 個の極をもつ可制御正準形として得られる．

厳密な線形化に基づいて制御系設計を行う際には，まず式 (5) に対して線形状態フィードバック $v = K\boldsymbol{\xi}$ を求め，入力変換と座標変換を介して

$$u = \alpha(\boldsymbol{x}) + \beta(\boldsymbol{x})KT^{-1}(\boldsymbol{x})$$

を実際の入力として与えればよい．

d. 注意点

厳密な線形化問題には次のような特徴がある．

(a) 1 次元の接分布は常に完全可積分である．したがって G_2 が 1 次元となる $n = 2$ のシステムの場合には常に厳密に線形化可能である．

*3 初学者はこの条件を誤解しやすいので注意されたい．式 (6) と (7) はそれぞれ $n-2$ 個の等式を含んでいるが，一方のすべてが成り立ったときにもう一方もすべて成り立つという意味である．

(b) ϕ は $n-1$ 回までの時間微分には u が現れず，n 回目ではじめて u が現れる関数であり，**相対次数** n をもつといわれる．厳密な線形化は本質的には相対次数 n をもつ関数をみつけることである．その後の座標変換と入力変換は機械的に求まる．

(c) 厳密な線形化は，もとのシステムの物理的性質を完全にキャンセルして可制御正準系に変換してしまう．線形状態フィードバック $v = K\boldsymbol{\xi}$ などによって原点を漸近安定化することは容易であるが，制御器は変換後の状態 $\boldsymbol{\xi}$ に対して設計されたものであるため，もとの状態 $\boldsymbol{x}$ の過渡応答が望ましいものになるとはかぎらない．

〔石 川 将 人〕

参 考 文 献

[1] 松本幸夫：多様体の基礎，東京大学出版会，1988.
[2] A. Isidori : Nonlinear Control Systems, Springer, 3rd ed., 1995.

5.3 非ホロノミックシステム

non-holonomic system

a. ホロノミック拘束と非ホロノミック拘束

ホロノミックとは機械システムにおける力学的拘束の分類に使われる言葉である．$\boldsymbol{q} \in \mathbb{R}^n$ を機械システムの**一般化座標**とする（通常は位置・姿勢や関節の角度などを表す）．システムにはたらく力学的拘束が，$\boldsymbol{q}$ に関する等式条件として

$$c(\boldsymbol{q}) = 0$$

と表せるときに**ホロノミック拘束** [1] という．一方，このような形に書き下すことのできない拘束はすべて**非ホロノミック拘束** [1] という．ホロノミック拘束が存在すると一般化座標の一部を消去できるのに対し，非ホロノミック拘束の存在下では一般化座標の次元は変わらない．ロボティクスの問題などによく現れる典型的な非ホロノミック拘束は，一般化座標だけでなくその速度 $\dot{\boldsymbol{q}}$ を線形な形で含む拘束条件で，**運動学的拘束条件**と呼ばれる．

$$\omega(\boldsymbol{q})\dot{\boldsymbol{q}} = 0$$

ここで $\omega(\boldsymbol{q})$ は $r \times n$ 行列値の関数で，各点 $\boldsymbol{q}$ で行フルランクであるとする．また各点 $\boldsymbol{q} \in \mathbb{R}^n$ において

$$\omega(\boldsymbol{q})g_i(\boldsymbol{q}) = 0$$

を満たす $n-r$ 個の独立なベクトル場 $g_1(\boldsymbol{q}), \cdots, g_{n-r}(\boldsymbol{q})$ を考える．これらがなす接分布を

$$\mathcal{G}(\boldsymbol{q}) := \mathrm{span}\{g_1(\boldsymbol{q}), \cdots, g_{n-r}(\boldsymbol{q})\}$$

とおくと，$\mathcal{G}(\boldsymbol{q})$ は各点において許される（拘束を満たす）速度ベクトルの集合を表している．いま，制御入力 $u_1, \cdots, u_{n-r} \in \mathbb{R}$ によってそのなかの任意の方向へ動かせるとしよう．すると $\boldsymbol{q}$ の振舞いは

$$\dot{\boldsymbol{q}} = g_1(\boldsymbol{q})u_1 + \cdots + g_{n-r}(\boldsymbol{q})u_{n-r} \qquad (1)$$

という非線形状態方程式の形で記述される．このようなシステムを**ドリフトレス (driftless) システム**と呼ぶ．ドリフトレスシステムは任意の状態が $\boldsymbol{u} = 0$ のときに平衡点になる．平衡点まわりで 1 次近似線形化を行うと $\dot{\boldsymbol{q}} = B\boldsymbol{u}$ の形になり，ドリフト項 $A\boldsymbol{q}$ に当たる項を欠くため，明らかに不可制御である．

b. 非ホロノミックシステムの可制御性

任意の初期状態 $\boldsymbol{q}(0) \in \mathbb{R}^n$ から任意の状態に到達させる入力 u が存在するときにシステム (1) は**可制御**であるという．可制御性は以下のようにして調べられる．

まず，接分布 $\mathcal{G}$ を含む最小のインボリューティブな接分布 $\overline{\mathcal{G}}$ というものを考える．すなわち

$$\overline{\mathcal{G}} \supseteq \mathcal{G}, \quad {}^\forall h_1, h_2 \in \overline{\mathcal{G}} \Rightarrow [h_1, h_2] \in \overline{\mathcal{G}}$$

を満たすものである．$\mathcal{G}$ がもともとインボリューティブならば $\mathcal{G} = \overline{\mathcal{G}}$ である．$\mathcal{G}$ がインボリューティブでない場合は，$\mathcal{G}$ に属さないリー (Lie) 括弧積を逐一加えていき，インボリューティブになったところで停止するという手順で $\overline{\mathcal{G}}$ が得られる．全状態空間が n 次元なので，最大でも $\overline{\mathcal{G}} = \mathbb{R}^n$ まで拡大すれば必ずインボリューティブになる．$\mathcal{G}$ を**可制御性接分布**といい，次の定理によって可制御性と関係づけられている．

定理 1 (Chow) システム (1) が可制御であるための必要十分条件は $\dim \overline{\mathcal{G}}(\boldsymbol{q}) = n$, ${}^\forall \boldsymbol{q} \in \mathbb{R}^n$ となることである．

これは $g_1, \cdots, g_{n-r}$ から生成されるすべてのリー括弧積のなかに n 個の独立な基底が存在することを要請している．仮定から $g_1, \cdots, g_{n-r}$ はもともと互いに独立なので，$n-r$ 本を元手にリー括弧積を繰り返して，残る r 個の独立なベクトル場が生成できれば可制御になる．

c. 非ホロノミックシステムの可安定性

連続状態フィードバックを用いた平衡点の漸近安定化に関して，次の事実が知られている．

定理 2 (Brockett[2]) システム (1) の平衡点を漸近安定にするような連続な状態フィードバック則 $\boldsymbol{u} = \boldsymbol{\alpha}(\boldsymbol{x})$ が存在するための必要条件は $r = 0$ である．

すなわち $r > 0$ ならばいかなる連続状態フィードバック則を用いても原点を漸近安定にすることはできない.

結言すれば，システム (1) は線形近似すれば不可制御であるにもかかわらず，定理1によって可制御性が保証されている．しかし目標状態への到達を連続状態フィードバックによって実現することはできないため，不連続な状態フィードバック則，あるいは時変状態フィードバック則 $\boldsymbol{u} = \alpha(\boldsymbol{x}, t)$ のように状態以外にも依存する形のフィードバック則の設計を試みなければならない.

〔石川将人〕

参考文献

[1] R. M. Murray et al.: A Mathematical Introduction to Robotic Manipulation, CRC Press, 1994.

[2] R.W. Brockett : Asymptotic stability and feedback stabilization. Differential Geometric Control Theory, Vol. 27, pp. 181–191, Springer, 1983.

5.4 非線形オブザーバ

nonlinear observer

次のような入力のない1出力の非線形システム

$$\dot{\boldsymbol{x}} = f(\boldsymbol{x}) \qquad (1)$$
$$y = h(\boldsymbol{x})$$

を考える．ここで $\boldsymbol{x} \in \mathbb{R}^n$ は状態，$y \in \mathbb{R}$ は観測出力である．$f : \mathbb{R}^n \to \mathbb{R}^n$ はなめらかなベクトル場，$h : \mathbb{R}^n \to \mathbb{R}$ はなめらかな関数である．出力 y を観測することによってシステム (1) の初期状態 $\boldsymbol{x}(0)$ を一意に決定できるとき，システム (1) は**可観測**であるという．その十分条件は

$$\dim(\mathrm{span}\{\mathrm{d}h, \mathrm{d}\,L_f\,h, \cdots, \mathrm{d}\,L_f^{n-1}\,h\}) = n \qquad (2)$$

であることが知られている．ここで d はスカラ値関数の外微分 $\mathrm{d}\phi = (\partial\phi/\partial x_1, \cdots, \partial\phi/\partial x_n)$ を表す．条件 (2) は出力の n 階までの時間微分が互いに独立であることを要請しており，線形システムにおける可観測性行列の階数条件の自然な拡張である.

a. オブザーバの定義

与えられたシステム (1) の出力 y から状態を動的に推定するような動的システムをオブザーバといい，標準的には次のような形をしている.

$$\dot{\widehat{\boldsymbol{x}}} = f(\widehat{\boldsymbol{x}}) + k(y, \widehat{\boldsymbol{x}})$$

ここで $\widehat{\boldsymbol{x}} \in \mathbb{R}^n$ は状態の推定値である．第1項はシステム (1) に追従するためのドリフト項であり，第2項の $k : \mathbb{R} \times \mathbb{R}^n \mapsto \mathbb{R}^n$ は推定値を更新するためのオブザーバゲインである．また，真値 $\boldsymbol{x}$ と推定値 $\widehat{\boldsymbol{x}}$ の間の差 $\boldsymbol{e} := \boldsymbol{x} - \widehat{\boldsymbol{x}}$ を推定誤差と呼ぶ．そのダイナミクス

$$\dot{\boldsymbol{e}} = f(\boldsymbol{x}) - f(\widehat{\boldsymbol{x}}) - k(y, \widehat{\boldsymbol{x}})$$

を誤差応答と呼ぶ．オブザーバを設計するとは，$\boldsymbol{e} = 0$ を誤差応答の平衡点（すなわち $k(h(\widehat{\boldsymbol{x}}), \widehat{\boldsymbol{x}}) = 0$）とし，かつ漸近安定であると言い換えることができる．以下，代表的な非線形オブザーバを2種類述べる.

b. 指数オブザーバ

関数 $k(y,\widehat{\boldsymbol{x}})$ を線形に限定した

$$\dot{\widehat{\boldsymbol{x}}} = f(\widehat{\boldsymbol{x}}) + K(y - h(\widehat{\boldsymbol{x}})), \quad K \in \mathbb{R}^{n\times 1}$$

という形のオブザーバを考える．このとき次が成り立つ．

定理 1　正定対称な行列 $P \in \mathbb{R}^{n\times n}$ と定数 $\varepsilon > 0$ が存在して，$^{\forall}\boldsymbol{x} \in \mathbb{R}^n$ において

$$\left(\frac{\partial f}{\partial \boldsymbol{x}} - K\,\mathrm{d}h\right)^{\top} P + P\left(\frac{\partial f}{\partial \boldsymbol{x}} - K\,\mathrm{d}h\right) \le -\varepsilon I$$

となるとき，推定誤差は指数収束する．すなわち $M > 0, \alpha > 0$ が存在して $\|\boldsymbol{e}(t)\| \le M\|\boldsymbol{e}(0)\|\exp(-\alpha t)$ を満たす．

c. 厳密な線形化によるオブザーバ

システム (1) が非線形であっても，座標変換によって誤差応答を線形システムと見なすことができれば，線形システムに対するオブザーバ設計理論が適用可能になる．新しい状態と $\boldsymbol{\xi} \in \mathbb{R}^n$ を $\boldsymbol{\xi} := T(\boldsymbol{x})$ (ただし $\xi_n = y$) によって定義する．このとき，変換後のシステムが

$$\dot{\boldsymbol{\xi}} == \frac{\partial T}{\partial \boldsymbol{x}} f(T^{-1}(\boldsymbol{\xi})) = A\boldsymbol{\xi} + a(y)$$

と表されるならば，オブザーバを

$$\dot{\widehat{\boldsymbol{\xi}}} = A\widehat{\boldsymbol{\xi}} - a(y) + K(y - \widehat{\xi}_n)$$

と構成することにより，誤差応答が

$$\dot{\boldsymbol{e}} = (A - KC)\boldsymbol{e} \tag{3}$$

となる．ただし $A \in \mathbb{R}^{n\times n}, K \in \mathbb{R}^{n\times 1}, C = [0,\cdots,1]$. (C,A) が線形の意味で可観測であれば，式 (3) を漸近安定化することは容易である．このような座標変換 $T(\boldsymbol{x})$ が存在するための条件は次の定理で与えられる．

定理 2　誤差応答の厳密な線形化が可能なための必要十分条件は，$\boldsymbol{x}_0$ の近傍で式 (2) が成り立ち，かつ

$$L_\tau\, L_f^k\, h = \begin{cases} 0 & k = 0,\cdots,n-2 \\ 1 & k = n-1 \end{cases}$$

で定義されるベクトル場 $\tau(\boldsymbol{x}) : \mathbb{R}^n \mapsto \mathbb{R}^n$ が

$$[ad_f^i \tau(\boldsymbol{x}), ad_f^j \tau(\boldsymbol{x})] = 0,$$
$$0 \le i \le n-1,\ 0 \le j \le n-1$$

を満たすことである．

先述したシステムの厳密な線形化と異なり，ここでは状態方程式を完全に線形化する必要はなく，観測できる量 y についての非線形項は残っていてもよい．ただし，入力変換が使えないため定理 2 の条件を満たすことは一般に困難である．　〔石 川 将 人〕

参 考 文 献

[1] S.R. Kou, D.L. Elliott and T.J. Tarn : Exponential observers for nonlinear dynamic systems. *Information and Control*, **29**: 204–216, 1975.

[2] A.J. Krener and A. Isidori : Linearization by output injection and nonlinear observers. *Systems Control Lett.*, **3** (1): 47–52, 1983.

5.5 適応制御

adaptive control

モデルに基づく制御理論では，事前に得られた制御対象のモデルを用いて制御系設計を行うのが普通である．しかしながら，現実には環境，動作条件，劣化などによって制御対象が変動することは珍しくない．このような現実に対して，制御対象が変動したとしても系全体の重要な性質（安定性や制御性能）が保たれるように制御器を設計しておく，という対処法がまず考えられる．これはロバスト制御の考え方である．一方で，制御対象の変動に合わせて制御器を調整しようとするのがここで紹介する適応制御の考え方である．

適応制御系は，制御対象が線形であっても制御系全体は非線形となるため，非線形システムの安定論を用いて取り扱わなければならない．また，適応調整則の簡潔さと安定性保証の容易さがしばしばトレードオフの関係になるところが難しさの一つとなっている．

a. 適応制御系の基本構造

適応制御系の構造として代表的なものが次に示すモデル規範型適応制御 (MRAC) とセルフチューニングコントローラ (STC) である．MRAC（図 1）では，制御対象 P に対して規範モデル P_{M} を設定し，目標値 r から出力 y までのダイナミクスが P_{M} のそれと等しくなるように制御器 K のパラメータ θ を適応的に調整するというものである．

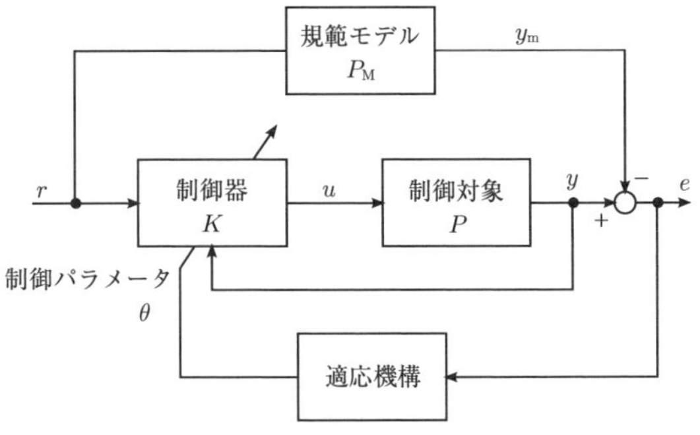

図 1　MRAC の基本構成

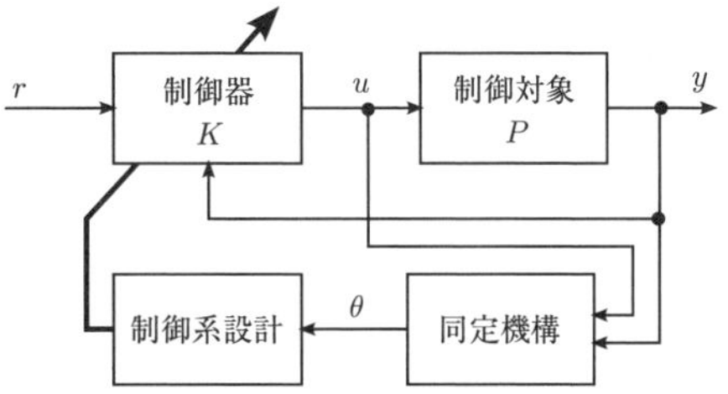

図 2　STC の基本構成

STC（図 2）では，制御対象の入出力から制御対象のパラメータ θ を同定し，その情報を用いて制御器 K をオンラインで再設計するというものである．以下ではこのうち特に重要な MRAC の考え方について述べる．

b. モデル規範型適応制御 (MRAC)

1) 1 次系の場合

簡単な 1 次元の 1 入出力システム

$$P : \dot{y} = ay + bu, \quad a, b \in \mathbb{R}$$

を制御対象とする．ここで a, b は未知であるが，b の符号だけは既知 ($b > 0$) であるとする．このシステムを規範モデル

$$P_{\mathrm{M}} : \dot{y}_{\mathrm{m}} = a_{\mathrm{m}} y_{\mathrm{m}} + b_{\mathrm{m}} r, \quad a_{\mathrm{m}}, b_{\mathrm{m}} \in \mathbb{R}$$

（ただし $a_{\mathrm{m}} < 0$，$b_{\mathrm{m}} > 0$）に追従させることを考えよう．もし制御対象のパラメータ a, b が既知であれば，制御入力 u^* を

$$K^* : u^* = k_1^* y + k_2^* r, \quad k_1^* = \frac{a_{\mathrm{m}} - a}{b}, k_2^* = \frac{b_{\mathrm{m}}}{b} \tag{1}$$

のように選ぶことによって完全モデルマッチングが可能である．すなわち，

$$\dot{y} = ay + bu = a_{\mathrm{m}} y + b_{\mathrm{m}} r$$

となる．式 (1) の制御ゲイン θ_1^*, θ_2^* を推定値 $\widehat{\theta}_1, \widehat{\theta}_2$ にそれぞれ置き換えることによって，制御器を次のように構成する．

$$K : u = \widehat{\theta}_1 y + \widehat{\theta}_2 r \tag{2}$$

ここで追従誤差を $e := y - y_{\mathrm{m}}$，制御ゲインの推定誤差を $\widetilde{\theta}_1 := \widehat{\theta}_1 - \theta_1^*$，$\widetilde{\theta}_2 := \widehat{\theta}_2 - \theta_2^*$ と定義する．すると

$$\dot{e} = a_{\mathrm{m}}e + b\widetilde{\theta}_1 y + b\widetilde{\theta}_2 r$$

と表せる．これを誤差ダイナミクスという．

MRAC における適応機構の役割は，e が 0 に収束するように，すなわち誤差ダイナミクスが安定となるように制御ゲイン $\widehat{\theta}_1, \widehat{\theta}_2$ を調整することである．代表的な適応機構の構成法はリャプノフ (Lyapunov) の安定論に基づくもので，

$$V(e, \widehat{\theta}_1, \widehat{\theta}_2) := \frac{1}{2}\gamma e^2 + \frac{1}{2}b(\widetilde{\theta}_1^2 + \widetilde{\theta}_2^2), \quad \gamma > 0 \quad (3)$$

がリャプノフ関数となるように適応調整則を決める．

$$\dot{\widehat{\theta}}_1 = -\gamma e y$$
$$\dot{\widehat{\theta}}_2 = -\gamma e r$$

このとき

$$\dot{V} = \gamma e\dot{e} + \widetilde{\theta}_1\dot{\widehat{\theta}}_1 + \widetilde{\theta}_2\dot{\widehat{\theta}}_2 = \gamma a_{\mathrm{m}} e^2 \leq 0$$

となり，$e, \widetilde{\theta}_1, \widetilde{\theta}_2$ の有界性と e の 0 への収束が保証される．

この方法では制御器のパラメータである $\widehat{\theta}_1, \widehat{\theta}_2$ を直接調整しているため，**直接法**と呼ばれる．一方，プラントのパラメータ a, b の推定値を求めてから制御入力を計算する方法も可能であり，**間接法**と呼ばれる．

2) 一般の場合

制御対象を 1 入出力の線形システム

$$P : y = G(s)u, \quad G(s) = k\frac{N(s)}{D(s)}$$

とする．ここで $G(s)$ は厳密にプロパーで $N(s)$ と $D(s)$ はともにモニック多項式であり，$N(s)$ は既知，$k > 0$ と $D(s)$ は未知であるとする．このシステムを規範モデル

$$P_{\mathrm{M}} : y_{\mathrm{m}} = G_{\mathrm{m}}(s)r, \quad G_{\mathrm{m}}(s) = k_{\mathrm{m}}\frac{N_{\mathrm{m}}(s)}{D_{\mathrm{m}}(s)}$$

に追従させることを考える．簡単のため $N_{\mathrm{m}}(s) = N(s)$，$D_{\mathrm{m}}(s)$ はモニックとする．さらに以下の仮定をおく．

1. $D(s)$ の次数 n は既知.
2. $N(s)$ はフルヴィッツ多項式.
3. $G(s), G_{\mathrm{m}}(s)$ は**強正実**，すなわち虚軸を含む右半平面に極をもたず，かつ虚軸上で実部が正の値をとる．必然的に，$G(s)$ も $G_{\mathrm{m}}(s)$ も相対次数は 1 以下でなければならない．

これらは 1 次系の場合には自然に満たされていたことである．制御器の構造として式 (2) を拡張した

$$K : u = \frac{\widehat{\boldsymbol{\theta}}_1(s)}{N(s)}y + \widehat{\theta}_2 r$$

を考える．これは，パラメータ $\widehat{\boldsymbol{\theta}}_1(s), \widehat{\theta}_2$ が

$$\boldsymbol{\theta}_1^*(s) = \frac{1}{k}(D(s) - D_{\mathrm{m}}(s)), \quad \theta_2^* = \frac{k_{\mathrm{m}}}{k}$$

であるときに完全モデルマッチング $y = G_{\mathrm{m}}(s)r$ を実現するものである．$e := y - y_{\mathrm{m}}, \widetilde{\boldsymbol{\theta}}_1(s) := \boldsymbol{\theta}_1^*(s) - \widehat{\boldsymbol{\theta}}_1(s), \widetilde{\theta}_2 := \widehat{\theta}_2 - \theta_2^*$ とおくと，対応する誤差ダイナミクスは

$$\dot{e} = \frac{k}{k_{\mathrm{m}}}G_{\mathrm{m}}(s)\eta, \quad \eta := \frac{\widetilde{\boldsymbol{\theta}}_1(s)}{N(s)}y + \widetilde{\theta}_2 r$$

となり，式 (3) と同様に y と r から生成される信号 η を規範モデルに通した形になる．対する適応調整則として

$$\dot{\widehat{\theta}}_{10} = -\gamma e y$$
$$\dot{\widehat{\boldsymbol{\theta}}}_{11} = -\gamma e \boldsymbol{\omega}$$
$$\dot{\widehat{\theta}}_2 = -\gamma e r$$

を与える．ただし $\boldsymbol{\omega}$ はフィルタ $\widehat{\boldsymbol{\theta}}_1/N(s)$ を実現したときの状態ベクトル，$\dot{\boldsymbol{\theta}}_{11}$ はその出力における $\boldsymbol{\omega}$ の係数，$\widehat{\theta}_{10}$ は直達項の係数である．このとき，リャプノフ関数の候補

$$V(e, \widetilde{\theta}_{10}, \widetilde{\boldsymbol{\theta}}_{11}, \widetilde{\theta}_2) = \frac{1}{2}\gamma e^2 + \frac{k_{\mathrm{m}}}{k}\frac{1}{2}\left(\widetilde{\theta}_{10}^2 + \widetilde{\boldsymbol{\theta}}_{11}^2 + \widetilde{\theta}_2^2\right) \quad (4)$$

の時間微分 $\dot{V}$ が準負定になることが示されるが，その過程において強正実性の必要十分条件を与える**カルマン–ヤクボビチ (Kalman–Yakubovich) の補題**が本質的な役割を果たしており，信号 η に由来する項が調整則によって相殺される形になっている．

c. 相対次数の制約の回避

相対次数がたかだか 1 であることを要求する強正実性の仮定はしばしば満たされないため，この制約を回避しようとする試みが数多くなされてきた．たとえば

誤差を $e+\lambda\dot{e}\,(\lambda>0)$ と定義することで見かけの相対次数を下げる**拡張誤差法**，パラメータの調整則に高階微分を用いる**高階調整法**などが古くから用いられている．また，90 年代以降に代表的な方法の一つとなった**バックステッピング法** [3] では，制御対象を相対次数 1 をもつサブシステムの直列結合としてとらえ，サブシステムごとに調整則とリャプノフ関数を構成する手順を出力側から入力側へと逆にたどることにより，適応制御系全体の安定性を保証している．〔石 川 将 人〕

参 考 文 献

[1] K.S. Narendra and A.M. Annaswamy : Stable Adaptive Systems, Prentice-Hall, 1989.
[2] J-J.E. Slotine and W. Li : Applied Nonlinear Control, Prentice-Hall, 1991.
[3] K. Krstic et al.: Nonlinear and Adaptive Control Design, John Wiley, 1995.

5.6 スライディングモード制御

sliding mode control

スライディングモード制御 [1,2] は，状態フィードバックの一部に不連続性を許すことによって収束特性や外乱除去性能を向上させる，シンプルな構造ながら強力な非線形制御の一種である．

問題設定

1 入力の線形システム

$$\dot{\boldsymbol{x}} = A\boldsymbol{x} + Bu \tag{1}$$

を考える．ただし $\boldsymbol{x}\in\mathbb{R}^n, u\in\mathbb{R}$，$A\in\mathbb{R}^{n\times n}, B\in\mathbb{R}^{n\times 1}$ で (A,B) は可制御であるとする．

行列 $S\in\mathbb{R}^{1\times n}$ を用いて関数 σ を

$$\sigma(\boldsymbol{x}) := S\boldsymbol{x}$$

と定義し，状態空間 $\mathbb{R}^n$ 内に $n-1$ 次元の超平面

$$\mathcal{S} := \{\boldsymbol{x}\in\mathbb{R}^n | \sigma(\boldsymbol{x}) = 0\}$$

を考える．$\sigma(\boldsymbol{x})$ を**切替え関数**，$\mathcal{S}$ を切り替え超平面と呼ぶ．スライディングモード制御は，状態を $\mathcal{S}$ 上に拘束するように，すなわち拘束条件 $\sigma(\boldsymbol{x})=0$ を保つように切替え入力によって制御する方法である．基本的な制御則は

$$u = -(SB)^{-1}SA\boldsymbol{x} - k\,\mathrm{sgn}\,\sigma(\boldsymbol{x})$$

の形で，状態空間を二分する超平面 $\mathcal{S}$ の一方で正，もう一方で負の値をとる．ただし $SB\neq 0$ であることを前提としており，定数 k は SB と同符号になるように設定する．スライディングモード制御系はいくつかの特徴的な性質をもつ．

1)　切替え超平面への有限時間到達

$\mathcal{S}$ 上にない初期状態から発した軌道は，有限時間で $\mathcal{S}$ に到達する．まず，切替え関数 $\sigma(\boldsymbol{x})$ の時間変化は

$$\dot{\sigma}(\boldsymbol{x}) = \frac{\partial\sigma}{\partial\boldsymbol{x}}\dot{\boldsymbol{x}} = S(A\boldsymbol{x}+Bu) \tag{2}$$

$$= -kSB\,\mathrm{sgn}\,\sigma(\boldsymbol{x}) \tag{3}$$

である．ここでリャプノフ関数 $V(\boldsymbol{x}) := \sigma(\boldsymbol{x})^2/2$ とその時間微分

$$\dot{V} = \sigma(\boldsymbol{x})\sigma(\dot{\boldsymbol{x}}) = -kSB\sigma(\boldsymbol{x})\operatorname{sgn}\sigma(\boldsymbol{x})$$

を考える．$kSB > 0$ であるので $\dot{V} < -(kSB)|\sigma| < 0$ となり，V は減少することがわかる．さらに，式 (3) の右辺は不連続であって σ とともに 0 にはならないため，σ は 0 に漸近収束するのでなく有限時間で到達する．

2) 切替え超平面上での挙動

状態が切替え超平面 $\mathcal{S}$ に達したあとは $\mathcal{S}$ 上に拘束される．すなわち $\sigma = \dot{\sigma} = 0$ が維持される．このとき，式 (2) の右辺を 0 とおくことにより

$$u = -(SB)^{-1}SA\boldsymbol{x}$$

が得られる．これを等価入力という．また $\sigma = S\boldsymbol{x} = 0$ で規定される $\mathcal{S}$ 上のダイナミクスをスライディングモード（滑り状態）と呼ぶ．たとえば式 (1) が

$$\begin{bmatrix} x_1 \\ x_2 \end{bmatrix} = \begin{bmatrix} 0 & 1 \\ 0 & 0 \end{bmatrix} \begin{bmatrix} x_1 \\ x_2 \end{bmatrix} + \begin{bmatrix} 0 \\ 1 \end{bmatrix} u$$

のときに $S = [s\ 1]$ とおくと，スライディングモードは $sx_1 + x_2 = 0 \Leftrightarrow \dot{x}_1 = -sx_1$ となる．これは $s > 0$ ならば原点に収束する漸近安定なダイナミクスとなる．

3) マッチング条件を満たす外乱の抑制

システム (1) に，ノイズやパラメータ誤差に起因する状態外乱が加わった場合

$$\dot{\boldsymbol{x}} = A\boldsymbol{x} + Bu + \boldsymbol{d}, \quad \boldsymbol{d} \in \mathbb{R}^n$$

を考える．スライディングモード制御の顕著な利点は，切替え超平面を挟んで入力がハイゲインとなることにより，

$$\boldsymbol{d} \in \mathrm{Im}B \tag{4}$$

を満たす外乱を完全に除去可能なことである．式 (4) をマッチング条件という．

4) チャタリングの発生と抑制

スライディングモード制御は，理想的には入力の切替えが一瞬で実現する（切替え周波数が無限大）ことを前提としている．しかし現実においては当然切替えに遅れが存在し，これを主因として切替え超平面 $\mathcal{S}$ の近傍で激しく振動するチャタリングと呼ばれる現象が発生する．チャタリングの発生は収束性能の劣化のみならずシステムの物理的な損傷を引き起こすおそれがあるため，これを抑制するためにさまざまな工夫が行われている．典型的なものは

$$u = -(SB)^{-1}SA\boldsymbol{x} - k\frac{\sigma(\boldsymbol{x})}{\|\sigma(\boldsymbol{x})\| + \varepsilon}, \quad \varepsilon > 0 \tag{5}$$

のように，微小な正数 ε を用いて符号関数 $\operatorname{sgn}\sigma(\boldsymbol{x})$ を平滑化する方法である．

なお，多入力の場合も $S \in \mathbb{R}^{m\times n}$ を考えることによって $n-m$ 次元の切替え超平面に拘束する制御系を設計することが可能である．状態数に対して入力数が多くなることで $\mathcal{S}$ の設計の自由度が増え，またマッチング条件 (4) を満たすことも容易になる．

〔石川将人〕

参考文献

[1] 野波健蔵，田宏奇：スライディングモード制御，コロナ社，1994.
[2] J.–J.E. Slotine and W. Li : Applied Nonlinear Control, Prentice-Hall, 1991.

5.7 ゲインスケジューリング制御

gain-scheduled control

ゲインスケジューリング制御は，制御対象の時間変化や非線形性（動作点による変化）をパラメータで表現し，その値に応じて制御器を変化させる（オンラインで再設計する）制御方法であり，適応制御の一種であるともいえる．古くからある考え方ではあるが，近年に線形パラメータ変動システム (LPV) に対するロバスト制御問題として凸解析に帰着するアプローチ [1, 2] が提案され，急速な発展を遂げた．この枠組みによく適合する航空宇宙，化学工学の分野などでさかんに応用が行われている．

問題設定

制御対象は次のようなシステムである．

$$\begin{aligned} P(\theta):\dot{x} &= A(\theta(t))x + B_1(\theta(t))w + B_2u \\ z &= C_1(\theta(t))x + D_{11}(\theta(t))w + D_{12}u \\ y &= C_2x + D_{21}w \end{aligned}$$

を考える．各信号のサイズは $x\in\mathbb{R}^n, w\in\mathbb{R}^{m_1}, z\in\mathbb{R}^{p_1}, u\in\mathbb{R}^{m_2}, y\in\mathbb{R}^{p_2}$ である．ここでシステムの係数行列のうち A, B_1, C_1, D_{11} は時変のパラメータ $\theta(t)\in\mathbb{R}^l$ に依存しており，その変動範囲は次のような r 個の頂点 $\omega_1,\cdots,\omega_r\in\mathbb{R}^l$ をもつポリトープ型で与えられるものとする．

$$\theta(t)\in\Theta,\quad \Theta=\left\{\sum_{i=1}^{r}\alpha_i\omega_i \,\middle|\, \alpha_i\geq 0, \sum_{i=1}^{r}\alpha_i=1\right\}$$

このようなシステムに対し，図 1 のように $\theta(t)$ の時刻 t における値を既知（事前にわかっているか，リアルタイムで測定可能）として，$\theta(t)$ をパラメータとしてもつ動的補償器 $K(\theta)$ をゲインスケジューリング制御器という．

さて，制御目的は任意の $\theta\in\Theta$ に対して制御系を 2 次安定にし，w から z への L_2 ゲインを与えられた正数 γ 未満とすることである．$K(\theta)$ の構造として

$$\begin{aligned} K(\theta):\dot{x}_K &= A_K(\theta(t))x_K + B(\theta(t))y \\ u &= C_K(\theta(t))x_K + D_K(\theta(t))y \end{aligned}$$

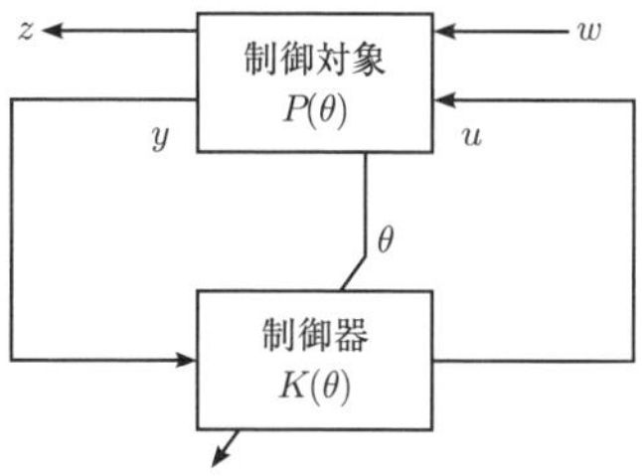

図 1　ゲインスケジューリング制御系

のような **LPV** 制御器を考えるとき，制御目的を満足する $K(\theta)$ は次のように与えられる．まず，$P(\theta)$ と $K(\theta)$ を接続した閉ループ系のシステム行列を $A_c(\theta), B_c(\theta), C_c(\theta), D_c(\theta)$ とおく．$i=1,\cdots,r$ に対して

$$\begin{bmatrix} A_c(\omega_i)^\top X + XA_c(\omega_i) & XB_c(\omega_i) & C_c(\omega_i)^\top \\ B_c(\omega_i)^\top X & -\gamma_I & D_c^\top(\omega_i) \\ C_c(\omega_i) & D_c(\omega_i) & -\gamma_I \end{bmatrix} < 0 \tag{1}$$

を満たす行列 $X>0$ と $A_K(\omega_i), B_K(\omega_i), C_K(\omega_i), D_K(\omega_i)$ が存在するとき，$\theta=\sum_{i=1}^{r}\alpha_i\omega_i$ を満たす α_i を用いて

$$\begin{bmatrix} A_K(\theta) & B_K(\theta) \\ C_K(\theta) & D_K(\theta) \end{bmatrix} = \sum_{i=1}^{r}\alpha_i \begin{bmatrix} A_K(\omega_i) & B_K(\omega_i) \\ C_K(\omega_i) & D_K(\omega_i) \end{bmatrix}$$

とおけばよい．ここで，式 (1) は未知変数に対する双線形行列不等式になっているが，適当な変数変換により

$$\mathcal{N}_{\widetilde{X}}^\top \begin{bmatrix} A(\omega_i)\widetilde{X}+\widetilde{X}A^\top(\omega_i) & \widetilde{X}C_1^\top(\omega_i) & B_1(\omega_i) \\ C_1(\omega_i)\widetilde{X} & -\gamma I & D_{11}(\omega_i) \\ B_1^\top(\omega_i) & D_{11}^\top(\omega_i) & -\gamma I \end{bmatrix} \mathcal{N}_{\widetilde{X}} < 0$$

$$\mathcal{N}_{\widetilde{Y}}^\top \begin{bmatrix} A^\top(\omega_i)\widetilde{Y}+\widetilde{Y}A(\omega_i) & \widetilde{Y}B_1(\omega_i) & C_1^\top(\omega_i) \\ B_1^\top(\omega_i)\widetilde{Y} & -\gamma I & D_{11}^\top(\omega_i) \\ C_1(\omega_i) & D_{11}(\omega_i) & -\gamma I \end{bmatrix} \mathcal{N}_{\widetilde{Y}} < 0$$

$$\begin{bmatrix} \widetilde{X} & 0 \\ I & \widetilde{Y} \end{bmatrix} \geq 0$$

$$\mathcal{N}_{\widetilde{X}} := \begin{bmatrix} \begin{bmatrix} B_2^\top & D_{12}^\top \end{bmatrix}^\perp & 0 \\ 0 & I \end{bmatrix},\ \mathcal{N}_{\widetilde{Y}} := \begin{bmatrix} \begin{bmatrix} C_2 & D_{21} \end{bmatrix}^\perp & 0 \\ 0 & I \end{bmatrix}$$

という線形行列不等式の解 $\widetilde{X}, \widetilde{Y}$ を求める問題に帰着することが可能である．　〔石川将人〕

参考文献

[1] P. Apkarian and P. Gahinet : A convex characterization of gain-scheduled H_∞ controllers. *IEEE Trans. Autom. Contr.*, **40**(5): 853–864, 1995.

[2] P. Apkarian et al.: Self-scheduled H_∞ control of linear parameter-varying systems: A design example. *Automatica*, **31**(9): 1251–1261, 1995.

6 最適制御

6.1 動的計画法

dynamic programming

制御対象である連続時間システムが状態方程式

$$\dot{x}(t) = f(x(t), u(t), t) \tag{1}$$

で表されているとする．ここで，$x(t) \in \mathbb{R}^n$ は状態ベクトル，$u(t) \in \mathbb{R}^m$ は制御入力ベクトルであり，ベクトル値関数 f は各変数に関して C^2 級とする．**最適制御**（optimal control）とは，制御性能を表すなんらかの**評価関数**（performance index）を最小とするような制御入力 $u(t)$ のことをいう．そして，最適制御に対する状態の軌道を**最適軌道**（optimal trajectory）という．ここでは，基本的な問題設定として，初期時刻 t_0，終端時刻 t_f および初期状態 $x(t_0) = x_0$ が与えられているとき，

$$J = \varphi(x(t_f)) + \int_{t_0}^{t_f} L(x(t), u(t), t)\mathrm{d}t \tag{2}$$

という形の評価関数を最小にする最適制御 $u(t)$ $(t_0 \leq t \leq t_f)$ を求める問題を考える．時間区間 $[t_0, t_f]$ を評価区間（horizon）といい，評価関数の被積分関数 $L(x(t), u(t), t)$ は状態と制御入力が望ましい値から離れると増えるように与える．また，$\varphi(x(t_f))$ を終端ペナルティといい，終端状態 $x(t_f)$ を特に重視したい場合に付加する．各変数に関して，L は C^2 級，φ は C^1 級とする．制御入力 u は区分的連続な関数とし，各時刻で $u(t)$ は閉集合 $U \subset \mathbb{R}^m$ に属するものとする．そのような制御入力を許容制御（admissible control）と呼ぶ．許容制御全体の集合を Ω で表し，許容制御族（family of admissible control）と呼ぶ．任意の初期状態と任意の許容制御に対して，状態方程式の解軌道 x が評価区間にわたって定義され，評価関数の値も定まるものとする．評価関数 J は関数 x と u の汎関数であり，状態方程式は等式拘束条件と見なせる．最適制御が満たす条件は，**動的計画法**や**最小原理**によって導くことができる[1, 2]．

評価関数 (2) を含む場合として，ある時刻 t $(t_0 \leq t \leq t_f)$ にある状態 x を出発して終端時刻 t_f までの評価関数を最小にする最適制御問題を考えよう．評価関数の最小値が存在すれば，それは x と t に依存して決まる関数 $V(x, t)$ と見なせる．時間区間 $[t, t_f]$ の許容制御を $u[t, t_f]$ で表すと，

$$\begin{aligned} &V(x,t) \\ &\quad = \min_{u[t,t_f]} \left(\varphi(x(t_f)) + \int_t^{t_f} L(x(\tau), u(\tau), \tau)\mathrm{d}\tau \right) \end{aligned}$$

のように定義される．関数 $V(x, t)$ は値関数（value function）と呼ばれる．時刻 $t = t_f$ のときを考えると，右辺の積分区間長さが零になり $x(t_f)$ は x そのものなので，

$$V(x, t_f) = \varphi(x) \tag{3}$$

が成り立つ．

値関数 $V(x, t)$ が満たす方程式を導出するため，$\mathrm{d}t$ を無限小時間として，$V(x, t)$ の定義式を区間 $[t, t+\mathrm{d}t]$ と 区間 $[t+\mathrm{d}t, t_f]$ とに分割すると

$$\begin{aligned} V(x,t) = \min_{u[t,t_f]} \Bigg(&\int_t^{t+\mathrm{d}t} L(x(\tau), u(\tau), \tau)\mathrm{d}\tau \\ &+ \varphi(x(t_f)) + \int_{t+\mathrm{d}t}^{t_f} L(x(\tau), u(\tau), \tau)\mathrm{d}\tau \Bigg) \end{aligned}$$

右辺において，区間 $[t, t+\mathrm{d}t]$ の積分である第 1 項は $u[t+\mathrm{d}t, t_f]$ に依存せず，$t+\mathrm{d}t$ 以降の部分のみが $u[t+\mathrm{d}t, t_f]$ によって最小化される．そして，時刻 $t+\mathrm{d}t$ に状態は $x + f(x, u, t)\mathrm{d}t$ になっているから，$t+\mathrm{d}t$ 以降の評価関数の最小値は $V(x + f(x, u, t)\mathrm{d}t, t+\mathrm{d}t)$ となる．つまり，

$$\begin{aligned} &V(x,t) \\ &= \min_{u[t,t+\mathrm{d}t]} \Bigg\{ \int_t^{t+\mathrm{d}t} L(x(\tau), u(\tau), \tau)\mathrm{d}\tau \\ &+ \min_{u[t+\mathrm{d}t,t_f]} \left(\varphi(x(t_f)) + \int_{t+\mathrm{d}t}^{t_f} L(x(\tau), u(\tau), \tau)\mathrm{d}\tau \right) \Bigg\} \\ &= \min_{u[t,t+\mathrm{d}t]} \Bigg(\int_t^{t+\mathrm{d}t} L(x(\tau), u(\tau), \tau)\mathrm{d}\tau \end{aligned}$$

$$+V(x+f(x,u,t)\mathrm{d}t, t+\mathrm{d}t)\Big)$$
$$=\min_{u\in U}\left(L(x,u,t)\mathrm{d}t+V(x+f(x,u,t)\mathrm{d}t,t+\mathrm{d}t)\right) \tag{4}$$

ここで，$\mathrm{d}t$ が無限小であることから，許容制御 $u[t,t+\mathrm{d}t]$ による最小化はベクトル $u\in U$ による最小化と等価である．明らかに，右辺の最小値を達成する制御入力 $u\in U$ が (x,t) における最適制御である．式 (4) 右辺の $V(x+f\mathrm{d}t,t+\mathrm{d}t)$ を (x,t) においてテイラー展開して整理すると，

$$\min_{u\in U}\left(L(x,u,t)+\frac{\partial V}{\partial x}(x,t)f(x,u,t)+\frac{\partial V}{\partial t}(x,t)\right)=0$$

を得る．さらに，スカラー値関数 H を

$$H(x,u,\lambda,t)=L(x,u,t)+\lambda^\top f(x,u,t)$$

で定義し整理すると，次の方程式を得る．

$$-\frac{\partial V}{\partial t}(x,t)=\min_{u\in U}H\left(x,u,\left(\frac{\partial V}{\partial x}\right)^\top(x,t),t\right) \tag{5}$$

これは，右辺の最小値が存在するとき，値関数 $V(x,t)$ の偏微分方程式になり，ハミルトン–ヤコビ–ベルマン方程式（Hamilton–Jacobi–Bellman equation）と呼ばれる．境界条件は，式 (3) である．関数 H をハミルトン関数（Hamiltonian）という．

ここでのポイントは，最適軌道の評価関数値を初期状態の関数と見なしたところと，区間 $[t,t_f]$ の値関数を部分区間 $[t+\mathrm{d}t,t_f]$ の値関数によって再帰的に表しているところである．このような考え方を**動的計画法**（dynamic programming）という．以上の議論をまとめると次の定理を得る．

定理 1 (最適性の必要条件)　任意の時刻 $t\in[t_0,t_f]$ に対して，任意の状態 x から出発する最適制御問題の解が存在し，評価関数の最小値が達成されるとする．その値関数 $V(x,t)$ が微分可能なとき，終端条件 (3) のもとでハミルトン–ヤコビ–ベルマン方程式 (5) が成立する．また，最適制御は式 (5) 右辺の最小値を達成している．

逆に，ハミルトン–ヤコビ–ベルマン方程式の解がみつかれば，最適制御が求められることも示せる．

定理 2 (最適性の十分条件)　終端条件 (3) のもとでハミルトン–ヤコビ–ベルマン方程式 (5) の解 $V(x,t)$ が存在して微分可能だとし，各 $x\in\mathbb{R}^n$ と $t\in[t_0,t_f]$ に対して式 (5) 右辺の最小値を達成する制御入力 $u=u_{\mathrm{opt}}(x,t)\in U$ が存在するとする．このとき，制御入力を $u=u_{\mathrm{opt}}(x,t)$ で与えた閉ループシステム

$$\dot{x}(t)=f(x(t),u_{\mathrm{opt}}(x(t),t),t),\quad x(t_0)=x_0$$

の解を $\overline{x}(t)$ とすると，$\overline{u}(t)=u_{\mathrm{opt}}(\overline{x}(t),t)$ は初期状態 $x(t_0)=x_0$ に対する最適制御であり，評価関数の最小値は $V(x_0,t_0)$ である．

定理 2 は以下のように示すことができる．まず，ハミルトン–ヤコビ–ベルマン方程式 (5) より，任意の $x\in\mathbb{R}^n$，$t\in[t_0,t_f]$ および $u\in U$ に対して

$$H\left(x,u,\left(\frac{\partial V}{\partial x}\right)^\top(x,t),t\right)$$
$$\geq H\left(x,u_{\mathrm{opt}}(x,t),\left(\frac{\partial V}{\partial x}\right)^\top(x,t),t\right)=-\frac{\partial V}{\partial x}(x,t)$$

という不等式が成り立つ．等号が成り立つのは $u=u_{\mathrm{opt}}(x,t)$ のときである．ハミルトン関数の定義を使って上の不等式を整理すると

$$L(x,u)\geq-\frac{\partial V}{\partial x}f(x,u,t)-\frac{\partial V}{\partial t}(x,t)=-\dot{V}(x,t)$$

したがって，終端条件 (3) に注意して評価関数を計算すると，

$$\begin{aligned}J&=\varphi(x(t_f))+\int_{t_0}^{t_f}L(x(t),u(t))\mathrm{d}t\\&\geq V(x(t_f),t_f)+\int_{t_0}^{t_f}\left(-\dot{V}(x(t),t)\right)\mathrm{d}t\\&=V(x_0,t_0)\end{aligned}$$

これで，評価関数値が $V(x_0,t_0)$ より小さくならないことが示せた．そして，等号が成り立つのは，評価区間全体で常に $u=u_{\mathrm{opt}}(x,t)$ が成り立つときである．すなわち，$u(t)=u_{\mathrm{opt}}(\overline{x}(t),t)$ のときに評価関数の最小値 $V(x_0,t_0)$ が達成される．

ハミルトン–ヤコビ–ベルマン方程式 (5) の数値解法として，終端条件 (3) から出発して逆時間方向に $V(x,t)$ を積分していく方法が考えられる．しかし，その際には状態空間全体にわたって関数 $V(x,t)$ を保存しておくことが必要で，状態の次元が高い場合には膨大な量

のデータを保存しなければならず，一般には実現不可能である．このような困難は次元の呪い（curse of dimensionality）と呼ばれる．〔大 塚 敏 之〕

参 考 文 献

[1] 坂和愛幸：最適化と最適制御，森北出版，1980.
[2] 大塚敏之：非線形最適制御入門，コロナ社，2011.

6.2 最小原理

minimum principle

動的計画法から導かれたハミルトン–ヤコビ–ベルマン方程式が偏微分方程式であるのに対して，常微分方程式の 2 点境界値問題として最適制御が満たす条件を導くこともできる[1〜3]．以下，6.1 節の定理 2 と同様に，初期状態 $x(t_0) = x_0$ から出発する最適軌道を $\overline{x}(t)$，最適制御を $\overline{u}(t) = u_{\mathrm{opt}}(\overline{x}(t), t)$ $(t_0 \leq t \leq t_f)$ とし，関数の引数は混乱のない範囲で適宜省略する．制御入力 $\overline{u}(t) = u_{\mathrm{opt}}(\overline{x}(t), t)$ は他の x に対して最適とはかぎらないから，6.1 節の式 (5) より，任意の x と t に対して

$$\eta(x,t) := \frac{\partial V}{\partial t}(x,t) + H\left(x, \overline{u}(t), \left(\frac{\partial V}{\partial x}\right)^{\top}(x,t), t\right) \geq 0$$

が成り立ち，各時刻において $\eta(x,t)$ は $x = \overline{x}(t)$ のときに最小値 0 をとる．したがって，$\partial\eta(\overline{x}(t),t)/\partial x = 0$ が成り立つ．実際に偏導関数を計算して整理すると，最適軌道 $\overline{x}(t)$ に沿って

$$\frac{\mathrm{d}}{\mathrm{d}t}\left(\frac{\partial V}{\partial x}\right)^{\top}(\overline{x}(t),t) = -\left(\frac{\partial H}{\partial x}\right)^{\top}\left(\overline{x}, \overline{u}, \left(\frac{\partial V}{\partial x}\right)^{\top}, t\right) \tag{1}$$

が成り立つ．ここで，最適軌道に沿った値関数の勾配

$$\lambda(t) = \left(\frac{\partial V}{\partial x}\right)^{\top}(\overline{x}(t),t) \tag{2}$$

を随伴変数（adjoint variable）と呼ぶ．

一方，$u_{\mathrm{opt}}(x,t)$ は 6.1 節の式 (5) 右辺を最小にしているから，最適軌道 $\overline{x}$ と最適制御 $\overline{u}(t) = u_{\mathrm{opt}}(\overline{x}(t), t)$，および 式 (2) で与えられる随伴変数 λ に対して，

$$H(\overline{x}(t), \overline{u}(t), \lambda(t), t) = \min_{u \in U} H(\overline{x}(t), u, \lambda(t), t) \tag{3}$$

が各時刻で成り立つ．すなわち，最適制御は最適軌道に沿ってハミルトン関数を最小にしている．式 (3) に基づく最適性の必要条件を最小原理（minimum principle）といい，まとめると以下のようになる．

定理 1 (最小原理)　評価関数 (2) を最小にする最適制

御 $\overline{u}(t) \in U$ $(t_0 \leq t \leq t_f)$ が存在するとし，対応する最適軌道を $\overline{x}(t)$ とする．値関数 $V(x,t)$ が 2 回連続微分可能であれば，n 次元ベクトル値関数 $\lambda(t)$ が存在して以下が成り立つ．

$$\dot{\overline{x}} = f(\overline{x}, \overline{u}, t), \quad \overline{x}(t_0) = x_0 \tag{4}$$

$$\dot{\lambda} = -\left(\frac{\partial H}{\partial x}\right)^{\top} (\overline{x}, \overline{u}, \lambda, t), \tag{5}$$

$$\lambda(t_f) = \left(\frac{\partial \varphi}{\partial x}\right)^{\top} (x(t_f), t_f) \tag{6}$$

$$H(\overline{x}, \overline{u}, \lambda, t) = \min_{u \in U} H(\overline{x}, u, \lambda, t) \tag{7}$$

定理 1 の式 (7) において，右辺の最小値が U の内点で達成されるならば

$$\frac{\partial H}{\partial u}(\overline{x}, \overline{u}, \lambda, t) = 0 \tag{8}$$

が成り立つことになる．式 (4)〜(6)，(8) は**オイラー–ラグランジュ方程式**（Euler–Lagrange equations）と呼ばれ，変分法で導くこともできる．また，$f = (\partial H/\partial \lambda)^{\top}$ であることから，式 (4)，(5) はハミルトンの正準方程式と見なすこともできる．

ハミルトン関数 H が制御入力 u に関して 1 次式である場合は，その最小値が U の境界で達成されることになる．そのとき，u の各成分は，係数の符号に応じて最大値か最小値かをとることになる．そのような制御入力を**バン–バン制御**（bang–bang control）という．さらに，H における u の係数が恒等的に零になってしまう場合，H が u に依存しなくなるため最小原理によっては制御入力が決定できなくなる．このような状況での最適制御を**特異最適制御**（singular optimal control）という．特異最適制御を決定するには式 (7) とは別の条件を導く必要がある．

最小原理を用いた最適制御問題の数値解法としては，たとえば，制御入力に関する**勾配法**[2, 3] が考えられる．まず，最適とはかぎらない適当な許容制御 u を与えると，状態方程式 (4) を常微分方程式の初期値問題として数値的に解くことができる．その結果，評価区間にわたって状態が決まるので，終端時刻の随伴変数 $\lambda(t_f)$ も式 (6) によって決まる．すると，常微分方程式 (5) を逆時間方向へ数値的に解くことができ，評価区間にわたって随伴変数が決まる．これで式 (4)〜(6) が満たされたが，最適とはかぎらない許容制御を与えたので，式 (7) が成り立つとはかぎらない．そこで，勾配 $\partial H/\partial u$ を用いて，すべての時刻でハミルトン関数 $H(\overline{x}, u, \lambda, t)$ が減少するように許容制御 u をわずかに修正し，以上の計算を繰り返せばよい．そして，反復計算の結果もしもハミルトン関数が減少しなくなれば，式 (4)〜(7) すべてが満たされたことになる．ただし，最少原理は最適制御が満たす必要条件であるので，得られた許容制御が大域的に最適だという保証はない．

〔大 塚 敏 之〕

参 考 文 献

[1] 坂和愛幸：最適化と最適制御，森北出版，1980.
[2] 嘉納秀明：システムの最適理論と最適化，コロナ社，1987.
[3] 大塚敏之：非線形最適制御入門，コロナ社，2011.

6.3 学習制御と繰返し制御

learning control and repetitive control

最適制御問題の数値解法では制御入力の修正を繰り返して最適制御を求める．当然その際には制御対象の状態方程式が必要である．一方，制御対象の状態方程式が正確にわからなくても試行を繰り返して徐々に望ましい応答を達成していく制御方法もある．各試行ごとに初期状態がリセットされ，同じ初期状態から開ループ制御を開始するタイプの問題は**学習制御**（learning control）または**反復学習制御**（iterative learning control: ILC）と呼ばれる．一方，閉ループ制御系に対して周期的な目標値信号が与えられ続けているとき，漸近的に偏差なしの追従を達成する問題は**繰返し制御**（repetitive control）と呼ばれる．この場合，システムの状態がリセットされることはない．

a. 学習制御

学習制御の基本的な問題設定では次のような非線形システムを考える．

$$\dot{x}(t) = f(x(t), t) + Bu(t),$$
$$y(t) = Cx(t)$$

ここで，$x(t) \in \mathbb{R}^n$ は状態ベクトル，$u(t) \in \mathbb{R}^r$ は入力ベクトル，$y(t) \in \mathbb{R}^r$ は出力ベクトルであって，入力と出力の次元は等しいとする．行列 $B \in \mathbb{R}^{n\times r}$ と $C \in \mathbb{R}^{r\times n}$ は定数で，ベクトル値関数 $f(x,t) \in \mathbb{R}^n$ は任意の時刻 $t \in [0,T]$ と任意の $x, x' \in \mathbb{R}^n$ に対して次のリプシッツ条件を満たすものとする．

$$\|f(x,t) - f(x',t)\|_\infty \le \alpha\|x - x'\|_\infty$$

ここで，ベクトル $x = (x_i) \in \mathbb{R}^n$ のノルムは

$$\|x\|_\infty = \max_{1\le i\le n} \|x_i\|$$

と定義する．

このような制御対象に対して，実現すべき目標出力 $y^d(t)$ が区間 $[0,T]$ で与えられているとき，制御対象の詳細な情報を用いるのではなく，以下のような試行を繰り返して目標出力 $y^d(t)$ を達成することを考える．

アルゴリズム 1

1. $k=0$ として，区間 $[0,T]$ で適当な入力 $u^{(0)}(t)$ を与える．
2. 制御対象に対して入力 $u^{(k)}$ を加え，出力 $y^{(k)}$ を得る．
3. 追従誤差 $e^{(k)}(t) = y^d(t) - y^{(k)}(t)$ にゲイン行列 $K \in \mathbb{R}^{r\times r}$ をかけて，次式のように入力を更新する．

$$u^{(k+1)}(t) = u^{(k)}(t) + K\frac{\mathrm{d}}{\mathrm{d}t}e^{(k)}(t)$$

4. $k := k+1$ としてステップ 2. へ．

ただし，各試行ごとの初期状態 $x^{(k)}(0)$ は常に一定値 $x(0)$ とする．当然 $y^d(0) = Cx(0)$ が成り立たなければならない．このアルゴリズムによって誤差が 0 に収束する条件は次の定理で与えられる[1]．

定理 1 (学習制御の収束)　アルゴリズム 1 において，目標出力 $y^d(t)$ と初期入力 $u^{(0)}(t)$ は区間 $[0,T]$ で連続微分可能とする．このとき，

$$\|I - CBK\|_\infty < 1$$

であれば，十分大きい $\lambda > 0$ に対して定数 $\rho \in [0,1)$ が存在し，すべての $k = 0, 1, 2, \cdots$ で次式が成り立つ．

$$\|\dot{e}^{(k+1)}\|_\lambda \le \rho\|\dot{e}^{(k)}\|_\lambda$$

ここで，行列 $A = (a_{ij}) \in \mathbb{R}^{r\times r}$ とベクトル値関数 $e(t)$ のノルムは，それぞれ以下のように定義する．

$$\|A\|_\infty = \max_{1\le i\le r}\left(\sum_{j=1}^{r}|a_{ij}|\right)$$
$$\|e\|_\lambda = \sup_{0\le t\le T}\left(e^{-\lambda t}\|e(t)\|_\infty\right)$$

定理 1 が直接主張しているのは $\dot{e}^{(k)} \to 0$ $(k \to \infty)$ であるが，初期状態が試行ごとにリセットされて $y^{(k)}(0) = y^d(0) = Cx(0)$ であることより誤差の初期値は $e^{(k)}(0) = 0$ なので，誤差の時間微分が 0 に収束するということは，誤差自体も恒等的に 0 になる，ということを意味する．

アルゴリズム 1 より，

$$\dot{e}^{(k+1)}(t) = (I - CBK)\dot{e}^{(k)}(t)$$

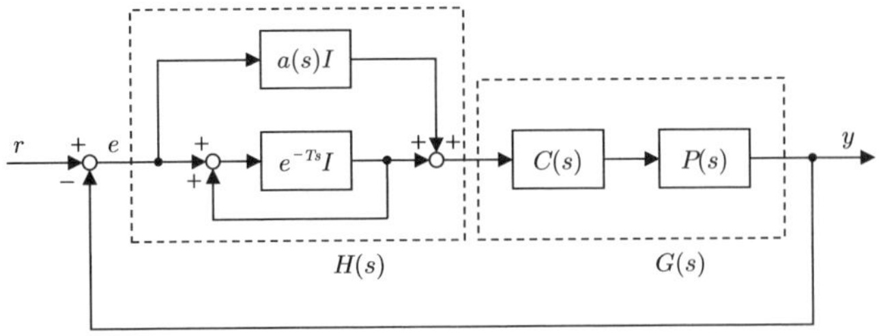

図 1　繰返し制御系

$$+C[f(x^{(k)}(t),t)-f(x^{(k+1)}(t),t)]$$

という関係式が導ける．ここで，f のリプシッツ条件を使うと，以下の不等式が得られる．

$$\|\dot{e}^{(k+1)}\|_\lambda \le \|I-CBK\|_\infty\|\dot{e}^{(k)}\|_\lambda + \alpha\|C\|_\infty\|x^{(k)}-x^{(k+1)}\|_\lambda$$

右辺の $\|x^{(k)}-x^{(k+1)}\|_\lambda$ が $\|\dot{e}^{(k)}\|_\lambda$ で上から抑えられることを使って，定理 1 が証明できる．

b.　繰返し制御

繰返し制御の基本的な構成は図 1 のようなフィードバック制御系である．ここで，$P(s)$ と $C(s)$ は制御対象と前置補償器それぞれの伝達関数行列とし，$G(s)=P(s)C(s)$ は正方行列とする．破線部の $H(s)$ は繰返し補償器と呼ばれ，任意の周期目標値信号に対して偏差なく追従するために，周期信号を発生するためのむだ時間要素を含んでいる．フィードフォワード項 $a(s)I$ は，速応性や安定性を改善するための自由度である．目標値信号は，周期が T で，1 周期分の信号が 2 乗可積分であるという以外は任意の波形とし，そのような信号全体を $\mathcal{P}(T)$ と表す．また，時間区間 $[0,\infty)$ で 2 乗可積分な信号全体を L^2 で表す．このフィードバック制御系を，むだ時間要素とそれ以外の部分とのフィードバック結合に等価変換し，スモールゲイン定理を適用すると，次のような定理が得られる[2]．

定理 2 (繰返し制御系の安定性)　図 1 の繰返し制御系において，$(I+a(s)G(s))^{-1}G(s)$ が安定な有理関数行列であり，かつ

$$\|(I+aG)^{-1}(I+(a-1)G)\|_\infty < 1$$

が成り立つならば，任意の目標値信号 $r\in\mathcal{P}(T)$ に対して偏差 e は L^2 に属する．

この定理によれば，目標値信号は 0 に収束しない定常的な周期信号であるにもかかわらず偏差は 2 乗可積分だから，1 周期のほとんどすべての時刻で偏差は 0 に収束することになる．これは，繰返し補償器が偏差を消すように周期信号を発生するからである．

〔大 塚 敏 之〕

参 考 文 献

[1]　川村貞夫ほか：動的システムの学習的制御法（Betterment Process）の提案．計測自動制御学会論文集，**22**(1)：56–62，1986.

[2]　中野道雄ほか：繰り返し制御，コロナ社，1989.

6.4 モデル予測制御

model predictive control

a. 問題設定

評価区間が有限な最適制御問題に対してはさまざまな数値解法が開発されているが，有限時刻で終了してしまう問題設定はフィードバック制御に適さない．そこで，有限評価区間の最適制御問題を各時刻で解くことによって状態フィードバック制御則を実現する**モデル予測制御**（model predictive control: MPC）と呼ばれる問題設定が考えられている[1]．モデル予測制御は，後述のように評価区間（horizon）が時刻とともに後ずさって（recede）いくため **receding horizon 制御**（receding horizon control）と呼ばれることもある．

制御対象は 6.1 節の式 (1) のように一般的な非線形システムとし，各時刻 t において次のような最適制御問題を考える．

$$\begin{cases} \min\ J = \varphi\left(\overline{x}(t+T), t+T\right) \\ \qquad\qquad + \displaystyle\int_t^{t+T} L\left(\overline{x}(\tau), \overline{u}(\tau), \tau\right) \mathrm{d}\tau \\ \text{s.t. } \dot{\overline{x}}(\tau) = f(\overline{x}(\tau), \overline{u}(\tau), \tau), \quad \overline{x}(t) = x(t) \end{cases}$$

ここで，$\overline{x}(\tau)$ と $\overline{u}(\tau)$ $(t \leq \tau \leq t+T)$ はあくまでも最適制御問題における状態と制御入力であり，かならずしも現実のシステムにおける状態および制御入力とは一致しないことに注意する．ただし，最適制御問題の初期時刻である時刻 t においてのみ，$\overline{x}(t) = x(t)$ が成り立つ．つまり，最適制御問題の初期状態を現実のシステムの状態で与えている．

モデル予測制御では，各時刻 t において評価区間の長さが T である最適制御問題を解くので，評価区間上の時刻 τ と現実の時刻 t とに依存する 2 変数関数として状態や制御入力を考えることができる．すなわち，時刻 t を初期時刻とする最適制御問題において，初期時刻から τ だけあとの状態と制御入力をそれぞれ $x^*(\tau, t)$，$u^*(\tau, t)$ と表すことにする．すると，解くべき最適制御問題は，時刻 t をパラメータとして評価区間が $[0, T]$ である以下のような最適制御問題になる．

$$\begin{cases} \min\ J = \varphi\left(x^*(T,t), t+T\right) \\ \qquad\qquad + \displaystyle\int_0^{T} L\left(x^*(\tau,t), u^*(\tau,t), t+\tau\right) \mathrm{d}\tau \\ \text{s.t. } \dfrac{\partial x^*}{\partial \tau}(\tau,t) = f\left(x^*(\tau,t), u^*(\tau,t), t+\tau\right), \\ \qquad\qquad\qquad\qquad x^*(0,t) = x(t) \end{cases}$$

状態や制御入力が 2 変数関数になったため時間微分が偏微分になっているが，本質的には評価区間が固定された通常の最適制御問題である．したがって，最適性の必要条件は τ 軸上の最小原理で与えられる．各時刻 t では，この最適制御問題を解いて最適制御 $u^*(\tau, t)$ $(0 \leq \tau \leq T)$ を求め，実際の制御入力としてはその初期値のみを用いて

$$u(t) = u^*(0, t) \tag{1}$$

とする．

モデル予測制御の計算にも最適制御問題の数値解法が適用できるが，解の修正を繰り返す反復解法では計算量が多く実時間でのフィードバック制御が実現できないことがある．しかし，各時刻で最適制御問題を解くというモデル予測制御の性質を利用すれば，反復解法を用いず最適解の時間変化を追跡していく計算が可能である[2]．

b. 閉ループ系の安定性

モデル予測制御では，評価区間の長さが有限な最適制御問題を各時刻で解くことにより，いつまでも継続が可能な状態フィードバック制御を実現している．そのようなフィードバック制御によって閉ループ系の平衡点が安定になるとはかぎらない．ここでは，現在までに得られている基本的な結果を紹介する．

簡単のため制御対象のシステムを次のような時不変システムとする．

$$\dot{x}(t) = f(x(t), u(t))$$

そして，評価関数も時刻には陽に依存しないとし，評価区間上の初期状態 $x^*(0) = x$ から出発して制御入力 $u^*(\tau)$ $(0 \leq \tau \leq T)$ を加えたときの評価関数値を

$$J[u^*](x, T) := \varphi(x^*(T)) + \int_0^T L(x^*(\tau), u^*(\tau)) \mathrm{d}\tau$$

と表すことにする．そして，以下を仮定する．

1. $f(0,0)=0$, $L(0,0)=0$, $\varphi(0)=0$ が成り立つ.
2. $L(x,u)$ は (x,u) の関数として正定関数である.
3. 評価区間 $(0\leq\tau\leq T)$ 上の最適制御 $u_{\mathrm{opt}}(x^*,\tau,T)$ となめらかな値関数

$$V(x^*,\tau,T):=\min_{u^*[\tau,T]}\left(\varphi(x^*(T))+\int_\tau^T L(x^*(\tau'),u^*(\tau'))\mathrm{d}\tau'\right)$$

が存在する. ただし, 引数の x^* は評価区間の開始時刻 $\tau\in[0,T]$ における状態を表す.

モデル予測制御における実際の入力は

$$u_{\mathrm{MPC}}(x)=u_{\mathrm{opt}}(x,0,T)$$

で与えられる.

リャプノフ関数の候補として, ある固定された $T>0$ に対する $\tau=0$ での値関数を考え,

$$V_{\mathrm{MPC}}(x)=V(x,0,T)$$

とおく. 仮定 1, 2 により, $V_{\mathrm{MPC}}(x)$ は正定関数である. そして, その時間微分は, ハミルトン–ヤコビ–ベルマン方程式を利用して

$$\dot{V}_{\mathrm{MPC}}(x(t))=-L(x,u_{\mathrm{MPC}}(x))+\frac{\partial V}{\partial T}(x,0,T) \quad (2)$$

と表すことができる. ここで, 時不変な問題では値関数における τ の増加と T の減少はどちらも評価区間の長さが短くなることを意味し, 互いに等価なので, $\partial V(x^*,\tau,T)/\partial\tau=-\partial V(x^*,\tau,T)/\partial T$ が成立することを使っている. 式 (2) において $\partial V(x,0,T)/\partial T$ が準負定関数であれば, リャプノフの安定性定理により, $x=0$ は漸近安定である. そのような性質を保証する方法として, 終端拘束を課すこと[3] と適切な終端ペナルティを選ぶこと[4] とが提案されている.

定理 1 (終端拘束による安定性) 各時刻で解く最適制御問題に終端拘束 $x^*(T)=0$ が課されているとする. そのとき, 仮定 1〜3 のもとで, 任意の評価区間長さ $T>0$ に対してモデル予測制御の閉ループ系における状態空間の原点は漸近安定である.

終端拘束条件なしに $\partial V(x,0,T)/\partial T\leq 0$ を保証するには, 先ほどの仮定 1〜3 に加えて, 以下を仮定する.

4. 評価関数の終端ペナルティ $\varphi(x)$ が半径方向非有界で, 被積分項 $L(x,u)$ に対して

$$\frac{\partial\varphi}{\partial x}(x)f(x,k(x))\leq -L(x,k(x))$$

を満たすなめらかな状態フィードバック制御則 $u=k(x)$ が存在する.

定理 2 (終端ペナルティによる安定性) 仮定 1〜4 のもとで, 任意の評価区間長さ $T>0$ に対してモデル予測制御の閉ループ系における状態空間の原点は漸近安定である. 特に, $L(x,u)$ が (x,u) の関数として大域正定関数であれば, 状態空間の原点は大域的漸近安定である.

仮定 4 により, $\dot{x}=f(x,k(x))$ において $x=0$ は漸近安定である. すなわち, モデル予測制御を用いる前に, 状態空間の原点を漸近安定にする状態フィードバック制御則がわかっていることになる. ただし, モデル予測制御の制御入力を計算するときには $k(x)$ を用いない. 〔大 塚 敏 之〕

参 考 文 献

[1] ヤン・M・マチエヨフスキー 著, 足立修一, 管野政明 訳：モデル予測制御, 東京電機大学出版局, 2005.
[2] 大塚敏之：非線形最適制御入門, コロナ社, 2011.
[3] C. C. Chen and L. Shaw : On receding horizon feedback control. *Automatica*, **18**(3): 349–352, 1982.
[4] A. Jadbabaie et al.: Unconstrained receding horizon control of nonlinear systems. *IEEE Trans. Automat. Contr.*, **46**(5): 776–783, 2001.

7 ロバスト制御

7.1 ロバスト制御

robust control

a. ロバスト制御とは

現代制御理論では，次式で表されるシステムの**状態方程式** (state space equation) 表現をもとに制御系の解析・設計が行われることが多い．

$$\begin{cases} \dot{x}(t) = Ax(t) + Bu(t), \\ y(t) = Cx(t) + Du(t) \end{cases} \tag{1}$$

ここで $u(t) \in \mathbb{R}^m$, $y(t) \in \mathbb{R}^l$, $x(t) \in \mathbb{R}^n$ はそれぞれシステムの**入力** (input)，**出力** (output)，**状態** (state) を表している．なお，行列 $A \in \mathbb{R}^{n\times n}$ はシステム係数行列，$B \in \mathbb{R}^{n\times m}$ は入力行列，$C \in \mathbb{R}^{l\times n}$ は出力行列，$D \in \mathbb{R}^{l\times m}$ は直達行列と呼ばれ，さらにこれらはまとめて係数行列と呼ばれることも多い．また，状態ベクトルの次元 n をシステムの次数という．

状態方程式は1階の定係数線形常微分方程式であり，したがって状態方程式で厳密にモデル化できるシステムは線形時不変システムである．線形時不変システムの入出力特性は伝達関数 (行列) で表現できることがよく知られているが，伝達関数 (行列) 表現と状態方程式表現は相互に書き換えが可能であり，式 (1) に対応する伝達関数行列 $G(s)$ は

$$G(s) = C(sI - A)^{-1}B + D$$

で与えられる．一方，与えられた伝達関数を式 (1) の状態方程式で表現することも常に可能である．

状態方程式や伝達関数で表される数学モデルは，制御対象の動特性をなんらかの仮定 (すなわち，線形であり時不変であるという仮定) のもとにモデル化したものであり，制御対象の動特性を完全に表現しうるものではない．すなわち，制御対象とそのモデルにはかならず**モデル化誤差** (modeling error) が存在する．このような，正確にはモデル化できないシステムの動特性は，しばしば**不確かさ** (uncertainty) と呼ばれる．

以降では，周波数応答法に基づいて実システムのモデル化を行った場合を想定し，ロバスト制御の基本的な考え方を述べる．図1は動作点や正弦波入力の振幅などを変えながら，ある実システムの周波数応答 (ゲイン) を測定したものを表しているとする．現実のシステムはかならずなんらかの非線形性や動特性の時間変化を伴うので，測定条件を変えると周波数応答は一般に異なるものとなる．ここではまず図1の測定データからどのような数学モデルを構築し，制御系を構成すればよいかをロバスト制御の考え方に沿って述べる．

ロバスト制御を前提とした数学モデルの構築 (すなわちモデリング) では，まず図2に示すような複数の

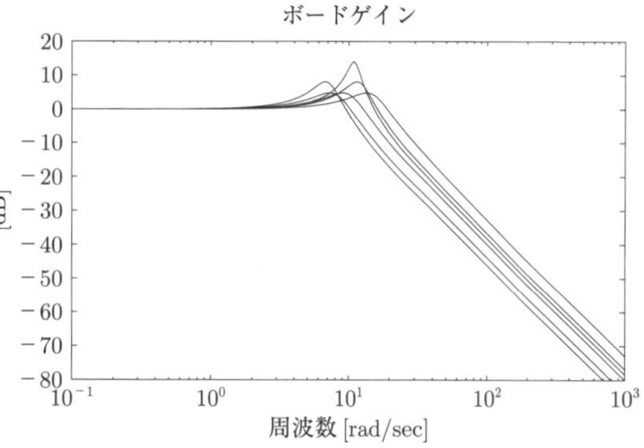

図1 周波数応答

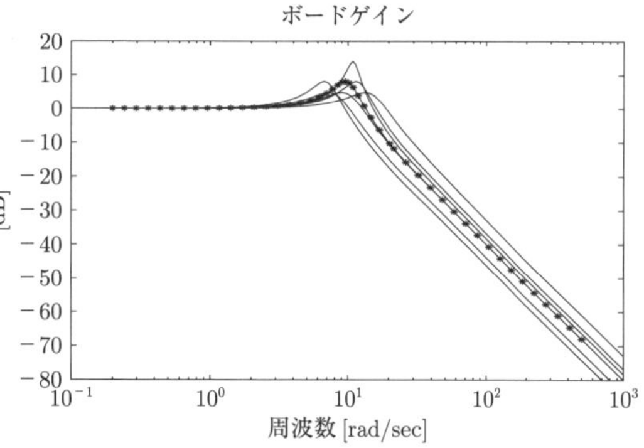

図2 ノミナルモデル $P_0(s)$ の選定

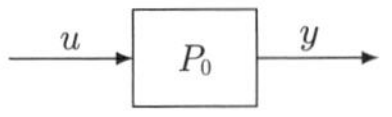

図 3 ノミナルモデル $P_0(s)$

周波数応答の大まかな傾向を表す伝達関数 $P_0(s)$ を設定する．このようなモデルは**公称モデル** (ノミナルモデル) と呼ばれる．公称モデルは実システムの大まかな動特性を表していると考えられるが，その動特性を完全に表現しうるものではない (モデル化誤差が存在する) ことは明らかである．したがって公称モデルに対して良好な制御性能を達成する制御器を設計しても，それが実システムに対してもうまく動作するという厳密な保証はなく，最悪の場合閉ループ系が不安定になる可能性もある．すなわち，図 3 で表される単一のノミナルモデルに基づいた制御系設計では不十分な点が多い．

b. ロバスト制御の基本的な考え方

ロバスト制御[1, 2] とは，制御対象をノミナルモデルによって厳密に表現しうるものととらえるのではなく，制御対象をノミナルモデルと (測定データより見積もったある大きさの) モデル化誤差によって表現される**モデル集合** (model set) に属するものととらえ，この集合に属するすべてのモデルに対して所望の制御性能を達成する単一のコントローラを設計することで実システムに対しても良好な特性を得ることを図るというものである．上述の例では，粗くいえばボードゲイン線図が図 4 の縦線部で表される帯状の領域に属するすべてのモデルに対して閉ループ系を安定化し，所望の制御性能を達成する単一のコントローラを設計するというものである．

図 4 で表される帯状の領域にボードゲイン線図が属する伝達関数の集合は，(近似的に) 次式で表現できる．

$$\mathcal{P}_{\rm mul} := \{P(s) : P(s) = (1 + W_T(s)\Delta(s))P_0(s),\ \Delta(s) \in \boldsymbol{\Delta}\} \tag{2}$$

ただし $\boldsymbol{\Delta}$ は安定でその大きさ (すなわち，後述の H_∞ ノルム) が 1 以下の有理伝達関数の集合である．また，$W_T(s)$ はどの周波数帯域でモデル化誤差が大きくなるかを反映するために導入される**周波数重み**である．集合 $\mathcal{P}_{\rm mul}$ では，モデル化誤差を表す $\Delta(s)$ が $P_0(s)$ に対して積の形で入るため，**乗法的変動モデル**と呼ばれる．図 1 では高周波領域でモデル化誤差が大きくなる測定データを模擬しているが，一般に制御対象の高周波領域の特性を正確にモデリングすることは困難であり，高周波領域でのモデル化誤差は低周波領域に比べて大きくなると考えられる．したがって，乗法的変動モデルにおける周波数重み $W_T(s)$ としては，通常ハイパスの特性をもつ安定で最小位相のものが用いられる．

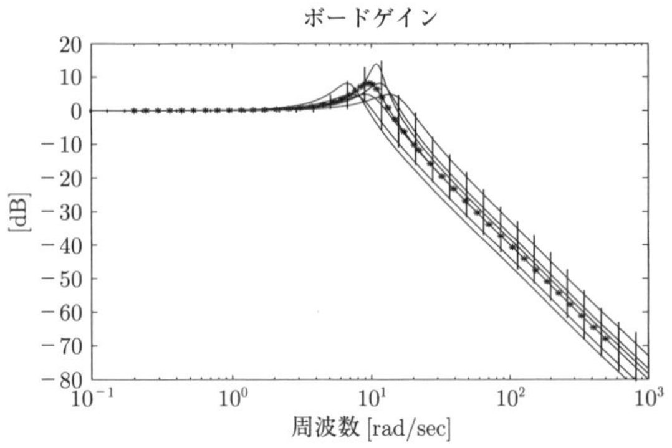

図 4 モデル化誤差の評価

乗法的変動モデルは，ブロック線図で図 5 のように表現できる．

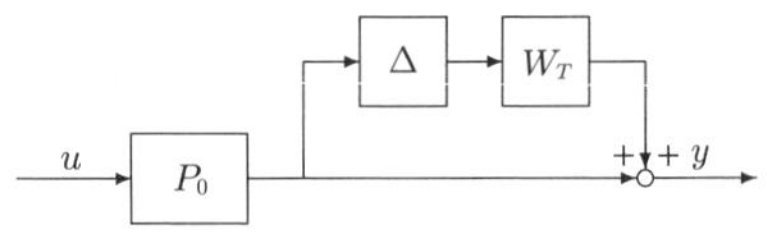

図 5 乗法的変動モデル

なんらかの方法で制御対象のノミナルモデル $P_0(s)$ を選定し，モデル化誤差の大きさを各周波数帯域で評価して周波数重み $W_T(s)$ を定め，制御対象を図 5 の形で表現できれば，制御目的はすべての $\Delta \in \boldsymbol{\Delta}$ に対して閉ループ系をロバスト安定化し，かつ所望の制御性能を達成するロバストコントローラ $K(s)$ を求める問題に帰着される (図 6 参照)．

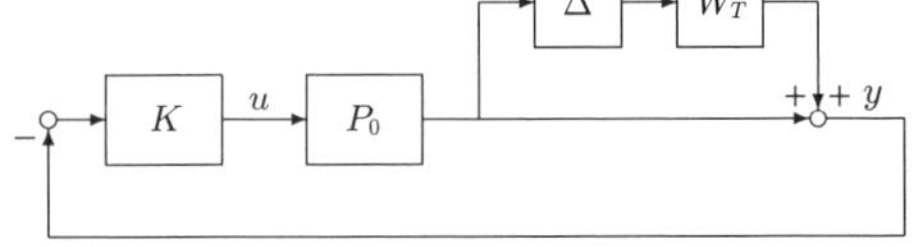

図 6 ロバストコントローラの設計

c.　$\boldsymbol{H_\infty}$ 制御

$\boldsymbol{H_\infty}$ 制御[1, 3] 問題とは，与えられた一般化制御対象 (一般化プラント) に対して閉ループ系を内部安定化し，かつ着目する入出力間の閉ループ伝達関数の H_∞ ノルムを最小化，あるいは初期の値 $\gamma(>0)$ 未満にするコントローラを設計する問題である．不確定な制御対象のロバスト安定化や良好な外乱抑制の達成など，制御系設計時に要求される広範な制御仕様を満足するコントローラを設計する問題を，H_∞ 制御問題として統一的に取り扱えることが知られている．

実際に H_∞ 制御理論に基づいてコントローラを設計する場合には,「着目する入出力間の閉ループ伝達関数の H_∞ ノルムを小さくする」ということが，現実のどういった制御目的にどのように対応するかを十分に理解することが重要である．そこで次では，まずシステムの H_∞ ノルムの定義を与え，その周波数領域，時間領域での解釈を示すことで「H_∞ ノルムを小さくする」ことと実際の制御目的との対応を示す．さらにこの解釈をもとに，H_∞ 制御系設計を行ううえで鍵となる，制御目的に応じた一般化プラントの構成について述べる．

1)　システムの H_∞ ノルムとは

安定な有理伝達関数行列 $G(s)$ が与えられたとする．このとき，$G(s)$ の $\boldsymbol{H_\infty}$ ノルム $||G||_\infty$ は，次式で定義される．

$$||G||_\infty := \sup_{\omega\in\mathbb{R}} \overline{\sigma}(G(j\omega))$$

ただし $\overline{\sigma}(\bullet)$ は最大特異値を表す．

よく知られているように，1 入力 1 出力系の場合には，$||G||_\infty$ は $G(s)$ のボードゲイン線図のピーク値 (の上限) と一致する．したがって $||G||_\infty$ の具体的な意味は，次のように解釈できる．すなわち，システム G に正弦波入力 $\sin\omega t$ が加わったときに，出力も (定常状態では) 同じ角周波数 ω の正弦波となるが，その振幅は ω によらず $||G||_\infty$ 以下となるということである．換言すれば，正弦波入力に対する出力の振幅比は，悪くとも $||G||_\infty$ で抑えられることを意味している．

以上では，周波数領域における H_∞ ノルムの解釈を示したが，次に時間領域で H_∞ ノルムがどのような意味をもつかについて述べる．システム G の入出力信号をそれぞれ w, z とする．このとき，入力 w のもつ「エネルギー」は，次式で定義される L_2 ノルムで測ることができる．

$$||w||_{L_2} := \left(\int_{-\infty}^{\infty} ||w(t)||^2 \mathrm{d}t\right)^{1/2}$$

ただし $||\bullet||$ はユークリッドノルムを表す．この積分が有限確定するような信号を L_2 信号と呼ぶ．次式で示すように，システム G の H_∞ ノルムは，L_2 信号 w に対する出力 z の L_2 ノルムの比の上限，すなわち $\boldsymbol{L_2}$ ゲインに等しいことが知られている．

$$||G||_\infty = \sup_{w\in L_2, w\neq 0} \frac{||z||_{L_2}}{||w||_{L_2}}$$

システムが線形であることから，上式は

$$||G||_\infty = \sup_{||w||_{L_2}=1} \frac{||z||_{L_2}}{||w||_{L_2}}$$

と書くことができる．したがって H_∞ ノルム $||G||_\infty$ は，時間領域では，システム G に「エネルギー」が 1 の入力信号が加わったときに，出力信号の「エネルギー」が $||G||_\infty$ 未満になるということであると解釈できる．

以上ではシステムの H_∞ ノルムの周波数領域，時間領域での解釈を示したが，粗くいえば H_∞ ノルムとはシステムの「大きさ」を (制御において意味のある形で) 定量的に評価したものといえる．次項では，着目する入出力間の伝達関数の H_∞ ノルムを小さくすることが，具体的な制御目的とどのように対応するかを具体例をもとに示す．

2)　一般化プラントの構成と H_∞ 制御

ここでは，図 7 の単純なフィードバック系の設計を例にとり H_∞ 制御の基本的な考え方を述べる．

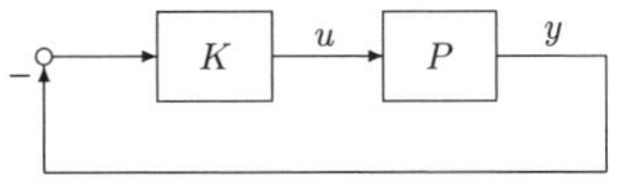

図 7　フィードバック系の設計

i)　スモールゲイン定理とロバスト安定化問題

まず，ロバスト安定化制御に関して中心的な役割を果たす，次の定理を示す．

定理 1 (スモールゲイン定理 (small gain theorem))
安定な二つの伝達関数 $\Delta(s)$ と $G(s)$ が与えられたとする．このとき，ある $\gamma>0$ に対して

$$\|\Delta\|_\infty \le \frac{1}{\gamma}, \quad \|G\|_\infty < \gamma$$

が成立するならば，図 8 に示すフィードバック系は安定である．

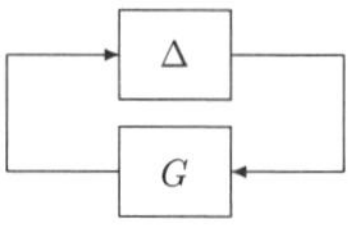

図 8　$\Delta(s)$ と $G(s)$ のフィードバック系

定理 1 をもとに，図 7 の制御対象 $P(s)$ が式 (2) の乗法的変動モデルで表されるとした，次の図 9 の系をロバスト安定化するコントローラ $K(s)$ の設計問題を考察する．

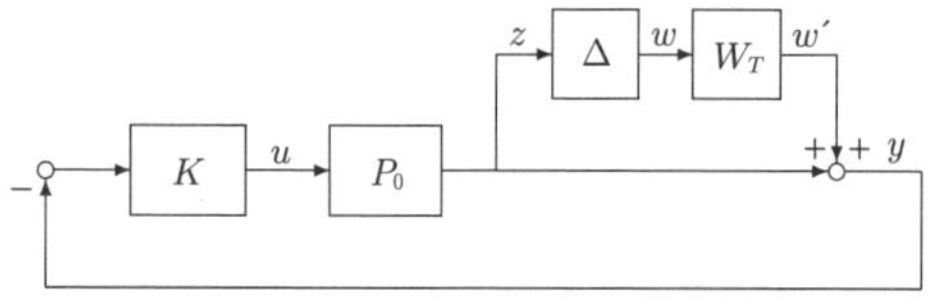

図 9　ロバスト安定化コントローラの設計

簡単な計算により，図 9 の系は次の図 10 のように書き表されることがわかる．

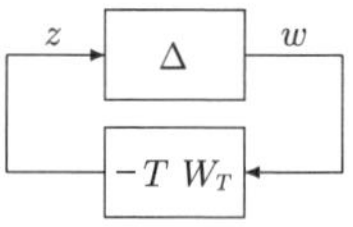

図 10　$\Delta(s)$ と $-T(s)W_T(s)$ のフィードバック系

ただし $T(s)$ は図 9 の系において w' から z への閉ループ伝達関数の符合を反転したものを表しており，

$$T(s) = (I + P_0(s)K(s))^{-1}P_0(s)K(s) \qquad (3)$$

で与えられる．したがって定理 1 より，ノミナルモデル $P_0(s)$ を安定化し，かつ $\|TW_T\|_\infty < 1$ を満足するコントローラ $K(s)$ を設計できればロバスト安定化が達成できる．すなわち，すべての $\Delta \in \mathbf{\Delta}$ に対して閉ループ系がロバスト安定となることになる．

式 (3) で表される $T(s)$ は (出力端の) **相補感度関数** (complementary sensitivity function) と呼ばれ，制御系のロバスト安定性を評価する一つの指標となる．一般に，モデル化誤差の大きくなる高周波領域で大きな値をとるハイパスの周波数重み $W_T(s)$ を用いることで，高周波領域で相補感度関数が小さくなるようコントローラを設計する．

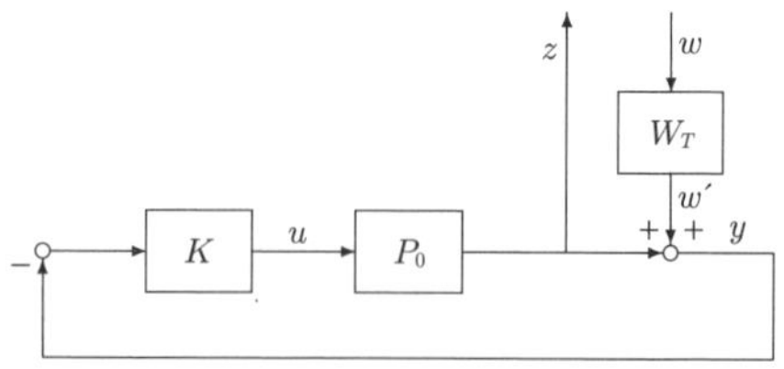

図 11　(重みつき) 相補感度関数の低減化

相補感度関数の低減化は，図 7 に示すフィードバック制御系に対して，図 11 に示す (仮想的な) 入力 w および出力 z を考え，w から z への閉ループ伝達関数の H_∞ ノルムが 1 未満となるコントローラを設計することに対応する．

ii)　外乱抑制問題

フィードバック制御の目的は，(ロバスト) 安定性を確保したうえで，所望の制御性能を達成することである．なかでも

- 良好な外乱抑制を達成する (すなわち，制御系に混入する外乱の，着目する信号への影響を小さくする)
- 良好な目標値追従を達成する (すなわち，制御偏差を小さくする)

ことは制御における最も基本的な要求であると考えられる．先述のように H_∞ 制御は着目する入出力間の伝達関数の大きさ (すなわち H_∞ ノルム) を小さくする制御方策を与えるものであるから，上述の二つの目的に対しても有効なものとなる．

図 12 の制御系を考えよう．この制御系は図 7 の制御系において出力端に外乱が加わることを想定したものである．制御目的は，外乱 w の出力 y への影響を小さくすることであるとする．外乱は一般に低周波成分を多く含む信号となるため，通常この性質を反映するために低周波領域で大きな値をとる周波数重み $W_S(s)$ が導入される．すなわち，$W_S(s)$ はローパスの特性をもつ安定で最小位相の伝達関数である．制御目的が外乱 w の出力 y への影響を小さく抑えることであるか

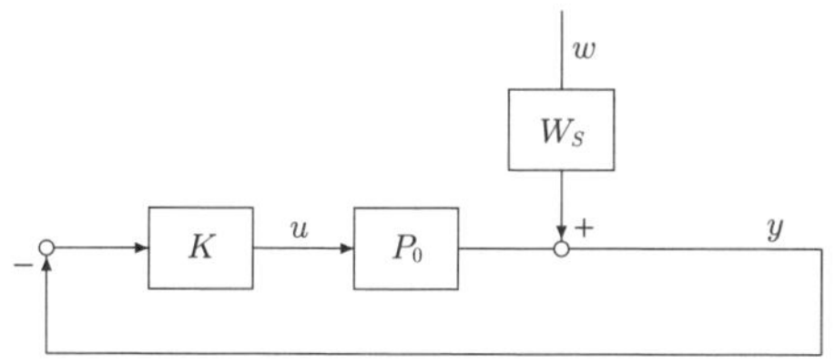

図 12　出力端に外乱のある制御系

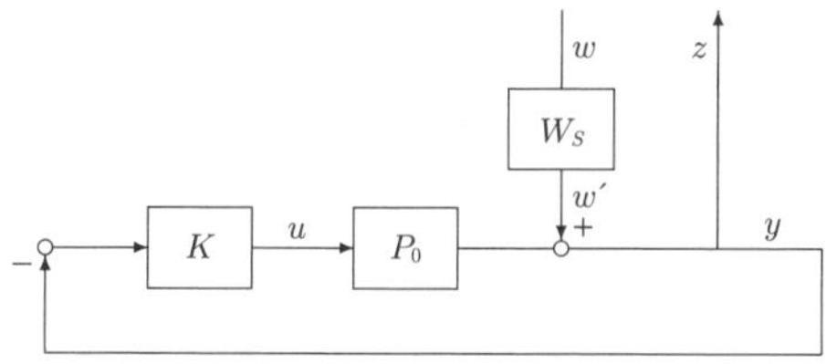

図 13　(重みつき) 感度関数の低減化

ら，図 13 のように制御出力 z として y と同じ信号をとり，w から z への閉ループ伝達関数の H_∞ ノルムを小さくするコントローラ $K(s)$ を設計すれば制御目的を達成できると考えられる．

図 13 において w' から z への閉ループ伝達関数は

$$S(s) = (I + P_0(s)K(s))^{-1} \qquad (4)$$

で与えられる．この $S(s)$ は (出力端の) **感度関数** (sensitivity function) と呼ばれる．感度関数は外乱抑制の一つの指標であり，通常低周波領域でその大きさが小さくなるようにコントローラを設計する．

以上では外乱抑制と感度関数低減化の関係を述べたが,「感度関数を小さくする」ことは外乱抑制とは別の重要な制御目的とも対応している．図 7 の制御系に新たな信号 r を付加した図 14 の制御系を考えよう．r は出力 y が追従すべき目標値信号であるとする．ここで r から制御偏差 e までの伝達関数はやはり式 (4) で与えられることから，感度関数を低周波で小さくすることは低周波の目標値に対して制御偏差を小さくするという制御目的に対応していることがわかる．すなわち (低周波の目標値に対して) 制御偏差を小さくしたければ，感度関数を低周波で小さくすればよい．

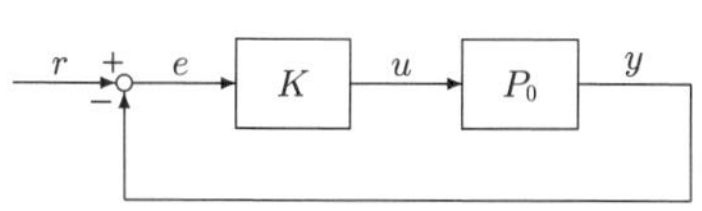

図 14　目標値追従

iii)　混合感度問題

以上より，ロバスト安定性を確保するためには相補感度関数 $T(s)$ を小さくすればよく，良好な外乱抑制を達成するためには感度関数 $S(s)$ を小さくすればよいことが明らかとなった．ここで，式 (3) および式 (4) より，$T(s)$ と $S(s)$ の間には次式の関係が成立することがわかる．

$$S(s) + T(s) = I.$$

したがって，同じ周波数帯域で感度関数と相補感度関数の両者を小さくすることはできず，両者はトレードオフの関係にあることがわかる．

しかしながら，繰り返し述べているように相補感度関数は高周波数帯域で小さいことが要求され，感度関数は低周波数帯域で小さいことが要求される．したがってローパスの周波数重み $W_S(s)$, およびハイパスの周波数重み $W_T(s)$ を導入し，

$$||SW_S||_\infty, \quad ||TW_T||_\infty \qquad (5)$$

をともに小さくするコントローラを設計することが実質的な要求となる．上記の周波数重みつき感度関数，相補感度関数の H_∞ ノルムを低減化するコントローラを設計する問題を**混合感度問題**と呼ぶ．式 (5) 中の二つの伝達関数の H_∞ ノルムを独立に評価することも可能ではあるが，通常は簡単のため両者を一つにまとめて次の伝達関数の H_∞ ノルムを小さくするという方針がとられる．

$$\begin{bmatrix} SW_S & TW_T \end{bmatrix}$$

上記の伝達関数は，図 15 における $[\ w_1\ w_2\ ]^\top$ から z までの伝達関数 (2 入力 1 出力) に対応している．

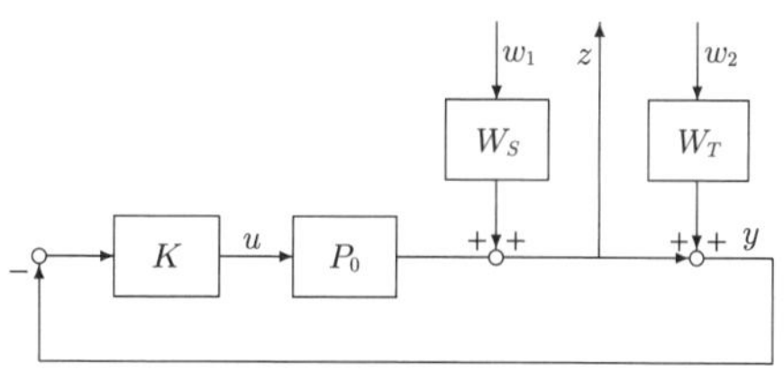

図 15　混合感度問題

iv)　一般化プラント

以上では，ロバスト安定化と外乱抑制という制御仕様を例に H_∞ 制御の基本的な考え方を述べた．これらの制御目的を H_∞ 制御を用いて達成するためには，図

11, 図 13, 図 15 に示すような，実際の制御対象に (仮想的な) 入力 w, 出力 z, および周波数重みを付け加えた系を考える必要があることを示した．これらの系は，入力を $[\ w^\top\ u^\top\ ]^\top$, 出力を $[\ z^\top\ y^\top\ ]^\top$ とする系と考えられ，次の状態方程式で統一的に表現できる．

$$\begin{cases} \dot{x} = Ax + B_1 w + B_2 u, \\ z = C_1 x + D_{11} w + D_{12} u \\ y = C_2 x + D_{21} w \end{cases} \tag{6}$$

上式を一般化プラントと呼ぶ．

H_∞ 制御理論においては，式 (6) で表される一般化プラントに対して，閉ループ系を内部安定化し，かつ w から z への閉ループ伝達関数の H_∞ ノルムを最小化するコントローラの設計手法が確立されている．したがって，制御目的に応じた適切な一般化プラントを構成することが，設計者に対する実質的な要求となる．

〔蛯 原 義 雄〕

参 考 文 献

[1] 杉江俊治，藤田政之：フィードバック制御入門，コロナ社，1999.

[2] 浅井　徹ほか：丈夫な制御系をつくる—ロバスト制御．計測と制御，**42**(4): 284–291，2003.

[3] K. Zhou and J. C. Doyle : Essentials of Robust Control, Prentice-Hall, 1998.

7.2 不確かさの表現

representation of uncertainty

7.1 節では，システムの不確かさ (uncertainty) を周波数領域で評価することで，乗法的変動モデルを導いた．一方，機械システムなどのモデル化の際には，その動特性を記述する状態方程式の「形」(すなわち，運動方程式) は明確であるものの，粘性係数，ばね定数といった物理パラメータの値を正確に測定できないといった場合が生じる．ここでは，このような不確かな物理パラメータを有する系のモデル化について考える．

議論を簡潔にするために，動特性が次式で表されるマス・ばね・ダンパ系を例に話を進めよう．

$$m\ddot{y}(t) + d\dot{y}(t) + ky(t) = u(t) \tag{1}$$

ここで $y(t)$ はマスの位置を，$u(t)$ は制御入力を表している．マス，ばね，ダンパに対応するパラメータ m, k, d に関して，$m = 1$ であるものの k, d の正確な値はわからず，次の範囲に属することだけがわかっているものとする．

$$k_1 \le k \le k_2, \quad d_1 \le d \le d_2$$

状態 $x(t)$ を $x(t) := [\ y(t)\ \dot{y}(t)\ ]^\top$ と定義すると，式 (1) は次の状態方程式で表現できる．

$$\begin{aligned} \dot{x}(t) &= A(k,d)x(t) + Bu(t), \\ y(t) &= Cx(t) \end{aligned} \tag{2}$$

ただし

$$A(k,d) = \begin{bmatrix} 0 & 1 \\ -k & -d \end{bmatrix}, \ B = \begin{bmatrix} 0 \\ 1 \end{bmatrix}, \ C = \begin{bmatrix} 1 & 0 \end{bmatrix}$$

である．以下では，式 (2) で表される状態方程式を，制御系の解析や設計に利用しやすい形に表現し直すことを考える．

a.　ポリトープ表現

まず，パラメータ k, d の変動の端点に対応する，次の四つの行列を定義しよう．

$$A_1 = A(k_1, d_1), \quad A_2 = A(k_1, d_2),$$
$$A_3 = A(k_2, d_1), \quad A_4 = A(k_2, d_2)$$

すると，式 (2) は次のように表現できる．

$$\begin{aligned} \dot{x}(t) &= Ax(t) + Bu(t), \\ y(t) &= Cx(t), \\ A &\in \mathcal{A} = \mathbf{Co}\{A_1, \cdots, A_4\} \end{aligned} \tag{3}$$

ただし

$$\mathbf{Co}\{A_1, \cdots, A_4\} := \left\{ \sum_{i=1}^{4} \alpha_i A_i : \ \alpha_i \geq 0, \ \sum_{i=1}^{4} \alpha_i = 1 \right\} \tag{4}$$

である．集合 $\mathcal{A}$ は端点行列 A_1, A_2, A_3, A_4 からなる**凸包** (convex hull) を表している．このように，不確かな物理パラメータを有するシステムの状態方程式の係数行列を，パラメータの変動に応じた凸包を用いて表現するとき，これを**ポリトープ表現**という [1].

式 (2) で表されるシステムは，パラメータの変動に応じたいわば無限個のシステムであり，そのため制御性能の解析や (ロバスト) 制御系の設計がしばしば困難となる．式 (3) は式 (2) の単なる書き換えにすぎないが，$\mathcal{A}$ の端点行列に着目することで，(一般に保守的な，すなわち十分条件的な扱いとなるものの) もとのシステムの制御性能の解析や (ロバスト) 制御系設計を有限個のシステムに基づいて行えるといった利点がある．

b. 線形分数変換 (LFT) 表現

与えられた複素行列 $\Delta \in \mathbb{C}^{p \times q}$ と

$$M = \begin{bmatrix} M_{11} & M_{12} \\ M_{21} & M_{22} \end{bmatrix}, \quad M_{11} \in \mathbb{C}^{q \times p}$$

に対して，それらの**線形分数変換** (linear fractional transformation：LFT) は次式で定義される [2].

$$\mathrm{LFT}(\Delta, M) := M_{22} + M_{21}\Delta(I - M_{11}\Delta)^{-1}M_{12}$$

この定義式は一見すると複雑であるが，そのシステム論的意味合いは明確である．すなわち，行列 Δ, M をそれぞれ入出力信号を有するシステムとしてとらえ，図 1 で表されるこれらのフィードバック結合を考える

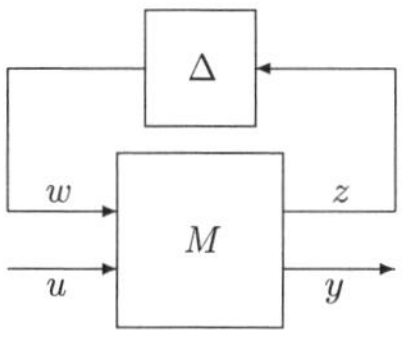

図 1　LFT(Δ, M)

とき，LFT(Δ, M) は u から y への写像を与えることが確認できる．このように LFT は二つのシステムのフィードバック結合を表すうえで非常に有用であり，システム制御理論において頻繁に用いられる．なお，不確かな物理パラメータを有するシステムの LFT 表現とはこの「逆」の操作を表すものであり，式 (2) のように状態方程式中に含まれている (埋もれている) パラメータを図 1 の Δ として抜き出し，確定部分 M と不確定部分 Δ に分離する操作を指す．

以上の準備をもとに，式 (2) の LFT 表現を求めよう．まず，ばね定数 k のノミナル値 k_0 を $k_0 := (k_1 + k_2)/2$ と定義する．このとき，k_0 を中心としたばね定数 k の変動の最大値は $\alpha_k := (k_2 - k_1)/2$ となる．したがって k は

$$k = k_0 + \alpha_k \delta_k, \quad |\delta_k| \leq 1$$

と表される．同様の操作を粘性係数 d に対して行い，d_0, α_d および δ_d を定義すると，式 (2) は次のように表現できることがわかる．

$$\left\{ \begin{aligned} \dot{x}(t) &= Ax(t) + B_w w(t) + Bu(t), \\ z(t) &= C_z x(t), \\ y(t) &= Cx(t), \end{aligned} \right.$$
$$w(t) = \Delta z(t)$$

ただし

$$A := \begin{bmatrix} 0 & 1 \\ -k_0 & -d_0 \end{bmatrix}, \ B_w := \begin{bmatrix} 0 & 0 \\ \alpha_k & \alpha_d \end{bmatrix},$$
$$C_z := -I$$

であり，

$$\Delta := \begin{bmatrix} \delta_k & 0 \\ 0 & \delta_d \end{bmatrix}, \quad \|\Delta\| \leq 1 \tag{5}$$

である．

このように不確かな物理パラメータを LFT で抽出することで，先述の H_∞ 制御理論に基づく制御系の解

析や設計が可能となることは容易に推察されよう．なお，不確かさが実パラメータ変動である場合には式 (5) のように Δ が実対角行列となることから，標準的な H_∞ 制御理論を適用すると保守的な結果となる．したがって Δ の構造に応じたスケーリングを導入することで，保守性の低減を図るのが通例である．

〔蛯 原 義 雄〕

参 考 文 献

[1] B.R. Barmish : New Tools for Robustness of Linear Systems, Macmillan Publishing Company, 1994.

[2] K. Zhou and J.C. Doyle : Essentials of Robust Control, Prentice-Hall, 1998.

7.3 消 散 性

dissipativity

a. 消散性とは

前節では，周波数領域で定義される線形時不変システムの H_∞ ノルムが，時間領域ではシステムの入出力信号のエネルギーの比 (L_2 ゲイン) を特徴づけるものであることを述べた．システムの**消散性**[1] とは，このようなシステムのエネルギーに関する性質を一般化したものである．ここではまず，消散性の概念に特別な場合として含まれる，システムの受動性に関して述べる．

前節の式 (1) において $k = 0$ とした，マス・ダンパ系を考えよう．ただし $v(t) := \dot{y}(t)$ $(\forall t \geq 0)$ と定義する．初期時刻 $t = 0$ において $v(0) = v_0$ にある状態から，入力 $u(t)$ を区間 $[0, T]$ で加えたとき，エネルギー収支の関係は次のように表現できる．

$$\int_0^T u(t)v(t)\mathrm{d}t = \frac{1}{2}mv(T)^2 - \frac{1}{2}mv_0^2 + d\int_0^T v(t)^2\mathrm{d}t, \quad \forall T \in [0, \infty) \tag{1}$$

したがって，初期時刻において $v(0) = 0$ であれば，明らかに次式が成立する．

$$\int_0^T u(t)v(t)\mathrm{d}t \geq 0, \quad \forall T \in [0, \infty)$$

上式はシステムに供給されるエネルギーが常に 0 以上であること，すなわちシステムが供給されるエネルギーを常に消費することを意味している．このような性質は受動素子からなる電気系やある種の機械系が自然に有する性質であり，**受動性** (passivity) と呼ばれる．

以上の準備をもとに，受動性の正確な定義を示す．7.1 節の式 (1) で表される安定なシステムが，$x(0) = 0$ のもとで

$$\int_0^T u(t)^\top y(t)\mathrm{d}t \geq 0, \quad \forall T \in [0, \infty), \quad \forall u \in L_2(0, T)$$

を満たすとき，このシステムは**受動的** (passive) であるという[1]．上式から明らかなように，受動性を定義するうえでは入出力の次元が等しいことが暗に仮定される．なお，受動性は非線形システムに対しても定義が可能であり，受動的な二つの非線形システム*1からなるフィードバック系が常に安定となることを示す，受動定理といった有用な結果が導かれている[2].

消散性はこのようなシステムのエネルギーに関する性質を一般化したものである．すなわち，7.1 節の式 (1) で表される安定 (かつ可制御) なシステムが，$x(0)=0$ のもとでスカラ関数 $w(u,y)$ に対して

$$\int_0^T w(u(t),y(t))\mathrm{d}t \geq 0,$$
$$\forall T\in[0,\infty),\quad \forall u\in L_2(0,T)$$

を満たすとき，このシステムは $w(u,y)$ に関して**消散的** (dissipative) であるという．$w(u,y)$ はしばしば**エネルギー供給関数** (supply rate) と呼ばれる．先に示した受動性や L_2 ゲイン特性は消散性の特別な場合であり，それぞれエネルギー供給関数を

$$w(u,y)=u^\top y,$$
$$w(u,y)=\gamma^2u^\top u-y^\top y\ (\gamma>0)$$

と選んだ場合に対応することは明らかであろう (上記の $\gamma>0$ は L_2 ゲインの上界を表す).

b. 消散性と周波数領域不等式

7.1 節で述べたように，伝達関数行列が $G(s)$ で与えられる安定な線形時不変システムの L_2 ゲインが $\gamma(>0)$ 未満であるための必要十分条件は，$\|G\|_\infty<\gamma$ が成立することであった．この条件は，等価的に次のように書ける．

$$G(j\omega)^*G(j\omega)-\gamma^2I\prec 0\quad \forall\omega\in\mathbb{R}\cup\{\infty\} \tag{2}$$

ここで，$G(j\omega)^*$ は $G(j\omega)$ の複素共役転置を表しており，また式 (2) の第 1 式は左辺が**負定値** (negative definite) であることを表す．式 (2) を満たす伝達関数行列 $G(s)$ を，(γ に関して) **有界実** (bounded real) であるという．

一方，伝達関数行列 $G(s)$ が正方であり，

$$G(j\omega)+G(j\omega)^*\succ 0\quad \forall\omega\in\mathbb{R}\cup\{\infty\} \tag{3}$$

を満たすならば，対応するシステムは受動的 (正確には，強受動的) となることが知られている．上式を満たす伝達関数行列 $G(s)$ を，**強正実** (strictly positive real) であるという．特に 1 入出力系の場合 (すなわち $G(s)$ がスカラーの場合)，式 (3) は $G(j\omega)$ の実部が常に正であること，換言すれば $G(j\omega)$ のベクトル軌跡が複素平面上の開右半平面にとどまることを意味している．すなわち，有界実性がシステムのゲイン特性に関する性質であるのに対し，正実性はシステムの位相特性に関する性質を表している．

以上で記した式 (2) および式 (3) からも明らかなように，線形時不変システムの緒性質は，対応する伝達関数行列に関する周波数領域での不等式 (frequency domain inequality：FDI) を用いて特徴づけられる．このような FDI は，実定数行列

$$\Pi=\begin{bmatrix}\Pi_{11} & \Pi_{12}\\ \Pi_{12}^T & \Pi_{22}\end{bmatrix}$$

を用いて統一的に

$$\begin{bmatrix}G(j\omega)\\ I\end{bmatrix}^*\Pi\begin{bmatrix}G(j\omega)\\ I\end{bmatrix}\prec 0\quad \forall\omega\in\mathbb{R}\cup\{\infty\} \tag{4}$$

と書き表すことができる．

FDI の成否を判定する問題は，各周波数変数 ω の変動に応じたいわば無限個の行列の負定値性を判定する問題であり，直接的な取扱いは容易ではない．次では，このような困難を回避して FDI の成否を効率的に判定することを可能とする，KYP (Kalman–Yakubovich–Popov) 補題を紹介する．この補題により，FDI の成否を判定する問題を，線形行列不等式 (linear matrix inequality：LMI) の可解問題に帰着できる．LMI の可解問題は凸最適化問題であり，数値計算によって可解性を効率的に判定することが可能である．

c. KYP 補題

次の定理は **KYP 補題**として知られている[3, 4].

*1 正確には，二つのシステムのどちらかが強受動的であることが要求される[2].

定理 1　行列 $A \in \mathbb{R}^{n\times n}$, $B \in \mathbb{R}^{n\times m}$ および

$$\Theta = \begin{bmatrix} \Theta_{11} & \Theta_{12} \\ \Theta_{12}^\top & \Theta_{22} \end{bmatrix},$$
$$\Theta_{11} \in \mathbb{R}^{n\times n}, \quad \Theta_{22} \in \mathbb{R}^{m\times m}$$

が与えられたとする．ただし行列 A は虚軸上に固有値をもたないものとする．このとき，次の条件は等価である．

(i) 次の不等式条件が成立する．

$$\begin{bmatrix} (j\omega I - A)^{-1}B \\ I \end{bmatrix}^* \Theta \begin{bmatrix} (j\omega I - A)^{-1}B \\ I \end{bmatrix} \prec 0$$
$$\forall\omega \in \mathbb{R}\cup\{\infty\} \tag{5}$$

(ii) 次の LMI を満足する $P = P^\top$ が存在する．

$$\begin{bmatrix} A & B \\ I & 0 \end{bmatrix}^\top \begin{bmatrix} 0 & P \\ P & 0 \end{bmatrix} \begin{bmatrix} A & B \\ I & 0 \end{bmatrix} + \Theta \prec 0 \tag{6}$$

この定理における条件 (i) の式 (5) と式 (4) との関係は明白である．すなわち，式 (4) における $G(s)$ の状態空間表現の係数行列を $\{A, B, C, D\}$ とすれば，式 (4) は式 (5) において

$$\Theta = \begin{bmatrix} C & D \\ 0 & I \end{bmatrix}^\top \Pi \begin{bmatrix} C & D \\ 0 & I \end{bmatrix}$$

とした場合に相当する．

定理 1 の (ii)⇒(i) の証明　まず，式 (6) は等価的に

$$\begin{bmatrix} PA + A^\top P & PB \\ B^\top P & 0 \end{bmatrix} + \Theta \prec 0$$

と書けることに注意する．上式より，式 (6) が成立すれば $\Theta_{22} \prec 0$ であるから，式 (5) が $\omega = \infty$ で成立する．

次に，$\omega \in \mathbb{R}$ の場合を考えよう．まず，行列 A が虚軸上に固有値をもたないという仮定に注意して，次式で表される行列を構成する．

$$\begin{bmatrix} (j\omega I - A)^{-1}B \\ I \end{bmatrix} \tag{7}$$

この行列は，任意の $\omega \in \mathbb{R}$ に対して列フルランクとなる．さらに

$$\begin{bmatrix} A & B \\ I & 0 \end{bmatrix}\begin{bmatrix} (j\omega I - A)^{-1}B \\ I \end{bmatrix} = \begin{bmatrix} j\omega I \\ I \end{bmatrix}(j\omega I - A)^{-1}B$$

となることが容易に確認できる．したがって式 (6) が成立するとき，式 (7) で表される行列を式 (6) の右から，およびその複素共役転置を左から乗じることで

$$B^\top(j\omega I - A)^{-*}\begin{bmatrix} j\omega I \\ I \end{bmatrix}^*\begin{bmatrix} 0 & P \\ P & 0 \end{bmatrix} \times \begin{bmatrix} j\omega I \\ I \end{bmatrix}(j\omega I - A)^{-1}B + \begin{bmatrix} (j\omega I - A)^{-1}B \\ I \end{bmatrix}^* \Theta \begin{bmatrix} (j\omega I - A)^{-1}B \\ I \end{bmatrix} \prec 0$$

が導かれるが，$(j\omega)^* = -j\omega$, $P = P^\top$ より上式第 1 項は 0 となることが容易に確認できる．以上より，式 (6) を満足する $P = P^\top$ が存在すれば，式 (5) が成立するといえる．

以上のように，定理 1 における (ii)⇒(i) の証明，すなわち LMI 条件 (6) の「十分性」の証明はきわめて容易である．一方，(i)⇒(ii) の証明，すなわち LMI 条件の「必要性」の証明を直接的に行うことは容易ではなく，凸解析，双対理論に基づいたいくつかの準備が必要である[4]．

以上では，線形時不変システムの性質を解析する問題を式 (6) で表される LMI の可解問題に帰着できることを示した．一方，与えられた一般化制御対象に対して，フィードバック制御系が所望の性質を有するような (フルオーダの) 制御装置を設計する問題も，式 (6) の LMI をもとに変数の適切な変換などを行ってやはり LMI に帰着できることが知られている[3]．

〔蛯 原 義 雄〕

参 考 文 献

[1] 井村順一：システム制御のための安定論，コロナ社，2000.
[2] 平井一正，池田雅夫：非線形制御システムの解析，オーム社，1986.
[3] 岩崎徹也：LMI と制御，昭晃堂，1997.
[4] A. Rantzer : On the Kalman-Yakubovich-Popov lemma. *Sys. Contr. Let.*, **28**: 7–10, 1996.

7.4 サンプル値制御系

sampled-data control system

a. サンプル値制御系とは

7.3 節までは，与えられた連続時間の (一般化) 制御対象 $P(s)$ に対し，所望の制御性能を達成する連続時間の制御装置 $K(s)$ をいかにして設計するかについて論じてきた (図 1)．一方，近年の計算機技術の発展により，連続時間システムの制御を行ううえでもディジタル機器 (コンピュータ) によって制御装置を実装することが一般化している．このような連続時間の制御対象とディジタル制御装置からなるフィードバック系は，図 2 のように表される．図 2 において，$\mathcal{S}$ はサンプラ (A/D 変換器) を，$\Psi(z)$ はディジタル制御装置を，$\mathcal{H}$ はホールド回路 (D/A 変換器) を表している．また，実線は連続時間信号を，破線は離散時間信号を表している．

まず，図 2 のフィードバック系の制御動作について整理しておこう．サンプラ $\mathcal{S}$ は一定のサンプリング周期 h ごとの時刻における制御対象の出力を観測し，この観測データをもとに離散時間制御装置 $\Psi(z)$ に組み込まれた制御則によって操作量が決定される．この操作量は，ホールド回路 $\mathcal{H}$ により，次の新たなサンプル時刻における観測値が得られるまでの間，制御対象に加え続けられる．この制御動作が，周期 h で周期的に繰り返されることになる．したがって，制御動作に反映されるのはサンプル時刻 (サンプル点上ともいう) の観測出力の値のみであり，サンプル時刻間 (サンプル点間ともいう) の観測出力の値は制御動作にはまったく反映されない (反映できない) ことになる．このような，制御対象の情報が間欠的にしか得られないという制約のもとで，いかにして高い制御性能を達成するディジタル制御装置を設計するかが図 2 の制御系を構成するうえで問題となる．

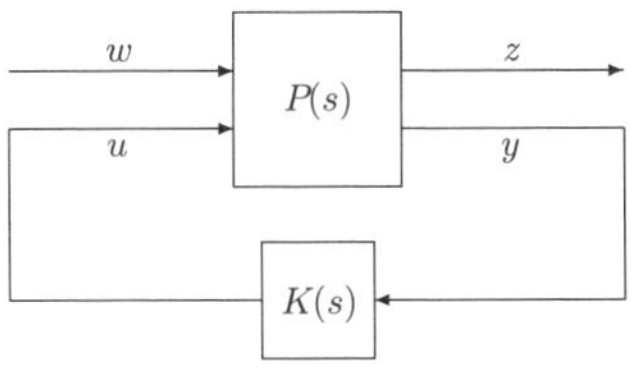

図 1　$P(s)$ と $K(s)$ からなる閉ループ系 (連続時間制御系)

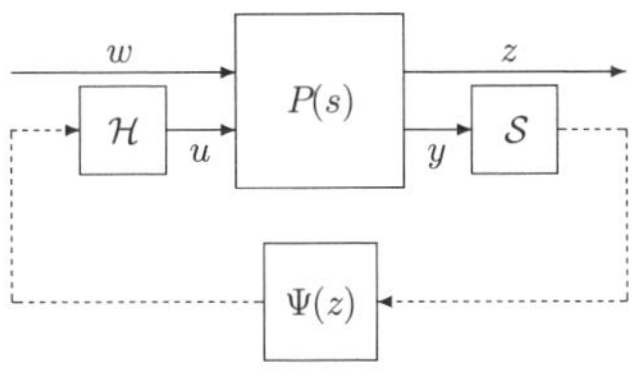

図 2　$P(s)$ と $\Psi(z)$ からなる閉ループ系 (サンプル値制御系)

このような設計問題を扱ううえでの本質的な難しさは，図 2 で表される制御系が，連続時間信号と離散時間信号とが混在する制御系となっている点にある．設計者が設計すべきはディジタル制御装置であるから，離散時間信号に着目した離散時間システムとしての取扱いが容易であると考えられる．しかしながら，評価出力 $z(t)$, 外乱入力 $w(t)$ は電流，電圧，位置，速度といった時々刻々と変化する連続時間信号であるから，これらをそのまま連続時間信号として取り扱いたい (すなわち，サンプル点間の応答もきちんと考慮したい) という要求も自然である．この後者の要求を強く意識して図 2 のフィードバック制御系をとらえるとき，これをサンプル値制御系[1～3] (sampled-data control system) という．

b. ディジタル制御装置の設計に関する基本方針

ディジタル制御装置を設計するための基本的な方針[1, 4] は，以下の三つに大別される (図 3 参照)．

(D) **離散化設計**: この方法は，簡単のため外乱 w が (制御入力 u と同じように) サンプル点間で一定値をとるものと仮定し，また制御出力 z に関しても (観測出力 y と同じように) サンプル点上の応答だけを考慮するものとして，制御対象を離散化するものである．いったん離散化された制御対象 $\Pi(z)$ が求まれば，離散時間制御理論を適用することで容易に所望のディジタル制御装置を設計することができる (図 4)．この方法は，ロバスト性を意識しない，単純な意味での閉ループ系

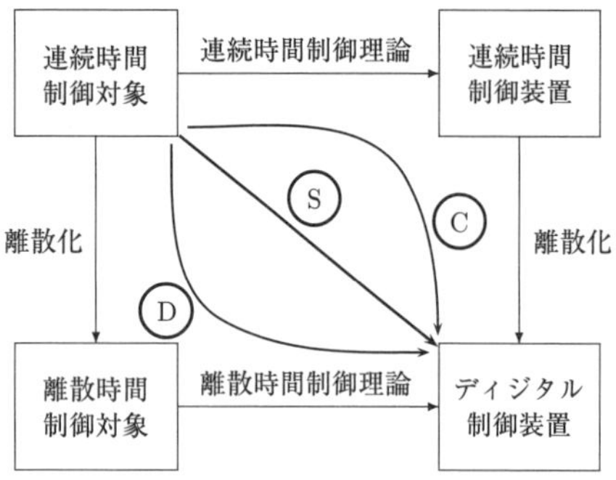

図 3　ディジタル制御装置の設計に関する基本的な考え方

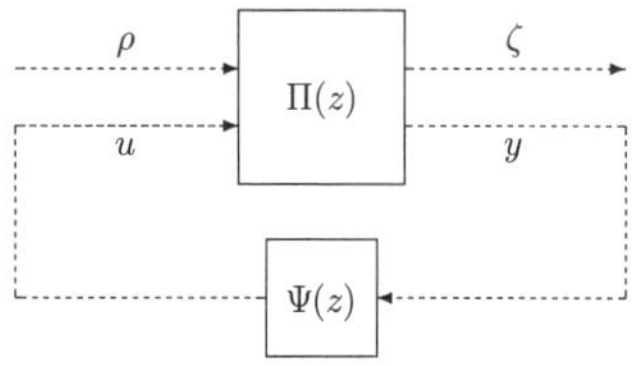

図 4　$\Pi(z)$ と $\Psi(z)$ からなる閉ループ系
(ディジタル制御系)

の安定性と，サンプル点上の性能は考慮されているが，サンプル点間の評価出力 z の挙動を無視しているため，サンプル点間では振動的な挙動を示す場合があるという問題がある．

(C) **連続時間ベース設計**: 前節までに記したような連続時間制御理論に基づいて連続時間制御装置を設計し，双 1 次変換などを用いてこれを離散化する手法である．サンプリング周期 h が十分小さければもとの連続時間制御系に近い良好な制御性能が達成されると期待できるが，サンプリング周期 h が大きい場合には望ましい性能が得られる保証はなく，閉ループ系が不安定となることさえある．

(S) **直接的設計**: 与えられた連続時間の制御対象とサンプリング周期から，(なんら近似的な扱いを介することなく) サンプル点間応答を考慮に入れたディジタル制御装置を直接的に設計する手法である．このような設計を可能とするための制御系の解析理論，設計理論を総称して**サンプル値制御理論** (sampled-data control theory) と呼ぶ．

以下，サンプル値制御理論に関してごく簡単にふれておく．サンプル値制御系の厳密な取扱いを可能とするうえで重要な役割を果たすのは，リフティング[2] と呼ばれる考え方である．リフティングとは，サンプル点間応答を考慮すべき連続時間の評価出力 $z(t)$ $(0 \leq t < \infty)$ をサンプリング周期 h ごとに区切り，区間 $[0, h)$ 上で定義された関数 $\widehat{z}_k(\theta) = z(kh + \theta)$ $(0 \leq \theta < h)$ からなる関数の列と見なす操作を指す．この操作により，連続時間信号 $z(t)$ を，見かけ上離散時間信号と見なすことができる．同様の操作を外乱入力 $w(t)$ にも行い $\widehat{w}_k(\theta)$ を定義すると，図 2 で表されるサンプル値制御系を，入力を $\widehat{w}_k(\theta)$，出力を $\widehat{z}_k(\theta)$ とする離散時間線形時不変システムとしてとらえることが可能となる．通常の (有限次元の) 離散時間線形時不変システムとの相違は，入力 $\widehat{w}_k(\theta)$，出力 $\widehat{z}_k(\theta)$ の属する空間が無限次元の関数空間となる点であり，これはサンプル点間応答を厳密に考慮するという立場からは当然の帰結である．このように，サンプル値制御系は無限次元システムとしてとらえる必要があり，したがってその解析や設計には作用素理論などの高度な数学的概念が必要となる．しかしながら，そのような高度な理論展開を通して現在までに得られている結果自体は非常に簡明であり，(一般化プラント $P(s)$ に関する種々の条件のもとで)「サンプル値制御系と等価な離散時間制御系」が得られること，すなわちサンプル点間応答を厳密に考慮したディジタル制御装置 $\Psi(z)$ の設計を可能とするような，図 4 に示す離散時間の一般化プラント $\Pi(z)$ を構成できることが明らかにされている．

〔蛯 原 義 雄〕

参 考 文 献

[1]　原　辰次，萩原朋道：サンプル値制御理論の展開．システム/制御/情報，**41**(1): 12–20，1997.

[2]　山本　裕，原　辰次：サンプル値制御理論—システムとその表現 I．システム/制御/情報，**43**(8): 436–443, 1999.

[3]　萩原朋道：初学者のためのディジタル制御系・サンプル値制御系入門．計測と制御，**42**(4): 304–307，2003.

[4]　萩原朋道：ディジタル制御入門，コロナ社，1999.

8　ハイブリッド制御と拘束系の制御

第 8 章では以下の記号などを用いる.

$\mathbf{R}$：実数の集合，$\mathbf{R}_{0+}$：非負の実数の集合，$\mathbf{N}$：自然数の集合（非負整数の集合），$2^{\mathbf{x}}$：集合 $\mathbf{X}$ のべき集合，$x_1 \leq x_2$（x_1 と x_2 はベクトル）：$x_1 - x_2$ のおのおのの要素が非正，$x_1 < x_2$（x_1 と x_2 はベクトル）：$x_1 - x_2$ のおのおのの要素が負，$\mathbf{X}_1 \backslash \mathbf{X}_2$：集合 $\mathbf{X}_1$ から集合 $\mathbf{X}_2$ を引いた差集合.

8.1　ハイブリッドシステム

hybrid system

ハイブリッドシステムとは，そのダイナミクスが「連続的な状態」と「離散的な状態」という 2 種類の変数で記述されるようなシステムのことである. たとえば，図 1 に示される自動変速機が備えられた自動車の運動は，

- 車体の位置・速度
- ギアの値

を状態変数とする運動方程式で表現されるが，位置・速度は連続的な値となる一方，ギアの値は，1 速，2 速，…，4 速といった離散的な値となる.

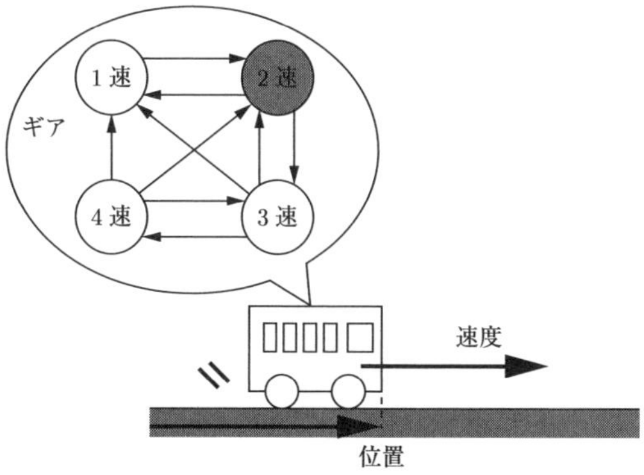

図 1　ハイブリッドシステムの例：自動変速機が備えられた自動車

これらの状態は，**連続状態**（continuous state）と**離散状態**（discrete state）（モード，mode）と呼ばれ，前者は，主に位置，温度，電圧といった物理量を表し，後者は，システムを制御するスイッチの状態やコンピュータプログラムの変数を表現する. 表 1 に示されるように，スイッチ要素を含むシステムや，ロボット，化学プラントといった物理系にコンピュータプログラムを組み込んだシステムは，ハイブリッドシステムである.

表 1　ハイブリッドシステムの例

システム	連続状態	離散状態
スイッチング電源	電圧，電流	スイッチの開閉状態
化学プラント	流量，温度，濃度	運動モード（加熱モード，緊急モードなど）
歩行ロボット	関節角度，関節角速度	姿勢モード（片足接地モード，両足接地モードなど）
遺伝子回路	化学物質濃度	遺伝子の発現状態（遺伝子スイッチ）

ハイブリッドシステムの研究は，古くは 1950 年頃までさかのぼることができるが，当初は発見的な方法で，システムの解析や制御が行われていた. それ以降，ますます複雑化していくシステムへの要求に対し，1990 年代より，システム制御と計算機科学の分野で，新しいクラスのシステムとして本格的に研究が始められた. それ以降，理論的な設計手法の確立を目指し，いまなお精力的に研究が進められている.

a.　モデルと振舞い

1)　一般的なモデル

i)　ハイブリッドシステムの振舞い

図 2 は，ハイブリッドシステムの時間応答のイメージである. ある物理量 x が時間とともに遷移していく様子を表しているが，ハイブリッドシステムでは，なんらかの要因によって，そのダイナミクスが不連続に切り換わったり（**モード切換え**，switching），衝突現象やリセットなど瞬時の作用によって，物理量が不連続に遷移（ジャンプ，jump）したりする.

ii)　**BBM** モデル

このような振舞いを表現するものとして，最も一般

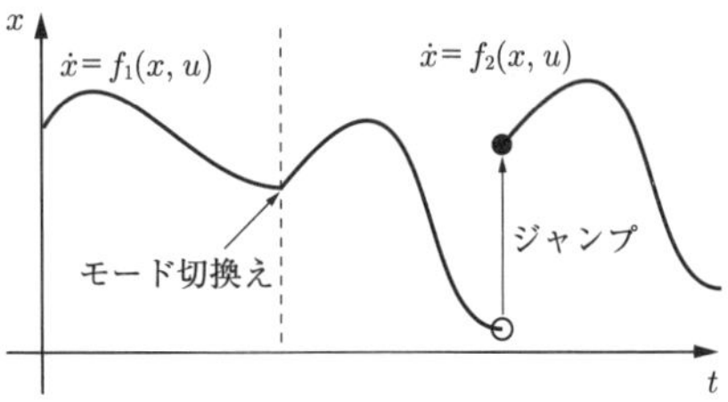

図 2 振舞いの例

的なのは次の **BBM** モデル*1である．

$$\begin{cases} \dot{x}(t) = f(x(t), u(t)) \\ x(t) = g(x(t_-), u(t)) \\ y(t) = h(x(t), u(t)) \end{cases} \tag{1}$$

$x \in \mathbf{R}^n$ は状態（ハイブリッド状態）であり，連続状態 $x_c \in \mathbf{R}^{n_c}$ と離散状態 $x_d \in \mathbf{D} \subset \mathbf{R}^{n_d}$ で構成される．ただし，$\mathbf{D}$ は x_d が属する離散集合である．$u \in \mathbf{R}^m$ は入力，$y \in \mathbf{R}^p$ は出力であり，x と同様に連続値変数と離散値変数で構成される．また，f，g，h は，x と u のベクトル値関数である．

システム (1) において第 1 式は，関数 f_c によって定義される

$$\begin{bmatrix} \dot{x}_c(t) \\ \dot{x}_d(t) \end{bmatrix} = \begin{bmatrix} f_c(x_c(t), x_d(t), u(t)) \\ 0 \end{bmatrix}$$

を意味しており，離散状態 $x_d(t)$ のもとでの連続状態 $x_c(t)$ の遷移を表す．第 2 式は，ジャンプとモード切換えを表現し，t_- は，これらが起こる時刻 t の「直前」を意味している．第 3 式は，出力方程式である．

たとえば，ベクトル場が，連続状態空間上の平面 $Cx_c(t) = 0$ $(C \in \mathbf{R}^{1\times n_c})$ を境に切り換えるシステム

$$\dot{x}_c(t) = \begin{cases} f_1(x_c(t)) & \text{if} \quad Cx_c(t) \le 0 \\ f_2(x_c(t)) & \text{if} \quad Cx_c(t) \ge 0 \end{cases} \tag{2}$$

に対しては，第 1，2 式は，次のようになる．

$$\begin{bmatrix} \dot{x}_c(t) \\ \dot{x}_d(t) \end{bmatrix} = \begin{bmatrix} f_1(x_c(t))x_d(t) + f_2(x_c(t))(1 - x_d(t)) \\ 0 \end{bmatrix}$$

$$\begin{bmatrix} x_c(t) \\ x_d(t) \end{bmatrix} = \begin{cases} \begin{bmatrix} x_c(t_-) \\ 1 \end{bmatrix} & \text{if} \quad Cx_c(t) \le 0 \\ \begin{bmatrix} x_c(t_-) \\ 0 \end{bmatrix} & \text{if} \quad Cx_c(t) \ge 0 \end{cases} \tag{3}$$

ここで，システム (2) では，連続状態のジャンプはないので，式 (3) において，$x_c(t) = x_c(t_-)$ となっている．また，モード切換えは，$x_d(t) = 1 \Leftrightarrow Cx_c(t) \le 0$，$x_d(t) = 0 \Leftrightarrow Cx_c(t) \ge 0$ という対応によって表現されている．

iii) ジャンプと切換えの種類

ジャンプと切換えは，状態 x によるものと入力 u によるものに区別される．前者は，それぞれ，**自律切換え** (autonomous switching)，**自律ジャンプ** (autonomous jump) と呼ばれ，後者は，**制御切換え** (controlled switching)，**制御ジャンプ** (controlled jump) と呼ばれる．システム (2) は，自律切換えを含む例である．

iv) 離散時間モデル

システム (1) において，第 1 式を差分方程式に置き換えるなどすることによって，離散時間モデルも同様に定義できる．

2) 解の定義

i) カラテオドリ解とフィリポフ解

システム (1) の解の定義としては，カラテオドリ (Carathéodory) とフィリポフ (Filippov) によるものが代表的である．ここでは，簡単のため，式 (2) のシステムを例にして，これらを示そう．

ほとんどすべての時刻 $t \in [0, \infty)$ において式 (2) を満たし，$x(0) = x_{c0}$ となる絶対連続関数 $x(t)$ を，初期状態 x_{c0} に対する**カラテオドリ解**（Carathéodory solution）と呼ぶ．一方，式 (2) の代わりに，条件

$$\dot{x}_c(t) \begin{cases} = f_1(x_c(t)) & \text{if} \quad Cx_c(t) < 0 \\ = f_2(x_c(t)) & \text{if} \quad Cx_c(t) > 0 \\ \in \mathrm{Conv}(f_1(x_c(t)), f_2(x_c(t))) & \\ & \text{if} \quad Cx_c(t) = 0 \end{cases}$$

に対して，カラテオドリ解と同様に定義される絶対連続関数 $x(t)$ は，初期状態 x_{c0} に対する**フィリポフ解**（Filippov solution）と呼ばれる．ここで，Conv は，二つのベクトルに対する凸包を表す．

ii) 特殊な解

いずれの定義を採用するかによって，式 (2) の解が異なってくる．たとえば，カラテオドリ解を採用した場合，遷移先のモードが複数個存在したり，ある時刻で

*1 モデルの提案者 Branicky, Borkar, Mitter [1] の頭文字をとって BBM モデルと呼ばれている．

遷移するモード先がなく，その時刻以降で解が存在しないこともある．このような特殊な解は，それぞれ，複数解（multiple solutions），デッドロック（deadlock）と呼ばれる．また，フィリポフ解を用いた場合，ある時刻以降で切換え平面 $Cx_c(t) = 0$ の上を動く特殊な解が存在する．これは，スライディングモード解（sliding mode solution）と呼ばれている．

iii) 解の存在性と一意性

一般に，カラテオドリ解を採用した場合，複数解やデッドロックが生じるために，解の存在性と一意性は保証されない．したがって，モデルを構築したあとに，一意解が存在するかどうかを調べる必要がある．モデルが一意解をもつ場合は，「モデルは well-posed」といわれ，これを調べる **well–posedness 解析**が主要な研究課題のひとつになっている [3].

b. 具体的なモデル

実際にシステムの解析や制御を考える場合には，システム (1) の第 1，2 式を，より具体的に表現したものが対象とされる．以下に主なものを示す．

i) ハイブリッドオートマトン

ハイブリッドオートマトン（hybrid automaton）は，図 3 に示されるような，オートマトンと微分方程式の組合せで表現されるものであり，次のように定義される．

$$(\mathbf{H}, \mathbf{U}, \mathbf{H}_0, f, I_v, G, h)$$

- $\mathbf{H}$ $(\subseteq \mathbf{R}^{n_c} \times \mathbf{D})$：状態の定義域
- $\mathbf{U}$ $(\subseteq \mathbf{R}^m)$：許容される制御入力の集合
- $\mathbf{H}_0$ $(\subseteq \mathbf{H})$：初期状態の集合
- $f : \mathbf{H} \times \mathbf{U} \to \mathbf{R}^{n_c}$：連続状態の遷移を表すベクトル場
- $I_v : \mathbf{D} \to 2^{\mathbf{R}^{n_c} \times \mathbf{R}^m}$：インバリアント
- $G : \mathbf{D} \times \mathbf{D} \to 2^{\mathbf{R}^{n_c} \times \mathbf{R}^m}$：ガード
- $h : \mathbf{H} \times \mathbf{U} \to \mathbf{R}^{n_c}$：状態ジャンプを定義する関数

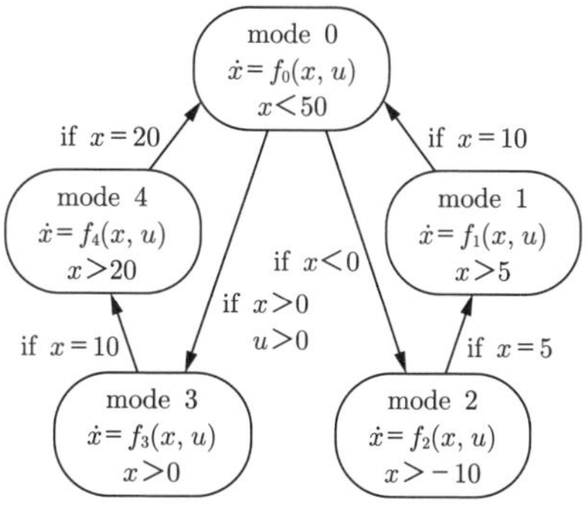

図 3 ハイブリッドオートマトンの例

前半三つは状態と入力の存在領域を表す集合，残りはダイナミクスを表現する関数である．f は，式 (1) の第 1 式に対応する．また，I_v と G は，それぞれ，モード切換えが生じないための条件と生じた際の遷移先を指定するものであり，これらと h で，式 (1) の第 2 式を表している．

ii) 区分的アファインシステム

区分的アファインシステム（piecewise affine system: PWA system）は，if-then ルールによってモード切換えが陽に記述された微分方程式

$$\dot{x}_c(t) = A_I x_c(t) + a_I + B_I u(t)$$
$$\text{if } (x_c(t), u(t)) \in \mathbf{S}_I$$

によって与えられる．ここで，$x_c \in \mathbf{R}^{n_c}$ は連続状態，$I \in \{1, 2, \cdots, \nu\}$ は離散状態*2，$u \in \mathbf{R}^m$ は入力である．$A_I \in \mathbf{R}^{n_c \times n_c}$，$a_I \in \mathbf{R}^{n_c}$，$B_I \in \mathbf{R}^{n_c \times m}$ は，各離散状態 I に割り当てられた定数行列（ベクトル）である．また，$\mathbf{S}_I \subseteq \mathbf{R}^{n_c} \times \mathbf{R}^m$ は，離散状態 I に対する連続状態と入力の集合であり，おのおのの $\mathbf{S}_I$ は境界を除き，他との共通部分をもたないのが普通である．このモデルでは，$(x_c(t), u(t))$ が属する集合 $\mathbf{S}_I$ に応じて，時刻 t における離散状態が定まり，それに割り当てられた微分方程式にしたがって解が発展していく．

iii) 混合論理動的システム

混合論理動的システム（mixed-logical dynamical system: MLD system）は，次のように定義される．

$$\begin{cases} \dot{x}_c(t) = Ax_c(t) + B_1 u(t) + B_2 z(t) + B_3 \delta(t) \\ Cx_c(t) + D_1 u(t) + D_2 z(t) + D_3 \delta(t) \leq E \end{cases} \quad (4)$$

ここで，$x_c \in \mathbf{R}^{n_c}$ は連続状態，$u \in \mathbf{R}^m$ は入力である．$A \in \mathbf{R}^{n_c \times n_c}$，$B_1 \in \mathbf{R}^{n_c \times m}$，$B_2 \in \mathbf{R}^{n_c \times l_1}$，$B_3 \in \mathbf{R}^{n_c \times l_2}$，$C \in \mathbf{R}^{q \times n_c}$，$D_1 \in \mathbf{R}^{q \times m}$，$D_2 \in \mathbf{R}^{q \times l_1}$，$D_3 \in \mathbf{R}^{q \times l_2}$，$E \in \mathbf{R}^q$ は定数行列（ベクトル）である．$z \in \mathbf{R}^{l_1}$ と $\delta \in \{0, 1\}^{l_2}$ は補助変数と呼ばれ，これらと第 2 式（q 個の不等式）によって離散状態の遷

*2 区分的アファインシステムでは，離散状態は記号 I や i で表現されることが多い．

移が記述される．この際，第2式は，任意に与えられた $x_c(t)$ と $u(t)$ に対し，一意に $z(t)$ と $\delta(t)$ の値が決まるように設定される．

たとえば，区分的アファインシステム

$$\dot{x}_c(t) = \begin{cases} Ax_c(t) + a_1 + Bu(t) & \text{if} \quad x_c(t) \leq 0 \\ Ax_c(t) + a_2 + Bu(t) & \text{if} \quad x_c(t) \geq 0 \end{cases} \tag{5}$$

を，混合論理動的システムで表現すると次のようになる．

$$\begin{cases} \dot{x}_c(t) = Ax_c(t) + (a_2 - a_1)\delta(t) + a_1 + Bu(t) \\ x_{\min}(1-\delta(t)) \leq x_c(t), \quad x_c(t) \leq x_{\max}\delta(t) \end{cases} \tag{6}$$

ここで，$\delta \in \{0, 1\}$ であり，$x_{\min}$ は各要素が十分に小さいベクトル，$x_{\max}$ は十分に大きいベクトルである．式(6)では，$\delta(t) = 0 \Leftrightarrow x_c(t) \leq 0$，$\delta(t) = 1 \Leftrightarrow x_c(t) \geq 0$ の対応関係があり，実際に $\delta(t)$ に値（0と1）を代入することで，式(5)と式(6)が，$x_{\min} \leq x_c \leq x_{\max}$ の範囲で等価となっていることが確認できる．

iv) 切換えシステム

切換えシステム（switched system）は次のように定義される．

$$\dot{x}_c(t) = f_{I(t)}(x_c(t), u(t))$$

ここで，$x_c \in \mathbf{R}^{n_c}$ は連続状態，$u \in \mathbf{R}^m$ は制御入力，$I \in \mathbf{D}$ は離散状態である．先に説明した三つのモデルでは，I は一般に連続状態 x_c に依存して自律的に切り換えるのに対し，このモデルでは，I の軌道があらかじめ定められているか，制御入力の役割を演じる．この点で，上の三つのモデルとは区別されており，たとえば，マルチコントローラによる制御系設計の際に用いられたりする．

v) 他のモデル

衝突現象を含むシステムの表現に適したモデルとして線形相補性システム（linear complementarity system）が知られている．また，状態遷移が確率的な場合のモデルとして，確率的ハイブリッドシステム（stochastic hybrid system）がある．

vi) モデルの等価性

上記に示したモデルのうち，区分的アファインシステムと混合論理動的システムは，離散時間領域において，任意の精度で近似的に等価な表現能力をもつことが知られている．したがって，区分的アファインシステムと混合論理動的システムは互いに変換が可能であり，片方のモデルに対して得られた結果は，モデル変換によってもう片方のモデルへも適用できることになる．なお，これら二つのモデルと線形相補性システムの間にも，近似的な等価性があることも知られている．

c. 解 析

ハイブリッドシステムに対しても，安定性，可制御性，可観測性が基本的な性質として論じられる．

まず，これらを考えるに当たって，次の2点に注意が必要である．一つは，ハイブリッドシステムに対するこれらの判定問題は，決定不能もしくはNP困難であるという点である．したがって，一般的なシステムに対し，実用的な計算時間でシステムの解析を行うことは難しい．もう一つは，おのおのの離散状態に割り当てられた状態方程式の性質から，全体の性質を論じることはできない点である．たとえば，システム(2)において，微分方程式 $\dot{x}_c(t) = f_1(x_c(t))$ と $\dot{x}_c(t) = f_2(x_c(t))$ がそれぞれ通常の意味で安定であったとしても，システム全体が安定になるとはかぎらないし，両方とも不安定であったとしても，システム全体が不安定になるともかぎらない．可制御性や可観測性に関しても同様である．

これらは，ハイブリッドシステムがもつジャンプやモード切換えによるものであり，線形システムの場合と比較して，安定性，可制御性，可観測性の解析は各段に難しいものとなる．

1) 安定性

安定性の概念としては，通常の安定性と同様のものが用いられ（「2. 安定理論」参照），その判定には，リャプノフの安定性理論をもとにしたものが多い．

採用されるリャプノフ関数のクラスとしては，通常の2次形式のものや，区分的な2次形式といったものが提案されている．そして，その構成は線形行列不等式問題に帰着できる．

この方法は，切換えシステムのように制御スイッチングだけを含む場合に対しては，有効な結果が得られることが知られている．その一方，区分的アファインシステムなど，自律スイッチングを含む場合には，かなり保守的な十分条件となり，あまりよい結果は期待できない．この点に関しては，今後の研究が期待される．

2) 可制御性

ハイブリッドシステムに対しては,「制御入力」と「目標状態への到達時刻」の存在性を論ずる通常の可制御性の概念（「線形状態方程式」参照）が決定不能であることが知られている．それゆえ，固定された到達時刻における制御入力の存在性に関する次の概念が主として用いられる．

定義 到達時刻 $T \in \mathbf{R}_+$，初期状態集合 $\mathbf{X}_0 \subseteq \mathbf{R}^n$，および終端状態集合 $\mathbf{X}_T \subseteq \mathbf{R}^n$ が任意に与えられるものとする．このとき，おのおのの $x(0) \in \mathbf{X}_0$ に対し，$x(T) \in \mathbf{X}_T$ とする入力軌道 u が存在するならば，システムは $(T, \mathbf{X}_0, \mathbf{X}_T)$ に対して可制御であるという．

この定義は，ハイブリッドシステムに対する制御の主流がモデル予測制御であることを背景としたものであり，この制御問題の可解性に対応するものとして導入されている．

この可制御性の判定は，ある入力によって $x(T) \in \mathbf{X}_T$ とできるような初期状態の集合を実際に計算することによって行われる．特に，システムが離散時間で，$\mathbf{X}_0$ と $\mathbf{X}_T$ が凸多面体集合として与えられる場合，通常の凸多面体演算によって，これを行うことができる．しかし，その計算時間は，T と n_c（連続状態の次元）に対し指数関数的に増えていくため，大きな T と n_c に対して，厳密な判定を行うことは一般に難しい．それゆえ，さまざまな近似解法が提案されており，実際にはそれを利用することが必要とされる．

3) 可観測性

線形システムとは異なり，ハイブリッドシステムでは可制御性と可観測性との間に双対関係は一般に存在しない．よって，可観測性は，可制御性と独立に考えることが必要となる．

可観測性の概念として最も基本的なものは，次のように与えられる．

定義 1 入出力の観測時刻 $\mathbf{T} := (t_1, t_2, \cdots, t_N) \in 2^{\mathbf{R}_{0+}}$ および初期状態集合 $\mathbf{X}_0 \subseteq \mathbf{R}^n$ が任意に与えられるものとする．このとき，入力軌道 $(u(t_1), u(t_2), \cdots, u(t_N))$ と出力の観測 $(y(t_1), y(t_2), \cdots, y(t_N))$ から，常に初期状態を $\mathbf{X}_0$ 上で一意に決定できるとき，システムは $(\mathbf{T}, \mathbf{X}_0)$ に対して可観測であるという．

この定義では，有限個の入出力の観測列に対する初期状態の一意決定性を可観測性の概念としている．これは，現時点で最も有力なハイブリッドシステムの状態推定法と考えられている **moving horizon 推定**（現時刻から一定時刻過去までの入出力列の観測をもとに逐次的に状態を推定する）の実行可能性に対応するものである．

この可観測性の判定問題は，混合整数計画問題に帰着させられることが知られている．しかし，可制御性の場合と同様，その計算量は，T と n_c に対し指数関数的に増加するため，その厳密な判定は，小規模な問題へかぎられるのが現状である．

d. 制御系設計

ハイブリッドシステムに対して，最も代表的な制御手法は，混合論理動的システムモデルをもとにしたモデル予測制御である．適用範囲の広さや，状態や入力に関する拘束条件を容易に扱えることがその理由である．

次の離散時間の混合論理動的システムを考える．

$$\begin{cases} x_c(k+1) = \overline{A}x_c(k) + \overline{B}_1 u(k) + \overline{B}_2 z(k) \\ \qquad\qquad + \overline{B}_3 \delta(k) \\ \overline{C}x_c(k) + \overline{D}_1 u(k) + \overline{D}_2 z(k) + \overline{D}_3 \delta(k) \le \overline{E} \end{cases} \tag{7}$$

これは，式 (4) を差分近似するなどして得ることができる．

このシステムに対し，状態 $x_c(i) = x_i \in \mathbf{R}^{n_c}$ のもとで，時間区間 $\{i+1, i+2, \cdots, i+T\}$ における評価関数

$$\sum_{k=i+1}^{i+T-1} L(x_c(k), u(k)) + M(x_c(i+T))$$

を最小にする最適制御問題は，次のように混合整数計画問題として表現することができる．

$$P(i):\begin{cases}\displaystyle\min_{\substack{u(i),\cdots,u(i+T-1)\in\mathbf{R}^m\\ x_c(i+1),\cdots,x_c(i+T)\in\mathbf{R}^{n_c}\\ z(i),\cdots,z(i+T-1)\in\mathbf{R}^{l_1}\\ \delta(i),\cdots,\delta(i+T-1)\in\{0,1\}^{l_2}}} \sum_{k=i}^{i+T-1} L(x_c(k),u(k)) \\ \qquad\qquad +M(x_c(i+T)) \\ \text{s.t.}\begin{cases}(7)\ (k=i,i+1,\cdots,i+T-1)\\ x_c(i)=x_i\end{cases}\end{cases}$$

ここで，$L:\mathbf{R}^{n_c}\times\mathbf{R}^m\to\mathbf{R}_{0+}$ と $M:\mathbf{R}^{n_c}\to\mathbf{R}_{0+}$ は評価関数を定義する適当な関数である．

モデル予測制御は，各時刻 i において，問題 $P(i)$ を解き，その解の $u(i)$ に当たる部分を時刻 i の入力として印加するというものである．この方法は，かなり広いクラスのハイブリッドシステムを扱えるため，現時点で最も有力な制御法であると考えられている．その一方，一般に T を大きく選ぶことで高い制御性能が得られるが，混合整数計画問題は NP 困難であるため，大きい T に対して，それを実時刻で解くことは計算量の点で難しい．したがって，小さい T に対してのみ，この制御法を適用できるのが現状であり，所望の制御性能が得られないこともある．　〔東　俊 一〕

参 考 文 献

[1] M. S. Branicky et al.: A unified framework for hybrid control: Model and optimal control theory. *IEEE Trans. Automat. Contr.*, **43**: 31–45, 1998.

[2] A. Bemporad and M. Morari: Control of systems integrating logic, dynamics, and constraints. *Automatica*, **35**(3): 407–427, 1999.

[3] 井村順一ほか：講座ハイブリッドシステムの制御．システム/制御/情報，**51**(5, 7, 9, 11), **52**(1, 3, 5), 2007–2008.

8.2 離散事象システム

discrete event system

離散事象システムとは，離散的な事象の生起により，システムの内部状態（state）が離散的に遷移する動的システムのことである．自動販売機はその一例であるが，そこでは,「コイン投入待ち」や「コイン受取完了」といった内部状態があり，それが,「コインが投入された」や「商品が出た」といった事象（event）の生起によって遷移する．

このクラスのシステムとして主に扱われるのは，コンピュータプログラムのような人工的につくられたダイナミクスにしたがうものであり，応用先としては，電話網に代表される通信システム，交通管制といった交通システム，自動生産システムなどがあげられる．

a.　システムの表現

1)　状態遷移システム

i)　定　義

離散事象システムの代表的なモデルは，次に示される状態遷移システム（state transition system）である．

$$G=(Q,\Sigma,\to\Pi,h,Q^0) \tag{1}$$

Q は状態の有限集合，Σ は事象の有限集合，$\to\subseteq Q\times\Sigma\times Q$ は遷移関係，Π は観測の集合，$h:Q\to\Pi$ は観測関数，$Q^0\subseteq Q$ は初期状態の集合である．システムのダイナミクスは，事象 σ の生起による状態 q から状態 q' への遷移 $(q,\sigma,q')\in\to$ によって表現されており，より直感的に，$q\overset{\sigma}{\to}q'$ と記されることもある．図 1 に一例を示しているが，これに対する G は，$Q=\{a,b,c,d\}$，$\Sigma=\{\sigma_1,\sigma_2,\sigma_3,\sigma_4\}$，$\to=\{(a,\sigma_1,b),(b,\sigma_2,c),(b,\sigma_3,d),(c,\sigma_4,a)\}$，$\Pi=\{\mathrm{OK},\mathrm{NG}\}$，$h(q)=\mathrm{OK}$ if $q\in\{a,b,c\}$, $h(q)=\mathrm{NG}$ if $q\in\{d\}$, $Q^0=\{a\}$ と与えられる．

おのおのの $(q,\sigma)\in Q\times\Sigma$ に対し，$q\overset{\sigma}{\to}q'$ となる $q'\in Q$ がたかだか一つの場合，システム G は決定的（deterministic）といわれ，そうでない場合，G は非決定的（nondeterministic）といわれる．また，G に

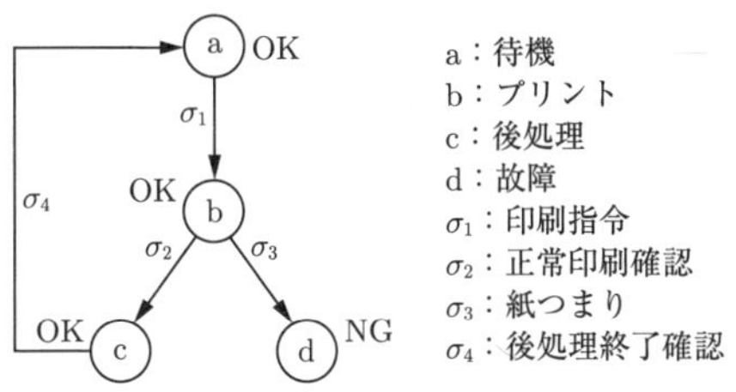

図 1　状態遷移システムの例：プリンタ

いくつかの制限を加えたうえで，システムの最終状態を表す集合を導入すると，G は，特に，**有限オートマトン**（finite automaton）と呼ばれる．

ii)　言　語

システム G に対し，列 $q_0\sigma_0q_1\sigma_1\cdots q_s\sigma_sq_{s+1}$ が $q_0\in Q^0$，$q_i\xrightarrow{\sigma_i}q_{i+1}$ $(i=0,1,\cdots,s)$ を満たすとき，この列を，G の実行（execution）と呼ぶ．また，実行に対し，$\sigma_0\sigma_1\cdots\sigma_s$ を事象列，$h(q_0)h(q_1)\cdots h(q_{s+1})$ を観測列と呼ぶ．また，事象列および観測列それぞれに対し，空列（empty string）と呼ばれるシステムの動作開始前を表現する列が定義され，記号 ε で記される．

G において起こるすべての事象列もしくは状態列の集合に，空列 ε を加えたものは，言語（language）と呼ばれ，$L(G)$ と表記される．言語には，(a) 事象に関するものと (b) 観測に関するものの 2 種類があり，検討される問題に応じて使い分けられる点に注意が必要である．

離散事象システムで生成される言語は，事象集合 Σ もしくは観測集合 Π に対する**形式言語**（formal language）となっており，以下のように，形式言語理論の用語が用いられる．Σ に関する言語を例にこれを示そう．まず，Σ の要素からなる有限列は語（string）と呼ばれ，語を構成する記号の個数は長さ（length）と呼ばれる．たとえば，$\Sigma=\{\sigma_1,\sigma_2,\sigma_3,\sigma_4\}$ に対し，$\sigma_3\sigma_1\sigma_4$ は，長さ 3 の語である．集合 $\{\varepsilon\}\cup\Sigma$ の要素から構成されるすべての有限列の集合を Σ^* で表すとき，$s\in\Sigma^*$ に対し，$s=s_1s_2$ を満たす s_1 を s の接頭語（prefix）と呼ぶ．また，言語 $L(G)$ に対し，その要素のすべての接頭語の集合は $\overline{L(G)}$ で表現される．たとえば，$s=\sigma_1\sigma_2\sigma_4\sigma_1$ の接頭語は ε, σ_1, $\sigma_1\sigma_2$, $\sigma_1\sigma_2\sigma_4$, $\sigma_1\sigma_2\sigma_4\sigma_1$ であり，$L(G)=\{\sigma_1\sigma_3,\sigma_1\sigma_2\sigma_4\sigma_1\}$ に対して $\overline{L(G)}=\{\varepsilon,\sigma_1,\sigma_1\sigma_2,\sigma_1\sigma_3,\sigma_1\sigma_2\sigma_4,\sigma_1\sigma_2\sigma_4\sigma_1\}$ である．

2)　他のモデル

他のモデルとして代表的なのは，2 部グラフによって図的な表現を可能とする**ペトリネット**（Petri net）である．また，上記の状態遷移システムやペトリネットでは時間の情報を陽に扱うことはできないが，これを可能にするものとして，**時間オートマトン**（timed automaton）や**時間ペトリネット**（timed Petri net）がある．

b.　システムの検証

離散事象システムに対する主要な問題の一つは，「設計仕様の通りにシステムが動作するか？」を調べる検証問題（verification problem）である．

1)　検証問題

i)　可到達性問題

システム G に対し，状態の集合 $P\subseteq Q$ を考える．P に属する状態から 1 回の事象生起によって遷移可能な状態の集合を $\mathrm{Post}^1(P)$ で表す．つまり，$\mathrm{Post}^1(P):=\{q'\in Q|\exists(q,\sigma)\in P\times\Sigma\ \text{s.t.}\ q\xrightarrow{\sigma}q'\}$ である．そして，$\mathrm{Post}^{i+1}(P):=\mathrm{Post}^1(\mathrm{Post}^i(P))$ とすれば，集合 P から，いずれ到達可能な状態集合は $\bigcup_{i\in\mathbf{N}}\mathrm{Post}^i(P)$ と表現できる．これに対する観測の集合 $\mathrm{Reach}(P):=\{\pi\in\Pi|\exists q\in\bigcup_{i\in\mathbf{N}}\mathrm{Post}^i(P)\ \text{s.t.}\ h(q)=\pi\}$ を可到達集合（reachability set）と呼ぶ．

このとき，仕様を満たす観測の集合が $S\subseteq\Pi$ で与えられたとすると，$\mathrm{Reach}(P)\cap(\Pi\backslash S)=\emptyset$ は G が仕様を満足することを意味し，これを判別する問題は**可到達性問題**（reachability problem）と呼ばれる．可到達性問題は，実際に $\mathrm{Post}^i(P)$ を計算することで解かれ，その計算複雑度は，$m:=\mathrm{card}(\Sigma)$, $n:=\mathrm{card}(Q)$ とすれば，$O(m+n)$ である．

ii)　言語等価性問題

「状態 a のあとに状態 b に遷移するのは許容されるが，その逆は許容されない」といった時間的な前後関係を含む仕様は，可到達性問題として表しにくい．そのような検証問題に対応するのが，**言語等価性問題**（language equivalence problem）である．

システム G に対し，仕様が状態遷移システム T として表現されているものとする（つまり，T は仕様を満足するシステム)．このとき，G と T に対し，観測に関する言語条件 $L(G)=L(T)$ が成立すれば，システム G は仕様を満たすことになる．この言語条件の成否の決定問題が言語等価性問題と呼ばれる．この問題を解くためには，実際にシステムの状態列を数え上げる必要があり，その計算量複雑度は，$O(m\cdot 2^n)$ となる．それゆえ，状態数の多いシステムではその判定は一般に難しい．

なお，システム G と T に対して，可到達集合を定義することで，可到達性問題は $\mathrm{Reach}(G)=\mathrm{Reach}(T)$ と表すこともできる．この際，$L(G)=L(T)$ ならば，$\mathrm{Reach}(G)=\mathrm{Reach}(T)$ が成り立つが，その逆は一般に成立しない．

2) 双模倣性と検証

i) 双模倣性

言語包含性問題の計算量的な難しさを回避するために**双模倣関係**（bisimulation relation）と呼ばれる二つのシステムの間の同値関係がしばしば利用される．

双模倣性は次のように定義される．

同じ事象集合および観測集合をもつ二つのシステム $G_i=(Q_i,\Sigma,\rightarrow_i,\Pi,h_i,Q_i^0)$ $(i=1,2)$ を考える．このとき，以下の条件を満たす Q_1 から Q_2 への関係 $R\subseteq Q_1\times Q_2$ が存在するとき，R を模倣関係（simulation relation）と呼ぶ：すべての $(q_1,q_2)\in R$ に対し，①$h_1(q_1)=h_2(q_2)$，②もし $q_1\xrightarrow{\sigma}_1 q_1'$ を満たす (σ,q_1') が存在するならば，これを満たすおのおのの (σ,q_1') に対し，$q_2\xrightarrow{\sigma}_2 q_2'$ と $(q_1',q_2')\in R$ を満たす $q_2'\in Q_2$ が存在する．

システム G_1,G_2 に対し，模倣関係 R が存在し，おのおのの $q_1^0\in Q_1^0$ に対し，$(q_1^0,q_2^0)\in R$ を満たす $q_2^0\in Q_2^0$ が存在するとき，G_2 は G_1 を模倣するといい，$G_1\preceq G_2$ と表す．また，$G_1\preceq G_2$ かつ $G_2\preceq G_1$ が成り立つとき，G_1 と G_2 は双模倣関係といわれ，$G_1\simeq G_2$ と表される．双模倣性判定の計算量複雑度は $O(m\cdot\log(n))$ であり，言語等価性問題に比べて十分に小さいことが知られている．

ii) 双模倣性と言語包含性の関係

$G_1\simeq G_2$ ならば，$L(G_1)=L(G_2)$ が成り立ち，さらに，決定性のシステムに限定すれば，逆も成り立つ．したがって，双模倣性を調べることで，言語包含性の十分性（しばしば等価性）を判定することができる．

c. スーパバイザ制御

離散事象システムに対する制御方法として，最も代表的なものが，図2に示される**スーパバイザ制御**（supervisory control）である．これは，スーパバイザ（supervisor）と呼ばれる制御器が，制御対象に生起した事象を逐次観測し，それをもとに事象の生起を妨げる（禁止する）ことで，制御対象の振舞いを制御しようとするものである．

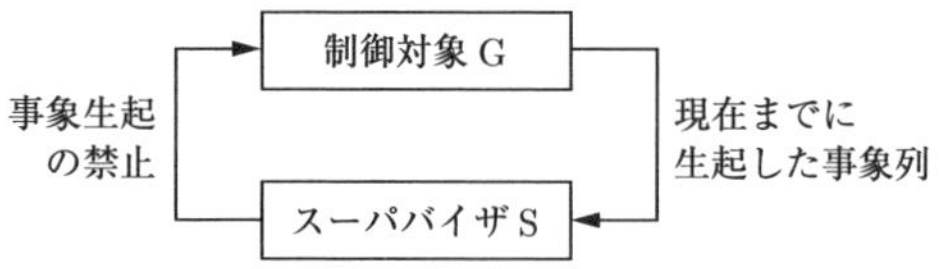

図 2　スーパバイザ制御

1) スーパバイザ設計問題

事象集合 Σ の要素を，外部からその生起を禁止できる**可制御事象**（controllable event）と，禁止できない**不可制御事象**（uncontrollable event）に分ける．それらの集合を Σ_{uc} と Σ_c で記せば，事象集合は $\Sigma=\Sigma_c\cup\Sigma_{uc}$ $(\Sigma_c\cap\Sigma_{uc}=\emptyset)$ と表現できる．

スーパバイザは，制御対象に生起した事象列から禁止する事象を生成する関数 $S:L(G)\rightarrow 2^{\Sigma_c}$ であり，この動作のもとで G が生成する言語を $L(G,S)$ で示す．このとき，仕様を満たす言語 K $(\subseteq L(G))$ に対し，$L(G,S)=\overline{K}$ を満たす S が得られれば，図2の制御対象 G の振舞いを望ましいものにすることができる（$\overline{K}$ は K の要素の接頭語の集合．a.1).ii) 参照)．そのような S を設計することが，スーパバイザの設計問題である．

2) スーパバイザの存在条件

言語 K が，$\overline{K}\Sigma_{uc}\cap L(G)\subseteq\overline{K}$ を満たすとき，この言語は可制御（controllable）と呼ばれる．ただし，$\overline{K}\Sigma_{uc}:=\{s\sigma|s\in\overline{K},\sigma\in\Sigma_{uc}\}$ である．言語 K が可制御ということは，任意の不可制御事象が続いて生起したとしても，それが許容されるものとなり，制御（禁止）する必要がないことを意味する．このことに注目すると，$L(G,S)=\overline{K}$ を満たすスーパバイザ S が

存在するための必要十分条件は，言語 K が可制御であることになる．

iii) スーパバイザの構成

スーパバイザが存在するとき，$L(G,S)=\overline{K}$ を満たすスーパバイザは，$S(s)=\Sigma_c-\{\sigma\in\Sigma_c|s\sigma\in\overline{K}\}$ と与えられる．これは，可制御な事象のうち，制御仕様に $\overline{K}$ に含まれないものはすべて禁止することで，$L(G,S)=\overline{K}$ を満たそうとするものに対応する．

このようにして得られたスーパバイザは，状態遷移システムとして実現できることが知られており，スーパバイザ制御系は二つの離散事象システムのフィードバック結合系となる． 〔東　俊一〕

参考文献

[1] C.G. Cassandras and S. Lafortune: Introduction to Discrete Event Systems, Springer, 2008.
[2] P.J. Ramadge and W.M. Wonham: Supervisory control of a class of discrete event processes. *SIAM J. Contr. Optim.*, **25**: 206–230, 1987.

8.3 拘束システム

constrained system

現実のシステムにおいては，アクチュエータの飽和や物理現象としての飽和（磁気飽和など）によって，信号の振幅が制限されている．また，安全性の点から，システムの動作域に人為的に制限をもたせたい場合もある．

拘束システムとは，システム内の信号の上下限に関する拘束条件が陽に考慮された動的システムのことである．これに対しては，通常の（拘束が考慮されていない）制御法を適用したのでは，ワインドアップ現象と呼ばれる不安定化現象が生じることが知られており，拘束条件のもとで，いかに安定性を確保し，高い制御性能を達成するかが検討課題となる．

a. 拘束システムに対する制御問題

i) 制御系

拘束システムに対する制御系は，図1のように表される．P は制御対象で，$u\in\mathbf{R}^m$ は制御入力，$y\in\mathbf{R}^{p1}$ は観測出力，$z\in\mathbf{R}^{p2}$ は評価出力である．K は制御器で，$r\in\mathbf{R}^q$ は目標値入力，$v\in\mathbf{R}^m$ は出力である．ψ はアクチュエータの飽和特性などを表現する関数であり，1入力の場合（$m=1$），正数 α によって，次のように定義される．

$$\psi(v)=\begin{cases}-\alpha & \text{if } v<-\alpha\\ v & \text{if } -\alpha\le v\le\alpha\\ \alpha & \text{if } \alpha<v\end{cases}$$

多入力の場合は，各入力ごとに同様の定義がなされる．

ii) 拘束条件

この制御系における拘束は二つある．一つは，ψ によって表現される制御入力 u に対するものである．もう一つは，物理的な飽和現象や制御仕様によるもので

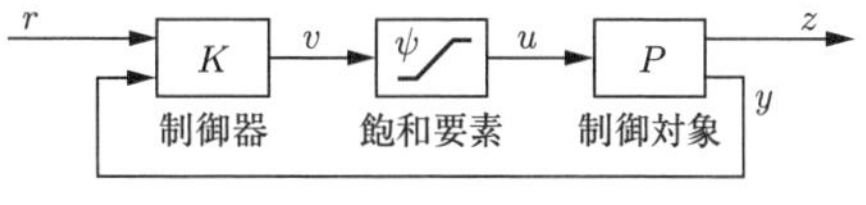

図1 拘束システムに対する制御系

あり，評価出力 z に対して課せられる．後者は，定数ベクトル $\zeta \in \mathbf{R}^{p_2}$ を用いて，$-\zeta \leq z(t) \leq \zeta$ $(\forall t \geq 0)$ と与えられたり，より一般的に，集合 $\mathcal{Z} \subset \mathbf{R}^{p_2}$ によって

$$z(t) \in \mathcal{Z} \quad \forall t \geq 0 \tag{1}$$

と与えられたりする．また，形式的に $\alpha = \infty$ とし，u の直達成分を含むように評価出力 z を設定することで，2 種類の拘束条件は，z に関する拘束条件 (1) として，まとめて表現することもできる．

iii)　制御問題

拘束システムに対しては，次の問題が検討される．

図 1 において，P，ψ，および，z に対する拘束条件（集合 $\mathcal{Z}$）が任意に与えられるものとする．

解析　与えられた K に対し，図 1 の制御系の性能を評価せよ．

設計　拘束条件 (1) のもとで，所期性能を達成する K を求めよ．

b. 解　析

拘束システムの性能は，安定領域や最大出力許容集合と呼ばれる状態の集合の性質によって，特徴づけられる．

1)　安定領域

i)　定　義

図 1 の制御系を考える．P と K の状態変数をまとめて $x \in \mathbf{R}^n$ で表し，初期状態 $x(0) = x_0$，目標値 $r(t) \equiv 0$ に対する状態を $x(t, x_0)$ で表現する．このとき，このシステムの**安定領域**（stable region）は，時間とともに原点に漸近収束していく初期状態の集合として，次のように定義される．

$$\mathcal{S} := \{x_0 \in \mathbf{R}^n | \lim_{t \to \infty} x(t, x_0) = 0\}$$

図 1 において飽和要素 ψ がない場合は，大域的に漸近安定化する K に対し，$\mathcal{S} = \mathbf{R}^n$ となるが，ψ が存在する場合はそのようにはならず，$\mathcal{S}$ は $\mathbf{R}^n$ の部分集合となる．この集合 $\mathcal{S}$ の大きさや形が，ψ の影響量に対応しており，図 1 の制御系の性能を測る指標の一つとなっている．

ii)　安定領域の計算

安定領域を厳密に計算することは一般に難しいが，その部分集合は，リャプノフ関数を探すことによって導出できる．たとえば，ある正数 γ と正定関数 $V : \mathbf{R}^n \to \mathbf{R}_{0+}$ が与えられたとき，$V(x) \leq \gamma$ となる $x \in \mathbf{R}^n \backslash \{0\}$ に対して，$V(x) > 0$ と $\frac{\mathrm{d}V}{\mathrm{d}t}(x) < 0$ が成り立つとする．このとき，$V(x)$ のレベル集合 $\{x \in \mathbf{R}^n | V(x) \leq \gamma\}$ が，安定領域 $\mathcal{S}$ の部分集合となる．このような γ と $V(x)$ の導出は，P と K が線形の場合，2 次形式の $V(x) := x^\top Px$（$P \in \mathbf{R}^n$ は正定）を考えることで，凸最適化問題に帰着させて行える．

2)　最大出力許容集合

i)　定　義

図 1 の制御系において，（P と K の）初期状態 x_0，目標値信号 r に対する評価出力を $z(t, x_0, r)$ で表し，r が属する有界集合を $\mathcal{R}$ で表す．また，$\mathcal{T}$ は時刻の集合を表し，連続時間なら $\mathcal{T} = \mathbf{R}_{0+}$，離散時間なら $\mathcal{T} = \mathbf{N}$ とする．このとき，**最大出力許容集合**（maximal output admissible set）は次のように定義される．

$$\mathcal{O}_\infty := \{x_0 \in \mathbf{R}^n | z(t, x_0, r) \in \mathcal{Z}, \forall (t, r) \in \mathcal{T} \times \mathcal{R}\}$$

集合 $\mathcal{O}_\infty$ のなかから始まる状態軌道に対しては，どのような目標値信号 $r \in \mathcal{R}$ が与えられても，拘束条件が満たされることが保証される．この集合 $\mathcal{O}_\infty$ の大きさや形が，外部入力がある場合の性能規範となっている．

ii)　最大出力許容集合の計算

集合 $\mathcal{O}_\infty$ は，正の不変集合となっており，この性質を利用することで，（いくつかの条件 [1] のもとではあるが）$\mathcal{O}_\infty$ を実際に計算することができる．

図 1 が離散時間システムの場合を考える．時刻 0 から k まで拘束を満たすような状態軌道を与える初期状態集合は，$\mathcal{O}_k := \{x_0 \in \mathbf{R}^n | z(t, x_0, r) \in \mathcal{Z}, \forall (t, r) \in \{0, 1, \cdots, k\} \times \mathcal{R}\}$ と表現される．k がある有限の値の場合，これは，標準的な集合演算によって，実際に計算することが可能である．また，ある k に対し，$\mathcal{O}_k = \mathcal{O}_{k+1}$ となったとき，$\mathcal{O}_k = \mathcal{O}_\infty$ が成り立つことが知られている．したがって，$\mathcal{O}_1, \mathcal{O}_2, \cdots$ を順次計算し，$\mathcal{O}_k = \mathcal{O}_{k+1}$ となる k をみつけることで，$\mathcal{O}_\infty$ は求められる．

c. 制御器設計

図 1 の制御系に対し，これまで提案されている制御器 K の多くは，以下の二つの要素で構成されている．

K_1：拘束が存在しないものと仮定し，従来の制御理論によって設計された制御器

K_2：拘束に対処するための制御器

この枠組みにおける代表的な制御法としては，アンチワインドアップ制御，リファレンスガバナによる目標値整形，切換え制御などがあげられる．

また，上記とはやや異なるものとして，モデル予測制御も有力な制御法の一つとして知られている（「8.1 ハイブリッドシステム」参照）．

1) アンチワインドアップ制御

アクチュエータの飽和によって，過大なオーバーシュートが生じたり，制御系が不安定になることがある．このような，信号の飽和に起因して制御性能が劣化する現象は，**ワインドアップ現象**（windup phenomenon）と呼ばれている．

アンチワインドアップ制御は，ワインドアップ現象への対処を目的としたものであり，図 2 のように構成される*1．K_1 は，上で述べた通常の制御器である．また，K_2 は，あらかじめ定められた P と K_1 に対して設計されるものであり，アンチワインドアップ制御器（anti-windup controller）と呼ばれる．これは，飽和の影響量を表す信号 $u-v$ を入力とし，飽和が発生した場合にその影響を軽減するような信号を出力するようなものとなっている．

この制御器 K_2 の構成法として知られているのは，飽和が存在する場合と存在しないと仮定した場合の評価出力の差を L_2 ゲインの意味で小さくするように，K_2 を定めるというものである．これは，P と K_1 が線形の場合は，いくつかの条件のもとで，凸最適化問題に帰着できることが知られており，有力な手法の一つとなっている．

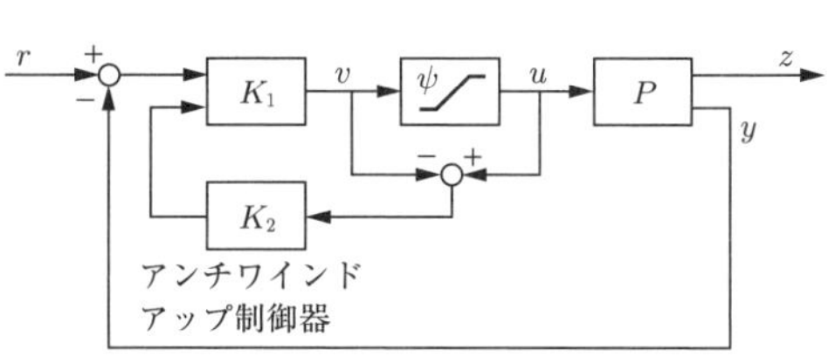

図 2　アンチワインドアップ制御

*1　図 2 の制御系の構成は，図 1 のものと一見異なっているが，適当な等価変換によって図 1 の形に書き換えることができる．

2) リファレンスガバナ

図 1 のシステムにおいて，拘束条件が破られる一つの理由として，目標値入力の急激な変化があげられる．**リファレンスガバナ**（reference governor）は，拘束を破らないように目標値入力を整形する機構であり，これを用いた制御系は図 3 のように与えられる．K_1 は通常の制御器で，K_2 はリファレンスガバナである．

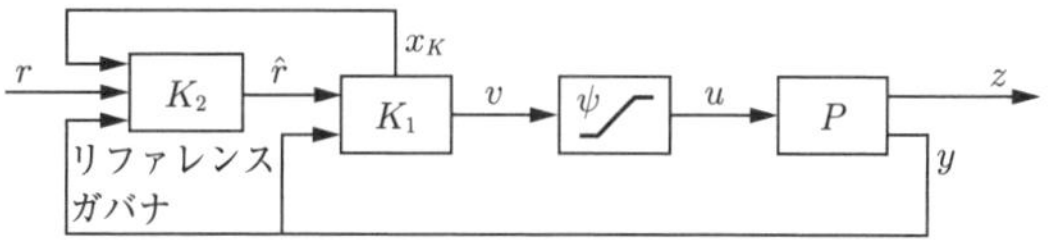

図 3　リファレンスガバナによる目標値整形

リファレンスガバナの設計には，最大出力許容集合が重要な役割を演じ，これを利用したさまざまな手法が提案されている．たとえば，離散時間のリファレンスガバナとして

$$\hat{r}(t+1) = \hat{r}(t) + \lambda(t)(r(t) - \hat{r}(t))$$

という形式のものを考え，拘束条件が満たされるように時変ゲイン $\lambda(t)$（P と K_1 の状態の関数）を決定するというものがある．ほかには，整形後の目標値 $\hat{r}$ を変数とした適当な評価関数を定め，それを拘束条件 (1) のもとで数値的に最小化するというものも提案されている．

3) 切換え制御

図 1 のシステムにおいて，P の状態を x で表し，$y = x$，$r(t) \equiv 0$ を仮定する．このとき，K として，静的なフィードバック $v(t) = Fx(t)$ を考えたとすると，その安定領域はゲイン $F \in \mathbf{R}^{m \times n}$ の値に応じて変わることになる．この際，一般に，ゲインが高いほど，制御系の速応性はよいが，安定領域は小さくなる．このことに着目して，K として，切換え型のもの

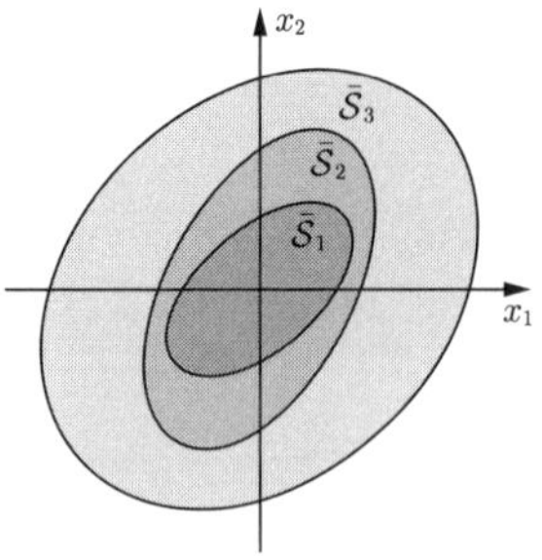

図 4 切換え制御における安定領域

$$v(t) = F_I x(t) \quad \text{if} \quad x(t) \in \overline{\mathcal{S}}_I \tag{2}$$

を考え，ゲインを低いものから高いものに切り換えていく手法は，切換え制御（switching control）と呼ばれている．ここで，$I \in \mathbf{N}$ であり，$\overline{\mathcal{S}}_I \in \mathbf{R}^n$ は安定領域の部分集合かつ正の不変集合となるようなものである．

たとえば，あるゲイン F_1，F_2，F_3 に対し，$\overline{\mathcal{S}}_1$，$\overline{\mathcal{S}}_2$，$\overline{\mathcal{S}}_3$（$\overline{\mathcal{S}}_1 \subset \overline{\mathcal{S}}_2 \subset \overline{\mathcal{S}}_3$）が図 4 のように与えられるものとする．このとき，式 (2) の作用のもとで，$x(0) \in \overline{\mathcal{S}}_3 \backslash \overline{\mathcal{S}}_2$ から始まる状態 x は，集合 $\overline{\mathcal{S}}_2 \backslash \overline{\mathcal{S}}_1$ を経て $\overline{\mathcal{S}}_1$ に到達し，最終的に原点に収束していく．このように，制御器にある種の論理を組み込むことで，制御器が複雑になるという問題点が生じる反面，拘束がある場合においても高い制御性能が得られることが知られている．

〔東　俊 一〕

参考文献

[1] E.G. Gilbert and K.T. Tan : Linear systems with state and control constraints: The theory and application of maximal output admissible sets. *IEEE Trans. Automat. Contr.*, **36**: 1008–1020, 1991.

9　システム同定とモデル低次元化

9.1 予測誤差法

prediction error method

予測誤差法とはシステム同定法の一つであり，システム同定法とは測定された入出力データに基づいて動的システムの数学モデルを求める方法である．予測誤差法では，観測値と予測値との誤差 (予測誤差) をなんらかの意味で最小化するモデルを求める [1,2].

a.　1 段先予測誤差と予測誤差法

2 次定常な時系列 $\{x_t\}$ に対して，$q^{-1}x_k = x_{k-1}$ のように時刻をシフトさせるオペレータ q^{-1} を導入する．また，$\delta_{t\tau}$ は $t=\tau$ のとき $\delta_{t\tau}=1$，$t\neq\tau$ のとき $\delta_{t\tau}=0$ を満たすものとする．

入力を $u_t\in\mathbb{R}$，$y_t\in\mathbb{R}$ を出力とする次の離散時間線形時不変システムを考える．

$$y_t = \sum_{k=1}^{\infty} g_k u_{t-k} + v_t \tag{1}$$

ここで，$g_k(k=0,1,\cdots)$ はこのシステムのインパルス応答である．また，u_t と v_t は平均 0 の 2 次定常信号であり，互いに無相関であるとする．v_t は雑音を表し，分散 σ^2 の白色雑音 e_t ($\mathrm{E}\{e_te_\tau\}=\sigma^2\delta_{t\tau}$) と因果的なフィルタ $H(q)$ によって，$v_t=H(q)e_t$ のように表されるとする．このとき，式 (1) は

$$y_t = G(q)u_t + H(q)e_t$$

で表される．ただし，$G(q)$ と $H(q)$ は

$$G(q)=\sum_{k=1}^{\infty} g_k q^{-k},\ H(q)=1+\sum_{k=1}^{\infty} h_k q^{-k}$$

である．$\{u_0,\cdots,u_M\}$ と $\{y_0,\cdots,y_M\}$ から $G(q)$ と $H(q)$ を推定する問題を考える．

$G(q)$ と $H(q)$ を次のモデルで推定する．

$$y_t = G_\theta(q)u_t + H_\theta(q)e_t \tag{2}$$

ここで，$G_\theta(q)$ と $H_\theta(q)$ は $G(q)$ と $H(q)$ のモデル，θ はモデルのパラメータを表しており，$G_\theta(\infty)=0$ と $H_\theta(\infty)=1$ を満たすとする．$G_\theta(z)$ と $H_\theta(z)$ の具体的な例として，

$$G_\theta(q)=\frac{B_\theta(q)}{A_\theta(q)},\quad H_\theta(q)=\frac{C_\theta(q)}{A_\theta(q)} \tag{3}$$

とした場合，式 (2) は **ARMAX**(auto-regressive moving average exogenous input) モデルと呼ばれる．ただし，$A_\theta(q), B_\theta(q), C_\theta(q)$ は

$$A_\theta(q) = 1 + a_1q^{-1} + \cdots + a_{n_a}q^{-n_a}$$
$$B_\theta(q) = b_0 + b_1q^{-1} + \cdots + b_{n_b}q^{-n_b}$$
$$C_\theta(q) = c_0 + c_1q^{-1} + \cdots + c_{n_a}q^{-n_c}$$

であり，θ は a_j, b_j, c_j を要素に含むベクトルである．さらに，ARMAX モデルにおいて $C_\theta(q)=1$ としたものは，**ARX**(auto-regressive exogenous input) モデルと呼ばれる．また，$G_\theta(q)$ を有限のインパルス応答で打ち切った次のモデルは **FIR**(finite impulse response) モデルと呼ばれる．

$$y_t = \sum_{k=1}^{m} g_k u_{t-k} + v_t$$

出力の 1 段先予測とは，時刻 $t=k-1$ までの入出力データに基づいて，時刻 $t=k$ の出力を予測した値である．この値は

$$\widehat{y}_{k|k-1} = (1-H_\theta^{-1}(q))y_k + H_\theta^{-1}(q)G_\theta(q)u_k \tag{4}$$

のように記述することができ [1]，1 段先予測誤差 $\varepsilon(k,\theta) := y_k - \widehat{y}_{k|k-1}$ は次式で与えられる．

$$\varepsilon(k,\theta) = H_\theta^{-1}(q)\bigl(y_k - G_\theta(q)u_k\bigr)$$

予測誤差法とは，すべての k において $\varepsilon(k,\theta)$ が小さくなるように θ を求める方法である．

b.　予測誤差法の例 (最小 2 乗法，ARX モデル)

ARX モデルによる予測誤差法の例を示す．v_t はガ

ウス性雑音であるとし，1段先予測誤差を次の評価関数の意味で最小にするモデルを求める．

$$J_N(\theta) = \frac{1}{N}\sum_{k=1}^{N}\varepsilon^2(k,\theta) \tag{5}$$

式 (4) に式 (3) と $C_\theta(q) = 1$ を代入すると，

$$\widehat{y}_{k|k-1} = (1 - A_\theta(q))y_k + B_\theta(q)u_k$$

を得る．ここで，パラメータ θ を

$$\theta = [\, a_1 \quad \cdots \quad a_{n_a} \quad b_1 \quad \cdots \quad b_{n_b} \,]^\top$$

とすると，1段先予測値は $\widehat{y}_{k|k-1} = \theta^\top\varphi(k)$ で表される．ただし $\varphi(k)$ は

$$\varphi(k) = \begin{bmatrix} -y_{k-1} \\ \vdots \\ -y_{k-n_a} \\ u_{k-1} \\ \vdots \\ u_{k-n_b} \end{bmatrix}$$

で定義され，回帰ベクトルとも呼ばれる．このとき式 (5) より，評価関数は

$$J_N(\theta) = \frac{1}{N}\sum_{k=1}^{N}(y_k - \theta^\top\varphi(k))^2 \tag{6}$$

となり，θ を求める問題は線形回帰問題となる．もし，$R := (1/N)\sum_{k=1}^{N}\varphi(k)\varphi^\top(k)$ が正則ならば，式 (6) の最小2乗 (least-squares：LS) 法の解 $\widehat{\theta}_{LS}$ は次式のように与えられる．

$$\widehat{\theta}_{LS} = \left(\frac{1}{N}\sum_{k=1}^{N}\varphi(k)\varphi^\top(k)\right)^{-1}\frac{1}{N}\sum_{k=1}^{N}\varphi(k)y_k \tag{7}$$

R の正則性は $A_\theta(q)$ と $B_\theta(q)$ の共通項だけでなく，入力信号の PE 性に関係している．

c. 補助変数法

ARX モデルを用いて予測誤差法 (最小2乗推定) による同定を行った場合，推定値が一致推定量とならない場合がある．補助変数法とは，この問題を解決するために導出された方法である．

u_t を入力，v_t を有色雑音とするシステム

$$y_t = \frac{B_0(q)}{A_0(q)}u_t + \frac{1}{A_0(q)}v_t$$

に対して，ARX モデルで同定すると一致推定とならないことを示そう．$A_0(q)$, $B_0(q)$ に対応する真のパラメータを θ_0 とすると，$y_k = \theta_0^\top\varphi(k) + v_k$ と書ける．このとき，式 (7) による最小2乗推定 $\widehat{\theta}_{LS}$ と θ_0 の差 $\widetilde{\theta} := \widehat{\theta}_{LS} - \theta_0$ は次式で与えられる．

$$\widetilde{\theta} = \left(\frac{1}{N}\sum_{k=1}^{N}\varphi(k)\varphi^\top(k)\right)^{-1}\frac{1}{N}\sum_{k=1}^{N}\varphi(k)v_k$$

ここで，v_t は有色雑音のため v_k と $\{y_{k-1}, y_{k-2}, \cdots\}$ は相関をもち，$\widehat{\theta}_{LS}$ は θ_0 に一致しない．

補助変数法は，予測誤差との相関が0となるような**補助的な変数** (instrumental variable：IV) を用いる方法である．$\varphi(k)$ の代わりに次のように補助変数 $\zeta(k)$ を用いて推定する．

$$\widehat{\theta}_{\mathrm{IV}} = \left(\frac{1}{N}\sum_{k=1}^{N}\zeta(k)\varphi^\top(k)\right)^{-1}\frac{1}{N}\sum_{k=1}^{N}\zeta(k)y_k$$

ただし $\zeta(t)$ は $\mathrm{E}\{\zeta(t)\varphi^\top(t)\}$ が正則となり $\mathrm{E}\{\zeta(t)v_t\} = 0$ となるものを選ぶ．このとき $\lim_{N\to\infty}(1/N)\zeta(k)v_k = 0$ となるので，$N \to \infty$ とともに $\widehat{\theta}_{\mathrm{IV}}$ は真値 θ_0 に収束し一致推定量となる．これまでにさまざまな補助変数が提案されており，部分空間同定法にも用いられている．

d. PE 性

システム同定において，同定入力は同定対象を十分に励起するよう情報を十分に含んだ信号でなくてはならない．そのような性質に関して述べたものが PE 性である．

2次定常な入力信号 u_t のスペクトル密度関数を $\Phi_u(\omega)$ とする．u_t が次数 n の **PE**(persistently exciting) であるとは，$M_n(q) = m_1q^{-1} + \cdots + m_nq^{-n}$ の形式のフィルタに対し，

$$|M_n(e^{j\omega})|^2\Phi_u(\omega) \equiv 0$$

であるとき，$M_n(e^{j\omega}) \equiv 0$ が成り立つことをいう．u_t の共分散行列を $R_u(k) := \mathrm{E}\{u_{t+k}u_t\}$ とすると，u_t が次数 n の PE であるための必要十分条件は，

$$\begin{bmatrix} R_u(0) & R_u(1) & \cdots & R_u(n-1) \\ R_u(1) & R_u(0) & \cdots & R_u(n-2) \\ \vdots & \vdots & & \vdots \\ R_u(n-1) & R_u(n-2) & \cdots & R_u(0) \end{bmatrix}$$

が正則であることである [1].

〔田 中 秀 幸〕

参考文献

[1] L. Ljung: System Identification — Theory for the User — (2nd ed.), Prentice-Hall, 1999.

[2] T. Söderström and P. Stoica : System Identification, Prentice-Hall, 1989.

9.2 部分空間同定法

subspace identification method

部分空間同定法とは線形システム同定の一つであり入出力データから構成されるデータ行列から LQ 分解や特異値分解といった，数値的に安定な計算法を用いて状態空間モデルを求める方法である [1,2,3]．導出方法に関して部分空間同定法は二つに大きく分類され [4]，拡大可観測性行列の推定に基づく方法と，状態推定に基づく方法がある．部分空間同定法は実現理論を基礎として [5,6,7]，1980 年代後半の確定系の状態空間同定から研究が始まった [8]．

a. 確定部分空間同定

次の離散時間状態空間表現

$$x_{t+1} = Ax_t + Bu_t \tag{1a}$$

$$y_t = Cx_t + Du_t \tag{1b}$$

を考える．ただし，$A \in \mathbb{R}^{n\times n}$ であり，(A, B, C) は可制御可観測であるとする．確定系の部分空間同定問題はシステム (1) の有限個の入出力データ $\{u_0, \cdots, u_M\}$, $\{y_0, \cdots, y_M\}$ に基づいて，次数 n および状態空間表現を座標変換の自由度を除いて求める問題である．

$M = N + 2k - 2$ として，以下のようにブロックハンケル (block Hankel) 行列を定義する．

$$U_{0|2k-1} = \begin{bmatrix} u_0 & u_1 & \cdots & u_{N-1} \\ u_1 & u_2 & \cdots & u_N \\ \vdots & \vdots & \vdots & \vdots \\ u_{2k-1} & u_{2k} & \cdots & u_{N+2k-2} \end{bmatrix}$$

$$Y_{0|2k-1} = \begin{bmatrix} y_0 & y_1 & \cdots & y_{N-1} \\ y_1 & y_2 & \cdots & y_N \\ \vdots & \vdots & \vdots & \vdots \\ y_{2k-1} & y_{2k} & \cdots & y_{N+2k-2} \end{bmatrix}$$

ここで，k を現在時刻と考えて，

$$U_{0|2k-1} = \begin{bmatrix} U_{0|k-1} \\ U_{k|2k-1} \end{bmatrix} = \begin{bmatrix} U_\mathrm{p} \\ U_\mathrm{f} \end{bmatrix}$$

のように分割する ($Y_{\rm p}, Y_{\rm f}$ も同様に定義する). 添字の p と f はそれぞれ過去と未来を表している. さらに, 状態ベクトルを並べて,

$$X(i) = \begin{bmatrix} x_i & x_{i+1} & \cdots & x_{i+N-1} \end{bmatrix}$$

とおき, $X_{\rm p} = X(0)$, $X_{\rm f} = X(k)$ とする. また, 拡大可観測性行列 $\mathcal{O}_k$ とブロックテプリッツ (block Toeplitz) 行列 Γ を以下で定義する.

$$\mathcal{O}_k = \begin{bmatrix} C \\ CA \\ \vdots \\ CA^{k-1} \end{bmatrix}, \quad \Gamma = \begin{bmatrix} g_0 & & & \\ g_1 & g_0 & & \\ \vdots & \ddots & \ddots & \\ g_{k-1} & \cdots & g_1 & g_0 \end{bmatrix}$$

ただし, g_k を式 (1) のマルコフ (Markov) パラメータと呼び, $g_0 = D$, $g_k = CA^{k-1}B\ (k > 0)$ である. このとき, $Y_{\rm p}, Y_{\rm f}, U_{\rm p}, U_{\rm f}$ は以下を満たす.

$$Y_{\rm p} = \mathcal{O}_k X_{\rm p} + \Gamma U_{\rm p} \tag{2a}$$

$$Y_{\rm f} = \mathcal{O}_k X_{\rm p} + \Gamma U_{\rm f} \tag{2b}$$

式 (2) を行列入出力方程式という.

行列の行ベクトルによって張られる空間を span(·) によって表す. 確定部分空間同定では, $U_{0|2k-1}U_{0|2k-1}^\top$ が正則, $\operatorname{rank} X_{\rm p} = \operatorname{rank} X_{\rm f} = n$ および $\operatorname{span}\{X_{\rm f}\} \cap \operatorname{span}\{U_{\rm f}\} = 0$ を仮定する. 大まかに述べると, 入力信号の PE 性, 状態が十分励起動されていること, u_t は y_t からフィードバックされていないことに相当する.

b. 拡大可観測性行列の推定に基づく方法

拡大可観測性行列 $\mathcal{O}_k$ の推定に基づく部分空間同定法として, **MOESP** (multivaialbe output-error state-space) 法がある [9,3].

次の LQ 分解を考える.

$$\begin{bmatrix} U_{\rm f} \\ Y_{\rm f} \end{bmatrix} = \begin{bmatrix} L_{11} & 0 \\ L_{21} & L_{22} \end{bmatrix} \begin{bmatrix} Q_1^\top \\ Q_2^\top \end{bmatrix} \tag{3}$$

ここで, $Q_i^\top Q_j = \delta_{ij} I\ (i, j = 1, 2)$ である. 仮定より L_{11} が正則なので, 式 (2), (3) より,

$$\begin{aligned} Y_{\rm f} &= \mathcal{O}_k X_{\rm f} + \Gamma L_{11} Q_1^\top \\ &= L_{21} Q_1^\top + L_{22} Q_2^\top \end{aligned} \tag{4}$$

となる. さらに, 式 (4) の両辺に Q_2 をかけると $\mathcal{O}_k X_{\rm f} Q_2 = L_{22}$ を得るので, L_{22} の特異値分解

$$\begin{aligned} L_{22} &= \begin{bmatrix} U_1 & U_2 \end{bmatrix} \begin{bmatrix} \Sigma_1 & 0 \\ 0 & 0 \end{bmatrix} \begin{bmatrix} V_1^\top \\ V_2^\top \end{bmatrix} \\ &\approx U_1 \Sigma_1 V_1^\top \end{aligned}$$

から $\mathcal{O}_k = U_1 \Sigma_1^{1/2}$ を得る. したがって,

$$\begin{bmatrix} C \\ CA \\ \vdots \\ CA^{k-2} \end{bmatrix} A = \begin{bmatrix} CA \\ \vdots \\ CA^{k-2} \\ CA^{k-1} \end{bmatrix} \tag{5}$$

から最小 2 乗法により A 行列を求める. さらに, $\mathcal{O}_k$ の最初の p 行から C 行列を得る. 次に, $U_2^\top L_{22} \approx 0$ より $U_2^\top \mathcal{O}_k \approx 0$ に注意し, 式 (4) の $Y_{\rm f}$ の左右からそれぞれ $U_2^\top$ と Q_1 をかけると,

$$U_2^\top \begin{bmatrix} D & & & \\ CB & D & & \\ \vdots & \ddots & \ddots & \\ CB^{k-2} & \cdots & CB & D \end{bmatrix} L_{11} = U_2^\top L_{21}$$

を得る. この式は B と D に関して線形であるため, B, D を最小 2 乗法によって求められる. ただし, A, C は式 (5) より推定した値を用いる.

c. 状態推定に基づく方法

状態推定に基づく部分空間同定法として **N4SID** (numerical algorithms for subspace state space system identification) 法 [1] がある. 式 (1) の状態空間表現より, $X(k+1)$ と $X(k)$ に関する式

$$\begin{bmatrix} X(k+1) \\ Y(k) \end{bmatrix} = \begin{bmatrix} A & B \\ C & D \end{bmatrix} \begin{bmatrix} X(k) \\ U(k) \end{bmatrix} \tag{6}$$

を得る. ただし, $U(k)$ と $Y(k)$ は以下である.

$$U(k) = \begin{bmatrix} u_k & u_{k+1} & \cdots & u_{k+N-1} \end{bmatrix}$$

$$Y(k) = \begin{bmatrix} y_k & y_{k+1} & \cdots & y_{k+N-1} \end{bmatrix}$$

$U(k)$ と $Y(k)$ は与えられているので, 状態 $X(k+1)$, $X(k)$ を推定できれば式 (6) に最小 2 乗法を適用して (A, B, C, D) を推定できる. なお, 確率系および確定系の状態はそれぞれ直交射影 [7] と平行射影 [1] によって推定できる.

d. さまざまな部分空間同定法

これまでに多くの部分空間同定法が提案されている．確定部分空間同定法は雑音が加わる場合には脆弱であるため，さまざまな部分空間同定法が 1990 年代に提案された．代表的なものに，正準相関変数による CVA (canonical variate analysis) 法 [10] や補助変数法を用いた PI–MOESP (past inputs：PI) と PO–MOESP (past outputs：PO)[3] がある．N4SID 法はもともと確率系と確定系の混在したシステムの部分空間同定法として導出され，雑音に強いことが知られている [1]．また，部分空間同定法の基礎は実現理論にあるとして，直交分解 (ORThogonal decomposition：ORT) による方法も提案されている [2]．入力がフィードバックされている場合の部分空間同定法も研究されている [11]．

〔田 中 秀 幸〕

参 考 文 献

[1] P. Van Overschee and B. De Moor : Subspace Identification for Linear Systems, Kluwer Academic Publishers, 1996.

[2] T. Katayama: Subspace Methods for System Identification, Springer, 2005.

[3] M. Verhaegen and V. Verdult : Filtering and System Identification — A Least Squares Approach, Cambridge University Press, 2007.

[4] P. Van Overschee and B. De Moor : A unifying theorem for three subspace system identification algorithms. *Automatica*, **31**(12): 1853–1864, 1995.

[5] B. L. Ho and R. E. Kalman: Effective construction of linear state-variable models from input/output functions. *Regelungstechnik*, **14**(12): 545–548, 1966.

[6] P. L. Faurre : Stochastic realization algorithms. R. K. Mehra and D. G. Lainiotis eds.: System Identification: Advances and Case Studies, pp. 1–25, Academic Press, 1976.

[7] H. Akaike : Markovian representation of stochastic processes by canonical variables. *SIAM J. Contr.*, **13**(1): 162–173, 1975.

[8] M. Moonen et al.: On- and off-line identification of linear state-space models. *Internat. J. Cont.*, **49**(1): 219–232, 1989.

[9] M. Verhaegen and P. Dewilde : Subspace model identification — Part 1. The output-error state-space model identification class of algorithms. *Internat. J. Contr.*, **56**(5): 1187–1210, 1992.

[10] W. E. Larimore : Canonical variate analysis in identification, filtering and adaptive control. Proc. of the 29th Conference on Decision and Control, pp. 596–604, 1990.

[11] A. Chiuso and G. Picci : Consistency analysis of some closed-loop subspace identification methods. *Automatica*, **41**(3): 377–391, 2005.

9.3 非線形系の同定

identification of nonlinear systems

多くのシステムの動特性において，避けることのできない非線形性が存在する．非線形モデルに基づく制御の研究が進むとともに，現実的な要求から効率的で有効な非線形系のモデリングが望まれている [1]．本質的には非線形系の同定は線形システム以外のすべてを対象とし，非常に広いシステムを対象としている [2]．非線形系の同定には多くの研究があるが [3]，ここでは非線形系の同定に対するいくつかの代表的なアプローチを紹介する．

a. 非線形系のブラックボックス同定

動的システムの入力 $u_t \in \mathbb{R}$ と出力 $y_t \in \mathbb{R}$ $(t = 1, 2, \cdots, N)$ を観測できるとし，

$$y_k = g(Y_{k-1}, U_{k-1}) + w_k \tag{1}$$

を満たすような $g(\bullet)$ を求めたいとする [4]．ただし，$Y_k = [y_1, \cdots, y_k]$, $U_k = [u_1, \cdots, u_k]$ であり，$g(\bullet)$ はシステムの動的性質を表す未知の関数である．また，w_k は Y_{k-1} と U_{k-1} だけでは y_k を正確に表せないための誤差あるいは雑音を表している．

有限次元のベクトル θ によって特徴づけられるパラメトリゼーション $\widehat{g}(Y_{k-1}, U_{k-1}, \theta)$ のなかから $g(\bullet)$ を求めることを考える．このとき，**非線形系のブラックボックス同定問題**とは，入出力データ u_t, $y_t (t = 1, 2, \cdots, N)$ に基づいて，パラメトリゼーション $\widehat{g}(Y_{k-1}, U_{k-1}, \theta)$ のなかからなんらかの意味で w_k を小さくするパラメータ θ を求める問題である．

式 (1) によるモデリングでは，y_k を説明するために $t = 1$ から k までのすべての u_t と y_t を用いており，使いやすいモデルであるとは必ずしもいいがたい．このため，Y_{k-1} と U_{k-1} を写像した $\varphi_k := \varphi(Y_{k-1}, U_{k-1})$ を考え，

$$y_k = f(\varphi_k) + v_k$$

に基づいてモデリングすることが多い．この場合の問題は，θ によるパラメトリゼーション $\widehat{f}(\varphi_k, \theta)$ のなかから誤差 v_k を小さくするような未知の関数 $f(\varphi_k)$ を推定する問題となる．φ_k はしばしば回帰ベクトルと呼ばれ，その選び方によってさまざまな非線形モデルが得られる．

非線形系のモデルとしてよく知られる **NARX** (nonlinear auto-regressive exogenous input) モデルは回帰ベクトル φ_k を

$$\varphi_k = [y_{k-1}, \cdots, y_{k-p}, u_{k-1}, \cdots, u_{k-q}]^\top \tag{2}$$

とする次のような非線形モデルである．

$$y_k = \widehat{f}(\varphi_k, \theta) + v_k \tag{3}$$

ここで，$p = 0$ として $\varphi_k = [u_{k-1}, \cdots, u_{k-q}]^\top$ とした非線形モデル (3) は，**NFIR** (nonlinear finite impulse response) モデルとなる．NFIR モデルの一つとしてボルテラモデルがよく知られている．

非線形ブラックボックス同定問題を実際に解くため，しばしば基底関数 $\psi_j(\varphi_k)$ が与えられるとし，パラメトリゼーションを

$$\widehat{f}(\varphi_k, \theta) = \sum_{j=1}^{m} \theta_j \psi_j(\varphi_k)$$

$$\theta = [\ \theta_1 \quad \cdots \quad \theta_m\ ]^\top$$

として，$f(\varphi_k)$ を推定する．基底関数 $\psi_j(\varphi_k)$ には多項式展開によるもの [5] や，シグモイド関数 $\varsigma(x) = 1/(1 + e^{-ax})$ を用いたシグモイド型ニューラルネットワーク [4] によるものが知られている．また，ローカル基底関数ネットワーク [4] による方法も知られている．

b. ブロック指向モデルによる同定

ブロック指向モデル (block-oriented model) とは，動的時不変線形システムと静的非線形写像が結合されたモデルである．このモデルは線形システム同定の知見を利用して，非常によく研究されている [6]．ブロック指向モデルは，線形システムと静的非線形写像を直列に結合したタイプとフィードバックを含むタイプに分類される [7]．

直列に結合したタイプとしては，ウィーナーシステム (Wiener system)[8] やハマースタインシステム (Hammerstein system) があり [9]，図 1 のように表される．

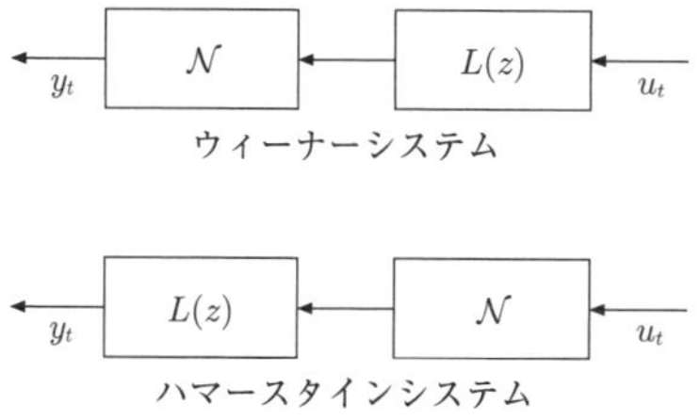

図 1　ブロック指向モデル (直列型)

ここで，$\mathcal{N}$ は静的非線形，$L(z)$ は動的線形時不変システムを表す．

フィードバックを含むタイプとして，**Lur'e 系** [7] や LFT(linear fractional transformation)[10] がある．Lur'e 系や LFT を図 2 に示す．一般的には Lur'e 系を直列型のブロック指向モデルで表すことは不可能であり，その動的振舞いの非線形性は直列型より強くなっている [7].

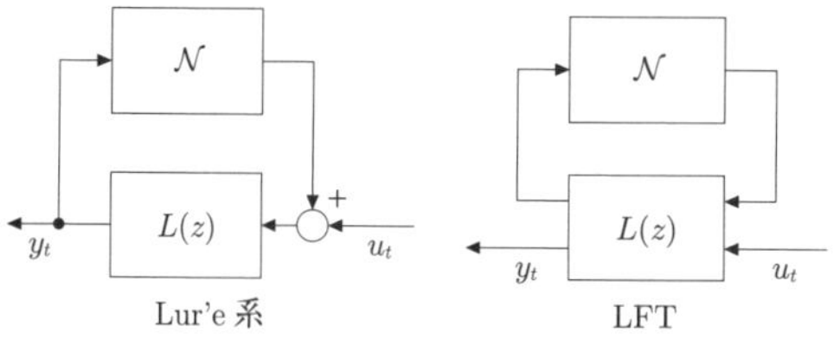

図 2　ブロック指向モデル (フィードバック型)

c. 局所線形モデル，LPV システムによる同定

非線形システムはしばしば動作点付近で線形化を行うことができる．そこで，動作範囲を分割して局所モデルを求め，それらを合成するマルチモデル (multiple model) アプローチにより，非線形システムを得ることができる [11].

LPV(linear parameter varying) システムは観測可能なスケジューリングパラメータ ρ によって記述されるものであり，連続系では

$$\dot{x}(t) = A(\rho)x(t) + B(\rho)u(t) \tag{4a}$$

$$y(t) = C(\rho)x(t) + D(\rho)u(t) \tag{4b}$$

のように表される．ここで，$u(t)$, $y(t)$ はシステムの入出力，$x(t)$ は状態である．

LPV システムはゲインスケジューリング制御に用いられ，非線形系のモデリングに用いられるとともに線形システムの方法を適用できるという特長がある．文献 [12] によれば，LPV システムの同定は局所 (local) アプローチ [12] と大域 (global) アプローチ [13,14] に大別することができる．局所アプローチは ρ が一定のもとで局所モデルを求めてから補間を行う方法であり，大域アプローチは ρ を変化させながら同定を行う方法である．実用的な観点から，ゲインスケジューリング制御に用いやすく，システム同定しやすいモデルが望まれている．

d. ハイブリッドシステムによる同定

ハイブリッドシステムによる同定も研究されている [15]．その一つに **PWARX** (piecewise affine autoregressive exogenous input) モデルが用いられている．

式 (2) の φ_k の回帰空間を $\varphi_k \in \mathcal{R}$ とする ($\mathcal{R} \subseteq \mathbb{R}^{p+q}$)．さらに，$\mathcal{R}_i (i = 1, \cdots, s)$ を $\mathcal{R}$ の凸多角形による分割とする．このとき，PWARX モデルは

$$y_k = \theta_{\sigma(k)}^{\top} \begin{bmatrix} \varphi_k \\ 1 \end{bmatrix} + v_k$$

によって表される．ここで，$\sigma(k) \in \{1, \cdots, s\}$ は離散状態であり，$r_k \in \mathcal{R}_i$ のときに $\sigma(k) = i$ をとる．また，θ_i $(i = 1, \cdots, s)$ はそれぞれの部分モデルを決めるパラメータであり，v_k は誤差あるいは雑音である．

e. 非線形系の同定に対するさまざまなアプローチ

非線形系の同定にはさまざまなアプローチが存在する．非線形状態空間モデルのパラメータと状態推定の同時推定は古くから研究されている [16]．また，非線形正準システムの適応制御に基づく方法 [17] も研究されている．線形系の予測誤差法やロバスト制御のための集合同定を非線形系の同定へと拡張する試みもある [18,19]．非線形系の同定において，サポートベクターマシンやカーネル法による学習は重要なアプローチの一つとなっている [9,20,21].　〔田 中 秀 幸〕

参 考 文 献

[1]　楊子江：非線形システムの同定．計測と制御，**37** (4): 249–255, 1998.

[2]　L. Ljung : Perspectives on system identification.

Proceedings of the 17th World Congress of the International Federation of Automatic Control, pp. 7172–7184, 2008.

[3] G. B. Giannakis and E. Serpedin : A bibliography on nonlinear system identification. *Signal Processing*, **81** (12): 533–580, 2001.

[4] J. Sjöberg et al.: Nonlinear black-box modeling in system identification: a unified overview *Automatica*, **31** (12): 1691–1724, 1995.

[5] S. Chen and S. A. Billings : Representations of non-linear systems: the NARMAX model. *Internat. J. Contr.*, **49** (3): 1013–1032, 1989.

[6] J. C. Gómez and E. Baeyens : Identification of block-oriented nonlinear systems using orthonormal bases. *J. Proc. Contr.*, **14** (6): 685–697, 2004.

[7] R. K. Pearson : Selecting nonlinear model structures for computer control. *J. Proc. Contr.*, **13** (1): 1–26, 2003.

[8] D. Westwick and M. Verhaegen : Identifying MIMO Wiener systems using subspace model identification methods. *Signal Processing*, **52** (2): 235–258, 1996.

[9] I. Goethals et al.: Subspace identification of Hammerstein systems using least squares support vector machines. *IEEE Trans. Automat. Contr.*, **50** (10): 1509–1519, 2005.

[10] K. Hsu et al.: An LFT approach to parameter estimation. *Automatica*, **44** (12): 3087–3092, 2008.

[11] R. Murray-Smith and T. A. Johansen, eds.: Multiple Model Approaches to Modelling and Control, Taylor & Francis, 1997.

[12] J. De Caigny et al.: Interpolating model identification for SISO linear parameter-varying systems. *Mechanical Sys. Signal Proc.*, **23** (8): 2395–2417, 2009.

[13] V. Verdult and M. Verhaegen : Subspace identification of multivariable linear parameter-varying systems. *Automatica*, **38** (5): 805–814, 2002.

[14] J.-W. van Wingerden and M. Verhaegen : Subspace identification of bilinear and LPV systems for open- and closed-loop data. *Automatica*, **45** (2): 372–381, 2009.

[15] S. Paoletti et al.: Identification of hybrid systems: A tutorial. *European J. Contr.*, **13** (2–3): 242–260, 2007.

[16] 相良節夫，沖田　豪：非線形システムの同定と推定．計測と制御，**26** (9): 793–800，1987.

[17] R. M. Sanner and J.-J. E. Slotine : Gaussian networks for direct adaptive control. *IEEE Trans. Neural Networks*, **3** (6): 837–863, 1992.

[18] M. Milanese and C. Novara : Set membership identification of nonlinear systems. *Automatica*, **40** (6): 957–975, 2004.

[19] B. Ninness : Some system identification challenges and approaches. Preprints of the 15th IFAC Symposium on System Identification, pp. 1–20, 2009.

[20] J. A. K. Suykens : Support vector machines and kernel-based learning for dynamical systems modeling. Preprints of the 15th IFAC Symposium on System Identification, pp. 1029–1037, 2009.

[21] 足立修一：統計的学習理論とシステム同定．MATLABによる制御のための上級システム同定，東京電機大学出版局，2004.

9.4 モデル低次元化

model reduction

モデル低次元化とは動的システムのモデルの次数を下げることであり，シミュレーションや制御系実装の際に計算時間を抑えるためや，モデリングの際に適切な次数のモデルを求めるために用いられる．モデル低次元化で中心となるのは，平衡実現である．確定システムでは，入出力に関する主成分解析 (principal component analysis：PCA) に基づく内部平衡実現および低次元化が導入されている [1]．また，ハンケル (Hankel) ノルム近似による低次元化も考察されている [2]．

a.　内部平衡実現によるモデル低次元化

以下の安定な連続時間システムを考える．

$$\dot{x}(t) = Ax(t) + Bu(t) \tag{1a}$$

$$y(t) = Cx(t) + Du(t) \tag{1b}$$

ただし，$A \in \mathbb{R}^{n\times n}$ である．ここで，u から y までの伝達関数表現を $G(s)$ とし，状態空間表現を記述するために以下の記述を導入する．

$$\left(\begin{array}{c|c} A & B \\ \hline C & D \end{array}\right) = C(sI-A)^{-1}B + D$$

式 (1) の可制御グラミアン P と可観測グラミアン Q はそれぞれ以下のように定義される．

$$P = \int_0^\infty e^{At}BB^\top e^{A^\top t}\mathrm{d}t$$

$$Q = \int_0^\infty e^{A^\top t}C^\top Ce^{At}\mathrm{d}t$$

さらに，P と Q はリャプノフ方程式

$$AP + PA^\top + BB^\top = 0$$

$$A^\top Q + QA + C^\top C = 0$$

を満たす．正則行列 T を用いて，$\xi(t) = Tx(t)$ のように状態の座標変換を行う．このとき，$\widehat{A} = T^{-1}AT$, $\widehat{B} = T^{-1}B$, $\widehat{C} = CT$ とすると，式 (1) と等価な以下のシステムが得られる．

$$\dot{\xi}(t) = \widehat{A}\xi(t) + \widehat{B}u(t) \tag{2a}$$

$$y(t) = \widehat{C}\xi(t) + Du(t) \tag{2b}$$

このとき，u から y までの伝達関数表現は

$$G(s) = \left(\begin{array}{c|c} A & B \\ \hline C & D \end{array}\right) = \left(\begin{array}{c|c} \widehat{A} & \widehat{B} \\ \hline \widehat{C} & D \end{array}\right)$$

となり，式 (2) に対する可制御グラミアンと可観測グラミアンは，以下で与えられる．

$$\widehat{P} = T^{-1}PT^{-\top}, \quad \widehat{Q} = T^\top QT$$

座標変換して得られる実現のなかで，特に

$$\widehat{P} = \widehat{Q} = \Lambda = \mathrm{diag}(\lambda_1, \cdots, \lambda_n)$$

となるようなもの ($\lambda_i \geq \lambda_{i+1}$) を，$G(s)$ の**内部平衡実現** (internally balanced realization) と呼ぶ [1]．内部平衡実現に基づいて係数行列を

$$\left[\begin{array}{c|c} \widehat{A} & \widehat{B} \\ \hline \widehat{C} & D \end{array}\right] = \left[\begin{array}{cc|c} \widehat{A}_{11} & \widehat{A}_{12} & \widehat{B}_1 \\ \widehat{A}_{21} & \widehat{A}_{22} & \widehat{B}_2 \\ \hline \widehat{C}_1 & \widehat{C}_2 & D \end{array}\right]$$

のように分割し ($\widehat{A}_{11} \in \mathbb{R}^{m\times m}$)，新たに

$$G_r(s) = \left(\begin{array}{c|c} \widehat{A}_{11} & \widehat{B}_1 \\ \hline \widehat{C}_1 & D \end{array}\right)$$

を定義すると，$G_r(s)$ は安定であることが知られている．さらに，$G(s) - G_r(s)$ は

$$\|G - G_r\|_\infty \leq 2\sum_{i=m+1}^{n}\lambda_i$$

のように抑えられることも知られている [3]．ただし，ここに示した $\|\bullet\|_\infty$ は有理伝達関数の無限大ノルムであり，次で定義される．

$$\|F\|_\infty = \sup_{\omega\in\mathbb{R}}\sigma_{\max}(F(j\omega))$$

ここで，$\sigma_{\max}(\bullet)$ は行列の最大特異値を表す．

b.　ハンケルノルム近似によるモデル低次元化

ロバスト制御においてハンケルノルムに基づく低次元化が考察され，内部平衡実現によるモデル低次元化が精密化されている [2]．ここでは，1 入力 1 出力系の

ハンケルノルム近似問題について述べる．

ハンケルノルムは $\mathcal{L}_2(-\infty,\infty)$ の部分空間を用いて定義される．ここで，$\mathcal{L}_2(-\infty,\infty)$ は時間領域 $t \in \mathbb{R}$ 上で定義される関数からなるヒルベルト (Hilbert) 空間であり，$f(t), g(t) \in \mathcal{L}_2(-\infty,\infty)$ について内積 $\langle f, g\rangle = \int_{-\infty}^{\infty}[f(t)g(t)]\mathrm{d}t$ をもつ．$\mathcal{L}_2[0,\infty)$ と $\mathcal{L}_2(-\infty,0]$ は $\mathcal{L}_2(-\infty,\infty)$ の部分空間で，それぞれ $t<0$ と $t>0$ における関数値が 0 になるものをいう．

$G(s)$ を安定な実有理伝達関数行列であるとし，$g(t)$ を $G(s)$ の両側ラプラス逆変換とする．$G(s)$ の時間領域のハンケル作用素 Γ_g は $\mathcal{L}_2(-\infty,0]$ から $\mathcal{L}_2[0,\infty)$ への作用素であり，任意の $f(t) \in \mathcal{L}_2(-\infty,0]$ に対して以下で表されるものである．

$$\Gamma_g f = \begin{cases} \displaystyle\int_{-\infty}^{0} g(t-\tau)f(\tau)\mathrm{d}\tau & (t \geq 0) \\ 0 & (t<0) \end{cases}$$

たとえば，安定な伝達関数 $G(s)$ の状態空間表現が式 (1) であり，$D=0$ かつ $x(-\infty)=0$ であるならば，$G(s)$ のハンケル作用素 Γ_g は

$$\Gamma_g u(t) = \int_{-\infty}^{0} Ce^{A(t-\tau)}Bu(\tau)\mathrm{d}\tau \quad (t \geq 0)$$

と書ける．これは，過去の入力 $u(t) (t \leq 0)$ に対するシステムの未来の出力 $y(t) = \Gamma_g u(t)$ $(t \geq 0)$ を表していると解釈できる．

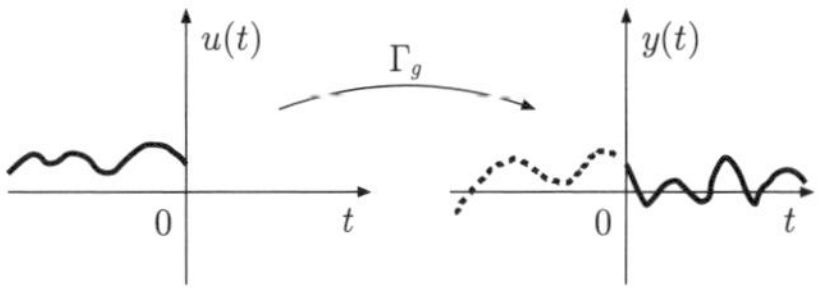

図 1　ハンケル作用素のシステム理論的解釈

$\|\bullet\|_2$ を $\mathcal{L}_2$ ノルムとし，$G(s)$ の時間領域のハンケル作用素 Γ_g のオペレータノルムを

$$\|\Gamma_g\| = \sup_{\substack{u(t)\in\mathcal{L}_2(-\infty,0] \\ u(t)\neq 0}} \left\{ \|\Gamma_g u\|_2 \middle| \|u\|_2 \leq 1 \right\}$$

のように定義する．このとき，$G(s)$ のハンケルノルムは $\|G\|_H := \|\Gamma_g\|$ のように定義される．最適ハンケルノルム近似問題とは，マクミラン (McMillan) 次数 n の $G(s)$ が与えられたとき，$\inf \|G - G_r\|_H$ を達成するようなマクミラン次数が n 未満の $G_r(s)$ を求める問題である．ハンケルノルム近似問題は平衡実現と密接な関係があることが知られている．

c. さまざまな平衡化による低次元化

平衡実現についてはリャプノフ方程式に基づく内部平衡実現だけでなく，リッカチ方程式に基づく平衡化や低次元化もあり [6]，LQG 平衡化 [7]，有界実平衡化 [8]，正実平衡化 [5] が知られている．また，周波数重みづけに基づく低次元化 [3,6]，不安定系の低次元化として正規化既約分解に基づく平衡化 [9] が提案されている．さらに確率系について正準相関解析 (canonical correlation analysis：CCA) に基づく確率平衡実現が古くから提案されている [4,5]．線形システムの低次元化から非線形システムへの拡張も研究されている [10].

〔田 中 秀 幸〕

参 考 文 献

[1] B. C. Moore : Principal component analysis in linear systems: Controllability, observability, and model reduction. *IEEE Trans. Automat. Contr.*, **26**(1): 17–32, 1981.

[2] K. Zhou et al.: Robust and Optimal Control, Prentice-Hall, 1996.

[3] D. Enns : Model reduction with balanced realizations: An error bound and frequency weighted generalization. Procs. of the 23rd Conference on Decision and Control, pp. 127–132, 1984.

[4] H. Akaike : Markovian representation of stochastic processes by canonical variables. *SIAM J. Contr.*, **13**(1): 162–173, 1975.

[5] U. B. Desai and D. Pal : A transformation approach to stochastic model reduction. *IEEE Trans. Automat. Contr.*, **29**(12): 1097–1100, 1984.

[6] S. Gugercin and A. C. Antoulas : A survey of model reduction by balanced truncation and some new results. *Internat. J. Contr.*, **77**(8): 748–766, 2004.

[7] E. A. Jonckheere and L. M. Silverman: A new set of invariants for linear systems — application to reduced order compensator design. *IEEE Trans. Automat. Contr.*, **28**(10): 953–964, 1983.

[8] P. C. Opdenacker and E. A. Jonckheere : A contraction mapping preserving balanced reduction scheme and its infinity norm error bounds. *IEEE Trans. Circuits and Syst.*, **35**(2): 184–189, 1988.

[9] R. Ober and D. McFarlane : Balanced canonical forms for minimal systems: A normalized coprime factor approach. *Linear Algebra Appli.*, **122–124**: 23–64, 1989.

[10] 藤本健治，J. M. A. Scherpen：非線形系の特異値解析と平衡実現．計測と制御，**42**(10): 814–820，2003.

10　システムバイオロジー

systems biology

a. 背景・定義

分子生物学の進展は，生命現象に関して個体から細胞，タンパク質，遺伝子へ向かう要素還元的情報，すなわち生命現象を生み出している生物システムの構成要素（部品）の情報を次々と提供してきた．一方で，分子や遺伝子などの構成要素に関する新しい情報の増加が生命現象の包括的理解，すなわち生命現象を生物システムの機能として理解すること（システムレベルの理解）に直ちに結びつくわけではないことも明らかにしてきた．そのようななかで，生命現象をシステムレベルで理解することを中心課題として提唱された新しい学問領域がシステムバイオロジーである [1]．システムバイオロジーとは「部分から全体へ」と視点の転換を迫る新しい生物学である．

生物学は元来，観察に基づくデータの蓄積と分類を主な方法としてきた．生物システムを構成する部品の情報を分子レベルで収集し分類する分子生物学も，このような生物学の基本的アプローチの延長線上にある．一方，生物をシステムレベルで理解しようという試みもまた繰り返し生物学のテーマとなってきた．今日，この生物システムのシステムレベルの理解という古くから議論されてきたテーマが，システムバイオロジーの提唱という形で新たに脚光を浴びている．その理由は，生物システムの分子レベルでの構成要素の情報，すなわち究極の部品の情報を得ることが可能になったからである．これを可能にしたものが分子生物学の発展であり，さらに基本的に分子に関する網羅的データの取得を可能としたゲノム配列の検索技術やハイスループットの計測技術の進歩である．言い換えると，分子レベルの構成要素という究極の部品の情報に行き着いたいま，このような情報を基礎として生命現象を包括的に理解すること，すなわち分子レベルの情報に基づいて生物システムをシステムレベルで理解することが生物学における新しい課題として浮かび上がってきたわけである．

b. システムレベルの理解

生物個体は一般にきわめて複雑なシステムであり，古くから個体を器官/組織/細胞/分子（タンパク質・遺伝子）という階層に分けて理解することが生物学では行われてきた．個体のシステムレベルの理解が最終の目標であるが，システムバイオロジーは分子レベルの情報を基礎とすることから，現段階ではまだ細胞/分子のシステムレベルの理解を目指した研究が主である．ここでも細胞/分子という階層におけるシステムレベルの理解に焦点を絞る．

細胞/分子システムは，**遺伝子制御ネットワーク**，**生化学反応・代謝ネットワーク**，信号伝達ネットワークなど，情報/信号やエネルギーの発生・流通・消散するネットワークととらえることができる．細胞/分子システムにおけるシステムレベルの理解のためには，北野は次の四つの視点が必要であるとしている [1]．すなわち，ネットワークの①構造の解明，②ダイナミカルシステムとしての理解，③制御メカニズムを備えたシステムとしての理解であり，さらに④設計原理に基づいて設計されたシステムとしての理解である．

視点①は，遺伝子やタンパク質の相互作用を規定するネットワークの構造を知ることはシステムレベル理解の第一歩であることを述べたものであるが，ネットワーク構造自身が相互作用の展開のなかで変化してしまう可能性があることも忘れてはならない．

視点②は，生命現象の背後にダイナミカルシステムである生化学反応・代謝ネットワークが存在することから考えると当然のことである．しかしながら，遺伝子・分子ネットワーク構造の解明に重点をおいた従来の研究では必ずしも重要視されなかった視点でもある．システムバイオロジーでは時間経過のなかで現れる多様な生命現象をダイナミカルシステムの振舞いとしてとらえる．細胞/分子システムをダイナミカルシステムとして理解することはシステムバイオロジーの基本的な立場である．生物システムをダイナミカルシステムとしてとらえてその本質的な特性を同定し，その特性の生物学的意味を明らかにすることによって生物システムのダイナミカルシステムとしての理解が完成する.

視点③は生物システムの機能の背後には必ずそれを支えるなんらかの制御メカニズムが存在するという主張である．たとえば，一定の浸透圧がダイナミカルシステムの平衡状態に対応するならば，そこには平衡状態を実現する安定化制御があり，また一定のリズムがリミットサイクルに対応するならば，リミットサイクルを実現する制御がある．それらの制御メカニズムはネガティブ/ポジティブフィードバック制御とフィードフォワード制御の組合せとして実現されているが，その多重制御ループの解明が視点③からのシステムレベルの理解である．生物システムは常に外界からの攻撃，環境の変化さらに内生的雑音にさらされており，生物システムの制御メカニズムはそのようななかでも攻撃から防御し，変化を補償し，雑音を低減して機能を維持できるものになっている．このような制御メカニズムは広義のロバスト制御/適応制御とでも呼ぶべきもので，既存の制御理論では説明できない内容を含んでいる．その解明は制御理論の分野にとっても新たな課題である．また，医療とは制御メカニズムの復旧・修正にほかならず，制御メカニズムの解明にはシステムバイオロジーの医療への応用における決定的な役割が期待されている.

生物システムはある設計原理に基づいて構成されたとみる視点④は，生物システムの現在の姿が長い時間をかけて選択淘汰された結果であるとする考え方に由来する．この視点からみれば，システムレベルの理解は設計原理を同定することにほかならない．たとえば選択の評価基準がわかれば，その基準からみたシステムの最適性が一つの設計原理となる．このことは視点③に関して当てはまることであり，ある評価基準からみて最適な制御を実現していると見なせる細胞/分子システムの例は多い [2]．なお，視点④および視点③は，今後の進展が期待されている細胞/分子システムの人工的構成に関する研究には欠かせない視点である.

c.　システムレベルの理解の方法と基盤

生命現象をシステムレベルで理解することは，一般にその現象が現れる生物システムのモデルを構築することに帰着する．モデル構築には生物学的理論モデル・数理解析・シミュレーション（ドライ）に基づく仮説の提案と生物学的実験（ウエット）による検証の繰返しが必要となるが,「ドライ」と「ウエット」の融合によるモデル構築の成功例はまだ小さな規模の対象にかぎられている．モデル化の対象となるシステムが大規模で複雑な場合には，不確かで理論モデル化が困難な部分が増えるという問題があり，さらに大量データの処理が問題となる．一方，その場合には，実験の実行そのものが難しく，仮に実行できても仮説検証に必要な大量の実験データの獲得が困難となる．前述したように，遺伝子やタンパク質などの部品を設計原理にしたがって組み合わせて制御メカニズムを実現することによって，生物システムを構成しようという研究が始まっている．人工的に細胞を構成すること（ハード）ができるならば，理論モデル化が困難で不確かな部分のモデル化が可能となる.「ドライ」,「ウエット」そして「ハード」の融合が今後のさまざまな生物システムのモデル化における基盤である.

生物システムのモデルはシステムレベルの理解の目的に応じて，**定性的モデル**と**定量的モデル**に大別できる．定性的モデルは主に実際の現象・実験データの理論的理解のために用いられる．生物システムの設計原理を理解するための原理モデル（モチーフ）も定性的モデルの一つである [2]．定性的モデルの構築は比較的に単純な小規模の作業ですむため多くの試みがある．一方，定量的モデルの構築は一般に詳細な理論モデルと定量的かつ網羅的な実験データを必要とするためかならずしも容易な課題ではないが，現象の忠実なシミュレーションや予測など応用の観点からさまざまな生物システムに対して定量的モデルの構築が期待されている.

〔内 田 健 康〕

参 考 文 献

[1] H. Kitano : Systems biology : a brief overview. *Science*, **295**, 1662, 2009.
[2] U. Alon : An Introduction to Systems Biology – Design Principles of Biological Circuits, Chapman & Hall/CRC, 2007.

IV

待ち行列，応用確率論関連

1　待ち行列モデル

1.1　基本要素

basic elements

待ち行列理論は，サービス施設で発生する混雑現象を，確率モデルを用いて数理的に解析する理論である．サーバと待合室からなるサービス施設に客が到着し，サービスを受けたあとにサービス施設を退去する様子をモデル化したものを待ち行列モデルと呼ぶ（図 1）．待ち行列モデルは，①客の到着過程，②客のサービス時間，③サーバ数，④システム容量，⑤サービス規範，の五つの要素から構成される．客の到着過程および客のサービス時間は確率的に変動するという仮定のもとで，系内客数分布，客の待合室における待ち時間やサービス施設に滞在する時間の分布，サービスされて系外に退去する客の単位時間当たりの退去率（スループット）といった性能評価量を解析的に導出する．

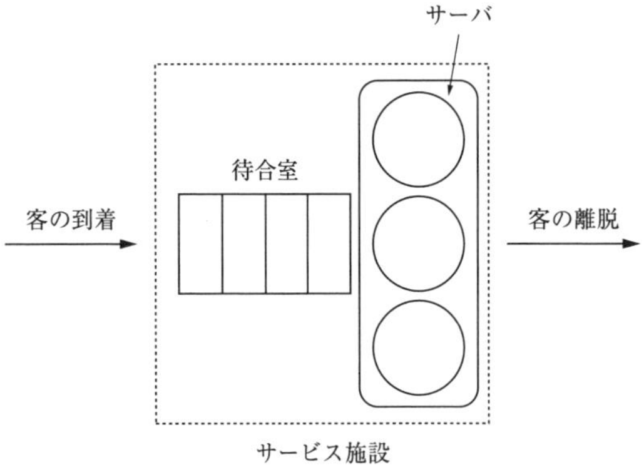

図 1　待ち行列モデル

a.　客の到着過程

待ち行列モデルにおいて，客の到着を表現する確率過程を**到着過程** (arrival process) と呼ぶ．到着過程は時間間隔 $(0, t]$ (t は正の実数) における客の累積到着数を表す計数過程 (counting process) で特徴づけられる．また客の到着時間間隔 (interarrival time) が独立同一に分布している (independently and identically distributed: i.i.d.) 場合には，再生過程 (renewal process) として到着時間間隔がしたがう分布により特徴づけることができる．

代表的な到着過程としては，客の到着時間間隔が独立同一な指数分布にしたがうポアソン過程 (Poisson process)，連続時間マルコフ連鎖にしたがって推移する位相 (phase) に依存した率でポアソン到着が発生するマルコフ変調ポアソン過程 (Markov-modulated Poisson process: MMPP)，MMPP の拡張として位相の遷移と同時に客が到着する場合も含めたマルコフ型到着過程 (Markovian arrival process: MAP) などがある．客の到着がポアソン過程にしたがう場合，それを特にポアソン到着 (Poisson arrival) と呼ぶ．

再生型到着過程における独立同一な到着時間間隔の分布としては，指数分布（ポアソン過程），アーラン分布 (Erlang distribution)，一定時間を表す一定分布（deterministic distribution，他に一点分布，単位分布とも呼ぶ），相型分布 (phase type distribution) などがある．

上記の到着過程では客が到着するときの人数は 1 人であるが，一度に複数人の客が到着する場合も考えることができる．これを**集団到着過程** (batch arrival process) と呼ぶ．集団到着過程では一度に到着する客数を確率変数として表現する．

b.　客のサービス時間

待ち行列モデルでは，系に到着した客はサーバ（サービス窓口ともいう）でサービスを受け，サービス完了後に系から退去する．サーバの数は有限であっても可算無限個であってもよい．後者の場合は特に無限サーバモデル (infinite-server model) と呼ぶ．

待ち行列モデルでは，客がサーバでサービスを受ける時間を**サービス時間** (service time) と呼ぶ．待ち行列モデルにおける系内客数は客のサービス時間の確率的性質に影響を受ける．そのため，待ち行列モデルではサービス時間をどの確率分布（サービス時間分布，service time distribution）で特徴づけるかが重要である．

独立同一なサービス時間分布として用いられる代表的な確率分布としては，指数分布，k 次アーラン分布 (k-stage Erlangian distribution)，k 次超指数分布 (k-stage hyperexponential distribution)，一定分布，相型分布などがある．また，連続する客のサービス時間列が独立同一でないものとして，連続時間マルコフ連鎖にしたがって推移する背後状態に依存した率の指数分布にしたがってサービスが行われるマルコフサービス過程 (Markovian service process) がある．

サーバが一度に複数人の客をサービスする場合，これを集団サービス (bulk service) と呼ぶ．

〔笠 原 正 治〕

参 考 文 献

[1] H. Kobayashi and B.L. Mark : System Modeling and Analysis, Pearson Education, 2009.

[2] 高橋幸雄，森村英典：混雑と待ち（経営科学のニューフロンティア 7），朝倉書店，2001.

[3] 宮沢政清：待ち行列の数理とその応用，牧野書店，2006.

1.2 サービス規範

service discipline

待ち行列モデルでは，系に到着した客はサービス規範 (サービス規律，service discipline) にしたがってサービス順序が決定される．代表的なサービス規律を以下に示す．

先着順 (first-come, first-served: FCFS) **サービス**：客は到着した順番にしたがってサービスが行われる．待合室における滞在時間が最も長い客からサービスが行われるという見方もできる．

先入れ先出し (first-in, first-out: FIFO) **サービス**：客は到着した順にサービスされ，サービスされる順番にしたがって系から離脱する．複数サーバのとき，FIFO ではサービスされる順番通りに客が離脱するのに対し，FCFS ではサービスされる順番通りに客が離脱するとはかぎらないことに注意する．単一サーバのときは FIFO と FCFS は同一のサービス規範である．

後着順 (last-come, first-served: LCFS) **サービス**：新しい到着客が先にサービスされる．これは待合室における滞在時間が最も短い客からサービスされることと等価である．

後入れ先出し (last-in, first-out: LIFO) **サービス**：新しい到着客が先にサービス施設に入り，サービス施設に入った順に系から客が離脱する．複数サーバのとき，LIFO ではサービスされる順番通りに客が離脱するのに対し，LCFS ではサービスされる順番通りに客が離脱するとはかぎらない．単一サーバのときは LIFO と LCFS は同一のサービス規範である．

ランダム順サービス (random order service)：待合室にいる客はランダムに選択されてサービスされる．サービス完了時点で待合室に存在する客数が n のとき，着目している客が次のサービスに選ばれる確率は $1/n$ で与えられる．

優先権つきサービス (priority service)：客は複数の優先権クラスに分類され，高優先クラスの客から順にサービスが行われる．現在サービス中の客よりも高い優先権をもつ客が到着したとき，サービスを中断して到着した高優先クラス客のサービスを開始する割り

込み方式 (preemptive service) や，割り込みを許可しない非割り込み方式 (non-preemptive service) などがある．また割り込みサービスでは，割り込まれた客のサービス再開時にサービス中断時点から再開する割り込み再開型 (preemptive resume) と，経過サービスには関係なくはじめからサービスを開始する割り込み繰り返し型 (preemptive repeat) がある．

プロセッサシェアリング (processor sharing)： 系内に n 人の客が存在するとき，各客はサーバの $1/n$ の処理能力で同時にサービスされる． 〔笠 原 正 治〕

参 考 文 献

[1] H. Kobayashi and B.L. Mark : System Modeling and Analysis, Pearson Education, 2009.
[2] 高橋幸雄，森村英典：混雑と待ち（経営科学のニューフロンティア 7），朝倉書店，2001.

1.3 ケンドール記号

Kendall's notation

「1.1 基本要素」で紹介したように，待ち行列モデルは，①客の到着過程，②客のサービス時間，③サーバ数，④システム容量などの要素から構成される．特定の待ち行列システムを表現するにはこれらの要素を明記しなければならない．待ち行列システムを簡便に表記するため，ケンドール (D. G. Kendall) により以下の記法が提案された．

$$\mathrm{A}/\mathrm{B}/n/K$$

ここで各要素の意味は以下の通りである．A: 到着時間間隔分布，B: サービス時間分布，n: サーバ数，K: システム容量．

上記以外にも，到着する客の母集団が有限（たとえば N 人）である場合には $\mathrm{A}/\mathrm{B}/n/K/N$ のように表現することもある．

A または B に用いられる代表的な記号を以下に記す．

M: 指数分布．M は Markov または指数分布の無記憶性 memoryless の略である．A に用いられるときは，ポアソン到着過程を表す．

D: 一定分布 (deterministic distribution)．単位分布，一点分布とも呼ばれる．

E_k: k 次アーラン分布．

G: 一般分布 (general distribution)．

GI: 独立同一な一般分布．A で用いられる場合は，到着過程が再生過程であることを表す．

PH: 相型分布 (phase-type distribution)．

A については上記以外にも MMPP や MAP, **BMAP** (batch Markovian arrival process) が用いられる．また，離散時間モデルについては，時間間隔が幾何分布 (geometric distribution) にしたがう場合は Geo が用いられる．

以下にケンドール記号の使用例を示す．

M/M/1： 到着はポアソン過程，サービス時間は独立同一な指数分布，サーバ数は 1 人，システムの容量は無限大の待ち行列モデルを表す．容量が無限大のときは容量部分の記号を省略するのが慣例となっている．

M/G/1/*K*： 到着はポアソン過程，サービス時間は一般分布，サーバ数は 1 人，システムの容量は K の単一サーバ待ち行列を表す．サービス時間が独立同一な一般分布にしたがう場合は M/GI/1/K とも書く．

G/G/*n*： 到着過程，サービス過程とも制限を設けず，サーバ数は n 人，システム容量は無限大の複数サーバ待ち行列を表す．

GI/GI/*n*/*K*： 到着間隔，サービス時間とも独立同一な一般分布にしたがい，サーバ数は n 人，システム容量は K 人の有限容量・複数サーバ待ち行列を表す．

PH/PH/*n*： 到着間隔，サービス時間とも相型分布にしたがい，サーバ数は n 人，システム容量は無限大の複数サーバ待ち行列を表す．

Geo/Geo/1： 時間が均一スロットで区切られた離散時間システムにおいて，到着間隔およびサービス時間のスロット数は独立同一な幾何分布，サーバ数は 1 人，システム容量は無限大の離散時間待ち行列モデルを表す．

〔笠 原 正 治〕

参 考 文 献

[1] D. G. Kendall: Some problems in the theory of queues. *J. Roy. Statist. Soc.*, Ser. B, **13** : 151–185, 1951.

[2] H. Kobayashi and B. L. Mark : System Modeling and Analysis, Pearson Education, 2009.

[3] 高橋幸雄，森村英典：混雑と待ち（経営科学のニューフロンティア 7），朝倉書店，2001.

[4] 宮沢政清：待ち行列の数理とその応用，牧野書店，2006.

2　出生死滅型

2.1　離散時間型マルコフ連鎖

discrete–time Markov chain

この第 2 章で用いられる主な記号を以下に示す.

P：確率

E：確率 P に関する期待値

$\mathbb{N}$：自然数の集合 $\mathbb{N} = \{1, 2, 3, \cdots\}$

$\mathbb{Z}$：整数の集合 $\mathbb{Z} = \{\cdots, -2, -1, 0, 1, 2, 3, \cdots\}$

$\mathbb{Z}_+$：非負整数の集合 $\mathbb{Z}_+ = \{0\} \cup \mathbb{N} = \{0, 1, 2, 3, \cdots\}$

$\mathbb{R}$：実数の集合 $\mathbb{R} = (-\infty, +\infty)$

$\mathbb{R}_+$：非負実数の集合 $\mathbb{R}_+ = [0, +\infty)$

a.　定義と基本的な性質

1)　マルコフ性

$\mathcal{S}$ をたかだか可算個の要素をもつ集合 (たとえば整数の集合 $\mathbb{Z}$ やその部分集合) とし，$\boldsymbol{X} = (X_n)_{n\in\mathbb{Z}_+}$ を $\mathcal{S}$ 上の**離散時間型確率過程** (discrete-time stochastic process) とする．すなわち，各 $n \in \mathbb{Z}_+$ に対して X_n は集合 $\mathcal{S}$ の要素のいずれかの値をとる**確率変数** (random variable) である．

定義 1　$\boldsymbol{X} = (X_n)_{n\in\mathbb{Z}_+}$ が，任意の $n \in \mathbb{Z}_+$ と任意の $i_0, i_1, \cdots, i_{n-1}, i, j \in \mathcal{S}$ に対して，

$$\mathsf{P}\big(X_{n+1} = j \mid X_0 = i_0, X_1 = i_1, \cdots, X_{n-1} = i_{n-1}, X_n = i\big) = \mathsf{P}(X_{n+1} = j \mid X_n = i) \tag{1}$$

を満たすとき，$\boldsymbol{X}$ は**状態空間** (state space) $\mathcal{S}$ 上の**離散時間型マルコフ連鎖** (discrete-time Markov chain) であるといい，各 n における X_n の値を時刻 n でのマルコフ連鎖 $\boldsymbol{X}$ の**状態** (state) と呼ぶ．さらに式 (1) の右辺が n に依存しないとき，このマルコフ連鎖は**時間について斉次**または**斉時** (time homogeneous) であるという．

式 (1) は，ある時刻での状態が与えられると，将来の状態が過去には依存しないことを表しており，この性質を**マルコフ性** (Markov property) と呼ぶ．ここでは，斉時な離散時間型マルコフ連鎖のみを扱い，これを単にマルコフ連鎖と呼ぶ.

斉時性より，式 (1) の右辺を

$$p_{i,j} = \mathsf{P}(X_{n+1} = j \mid X_n = i), \quad i, j \in \mathcal{S} \tag{2}$$

と表すことができる．この $p_{i,j}$ を状態 i から j への**推移確率** (transition probability) と呼び，$p_{i,j},\ i, j \in \mathcal{S}$, を要素にもつ行列 $\boldsymbol{P} = (p_{i,j})_{i,j\in\mathcal{S}}$ を**推移確率行列** (transition probability matrix) と呼ぶ ($\mathcal{S}$ が可算集合であれば $\boldsymbol{P}$ は無限次元の行列である)．推移確率行列 $\boldsymbol{P}$ は明らかに，

$$p_{i,j} \geq 0, \quad \sum_{k\in\mathcal{S}} p_{i,k} = 1, \quad i, j \in \mathcal{S}$$

を満たす.

推移確率行列にしたがう状態推移の様子は，**推移図** (transition graph) と呼ばれるグラフを用いて表すとわかりやすい．推移図とは，状態空間 $\mathcal{S}$ を節点の集合とし，$p_{i,j} > 0,\ i, j \in \mathcal{S}$, であれば節点 i から j へ有向枝を引いてできる有向グラフであり，枝 (i, j) には $p_{i,j}$ の値を重みとしてつける．たとえば，状態空間 $\mathcal{S} = \{0, 1, 2\}$ 上で推移確率行列

$$\boldsymbol{P} = \begin{array}{c} \\ 0 \\ 1 \\ 2 \end{array} \!\!\begin{array}{c} \begin{array}{ccc} 0 & \ 1 & \ 2 \end{array} \\ \begin{pmatrix} 0.2 & 0.5 & 0.3 \\ 0.1 & 0.1 & 0.8 \\ 0.5 & 0.2 & 0.3 \end{pmatrix} \end{array} \tag{3}$$

をもつマルコフ連鎖の推移図は図 1 で与えられる.

例 1 ($\mathbb{Z}^k$ 上のランダムウォーク)　$(Y_n)_{n\in\mathbb{N}}$ を互いに独立で同一の分布にしたがう確率変数の列とする．X_0 を $(Y_n)_{n\in\mathbb{N}}$ と独立な確率変数として，

$$X_{n+1} = X_n + Y_{n+1}, \quad n \in \mathbb{Z}_+$$

によって定義される確率過程 $\boldsymbol{X} = (X_n)_{n\in\mathbb{Z}_+}$ を**ランダムウォーク** (random walk) と呼ぶ．$X_0, Y_n, n \in \mathbb{N}$,

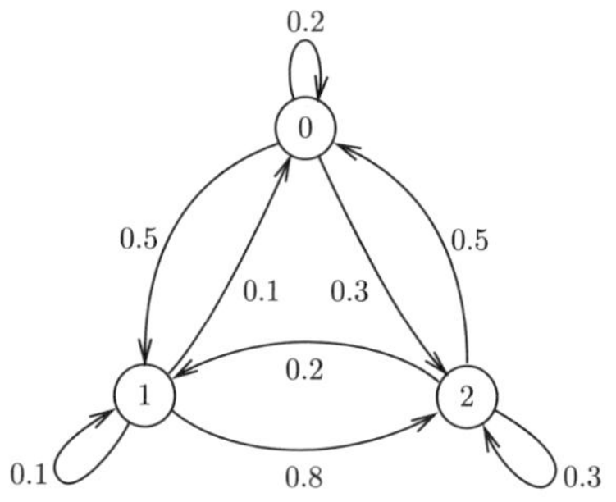

図 1 式 (3) の推移確率行列に対応する推移図

を $\mathbb{Z}^k$ 上の確率変数とすると，Y_n, $n \in \mathbb{N}$, の独立性より $\boldsymbol{X}$ は状態空間 $\mathbb{Z}^k$ 上のマルコフ連鎖であり，Y_n, $n \in \mathbb{N}$, が同一の分布にしたがうので $\boldsymbol{X}$ は斉時である．

2) 状態の確率分布

$\boldsymbol{\alpha}^{(0)} = (\alpha_i^{(0)})_{i \in \mathcal{S}}$ をマルコフ連鎖 $\boldsymbol{X} = (X_n)_{n \in \mathbb{Z}_+}$ の初期状態 X_0 の確率分布とする．すなわち，$\alpha_i^{(0)} = \mathsf{P}(X_0 = i)$, $i \in \mathcal{S}$, である (マルコフ連鎖の状態の確率分布は横ベクトルとして表すと都合がよい)．任意の $n \in \mathbb{N}$ と任意の $i_0, i_1, \cdots, i_n \in \mathcal{S}$ に対して,

$$\begin{aligned}&\mathsf{P}\bigl(X_0 = i_0, X_1 = i_1, \cdots, X_n = i_n\bigr)\\&\quad = \mathsf{P}(X_0 = i_0)\,\mathsf{P}(X_1 = i_1 \mid X_0 = i_0) \times \cdots\\&\qquad \times \mathsf{P}\bigl(X_n = i_n \mid X_0 = i_0,\\&\qquad\qquad X_1 = i_1, \cdots, X_{n-1} = i_{n-1}\bigr)\end{aligned}$$

であるから，式 (1), (2) より,

$$\begin{aligned}&\mathsf{P}(X_0 = i_0, X_1 = i_1, \cdots, X_n = i_n)\\&\quad = \alpha_{i_0}^{(0)}\, p_{i_0,i_1} \cdots p_{i_{n-1},i_n}\end{aligned} \tag{4}$$

と表すことができる．すなわち，マルコフ連鎖の確率法則は，初期状態の確率分布 $\boldsymbol{\alpha}^{(0)}$ と推移確率行列 $\boldsymbol{P}$ によって定まる．

$n \in \mathbb{Z}_+$ に対して，$p_{i,j}^{(n)} = \mathsf{P}(X_n = j \mid X_0 = i)$, $i, j \in \mathcal{S}$, とする．この $p_{i,j}^{(n)}$ をマルコフ連鎖 $\boldsymbol{X} = (X_n)_{n \in \mathbb{Z}_+}$ の n 次の推移確率と呼ぶ．$n = 0$ のときは明らかに,

$$p_{i,j}^{(0)} = \begin{cases} 1, & i = j \\ 0, & i \neq j \end{cases}$$

である．式 (4) より,

$$\begin{aligned}p_{i,j}^{(n)} &= \sum_{i_1, \cdots, i_{n-1} \in \mathcal{S}} \mathsf{P}(X_1 = i_i, X_2 = i_2, \cdots,\\&\qquad X_{n-1} = i_{n-1}, X_n = j \mid X_0 = i)\\&= \sum_{i_1, \cdots, i_{n-1} \in \mathcal{S}} p_{i,i_1}\, p_{i_1,i_2} \cdots p_{i_{n-1},j}\end{aligned}$$

であるから，$p_{i,j}^{(n)}$, $i, j \in \mathcal{S}$, を要素にもつ n 次の推移確率行列は $\boldsymbol{P}^n$ に等しい．したがって，$\boldsymbol{\alpha}^{(n)} = (\alpha_i^{(n)})_{i \in \mathcal{S}}$, $n \in \mathbb{Z}_+$, をマルコフ連鎖 $\boldsymbol{X}$ の時刻 n での状態の確率分布，すなわち $\alpha_i^{(n)} = \mathsf{P}(X_n = i)$, $i \in \mathcal{S}$, とすると,

$$\boldsymbol{\alpha}^{(n)} = \boldsymbol{\alpha}^{(0)}\, \boldsymbol{P}^n, \quad n \in \mathbb{Z}_+ \tag{5}$$

が成り立つ．

b. 状態の分類とマルコフ連鎖の分類

マルコフ連鎖の状態に関して，三つの異なる分類の仕方がある．

1) 連結性による分類

$\boldsymbol{P} = (p_{i,j})_{i,j \in \mathcal{S}}$ をマルコフ連鎖の推移確率行列とする．

定義 2 $i, j \in \mathcal{S}$ に対して $p_{i,j}^{(n)} > 0$ となる $n \in \mathbb{Z}_+$ が存在するとき，状態 i から j へ**到達可能** (accessible) であるという．状態 i から j へ到達可能であり，かつ状態 j から i へも到達可能であるとき，状態 i と j は**互いに到達可能**，または**連結している** (communicate) といい，$i \leftrightarrow j$ と表す．

$p_{i,i}^{(0)} = 1$, $i \in \mathcal{S}$, なので $i \leftrightarrow i$ である．また，明らかに $i \leftrightarrow j$ ならば $j \leftrightarrow i$ であり，$i \leftrightarrow j$ かつ $j \leftrightarrow k$ ならば $i \leftrightarrow k$ であるから，二項関係「$\leftrightarrow$」は $\mathcal{S}$ 上の同値関係である．したがって，状態空間 $\mathcal{S}$ は関係「$\leftrightarrow$」によって同値類に分割できる．こうして分割された $\mathcal{S}$ の部分集合を**連結類** (communication classes) と呼ぶ．

定義 3 $p_{i,i} = 1$ である状態 $i \in \mathcal{S}$ を**吸収状態** (absorbing state) と呼ぶ．また，$\mathcal{S}$ の部分集合 C のうち，すべての $i \in \mathsf{C}$ に対して $\sum_{j \in \mathsf{C}} p_{i,j} = 1$ を満たす (すなわち $k \notin \mathsf{C}$ に対して $p_{i,k} = 0$ である) ものを**閉集合** (closed set) と呼ぶ．

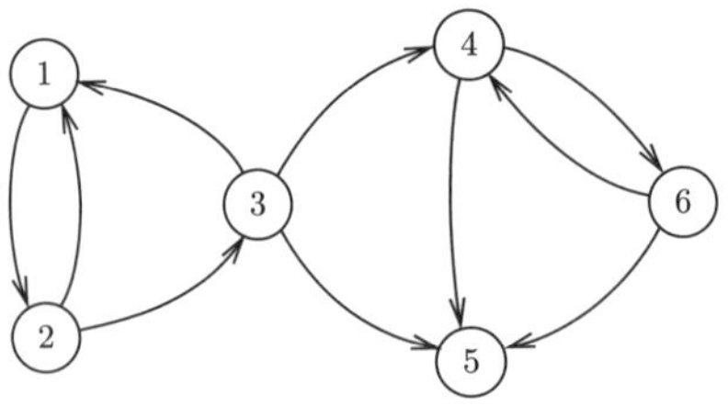

図 2　三つの連結類をもつマルコフ連鎖の推移図の例

吸収状態は一つの状態からなる閉集合を構成し，それはまた連結類である．さらに，吸収状態の集合や閉集合の和集合も閉集合である．たとえば，図 2 の推移図をもつマルコフ連鎖は $\{1,2,3\}$, $\{4,6\}$, $\{5\}$ の三つの連結類をもち，状態 5 は吸収状態，状態の集合 $\{5\}$, $\{4,5,6\}$ は閉集合である．

定義 4　状態空間 $\mathcal{S}$ がただ一つの連結類からなるとき，このマルコフ連鎖は**既約** (irreducible) であるという．

たとえば，図 1 の推移図で表されるマルコフ連鎖は既約であり，図 2 の推移図で表されるマルコフ連鎖は既約ではない．定義から，既約なマルコフ連鎖では，任意の $i, j \in \mathcal{S}$ に対して $i \leftrightarrow j$ である．

2)　周期性による分類

定義 5　状態 $i \in \mathcal{S}$ と n 次の推移確率 $p_{i,i}^{(n)}$, $n \in \mathbb{N}$, に対して，

$$d_i = \gcd\{n \in \mathbb{N} : p_{i,i}^{(n)} > 0\}$$

によって定まる定数 d_i を i の**周期** (period) と呼ぶ．ここで gcd は最大公約数を表す．$p_{i,i}^{(n)} > 0$ となる $n \in \mathbb{N}$ が存在しないとき $d_i = +\infty$ とする．特に $d_i = 1$ のとき，状態 i は**非周期的** (aperiodic) であるという．

定理 1　$i, j \in \mathcal{S}$ に対して，$i \leftrightarrow j$ ならば状態 i と j は同じ周期をもつ．

この定理より，同じ連結類に属する状態はすべて同じ周期をもつ．したがって，既約なマルコフ連鎖では，すべての状態が同じ周期をもち，これをマルコフ連鎖の周期と呼ぶ．既約なマルコフ連鎖の周期が 1 のとき，このマルコフ連鎖は非周期的であるという．

定理 2　既約で周期 d をもつマルコフ連鎖の状態空間は，任意の $k = 0, 1, \cdots, d-1$ に対して，

$$\sum_{j \in \mathsf{C}_{k+1}} p_{i,j} = 1, \quad i \in \mathsf{C}_k$$

を満たす d 個の集合 $\mathsf{C}_0, \mathsf{C}_1, \cdots, \mathsf{C}_{d-1}$ に分割できる．ただし，上の式では $\mathsf{C}_d = \mathsf{C}_0$ とする．

この定理における $\mathsf{C}_0, \mathsf{C}_1, \cdots, \mathsf{C}_{d-1}$ を**循環類** (cyclic classes) と呼ぶ．

$\boldsymbol{P}$ を既約で周期 d をもつマルコフ連鎖 $\boldsymbol{X} = (X_n)_{n \in \mathbb{Z}_+}$ の推移確率行列とすると，任意の $k = 0, 1, \cdots, d-1$ に対して $Z_n = X_{nd+k}$ で与えられる $\boldsymbol{Z} = (Z_n)_{n \in \mathbb{Z}_+}$ は推移確率行列 $\boldsymbol{P}^d$ をもつマルコフ連鎖である．また，マルコフ連鎖 $\boldsymbol{X}$ の循環類を $\mathsf{C}_0, \mathsf{C}_1, \cdots, \mathsf{C}_{d-1}$ とすると，マルコフ連鎖 $\boldsymbol{Z}$ においては $\mathsf{C}_0, \mathsf{C}_1, \cdots, \mathsf{C}_{d-1}$ はそれぞれ連結類であり，かつ閉集合である．

例 2 ($\mathbb{Z}^k$ 上の単純ランダムウォーク)　例 1 であげた $\mathbb{Z}^k$ 上のランダムウォーク $\boldsymbol{X} = (X_n)_{n \in \mathbb{Z}_+}$ が，

$$\mathsf{P}\big(Y_1 \in \{\boldsymbol{e}_1, \cdots, \boldsymbol{e}_k, -\boldsymbol{e}_1, \cdots, -\boldsymbol{e}_k\}\big) = 1$$

を満たすとき $\mathbb{Z}^k$ 上の**単純ランダムウォーク** (simple random walk) という．ただし，$\boldsymbol{e}_j$, $j = 1, 2, \cdots, k$, は第 j 成分のみ 1，他の成分はすべて 0 の k 次元ベクトルである．さらに，すべての $j = 1, 2, \cdots, k$ に対して $\mathsf{P}(Y_1 = \boldsymbol{e}_j) > 0$ かつ $\mathsf{P}(Y_1 = -\boldsymbol{e}_j) > 0$ であれば，$\boldsymbol{X}$ は $\mathbb{Z}^k$ 上で既約であり，その周期は 2 である．定理 2 より，状態空間 $\mathbb{Z}^k$ は二つの循環類，

$$\mathsf{C}_0 = \left\{(i_1, \cdots, i_k) \in \mathbb{Z}^k \;\middle|\; \sum_{j=1}^{k} i_j \text{ が偶数}\right\},$$

$$\mathsf{C}_1 = \left\{(i_1, \cdots, i_k) \in \mathbb{Z}^k \;\middle|\; \sum_{j=1}^{k} i_j \text{ が奇数}\right\}$$

に分割される．

3)　再帰性による分類

$\boldsymbol{X} = (X_n)_{n \in \mathbb{Z}_+}$ を状態空間 $\mathcal{S}$ 上のマルコフ連鎖とする．

定義 6　$i \in \mathcal{S}$ に対して，

$$R_i = \inf\{n \in \mathbb{N} : X_n = i\}$$

により定義される確率変数 R_i を状態 i への**再帰時間**

(return time) と呼ぶ．ただし，$X_n = i$ となる $n \in \mathbb{N}$ が存在しないときは $R_i = +\infty$ とする．

定義 7 マルコフ連鎖 $\boldsymbol{X}$ の状態 $i \in \mathcal{S}$ は，$\mathsf{P}(R_i < \infty \mid X_0 = i) = 1$ のとき**再帰的** (recurrent)，そうでないとき**一時的** (transient) であるという．さらに，再帰的な状態 $i \in \mathcal{S}$ は，$\mathsf{E}(R_i \mid X_0 = i) < \infty$ のとき**正再帰的** (positive recurrent)，そうでないとき**零再帰的** (null recurrent) であるという．

$i \in \mathcal{S}$ に対して，

$$N_i = \sum_{n \in \mathbb{N}} \mathbf{1}_{\{X_n = i\}} \tag{6}$$

とする．ここで $\mathbf{1}_A$ は，事象 A が生起すれば1，そうでなければ0を値にとる指示関数 (indicator function) である．すなわち N_i は，時刻1以降でマルコフ連鎖の状態が i になる回数を表している．

定理 3 任意の $i \in \mathcal{S}$ に対して，

$$\begin{aligned}\mathsf{P}(R_i < \infty \mid X_0 = i) = 1 &\Leftrightarrow \mathsf{P}(N_i = \infty \mid X_0 = i) = 1 \\ &\Leftrightarrow \mathsf{E}(N_i \mid X_0 = i) = \infty, \\ \mathsf{P}(R_i < \infty \mid X_0 = i) < 1 &\Leftrightarrow \mathsf{P}(N_i = \infty \mid X_0 = i) = 0 \\ &\Leftrightarrow \mathsf{E}(N_i \mid X_0 = i) < \infty\end{aligned}$$

が成り立つ．

この定理は状態 i が再帰的 (または一時的) であるための必要十分条件を与えている．また，$\{N_i = \infty\}$ の確率が0か1のどちらかの値しかとらないことを表している．式(6)より，

$$\begin{aligned}\mathsf{E}(N_i \mid X_0 = i) &= \sum_{n \in \mathbb{N}} \mathsf{P}(X_n = i \mid X_0 = i) \\ &= \sum_{n \in \mathbb{N}} p_{i,i}^{(n)}\end{aligned}$$

であるから，直ちに次の系が得られる．

系 1 状態 $i \in \mathcal{S}$ が再帰的 (または一時的) であるための必要十分条件は $\sum_{n \in \mathbb{N}} p_{i,i}^{(n)} =$ (または $<$) $+\infty$ が成り立つことである．

また，定理3から次の系も導かれる．

系 2 $i, j \in \mathcal{S}$ に対して，i から j へ到達可能，かつ j が再帰的ならば，

$$\mathsf{E}(N_j \mid X_0 = i) = \sum_{n \in \mathbb{N}} p_{i,j}^{(n)} = \infty$$

である．一方，j が一時的であれば，任意の状態 $i \in \mathcal{S}$ に対して，

$$\mathsf{E}(N_j \mid X_0 = i) = \sum_{n \in \mathbb{N}} p_{i,j}^{(n)} < \infty$$

である．

定理 4 $i, j \in \mathcal{S}$ に対して $i \leftrightarrow j$ ならば，i と j はともに一時的であるか，ともに零再帰的であるか，またはともに正再帰的である．

この定理より，マルコフ連鎖が既約であれば，すべての状態が一時的であるか，零再帰的であるか，あるいは正再帰的である．このとき，マルコフ連鎖は一時的/零再帰的/正再帰的であるという．

例 3 ($\mathbb{Z}^k$ 上の単純ランダムウォーク) 例2であげた $\mathbb{Z}^k$ 上の単純ランダムウォークにおいて，すべての $i = 1, 2, \cdots, k$ に対して，

$$\mathsf{P}(Y_1 = \boldsymbol{e}_i) = \mathsf{P}(Y_1 = -\boldsymbol{e}_i) = \frac{1}{2k}$$

を満たすとき**対称な単純ランダムウォーク** (symmetric simple random walk) という．$\mathbb{Z}^k$ 上の対称な単純ランダムウォークは，$k = 1$ または2のとき零再帰的であり，$k \geq 3$ であれば一時的である．一方，対称ではない $\mathbb{Z}^k$ 上の単純ランダムウォークはすべて一時的である．

c. 定常分布

1) 定常性

$\boldsymbol{P} = (p_{i,j})_{i,j \in \mathcal{S}}$ をマルコフ連鎖の推移確率行列とする．

定義 8 $\mathcal{S}$ 上の確率分布 $\boldsymbol{\pi} = (\pi_i)_{i \in \mathcal{S}}$ が $\boldsymbol{\pi} = \boldsymbol{\pi}\boldsymbol{P}$，すなわち，

$$\pi_j = \sum_{i \in \mathcal{S}} \pi_i \, p_{i,j}, \quad j \in \mathcal{S} \tag{7}$$

を満たすとき，$\boldsymbol{\pi}$ を推移確率行列 $\boldsymbol{P}$ (または対応するマルコフ連鎖) の**定常分布** (stationary distribution) と呼ぶ．

式 (5), (7) より，マルコフ連鎖の初期状態が定常分布にしたがうならば，すべての時刻における状態が定常分布にしたがう．このときマルコフ連鎖は**定常** (stationary) であるという．

C を状態空間 $\mathcal{S}$ の空でない部分集合とする．式 (7) の両辺を $j \in \mathsf{C}$ について足し合わせると，

$$\sum_{j\in\mathsf{C}} \pi_j = \sum_{j\in\mathsf{C}}\left(\sum_{i\in\mathsf{C}} \pi_i\, p_{i,j} + \sum_{i\in\mathcal{S}\setminus\mathsf{C}} \pi_i\, p_{i,j}\right) (\le 1)$$

であるから，右辺の第 1 項を移項して，

$$\sum_{i\in\mathsf{C}}\sum_{j\in\mathcal{S}\setminus\mathsf{C}} \pi_i\, p_{i,j} = \sum_{i\in\mathcal{S}\setminus\mathsf{C}}\sum_{j\in\mathsf{C}} \pi_i\, p_{i,j} \qquad (8)$$

を得る．式 (8) は，定常なマルコフ連鎖においては，状態の集合 C から $\mathcal{S}\setminus\mathsf{C}$ へ推移する率と $\mathcal{S}\setminus\mathsf{C}$ から C へ推移する率が等しいことを表しており，これを**平衡方程式** (balance equation) と呼ぶ．

すべてのマルコフ連鎖に定常分布が存在するわけではなく，また存在しても一意とはかぎらない．たとえば，単位行列を推移確率行列とするマルコフ連鎖 (すなわち，すべての状態が吸収状態) では，状態空間上のすべての確率分布が定常分布である．マルコフ連鎖が既約でただ一つの定常分布をもつとき，その定常分布にしたがうマルコフ連鎖は**エルゴード的** (ergodic) であるという．

2) 定常分布の存在条件

以下にあげる不変測度は定常分布の概念の一般化である．

定義 9 $\boldsymbol{\xi} = (\xi_i)_{i\in\mathcal{S}}$ が零ベクトル $\mathbf{0}$ ではなく，$\boldsymbol{\xi} \ge \mathbf{0}$ かつ $\boldsymbol{\xi} = \boldsymbol{\xi}\boldsymbol{P}$，すなわち，

$$\xi_j \ge 0, \quad \xi_j = \sum_{i\in\mathcal{S}} \xi_i\, p_{i,j}, \quad j \in \mathcal{S}$$

を満たすとき，$\boldsymbol{\xi}$ を推移確率行列 $\boldsymbol{P}$ (または対応するマルコフ連鎖) の**不変測度** (invariant measure) と呼ぶ．

補題 1 $\boldsymbol{X} = (X_n)_{n\in\mathbb{Z}_+}$ を既約で再帰的なマルコフ連鎖とし，$0 \in \mathcal{S}$ を任意に固定した状態，R_0 を状態 0 への再帰時間とする．このとき，

$$\xi_i = \mathsf{E}\left(\sum_{n=1}^{R_0} 1_{\{X_n=i\}} \,\middle|\, X_0 = 0\right), \quad i \in \mathcal{S} \qquad (9)$$

とすると，$\boldsymbol{\xi} = (\xi_i)_{i\in\mathcal{S}}$ は $\xi_i \in (0,\infty)$, $i \in \mathcal{S}$, を満たす不変測度である．

補題 1 において，既約性と再帰性から $\mathsf{P}(R_0 < \infty \mid X_0 = 0) = 1$ であり，$\boldsymbol{\xi}$ の定義から明らかに $\xi_0 = 1$ である．

定理 5 マルコフ連鎖が既約で再帰的であれば，不変測度が定数倍を除いて一意に存在する．

一方，既約で不変測度をもつマルコフ連鎖が再帰的であるとはかぎらない．たとえば，$\mathbb{Z}$ 上の対称でない単純ランダムウォークは一時的であるが，$\xi_i = 1$, $i \in \mathcal{S}$, を不変測度としてもつ．

式 (9) より $\sum_{i\in\mathcal{S}} \xi_i = \mathsf{E}(R_0 \mid X_0 = 0)$ であるから，正再帰性の定義 (定義 7) より，既約で再帰的なマルコフ連鎖は，不変測度 $\boldsymbol{\xi}$ が $\sum_{i\in\mathcal{S}} \xi_i < \infty$ を満たすとき，かつそのときにかぎり正再帰的である．このとき，$\pi_i = \xi_i / \sum_{j\in\mathcal{S}} \xi_j$, $i \in \mathcal{S}$, により定常分布 $\boldsymbol{\pi}$ が一意に定まる．

定理 6 既約なマルコフ連鎖では，正再帰的であることと定常分布が存在することは同値である．このとき，定常分布はただ一つである．

この定理より，既約なマルコフ連鎖は定常であればエルゴード的である．式 (9) より，$\xi_0 = 1$ かつ $\sum_{j\in\mathcal{S}} \xi_j = \mathsf{E}(R_0 \mid X_0 = 0)$ であるから，マルコフ連鎖が正再帰的であれば $\pi_0 = 1/\mathsf{E}(R_0 \mid X_0 = 0)$ である．ここで，状態 $0 \in \mathcal{S}$ は任意に固定したものであるから，結局，

$$\pi_i = \frac{1}{\mathsf{E}(R_i \mid X_0 = i)}, \quad i \in \mathcal{S} \qquad (10)$$

が成り立つ．

例 4 (離散時間型出生死滅過程) 図 3 の推移図によって表される状態空間 $\mathcal{S} = \mathbb{Z}_+$ 上のマルコフ連鎖 $\boldsymbol{X} = (X_n)_{n\in\mathbb{Z}_+}$ を考える．ただし，$i \in \mathbb{Z}_+$ に対して $p_i + q_i = 1$, $p_i \ge 0$, $q_i \ge 0$ である．このマルコフ連鎖は状態 0 を反射壁 (reflection barrier) としてもち，状態 $i \in \mathbb{N}$ からの推移は $+1$ または -1 の変化だけである．このマルコフ連鎖を**離散時間型出生死**

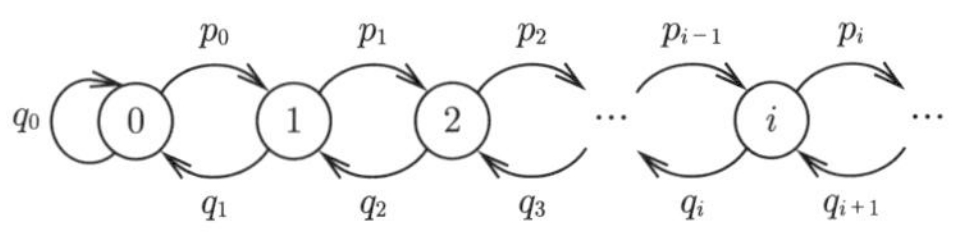

図 3 離散時間型出生死滅過程の推移図

滅過程 (discrete-time birth-and-death process) と呼ぶ．すべての $i \in \mathbb{Z}_+$ に対して $0 < p_i < 1$ とすると，$\boldsymbol{X}$ は $\mathbb{Z}_+$ 上で既約である．平衡方程式 (8) において $\mathsf{C} = \{0, 1, 2, \cdots, i-1\}$, $i \in \mathbb{N}$, とすると，C と $\mathcal{S} \setminus \mathsf{C}$ との間の状態推移は $i-1$ から i への推移と i から $i-1$ への推移だけであるから，定常分布 $\boldsymbol{\pi} = (\pi_i)_{i \in \mathbb{Z}_+}$ は，

$$\pi_{i-1}\, p_{i-1} = \pi_i\, q_i, \quad i \in \mathbb{N}$$

を満たす．したがって，

$$\pi_i = \frac{p_{i-1}}{q_i}\, \pi_{i-1} = \cdots = \prod_{k=0}^{i-1} \frac{p_k}{q_{k+1}}\, \pi_0, \quad i \in \mathbb{N}$$

および $\sum_{i=0}^{\infty} \pi_i = 1$ より，出生死滅過程 $\boldsymbol{X}$ は，

$$\sum_{i=0}^{\infty} \prod_{k=0}^{i-1} \frac{p_k}{q_{k+1}} < \infty$$

を満たす場合にかぎり，定常分布

$$\pi_i = \left(\sum_{j=0}^{\infty} \prod_{k=0}^{j-1} \frac{p_k}{q_{k+1}} \right)^{-1} \prod_{k=0}^{i-1} \frac{p_k}{q_{k+1}}, \quad i \in \mathbb{Z}_+$$

をもつ．ただし $\prod_{k=0}^{-1} \bullet = 1$ とする．

以下に，既約なマルコフ連鎖が正再帰的である (すなわち定常分布をもつ) ための十分条件をあげる．

系 3 有限の状態空間上で既約なマルコフ連鎖は正再帰的である．

定理 7 可算な状態空間 $\mathcal{S}$ 上で既約なマルコフ連鎖 $\boldsymbol{X} = (X_n)_{n \in \mathbb{Z}_+}$ に対して，

$$\inf_{i \in \mathcal{S}} h(i) > -\infty,$$
$$\mathsf{E}(h(X_1) \mid X_0 = i) < \infty, \qquad i \in \mathsf{C}$$
$$\mathsf{E}(h(X_1) \mid X_0 = i) \leq h(i) - \varepsilon, \quad i \notin \mathsf{C}$$

を満たす $\mathcal{S}$ 上の実数値関数 h と有限集合 $\mathsf{C} \subseteq \mathcal{S}$，および実数 $\varepsilon > 0$ が存在すれば $\boldsymbol{X}$ は正再帰的である．

この定理をフォスターの定理 (Foster's theorem) と呼ぶ．次の系は定理 7 の特別な場合である．

系 4 $\mathcal{S} = \mathbb{Z}_+$ 上で既約なマルコフ連鎖 $\boldsymbol{X} = (X_n)_{n \in \mathbb{Z}_+}$ に対して，

$$\mathsf{E}(X_1 \mid X_0 = i) < \infty, \quad i \in \mathcal{S},$$
$$\limsup_{i \to \infty} \big(\mathsf{E}(X_1 \mid X_0 = i) - i\big) < 0$$

が成り立つならば $\boldsymbol{X}$ は正再帰的である．

d. 極限定理

マルコフ連鎖は，時間が十分に経過すると，ある種の平衡状態に近づく．

定理 8 マルコフ連鎖 $\boldsymbol{X}$ が既約で正再帰的であり，その推移確率行列を $\boldsymbol{P} = (p_{i,j})_{i,j \in \mathcal{S}}$，定常分布を $\boldsymbol{\pi} = (\pi_i)_{i \in \mathcal{S}}$ とする．$\boldsymbol{X}$ が非周期的であれば，任意の初期分布 $\boldsymbol{\alpha}^{(0)} = (\alpha_i^{(0)})_{i \in \mathcal{S}}$ に対して，

$$\lim_{n \to \infty} \boldsymbol{\alpha}^{(0)} \boldsymbol{P}^n = \boldsymbol{\pi}$$

が成り立つ．

次の定理は，定理 8 の一般化である．

定理 9 マルコフ連鎖 $\boldsymbol{X}$ が既約で正再帰的であり，かつ周期 $d \in \mathbb{N}$ をもつとする．このとき，C_k, $k = 0, 1, \cdots, d-1$, を循環類とすると，定常分布 $\boldsymbol{\pi} = (\pi_i)_{i \in \mathcal{S}}$ は $\sum_{i \in \mathsf{C}_k} \pi_i = 1/d$ を満たす．また，初期状態の確率分布 $\boldsymbol{\alpha}^{(0)} = (\alpha_i^{(0)})_{i \in \mathcal{S}}$ が $\sum_{i \in \mathsf{C}_k} \alpha_i^{(0)} = 1$ を満たすならば，

$$\lim_{n \to \infty} \alpha_i^{(0)}\, p_{i,j}^{(nd)} = d\, \pi_j, \quad j \in \mathsf{C}_k$$

が成り立つ．

定理 10 マルコフ連鎖 $\boldsymbol{X}$ が既約であり，かつ零再帰的または一時的であるとする．このとき，

$$\lim_{n \to \infty} p_{i,j}^{(n)} = 0, \quad i, j \in \mathcal{S}$$

である．〔三 好 直 人〕

参 考 文 献

[1] P. Brémaud : Markov Chains: Gibbs Fields, Monte Carlo Simulation, and Queues, Springer, 1999.
[2] E. Çinlar : Introduction to Stochastic Processes, Prentice-Hall, 1975.
[3] R. W. Wolff : Stochastic Modeling and the Theory of Queues, Prentice-Hall, 1989.
[4] 宮沢政清：確率と確率過程，近代科学社，1993.
[5] 宮沢政清：待ち行列の数理とその応用，牧野書店，2006.

2.2 連続時間型マルコフ連鎖

continuous–time Markov chain

a. 定義と基本的な性質

$\mathcal{S}$ をたかだか可算集合とし，$\boldsymbol{X}=(X(t))_{t\geq 0}$ を $\mathcal{S}$ 上の連続時間型確率過程 (continuous-time stochastic process) とする．すなわち，固定した $t\geq 0$ に対して $X(t)$ は $\mathcal{S}$ 上の確率変数である．

定義 1 n を任意の自然数として，任意の $0\leq s_1<s_2<\cdots<s_n<t$ と $h\geq 0$，任意の $i_1,i_2,\cdots,i_n,i,j\in\mathcal{S}$ に対して，

$$\begin{aligned}&\mathsf{P}\big(X(t+h)=j \mid X(s_1)=i_1, X(s_2)=i_2,\cdots,\\&\qquad X(s_n)=i_n, X(t)=i\big)\\&=\mathsf{P}\big(X(t+h)=j \mid X(t)=i\big)\end{aligned} \tag{1}$$

が成り立つとき，$\boldsymbol{X}$ は状態空間 $\mathcal{S}$ 上の**連続時間型マルコフ連鎖**であるといい，各 t における $X(t)$ の値を時刻 t でのマルコフ連鎖の状態と呼ぶ．また，式 (1) の右辺が t に依存しないとき，このマルコフ連鎖は時間について斉次，または斉時であるという．

式 (1) は連続時間型の確率過程に対するマルコフ性を表している．ここでは，斉時な連続時間型マルコフ連鎖のみを扱い，これを連続時間型マルコフ連鎖，または単にマルコフ連鎖と呼ぶ．

斉時性より，式 (1) の右辺を，

$$P_{i,j}(h)=\mathsf{P}\big(X(t+h)=j \mid X(t)=i\big),\quad i,j\in\mathcal{S} \tag{2}$$

と表すことができる．この $P_{i,j}(h)$ を状態 i から j への h 時間での推移確率と呼び，行列 $\boldsymbol{P}(h)=(P_{i,j}(h))_{i,j\in\mathcal{S}}$ を h 時間での推移確率行列と呼ぶ．また，$(\boldsymbol{P}(t))_{t\geq 0}$ を**推移確率半群** (transition probability semigroup) と呼ぶ．$(\boldsymbol{P}(t))_{t\geq 0}$ は明らかに，

$$P_{i,j}(t)\geq 0,\quad \sum_{k\in\mathcal{S}}P_{i,k}(t)=1,\ \ i,j\in\mathcal{S},\ t\geq 0$$

および

$$P_{i,j}(0)=\begin{cases}1, & i=j\\ 0, & i\neq j\end{cases} \tag{3}$$

を満たす．さらに，$i,j\in\mathcal{S}$, $s,t\geq 0$ に対して，

$$\begin{aligned}&\mathsf{P}\big(X(s+t)=j \mid X(0)=i\big)\\&=\sum_{k\in\mathcal{S}}\mathsf{P}\big(X(s+t)=j, X(s)=k \mid X(0)=i\big)\\&=\sum_{k\in\mathcal{S}}\mathsf{P}\big(X(s)=k \mid X(0)=i\big)\\&\qquad\times\mathsf{P}\big(X(s+t)=j \mid X(s)=k, X(0)=i\big)\end{aligned}$$

であるから，式 (1), (2) より，

$$P_{i,j}(s+t)=\sum_{k\in\mathcal{S}}P_{i,k}(s)\,P_{k,j}(t) \tag{4}$$

すなわち $\boldsymbol{P}(s+t)=\boldsymbol{P}(s)\,\boldsymbol{P}(t)$ が成り立つ．式 (4) は**チャップマン–コルモゴロフの公式** (Chapman-Kolmogorov formula) と呼ばれる．

マルコフ連鎖 $\boldsymbol{X}=(X(t))_{t\geq 0}$ の時刻 t での状態の確率分布を $\boldsymbol{\alpha}(t)=(\alpha_i(t))_{i\in\mathcal{S}}$ とする．すなわち $\alpha_i(t)=\mathsf{P}\big(X(t)=i\big), i\in\mathcal{S}$, である．式 (2) より明らかに，

$$\boldsymbol{\alpha}(t)=\boldsymbol{\alpha}(0)\,\boldsymbol{P}(t),\quad t\geq 0 \tag{5}$$

が成り立つ．さらに，任意の $n\in\mathbb{N}$ と任意の $0=s_0<s_1<s_2<\cdots<s_n$，任意の $i_1,i_2,\cdots,i_n\in\mathcal{S}$ に対して，

$$\begin{aligned}&\mathsf{P}\big(X(s_1)=i_1, X(s_2)=i_2,\cdots,X(s_n)=i_n\big)\\&=\sum_{i_0\in\mathcal{S}}\alpha_{i_0}(0)\prod_{k=1}^{n}P_{i_{k-1},i_k}(s_k-s_{k-1})\end{aligned}$$

である．すなわち，マルコフ連鎖 $\boldsymbol{X}$ の確率法則は，初期状態の確率分布 $\boldsymbol{\alpha}(0)$ と推移確率半群 $(\boldsymbol{P}(t))_{t\geq 0}$ によって定まる．

例 1 (定常ポアソン過程) $N(0)=0$ を満たす確率過程 $\boldsymbol{N}=(N(t))_{t\geq 0}$ が以下の性質をもつとする．

- 任意の $n\in\mathbb{N}$ と任意の $0<t_1<t_2<\cdots<t_n$ に対して，$N(t_1), N(t_2)-N(t_1),\cdots,N(t_n)-N(t_{n-1})$ が互いに独立．
- 定数 $\lambda>0$ が存在して，任意の $0\leq s<t$ に対して $N(t)-N(s)$ が平均 $\lambda(t-s)$ のポアソン分布 (Poisson distribution) にしたがう．

このとき，$\boldsymbol{N}$ を強度 (intensity) λ をもつ定常ポアソン過程 (stationary Poisson process) という．定義から，任意の $n \in \mathbb{N}$ と任意の $0 \le s_1 < s_2 < \cdots < s_n < t$ と $h \ge 0$，および任意の $i_1, i_2, \cdots, i_n, i, j \in \mathbb{Z}_+$ (ただし $i_1 \le i_2 \le \cdots \le i_n \le i$) に対して，

$$\begin{aligned}
&\mathsf{P}\big(N(t+h) = j \mid N(s_1) = i_1, N(s_2) = i_2, \cdots, \\
&\qquad N(s_n) = i_n, N(t) = i\big) \\
&= \mathsf{P}(N(t+h) - N(t) = j - i) \\
&= \begin{cases} \dfrac{(\lambda h)^{j-i}}{(j-i)!}\, e^{-\lambda h}, & j \ge i \\ 0, & j < i \end{cases}
\end{aligned}$$

であるから，定常ポアソン過程は $\mathbb{Z}_+$ 上の斉時なマルコフ連鎖である．

b. 滞在時間分布と隠れマルコフ連鎖

1) 滞在時間分布

マルコフ連鎖 $\boldsymbol{X} = (X(t))_{t \ge 0}$ の状態空間 $\mathcal{S}$ はたかだか可算集合なので，その標本路は状態が推移する瞬間を除いて一定である．マルコフ連鎖が一つの状態にとどまっている時間をその状態での**滞在時間** (sojourn time または holding time) と呼ぶ．マルコフ連鎖 $\boldsymbol{X}$ の時刻 t における (そのときの状態での) 残りの滞在時間を $S(t)$ とすると以下が成り立つ．

定理 1 任意の $i \in \mathcal{S}$ に対して，

$$\mathsf{P}(S(t) > u \mid X(t) = i) = e^{-q_i u}, \quad u \ge 0 \qquad (6)$$

を満たす定数 $q_i \in [0, \infty]$ が存在する．ただし，$q_i = \infty$ のとき $e^{-q_i u} = 0$ とする．

式 (6) は，$q_i = +\infty$ であれば状態 i での滞在時間が 0 であることを表しており，このとき状態 i は瞬間的 (instantaneous) であるという．逆に，$q_i < \infty$ であれば，状態 i での滞在時間は確率 1 で正である．特に $q_i = 0$ のときは，状態がいったん i に達すると，その状態に永久にとどまることを表し，このとき状態 i は吸収状態であるという．また $0 < q_i < +\infty$ のときは，式 (6) は状態 i での残り滞在時間が平均 ${q_i}^{-1}$ の指数分布 (exponential distribution) にしたがうことを表している．

以下では，すべての状態 $i \in \mathcal{S}$ に対して $q_i < \infty$，すなわち，すべての状態での滞在時間が確率 1 で正である場合のみを扱う．一般に，区分的に一定な標本路をもち，一つの値での滞在時間が確率 1 で正である確率過程を**純ジャンプ過程** (pure-jump process) という．状態が推移する時点での値を確定するために，$\boldsymbol{X} = (X(t))_{t \ge 0}$ の標本路は右連続かつ左連続であると仮定する．マルコフ性より $X(t) = i$ が与えられたときの時刻 t 以降の $\boldsymbol{X}$ の振舞いは過去には依存しないので，式 (6) の左辺の条件を $X(t-) \ne X(t) = i$ に置き換えることができる (厳密には強マルコフ性 (strong Markov property) と呼ばれる性質を用いる)．ここで $X(t-) = \lim_{h \downarrow 0} X(t-h)$ である．すなわち，$q_i < \infty$, $i \in \mathcal{S}$, の仮定のもとで，式 (6) は状態 i に推移した時点からの滞在時間の分布を与えている．

2) 隠れマルコフ連鎖

純ジャンプ型のマルコフ連鎖 $\boldsymbol{X} = (X(t))_{t \ge 0}$ において，状態 $i \in \mathcal{S}$ が吸収状態ではないとき，i から別の状態に推移する時点において，推移する先が状態 j である条件つき確率を $p_{i,j}$ と表す．すなわち，

$$p_{i,j} = \mathsf{P}(X(t) = j \mid X(t) \ne X(t-) = i), \quad i, j \in \mathcal{S}$$

である．定義から $p_{i,i} = 0$, $i \in \mathcal{S}$, である．一方，状態 i が吸収状態であれば $p_{i,i} = 1$，$p_{i,j} = 0$, $i \ne j$, とする．さらに，$\boldsymbol{X}$ の状態推移が起こる時刻の列を $0 = T_0 < T_1 < T_2 < \cdots$ とする．ただし，$\boldsymbol{X}$ の状態推移が n 回しか起こらない場合は $T_m = \infty$, $m > n$, とする．このとき，

$$Z_n = \begin{cases} X(T_n), & T_n < \infty \text{ のとき} \\ Z_\Delta & T_n = \infty \text{ のとき} \end{cases}$$

によって定まる $\boldsymbol{Z} = (Z_n)_{n \in \mathbb{Z}_+}$ は推移確率行列 $(p_{i,j})_{i,j \in \mathcal{S}}$ をもつ離散時間型マルコフ連鎖である．ここで，$\Delta = \sup\{m \ge 0 : T_m < \infty\}$ とする．この $\boldsymbol{Z}$ を $\boldsymbol{X}$ に埋め込まれたマルコフ連鎖または**隠れマルコフ連鎖** (embedded Markov chain) と呼ぶ．

逆に，各状態での滞在時間分布のパラメータ $q_i \in \mathbb{R}_+$ と隠れマルコフ連鎖の推移確率 $p_{i,j}$, $i, j \in \mathcal{S}$, が与えられれば，任意の初期状態分布から連続時間型マルコフ連鎖を定めることができる．

3) 連結性と再帰性

$(\boldsymbol{P}(t))_{t\geq 0}$ を $\mathcal{S}$ 上のマルコフ連鎖の推移確率半群とする．$i,j\in\mathcal{S}$ に対して $P_{i,j}(t)>0$ となる $t\geq 0$ が存在するとき，状態 i から j へ到達可能であるという．実際，純ジャンプ型のマルコフ連鎖では，吸収状態ではない状態での滞在時間は指数分布にしたがい，任意の非負実数値をとりうるので，状態 i から j へ到達可能であれば，任意の $t>0$ について $P_{i,j}(t)>0$ である．この到達可能性を用いて，連結類，閉集合，既約性などが離散時間型マルコフ連鎖と同様に定義される．さらに，$\mathcal{S}$ 上のマルコフ連鎖 $\boldsymbol{X}=(X(t))_{t\geq 0}$ に対して，状態 $i\in\mathcal{S}$ への再帰時間を，

$$U_i=\inf\{t>S(0):X(t)=i\}$$

と定義する．ここで $S(0)$ は初期状態での残り滞在時間である．ただし $X(t)=i$ となる $t>S(0)$ が存在しない場合は $U_i=+\infty$ とする．この U_i は，1 回目の状態推移以降ではじめて状態が i になる時刻を表している．この再帰時間を用いて，一時性と再帰性，そして零再帰性と正再帰性が，離散時間型マルコフ連鎖と同様に定義される．

定理 2 連続時間型マルコフ連鎖 $\boldsymbol{X}$ とその隠れマルコフ連鎖 $\boldsymbol{Z}$ は同じ連結類をもつ．また，状態 $i\in\mathcal{S}$ が $\boldsymbol{X}$ において再帰的/一時的であることと，i が $\boldsymbol{Z}$ において再帰的/一時的であることは同値である．

離散時間型マルコフ連鎖と同様，同じ連結類に属する状態は，すべて一時的であるか，すべて零再帰的であるか，またはすべて正再帰的である．ただし，状態 $i\in\mathcal{S}$ が連続時間型マルコフ連鎖 $\boldsymbol{X}$ において正再帰的であっても，隠れマルコフ連鎖 $\boldsymbol{Z}$ においては零再帰的であることや，またその逆の場合もある．

c. 生成作用素とコルモゴロフの方程式

推移確率半群と滞在時間分布のパラメータ，および隠れマルコフ連鎖の推移確率は，生成作用素と呼ばれる行列によって関係づけられる．

1) 生成作用素

マルコフ連鎖が純ジャンプ型であれば，その推移確率半群 $(\boldsymbol{P}(t))_{t\geq 0}$ は標本路が右連続であるという仮定より，

$$\lim_{h\downarrow 0}P_{i,j}(h)=P_{i,j}(0),\quad i,j\in\mathcal{S}$$

を満たす．さらに，q_i, $i\in\mathcal{S}$, を式 (6) で与えられる滞在時間分布のパラメータ，$p_{i,j}$, $i,j\in\mathcal{S}$, を隠れマルコフ連鎖の推移確率とすると，次の定理が成り立つ．

定理 3 $(\boldsymbol{P}(t))_{t\geq 0}$ を純ジャンプ型マルコフ連鎖の推移確率半群とすると，すべての $i,j\in\mathcal{S}$ に対して，

$$\lim_{h\downarrow 0}\frac{1-P_{i,i}(h)}{h}=q_i,\quad \lim_{h\downarrow 0}\frac{P_{i,j}(h)}{h}=q_i\,p_{i,j},\ i\neq j \tag{7}$$

が成り立つ．

定義 2 純ジャンプ型マルコフ連鎖 $\boldsymbol{X}=(X(t))_{t\geq 0}$ の状態 $i,j\in\mathcal{S}$ に対して，q_i を滞在時間分布のパラメータ，$p_{i,j}$ を隠れマルコフ連鎖の推移確率とする．このとき，

$$q_{i,j}=\begin{cases}-q_i, & i=j\\ q_i\,p_{i,j}, & i\neq j\end{cases} \tag{8}$$

によって与えられる行列 $\boldsymbol{Q}=(q_{i,j})_{i,j\in\mathcal{S}}$ をマルコフ連鎖 $\boldsymbol{X}$ の**無限小生成作用素** (infinitesimal generator)，または単に生成作用素と呼ぶ．また，$i\neq j$ における $q_{i,j}$ を状態 i から j への**推移率** (transition rate) と呼ぶ．

$q_i\in\mathbb{R}_+$, $i\in\mathcal{S}$, かつ $\sum_{j\in\mathcal{S}}p_{i,j}=1$ より，生成作用素 $\boldsymbol{Q}$ は対角成分が非正，非対角成分が非負の行列であり，

$$\sum_{j\in\mathcal{S}}q_{i,j}=0,\quad i\in\mathcal{S} \tag{9}$$

を満たす．

離散時間型マルコフ連鎖と同様，連続時間型マルコフ連鎖についても推移図を描くことができるが，連続時間型では推移確率の代わりに推移率を記入する．

例 2 (連続時間型出生死滅過程) $\mathcal{S}=\mathbb{Z}_+$ 上の連続時間型マルコフ連鎖 $\boldsymbol{X}=(X(t))_{t\geq 0}$ の生成作用素 $\boldsymbol{Q}=(q_{i,j})_{i,j\in\mathcal{S}}$ が，

$$q_{0,j}=\begin{cases}-\lambda_0, & j=0\\ \lambda_0, & j=1\\ 0, & j\notin\{0,1\}\end{cases} \tag{10}$$

かつ $i \in \mathbb{N}$ に対して，

$$q_{i,j} = \begin{cases} \mu_i, & j = i-1 \\ -(\lambda_i + \mu_i), & j = i \\ \lambda_i, & j = i+1 \\ 0, & j \notin \{i-1, i, i+1\} \end{cases} \tag{11}$$

によって与えられるとき，$\boldsymbol{X}$ を**連続時間型出生死滅過程**，または単に**出生死滅過程** (birth-and-death process) と呼ぶ．出生死滅過程は，$\lambda_i > 0$, $i \in \mathbb{Z}_+$, $\mu_i > 0$, $i \in \mathbb{N}$, であれば $\mathbb{Z}_+$ 上で既約であり，その推移図は図 1 で与えられる．

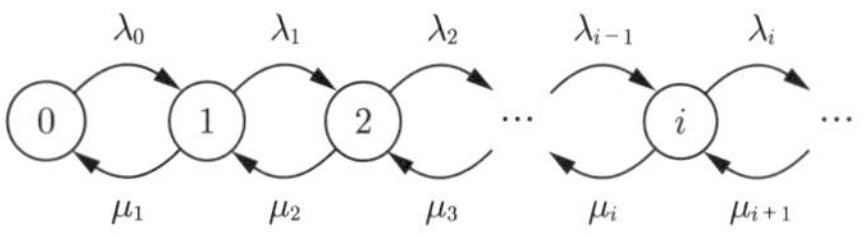

図 1　連続時間型出生死滅過程の推移図

式 (11) において $\mu_i = 0$, $i \in \mathbb{N}$, として与えられるマルコフ連鎖を**純出生過程** (pure birth process) と呼ぶ．例 1 であげた定常ポアソン過程は純出生過程の特別な場合 ($\lambda_i = \lambda$, $i \in \mathbb{Z}_+$) である．

2)　コルモゴロフの方程式

$(\boldsymbol{P}(t))_{t \geq 0} = ((P_{i,j}(t))_{i,j \in \mathcal{S}})_{t \geq 0}$ を推移確率半群，$\boldsymbol{Q} = (q_{i,j})_{i,j \in \mathcal{S}}$ を $(\boldsymbol{P}(t))_{t \geq 0}$ から式 (7), (8) によって与えられる生成作用素とする．また，任意の $t \geq 0$ に対して，$\boldsymbol{P}'(t) = (P'_{i,j}(t))_{i,j \in \mathcal{S}}$ を $(\boldsymbol{P}(t))_{t \geq 0}$ の右微分係数，すなわち，

$$P'_{i,j}(t) = \lim_{h \downarrow 0} \frac{P_{i,j}(t+h) - P_{i,j}(t)}{h}, \quad i, j \in \mathcal{S}$$

とする．式 (3), (7), (8) より $\boldsymbol{P}'(0) = \boldsymbol{Q}$ である．このとき，チャップマン–コルモゴロフの公式 $\boldsymbol{P}(t+h) = \boldsymbol{P}(h)\,\boldsymbol{P}(t)$ から次の定理が得られる．

定理 4　生成作用素 $\boldsymbol{Q}$ において $q_i = -q_{i,i} < \infty$ であるとする．このとき，任意の $t \geq 0$ に対して $\boldsymbol{P}'(t) = \boldsymbol{Q}\,\boldsymbol{P}(t)$，すなわち，

$$P'_{i,j}(t) = \sum_{k \in \mathcal{S}} q_{i,k}\, P_{k,j}(t), \quad i, j \in \mathcal{S} \tag{12}$$

が成り立つ．

式 (12) を**コルモゴロフの後ろ向き方程式** (Kolmogorov's backward equation) と呼ぶ．同様に，チャップマン–コルモゴロフの公式 $\boldsymbol{P}(t+h) = \boldsymbol{P}(t)\,\boldsymbol{P}(h)$ から対応する微分方程式を得ることができるが，この場合には条件が必要である．

定理 5　推移確率半群 $(\boldsymbol{P}(t))_{t \geq 0}$ と生成作用素 $\boldsymbol{Q}$ が，

$$\sum_{k \in \mathcal{S}} P_{i,k}(t)\,|q_{k,k}| < \infty, \quad i \in \mathcal{S},\ t \geq 0 \tag{13}$$

を満たすとき，任意の $t \geq 0$ に対して，$\boldsymbol{P}'(t) = \boldsymbol{P}(t)\,\boldsymbol{Q}$, すなわち，

$$P'_{i,j}(t) = \sum_{k \in \mathcal{S}} P_{i,k}(t)\, q_{k,j} \quad i, j \in \mathcal{S} \tag{14}$$

が成り立つ．

式 (14) を**コルモゴロフの前向き方程式** (Kolmogorov's forward equation) と呼ぶ．たとえば，生成作用素 $\boldsymbol{Q}$ の対角成分 $q_k = -q_{k,k}$, $k \in \mathcal{S}$, が有界であれば，明らかに式 (13) の条件は満たされる．

d.　正則性と一様化

1)　正則性

生成作用素 $\boldsymbol{Q}$ が与えられたとき，コルモゴロフの方程式 (12), (14) が一意の解をもち，その解がマルコフ連鎖の推移確率半群となるためには，さらに条件が必要である．

定義 3　純ジャンプ過程のうち，任意の有界な区間での不連続点の数が確率 1 で有限であるものを**正則** (regular) であるという．

正則な連続時間型マルコフ連鎖の推移確率半群と生成作用素は，コルモゴロフの後ろ向き方程式と前向き方程式を満たす．さらに，次の定理が成り立つ．

定理 6　連続時間型マルコフ連鎖 $\boldsymbol{X} = (X(t))_{t \geq 0}$ が正則であれば，対応する生成作用素 $\boldsymbol{Q}$ に対して，コルモゴロフの後ろ向き方程式 (12) と前向き方程式 (14) は同一かつ唯一の解をもち，その解は $\boldsymbol{X}$ の推移確率半群を与える．

マルコフ連鎖の生成作用素 $\boldsymbol{Q} = (q_{i,j})_{i,j \in \mathcal{S}}$ が

$q_i = -q_{i,i} < \infty$ を満たすとき，このマルコフ連鎖が正則であるための条件は以下で与えられる．

定理 7 連続時間型マルコフ連鎖 $\boldsymbol{X} = (X(t))_{t\geq 0}$ の生成作用素 $\boldsymbol{Q} = (q_{i,j})_{i,j\in\mathcal{S}}$ が $q_i = -q_{i,i} < \infty$ を満たすとする．このとき，$\boldsymbol{X}$ が正則であるための必要十分条件は，連立方程式

$$x_i = \sum_{j\in\mathcal{S}} q_{i,j}\, x_j, \quad i \in \mathcal{S}$$

が $x_i = 0, i \in \mathcal{S}$, 以外の有界な非負解をもたないことである．

この条件を**ロイターの条件** (Reuter's criterion) と呼ぶ．さらに，正則性の十分条件として以下があげられる．

系 1 生成作用素 $\boldsymbol{Q} = (q_{i,j})_{i,j\in\mathcal{S}}$ の対角成分 $q_i = -q_{i,i}, i \in \mathcal{S}$, が有界ならば，すなわち $\sup_{i\in\mathcal{S}} |q_{i,i}| < \infty$ であれば，対応するマルコフ連鎖は正則である．

この系より，有限状態空間上の連続時間型マルコフ連鎖は正則である．

系 2 既約で再帰的な連続時間型マルコフ連鎖は正則である．

たとえば，例 2 であげた出生死滅過程が正則であるための必要十分条件をロイターの条件から導くと，式 (10), (11) で与えられる生成作用素が，

$$\sum_{k=1}^{\infty}\Bigl(\frac{1}{\lambda_k} + \frac{\mu_k}{\lambda_k\,\lambda_{k-1}} + \cdots + \frac{\mu_k\cdots\mu_1}{\lambda_k\cdots\lambda_1\,\lambda_0}\Bigr) = \infty \quad (15)$$

を満たせばよいことがわかる．

2) 一様化

定義 4 連続時間型マルコフ連鎖 (またはその生成作用素 $\boldsymbol{Q} = (q_{i,j})_{i,j\in\mathcal{S}}$) は，$\boldsymbol{Q}$ の対角成分 $q_i = -q_{i,i}$, $i \in \mathcal{S}$, が有界，すなわち $\sup_{i\in\mathcal{S}} q_i < \infty$ であるとき**一様化可能** (uniformizable) であるという．

$\boldsymbol{Q}$ が一様化可能であれば，$\nu \geq \sup_{i\in\mathcal{S}} q_i$ を満たす実数 ν を用いて，

$$\boldsymbol{R} = \boldsymbol{I} + \frac{1}{\nu}\boldsymbol{Q}$$

で与えられる行列 $\boldsymbol{R} = (r_{i,j})_{i,j\in\mathcal{S}}$ は離散時間型マルコフ連鎖の推移確率行列である．すなわち，

$$r_{i,j} \geq 0, \quad \sum_{k\in\mathcal{S}} r_{i,k} = 1, \quad i,j \in \mathcal{S}$$

を満たす．ここで $\boldsymbol{I}$ は $\mathcal{S}\times\mathcal{S}$ 上の単位行列である．この $\boldsymbol{R}$ を用いて，コルモゴロフの方程式 (12), (14) の解を表すことができる．

定理 8 一様化可能な生成作用素 $\boldsymbol{Q}$ に対して，対応するマルコフ連鎖の推移確率半群 $\boldsymbol{P}(t)$ は，

$$\boldsymbol{P}(t) = e^{\boldsymbol{Q}\,t} = \sum_{n=0}^{\infty} \boldsymbol{R}^n\,\frac{(\nu\,t)^n}{n!}\,e^{-\nu t}, \quad t \geq 0 \quad (16)$$

と表される．ここで，$\mathcal{S}\times\mathcal{S}$ 上の行列 $\boldsymbol{A}$ に対して，$e^{\boldsymbol{A}} = \sum_{n=0}^{\infty}\boldsymbol{A}^n/n!$ である．

式 (16) の右辺は，強度 ν の定常ポアソン過程にしたがって発生する時点の列において，推移確率行列 $\boldsymbol{R}$ にしたがう状態推移が起こることを表している．このように，生成作用素 $\boldsymbol{Q}$ をもつ連続時間型マルコフ連鎖から推移確率行列 $\boldsymbol{R}$ をもつ離散時間型マルコフ連鎖を構成することを**一様化** (uniformization) という．

e. 定常分布

$(\boldsymbol{P}(t))_{t\geq 0} = ((P_{i,j}(t))_{i,j\in\mathcal{S}})_{t\geq 0}$ をマルコフ連鎖の推移確率半群とする．

定義 5 $\mathcal{S}$ 上の確率分布 $\boldsymbol{\pi} = (\pi_i)_{i\in\mathcal{S}}$ が任意の $t \geq 0$ に対して $\boldsymbol{\pi} = \boldsymbol{\pi}\,\boldsymbol{P}(t)$, すなわち，

$$\pi_j = \sum_{i\in\mathcal{S}} \pi_i\, P_{i,j}(t), \quad j \in \mathcal{S} \quad (17)$$

を満たすとき，$\boldsymbol{\pi}$ を推移確率半群 $(\boldsymbol{P}(t))_{t\geq 0}$ (または対応するマルコフ連鎖) の**定常分布**という．

式 (5), (17) より，初期状態が定常分布にしたがえば，すべての時刻における状態が定常分布にしたがう．このときマルコフ連鎖は定常であるという．離散時間型マルコフ連鎖に対する 2.1 節の定理 6 と同様，連続時間型マルコフ連鎖に対して次の定理が成り立つ．

定理 9 既約な連続時間型マルコフ連鎖では，正再帰的であることと定常分布が存在することは同値である．このとき，定常分布はただ一つである．

離散時間型マルコフ連鎖の場合と同様，既約なマルコフ連鎖が定常であれば，エルゴード的であるという．離散時間型マルコフ連鎖の場合の 2.1 節の式 (10) に対応して，既約で正再帰的な連続時間型マルコフ連鎖の定常分布 $\boldsymbol{\pi} = (\pi_i)_{i\in\mathcal{S}}$ は，

$$\pi_i = \frac{1}{q_i\,\mathsf{E}(U_i \mid X_0 = i)}, \quad i \in \mathcal{S}$$

を満たす．ここで，q_i^{-1} は状態 i での平均滞在時間，U_i は状態 i への再帰時間である．さらに，次の極限定理が成り立つ．

定理 10 $(\boldsymbol{P}(t))_{t\geq 0}$ を既約な連続時間型マルコフ連鎖 $\boldsymbol{X} = (X(t))_{t\geq 0}$ の推移確率半群とする．$\boldsymbol{X}$ が正再帰的であり，その定常分布を $\boldsymbol{\pi} = (\pi_i)_{i\in\mathcal{S}}$ とすると，

$$\lim_{t\to\infty} P_{i,j}(t) = \pi_j, \quad i,j \in \mathcal{S}$$

が成り立つ．一方，$\boldsymbol{X}$ が零再帰的または一時的であれば，

$$\lim_{t\to\infty} P_{i,j}(t) = 0, \quad i,j \in \mathcal{S}$$

である．

正則なマルコフ連鎖では，生成作用素によって推移確率半群を一意に定めることができるので，定常分布の満たす方程式も生成作用素を用いて表すことができる．

定理 11 $\boldsymbol{Q} = (q_{i,j})_{i,j\in\mathcal{S}}$ を $\mathcal{S}$ 上で正則なマルコフ連鎖 $\boldsymbol{X} = (X(t))_{t\geq 0}$ の生成作用素とするとき，$\mathcal{S}$ 上の確率分布 $\boldsymbol{\pi} = (\pi_i)_{i\in\mathcal{S}}$ が $\boldsymbol{X}$ の定常分布であるための必要十分条件は，$\boldsymbol{\pi}\boldsymbol{Q} = \boldsymbol{0}$, すなわち，

$$\sum_{i\in\mathcal{S}} \pi_i\, q_{i,j} = 0, \quad j \in \mathcal{S} \tag{18}$$

が成り立つことである．

$\mathcal{S}$ 上の確率分布 $\boldsymbol{\pi} = (\pi_i)_{i\in\mathcal{S}}$ がマルコフ連鎖の定常分布であれば必ず式 (18) が成り立つ．しかし，式 (18) を満たす確率分布 $\boldsymbol{\pi} = (\pi_i)_{i\in\mathcal{S}}$ は，対応するマルコフ連鎖が正則でなければ定常分布とはならないことに注意する．

$\mathcal{S}$ 上で正則なマルコフ連鎖の定常分布 $\boldsymbol{\pi} = (\pi_i)_{i\in\mathcal{S}}$ に対して，C を状態空間 $\mathcal{S}$ の空でない部分集合とすると，離散時間型マルコフ連鎖の場合と同様に式 (18) より，

$$\sum_{i\in\mathsf{C}} \sum_{j\in\mathcal{S}\setminus\mathsf{C}} \pi_i\, q_{i,j} = \sum_{i\in\mathcal{S}\setminus\mathsf{C}} \sum_{j\in\mathsf{C}} \pi_i\, q_{i,j} \tag{19}$$

が成り立つ．式 (18), (19) を平衡方程式と呼ぶ．

例 3 (出生死滅過程) 例 2 であげた出生死滅過程が $\mathbb{Z}_+$ 上で既約かつ正則であるとする．すなわち，式 (10), (11) で与えられる生成作用素が，$\lambda_i > 0$, $i \in \mathbb{Z}_+$, $\mu_i > 0$, $i \in \mathbb{N}$, および式 (15) を満たす．平衡方程式 (19) において $\mathsf{C} = \{0, 1, \cdots, i-1\}$, $i \in \mathbb{N}$, とすると，C と $\mathcal{S}\setminus\mathsf{C}$ との間の状態推移は $i-1$ から i への推移と i から $i-1$ への推移だけであるから，定常分布 $\boldsymbol{\pi} = (\pi_i)_{i\in\mathbb{Z}_+}$ は，

$$\pi_{i-1}\,\lambda_{i-1} = \pi_i\,\mu_i, \quad i \in \mathbb{N} \tag{20}$$

を満たす．したがって 2.1 節の例 4 と同様に，

$$\sum_{i=0}^{\infty} \prod_{k=0}^{i-1} \frac{\lambda_k}{\mu_{k+1}} < \infty \tag{21}$$

を満たす場合にかぎり，定常分布

$$\pi_i = \left(\sum_{j=0}^{\infty} \prod_{k=0}^{j-1} \frac{\lambda_k}{\mu_{k+1}} \right)^{-1} \prod_{k=0}^{i-1} \frac{\lambda_k}{\mu_{k+1}}, \quad i \in \mathbb{Z}_+ \tag{22}$$

が存在する．ただし，$\prod_{k=0}^{-1} \bullet = 1$ とする．

例 1 であげた定常ポアソン過程は純出生過程であり，すべての状態が一時的なので定常分布をもたない (ポアソン過程を含む点過程の定常性については「2.3 ポアソン過程」を参照).

f. 可逆性

$\boldsymbol{X} = (X(t))_{t\geq 0}$ を定常な連続時間型マルコフ連鎖とする．定常性より，時間が推移しても状態の確率分布は変わらないので，$\boldsymbol{X}$ が定義される時間の範囲を実数の集合 $\mathbb{R}$ に拡張できる．このとき，$\widetilde{X}(t) = X(-t)$, $t \in \mathbb{R}$, によって与えられる確率過程 $\widetilde{\boldsymbol{X}} = (\widetilde{X}(t))_{t\in\mathbb{R}}$ を $\boldsymbol{X}$ の逆過程 (reversed process) と呼ぶ．

定理 12 マルコフ連鎖 $\boldsymbol{X} = (X(t))_{t\in\mathbb{R}}$ が定常であれば，その逆過程 $\widetilde{\boldsymbol{X}} = (\widetilde{X}(t))_{t\in\mathbb{R}}$ も定常なマルコフ連鎖であり，$\boldsymbol{X}$ と $\widetilde{\boldsymbol{X}}$ は同じ定常分布をもつ．さらに，$\boldsymbol{X}$ の生成作用素を $\boldsymbol{Q} = (q_{i,j})_{i,j\in\mathcal{S}}$, 定常分布を $\boldsymbol{\pi} = (\pi_i)_{i\in\mathcal{S}}$ とすると，$\widetilde{\boldsymbol{X}}$ の生成作用素

$\widetilde{\boldsymbol{Q}} = (\widetilde{q}_{i,j})_{i,j\in\mathcal{S}}$ は，

$$\pi_i \widetilde{q}_{i,j} = \pi_j q_{j,i}, \quad i,j \in \mathcal{S} \tag{23}$$

を満たす．

マルコフ連鎖 $\boldsymbol{X} = (X(t))_{t\in\mathbb{R}}$ がその逆過程 $\widetilde{\boldsymbol{X}} = (\widetilde{X}(t))_{t\in\mathbb{R}}$ と同じ確率法則にしたがうとき，$\boldsymbol{X}$ は可逆 (reversible) であるという．定理 6，定理 11 より，正則なマルコフ連鎖の確率法則は生成作用素によって定まるので，$\widetilde{\boldsymbol{Q}} = \boldsymbol{Q}$ であれば，対応するマルコフ連鎖は可逆である．したがって，式 (23) より次の系を得る．

系 3 正則で定常な連続時間型マルコフ連鎖が可逆であるための必要十分条件は，生成作用素 $\boldsymbol{Q} = (q_{i,j})_{i,j\in\mathcal{S}}$ と定常分布 $\boldsymbol{\pi} = (\pi_i)_{i\in\mathcal{S}}$ に対して，

$$\pi_i q_{i,j} = \pi_j q_{j,i}, \quad i,j \in \mathcal{S} \tag{24}$$

が成り立つことである．

式 (24) は，定常状態において状態 i であるときに j へ推移する率と，状態 j であるときに i へ推移する率とが等しいことを表しており，**局所平衡方程式** (local balance equation) と呼ばれる．

式 (20) より，既約で定常な出生死滅過程は可逆である．

〔三 好 直 人〕

参 考 文 献

[1] P. Brémaud : Markov Chains: Gibbs Fields, Monte Carlo Simulation, and Queues, Springer, 1999.

[2] E. Çinlar : Introduction to Stochastic Processes, Prentice-Hall, 1975.

[3] R. W. Wolff : Stochastic Modeling and the Theory of Queues, Prentice-Hall, 1989.

[4] 宮沢政清：確率と確率過程，近代科学社，1993.

[5] 宮沢政清:待ち行列の数理とその応用，牧野書店，2006.

2.3 ポアソン過程

Poisson process

a. 点過程

1) 点過程とその強度

状態空間 $\mathbb{Z}_+$ 上の確率過程 $\boldsymbol{N} = (N(t))_{t\geq 0}$ が $N(0) = 0$ を満たし，その標本路は t に関して単調非減少であるとする．このとき，$\boldsymbol{N}$ を**点過程** (point process) または**計数過程** (counting process) と呼ぶ．$N(t)$ は，たとえば $(0,t]$ に起こるランダムな事象の回数を表すモデルとして用いられる．ここではさらに，$\boldsymbol{N}$ は正則な純ジャンプ過程であり，その不連続点における増分を 1 と仮定する．すなわち，任意の有界な区間において $\boldsymbol{N}$ の不連続点の数は確率 1 で有限であり，不連続点で 1 だけ増加する．このように，不連続点での増分が 1 である点過程を**単純** (simple) であるという．不連続点での値を確定するため，$\boldsymbol{N}$ の標本路は右連続かつ左極限をもつとする．仮定より，$\boldsymbol{N}$ の標本路は階段型の関数であり，その不連続点はランダムな事象が起こる時刻を表す．以下，$T_0 = 0$ として，$\boldsymbol{N}$ の不連続点を順に $0 = T_0 < T_1 < T_2 < \cdots$ と表す．$\boldsymbol{N}$ の単純性と正則性より，$\{T_n\}_{n\in\mathbb{Z}_+}$ は，

$$N(T_n) - N(T_n-) = 1, \quad n \in \mathbb{N},$$

$$\lim_{n\to\infty} T_n = \infty$$

を満たす．

点過程 $\boldsymbol{N} = (N(t))_{t\geq 0}$ において，

$$\lambda(t) = \lim_{h\downarrow 0} \frac{\mathsf{E}(N(t+h) - N(t))}{h}, \quad t \geq 0 \tag{1}$$

が存在するとき，$\lambda(t)$ を時刻 t での $\boldsymbol{N}$ の強度といい，$(\lambda(t))_{t\geq 0}$ を**強度関数** (intensity function) と呼ぶ．定義より，任意の $t \geq 0$ に対して $\lambda(t) \geq 0$ である．

定義 1 点過程 $\boldsymbol{N} = (N(t))_{t\geq 0}$ は増分の結合分布が時刻に依存しないとき，すなわち任意の $n \in \mathbb{N}$ と任意の $0 < t_1 < t_2 < \cdots < t_n$ に対して，

$$N(t_1+s) - N(s), N(t_2+s) - N(t_1+s), \cdots,$$

$$N(t_n+s)-N(t_{n-1}+s)$$

の結合分布が $s \in \mathbb{R}_+$ に依存しないとき定常であるという.

定常な点過程の強度は t の値によらず一定であり, $\lambda(t)=\mathsf{E}(N(1))$ が成り立つ. ここでは, 定常点過程の強度を単に λ と表す. 2.2 節の例 1 であげた定常ポアソン過程は定常点過程の代表例である.

2) 時間平均と事象平均

$\boldsymbol{X}=(X(t))_{t\geq 0}$ を実数値をとる連続時間型確率過程とする.

定義 2 確率過程 $\boldsymbol{X}=(X(t))_{t\geq 0}$ に対して,

$$\lim_{t\to\infty}\frac{1}{t}\int_0^t X(s)\,\mathrm{d}s$$

が存在するとき, この極限値を $\boldsymbol{X}$ の時間平均 (time-average) と呼ぶ. また, $\boldsymbol{N}=(N(t))_{t\geq 0}$ を正則かつ単純な点過程として,

$$\lim_{m\to\infty}\frac{1}{m}\sum_{n=1}^{m}X(T_n)$$

が存在するとき, この極限値を $\boldsymbol{N}$ を観測時点とする $\boldsymbol{X}$ の事象平均 (event-average) と呼ぶ.

特に, $\boldsymbol{X}$ がエルゴード性と呼ばれる性質をもつならば ($\boldsymbol{X}$ がマルコフ連鎖の場合のエルゴード性については「2.2 連続時間型マルコフ連鎖」を参照),

$$\lim_{t\to\infty}\frac{1}{t}\int_0^t X(s)\,\mathrm{d}s=\mathsf{E}(X(0))$$

が確率 1 で成り立つ.

定義 3 $\boldsymbol{N}=(N(t))_{t\geq 0}$ を単純かつ正則な点過程, $\boldsymbol{X}=(X(t))_{t\geq 0}$ を実数値確率過程とする. 任意の $n\in\mathbb{N}$ と任意の $0<t_1<t_2<\cdots<t_n$, 任意の $0<u_1<u_2<\cdots<u_n$ に対して,

$$N(t_1+s)-N(s), N(t_2+s)-N(t_1+s), \cdots,$$
$$N(t_n+s)-N(t_{n-1}+s),$$
$$X(u_1+s), X(u_2+s), \cdots, X(u_n+s)$$

の結合分布が $s\in\mathbb{R}_+$ に依存しないとき, $\boldsymbol{N}$ と $\boldsymbol{X}$ は同時に定常 (jointly stationary) であるという.

点過程 $\boldsymbol{N}$ と実数値確率過程 $\boldsymbol{X}$ が同時に定常で, 次の右辺の期待値が存在するとき,

$$\mathsf{E}_N^0(X(T_0))=\frac{1}{\lambda t}\,\mathsf{E}\left(\sum_{n=1}^{N(t)}X(T_n)\right) \qquad (2)$$

と定義する. ここで λ は $\boldsymbol{N}$ の強度である. $\mathsf{E}_N^0(X(T_0))$ は点過程 $\boldsymbol{N}$ を観測時点としたときの $(X(T_n))_{n\in\mathbb{N}}$ の期待値を表している. 特に, $\boldsymbol{N}$ と $\boldsymbol{X}$ が同時に定常でエルゴード的であれば,

$$\lim_{m\to\infty}\frac{1}{m}\sum_{n=1}^{m}X(T_n)=\mathsf{E}_N^0(X(T_0))$$

が確率 1 で成り立つ (定常ポアソン過程はエルゴード的である).

b. ポアソン過程

1) 定義と基本的な性質

定義 4 点過程 $\boldsymbol{N}=(N(t))_{t\geq 0}$ が次の条件を満たすとする.

(i) 任意の $n\in\mathbb{N}$ と任意の $0<t_1<t_2<\cdots<t_n$ に対して, $N(t_1), N(t_2)-N(t_1), \cdots, N(t_n)-N(t_{n-1})$ が互いに独立.

(ii) 非負実数値関数 $(\lambda(t))_{t\geq 0}$ が存在して, $0\leq s<t$ に対して $N(t)-N(s)$ が平均 $\int_s^t \lambda(u)\,\mathrm{d}u$ のポアソン分布にしたがう. すなわち, $k=0,1,2,\cdots$ に対して,

$$\mathsf{P}(N(t)-N(s)=k) = \frac{\left(\int_s^t \lambda(u)\,\mathrm{d}u\right)^k}{k!}\,e^{-\int_s^t \lambda(u)\,\mathrm{d}u}$$

このとき, $\boldsymbol{N}$ を強度関数 $(\lambda(t))_{t\geq 0}$ をもつポアソン過程という.

ポアソン過程 $\boldsymbol{N}$ の強度関数 $(\lambda(t))_{t\geq 0}$ は式 (1) を満たす. 特に, 実数 $\lambda>0$ が存在して, $\lambda(t)=\lambda$ であれば, $\boldsymbol{N}$ は強度 λ をもつ定常ポアソン過程である. 一般に, (i) の性質をもつ確率過程は, **独立増分** (independent increments) をもつといわれる. 定義 4 の条件 (ii) は点過程の単純性に置き換えることができる.

定理 1 単純で独立増分をもつ点過程はポアソン過程である.

2) PASTA

$\boldsymbol{N} = (N(t))_{t\geq 0}$ を強度 λ をもつ定常ポアソン過程とし，$\boldsymbol{X} = (X(t))_{t\geq 0}$ を右連続で左極限をもつ非負値確率過程とする．

定理 2 任意の $t \geq 0$ に対して $(X(s))_{s<t}$ が $(N(u) - N(t))_{u\geq t}$ と独立であれば，

$$\lim_{m\to\infty} \frac{1}{m}\sum_{n=1}^{m} X(T_n-) = \lim_{t\to\infty}\frac{1}{t}\int_0^t X(s)\,\mathrm{d}s \quad (3)$$

が確率 1 で成り立つ．

式 (3) は，定常ポアソン過程 $\boldsymbol{N}$ の不連続点の直前を観測時点とする $\boldsymbol{X}$ の事象平均が，$\boldsymbol{X}$ の時間平均に一致していることを表しており，これを **PASTA** (Poisson arrivals see time averages) と呼ぶ．

一方，定理 2 と同じ条件のもとで，

$$\mathsf{E}\left(\sum_{n=1}^{N(t)} X(T_n-)\right) = \lambda\,\mathsf{E}\left(\int_0^t X(s)\,\mathrm{d}s\right), \quad t \geq 0 \quad (4)$$

が成り立つ．式 (4) をポアソン過程による**平滑化公式** (smoothing formula) と呼ぶ．したがって $\boldsymbol{X}$ が $\boldsymbol{N}$ と同時に定常であれば，式 (2) より以下の定理が得られる．

定理 3 ポアソン過程 $\boldsymbol{N}$ と非負値確率過程 $\boldsymbol{X}$ が同時に定常であるとする．任意の $t \geq 0$ に対して $(X(s))_{s<t}$ が $(N(u) - N(t))_{u\geq t}$ と独立であれば，

$$\mathsf{E}_N^0(X(T_0-)) = \mathsf{E}(X(0)) \quad (5)$$

が成り立つ．

式 (5) を**定常版 PASTA** (stationary PASTA) と呼ぶ．特に，$\boldsymbol{X}$ がエルゴード的であれば，式 (5) は式 (3) と等価である． 〔三 好 直 人〕

参 考 文 献

[1] P. Brémaud : Markov Chains: Gibbs Fields, Monte Carlo Simulation, and Queues, Springer, 1999.

[2] E. Çinlar : Introduction to Stochastic Processes, Prentice-Hall, 1975.

[3] R. W. Wolff : Stochastic Modeling and the Theory of Queues, Prentice-Hall, 1989.

[4] 宮沢政清：確率と確率過程，近代科学社，1993.

[5] 宮沢政清：待ち行列の数理とその応用，牧野書店，2006.

2.4 出生死滅型待ち行列

birth death queueing

ここでは，出生死滅過程として表すことのできる待ち行列系を考える．客は 1 人ずつ強度 $\lambda \in (0,\infty)$ の定常ポアソン過程にしたがって到着し，それぞれの客のサービスにかかる時間は互いに独立に平均 $\mu^{-1} \in (0,\infty)$ の指数分布にしたがう．また，到着過程とサービス時間列は互いに独立であるとする．このとき，系内の客数を表す確率過程を $\boldsymbol{X} = (X(t))_{t\geq 0}$ とすると，$\boldsymbol{X}$ は出生死滅過程となる (後述)．$\boldsymbol{X}$ の不連続点は客の到着か退去のどちらかを表すが，定常ポアソン過程の性質より，任意の有界な区間に到着する客数は有限であり，また同じ区間に退去する客数はもともと系内にいた客数と新しく到着した客数の和を超えることはないので，$\boldsymbol{X}$ は正則である．

a. M/M/1 と M/M/1/*K*

1) M/M/1 待ち行列

窓口が一つのモデルを考える．到着した客は，他にサービス中の客がいなければ直ちにサービスを受け，自分のサービスが終了すると退去する．到着時にサービス中の客がいれば，自分の番がくるまで待つ．ただし，待つためのスペースは十分に広く，無限に多くの客が待つことができると仮定する．この確率モデルを **M/M/1 待ち行列** (M/M/1 queue) と呼ぶ．

このモデルにおいて $X(t) = 0$ とすると，次に状態が変化するのは客が到着したときであり，状態 0 での残り滞在時間は平均 λ^{-1} の指数分布にしたがう．そして，客が到着すれば確率 1 で状態 1 に推移する．$X(t) = i \in \mathbb{N}$ であれば，状態が変化するのは，次の客の到着，あるいはサービス中の客のサービス終了のいずれかが先に起こったときである．これらの残り時間をそれぞれ τ_U, τ_S とすると，τ_U, τ_S はそれぞれ平均 λ^{-1}, μ^{-1} の指数分布にしたがい，互いに独立なので，

$$\begin{aligned}\mathsf{P}(\min(\tau_U, \tau_S) > t) &= \mathsf{P}(\tau_U > t)\,\mathsf{P}(\tau_S) > t)\\ &= e^{-(\lambda+\mu)t}, \quad t \geq 0\end{aligned}$$

である．すなわち，状態 $i \in \mathbb{N}$ での滞在時間は平均 $(\lambda+\mu)^{-1}$ の指数分布にしたがう．状態推移時点での推移確率は，

$$p_{i,i+1} = \mathsf{P}(\tau_U < \tau_S) = \frac{\lambda}{\lambda+\mu}$$
$$p_{i,i-1} = \mathsf{P}(\tau_U \geq \tau_S) = \frac{\mu}{\lambda+\mu}$$

である．したがって $\boldsymbol{X}$ は，2.2 節例 2 の式 (10), (11) において，$\lambda_i = \lambda$, $i \in \mathbb{Z}_+$, $\mu_i = \mu$, $i \in \mathbb{N}$, を満たす出生死滅過程である．

2.2 節例 3 の式 (21) より，$\boldsymbol{X}$ は $\rho = \lambda/\mu < 1$ が満たされる場合にかぎり定常分布をもち，定常分布は式 (22) より，

$$\pi_i = (1-\rho)\,\rho^i, \quad i \in \mathbb{Z}_+$$

で与えられる．すなわち，定常状態における系内客数はパラメータ ρ の幾何分布にしたがう．この ρ をトラヒック強度 (traffic intensity) と呼ぶ．

客は到着した順番にサービスを受けるものとして，その滞在時間分布を考える．ある時刻における系内客数は未来の到着の影響は受けないので，ポアソン過程の独立増分性より，2.3 節の定理 2，3 の PASTA の条件は満たされる．したがって，客の到着直前の系内客数は定常分布にしたがう．客の到着時にサービス中の客がいたとすると，指数分布の無記憶性より，残りサービス時間は平均 μ^{-1} の指数分布にしたがう．到着直前に系内に i 人の客がいたとすると，到着客の系内滞在時間は，互いに独立で同じ指数分布にしたがう $i+1$ 個の確率変数の和である．この和は $i+1$ 次のアーラン分布 (Erlang distribution) にしたがうので，到着客の系内滞在時間 V の確率分布は，

$$\mathsf{P}(V > t) = (1-\rho)\sum_{i=0}^{\infty}\rho^i \sum_{k=0}^{i}\frac{(\mu\,t)^k}{k!}\,e^{-\mu t}$$
$$= e^{-(\mu-\lambda)t}, \quad t \geq 0$$

で与えられる．すなわち，客の系内滞在時間は平均 $(\mu-\lambda)^{-1}$ の指数分布にしたがう．

2) M/M/1/K 待ち行列

窓口の数は前節と同様に一つであるが，系内に入ることができる最大客数が $K \in \mathbb{N}$ であるモデルを考える．客が到着したとき，すでに K 人の客が系内にいれば，到着客はサービスを受けられずに退去する．このモデルを **M/M/1/K 待ち行列** (M/M/1/K queue) と呼ぶ．また，到着客がサービスを受けられずに退去することを呼損 (loss) と呼ぶ．状態空間は $\mathcal{S} = \{0, 1, 2, \cdots, K\}$ であり，系内客数を表す確率過程 $\boldsymbol{X} = (X(t))_{t\geq 0}$ は状態 0 と K に反射壁をもつ出生死滅過程として表される．その推移図は図 1 で与えられる．

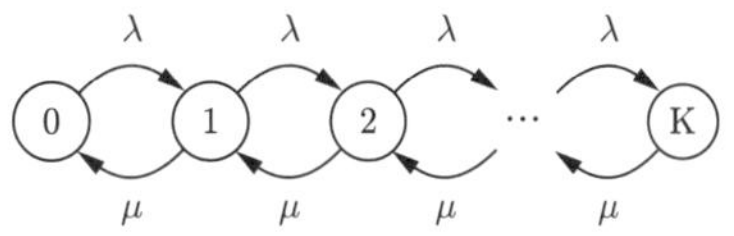

図 1 M/M/1/K 待ち行列の推移図

この場合，状態空間が有限なので，λ と μ の値に関係なく，$\boldsymbol{X}$ には定常分布が存在する．M/M/1 の場合と同様に，2.2 節，例 3 の式 (20) より，

$$\pi_i = \rho^i\,\pi_0, \quad i = 1, 2, \cdots, K$$

が成り立つ．したがって $\sum_{i=0}^{K}\pi_i = 1$ より，$\rho \neq 1$ のとき，

$$\pi_i = \frac{(1-\rho)\,\rho^i}{1-\rho^{K+1}}, \quad i = 0, 1, \cdots, K$$

であり，$\rho = 1$ のとき，

$$\pi_i = \frac{1}{K+1}, \quad i = 0, 1, \cdots, K$$

である．PASTA より，客の到着直前の系内客数は定常分布にしたがうので，到着客が呼損となる確率は π_K で与えられる．

b. M/M/c と M/M/c/c

1) M/M/c

系内客数に制限はなく $c \in \mathbb{N}$ 個の窓口をもつモデルを考える．このモデルを **M/M/c** と表す．系内客数が $i \in \{1, 2, \cdots, c\}$ のときは，i 人の客が同時にサービス中なので，状態 i から $i-1$ への推移率は $i\mu$ である．一方，$i \in \{c+1, c+2, \cdots\}$ のときは状態 i から $i-1$ への推移率は $c\mu$ である．すなわち，推移図は図 2 で与えられる．

平衡方程式は，

$$\pi_{i-1}\,\lambda = \begin{cases} \pi_i\, i\,\mu, & i = 1, 2, \cdots, c \\ \pi_i\, c\,\mu, & i = c+1, c+2, \cdots \end{cases}$$

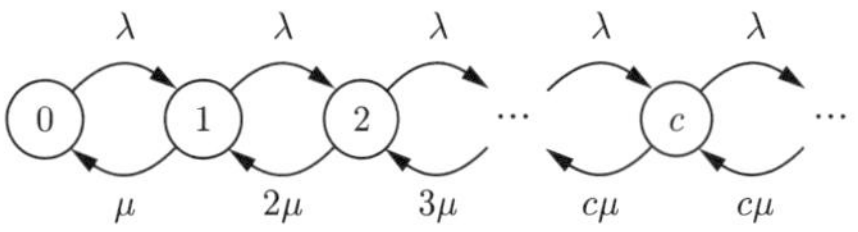

図 2　M/M/c 待ち行列の推移図

であるから，定常分布は $\rho=\lambda/\mu$ として，

$$\pi_i=\begin{cases}\dfrac{\rho^i}{i!}\,\pi_0, & i=0,1,\cdots,c\\ \dfrac{\rho^i}{c^{i-c}\,c!}\,\pi_0, & i=c+1,c+2,\cdots\end{cases}$$

を満たす．したがって，$\rho<c$ の場合のみ定常分布が存在し，

$$\pi_0=\left(\sum_{i=0}^{c-1}\frac{\rho^i}{i!}+\frac{\rho^c}{c!}\,\frac{c}{c-\rho}\right)^{-1}$$

により求められる．到着した客がすぐにサービスを受けられず，行列に並ばなければならない確率は，PASTA より $\overline{\pi}_c=\sum_{i=c}^{\infty}\pi_i$ で与えられ，

$$\overline{\pi}_c=\frac{\dfrac{\rho^c}{c!}\,\dfrac{c}{c-\rho}}{\sum_{i=0}^{c-1}\dfrac{\rho^i}{i!}+\dfrac{\rho^c}{c!}\,\dfrac{c}{c-\rho}}$$

$$=\left(1+(c-\rho)\,(c-1)!\sum_{i=0}^{c-1}\frac{1}{i!\,\rho^{c-i}}\right)^{-1} \qquad (1)$$

である．式 (1) はアーラン **C** 式 (Erlang C formula) と呼ばれる．

2)　M/M/*c*/*c*

次に，窓口の数 c は同じであるが，客が待つスペースはなく，客が到着したときにすべての窓口でサービス中であれば，到着客はサービスを受けられずに退去するモデルを考える．このモデルを **M/M/*c*/*c*** と表す．系内客数を表す確率過程の状態空間は $\mathcal{S}=\{0,1,\cdots,c\}$ であり，その推移図は図 3 で与えられる．

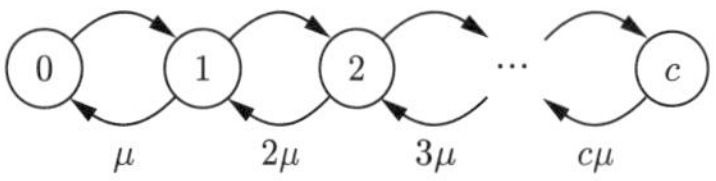

図 3　M/M/c/c 待ち行列の推移図

M/M/c の場合と同様に定常分布 $\boldsymbol{\pi}=(\pi_i)_{i\in\mathcal{S}}$ は $\rho=\lambda/\mu$ として，

$$\pi_i=\frac{\rho^i}{i!}\,\pi_0,\quad i=0,1,\cdots,c$$

を満たす．状態空間が有限なので，λ,μ の値にかかわらず定常分布が存在し，

$$\pi_i=\frac{\rho^i/i!}{\sum_{n=0}^{c}\rho^n/n!},\quad i=0,1,\cdots,c \qquad (2)$$

が成り立つ．式 (2) の右辺で表される確率分布は c で打ち切られたポアソン分布 (Poisson distribution trancated at c) と呼ばれる．X を平均 ρ のポアソン分布にしたがう確率変数とすると，$\mathsf{P}(X=i\mid X\leq c)$ が式 (2) の右辺で与えられるからである．特に，客数が c である確率，

$$\pi_c=\frac{\rho^c/c!}{\sum_{n=0}^{c}\rho^n/n!}$$

は到着客が呼損となる確率を表し，**アーランの呼損式** (Erlang's loss formula) またはアーラン **B** 式 (Erlang B formula) と呼ばれる．

c.　M/M/∞

最後に，窓口が無限にあるモデルを考える．このモデルを **M/M/∞** と表す．このモデルでは，到着した客は直ちにサービスを受けられ，サービスが終了すると退去する．系内客数を表す確率過程を $\boldsymbol{X}=(X(t))_{t\geq 0}$ とすると，$\boldsymbol{X}$ の推移図は図 4 で与えられる．$\boldsymbol{X}$ は正則ではあるが，状態が i のときの滞在時間分布のパラメータは $\lambda+i\mu$ であり，これは有界ではないので一様化可能ではない．

M/M/c の場合と同様，定常分布 $\boldsymbol{\pi}=(\pi_i)_{i\in\mathbb{Z}_+}$ は $\rho=\lambda/\mu$ として，

$$\pi_i=\frac{\rho^i}{i!}\,\pi_0,\quad i\in\mathbb{Z}_+$$

を満たす．したがって，$\sum_{i=0}^{\infty}(\rho^i/i!)=e^{\rho}$ より，定常分布は，

$$\pi_i=e^{-\rho}\,\frac{\rho^i}{i!},\quad i\in\mathbb{Z}_+$$

によって与えられる．すなわち，平均 ρ のポアソン分布である．

〔三 好 直 人〕

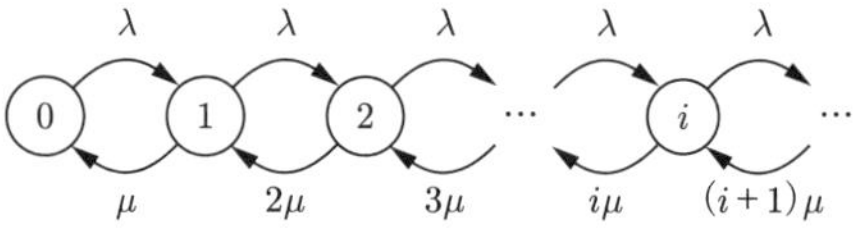

図 4　M/M/∞ 待ち行列の推移図

参考文献

[1] R. W. Wolff : Stochastic Modeling and the Theory of Queues, Prentice-Hall, 1989.
[2] 宮沢政清：待ち行列の数理とその応用，牧野書店，2006.

3 セミマルコフ型

3.1 再生理論

renewal theory

再生理論とは，再生過程に関する諸定理の体系を指す．再生過程は「再生」と呼ばれる抽象的な事象の発生個数を数える計数過程の一種であり，その代表的な例はポアソン過程である．ポアソン過程では，再生の発生時間間隔が独立で同一な指数分布にしたがうが，一般的な再生過程では指数分布に限定されず一般分布にしたがうとされる．再生理論は非常に強力な数学道具であり，待ち行列モデルにかぎらず多くの確率モデルの解析に欠かせない理論である．ここでは，特に待ち行列モデルへの応用を念頭におきつつ，基本的な性質と定理について述べる．

a. 再生過程

1) 定義と基本的性質

まず，再生過程の定義を与える．以下では，分布関数 F は $\mathbb{R}_+ \triangleq [0,\infty)$ で定義された右連続で左極限をもつ関数であり，$\lim_{x\to\infty} F(x) = 1$，$0 < \mu \triangleq \int_0^\infty x\mathrm{d}F(x) < \infty$ を満たすものとする．

定義 1 $X_0 = 0$ とし，$\{X_n; n = 1, 2, \cdots\}$ を独立で同一な分布 F にしたがう非負の確率変数列とする．このとき，$T_n = \sum_{i=0}^{n} X_i\,(n \in \mathbb{Z}_+ \triangleq \{0, 1, \cdots\})$ を n 番目の再生時刻とする．したがって，$\{X_n\}$ は再生の発生時間間隔となる．ここで，$N(t)\,(t \geq 0)$ を時刻 t までに起こった再生の数，すなわち，

$$N(t) = \sum_{n=0}^{\infty} 1\!\!1(T_n \leq t) \tag{1}$$

とするとき，$\{N(t); t \geq 0\}$ を再生過程と呼ぶ．ただし，$1\!\!1(A)$ は命題 A が真のとき 1 を，偽のとき 0 を返す関数とする．

定理 1 以下の極限が確率 1 で成り立つ．

$$\lim_{t\to\infty} \frac{N(t)}{t} = \frac{1}{\mu} \tag{2}$$

証明 任意の自然数 K に対して，事象 $\{N(t) < K\}$ と事象 $\{T_K > t\}$ は等価であるので，大数の強法則より，

$$\lim_{t\to\infty} \mathsf{P}[N(t) < K] = \lim_{t\to\infty} \mathsf{P}[T_K > t] = 0$$

が成り立ち，確率 1 で $\lim_{t\to\infty} N(t) = \infty$ となる．したがって，再び大数の強法則を用いると，確率 1 で

$$\lim_{t\to\infty} \frac{T_{N(t)}}{N(t)} = \lim_{t\to\infty} \frac{X_1 + \cdots + X_{N(t)}}{N(t)} = \mu \tag{3}$$

を得る．ここで，$T_{N(t)} < t \leq T_{N(t)+1}$ より，

$$\frac{T_{N(t)}}{N(t)} < \frac{t}{N(t)} \leq \frac{N(t)+1}{N(t)} \frac{T_{N(t)+1}}{N(t)+1} \tag{4}$$

となるので，式 (3) と $\lim_{t\to\infty}(N(t)+1)/N(t) = 1$ を式 (4) に適用すれば，式 (2) が得られる．

定義 2 (停止時刻) τ を非負整数値をとる確率変数とする．事象 $\{\tau \leq n\}$ が $X_1, \cdots, X_n$ だけで決まるとき，τ を $\{X_n\}$ に対する停止時刻 (stopping time) と呼ぶ．

例 1 $\tau = N(t) + 1$ とすると，事象 $\{\tau \leq n\}$ は事象 $\{X_1 + \cdots + X_n > t\}$ と等価である．したがって，τ は $\{X_n\}$ に対する停止時刻である．

定理 2 (ワルド (Wald) の等式) τ を $\{X_n\}$ に対する停止時刻とする．このとき，$\mathsf{E}[\tau] < \infty$ ならば，次式が成り立つ．

$$\mathsf{E}[T_\tau] = \mu \mathsf{E}[\tau]$$

証明 $T_\tau = \sum_{n=1}^{\infty} X_n 1\!\!1(\tau \geq n)$ の両辺の期待値をとり，単調収束定理を用いると

$$\begin{aligned}\mathsf{E}[T_\tau] &= \lim_{m\to\infty} \mathsf{E}\left[\sum_{n=1}^{m} X_n 1\!\!1(\tau \geq n)\right] \\ &= \lim_{m\to\infty} \sum_{n=1}^{m} \mathsf{E}[X_n 1\!\!1(\tau \geq n)] \\ &= \sum_{n=1}^{\infty} \mathsf{E}[X_n | \tau \geq n] \mathsf{P}[\tau \geq n]\end{aligned}$$

が得られる．$\{r \geq n\}$ は $\{r \leq n-1\}$ の補事象なの

で，$X_1, \cdots, X_{n-1}$ のみに依存し，X_n とは独立である．すなわち，$\mathsf{E}[X_n|\tau \geq n] = \mathsf{E}[X_n] = \mu$．よって，

$$\mathsf{E}[T_\tau] = \mu \sum_{n=1}^{\infty} \mathsf{P}[\tau \geq n] = \mu \mathsf{E}[\tau]$$

が成り立つ．

2) 再生関数

以下で定義される再生関数 R は再生理論において重要な役割を果たす．

定義 3 (再生関数) 時刻 t までの平均累積再生数 $R(t) \triangleq \mathsf{E}[N(t)]$ を再生関数と呼ぶ．

式 (1) の両辺の期待値をとり，単調収束定理を用いると

$$\begin{aligned}
R(t) &= \lim_{m\to\infty} \mathsf{E}\left[\sum_{n=0}^{m} \mathbb{1}(T_n \leq t)\right] \\
&= \sum_{n=0}^{\infty} \mathsf{E}[\mathbb{1}(T_n \leq t)] = \sum_{n=0}^{\infty} \mathsf{P}[T_n \leq t] \\
&= \sum_{n=0}^{\infty} F^{n*}(t)
\end{aligned}$$

となる. ただし, F^{n*} は関数 F の n 重たたみ込みであり,

$$F^{0*}(t) = \mathbb{1}(t \geq 0), \quad F^{1*}(t) = F(t),$$
$$F^{n*}(t) = \int_0^t F^{(n-1)*}(t-x)\mathrm{d}F(x), \quad n = 2, 3, \cdots$$

で定義される．

定理 3 (初等再生定理) 次の極限が成り立つ．

$$\lim_{t\to\infty} = \frac{R(t)}{t} = \frac{1}{\mu}$$

証明 $N(t)+1$ は停止時刻なので (例 1 参照)，定理 2 と $T_{N(t)+1} > t$ から，$\mu(\mathsf{E}[N(t)]+1) > t$ を得る．よって，$R(t)/t \geq 1/\mu - 1/t$ となり，次式が成り立つ．

$$\liminf_{t\to\infty} \frac{R(t)}{t} \geq \frac{1}{\mu}$$

したがって，

$$\limsup_{t\to\infty} \frac{R(t)}{t} \leq \frac{1}{\mu} \tag{5}$$

を示せば十分である．さて，任意に固定された自然数 K に対し，$X_n^{(K)} = \min(X_n, K), T_n^{(K)} = X_1^{(K)} + \cdots + X_n^{(K)} (n \in \mathbb{Z}_+), N^{(K)}(t) = \sum_{n\in\mathbb{Z}_+} \mathbb{1}(T_n^{(K)} \leq t)$ と定義すると，$X_n^{(K)} \leq X_n$ $(\forall n \in \mathbb{Z}_+)$ となることから，$N^{(K)}(t) \geq N(t)$ $(\forall t \in \mathbb{R}_+)$ が成り立つ．また，$N^{(K)}(t)+1$ は $\{X_n^{(K)}\}$ に対する停止時刻であることに注意すると，定理 2 より次式を得る．

$$\begin{aligned}
\mathsf{E}\left[T^{(K)}_{N^{(K)}(t)+1}\right] &= \mathsf{E}[X_1^{(K)}]\,\mathsf{E}[N^{(K)}(t)+1] \\
&\geq \mathsf{E}[X_1^{(K)}]\,\mathsf{E}[N(t)+1] \\
&\geq \mathsf{E}[X_1^{(K)}]R(t)
\end{aligned} \tag{6}$$

さらに，式 (6) と $T^{(K)}_{N^{(K)}(t)+1} \leq t + X^{(K)}_{N^{(K)}(t)+1} \leq t + K$ から，

$$\begin{aligned}
\limsup_{t\to\infty} \frac{R(t)}{t} &\leq \limsup_{t\to\infty} \frac{1}{\mathsf{E}[X_1^{(K)}]}\left(1 + \frac{K}{t}\right) \\
&= \frac{1}{\mathsf{E}[X_1^{(K)}]}
\end{aligned}$$

が成り立つ．ここで，$K \to \infty$ とすると，$\mathsf{E}[X_1^{(K)}] \to \mathsf{E}[X_1] = \mu$ となるので，式 (5) を得る．

次に再生理論のなかで最も重要な定理である「ブラックウェル (Blackwell) の再生定理」を紹介する．ブラックウェルの再生定理は再生間隔の分布が非格子型，あるいは格子型であるかによって，結果の表現が変わる．

定義 4 ある $\delta > 0$ に対して，分布関数 F が区間 $[n\delta, n\delta + \delta)$ $(\forall n \in \mathbb{Z}_+)$ で一定であり，その不連続点がすべて $n\delta$ $(n \in \mathbb{Z}_+)$ の形で書けるとき，F は格子型であるといわれ，

$$\{x \in \mathbb{R}_+; F(x) - \lim_{y\uparrow x} F(y) > 0\} \subseteq \{n\delta; n \in \mathbb{Z}_+\}$$

を満たす最大の正数 δ を格子幅 (span) と呼ぶ．

定理 4 (ブラックウェルの再生定理) 関数 F が非格子型であるとき，

$$\lim_{t\to\infty}[R(t+s) - R(t)] = \frac{s}{\mu}, \quad \forall s > 0$$

が成り立つ．また，関数 F が格子幅 δ の格子型である場合には次式が成り立つ．

$$\lim_{t\to\infty}[R(t+n\delta) - R(t)] = \frac{n\delta}{\mu}, \quad \forall n \in Z_+$$

定理 4 の証明については，文献 [1] の Chapter V, Theorem 2.2 および 4.4 を参照されたい．

3) 再生方程式

以下では，γ を $\mathbb{R}_+$ 上の非負値関数とする．

定義 5 (再生方程式) $\mathbb{R}_+$ 上の関数 ψ が満たす以下の積分方程式を再生方程式と呼ぶ.

$$\psi(t) = \gamma(t) + \int_0^t \psi(t-x)\mathrm{d}F(x), \qquad t \in \mathbb{R}_+ \quad (7)$$

式 (7) は畳み込みを表す演算子 $*$ を用いて, $\psi = \gamma + \psi * F$ と書かれることもある.

定理 5 γ が $\mathbb{R}_+$ 上の任意の有限区間で有界であるとき, 次式で与えられる ψ は再生方程式 (7) の唯一の解となる.

$$\psi(t) = \int_0^t \gamma(t-x)\mathrm{d}R(x) \qquad (8)$$

証明 定義より $R = \sum_{n=0}^{\infty} F^{n*}$ であるので, 式 (8) から

$$\gamma + \psi * F = \gamma + \gamma * \sum_{n=0}^{\infty} F^{n*} * F = \gamma * \sum_{n=0}^{\infty} F^{n*} = \psi$$

となり, ψ は確かに再生方程式 (7) の解である. 次に解 ψ の一意性を示す. ψ_0 を再生方程式 (7) の解とすると, $\psi - \psi_0 = (\psi - \psi_0) * F$ が成り立つ. したがって, 任意の $n = 1, 2, \cdots$ に対して,

$$\psi - \psi_0 = (\psi - \psi_0) * F^{n*}$$

となる. 任意に固定された $x \in \mathbb{R}_+$ に対して, n を十分大きくとると, $x/n - \mu < 0$ となり

$$\begin{aligned} F^{n*}(x) &= \mathsf{P}[X_1 + \cdots + X_n \leq x] \\ &\leq \mathsf{P}\left[\left|\frac{X_1 + \cdots + X_n}{n} - \mu\right| \geq \left|\frac{x}{n} - \mu\right|\right] \end{aligned}$$

が成り立つ. よって大数の弱法則により $\lim_{n\to\infty} F^{n*}(x) = 0$ となり, $\psi = \psi_0$ を得る.

定義 6 (直接リーマン積分) 任意の有限区間で有界な $\mathbb{R}_+$ 上の非負値関数 γ と $b > 0$ に対して, $\underline{S}(b)$ および $\overline{S}(b)$ を

$$\underline{S}(b) = b \sum_{n \in \mathbb{Z}_+} \inf\{\gamma(x); nb \leq x < nb + b\}$$

$$\overline{S}(b) = b \sum_{n \in \mathbb{Z}_+} \sup\{\gamma(x); nb \leq x < nb + b\}$$

と定義する. このとき, $\underline{S}(b)$ と $\overline{S}(b)$ が任意の $b > 0$ に対して収束し, $\lim_{b\downarrow 0}(\overline{S}(b) - \underline{S}(b)) = 0$ が成り立つならば, γ は直接リーマン積分可能 (directly Riemann integrable) といい, 次式が成り立つ.

$$\lim_{b\downarrow 0} \underline{S}(b) = \lim_{b\downarrow 0} \overline{S}(b) = \int_0^{\infty} \gamma(x)\mathrm{d}x$$

次の補題は $\mathbb{R}_+$ 上の非負値関数が直接リーマン積分可能かどうかを判定する際に役立つ. 証明などの詳細については文献 [2] の Chapter 9, Proposition 2.16 を参照のこと.

補題 1 g を $\mathbb{R}_+$ 上の非負値関数とする.

(a) g が連続であり, かつ, ある有限区間でのみ正の値をとるならば, 直接リーマン積分可能である.

(b) g が単調非増加であるとする. このとき, g がリーマン積分可能であることと, g が直接リーマン積分可能であることは等価である.

(c) h を $\mathbb{R}_+$ 上の分布関数とする. このとき, g が直接リーマン積分可能ならば, g と h のたたみ込み $g * h$ も直接リーマン積分可能である.

以下に示す鍵再生定理 (key renewal theorem) は, 再生構造をもつ確率過程, たとえばマルコフ連鎖などの極限分布を導出するのに用いられるきわめて重要な定理である. 証明については [2] の Chapter 9, Theorem 2.8 を参照されたい.

定理 6 (鍵再生定理) 分布関数 F が非格子型ならば, 関数 γ が直接リーマン積分可能であるとき,

$$\lim_{t\to\infty} \gamma * R(t) = \frac{1}{\mu}\int_0^{\infty} \gamma(x)\mathrm{d}x$$

が成り立つ. 一方, F が格子幅 δ をもつ格子型ならば, $\sum_{n=0}^{\infty} |\gamma(x + n\delta)| < \infty$ であるとき, 次式が成立する.

$$\lim_{n\to\infty} \gamma * R(x + n\delta) = \frac{\delta}{\mu}\sum_{k=0}^{\infty} \gamma(x + k\delta)$$

b. マルコフ再生過程

マルコフ再生過程とは, 前節で述べた再生過程にマルコフ的な環境を導入した計数過程である. マルコフ再生過程に関する理論体系はマルコフ再生理論と呼ばれ, M/G/1 や GI/M/1, その他, さまざまな待ち行列モデルにおける系内客数過程の極限分布を導出するのに用いられる.

マルコフ再生過程の定義を与える. S_n $(n \in \mathbb{Z}_+)$ を加算集合 $\mathbb{S}$ 上の確率変数とする. また, $X_0 = 0$ とし, X_n $(n = 1, 2, \cdots)$ を非負確率変数とする. ここで,

$T_n = \sum_{k=0}^{n} X_k$ とおき，$\mathbb{R}_+$ 上の関数 $N, N_j\ (j \in \mathbb{S})$ を次のように定義する．

$$N(t) = \sum_{j \in \mathbb{S}} N_j(t) = \sum_{n=0}^{\infty} \mathbb{1}(T_n \le t)$$

$$N_j(t) = \sum_{n=0}^{\infty} \mathbb{1}(T_n \le t, S_n = j) \tag{9}$$

定義 7 (マルコフ再生過程) 任意の $n \in \mathbb{Z}_+, x \in \mathbb{R}_+, j \in \mathbb{S}$ に対して

$$\begin{aligned} &\mathsf{P}[X_{n+1} \le x, S_{n+1} = j | (X_k, S_k)\,(k = 0, 1, \cdots, n)] \\ &\quad = \mathsf{P}[X_{n+1} \le x, S_{n+1} = j | S_n] \end{aligned} \tag{10}$$

が成り立つとき，$\{(N_j(t); j \in \mathbb{S}); t \ge 0\}$ をマルコフ再生過程 (Markov renewal process) と呼ぶ．また，$F_{i,j}(x) = \mathsf{P}[X_{n+1} \le x, S_{n+1} = j | S_n = i]\ (x \in \mathbb{R}_+)$ とするとき，行列値関数 $\boldsymbol{F} = (F_{i,j}; i, j \in \mathbb{S})$ をセミマルコフ核 (semi-Markov kernel) という．

次に，マルコフ再生過程に関連する二つの確率過程，「セミマルコフ過程」と「隠れマルコフ連鎖」の定義を与える．

定義 8 (セミマルコフ過程) $S(t) = S_{N(t)}\ (t \in \mathbb{R}_+)$ とするとき，$\{S(t); t \in \mathbb{R}_+\}$ をセミマルコフ過程と呼ぶ．

注意 1 任意の $i, j \in \mathbb{S}$ に対して，ある $\lambda_{i,j} > 0$ が存在し，$F_{i,j}(x) = 1 - e^{-\lambda_{i,j} x}\ (x \in \mathbb{R}_+)$ のように書けるとき，$\{S(t)\}$ はマルコフ連鎖となる．

定義 9 (隠れマルコフ連鎖) 式 (10) より，$\{S_n; n \in Z_+\}$ はマルコフ連鎖であり，セミマルコフ過程 $\{S(t)\}$ に対する隠れマルコフ連鎖と呼ばれる．また，その遷移確率行列は $\boldsymbol{P} \triangleq \lim_{x \to \infty} \boldsymbol{F}(x)$ で与えられる．

以下で定義されるマルコフ再生関数は，再生過程における再生関数 (定義 3 参照) に対応する．

定義 10 (マルコフ再生関数) $\mathbb{R}_+$ 上の関数 $R_{i,j}\ (i, j \in \mathbb{S})$ を次のように定義する．

$$R_{i,j}(t) = \mathsf{E}[N_j(t) | S_0 = i], \qquad t \in \mathbb{R}_+ \tag{11}$$

このとき，$\boldsymbol{R} = (R_{i,j}; i, j \in \mathbb{S})$ をマルコフ再生関数と呼ぶ．

任意の自然数 n に対して，$\mathbb{R}_+$ 上の行列値関数 $\boldsymbol{F}^{n*} = (F_{i,j}^{n*}; i, j \in \mathbb{S})$ を

$$\begin{aligned} F_{i,j}^{1*}(t) &= F_{i,j}(t), & t \in \mathbb{R}_+ \\ F_{i,j}^{n*}(t) &= \sum_{\nu \in \mathbb{S}} F_{i,\nu}^{(n-1)*} * F_{\nu,j}(t), & t \in \mathbb{R}_+ \end{aligned}$$

と再帰的に定義する．また，$\boldsymbol{F}^{0*}(t)$ を $\boldsymbol{F}(t)$ と同次元の対角行列とし，その対角成分はすべて $\mathbb{1}(t \ge 0)$ であるとする．このとき，定義 7 より，

$$F_{i,j}^{n*}(t) = \mathsf{P}[T_n \le t, S_n = j | S_0 = i], \quad \forall n = 0, 1, \cdots$$

が成り立つので，式 (9) と式 (11) から次式を得る．

$$\boldsymbol{R}(t) = \sum_{n=0}^{\infty} \boldsymbol{F}^{n*}(t), \qquad t \in \mathbb{R}_+$$

さらに議論を進めるために，ある列ベクトル値関数の集合を定義しておく．

定義 11 以下の (i), (ii) を満たす $\mathbb{R}_+$ 上の非負 $|\mathbb{S}|$–次元列ベクトル値関数 $\boldsymbol{h} = (h_j; j \in \mathbb{S})$ の集合を $\mathbb{B}_+(\mathbb{S})$ と書く．(i) 任意の $j \in \mathbb{S}$ に対して，関数 h_j は任意の有限区間で有界である．(ii) 任意に固定された $t \in \mathbb{R}_+$ に対して，ある正数 $C := C(t)$ が存在し，$\sup_{j \in \mathbb{S}} h_j(t) < C$ である．

定義 12 (マルコフ再生方程式) $\boldsymbol{f} \in \mathbb{B}_+(\mathbb{S})$ は未知，$\boldsymbol{h} \in \mathbb{B}_+(\mathbb{S})$ は既知とする．このとき，以下の積分方程式をマルコフ再生方程式 (Markov renewal equation) と呼ぶ．

$$\boldsymbol{f}(t) = \boldsymbol{h}(t) + \int_0^t \mathrm{d}\boldsymbol{F}(x) \boldsymbol{f}(t - x), \quad t \in \mathbb{R}_+ \tag{12}$$

式 (12) は $\boldsymbol{f} = \boldsymbol{h} + \boldsymbol{F} * \boldsymbol{f}$ とも書かれる．

定義から明らかなように，マルコフ再生方程式は再生方程式 (定義 5 参照) の拡張である．次の定理はマルコフ再生方程式の解に関する重要な定理である．証明については文献 [2] の pp. 324–328 を参照されたい．

定理 7 (a) マルコフ再生方程式 (12) の解はすべて，次式の形で表現される．

$$\boldsymbol{\psi} = \boldsymbol{R} * \boldsymbol{h} + \boldsymbol{d}$$

ただし，$\boldsymbol{d} \in \mathbb{B}_+(\mathbb{S})$ かつ $\boldsymbol{d} = \boldsymbol{F} * \boldsymbol{d}$ である．

(b) $\mathbb{S}$ が有限集合であるとき，マルコフ再生方程式 (12) の解は唯一に定まり，その解は $\boldsymbol{f} = \boldsymbol{R} * \boldsymbol{h}$ となる．

(c) 確率1で$\sup_{n\in\mathbb{Z}_+} T_n = \infty$であるとき，$\boldsymbol{f} = \boldsymbol{R}*\boldsymbol{h}$がマルコフ再生方程式 (12) の唯一の解となる．

マルコフ再生方程式 (12) の解 $\boldsymbol{R}*\boldsymbol{h}$ に対しても定理6と同様の極限定理が知られており，その極限定理は「マルコフ再生過程に対する鍵再生定理」と呼ばれる．この鍵再生定理は待ち行列の解析において，離脱時点や到着時点などの埋め込まれた点での定常系内客数分布と，系内客数過程の極限分布との関係を導出するのに用いられるきわめて重要な定理の一つである．

以下ではマルコフ再生過程に対する鍵再生定理について述べるが，それにはいくつかの準備が必要である．まず，次の仮定をおく．

仮定 1 隠れマルコフ連鎖 $\{S_n\}$ は既約で正再帰的である．

仮定1のもとでは，

$$\boldsymbol{\pi} = \boldsymbol{\pi P}, \qquad \boldsymbol{\pi} > \boldsymbol{0} \tag{13}$$

を満たす確率ベクトル $\boldsymbol{\pi}$ が唯一に定まる．また，任意の $i, j \in \mathbb{S}$ に対して，$\Gamma_{i,j}$ を状態 i から j への初到達時間の分布関数とすると，すべての $j \in \mathbb{S}$ に対して，分布関数 $\Gamma_{j,j}$ は非格子型であるか，あるいは共通の格子幅をもつ格子型となることが知られている (文献 [2], Chapter 10, Corollary 2.24)．

定義 13 仮定1のもとで，ある $j_0 \in \mathbb{S}$ に対して，分布関数 Γ_{j_0,j_0} が非格子型ならば，セミマルコフ核 $\boldsymbol{F}$ は非格子型であるという．一方，分布関数 Γ_{j_0,j_0} が格子幅 δ をもつ格子型ならば，セミマルコフ核 $\boldsymbol{F}$ は格子幅 δ をもつ格子型であるという．

定義 14 正の行ベクトル $\boldsymbol{\nu} = (\nu_j; j \in \mathbb{S})$ は確率的であるとし，列ベクトル値関数 $\boldsymbol{h} \in \mathbb{B}_+(\mathbb{S})$ と $b > 0$ に対して，

$$\underline{S}(b) = b \sum_{n\in\mathbb{Z}_+} \sum_{j\in\mathbb{S}} \nu_j \inf\{h_j(x); nb \le x < nb + b\}$$

$$\overline{S}(b) = b \sum_{n\in\mathbb{Z}_+} \sum_{j\in\mathbb{S}} \nu_j \sup\{h_j(x); nb \le x < nb + b\}$$

と定義する．このとき，$\underline{S}(b)$ と $\overline{S}(b)$ が任意の $b > 0$ に対して有限であり，かつ，$\lim_{b\downarrow 0}(\overline{S}(b) - \underline{S}(b)) = 0$ ならば，列ベクトル値関数 $\boldsymbol{h}$ は確率ベクトル $\boldsymbol{\nu}$ に関して直接リーマン積分可能であるという．

ベクトル値関数に対する直接リーマン積分可能性の判定には，次の補題が役に立つ．他にも関連する結果が知られているが，詳細については，文献 [2] の Chapter 10, Proposition 4.15 を参照されたい．

補題 2 $\boldsymbol{h} = (h_j; j \in \mathbb{S}) \in \mathbb{B}_+(\mathbb{S})$ とし，各 $j \in \mathbb{S}$ に対して，関数 h_j はリーマン積分可能であるとする．ここで，$\boldsymbol{0} \le \boldsymbol{h} \le \widetilde{\boldsymbol{h}}$ なる関数 $\widetilde{\boldsymbol{h}} \in \mathbb{B}_+(\mathbb{S})$ が正の確率ベクトル $\boldsymbol{\nu}$ に関して直接リーマン積分可能であるならば，$\boldsymbol{h}$ も $\boldsymbol{\nu}$ に関して直接リーマン積分可能である．

準備が整ったので，いよいよ，マルコフ再生過程に対する鍵再生定理を示す．証明については，文献 [2] の Chapter 10, Theorem 4.17 を参照のこと．

定理 8 仮定1のもとで，列ベクトル値関数 $\boldsymbol{h} \in \mathbb{B}_+(\mathbb{S})$ が，式 (13) を満たす確率ベクトル $\boldsymbol{\pi}$ に関して直接リーマン積分可能であるとする．また，$\eta = \boldsymbol{\pi} \int_0^\infty x \mathrm{d}\boldsymbol{F}(x)\boldsymbol{e}$ とする．ただし，$\boldsymbol{e}$ はすべての成分が1に等しい列ベクトルである (以下，$\boldsymbol{e}$ の次元は文脈に応じて決まるものとする)．

(a) セミマルコフ核 $\boldsymbol{F}$ が非格子型ならば，次式が成り立つ．

$$\lim_{t\to\infty} \boldsymbol{R} * \boldsymbol{h}(t) = \frac{1}{\eta} \int_0^\infty \boldsymbol{\pi h}(x) \mathrm{d}x \cdot \boldsymbol{e}$$

(b) セミマルコフ核 $\boldsymbol{F}$ が格子幅 δ をもつ格子型ならば，任意の $i, j \in \mathbb{S}_+$ に対して，

$$\lim_{n\to\infty} \sum_{\nu\in\mathbb{S}_+} R_{i,\nu} * h_{\nu,j}(x + n\delta) = \frac{\delta}{\eta} \sum_{k\in\mathbb{S}_+} \boldsymbol{\pi h}(x - \delta_{i,j} + k\delta)$$

が成り立つ．ただし，$\delta_{i,j} = \inf\{x \in \mathbb{R}_+; \Gamma_{i,j}(x) - \Gamma_{i,j}(x-) > 0\}$ とする．

〔増 山 博 之〕

参 考 文 献

[1] S. Asmussen : Applied Probability and Queues, 2nd ed., Springer, New York, 2003.

[2] E. Çinlar : Introduction to Stochastic Processes, Prentice-Hall, New Jersey, 1975.

3.2 M/G/1, M/G/1/K 待ち行列

M/G/1, M/G/1/K queues

ここでは，到着が率 λ のポアソン過程にしたがい，個々の客のサービス時間が到着過程とは独立でかつ，独立同一な分布にしたがう先着順型単一サーバ待ち行列について述べる．サービス時間分布を H とし，その平均を $1/\mu = \int_0^\infty x\mathrm{d}H(x)$ とする．このとき，**トラヒック強度** ρ は $\rho = \lambda/\mu$ で与えられる．また，サービス時間は確率 1 で正，つまり，$H(0) = 0$ とする．以上の条件のもと，a では待合室 (バッファ) の容量が無限である **M/G/1 待ち行列**を，b では待合室の容量が K である M/G/1/K 待ち行列を考える．

a. M/G/1 待ち行列

以下では，安定条件 $\rho < 1$ を仮定し，M/G/1 待ち行列の定常系内客数分布について述べる．

1) 離脱時点での系内客数分布

時刻 $t\,(t \in \mathbb{R}_+)$ での系内客数を $L(t)$ とし，そのサンプルパスは右連続，すなわち，$L(t) = \lim_{\varepsilon\downarrow 0} L(t+\varepsilon)$ とする．また，客の離脱時点を $0 = T_0 \le T_1 \le T_2 \le \cdots$ とし，$X_n = T_n - T_{n-1}\,(n = 1, 2, \cdots)$, $L_n = L(T_n)\,(n \in \mathbb{Z}_+)$ とおく．さらに，n 番目のサービス中に到着する客数を A_n とすると

$$L_{n+1} = \max(L_n - 1, 0) + A_{n+1}, \qquad n \in \mathbb{Z}_+$$

となる．これより，$L_n = 0$ のとき，

$$\begin{aligned}
&\mathsf{P}[X_{n+1} \le x, L_{n+1} = j | L_n = 0] \\
&\quad = \mathsf{P}[X_{n+1} \le x, A_{n+1} = j | L_n = 0] \\
&\quad = \int_0^x \lambda e^{-\lambda y} a_j(x-y)\mathrm{d}y \qquad (1)
\end{aligned}$$

が成り立つ．ただし，

$$a_k(x) = \int_0^x e^{-\lambda y}\frac{(\lambda y)^k}{k!}\mathrm{d}H(y), \qquad k \in \mathbb{Z}_+ \qquad (2)$$

とする．一方，$L_n = i \ge 1$ の場合には

$$\begin{aligned}
&\mathsf{P}[X_{n+1} \le x, L_{n+1} = j | L_n = i] \\
&\quad = \mathsf{P}[X_{n+1} \le x, A_{n+1} = j - i + 1 | L_n = i] \\
&\quad = a_{j-i+1}(x) \qquad (3)
\end{aligned}$$

となる．ここで，

$$N_j(t) = \sum_{n=0}^{\infty} 1\!\!1(T_n \le t, L_n = j), \qquad t \in \mathbb{R}_+$$

とすると，式 (1) と式 (3) から，$\{(N_j(t); j \in \mathbb{Z}_+); t \in \mathbb{R}_+\}$ はマルコフ再生過程であることがわかる (3.1 節の定義 7 参照)．また，セミマルコフ核 $\boldsymbol{F} = (F_{i,j}; i, j \in \mathbb{Z}_+)$ は

$$F_{i,j}(x) = \begin{cases} \int_0^x \lambda e^{-\lambda y} a_j(x-y)\mathrm{d}y, & i = 0, j \ge 0 \\ a_{j-i+1}(x), & i \ge 1, j \ge i-1 \\ 0, & \text{その他} \end{cases} \qquad (4)$$

となる．さらに，3.1 節の定義 9 より，隠れマルコフ連鎖 $\{L_n; n \in \mathbb{Z}_+\}$ の遷移確率行列 $\boldsymbol{P} = (P_{i,j}; i, j \in \mathbb{Z}_+)$ は

$$\boldsymbol{P} = \lim_{x\to\infty} \boldsymbol{F}(x) = \begin{pmatrix} a_0 & a_1 & a_2 & a_3 & \cdots \\ a_0 & a_1 & a_2 & a_3 & \cdots \\ 0 & a_0 & a_1 & a_2 & \cdots \\ 0 & 0 & a_0 & a_1 & \ddots \\ \vdots & \vdots & \vdots & \ddots & \ddots \end{pmatrix} \qquad (5)$$

で与えられる．ただし，

$$a_k = \lim_{x\to\infty} a(x) = \int_0^\infty e^{-\lambda y}\frac{(\lambda y)^k}{k!}\mathrm{d}H(y), \qquad k \in \mathbb{Z}_+ \qquad (6)$$

とする．明らかに，$a_k > 0\,(\forall k \in \mathbb{Z}_+)$ であるので，$\boldsymbol{P}$ は既約かつ非周期である．さらに，安定条件 $\rho < 1$ のもとでは $\boldsymbol{P}$ は正再帰的であることが知られている (文献 [1] の p. 113, 例 6.5.1 参照)．したがって，$\boldsymbol{\pi P} = \boldsymbol{\pi}$ を満たす正の確率ベクトル $\boldsymbol{\pi} = (\pi_k; k \in \mathbb{Z}_+)$ が唯一存在する．また $\boldsymbol{P}$ が非周期であることから，次式が成り立つ．

$$\pi_k = \lim_{n\to\infty} \mathsf{P}[L_n = k], \qquad k \in \mathbb{Z}_+$$

さて，$\boldsymbol{\pi P} = \boldsymbol{\pi}$ を成分ごとに書き下すと

$$\pi_j = \pi_0 a_j + \sum_{i=1}^{j+1} \pi_i a_{j-i+1}, \qquad j \in \mathbb{Z}_+ \qquad (7)$$

となる．式 (7) を $j = 0, 1, \cdots, k-1$ について和をと

り，π_k について解くと

$$\pi_k = \left[\pi_0\left(1-\sum_{i=0}^{k-1}a_i\right)+\sum_{l=1}^{k-1}\pi_l\left(1-\sum_{i=0}^{k-l}a_i\right)\right]\frac{1}{a_0}$$
$$= \left[\pi_0\overline{a}_k+\sum_{l=1}^{k-1}\pi_l\overline{a}_{k-l+1}\right]\frac{1}{a_0}, \quad k=1,2,\cdots \tag{8}$$

を得る．ただし，$\overline{a}_k=\sum_{l=k}^{\infty}a_l\,(k\in\mathbb{Z}_+)$ とする．式 (8) は，π_0 が求まれば $\pi_k\,(k=1,2,\cdots)$ が再帰的に計算できることを示している．よって以下では π_0 について考える．

まず，$\widehat{\pi}(z)=\sum_{k\in\mathbb{Z}_+}z^k\pi_k, \widehat{a}(z)=\sum_{k\in\mathbb{Z}_+}z^ka_k$ と定義すると，確率の総和は 1 であることから，

$$\widehat{\pi}(1)=1, \qquad \widehat{a}(1)=1 \tag{9}$$

となる．また，サービス時間分布 H に対して，そのラプラス–スティルチェス変換 (Laplace–Stieltjes transform: LST) を $\widetilde{H}(s)=\int_0^\infty e^{-sx}\mathrm{d}H(x)$ と定義すると，式 (6) より，

$$\widehat{a}(z)=\widetilde{H}(\lambda-\lambda z) \tag{10}$$

が成り立つ．よって，式 (7) の両辺に z^j をかけ，$j=0,1,\cdots$ について和をとり，式 (10) を用いると，

$$\widehat{\pi}(z)=\frac{\pi_0(z-1)\widetilde{H}(\lambda-\lambda z)}{z-\widetilde{H}(\lambda-\lambda z)}$$

を得る．これにロピタルの定理を適用し，式 (9) と $\lim_{z\uparrow1}(\mathrm{d}/\mathrm{d}z)\widetilde{H}(\lambda-\lambda z)=\rho$ を利用すれば，

$$\pi_0=1-\rho \tag{11}$$

が得られる．

2) 任意時点での系内客数分布

まず，$y_{i,j}(t)\,(i,j\in\mathbb{Z}_+,t\in\mathbb{R}_+)$ を

$$y_{i,j}(t)=\mathsf{P}[L(t)=j|L(0)=i]$$

と定義する．以下では，表記を簡単にするため，$\mathsf{P}_i(\,\cdot\,)=\mathsf{P}[\,\cdot\,|L(0)=i]$ と書くことにする．$\{T_1\le t\}$, $\{T_1>t\}$ で場合分けを行うと，

$$y_{i,j}(t)=\mathsf{P}_i(L(t)=j,T_1>t)+\mathsf{P}_i(L(t)=j,T_1\le t)$$
$$=\mathsf{P}_i(L(t)=j,T_1>t)$$
$$+\sum_{\nu\in\mathbb{Z}_+}\int_0^t\mathrm{d}\mathsf{P}_i(T_1\le x,L(T_1)=\nu)$$
$$\times\mathsf{P}[L(t)=j|L(T_1)=\nu,T_1=x] \tag{12}$$

を得る．ここで，$F_{i,\nu}(x)=\mathsf{P}_i(T_1\le x,L(T_1)=\nu)$ と

$$y_{\nu,j}(t-x)=\mathsf{P}[L(t)=j|L(T_1)=\nu,T_1=x]$$

が成り立つことに注意し，$h_{i,j}(t)=\mathsf{P}_i(L(t)=j,T_1>t)\ (i,j\in Z_+,t\in\mathbb{R}_+)$ とおくと，式 (12) は次のように書き換えることができる．

$$y_{i,j}(t)=h_{i,j}(t)+\sum_{\nu\in\mathbb{Z}_+}\int_0^t\mathrm{d}F_{i,\nu}(x)y_{\nu,j}(t-x) \tag{13}$$

また定義より，

$$h_{i,j}(t)=\begin{cases}e^{-\lambda t} & i=0,j=0\\ \displaystyle\int_0^t\lambda e^{-\lambda x}\alpha_{j-1}(t-x)\mathrm{d}x, & i=0,j\ge1\\ \alpha_{j-i}(t), & i\ge1,j\ge i\\ 0, & \text{その他}\end{cases}$$

となることがわかる．ただし，$\alpha_k(t)\,(k\in\mathbb{Z}_+,t\in\mathbb{R}_+)$ は次のように定義される．

$$\alpha_k(t)=e^{-\lambda t}\frac{(\lambda t)^k}{k!}(1-H(t)) \tag{14}$$

任意の $j\in\mathbb{Z}_+$ に対して，$\mathbb{R}_+$ 上の $|\mathbb{Z}_+|$–次元列ベクトル値関数 $\boldsymbol{y}_j=(y_{i,j};i\in\mathbb{Z}_+)$, $\boldsymbol{h}_j=(h_{i,j};i\in\mathbb{Z}_+)$ を定義すると，$\boldsymbol{y}_j\in\mathbb{B}_+(\mathbb{Z}_+)$, $\boldsymbol{h}_j\in\mathbb{B}_+(\mathbb{Z}_+)$ となり (3.1 節の定義 11 参照)，式 (13) は

$$\boldsymbol{y}_j(t)=\boldsymbol{h}_j(t)+\boldsymbol{F}*\boldsymbol{y}_j(t), \quad t\in\mathbb{R}_+$$

と書くことができる．式 (4) より，$\boldsymbol{F}(0)=\boldsymbol{O}$ であり，また，式 (5) の $\boldsymbol{P}$ が既約で正再帰的であることから，確率 1 で $\sup_{n\in\mathbb{Z}_+}T_n=\infty$ となる．よって，3.1 節の定理 7 から

$$\boldsymbol{y}_j(t)=\boldsymbol{R}*\boldsymbol{h}_j(t), \qquad j\in\mathbb{Z}_+ \tag{15}$$

を得る．

さて，任意の $i,j\in\mathbb{Z}_+$ に対して

$$h_{i,j}(t)\le\mathsf{P}_i(T_1>t)=e^{-\lambda t}$$

が成り立つので，補題 1.1, 1.2 より列ベクトル値関数 $\boldsymbol{h}_j$ は $\boldsymbol{\pi}$ に関して直接リーマン積分可能である．さら

に，$F_{0,0}(x) = 1 - e^{-\lambda x}(x \in \mathbb{R}_+)$ は非格子型であるので，式 (2.4) のセミマルコフ核 $\boldsymbol{F}$ も非格子型となる．よって，式 (2.15) に対して定理 1.8 (a) が適用できる．ここで，

$$\int_0^\infty h_{i,j}(t)\mathrm{d}t = \begin{cases} \lambda^{-1} & i=0, j=0 \\ \lambda^{-1}\overline{a}_j, & i=0, j \geq 1 \\ \lambda^{-1}\overline{a}_{j-i+1}, & i \geq 1, j \geq i \\ 0, & \text{その他} \end{cases}$$

であり，さらに，式 (4) と式 (11) より

$$\boldsymbol{\pi}\int_0^\infty x\mathrm{d}\boldsymbol{F}(x)\boldsymbol{e} = \pi_0(\lambda^{-1}+\mu^{-1}) + (1-\pi_0)\mu^{-1} = \lambda^{-1}$$

となることから，任意の $i \in \mathbb{Z}_+$ に対して次式を得る．

$$\lim_{t\to\infty} y_{i,0}(t) = \pi_0$$

$$\begin{aligned}\lim_{t\to\infty} y_{i,j}(t) &= \pi_0\overline{a}_j + \sum_{l=1}^{j}\pi_l\overline{a}_{j-l+1} \\ &= \pi_0\overline{a}_j + \sum_{l=1}^{j-1}\pi_l\overline{a}_{j-l+1} + \pi_j\overline{a}_1 \\ &= \pi_j a_0 + \pi_j\overline{a}_1 = \pi_j \end{aligned} \qquad (16)$$

式 (16) の導出に当たっては式 (8) と $a_0 + \overline{a}_1 = 1$ を用いた．以上の結果をまとめると次のようになる．

定理 1 $\rho < 1$ のとき，M/G/1 待ち行列の系内客数過程 $\{L(t); t \geq 0\}$ の極限分布 $\{y_j; j \in \mathbb{Z}_+\}$ は初期状態とは独立であり，離脱時点での定常系内客数分布 $\{\pi_j; j \in \mathbb{Z}_+\}$ と一致する．

b. M/G/1/K 待ち行列

待合室の容量が K (サーバも加えたシステム容量は $K+1$) である **M/G/1/K** 待ち行列を考える．無限容量の待合室をもつ M/G/1 待ち行列の場合とは異なり，ここでは，トラヒック強度に関する条件 $\rho < 1$ を特に仮定しない．

1) 離脱直後の系内客数分布

まず，時刻 $t\,(t \in \mathbb{R}_+)$ での系内客数を $L^{(K)}(t)$ とする．$\{L^{(K)}(t); t \geq 0\}$ のサンプルパスは右連続とし，客の離脱時点を $0 = T_0 \leq T_1 \leq T_2 \leq \cdots$ とする．以下では，$L_n^{(K)} = L^{(K)}(T_n)\,(n \in \mathbb{Z}_+)$ とし，a の 1) と同様，$X_n = T_n - T_{n-1}\,(n = 1, 2, \cdots)$, $A_n\,(n \in \mathbb{Z}_+)$ は n 番目のサービス中に到着した客数とする．

さて，システム容量は $K+1$ であることから，客の離脱直後の系内客数はたかだか K である．よって，

$$L_{n+1}^{(K)} = \min(\max(L_n^{(K)}-1, 0)+A_{n+1}, K), \quad n \in \mathbb{Z}_+ \qquad (17)$$

が成り立ち，任意の $i, j \in \{0, 1, \cdots, K\}$, $x \in \mathbb{R}_+$ に対して，$F_{i,j}(x) = \mathsf{P}[L_{n+1}^{(K)} = j, X_{n+1} \leq x | L_n^{(K)} = i]$ とおくと，個々の客のサービス時間と到着過程が独立であることから次式を得る．

$$F_{i,j}(x) = \begin{cases} \displaystyle\int_0^x \lambda e^{-\lambda y}a_j(x-y)\mathrm{d}y, & i=0, 0 \leq j \leq K-1 \\ \displaystyle\int_0^x \lambda e^{-\lambda y}\overline{a}_K(x-y)\mathrm{d}y, & i=0, j=K \\ a_{j-i+1}(x), & i \geq 1, i-1 \leq j \leq K-1 \\ \overline{a}_{K-i+1}(x), & i \geq 1, j=K \\ 0, & \text{その他} \end{cases} \qquad (18)$$

ただし，$\overline{a}_k(x) = \sum_{l=k}^{\infty} a_l(x)$ であり，$a_k(x)\,(k \in \mathbb{Z}_+, x \in \mathbb{R}_+)$ は式 (2) で与えられる．したがって，$\{(L_n^{(K)}, X_n); n \in \mathbb{Z}_+\}$ はセミマルコフ核 $\boldsymbol{F} = (F_{i,j}; i, j \in \{0, 1, \cdots, K\})$ をもつマルコフ再生過程となる (3.1 節の定義 7 参照)．3.1 節の定義 9 より，隠れマルコフ連鎖 $\{L_n^{(K)}; n \in \mathbb{Z}_+\}$ の遷移確率行列 $\boldsymbol{P}^{(K)} = (P_{i,j}^{(K)}; i, j \in \mathbb{Z}_+)$ は $\boldsymbol{P}^{(K)} = \lim_{x\to\infty}\boldsymbol{F}(x)$ で与えられ，

$$\boldsymbol{P}^{(K)} = \begin{pmatrix} a_0 & a_1 & a_2 & a_3 & \cdots & a_{K-1} & \overline{a}_K \\ a_0 & a_1 & a_2 & a_3 & \cdots & a_{K-1} & \overline{a}_K \\ 0 & a_0 & a_1 & a_2 & \cdots & a_{K-2} & \overline{a}_{K-1} \\ 0 & 0 & a_0 & a_1 & \cdots & a_{K-3} & \overline{a}_{K-2} \\ 0 & 0 & 0 & a_0 & \cdots & a_{K-4} & \overline{a}_{K-3} \\ \vdots & \vdots & \vdots & \vdots & \ddots & \vdots & \vdots \\ 0 & 0 & 0 & 0 & \cdots & a_0 & \overline{a}_1 \end{pmatrix} \qquad (19)$$

となる．$\boldsymbol{P}^{(K)}$ は既約かつ有限次元であるので，正再帰的である．したがって，唯一の定常分布ベクトル $\boldsymbol{\pi}^{(K)} = (\pi_j^{(K)}; j = 0, 1, \cdots, K)$ が存在する．また，

式 (19) より明らかに $\boldsymbol{P}^{(K)}$ は非周期であるので，

$$\lim_{n\to\infty} \mathsf{P}[L_n^{(K)} = j] = \pi_j^{(K)}, \qquad j = 0, 1, \cdots, K$$

が成り立つ．ここで，$\boldsymbol{\pi}^{(K)}$ が満たす式 $\boldsymbol{\pi}^{(K)}\boldsymbol{P}^{(K)} = \boldsymbol{\pi}^{(K)}$ を成分ごとに書き下すと

$$\pi_j^{(K)} = \pi_0^{(K)} a_j + \sum_{i=1}^{j+1} \pi_i^{(K)} a_{j-i+1}, \ 0 \le j \le K-1 \tag{20}$$

$$\pi_K^{(K)} = \pi_0^{(K)} \overline{a}_K + \sum_{i=1}^{K} \pi_i^{(K)} \overline{a}_{K-i+1}$$

となる．式 (20) を $j = 0, 1, \cdots, k-1\,(k = 1, 2, \cdots, K)$ について和をとり，π_k について解くと

$$\pi_k^{(K)} = \left[\pi_0^{(K)} \overline{a}_k + \sum_{l=1}^{k-1} \pi_l^{(K)} \overline{a}_{k-l+1}\right] \frac{1}{a_0}, \ 1 \le k \le K \tag{21}$$

を得る．よって，$\pi_k^{(K)} (k = 1, 2, \cdots, K)$ は，未知定数 $\pi_0^{(K)}$ を用いて，$\pi_k^{(K)} = c_k \pi_0^{(K)}$ のように表現される．ただし，$\{c_k; k = 1, 2, \cdots, K\}$ は次式で定められる．

$$c_0 = 1$$

$$c_k = \left[c_0 \overline{a}_k + \sum_{l=1}^{k-1} c_l \overline{a}_{k-l+1}\right] \frac{1}{a_0}, \quad 1 \le k \le K$$

一方，$\pi_0^{(K)}$ は，正規化条件 $\sum_{k=0}^{\infty} \pi_k^{(K)} = 1$ により，次式で決定される．

$$\pi_0^{(K)} = 1 \Big/ \left(1 + \sum_{k=1}^{K} c_k\right)$$

2) 任意時点での系内客数分布

次に任意時点での系内客数分布について考える．表記を簡単にするため，$\mathsf{P}_i(\,\cdot\,) = \mathsf{P}[\,\cdot\,|L^{(K)}(0) = i]$ と書くことにする．任意の $t \in \mathbb{R}_+, i \in \{0, 1, \cdots, K\}$ に対して，

$$y_{i,j}^{(K)}(t) = \mathsf{P}_i(L^{(K)}(t) = j), \qquad 0 \le j \le K+1$$
$$h_{i,j}^{(K)}(t) = \mathsf{P}_i(L^{(K)}(t) = j, T_1 > t), \quad 0 \le j \le K+1$$

と定義すると，式 (13) の導出と同様にして，

$$y_{i,j}^{(K)}(t) = h_{i,j}^{(K)}(t) + \sum_{\nu=0}^{K} \int_0^t \mathrm{d}F_{i,\nu}(x) y_{\nu,j}^{(K)}(t-x) \tag{22}$$

を得る．ここで，$h_{i,j}^{(K)}(t)$ は次式で与えられる．

$$h_{i,j}^{(K)}(t) = \begin{cases} e^{-\lambda t} & i = 0, j = 0 \\ \int_0^t \lambda e^{-\lambda x} \alpha_{j-1}(t-x)\mathrm{d}x, & i = 0, 1 \le j \le K \\ \int_0^t \lambda e^{-\lambda x} \overline{\alpha}_K(t-x)\mathrm{d}x, & i = 0, j = K+1 \\ \alpha_{j-i}(t), & i \ge 1, i \le j \le K \\ \overline{\alpha}_{K-i+1}(t), & i \ge 1, i = K+1 \\ 0, & \text{その他} \end{cases}$$

ただし，$\overline{\alpha}_k(t) = \sum_{l=k}^{\infty} \alpha_l(t)$ であり，$\alpha_k(t)\,(k = 0, 1, \cdots, K, t \in \mathbb{R}_+)$ は式 (14) で定義される．

さて式 (22) は，$\mathbb{R}_+$ 上の $(K+1)$–次元列ベクトル値関数 $\boldsymbol{y}_j^{(K)} = (y_{i,j}^{(K)}; i \in \{0, 1, \cdots, K\})$，$\boldsymbol{h}_j^{(K)} = (h_{i,j}^{(K)}; i \in \{0, 1, \cdots, K\})$ を用いて，$\boldsymbol{y}_j^{(K)} = \boldsymbol{h}_j^{(K)} + \boldsymbol{F} * \boldsymbol{y}_j^{(K)} (j = 0, 1, \cdots, K+1)$ と書くことができる．したがって，3.1 節の定理 7 (b) から

$$\boldsymbol{y}_j^{(K)}(t) = \boldsymbol{R} * \boldsymbol{h}_j^{(K)}(t), \qquad j = 0, 1, \cdots, K+1 \tag{23}$$

を得る．a の 2) のベクトル値関数 $\boldsymbol{h}_j$ に対して行った考察と同様にして，ベクトル値関数 $\boldsymbol{h}_j^{(K)}$ は $\boldsymbol{\pi}^{(K)}$ に関して直接リーマン積分可能であることがわかる．また，式 (18) のセミマルコフ核 $\boldsymbol{F}$ が非格子型となることも容易に確認できる．さらに，

$$\int_0^\infty h_{i,j}^{(K)}(t)\mathrm{d}t = \begin{cases} \lambda^{-1} & i = 0, j = 0 \\ \lambda^{-1}\overline{a}_j, & i = 0, 1 \le j \le K \\ \lambda^{-1} \sum_{l=K+1}^{\infty} \overline{a}_l, & i = 0, j = K+1 \\ \lambda^{-1}\overline{a}_{j-i+1}, & i \ge 1, i \le j \le K \\ \lambda^{-1} \sum_{l=K-i+2}^{\infty} \overline{a}_l, & i \ge 1, i = K+1 \\ 0, & \text{その他} \end{cases}$$

および，

$$\begin{aligned} \boldsymbol{\pi}^{(K)} \int_0^\infty x \mathrm{d}\boldsymbol{F}(x)\boldsymbol{e} &= \pi_0^{(K)}(\lambda^{-1} + \mu^{-1}) + (1 - \pi_0^{(K)})\mu^{-1} \\ &= \lambda^{-1}(\pi_0^{(K)} + \rho) \end{aligned}$$

が成り立つことに注意する．これを踏まえ，式 (23) に

3.1 節の定理 8 (a) を適用すると，

$$\lim_{t\to\infty} y_{i,0}^{(K)}(t) = \frac{\pi_0^{(K)}}{\pi_0^{(K)} + \rho} \tag{24}$$

となり，$j = 1, 2, \cdots, K$ に対しては次式を得る．

$$\begin{aligned}
&\lim_{t\to\infty} y_{i,j}^{(K)}(t) \\
&= \frac{\pi_0^{(K)}\overline{a}_j + \sum_{l=1}^{j} \pi_l^{(K)}\overline{a}_{j-l+1}}{\pi_0^{(K)} + \rho} \\
&= \frac{\pi_0^{(K)}\overline{a}_j + \sum_{l=1}^{j-1} \pi_l^{(K)}\overline{a}_{j-l+1} + \pi_j^{(K)}\overline{a}_1}{\pi_0^{(K)} + \rho} \\
&= \frac{\pi_j^{(K)} a_0 + \pi_j^{(K)}\overline{a}_1}{\pi_0^{(K)} + \rho} = \frac{\pi_j^{(K)}}{\pi_0^{(K)} + \rho}
\end{aligned} \tag{25}$$

式 (25) の導出にあたっては式 (21) と $a_0 + \overline{a}_1 = 1$ を用いた．さらに，式 (24) と式 (25) より，

$$\lim_{t\to\infty} y_{i,K+1}^{(K)}(t) = 1 - \sum_{j=0}^{K} \lim_{t\to\infty} y_{i,j}^{(K)}(t) = 1 - \frac{1}{\pi_0^{(K)} + \rho}$$

以上の結果をまとめると次のようになる．

定理 2　待合室の容量が K である M/G/1/K 待ち行列の系内客数過程 $\{L^{(K)}(t); t \geq 0\}$ の極限分布 $\{y_j^{(K)}; j = 0, 1, \cdots, K+1\}$ は初期状態とは独立であり，離脱時点での定常系内客数分布 $\{\pi_j^{(K)}; j = 0, 1, \cdots, K\}$ を用いて次のように与えられる．

$$y_j^{(K)} = \frac{\pi_j^{(K)}}{\pi_0^{(K)} + \rho}, \qquad j = 0, 1, \cdots, K$$

$$y_{K+1}^{(K)} = 1 - \frac{1}{\pi_0^{(K)} + \rho}$$

〔増 山 博 之〕

参 考 文 献

[1] 宮沢政清：待ち行列の数理とその応用（数理情報科学シリーズ），牧野書店，2006.

3.3 GI/M/1，GI/M/1/K 待ち行列

GI/M/1 and GI/M/1/K queues

ここでは，到着時間間隔が独立で同一な分布 G にしたがい，サービス時間が到着とは独立でかつ，独立同一な指数分布にしたがう先着順型単一サーバ待ち行列について述べる．以下では平均到着時間間隔を $1/\lambda > 0$，平均サービス時間を $1/\mu > 0$ とする．このとき，トラヒック強度 ρ は $\rho = \lambda/\mu > 0$ で与えられる．また，到着時間間隔は確率 1 で正，つまり，$G(0) = 0$ とする．

以上の条件のもと，a では安定条件 $\rho < 1$ を仮定し，待合室 (バッファ) の容量が無限である GI/M/1 待ち行列を考える．一方，b ではトラヒック強度 ρ について特に仮定をおかず，待合室の容量が $K - 1$ である GI/M/1/$K-1$ 待ち行列[*1]を考える．

a.　GI/M/1 待ち行列

1)　到着直前の系内客数分布

時刻 $t\,(t \in \mathbb{R}_+)$ での系内客数を $\breve{L}(t)$ とし，そのサンプルパスは右連続とする．また，客の到着時点を $0 = T_0 \leq T_1 \leq T_2 \leq \cdots$ とし，$X_n = T_n - T_{n-1}\,(n = 1, 2, \cdots)$，$\breve{L}_n = \breve{L}(T_n-) = \lim_{\varepsilon\downarrow 0} \breve{L}(T_n - \varepsilon)\,(n \in \mathbb{Z}_+)$ とおく．さらに，$n-1$ 番目と n 番目の到着の間にシステムから離脱する客数を D_n とする．このとき，

$$\breve{L}_{n+1} = \breve{L}_n + 1 - D_{n+1}, \qquad n \in \mathbb{Z}_+$$

が成り立つ．よって，

$$\begin{aligned}
&\mathsf{P}[X_{n+1} \leq x, \breve{L}_{n+1} = j \,|\, \breve{L}_n = i] \\
&\quad = \mathsf{P}[X_{n+1} \leq x, D_{n+1} = i - j + 1 \,|\, \breve{L}_n = i] \\
&\quad = \begin{cases} \overline{d}_{i+1}(x), & j = 0 \\ d_{i-j+1}(x), & j = 1, 2, \cdots, i+1 \\ 0, & \text{その他} \end{cases} \\
&\quad \triangleq F_{i,j}(x)
\end{aligned} \tag{1}$$

となる．ただし，

*1　待合室の容量が K である場合は GI/M/1/K 待ち行列と呼ばれる．

$$\overline{d}_k(x) = \sum_{l=k}^{\infty} d_l(x), \qquad k \in \mathbb{Z}_+$$
$$d_k(x) = \int_0^x e^{-\mu y}\frac{(\mu y)^k}{k!}\mathrm{d}G(y), \qquad k \in \mathbb{Z}_+$$

とする.

さてここで,

$$N_j(t) = \sum_{n=0}^{\infty} 1\!\!1(T_n \le t, \breve{L}_n = j), \qquad t \in \mathbb{R}_+$$

とすると,式 (1) から,$\{(N_j(t); j \in \mathbb{Z}_+); t \in \mathbb{R}_+\}$ は,セミマルコフ核 $\boldsymbol{F} = (F_{i,j}; i, j \in \mathbb{Z}_+)$ をもつマルコフ再生過程であることがわかる (3.1 節の定義 7 参照).また,3.1 節の定義 9 より,隠れマルコフ連鎖 $\{\breve{L}_n; n \in \mathbb{Z}_+\}$ の遷移確率行列 $\boldsymbol{P} = (P_{i,j}; i, j \in \mathbb{Z}_+)$ は

$$\boldsymbol{P} = \lim_{x\to\infty} \boldsymbol{F}(x) = \begin{pmatrix} \overline{d}_1 & d_0 & 0 & 0 & \cdots \\ \overline{d}_2 & d_1 & d_0 & 0 & \cdots \\ \overline{d}_3 & d_2 & d_1 & d_0 & \cdots \\ \overline{d}_4 & d_3 & d_2 & d_1 & \ddots \\ \vdots & \vdots & \vdots & \ddots & \ddots \end{pmatrix} \tag{2}$$

となる.ただし,

$$\overline{d}_k = \sum_{l=k}^{\infty} d_l, \quad k \in \mathbb{Z}_+$$
$$d_k = \lim_{x\to\infty} d_k(x) = \int_0^{\infty} e^{-\mu y}\frac{(\mu y)^k}{k!}\mathrm{d}G(y), \quad k \in \mathbb{Z}_+$$

とする.定義より明らかに $d_k > 0\,(\forall k \in \mathbb{Z}_+)$ であるので,$\boldsymbol{P}$ は既約かつ非周期である.さらに,安定条件 $\rho < 1$ のもとで,$\boldsymbol{P}$ は正再帰的となることが知られている ([2] p. 113, 例 6.5.1 参照).したがって,$\breve{\boldsymbol{\pi}}\boldsymbol{P} = \breve{\boldsymbol{\pi}}$ を満たす正の確率ベクトル $\breve{\boldsymbol{\pi}} = (\breve{\pi}_k; k \in \mathbb{Z}_+)$ が一意に定まる.また,$\boldsymbol{P}$ が非周期であることから,次式が成り立つ.

$$\breve{\pi}_k = \lim_{n\to\infty} \mathsf{P}[\breve{L}_n = k], \qquad k \in \mathbb{Z}_+$$

以下では,$\breve{\boldsymbol{\pi}} = (\breve{\pi}_k; k \in \mathbb{Z}_+)$ を求める.方程式 $\breve{\boldsymbol{\pi}}\boldsymbol{P} = \breve{\boldsymbol{\pi}}$ を要素ごとに書き下すと,次のようになる.

$$\breve{\pi}_0 = \sum_{i=0}^{\infty} \breve{\pi}_i \overline{d}_{i+1}, \tag{3}$$
$$\breve{\pi}_k = \sum_{i=k-1}^{\infty} \breve{\pi}_i d_{i-k+1}, \quad k = 1, 2, \cdots \tag{4}$$

ここで,ある正数 $\theta \in (0,1)$ を用いて,$\breve{\pi}_k\,(k \in \mathbb{Z}_+)$ が

$$\breve{\pi}_k = (1-\theta)\theta^k, \qquad k \in \mathbb{Z}_+ \tag{5}$$

のように書けると仮定する.式 (5) を式 (3) と式 (4) に代入すると,両式ともに

$$\theta = \sum_{k\in\mathbb{Z}_+} \theta^k d_k \tag{6}$$

に帰着される.$\widetilde{G}$ を分布関数 G の LST,すなわち,$\widetilde{G}(s) = \int_0^{\infty} e^{-sx}\mathrm{d}G(x)\,(\mathrm{Re}(s) \ge 0)$ と定義すると,

$$\sum_{k\in\mathbb{Z}_+} z^k d_k = \widetilde{G}(\mu - \mu z) \tag{7}$$

が成り立つので,式 (6) より,

$$\theta = \widetilde{G}(\mu - \mu\theta) \tag{8}$$

を得る.したがって,$\breve{\boldsymbol{\pi}} = (\breve{\pi}_k; k \in \mathbb{Z}_+)$ の一意性より,式 (8) を満たす $\theta \in (0,1)$ が存在するならば式 (5) で与えられる $\breve{\boldsymbol{\pi}} = (\breve{\pi}_k; k \in \mathbb{Z}_+)$ が求める確率ベクトルである.実際,$f(y) = \widetilde{G}(\mu - \mu y)$ とおくと,$f(0) > 0$, $f(1) = 1$,

$$\frac{\mathrm{d}}{\mathrm{d}y}f(y) = -\mu\widetilde{G}'(\mu - \mu y) > 0, \quad 0 < y < 1$$
$$\frac{\mathrm{d}^2}{\mathrm{d}y^2}f(y) = \mu^2\widetilde{G}''(\mu - \mu y) > 0, \quad 0 < y < 1$$

となるので,$f'(1) > 1$ ならば式 (8) を満たす $\theta \in (0,1)$ がただ一つ存在する.よって安定条件 $\rho < 1$ から,$f'(1) = -\mu\widetilde{G}'(0) = 1/\rho > 1$ となるので,次の結果を得る.

定理 1 $\rho < 1$ のとき,式 (8) を満たす $\theta \in (0,1)$ がただ一つ存在し,式 (5) で与えられる $\breve{\boldsymbol{\pi}} = (\breve{\pi}_k; k \in \mathbb{Z}_+)$ が,式 (2) の遷移確率行列 $\boldsymbol{P}$ の唯一の定常分布ベクトルとなる.

2) 任意時点での系内客数分布

任意時点での定常系内客数分布を導出する.任意の $j \in \mathbb{Z}_+$ に対して,$\mathbb{R}_+$ 上の $|\mathbb{Z}_+|$–次元列ベクトル値関数 $\breve{\boldsymbol{y}}_j = (\breve{y}_{i,j}; i \in \mathbb{Z}_+)$, $\breve{\boldsymbol{h}}_j = (\breve{h}_{i,j}; i \in \mathbb{Z}_+)$ を

$$\breve{y}_{i,j}(t) = \mathsf{P}[\breve{L}(t) = j | \breve{L}(0) = i]$$
$$\breve{h}_{i,j}(t) = \mathsf{P}[\breve{L}(T_1) = j, T_1 > t | \breve{L}(0) = i]$$

と定義し,3.2 節の a, 2) の M/G/1 待ち行列と同様

の手順にしたがい，$\{T_1 > t\}$, $\{T_1 \le t\}$ で場合分けを行うと

$$\breve{\boldsymbol{y}}_j(t) = \breve{\boldsymbol{h}}_j(t) + \int_0^t \mathrm{d}\boldsymbol{F}(x)\breve{\boldsymbol{y}}_j(t-x), \qquad t \in \mathbb{Z}_+$$

を得る．また，関数 $\breve{\boldsymbol{h}}_j = (\breve{h}_{i,j}; i \in \mathbb{Z}_+)$ については

$$\breve{h}_{i,j}(t) = \begin{cases} \overline{\beta}_{i+1}(t) & j=0, i \in \mathbb{Z}_+ \\ \beta_{i-j+1}(t), & j \ge 1, i \ge j-1 \\ 0, & \text{その他} \end{cases} \tag{9}$$

で与えられる．ただし，

$$\overline{\beta}_k(t) = \sum_{l=k}^{\infty} \beta_l(t), \qquad k \in \mathbb{Z}_+$$

$$\beta_k(t) = e^{-\mu t}\frac{(\mu t)^k}{k!}(1-G(t)), \qquad k \in \mathbb{Z}_+$$

である．

さて，式 (1) より，$\boldsymbol{F}(0) = \boldsymbol{O}$ であり，式 (2) の $\boldsymbol{P}$ が既約で正再帰的であることから，確率 1 で $\sup_{n \in Z_+} T_n = \infty$ となる ([1] Chapter 10, Proposition 3.16 参照)．したがって，3.1 節の定理 7 (c) から

$$\breve{\boldsymbol{y}}_j(t) = \boldsymbol{R} * \breve{\boldsymbol{h}}_j(t), \qquad j \in \mathbb{Z}_+ \tag{10}$$

を得る．ただし，$\boldsymbol{R} = \sum_{n \in \mathbb{Z}_+} \boldsymbol{F}^{n*}$ である．また，列ベクトル値関数 $\breve{\boldsymbol{h}}_j$ については，M/G/1 待ち行列の場合と同様の考察から，$\breve{\boldsymbol{\pi}}$ に関して直接リーマン積分可能であることがわかる．

ここで，セミマルコフ核 $\boldsymbol{F}$ が非格子型であるとする．式 (9) より，

$$\int_0^{\infty} \breve{h}_{i,j}(t)\mathrm{d}t = \begin{cases} \mu^{-1}\sum_{l=i+2}^{\infty}\overline{d}_l, & j=0,\ i \in \mathbb{Z}_+ \\ \mu^{-1}\overline{d}_{i-j+2}, & j \ge 1,\ i \ge j-1 \\ 0, & \text{その他} \end{cases}$$

となり，また，定義から $\breve{\boldsymbol{\pi}}\int_0^{\infty} x\mathrm{d}\boldsymbol{F}(x)\boldsymbol{e} = \lambda^{-1}$ となるので，定理 1.8 (a) を式 (10) に適用し，

$$\begin{aligned} \lim_{t\to\infty} \breve{y}_{i,0}(t) &= \lambda\mu^{-1}\sum_{k=0}^{\infty}(1-\theta)\theta^k \sum_{l=k+2}^{\infty}\overline{d}_l \\ &= \rho\sum_{l=2}^{\infty}\overline{d}_l\sum_{k=0}^{l-2}(1-\theta)\theta^k \\ &= \rho\sum_{l=1}^{\infty}\overline{d}_l(1-\theta^{l-1}) \end{aligned}$$

を得る．さらに，式 (7) から $\sum_{l=1}^{\infty}\overline{d}_l = 1/\rho$ が，式 (3) と式 (5) から $\sum_{l=1}^{\infty}\overline{d}_l\theta^{l-1} = 1$ が成り立つので，

$$\lim_{t\to\infty} \breve{y}_{i,0}(t) = \rho(1/\rho - 1) = 1-\rho$$

となる．一方，$\breve{y}_{i,j}(t)$ $(j=1,2,\cdots)$ の極限に関しては

$$\begin{aligned} \lim_{t\to\infty} \breve{y}_{i,j}(t) &= \lambda\mu^{-1}\sum_{k=j-1}^{\infty}(1-\theta)\theta^k\overline{d}_{k-j+2} \\ &= \rho(1-\theta)\theta^{j-1}\sum_{k=j-1}^{\infty}\theta^{k-j+1}\overline{d}_{k-j+2} \\ &= \rho(1-\theta)\theta^{j-1} \end{aligned} \tag{11}$$

を得る．式 (11) の最後の等号では $\sum_{l=1}^{\infty}\overline{d}_l\theta^{l-1} = 1$ を用いた．以上の結果をまとめると次のようになる．

定理 2 $\rho < 1$ でかつ，到着時間間隔の分布 G が非格子型であるとき，GI/M/1 待ち行列の系内客数過程 $\{\breve{L}(t); t \ge 0\}$ の極限分布 $\{\breve{y}_j; j \in \mathbb{Z}_+\}$ は初期状態とは独立であり，次式で与えられる．

$$\breve{y}_0 = 1-\rho$$

$$\breve{y}_j = \rho(1-\theta)\theta^{j-1}, \qquad j=1,2,\cdots$$

詳細は割愛するが，分布 G が格子型である場合については，3.1 節の定理 8 (b) を適用することで次の定理を得ることができる．

定理 3 $\rho < 1$ でかつ，到着時間間隔の分布 G が格子幅 δ をもつ格子型であるとき，任意の $i \in \mathbb{Z}_+$, $x \in [0,\delta)$ に対して

$$\lim_{n\to\infty} \breve{y}_{i,0}(n\delta + x) = 1 - c(x)$$

$$\lim_{n\to\infty} \breve{y}_{i,j}(n\delta + x) = c(x)(1-\theta)\theta^{j-1},\ j=1,2,\cdots$$

となる．ただし，$c(x)$ $(x \in [0,\delta))$ は次式で与えられる．

$$c(x) = \delta(1-\theta)e^{-\mu(1-\theta)x}\lambda(1-e^{-\mu(1-\theta)\delta})^{-1}$$

b. GI/M/1/K−1 待ち行列

有限バッファモデルの GI/M/1/$K-1$ 待ち行列についても，a の GI/M/1 待ち行列と同様に鍵再生定理を用いることで，系内客数の極限分布を導出することができる．しかし，ここではその導出過程を示すより，GI/M/1/$K-1$ 待ち行列と M/G/1/K 待ち行列の双

対性について述べる.

以下では，待合室の容量は $K-1$ (サーバも加えたシステム容量は K) とし，トラヒック強度 $\rho > 0$ については1より大となることを許す．n 番目の到着直前での系内客数を $\breve{L}_n^{(K)}$，$n-1$ 番目と n 番目の到着の間に離脱する客数を D_n とすると，システム容量が K であることから,

$$\breve{L}_{n+1}^{(K)} = \begin{cases} \max(\breve{L}_n^{(K)} + 1 - D_{n+1}, 0), & \\ \hfill 0 \leq \breve{L}_n^{(K)} \leq K-1 & \\ \max(K - D_{n+1}, 0), \quad \breve{L}_n^{(K)} = K & \end{cases} \tag{12}$$

が成り立つ．$\Gamma_n^{(K)} = K - \breve{L}_n^{(K)}$ とおくと，式 (12) から,

$$\Gamma_{n+1}^{(K)} = \min(\max(\Gamma_n^{(K)} - 1, 0) + D_{n+1}, K), \quad n \in \mathbb{Z}_+ \tag{13}$$

を得る.

ここで，各到着時間間隔においてシステムが空になった後も独立で同一な平均 $1/\mu$ の指数分布にしたがって仮想的な客が離脱するとし，$\{D_n\}$ がそうした仮想的な客の離脱を含むとしても式 (12) は成り立つ.

よって，式 (13) と 3.2 節の式 (17) の類似性から，$\{\Gamma_n^{(K)}; n \in \mathbb{Z}_+\}$ は，3.2 節の b で考えた M/G/1/K 待ち行列において，到着率を $\lambda = \mu$，サービス時間分布を $H = G$ としたときの $\{L_n^{(K)}; n \in \mathbb{Z}_+\}$ と同じ遷移確率行列に支配されるマルコフ連鎖となる．このことから，$j = 0, 1, \cdots, K$ に対して,

$$\lim_{n\to\infty} \mathsf{P}(\breve{L}_n^{(K)} = j) = \lim_{n\to\infty} \mathsf{P}(\Gamma_n^{(K)} = K - j) = \pi_{K-j}^{(K)}$$

が成り立つ．したがって，GI/M/1/$K-1$ 待ち行列における到着直前での系内客数の極限分布は，対応する M/G/1/K 待ち行列における離脱直後での系内客数の極限分布として求めることができる.

以上述べてきた双対性は，集団到着のある M^X/G/1/K 待ち行列と集団サービスのある GI/M^Y/1/$K-1$ 待ち行列の間にも成立することが知られている [3].

〔増 山 博 之〕

参 考 文 献

[1] E. Çinlar : Introduction to Stochastic Processes, Prentice-Hall, New Jersey, 1975.

[2] 宮沢政清：待ち行列の数理とその応用（数理情報科学シリーズ），牧野書店，2006.

[3] M. Miyazawa : Complementary generating functions for the M^X/GI/1/k and GI/M^Y/1/k queues and their application to the comparison of loss probabilities. *Journal of Applied Probability*, **27**: 684–692, 1990.

3.4 BMAP/G/1 待ち行列

BMAP/G/1 queue

a. マルコフ型集団到着過程

待ち行列モデルへの入力として最もなじみのあるポアソン過程では個々の到着は独立であり，到着のしやすさは過去の到着履歴や時間に依存しない．したがって，到着がいったん発生すると，しばらく密に後続の到着が発生するといった強い時間相関をもつトラヒックを，ポアソン過程でモデル化するのは少々無理がある．そこで，そうした時間相関をもつトラヒックを表現可能な到着過程として，マルコフ型集団到着過程 (batch Markovian arrival process: **BMAP**) が提案されている [6]．BMAP は非常に一般的な到着過程であり，任意の到着過程を任意の精度で近似することができる．以下では，BMAP とそれを入力とする先着順型単一サーバ待ち行列モデルの基本的な解析について述べる．

定　義

BMAP は時間区間 $(0, t]$ における到着総数 $\{N(t); t \geq 0\}$ と，その背後過程 (background process) である既約な有限状態連続時間マルコフ連鎖 $\{J(t); t \geq 0\}$ との組によって表現される．慣例にしたがい，$\{N(t)\}$ のとる値をレベル，$\{J(t)\}$ のとる値をフェーズと呼ぶ．ここで，$\mathbb{Z}_+ = \{0, 1, \cdots\}$ とし，$\{J(t)\}$ の状態空間を $\mathbb{M} = \{1, 2, \cdots, M\}$ とすると，2 変数過程 $\{(N(t), J(t); t \geq 0\}$ は状態空間 $\mathbb{Z}_+ \times \mathbb{M}$ 上のマルコフ連鎖となる．また，レベルを第 1 変数とした辞書式順序で $\mathbb{Z}_+ \times \mathbb{M}$ の要素を並べたとき，$\{(N(t), J(t))\}$ の遷移率行列 $\boldsymbol{\Pi}$ は次のように書くことができる．

$$\boldsymbol{\Pi} = \begin{pmatrix} \boldsymbol{D}_0 & \boldsymbol{D}_1 & \boldsymbol{D}_2 & \boldsymbol{D}_3 & \cdots \\ \boldsymbol{O} & \boldsymbol{D}_0 & \boldsymbol{D}_1 & \boldsymbol{D}_2 & \cdots \\ \boldsymbol{O} & \boldsymbol{O} & \boldsymbol{D}_0 & \boldsymbol{D}_1 & \cdots \\ \boldsymbol{O} & \boldsymbol{O} & \boldsymbol{O} & \boldsymbol{D}_0 & \ddots \\ \vdots & \vdots & \vdots & \ddots & \ddots \end{pmatrix} \tag{1}$$

ただし，$\boldsymbol{D}_0 = (D_{0,i,j}; i, j \in \mathbb{M})$ は負の対角成分と非負の非対角成分をもつ $M \times M$ 行列であり，$\boldsymbol{D}_k = (D_{k,i,j}; i, j \in \mathbb{M})$ $(k = 1, 2, \cdots)$ は

$$\sum_{k=1}^{\infty} \boldsymbol{D}_k \neq \boldsymbol{O}, \qquad \sum_{k=1}^{\infty} \boldsymbol{D}_k \boldsymbol{e} = -\boldsymbol{D}_0 \boldsymbol{e}$$

を満たす非負の $M \times M$ 行列である．ただし，$\boldsymbol{e}$ はすべての成分が 1 に等しい列ベクトルとする．以下では，$\boldsymbol{e}$ は文脈に応じた次元をもつものとする．式 (1) から BMAP は行列の列 $\{\boldsymbol{D}_k; k \in \mathbb{Z}_+\}$ によって完全に特徴づけられることがわかる．また，背後過程 $\{J(t)\}$ の遷移率行列は $\sum_{k \in \mathbb{Z}_+} \boldsymbol{D}_k$ であり，$\{J(t)\}$ が既約なマルコフ連鎖であることから，

$$\boldsymbol{\pi} \sum_{k \in \mathbb{Z}_+} \boldsymbol{D}_k = \boldsymbol{0}, \quad \boldsymbol{\pi} \boldsymbol{e} = 1$$

を満たす定常分布ベクトル $\boldsymbol{\pi} > \boldsymbol{0}$ が唯一に定まる．

次に，BMAP の特徴について述べる．任意の $t \in \mathbb{R}_+, k \in \mathbb{Z}_+$ に対して，$\boldsymbol{P}(t, k) = (P_{i,j}(t, k); i, j \in \mathbb{M})$ を

$$\begin{aligned} &P_{i,j}(t, k) \\ &\quad = \mathsf{P}[N(t) = k, S(t) = j | N(0) = 0, S(0) = i] \end{aligned}$$

と定義する．便宜上 $\boldsymbol{P}(t, -1) = \boldsymbol{O}$ と定義しておく．式 (1) より，微少区間 $(t, t + \Delta t]$ における $\{(N(t), J(t))\}$ の推移確率は，任意の $n \in \mathbb{Z}_+$ に対して

$$\begin{aligned} &\mathsf{P}[N(t + \Delta t) = n, S(t + \Delta t) = j | N(t) = n, S(t) = i] \\ &\quad = \begin{cases} 1 + D_{0,i,i} \Delta t + o(\Delta t), & j = i \\ D_{0,i,j} \Delta t + o(\Delta t), & j \neq i \end{cases} \end{aligned}$$

$$\begin{aligned} &\mathsf{P}[N(t + \Delta t) = n + k, \\ &\qquad S(t + \Delta t) = j | N(t) = n, S(t) = i] \\ &\quad = D_{k,i,j} \Delta t + o(\Delta t), \qquad k = 1, 2, \cdots \end{aligned}$$

となる．これより，$\{\boldsymbol{P}(t, k); k \in \mathbb{Z}_+\}$ は次式を満たす．

$$\begin{aligned} \boldsymbol{P}(t + \Delta t, k) &= \boldsymbol{P}(t, k)(\boldsymbol{I} + \boldsymbol{D}_0 \Delta t) \\ &\quad + \sum_{l=1}^{k} \boldsymbol{P}(t, k - l) \boldsymbol{D}_l \Delta t + o(\Delta t), \\ &\qquad k \in \mathbb{Z}_+ \end{aligned}$$

上式において，$\Delta t \to 0$ とすると微分差分方程式

$$\frac{\partial}{\partial t} \boldsymbol{P}(t, k) = \sum_{l=0}^{k} \boldsymbol{P}(t, k - l) \boldsymbol{D}_l, \quad k \in \mathbb{Z}_+ \tag{2}$$

が得られる．さらに，式 (2) の両辺に z^k をかけ，$k = 0, 1, \cdots$ について和をとると

$$\frac{\partial}{\partial t}\widehat{\boldsymbol{P}}(t,z) = \widehat{\boldsymbol{P}}(t,z)\widehat{\boldsymbol{D}}(z) \qquad (3)$$

が成り立つ．ただし，$\widehat{\boldsymbol{P}}(t,z) = \sum_{k\in\mathbb{Z}_+} z^k \boldsymbol{P}(t,k)$, $\widehat{\boldsymbol{D}}(z) = \sum_{k\in\mathbb{Z}_+} z^k \boldsymbol{D}_k$ とする．$\boldsymbol{P}(0,0) = \boldsymbol{I}, \boldsymbol{P}(0,k) = \boldsymbol{O}$ $(\forall k = 1, 2, \cdots)$ であることに注意し，微分方程式 (3) を解くと

$$\widehat{\boldsymbol{P}}(t,z) = \exp[\widehat{\boldsymbol{D}}(z)t], \qquad t \in \mathbb{R}_+ \qquad (4)$$

を得る．

ところで，$\lambda = \boldsymbol{\pi} \lim_{z\uparrow 1}(\mathrm{d}/\mathrm{d}z)\widehat{\boldsymbol{P}}(1,z)\boldsymbol{e}$ とおくと，式 (4) より，

$$\lambda = \boldsymbol{\pi}\sum_{k=1}^{\infty} k\boldsymbol{D}_k\boldsymbol{e} > 0$$

となる．右辺の不等号は $\boldsymbol{\pi} > \boldsymbol{0}$ と $\sum_{k=1}^{\infty} \boldsymbol{D}_k \geq \boldsymbol{O}, \neq \boldsymbol{O}$ による．また，マルコフ再生過程に対する大数の強法則 ([2] Chapter 5, Proposition 2.3 参照) から，

$$\lambda = \lim_{t\to\infty} \frac{N(t)}{t} \qquad (5)$$

が確率 1 で成立する．したがって，式 (5) で与えられる λ は累積到着数の時間平均に等しい．このことから，λ は到着率と呼ばれる．

以下では，BMAP の例をいくつか紹介する．

例 1 (マルコフ型到着過程)　すべての $k \geq 2$ に対して，$\boldsymbol{D}_k = \boldsymbol{O}$ である場合，すなわち，一度に複数の到着が発生しない場合，BMAP$\{\boldsymbol{D}_k; k \in \mathbb{Z}_+\}$ はマルコフ型到着過程 (Markovian arrival process: **MAP**) と呼ばれる．

例 2 (マルコフ変調ポアソン過程)　$\boldsymbol{D}_1$ が対角行列となるような MAP はマルコフ変調ポアソン過程 (Markov-modulated Poisson process: **MMPP**) と呼ばれる．つまり，MMPP では到着と同時にフェーズの遷移は起こらない．なお，フェーズ集合 $\mathbb{M}$ が一つの要素しかもたないとき，MMPP はポアソン過程となる．

例 3 (位相型到着過程)　$\boldsymbol{D}_1$ が確率ベクトル $\boldsymbol{\alpha}$ を用いて，$\boldsymbol{D}_1 = (-\boldsymbol{D}_0)\boldsymbol{e}\boldsymbol{\alpha}$ と書けるとき，MAP は位相型到着過程 (phase-type arrival process) と呼ばれる．位相型到着過程では，到着時間間隔は独立で同一な分布にしたがい，その分布関数 F は $F(x) = 1 - \boldsymbol{\alpha}e^{\boldsymbol{D}_0 x}\boldsymbol{e}$ $(x \in \mathbb{R}_+)$ で与えられる．

b. BMAP/G/1 待ち行列の解析

客の到着が BMAP$\{\boldsymbol{D}_k; k \in \mathbb{Z}_+\}$ にしたがい，個々の客のサービス時間が到着過程とは独立でかつ，独立同一な一般分布 H にしたがう先着順型単一サーバ待ち行列を考える．ケンドールの表記によれば，この待ち行列モデルは **BMAP/G/1** と書かれる．

さて，平均サービス時間を $1/\mu > 0$ とし，$\rho = \lambda/\mu$ と定義する．ρ はトラヒック強度と呼ばれ，システムに到着した客によって持ち込まれる単位時間当たりの仕事量を表す．以下では

$$\rho < 1 \qquad (6)$$

を仮定する．式 (6) は安定条件と呼ばれ，この安定条件下では $\{(L(t), J(t))\}$ はエルゴード的である ([6], p.292 参照)．したがって，以下の極限が確率 1 で存在する．

$$y_{k,j} \triangleq \lim_{t\to\infty} \frac{1}{t}\int_0^t \mathbb{1}(L(u) = k, J(u) = j)\mathrm{d}u \qquad (7)$$

なお，式 (7) の右辺は，系内客数が k，かつ，BMAP のフェーズが j であるような時間割合を表しており，ここで，$1 \times M$ ベクトル $\boldsymbol{y}_k = (y_{k,j}; j \in \mathbb{M})$ の列 $\{\boldsymbol{y}_k; k \in \mathbb{Z}_+\}$ を定常系内客数分布と呼ぶ．また，$y_{k,j}(t) = \mathsf{P}[L(t) = k, J(t) = j]$ $(k \in \mathbb{Z}_+, j \in \mathbb{M})$ と定義すると，

$$\lim_{t\to\infty} y_{k,j}(t) = y_{k,j}$$

が成り立つ．

1) 離脱直後で埋め込んだマルコフ連鎖

定常系内客数分布 $\{\boldsymbol{y}_k\}$ を直接求めるのは難しいので，まず，サービスを終えた客の離脱直後の系内客数分布を考える．n 番目の離脱直後の系内客数およびフェーズをそれぞれ，L_n, J_n $(n = 0, 1, \cdots)$ とする．さらに，$n-1$ 番目の離脱直後から n 番目の離脱時点までの間に到着する客数を N_n とすると，

$$L_{n+1} = L_n + N_{n+1} - 1 \qquad (8)$$

が成り立つ．$L_n = l \geq 1$ のとき，n 番目の離脱後直ち

に $n+1$ 番目のサービスが開始されるので，

$$\mathsf{P}[N_{n+1}=k, J_{n+1}=j|L_n=l\geq 1, J_n=i] = \int_0^\infty P_{i,j}(x,k)\mathrm{d}H(x) \triangleq A_{k,i,j}, \quad k\in\mathbb{Z}_+ \quad (9)$$

となる．$A_{k,i,j}$ は，フェーズが i であるときに開始されたサービスの間に k 個の到着があり，そのサービス終了時のフェーズが j となる確率を表している．また，$L_n=l\geq 1$ のとき，式 (8) は $L_{n+1}=N_{n+1}+l-1$ となるので，

$$\begin{aligned}\mathsf{P}[L_{n+1}=k, J_{n+1}=j|L_n=l\geq 1, J_n=i] &= \mathsf{P}[N_{n+1}=k-l+1, \\ &\qquad J_{n+1}=j|L_n=l\geq 1, J_n=i] \\ &= A_{k-l+1,i,j} \end{aligned} \quad (10)$$

を得る．ここで，$\widehat{A}_{i,j}(z)=\sum_{k\in\mathbb{Z}_+}z^k A_{k,i,j}$ とおくと，式 (4) と式 (9) から，$\widehat{\boldsymbol{A}}(z)=(\widehat{A}_{i,j}(z); i,j\in\mathbb{M})$ は

$$\widehat{\boldsymbol{A}}(z)=\int_0^\infty \exp[\widehat{\boldsymbol{D}}(z)x]\mathrm{d}H(x)$$

と書くことができる．

次に，$L_n=0$ の場合を考える．このとき，$L_{n+1}=N_{n+1}-1$ となるので

$$\begin{aligned}\mathsf{P}[L_{n+1}=k, J_{n+1}=j|L_n=0, J_n=i] \\ = \mathsf{P}[N_{n+1}=k+1, J_{n+1}=j|L_n=0, J_n=i]\end{aligned} \quad (11)$$

が成り立つ．以下では式 (11) の右辺の確率を求める．$\{L_n=0, J_n=i\}$ の条件のもとで，$n+1$ 番目のサービス開始直後の系内客数が $l\geq 1$ であり，かつ，フェーズが ν である確率は

$$\int_0^\infty [\mathrm{e}^{\boldsymbol{D}_0 x}\boldsymbol{D}_l]_{i,\nu}\mathrm{d}x = [(-\boldsymbol{D}_0)^{-1}\boldsymbol{D}_l]_{i,\nu}$$

となる（$[\cdot]_{i,\nu}$ は括弧内の行列の (i,ν) 成分を表す）．さらに，$n+1$ 番目のサービス開始直後において，系内客数が $l\geq 1$，かつ，フェーズが $\nu\in\mathbb{M}$ であるという条件が与えられたとき，$n+1$ 番目の離脱直後での系内客数が k，かつ，フェーズが j となる確率は

$$\int_0^\infty P_{\nu,j}(x,k-l+1)\mathrm{d}H(x)=A_{k-l+1,\nu,j}$$

となる．以上の議論より，

$$\begin{aligned}\mathsf{P}[N_{n+1}=k+1, J_{n+1}=j|L_n=0, J_n=i] \\ = \sum_{l=1}^{k+1}\sum_{\nu\in\mathbb{M}} = [(-\boldsymbol{D}_0)^{-1}\boldsymbol{D}_l]_{i,\nu}A_{k-l+1,\nu,j} \\ \triangleq B_{k,i,j}\end{aligned} \quad (12)$$

で与えられる．よって，式 (11) と式 (12) から次式を得る．

$$\mathsf{P}[L_{n+1}=k, J_{n+1}=j|L_n=0, J_n=i]=B_{k,i,j} \quad (13)$$

ここで，$\widehat{B}_{i,j}(z)=\sum_{k\in\mathbb{Z}_+}z^k B_{k,i,j}$ とおくと，$\widehat{\boldsymbol{B}}(z)=(\widehat{B}_{i,j}(z); i,j\in\mathbb{M})$ は次式で与えられる．

$$\widehat{\boldsymbol{B}}(z)=(-\boldsymbol{D}_0)^{-1}\sum_{k=1}^\infty z^{k-1}\boldsymbol{D}_k\widehat{\boldsymbol{A}}(z) \quad (14)$$

式 (10) と (13) から，確率過程 $\{(L_n,J_n); n\in\mathbb{Z}_+\}$ は状態空間 $\mathbb{Z}_+\times\mathbb{M}$ 上のマルコフ連鎖となることがわかる．以下では，$\{L_n\}$ のとりうる値をレベルと呼ぶ．レベルを第 1 変数とした辞書式順序で状態空間 $\mathbb{Z}_+\times\mathbb{M}$ の要素を並べると，$\{(L_n,J_n)\}$ の遷移確率行列 $\boldsymbol{T}$ は次のように書くことができる．ただし，$\boldsymbol{A}_k=(A_{k,i,j}), \boldsymbol{B}_k=(B_{k,i,j})$ $(k\in\mathbb{Z}_+)$ とする．

$$\boldsymbol{T}=\begin{pmatrix}\boldsymbol{B}_0 & \boldsymbol{B}_1 & \boldsymbol{B}_2 & \boldsymbol{B}_3 & \cdots \\ \boldsymbol{A}_0 & \boldsymbol{A}_1 & \boldsymbol{A}_2 & \boldsymbol{A}_3 & \cdots \\ \boldsymbol{O} & \boldsymbol{A}_0 & \boldsymbol{A}_1 & \boldsymbol{A}_2 & \cdots \\ \boldsymbol{O} & \boldsymbol{O} & \boldsymbol{A}_0 & \boldsymbol{A}_1 & \ddots \\ \vdots & \vdots & \vdots & \ddots & \ddots\end{pmatrix} \quad (15)$$

遷移確率行列が式 (15) のようなブロック構造をもつとき，M/G/1 型マルコフ連鎖と呼ばれる [6]．

詳細は割愛するが，$\sum_{k\in\mathbb{Z}_+}\boldsymbol{D}_k$ が既約でかつ $\rho<1$ であるとき，遷移率行列 $\boldsymbol{T}$ は既約で正再帰的となる．したがって，$\boldsymbol{T}$ の定常分布ベクトル $\boldsymbol{x}$ は，ただ一つ存在し，かつ，厳密に正である．ここで，ベクトル $\boldsymbol{x}$ の $1\times M$ 部分ベクトルのうち，レベル $k\in\mathbb{Z}_+$ に対応するものを $\boldsymbol{x}_k$ と書くと，$\{\boldsymbol{x}_k\}$ は

$$\boldsymbol{x}_0=\boldsymbol{x}_0\boldsymbol{B}_0+\boldsymbol{x}_1\boldsymbol{A}_0 \quad (16)$$

$$\boldsymbol{x}_k=\boldsymbol{x}_0\boldsymbol{B}_k+\sum_{l=1}^{k+1}\boldsymbol{x}_l\boldsymbol{A}_{k-l+1} \quad (17)$$

を満たす．よって，$\widehat{\boldsymbol{x}}(z)=\sum_{k\in\mathbb{Z}_+}z^k\boldsymbol{x}_k$ とおくと，式 (16) と式 (17) から

$$\widehat{\boldsymbol{x}}(z)(z\boldsymbol{I}-\widehat{\boldsymbol{A}}(z))=\boldsymbol{x}_0(z\widehat{\boldsymbol{B}}(z)-\widehat{\boldsymbol{A}}(z)) \quad (18)$$

が得られる．また，式 (14) より，

$$z\widehat{\boldsymbol{B}}(z)-\widehat{\boldsymbol{A}}(z)=(-\boldsymbol{D}_0)^{-1}\widehat{\boldsymbol{D}}(z)\widehat{\boldsymbol{A}}(z)$$

が成り立つので，これを式 (18) に代入し，$\widehat{\boldsymbol{D}}(z)$ と $\widehat{\boldsymbol{A}}(z)$ が可換であることを用いて，

$$\widehat{\boldsymbol{x}}(z)(z\boldsymbol{I}-\widehat{\boldsymbol{A}}(z))=\boldsymbol{x}_0(-\boldsymbol{D}_0)^{-1}\widehat{\boldsymbol{A}}(z)\widehat{\boldsymbol{D}}(z) \tag{19}$$

を得る．したがって，$\boldsymbol{x}_0$ が求まれば，確率母関数 $\widehat{\boldsymbol{x}}(z)$ を通して $\{\boldsymbol{x}_k; k\in\mathbb{Z}_+\}$ は完全に特徴づけられる．

2) 定常系内客数分布

ここでは，定常系内客数分布 $\{\boldsymbol{y}_k; k\in\mathbb{Z}_+\}$ の導出について述べる．$\widehat{\boldsymbol{y}}(z)=\sum_{k\in\mathbb{Z}_+}z^k\boldsymbol{y}_k$ とすると，$\widehat{\boldsymbol{y}}(z)$ と前節で定義した $\widehat{\boldsymbol{x}}(z)$ との間に以下の関係が成立する．

定理 1

$$\widehat{\boldsymbol{y}}(z)\widehat{\boldsymbol{D}}(z)=\lambda(z-1)\widehat{\boldsymbol{x}}(z) \tag{20}$$

式 (20) は，M/G/1 待ち行列と同様に，マルコフ再生過程に対する鍵再生定理 (3.1 節の定理 8) を用いることで導出できる．紙面の都合により，その導出過程は省略するが，興味のある読者は [6] の Theorem 5.5.2 を参照いただきたい．

さて，式 (20) の両辺に右から $z\boldsymbol{I}-\widehat{\boldsymbol{A}}(z)$ をかけ，右辺に式 (19) を代入し，さらに $\widehat{\boldsymbol{D}}(z)$ と $\widehat{\boldsymbol{A}}(z)$ が可換であることを利用すると，

$$\begin{aligned}&\widehat{\boldsymbol{y}}(z)(z\boldsymbol{I}-\widehat{\boldsymbol{A}}(z))\widehat{\boldsymbol{D}}(z)\\&\quad=\lambda(z-1)\boldsymbol{x}_0(-\boldsymbol{D}_0)^{-1}\widehat{\boldsymbol{A}}(z)\widehat{\boldsymbol{D}}(z)\end{aligned} \tag{21}$$

となる．ここで，式 (20) において $z=0$ とすると，

$$\boldsymbol{x}_0=\boldsymbol{y}_0\frac{-\boldsymbol{D}_0}{\lambda} \tag{22}$$

を得る．式 (22) を式 (21) に代入すれば

$$\widehat{\boldsymbol{y}}(z)(z\boldsymbol{I}-\widehat{\boldsymbol{A}}(z))\widehat{\boldsymbol{D}}(z)=(z-1)\boldsymbol{y}_0\widehat{\boldsymbol{A}}(z)\widehat{\boldsymbol{D}}(z)$$

となるが，$|z|<1$ のとき，$\widehat{\boldsymbol{D}}(z)$ の逆行列が存在するので，

$$\widehat{\boldsymbol{y}}(z)(z\boldsymbol{I}-\widehat{\boldsymbol{A}}(z))=(z-1)\boldsymbol{y}_0\widehat{\boldsymbol{A}}(z),\quad |z|<1 \tag{23}$$

が成り立つ．よって，式 (23) から次の結果が導かれる．

定理 2 $\boldsymbol{y}\triangleq(\boldsymbol{y}_0,\boldsymbol{y}_1,\boldsymbol{y}_2,\cdots)$ は

$$\boldsymbol{T}_A=\begin{pmatrix}\boldsymbol{A}_0&\boldsymbol{A}_1&\boldsymbol{A}_2&\boldsymbol{A}_3&\cdots\\\boldsymbol{A}_0&\boldsymbol{A}_1&\boldsymbol{A}_2&\boldsymbol{A}_3&\cdots\\\boldsymbol{O}&\boldsymbol{A}_0&\boldsymbol{A}_1&\boldsymbol{A}_2&\cdots\\\boldsymbol{O}&\boldsymbol{O}&\boldsymbol{A}_0&\boldsymbol{A}_1&\ddots\\\vdots&\vdots&\vdots&\ddots&\ddots\end{pmatrix} \tag{24}$$

の定常分布ベクトルである．

定理 2 は滝根 [8] と Lee と Jeon [3] らによってそれぞれ独立に示された．ここでは，[8] にならって，定理 2 の証明を記述した．一方，[3] では確率過程 $\{(L(t),J(t))\}$ に，サービス中の客の経過サービス時間 $R(t)$ を加えた 3 変数マルコフ過程を考えることで，定理 2 を示している．ただし，その証明ではサービス時間分布が密度関数をもつことが仮定されている．

式 (24) に示された $\boldsymbol{T}_A$ は，式 (15) の $\boldsymbol{T}$ において $\boldsymbol{B}_k$ を $\boldsymbol{A}_k$ に置き換えたものと一致し，これを遷移確率行列にもつマルコフ連鎖も M/G/1 型に含まれる．

3) 境界確率ベクトル

ここでは，境界確率ベクトル $\boldsymbol{y}_0$ について考える．$\mathcal{T}_0, |\mathcal{T}_0(t)|$ をそれぞれ

$$\mathcal{T}_0(t)=\{u\in[0,t); L(u)=0\}$$
$$|\mathcal{T}_0(t)|=\int_0^t 1\!\!1(L(u)=0)\mathrm{d}u$$

と定義すると，式 (7) とリトルの公式より，

$$\boldsymbol{y}_0\boldsymbol{e}=\lim_{t\to\infty}\frac{|\mathcal{T}_0(t)|}{t}=1-\rho \tag{25}$$

が成り立つ．さらに，式 (7) と式 (25) から

$$\begin{aligned}y_{0,j}&=\lim_{t\to\infty}\frac{1}{t}\int_{u\in\mathcal{T}_0(t)}1\!\!1(L(u)=0,J(u)=j)\mathrm{d}u\\&=\lim_{t\to\infty}\frac{|\mathcal{T}_0(t)|}{t}\frac{1}{|\mathcal{T}_0(t)|}\int_{u\in\mathcal{T}_0(t)}1\!\!1(J(u)=j)\mathrm{d}u\\&=(1-\rho)\lim_{t\to\infty}\frac{1}{|\mathcal{T}_0(t)|}\int_{u\in\mathcal{T}_0(t)}1\!\!1(J(u)=j)\mathrm{d}u\end{aligned} \tag{26}$$

を得る．式 (26) の右辺の極限は，系内客数が 0 であるという条件のもとで，フェーズが j である時間割合を表している．以下ではこの時間割合を求めるために，系内客数が 0 であるときだけ背後過程 $\{J(t)\}$ を観測して得られる確率過程 $\{\widetilde{J}(\tau)\}$ を考える．$\{(L(t),J(t))\}$ が既約なマルコフ連鎖であるから，$\{\widetilde{J}(\tau)\}$ も既約なマ

ルコフ連鎖となる．したがって，$\{\widetilde{J}(\tau)\}$ は唯一の定常分布ベクトル $\boldsymbol{g} = (g_j; j \in \mathbb{M})$ をもち，

$$\begin{aligned} g_j &= \lim_{\tau\to\infty} \frac{1}{\tau}\int_0^\tau \mathbb{1}(\widetilde{J}(v) = j)\mathrm{d}v \\ &= \lim_{t\to\infty} \frac{1}{|\mathcal{T}_0(t)|}\int_{u\in\mathcal{T}_0(t)} \mathbb{1}(J(u) = j)\mathrm{d}u \end{aligned} \tag{27}$$

が成り立つ．よって式 (27) を式 (26) に代入すると，

$$\boldsymbol{y}_0 = (1-\rho)\boldsymbol{g} \tag{28}$$

を得る．$\{\widetilde{J}(\tau)\}$ の遷移率行列を $\boldsymbol{Q}$ とすると，$\boldsymbol{g}$ は

$$\boldsymbol{g}\boldsymbol{Q} = \boldsymbol{0}, \quad \boldsymbol{g}\boldsymbol{e} = 1 \tag{29}$$

を解くことで得られる．しかし，遷移率行列 $\boldsymbol{Q}$ を記述するためには少し準備が必要である．

時刻 $t_0 > 0$ において，ある客のサービスが開始されたとする．この事象を $\xi(t_0)$ と書く．このとき，$\tau_0 = \inf\{t > 0; L(t+t_0) = L(t_0) - 1\}$ とし，行列 $\boldsymbol{G} = (G_{i,j}; i,j \in \mathbb{M})$ を次のように定義する．

$$G_{i,j} = \Pr[J(\tau_0 + t_0) = j | J(t_0) = i, \xi(t_0)]$$

つまり，$G_{i,j}$ は，時刻 t_0 においてある客のサービスが開始され，そのときのフェーズが i であるという条件のもとで，時刻 t_0 以降ではじめて系内客数が 1 減少したときのフェーズが j となる確率を表す．時刻 t_0 で開始されたサービスの間に到着した個数で場合分けすると，$\{(L(t), J(t))\}$ の強マルコフ性より，

$$\boldsymbol{G} = \sum_{k=0}^{\infty} \boldsymbol{A}_k \boldsymbol{G}^k \tag{30}$$

を得る．ここで，$\boldsymbol{G}$ は式 (30) を満たす最小非負行列であり，次式で定義される単調増加列 $\{\boldsymbol{G}_m; m \in \mathbb{Z}_+\}$ の集積点 (極限) と一致することが知られている ([5] 補題 5.2.2, [6] Lemma 2.2.2, Theorem 2.2.2 参照)．

$$\boldsymbol{G}_0 = \boldsymbol{O}, \quad \boldsymbol{G}_m = \sum_{k=0}^{\infty} \boldsymbol{A}_k \boldsymbol{G}_{m-1}^k \,(m = 1, 2, \cdots)$$

また，安定条件 (6) のもとで，$\boldsymbol{G}$ は確率行列となる ([6] Theorem 2.3.1 参照)．

さて，系内客数が 0 である時間区間では，$\{\widetilde{J}(\tau)\}$ は背後過程 $\{J(t)\}$ と同様 $\boldsymbol{D}_0$ によって状態遷移している．しかし，ある時刻 t_1 で遷移率行列 $\boldsymbol{D}_k\,(k \ge 1)$ によって到着が発生したとすると，時刻 t_1 以降再び系内客数が 0 になる時刻 $t_2\,(t_2 \triangleq \inf\{t > t_1; L(t) = 0\})$ までの背後過程 $\{J(t)\}$ の状態変化は，$\{\widetilde{J}(\tau)\}$ では一瞬で起こったと見なされる．そして，$\boldsymbol{G}$ の定義より，この時刻 t_1 から t_2 への状態遷移確率は $\boldsymbol{G}^k$ で表される．以上の観察から，$\{\widetilde{J}(s)\}$ の遷移率行列 $\boldsymbol{Q}$ は

$$\boldsymbol{Q} = \boldsymbol{D}_0 + \sum_{k=1}^{\infty} \boldsymbol{D}_k \boldsymbol{G}^k$$

で与えられる．上式は $\boldsymbol{G}$ を用いて $\boldsymbol{Q}$ を表したものであるが，逆に $\boldsymbol{Q}$ を用いて $\boldsymbol{G}$ を表すこともできる．

$$\boldsymbol{G} = \int_0^\infty \mathrm{d}H(x) e^{\boldsymbol{Q}x} \tag{31}$$

式 (31) の両辺に左から $\boldsymbol{g}$ をかけると，式 (29) より，$\boldsymbol{g}\boldsymbol{G} = \boldsymbol{g}$ を得る．つまり，$\boldsymbol{g}$ は $\boldsymbol{G}$ の定常分布ベクトルである．さらに，$\{\widetilde{J}(\tau)\}$ の遷移率行列 $\boldsymbol{Q}$ が既約であるので，式 (31) より $\boldsymbol{G} > \boldsymbol{O}$ となり，$\boldsymbol{G}$ の定常分布ベクトルは唯一に定まる．

4) 数値計算について

M/G/1 型マルコフ連鎖の定常分布ベクトルである $\{\boldsymbol{x}_k\}$ や $\{\boldsymbol{y}_k\}$ を数値計算するにあたり，式 (18) や式 (23) を逆変換する方法が考えられるが，計算機上では数値的に不安定になることが多い．一方，Neuts, Lucantoni, Ramaswami らによって確立された **M/G/1 パラダイム**では，確率的に意味のあるベクトルや行列を用いて定常分布ベクトルを構成するため，それに基づいた数値アルゴリズムは基本的に安定なものとなる．

証明は割愛するが，以下に示す $\{\boldsymbol{x}_k\}$, $\{\boldsymbol{y}_k\}$ の再帰式は「ラマスワミ (Ramaswami) の再帰式」と呼ばれ，$\boldsymbol{x}_0, \boldsymbol{y}_0$ が与えられたとき，$\boldsymbol{x}_k, \boldsymbol{y}_k\,(k = 1, 2, \cdots)$ はこの再帰式を用いて順次計算することができる [7]．

定理 3 任意の $k = 1, 2, \cdots$ に対して，

$$\boldsymbol{x}_k = \left(\boldsymbol{x}_0 \boldsymbol{V}_k + \sum_{i=1}^{k-1} \boldsymbol{x}_i \boldsymbol{U}_{k+1-i}\right)(\boldsymbol{I} - \boldsymbol{U}_1)^{-1}$$

$$\boldsymbol{y}_k = \left(\boldsymbol{y}_0 \boldsymbol{U}_k + \sum_{i=1}^{k-1} \boldsymbol{y}_i \boldsymbol{U}_{k+1-i}\right)(\boldsymbol{I} - \boldsymbol{U}_1)^{-1}$$

が成り立つ．ただし，$\boldsymbol{U}_k, \boldsymbol{V}_k\,(k = 1, 2, \cdots)$ は次式で定義される．

$$\boldsymbol{U}_k = \sum_{m=k}^{\infty} \boldsymbol{A}_m \boldsymbol{G}^{k-m}, \quad \boldsymbol{V}_k = \sum_{m=k}^{\infty} \boldsymbol{B}_m \boldsymbol{G}^{k-m}$$

注意 1 $\boldsymbol{U}_1$ は劣確率的*1であり，かつ，スペクトル半径が厳密に 1 より小さいため，$(\boldsymbol{I} - \boldsymbol{U}_1)^{-1} = \sum_{m=0}^{\infty}(\boldsymbol{U}_1)^m \geq \boldsymbol{O}$ となる．したがって，定理の再帰式は非負の行列とベクトルの乗加算のみで構成されており，数値的に安定である．

最後にこれまでの議論をまとめておく．式 (22)，式 (28) より，$\boldsymbol{x}_0, \boldsymbol{y}_0$ の計算には行列 $\boldsymbol{G}$ が必要である．さらに $\boldsymbol{x}_k, \boldsymbol{y}_k$ $(k = 1, 2, \cdots)$ の再帰式も行列 $\boldsymbol{G}$ を必要とする．このように，M/G/1 型マルコフ連鎖の定常分布を計算する際には，行列 $\boldsymbol{G}$ がきわめて重要な役割を果たしており，M/G/1 パラダイムの要諦とは行列 $\boldsymbol{G}$ の計算にあるといっても過言ではない．M/G/1 パラダイムの詳細については文献 [4] あるいは [6] を参照されたい．和書の文献としては [5] がある．

〔増 山 博 之〕

参 考 文 献

[1] S. Asmussen: Applied Probability and Queues, 2nd ed., Springer, New York, 2003.

[2] J. Janssen and R. Manca : Applied Semi-Markov Processes, Springer, New York, 2006.

[3] G. Lee and J. Jeon : A new approach to an N/G/1 queue. *Queueing Systems*, **35**: 317–322, 2000.

[4] D.M. Lucantoni : New results on the single server queue with a batch Markovian arrival process. *Stochastic Models*, **7**: 1–46, 1991.

[5] 牧本直樹：待ち行列アルゴリズム—行列解析アプローチ（経営科学のニューフロンティア 3），朝倉書店，2001.

[6] M.F. Neuts : Structured Stochastic Matrices of M/G/1 Type and Their Applications, Marcel Dekker, New York, 1989.

[7] V. Ramaswami : A stable recursion for the steady state vector in Markov chains of M/G/1 type. *Stochastic Models*, **4**: 183–188, 1988.

[8] T. Takine : A new recursion for the queue length distribution in the stationary BMAP/G/1 queue. *Stochastic Models*, **16**: 335–341, 2000.

*1 劣確率的な行列とは行和が 1 以下となる非負行列のことである．

3.5 流体モデル

fluid model

流体を入力とする待ち行列モデルは遅くとも 1960 年代から研究が始められ，当時はストレージプロセス (storage process) ないしはダムプロセス (dam process) と呼ばれていた．こうした流体待ち行列は，ダムのようにもともと流体を扱うシステムの解析モデルとして用いられるだけではない．加算的な客を収容するシステムに対しても，個々の客の持ち込む仕事量が小さく，かつ，到着率が非常に高い場合には，客を「連続的な流体」と見なし，近似モデルとして流体待ち行列が解析されてきた．たとえば，非同期転送モード (asynchronous transfer mode：ATM) ネットワークでは，53 バイトに固定された小さなセルが基本的な通信の単位となる．このセルがネットワークを高速に流れるさまをマクロ的に眺めれば，「流体」としてみることもできるであろう．実際，1990 年代前半には ATM ネットワークの解析モデルとして，流体待ち行列を用いた研究がなされている．

a. マルコフ型流体待ち行列

以下では流体の流入率が連続時間マルコフ連鎖の状態によって変化するマルコフ型流体待ち行列について述べる．$\{S(t); t \geq 0\}$ を状態空間 $\mathbb{M} \triangleq \{1, 2, \cdots, M\}$ 上の既約なマルコフ連鎖とし，その遷移率行列を $\boldsymbol{T} = (T_{i,j}; i, j \in \mathbb{M})$ とする．以下では $\{S(t)\}$ を背後過程と呼ぶ．

背後過程が状態 $j \in \mathbb{M}$ にあるとき，システムへの流体流入率を $r_j \geq 0$ とする．システムの容量は無限とし，システムに滞留している流体は率 $c > 0$ でシステムの

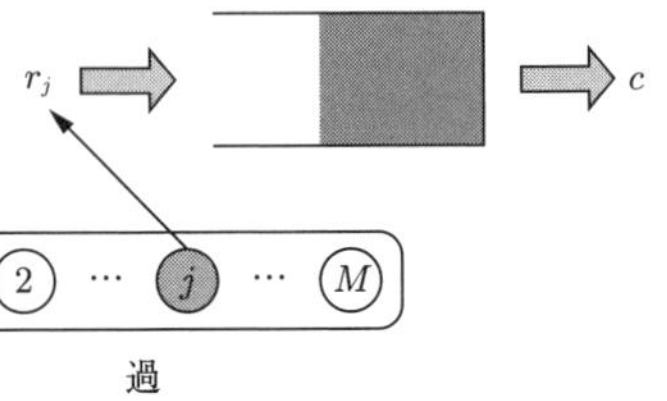

図 1 マルコフ型流体待ち行列

外へ排出されるとする．したがって，背後過程の状態が $j \in \mathbb{M}$ であるとき，正味の流体増加率は $f_j \triangleq r_j - c$ となる．ここで，$\boldsymbol{f} = (f_j; j \in \mathbb{M})$ を $M \times 1$ ベクトルとし，$\boldsymbol{T}$ の定常分布ベクトルを $\boldsymbol{\pi}$ とすると，システムの安定条件は

$$\boldsymbol{\pi f} < 0 \tag{1}$$

となる．これは単位時間当たりの流体増加率の平均が負であることを意味している．以下では，式 (1) を仮定する．このとき，$\pi_j(x) = \lim_{t\to\infty} \mathsf{P}(X(t) \le x, S(t) = j)$ $(j \in \mathbb{M}, x \ge 0)$ が存在し，かつ，$\pi_j(x)$ は $x > 0$ において，

$$f_j \frac{\mathrm{d}}{\mathrm{d}x}\pi_j(x) = \sum_{i\in\mathbb{M}} \pi_i(x) T_{i,j} \tag{2}$$

を満たすことが知られている [1]．ここで，$\boldsymbol{F}$ を j $(j \in \mathbb{M})$ 番目の対角成分が f_j であるような対角行列とし，式 (2) をベクトル・行列表示すると

$$\frac{\mathrm{d}}{\mathrm{d}x}\boldsymbol{\pi}(x)\boldsymbol{F} = \boldsymbol{\pi}(x)\boldsymbol{T} \tag{3}$$

となる．したがって，微分方程式 (3) を解くことで，$\boldsymbol{\pi}(x)$ のスペクトル表現を得ることができるが，それは必ずしも数値計算に適したものにはならない．そこで以下では，計算機上での実装に適した $\boldsymbol{\pi}(x)$ の表現式の構成法について紹介する．

b. 行列解析法による解の表現

簡単のため，

$$f_j \neq 0, \qquad \forall j \in \mathbb{M} \tag{4}$$

と仮定する．$f_j = 0$ となる $j \in \mathbb{M}$ が存在する場合でも適当な変換を行うことで，式 (4) が成り立つ場合に帰着できるが詳細は割愛する．

さて，式 (4) が成り立つとき，状態集合 $\mathbb{M}$ は次のように二つの部分集合に分けることができる．

$$\mathbb{M}_+ = \{j \in \mathbb{M}; f_j > 0\}, \quad \mathbb{M}_- = \{j \in \mathbb{M}; f_j < 0\}$$

$\mathbb{M}_+ = \emptyset$ とすると，明らかに，$\boldsymbol{\pi}(x) = \boldsymbol{0}$ $(\forall x > 0)$ となるので，以下では，$\mathbb{M}_+ \neq \emptyset$ とする．背後過程が既約であることから，$\boldsymbol{\pi} > \boldsymbol{0}$ であるので，式 (1) より，$\mathbb{M}_- \neq \emptyset$ となる．

次のような時間軸 $u = c(t)$ を導入する．

$$\frac{\mathrm{d}}{\mathrm{d}t}c(t) = \frac{1}{f_j}, \quad (S(t) = j \text{ のとき})$$

この新しい時間軸 u では，背後過程 $\{S(t)\}$ が状態 j にあるとき，もともとの時間軸 t と比べて時間の進む速さが $1/f_j$ 倍となる．さらに，時間軸 u のもとで流体量過程 $\{(X(t), S(t)); t \ge 0\}$ を観察すると，式 (5) を満たす 2 変数確率過程 $\{(\widetilde{X}(u), \widetilde{S}(u)); u \ge 0\}$ が得られる．

$$\widetilde{X}(u) = X(c(u)) \quad \widetilde{S}(u) = S(c(u)) \tag{5}$$

ここで，背後過程 $\{\widetilde{S}(u)\}$ は $\mathbb{M}$ 上の既約な連続時間マルコフ連鎖となり，その遷移率行列 $\widetilde{\boldsymbol{T}}$ は

$$\widetilde{\boldsymbol{T}} = \boldsymbol{F}_+^{-1}\boldsymbol{T}$$

で与えられる．ただし，$\boldsymbol{F}_+$ は対角行列 $\boldsymbol{F}$ の各成分の絶対値を成分にもつ行列とする．また，$\widetilde{\boldsymbol{T}}$ の定常分布ベクトルは

$$\widetilde{\boldsymbol{\pi}} = \frac{1}{\boldsymbol{\pi F}_+\boldsymbol{e}}\boldsymbol{\pi F}_+$$

で与えられる．ここで，$1 \times M$ ベクトル $\widetilde{\boldsymbol{\pi}}(x) = (\widetilde{\pi}_j(x); j \in \mathbb{M})$ を $\widetilde{\pi}_j(x) = \lim_{u\to\infty} \mathsf{P}(\widetilde{X}(u) \le x, \widetilde{S}(u) = j)$ と定義すると，次式が成立することが知られている．

$$\boldsymbol{\pi}(x) = \boldsymbol{\pi F}_+\boldsymbol{e} \cdot \widetilde{\boldsymbol{\pi}}(x)\boldsymbol{F}_+^{-1}, \quad x \in \mathbb{R}_+ \tag{6}$$

したがって，$\widetilde{\boldsymbol{\pi}}(x)$ が求まれば式 (6) を用いて $\boldsymbol{\pi}(x)$ を得ることができる [1]．

時間軸を変更した系内流体量過程 $\{(\widetilde{X}(u), \widetilde{S}(u))\}$ では，系内流体量の変化率は $\widetilde{S}(u) \in \mathbb{M}_+$ のとき $+1$ となり，$\widetilde{S}(u) \in \mathbb{M}_-$ のときには -1 となるので，もともとの系内流体量過程 $\{(X(t), S(t))\}$ より解析が容易になる．ここで $\widetilde{\boldsymbol{\pi}}(0), \widetilde{\boldsymbol{\pi}}$, および $\widetilde{\boldsymbol{T}}$ を

$$\widetilde{\boldsymbol{\pi}}(0) = (\overset{\mathbb{M}_+}{\widetilde{\boldsymbol{\pi}}_+(0)} \quad \overset{\mathbb{M}_-}{\widetilde{\boldsymbol{\pi}}_-(0)}), \quad \widetilde{\boldsymbol{\pi}} = (\overset{\mathbb{M}_+}{\widetilde{\boldsymbol{\pi}}_+} \quad \overset{\mathbb{M}_-}{\widetilde{\boldsymbol{\pi}}_-}),$$

$$\widetilde{\boldsymbol{T}} = \begin{matrix} & \mathbb{M}_+ & \mathbb{M}_- \\ \mathbb{M}_+ & \widetilde{\boldsymbol{T}}_{++} & \widetilde{\boldsymbol{T}}_{+-} \\ \mathbb{M}_- & \widetilde{\boldsymbol{T}}_{-+} & \widetilde{\boldsymbol{T}}_{--} \end{matrix}$$

のようにブロック化し，$\boldsymbol{\Psi}$ を

$$\boldsymbol{\Psi} = \int_0^\infty \exp[\widetilde{\boldsymbol{T}}_{++}x]\widetilde{\boldsymbol{T}}_{+-}\exp[(\widetilde{\boldsymbol{T}}_{--} + \widetilde{\boldsymbol{T}}_{-+}\boldsymbol{\Psi})x]\mathrm{d}x$$

を満たす最小非負解とすると，次の定理を得る．

定理 1 $\widetilde{\boldsymbol{\pi}}(x)$ $(x \in \mathbb{R}_+)$ は次式で与えられる．

$$\widetilde{\boldsymbol{\pi}}_-(x) = \widetilde{\boldsymbol{\pi}}_-(0) + \widetilde{\boldsymbol{\pi}}_+(x)\boldsymbol{\Psi}$$
$$\widetilde{\boldsymbol{\pi}}_+(x) = \widetilde{\boldsymbol{\pi}}_-(0)\widetilde{\boldsymbol{T}}_{-+}\int_0^x e^{\boldsymbol{K}y}\mathrm{d}y$$
$$\widetilde{\boldsymbol{\pi}}_-(0) = \widetilde{\boldsymbol{\pi}}_- - \widetilde{\boldsymbol{\pi}}_+\boldsymbol{\Psi}$$

ただし，$\boldsymbol{K} = \widetilde{\boldsymbol{T}}_{++} + \boldsymbol{\Psi}\widetilde{\boldsymbol{T}}_{-+}$ である．

定理 1 の証明については [1] を参照のこと．

最後に，$\boldsymbol{\Psi}$ の計算方法について述べる．まず，θ を $\widetilde{\boldsymbol{T}}$ の対角成分の最大絶対値とし，$\boldsymbol{P}_{++}, \boldsymbol{P}_{+-}, \boldsymbol{P}_{-+}$ および $\boldsymbol{P}_{--}$ を次のように定義する

$$\boldsymbol{P}_{++} = \boldsymbol{I} + \theta^{-1}\widetilde{\boldsymbol{T}}_{++}, \quad \boldsymbol{P}_{+-} = \theta^{-1}\widetilde{\boldsymbol{T}}_{+-}$$
$$\boldsymbol{P}_{-+} = \theta^{-1}\widetilde{\boldsymbol{T}}_{-+}, \quad \boldsymbol{P}_{--} = \boldsymbol{I} + \theta^{-1}\widetilde{\boldsymbol{T}}_{--}$$

さらに，M 次元正方行列 $\boldsymbol{A}_0, \boldsymbol{A}_1, \boldsymbol{A}_2$ を

$$\boldsymbol{A}_0 = \begin{pmatrix} \frac{1}{2}\boldsymbol{I} & \boldsymbol{O} \\ \boldsymbol{O} & \boldsymbol{O} \end{pmatrix}, \quad \boldsymbol{A}_1 = \begin{pmatrix} \frac{1}{2}\boldsymbol{P}_{++} & \boldsymbol{O} \\ \boldsymbol{P}_{-+} & \boldsymbol{O} \end{pmatrix}$$
$$\boldsymbol{A}_2 = \begin{pmatrix} \boldsymbol{O} & \frac{1}{2}\boldsymbol{P}_{++} \\ \boldsymbol{O} & \boldsymbol{P}_{--} \end{pmatrix}$$

と定義する．$\boldsymbol{A}_j$ $(j = 0, 1, 2)$ は非負であり，$\boldsymbol{A}_0 + \boldsymbol{A}_1 + \boldsymbol{A}_2$ は確率行列となることに注意する．ここで，M 次元正方行列 $\boldsymbol{G}$ を行列方程式

$$\boldsymbol{G} = \boldsymbol{A}_2 + \boldsymbol{A}_1\boldsymbol{G} + \boldsymbol{A}_0\boldsymbol{G}^2 \tag{7}$$

の最小非負解とすると，

$$\boldsymbol{G} = \begin{pmatrix} \boldsymbol{O} & \boldsymbol{\Psi} \\ \boldsymbol{O} & \boldsymbol{P}_{--} + \boldsymbol{P}_{-+}\boldsymbol{\Psi} \end{pmatrix}$$

となることが知られている [1]．したがって，式 (7) の最小非負解 $\boldsymbol{G}$ が求まれば $\boldsymbol{\Psi}$ を得ることができる．また，$\boldsymbol{G}$ は **logarithmic reduction algorithm** と呼ばれる安定かつ効率的なアルゴリズムにより数値的に求まる [2]．〔増 山 博 之〕

参 考 文 献

[1] A. da Silva Soares : Fluid Queues Building upon the Analogy with QBD Processes, Doctoral Dissertation, Universite Libre de Bruxelles, 2005.

[2] G. Latouche and V. Ramaswami : Introduction to Matrix Analytic Methods in Stochastic Modeling, ASA-SIAM Series on Statistics and Applied Probability, Philadelphia, PA, 1999.

4 一般型

4.1 GI/G/1待ち行列モデル

GI/G/1 queueing model

ここでは，客の到着間隔およびサービス時間分布が一般の分布にしたがう，単一サーバ，無限容量の単一待ちスペースをもつ待ち行列モデルについて考える．この待ち行列モデルが安定である条件のもとで，到着客の待ち時間分布を1次元ランダムウォークを用いて与える．さらに，これらの結果をM/G/1，GI/M/1待ち行列モデルに適用する．

定義 1 (GI/G/1待ち行列モデル)　無限容量の単一待ちスペースをもつ単一サーバ待ち行列モデルについて考える．客の到着時間間隔は互いに独立で同一の一般分布 $A(t)$ にしたがい，到着客は先着順に一般分布 $G(t)$ にしたがうサービスを受けるものとする．このような待ち行列モデルを **GI/G/1** 待ち行列モデルと呼ぶ．

$n \geq 1$ について，n 番目と $n+1$ 番目の到着客の到着時間間隔を T_n，n 番目の到着客のサービス時間を S_n とする．$\lambda = \mathbb{E}[T_n]^{-1}$，$\mu = \mathbb{E}[S_n]^{-1}$，$\rho = \lambda/\mu$ とおく．n 番目の到着客が到着時に観測する系内残り仕事量を D_n とおくと，

$$D_{n+1} = \max\{0, D_n + S_n - T_n\}, \quad n \geq 1 \quad (1)$$

である．式 (1) はリンドレー (Lindley) の等式と呼ばれる．以下では簡単のため，$D_1 = 0$，つまり，最初の客が到着したときシステム内に客はいないものとする．$Z_0 = 0$，$Z_n = \sum_{i=1}^{n}(S_i - T_i)$ とおき，各 $S_i - T_i$ は独立に同一の分布にしたがうことに注意する．次の結果から，$n+1$ 番目の客がサービスを受け始めるまでの待ち時間は，ランダムウォーク $\boldsymbol{Z} \equiv \{Z_i, i \geq 0\}$ の時刻 n までの最高到達点の分布に等しいことがわかる．

補題 1 (ランダムウォークの双対性)

$$D_{n+1} \stackrel{\mathrm{d}}{=} \max_{0 \leq i \leq n} Z_i \quad (2)$$

ここで，$\stackrel{\mathrm{d}}{=}$ は分布の意味で等しいことを表す．式 (2) はランダムウォークの双対性と呼ばれる．

証明　$X_i = S_i - T_i$ とおき，式 (1) を繰り返し適用することにより，

$$D_{n+1} = \max\{0, X_n, X_n + X_{n-1}, \cdots, X_n + \cdots + X_1\}$$

を得る．ここで，各 X_i $(i = 1, 2, \cdots, n)$ は互いに独立で同一の分布にしたがうことから，

$$D_{n+1} \stackrel{\mathrm{d}}{=} \max\{0, X_1, X_1 + X_2, \cdots, X_1 + \cdots + X_n\}$$

である．ゆえに，式 (2) を得る．

補題 2 (GI/G/1待ち行列モデルの安定条件)　$\rho < 1$ のとき，GI/G/1 待ち行列モデルは正再帰的である．一方，$\rho > 1$ のとき，一時的である．

証明　大数の強法則から，

$$\lim_{n \to \infty} Z_n/n = \lambda^{-1}(\rho - 1) \quad (3)$$

が確率 1 で成立する．式 (3) より，$\rho < 1$ のとき $Z_n \to -\infty$ $(n \to \infty)$，$\rho > 1$ のとき $Z_n \to \infty$ $(n \to \infty)$ であることから題意を得る．

$\max_{0 \leq i \leq n} Z_i$ は n について非減少であることに注意し，補題 1 と補題 2 から，D_n の極限分布について次の結果を得る．

定理 1　$\rho < 1$ のとき，D_n の極限分布が存在し，

$$\lim_{n \to \infty} \mathbb{P}(D_n \leq x) = \mathbb{P}\Big(\sup_{0 \leq i < \infty} Z_i \leq x\Big), \quad x \geq 0 \quad (4)$$

一方，$\rho > 1$ のとき D_n の極限分布は存在しない．

注意 1　$\rho = 1$ のとき，特殊な場合 (たとえば，客の到着とサービスが交互に起こる場合など) を除き，$\boldsymbol{Z}$ は零再帰的となり極限分布は存在しない (詳しくは[1, 2]を参照)．

$\rho < 1$ を仮定し，定常状態における到着客がサービ

スを受け始めるまでの待ち時間を D とする．以下では D の分布，つまり，

$$\mathbb{P}(D \le x) = \lim_{n\to\infty} \mathbb{P}(D_n \le x), \quad x \ge 0$$

について考える．このために，$\tau_0^+ = 0$，$n \ge 1$ について $\tau_n^+ = \inf\{n > \tau_{n-1}^+ | Z_n - Z_{\tau_{n-1}^+} > 0\}$ とし，$t > 0$ について

$$H_+(t) = \mathbb{P}\Big(Z_{\tau_1^+} \le t, \tau_1^+ < \infty\Big)$$

とおく．H_+ はランダムウォーク $\boldsymbol{Z}$ が出発地点から数えてはじめて上方向に動いたとき，出発地点からの移動幅に関する分布を表す．補題 2 より，$\rho < 1$ のとき $Z_n \to -\infty$ $(n \to \infty)$ ゆえに，$\mathbb{P}(\tau_1^+ < \infty) < 1$ を得る．したがって，$H_+(\infty) \equiv \lim_{t\to\infty} H_+(t) < 1$ である．$\boldsymbol{Z}$ が最高到達点を更新する回数について場合分けし，待ち時間分布について次の結果を得る．

補題 3 $x \ge 0$ について，

$$\mathbb{P}(D \le x) = (1 - H_+(\infty))\psi(x) \tag{5}$$

ここで，$\psi(x) = \sum_{n=0}^{\infty} H_+^{n*}(x)$，$H_+^{n*}$ は H_+ の n 回たたみ込みを表す．

証明 $N = \sup\{n \ge 0 | \tau_n^+ < \infty\}$ とおく．つまり，N は $\boldsymbol{Z}$ が最高到達点を更新する回数を表す．N はパラメータ $H_+(\infty)$ の幾何分布にしたがい，$D = Z_{\tau_N^+}$ であることに注意する．このとき，N の値で場合分けし，

$$\mathbb{P}(D \le x) = \sum_{n=0}^{\infty} \mathbb{P}\left(\sum_{i=1}^{n-1}(Z_{\tau_i^+} - Z_{\tau_{i-1}^+}) \le x, N = n\right)$$

を得る．ここで，$\{N = n\} = \{\tau_n^+ < \infty, \tau_{n+1}^+ = \infty\}$，$Z_{\tau_i^+} - Z_{\tau_{i-1}^+}$ $(i = 1, \cdots, n-1)$ は τ_{n+1}^+ と独立，$\mathbb{P}(\tau_{n+1}^+ = \infty) = 1 - H_+(\infty)$ であることに注意する．さらに，$Z_{\tau_i^+} - Z_{\tau_{i-1}^+}$ $(i = 1, \cdots, n-1)$ は互いに独立かつ同一の分布 H_+ にしたがうことから，式 (5) を得る．

補題 3 より，H_+ を用いて定常待ち時間分布を計算できる．よって以下では，H_+ について考える．$\boldsymbol{Z}$ の 1 回の推移当たりの状態変化分布を $F(x) = \mathbb{P}(S_i - T_i \le x)$ $(x \in \mathbb{R})$ で表し，$\tau^{0-} = \inf\{n > 0 | Z_n - Z_0 \le 0\}$ とする．いま $\rho < 1$ であることから，τ^{0-} は確率 1 で有限である．$x \le 0$ について $H_-(x) = \mathbb{P}(Z_{\tau^{0-}} \le x)$ とし，ランダムウォーク $\boldsymbol{Z}$ の双対性から次の結果を得る．

補題 4 $x \le 0$ について，

$$H_-(x) = \int_0^\infty F(x - y)\psi(\mathrm{d}y) \tag{6}$$

$x > 0$ について，

$$\psi(x) = 1 + \int_0^\infty (F(x - y) - F(-y))\psi(\mathrm{d}y) \tag{7}$$

証明 $n \ge 1$ について，$\psi_n(x) = \mathbb{P}(Z_i > 0, 1 \le i \le n, Z_n \in (0, x])$，$\psi_0(x) = 1_{\{0 \le x\}}$ とおく．このとき，$\boldsymbol{Z}$ の双対性から $\psi_n(x) = \mathbb{P}(Z_i < Z_n, 1 \le i \le n-1, Z_n \in (0, x])$ ゆえに，

$$\psi(x) = \sum_{n=0}^{\infty} \psi_n(x) \tag{8}$$

を得る．$H_-^{(n+1)}(x) = \mathbb{P}(Z_{\tau^{0-}} \le x, \tau^{0-} = n+1)$ とおき，時刻 n の状態で場合分けをすることにより，$x \le 0$ について，

$$H_-^{(n+1)}(x) = \int_0^\infty F(x - y)\psi_n(\mathrm{d}y) \tag{9}$$

を得る．式 (9) の両辺を n について和をとり，式 (8) から式 (6) を得る．同様にして，$\psi_{n+1}(x)$ について時刻 n の状態で場合分けすることにより，$x > 0$ について

$$\psi_{n+1}(x) = \int_0^\infty (F(x - y) - F(-y))\psi_n(\mathrm{d}y)$$

を得る．この両辺を n について和をとることにより，式 (8) から式 (7) が得られる．

補題 4 から，次の結果を得る．

定理 2 (ウィーナー–ホップ分解)

$$F = H_+ + H_- - H_+ * H_- \tag{10}$$

式 (10) は，ウィーナー–ホップ分解と呼ばれる．

証明 補題 4 から，直ちに次の関係式を得る．

$$H_- + \psi = \psi_0 + \psi * F \tag{11}$$

(11) の両辺を H_+ でたたみ込み，$\psi = \psi_0 + \psi * H_+ = \psi_0 + H_+ * \psi$ であることに注意し，

$$H_+ * H_- + \psi - \psi_0 = H_+ - F + \psi * F \tag{12}$$

が得られる．式 (11) と式 (12) の両辺を引き合うことにより，式 (10) を得る．

以下では，関数 f のラプラス変換を $\widetilde{f}(s)$ で表す．

例 1 客の到着が率 λ のポアソン過程にしたがう **M/G/1** 待ち行列モデルについて考える．このとき，$x \leq 0$ について $F(x) = e^{\lambda x}\widetilde{G}(\lambda)$，$\rho < 1$ より $H_-(0) = 1$ であることに注意すると，式 (6) より，

$$H_-(x) = e^{\lambda x}, \quad x \leq 0$$

を得る．以上のことから，

$$\widetilde{A}(-s) = \widetilde{H}_-(s) = \frac{\lambda}{\lambda - s}$$

ゆえに，式 (10) より，

$$\widetilde{H}_+(s) = \lambda(1 - \widetilde{G}(s))/s \tag{13}$$

を得る．式 (5)，式 (13) と $\widetilde{D}(0) = 1$ であることに注意し，**ポラチェック–ヒンチンの公式**

$$\widetilde{D}(s) = \frac{1 - \rho}{1 - \lambda s^{-1}(1 - \widetilde{G}(s))}$$

が得られる．

例 2 サービス時間が平均 μ^{-1} の指数分布にしたがう **GI/M/1** 待ち行列モデルを考える．例 1 と同様にして，H_+ は平均 μ^{-1} の劣確率的な指数分布である．つまり，ある $\gamma \in (0, \mu)$ が存在して，

$$\frac{\mathrm{d}}{\mathrm{d}x} H_+(x) = \gamma e^{-\mu x}, \quad x \geq 0 \tag{14}$$

である．γ は以下のようにして定まる．式 (5) と式 (14) より，

$$\mathbb{P}(D \leq x) = 1 - \gamma\mu^{-1}e^{-(\mu-\gamma)x} \tag{15}$$

を得る．式 (10) と式 (14) より $s > 0$ について，

$$1 - \widetilde{F}(-s) = (1 - \gamma(\mu - s)^{-1})(1 - \widetilde{H}_-(-s)) \tag{16}$$

を得る．$\rho < 1$ と $\widetilde{F}(-s)$ の凸性から，$1 - \widetilde{F}(-s) = 0$ は $s > 0$ において唯一の解 $\eta > 0$ をもち，$\widetilde{H}_-(-\eta) < 1$ である．よって，式 (16) より，

$$\gamma = \mu - \eta \tag{17}$$

を得る．式 (15) と式 (17) から，

$$\mathbb{P}(D \leq x) = 1 - (1 - \mu^{-1}\eta)e^{-\eta x}, \quad x \geq 0$$

を得る．〔佐久間 大〕

参考文献

[1] W. Feller : An Introduction to Probability Theory and Its Applications, 2nd ed., John Wiley, 1971.

[2] R.W. Wolff : Stochastic Modeling and the Theory of Queues, Prentice-Hall International Series in Industrial and Systems Engineering.

4.2 保 存 則

conservation law

待ち行列モデル解析の目的は，モデルの各種特性量を求めることである．しかし，モデルが複雑になるほどその計算は難しい．特性量間の不偏の法則（**保存則**という）を得ることにより，特性量の計算だけでなく，モデルの解析にも役立つ．ここでは，待ち行列モデルにおける基本的な保存則であるリトルの公式，PASTA を紹介し，さらに，それらが微分型率保存則を用いて導かれることを示す．

a. リトルの公式

多くの待ち行列モデルにおいて，最初に注目される性能評価量は待ち時間と系内人数である．以下では，平均待ち時間と平均系内人数の間に成り立つ保存則であるリトルの公式を述べる．リトルの公式は，平均待ち時間と平均系内人数のどちらか一方が計算できれば，他方も計算できることを意味し，待ち行列モデル解析において重要な役割を果たす．

時刻 t における系内人数を $L(t)$，時間間隔 $(0,t]$ の間に到着した客数を $A(t)$，退去した客数を $D(t)$ で表す．このとき，

$$L(t) = L(0) + A(t) - D(t)$$

を得る．以下では，表記を簡単にするために $L(0) = 0$ とする．W_n を n 番目の到着客の系内滞在時間とする．システムが安定であると仮定し，客の平均待ち時間，平均到着率，平均系内人数をそれぞれ

$$\overline{W} = \lim_{N\to\infty} N^{-1}\sum_{n=1}^{N} W_n, \quad \lambda = \lim_{t\to\infty} t^{-1}A(t),$$
$$\overline{L} = \lim_{T\to\infty} T^{-1}\int_0^T L(t)\mathrm{d}t$$

により定義し，以下の結果を得る．

定理 1 (リトルの公式) 平均待ち時間と平均系内人数の間には次の関係が成り立つ．

$$\overline{L} = \lambda\overline{W}. \tag{1}$$

式 (1) はリトルの公式と呼ばれる．

証明 $1_n(t)$ を n 番目の到着客が時刻 t にシステムに滞在しているとき 1，それ以外は 0 を返す定義関数とすると，

$$W_n = \int_0^\infty 1_n(t)\mathrm{d}t, \quad L(t) = \sum_{n=1}^{\infty} 1_n(t) \tag{2}$$

である．時刻 0 以降で系内人数が 0 になる k 回目の時刻を τ_k で表す．式 (2) から，

$$\int_0^{\tau_k} L(t)\mathrm{d}t = \int_0^{\tau_k}\sum_{n=1}^{\infty} 1_n(t)\mathrm{d}t = \sum_{n=1}^{A(\tau_k)} W_n$$

を得る．最後の等式は，時刻 τ_k までに到着した客はすべてシステムを退去していることから得られる．よって，

$$\frac{1}{\tau_k}\int_0^{\tau_k} L(t)\mathrm{d}t = \frac{A(\tau_k)}{\tau_k}\frac{1}{A(\tau_k)}\sum_{n=1}^{A(\tau_k)} W_n \tag{3}$$

を得る．システムの安定性から，$\tau_k \to \infty$ $(k \to \infty)$ であるので，式 (3) から式 (1) を得る．

b. PASTA

客がポアソン過程にしたがい到着するとき，到着客が観測するシステム状態の定常確率は，時間平均の意味での定常確率に等しい（Poisson arrivals see time averages: **PASTA**）ことが知られている（[1] を参照）．PASTA から，M/G/1 待ち行列モデルの時間平均の意味での定常分布は，客の到着時点に注目した隠れマルコフ連鎖を用いて計算され，モデルの解析に役立つ．

客の到着が率 $\lambda > 0$ のポアソン過程にしたがう待ち行列モデルを考える．客の到着過程を $\{\Lambda(t), t \geq 0\}$，時刻 t におけるシステムの状態を $L(t)$ で表す．S をシステムの状態空間の部分集合とし，

$$X_S(t) = 1_{\{L(t)\in S\}}, \quad \overline{X}_S(t) = t^{-1}\int_0^t X_S(u)\mathrm{d}u,$$
$$A_S(t) = \int_0^t X_S(u)\mathrm{d}\Lambda(u), \quad \overline{A}_S(t) = A_S(t)/\Lambda(t)$$

とおく．$\overline{X}_S(t)$，$\overline{A}_S(t)$ はそれぞれ，時刻 t までにシステム状態が S である時間および客の意味での頻度を表す．

注意 1 客がポアソン過程にしたがい到着することか

ら，時刻 t 以前のシステム状態と，時刻 t 以降の客の到着過程は独立である．つまり，$\{L(u), 0 \le u \le t\}$ は $\{\Lambda(t+u) - \Lambda(t), u \ge 0\}$ と独立である．

定理 2 (PASTA)　システムの状態集合 S について，

$$\lim_{t\to\infty} \overline{A}_S(t) = \lim_{t\to\infty} \overline{X}_S(t) \tag{4}$$

が確率 1 で成り立つ．式 (4) より，客がポアソン過程にしたがい到着する待ち行列システムにおいて，時間平均の意味での定常確率と，客平均の意味での定常確率は一致する．

定理 2 は以下の三つの補題から得られる．

補題 1　$t \ge 0$ について，

$$\mathbb{E}[A_S(t)] = \lambda \mathbb{E}\left[\int_0^t X_S(u)\mathrm{d}u\right] \tag{5}$$

証明

$$A_S^{(n)}(t) = \sum_{k=0}^{n-1} X_S\left(\frac{kt}{n}\right)\left\{\Lambda\left(\frac{(k+1)t}{n}\right) - \Lambda\left(\frac{kt}{n}\right)\right\}$$

とおき，注意 1 および $\mathbb{E}[\Lambda((k+1)t/n) - \Lambda(kt/n)] = \lambda t/n$ であることに注意し，

$$\mathbb{E}[A_S^{(n)}(t)] = \lambda \mathbb{E}\left[\sum_{k=0}^{n-1} \frac{t}{n} X_S\left(\frac{kt}{n}\right)\right] \tag{6}$$

を得る．(6) と

$$\lim_{n\to\infty} A_S^{(n)}(t) = A_S(t),$$
$$\lim_{n\to\infty} \sum_{k=0}^{n-1} \frac{t}{n} X_S\left(\frac{kt}{n}\right) = \int_0^t X_S(u)\mathrm{d}u$$

より，式 (5) を得る．

補題 2　$t \ge 0$ について，

$$M(t) \equiv A_S(t) - \lambda t \overline{X}_S(t) \tag{7}$$

はマルチンゲールである．

証明　$0 \le s \le t$ について，

$$\mathbb{E}[M(t)|\mathcal{F}_s] = M(s) + \mathbb{E}[M(t) - M(s)|\mathcal{F}_s]$$

より，$\mathbb{E}[M(t) - M(s)|\mathcal{F}_s] = 0$ を示せばよい．ここで，

$$M(t) - M(s) = (A_S(t) - A_S(s)) - \lambda \int_s^t X_S(u)\mathrm{d}u$$

であることに注意する．$h = t - s$ とし，

$$A_S^{(n)}(s,t) = \sum_{k=0}^{n-1} X_S\left(s + \frac{kh}{n}\right) \times \left\{\Lambda\left(s + \frac{(k+1)h}{n}\right) - \Lambda\left(s + \frac{kh}{n}\right)\right\}$$

とおくと，補題 1 と同様にして，

$$\mathbb{E}[A_S^{(n)}(s,t)|\mathcal{F}_s] = \lambda \mathbb{E}\left[\sum_{k=0}^{n-1} \frac{h}{n} X_S\left(s + \frac{kh}{n}\right) \middle| \mathcal{F}_s\right]$$

を得る．$n \to \infty$ とすることにより，

$$\mathbb{E}[A_S(t) - A_S(s)|\mathcal{F}_s] = \lambda \mathbb{E}\left[\int_s^t X_S(u)\mathrm{d}u \middle| \mathcal{F}_s\right]$$

つまり，$\mathbb{E}[M(t) - M(s)|\mathcal{F}_s] = 0$ を得る．

補題 3　$\lim_{t\to\infty} M(t)/t = 0$ が確率 1 で成り立つ．

証明

$$S_n = \sum_{k=1}^{n} k^{-1} H_k, \quad H_k = M(k) - M(k-1)$$

とおく．S_n は離散時間のマルチンゲールであり，マルチンゲール収束定理より，$n \to \infty$ のとき，確率 1 で $S_n \to S$ を満たすような確率変数 S が存在する．よって，クロネッカーの補題（たとえば[2] を参照）より，

$$\lim_{n\to\infty} n^{-1} \sum_{k=1}^{n} H_k = \lim_{n\to\infty} n^{-1} M(n) = 0$$

を確率 1 で得る．つまり，$\lim_{t\to\infty} M(t)/t = 0$ を確率 1 で得る．

証明 (定理 2 の証明)　式 (7) から，

$$\frac{M(t)}{t} = \frac{A_S(t)}{\Lambda(t)}\frac{\Lambda(t)}{t} - \lambda \overline{X}_S(t)$$

であり，確率 1 で $\lim_{t\to\infty} t^{-1}\Lambda(t) = \lambda$ ゆえに，補題 3 から式 (4) を得る．

c.　微分型率保存則

リトルの公式や PASTA などの保存則は，時間的に変化する量と客ごとに定まる量の平均を考え，その関係式を得ている．すなわち，観測時点の違いにより異なる

確率測度を用いて得られる期待値間の関係を導いている．ここでは，このような確率測度の間に成り立つ関係式を述べ，その結果からリトルの公式や PASTA が導かれることを示す．このために，$(\Omega, \mathcal{F}, \mathbb{P})$ を確率空間とし，$(\Omega, \mathcal{F})$ はずらしの作用素群 $\{\theta_t, t \in \mathbb{R}\}$ をもつとする．つまり，以下の 2 条件を満たす関数 $\theta_t : \Omega \to \Omega$ の存在を仮定する．

(i) $\forall A \in \mathcal{F} : \phi^{-1}(A) \in \mathcal{B}_{\mathbb{R}} \times \mathcal{F}$,

(ii) $\forall s, t \in \mathbb{R} : \theta_s \circ \theta_t = \theta_{s+t}$,

ここで，$(\theta_s \circ \theta_t)(\omega) \equiv \theta_s(\theta_t(\omega))$，$\phi(t, \omega) \equiv \theta_t(\omega)$，$\mathcal{B}_{\mathbb{R}}$ は $\mathbb{R}$ 上のボレル集合体である．

定義 1 任意の $t \in \mathbb{R}, A \in \mathcal{F}$ について，$\mathbb{P}(\theta_t^{-1}(A)) = \mathbb{P}(A)$ であるとき，$\mathbb{P}$ は θ_t 定常であるという．

定義 2 $(\Omega, \mathcal{F})$ 上で定義された確率変数 X について，$X \circ \theta_t$ を

$$(X \circ \theta_t)(\omega) = X(\theta_t(\omega)), \quad \forall \omega \in \Omega, \forall t \in \mathbb{R}$$

により定義する．このとき，$(\Omega, \mathcal{F}, \mathbb{P})$ 上の確率過程 $\{Y(s), s \in \mathbb{R}\}$ について，

$$\forall s, t \in \mathbb{R} : (Y(s) \circ \theta_t)(\omega) = Y(s+t)(\omega)$$

が満たされるとき，$\{Y(s), s \in \mathbb{R}\}$ は θ_t に連動するという．

ここでは，以下の 2 条件を仮定する．

(a1) θ_t に連動した単純点過程 N が存在．

(a2) 確率測度 $\mathbb{P}$ が θ_t 定常であり，$\lambda \equiv \mathbb{E}[N(0,1]] < \infty$.

注意 2 待ち行列モデルにおけるずらしの作用素 θ_t は，多くの場合，標本関数を左に t だけずらす自然なずらしの作用素を考えればよい．さらに，θ_t 定常であるような確率空間を構成できることが多い（詳しくは[3] を参照）．

命題 1 $(\Omega, \mathcal{F}, \mathbb{P})$ 上の確率過程 $\{X(s), s \in \mathbb{R}\}$ が θ_t に連動するとき，$\{X(s), s \in \mathbb{R}\}$ は $(\Omega, \mathcal{F}, \mathbb{P})$ 上の定常確率過程である．

証明 任意の $n \in \mathbb{N}$，$u \in \mathbb{R}$，$t_i \in \mathbb{R}$，$B_i \in \mathcal{B}_{\mathbb{R}}$ $(1 \leq i \leq n)$ について，$A_u = \{X(t_i + u) \in B_i, 1 \leq i \leq n\}$ とし，このとき，

$$\mathbb{P}(A_0) = \mathbb{P}(A_u) \tag{8}$$

を示せばよい．(a2) より，$\mathbb{P}(\theta_u^{-1}(A_0)) = \mathbb{P}(A_0)$ を得る．また，$\{X(s), s \in \mathbb{R}\}$ が θ_t に連動することから，$\theta_u^{-1}(A_0) = A_u$ である．したがって，式 (8) を得る．

定義 3 $(\Omega, \mathcal{F})$ 上の確率測度 $\mathbb{P}_0$ を次のように定義する．

$$\mathbb{P}_0(A) = \lambda^{-1}\mathbb{E}\left[\int_0^1 1_{\theta_u^{-1}(A)} N(\mathrm{d}u)\right], \quad A \in \mathcal{F}$$

$\mathbb{P}_0$ は N に関するパルム分布と呼ばれる．ここで，$\mathbb{E}$ は $\mathbb{P}$ についての期待値を表す．

注意 3 $\mathbb{P}_0$ は $N(\{0\}) = 1$ である条件のもとでの条件つき確率である（詳しくは[3] を参照）．

さらに，以下の 3 条件を仮定し，微分型率保存則を得る．

(b1) $\{X(s), s \in \mathbb{R}\}$ は θ_t に連動し，右連続な標本路をもち実数値をとる確率過程．

(b2) すべての $t \in \mathbb{R}$ について，$X(t)$ の右微分係数 $X'(t)$ が存在．

(b3) N は $X(t)$ の不連続点を含む．

定理 3 (微分型率保存則) $\mathbb{E}(X'(0))$，$\mathbb{E}_0(X(0-))$，$\mathbb{E}_0(X(0))$ がすべて有限ならば，

$$\mathbb{E}(X'(0)) = \lambda\mathbb{E}_0(X(0-) - X(0)) \tag{9}$$

を得る．ここで，$\mathbb{E}_0$ は $\mathbb{P}_0$ についての期待値を表す．

証明 (b3) より，

$$X(t) = X(0) + \int_0^t X'(u)\mathrm{d}u + \int_0^t (X(u) - X(u-))N(\mathrm{d}u) \tag{10}$$

である．(a2)，(b1)，(b2)，命題 1 より，$\{X(s), s \in \mathbb{R}\}$，$\{X'(s), s \in \mathbb{R}\}$ が定常確率過程であることに注意し，式 (10) の期待値をとり $t = 1$ を代入することにより，

$$\mathbb{E}\left[X'(0)\right] = \mathbb{E}\left[\int_0^1 (X(0-) - X(0)) \circ \theta_u N(\mathrm{d}u)\right] \tag{11}$$

を得る．よって，定義 3 と式 (11) から式 (9) を得る．

d. 微分型率保存則の応用

1) リトルの公式の導出

n 番目の客の到着時刻を T_n，その客がシステムに滞在する時間が U_n で与えられる待ち行列モデルを考える．簡単のため，客の到着過程および退去過程は単純点過程であるとする．N を $\{T_n, n \in \mathbb{Z}\}$ からつくられる単純点過程とし，N および U_n はそれぞれ，ずらしの作用素 θ_t，$\eta_n \equiv \theta_{T_n}$ に連動しているものと仮定する．

定理 4（リトルの公式の期待値版）　平均系内人数と平均待ち時間について以下の関係を得る．

$$\mathbb{E}[L(0)] = \lambda \mathbb{E}_0[U_0] \tag{12}$$

式 (12) はリトルの公式の期待値版と呼ばれる．

証明　微分型率保存則 (9) を用いた証明を行う．$L(t)$ を時刻 t における系内人数，$U_n(t)$ を時刻 t での n 番目の客の残余滞在時間，W_n を n 番目の客の系内滞在時間，T_n を n 番目の客の到着時刻とする．ここで，

$$X(t) = \sum_{n=-\infty}^{\infty} U_n(t)$$

とおく．つまり，$X(t)$ は時刻 t にシステムにいる客の総残余滞在時間を表す．N は θ_t に連動することから，$X(t)$ もまた θ_t に連動するので，(b1) を満たす．$X(t)$ のジャンプ時点は，客の到着時点であることから，(b3) を満たす．さらに，$X'(t) = -L(t)$ であることから，(b2) も満たされる．よって，式 (9) を適用し，

$$\mathbb{E}(-L(0)) = \lambda \mathbb{E}_0(X(0-) - X(0))$$

を得る．ここで，注意 3 から $\mathbb{E}_0$ は時刻 0 に客が到着したもとでの条件つき期待値であることに注意し，$\mathbb{E}_0(X(0-) - X(0)) = \mathbb{E}_0(U_0)$ ゆえに，式 (12) を得る．

注意 4　$\mathbb{P}$ が θ_t についてエルゴード的である場合，式 (12) は式 (1) に等しい（詳しくは[3] を参照）．

2) PASTA の導出

時刻 t におけるシステムの状態を $L(t)$ とし，S をシステムの状態空間の部分集合，$X_S(t) = 1_{\{L(t) \in S\}}$ とおく．N_1 を率 λ_1 のポアソン過程とし，$\{L(u); u < t\}$ と $\{N_1([t, t+s]); s \geq 0\}$ は独立であると仮定する．ここで，$B \in \beta_{\mathbb{R}}$ について $N_1(B)$ は計数過程 N_1 の B における生起回数を表す．$L(t)$ について仮定 (b1,b2,b3) を仮定し，次の結果を得る．

定理 5　システム状態の各部分集合 S について，

$$\mathbb{P}(L(0) \in S) = \mathbb{P}_1(L(0-) \in S) \tag{13}$$

を得る．ここで，$\mathbb{P}_1$ は N_1 に対するパルム分布を表し，式 (13) は式 (4) と同値である．

証明　$R(t) = \sup\{u \geq 0 | N_1((t, t+u]) = 0\}$ とおく．つまり，$R(t)$ は時刻 t 以降の N_1 の初計数時刻を表す．$Y(t) = X_S(t)e^{-hR(t)}$ とおくと，$Y(t)$ は (b1,b2,b3) を満たすので，$Y(t)$ について定理 3 を適用できる．$B \in \mathcal{B}_{\mathbb{R}}$ について，$N_2(B) = N(B) - \min(N(B), N_1(B))$ とおく．$i = 1, 2$ について，計数過程 N_i の生起率を λ_i，$\mathbb{E}_i$ を N_i に対するパルム分布による期待値とすると，式 (11) において，$N = N_1 + N_2$ とすることにより，

$$\mathbb{E}[Y'(0)] = \sum_{i=1}^{2} \lambda_i \mathbb{E}_i[Y(0-) - Y(0)] \tag{14}$$

を得る．$R'(t) = -1$，$\mathbb{E}_1$ のもとでは $R(0-) = 0$，$L(t)$ と N_1 の独立性，指数分布の無記憶性から

$$\mathbb{E}[e^{-hR(0)}] = \mathbb{E}_1[e^{-hR(0)}] = \mathbb{E}_2[e^{-hR(0)}] = \frac{\lambda_1}{h + \lambda_1}$$

であることに注意すると，

$$\mathbb{E}[Y'(0)] = \frac{\lambda_1 \mathbb{E}[X'_S(0) + hX_S(0)]}{h + \lambda_1},$$

$$\mathbb{E}_1[Y(0-) - Y(0)] = \mathbb{E}_1[X_S(0-)] - \frac{\lambda_1 \mathbb{E}_1[X_S(0)]}{h + \lambda_1},$$

$$\mathbb{E}_2[Y(0-) - Y(0)] = \frac{\lambda_1 \mathbb{E}_2[X_S(0-) - X_S(0)]}{h + \lambda_1}$$

を得る．これらを式 (14) と合わせて $h \to \infty$ をとることにより，式 (13) を得る．　〔佐久間　大〕

参 考 文 献

[1] R.W. Wolff : Stochastic Modeling and the Theory of Queues, Prentice-Hall International Series in Industrial and Systems Engineering.

[2] W. Feller : An Introduction to Probability Theory and Its Applications, 2nd ed., John Wiley, 1971.

[3] 宮沢政清：待ち行列の数理とその応用 (数理情報科学シリーズ), 牧野書店, 2006.

5 トラヒック理論

5.1 評 価 量

performance measures

待ち行列理論 (queueing theory) は，到着時間やサービス要求がランダムであるような客 (customer) にサービスを提供するシステムの数学モデルの構築と解析を対象とする理論である．待ち行列システムは，サーバ (server) と待ち行列 (queue) で構成される．サーバはシステムに到着する客にサービスを提供し，客はサーバでサービスを受け始めるまで待ち行列で待たされることもある．

元来，待ち行列理論は，電話交換システムにおけるトラヒック (traffic) を扱い，電話交換システムの解析と設計を行うための理論として始まった．電話交換システムでは，客は呼 (call)，サーバは回線になる．このような歴史的経緯から待ち行列理論は，トラヒック理論と呼ばれることもある．待ち行列理論は，近年さまざまな通信システムのトラヒックに関する問題を取り扱うために応用されている．たとえば，パケット交換通信網において，待ち行列システムはルーターのバッファ，客はパケット，サーバは通信リンクとしてモデル化され，待ち行列理論を適用して解析することがよく行われている．

待ち行列システムの解析では，通常，待ち行列システムへの要求とその性能との関係を知ることが目的となる．システムへの要求は，客の到着やサービス要求量によって規定される．以下では，待ち行列システムへの要求を表す量と待ち行列システムの性能を表す評価量について論じる．

a. システム内客数，待ち時間，システム内滞在時間

待ち行列システムを考えるとき，どこまでを「システム」とみるかに関して，複数の解釈ができる場合がよくあることに注意する．たとえば，図 1 に示された

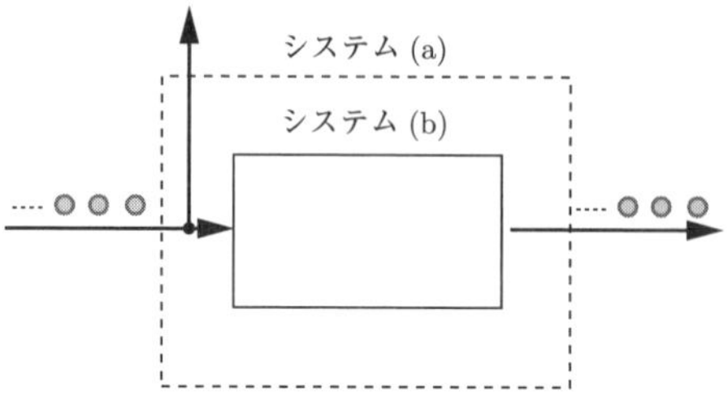

図 1　一般的な待ち行列システム

待ち行列システムの場合，システム (a) には，すべての客は入ることができるが，システム (b) には，すべての客が入ることができるとはかぎらない．ここで，システム (a) を待ち行列システムと考えることもできるし，システム (b) を待ち行列システムと考えることもできる.「システム」の解釈と関連して,「客のシステムへの到着」に関しても，複数の解釈ができるかもしれない．システム (a) では，到着した客のすべてがシステムに入るが，一部の客はサービスを受けずに到着と同時に退去する．そのような客のシステム内滞在時間は 0 と定義されるかもしれない．システム (b) では，到着したすべての客がシステムに入ることができるとはかぎらない．しかし，システムに入ることのできる客だけが，システムに到着したと考える解釈も可能である．このように「客のシステムへの到着」を解釈すると，システム (b) もシステム (a) と同様にシステムに到着するすべての客がシステムに入ることになる．

以下では，システムに到着した客すべてがシステムに入ることができる一般的な待ち行列システムを考える．図 1 のシステム (b) のような，システムにすべての客が入ることができるとはかぎらない待ち行列システムの場合は，システムに入ることのできる客だけがシステムに到着したと考えると，ここでの議論がそのまま適用できる．

待ち行列システムに客が入り，システム内を通過し，退去していくという客の流れに注目する．客に番号 j を与え，j 番目にシステムに入る客を C_j $(j=1,2,\cdots)$ で表す．また，C_j の待ち行列システムへの到着時刻を t_j で表す．ここに，$t_0 \equiv 0$; $t_0 \le t_1 \le \cdots < \infty$ であ

る．さらに，T_j を C_{j+1} と C_j の到着時間間隔とする．このとき，T_j は $T_j = t_{j+1} - t_j$ で与えられる．ここで，$\Lambda(t)$ を

$$\Lambda(t) = \sup\{j : t_j \le t\}, \qquad t \ge 0$$

で定義すると，$\Lambda(t)$ は時刻 t までに待ち行列システムに到着した客の数を表す．このとき，**客の到着率** (arrival rate) λ は，

$$\lambda = \lim_{t\to\infty} \frac{\Lambda(t)}{t} \tag{1}$$

と定義される．ただし，到着率は右辺の極限が存在するときのみ定義されるものとする．

次に，待ち行列システムに入る客の特性を記述するための量をいくつか定義する．C_j の**サービス時間** (service time) を B_j とし，サービス開始時刻を s_j，システムからの退去時刻を d_j で表す．このとき，C_j のサービス時間 B_j は

$$B_j = d_j - s_j, \qquad j = 1, 2, \cdots$$

で与えられる．また，W_j，U_j を

$$W_j = s_j - t_j, \qquad U_j = d_j - t_j, \qquad j = 1, 2, \cdots$$

により定義すると，W_j は j 番目に到着した客のサービス開始までの**待ち時間** (waiting time) であり，U_j は**システム内滞在時間** (sojourn time) である．ここに B_j と U_j，W_j には

$$B_j = U_j - W_j$$

の関係が成立する．客のサービス開始から終了までの間，サービスが 1 単位時間に 1 の割合で必ず行われる場合，サービス時間はサービス要求量に等しい．しかし，一般には，客のサービス時間はサービス要求量と等しいとは限らないことに注意する．

j 番目にシステムに入った客が j 番目にシステムから退去するとはかぎらないので，d_j は j について単調増加とはかぎらない．これを単調増加になるように並べ直し，番号を付け替えたものを d_j^* $(j = 1, 2, \cdots)$ とする．すなわち，d_j^* は j 番目に待ち行列システムから退去する客の退去時刻である．ここで $\Omega(t)$ を

$$\Omega(t) = \sup\{j : d_j^* \le t\}, \qquad t \ge 0$$

で定義すると，$\Omega(t)$ は時刻 t までに待ち行列システムから退去した客の数を表す．このとき，**客の退去率** (departure rate) λ_{d} は，

$$\lambda_{\mathrm{d}} = \lim_{t\to\infty} \frac{\Omega(t)}{t}$$

と定義される．ただし，退去率は右辺の極限が存在するときのみ定義されるものとする．なお，図 1 のシステム (a) のように，サービスを受けずに客がシステムから退去する場合もある．このような場合には，サービスを受けた客の退去率を

$$\lambda_{\mathrm{s}} = \lim_{n\to\infty} \frac{g_n^*}{d_n^*}$$

により定義する．ここに，g_n^* は，退去した最初の n 人中でサービスを受けた客の数を表す．サービスを受けた客の退去率は，システムが処理する単位時間当たりの平均客数を表しており，**スループット** (throughput) とも呼ばれる．

次に，待ち行列システムの動的な振舞いに関連する興味のある量をいくつか定義する．待ち行列システムの動的な振舞いに関連する最も基本的な量は，待ち行列システム内にいる客数である．$N(t)$ を時刻 t $(t \ge 0)$ に待ち行列システム内にいる客数と定義すると，$N(t)$ は

$$N(t) = \Lambda(t) - \Omega(t)$$

で与えられる．また，待ち行列内の客数 (サービス中の客を含まない) も基本的な量の一つである．$L(t)$ を時刻 t $(t \ge 0)$ に待ち行列内にいる客数と定義する．

待ち行列システムの動的な振舞いを記述するためによく用いられるもう一つの量は，システムに残っている未完の仕事量である．$U(t)$ を時刻 t $(t \ge 0)$ での残余仕事量と定義する．$U(t) > 0$ のときにはシステムは稼働中であるといわれ，$U(t) = 0$ のときにはシステムは空きであるといわれる．これらの稼働期間 (busy period) や遊休期間 (idle period) の長さなどの量も待ち行列システムの解析において興味のある量である．

上で定義された C_n のシステム内滞在時間 U_n，待ち時間 W_n，時刻 t でのシステム内客数 $N(t)$，待ち行列内客数 $L(t)$ は待ち行列システムの性能に関連した興味のある量であるが，そのままでは扱いにくいため，それらを n，t について平均した量を待ち行列システムの性能を表す評価量として考えることが多い．システム内客数 $N(t)$，待ち行列内客数 $L(t)$ を t について

平均をとったシステム内平均客数 $\overline{N}$，待ち行列内平均客数 $\overline{L}$ は，

$$\overline{N} = \lim_{t\to\infty} \frac{1}{t} \int_0^t N(u)\mathrm{d}u \tag{2}$$

$$\overline{L} = \lim_{t\to\infty} \frac{1}{t} \int_0^t L(u)\mathrm{d}u \tag{3}$$

と定義される．また，客のシステム内滞在時間 U_n，客の待ち時間 W_n を n について平均をとったシステム内平均滞在時間 $\overline{U}$，平均待ち時間 $\overline{W}$ は，それぞれ

$$\overline{U} = \lim_{n\to\infty} \frac{1}{n} \sum_{l=1}^{n} U_l \tag{4}$$

$$\overline{W} = \lim_{n\to\infty} \frac{1}{n} \sum_{l=1}^{n} W_l \tag{5}$$

と定義される．ただし，式 (2)～式 (5) は右辺の極限が存在するときのみ定義されるものとする．$\overline{N}$，$\overline{L}$ はすべての時刻にわたる平均であるので**時間平均** (time average)，$\overline{U}$，$\overline{W}$ はすべての客にわたる平均であるので**客平均** (customer average) と呼ばれる．

b. システム内客数に制限のある待ち行列システムの評価量

ここでは，システム内に収容できる客数が有限である待ち行列システムについて考える．すなわち，システムが収容できる客の合計が最大 K 人（サービス中の客を含む）であるとし，それ以上の到着客は実際にはシステム内に入ることは許されず，すぐに，サービス対象から外される．すなわち，システム内に K 人より少ない客が存在する場合にだけ，到着した客はシステム内に入ることが許される．到着する客のすべてがシステム内に入ることができるとはかぎらないので，この待ち行列システムは図 1 のシステム (b) のような待ち行列システムであると考えることができる．到着した客のすべてがシステムに入ることができるとはかぎらない待ち行列システムにおいては，到着客に対するあふれ客 (すなわち，システムに入ることを許されなかった客) の割合 η が重要な性能指標となる．電話交換理論においては，あふれ客は呼損として考えられるため，到着客に対するあふれ客の割合 η は，呼損率と呼ばれることもある．また，サーバ数が 1 で $K = 1$ の（すなわち，待合室がない）システムは，単一サーバの即時式システムといわれる．

システムに到着した客すべてがシステムに入ることができるとはかぎらないシステムの客の待ち時間 W_n，システム内滞在時間 U_n については，システムに入ることを許された客のみについて考えることも多い．言い換えると，図 1 のシステム (b) を待ち行列システムと考えて，そこに入ることを許された客の待ち時間，システム内滞在時間を考えることも多い．

c. 待ち行列システムの負荷とサーバ利用率

ここでは，一般的な待ち行列システムの 2 種類の負荷とサーバの利用率について考える[1]．

一般に，待ち行列システムへの要求量は，無次元量である

$$a = \lambda\tau$$

に換算して表されることが多い．ここに，λ は客の到着率，τ は客の平均サービス要求量であり，a はシステムに**加えられる負荷** (offered load)，あるいは，**トラヒック強度** (traffic intensity) と呼ばれる．一方，システムが提供する量の尺度は**実行される負荷** (carried load) と呼ばれる．客のあふれが発生しないとき，すなわち，$\eta = 0$ のとき，実行される負荷は加えられる負荷と一致する．実行される負荷を a' で表すと

$$a' = a(1-\eta)$$

が成立する．サービスを終了してシステムから退去する客の率で定義されるスループットは，このとき，$a'/\tau = \lambda(1-\eta)$ によって与えられる．無次元量 a，a' の単位は，デンマークの電話会社の科学者でもあり数学者でもあるトラヒック理論の開祖 A. K. Erlang の名前にちなんで，アーラン (Erlang) という．

サーバの利用率 (utilization) あるいは占有率 (occupancy) ρ は，1 サーバ当たり実行される負荷によって定義される．m サーバの待ち行列システムにおいては利用率は，

$$\rho = \frac{a'}{m}$$

で与えられる．実行される負荷は平均値であるので，m サーバ全体によって実行される負荷は，個々のサーバによって実行される負荷の合計として理解できる．したがって，利用率 ρ は，サーバが稼働中である「平均」

率，あるいは，1 サーバによって実行される「平均」負荷と解釈できる． 〔石崎文雄〕

参考文献

[1] R. B. クーパー著，山下英明訳：待ち行列理論．D. P. ヘイマン，M.J. ソーベル編，伊理正夫ほか監訳：確率モデルハンドブック，pp.435–480，朝倉書店，1995.

5.2 評 価 式

fundamental formulas for performance evaluation

a. リトルの公式

一般に待ち行列システムにおいては，システム内客数が多い場合にはシステム内滞在時間も大きくなると予想される．このことは，待ち行列システムのシステム内平均客数，システムへの客の到着率と客のシステム内平均滞在時間との間に非常に簡単な関係が成立することにも現れている．ここでは，それらの間に成立する簡単な関係を定理の形で述べる．

5.1 節において，到着率 λ を式 (1) で，システム内平均滞在時間 $\overline{U}$ を式 (4) で，システム内平均客数 $\overline{N}$ を式 (2) で定義した．このとき，待ち行列システムでのサービスの方法や到着の仕方に関係なく非常に一般的な待ち行列システムにおいて以下の定理が成立する．

定理 1 到着率 λ とシステム内平均滞在時間 $\overline{U}$ が存在し有限であるならば，$\overline{N}$ が存在し，

$$\overline{N} = \lambda\overline{U} \tag{1}$$

が成り立つ．

この定理は，リトルの公式として知られている．リトル (J. D. C. Little) はこの公式を最初に一般的な条件のもとで証明した人の名前である[1]．リトルの公式の証明については，4.2 節や[1～4] などの文献を参照するとよい．

ここで，リトルの公式は待ち行列システムの境界をどこにおくか規定していないことに注意する．待ち行列とサーバから構成されるシステムをシステムと考えるだけではなく，たとえば，待ち行列のみから構成されるシステムをシステムと考えることもできる．待ち行列のみから構成されるシステムの場合は，式 (1) の $\overline{U}$ は待ち行列での客の平均待ち時間を，式 (1) の $\overline{N}$ は待ち行列内の平均客数を表すことになる．また，サーバ (複数個でありうる) だけから構成されるシステムをシステムと考えることもできる．この場合は，式 (1)

の $\overline{U}$ は平均サービス時間を，式 (1) の $\overline{N}$ はサーバを占有している平均客数を表すことになる．

リトルの公式は，客の到着率 λ を介して時間平均量である $\overline{N}$ と客平均量である $\overline{U}$ を関係づけた式と考えることができる．リトルの公式は，もっと一般的な時間平均と客平均の間に成立する関係式に拡張できることが知られている[3〜6]．リトルの公式の拡張を行うために以下の量を定義する．t_n $(n=1,2,\cdots)$ を n 番目の客の到着時刻，x_n を $t_n < x_n$ かつ $\lim_{n\to\infty}(x_n - t_n)/n = 0$ を満たす時刻とする．各正の整数 n に対して，$h_n(t)$ $(t \geq 0)$ を非負値関数で，$t \notin [t_n, x_n)$ に関して $h_n(t) = 0$ であると仮定する．このとき，

$$H(t) = \sum_{n=1}^{\infty} h_n(t), \qquad t \geq 0$$

$$G_n = \int_0^{\infty} h_n(t)\mathrm{d}t, \quad n = 1, 2, \cdots$$

とおく．これらの値は有限であり，その時間および客平均を

$$\overline{H} = \lim_{t\to\infty} \frac{1}{t} \int_0^t H(u)\mathrm{d}u$$

$$\overline{G} = \lim_{n\to\infty} \frac{1}{n} \sum_{l=1}^{n} G_l$$

により定義する．また客の到着率 λ を 5.1 節の式 (1) で定義する．このとき，上記の仮定のもとで，以下に示される拡張されたリトルの公式が成立する．

定理 2 到着率 λ と客平均 $\overline{G}$ が存在し有限ならば，

$$\overline{H} = \lambda\overline{G}$$

が成立する．

拡張されたリトルの公式において，すべての n に関して $x_n = d_n$ と設定し (すなわち，x_n を n 番目の客の退去時刻を表すとし)，$t \in [t_n, x_n)$ において $h_n(t) = 1$ とすれば，拡張されたリトルの公式の $\overline{H}$，$\overline{G}$ は，リトルの公式の $\overline{N}$，$\overline{U}$ に等しくなる．

b. M/G/1 待ち行列とポラチェック–ヒンチンの公式

M/G/1 待ち行列は，ポアソン到着と独立同一な任意のサービス時間分布をもつ単一サーバ待ち行列システムである．M/G/1 待ち行列システムでは，システムに到着した客のすべてがシステム内に入ることを許され，客のサービス開始から終了までの間，サービスが 1 単位時間に 1 の割合でかならず行われる．したがって，M/G/1 待ち行列システムでは，客のサービス要求量とサービス時間は等しい．ここでは，M/G/1 待ち行列システムにおいて成立する**ポラチェック–ヒンチン (Pollaczeck–Khinchine) の公式**と呼ばれる公式を紹介する．

a と同様に，j 番目にシステムに入る客を C_j $(j = 1,2,\cdots)$ で表す．また，C_j の待ち行列システムへの到着時刻を t_j で表す．ここに，$t_0 \equiv 0; t_0 \leq t_1 \leq \cdots < \infty$ である．さらに，T_j を C_{j+1} と C_j の到着時間間隔とする．客の到着間隔分布を $A(t)$ で表し，客の到着率を λ とすると，$A(t)$ は指数分布

$$A(t) = 1 - e^{\lambda t}, \qquad t \geq 0$$

で与えられる．また，B_j を客 C_j のサービス時間とする．客のサービス時間分布を $B(t)$ とし，$\bar{b} = E[B_j]$ とする．ここに E は期待値を表す．このとき，トラヒック強度 ρ は $\rho = \lambda\bar{b}$ で与えられる．また 5.1 節までと同様に，時刻 t でのシステム内客数を $N(t)$ で表す．

次に，M/G/1 システムに対する状態表現について考えよう．ある時刻 t において，このシステムの将来の確率的な挙動を記述するためには，時刻 t のシステム内客数 $N(t)$ に加えて，サービス中の客が時刻 t までに受けたサービス時間 (経過サービス時間) $X_0(t)$ を規定しなければならない．これは，サービス時間分布が無記憶でないために必要となる (一方，到着過程は無記憶であるから，最後の客がシステムに入ってから経過した時間を規定する必要はない)．したがって，ベクトル $(N(t), X_0(t))$ は M/G/1 システムの状態ベクトルとなる．

状態ベクトル $(N(t), X_0(t))$ を直接扱って M/G/1 システムを解析することも可能であるが，隠れマルコフ連鎖法を使った解析の方が簡単でわかりやすいため，M/G/1 システムの解析には隠れマルコフ連鎖法がよく使われる．隠れマルコフ連鎖法の背後にある基本的な考え方は，時間軸上の選ばれた点の集まりだけを観察することによって状態表現を簡単化しようということである．これらの選ばれた点は，もしある時点においてシステム内客数を規定し，さらにシステムへの未

来の入力を与えたときには，次の選ばれた時点において再びシステム内客数を計算することができるという性質をもたなければならない．すなわち，選ばれた特別な点はマルコフ連鎖を構成することになる．このため，このマルコフ連鎖を**隠れマルコフ連鎖** (embedded Markov chain) と呼び，隠れマルコフ連鎖を利用した解析法を隠れマルコフ連鎖法と呼ぶ．隠れマルコフ連鎖を構成するための特別な点の選び方はいろいろ考えられるが，M/G/1 システムでは客の退去直後の時点を選ぶと解析に都合がよい．

以下で，M/G/1 システムにおいて，客の退去直後の時点から構成される隠れ点を選んだときに成立するシステム内客数に関する公式を示す．以下の議論については，たとえば[3, 4, 7〜9] などの文献を参照するとよい．

q_j^+ を C_j がシステムから退去するときのシステム内客数，すなわち，隠れマルコフ点でのシステム内客数とする．$\rho < 1$ の条件のもとで，q_j^+ は極限分布をもつことが知られている．その極限分布にしたがう確率変数を Q^+ とすると以下の公式が成立することが知られている．

$$E[Q^+] = \rho + \rho^2 \frac{(1 + C_s^2)}{2(1 - \rho)} \qquad (2)$$

ここに C_s^2 はサービス時間の変動係数の平方で $C_s^2 = V[B_j]/(E[B_j])^2$ で定義される量である．ここに V は分散を表す．この M/G/1 の客の退去直後時点でのシステム内平均客数に関する式 (2) は，ポラチェック–ヒンチンの平均値公式と呼ばれる．客の退去直後時点でのシステム内平均客数 $E[Q^+]$ は，サービス時間分布の最初の二つのモーメントのみに依存することに注意する．また，サービス時間の期待値と到着率が一定という条件のもとでサービス時間の変動係数が大きくなると $E[Q^+]$ も大きくなることがわかる．

ポラチェック–ヒンチンの平均値公式 (2) は，客の退去直後時点でのシステム内平均客数を表す式を与えている．しかしながら，M/G/1 システムにおいては客の到着と退去が 1 人ずつ発生するので，退去客がシステムに残すシステム内客数分布の極限分布は到着客が観察するシステム内客数分布の極限分布に等しくなる．また，M/G/1 待ち行列システムにおいては客の到着はポアソン過程なので，**PASTA**(Poisson arrivals see time averages)[10] より，到着客が観察するシステム内客数分布の極限分布は任意時点でのシステム内客数分布の極限分布に等しくなる．以上のことより，Q^- を到着客が観察するシステム内客数分布の極限分布にしたがう確率変数，Q を $N(t)$ の極限分布にしたがう確率変数とすると，

$$E[Q^+] = E[Q^-] = E[Q] = \rho + \rho^2 \frac{(1 + C_s^2)}{2(1 - \rho)}$$

が成立する．

次に，M/G/1 待ち行列システムのシステム内客数分布について考える．すでに記述したように Q^+，Q^-，Q の分布は等しい．これら Q^+，Q^-，Q の確率母関数 $Q(z)$ を

$$Q(z) = \mathrm{E}[z^{Q^+}] = \mathrm{E}[z^{Q^-}] = \mathrm{E}[z^{Q}]$$

により定義する．また，客のサービス時間 B_j のラプラス–スティルチェス変換を

$$B^*(s) = \mathrm{E}[e^{-sB_j}]$$

により定義する．このとき，$\rho < 1$ の条件のもとで以下の式が成立することが知られている（導出については，たとえば，[3, 4, 7〜9] などを参照）．

$$Q(z) = (1 - \rho) \frac{(1 - z)B^*(\lambda(1 - z))}{B^*(\lambda(1 - z)) - z} \qquad (3)$$

この式 (3) はポラチェック–ヒンチンの公式と呼ばれている．

最後に，$\rho < 1$ を仮定して，M/G/1 待ち行列システムの客のシステム内滞在時間分布，待ち行列での待ち時間分布に関する公式を示す．定常状態における客のシステム内滞在時間，待ち行列での待ち時間のラプラス–スティルチェス変換を，それぞれ $U^*(s)$，$W^*(s)$ で表す．式 (3) から，$\rho < 1$ の仮定のもとで，

$$U^*(s) = \frac{(1 - \rho)sB^*(s)}{s - \lambda + \lambda B^*(s)}$$

$$W^*(s) = \frac{(1 - \rho)s}{s - \lambda + \lambda B^*(s)}$$

を得ることができる（導出については，たとえば，[3, 4, 7〜9] などを参照）．〔石 崎 文 雄〕

参考文献

[1] J. D. C. Little : A proof for the queueing formula: $L = \lambda W$. *Oper. Res.*, **9**: 383–387, 1961.

[2] W. Whitt : A review of $L = \lambda W$ and extensions. *Queueing Systems*, **9**: 235–268, 1991.

[3] R. W. Wolff : Stochastic Modeling and the Theory of Queues, Prentice-Hall, 1989.

[4] 宮沢政清：待ち行列の数理とその応用，牧野書店，2006.

[5] S. L. Brumelle : On the relation between customer and time averages in queues, *J. Appl. Prob.*, **8**: 508–520, 1991.

[6] D. P. Heyman and Stidham, Jr.: The relation between customer and time averages in queues. *Oper. Res.*, **28**: 983–994, 1961.

[7] R. B. クーパー著，山下英明訳：待ち行列理論．D. P. ヘイマン，M. J. ソーベル編，伊理正夫ほか監訳：確率モデルハンドブック，pp.435–480，朝倉書店，1995.

[8] L. Kleinrock : Queueing Systems, Vol.I: Theory, John Wiley, 1975.

[9] H. C. Tijms : A First Course in Stochastic Models, John Wiley, 2003.

[10] R. W. Wolff : Poisson arrivals see time averages. *Oper. Res.*, **30**: 223–231, 1982.

6 待ち行列網

6.1 モ デ ル

model

客が行列をつくって待つ現象は，スーパーマーケットのレジ，銀行の ATM，タクシー乗り場，病院の診察など，至るところで見受けられる．このような客の行列を待ち行列 (queue) と呼び，あるサービスを受けるために客が到着し，行列をつくって待つようなシステムを待ち行列システム (queueing system) と呼ぶ．待ち行列ネットワーク (queueing network) は，図 1 のように待ち行列システムがネットワーク状に結びついたシステム，すなわち，ある待ち行列システムでサービスを終了した客が，ある確率で別の待ち行列システムに移動しサービスを受けるようなシステムである．待ち行列ネットワークを解析することによって，客の待ち時間，待ち行列長，スループット，ブロッキング確率などの性能指標が得られ，コンピュータシステム，生産システム，通信システム，物流システムなどの性能評価や最適化に応用されている．

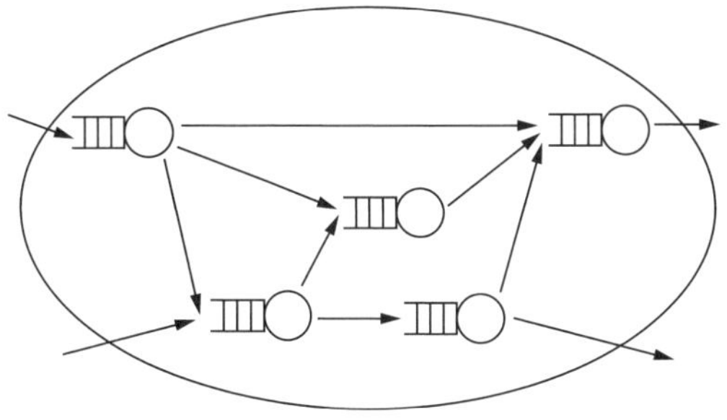

図 1　待ち行列ネットワーク

待ち行列ネットワークを構成する各待ち行列システムは，ノード (node) と呼ばれる．待ち行列ネットワークは，ネットワーク外部から各ノードへの客の到着の有無により，**開放型ネットワーク** (open network) と**閉鎖型ネットワーク** (closed network) に分類される．開放型ネットワークでは，外部から客が到着し，またすべてのサービスを終えた客はネットワーク外部に退去するので，ネットワーク内の総客数は一定ではない．たとえば，注文に応じて加工手順の異なるさまざまな種類の製品を生産する生産システムにおいて，各工程をノードに，注文の発生を客の到着に対応させると，仕掛品すなわち客がその種類によってノードを移動し，完成するとネットワークを退去する開放型ネットワークモデルになる．このとき，仕掛品を含む総受注残数がネットワークの総客数に対応する．

一方，閉鎖型ネットワークでは，ネットワーク外部からの客の到着も外部への客の退去もなく，客はネットワーク内のノードを移動し続けるため，総客数は常に一定に保たれる．たとえば，複数のジョブを並行して処理するマルチプログラミング計算機システムにおいて，CPU（主演算装置）と入出力装置をノードに，ジョブを客に対応させると，閉鎖型ネットワークモデルになる．それぞれのジョブはすべての処理が終了するまで CPU と入出力装置の間を交互に行き来し，これらの装置でランダムな時間処理を受けるので，それぞれの装置の前に待ち行列が発生する．ジョブの処理がすべて終了し，システムから退去すると同時に他のジョブが投入されるので，システム内のジョブ数は一定に保たれる．特に，1 台の CPU と複数の入出力装置からなるセントラルサーバモデルは，待ち行列ネットワークの代表的な適用例である．

また，客が移動するノードの順番が一定な場合，待ち行列ネットワークはノードが直列に結ばれた形状になり，**直列型待ち行列** (tandem queue) と呼ばれる．上述の注文生産システムにおいて加工する製品が 1 種類のとき，加工順序は一定となり，開放型直列型待ち行列モデルになる．特に，図 2 のような閉鎖型の直列型待ち行列を**循環型待ち行列** (cyclic queue) と呼ぶこともある．複数の機械が稼動中，修理中を繰り返す機械修理システムは，循環型待ち行列でモデル化され，客は機械に対応し，ある一つのノード（たとえばノード 0）以外のノードは修理工程に対応する．ノード 0 は稼働中の機械が滞在するサーバ数が無限のノードで，

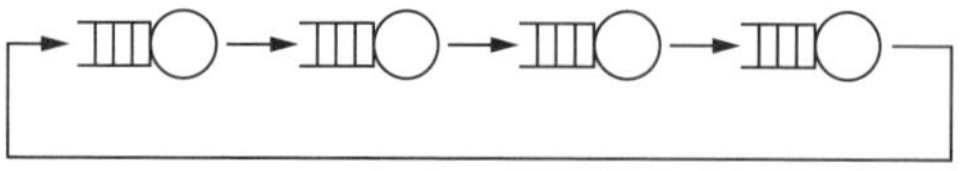

図 2 循環型待ち行列

サービスの終了が故障の発生に対応する.

a. 直列型待ち行列

待ち行列ネットワークのなかで, 最も単純な 2 ノードの開放型直接型待ち行列を考える. すべての客はまずノード 1 に到着しサービスを受けたのち, ノード 2 に移動する. 簡単のため, 各ノードにおけるサービス時間は客数分布と独立であると仮定し, ノード $i(i=1,2)$ における客のサービス時間は, サービス率 μ_i の互いに独立で同一な指数分布にしたがうものとする. 各ノードの待ちスペースには制約はなく, サービス規律は先着順サービスとする. また, 外部からノード 1 への到着はサービス時間と独立なポアソン分布にしたがうものとし, 到着率を λ とする. このシステムの定常分布が存在する条件は, $\min(\mu_1,\mu_2)>\lambda$ である. ノード 1 に x_1 人, ノード 2 に x_2 人の客がいる**定常分布** (stationary distribution) を $\pi(x_1,x_2)$ と表すと, 以下の定常状態方程式を得る.

$$
\begin{aligned}
\lambda\pi(0,0) &= \mu_2\pi(0,1)\\
(\lambda+\mu_1)\pi(1,0) &= \lambda\pi(0,0)+\mu_2\pi(1,1)\\
(\lambda+\mu_2)\pi(0,1) &= \mu_1\pi(1,0)+\mu_2\pi(0,2)\\
(\lambda+\mu_1+\mu_2)\pi(x_1,x_2) &= \lambda\pi(x_1-1,x_2)\\
&\quad +\mu_1\pi(x_1+1,x_2-1)\\
&\quad +\mu_2\pi(x_1,x_2+1)\\
&\qquad\qquad (x_1\geq 1, x_2\geq 1)
\end{aligned}
$$

$$\sum_{x_1=0}^{\infty}\sum_{x_2=0}^{\infty}\pi(x_1,x_2)=1$$

この方程式の解を求めるために, ノード 1 の客数分布を考える. ノード 1 の客数はノード 2 の客数の影響をまったく受けないので, 定常状態におけるノード 1 の客数の周辺分布は, 到着率 λ, サービス率 μ_1 の M/M/1 待ち行列の定常分布に等しい. すなわち,

$$\sum_{x_2=0}^{\infty}\pi(x_1,x_2)=\rho_1^{x_1}(1-\rho_1),\quad ただし, \rho_1=\frac{\lambda}{\mu_1}$$

である. 次に, ノード 2 への客の到着率は, すべての客がノード 2 に訪れることから λ であるが, ノード 2 の客数分布を求めるためにはノード 2 への客の到着間隔の分布, すなわちノード 1 の客の退去間隔の分布を明らかにする必要がある. いま, ノード 1 への客の到着間隔, ノード 1 のサービス時間, ノード 1 からの客の退去間隔のラプラス変換を, それぞれ $A^*(s)$,$B^*(s)$,$D^*(s)$ とすると, ノード 1 からの客の退去間隔は, 前の客の退去時に次の客がノード 1 にいるときはそのサービス時間に等しく, いないときは客の到着間隔とサービス時間の和に等しいので, 以下の式が成り立つ.

$$
\begin{aligned}
D^*(s) &= (1-\rho_1)A^*(s)B^*(s)+\rho_1B^*(s)\\
&= (1-\rho_1)\frac{\lambda}{\lambda+s}\frac{\mu_1}{\mu_1+s}+\rho_1\frac{\mu_1}{\mu_1+s}\\
&= \left(\frac{\mu_1-\lambda}{\mu_1}\frac{\lambda}{\lambda+s}+\frac{\lambda}{\mu_1}\right)\frac{\mu_1}{\mu_1+s}\\
&= \frac{\lambda}{\lambda+s}
\end{aligned}
$$

したがって, ノード 1 からの客の退去間隔は率 λ の指数分布にしたがう. すなわち, ノード 2 への客の到着も到着率 λ のポアソン分布にしたがうことがわかる. これより, 定常状態におけるノード 2 の客数の周辺確率は, 到着率 λ, サービス率 μ_2 の, ノード 1 の客数とは独立な M/M/1 待ち行列の定常分布に等しく,

$$\sum_{x_1=0}^{\infty}\pi(x_1,x_2)=\rho_2^{x_2}(1-\rho_2),\quad ただし, \rho_2=\frac{\lambda}{\mu_2}$$

となり, ノード 1 とノード 2 の客数の同時分布は次式で与えられる.

$$\pi(x_1,x_2)=\rho_1^{x_1}(1-\rho_1)\rho_2^{x_2}(1-\rho_2)$$

このようにネットワーク全体の定常分布が各ノードの状態の周辺分布の積として表されるとき, 待ち行列ネットワークは**積形式解** (product form solution) をもつといわれる. 積形式をもつ待ち行列ネットワークとその応用については, Kino[5] に詳しい.

M/M/1 待ち行列の退去過程がポアソン過程になることは, Burke[1] によってはじめて証明されたことから, **バーク (Burke) の定理**と呼ばれる. この性質をもつ待ち行列には, M/M/c 待ち行列, M/G/∞ 待ち行列などがある. また, ポアソン過程を合成した計数過程はポアソン過程にしたがい, ポアソン過程を確率的

に分解した計数過程もポアソン過程にしたがうことから，直列型待ち行列にかぎらず，図 1 のような外部を含むいくつかのノードから客が合流して到着し，サービスを終えた客はいくつかのノードから確率的にあるノードを選択して移動するような待ち行列ネットワークにおいても，各ノードからの退去過程がポアソン過程となり，各ノードを独立な待ち行列として解析することが可能である．このようなネットワークをフィードフォワード (feedforward) 待ち行列ネットワークと呼ぶ．しかし，図 3 のようなフィードバックを伴う待ち行列ネットワークでは，あるノードを退去して客がまたそのノードにいつか戻ってくる可能性があるので，各ノードからの退去過程はポアソン過程とならない．ただし，この場合でも客がネットワーク外部へ退去する退去過程はポアソン分布にしたがう．

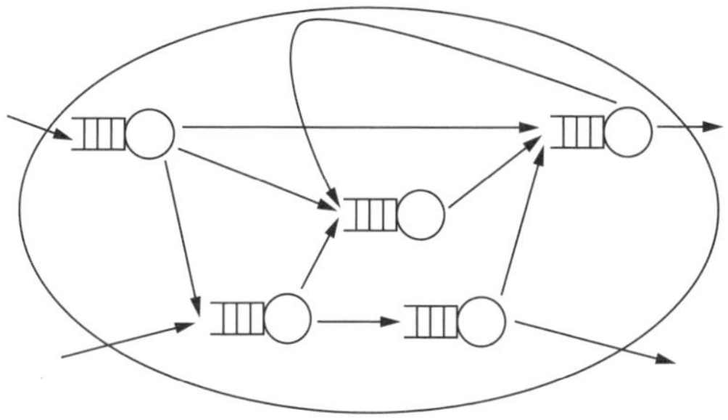

図 3 フィードバックを伴う待ち行列ネットワーク

b. ジャクソンネットワーク

ジャクソンネットワーク (Jackson network)[2] は，客の合流，ノード選択，フィードバックを伴う基本的な待ち行列ネットワークであり，客の状態を表す確率過程がマルコフ過程によって記述され，その定常分布が積形式解によって陽に表現できるという特徴がある．

ジャクソンネットワークは，以下の仮定を満たす．いま，J 個の単一サーバのノードからなる待ち行列ネットワークを考える．ノード $i(i=1,\cdots,J)$ に客が x_i 人いるとき，ノード i における客のサービス時間は，サービス率が μ_i の互いに独立で同一な指数分布にしたがう (ここでは，簡単のためサービス率はそのノードの客数に依存しないと仮定したが，ノード i の客数が x_i であるときのサービス率が客数に依存して $\mu_i s_i(x_i)$ となる場合でも，以下の議論は同様に成り立つ)．各ノードの待ちスペースには制約はなく，サービス規律は先着順サービスとする．また，外部から各ノードへの到着は，それぞれ独立で，サービス時間とも独立なポアソン分布にしたがうものとし，ノード $i(i=1,\cdots,J)$ への到着率を γ_i とする．$\gamma_i>0$ なるノードが一つでも存在すれば，このネットワークは開放型であり，一つも存在しなければ閉鎖型である．ノード i でサービスを終了した客は，確率 $r_{i,j}$ でノード j へ移動するものとし，確率 $r_{i,0}$ でネットワークを退去するものとする．ただし，$\sum_{j=0}^{J} r_{i,j}=1$ である．この確率は経路選択確率 (routing probability) と呼ばれ，上記のように経路選択確率がノードの客数などに依存しない経路選択をマルコフ型経路選択 (Markov routing) と呼ぶこともある．開放型ネットワークでは，$r_{i,0}>0$ なるノードが少なくとも一つは存在し，閉鎖型ネットワークではすべてのノードに対して $r_{i,0}=0$ である．ジャクソンネットワークは，客の到着がポアソン分布にしたがい，客のサービス時間が指数分布にしたがい，さらに経路選択がマルコフ型であることから，各ノードの客数を表す定常過程がマルコフ性をもつ．

開放型ジャクソンネットワークにおいて，客数ベクトルを $\boldsymbol{x}=(x_1,x_2,\cdots,x_J)$ と表し，状態 $\boldsymbol{x}$ から状態 $\boldsymbol{y}$ への遷移率 (transition rate) を $q(\boldsymbol{x},\boldsymbol{y})$ と表すと，次式が成り立つ．

$$\begin{cases} q(\boldsymbol{x},\boldsymbol{x}+\boldsymbol{e}_i)=\gamma_i \\ q(\boldsymbol{x},\boldsymbol{x}-\boldsymbol{e}_i+\boldsymbol{e}_j)=\mu_i r_{i,j}\mathbf{1}\{x_i>0\} \\ q(\boldsymbol{x},\boldsymbol{x}-\boldsymbol{e}_i)=\mu_i r_{i,0}\mathbf{1}\{x_i>0\} \end{cases} \tag{1}$$

ただし，$\boldsymbol{e}_i$ は i 番目の要素だけ 1，他の要素は 0 の J 次元単位ベクトルで，

$$\mathbf{1}\{x_i>0\}=\begin{cases} 1 & x_1>0 \\ 0 & \text{その他} \end{cases}$$

である．このとき，客数の定常分布 $\pi(\boldsymbol{x})$ は，以下の積形式解をもつことが知られている．すなわち，

$$\pi(\boldsymbol{x})=\prod_{i=1}^{J}(1-\rho_i)\rho_i^{x_i} \tag{2}$$

が成り立つ．ただし，$\rho_i=\lambda_i/\mu_i<1$ はノード i のトラヒック密度 (traffic intensity) であり，λ_i はトラヒック方程式 (traffic equation)

$$\lambda_i = \gamma_i + \sum_{j=1}^{J} \lambda_j r_{j,i} \quad (i = 1, \cdots, J) \tag{3}$$

の解である．トラヒック方程式は，ノード i へ到着するすべての客の流れとノード i から退去するすべての客の流れが等しいことから導かれる1次の連立方程式であり，その解 λ_i は単位時間当たりのノード i への客の入力率を表す．客数の定常分布が積形式になることから，開放型ジャクソンネットワークの各ノードの客数は互いに独立であり，各ノードからの退去過程はポアソン過程である．また，各ノードの客数は，そのノードへの到着過程を平均到着率が一致するポアソン到着と仮定したときの定常分布に等しい．

式(2)を証明するには，式(2)が $\pi(\boldsymbol{x})$ の（大域的）定常状態方程式を満たすことを直接示してもよいが，ここではKelly[3]による方法を用いる．まず，マルコフ過程の時間を逆転した**逆過程** (reversed process) を導入する．状態空間 S をもつ $\boldsymbol{x}_t$ を遷移率行列 $Q = [q(\boldsymbol{x}, \boldsymbol{y})]$, $\boldsymbol{x}, \boldsymbol{y} \in S$ をもつ定常マルコフ過程とし，その逆過程を $\boldsymbol{x}_{-t}$ とする．このとき，$\boldsymbol{x}_{-t}$ は $\boldsymbol{x}_t$ の定常分布 $\pi(\boldsymbol{x})$ と同じ定常分布をもつ定常マルコフ過程となり，その遷移率行列 $\widetilde{Q} = [\widetilde{q}(\boldsymbol{x}, \boldsymbol{y})]$ は，

$$\widetilde{q}(\boldsymbol{x}, \boldsymbol{y}) = \frac{\pi(\boldsymbol{y}) q(\boldsymbol{y}, \boldsymbol{x})}{\pi(\boldsymbol{x})}$$

となる．したがって，定常マルコフ過程の遷移率行列 $Q = [q(\boldsymbol{x}, \boldsymbol{y})], \boldsymbol{x}, \boldsymbol{y} \in S$ が与えられたとき，確率分布 $\pi(\boldsymbol{x})$ と非負行列 $\widetilde{Q} = [\widetilde{q}(\boldsymbol{x}, \boldsymbol{y})]$ が

$$\sum_{\boldsymbol{y} \in S} \widetilde{q}(\boldsymbol{x}, \boldsymbol{y}) = \sum_{\boldsymbol{y} \in S} q(\boldsymbol{x}, \boldsymbol{y}), \quad \boldsymbol{x} \in S \tag{4}$$

$$\pi(\boldsymbol{x}) \widetilde{q}(\boldsymbol{x}, \boldsymbol{y}) = \pi(\boldsymbol{y}) q(\boldsymbol{y}, \boldsymbol{x}), \quad \boldsymbol{x}, \boldsymbol{y} \in S \tag{5}$$

を満たすことを証明できれば，$\widetilde{Q}$ は逆過程の遷移率行列であり，$\pi(\boldsymbol{x})$ は両者の定常分布であることが証明できる．この方法は，待ち行列ネットワークの積形式解を証明するのに有益な方法であり，ケリー (Kelly) の補題として知られている．

この方法をジャクソンネットワークに適用するためにジャクソンネットワークの逆過程を考え，

$$\widetilde{r}_{i,j} = \frac{\lambda_j r_{i,j}}{\lambda_i}, \ \widetilde{r}_{i,0} = \frac{\gamma_i}{\lambda_i}, \ \widetilde{\gamma}_i = \lambda_i r_{i,0}$$

とおき，式(1)と同様にして逆過程の遷移率行列 $\widetilde{Q}$ を求めると，

$$\begin{cases} \widetilde{q}(\boldsymbol{x}, \boldsymbol{x} + \boldsymbol{e}_i) = \widetilde{\gamma}_i = \lambda_i r_{i,0} \\ \widetilde{q}(\boldsymbol{x}, \boldsymbol{x} - \boldsymbol{e}_i + \boldsymbol{e}_j) = \mu_i \widetilde{r}_{i,j} \mathbf{1}\{x_i > 0\} \\ \qquad = \dfrac{\lambda_j r_{j,i} \mathbf{1}\{x_i > 0\}}{\rho_i} \\ \widetilde{q}(\boldsymbol{x}, \boldsymbol{x} - \boldsymbol{e}_i) = \mu_i \widetilde{r}_{i,0} \mathbf{1}\{x_i > 0\} \\ \qquad = \dfrac{\gamma_i \mathbf{1}\{x_i > 0\}}{\rho_i} \end{cases} \tag{6}$$

となる．式(1), (6)とトラヒック方程式(3)より

$$\begin{aligned} \sum_{\boldsymbol{y} \in S} \widetilde{q}(\boldsymbol{x}, \boldsymbol{y}) &= \sum_{i=1}^{J} \left(\lambda_i r_{i,0} + \sum_{i=1}^{J} \frac{\lambda_j r_{j,i} \mathbf{1}\{x_i > 0\}}{\rho_i} \right. \\ &\qquad \left. + \frac{\gamma_i \mathbf{1}\{x_i > 0\}}{\rho_i} \right) \\ &= \sum_{i=1}^{J} (\gamma_i + \mu_i \mathbf{1}\{x_i > 0\}) \\ &= \sum_{\boldsymbol{y} \in S} q(\boldsymbol{x}, \boldsymbol{y}) \end{aligned}$$

となり，式(4)が成立する．また，式(1), (2), (6)は，式(5)を満たすことがわかる．たとえば，$\boldsymbol{y} = \boldsymbol{x} - \boldsymbol{e}_i + \boldsymbol{e}_j$ のとき，

$$\begin{aligned} &\frac{\pi(\boldsymbol{x} - \boldsymbol{e}_i + \boldsymbol{e}_j) \widetilde{q}(\boldsymbol{x} - \boldsymbol{e}_i + \boldsymbol{e}_j, \boldsymbol{x})}{\pi(\boldsymbol{x}) q(\boldsymbol{x}, \boldsymbol{x} - \boldsymbol{e}_i + \boldsymbol{e}_j)} \\ &\quad = \frac{\rho_j}{\rho_i} \frac{\lambda_i r_{i,j} \mathbf{1}\{x_i > 0\} / \rho_j}{\mu_i r_{i,j} \mathbf{1}\{x_i > 0\}} = 1 \end{aligned}$$

となる．以上より，式(2)で表される $\pi(\boldsymbol{x})$ は，式(1)の遷移率をもつマルコフ過程の定常分布であることが証明できる．また，逆過程を用いると，（大域的）定常状態方程式を用いることなく，式(5)から定常分布を求めることができる．

閉鎖型ジャクソンネットワークにおいても，客数の定常分布は積形式解をもつ．すなわち，N をネットワーク内の総客数，λ_i をトラヒック方程式 $\lambda_i = \sum_j \lambda_j r_{j,i}$ の解とし，$\rho_i = \lambda_i / \mu_i$ とすると，$\boldsymbol{x}$ の定常分布 $\pi(\boldsymbol{x})$ は

$$\pi(\boldsymbol{x}) = C^{-1} \prod_{i=1}^{J} \rho_i^{x_i}, \quad x_1 + x_2 + \cdots + x_J = N$$

となる．ただし，閉鎖型ネットワークは外部からの到着がないため，トラヒック方程式の係数行列は正則でなく，λ_i は一意に決まらない．しかし，λ_i のうちの一つ（これを λ_k とする）に任意の正の値を与えると，他の λ_i $(i \neq k)$ の値は決定する．特に $\lambda_1 = 1$ とおくと，

λ_i $(i \neq 1)$ は客がノート 1 に訪問してからまた次に訪問するまでの間にノード i を訪問する平均回数を表す．閉鎖型ネットワークでは系内の総客数が一定であるため，正規化定数 C^{-1} を求める必要がある．この計算はノード数 J や総客数 N が大きくなると簡単ではなく，たたみ込み法や平均値解析法が用いられる．

c. ポーリングシステム

1 人のサーバが複数の待ち行列を巡回してサービスを行うシステムを，**ポーリング** (polling) **システム**という．サーバはノードを訪問したとき，そのノードに滞在する客をあるサービス規律にしたがってサービスする．サービス規律には，そのノードの客がいなくなるまでサービスを行う**全処理式** (exhaustive service)，サーバの到着時にすでにそのノードで待っていた客だけをすべてサービスする**ゲート式** (gated service)，サービスできる最大客数に制限がある**制限式** (limited service) などがある．ノードでのサービスを終了したサーバは，ある移動規則にしたがって次のノードに移動する．このとき，サーバの移動時間が必要であると仮定することもできる．客はノードに到着しサービスを受けるのを待つが，サービスを受けた客は直ちにシステムから退去し，ネットワーク内を移動しないのが一般的である．各待ち行列にとって，他の待ち行列のサービス時間と移動時間はサーバのバケーション (vacation) と見なすことができるので，各ノードが M/G/● 待ち行列であるポーリングシステムについてもバケーションモデルと同様に**確率的分解** (stochastic decomposition) **定理**が成り立つ．この定理より，各ノードの平均待ち時間のトラヒック強度の重みつき和に対する**擬似保存則** (quasi-conservation law) が導かれ，特にすべての待ち行列が同等な場合には平均待ち時間を陽に求めることができる．ポーリングモデルについては，Takagi[4] に詳しい． 〔山 下 英 明〕

参 考 文 献

[1] P. J. Burke : The output process of a stationary M/M/s queueing systems. *Ann. Math. Statist.*, **39**: 1144–1152, 1968.

[2] J. R. Jackson : Jobshop-like queueing systems. *Management Sci.*, **10**: 131–142, 1963.

[3] F. P. Kelly : Reversibility and Stochastic Networks, John Wiley, 1979.

[4] H. Takagi : Analysis of Polling Systems, MIT Press, 1986.

[5] 紀 一誠：待ち行列ネットワーク（経営科学のニューフロンティア 13），朝倉書店，2002.

6.2 積形式ネットワーク

product form network

ジャクソンネットワークは，定常分布が簡単な積形式になることから，理論，応用両面で広く活用されてきた．しかし，客の経路をあらかじめ確定することができない点や，サービス時間が指数分布に限定されるなど，モデルの制約が強い．ここでは，これらの点に関してジャクソンネットワークを拡張したネットワークにおいても積形式解をもつことを示す．

拡張の一つは，客のクラスという概念を導入することである．これにより，客のクラスごとに客の経路選択や客がサービスを要求する仕事量を決めることが可能になる．たとえば，多品種少量生産の生産システムを待ち行列ネットワークによってモデル化するとき，品種を客のクラスに対応させれば，品種によって加工順序や加工時間が異なる仕掛品を加工する生産システムをモデル化することができる．

もう一つの拡張は，客のサービス時間が独立で同一の任意の分布をもつと仮定することである．さらに，各ノードが客のサービスを行う規律は先着順にかぎらず，ある条件を満たしている規律を許す．サービス時間が指数分布にしたがうという仮定は実際のシステムに当てはまらないことが多いことから，この拡張によって幅広いシステムに対して現実的なモデル化が可能になる．しかし他方で，この拡張によって，客数に関する確率過程は，もはやそれ自身ではマルコフ過程ではなくなるので，客数の定常分布を求めるためには，より多くの情報を含む複雑な状態をもつマルコフ過程を扱うことが必要となる．たとえば，サービス時間が指数分布でなくなると，サービスの経過時間をなんらかの方法で保持しておくことが必要になる．このためには，サービス経過時間を補助変数としたマルコフ過程を用いる方法と，サービス時間を相型分布などを用いて離散化し，離散的状態をもつマルコフ過程（マルコフ連鎖）を用いる方法がある．前者のモデルは後者のモデルを用いて任意の精度で近似することができるので，ここでは記述を簡単にするため後者の方法を用いる．

a. 準可逆性

各ノードを切り離して単独の待ち行列とみた場合に，各クラスの客について時刻 t の待ち行列の状態，時刻 t より前の退去過程，時刻 t より後の到着過程が独立であるとき，この待ち行列は**準可逆** (quasi-reversible) であるという．準可逆は，時刻 t の待ち行列の状態と時刻 t より後の退去過程が独立であることを意味しないことに注意する．準可逆な待ち行列の状態 $\boldsymbol{x}$ に対して，$\boldsymbol{x}$ よりもクラス $c \in C$ の客が 1 人だけ多く，その他のクラスの客の状態は変わらない状態をすべて集めてできる集合を $A(c, \boldsymbol{x})$ と定義する．このとき，準可逆の定義より，クラス c の客の到着過程はクラス c にのみ依存し，状態 $\boldsymbol{x}$ には依存しないので，到着率は

$$\lambda_c = \sum_{\boldsymbol{y} \in A(c,\boldsymbol{x})} q(\boldsymbol{x}, \boldsymbol{y}) \tag{1}$$

となる．一方，この待ち行列の逆過程も準可逆になり，逆過程おけるクラス c の客の到着率もまた状態 $\boldsymbol{x}$ には依存しない．この逆過程における客の到着率はもとの待ち行列における客の退去率と等しく，定常性からもとの待ち行列の到着率と退去率が等しいことを考慮すると，

$$\lambda_c = \sum_{\boldsymbol{y} \in A(c,\boldsymbol{x})} \widetilde{q}(\boldsymbol{x}, \boldsymbol{y}) \tag{2}$$

が成り立つ．$\boldsymbol{y} \in A(c, \boldsymbol{x})$ について 6.1 節の式 (5) の総和をとり，本節の式 (1)，(2) の右辺が等しいことを用いると

$$\begin{aligned}\sum_{\boldsymbol{y} \in A(c,\boldsymbol{x})} \pi(\boldsymbol{y}) q(\boldsymbol{y}, \boldsymbol{x}) &= \sum_{\boldsymbol{y} \in A(c,\boldsymbol{x})} \pi(\boldsymbol{x}) \widetilde{q}(\boldsymbol{x}, \boldsymbol{y}) \\ &= \pi(\boldsymbol{x}) \sum_{\boldsymbol{y} \in A(c,\boldsymbol{x})} \widetilde{q}(\boldsymbol{x}, \boldsymbol{y}) \\ &= \pi(\boldsymbol{x}) \sum_{\boldsymbol{y} \in A(c,\boldsymbol{x})} q(\boldsymbol{x}, \boldsymbol{y}) \end{aligned} \tag{3}$$

が成り立つ．この方程式は，クラス c の客が到着することにより状態 $\boldsymbol{x}$ から別の状態に変化する率と，クラス c の客が退去することにより状態が $\boldsymbol{x}$ に変化する率が等しいことを意味し，**局所平衡方程式** (local balance equation) と呼ばれる．局所平衡方程式が成り立つネットワークでは，客数の定常確率がサービス時間分布の形とは無関係に，その平均のみによって定まる．この

性質は不感性 (insensitivity) と呼ばれる．不感性をもつノードは，サービス時間分布を同じ平均をもつ指数分布に置き換えることができるので，この性質はきわめて有用である．また式 (3) より，退去過程が退去直後の状態と独立なポアソン過程になることがわかる．したがって，準可逆性は各ノードを切り離し，客をポアソン到着させると，客の退去過程もポアソン過程となる性質とも理解できる．

b.　対称型サービス

ノードにおける客のサービス方法が以下に示す対称型であるとき，このノードは準可逆になる．いま客のクラスは C 種類あり，クラス $c(c=1,\cdots,C)$ の客がノードで要求する仕事量は平均 μ_c^{-1} の相型分布にしたがうものとする．位置 i にいる客のクラスを c_i，位置 i の客のサービス中の相番号を ϕ_i とし，ノードに客が n 人いるときの状態を $\boldsymbol{x}=(c_1,\phi_1;\cdots;c_n,\phi_n)$ と定義する．また，ノードに客が n 人いるとき，このノードにおける総サービス率を $\varphi(n)$，新たに到着した客が位置 l にいく確率を $a(n+1,l)$，位置 l の客に配分するサービス率の割合を $d(n,l)$ とする．ただし，

$$\sum_{l=1}^{n} a(n,l)=\sum_{l=1}^{n} d(n,l)=1$$

である．位置 l に客が到着した場合には，その直前に位置 $l,l+1,\cdots,n$ に滞在していた客はそれぞれ位置 $l+1,l+2,\cdots,n+1$ に移動する．また，位置 l に滞在していた客のサービスが終了し退去した場合には，位置 $l+1,l+2,\cdots,n$ に滞在していた客は，位置 $l,l+1,\cdots,n-1$ に移動する．このとき，$a(n,l)=d(n,l)$ が成り立つサービス方法を対称型サービスと呼ぶ．すなわち，対称型サービスは，各位置へ到着がある確率とそこで客が受けるサービスの割合が比例するようなサービスである．ポアソン到着を仮定した対称型サービスの待ち行列を対称型待ち行列 (symmetric queue) と呼ぶ．ここでは，クラス c の客は率 γ_c のポアソン過程にしたがってネットワークに到着し，これらの到着過程は互いに独立であり，客の仕事量分布とも独立であるとする．このとき，$\boldsymbol{x}=(c_1,\phi_1;\cdots;c_n,\phi_n)$ はマルコフ過程になる．以下に，対称型待ち行列の例を示す．

1. **割込み継続型後着順サービス** (last come first service-preemptive resume) 規律をもつ M/G/1 待ち行列．このとき，$a(n,1)=d(n,1)=1$, $a(n,l)=d(n,l)=0,(l=2,\cdots,n)$, $\varphi(n)=1$.
2. **プロセッサシェアリング** (processor sharing) 規律をもつ M/G/1 待ち行列．このとき，$a(n,l)=d(n,l)=1/n,(l=1,\cdots,n)$, $\varphi(n)=1$.
3. M/G/∞ 待ち行列．このとき，$a(n,l)=d(n,l)=1/n,(l=1,\cdots,n)$, $\varphi(n)=n$.

先着順サービスの M/G/1 待ち行列は対称型にならないことに注意する．Baskett ら[1] は，対称型サービスが提案される以前にサービス規律がこれらの三つのいずれかであるか，全クラス共通の指数分布にしたがうサービス時間をもつ先着順サービスであるとき，客数の定常分布が積形式になることを示した．このようなネットワークを BCMP (Baskett, Chandy, Muntz, Palacios–Gomez) 型と呼ぶ．

対称型待ち行列は準可逆であり，定常状態確率は以下のような積形式解をもつ．

$$\pi(\boldsymbol{x})=A\frac{\rho^n}{\varphi(1)\varphi(2)\cdots\varphi(n)}\prod_{l=1}^{n}p(c_l,\phi_l) \qquad (4)$$

ただし，

$$p(c,\phi)=\frac{\lambda_c\mu_c^{-1}}{\rho}v_c(\phi)$$

$$\rho=\sum_{c=1}^{C}\lambda_c\mu_c^{-1}$$

ここで，A は正規化定数で，$v_c(\phi)$ はクラス c の客が相 ϕ のサービス中である確率である．

これをケリーの補題を用いて証明する．まず，$\boldsymbol{x}=(c_1,\phi_1;\cdots;c_n,\phi_n)$ のとき，

$$\begin{aligned}\sum_{\boldsymbol{y}\in S}\widetilde{q}(\boldsymbol{x},\boldsymbol{y})&=\sum_{c=1}^{C}\lambda_c+\sum_{l=1}^{n}\varphi(n)d(n,\phi_l)\mu_{\phi_l}\\&=\sum_{\boldsymbol{y}\in S}q(\boldsymbol{x},\boldsymbol{y})\end{aligned}$$

により，6.1 節の式 (4) が成立する．次に，対称型待ち行列の状態遷移率 Q，その逆過程の状態遷移率 $\widetilde{Q}$ と本節の式 (4) で表される定常分布 $\pi(\boldsymbol{x})$ が，6.1 節の式 (5) を満たすことを示せばよい．ここで，簡単のためクラス c の客が要求する仕事量の分布が平均 μ_c^{-1} の k_c 相のアーラン分布にしたがうと仮定し，逆過程のサー

ビス時間分布はサービスの相を逆順にして考える．このとき，各相の仕事量は平均 $\mu_c^{-1}k_c^{-1}$ の指数分布となるので，状態 $\boldsymbol{x}=(c_1,\phi_1;\cdots;c_l,\phi_l;\cdots;c_n,\phi_n)$ から $\boldsymbol{y}$ への推移率は

$$q(\boldsymbol{x},\boldsymbol{y})=\begin{cases}\lambda_c a(n+1,l) \\ \quad \text{if } \boldsymbol{y}=(c_1,\phi_1;\cdots;c,1;c_l,\phi_l;\cdots;c_n,\phi_n) \\ k\mu_c d(n,l)\varphi(n) \\ \quad \text{if } \phi_l<k \text{ and } \boldsymbol{y}=(c_1,\phi_1;\cdots;c_l, \\ \qquad \phi_l+1;\cdots;c_n,\phi_n) \\ k\mu_c d(n,l)\varphi(n) \\ \quad \text{if } \phi_l=k \text{ and } \boldsymbol{y}=(c_1,\phi_1;\cdots;c_{l-1}, \\ \qquad \phi_{l-1};c_{l+1},\phi_{l+1};\cdots;c_n,\phi_n)\end{cases} \tag{5}$$

となり，$(\boldsymbol{x},\boldsymbol{y})$ はそれぞれ，クラス c の客が位置 l への到着することによる遷移，位置 l の客のサービス相が次の相に進むことによる遷移，位置 l の客のサービスが終了し退去することによる遷移を表す．たとえば $(\boldsymbol{x},\boldsymbol{y})$ が客の到着による遷移であるとき，逆過程のサービスは相 1 が最後の相になるので

$$\widetilde{q}(\boldsymbol{y},\boldsymbol{x})=k\mu_c d(n+1,l)\varphi(n+1)$$

となる．したがって，式 (4) を用いて

$$\begin{aligned}&\frac{\pi(\boldsymbol{y})\widetilde{q}(\boldsymbol{y},\boldsymbol{x})}{\pi(\boldsymbol{x})q(\boldsymbol{x},\boldsymbol{y})} \\ &=\left\{\frac{\rho}{\varphi(n+1)}\frac{\lambda_c\mu_c^{-1}}{\rho}\frac{1}{k}\right\}\frac{k\mu_c d(n+1,l)\varphi(n+1)}{\lambda_c a(n+1,l)} \\ &=1\end{aligned}$$

となり，6.1 節の式 (5) が成り立つ．準可逆であることは，逆過程の構造から明らかである．サービス時間分布が指数分布でない場合は，サービスが対称型であることがサービス位置まで取り込んだ詳細な局所平衡方程式が成り立つための必要十分条件であることが知られている．

c. 準可逆な待ち行列のネットワーク

各ノードのサービスが対称型である待ち行列ネットワークを考える．ノード数は J とする．外部からこのネットワークへの到着は率 γ のポアソン分布にしたがうものとし，到着客がノード j のクラス d の客になる確率を $r_{0,j}^d$ とする．経路選択はマルコフ型を仮定し，ノード i のクラス c の客がノード i のサービスを終了したとき，次にノード j へクラス d の客として移動する確率を $r_{i,j}^{c,d}$，ネットワークから退去する確率 $r_{i,0}^c$ とする．ただし，$c,d=1,\cdots,C,\ i,j=1,\cdots,J,j\neq i$ である．このとき，ノード i に客が n_i 人いる状態を $\boldsymbol{x_i}=(c_{i,1},\phi_{i,1};\cdots;c_{i,n_i},\phi_{i,n_i})$ と表し，ネットワークの状態を $\boldsymbol{x}=(\boldsymbol{x_1},\cdots,\boldsymbol{x_J})$ と表すと，$\boldsymbol{x}$ はマルコフ過程になる．いま，ノード i において $\boldsymbol{x_i}$ よりもクラス c の客が 1 人だけ多く，その他の客のサービス相は変わらない状態の集合を $A(c,\boldsymbol{x_i})$，$\boldsymbol{x_i}$ よりもクラス c の客が 1 人だけ少なく，その他の客のサービス相は変わらない状態の集合を $D(c,\boldsymbol{x_i})$，$\boldsymbol{x_i}$ と客の数が等しく，ある 1 人の客のサービス相が 1 だけ進行した状態の集合を $I(\boldsymbol{x_i})$ と定義すると，状態遷移率は

$$q(\boldsymbol{x},\boldsymbol{y})=\begin{cases}q_i(\boldsymbol{x_i},\boldsymbol{y_i}) \\ \quad \text{if } \boldsymbol{y_i}\in I(\boldsymbol{x_j}),\boldsymbol{x_l}=\boldsymbol{y_l}(l\neq i) \\ q_i(\boldsymbol{x_i},\boldsymbol{y_i})\dfrac{q_j(\boldsymbol{x_j},\boldsymbol{y_j})}{\lambda_j^d}r_{i,j}^{c,d} \\ \quad \text{if } \boldsymbol{y_i}\in D(c,\boldsymbol{x_i}),\boldsymbol{y_j}\in A(d,\boldsymbol{x_j}), \\ \qquad \boldsymbol{x_l}=\boldsymbol{y_l}(l\neq i,j) \\ \dfrac{q_i(\boldsymbol{x_j},\boldsymbol{y_j})}{\lambda_j^d}\gamma r_{0,j}^d \\ \quad \text{if } \boldsymbol{y_j}\in A(d,\boldsymbol{x_j}),\boldsymbol{x_l}=\boldsymbol{y_l}(l\neq j) \\ q_i(\boldsymbol{x_i},\boldsymbol{y_i})r_{i,0}^c \\ \quad \text{if } \boldsymbol{y_i}\in D(c,\boldsymbol{x_i}),\boldsymbol{x_l}=\boldsymbol{y_l}(l\neq i)\end{cases} \tag{6}$$

となる．ここで，$q_i(\boldsymbol{x_i},\boldsymbol{y_i})$ は式 (5) で与えられる対称型待ち行列の遷移率であり，λ_i^c はトラヒック方程式

$$\lambda_i^c=\gamma r_{0,i}^c+\sum_{j=1,j\neq i}^{J}\sum_{d\in C}\lambda_j^d r_{j,i}^{d,c}$$

の解で，トラヒック密度である．各ノードが準可逆であるとき，客のノード j への到着率は到着直前のノード j の状態 $\boldsymbol{x_j}$ に独立であることから，式 (6) の第 2,3 式において，クラス d の客がノード j へ到着することによる客の遷移率は $q_j(\boldsymbol{x_j},\boldsymbol{y_j})/\lambda_j^d$ (ただし，$\boldsymbol{y_j}\in A(d,\boldsymbol{x_j})$) となる．式 (6) の第 4 式から，各クラスの客のネットワークからの退去過程は独立なポアソン過程であり，その退去過程は退去時点後のシステムの状態とは独立であることがわかる．したがって，クラスごとの経路

選択がマルコフ型であるネットワークにおいてすべてのノードが準可逆であり，外部からの客の到着がポアソン過程にしたがうならば，各ノードからのクラスごとの退去過程もポアソン分布になり，このネットワーク自身も準可逆となる．しかし，このことは各ノードにおいてクラスごとの客の退去過程がポアソン過程になることを意味するわけではないことに注意する．また，準可逆性は客数の定常分布が積形式解をもつのための十分条件であり，定常分布は以下のようになる．

$$\pi(\boldsymbol{x}) = \pi_1(\boldsymbol{x_1})\cdots\pi_J(\boldsymbol{x_J}) \tag{7}$$

ただし，$\pi_i(\boldsymbol{x_i})$, $(i = 1, \cdots, J)$ は式 (4) で与えられる対称型である待ち行列の定常分布である．式 (7) も，前項の場合と同様にケリーの補題を用いて証明することができ，たとえば Walrand[3] に詳しい．

d. その他のネットワーク

上述のように準可逆待ち行列とマルコフ型経路選択が結合したネットワーク以外にも，積形式解をもつネットワークの例は数多く発表されている．たとえば，集団到着，集団サービスモデル（集団到着は明らかにポアソン到着ではなく，それゆえ準可逆でもない）や経路選択がシステムの状態に依存するモデル（マルコフ型経路選択ではない）などである．これらのモデルは，いずれもトラヒック方程式が線形となるようにサービス時間分布や経路選択に制限を加えることによって積形式解の導出を簡単にしている．また，これらのモデルでは各待ち行列は準可逆ではないが，ネットワーク外部からの到着過程および外部への退去過程はポアソン過程，すなわちネットワーク全体は準可逆であり，さらに外部からの到着率と外部への退去率が等しい．この種のモデルが積形式解をもつ必要十分条件は，Chao ら[2] や宮沢[4] によって与えられている．

e. 滞在時間

客がネットワークに到着してから，ネットワークから退去するまでの**滞在時間** (sojourn time) を求めるためには，客の追い越しがないという条件 (overtake free) が重要である．たとえば，開放型ジャクソンネットワークがフィードフォワードであれば，1 人の客の各ノードの滞在時間は互いに独立な指数分布にしたがうことが知られている．したがって，1 人の客のネットワーク内の滞在時間の分布は，容易に計算することができる．また，閉鎖型の場合でも循環型待ち行列に対しては，同様な解析が可能である．しかし，客の追い越しがある場合は各ノードの滞在時間が独立ではなくなるので，ネットワーク内の滞在時間分布の解析結果は特殊な場合を除いてほとんど知られていない．

〔山 下 英 明〕

参 考 文 献

[1] F. Baskett et al.: Open, closed, and mixed networks of queueing with different classes of customers. *J. Assoc. Comput. Machin.*, **22**: 248–260, 1975.

[2] X. Chao et al.: Queueing Networks, Customers, Signals and Product Form, John Wiley, 1999.

[3] J. Walrand : An Introduction to Queueing Networks, Prentice-Hall, 1988.

[4] 宮沢政清:待ち行列の数理とその応用，牧野書店，2006.

6.3 性能評価量計算アルゴリズム

computational algorithms for performance measure

積形式解から定常分布を求めるためには正規化定数の計算が必要である．この計算は開放型の場合は容易であるが，閉鎖型の場合には系内の総客数が一定であるため簡単ではなく，ネットワークのノード数や客数が大きくなるにしたがい計算量は急激に増加する．ここでは，この正規化定数や稼働率，スループットなどの性能指標を効率的に計算するための方法を紹介する．この計算法には，**たたみ込み法** (convolution algorithm) に属するものと，**平均値解析法** (mean value analysis：MVA) に属するものがある．たたみ込み法では，正規化定数をたたみ込み演算を利用して直接求める．一方，平均値解析法では，ネットワークの積形式解からノードと総客数をパラメータとする漸化式をつくり，これを手がかりにして計算を行う．

ここでは，簡単のため客のクラスを一つに限定し，閉鎖型ジャクソンネットワークに対する算出法を中心に説明する．複数のクラスの客が存在する場合でも，たたみ込み法や平均値解析法は適用できる．詳しくは，たとえば[2, 5] を参照されたい．閉鎖型ジャクソンネットワークのノード数を J，総客数を N とする．各ノードのサービス時間は，そのノードの客数に依存する指数分布にしたがい，ノード $i(i=1,\cdots,J)$ に客が x_i 人いるときのサービス率を $\mu_i s_i(x_i)$ とする．$r_{i,j}$ をノード i でサービスを終了した客がノード j へ移動する経路選択確率とし，客数ベクトルを $\boldsymbol{x}=(x_1,x_2,\cdots,x_J)$ と表す．このとき，閉鎖型ジャクソンネットワークの客数の定常分布 $\pi(\boldsymbol{x})$ は，

$$\pi(\boldsymbol{x}) = C^{-1}\prod_{i=1}^{J} f_i(x_i)$$

なる積形式解をもつ．ただし，

$$f_i(x_i) = \frac{\rho_i^{x_i}}{\prod_{k=1}^{x_i} s_i(k)} \quad (i=1,\cdots,J, x_i=1,\cdots,N)$$

で，$\rho_i=\lambda_i/\mu_i$ ある．ここで，λ_i はトラヒック方程式 $\lambda_i=\sum_{j=1}^{J}\lambda_j r_{j,i}$ の解である．λ_i はノード i に客が到着する相対的頻度であるので，便宜上 $\lambda_1=1$ とおく．この積形式解における C が

$$\sum_{x_1+\cdots+x_J=N}\pi(\boldsymbol{x})=1$$

より決定される正規化定数であり，

$$C=\sum_{x_1+\cdots+x_J=N}\prod_{i=1}^{J} f_i(x_i)$$

と表現できる．$x_1+\cdots+x_J=N$ を満たす $x_1,\cdots,x_J$ の組合せは，${}_{J+N-1}C_{N-1}$ 通りあるので，J,N が非常に小さい場合を除いて C を直接計算するのは現実的ではない．

a. たたみ込み法

いま，$f_i(0)=1$ $(i=1,\cdots,J)$ とおき，以下のような母関数を考える．

$$g_i(z)=\sum_{j=0}^{\infty} f_i(j)z^j \tag{1}$$

$$\mathcal{G}_j(z)=\prod_{i=1}^{j} g_i(z)$$

ただし，これらの母関数は $z=1$ のとき 1 にはならず，確率母関数ではない．$\mathcal{G}_j(z)$ における z^n の係数は，

$$\sum_{x_1+\cdots+x_j=n}\prod_{i=1}^{j} f_i(x_i)$$

に等しいので，$\mathcal{G}_J(z)$ における z^N の係数がこのネットワークの正規化定数 C にほかならない．$\mathcal{G}_j(z)$ は漸化式

$$\mathcal{G}_j(z)=g_j(z)\cdot\mathcal{G}_{j-1}(z), \quad j=2,\cdots,J \tag{2}$$

によって表現できるので，$\mathcal{G}_j(z)$ の z^n の係数を $G_j(n)$ と表すと

$$G_j(n)=\sum_{k=0}^{n} f_j(k)G_{j-1}(n-k)$$

となり，$G_J(N)$ をたたみ込み演算を用いて直接計算することができる．このたたみ込み法は最初ブゼン (Buzen)[1] によって提案されたので，ブゼンのアルゴリズムとも呼ばれる．

正規化定数の効率的な算出法により，ネットワーク内客数の定常分布を算出するだけでなく，稼働率，ス

ループット，平均待ち時間などの性能指標も効率的に算出することができる．たとえば，総客数 N のネットワークのノード i の稼働率 $U_i(N)$

$$U_i(N) = \sum_{x_i>0, x_1+\cdots+x_J=N} \frac{1}{C} \prod_{j=1}^{J} f_j(x_j)$$

を算出するとき，

$$g_i(z) - 1 = \sum_{j=1}^{\infty} f_i(j) z^j$$

であるので，

$$\mathcal{U}_i(z) = \mathcal{G}_J(z) \frac{g_i(z)-1}{g_i(z)} = \mathcal{G}_J(z) - \frac{\mathcal{G}_J(z)}{g_i(z)} \quad (3)$$

で定義される母関数 $\mathcal{U}_i(z)$ の z^N の係数は，

$$\sum_{x_i>0, x_1+\cdots+x_J=N} \prod_{j=1}^{J} f_j(x_j)$$

に等しく，$\mathcal{U}_i(z)$ はノード i に 1 人以上客がいる場合の母関数に対応する．ここで，$h_i(z) = 1/g_i(z)$ と定義し，$h_i(z)$ の z^j の係数を $H_i(j)$ とおく，すなわち

$$h_i(z) = \sum_{j=0}^{\infty} H_i(j) z^j$$

とすると，$g_i(z)h_i(z) = 1$ で，$g_i(z)$ の定数項は $f_i(0) = 1$ であるので $H_i(0) = 1$ が成り立ち，$j = 1, 2, \cdots$ について $g_i(z)h_i(z)$ の z^j の係数が 0 であるので

$$\sum_{k=0}^{j} H_i(k) f_i(j-k) = 0$$

が成り立つ．したがって，

$$H_i(j) = -\sum_{k=0}^{j-1} H_i(k) f_i(j-k)$$

を計算することができる．このとき，$\mathcal{U}_i(z)$ の z^N の係数は $G_J(N) - \sum_{k=0}^{N} G_J(N) H_i(N-k)$ となり，稼働率は

$$U_i(N) = \frac{G_J(N) - \sum_{k=0}^{N} G_J(N) H_i(N-k)}{G_J(N)}$$

によって求められる．

同様にして，総客数が N 人のネットワークのノード i に n 人の客がいる確率を考えると

$$\begin{aligned}
\Pr[x_i = n|N] &= \frac{1}{G_J(N)} \sum_{x_i=n, x_1+\cdots+x_J=N} \prod_{j=1}^{J} f_j(x_j) \\
&= \frac{f_i(n)}{G_J(N)} \sum_{x_1+\cdots+x_{i-1}+x_{i+1}+\cdots+x_J=N-n} \\
&\quad \times \prod_{j=1, j\neq i}^{J} f_j(x_j)
\end{aligned} \quad (4)$$

となる．第 2 式の総和の部分は，ノード i を除いた客の総人数 $(N-n)$ 人の閉鎖型ジャクソンネットワークの正規化定数にほかならない．この正規化定数を $G_J^{[i]}(N-n)$ と表すと，次式が得られる．

$$\Pr[x_i = n|N] = f_i(n) \frac{G_J^{[i]}(N-n)}{G_J(N)} \quad (5)$$

したがって，総客数 N のネットワークにおけるノード i 内の平均客数 $L_i(N)$ は

$$\begin{aligned}
L_i(N) &= \sum_{n=1}^{N} n \Pr[x_i = n|N] \\
&= \sum_{n=1}^{N} n f_i(n) \frac{G_J^{[i]}(N-n)}{G_J(N)}
\end{aligned}$$

となる．また総客数 N のネットワークにおいて単位時間当たりにノード i から客が退去する率，すなわちノード i のスループット $TH_i(N)$ を求めると，式 (5) より

$$\begin{aligned}
TH_i(N) &= \sum_{n=1}^{N} \mu_i s_i(n) \Pr[x_i = n|N] \\
&= \sum_{n=1}^{N} \mu_i s_i(n) f_i(n) \frac{G_J^{[i]}(N-n)}{G_J(N)} \\
&= \sum_{n=1}^{N} \lambda_i f_i(n-1) \frac{G_J^{[i]}(N-n)}{G_J(N)} \\
&= \frac{\lambda_i}{G_J(N)} \sum_{n=0}^{N-1} f_i(n) G_J^{[i]}(N-n-1) \\
&= \lambda_i \frac{G_J(N-1)}{G_J(N)}
\end{aligned} \quad (6)$$

となる．また，ノード i のスループットはノード i への客の到着率でもあるので，客のノード i における平均滞在時間 $W_i(N)$ はリトルの公式から計算できる．

$$\begin{aligned}
W_i(N) &= \frac{L_i(N)}{TH_i(N)} \\
&= \frac{\sum_{n=1}^{N} f_i(n) G_J^{[i]}(N-n)}{\lambda_i G_J(N-1)}
\end{aligned}$$

サービス率が客数に独立な場合には，たたみ込み法によってさらに効率的な計算が可能になる．上述の閉鎖型ジャクソンネットワークにおいて，すべての i, x_i について $s_i(x_i) = 1$ とおくと，ノード i のサービス率は客数に関係なく一定で μ_i となる．このとき，式 (1) は

$$g_i(z) = \sum_{j=0}^{\infty} \rho_i^j z^j = \frac{1}{1-\rho_i z}$$

となるので，これと式 (2) より

$$\mathcal{G}_j(z) = \mathcal{G}_{j-1}(z) + \rho_j z \mathcal{G}_j(z)$$

が成り立ち，z^n の係数に関しては

$$G_j(n) = G_{j-1}(n) + \rho_j G_j(n-1) \quad (j > 0,\ n > 0)$$

が成り立つ．ただし，$G_0(n) = 0\ (n > 0)$, $G_j(0) = 1\ (j \geq 0)$ である．したがって，$G_1(n) = \rho_1^n\ (n = 1, \cdots, N)$ からスタートして $G_J(N)$ まで計算すれば，$O(JN)$ の計算量で求めるべき $\mathcal{G}_J(z)$ の z^N の係数を計算することができる．

また，ノード i の稼働率 $U_i(N)$ を算出するとき，$g_i(z) = 1 + \rho_i z + \rho_i^2 z^2 + \cdots$ であるので，$(g_i(z) - 1)/g_i(z) = \rho_i z$ が成り立ち，式 (3) で定義した母関数は，$\mathcal{U}_i(z) = \rho_i z \mathcal{G}_J(z)$ となる．したがって，稼働率は

$$U_i(N) = \frac{\rho_i G_J(N-1)}{G_J(N)}$$

によって求められる．同様にして，ノード i に n 人以上客がいる場合を考えると

$$\Pr[x_i \geq n] = \frac{\rho_i^n G_J(N-n)}{G_J(N)}$$

が成り立ち，

$$\begin{aligned}\Pr[x_i = n|N] &= \Pr[x_i \geq n|N] - \Pr[x_i \geq n+1|N] \\ &= \frac{\rho_i^n}{G_J(N)}\{G_J(N-n) \\ &\quad -\rho_i G_J(N-n-1)\}\end{aligned}$$

が得られる．したがって，総客数 N のネットワークにおけるノード i 内の平均客数 $L_i(N)$ は

$$\begin{aligned}L_i(N) &= \sum_{n=1}^{N} n \Pr[x_i = n|N] \\ &= \frac{1}{G_J(N)} \sum_{n=1}^{N} n\rho_i^n \{G_J(N-n) \\ &\quad -\rho_i G_J(N-n-1)\} \\ &= \frac{1}{G_J(N)} \left\{ \sum_{n=1}^{N} \rho_i^n G_J(N-n) \right. \\ &\quad \left. -N\rho_i^{N+1} G_J(-1) \right\} \\ &= \frac{1}{G_J(N)} \sum_{n=1}^{N} \rho_i^n G_J(N-n)\end{aligned}$$

となる．ただし最後の等式は $G_J(-1) = 0$ より成立する．さらにノード i のスループット $TH_i(N)$ は，各ノードのサービス率が客数に関係なく一定の場合は，

$$TH_i(N) = \mu_i U_i(N) = \lambda_i \frac{G_J(N-1)}{G_J(N)}$$

のように簡単に導出できる．しかし，この結果は式 (6) と一致することから，スループットはノード i に客が到着する相対的頻度 λ_i と，ネットワークの総客数が N の場合と $N-1$ の場合の正規化定数だけに依存し，サービス率が客数に依存するかどうかには影響されないことがわかる．

b. 平均値解析法

たたみ込み法のように正規化定数を計算するのではなく，直接平均待ち行列長を計算する方法もある．平均値解析法[3, 4] はその一つで，リトルの公式と到着定理 (arrival theorem) を応用し，ネットワークの総客数を 0 から増加させながら平均待ち行列などを繰り返し計算する方法である．総客数 n の閉鎖型ジャクソンネットワークにおいては，到着定理は任意のノード i における客の到着時点の定常分布が総客数 $n-1$ の同じネットワークの定常分布に等しいことを意味する．到着定理は，一般にすべてのノードが準可逆である積形式ネットワークにおいて成立する．

はじめに，簡単のため各ノードのサービス率が客数に独立で一定な場合について考える．総客数 n のネットワークにおいて，ノード i 内の平均客数，客のノード i における平均滞在時間，ノード i のスループットをそれぞれ $L_i(n)$, $W_i(n)$, $TH_i(n)$ とする．いま，すべての客はノード 1 に到着する前に一瞬このネットワークから退去し，その後直ちにノード 1 に到着すると考え，ネットワーク全体に対してリトルの公式を適用する．便宜上 $\lambda_1 = 1$ とおくと，λ_i はノード 1 を退去した客が再びノード 1 に到着するまでにノード i を

訪問する平均回数と解釈できるので，ノード1を到着した客が再びノード1に到着するまでの平均時間は，$\sum_{i=1}^{J} \lambda_i W_i(n)$ となる．また，客のネットワークへの到着率はノード1のスループットと等しく，ネットワークの平均客数は n であるので，リトルの公式より

$$n = TH_1(n) \sum_{i=1}^{J} \lambda_i W_i(n) \qquad (7)$$

が成り立つ．また，到着定理より，客がノード i に到着したときすでにノード i に滞在している客数の平均は，総客数 $n-1$ の同じネットワークのノード i の平均客数，すなわち $L_i(n-1)$ に等しい．したがって，ノード i に到着した客の平均滞在時間は

$$W_i(n) = \frac{1}{\mu_i}(1 + L_i(n-1)) \qquad (8)$$

となる．もし総客数 $n-1$ のネットワークの各ノードの平均客数 $L_i(n-1), i = 1, \cdots, J$ が既知であれば，式 (8) より総客数 n のネットワークの各ノードの平均滞在時間 $W_i(n), i = 1, \cdots, J$ がわかり，式 (7) からノード1のスループット $TH_1(n)$ を算出できる．さらに，

$$TH_i(n) = \lambda_i TH_1(n)$$

と各ノードに対するリトルの公式

$$L_i(n) = TH_i(n) W_i(n)$$

より，総客数 n のネットワークの各ノードの平均客数 $L_i(n)$, $i = 1, \cdots, J$ を算出できる．したがって，$L_i(0) = 0, i = 1, \cdots, J$ から始めて，ネットワークの総人数を $n = 0, 1, \cdots, N$ と増加しながら平均客数を繰り返し計算すれば，$O(JN)$ の計算量で稼働率，スループット，平均待ち時間などの性能指標を効率的に算出することができる．平均値解析法は，各ノードのサービス率が客数に独立な場合には，たたみ込み法より実装が容易なアルゴリズムである．

各ノードのサービス率がそのノードの客数に依存する場合には，式 (8) が成立しない．そこで，各ノードが割込み継続型後着順サービスを行うとし，ノード i にある客が到着したときノード i にすでに $k-1$ 人の客が滞在している場合を考える．このとき，この客がサービスを受けている間のノード i に滞在するすべての客の累積滞在時間の平均は $k/(\mu_i s_i(k))$ となる．これはこの客のサービス中に新たにノード i に到着があり，この客のサービスが中断する場合も成り立つ．この累積滞在時間の平均の期待値は，客のノード i における平均滞在時間に等しい．また到着定理より，ノード i にある客が到着したときノード i にすでに k 人の客が滞在している確率は，総人数 $n-1$ のネットワークにおいてノード i の客数が $k-1$ である定常確率 $\Pr[x_i = k-1|n-1]$ に等しいことがいえる．したがって，客のノード i における平均滞在時間は

$$W_i(n) = \sum_{k=1}^{n} \frac{k}{\mu_i s_i(k)} \Pr[x_i = k-1|n-1]$$

となる．確率 $\Pr[x_i = k|n]$ は式 (5) より

$$\begin{aligned} \Pr[x_i = k|n] &= f_i(k) \frac{G_J^{[i]}(n-k)}{G_J(n)} \\ &= \frac{\lambda_i}{\mu_i s_i(k)} \frac{G_J(n-1)}{G_J(n)} f_i(k-1) \\ &\quad \times \frac{G_J^{[i]}((n-1)-(k-1))}{G_J(n-1)} \\ &= \frac{TH_i(n)}{\mu_i s_i(k)} \Pr[x_i = k-1|n-1] \end{aligned}$$

なる関係が得られるので，$\Pr[x_i = k|n-1], k = 0, 1, \cdots, n$ を用いて $\Pr x_i = k|n], k = 1, \cdots, n$ を算出でき，$\Pr[x_i = 0|n]$ も

$$\Pr[x_i = 0|n] = 1 - \sum_{k=1}^{n} \Pr[x_i = k|n]$$

より算出できる．したがって，$\Pr[x_i = 0|0] = 1$, $\Pr[x_i = k|0] = 0, k = 1, \cdots, n$ を初期値として，繰り返し計算が可能となる．〔山 下 英 明〕

参 考 文 献

[1] J. P. Buzen : Computatonal algorithm for closed queueing networks with exponential servers. *Commun. Associ. Comput. Machin.*, **16**: 527–531, 1973.

[2] P. J. B. King : Computer and Communication Systems: Performance Modelling, Prentice-Hall, 1990.

[3] M. Reiser and H. Kobasyashi : Queueing networks with multiple closed chains: Theory and computational algorithms. *IBM Res. Development*, **19**: 283–249, 1975.

[4] M. Reiser and S. S. Lavenverg : Mean value analysis of closed multichain queueing networks. *J. Assoc. Comput. Machin.*, **22**: 313–333, 1980.

[5] J. Walrand : An Introduction to Queueing Networks, Prentice-Hall, 1988.

7 離散事象確率過程

7.1 確率空間

probability space

a. 標本空間と事象

さまざまな結果が不規則に生じる確率現象において，それらの可能性をすべて集めた集合を考える．たとえば，サイコロを一つ振る場合の出る目については，1 から 6 までの整数がデタラメに生じる可能性があり，これら六つの数字の集合を思い起こせばよい．確率論ではこのような確率現象の一つ一つの可能性を標本と呼び，標本をすべて集めた集合を**標本空間** (sample space) という．慣例として，標本空間を Ω で，また Ω の要素を ω と表す．

標本空間 Ω のある部分集合 $A \subset \Omega$ を考えよう．たとえば,「サイコロを一つ振った結果，出た目が偶数である」のような部分集合を考えればよい．このような部分集合 A のことを**事象** (event) と呼ぶ．また，一つの標本 $\omega \in \Omega$ からなる集合も Ω の部分集合であるので，その意味で標本 ω を根元事象ともいう．部分集合 A に対して確率を付与するのが測度論に基づいた公理論的確率論であるが，確率をうまく構成するために部分集合のクラスを次のような集合族（部分集合の集合）に制限する．

定義 1 Ω の集合族 $\mathcal{F}$ で，

1. $\Omega \in \mathcal{F}$
2. $A \in \mathcal{F} \Longrightarrow A^c \in \mathcal{F}$
3. $A_i \in \mathcal{F}\,(i=1,2,\cdots) \Longrightarrow \bigcup_{i=1}^{\infty} A_i \in \mathcal{F}$

を満たす集合族 $\mathcal{F}$ を **$\boldsymbol{\sigma}$ 集合体**という．

例 1 Ω の集合族として $\mathcal{F} = \{\emptyset, \Omega\}$ と選べば $\mathcal{F}$ は σ 集合体の定義を満たす．また，任意の $A \subset \Omega$ について，$\mathcal{F} = \{\emptyset, A, A^c, \Omega\}$ も σ 集合体である．

b. 確　率

確率 (probability) とは σ 集合体 $\mathcal{F}$ の要素，すなわち Ω の部分集合である事象に対して $[0,1]$ 上の数を対応させる関数のなかで次の三つの条件を満足するものとして定義される．

定義 2 σ 集合体 $\mathcal{F}$ の上で定義され，$[0,1]$ に値をもつ関数 P が次の条件を満たすとき，確率という．

1. $\forall A \in \mathcal{F}, \quad 0 \leq P(A) \leq 1$
2. $P(\Omega) = 1$
3. $A_i \in \mathcal{F}\,(i=1,2,\cdots), A_i \cap A_j = \emptyset\,(i \neq j) \Longrightarrow P(\bigcup_{i=1}^{\infty} A_i) = \sum_{i=1}^{\infty} P(A_i)$

三つ組み $(\Omega, \mathcal{F}, P)$ を**確率空間**という．

例 2 サイコロを一つ振った場合の出る目について，標本空間は $\Omega = \{\omega_1, \omega_2, \cdots, \omega_6\}$ と構成できる．ただし，標本 ω_i は出た目が $i\,(i=1,2,\cdots,6)$ である根元事象を表す．σ 集合体 $\mathcal{F}$ として Ω のすべての部分集合からなる集合族 2^{Ω} を選ぶことができる．「出た目が偶数である」という事象 A は $A = \{\omega_2, \omega_4, \omega_6\}$ であり，確かに $A \in 2^{\Omega}$ として存在する．確率 P としては，$P(\{\omega_i\}) = 1/6\,(i=1,2,\cdots,6)$ のように構成すれば確率の定義を満足する．この場合，事象 A の確率は $P(A) = P(\{\omega_2\}) + P(\{\omega_4\}) + P(\{\omega_6\}) = 1/2$ である．

c. 条件つき確率

定義 3 事象 A の確率が $P(A) > 0$ であるとする．事象 A が生じたという条件での事象 B の確率である**条件つき確率** (conditional probability) を $P(B|A)$ で表し，

$$P(B|A) = \frac{P(A \cap B)}{P(A)}$$

と定義する．

例 3　サイコロを一つ振る場合の出る目について,「偶数である」という事象を A,「素数である」という事象を B とする．このとき，$P(A) = 1/2, P(A \cap B) = 1/6$ であるので条件つき確率 $P(B|A)$ は $P(B|A) = P(A \cap B)/P(A) = 1/3$ となる．

条件つき確率の定義を書き直すと次の乗法法則が得られる．

$$P(A \cap B) = P(B|A)P(A)$$

特に右辺の $P(B|A)$ が事象 A によらず $P(B|A) = P(B)$ が成立する場合，A と B は互いに独立であるといい，またこのとき次式が成立する．

$$P(A \cap B) = P(A)P(B)$$

乗法公式の考え方を一般化する．いま，標本空間 Ω が $\Omega = \bigcup_{i=1}^{\infty} A_i$ かつ $A_i \cap A_j = \emptyset\,(i \neq j)$，すなわち事象列 $A_i \in \mathcal{F}\,(i = 1, 2, \cdots)$ によって分割されているとしよう．このとき，ある事象 B の確率が

$$P(B) = \sum_{i=1}^{\infty} P(B|A_i)P(A_i)$$

で与えられる．これを**全確率の公式**という．また，同じ条件を満たす $A_i \in \mathcal{F}\,(i = 1, 2, \cdots)$ について，事象 B が生じた条件での事象 A_i の条件つき確率がベイズの公式から

$$P(A_i|B) = \frac{P(A_i)P(B|A_i)}{\sum_{i=1}^{\infty} P(B|A_i)P(A_i)}$$

のように求められる．〔河 西 憲 一〕

参 考 文 献

[1] 高橋幸雄：確率論（基礎数理講座 2），朝倉書店，2008.
[2] 大鑄史男：工科のための確率・統計，数理工学社，2005.

7.2 確率分布

probability distribution

a. 確率変数

実際に確率現象を議論する場合，ある事象に対して実数値を割り付けるとしばしば便利である．サイコロを一つ振る例でいうならば,「出た目の 10 倍」を考えると Ω では不便であり，Ω の根元事象に対して実数値を対応づける関数（出た目の 10 倍を与える関数）を導入し，移った先で議論したほうが都合がよい．そのような関数を**確率変数** (random variable) という．確率変数を形式的に定義すると次のようになる．

定義 1　Ω 上の実数値関数 $X : \Omega \longrightarrow \mathbb{R}$ が任意の $x \in \mathbb{R}$ に対して，

$$\{X \leq x\} = \{\omega \in \Omega | X(\omega) \leq x\} \in \mathcal{F}$$

を満たすとき，X を確率変数という．

b. 確率分布

Ω 上の σ 集合体に対して確率 P を定義したように，確率変数 X で移った先での「確率」を考えることは確率変数を導入する観点からも望まれる．そのためには移った先の空間 $\mathbb{R}$ 上での集合族について「確率」を定義することになるが，Ω 上では σ 集合体と呼ばれる集合族に限定したように $\mathbb{R}$ 上での σ 集合体に制限する必要がある．$\mathbb{R}$ 上の σ 集合体として，すべての区間を含む最小の σ 集合体を選び，これを $\mathcal{B}(\mathbb{R})$ で表す．

定義 2　任意の $B \in \mathcal{B}(\mathbb{R})$ に対して

$$P_X(B) = P(X \in B) = P(X^{-1}(B))$$

で定義される $P_X = P \circ X^{-1}$ を確率変数 X の**確率分布** (probability distribution) という．

実際に確率変数にかかわる計算をする際には次のように定義される確率分布を使うことが多い．

定義 3 X を確率変数とする．任意の $x \in \mathbb{R}$ に対して，$F_X(x) = P_X((-\infty, x]) = P(\{\omega \in \Omega | X(\omega) \leq x\})$ を確率変数 X の累積分布関数，または単に**分布関数**という．

分布関数については，$P_X((-\infty, x]) = P(\{\omega \in \Omega | X(\omega) \leq x\})$ を $\Pr\{X \leq x\}$ なる記号で表すことがある．分布関数の性質として以下が知られている．

定理 1 確率変数 X の分布関数 F_X について，次が成り立つ．

1. $x_1 < x_2 \Longrightarrow F_X(x_1) \leq F_X(x_2)$
2. $\lim_{x \to -\infty} F_X(x) = 0, \quad \lim_{x \to \infty} F_X(x) = 1$
3. $F_X(x) = \lim_{s \downarrow 0} F_X(x + s)$

最初の性質は分布関数が単調非減少関数であることを示している．また，最後の性質は分布関数が右連続であることを示している．

c. 離散確率変数

確率変数が可算集合上に値をとる場合を**離散確率変数** (discrete random variable) と呼ぶ．離散確率変数 X について任意の $x \in \mathbb{R}$ に対して $p_X(x) = P_X(\{x\})$ を**確率関数**という．分布関数の定義から確率関数は次のような関係を保つことは明らかであろう．

$$F_X(x) = \sum_{x' \leq x} p_X(x') \tag{1}$$

この結果から，離散確率変数の場合はその確率関数が確率分布を決定するうえで基本となることがわかる．

以下，代表的な離散確率変数の例をあげる．

例 1 (幾何分布) ある試行の成功確率が $0 < p < 1$ で与えられているとしよう．いま，成功するまでその試行を毎回独立に繰り返すとする．その試行回数を N とすれば，N は自然数の集合 $\mathbb{N}$ 上に値をとる離散確率変数であり，またその確率関数は次式で与えられる．

$$p_N(n) = \begin{cases} p(1-p)^{n-1} & n \in \mathbb{N} \\ 0 & \text{その他} \end{cases}$$

このとき，確率変数 N は幾何分布にしたがうという．

幾何分布の特徴として無記憶性があげられる．すなわち，N が幾何分布にしたがう確率変数ならば

$$\Pr\{N > n + k | N > n\} = \Pr\{N > k\} \tag{2}$$

が任意の自然数 n と k について成立する．式 (2) は，ある試行を n 回繰り返しても成功しなかったという情報のもとでさらに k 回続けて成功しない条件つき確率が，情報がまったく失われて単に k 回繰り返して成功しない確率に等しいことを意味する．

例 2 (二項分布) ある試行の成功確率が p で与えられているとしよう．その試行を互いに独立に n 回繰り返すとする．その場合に成功した試行回数を表す確率変数 S_n は $\{0, 1, \cdots, n\}$ 上の離散確率変数であり，その確率関数は次式で与えられる．

$$p_{S_n}(k) = \binom{n}{k} p^k (1-p)^{n-k} \qquad (k = 0, 1, \cdots, n)$$

ただし，

$$\binom{n}{k} = \frac{n!}{k!(n-k)!}$$

は二項係数と呼ばれ，異なる n 個のものから k 個を選ぶ場合の組合せの数に等しい．このとき，確率変数 S_n はパラメータ n と p をもつ二項分布にしたがうという．

例 3 (ポアソン分布) 離散確率変数 X がパラメータ $\lambda > 0$ をもつポアソン分布にしたがうとは，X の確率関数 p_X が

$$p_X(k) = \frac{\lambda^k}{k!} \mathrm{e}^{-\lambda} \qquad (k = 0, 1, \cdots)$$

で与えられる場合をいう．ここで，$\mathrm{e} = 2.71828 \cdots$ はネイピア数（自然対数の底）である．

ポアソン分布は二項分布のある極限としてもとらえることができる．いま，パラメータ n と p_n をもつ二項分布にしたがう確率変数 X_n が与えられているとしよう．仮に，$np_n \to \lambda > 0$ かつ $p_n \to 0$ となるように $n \to \infty$ なる極限を考えると，任意の非負の整数 k に対して，

$$\lim_{n \to \infty} p_{X_n}(k) = \frac{\lambda^k}{k!} \mathrm{e}^{-\lambda}$$

となることが示される．よって，二項分布においてパラメータ n が非常に大きく，かつ試行の成功確率がきわめて小さい場合には，ポアソン分布を用いて二項分布を近似することができることを示唆する．ポアソン分布は独立試行の回数が多い場合で発生回数が少ない（発生確率が小さい）場合によく当てはまる分布とし

て知られる．このことをポアソンの少数（小数）の法則と呼ぶ．ポアソンの少数の法則が当てはまる例として単位時間当たりに発生する電話の接続要求（発呼）回数があげられる．

d. 連続確率変数

離散確率変数の場合のように分布関数は一般に連続関数とはかぎらず，ジャンプが存在することもある．ここでは，もう少しクラスを限定して分布関数が連続関数であるような確率変数 X を考えることにする．この場合，任意の $x \in \mathbb{R}$ に対して $p_X(x) = \Pr\{X = x\} = 0$ となるので，離散確率変数のように 1 点でゼロでない確率を考えることはできない．したがって，式 (1) のように分布関数を定義すると困難が生じる．そこで，分布関数が任意の $x \in \mathbb{R}$ について

$$F_X(x) = \int_{-\infty}^{x} f_X(t)\mathrm{d}t$$

となるような非負の値をもつ関数 f_X で表現される場合を考える．このとき，f_X を**密度関数**という．また，このような分布関数をもつ確率変数 X は**絶対連続確率変数**，または単に**連続確率変数** (continuous random variable) と呼ばれる．

密度関数については次の性質が知られている．

定理 2　連続確率変数 X の密度関数 f_X と分布関数 F_X について次が成立する．

1. $\displaystyle\int_{-\infty}^{\infty} f_X(x)\mathrm{d}x = 1$
2. $f_X(x)$ の連続点 x において $F_X'(x) = f_X(x)$

なお，仮に $F_X(x)$ が任意の $x \in \mathbb{R}$ で微分可能であるならば，$f_X(x) = F_X'(x)$ によって密度関数が構成できる．また，密度関数の定義からわかるように連続確率変数 X が区間 $(a, b]$ にある確率 $\Pr\{a < X \le b\}$ は

$$\Pr\{a < X \le b\} = F_X(b) - F_X(a) = \int_{a}^{b} f_X(x)\mathrm{d}x$$

で与えられる．なお，X は連続確率変数であるので $\Pr\{a < X \le b\}$ は $\Pr\{a < X < b\}$ に等しく，また $\Pr\{a \le X < b\}$ と $\Pr\{a \le X \le b\}$ にも等しい．

以下，代表的な連続確率変数の密度関数についていくつか示す．

例 4 (指数分布)　密度関数 f_X が

$$f_X(x) = \begin{cases} \lambda \mathrm{e}^{-\lambda x} & x \ge 0 \\ 0 & \text{その他} \end{cases}$$

で与えられる連続確率変数 X は指数分布にしたがうという．ここで，λ は正の実数をとるパラメータである．指数分布は幾何分布のときと同じように無記憶性という性質をもつ．実際，確率変数 X が指数分布にしたがうとき，

$$\begin{aligned} &\Pr\{X > s + t | X > t\} \\ &\quad = \frac{\Pr\{X > s + t, X > t\}}{\Pr\{X > t\}} \\ &\quad = \Pr\{X > s\} \end{aligned}$$

が成立することが確かめられる．指数分布は待ち行列理論やマルコフ連鎖において頻繁に現れる応用上重要な確率分布である．

例 5 (アーラン分布)　密度関数 f_X が $x \ge 0$ に対して，

$$f_X(x) = \frac{\lambda^n x^{n-1}}{(n-1)!}\mathrm{e}^{-\lambda x}$$

また，その他の x について $f(x) \equiv 0$ であるような場合を n 次のアーラン分布と呼ぶ．ただし，λ は $\lambda > 0$ を満たすパラメータであり，n は $n \ge 1$ を満たす整数である．定義から明らかなように，$n = 1$ のアーラン分布は指数分布に等しい．

例 6 (超指数分布)　指数分布をある重みで混合した確率分布が超指数分布である．たとえば，$p_1 + p_2 = 1$, かつ $p_1, p_2 \ge 0$ なる p_1 と p_2 が与えられたとき，$[0, \infty)$ 上に値をもつ密度関数が

$$f_X(x) = p_1\mu_1\mathrm{e}^{-\mu_1 x} + p_2\mu_2\mathrm{e}^{-\mu_2 x}$$

で与えられる場合を 2 次の超指数分布という．

例 7 (パレート分布)　連続確率変数 X の密度関数 f_X が

$$f_X(x) = \begin{cases} \dfrac{\beta}{\alpha}\left(\dfrac{\alpha}{x}\right)^{\beta+1} & x \ge \alpha \\ 0 & \text{その他} \end{cases}$$

で与えられるとき，X はパレート分布にしたがうという．ただし，$\alpha > 0, \beta > 0$ である．

〔河 西 憲 一〕

参考文献

[1] 高橋幸雄：確率論（基礎数理講座 2），朝倉書店，2008.
[2] 大鑄史男：工科のための確率・統計，数理工学社，2005.
[3] R. デュレット著，今野紀雄ほか訳：確率過程の基礎，シュプリンガー・ジャパン，2005.

7.3 期待値とモーメント

expectation and moment

a. 期待値

確率変数 X について期待値 (expectation) と呼ばれる量を離散確率変数と連続確率変数の場合についてそれぞれ次のように定義する．

定義 1 X を離散確率変数とする．X の確率関数を p_X とするとき，X の期待値 $E[X]$ を

$$E[X] = \sum_{x \in \mathbb{R}} x p_X(x)$$

で定める．ただし，右辺の級数は絶対収束するものと仮定する．

定義 2 X を連続確率変数とする．X の密度関数が f_X であるとき，X の期待値 $E[X]$ を

$$E[X] = \int_{-\infty}^{\infty} x f_X(x) \mathrm{d}x$$

で定める．ただし，右辺の積分が存在する，すなわち $E[|X|] < \infty$ を仮定する．

以上では確率変数が離散か連続かで定義を分けたがスティルチェス積分と呼ばれる方法を使うと統一的に記述できる．スティルチェス積分の詳細な説明は割愛し，ここでは $g(x)$ を適当な連続関数とするとき，$g(x)$ の $F_X(x)$ に関するスティルチェス積分を

$$\int_{\mathbb{R}} g(x) \mathrm{d}F_X(x)$$

と書くだけにとどめることにする．すると，確率変数 X の期待値 $E[X]$ は $g(x) = x$ と選ぶことで離散と連続の区別なく次のように記述できる．

$$E[X] = \int_{\mathbb{R}} x \mathrm{d}F_X(x)$$

期待値に関する代表的で重要な性質を一つだけ述べる．

定理 1 任意の実数 $c_i\,(i = 1, 2, \cdots, n)$ と確率変数 $X_i\,(i = 1, 2, \cdots, n)$ に対して，

$$E\left[\sum_{i=1}^{n} c_i X_i\right] = \sum_{i=1}^{n} c_i E[X_i]$$

これは期待値演算に関する線形性という性質である．

期待値はなにも確率変数自身のみならず，確率変数の関数についても定義できる．仮に $h(x)$ を適当な連続関数とするとき，$h(X)$ も確率変数となりその期待値はスティルチェス積分を使って

$$E[h(X)] = \int_{\mathbb{R}} h(x) \mathrm{d}F_X(x)$$

のように書ける．ただし，$E[|h(X)|] < \infty$ を仮定する．特に，$h(x) = x^n\ (n = 1, 2, \cdots)$ のとき，$E[h(X)] = E[X^n]$ であり，これを確率変数 X の n 次のモーメントという．モーメントに関連して次の関数を導入する．

定義 3 確率変数 X について，次の関数 $M_X(\theta)$ が存在するならばその関数を**モーメント母関数**という．

$$M_X(\theta) = \int_{\mathbb{R}} \mathrm{e}^{\theta x} \mathrm{d}F_X(x)$$

$M_X(\theta)$ の導関数から $M_X^{(n)}(\theta)|_{\theta=0} = E[X^n]$ であり，X のモーメントが評価できることに注意しよう．

b. 確率母関数

任意の確率変数ではないが，非負の整数値をとる離散確率変数について**確率母関数** (probability generating function) と呼ばれる関数を使うと確率変数の期待値などを計算する際に便利である．

定義 4 X を非負整数値をとる離散確率変数とし，その確率関数を p_X とする．このとき，次の関数

$$G_X(z) = \sum_{i=0}^{\infty} z^i p_X(i) \qquad |z| \leq 1$$

を確率変数 X の確率母関数という．

このように，確率母関数は $p_X(i)\ (i = 0, 1, \cdots)$ に関する級数と見なすこともできる．また，期待値演算を使えば

$$G_X(z) = E\left[z^X\right]$$

とも書けることに注意しよう．

確率母関数 $G_X(z)$ の導関数から X の階乗モーメントが計算できる．実際，

$$G_X^{(n)}(z) = \sum_{i=n}^{\infty} i(i-1)\cdots(i-n+1) z^{i-n} p_X(i)$$
$$(n = 1, 2, \cdots)$$

であるから，$G_X^{(n)}(z = 1) = E[X(X-1)\cdots(X-n+1)]$ となることがわかる．

確率母関数はモーメントのみならず確率分布についても情報を与えてくれる．すなわち，$G_X(z)$ の導関数を $z = 0$ で評価することにより $G_X^{(n)}(z = 0) = n! p_X(n)$ となることから，$G_X(z)$ は X の確率分布の情報をすべてもっているといえる．さらに，複素解析の結果を使うことで二つの確率変数の確率母関数が等しい場合は，その確率分布が等しいことが示される．なお，モーメント母関数とは

$$M_X(\theta) = G_X(\mathrm{e}^{\theta}), \qquad G_X(z) = M_X(\ln z)$$

のような関係がある．ただし，$\ln z$ は z の自然対数である．

c. ラプラス–スティルチェス変換

非負の確率変数 X については**ラプラス–スティルチェス変換** (Laplace–Stieltjes transform) と呼ばれる積分変換もよく使われる．

定義 5 X を非負の確率変数とし，その分布関数を F_X とする．このとき，次の関数 $\widetilde{F}_X$ をラプラス–スティルチェス変換と呼ぶ．

$$\widetilde{F}_X(s) \equiv E\left[\mathrm{e}^{-sX}\right] = \int_{\mathbb{R}} \mathrm{e}^{-sx} \mathrm{d}F_X(x)$$

ラプラス–スティルチェス変換は分布関数 F_X についての積分変換である．また，モーメント母関数と $\widetilde{F}_X(s) = M_X(-s)$ なる関係で結ばれている．よって，モーメント母関数の場合と同じように $\widetilde{F}_X(s)$ の導関数を評価することで X のモーメントが

$$\widetilde{F}_X^{(n)}(s)|_{s=0} = (-1)^n E[X]$$

のように得られる．

d. たたみ込み

定義 6 確率変数 X と Y の分布関数をそれぞれ F_X, F_Y とする．次の演算で得られる関数 F_{X+Y} を

分布関数に関するたたみ込み (convolution) という.

$$F_{X+Y}(t) = \int_{\mathbb{R}} F_X(t-x)\mathrm{d}F_Y(x)$$

また, F_X と F_Y がそれぞれ密度関数 f_X, f_Y をもつ場合, 次の関数 f_{X+Y} を密度関数に関するたたみ込みという.

$$f_{X+Y}(t) = \int_{-\infty}^{\infty} f_X(t-x)f_Y(x)\mathrm{d}x$$

確率変数 X, Y が独立であるとは, 任意の $x, y \in \mathbb{R}$ について事象 $\{\omega \in \Omega | X(\omega) < x\}$ と $\{\omega \in \Omega | Y(\omega) < y\}$ が独立である場合とする. 確率変数 X, Y が互いに独立である場合, たたみ込み演算の結果はそれらの和である $X+Y$ の分布関数と密度関数を与える. また, 互いに独立な確率変数 X, Y とその和 $X+Y$ のラプラス–スティルチェス変換との間には

$$\widetilde{F}_{X+Y}(s) = \widetilde{F}_X(s)\widetilde{F}_Y(s)$$

なる関係が成立する.

例 1 互いに独立で同じパラメータ λ をもつ指数分布にしたがう確率変数 X_1 と X_2 を考える. これらの和 $S_2 = X_1 + X_2$ の密度関数はたたみ込み演算によって

$$\begin{aligned} f_{S_2}(t) &= \int_{-\infty}^{\infty} f_{X_1}(t-x)f_{X_2}(x)\mathrm{d}x \\ &= \int_0^t \lambda \mathrm{e}^{-\lambda(t-x)}\lambda \mathrm{e}^{-\lambda x}\mathrm{d}x = \lambda^2 t\mathrm{e}^{-\lambda t} \end{aligned}$$

のように与えられる. この結果から確率変数 S_2 は 2 次のアーラン分布にしたがうことがわかる. また, S_2 に関するラプラス–スティルチェス変換は直接計算することにより次のように求められる.

$$\widetilde{F}_{S_2}(s) = \int_0^{\infty} \mathrm{e}^{-sx}\lambda^2 x\mathrm{e}^{-\lambda x}\mathrm{d}x = \left(\frac{\lambda}{\lambda+s}\right)^2$$

一方, 確率変数 X_1, X_2 に関するラプラス–スティルチェス変換は $\widetilde{F}_{X_1}(s) = \widetilde{F}_{X_2}(s) = \lambda/(\lambda+s)$ である. よって, $\widetilde{F}_{S_2}(s) = \widetilde{F}_{X_1}(s)\widetilde{F}_{X_2}(s)$ であることがわかる.

〔河 西 憲 一〕

参 考 文 献

[1] 高橋幸雄：確率論 (基礎数理講座 2), 朝倉書店, 2008.
[2] 大鑄史男：工科のための確率・統計, 数理工学社, 2005.
[3] R. W. Wolff : Stochastic Modeling and the Theory of Queues, Prentice-Hall, 1989.
[4] R. Nelson : Probability, Stochastic Processes, and Queueing Theory, Springer, 1995.

7.4 平均, 分散, 変動係数, 共分散, 自己相関関数

mean, variance, coefficient of variation, covariance, auto-correlation function

a. 平 均

離散型確率変数 X が確率質量関数 (probability mass function：pmf) $p(x)$ をもつとき, X の平均 (mean, average) $E[X]$ は次式で定義される

$$E[X] := \sum_{\{x:p(x)>0\}} x\, p(x)$$

ただし, $p(x) := P(X = x)$

たとえば, 一つの公平なサイコロをころがしたときの目の数を X とする. 確率変数 X は整数 {1, 2, 3, 4, 5, 6} 以外の実数値をとらないため, X の pmf は次の形をとる.

$$p(x) = \begin{cases} \dfrac{1}{6} \ (x = 1,2,3,4,5,6); \\ 0 \ (x \neq 1,2,3,4,5,6) \end{cases}$$

平均 $E[X]$ は次のように求められる.

$$\begin{aligned} E[X] &= 1 \cdot \frac{1}{6} + 2 \cdot \frac{1}{6} + 3 \cdot \frac{1}{6} + 4 \cdot \frac{1}{6} + 5 \cdot \frac{1}{6} + 6 \cdot \frac{1}{6} \\ &= \frac{7}{2} \end{aligned}$$

平均は必ずしも実際の試行結果 (サイコロをころがしたときに出た目の数) になるとはかぎらないことに注意しよう.

連続型確率変数 X が確率密度関数 (probability density function：pdf) $f(x)$ をもつとき, X の平均 $E[X]$ は次式で定義される

$$E[X] := \int_{-\infty}^{\infty} xf(x)\mathrm{d}x$$

たとえば, パラメータ λ をもつ指数分布 $E_x(\lambda)$ にしたがう確率変数を X とする. X の pdf は

$$f(x) = \begin{cases} \lambda\exp(\lambda x) & (x \geq 0) \\ 0 & (x < 0) \end{cases}$$

ここで, $\exp(x)$ は e^x とも表記される指数関数である (文献 [4] 参照). 平均 $E[X]$ は部分積分を用いて次のように求められる.

$$
\begin{aligned}
E[X] &= \int_0^\infty x \cdot \lambda \exp(-\lambda x)\mathrm{d}x \\
&= [-x \cdot \exp(-\lambda x)]_0^\infty + \int_0^\infty \exp(-\lambda x)\mathrm{d}x \\
&= 0 - \left[\frac{\exp(-\lambda x)}{\lambda}\right]_0^\infty \\
&= \frac{1}{\lambda}
\end{aligned}
$$

平均は任意の確率変数 X に対して定義される．可測関数 g による合成関数 $g(X)$ は確率変数ゆえ $g(X)$ の平均が定義される（可測関数については文献 [4] 参照．工学的な応用では非可測関数を扱う場合は稀有なので可測性に関してあまり神経を尖らせる必要はない）．このとき，次の命題が知られている．証明はたとえば文献 [1] 参照．

命題

(a) 離散型確率変数 X が pmf $p(x)$ をもつとき，任意の実数値関数 g に対して，

$$E[g(X)] = \sum_{\{x:p(x)>0\}} g(x)p(x)$$

(b) 連続型確率変数 X が pdf $f(x)$ をもつとき，任意の実数値関数 g に対して，

$$E[g(X)] = \int_{-\infty}^\infty g(x)f(x)\mathrm{d}x$$

次の系は命題において 1 次関数 $g(x) := ax + b$ とおけば示される．

系（線形性）定数 a, b に対して，

$$E[aX + b] = aE[X] + b$$

確率変数 X の平均 $E[X]$ は X の**期待値** (expectation) あるいは**1 次積率** (first moment) とも呼ばれる．命題において n 次関数 $g(x) = x^n$ とおけば

$$E[X^n] = \begin{cases} \displaystyle\sum_{\{x:p(x)>0\}} x^n p(x) & (X : \text{離散型}) \\ \displaystyle\int_{-\infty}^\infty x^n f(x)\mathrm{d}x & (X : \text{連続型}) \end{cases}$$

確率・統計分野では確率変数は離散型・連続型と類別されるが，数理工学ではこのどちらにも属さない確率変数や離散・連続混合型確率変数もしばしば現れる．このような（離散型でも連続型でもない）確率変数に対しても平均は定義される．ただ，その定義にはスティルチェス (Stieltjes) 積分を用いる（文献 [2,3,4] 参照）．すなわち，確率変数 X の累積分布関数を $F(x)$ とすると，一般的な確率変数 X の平均（期待値・1 次積率）$E[X]$ は次式で定義される．

$$
\begin{aligned}
&E[X] := \int_{-\infty}^\infty x \,\mathrm{d}F(x) \\
&\text{ただし，} F(x) := P(X \leqq x)
\end{aligned}
$$

確率変数 X が離散型 (pmf $p(x)$ をもつ)，あるいは連続型（pdf $f(x) = \mathrm{d}F(x)/\mathrm{d}x$ をもつ）ならば，スティルチェス積分を用いた定義はこれまで紹介してきた個別の定義と一致している．

b. 分　散

確率変数 X の分散 $\mathrm{Var}(X)$ は次式で定義される．

$$\mathrm{Var}(X) := E[(X - E[X])^2]$$

ここで，$E[X]$ は 確率変数 X の平均である（a 参照）．

a の命題において，関数 $g(x) = (x - E(X))^2$ とおくと，次式が成り立つ．

$$\mathrm{Var}(X) = \begin{cases} \displaystyle\sum_{\{x:p(x)>0\}} (x - E[X])^2 p(x) & (X : \text{離散型}) \\ \displaystyle\int_{-\infty}^\infty (x - E[X])^2 f(x)\mathrm{d}x & (X : \text{連続型}) \end{cases}$$

すなわち，確率変数 X の分散 $\mathrm{Var}[X]$ は，X の平均からの偏差の 2 乗平均を意味する．

分散 $\mathrm{Var}(X)$ の定義と E の線形性（a の系参照）より，$E[X] = \mu$ とおくと，

$$
\begin{aligned}
\mathrm{Var}(X) &= E[(X - \mu)^2] \\
&= E[X^2 - 2\mu X + \mu^2] \\
&= E[X^2] - 2\mu E[X] + \mu^2 \\
&= E[X^2] - \mu^2
\end{aligned}
$$

分散は 2 次積率から平均（1 次積率）の 2 乗を減算したものにほかならない．

たとえば，公平なサイコロ一つをころがしたときの目の数を X とおくと，

$$E[X] = \frac{7}{2} \quad \text{(a 参照)}$$

同様に，

$$E[X^2] = 1^2 \cdot \frac{1}{6} + 2^2 \cdot \frac{1}{6} + 3^2 \cdot \frac{1}{6} + 4^2 \cdot \frac{1}{6} + 5^2 \cdot \frac{1}{6} + 6^2 \cdot \frac{1}{6} = \frac{91}{6}$$

よって,

$$\mathrm{Var}(X) = \frac{91}{6} - \left(\frac{7}{2}\right)^2 = \frac{35}{12}$$

パラメータ λ をもつ指数分布 $E_x(\lambda)$ にしたがう確率変数を X とすると,

$$E[X] = \frac{1}{\lambda} \quad (\text{a 参照})$$

2 次積率 $E[X^2]$ は部分積分より,

$$\begin{aligned} E[X^2] &= \int_0^\infty x^2 \cdot \lambda \exp(-\lambda x)\mathrm{d}x \\ &= [-x^2 \cdot \exp(-\lambda x)]_0^\infty + 2\int_0^\infty x \cdot \exp(-\lambda x)\mathrm{d}x \\ &= 0 + \frac{2E[X]}{\lambda} \\ &= \frac{2}{\lambda^2} \end{aligned}$$

よって,

$$\mathrm{Var}(X) = \frac{2}{\lambda^2} - \left(\frac{1}{\lambda}\right)^2 = \frac{1}{\lambda^2}$$

分散 (variance) の正の平方根を**標準偏差** (standard deviation) σ_X と呼ぶ. すなわち,

$$\sigma_X = \{\mathrm{Var}(X)\}^{1/2}$$

c. 変動係数

確率変数 X の**変動係数** (coefficient of variation) C_X は標準偏差 σ_X と平均 $E[X]$ を用いて次式で定義される (a. 平均, b. 分散, 参照).

$$C_X := \frac{\sigma_X}{E[X]} = \frac{\mathrm{Var}(X)^{1/2}}{E[X]}$$

すなわち, 変動係数は標準偏差を平均で除した統計量で定義される. 平方変動係数 $(C_X)^2$ は分散を平均の 2 乗で除したものである.

パラメータ λ をもつ指数分布 $E_x(\lambda)$ にしたがう確率変数を X とすると,

$$E[X] = \frac{1}{\lambda} \quad (\text{a 参照})$$

$$\mathrm{Var}(X) = \frac{1}{\lambda^2} \quad (\text{b 参照})$$

よって, このときの変動係数を求めると,

$$C_X = 1$$

待ち行列システム (queueing system) への応用を考えよう. 客の到着間隔 X が指数分布にしたがう (ポアソン到着) ならば上述したとおり $C_X = 1$ である. 客の到着間隔 X が一定 (確率的なゆらぎが生じない) ならば $\mathrm{Var}[X] = 0$ ゆえ $C_X = 0$ である. 後者のとき「到着間隔は一定分布にしたがう」と表現する論文が散見されるが誤りである. 一定分布は確率・統計分野に存在しない.「到着間隔は単位分布 (unit distribution) にしたがう」と表現すべきである. 閑話休題. 一般に $C_X < 1$ ならばその到着過程は smooth, $C_X > 1$ ならばその到着過程は peaky または bursty と呼ばれる. 変動係数は客の到着過程を類別するのに重要な役割を果たしている.

d. 共分散

任意の二つの確率変数 X, Y に対して, **共分散** (covariance) は次式で定義される.

$$\mathrm{Cov}(X, Y) := E[(X - E[X])(Y - E[Y])]$$

ここで, E は平均を示す (a 参照). E の線形性より,

$$\begin{aligned} \mathrm{Cov}(X, Y) :&= E[(X - E[X])(Y - E[Y])] \\ &= E[XY - XE[Y] - E[X]Y + E[X]E[Y]] \\ &= E[XY] - E[X]E[Y] - E[X]E[Y] + E[X]E[Y] \\ &= E[XY] - E[X]E[Y] \end{aligned}$$

もし X, Y が独立ならば $E[XY] = E[X]E[Y]$ ゆえ (文献 [1] 参照), $\mathrm{Cov}(X, Y) = 0$ となる.

待ち行列システムでは, 客の到着間隔列が互いに独立で同一分布にしたがう (independent, and identically distributed : i.i.d.) とき, 到着過程は**再生過程** (renewal process) であるため, **再生入力** (renewal input) モデルという. このとき任意に選択した二つの到

着間隔の共分散は 0 である．他方，共分散が 0 でない二つの到着間隔が存在するとき，**相関入力** (correlated input) モデルという．再生入力モデルにしか適用できない理論と，相関入力モデルにも適用可能な理論がある (文献 [2] 参照)．

e. 自己相関関数

各時刻 $t(t \geq 0)$ ごとに確率変数が定義されているとき，集合 $\{X(t)|t \geq 0\}$ を確率過程と呼ぶ．確率過程 $\{X(t)|t \geq 0\}$ が，時刻 t に依存しない平均 $E[X(t)] = \mu$，分散 $\mathrm{Var}(X(t)) = \sigma^2$ および共分散 $\mathrm{Cov}(X(t), X(t+s)) = \gamma(s)$ をもつとき，弱定常 (weakly stationary) であるという．

弱定常過程 $\{X(t)|t \geq 0\}$ に対して，$\gamma(t)$ を t の関数と見なして自己共分散関数 (auto–covariance function) と呼ぶ．自己共分散関数 $\gamma(t)$ を原点 $(t = 0)$ において正規化した関数を考える．

$$\begin{aligned}\rho(t) &:= \frac{\gamma(t)}{\gamma(0)} \\ &= E\frac{(X(0)-\mu)(X(t)-\mu)}{\sigma^2}\end{aligned}$$

実際，$\rho(0) = 1$ である．この $\rho(t)$ を**自己相関関数** (auto–correlation function) と呼ぶ．

自己共分散関数 $\gamma(t)$ と自己相関関数 $\rho(t)$ は定数 (σ^2) 倍を除いて同じであるため，確率過程の特性量としてはどちらも同じ威力を発揮する． 〔高 橋 敬 隆〕

参 考 文 献

[1] R. V. Hogg and A. T. Craig : Introduction to Mathematical Statistics, 5th ed., Prentice-Hall, New Jersey, 1995.

[2] 川島幸之助ほか：通信トラヒック理論の基礎とマルチメディア通信網，電子情報通信学会，1995.

[3] 高橋敬隆ほか：わかりやすい待ち行列システム：理論と実践（電子情報通信学会編），コロナ社，2003.

[4] 高木貞治：解析概論，改訂第 3 版，岩波書店，1983.

7.5 大数の強法則，大数の弱法則，中心極限定理

strong law of large numbers, weak law of large numbers, central limit theorem

a. 大数の強法則

確率変数列 $\{X_n\}$ が独立同一分布 (independent, and identically distributed：iid) にしたがうとする．平均を $E[X_i] = \mu$ とおくと，サンプル平均列

$$\frac{S_n}{n} := \frac{X_1 + X_2 + \cdots + X_n}{n}$$

は平均 μ に強収束する (strongly converges to μ)．すなわち，

$$\begin{aligned}\text{s–}\lim_{n\to\infty}\frac{S_n}{n} &:= \text{s–}\lim_{n\to\infty}\frac{X_1 + X_2 + \cdots + X_n}{n} \\ &= \mu\end{aligned}$$

ここで，平均については 7.4 節を参照されたい．確率変数を取り扱わない初等解析にはあまり出てこない強収束について述べておく．

一般に，確率変数列 $\{Y_n\}$ がある確率変数 Y に強収束するとは，

$$\mathrm{P}\{\lim_{n\to\infty} Y_n = Y\} = 1$$

が成り立つときをいい，$\text{s–}\lim_{n\to\infty} Y_n = Y$ と表記する．強収束 (strong convergence) は概収束 (almost surely convergence) とも呼ばれ，

$$\text{as–}\lim_{n\to\infty} Y_n = Y$$

あるいは，

$$\lim_{n\to\infty} Y_n = Y(\text{a.s.})$$

とも表記される (文献 [3,5] 参照)．

大数の強法則 (strong law of large numbers) では Y_n をサンプル平均 S_n/n と見なし，Y を定数 μ（定数も確率変数の特殊な場合）と見なす．

大数の強法則の証明はたとえば文献 [1,2] を参照されたい．文献 [1] は記法がやや複雑だが，式の展開が丁寧に書かれていている．

大数の強法則の応用として，各離散時点 n で独立試行を行う仮想的な無限実験を考えよう．ある事象を E

とし，その事象 E が起きる確率を $P\{E\}$ と表記する．このとき，

$$X_i := \begin{cases} 1 \text{ (第 } i \text{ 番目試行で } E \text{ が生起した場合)} \\ 0 \text{ (第 } i \text{ 番目試行で } E \text{ が生起しなかった場合)} \end{cases}$$

を考えると，大数の強法則よりサンプル平均 S_n/n は平均 $\mu = E[X_i] = P[E]$ に強収束する．

たとえば，n 回目に一つの公平なサイコロを転がす試行を考える．n 回目の試行は過去（n より小さい時点）の試行とも未来（n より大きい任意有限個の時点）の試行とも独立であるとする（独立試行）．E を偶数の目が出る事象とする．サンプル平均は，観測回数 n 回のうち偶数の目が全部で何回出たかを表す統計量 S_n を観測回数 n で除した相対度数を意味する．大数の強法則より，この相対度数は $n \to \infty$ のとき極限確率 $\mathrm{P}[E]$ に強収束する．

待ち行列システムへの応用については文献 [3,4] を参照されたい．有用な待ち行列性能評価尺度（たとえば残余仕事量と待ち時間）の関係式導出には大数の強法則が用いられている．

確率変数列の強収束という概念があれば，弱収束という概念もある．弱収束については b を参照されたい．

b. 大数の弱法則

確率変数列 $\{X_n\}$ が独立同一分布 (iid) にしたがうとする．平均を $E[X_i] = \mu$ とおくと，サンプル平均列

$$\frac{S_n}{n} := \frac{X_1 + X_2 + \cdots + X_n}{n}$$

は平均 μ に弱収束する (weakly converges to μ)．すなわち，

$$\begin{aligned} \text{w-}\lim_{n\to\infty} \frac{S_n}{n} &:= \text{w-}\lim_{n\to\infty} \frac{X_1 + X_2 + \cdots + X_n}{n} \\ &= \mu \end{aligned}$$

ここで平均については 7.4 節を参照されたい．確率変数を取り扱わない初等解析にはあまり出てこない弱収束について述べておく．

一般に，確率変数列 $\{Y_n\}$ がある確率変数 Y に弱収束するとは，任意の正数 $\varepsilon > 0$ に対して，

$$\mathrm{P}\{\lim_{n\to\infty} |Y_n - Y| < \varepsilon\} = 1$$

あるいは，同値な記述であるが，

$$\mathrm{P}\{\lim_{n\to\infty} |Y_n - Y| \geqq \varepsilon\} = 0$$

が成り立つときをいい，$\text{w-}\lim_{n\to\infty} Y_n = Y$ と表記する．弱収束は**確率収束** (convergence in probability) とも呼ばれ，

$$\text{p-}\lim_{n\to\infty} Y_n = Y$$

あるいは，

$$\lim_{n\to\infty} Y_n = Y (\text{in probability})$$

とも表記される (文献 [3,5] 参照)．

大数の弱法則 (weak law of large numbers) の証明には，有限分散 ($\sigma^2 = E[X_i] < \infty$) の仮定は不要であることが知られている（文献 [1] 参照）．しかし数理工学の応用では有限分散を仮定できる場合がしばしばある．以下，有限分散を仮定した場合，チェビシェフの不等式を用いた簡単な証明を紹介する．

任意の確率変数 Y に対して，その平均 $E[Y]$ と分散 $\mathrm{Var}(Y)$ が存在すれば，任意の正数 $k > 0$ に対して次の不等式が成り立つ．

$$\mathrm{P}\{|Y - E[Y]| \geq k\} \leq \frac{\mathrm{Var}(Y)}{k^2}$$

チェビシェフの不等式 (Chebyshev's inequality) そのものの証明は積分の性質を使って行われる（文献 [1,2] 参照）．

さて，大数の弱法則を証明する．チェビシェフの不等式における Y として，S_n/n と見なすと，平均の線形性より

$$\begin{aligned} E\left[\frac{S_n}{n}\right] &= E\left[\frac{X_1 + X_2 + \cdots + X_n}{n}\right] \\ &= \frac{n\mu}{n} \\ &= \mu \end{aligned}$$

一方，分散の性質より

$$\begin{aligned} \mathrm{Var}\left(\frac{S_n}{n}\right) &= \frac{\mathrm{Var}(X_1 + X_2 + \cdots + X_n)}{n^2} \\ &= \frac{n\sigma^2}{n^2} \\ &= \frac{\sigma^2}{n} \end{aligned}$$

ここで，$\sigma^2 = \mathrm{Var}(X_i) (i = 1, 2, \cdots, n)$．任意の正数 $\varepsilon > 0$ とすべての n に対して，チェビシェフの不等式を適用すると，

$$\mathrm{P}\left\{\left|\frac{S_n}{n}-\mu\right|\geq\varepsilon\right\}\leq\frac{\sigma^2}{n\varepsilon^2}$$

上の不等式の上極限 $\limsup_{n\to\infty}$ をとることにより，極限が存在することがわかり

$$\mathrm{P}\left\{\lim_{n\to\infty}\left|\frac{S_n}{n}-\mu\right|\geq\varepsilon\right\}=0$$

が成り立つ (上極限・極限の存在・測度 P の連続性については文献 [5] 参照)．すなわち，大数の弱収束 $\mathrm{w\text{-}lim}_{n\to\infty} S_n/n=\mu$ が証明された．

（大数の弱収束の証明終）

強収束すれば弱収束することが知られている（背理法による証明は文献 [1] 参照）．応用については，a を参照のこと．

c.　中心極限定理

中心極限定理 (central limit theorem) は確率・統計分野で最も強力で，さまざまな分布の漸近挙動理論の根幹をなしている.「サンプル数が多ければ中心極限定理により正規分布にしたがう」といった誤解もあるので，その適用には注意を要する．

中心極限定理を適用する際の重要なポイントは，独立同一分布にしたがう確率変数列 $\{X_n\}$ を用いて，次の部分和で解析対象の確率現象を表現することである．

$$S_n:=X_1+X_2+\cdots+X_n\quad(n=1,2,\cdots)$$

部分和 S_n は「大数の強法則」「大数の弱法則」に現れる統計量と同一である．すなわち大数の強 (弱) 法則によれば，サンプル平均 S_n/n は X_i の平均 $\mu:=E[X_i]$ に強（弱）収束する．さらに分散の情報 $(\sigma^2:=\mathrm{Var}(X_i))$ があれば，$n\to\infty$ のとき S_n の分布は正規分布に一致する．確率変数列 $\{X_n\}$ の分布がどんな形をしていてもサンプル数さえ多ければ S_n は近似的に正規分布にしたがうのである（くどいようであるが X_n 自身の分布ではなく X_n の部分和 S_n が正規分布に近づくのである)．これが中心極限定理の内容であるが，以下，正確に述べておく．

確率変数列 $\{X_n\}$ が独立同一分布 (iid) にしたがうとする．各変数共通の平均を $E[X_i]:=\mu$, 分散を $\sigma^2:=\mathrm{Var}(X_i)$ とおくと，確率変数列

$$\frac{S_n-n\mu}{\sqrt{n}\sigma}:=\frac{X_1+X_2+\cdots+X_n-n\mu}{\sqrt{n}\sigma}$$

の $n\to\infty$ に対する極限分布は標準正規分布に一致する．すなわち，

$$\lim_{n\to\infty}\mathrm{P}\left(\frac{S_n-n\mu}{\sqrt{n}\sigma}\leq x\right)=\Phi(x)$$

ただし，

$$\Phi(x):=\frac{1}{\sqrt{2\pi}}\int_{-\infty}^{x}\exp\left(-\frac{x^2}{2}\right)\mathrm{d}x$$

実際，上式右辺 $\Phi(x)$ は 平均 0, 分散 1^2 をもつ標準正規分布（standard normal distribution）$N(0,1^2)$ の分布関数である．上式左辺における確率変数 $(S_n-n\mu)/(\sqrt{n}\sigma)$ はやや奇異かもしれないが，部分和 S_n を標準化した確率変数である．実際，平均の線形性より

$$E[S_n]=E[X_1+X_2+\cdots+X_n]=n\mu$$

一方，独立な確率変数の和の分散はそれぞれの和に等しいから

$$\mathrm{Var}(S_n)=\mathrm{Var}(X_1+X_2+\cdots+X_n)=n\sigma^2$$

したがって，部分和 S_n を標準化した確率変数は

$$\frac{S_n-E[S_n]}{\sqrt{\mathrm{Var}(S_n)}}=\frac{S_n-n\mu}{\sqrt{n}\sigma}$$

である．分布関数の極限をとる前から（任意の n に対して)，確率変数 $(S_n-n\mu)/(\sqrt{n}\sigma)$ の平均は 0, 分散は 1^2 である．

中心極限定理の証明は（分布収束と特性関数収束は一対一(同値)であることを主張する）レビの定理を適用して特性関数のテイラー展開評価により行われる．たとえば，文献 [1,2] を参照されたい．なお，より一般的な深い中心極限定理については文献 [1] とその引用文献を参照されたい．

以下，中心極限定理を応用する．確率変数 X がパラメータ (n,p) をもつ二項分布にしたがうとしよう $(X\sim B(n,p))$．二項分布の確率質量関数 (probability mass function：pmf) $p(x)$ は組合せ（二項係数）${}_nC_x=n!/[(n-x)!x!]$ を用いて次のように陽に与えられている．

$$p(x)={}_nC_x(p)^x(1-p)^{n-x}\quad(x=0,1,2,\cdots,n)$$

小さい n のうちは $p(x)$ を用いて確率分布を直接計算すればよい．しかし，n が大きくなると $p(x)$ の二項係数（階乗）計算が大変となる．ここでは，X が次な

る形をしている (独立和に表現することが本質的である) ことに着目する.

$$X = \sum_{1 \le i \le n} X_i, \quad X_i = \begin{cases} 1 \text{ with prob. } p; \\ 0 \text{ with prob. } 1-p \end{cases}$$

ここで, $\{0,1\}$–値をとる確率変数列 $\{X_i\}$ は独立同一分布にしたがう. 任意の $i(i=1,2,\cdots,n)$ に対し

$$E[X_i] = p, \quad \mathrm{Var}(X_i) = E[X_i^2] - \{E[X_i]\}^2 = p - p^2 = p(1-p)$$

よって, もとの確率変数 X は n 個の独立確率変数 $\{X_i\}$ の和であるから, その平均と分散は次式で与えられる (まだ中心極限定理を適用していない).

$$E[X] = np, \quad \mathrm{Var}(X) = np(1-p)$$

したがって, n が大きければ, 中心極限定理より, X の標準化確率変数は近似的に標準正規分布にしたがう. すなわち,

$$\frac{X - np}{\sqrt{np(1-p)}} \sim N(0, 1^2)$$

この性質から, 二項分布 X の分布を標準正規分布の数表・ソフト (Excel など) より近似計算可能となる.

たとえばフェアなコインを 100 回投げて 100 回のうち表の出る回数を X とする. このとき,

$$\text{確率 } \mathrm{P}\{X = 40\}$$

を具体的に求めてみよう. この例では,

$$X \sim B(100, 1/2) \quad (n = 100, p = 1/2)$$

である. 確率変数 X の平均, 分散はそれぞれ

$$E[X] = np = 50, \quad \mathrm{Var}(X) = np(1-p) = 25$$

所要の確率 $\mathrm{P}\{X=40\}$ は, もともと (二項分布にしたがう) 離散型確率変数を (正規分布にしたがう) 連続型確率変数で近似していることを考慮して, 次のように求められる.

$$\begin{aligned} \mathrm{P}\{X = 40\} &= \mathrm{P}\{39.5 < X < 40.5\} \\ &= \mathrm{P}\left\{\frac{39.5 - E(X)}{[\mathrm{Var}(X)]^{1/2}} < \frac{X - E(X)}{[\mathrm{Var}(X)]^{1/2}} < \frac{40.5 - E(X)}{[\mathrm{Var}(X)]^{1/2}}\right\} \\ &= \mathrm{P}\left\{\frac{39.5 - 50}{5} < \frac{X - 50}{5} < \frac{40.5 - 50}{5}\right\} \\ &= \mathrm{P}\{-2.1 < Z < -1.9\} \\ &= \Phi(-1.9) - \Phi(-2.1) \\ &= 0.010852\cdots \end{aligned}$$

最後から 2 番目の等号で, 標準化確率変数が近似的に標準正規分布にしたがう, すなわち

$$Z \equiv \frac{X - 50}{5} \sim N(0, 1^2)$$

であること (中心極限定理) を用いている.

他方, $\mathrm{P}\{X = 40\}$ の厳密解は pmf $p(x)$ で $n = 100$, $p = 1/2$, $x = 40$ に相当し

$$p(40) = {}_{100}C_{40} \left(\frac{1}{2}\right)^{100} = 0.010844$$

である. n が大きいときは厳密解 $p(x)$ を数値的に求めるのに工夫を要する (二項係数を求める際パスカルの三角公式による漸化式を用いる) のに対して, 中心極限定理による近似解は pmf $p(x)$ を利用することなく容易に求められることに注意しよう.

中心極限定理の確率・統計分野への応用はたとえば文献 [1,2] に詳しい. 待ち行列分野への応用は文献 [3,6] を参照されたい. 情報通信分野では時間軸が微小時間 (ms 単位) でスロット化され, そのスロット時点でのみ情報処理が行われる. ジョブ数やパケット数の (たとえば 1 時間観測した) 累積到着数分布は膨大な n に対する部分和 S_n で記述される (8.1 節参照). 金融工学分野では株の確率的挙動が非常に大きい n に対する部分和 S_n で記述される (文献 [7] 参照). これらの分野でも中心極限定理は解析手段として重要な役割を果たしている. 〔高 橋 敬 隆〕

参 考 文 献

[1] W. R. Pestman : Mathematical Statistics, An Introduction, Walter de Gruyter, Berlin, 1988.
[2] R. V. Hogg and A. T. Craig : Introduction to Mathematical Statistics, 5th ed., Prentice-Hall, New Jersey, 1995.
[3] 川島幸之助ほか : 通信トラヒック理論の基礎とマルチメディア通信網, 電子情報通信学会, 1995.

[4] 高橋敬隆ほか：わかりやすい待ち行列システム：理論と実践（電子情報通信学会編），コロナ社，2003.
[5] 高木貞治，解析概論，改訂第 3 版，岩波書店，1983.
[6] G. F. Newell : Applications of Queueing Theory, 2nd ed., Chapman & Hall, London, 1982.
[7] S. M. Ross : An Introduction to Mathematical Finance; Options and Other Topics, Cambridge University Press, 1999.

8　待ち行列解析の近似理論と漸近理論

8.1 拡散モデル

diffusion models

待ち行列システムにおけるシステム性能評価尺度を得るために，系内客数過程あるいは仮待ち時間過程を拡散方程式で記述する定式化のことを**拡散モデル**という．

連続時間・連続状態をもつマルコフ過程 $\{X(t)\}$ に対して，$X(t)$ の**確率密度関数** (probability density function：pdf) $f(x,t)$，すなわち，

$$f(x,t)\mathrm{d}x = \mathrm{P}\{x \leq X(t) < x + \mathrm{d}x\}$$

は，ある数学的条件（n 次無限小積率 $a_n(x,t)$ の存在や $f(x,t), a_n(x,t)$ の正則 (微分可能) 性など）のもとで，次の確率偏微分方程式を満たすことが知られている（証明は文献 [1] 参照）．

$$\frac{\partial f}{\partial t} = \sum_{n=1}^{n=\infty} \frac{(-1)^n}{n!} \frac{\partial^n}{\partial x^n}[a_n(x,t)f(x,t)]$$

上式右辺で，2 次以上の無限小積率を無視して $a_n(x,t) = 0$ $(n = 2, 3, \cdots)$ とおいたときの 1 階偏微分方程式を流体方程式と呼ぶ．流体方程式による定式化を**流体モデル** (fluid model) と呼ぶ．流体モデルはシステム処理能力を越えた場合の過渡解析に効力を発揮する．しかしながら，定常状態における待ち行列システムの流体方程式解（定常解）はいつもシステムが空となり意味をなさないことが多い．

そこで 2 次無限小積率 $a_2(x,t)$ までを考えよう．すなわち上式右辺で 3 次以上の無限小積率を無視して $a_n(x,t) = 0$ $(n = 3, 4, \cdots)$ とおいたときである．このときのマルコフ過程は拡散過程 (diffusion process) とも呼ばれ，空間変数 x に関して 2 階，時間変数 t に関して 1 階の偏微分方程式を**拡散方程式** (diffusion equation) と呼ぶ．したがって原理的に拡散モデルは流体モデルを特殊な場合として含んでいる．拡散方程式はフォッカー–プランク (Fokker–Planck) 方程式とも呼ばれている．

待ち行列システムへ拡散モデルを適用しよう．説明を簡単にするため，最も基本的な GI/GI/1 システムに対象を絞る．客の到着間隔は互いに独立で同一分布にしたがう（independent and identically distributed：iid）とする．このとき客の到着過程は再生過程 (renewal process) にしたがう．サービス時間は互いに独立で同一分布にしたがう (iid) とする．さらに，到着過程とも独立とする．サーバ数は 1 で無限容量の待ち室をもち，サービス規律を先着順と仮定する．

対象システム (GI/GI/1) において，次の記号を準備する．

λ：到着率（$= 1/E(A)$, 平均到着間隔の逆数）．

C_A：客の到着間隔 A の変動係数（$C_A^2 := \mathrm{Var}(A)/E[A]^2$）．

μ：サービス率（$= 1/E[S]$, 平均サービス時間の逆数）．

C_S：客のサービス時間 S の変動係数（$C_S^2 := \mathrm{Var}(S)/E[S]^2$）．

このときのトラヒック密度 (traffic intensity, 1 人の客の平均サービス時間当たりの平均到着客数) ρ は，1 サーバで無限容量待ち室をもつ（客のあふれ (overflow) がない）ため，サーバ稼働確率，あるいは利用率 (utilization) とも一致し，次式で与えられる．

$$\rho = \frac{\lambda}{\mu}$$

定常状態における平均サーバ内客数，サーバ稼働確率，利用率はすべて ρ である．

系内客数過程による拡散モデル化についてはすでに，Newell [2], Kleinrock [1], Gelenbe-Mitrani [3] で詳細に紹介されているため，ここでは高橋 [4] にしたがい，仮待ち時間過程による拡散モデル化を紹介する．

仮待ち時間過程を拡散モデル化する着想は Gelenbe[5] の先駆的な論文に記載されている．しかし定常確率密度関数 $f(x)$ 導出の際の微分方程式解に初等的な誤り（[5] p. 300, Propositions 3, 4 の $f(x)$ の第 1 因子は $\Lambda P/b$ ではなく $2\Lambda P/\alpha$ の誤り）がある．そのうえ，(時間平均である）平均仮待ち時間 $E(V)$ を（サ

ンプル平均である）待ち時間平均 $E(W)$ と見なしてリトルの公式を適用しているため，理論的にも不完全なものである．高橋 [4] では $E(V)$ と $E(W)$ の関係式を用いることにより Gelenbe[5] の着想を完全なものにしている．

後述するが，仮待ち時間過程を拡散モデル化した際の精度がよいことについては Gelenbe 自身（上述した誤りと理論的不完全性ゆえ）気づいていなかったようである．事実，Mitrani と共著で教科書 [3] をものする際，仮待ち時間過程による拡散モデルではなく系内客数過程による拡散モデルを敢えて採用している．

仮待ち時間過程 $\{V(t)\}$ は一般に連続状態をもつマルコフ過程にはならない．しかしマルコフ過程と見なし拡散モデル化する．連続状態をもつマルコフ過程と見なすことの妥当性に関連して，到着過程が正規分布に収束する様子をたとえば Kleinrock[1] は第 2.3 節 Diffusion Processes において（統計学における中心極限定理を用いて）解説している．今後，このモデル化を単に仮待ち時間過程拡散モデル化と呼ぶことにする．

待ち行列システムの拡散モデルには，拡散方程式に支配されるという制限のほかに，（仮待ち時間が負にならないための）境界条件が必要である．境界条件として Newell[2], Heyman[6], Kobayashi[7] らが取り扱った反射壁 (reflecting barrier：RB) と Feller[8], Gelenbe[3,5], Kimura[9,10] らが取り扱った基本復帰 (elementary return：ER) 境界がある．

反射壁境界は，拡散方程式に支配されるサンプルパスが（拡散粒子がパスを描くと見なすと拡散粒子自身が）原点 $(x=0)$ から負の領域にいくことを禁じるもので，(GI/GI/1 をはじめ多くのシステムの) 重負荷極限定理 (heavy traffic theorem) の数学的証明に使われている．ただ原点に滞在する確率が存在しないため，軽負荷では近似精度が劣るという欠点をもちうる．すなわち，反射壁境界とおいたからといって他のシステム性能評価尺度（たとえば平均待ち時間）が負にならない保証はない（後述の例参照）．

基本復帰境界は，原点 $(x=0)$ に拡散粒子が達したとき指数分布にしたがう間，拡散粒子が原点に滞在し，指数分布時間が経過した直後，(仮待ち時間過程を考えているから) 到着客がシステムにもたらすサービス時間分（S の pdf を $s(x)$ とすると），拡散粒子は x へ原点からジャンプする（確率 $s(x)$ で）．そのジャンプした場所から拡散粒子は拡散方程式に支配される運動を再び始める．

Gelenbe[5] は，原点滞在時間を Cox の位相型分布（一般分布）に拡張した場合を考察し，一般化した境界を瞬間復帰 (instantaneous return) 境界と呼んでいる．ただ既存理論（G/G/1 では原点滞在確率は $1-\rho$）との整合性を考えると，原点滞在時間分布は平均値のみに依存し，結果的に指数分布と同じになることを示している．したがって数理工学上は基本復帰境界で十分である．

まず，反射壁境界のある拡散モデルを取り扱う．このとき，時刻 t における仮待ち時間 $V(t)$ の確率密度関数 $f(x,t)$ は次式を満たす．

（反射壁境界のある拡散モデル）

$$\frac{\partial f}{\partial t} = -\frac{\partial}{\partial x}[a_1(x,t)f(x,t)] + \frac{1}{2}\frac{\partial^2}{\partial x^2}[a_2(x,t)f(x,t)]$$

$$0 = \lim_{x\to 0+}\left\{-a_1(x,t) + \frac{1}{2}\frac{\partial}{\partial x}[a_2(x,t)f(x,t)]\right\}$$

$$\lim_{x\to\infty} f(x,t) = 0$$

正規化条件は，全確率が 1 であるため次式となる．

$$\int_0^\infty f(x,t)\mathrm{d}x = 1$$

（無限小積率）拡散モデルに現れる 1 次・2 次無限小積率は，対象システムの到着間隔やサービス時間が iid なため，以下で表される（時刻 t にも場所 x にも依存しない）．

$$a_1(x,t) = \alpha = \lim_{t\to\infty}\frac{E[V(t)]}{t} = \rho - 1$$

$$a_2(x,t) = \beta = \lim_{t\to\infty}\frac{\mathrm{Var}(V(t))}{t} = \frac{\rho(C_A^2 + C_S^2)}{\mu}$$

これらの計算には中心極限定理と特性関数を用いる．具体的には高橋 [4] の第 3.3 節を参照されたい．

注意すべき点は微小区間 Δt の確率挙動を Δt で除する無限小積率の定義式（たとえば文献 [1]）を直接計算しているのではなく，長い観測時間 T の確率挙動を T で除して極限をとっているところである．定常性によりこの両者は等しい．境界条件を敢えて考慮に入れない（ロングランでは拡散粒子が負の領域 $x<0$ に入ってしまう）仮待ち時間過程を考え，この無限小積率を求めている（境界条件を考慮すると逆に長い観測結果を使えない）．したがって，上式は反射壁境界のみなら

ず基本復帰境界のときも成り立つことに注意しよう．

いずれにせよ，GI/GI/1 システムにおける仮待ち時間過程拡散モデルでは，無限小積率 $a_1(x,t) = \alpha$, $a_2(x,t) = \beta$ が定数のため，微分作用素の外に出るため解析しやすい．反射壁境界のある拡散モデルでは，陽な過渡解 [2] が知られている．定常解は容易に得られる．実際，定常状態における $f(x,t), V(t)$ を $f(x), V$ などと略記すると，

$$f(x) = -2\frac{\alpha}{\beta}\exp\frac{2\alpha x}{\beta}$$

で与えられる（文献 [2, 6] 参照）．平均仮待ち時間 $E(V)$ は次式となる．

$$\begin{aligned}E(V) &= \int_0^\infty x f(x)\mathrm{d}x \\ &= -\frac{\beta}{2\alpha} \\ &= \frac{\rho(C_A^2 + C_S^2)}{2(1-\rho)\mu} \qquad (\rho < 1)\end{aligned}$$

なお，拡散モデルから得られる定常仮待ち時間 V の pdf $f(x)$ が存在するための条件 $\rho < 1$ は厳密な GI/GI/1 解析から得られるシステム定常条件と一致することに注意する．

平均仮待ち時間 $E(V)$ と平均待ち時間 $E(W)$ の関係式は，サンプルパス解析（Brumelle の公式），点過程論（Miyazawa の率保存則），あるいは Ross のコスト方程式により求められる（文献 [4,11,15] 参照）．以下の関係式が GI/GI/1 システムに対して成り立つ．

（平均仮待ち時間 $E(V)$ と平均待ち時間 $E(W)$ の関係式）

$$E(V) = \rho E(W) + \frac{\lambda E(S^2)}{2}$$

反射壁境界のある拡散モデルで得られた $E(V)$ を「$E(V)$ と $E(W)$ の関係式」に代入して，$E(W)$ について解けば，

$$E(W) = \frac{(C_A^2 - 1) + \rho(C_S^2 + 1)}{2(1-\rho)\mu} \qquad (\rho < 1)$$

上式が反射壁境界のある仮待ち時間過程拡散モデルによる平均待ち時間公式である．

平均待ち客数 $E(Q)$ はリトルの公式 [11] により

$$E(Q) = \lambda E(W)$$

平均系内時間 $E(T)$ は

$$E(T) = E(W) + 1/\mu$$

平均系内客数 $E(L)$ は再びリトルの公式により

$$\begin{aligned}E(L) &= \lambda E(T) \\ &= \frac{\rho[(C_A^2 - 1) + \rho(C_S^2 + 1)]}{2(1-\rho)} + \rho \quad (\rho < 1)\end{aligned}$$

で与えられる．

次に，基本復帰境界のある仮待ち時間過程拡散モデルを取り扱う．原点 $(x = 0)$ における拡散粒子の滞在時間が指数分布にしたがうとすると，時刻 t における仮待ち時間 $V(t)$ の確率密度関数 pdf $f(x,t)$ は次式を満たす（無限小積率は反射壁境界の解析で求めたものと同一である．それらが定数であることを考慮した形で記述する）．

（基本復帰境界のある拡散モデル）

$$\frac{\partial f}{\partial t} = -\alpha\frac{\partial}{\partial x}f(x,t) + \frac{\beta}{2}\frac{\partial^2}{\partial x^2}f(x,t) + \lambda\pi_0(t)s(x)$$

$$\begin{aligned}\frac{\mathrm{d}\pi_0(t)}{\mathrm{d}t} &= -\lambda\pi_0(t) \\ &\quad + \lim_{x\to 0+}\left[-\alpha f(x,t) + \frac{\beta}{2}\frac{\partial}{\partial x}f(x,t)\right]\end{aligned}$$

$$\lim_{x\to 0+} f(x,t) = \lim_{x\to\infty} f(x,t) = 0$$

ここで，$\pi_0(t)$ は拡散粒子の原点 $(x = 0)$ における滞在確率である．（基本復帰境界ではなく）反射壁のある拡散モデル第 1 式右辺を空間上 $(\mathrm{d}x)$ で積分すると，それは出生死滅過程における確率フローと同じ物理的意味をもつ．この物理的意味から，出生死滅過程の議論と同様に，基本復帰境界のある拡散モデルの式が自然に解釈される．たとえば第 2 式は時刻 t と $t + \Delta t$ で状態を高位の無限小 $o(\Delta t)$ を入れて観察・表現し，$\pi_0(t)$ を左辺に移行して両辺を Δt で除した後，Δt の極限をとる（$\Delta t \to 0$）と当該微分方程式が得られる．

正規化条件は次式となる．

$$\pi_0(t) + \int_0^\infty f(x,t)\mathrm{d}x = 1$$

反射壁境界のある拡散モデルでは陽な過渡解 [2] が知られていたが，基本復帰境界のある拡散モデルでは陽な過渡解がまだ知られていない．しかし定常解は容易に得られる．実際，定常状態における $f(x,t), V(t)$ を $f(x), V$ などと略記すると，定常仮待ち時間 V の pdf $f(x)$ は

$$f(x) = 2\lambda\frac{\pi_0}{\beta}\exp\left(2\alpha\frac{x}{\beta}\right)$$

$$\times \int_0^x (1 - S(y)) \exp\left(-2\alpha \frac{y}{\beta}\right) \mathrm{d}y$$

$$\pi_0 = 1 - \rho \quad (\rho < 1)$$

で与えられる．ここで $S(x)$ はサービス時間分布の累積分布関数 CDF (cumulative distribution function) である．上式は高橋 [4] の式 (20,22) の特別な場合に相当する．一方，Gelenbe[5] の式 (41) などには計算ミスがみられ，$f(x)$ の第 1 因子は $\Lambda P/b$ ではなく $2\Lambda P/\alpha$ と訂正すべきである．

拡散モデルから得られる定常条件 $\rho < 1$ ならびにシステム空きの確率は厳密な GI/GI/1 解析結果と一致していることに注意する（システム空きの確率は反射壁境界の場合は存在しなかったことにも注意する）．

定常状態における平均仮待ち時間 $E(V)$ は次式となる (高橋 [4] の式 (27) の特別な場合に相当)．

$$E(V) = \int_0^\infty x f(x) \mathrm{d}x$$

$$= -\frac{\lambda E(S^2)}{2} - \rho \frac{\beta}{2\alpha}$$

反射壁境界のときの解析と同様，上式を平均仮待ち時間 $E(V)$ と平均待ち時間 $E(W)$ の関係式 [4,11,15]

$$E(V) = \rho E(W) + \frac{\lambda E(S^2)}{2}$$

に代入して，$E(W)$ について解けば次式を得る．

$$E(W) = -\frac{\beta}{2\alpha}$$

$$= \frac{\rho(C_A^2 + C_S^2)}{2(1-\rho)\mu} \quad (\rho < 1)$$

上式が基本復帰境界のある仮待ち時間過程拡散モデルによる平均待ち時間公式である．

平均待ち客数 $E(Q)$ は，リトルの公式 [11] により

$$E(Q) = \lambda E(W)$$

平均系内時間 $E(T)$ は

$$E(T) = E(W) + \frac{1}{\mu}$$

平均系内客数 $E(L)$ は，再びリトルの公式により

$$E(L) = \lambda E(T)$$

$$= \frac{\rho^2 (C_A^2 + C_S^2)}{2(1-\rho)} + \rho \quad (\rho < 1)$$

で与えられる．

ここまで仮待ち時間過程を拡散モデル化して，GI/GI/1 における平均性能評価尺度を導出したが，その精度について若干ふれておこう．まず重負荷のときを考える．仮待ち時間過程拡散モデルでは，反射壁境界・基本復帰境界双方の平均待ち時間公式は次式

$$\lim_{\rho \to 1} 2(1-\rho)\mu E(W) = C_A^2 + C_S^2$$

を満たしている．この漸近的挙動は系内客数過程拡散モデルを取り扱った Gelenbe[3], Heyman[6], Kobayashi [7] らの結果と一致している．次に Whitt[12] が指摘しているように，系内客数過程拡散モデル（Gelenbe[3], Heyman[6], Kobayashi [7]）では，そのどれもがポアソン到着（指数到着間隔分布，$C_A = 1$）する M/G/1 待ち行列システムに対する厳密解，いわゆる，Pollaczek-Khinchine (P–K) 公式 [1, 11]

$$E(W) = \frac{\rho(1 + C_S^2)}{2(1-\rho)\mu} \quad (\rho < 1)$$

に一致しない．しかるに高橋 [4] が指摘しているように，ここで展開した仮待ち時間過程拡散モデルでは反射壁境界・基本復帰境界のどちらの場合も，厳密解（P–K 公式）に一致することがわかる．したがって迂回呼（あふれパケット）や再呼（再送パケット）が加わる情報通信ネットワークのように，客の到着間隔の変動係数が 1 よりわずかに大きい超指数分布（断続ポアソン過程，interrupted poisson process：IPP [11]）に対しては，系内客数過程拡散モデルよりは仮待ち時間過程拡散モデルのほうが精度がよいと思われる．

仮待ち時間過程拡散モデルにおいて反射壁と基本復帰の境界はどちらの精度がよいであろうか？　到着間隔・サービス時間がともに一定の D/D/1 システム（$C_A = C_S = 0$）では，確率的変動のない極端な場合であるが，反射壁境界のある拡散モデルでは，$E(W) = -1/(2\mu) < 0$ であるのに対し，基本復帰境界のある拡散モデルでは $E(W) = 0$ となり後者が合理的である．したがって明らかに，到着間隔ならびにサービス時間の変動係数が小さいときは基本復帰境界のほうが反射壁のときより精度がよい．GI/GI/1 システムに対するさらなる精度比較については，Hoshi et al. [13] 参照．

Whitt[12] は基本復帰境界のある仮待ち時間過程拡散モデルを除くすべての拡散モデルを検証し，それらを

（精度の観点から）凌駕する MFR（monotone failure rate）近似式（[12], 式 (23)）を提案している．しかし，Whitt の MFR 近似式（系内客数過程拡散モデルの結果をポアソン到着するときは P–K 公式を満たすように発見的に修正した Gelenbe の近似式でもある）は，ここで述べた基本復帰境界のある仮待ち時間過程拡散モデルの結果と一致している．すなわち，Whitt[12] の数値例からいえることは，基本復帰境界のある仮待ち時間過程拡散モデルが精度の点からは最良である．

さて，GI/GI/1 システムにかぎっていえば，どの拡散モデルも Kraemer and Langenbach-Beltz の近似式 [14] にその精度において敵わない．しかし彼らは拡散モデルによる数値結果をもとに計算機シミュレーション結果と対比しながら近似式を見いだしたのである．その意味で拡散モデルは重要である．

Takahashi ら [16] はここで紹介した基本復帰境界のある仮待ち時間過程拡散モデルだけが変形（modified）サービス構造のある待ち行列システムを解析できることを示した．変形サービス構造システムは準備時間（set-up time）を要するサービスシステムを特殊な場合として含み，サービス時間列は iid にはならない．反射壁境界のある仮待ち時間過程拡散モデルや（基本復帰境界・反射壁境界のある）系内客数過程拡散モデルでは変形サービス構造のある待ち行列システムは解析できないのである．

Takahashi ら [17] は有限容量複数サーバ GI/GI/c/K システムに対する系内客数過程拡散モデルにおける境界条件・離散化の組合せが精度に及ぼす影響をシミュレーション結果と比較して明らかにしている．

閑話休題（技術的な詳細はさておき），総じて拡散モデルは待ち行列システムの特徴をその無限小平均・無限小分散と境界条件で表現していて簡単かつ解析力に優れている．広範な待ち行列システムに適用可能である．新しい方式・サービスシステムが提案されるごとにそれらの方式・システム性能評価のため，拡散モデルは今後も積極的に適用され活発に研究されるであろう．拡散モデルの情報通信分野へのサーベイは Kimura[18] を参照されたい．〔高 橋 敬 隆〕

参 考 文 献

[1] L. Kleinrock : Queueing Systems, Volume II: Computer Applications, John Wiley, New York, 1976.

[2] G. F. Newell : Applications of Queueing Theory, 2nd ed., Chapman & Hall, London, 1982.

[3] E. Gelenbe and I. Mitrani : Analysis and Synthesis of Computer Systems, Academic Press, New York, 1980.

[4] 高橋敬隆：多呼種集団到着単一サーバモデルの拡散近似解析．電子通信学会論文誌，**J69-A**(3): 317–324, 1986.

[5] E. Gelenbe : Probabilistic models of computer systems, Part II, Diffusion approximations, waiting times and batch arrivals. *Acta Informatica.*, **12**: 285–303, 1979.

[6] D. P. Heyman : A diffusion model approximation for the GI/G/1 queue in heavy traffic. *Bell System Tech. J.*, **54**: 1637–1646, 1975.

[7] H. Kobayashi : Applications of the diffusion approximations to queueing networks, I: equilibrium queue distributions. *J. ACM.*, **21**: 316–328, 1974.

[8] W. Feller : Diffusion processes in one dimension. *Trans. Amer. Math. Soc.,* **77**: 1–31, 1954.

[9] T. Kimura : Diffusion approximation for an M/G/m queue. *Operations Res.*, **31**(2): 304–321, 1983.

[10] T. Kimura : A unified diffusion model for the state-dependent queues. *Optimization*, **18**: 265–283, 1987.

[11] 川島幸之助ほか：通信トラヒック理論の基礎とマルチメディア通信網，電子情報通信学会，1995.

[12] W. Whitt : Refining diffusion approximations for queues. *Operations Res. Lett.*, **1**(5): 165–169, 1982.

[13] K. Hoshi et al.: A further remark on diffusion approximations with elementary return and reflecting barrier boundaries. Proceedings of International Conference on Operations Research (Munich 2010), Springer, pp.175–180, 2011.

[14] W. Kraemer and M. Langenbach-Beltz : Approximate formulae for general single server systems with single and batch arrivals. *Angewandte Informatik,* **9**: 396–402, 1978.

[15] S. M. Ross : Introduction to Probability Models, Academic Press, San Diego, 1993.

[16] Y. Takahashi et al.: A single-server queueing system with modified service mechanism: An application of the diffusion process. Proceedings of IEEE International Conference on Ultra Modern Telecommunications (ICUMT2009), pp.1–6, 2009.

[17] A. Takahashi et al.: Diffusion approximations for the G/G/c/K queue. Proceedings of 16th IEEE International Conference on Computer Communications and Networks, pp. 681–686, 2007.

[18] T. Kimura : Diffusion models for queues in computer/communication systems. *Economic J. Hokkaido University*, **33**: 37–52, 2004.

8.2 ネットワーク算法

network calculus

インターネットでは，中継ノードに到着したパケットはいったんバッファに蓄積されたあとに次リンクに送出される．送受信端末間レベルのパケット転送性能を評価するためには，途中の経路にあるすべての中継ノードのパケットスケジューリング機構を考慮したフローレベルの性能解析が重要となる．マルコフ連鎖をもとにした待ち行列網理論では，解析できるクラスが積形式解をもつ場合に限定されること，およびネットワークを構成するノード数や経路数が増大すると定常状態確率の計算が指数的に増大することなどから，相関の強いパケット流を収容する情報通信ネットワークに対する待ち行列網理論の応用には限界がある．

ネットワーク算法は，ルータやスイッチといったネットワーク構成要素に対して最悪なパケット到着状況と最悪な処理性能を仮定したときの，$(\min,+)$ 代数をもとにした確定的な性能解析法である．ネットワーク算法により，単一ノードレベルではノードからのデータ総出力量過程 (output process)・遅延 (delay)・系内滞留量（バックログ，backlog）が，送受信端末間レベルでは受信端末側でのデータ総受信量過程と送受信端末間遅延 (end-to-end delay) が導出できる．送受信端末間遅延の評価では，$(\min,+)$ 代数におけるたたみ込み演算により，タイトな遅延上限値が求められることが知られている．

ここでは，$(\min,+)$ 代数系における min-plus たたみ込み演算を中心に到着曲線を概観し，応用例として代数的性質から得られるシェーパーの効用について紹介する．次にサービス曲線の概念を紹介し，代表的なノード処理サービスの表現例と性能評価量の上界値計算法について解説する．

a. 到着曲線とシェーパー

本節を通じて扱う関数 f は非負値をとる非減少関数でかつ原点を通る関数族 $\mathcal{F}_0$ を考える．すなわち

$$\mathcal{F}_0 = \{f : \forall t \geq s \geq 0,\ 0 \leq f(s) \leq f(t),\ f(0) = 0\}$$

以下では $f(t) \leq g(t)$ を $f \leq g$ のように省略して記述する．

ネットワークを構成するノードには十分な容量をもつバッファが設けられており，データパケットの廃棄は起こらないものと仮定する．また，データパケット流は無限に分割可能な (infinitely divisible) 流体モデルを考える．

1) 到着曲線

あるネットワーク構成要素に対する入力フローに着目する．このフローは時刻 0 に入力が始まるものと仮定し，時刻 t までの累積到着量を $A(t)$ とする．$A(t)$ の値域は非負の連続量または非負の離散量である．ここである非減少関数 $\alpha(t)$ に対して $A(t) \leq \alpha(t)$ $(t \geq 0)$ が成立するとき，α をそのフローの**到着曲線** (arrival curve) と呼ぶ．ビットレートとして CMbps をもつリンクからの入力フローについては $\alpha(t) = Ct$ が到着曲線として与えられる．

2) min-plus たたみ込み演算

任意の非減少関数 $f(t)$ と $g(t)$ に対する **min-plus たたみ込み演算** (min-plus convolution) は次式で定義される．

$$(f \otimes g)(t) = \inf_{0 \leq s \leq t} \{f(s) + g(t-s)\}$$

min-plus たたみ込み演算は非減少関数の族で閉じており，かつ以下のように結合法則と交換法則が成立する．

1. 結合法則：$(f \otimes g) \otimes h = f \otimes (g \otimes h)$
2. 交換法則：$f \otimes g = g \otimes f$

以下の補題は min-plus たたみ込み演算を応用する際にきわめて重要である[4]．

補題 1 非減少関数 f と g について以下のことが成立する．

1. $f(0) = g(0) = 0$ ならば $f \otimes g \leq f \wedge g$．ここで $\wedge$ は下界値を表す．特に，f と g が両方とも上に凸の関数ならば，$f \otimes g = f \wedge g$ が成立する．
2. f と g がともに下に凸の関数ならば，$f \otimes g$ も下に凸の関数となる．もし f と g がともに下に凸でかつ区分的に線形な関数ならば，$f \otimes g$ は f と g の区分的線形部分を傾きが小さいものから大きいものに並べたもので得られる関数となる．

累積到着量が $A(t)$ で表される入力トラヒックの到着曲線が $\alpha(t)$ で与えられる必要十分条件として，以下の定理がある[1, 3, 4]．

定理 1 時刻 t までの累積到着量が $A(t)$ で与えられるフローの到着曲線が $\alpha(t)$ であるための必要十分条件は，次式が成立することである．

$$A \leq A \otimes \alpha \tag{1}$$

式 (1) は $A = A \otimes \alpha$ と同値であることが知られている[1, 3]．

3) シェーパー

シェーパー (shaper) は，トラヒック源から生成されたフローをある到着曲線を満足するように平滑化するネットワーク構成要素である．代表的なシェーパーとして図 1 のリーキーバケットがある．リーキーバケットにはパケットバッファとトークンバッファの 2 種類のバッファが用意されている (図 1(a) 参照)．ここではパケットバッファサイズは無限大，トークンバッファサイズは σ とし，トークンは率 ρ で生成されると仮定

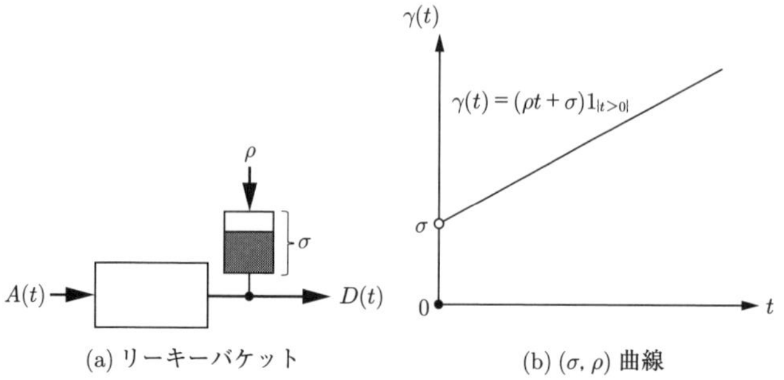

(a) リーキーバケット　(b) (σ, ρ) 曲線

図 1　リーキーバケットと (σ, ρ) 曲線

する．

リーキーバケットに到着したデータフローは，単位時間当たり最大でトークンバッファに蓄積されているトークンの分量まで送出することができる．トークンバッファが空の場合，リーキーバケットからの出力はトークンの生成率と同じになる．ここで図 1(b) のような $\gamma(t) = (\rho t + \sigma)1_{\{t>0\}}$ （$1_{\mathcal{X}}$ は事象 $\mathcal{X}$ が起こったときに 1，それ以外は 0 をとる指示関数）なる関数 $\gamma(t)$ を定義すると，リーキーバケットからの出力は，次段のネットワーク構成要素に対して到着曲線 $\gamma(t)$ をもつ到着過程になることに注意する．以下ではこのような平滑化を γ 平滑と呼ぶことにする．

いま，シェーパーへの累積到着過程を $A(t)$，シェーパーからの累積出力過程を $D(t)$ とおく．シェーパーの性質から，次式が直ちに導かれる．

$$D \leq A \tag{2}$$

$$D \leq D \otimes \gamma \tag{3}$$

式 (2) は入出力特性から明らかであり，式 (3) は式 (1) より導かれる．式 (2)，(3) を満足する最大の解 D は次式で与えられることが知られている．

$$D = A \otimes \gamma$$

次に N 個のシェーパーを直列に接続したときのシェーピング効果を考える．i $(1 \leq i \leq N)$ 番目のシェーパーはフローを γ_i 平滑化すると仮定する．N 個のシェーパーを直列接続したシステムを一つのシェーパーと見なし，その平滑化効果を γ とおくと，次式が成立する．

$$\gamma = \gamma_1 \otimes \gamma_2 \otimes \cdots \otimes \gamma_N \tag{4}$$

すべての i に対して γ_i が上に凸ならば，$\gamma = \min_{1\leq i\leq N} \gamma_i$ となる．min-plus たたみ込み演算の交換法則に注意すると，式 (4) は，複数のシェーパーの直列接続で得られる平滑化効果はシェーパーの順序と無関係であることを意味している．

b. サービス曲線と評価量上界値

1) サービス曲線

フローが通過するシステムを $\mathcal{S}$ と表現することにする．$\mathcal{S}$ の累積入力過程と累積出力過程をそれぞれ A と D，$\beta(t)$ を非負の非減少関数とする．β が

$$D \geq A \otimes \beta \tag{5}$$

を満足するとき，システム $\mathcal{S}$ はそのフローに対して**サービス曲線** (service curve) β を提供するという．$(A \otimes \beta)(t) = \inf_{0\leq s\leq t}\{A(s) + \beta(t-s)\}$ に注意すると，式 (5) は任意の $t \geq 0$ に対して

$$D(t) \geq A(s) + \beta(t-s)$$

すなわち

$$D(t) - A(s) \geq \beta(t-s)$$

を満足する s $(\leq t)$ が存在することを意味している．

$\beta(t)$ の例として，一つのフローに対して少なくとも c の出力レートを保証する待ち行列のサービス曲線は，$\beta(t) = ct$ $(t \geq 0)$ と表現される．またサービス曲線で用いられる代表的な関数として，次式で定義されるインパルス関数 $\delta_T(t)$ がある．

$$\delta_T(t) = \begin{cases} 0, & 0 \leq t \leq T \\ +\infty, & t > T \end{cases}$$

任意の非減少関数 $u(t)$ $(t \geq 0)$ に対して $\delta_T(t)$ との min-plus たたみ込み演算を行うと

$$(u \otimes \delta_T)(t) = \begin{cases} u(t-T), & t \geq T \\ u(0), & \text{その他} \end{cases}$$

を得る．すなわち $\delta_T(t)$ は $u(t)$ を T 時間だけ正側にシフトする効果をもっている．あるネットワーク構成要素が入力フローに対し，最初に T 時間だけフロー処理のためのセットアップ（たとえば資源予約処理）を行ったのち，少なくとも c の出力帯域を保証するサービス曲線 $\beta(t)$ は，$\beta_1(t) = ct$ $(t \geq 0)$ および $\beta_2(t) = \delta_T(t)$ として

$$\beta(t) = (\beta_1 \otimes \beta_2)(t) = c(t-T)^+ \tag{6}$$

と表される．ここで $(x)^+ = \max(x, 0)$ である．式 (6) は **rate-latency** 関数と呼ばれ，ノード単位の予約処理を抽象化したサービス関数として知られている（図 2 参照）．

2) 性能評価量の上界値

到着曲線 $\alpha(t)$ をもつ入力フローに対してサービス曲線 $\beta(t)$ を提供するシステム $\mathcal{S}$ を考える．$\mathcal{S}$ における

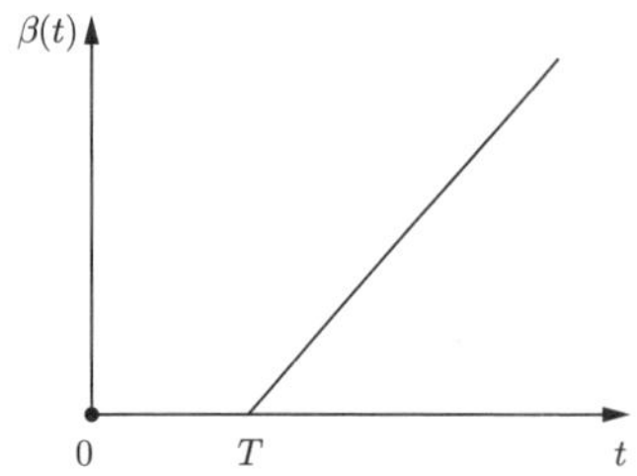

図 2 サービス曲線 (rate-latency 関数)

データフローの滞留量 (backlog) 上界値は次式で与えられる.

$$v(\alpha, \beta) = \sup_{s \geq 0}\{\alpha(s) - \beta(s)\}$$

いま, $\mathcal{S}$ がフローに対して到着順サービスを提供しているとき, このフローの遅延上界値は次式で与えられる.

$$h(\alpha, \beta) = \sup_{t \geq 0}[\inf\{d \geq 0 : \alpha(t) \leq \beta(t+d)\}]$$

例として, リーキーバケットで平滑化されたデータフローが, あるノードの通信資源を予約した後に転送が行われる状況を考える. 中継ノード $\mathcal{S}$ への入力フローにおいて, 到着曲線は $\alpha(t) = (\rho t + \sigma)1_{\{t>0\}}$ で与えられるものとする. また中継ノード $\mathcal{S}$ は式 (6) で与えられるサービス曲線を提供すると仮定する. このとき, $v(\alpha, \beta)$ と $h(\alpha, \beta)$ は図 3 より次式で与えられることがわかる.

$$v(\alpha, \beta) = \rho T + \sigma, \quad h(\alpha, \beta) = T + \sigma/c \qquad (7)$$

ここで滞留量上界値 $v(\alpha, \beta)$ が発散しないための安定条件は $\rho \leq c$ で与えられる. 安定条件が $\rho = c$ の場合も含むことに注意する.

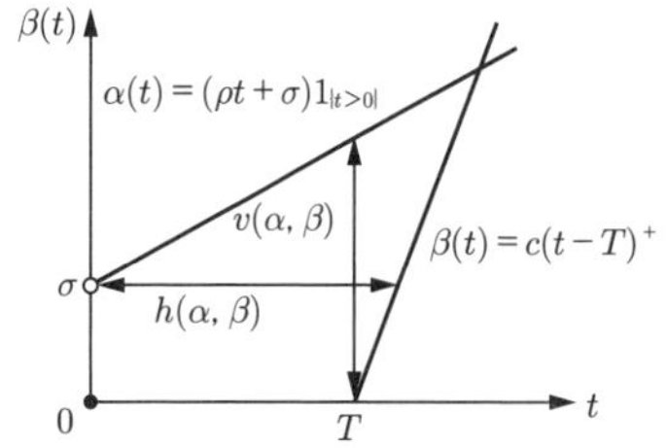

図 3 到着曲線・サービス曲線と性能評価量上界値

上記の上界値は単一ノードに対するものであるが, 同様な予約処理が複数のノードで多段に行われる状況下でのエンド・ツウ・エンド遅延についても上界値が計算できる. いま, 先ほどと同じ α 平滑されたフローが N 個のノードを通過する場合を考える. i $(1 \leq i \leq N)$ 番目のノードは $\beta_i(t) = c_i(t - T_i)^+$ のサービス曲線を提供するものと仮定する. N 個のノードを直列結合したシステムはサービス曲線 $\beta = \beta_1 \otimes \beta_2 \otimes \cdots \otimes \beta_N$ を提供することに注意すると, $\beta(t)$ は

$$\beta(t) = c(t-T)^+, \quad c = \min_{1 \leq i \leq N} c_i, \quad T = \sum_{i=1}^{N} T_i$$

と陽な形で与えられる. この c と T を式 (7) に代入したものが, 多段ノードにおけるエンド・ツウ・エンドの性能評価量上界値になる.

ここでは中継ノードのスケジューリングとして rate-latency 関数で表現される資源予約方式に着目したが, これ以外にも優先権付きスケジューリング (priority scheduling) や一般化プロセッサシェアリング (generalized processor sharing), Earliest Deadline First スケジューリングなどのパケットスケジューリングについてもサービス曲線が知られている. また, ここでは入力されたフローデータのロスが発生しないネットワーク構成要素に対する上界値の計算法を紹介したが, ロスが発生する場合についても clipper と呼ばれるフロー分類器を導入することにより, ロス率の上界値を求めることができる. 詳しくは文献[1, 4] を参照されたい.

〔笠 原 正 治〕

参 考 文 献

[1] C.S. Chang : Performance Guarantees in Communication Networks, Springer, 2000.

[2] M. Fidler: A survey of deterministic and stochastic service curve models in the network calculus. *IEEE Commun. Surveys & Tutorials*, **12**: 59–86, 2010.

[3] V. Firoiu et al.: Theories and models for Internet quality of service. *Proc. IEEE*, **90**: 1565–1591, 2002.

[4] J.-Y. Le Boudec and P. Thiran : Network Calculus, Springer, 2001.

8.3 待ち行列モデルの漸近解析

asymptotic analysis of queueing model

待ち行列モデルに対する多くの性能評価量は定常分布を用いて計算される．しかし，定常分布を解析的な表現で得ることは特別な場合（M/M/1, M/M/1/K など）を除いて難しい．そこで，ここでは定常分布の裾の漸近特性に注目する．漸近特性は分布そのものに比べ解析的に求めやすいばかりでなく，シミュレーションにより計算が難しいまれな事象の確率を見積もることができる．

ここで，多くの待ち行列モデルは適切な状態空間のとり方をすることにより，推移構造のなかに加法的な性質をもつ確率過程であるマルコフ加法過程を用いて表現できる．ここでは反射壁のあるマルコフ加法過程について，定常分布の裾の漸近特性を求め，具体的な待ち行列モデルへの応用を紹介する．

a. マルコフ加法過程

状態空間 $\mathbb{Z} \times S_B$ をもつ離散時間の確率過程 $\{(X_n, J_n)\}_{n=0}^{\infty}$ を考える．ここで，$\mathbb{Z}$ は整数全体からなる集合，S_B は可算集合である．このために，各 $k \in \mathbb{Z}$ について A_k を非負の $|S_B| \times |S_B|$ 行列，$i, j \in S_B$ について A_k の (i,j) 要素を $[A_k]_{ij}$ で表す．$z \neq 0$ について，$A_*(z) = \sum_{k\in\mathbb{Z}} z^k A_k$ とおき，$A \equiv A_*(1)$ は既約で非周期的な確率行列であるとする．$\{(X_n, J_n)\}_{n=0}^{\infty}$ の推移確率が，

$$\mathbb{P}(X_{n+1} - X_n = k, J_{n+1} = j | J_n = i) = [A_k]_{ij}$$

で与えられるとき，$\{(X_n, J_n)\}_{n=0}^{\infty}$ を離散時間のマルコフ加法過程と呼び，X_n を**加法成分**または**レベル**，J_n を**背後状態**と呼ぶ．$\{(X_n, J_n)\}_{n=0}^{\infty}$ の推移確率行列 P は，加法成分の値で分割することにより，

$$P = \begin{pmatrix} \ddots & \ddots & \ddots & \ddots & \ddots \\ \cdots & A_0 & A_{+1} & A_{+2} & \cdots \\ \cdots & A_{-1} & A_0 & A_{+1} & \cdots \\ \cdots & A_{-2} & A_{-1} & A_0 & \cdots \\ \ddots & \ddots & \ddots & \ddots & \ddots \end{pmatrix}$$

のように与えられる．$\{A_k; k \in \mathbb{Z}\}$ をマルコフ加法過程の推移核と呼ぶ．

b で反射壁のあるマルコフ加法過程の定常分布の裾の漸近特性を求めるために，マルコフ加法過程の周期に関する情報が必要になる．このために，マルコフ加法過程の n 時刻後の推移確率を $[A_k^{(n)}]_{ij} = \mathbb{P}_i(X_n - X_0 = k, J_n = j)$ で表す．ここで，$\mathbb{P}_i(\cdot) = \mathbb{P}(\cdot | J_0 = i)$ を表す．

定義 1 (加法成分の周期)　各背後状態 $i \in S$ について，

$$d(i) = \gcd\{k \in \mathbb{Z} | [A_k^{(n)}]_{ii} > 0, \exists n \geq 1\}$$

とし，$d(i)$ を i に関する加法成分の周期と呼ぶ．$d(i)$ が i に依存しないとき，単に d と表し，d をマルコフ加法過程の周期と呼ぶ．

A が既約であることから，$d(i)$ は i に依存しない．以下では，$d = 1$ を仮定する．$k \leq 0$ について，$\tau_k^- = \inf\{n \geq 1; X_n - X_0 \leq k\}$ とおく，つまり，τ_k^- は加法成分が初期レベルからはじめて k 以下になるときの時刻を表す．

定義 2　$-1 < s \leq 1$ について，$|S_B| \times |S_B|$ 行列 $G_k^{0-}(s)$，$G_k^-(s)$，$R_k^+(s)$，R_{0k}^+ の (i,j) 要素をそれぞれ，

$$[G_k^{0-}(s)]_{ij} = \mathbb{E}_i\left[s^{\tau_0^-}\mathbf{1}_{\{X_{\tau_0^-} - X_0 = k, J_{\tau_0^-} = j\}}\right], \quad k \leq 0,$$

$$[G_k^-(s)]_{ij} = \mathbb{E}_i\left[s^{\tau_{-1}^-}\mathbf{1}_{\{X_{\tau_{-1}^-} - X_0 = k, J_{\tau_{-1}^-} = j\}}\right], \quad k \leq -1,$$

$$[R_k^+(s)]_{ij} = \mathbb{E}_i\left[\sum_{n=1}^{\infty} s^n \mathbf{1}_{\{X_n - X_0 = k, J_n = j, n < \tau_{k-1}^-\}}\right], \quad k \geq 1$$

$$[R_{0k}^+]_{ij} = \mathbb{E}_i\left[\sum_{n=1}^{\infty} \mathbf{1}_{\{X_n - X_0 = k, J_n = j, n < \tau_0^-\}}\right], \quad k \geq 1$$

により定義する．ここで，$\mathbb{E}_i$ は $\mathbb{P}_i$ に関する期待値を表す．

$G_k^{0-}(s)$，$R_k^+(s)$，R_{0k}^+ について，それぞれ行列母関数 $G_*^{0-}(s,z) = \sum_{k\le 0} z^k G_k^{0-}(s)$，$R_*^+(s,z) = \sum_{k\ge 1} z^k R_k^+(s)$，$R_{0*}^+(z) = \sum_{k\ge 1} z^k R_{0k}^+$ を定義する．定義 2 において，τ_k^- を $\tau_k^+ = \inf\{n \ge 1; X_n - X_0 \ge k\}$ $(k \ge 0)$ に置き換えることにより，同様にして $|S|\times|S|$ 行列 $G_k^{0+}(s)$ $(k \ge 0)$，$G_k^+(s)$ $(k \ge 1)$，$R_k^-(s)$ $(k \le -1)$ を定義し，行列母関数 $G_*^{0+}(s,z)$，$R_*^-(s,z)$ が定義される．

このとき，マルコフ加法過程について以下の結果を得る．これは，1 次元ランダムウォークに背後状態を付け加えた 4.1 節の定理 2 の一般化である．この結果からマルコフ加法過程における初到達確率と占有測度を関係づけられ，反射壁のあるマルコフ加法過程の定常分布の裾の漸近特性を調べる際，重要な役割を果たす．証明については文献[4] を参照．

定理 1　$-1 < s \le 1$，$|z| < 1$ について，

$$I - sA_*(z) = (I - R_*^+(s,z))(I - G_0^{0-}(s))\times(I - G_*^-(s,z)) \tag{1}$$

$$I - sA_*(z) = (I - R_*^-(s,z))(I - G_0^{0+}(s))\times(I - G_*^+(s,z)) \tag{2}$$

であり，この分解は一意的である．

b. 反射壁のあるマルコフ加法過程

状態空間 $\mathbb{Z}_{0+} \times S_B$ をもつ離散時間の確率過程 $\{(Y_n, M_n)\}_{n=0}^\infty$ を考える．ここで，$\mathbb{Z}_{0+} = \{z \in \mathbb{Z} | z \ge 0\}$．$\{(Y_n, M_n)\}_{n=0}^\infty$ の推移確率行列 Q が，

$$Q = \begin{pmatrix} B_0 & B_{+1} & B_{+2} & B_{+3} & \cdots \\ B_{-1} & A_0 & A_{+1} & A_{+2} & \cdots \\ B_{-2} & A_{-1} & A_0 & A_{+1} & \cdots \\ B_{-3} & A_{-2} & A_{-1} & A_0 & \cdots \\ \vdots & \ddots & \ddots & \ddots & \ddots \end{pmatrix}$$

で与えられるものとする．ここで，B_i $(i \in \mathbb{Z})$ は $|S_B| \times |S_B|$ 行列である．このとき，$\{(Y_n, M_n)\}_{n=0}^\infty$ を反射壁のあるマルコフ加法過程と呼ぶ．

注意 1　$Y_n = 0$ のとき，M_n の状態空間 S_0 は S_B である必要はない．ここでは表記を簡単にするため，$S_0 = S_B$ とした．

以下では，反射壁のあるマルコフ加法過程が定常分布 $\boldsymbol{\pi}$ をもつと仮定する．さらに，$\boldsymbol{\pi}$ を加法成分の値で分割し $\boldsymbol{\pi} = (\boldsymbol{\pi}_k; k \in \mathbb{Z}_{0+})$ と表す．定常分布 $\boldsymbol{\pi}$ は次のように計算される．

補題 1　$\underline{B}_0$ を加法成分が 0 であるというもとでの背後過程に関する推移確率行列とし，$\boldsymbol{\nu}_0$ を

$$\boldsymbol{\nu}_0 = \boldsymbol{\nu}_0 \underline{B}_0$$

を満たす定常測度として求める．$\boldsymbol{\nu}_n (n = 1, 2, \cdots)$ を，

$$\boldsymbol{\nu}_n = \boldsymbol{\nu}_0 R_{0n}^+ + \sum_{k=1}^{n-1} \boldsymbol{\nu}_k R_{n-k}^+(1) \tag{3}$$

により帰納的に求め，$\boldsymbol{\nu} = (\boldsymbol{\nu}_n; n \ge 0)$ を得る．$\boldsymbol{\pi} = \boldsymbol{\nu} / \sum_{n=0}^\infty \boldsymbol{\nu}_n \mathbf{1}$ により定常分布 $\boldsymbol{\pi}$ を求める．

c. 反射壁のあるマルコフ加法過程に対する定常分布の裾の漸近特性

ここでは，反射壁のあるマルコフ加法過程について定常分布の裾の漸近特性を得る．このために，$z \ne 0$ について $B_*^+(z) = \sum_{k\ge 1} z^k B_k$ とおき，$A_*(z_0) < \infty$ を満たす $z_0 > 1$ の存在を仮定する．

定理 2 (反射壁のあるマルコフ加法過程の漸近公式)　次の方程式

$$\text{(c1)}\ \boldsymbol{\mu}^{(\alpha)} A_*(\alpha) = \boldsymbol{\mu}^{(\alpha)}, \quad \text{(c2)}\ A_*(\alpha)\boldsymbol{h}^{(\alpha)} = \boldsymbol{h}^{(\alpha)}$$

を満たす $\alpha > 1$，正のベクトル $\boldsymbol{\mu}^{(\alpha)}, \boldsymbol{h}^{(\alpha)}$ が存在し，

$$\text{(c3)}\ \boldsymbol{\mu}^{(\alpha)} \boldsymbol{h}^{(\alpha)} < \infty, \quad \text{(c4)}\ \boldsymbol{\pi}_0 B_*^+(\alpha) \boldsymbol{h}^{(\alpha)} < \infty$$

が満たされるならば，

$$\lim_{n\to\infty} \alpha^n \boldsymbol{\pi}_n = \frac{\boldsymbol{\pi}_0 R_{0*}^+(\alpha) \Delta_{\boldsymbol{\mu}^{(\alpha)}}^{-1} \boldsymbol{g}^{(\alpha)}}{\alpha \boldsymbol{\mu}^{(\alpha)} A_*'(\alpha) \boldsymbol{h}^{(\alpha)}} \boldsymbol{\mu}^{(\alpha)} \tag{4}$$

を得る．ここで，$\boldsymbol{g}^{(\alpha)} = \Delta_{\boldsymbol{\mu}^{(\alpha)}} (I - G_0^{0-}(1))(I - G_*^-(1, \alpha)) \boldsymbol{h}^{(\alpha)}$.

この定理は以下の三つの補題から証明される．

補題 2　$\{\widetilde{A}_k^{(\alpha)}; k \in \mathbb{Z}\}$ $(\widetilde{A}_k^{(\alpha)} \equiv \alpha^k \Delta_{\boldsymbol{\mu}^{(\alpha)}}^{-1} A_k^\top \Delta_{\boldsymbol{\mu}^{(\alpha)}})$ はマルコフ加法過程の推移核であり，その背後過程は正再帰的である．さらに，このマルコフ加法過程について，

$$I - s\widetilde{A}_*^{(\alpha)}(z) = (I - \widetilde{R}_*^{(\alpha)-}(s,z))(I - \widetilde{G}_0^{(\alpha)0+}(s))$$

$$(I - \widetilde{G}_*^{(\alpha)+}(s,z)) \quad (5)$$

を得る．

証明 $\widetilde{A}_*^{(\alpha)}(z) = \sum_{k\in\mathbb{Z}} z^k \widetilde{A}_k^{(\alpha)}$ とおき，$\widetilde{A}_*^{(\alpha)}(1)$ が確率行列であることは (c1) より明らか．(c2)，(c3) より $\boldsymbol{\eta}^{(\alpha)} \equiv \boldsymbol{\mu}^{(\alpha)}\Delta_{\boldsymbol{h}^{(\alpha)}}$ は $\widetilde{A}_*^{(\alpha)}(1)$ の有限な定常測度である．よって，$\{\widetilde{A}_k^{(\alpha)}; k\in\mathbb{Z}\}$ はマルコフ加法過程の推移核である．式 (5) は式 (2) から得られる．

補題 3 $(\boldsymbol{g}^{(\alpha)})^\top$ は $\widetilde{G}_*^{(\alpha)+}(1,1)$ の定常分布の定数倍である．

証明 推移核 $\{\widetilde{A}_k^{(\alpha)}; k\in\mathbb{Z}\}$ をもつマルコフ加法過程について，定理 1 を適用し，

$$\widetilde{R}_*^{(\alpha)-}(1,1) = \Delta_{\boldsymbol{\mu}^{(\alpha)}}^{-1}(G_*^-(1,\alpha))^\top \Delta_{\boldsymbol{\mu}^{(\alpha)}}, \quad (6)$$

$$\widetilde{G}_0^{(\alpha)0+}(1) = \Delta_{\boldsymbol{\mu}^{(\alpha)}}^{-1}(G_0^{0-}(1))^\top \Delta_{\boldsymbol{\mu}^{(\alpha)}} \quad (7)$$

であることに注意する．式 (5) から，

$$I - \widetilde{A}_*^{(\alpha)}(1) = (I - \widetilde{R}_*^{(\alpha)-}(1,1))(I - \widetilde{G}_0^{(\alpha)0+}(1)) \times (I - \widetilde{G}_*^{(\alpha)+}(1,1))$$

であり，両辺に $\boldsymbol{\eta}^{(\alpha)}$ をかけると，式 (6)，(7) から $(\boldsymbol{g}^{(\alpha)})^\top \widetilde{G}_*^{(\alpha)+}(1,1) = (\boldsymbol{g}^{(\alpha)})^\top$ を得る．定義より $G_0^{0-}(1)$，$G_*^-(1,\alpha)$ は劣確率行列であることから，$\boldsymbol{g}^{(\alpha)} \neq \boldsymbol{0}$ である．また，$\widetilde{G}_*^{(\alpha)+}(1,1)$ は確率行列であり，$\boldsymbol{g}^{(\alpha)}$ は有限ベクトルであること（たとえば，文献[5]を参照）から，$\boldsymbol{g}^{(\alpha)}$ は $\widetilde{G}_*^{(\alpha)+}(1,1)$ の定常分布の定数倍である．

$n \geq 0$ について $\boldsymbol{x}_n^{(\alpha)} = \alpha^n \Delta_{\boldsymbol{\mu}^{(\alpha)}}^{-1}(\boldsymbol{\pi}_n)^\top$，$\widetilde{G}_{0n}^{(\alpha)+}(1) = \alpha^n \Delta_{\boldsymbol{\mu}^{(\alpha)}}^{-1}(R_{0n}^+)^\top \Delta_{\boldsymbol{\mu}^{(\alpha)}}$ とおく．定理 1 より $k \geq 1$ について，

$$\alpha^k R_k^+(1) = \Delta_{\boldsymbol{\mu}^{(\alpha)}}^{-1}(\widetilde{G}_k^{(\alpha)+}(1))^\top \Delta_{\boldsymbol{\mu}^{(\alpha)}}$$

であることに注意すると，式 (3) から以下のようなマルコフ再生方程式が得られる．

補題 4 マルコフ再生方程式

$$\boldsymbol{x}_n^{(\alpha)} = \widetilde{G}_{0n}^{(\alpha)+}(1)\boldsymbol{x}_0^{(\alpha)} + \sum_{k=1}^{n-1} \widetilde{G}_{n-k}^{(\alpha)+}(1)\boldsymbol{x}_n^{(\alpha)}, n \geq 1 \quad (8)$$

について，(c4) より，

$$(\boldsymbol{g}^{(\alpha)})^\top \left(\sum_{n=1}^{\infty} \widetilde{G}_{0n}^{(\alpha)+}(1)\right) \boldsymbol{x}_0^{(\alpha)} < \infty \quad (9)$$

が保証される．

証明（定理 2 の証明） $d = 1$ ゆえに，$\{\widetilde{G}_k^{(\alpha)+}(1), k \geq 1\}$ を推移核にもつマルコフ再生過程の周期も 1 である．よって，式 (9) より，このマルコフ再生過程について鍵再生定理が適用でき，式 (8) から，

$$\lim_{n\to\infty} \boldsymbol{x}_n^{(\alpha)} = \frac{1}{\eta}(\boldsymbol{g}^{(\alpha)})^\top \sum_{n=1}^{\infty} \widetilde{G}_{0n}^{(\alpha)+}(1)\boldsymbol{x}_0^{(\alpha)}$$

を得る．ここで，$\eta = (\boldsymbol{g}^{(\alpha)})^\top \sum_{n=1}^{\infty} \widetilde{G}_n^{(\alpha)+}(1)\boldsymbol{1}$．$\eta = (\boldsymbol{g}^{(\alpha)})^\top (\frac{\mathrm{d}}{\mathrm{d}z}\widetilde{G}_*^{(\alpha)+}(1,z)|_{z=1})\boldsymbol{1}$ であることに注意する．式 (5) の両辺を z について微分し，$s = z = 1$ を代入し，右から $\boldsymbol{1}$ をかける．このとき，$\widetilde{G}_*^{(\alpha)+}(1,1)$ が確率行列であることから，$\eta = \alpha\boldsymbol{\mu}^{(\alpha)} A_*'(\alpha)\boldsymbol{h}^{(\alpha)}$ を得る．最後に，(c3) から (c1)，(c2) を満たす $\alpha > 1$ の一意性が保証され，式 (4) が得られる．

d. 待ち行列モデルへの応用

1) 準出生死滅過程に対する定常分布の裾の漸近特性

反射壁のあるマルコフ加法過程 $\{(Y_n, M_n)\}_{n=0}^{\infty}$ において，加法成分 Y_n の推移を $\pm 1, 0$ に制限した $\{(X_n, J_n)\}_{n=0}^{\infty}$ を準出生死滅過程と呼ぶ．準出生死滅過程により表現できる待ち行列モデルは多く（たとえば，文献[2,3,6] 参照），特に，背後過程の状態空間が有限であるとき，行列解析法を用いて定常分布の数値計算が可能である．しかし，一般に背後過程の状態空間が可算無限であるとき行列解析法の適用は難しい．そこで，定常分布の裾の漸近特性を考える．準出生死滅過程の推移構造から，定常分布 $\boldsymbol{\pi} = (\boldsymbol{\pi}_n, n \geq 0)$ は，行列幾何形式解 $\boldsymbol{\pi}_n = \boldsymbol{\pi}_1 R^{n-1}$ $(n \geq 2)$ をもち，R は行列方程式 $R = A_{+1} + RA_0 + R^2 A_{-1}$ の最小非負解であることが知られている．定理 2 から以下の結果を得る．

系 1（準出生死滅過程の裾の漸近公式） 可算背後状態の準出生死滅過程 $\{(X_n, J_n)\}_{n=0}^{\infty}$ について，定理 2 の (c1)，(c2)，(c3) および (c4) を満たす正のベクトル $\boldsymbol{\mu}^{(\alpha)}$，$\boldsymbol{h}^{(\alpha)}$ が存在するとき，

$$\lim_{n\to\infty} \alpha^n \boldsymbol{\pi}_n = \frac{\boldsymbol{\pi}_1 \boldsymbol{r}^{(\alpha)}}{\alpha\boldsymbol{\mu}^{(\alpha)}\boldsymbol{r}^{(\alpha)}}\boldsymbol{\mu}^{(\alpha)} \quad (10)$$

を得る．ここで，$\boldsymbol{r}^{(\alpha)} \equiv \Delta^{-1}_{\boldsymbol{\mu}^{(\alpha)}}\boldsymbol{g}^{(\alpha)}$ は R の固有値 α に対する右固有ベクトルに等しい．

証明　準出生死滅過程の推移構造から，

$$R^{+}_{0*}(\alpha) = \alpha B_{+1}\widehat{U}_{11} \tag{11}$$

である．ここで，$[\widehat{U}_{11}]_{ij}$ $(i,j \in S_B)$ は，レベル 1 を背後状態 i で出発した準出生死滅過程について，加法成分がレベル 0 になるまでにレベル 1 を背後状態 j で滞在するときの平均時間を表す．式 (1) において $s=1$, $z=\alpha$ とすると $\boldsymbol{r}^{(\alpha)} = \Delta^{-1}_{\boldsymbol{\mu}^{(\alpha)}}\boldsymbol{g}^{(\alpha)}$ は R の固有値 α^{-1} に対する右固有ベクトルであることが分かる．さらに，式 (1) を z について微分し，$s=1$, $z=\alpha$ とおき，$\boldsymbol{\mu}^{(\alpha)}$ は R の固有値 α^{-1} に対する左固有ベクトルであることに注意すると，

$$\boldsymbol{\mu}^{(\alpha)}A'_{*}(\alpha)\boldsymbol{h}^{(\alpha)} = \alpha\boldsymbol{\mu}^{(\alpha)}\boldsymbol{r}^{(\alpha)} \tag{12}$$

を得る．式 (11) と (12) を (4) に代入し，式 (10) を得る．

2)　**最小待ち行列選択式待ち行列モデル**

サービス窓口が二つ存在し，それぞれが無限容量の待ちスペースをもつ並列待ち行列モデルを考える．ここで，客の到着時間間隔は表現 PH$(\boldsymbol{\alpha}, T)$ の相型分布（[2] を参照）にしたがい，到着客は到着時に観測する最小待ち行列に加わり，各待ち行列内で先着順にサービスを受けるものとする．各サーバにおけるサービス時間は独立で同一の平均 μ^{-1} の指数分布にしたがうものとする．このような待ち行列モデルを最小待ち行列選択式 PH/M/2 待ち行列モデルと呼ぶ（図 1 参照）．

時刻 t における i 番目 $(i=1,2)$ の待ち行列長を $L_i(t)$，到着状態を $J(t)$ で表すと，

$$(\min(L_1, L_2), |L_1 - L_2|, J(t))$$

は $\min(L_1, L_2)$ を加法成分，$(|L_1 - L_2|, J(t))$ を背後状態とする可算背後状態の準出生死滅過程となる．このとき，$\alpha = \sigma^{-2}$ について，定理 2 の 4 条件を満たす正のベクトル $\boldsymbol{\mu}^{(\alpha)}$, $\boldsymbol{h}^{(\alpha)}$ をみつけることができる（証明については，[7] を参照）．ここで，σ は単一待ちスペースをもつ PH/M/2 待ち行列モデルの系内数分布の裾の減少率であり，方程式

$$\lambda(I\otimes I) + z(-\lambda(I\otimes I) + T\oplus T) + z^2(\boldsymbol{t\alpha}\oplus\boldsymbol{t\alpha})$$

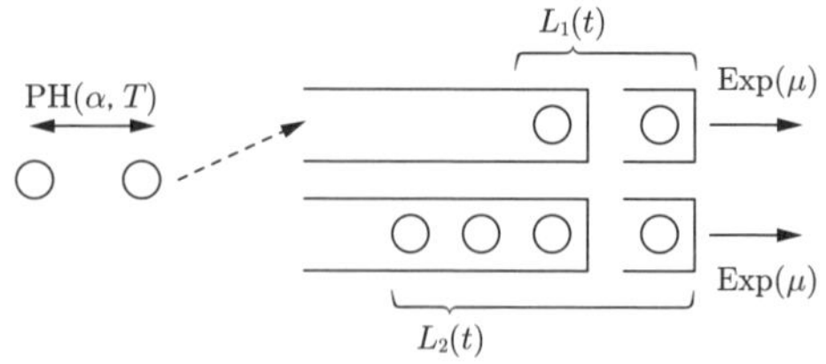

図 1　最小待ち行列選択式 PH/M/2 待ち行列モデル

$$= O$$

の $z \in (0,1)$ の解である．よって，系 1 から次の結果を得る．

定理 3　最小待ち行列選択式 PH/M/2 待ち行列モデルについて，定常状態における待ち人数を $L_i (i=1,2)$，到着状態を J で表すと，

$$\lim_{n\to\infty} \sigma^{-2n}\mathbb{P}(\min(L_1, L_2) = n, |L_1 - L_2| = k, J = j)$$
$$= \frac{\boldsymbol{\pi}_1\boldsymbol{r}}{\sigma^{-2}\boldsymbol{\mu}^{(\sigma^{-2})}\boldsymbol{r}^{(\sigma^{-2})}}[\boldsymbol{\mu}^{(\sigma^{-2})}]_{(k,j)},\ \ k\in\mathbb{Z}_+, j\in S_B$$

を得る．つまり，各背後状態について最小待ち行列長の定常分布の裾は幾何的に減少し，その減少率は対応する単一待ちスペースモデルの系内数分布の裾の減少率に等しい．　〔佐久間　大〕

参 考 文 献

[1] W. Feller : An Introduction to Probability Theory and Its Applications, 2nd ed., John Wiley, 1971.
[2] G. Latouche and V. Ramaswami : Introduction to Matrix Analytic Methods in Stochastic Modeling, American Statistical Association and the Society for Industrial and Applied Mathematics, Philadelphia, 1999.
[3] 牧本直樹：待ち行列アルゴリズム—行列解析アプローチ（経営科学のニューフロンティア 3），朝倉書店，2001.
[4] 宮沢政清：待ち行列の数理とその応用（数理情報科学シリーズ），牧野書店，2006.
[5] M. Miyazawa and Y.Q. Zhao : The stationary tail asymptotics in the GI/G/1 type queue with countably many background states. *Adv. Appl. Probab.*, **36**: 1231–1251, 2004.
[6] M.F. Neuts : Matrix-Geometric Solutions in Stochastic Models, Johns Hopkins University Press, Baltimore, 1981.
[7] Y. Sakuma, M. Miyazawa and Y.Q. Zhao : Decay rate for a PH/M/2 queue with shortest queue discipline. *Queueing Systems*, **53**: 189–202, 2006.
[8] R.W. Wolff : Stochastic Modeling and the Theory of Queues, Prentice-Hall International Series in Industrial and Systems Engineering 1989.

V

ネットワーク関連

1　整数計画問題

integer programming problem

ある条件を満たし，ある評価尺度の計り方で最もよい状況を見いだしたい場面は，工学にかぎらず幅広いさまざまな分野で頻繁に出会う基本問題の一つで**最適化問題**と呼ばれる．そのなかで，見いだしたい状況を有限個の変数で，条件部を有限本の等式・不等式で，評価尺度を関数で表現した最適化問題を**数理計画問題**という．数理計画問題における条件部は**制約式**と，評価尺度の関数は**目的関数**と呼ぶ．

いくつかの変数のとりうる値を整数に制限した数理計画問題を**整数計画問題**または単に**整数計画**という．IP（アイピー）と略称する場合も多い．整数計画問題の解法を含め**整数計画法**との表現もある．ここでは整数計画法を概観する．

a.　整数計画問題の分類

IP において整数値のみをとる変数は**整数変数**と，特に 0 と 1 のみに限定される整数変数を **0–1 変数**と呼ぶ．IP は使用した変数の特徴により次のように区別する場合がある．

① **全整数計画問題**：すべてが整数変数．

② **混合整数計画問題** (mixed IP: MIP（ミップ))：整数変数と実数変数が混在．

③ **0–1 整数計画問題** (0–1IP（ゼロワン IP))：すべてが 0–1 変数．

また，表現に用いた式 (関数) が 1 次式のみの場合は**線形整数計画問題**と呼ぶ場合もある．この表現の裏には非線形な IP が存在し，その設定での知見もある．ただ，変数が整数値に制限され（非線形）関数値は離散的に出現することから，変数が整数値のときは関数値をもち，それ以外では線形関数で近似するなどの変形により非線形な IP は線形な混合整数計画問題に帰着できる．この背景から，線形整数計画問題の扱いに話題を集中させることが多い．ここでも次の線形整数計画問題を主に扱う．

$$
\begin{aligned}
\text{max.}\quad & \sum_{i=1}^{n} c_i x_i \\
\text{s.t.}\quad & \sum_{i=1}^{n} a_{ij} x_i \le b_j, \quad j = 1, \cdots, m \\
& \qquad x_i \in Z_+, \quad i = 1, \cdots, n
\end{aligned}
$$

ここで，Z_+ は非負整数集合を示し，a_{ij}, b_j, c_i は有理数と仮定する．上記表現は行列表記を用い $\max\{cx | Ax \le b, x \in Z_+^n\}$ と略記できる．行列表記に必要な情報は混乱のない範囲で省略する．

整数計画と線形計画

IP に対して，実数変数のみの数理計画問題は**線形計画問題** (linear programming problem：LP [エルピー]) と呼ばれる．IP と LP の違いは整数変数の有無である．表現上の違いはわずかだが，求解の手間や問題表現力などで違いがある．たとえば理論面では，LP には多項式時間解法が存在するが，IP は NP-困難の問題クラスに属し，どんな問題例に対しても最適解を効率的に求める解法は存在しないと考えられている．また，実際に解く面でも，LP に対しては変数や制約式の数が多い問題でも高速に解くさまざまなソフトウェア (ソルバ) が提供されているが，IP 向けソルバは扱える問題規模も求解速度も劣っている．ただし，技法の工夫と計算機の高性能化により進化している．これらの違いから LP と IP は別物ともいえるが，IP の求解に LP 利用や LP での理論を IP に流用するなどと LP の理解が IP の理解にも重要である．

b.　整数計画問題の例と定式化技法

ここでは IP の定式化で使用される典型的な技法を問題例を通じ紹介する．

1)　ナップサック問題

重さと価値が計量されている n 個のモノと数字 B がある．i 番目のモノの重さは w_i，価値は c_i とし，重みの総和が B 以内で価値の総和を最大化するモノの選び方を決める問題を**ナップサック問題**と呼ぶ．

ナップサック問題はモノごとに「選ぶ」か「選ばない」を決めるので，i 番目のモノを選ぶときは 1，選ばないときは 0 と対応させる 0–1 変数 x_i を準備し，$\max\{cx|wx \leq B, x \in \{0,1\}^n\}$ で定式化できる．ここでの 0–1 変数は二択を表現し，IP の整数性を生かした代表的な使い方である．

2) 最低生産量条件つきの生産計画問題

複数の液体原料を混合し，いくつかの粉末製品を製造している．粉末 i の生産には液体 j を a_{ij} [kl/kg] 使用する．液体 j の使用限度量は b_j [kl] で，粉末 i は c_i [円/kg] の利益をもたらす．このとき，総利益最大となる粉末生産量を決める問題を**生産計画問題**という．この問題は粉末 i の生産量を実数変数 x_i と準備し，$\max\{cx|Ax \leq b,\ x \geq 0\}$ で表現できる．

ところで，粉末 i 生産時は u_i [kg] 以上が必要との条件が付加された問題を考えたい．この状況は，粉末 i を生産時は 1，しないときは 0 とした 0–1 変数 y_i を導入し，次の不等式を制約に加え表現できる（M は十分大きな数を示しビッグ M と呼ぶ）．

$$
\begin{aligned}
x_i &\leq My_i & \forall i\\
u_i - x_i &\leq M(1-y_i) & \forall i\\
y_i &\in \{0,1\} & \forall i
\end{aligned}
$$

上記の 0–1 変数と不等式の組合せで 2 要素間の条件を記述する制約式は**強制制約**と呼ばれ，If-Then 構造を表現できる場合が多い．

一方，どちらか一方を満たしたい，たとえば

$$x_1 < x_2,\ \text{または},\ x_2 < x_1$$

との設定を表現したい場合もある．そのときもビッグ M と 0–1 変数 y を用いて，「または」が不要な

$$x_1 < x_2 + My,\ x_2 < x_1 + M(1-y),\ y \in \{0,1\}$$

と表現ができ，**離接制約**とも呼ばれる．

3) よい定式化

二択を表現する 0–1 変数と強制/離接制約などの組合せでさまざまな表現が IP では可能になる．ところで，ここでの M の値は十分大きな数字で理論上はよいが，計算の際に大きな数値を与えるとソルバの計算速度が遅くなることが多い．できるかぎり小さな値を与えるか，ビッグ M を使用しない表現を模索したほうがよい．また，定式化の表現は複数存在する場合が多い．その際は，整数条件を除いた実行可能領域が小さくなる定式化が一般的によいとされる．ただし，実行可能領域を小さくする定式化は式の本数が多くなる傾向もあるので問題表現の大きさとのバランスも重要となる．

c. 整数計画問題と多面体表現

問題 (IP)$\max\{cx|Ax \leq b,\ x \in Z_+^n\}$ の実行可能解の集合を Ω で表す．ここで，集合 Ω は非空で有限と仮定する．集合 Ω は,「線形不等式系を満たす」と「整数である」との 2 種類の制約の共通部分である．これらを別個に扱い，集合 Ω から導出される 2 種類の幾何図形をここでは取り上げる．

まず，線形不等式系部分に注目する．線形不等式系を満たす部分は集合 $P = \{x|Ax \leq b,\ x \geq 0\}$ と表現できる．この集合 P のように,（有限個の）閉半空間の交わりとして表現される実数空間の部分集合を**多面集合** (polyhedron) と呼ぶ．さらに，多面集合 P に半直線を含まないときは特に**多面体** (polytope) という．

次に，整数性に注目する．集合 Ω は集合 P 内の整数ベクトルで表現できる点の離散的な集合とする．この集合 Ω の有限個の点の凸結合として表せる点の集合を**凸包**（とつほう，convex hull）といい，$\mathrm{conv}(\Omega)$ で表す．仮定より Ω は有限なのでこの凸包 $\mathrm{conv}(\Omega)$ は多面体である．また定義より，$\Omega \subseteq \mathrm{conv}(\Omega) \subseteq P$ の包含関係が成り立つ．

1) 多面体表現

多面体 $\mathrm{conv}(\Omega)$ は Ω の凸包として定義されており，その不等式表現は不明である．しかし，実際に計算を行う際などには多面体の様子を伝えてくれる不等式を入手したいときがある．たとえば，ある不等式 $ax \leq b$ が多面体 $\mathrm{conv}(\Omega)$ のすべての点を満たしているとの情報はその一つである．このときの不等式 $ax \leq b$ は多面体 $\mathrm{conv}(\Omega)$ の**妥当不等式** (valid inequality) と呼ばれる．さらに，多面体 $\mathrm{conv}(\Omega)$ に妥当不等式 $ax \leq b$ が存在し，$F = \{x \in \mathrm{conv}(\Omega)|ax = b\}$ と表せる非空な集合 F を多面体 $\mathrm{conv}(\Omega)$ の**面** (face) といい，$ax \leq b$

が conv(Ω) を定義すると表現する．特に，面 F の次元が多面体 conv(Ω) の次元よりちょうど 1 だけ小さいとき，F は多面体 conv(Ω) の**側面**または**ファセット** (facet) と呼び，面 F の次元が 0 のとき，F は多面体 conv(Ω) の**端点**と呼ぶ．

多面体 conv(Ω) の構成法から，その端点は問題 (IP) の実行可能解である．よって，多面体 conv(Ω) を表現する不等式系の記述をなんらかの方法で得たとすると，問題 $\max\{cx|x \in \mathrm{conv}(\Omega)\}$ は LP で，その最適解は問題 (IP) の最適解にもなる．しかし，多面体 conv(Ω) を表現する不等式系を得ることは一般的に難しい．ただし，一般的には困難だが，無向グラフでのマッチングに関する条件を表現する**マッチング多面体**や**完全マッチング多面体**など，問題の構造を利用した可能な例は知られている．

2)　妥当不等式

多面体 conv(Ω) の妥当不等式を見いだす基本的方法を紹介する．まず，不等式 $ax \leq b$ が多面体 P の妥当不等式であるとき，$\sum_{i=1}^{n} \lfloor a_i \rfloor x_i \leq \lfloor b \rfloor$ は多面体 conv(Ω) の妥当不等式になり，**整数丸め法**と呼ばれる．ここで，$\lfloor a \rfloor$ は a を超えない最大の整数値を示す．似た表現で，実行可能領域が $ax = b$ を満たすときの $\sum_{i=1}^{n} (a_i - \lfloor a_i \rfloor) x_i \geq b - \lfloor b \rfloor$ も妥当不等式となる（**ゴモリー** (Gomory) **法**）．

0–1 IP に限定すると，不等式 $ax \leq b$ が多面体 P の妥当不等式で $\sum_{i \in I} a_i > b$ となる添字集合を I としたときの $\sum_{i \in I} x_i \leq |I| - 1$（**被覆不等式**），添字集合 J 中の任意の 2 要素間で $x_i + x_j \leq 1$ が成り立つときの $\sum_{i \in J} x_i \leq 1$（**クリーク不等式**）も多面体 conv(Ω) の妥当不等式になる．

さらに 2 本の妥当不等式から新しい妥当不等式を生成する**離接不等式法**や，構造を有す問題ごとの妥当不等式の構成法も提案されている．

ところで，ある多面体とある点が与えられたときに，点が多面体に含まれるか，そうでないときは点を含まない多面体の妥当不等式をみつける問題は**分離問題** (separation problem) と，妥当不等式を等式にして得る平面は**切除平面** (cutting plane) と呼ばれている．分離問題に対しては多面体の不等式表現が陽に与えられていなくとも，分離問題が多項式時間で解ければ，多面体上の線形目的関数の最適化問題も多項式時間で解けることが知られている．分離問題が多項式時間で解けるかは最適化問題の解法を考える際に重要な観点の一つになっている．

3)　整数多面体

問題 (IP) の実行可能集合 Ω を多面体 P で置き換えた問題 (LP)$\max\{cx|x \in P\}$ の最適解は一般的に整数性をもたない．しかし，いつでも整数最適解を有す，つまり多面体 P のすべての端点が整数点になる特殊な問題群がある．このときの多面体を**整数多面体** (integral polyhedron) という．

多面体 P が整数多面体となる問題の特徴づけは行列 A や不等式系 $Ax \leq b$ に着目する結果などが知られている．まず，行列 A の特徴づけを紹介する．行列 A の任意の小行列式の値が 0，1，−1 のいずれかのとき，行列 A を**完全単模** (totally unimodular) という．行列 A が完全単模で b が整数ベクトルのとき，多面体 P は整数多面体である．完全単模性をもつ例として，有向グラフの接続行列がある．これを用い定式化できる最短路問題や最小費用フロー問題などで生じる多面体 P は整数多面体である．

次に，不等式系 $Ax \leq b$ 全体での特徴づけを紹介する．まず問題 (IP) に対して別な問題 (D)$\min\{yb|yA = c, y \geq 0\}$ を準備する．問題 (IP) がどのような目的関数 cx に対しても有界で，問題 (D) の最適解が整数性をもつとき，不等式系 $Ax \leq b$ は**全双対整数的** (total dual integral) または単に **TDI** という．不等式系 $Ax \leq b$ が TDI で b が整数ベクトルのとき，多面体 P は整数多面体である．

d.　整数計画問題に対する解法

IP に対する解法は，欲している解の性質に応じ次の 3 タイプが主に存在する．

① **厳密解法**：最適解を一つ求める解法．

② **近似解法**：出力と最適解を比較しある一定の範囲にあること（精度）が保証される解法．

③ **発見的解法**：出力に精度の保証はない解法．ヒューリスティクスとも呼ばれる．

厳密解法は e でふれる．次に，一般的な IP に対する近似解法は知られていない．しかし，構造を有す組合せ最適化問題ごとに，たとえばナップサック問題の最適値に対して 0.5 以上の精度を保障する解法などが提案されている．最後に，精度保証のない出力を得る方法としては，問題 (LP) の最適解を整数値に丸める（切上げ，切捨てなどを行う）方法が考えつく．ただし，このままでは実行可能性の保証もない．IP の実行可能解をみつけることは LP ほど容易ではなく，問題 (LP) の最適解からの探索手法である **OCTANE** や場合分けの優先順を定めた **diving** などが提案されている[1].

e. 厳密解法

IP の最適解を簡便に判定する方法は知られていない．そのため，その判定には素朴な論理が用いられることが多い．その一つは，実行可能解を全列挙し最適解を保証する方法である．しかし，この方法は問題の規模が大きくなるにつれ，計算時間や記憶容量の面で絶望的な困難にぶつかるので実行すべきでない．もう一つは，問題 (IP) の最適値以上と保証される値 (**上界**) と最適値以下と保証される値 (**下界**) を把握し，上界と下界が一致したときにその値を達成していた実行可能解が最適解と判定する方法である．主な厳密解法として**分枝限定法**と**切除平面法**を紹介するが，前者は上界と下界の両方を徐々に更新しその差を縮小する解法であるし，後者は上界のみを下降させ下界と一致させる解法である．

1) 緩和問題

問題 (IP) の下界は実行可能解をみつけその目的関数値により得られる．一方，上界を見いだすには問題 (IP) の制約条件を緩めた解きやすい問題（**緩和問題**と呼ぶ）を設定し，(問題 (IP) の最大値) $\leq$ (緩和問題の最大値) となる性質利用が多い．

緩和問題の設計法には，問題 (IP) から整数条件を除いた問題 (LP) を緩和問題とする**線形緩和** (linear relaxation) と，問題 (IP) の制約式 (の一部) を除き，それらを適当に λ_i (≥ 0) 倍して目的関数値が上界になるよう繰り込んだ問題，つまり $\max\{cx+\lambda(b-Ax)|x\geq 0\}$ を緩和問題とする**ラグランジュ緩和** (Lagrangian relaxation) などが知られている．さらに，これらの緩和問題をもとに，双対性や場合分けの活用により上界をさらに下降させる工夫も提案されている．

2) 分枝限定法

問題 (IP) を小さく分割し，そこから得られる情報により解の探索範囲を狭め，最終的には上界と下界が一致する局面，つまり最適解を見いだす手法が**分枝限定法** (branch-and-bound method) である．この分枝限定法の大枠は，問題の実行可能領域を場合分けする**分枝操作**と解く必要のない場合分けされた問題をみつける**限定操作**の二つの操作の組合せから設計されている．

分枝操作の例としては，緩和問題の解で非整数の変数に注目し，注目した変数はその値の切捨て以下，切上げ以上という二つの問題への場合分けがよく利用される．この場合分けでできた問題は**子問題**と呼ばれる．子問題が実行不能の際は，それ以上の分枝操作は不要となる．一方，子問題が実行可能の場合はさらに場合分けを行う．ただ，素朴に続けると実行可能解の全列挙につながる．そこで，子問題の最適解の上界がその時点で得ている最良解の目的関数値より劣る場合や子問題の緩和問題が整数解になった（問題 (IP) の実行可能解を得た）場合にはそれ以上の場合分けは不要とする判断が限定操作の例になる．分枝限定法は限定操作をうまく機能させることが重要である．無駄な列挙を回避する子問題や変数選択時の工夫や釘づけテストと呼ばれる不要な変数の事前除去処理などを施すことで少ない計算時間で最適解を見いだすことが多いことが経験的に知られている．

3) 切除平面法

問題 (IP) の最適解と推測できる付近を表現する多面体 conv(Ω) の妥当不等式把握により，それらを加えた問題 (LP) の最適解が問題 (IP) の最適解になる状況をつくりだす解法を**切除平面法** (cutting plane method) と呼ぶ．

切除平面法は，生成した妥当不等式を記憶しながら，二つのステップの繰返しで構成されている．まずはじめのステップでは，保持している妥当不等式を緩和問題の制約式に加えた問題の最適解（暫定解）を導出する．次のステップでは，その暫定解が整数解であるときは問題 (IP) の最適解として出力し終了．そうでないときはその暫定解を含まない conv(Ω) の妥当不等式を生成し記憶に加え，はじめのステップに戻る．

後半で加えられる妥当不等式は，前半で導出した暫定解を除く（俗にカットすると呼ぶ）ので，**カット** (cut) とも呼ばれる．このカットをうまく生成し続けることができれば，緩和問題の最適値，つまり，問題 (IP) の上界は徐々に下降し，有限回の繰返しで最適解を得る．カットの生成には，緩和問題の最適解 (カットしたい部分) を導出した等式系をゴモリー法に適用した (**ゴモリーの分数カット法**) が一例として知られている．ただし，素朴な実装では有限回の繰返しが時間的に妥当な範囲でないことが多い．そのため，対象とする問題の構造を利用する効果的なカット生成や，暫定解を導く LP の解法として双対シンプレクス法を利用するなどの計算時間短縮の工夫などが考えられている．

また，分枝限定法の枠組みのなかの子問題の緩和問題を解く場面で，ここでの切除平面法を組み入れた**分枝切除法** (branch-and-cut method) などでも活用されている．

f. 問題の分解

IP では変数や制約式の数が増えると最適解導出が困難になることが多い．ただし，次のようにいくつかの子問題が数本の制約式で統合されているなどの構造があると，その困難を減らせる場合がある．

$$
\left|\begin{array}{lll}
\text{max.} & c_1x + c_2y & \\
\text{s.t.} & d_1x + d_2y & \le b_0 \\
 & A_1x & \le b_1 \\
 & \qquad A_2y & \le b_2 \\
 & \qquad x, y & : \text{整数ベクトル}
\end{array}\right.
$$

上記構造を有する問題 (IP) の線形緩和問題は，実行可能解を子問題の実行可能領域の端点の凸結合として元問題を書き換えることができる．ただし，子問題の実行可能領域の端点は数多く，単なる書換えは変数の数をさらに大きくするだけである．そこで，まずは各子問題から書き換えた問題の基底形成に必要な端点だけを導き，元問題の（小さな）部分問題を形成する．そして，その部分問題が元問題の最適解を導出しているかを判定しながら部分問題を徐々に大きくしていくアプローチが考えられる．ここで，部分問題の最適解が元問題の最適解になっているかは，部分問題の最適解を導いた際に得られる既約費用の情報を子問題の目的関数の係数にした問題の最適解を導出し，その最適値の正負で判定できる．元問題の最適解でないと判定されたときはその証拠となった子問題の解（子問題の端点）を部分問題に加え，再計算を繰り返せばよい．この子問題の端点を必要に応じて列挙する方法は**列生成法** (column generation method) と呼ばれる．そして，列生成を繰り返しながら上記構造を有した問題を解く大枠は**ダンツィク–ウルフ** (Dantzig–Wolfe) **の分解法**として知られている．

また，いくつかの子問題がいくつかの変数を共有していることにより統合されている構造をもつ場合は**ベンダース** (Benders) **の分解法**でアプローチが可能である．

ここでは IP について概観した．MIP や非線形な IP に関する話題は省いたが，MIP での妥当不等式や 2 次計画問題での半正定値緩和なども重要な話題である．より詳しくは整数計画に関する文献に目を通してほしい．整数計画法に関する文献は，洋書であれば "Integer Programming" で検索するとよい．和書は少ないが，日本語での解説は特に[2] の 6 章「整数計画法」が詳しい．また，和書[4] で整数計画の発展史にふれることができることは幸運であろう．実務の観点を重視するのであれば[3] を推薦する．また入門であれば[5, 6] などがあるが,「オペレーションズ・リサーチ」や「数理計画」のキーワードで検索することで数多くの良書と出会うことができる．〔根 本 俊 男〕

参 考 文 献

[1] T. Berthold : Primal Heuristics for Mixed Integer Programs, Diploma Thesis, TU Berlin, 2006.
[2] 久保幹雄ほか編：応用数理計画ハンドブック，朝倉書店，2002.
[3] 久保幹雄：サプライ・チェイン最適化ハンドブック，朝倉書店，2008.
[4] 今野　浩：役に立つ一次式 —整数計画法「気まぐれな王女」の 50 年—，日本評論社，2005.
[5] 松井泰子ほか：入門オペレーションズ・リサーチ，東海大学出版会，2008.
[6] 森　雅夫，松井知己：オペレーションズ・リサーチ (経営システム工学ライブラリー 8)，朝倉書店，2004.

2 離散最適化問題

2.1 巡回セールスマン問題

traveling salesman problem

巡回セールスマン問題は，無向グラフと各枝の長さが与えられているとき，総長（枝長さの総和）が最も短いハミルトン閉路を求める問題である．ここでハミルトン閉路とは，与えられたグラフのすべての頂点をちょうど1回ずつ通過する閉路を指す．無向グラフ上に定義された上記の問題は，各枝を通過する際の長さが，通過する方向によらず同じ値であることから，対称巡回セールスマン問題と呼ばれることもある．これに対し，有向グラフと各有向枝の長さが与えられているとき，総長が最も短い有向ハミルトン閉路を求める問題は，非対称巡回セールスマン問題と呼ばれる．定義から明らかなように，対称巡回セールスマン問題は非対称巡回セールスマン問題の特殊ケースである．対称巡回セールスマン問題において，与えられた無向グラフが完全グラフであり，各頂点が2次元平面上の点に対応づけられ，各枝の長さが枝の両端点に対応する点間の直線距離であるとき，平面巡回セールスマン問題と呼ばれる．

巡回セールスマン問題という名前は，頂点を都市と見なし，セールスマンがすべての都市を巡り，出発した都市に戻ってくる経路のうち，最短のものをみつける問題として説明されることからつけられた．

よく似た問題として，最長路問題，運搬経路問題などがある．これらの問題は，巡回セールスマン問題を特殊ケースとして含んでいる．設定が似ているが，構造が大きく異なる問題として，与えられた無向グラフのすべての枝を1回以上通過する閉路のうち最短のものを求める郵便配達人問題が知られている．

巡回セールスマン問題の研究は，1800年代にハミルトン (Sir William Rowan Hamilton) が提案した Icosian Game という名前の遊戯用ゲームまでさかのぼることができる．現代においては，巡回セールスマン問題は実務における最適化問題としての応用をもち，具体的には1機械スケジューリングや，電子基盤のドリル穴あけスケジューリングなどの問題が，巡回セールスマン問題として定式化できることが知られている．

巡回セールスマン問題は，計算量の理論においては，**NP 困難**と呼ばれるクラスに属している．また，与えられた無向グラフにハミルトン閉路が存在するかを判定する問題は，巡回セールスマン問題の特殊ケースであり，この問題は **NP 完全**と呼ばれるクラスに属している．NP 困難または NP 完全に属する問題は，これを解く多項式時間解法は存在しないと予想されている．

巡回セールスマン問題は，一般的な整数計画ソフトウェアが効率的に求解できるような定式化が知られていないため，これを解くには専用解法の開発と実装が必要となる．そのため逆に，さまざまな発見的解法の試金石として用いられることも多い．

巡回セールスマン問題を解く厳密解法としては，分枝切除法が現在では最も成功しており，2004年に Applegate, Bixby, Chvátal, Cook, and Helsgaun によってスウェーデンの2万4978都市に対する平面巡回セールスマン問題の厳密解が，並列計算機上の分枝切除法を用いて得られている．この求解にかかった時間は，1台の CPU に換算すると 84.4 年となっている．

対称巡回セールスマン問題を解く多項式時間の近似解法としては，与えられたグラフが完全無向グラフであり，枝長さが三角不等式を満たす場合には，Christfides による 1.5 近似解法（最適値のたかだか 1.5 倍の長さをもつハミルトン閉路を出力する解法）が知られている．また平面巡回セールスマン問題に対しては，Arora の多項式時間近似スキーム (polynomial time approximation scheme : PTAS) が知られている．これは，与えられた定数 ε に対し，最適値のたかだか $(1+\varepsilon)$ 倍の長さをもつハミルトン閉路を多項式時間で出力する解法である．

巡回セールマン問題を解く発見的解法としては，長さが比較的短いハミルトン閉路を構築する最近傍法や，現在あるハミルトン閉路の改善を試みる解法として，2

本の枝の付け替えを行う 2-opt 法，3 本の枝の付け替えを行う 3-opt 法などがある．最近傍法で構築したハミルトン閉路に，2-opt 法，3-opt 法を適用すると，比較的良質な解が得られることが経験的に知られている．他の発見的解法としては Lin–Kernighan によって開発された解法があり，この解法は上記のものよりさらに性能がよいといわれている．

巡回セールスマン問題の問題例としては，ベンチマーク問題を集めた TSPLIB，National TSP Collection，VLSI TSP Collection などが知られている．また，巡回セールスマン問題について取り扱った本として[1, 2]がある．　〔松 井 知 己〕

参 考 文 献

[1] E. L. Lawler et al.: The Traveling Salesman Problem: A Guided Tour of Combinatorial Optimization, John Wiley, 1991.

[2] D. L. Applegate et al.: The Traveling Salesman Problem: A Computational Study, Princeton University Press, 2006.

2.2 集合被覆問題

set covering problem

m 個の要素 $i \in M = \{1, \cdots, m\}$ と n 個の要素集合 $S_j \subseteq M$ および各集合のコスト c_j $(j \in N = \{1, \cdots, n\})$ が与えられる．添字 j の部分集合 $X \subseteq N$ が制約 $\bigcup_{j \in X} S_j = M$ を満たすとき，$\{S_j \mid j \in X\}$ は M の**被覆** (covering) であるという．被覆を与える $X \subseteq N$ のなかで，総コスト $\sum_{j \in X} c_j$ を最小にするものを求める問題を**集合被覆問題**という．

便宜上 $m \times n$ の 0–1 行列 (a_{ij}) を

$$a_{ij} = 1 \iff i \in S_j,$$

0–1 変数 $x = (x_1, \cdots, x_n)$ を

$$x_j = 1 \iff j \in X$$

により定義すると，集合被覆問題は以下の整数計画問題として定式化できる．

$$\begin{aligned} &\text{目的関数} \quad \sum_{j \in N} c_j x_j \rightarrow \text{最大化} \\ &\text{制約条件} \quad \sum_{j \in N} a_{ij} x_j \geq 1, \quad \forall i \in M \\ &\qquad\qquad\quad x_j \in \{0, 1\}, \quad \forall j \in N. \end{aligned}$$

図 1 の (a) に $m = 4$，$n = 5$ の問題例を示す．図において点は要素を表し，それらを囲む領域のおのおのが各集合を表す．図 1 の (b) は (a) の問題例に対する実行可能解の一例であり，そのコストは $c_2 + c_3 + c_5 = 1 + 2 + 1 = 4$ である．

図 1 の (a) の問題例に対応する 0–1 行列は

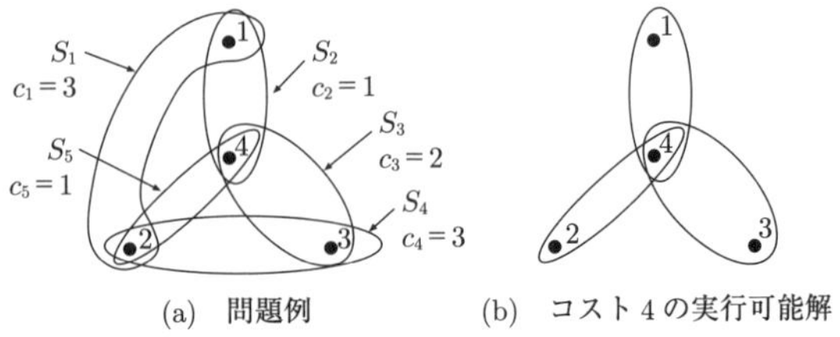

図 1　集合被覆問題の問題例 (a) と実行可能解 (b)

$$(a_{ij}) = \begin{pmatrix} 1 & 1 & 0 & 0 & 0 \\ 1 & 0 & 0 & 1 & 1 \\ 0 & 0 & 1 & 1 & 0 \\ 0 & 1 & 1 & 0 & 1 \end{pmatrix}$$

となり，図 1 の (b) の解は $X = \{2,3,5\}$ あるいは $x = (0,1,1,0,1)$ と表せる．

集合被覆問題は基礎的な問題でありながら，たとえば配送計画問題や乗務員スケジューリング問題など，実用上重要な問題を定式化できる高い汎用性をもち，そのため応用上の重要性が広く認知されている．

近似解を得る手軽な手法として，**欲張り法**を紹介しておこう．便宜上，$i \in S_j$ であることを要素 i が集合 S_j に被覆されるといい，そのような集合が解 X 内に存在するとき要素 i は被覆されているという．欲張り法は，$X = \emptyset$ から始め，すべての要素が被覆されるまで以下の操作を反復する方法である．すなわち，現在の X に含まれない集合のなかで，その集合を X に追加することで新たに被覆できる要素数でコストを割ったものが最小の集合を X に追加する．

どのような問題例に対しても，この欲張り法による解の目的関数値 z の最適値 z^* に対する比 z/z^* は $H_m = 1 + 1/2 + 1/3 + \cdots + 1/m = \mathrm{O}(\log m)$ 以下であることを保証できる．一方，このような**近似精度**の保証としてオーダー的にこれよりもよいものは存在しない（ある定数 b が存在して，近似精度 $b \log m$ を達成できる多項式時間近似アルゴリズムは存在しない）であろうことを強く示唆する否定的な結果も知られている [4]．

近似精度の保証に関する理論的な結果は否定的なものであったが，最悪の場合に関する悲観的な結果であり，実用上の性能の高さが実験的に確認されているアルゴリズムも多数存在する．

厳密な最適解を得る解法に関しては，1980 年代から 1990 年代にかけてさかんに研究が行われ，OR–Library という著名なサイトで公開されている代表的なベンチマーク問題例に対する計算実験において，要素数 400，集合数 4000 という規模の問題例が分枝限定法に基づく代表的なアルゴリズムや整数計画問題に対する汎用ソルバーによって厳密に解けることが確認されている [1]．

近似解を得る手法に関しては，特に 1990 年代以降，メタヒューリスティクスに基づく手法をはじめとするさまざまなアルゴリズムが提案されており，大規模な問題例に対しては，ラグランジュ緩和に基づく手法が有効であることが知られている．これらのなかには，OR–Library の問題例のなかで集合数 100 万程度のきわめて大規模なものに対しても実用的な時間で動作し，最適値からの誤差が数 % の解を得ることに成功しているものもある．より詳しくは [2, 3, 5] などを参照いただきたい．

〔柳 浦 睦 憲〕

参 考 文 献

[1] A. Caprara, et al.: Algorithms for the Set Covering Problem. *Ann. Operations Res.*, **98**: 353–371, 2000.

[2] 藤澤克樹，梅谷俊治: 応用に役立つ 50 の最適化問題（応用最適化シリーズ 3），朝倉書店，2009.

[3] S. Umetani and M. Yagiura: Relaxation heuristics for the set covering problem. *J. Operations Res. Soc. Jpn*, **50**: 350–375, 2007.

[4] V.V. Vazirani: Approximation Algorithms, Springer, 2001. V.V. ヴァジラーニ著，浅野孝夫訳: 近似アルゴリズム，シュプリンガー・フェアラーク東京，2002.

[5] M. Yagiura, et al.: A 3-flip neighborhood local search for the set covering problem. *European J. Operational Res.*, **172**: 472–499, 2006.

2.3 彩色問題

coloring problem

彩色問題は，与えられた無向グラフに対し，頂点または辺に色（あるいはラベル）を割り当てる問題である．無向グラフの頂点に色を割り当てる際，隣接する頂点は異なる色となるように割り当てたものを頂点彩色と呼ぶ．与えられた無向グラフの頂点彩色のなかで，必要となる色の数が最小のものを求める問題を，**頂点彩色問題**と呼ぶ．このときの色の数の最小値は，グラフの頂点彩色数と呼ばれる．頂点彩色数のことを，単に**彩色数**と呼ぶことも多い．与えられた無向グラフ G に対し，彩色数は $\chi(G)$ と記される．無向グラフの辺に色を割り当てる際，頂点を共有する枝は異なる色となるように割り当てたものを辺彩色と呼ぶ．与えられた無向グラフの辺彩色のなかで，必要となる色の数が最小のものを求める問題を**辺彩色問題**と呼ぶ．このときの色の数の最小値は，グラフの**辺彩色数**と呼ばれる．

頂点彩色問題の歴史は，地図の **4 色問題**までさかのぼることができる．4 色問題とは，平面上に描かれた地図の国（領域）を色で塗る際，国境線を共有する国は異なる色で塗らなければならないとしたとき，4 色を使って塗る方法を求める問題である．いかなる地図であっても 4 色あれば十分であることは，古くより経験的に知られていたといわれる．19 世紀頃より，4 色で十分であることの数学的に厳密な証明が試みられた．1879 年にケンプ (Alfred Kempe) によって証明が与えられ解決したかにみえたが，1890 年になってケンプの証明に間違いがあることがヒーウッド (Percy Heawood) によって指摘された．また 1880 年にテイト (Peter Guthrie Tait) によって与えられた別証明も，1891 年にピーターセン (Julius Petersen) によって間違いがあることが指摘された．その後，多くの研究者がこの問題に取り組み，1976 年にアッペルとハーケン (Kenneth Appel and Wolfgang Haken) が計算機を援用した証明を完成させたことを発表した[1]（実際の証明は 1977 年に発表されている）．その後は，この性質は **4 色定理**と呼ばれることが多い．

地図上の国をグラフの頂点に対応づけ，国境線を共有する国のペアに対し，対応する頂点間を辺で結んでできるグラフを導入するならば，4 色問題は頂点彩色問題に変形することができる．4 色定理とは，平面グラフ（枝が交わることなく平面に埋め込むことのできるグラフ）の彩色数は 4 以下であることを主張している．

一般の無向グラフに対し，その彩色数を求めることは非常に難しい問題であると予想されている．「与えられたグラフの彩色数は，与えられた整数以下か？」を判定する問題は，計算量の理論において定義される NP 完全と呼ばれるクラスに属することが示されており，多項式時間の解法はないと予想されている．彩色数の下界を与えるものとして，グラフの最大クリークサイズがある．**クリーク**とは，無向グラフの頂点部分集合で，集合中のどの頂点対間にも辺が存在するものである．定義から明らかに，任意の頂点彩色と任意のクリークに対し，クリーク中の頂点はすべて異なる色で塗られていなければならないため，最大クリークサイズは彩色数以下となる.「与えられたグラフの最大クリークサイズは，与えられた整数以上か？」を判定する問題も，NP 完全と呼ばれるクラスに属することが示されており，多項式時間の解法はないと予想されている．また，最大クリークサイズと彩色数が大きく異なるグラフが存在することも知られている．

与えられた無向グラフにおいて，その任意の導出部分グラフにおいて彩色数と最大クリークサイズが一致するとき，**パーフェクトグラフ** (perfect graph) と呼ばれる（Claude Berge によって命名された）．パーフェクトグラフに対しては彩色数を多項式時間で計算することができる．パーフェクトグラフの特徴づけは，長い間未解決問題であった．1972 年に Lovàsz によって，パーフェクトグラフの補グラフも パーフェクトグラフであることが示され，最終的な特徴づけが 2006 年に Maria Chudnovsky, Neil Robertson, Paul Seymour, and Robin Thomas によってなされた[2]．

任意の無向グラフにおいて，辺彩色数はグラフの最大次数（同一頂点に接続する枝数の最大値）以上になることは容易にわかる．与えられた無向グラフが 2 部グラフならば，辺彩色数はグラフの最大次数と一致することが，ケーニヒ (Dénes König) によって示されている．一般のグラフにおいては，最大次数より 1 色多い色数の辺彩色が存在することがビジング (Vadim

G. Vizing) によって示された．しかしながら,「辺彩色数が最大次数と一致するか？」という問題はNP完全であり，多項式時間の解法は存在しないと予想されている．

彩色問題の変種としては，この他に，頂点ごとに使用可能な色のリストが指定される（頂点彩色の変種である）list coloring や，頂点と辺の両方を彩色する全彩色問題 (total coloring) などがある．

〔松 井 知 己〕

参 考 文 献

[1] K. Appel and W. Haken : Every planar map is four colorable. *Bull. Amer. Math. Soc*, **82**: 711–712. 1976.

[2] M. Chudnovsky et al.: The strong perfect graph theorem. *Ann. Math.*, **164**: 51–229, 2006.

2.4 ナップサック問題

knapsack problem

ナップサック問題は，各要素 i の重量 a_i と価値 c_i，およびナップサックの重量の上限 b が与えられたとき，与えられた n 個の要素集合からいくつかを選び，選ばれた要素の重量の合計が b を超えないという条件のもとで，価値の合計を最大化する問題である．この問題は，NP困難だが比較的扱いやすい問題として知られている．一つの要素を重複して何度も選んでもよい問題（**整数ナップサック問題**）と，各要素をたかだか1回しか選ぶことのできない問題（**0–1 ナップサック問題**）があり，以下では後者を中心に説明する．

要素 i をナップサックに詰めるとき1，そうでないとき0となる0–1変数 x_i を用意すると，ナップサック問題は以下の0–1整数計画問題として定式化できる．

$$
\begin{aligned}
\text{最大化} \quad & \sum_{i=1}^{n} c_i x_i \\
\text{条件} \quad & \sum_{i=1}^{n} a_i x_i \leq b \\
& x_i \in \{0,1\}, \quad \forall i = 1, 2, \cdots, n
\end{aligned}
$$

この問題に対し，以下の部分問題を導入する．

$$
\begin{aligned}
C(k,\beta) = \text{最大化} \quad & \sum_{i=1}^{k} c_i x_i \\
\text{条件} \quad & \sum_{i=1}^{k} a_i x_i \leq \beta \\
& x_i \in \{0,1\}, \quad \forall i = 1, 2, \cdots, k
\end{aligned}
$$

この問題は，1番目から k 番目までの要素からいくつかを選び，ナップサックの重量上限が β のとき価値の合計を最大化する問題である（元問題の最適値は $C(n,b)$ となる点に注意）．部分問題間の関係より，$C(k,\beta)$ は以下の漸化式によって計算できる．

$$
C(1,\beta) = \begin{cases} 0, & 0 \leq \beta < a_1 \\ c_1, & a_1 \leq \beta \leq b \end{cases}
$$

$$C(k,\beta)=\begin{cases}C(k-1,\beta), & 0\le\beta<a_k\\ \max\{C(k-1,\beta),c_k\\ \qquad +C(k-1,\beta-a_k)\}, & a_k\le\beta\le b\end{cases}$$
$$\forall k=2,3,\cdots,n$$

一つの $C(k,\beta)$ を決定するのは定数時間で可能なため，ナップサック問題の最適値を $\mathrm{O}(nb)$ 時間で得ることができる（最適解の出力も $\mathrm{O}(nb)$ 時間で可能である）．この動的計画法を用いた計算法は，ナップサック問題に対する擬多項式時間アルゴリズムの一つである．

次に，同じ 0–1 変数 x_i を用いた別の定式化を考える．

$$A(k,\theta)=\text{最小化}\quad \sum_{i=1}^{k}a_ix_i$$
$$\text{条件}\quad \sum_{i=1}^{k}c_ix_i\ge\theta$$
$$x_i\in\{0,1\},\quad \forall i=1,2,\cdots,k$$

これは，1 番目から k 番目までの要素からいくつか選び，価値の総和が θ 以上という条件のもとで，重量の合計を最小化する問題である．元問題の最適値は，$\max\{\theta\,|\,A(n,\theta)\le b\}$ となる．全要素の価値の合計を U とするとき，動的計画法を用いた解法は，$\mathrm{O}(nU)$ 時間で最適解を得る擬多項式時間アルゴリズムとなる．

ナップサックの重量の上限 b や全要素の価値の合計 U が極端に大きいとき，前述の漸化式を用いた解法は，計算時間が増大し実用的でなくなる．この状況でとりうる一つの解決策は,「粗い」問題例の利用である．各要素の価値を定数 K で割り，小数部分を切り捨てた問題例を生成し，この問題に対して後者の動的計画法を用いて解を求める．元問題の厳密な最適解を得ることはできないが，定数 K の選び方によって計算時間と近似比率のバランスをとることができる（正確には，完全多項式時間近似スキームとなる）．

各要素 i の単位重量当たりの価値 (c_i/a_i) は重要な特徴量であり，この値を利用した解法も多くある．ナップサックの重量上限を超えないという条件のもとで，単位重量当たりの価値の降順に要素を選ぶ欲張り法は多くの問題例に有効である．また，上述の欲張り法によって得られる解の価値の合計と，最も価値の高い要素の価値の少なくとも一方は，最適値の 1/2 以上の値となることも知られている．

分枝限定法を用いたアルゴリズムも実用上重要である．線形緩和問題を用いた上界の導出，欲張り法を用いた下界の導出は，いずれも効率的に実現でき最適値のよい近似となる．さらに，単位重量当たりの価値を利用した分枝規則や，釘づけテストを用いた変数固定による高速化も多くの場合有効である．要素数が数千，数万の大規模な問題例でも，短時間で最適解を得られることが少なくない．〔今 堀 慎 治〕

参 考 文 献

[1] B. コルテ，J. フィーゲン著，浅野孝夫ほか訳: 組合せ最適化，シュプリンガー・フェアラーク東京，2005.

[2] H. Kellerer et al.: Knapsack Problems, Springer, 2004.

2.5 資源配分問題

resource allocation problem

資源配分問題とは，配分の結果生じるコストを最小にするように一定量の資源を複数の活動に配分する問題である．一般にこの問題は，非線形最適化問題として定式化されるが，配分対象の資源を連続変数として考える場合と整数変数として考える場合に分類される．制約条件は，最も単純な場合，総資源量一定というものだけである．その単純さゆえに，この問題は，負荷分散，生産計画，計算機資源の配分，待ち行列制御，ポートフォリオ選択，議員定数配分など，多種多様な応用分野で現れる．この問題は 50 年以上前から研究されてきており，これまで多くの論文が発表されている．

この問題の最も単純な場合を定式化すると，以下のようになる．

$$\begin{aligned} \text{P: minimize}\ & f(x_1, x_2, \cdots, x_n) \\ \text{subject to} & \sum_{j=1}^{n} x_j = N, \qquad (1) \\ & x_j \geq 0, \quad j = 1, 2, \cdots, n \end{aligned}$$

つまり，n 個の活動に総資源量 N の資源を目的関数 $f(x_1, x_2, \cdots, x_n)$ を最小化するように配分する問題である．上の定式化において，x_j は，活動 j への資源配分量を表している．目的関数は配分の結果生じるコストや損失，または利得を表している．利得の場合，f を最大化するほうが自然であり，しばしば，最大化問題として定式化される．決定変数 x_j が整数変数の場合，**離散資源配分問題**と呼ばれる．

資源配分問題は，目的関数や制約条件の形によって，さまざまに分類されている．以下では目的関数が変数分離型の場合にかぎって，代表的な形を紹介する．目的関数が変数分離型とは

$$f(x_1, x_2, \cdots, x_n) = \sum_{j=1}^{n} f(x_j) \qquad (2)$$

となる場合である．整数変数の場合，式 (2) を最小化するには，動的計画法が有効である．さらに，各 $f_j(x_j)$ が凸の場合にはより効率的なアルゴリズムが開発されている．連続変数の場合は，凸計画問題になるので，ニュートン (Newton) 法などの非線形計画アルゴリズムが適用可能であるが，問題の特殊性を活かした高速解法が知られている．整数変数の場合，**貪欲算法**によって $O(N \log n + n)$ 時間で，最適解が得られる．$O(\max\{n \log(N/n)\})$ 時間の多項式時間アルゴリズムが現在のところ最高速である．

各 $f_j(x_j)$ が凸で，x_j が整数変数の場合，式 (1) に加えて，より複雑な，次のような制約条件をもつ場合でも，多項式時間アルゴリズムが開発されている．

① **入れ子制約**: $\sum_{j \in S_i} x_j \leq b_i \ (i = 1, 2, \cdots, m)$．ただし，$S_1, S_2, \cdots, S_m$ は $S_1 \subset S_2 \subset \cdots \subset S_m$ を満たす $\{1, 2, \cdots, m\}$ の部分集合とする．

② **木制約**: $\sum_{j \in S_i} x_j \leq b_i \ (i = 1, 2, \cdots, m)$．ただし，集合族 S_i は $\{1, 2, \cdots, n\}$ の階層的分割から得られる．つまり，各 S_i, S_j に対して，$S_i \cap S_j = \emptyset$, $S_i \subset S_j$, $S_j \subset S_i$ のいずれかが成り立つ．

③ **ネットワーク制約**: 有向グラフ $G = (V, E)$ に対して，一つのソース節点 s と終端節点集合 $T \subset V$ が定義されている．このとき，s から流量 N を終端ノードに向かって流す．T を活動集合と考え，活動 $t \in T$ に流れ込む量 x_t を N に資源配分量と考える．

目的関数も次のような変種が考えられている．

1. ミニマックス，マックスミニ:

Minimax: minimize $\max_{1 \leq j \leq n} f_j(x_j)$

Maximin: maximize $\min_{1 \leq j \leq n} f_j(x_j)$

ここで，すべての f_j は x_j に関して単調非減少．

2. **公平配分**:

Fair: minimize $g(\max_{1 \leq j \leq n} f_j(x_j),$
$\min_{1 \leq j \leq n} f_j(x_j))$

ここで $g(u, v)$ は u に関して単調非減少，v に関して単調非増加．たとえば，$g(u, v) = u - v, u/v$ がその例である．〔加 藤 直 樹〕

参 考 文 献

[1] T. Ibaraki and N. Katoh : Resource Allocation Problems: Algorithmic Approaches, MIT Press, Cambridge, MA, 1988.

[2] N. Katoh and T. Ibaraki : Resource Allocation Problems, D.-Z. Du and P.M. Pardalos eds., Handbook of Combinatorial Optimization, Vol.2, pp.159-260, Kluwer Academic Publishers, 1998.

2.6 最適配置問題

optimal allocation problem

われわれが生活をしている町，村，地域にはさまざまなサービス施設がある．小中学校，郵便局，消防署，警察，役所，銀行，スーパーマーケット，ゴミ処理場，病院，駅など多数ある．利用者全体に対して総合的にみて最も優れた施設の配置場所を決定するのが**最適施設配置問題**である．配置対象の施設の特性（近隣の住民がかならず利用するような公共施設か，それとも一部の人しか利用しない商業施設か），他施設との競合状況，施設の容量制約の有無（施設を利用できる人数に上限があるかどうか），目的関数，立地可能場所のタイプ（対象地域のどこにでも立地できる，または道路沿いにしか立地できないなど），配置施設数によってさまざまに分類される．

ここでは，最適配置問題でも代表的な**p–センター問題**と**p–メディアン問題**について述べる．この問題は，周辺の住民がかならず利用する施設を想定し．他施設との競争関係がなく，施設の容量制約も考慮する必要のない，最適化モデルを記述する．いま，同時に配置する施設の数を p とし，施設利用者は n 人で，どの利用者も同じ頻度で対象施設にいきサービスを受けるものとする．また，どの利用者も，最寄りの施設を利用するとする．住民の集合を $S=\{1,2,\cdots,n\}$ とする．施設を配置する対象地域を R と記す．R に点在する住民の集合を S とし，R に p 個の施設 $F=\{1,2,\cdots,p\}$ を配置する問題を考える．R 内の 2 点 x,y の間の距離を $d(x,y)(\geq 0)$ と表す．R がユークリッド平面のときは $d(x,y)$ は x と y の間の直線距離を表す．R が無向ネットワークの場合，$d(x,y)$ は x と y の最短路の距離を表す．

利用者 i の R 内の位置を v_i とし，施設 j の配置位置を x_j とする．各利用者は，最寄りの施設を利用するものとし，どの利用者の利用頻度も等しいとする．施設の配置位置の集合を $X_p=\{x_1,x_p,\cdots,x_p\}$ と表すと $x\in R$ からの最寄りの施設までの距離は $d(x,X_p)=\min_{x_i\in X_p} d(x,x_i)$ である．配置場所のよさを評価する尺度として次の二つの目的関数を考える．

$$f(X_p)=\sum_{i=1}^{n} d(v_i,X_p)$$

$$g(X_p)=\max_{1\leq i\leq n} d(v_i,X_p)$$

$f(X_p)$ を最小にする配置 X_p を p–メディアンという．$g(X_p)$ を最小にする配置 X_p を p–センターという．

p–メディアン問題は，施設利用者は最も近い施設を利用するものとして，施設までの総移動距離を最小にする施設配置場所を求める問題である．p–センター問題は，施設までの距離が最も遠い利用者が施設まで移動する距離を最小にする施設配置問題である．消防署，警察，救急病院など緊急時に利用する施設の配置を考える場合，p–センター問題は自然なモデルである．

一般には p–メディアン問題，p–センター問題とも NP 困難となり，厳密解を効率よく求めることは難しい．

$p=1$ かつ，R がユークリッド平面の場合を考えよう．1–メディアン問題は**ウェーバー問題**とも呼ばれており，非線形凸関数最小化問題となるので，効率よく解くことができる．一方，1–センター問題は，点集合の最小半径の包含円を求める問題となり，この場合も効率よく解くことができる．$p>1$ の場合，p–センター問題は $O(n^{\sqrt{p}})$ 時間を要する厳密解法が知られている．近似アルゴリズムであるが，問題の入力が平面上の点集合の場合と無向ネットワークの場合のいずれも，2–近似アルゴリズムが知られている．$p>1$ の場合の p–メディアン問題であるが，問題の入力が平面上の点集合の場合，**多項式時間近似スキーム**が知られている．また，無向ネットワークの場合，6–近似アルゴリズムが知られている．　〔加 藤 直 樹〕

参 考 文 献

[1] 岡部篤行，鈴木敦夫：最適配置の数理（シリーズ〈現代人の数理〉3），朝倉書店，1992.
[2] 加藤直樹：数理計画法，コロナ社，2007.
[3] V.V. ヴァジラーニ著，浅野 孝夫訳：近似アルゴリズム，シュプリンガー・フェアラーク東京，2002.

2.7 ビンパッキング問題

bin packing problem

最大で重さ $c(>0)$ まで荷物を詰め込める箱と，荷物の集合 $N=\{1,2,\cdots,n\}$，各荷物 $j \in N$ の重さ $w_j(>0)$ が与えられるとする．このとき，必要な箱の数が最小となる荷物の詰め合わせを求める問題を**ビンパッキング問題**という．ちなみに，ビン (bin) は英語で穀物・石炭などを貯蔵する蓋のついた大箱を意味する．

ここで，0–1 変数 x_{ij}, y_i をそれぞれ

$$x_{ij} = \begin{cases} 1 & \text{荷物 } j \text{ が箱 } i \text{ に入っている} \\ 0 & \text{荷物 } j \text{ が箱 } i \text{ に入っていない} \end{cases}$$

$$y_i = \begin{cases} 1 & \text{箱 } i \text{ を使用している} \\ 0 & \text{箱 } i \text{ を使用していない} \end{cases}$$

とおくと，ビンパッキング問題は以下の通りに定式化できる．

$$\begin{array}{ll} \text{最小化} & \displaystyle\sum_{i=1}^{n} y_i \\ \text{条件} & \displaystyle\sum_{j=1}^{n} w_j x_{ij} \le c y_i \quad (i \in N) \\ & \displaystyle\sum_{i=1}^{n} x_{ij} = 1 \quad (j \in N) \\ & y_i \in \{0,1\} \quad (i \in N) \\ & x_{ij} \in \{0,1\} \quad (i \in N, j \in N) \end{array}$$

ビンパッキング問題は NP 困難な組合せ最適化問題であり，下記に示す貪欲法に基づく近似解法が知られている．

①**NF 法** (next-fit algorithm)　荷物を $1,2,\cdots,n$ の順に箱に詰める．このとき，荷物を詰めると箱の重さ上限を超えてしまうならば，その箱を閉じて新たに用意した箱に荷物を詰める (いったん閉じた箱には荷物を詰めない)．

②**FF 法** (first-fit algorithm)　荷物を $1,2,\cdots,n$ の順に箱に詰める．このとき，荷物は詰込み可能な最小添字の箱に詰める．荷物をどの箱に詰めても箱の重さ上限を超えてしまうならば，新たに用意した箱に荷物を詰める．

FF 法において，荷物を詰込み可能な最小添字の箱ではなく，詰込み可能でかつ最も中身の詰まった箱に入れる方法もあり，これを BF 法 (best-fit algorithm) という．

ビンパッキング問題の問題例 I に対する最適値を $OPT(I)$ とする．このとき，任意の問題例 I に対して FF 法 (BF 法) を適用して得られた近似値 $A(I)$ について，

$$A(I) \le \left\lceil \frac{17}{10} OPT(I) \right\rceil$$

が成り立つ．また，

$$A(I) \ge \frac{17}{10}(OPT(I) - 1)$$

が成立する問題例 I が存在する．

また，あらかじめ荷物を重さの非増加順に並べ替えておいてから FF 法を適用する方法は，**FFD 法** (first-fit decreasing algorithm) といい，FF 法よりもよい性能比率をもつことが知られている．ビンパッキング問題の任意の問題例 I に対して FFD 法を適用して得られた近似値 $A(I)$ について，

$$A(I) \le \frac{11}{9} OPT(I) + 1$$

が成り立つ．また，

$$A(I) = \frac{11}{9} OPT(I)$$

が成立する問題例 I が存在する．

ビンパッキング問題についてはさまざまな一般化が考えられており，同じ重さの荷物をまとめて取り扱う**1 次元資材切出し問題** (one-dimensional cutting stock problem) や，長方形の箱に長方形の荷物を詰め合わせる**長方形ビンパッキング問題** (rectangle bin packing problem) などがある．〔梅 谷 俊 治〕

参考文献

[1] B. Korte and J. Vygen : Combinatorial Optimization: Theory and Algorithms, 2nd ed., Springer, Berlin, 2002.
B. コルテ，J. フィーゲン著，浅野 孝夫ほか訳：組合せ最適化：理論とアルゴリズム，シュプリンガー・フェアラーク東京，2005.

[2] M. R. Garey and D. S. Johnson : Computers and Intractability: A Guide to the Theory of NP-Completeness, W. H. Freeman and Company, New York, 1979.

2.8 スケジューリング問題

scheduling problem

スケジューリングとは，時間の経過を考慮しながら，限られた資源を多数の活動に割り振ることをいう．資源の例として，工作機械，搬送機，プロセッサ，会議室などがある．活動の例は，機械加工，配達，演算，会議などである．ただし，しばしば活動は，具体的な仕事の名称ではなく，単にジョブと呼ばれる．ジョブという言葉は，（たいていは文脈から明らかであるが）機械加工や配達といった仕事自体のみならず，その対象である工作物や荷物（あるいは配達地点）を意味することがある．また，ジョブが複数の小仕事から構成される場合もある．区別のために，それらの小仕事はオペレーションと呼ばれることが多い．

例 1　フライス盤とボール盤が工場内に 1 台ずつある．それぞれを機械 M_1，機械 M_2 と呼ぼう．これら 2 台の機械を使って，n 個のジョブ（工作物）を加工する．ジョブの集合を $I = \{i \mid i = 1, 2, \cdots, n\}$ と記す．各ジョブ $i \in I$ が各機械 M_k $(k \in \{1, 2\})$ で受ける加工に対して，それに要する時間 p_{ik} (> 0) はわかっている．これらのジョブは 2 台の機械で加工を受けた結果，互いに（少しずつ）異なる形状の製品となるが，いずれも機械 $M_1 \to$ 機械 M_2 の順に加工を受けなければならない．いずれの機械 M_k も，任意の時刻においてたかだか 1 個のジョブしか加工できず，また，一度始めたジョブの加工を中断することはできない．n 個すべてのジョブの加工が終了するまでの時間を最小化したい．各ジョブの加工を，各機械のどの時間帯に割り振ればよいだろうか．

例 1 は機械スケジューリング問題の一つである．この例の各ジョブ $i \in I$ は，機械 M_1 で受ける加工 o_{i1} および機械 M_2 で受ける加工 o_{i2} という二つのオペレーションから構成されている．加工に要する時間 p_{ik} は，オペレーション o_{ik} の処理時間と呼ばれる．加工を始めてからすべてのジョブの加工が終了するまでの時間はメイクスパンと呼ばれ，この問題の目的関数である．機械スケジューリング問題には，機械台数，納期制約の有無，オペレーション構成，目的関数などの違いによって，きわめて多数のバリエーションがある[1]．

例 2　x 軸上に n 個の点 $1, 2, \cdots, n$ が並んでいる．点の集合を $I = \{i \mid i = 1, 2, \cdots, n\}$ と記す．点 $i \in I$ の位置 x_i には，$x_1 = 0 < x_2 < \cdots < x_n$ という関係があると仮定する．1 台の搬送機が時刻 $t = 0$ に点 1 を出発し，すべての点 $i \in I$ に部品を配達する．点 i から点 j への移動には，その距離 $|x_j - x_i|$ に等しい時間がかかるものとする．ただし，点 i には時刻 r_i (≥ 0) 以後でなければ配達できない．また，点 i での配達に際して，部品を降ろすために h_i (≥ 0) という時間がかかるものとする．未配達の点 i に達したとき，搬送機はそこで配達を行うか，あるいは単に通過するか（ただし，後で戻ってきて配達を行う）のいずれかである．混乱を避けるため，配達を行うために未配達の点 i に達することをもって，その点を訪問するということにしよう．時刻 r_i 以後でなければ点 i には部品を配達できないので，点 i の訪問時刻が r_i 以前ならば，そこで時刻 r_i まで待ってから配達を行うことになる．搬送機がある配達スケジュールにしたがって部品の配達を行ったとき，第 n 番目の点（すなわち，その配達スケジュールにおいて最後に訪問した点）への配達を終えて再び点 1 に戻ってきた時刻を，その配達スケジュールの帰還時刻と呼ぼう．さて，どのような配達スケジュールにしたがえば帰還時刻が最小になるだろうか．

例 2 は配達スケジューリング問題の一つである（1 機械スケジューリング問題の拡張とみることもできる）．時刻 r_i はリリースタイムあるいは準備時刻，時間 h_i はハンドリングタイムあるいは処理時間などと呼ばれる．配達スケジューリング問題にも，走行ネットワーク，搬送機の台数，搬送機の容量，準備時刻や納期制約の有無，目的関数などの違いによって，多数のバリエーションがある[2]．

実は，例 1 はメイクスパン最小化 2 機械フローショップ問題という，スケジューリングの分野ではよく知られた問題である（洋書和書を問わず，取り扱っているテキストは多い）．フローショップという呼び名は，加工を受ける機械の順序がすべてのジョブについて同じであるところからきている．加工を受ける機械の順序がジョブごとに定められている場合はジョブショップ，加工を受ける機械の順序に特に定めがなく，(ジョブごとに) それを決めることもスケジューリングの一部である場合はオープンショップと呼ばれる．メイクスパン最小化2機械フローショップ問題においては，n 個のジョブの投入順序（全部で $n!$ 通りある）を決めれば，加工スケジュールを一意に決めることができる．順序を決めればスケジュールが決まる問題は，順序づけ問題とも呼ばれる．当然のことながら，すべてのスケジューリング問題が順序づけ問題ではないことに注意されたい．

例2については，点の数 $n=4$ の問題例を表1に与える．また，それに対する配達スケジュールの一例を図1に示す．ここで，M は5以上の正整数とする (図1では $M=6$ としている)．図1の横軸は x 軸，下向きの軸は時間軸である．また，丸印は訪問時刻に対応する．この図では，点3→点2→点4→点1の順に配達を行っている（これも順序づけ問題の一つである)．この配達スケジュールの帰還時刻は $2M+10\ (=22)$ である．どのような配達スケジュールにしたがっても，$\max_{i\in I}\{r_i+h_i+|x_1-x_i|\}$ より早い時刻に帰還することはできない．よって，$r_4+h_4+|x_1-x_4|=2M+10\ (=22)$ から，この帰還時刻は最小である．

表1　配達スケジューリングの問題例

i	1	2	3	4
x_i	0	1	2	3
r_i	$M+3$	$M+3$	2	$2M+7$
h_i	0	$M+2$	M	0

$n=4,\ M\geq 5.$

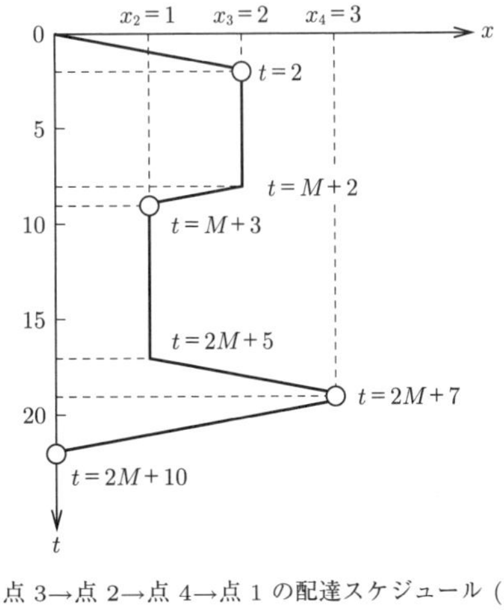

図1　点3→点2→点4→点1の配達スケジュール ($M=6$)

スケジューリング問題と一言でいっても，それらは実に多種多様であり，それぞれに興味深い．機械スケジューリング問題と配達スケジューリング問題に限っても，前述のように，多数のバリエーションがある．また，それらの計算の複雑さや近似アルゴリズムもさまざまである．詳しくは文献[1, 2] を参照されたい．ちなみに，例1のメイクスパン最小化2機械フローショップ問題は，(入力データ長の) 多項式的な計算手間で解くことができる．機械台数が3台以上のメイクスパン最小化フローショップ問題は一般にNP困難である．例2の配達スケジューリング問題も一般にはNP困難である．ただし，搬送機が点1と点 n の間を一往復するような配達スケジュールのうちで帰還時刻が最小になるものは，多項式的な計算手間で求めることができる．

〔軽 野 義 行〕

参 考 文 献

[1] P. Brucker : Scheduling Algorithms, 4th ed., Springer, Berlin, 2004.

[2] T.F. Gonzalez, ed. : Handbook of Approximation Algorithms and Metaheuristics, Chapter 46, Chapman & Hall/CRC, Boca Raton, 2007.

2.9 マトロイド最適化

matroid optimizaion

マトロイド (matroid) は，線形空間内のベクトル集合の 1 次独立・従属といった概念の組合せ論的な抽象化として，1930 年代に導入された[6]．当初は，純粋に数学的な対象として，研究が進められていたが，1960 年代以降，回路網解析，剛性解析，システム解析など，さまざまな分野への応用研究が展開されて，工学における重要性が認識されるに至った[2～4]．

ここでは，マトロイドの基礎概念を紹介するとともに，組合せ最適化におけるマトロイド理論の役割を解説する．組合せ最適化問題のなかには，最小木問題や最大流問題のように効率的なアルゴリズムが存在するものと，効率的な厳密解法の設計は本質的に無理であろうと考えられている **NP 困難**な問題がある．実用上有用な組合せ最適化問題の多くが NP 困難であるとはいえ，効率的に解くことのできる組合せ最適化問題の構造を正確に把握して，できるだけ一般的な設定で通用する汎用解法を整備することは，NP 困難な問題に対する現実的な対処法を研究するうえでも重要である．

このような観点から，効率的に解くことのできる多くの組合せ最適化問題に共通の構造として，マトロイドが注目されてきた．特に，最小木問題に対するアルゴリズムを一般化して，マトロイドにおける最小重みの基を見いだす貪欲アルゴリズムが得られた．また，2 部グラフのマッチングに関するアルゴリズムは，マトロイド対の共通独立集合に関するアルゴリズムに一般化された．これらの知見は，多くの具体的な組合せ最適化問題に適用可能な汎用解法を提供している．

有限集合 E とその部分集合族 $\mathcal{I}$ が以下の (I0)～(I2) を満たすとき，$(E,\mathcal{I})$ をマトロイドと呼ぶ．

(I0) $\emptyset \in \mathcal{I}$.

(I1) $I \subseteq J \in \mathcal{I} \Rightarrow I \in \mathcal{I}$.

(I2) $I, J \in \mathcal{I}, |I| < |J| \Rightarrow \exists j \in J \setminus I\colon I \cup \{j\} \in \mathcal{I}$.

マトロイド $\mathbf{M} = (E,\mathcal{I})$ において，E を $\mathbf{M}$ の台集合 (ground set)，$\mathcal{I}$ を独立集合族という．独立集合族 $\mathcal{I}$ の元 $I \in \mathcal{I}$ は，$\mathbf{M}$ の**独立集合** (independent set) と呼ばれる．

独立集合のうちで，集合の包含関係に関して極大なものを**基** (base) と呼ぶ．公理 (I2) から明らかなように，基の要素数はすべて等しい．この数をマトロイド $\mathbf{M}$ の階数 (rank) という．基の全体を基族と呼ぶ．基族 $\mathcal{B}$ は以下の (B0), (B1) を満たす．

(B0) $\mathcal{B} \neq \emptyset$

(B1) $B, B' \in \mathcal{B}, b \in B \setminus B' \Rightarrow$
$\exists e \in B' \setminus B\colon (B - \{b\}) \cup \{e\} \in \mathcal{B}$

任意の部分集合 $X \subseteq E$ に対して，

$$\rho(X) = \max\{|I| \mid I \subseteq X, I \in \mathcal{I}\}$$

と定義する．この関数 $\rho : 2^E \to \mathbf{Z}$ がマトロイド $\mathbf{M}$ の**階数関数** (rank function) である．階数関数 ρ は以下の (R0)～(R3) を満たしている．

(R0) $\rho(\emptyset) = 0$

(R1) $\forall X \subseteq E\colon \rho(X) \leq |X|$

(R2) $X \subseteq Y \Rightarrow \rho(X) \leq \rho(Y)$

(R3) $\forall X, Y \subseteq E$:
$\rho(X) + \rho(Y) \geq \rho(X \cap Y) + \rho(X \cup Y)$

特に，(R3) は，**劣モジュラ性** (submodularity) と呼ばれる性質で，マトロイドに関する効率的なアルゴリズムに本質的な役割を果たしている．

ここでは，(I0)～(I2) によって，マトロイドを定義したが，(B0), (B1) を満たす基族 $\mathcal{B}$ から，マトロイドを定義することもできる．この場合，独立集合は，基の部分集合として定義される．同様に，(R0)～(R3) を満たす階数関数によって，マトロイドを定義することも可能である．独立集合族は，$\mathcal{I} = \{I \mid \rho(I) = |I|\}$ によって定められる．

マトロイド $\mathbf{M} = (E,\mathcal{I})$ において，独立でない E の部分集合は従属であるといい，極小な従属集合をサーキット (circuit) と呼ぶ．各部分集合 $X \subseteq E$ に対して，

$$\mathrm{cl}(X) = \{j \mid \rho(X) = \rho(X \cup \{j\})\}$$

で定義される関数 cl は閉包関数 (closure function) と呼ばれる．基 $B \in \mathcal{B}$ に対しては，$\mathrm{cl}(B) = E$ となる．

任意の独立集合 $I \in \mathcal{I}$ と $j \in \mathrm{cl}(I) - I$ に対して，$I \cup \{j\}$ は従属であり，ただ一つのサーキットを含む．このサーキットを基本サーキット (fundamental circuit) と呼び，$C(I|j)$ と書く．このとき，

$$C(I|j) = \{i \mid (I \cup \{j\}) - \{i\} \in \mathcal{I}\}$$

となる．

組合せ最適化に現れるマトロイドの代表的な例を以下にあげる．

①グラフ的マトロイド　頂点集合 W，辺集合 E をもつ無向グラフ $G = (W, E)$ を考える．辺集合の部分集合のうち，閉路を含まないものの全体を $\mathcal{I}$ とすると，$\mathbf{M}(G) = (E, \mathcal{I})$ は (I0)〜(I2) を満たし，マトロイドになる．このようにして得ることのできるマトロイドを**グラフ的マトロイド** (graphic matroid) と呼ぶ．

②横断マトロイド　頂点集合 E, F，辺集合 A からなる 2 部グラフ $G = (E, F; A)$ を考える．端点を共有しない辺部分集合をマッチングという．頂点集合 E の部分集合で，マッチングの E における端点集合となりうるものの全体を $\mathcal{I}$ とする．このとき，$(E, \mathcal{I})$ は (I0)〜(I2) を満たし，マトロイドになる．こうして得られるマトロイド $(E, \mathcal{I})$ を**横断マトロイド** (transversal matroid) と呼ぶ．

③分割マトロイド　有限集合 E を互いに素な部分集合 $E_1, \cdots, E_k$ に分割し，非負整数 $r_1, \cdots, r_k$ を定める．各成分 E_i に対して $|I \cap E_i| \leq r_i$ を満たす $I \subseteq E$ の全体 $\mathcal{I}$ を独立集合族とするマトロイド $(E, \mathcal{I})$ を**分割マトロイド** (partition matroid) という．

④一様マトロイド　有限集合 E の部分集合で，要素数が r 以下のものの全体を独立集合族とするマトロイドを**一様マトロイド** (uniform matroid) と呼ぶ．

マトロイド $\mathbf{M} = (E, \mathcal{I})$ の各要素 $e \in E$ に重み $w(e)$ が与えられているとき，重み $w(B) = \sum_{e \in B} w(e)$ を最小にする基 $B \in \mathcal{B}$ を求める問題を考える．このようなマトロイド上の最適化問題を考える際には，マトロイドがどのような形で与えられるかについて，注意を払う必要がある．通常は，部分集合が独立かどうかを効率的に判定する**オラクル** (oracle) が用意されていると想定するのが一般的である．

最小重みの基を見いだすには，各要素を重みの小さい順にもってきて，独立性を壊さない範囲で，付け加えていけばよい．初期解として，$I := \emptyset$ を採用し，$S := E$ とする．続いて，S のなかから重み最小の要素 j を削除する．もし $I \cup \{j\} \in \mathcal{I}$ であれば，$I := I \cup \{j\}$ とする．以上の操作を，集合 S が空集合となるまで繰り返す．アルゴリズム終了時の I が最小重みの基となる．このアルゴリズムは，貪欲アルゴリズム (greedy algorithm) と呼ばれている．

有限集合 E における実数値関数 $x : E \to \mathbf{R}$ の全体を $\mathbf{R}^E$ と書くと，$\mathbf{R}^E$ は $n = |E|$ 次元の線形空間となる．任意の $x \in \mathbf{R}^E$ と $Y \subseteq E$ に対して，$x(Y) = \sum_{e \in Y} x(e)$ と定める．部分集合 $Y \subseteq E$ に対して，$e \in Y$ ならば $\chi_Y(e) = 1$ で，$e \in E - Y$ ならば $\chi_Y(e) = 0$ とすることで定まる $\chi_Y \in \mathbf{R}^E$ を Y の特性ベクトルという．

マトロイド $\mathbf{M} = (E, \mathcal{I})$ に対して，独立集合の特性ベクトル全体の凸包 $\mathrm{conv}\{\chi_I \mid I \in \mathcal{I}\}$ を $\mathbf{M}$ の**マトロイド多面体** (matroid polytope) と呼ぶ．同様に，基の特性ベクトル全体の凸包 $\mathrm{conv}\{\chi_B \mid B \in \mathcal{B}\}$ を $\mathbf{M}$ の**基多面体** (base polytope) と呼ぶ．マトロイド多面体と基多面体は，階数関数 ρ を用いて，それぞれ

$$\mathrm{M}(\rho) = \{x \mid x \in \mathbf{R}_+{}^E,\ \forall Y \subseteq E : x(Y) \leq \rho(Y)\},$$
$$\mathrm{B}(\rho) = \{x \mid x \in \mathrm{M}(\rho), x(E) = \rho(E)\}$$

と記述される．最小重み基を求める問題は，$\mathrm{B}(\rho)$ における線形計画問題になっている．

台集合 E を共有するマトロイド $\mathbf{M}_1 = (E, \mathcal{I}_1)$ と $\mathbf{M}_2 = (E, \mathcal{I}_2)$ において，共通独立集合 $I \in \mathcal{I}_1 \cap \mathcal{I}_2$ のうちで $|I|$ が最大となる最大共通独立集合を求める問題を考える．

マトロイド $\mathbf{M}_1$, $\mathbf{M}_2$ の階数関数をそれぞれ ρ_1, ρ_2 とする．このとき，任意の部分集合 $X \subseteq E$ に対して，

$$|I| = |I \cap X| + |I \setminus X| \leq \rho_1(X) + \rho_2(E - X)$$

となる．さらに，右辺が最小となる X に対して等号が成立し，

$$\max_{I \in \mathcal{I}_1 \cap \mathcal{I}_2} |I| = \min_{X \subseteq E} \{\rho_1(X) + \rho_2(E - X)\}$$

の形の最大最小定理が得られることが，エドモンズ (Edmonds)[1] によって示されている．

2 部グラフ $H = (V_1, V_2; E)$ の最大マッチング問題は，最大共通独立集合問題の特別な場合とみることができる．辺集合 E を，接続する V_1 の頂点によって分割し，各成分からたかだか 1 個を含む $I \subseteq E$ を独立集合とする分割マトロイドを $\mathbf{M}_1$ とする．同様に，

V_2 の側から分割マトロイド $\mathbf{M}_2$ を定義する．このとき，$\mathbf{M}_1$ と $\mathbf{M}_2$ の共通独立集合は，H のマッチングにほかならない．エドモンズの最大最小定理も，2 部グラフにおける最大マッチング最小被覆定理の自然な一般化と見なせる．さらに，2 部グラフの最大マッチング問題に対するアルゴリズムを拡張することによって，最大共通独立集合を見いだす効率的なアルゴリズムが得られている．

マトロイド $\mathbf{M}_1, \mathbf{M}_2$ の基族を $\mathcal{B}_1, \mathcal{B}_2$ で表し，共通の台集合 E の各要素 $e \in E$ に重み $w(e)$ が与えられているものとする．このとき，重み $w(B) = \sum_{e\in B} w(e)$ を最小にする共通基 $B \in \mathcal{B}_1 \cap \mathcal{B}_2$ を求める問題を考える．

マトロイド $\mathbf{M}_1, \mathbf{M}_2$ に関する基多面体 $\mathrm{B}(\rho_1), \mathrm{B}(\rho_2)$ を考えると，共通基の特性ベクトルが両者の共通部分 $\mathrm{B}(\rho_1) \cap \mathrm{B}(\rho_2)$ に含まれることは明らかである．一方，$\mathrm{B}(\rho_1) \cap \mathrm{B}(\rho_2)$ のすべての端点は 0–1 ベクトルとなる．その結果，最小重み共通基問題は，$\mathrm{B}(\rho_1) \cap \mathrm{B}(\rho_2)$ に関する線形計画問題に帰着される．この事実を利用して，最小重み共通基を見いだす効率的なアルゴリズムが知られている．

最小重み共通基問題の代表的な例として，有向グラフ中で最小重みの有向全域木を求める問題があげられる．有向グラフ $D = (V, A)$ において，各辺 $a \in A$ に重み $w(a)$ が与えられているものとする．指定された頂点 $s \in V$ を根として，重み $w(T) = \sum_{a\in T} w(a)$ を最小にする有向全域木 T を見いだすことを考える．そのような有向全域木が存在するためには，r から V のすべての頂点に到達可能でなければならない．この条件は満たされていることを前提とする．

各辺の向きを無視して得られる無向グラフで表現される A 上のグラフ的マトロイドを $\mathbf{M}_1$ とする．また，A を各辺の終点によって分割して，s を終点とする辺の集合 A_s からは 0 個，他の各成分からはたかだか 1 個を選んでできる $I \subseteq A$ を独立集合とする分割マトロイドを $\mathbf{M}_2$ とする．このとき，$\mathbf{M}_1$ と $\mathbf{M}_2$ の共通基は，D のなかで s を根とする有向全域木にほかならない．

このように，マトロイドに関する最適化問題の効率的な汎用解法が整備された結果，さまざまな組合せ最適化問題に対するアルゴリズムの設計が見通しよくできるようになった[5]．新たな問題に対するアルゴリズムを設計する際には，マトロイドに関する最適化問題としての定式化を考えることが，有用な第一歩となろう．

〔岩 田　覚〕

参 考 文 献

[1] J. Edmonds : Submodular functions, matroids, and certain polyhedra. R. Guy et al., eds.: Combinatorial Structures and Their Applications, pp.69–87, Gordon and Breach, 1970.

[2] M. Iri : Applications of matroid theory. Mathematical Programming — The State of the Art, pp. 158–201, Springer, 1983.

[3] K. Murota : Matrices and Matroids for Systems Analysis, Springer, 2000.

[4] A. Recski : Matroid Theory and Its Applications in Electric Network Theory and in Statics, Springer, 1989.

[5] A. Schrijver : Combinatorial Optimization — Polyhedra and Efficiency, Springer, 2003.

[6] H. Whitney : On the abstract properties of linear dependence. *Amer. J. Math.*, **57**: 509–533, 1935.

3 ネットワーク理論

3.1 最短路問題

shortest path problem

電車の経路探索ソフトウェアやカーナビゲーションシステムのルート検索などでみられるように，出発地から目的地までの複数ある経路のなかから，費用や距離が最小の経路を求める問題は馴染みになっている．この問題をネットワーク上でモデル化したのが**最短路問題**である．

有向グラフ $G=(V,A)$ と各辺 $a \in A$ の長さ $l(a)$，出発点 $s \in V$ からなるネットワークが与えられたときに，s から各頂点への長さが最小の有向路を求める問題を**1 始点最短路問題**という（ここで，有向路とは，頂点と辺の交互列 $v_0, a_1, v_1, a_2, \cdots, a_k, v_k$ で，任意の $i=0,\cdots,k-1$ に対して，辺 a_i の終点と辺 a_{i+1} の始点が v_i であるようなもののことである．特に，$v_0=v_k$ であり，任意の $0 \leq i < j < k$ に対して，$v_i \neq v_j$ である有向路を有向閉路という．また，有向路の長さとは，その有向路に含まれる辺の長さの総和である）．出発点 s から v への長さが最小の有向路を**最短路**という．

s から到達可能であり，長さが負である有向閉路が存在するとき，1 始点最短路問題においてはその有向閉路を出力する．なぜならば，その有向閉路を何度も通ることにより，有向路の長さをいくらでも小さくできるからである．

出発点 s から各頂点 v への最短路の長さを $d(v)$ とすると，すべての辺 $a=(w,u) \in A$ で，

$$d(u) \leq d(w) + l(a)$$

を満たす．この不等式を三角不等式と呼ぶ．逆に，各頂点 v に対して，$d(v)$ を s から v へのある有向路の長さとし，$d(s)=0$ とする．このとき，すべての辺で，三角不等式を満たしていれば，各頂点 v に対し，$d(v)$ は s から v への最短路の長さとなり，最短路は，$\{a=(w,u) \in A \mid d(u)=d(w)+l(a)\}$ の辺からなる有向路で与えられる．この d はラベル（あるいは，ポテンシャル）と呼ばれる．最短路問題に対する多くのアルゴリズムは，ラベルに関する上述の性質を用いており，ラベリング法と呼ばれる．

ラベリング法

ステップ 0: $d(s)=0; d(v)=\infty\ (\forall v \in V \setminus \{s\})$ とする．

ステップ 1: 頂点 v を選択．

ステップ 2: 頂点 v を始点とする各辺 $a=(v,u)$ に対して，$d(u) > d(v)+l(a)$ のとき，$d(u) := d(v)+l(a)$ と更新．

ステップ 3: すべての辺で三角不等式を満たしていれば終了．そうでなければ，ステップ 1 へ．

ステップ 1 の頂点選択ルールによって，さまざまなラベリング法がある．代表的なのが，ダイクストラ (Dijkstra) 法とベルマン–フォード (Bellman-Ford) 法である．

ダイクストラ法は，すべての辺の長さが非負のときのアルゴリズムであり，ラベリング法のステップ 1 で，まだ一度も選択されていない頂点のなかでラベル値 $d(v)$ が最小の頂点を選択する．

ダイクストラ法

ステップ 0: $d(s)=0; d(v)=\infty\ (\forall v \in V \setminus \{s\})$; $\pi(v)=v\ (\forall v \in V); W=V$ とする．

ステップ 1: $\min\{d(v) \mid v \in W\}$ を達成する頂点 v を選択．

ステップ 2: 頂点 v を始点とする各辺 $a=(v,u)$ に対して，$d(u) > d(v)+l(a)$ のとき，$d(u) := d(v)+l(a)$，$\pi(u) := v$ と更新．

ステップ 3: W から v を除く．$W=\emptyset$ ならば終了．そうでなければステップ 1 へ．

辺の長さの非負性より，ダイクストラ法のステップ 1 で選択した頂点のラベル値は s からその頂点への最短路長に等しいことがわかる．よって，アルゴリズムが終了したとき，すべての頂点が選択されているので，各頂点への最短路長が得られる．このとき，$\{(\pi(v),v) \mid v \in V, \pi(v) \neq v\}$ は三角不等式を等号で

満たす辺の集合であり，πをたどることで最短路が得られる．ダイクストラ法では，ステップ1の頂点を選択する手間が計算量のネックとなる．ラベル値を格納したヒープを用いれば，$O(|A|\log|V|)$ 時間で，フィボナッチ (Fibonacci) ヒープを用いれば，$O(|A|+|V|\log|V|)$ 時間でダイクストラ法は実現可能である．なお，ダイクストラ法は，一度選択した頂点のラベル値はその後変化しないことより，**ラベル確定法**とも呼ばれている．

ベルマン–フォード法は，負の長さの辺がある場合にも適用できる1始点最短路問題に対するアルゴリズムである．ラベリング法のステップ1で，適当な順に頂点を選択する．すべての頂点をちょうど一度ずつ選択しおえるまでをサイクルと呼ぶ．ベルマン–フォード法は，このサイクルを何度か繰り返す．サイクルごとに頂点が選択され，ラベルの更新が繰り返されることより，**ラベル修正法**とも呼ばれている．出発点 s から頂点 v への最短路が k 本の辺からなるとき，ベルマン–フォード法のサイクルを k 回繰り返すことで，$d(v)$ は最短路長に等しくなる．最短路が存在するときは，頂点を繰り返さないような最短路がかならず存在するので，たかだか $(|V|-1)$ 回サイクルを繰り返せば，最短路が得られる．逆に，$|V|$ 回サイクルを繰り返してもラベル値が更新される頂点が存在するときは，その頂点を含む長さが負の有向閉路が存在する．

ベルマン–フォード法

ステップ 0: $d(s)=0; d(v)=+\infty\ (\forall v\in V\setminus\{s\})$; $\pi(v)=v\ (\forall v\in V); W=V$ とする．サイクルに対する変数 $k=1$ を準備．

ステップ 1: W から v を選択．

ステップ 2: 頂点 v を始点とする各辺 $a=(v,u)$ に対して，$d(u)>d(v)+l(a)$ のとき，$d(u):=d(v)+l(a)$, $\pi(u):=v$ と更新．

ステップ 3: W から v を除く．$W\neq\emptyset$ ならば，ステップ1へ．

ステップ 4: $k=|V|$ ならば，終了．そうでなければ，$W:=V$, $k:=k+1$ としてステップ1へ．

ベルマン–フォード法の1サイクル（ステップ1からステップ3の繰返し）は $O(|A|)$ 時間で実行できるので，ベルマン–フォード法の計算量は $O(|V||A|)$ となる．実際には，サイクルごとにすべての頂点を調べる必要はなく，W をキュー（先入先出リスト）で実装し，最初は s のみを格納し，ステップ3でラベル値が更新された頂点を W に格納するようにすれば，$W=\emptyset$ となったところでベルマン–フォード法を終了できる．

ベルマン–フォード法は動的計画法と見なすこともできる．各頂点 v に対して，$d^k(v)$ を，出発点 s から k 本以下の辺で v に到達する有向路のなかでの最小の長さとすると，$d^0(s)=0$, $d^0(v)=\infty\ (\forall v\in V\setminus\{s\})$ であり，

$$d^k(v)=\min\{d^{k-1}(v),\min_{a=(u,v)\in A}(d^{k-1}(u)+l(a))\}$$

と書ける．そして，$d^{|V|-1}(v)$ が s から v への最短路の長さとなる．ベルマン–フォード法は，この漸化式を解く動的計画法の変形とも見なせる．

有向グラフと各辺の長さからなるネットワークが与えられたときに，すべての2頂点間の最短路を求める問題を**全頂点対間最短路問題**という．各頂点を出発点と見なして1始点最短路問題を繰り返し解くことで，最短路を得ることができる．一方で，前述のラベル修正法を全頂点対間に拡張したアルゴリズムの一つが**フロイド–ウォーシャル (Floyd–Warshall) 法**である．頂点を $\{v_1,v_2,\cdots,v_{|V|}\}$ と番号づけしたときに，$d^k(w,u)$ を $\{v_1,\cdots,v_k\}$ を中間頂点の候補とした w から u までの有向路のなかでの最小の長さとすると，$d^0(w,w)=0\ (\forall w\in W)$ $d^0(w,u)=l(w,u)\ (\forall a=(w,u)\in A)$; $d^0(w,u)=\infty\ (\forall w,u\in V,(w,u)\notin A)$ であり，

$$\begin{aligned}&d^k(w,u)\\&\quad=\min\{d^{k-1}(w,u),d^{k-1}(w,v_k)+d^{k-1}(v_k,u)\}\end{aligned}$$

と書ける．そして，$d^{|V|}(w,u)$ が w から u への最短路の長さとなる．フロイド–ウォーシャル法はこの漸化式から，全頂点対間の最短路の長さをみつける．途中で $d^k(w,w)<0$ となる頂点 w があれば，w を通る長さが負の有向閉路が存在する．漸化式を解く際に，w から u への最短路で u の一つ手前の頂点を $\pi(w,u)$ に保存しておく．$\pi(w,u)=z$ のとき，w から z への最短路に辺 (z,u) を加えれば v から w への最短路が得られるので，π をたどることで，各頂点間の最短路が得られる．フロイド–ウォーシャル法の計算量は $O(|V|^3)$ である．

〔繁野麻衣子〕

参考文献

[1] R. K. Ahuja et al.: Network Flows: Theory, Algorithms, and Applications, Prentice-Hall, 1993.
[2] D. Jungnickel : Graphs, Networks and Algorithms, Springer, 1999.
[3] 藤重 悟：グラフ・ネットワーク・組合せ論，共立出版，2002.

3.2 最大流問題

maximum flow problem

交通網，情報網，製品の流れなどのモデル化に際して，与えられたネットワーク上に「モノ」を流すことは重要となる．このネットワーク上の「モノ」の流れは，与えられたグラフの各辺を流れる量で表され，フローと呼ばれる．フローは辺に沿って流れ，頂点で分岐や合流をする．ネットワークの各辺を流れるフロー量に制限があるとき，ある 2 頂点間に流れるフロー量を最大にしようとするのが**最大流問題**である．

有向グラフ $G=(V,A)$ と辺の容量 $u:A\to\mathbb{R}$，入口 $s\in V$，出口 $t\in V$ からなるネットワークが与えられたとき，**フロー** $\varphi:A\to\mathbb{R}$ が，各辺 $a\in A$ の容量制約

$$0\le\varphi(a)\le u(a)$$

と各頂点 $v\in V\setminus\{s,t\}$ の流量保存制約

$$\sum_{\{z\in V\,|\,(z,v)\in A\}}\varphi(z,v)-\sum_{\{w\in V\,|\,(v,w)\in A\}}\varphi(v,w)=0$$

を満たすとき，φ を**可能流**という．以下，頂点 v への正味流入量

$$\sum_{\{z\in V\,|\,(z,v)\in A\}}\varphi(z,v)-\sum_{\{w\in V\,|\,(v,w)\in A\}}\varphi(v,w)$$

を $e_\varphi(v)$ で表し，**残存量**と呼ぶ．特に，出口 t の残存量 $e_\varphi(t)$ を φ の**フロー値**と呼ぶ．フロー値を最大とする可能流を**最大流**といい，最大流を求める問題が最大流問題である．なお，可能流においては，流量保存制約より，$e_\varphi(t)=-e_\varphi(s)$ である．

ネットワーク上のフロー値のボトルネックを表すために s–t カットを導入する．頂点の部分集合 $X(\subseteq V)$ に対して，$\delta(X)=\{(v,w)\in A\mid v\in X, w\in V\setminus X\}$ とする．X が s を含み，t を含まないとき，$\delta(X)$ を **s–t カット**といい，s–t カットの容量を $\kappa_u(X)=\sum_{a\in\delta(X)}u(a)$ で定義する．容量が最小の s–t カットを**最小カット**という．任意の可能流 φ と任意の s–t カット $\delta(X)$ に対して，流量保存則より，

$$-e_\varphi(s)=\sum_{a\in\delta(X)}\varphi(a)-\sum_{a\in\delta(V\setminus X)}\varphi(a)\le\kappa_u(X) \tag{1}$$

が成り立つ ($\delta(V\setminus X)=\{(v,w)\in A\mid v\in V\setminus X, w\in X\}$ である). 上式の等号が成り立つ φ と $\delta(X)$ が存在することを示したのが，フォードとファルカーソン (Ford–Fulkerson) による次の定理である.

定理 1 (最大流最小カット定理) 最大流を φ^*，最小カットを $\delta(X^*)$ とすると，$-e_{\varphi^*}(s)=\kappa_u(X^*)$ が成り立つ.

最大流をみつけるアルゴリズムでは，フロー φ に対する補助ネットワーク $\mathcal{N}_\varphi=(G_\varphi=(V,A_\varphi),u_\varphi)$ が重要な役割を果たす. 有向グラフ G_φ は V を頂点集合とし，辺集合は $A_\varphi=A_\varphi^{\mathrm{F}}\cup A_\varphi^{\mathrm{B}}$ で与える. ただし，$A_\varphi^{\mathrm{F}}=\{a\in A\mid\varphi(a)<u(a)\}$, $A_\varphi^{\mathrm{B}}=\{a^{\mathrm{r}}\mid a\in A,\varphi(a)>0\}$ であり，a^{r} は a の逆向き辺を示す. $u_\varphi:A_\varphi\to\mathbb{R}$ は残余容量と呼ばれ,

$$u_\varphi(a)=\begin{cases}u(a)-\varphi(a) & (a\in A_\varphi^{\mathrm{F}})\\ \varphi(a^{\mathrm{r}}) & (a\in A_\varphi^{\mathrm{B}})\end{cases}$$

で定義する.

可能流 φ に対する補助ネットワーク $\mathcal{N}_\varphi$ 上に s から t への有向道 P があるとき，$\alpha=\min\{u_\varphi(a)\mid a\in A_\varphi(P)\}$ とする（ここで，有向道とは，すべて異なる頂点と辺の交互列 $v_0,a_1,v_1,a_2,\cdots,a_k,v_k$ で，任意の $i=0,\cdots,k-1$ に対して，辺 a_i の終点と辺 a_{i+1} の始点が v_i であるようなもののことである). ただし，$A_\varphi(P)$ は P に含まれる辺の集合を表す. このとき，$\alpha>0$ であり,

$$\varphi'(a)=\begin{cases}\varphi(a)+\alpha & (a\in A(P))\\ \varphi(a)-\alpha & (a^{\mathrm{r}}\in A(P))\\ \varphi(a) & (\text{それ以外})\end{cases}$$

と更新したフロー φ' も可能流で，$e_{\varphi'}(t)=e_\varphi(t)+\alpha$ である. このように，補助ネットワーク上の s から t への有向道に沿ってフロー値を増加できることより，この有向道を**増加道**という. 逆に，増加道が存在しないとき，補助ネットワーク上で s から到達可能な頂点集合を X とすると，$a\in\delta(X)$ ならば，$a\notin A_\varphi^{\mathrm{F}}$ であるので，$\varphi(a)=u(a)$ であり，$a\in\delta(V\setminus X)$ ならば，$a^{\mathrm{r}}\notin A_\varphi^{\mathrm{B}}$ であるので，$\varphi(a)=0$ である. よって，このときの φ と $\delta(X)$ は式 (1) を等号で満たす. すなわち，φ が最大流であり，$\delta(X)$ が最小カットとなり，最大流最小カット定理が証明できたことになる.

定理 2 (増加道定理) 可能流 φ が最大流であるための必要十分条件は，補助ネットワーク $\mathcal{N}_\varphi$ 上に増加道が存在しないことである.

以上のように可能流を維持しながら，補助ネットワーク上の増加道に沿ってフローを更新することを繰り返し，最大流をみつけるアルゴリズムは，フォード–ファルカーソンの**増加道法**といわれる. $\varphi=0$ から増加道法を行えば，以下の定理が得られる.

定理 3 (フロー整数定理) 各辺 $a\in A$ の容量 $u(a)$ が整数のとき，すべての辺のフロー $\varphi(a)$ が整数となる最大流が存在する.

一方で，容量が実数のときは，増加道法が終了しないような例も知られている. そこで，どんな容量に対しても最大流が求められるように，増加道の選択の仕方にルールを設けたアルゴリズムがいくつか知られている. その一つに，辺数が最小の増加道を選択する方法がある. 辺数最小の増加道に沿ったフローの更新は，$\mathrm{O}(|V||A|)$ 回行えば最大流が得られる.

辺数最小の増加道に沿った更新を効率よく行うのが，ディニツ (Diniz) の極大流法である. まず，用語の定義をしよう. 出口 t をもつ有向グラフ $G=(V,A)$ に対して，各頂点 v から t への有向道のなかの最小の辺数を $d(v)$ とする. $\widetilde{A}=\{a=(v,w)\in A\mid d(w)=d(v)+1\}$ としたとき，G の部分グラフ $(V,\widetilde{A})$ を**層別グラフ**という. 補助ネットワーク $\mathcal{N}_\varphi$ に対する層別グラフからなるネットワーク（これを，層別ネットワークという）上の増加道は，$\mathcal{N}_\varphi$ 上の辺数最小の増加道となっている. よって，この層別ネットワーク上の増加道に沿ったフローの更新を繰り返せばよい. ディニツの極大流法では，さらに，層別ネットワーク上の複数の増加道に沿って一度にフローを更新するように，極大流を用いる. **極大流**（あるいはブロック流ともいう）とは，与えられたネットワークの s から t へのいかなる有向道 P においても，P 中にフロー量が容量と等しくなる辺が少なくとも 1 本含まれている可能流のことである. 以下がディニツの極大流法である.

ディニツの極大流法

ステップ 0: $\varphi(a)=0$ $(\forall a\in A)$ とする.

ステップ 1: 補助ネットワーク $\mathcal{N}_\varphi=(G_\varphi=$

$(V, A_\varphi), u_\varphi)$ に増加道が存在しなければ，終了．そうでなければ，$\mathcal{N}_\varphi$ の層別ネットワーク $\widetilde{\mathcal{N}}_\varphi = (\widetilde{G} = (V, \widetilde{A_\varphi}), u_\varphi)$ を作成．

ステップ 2: $\widetilde{\mathcal{N}}_\varphi$ 上の極大流 ψ を求める．

ステップ 3: フロー φ を

$$\varphi(a) := \begin{cases} \varphi(a) + \psi(a) & (a \in \widetilde{A}_\varphi) \\ \varphi(a) - \psi(a^{\mathrm{r}}) & (a^{\mathrm{r}} \in \widetilde{A}_\varphi) \\ \varphi(a) & (\text{それ以外}) \end{cases}$$

と更新．ステップ 1 へ．

極大流に沿ってフローを更新するので，繰返しごとに補助ネットワーク上の s から t まで辺数での最小距離は少なくとも 1 増加する．よって，繰返し回数はたかだか $|V| - 1$ である．層別ネットワークの作成は幅優先探索を用いれば，$\mathrm{O}(|A|)$ で実行できる．ステップ 2 で極大流を求める計算量を BF とすると，ディニッツの極大流法は $\mathrm{O}(|V|(|A| + \mathrm{BF}))$ 時間で最大流をみつける．極大流をみつけるために，深さ優先探索を利用し，極大流に使われないことがわかった辺を削除することで，$\mathrm{BF} = \mathrm{O}(|V||A|)$ となる．さらに，データ構造を工夫することで，$\mathrm{BF} = \mathrm{O}((|V||A|)^{2/3})$ 時間となる方法も知られている．

増加道法では，可能流を維持しながら増加道定理を満たすようにフローを更新していた．これとは別に，容量制約を満たし，かつ，補助ネットワーク上に増加道が存在しないようなフローを維持しながら，流量保存制約を満たすようにフローを更新するアルゴリズムに，ゴールドバーグとタージャン (Goldberg–Tarjan) によるプリフロー・プッシュ法がある．容量制約を満たすフロー φ に対し，s, t 以外の頂点 v の残存量 $e_\varphi(v)$ が非負であるとき，このフロー φ をプリフローと呼ぶ．プリフロー φ に対する補助ネットワークの各辺 $a = (v, w) \in A_\varphi$ において，

$$\widehat{d}(w) \leq \widehat{d}(v) + 1 \qquad (2)$$

を満たす $\widehat{d}: V \to \mathbb{R}$ を**距離ラベル**と呼ぶ．$\widehat{d}(v) - \widehat{d}(t)$ は G_φ 上で頂点 v から t までの辺数での最小距離の下限を与えている．同様に，$\widehat{d}(v) - \widehat{d}(s)$ は v から s までの辺数での最小距離の下限を与えている．式 (2) を等号で満たす辺を可能辺と呼ぶ．プリフロー・プッシュ法は，プリフローと距離ラベルを維持し，残存量が正である頂点から出る G_φ 上の可能辺に沿ってフローを更新するプッシュ操作と，残存量 v が正である頂点から出る G_φ 上の可能辺が存在しないときに距離ラベル $\widehat{d}(v)$ を更新する再ラベル操作からなる．

プリフロー・プッシュ法

ステップ 0: $\varphi(a) = u(a)\ (\forall a \in \delta(\{s\})); \varphi(a) = 0\ (\forall a \in A \setminus \delta(\{s\})); \widehat{d}(s) = n; \widehat{d}(v) = 0\ (v \in V \setminus \{s\})$ とする．

ステップ 1: $e_\varphi(v) > 0$ である $v \in V \setminus \{s, t\}$ を選択．そのような頂点がなければ終了．

ステップ 2: v を始点とする可能辺 $a = (v, w) \in A_\varphi$ を選択．そのような可能辺がないときは，ステップ 4 へ．

ステップ 3: [プッシュ操作] $a \in A_\varphi^{\mathrm{F}}$ のとき，$\varphi(a) := \varphi(a) + \min\{e_\varphi(v), u_\varphi(a)\}$ と更新．$a \in A_\varphi^{\mathrm{B}}$ のとき，$\varphi(a^{\mathrm{r}}) := \varphi(a^{\mathrm{r}}) - \min\{e_\varphi(v), u_\varphi(a)\}$ と更新．ステップ 1 へ．

ステップ 4: [再ラベル操作] $\widehat{d}(v) := \min\{\widehat{d}(z) \mid (v, z) \in A_\varphi\} + 1$ として，ステップ 1 へ．

プリフロー・プッシュ法の途中，いつでも φ はプリフローであり，$\widehat{d}$ は距離ラベルの条件を満たす．また，常に，$\mathcal{N}_\varphi$ 上に s から t への有向道がないことがわかる．よって，s, t 以外の頂点の残存量がすべて 0 となったとき，プリフローは可能流となり，増加道定理よりこれが最大流となる．プリフロー・プッシュ法は，頂点まわりの辺の情報のみから操作でき，増加道を探すようなグラフ全体の操作がないことが特徴である．再ラベル操作はたかだか $\mathrm{O}(|V|^2)$ 回，プッシュ操作はたかだか $\mathrm{O}(|V|^2|A|)$ 回でアルゴリズムが終了する．さらに，ステップ 1 の頂点の選択ルールを設けたり，データ構造を工夫することで，$\mathrm{O}(|V||A| \log(|V|^2/|A|))$ 時間でプリフロー・プッシュ法が実現できる．

最大流問題は線形計画問題であり，単体法によって最大流を得ることもできる．このとき，ネットワーク構造を利用して，基底の取り方のルールを定めることで，多項式時間のピボット回数となるネットワーク単体法も知られている．

最大流問題を用いて，与えられたネットワークに可能流が存在するかどうかを判定することもできる．有向グラフ $G = (V, A)$ と辺の上限容量 $u: A \to \mathbb{R}$，下限容量 $l: A \to \mathbb{R}$ からなるネットワークが与えられているとき，容量制約

$$l(a) \leq \varphi(a) \leq u(a) \quad (\forall a \in A)$$

と流量保存制約

$$e_\varphi(v) = 0 \quad (\forall v \in V)$$

を満たす $\varphi : A \to \mathbb{R}$ を，ここでは可能流と呼ぼう．ネットワーク上の可能流を求める問題は，以下のように最大流問題に変換して解くことができる．まず，グラフ $G = (V, A)$ に新たな頂点 s, t と辺集合 $A^+ = \{(s, v) \mid v \in V, e_l(v) > 0\}$, $A^- = \{(v, t) \mid v \in V, e_l(v) < 0\}$ を加えたグラフ $G' = (V \cup \{s, t\}, A \cup A^+ \cup A^-)$ を作成する．$e_l(v)$ は各辺のフローを l で与えたときの v の残存量である．さらに，各辺の容量を

$$u'(a) = \begin{cases} u(a) - l(a) & (a \in A), \\ e_\varphi(v) & (a = (s, v) \in A^+) \\ -e_\varphi(v) & (a = (v, t) \in A^-) \end{cases}$$

とする．このネットワーク (G', u') の最大流を ψ とする．ψ のフロー値 $e_\psi(t)$ が $\sum\{e_\varphi(v) \mid v \in V, e_\varphi(v) > 0\}$ と等しいとき，$\varphi = l + \psi$ がもとのネットワーク (G, u, l) の可能流となる．そうでないときは，可能流は存在しないことがわかる．これに，最大流最小カット定理を合わせることで，以下のホフマン (Hoffman) の循環流定理が得られる．

定理 4 ネットワーク (G, u, l) に可能流が存在するための必要十分条件は，任意の非空な頂点の真部分集合 X に対して，

$$\sum_{a \in \delta(X)} u(a) \geq \sum_{a \in \delta(V \setminus X)} l(a)$$

が成立することである．

〔繁野麻衣子〕

参 考 文 献

[1] R. K. Ahuja et al.: Network Flows: Theory, Algorithms, and Applications, Prentice-Hall, 1993.
[2] D. Jungnickel : Graphs, Networks and Algorithms, Springer, 1999.
[3] 藤重 悟：グラフ・ネットワーク・組合せ論，共立出版，2002.

3.3 最小木問題

minimum tree problem

無向グラフ $G = (V, A)$ の部分グラフ $T = (W, F)$ において，T の任意の 2 頂点間に道が存在し，かつ，T が閉路を含まないとき，T を木という（ここで，道とは，すべて異なる頂点と辺の交互列 $v_0, a_1, v_1, a_2, \cdots, a_k, v_k$ で，任意の $i = 0, \cdots, k-1$ に対して，辺 a_i と辺 a_{i+1} の端点が v_i であるようなもののことである．$v_0 = v_k$ である道が閉路である）．1 頂点からなるグラフ $(\{v\}, \emptyset)$ も木と呼ぶ．特に，$W = V$ のとき，T を**全域木**という．無向グラフ $G = (V, A)$ と辺の重み $w : A \to \mathbb{R}$ からなるネットワークが与えられたときに，辺の重みの和が最小となる全域木を**最小木**といい，最小木を求める問題が**最小木問題**である．ある街に電気を引くときに，接続費用を最小とするネットワークを構成する問題を解いたことが最小木問題のはじまりとされている．

グラフ $G = (V, A)$ 上の全域木 $T = (V, F)$ に，木にない辺 $a \in A \backslash F$ を加えると，$(V, F \cup \{a\})$ には閉路がただ一つ存在する．この閉路を $C(T|a)$ と書く．T が G の最小木であるための必要十分条件は，任意の $a \in A \backslash F$ と任意の $a' \in C(T|a)$ に対して，$w(a) \geq w(a')$ が成り立つことである．また，全域木 $T = (V, F)$ から辺 $a \in F$ を除くと，$(V, F \setminus \{a\})$ は二つの木に分かれる．これら二つの木を結ぶ辺の集合を $C^*(T|a)$ と書く．T が G の最小木であるための必要十分条件は，任意の $a \in F$ と任意の $a' \in C^*(T|a)$ に対して，$w(a) \leq w(a')$ が成り立つことである．

最小木を求める代表的なアルゴリズムには，木を成長させていくプリム (Prim) 法と，重みの小さい辺から順にチェックをしていくクラスカル (Kruskal) 法がある．

プリム法

ステップ 0: 任意の 1 頂点 $r \in V$ を指定．$W = \{r\}, F = \emptyset$ とする．

ステップ 1: $W = V$ ならば終了．そうでなければ，ステップ 2 へ．

ステップ 2: $\min\{w(a) \mid a = (v, z) \in A, v \in W, z \in V \setminus W\}$ を達成する辺 $\widehat{a} = (\widehat{v}, \widehat{z})$ をみつけ，

$W := W \cup \{\hat{z}\}$, $F := F \cup \{\hat{a}\}$ とする．ステップ 1 へ．

プリム法では，木 (W, F) を維持し，常に，木 (W, F) を含む最小木が存在するように更新される．よって，アルゴリズムが終了したとき，(W, F) が最小木となる．プリム法の計算量はステップ 2 で $\hat{a}$ をみつける手間がネックとなる．各頂点 $v \in V \setminus W$ に対する $\min\{w(a) \mid a = (z, v) \in A, z \in W\}$ をフィボナッチ (Fibonacci) ヒープに格納しておけば，$O(|A| + |V| \log |V|)$ 時間で実現できる．プリム法の改良として，頂点の情報を格納するヒープの大きさを制限したり，辺をグループに分けたりする方法があり，時間計算量は $O(|A| \log \beta(|A|, |V|))$ となる．ただし，$\beta(|A|, |V|) = \min\{i \mid \log^{(i)} |V| \le |A|/|V|\}$ であり，非常にゆっくりと増加する関数である．

クラスカル法

ステップ 0: 辺の重みの小さい順にソートし，$w(a_1) \le w(a_2) \le \cdots \le w(a_m)$ とする．$F = \emptyset, i = 1$ とする．

ステップ 1: (V, F) が全域木ならば終了．そうでなければ，ステップ 2 へ．

ステップ 2: $F \cup \{a_i\}$ からなるグラフが閉路を含まないならば，$F := F \cup \{a_i\}$ とする．

ステップ 3: $i := i + 1$ として，ステップ 1 へ．

クラスカル法では，(V, F) はいくつかの木の集まりからなるグラフであり，常に，(V, F) を含む最小木が存在することを示すことができる．よって，アルゴリズムが終了したときに，(V, F) は最小木となる．クラスカル法のように，部分的な情報のみから解を構成していくアルゴリズムを**貪欲アルゴリズム**という．クラスカル法のステップ 2 で $F \cup \{a_i\}$ からなるグラフが閉路を含むかどうかの判断は，$a_i = (v, z)$ の端点 v, z が同じ木に含まれているかどうかで判断できる．v, z が同じ木に属するときは，(V, F) 上に v から z への道が存在するので，これに辺 a_i を加えれば閉路が生じる．逆に，v, z が異なる木に属するときは，$F \cup \{a_i\}$ は閉路を含まない．そこで，各頂点 v が (V, F) 上でどの木に属するかの情報を $tree(v)$ にもたせる．ステップ 0 では各頂点 v で $tree(v) = v$ とする，ステップ 2 で辺 $a_i = (v, z)$ に対して，$tree(v) \ne tree(z)$ のとき，閉路を含まないので，F を $F \cup \{a_i\}$ と更新する．そして，v の属する木の頂点数と z の属する木の頂点数を比較し，頂点数の少ない木の頂点の $tree$ をもう片方の木を表す $tree$ に更新する．こうすることで，各頂点の $tree$ の更新回数はたかだか $\lceil \log |V| \rceil$ 回となり，クラスカル法全体でステップ 2 は $O(|V| \log |V|)$ 時間で実現できる．さらに，集合ユニオンファインド木と呼ばれるデータ構造を用いることによって，ステップ 2 の時間計算量を $O(|A| \alpha(|A|, |V|))$ に改良できる．ここで，$\alpha(|A|, |V|)$ はアッカーマン (Ackermann) 逆関数で，$\log \beta(|A|, |V|)$ よりもゆっくりと増加する．クラスカル法はステップ 1 の辺のソートがネックとなり，$O(|A| \log |V|)$ 時間のアルゴリズムである．

最小木問題に対しては，ほぼ線形時間の $O(|A| \alpha(|A|, |V|))$ 時間アルゴリズムも存在する．平面グラフ上の最小木問題に対しては，線形時間のアルゴリズムが知られている．

最小木問題を有向グラフ上に拡張したのが，最小有向木問題である．有向グラフ $T = (V, F)$ が向きを無視したときに木であり，かつ，ある頂点 $r \in V$ から各頂点 $v \in V$ への有向道が存在するとき，T を r を根とする**有向木**という（ここで，有向道とは，すべて異なる頂点と辺の交互列 $v_0, a_1, v_1, a_2, \cdots, a_k, v_k$ で，任意の $i = 0, \cdots, k-1$ に対して，辺 a_i の終点と辺 a_{i+1} の始点が v_i であるようなもののことである）．特に，与えられた頂点をすべて含む有向木を全域有向木という．有向グラフ $G = (V, A)$ と辺の重み $w : A \to \mathbb{R}$，根となる頂点 r からなるネットワークが与えられたとき，辺の重みの和が最小の全域有向木を**最小有向木**といい，最小有向木を求める問題が最小有向木問題である．

有向木 $T = (V, F)$ では，根 r 以外の各頂点を終点とする F の辺はちょうど 1 本である．各頂点 v に対して，$\min\{w(a) \mid a = (z, v) \in A\}$ を達成する辺を a_v と書く．$H = \{a_v \mid v \in V \setminus \{r\}\}$ が閉路を含まないとき，(V, H) が最小有向木となる．(V, H) に閉路が存在するときは，最小有向木に含まれない閉路上の辺がちょうど 1 本となるような最小有向木が存在する．この性質を利用し，H 上の閉路を縮約しながら最小有向木を求めることができる．

ステップ 0: $F = \emptyset, i = 0, G^0 = G$ とする．

ステップ 1: G^i 上で．各頂点 v に対して，$\min\{w(a) \mid a = (z, v) \in A\}$ を達成する辺 a_v をみつける．$H^i = \{a_v \mid v \in V \setminus \{r\}\}$ とする．

ステップ 2: H^i が誘導する部分グラフ G' が閉路を含

まなければ，$k := i$ としてステップ 4 へ．そうでなければステップ 3 へ．

ステップ 3: G' の一つの閉路 C を縮約したグラフを G^{i+1} とする．終点が C 上にある各辺 a に対し，$w(a)$ を $w(a) - w(\hat{a})$ とする．ただし，$\hat{a}$ は，C 上で a と終点を同一とする辺とする．$i := i+1$ としてステップ 1 へ．

ステップ 4: $F := F \cup H^k$ とする．$k = 0$ ならば終了．そうでなければ，ステップ 5 へ．

ステップ 5: 任意の辺 $a \in H^k$ に対し，$\bigcup_{i=0}^{k-1} H^i$ のなかで，a と終点が同一の辺を H^i から削除する．$k := k-1$ としてステップ 4 へ．

このアルゴリズムにより，$O(|V||A|)$ 時間で最小有向木をみつけることができる．さらに，最小有向木問題に対しては，フィボナッチヒープを用いた $O(|A| + |V|\log|V|)$ のアルゴリズムが知られている．

〔繁野麻衣子〕

参 考 文 献

[1] R. K. Ahuja et al.: Network Flows: Theory, Algorithms, and Applications, Prentice-Hall, 1993.

[2] D. Jungnickel : Graphs, Networks and Algorithms, Springer, 1999.

[3] 藤重 悟：グラフ・ネットワーク・組合せ論，共立出版，2002.

3.4 最小費用流問題

minimum cost flow problem

有向グラフ $G = (V, A)$ と各辺の容量 $u : A \to \mathbb{R}$，単位フロー当たりの費用 $c : A \to \mathbb{R}$，各頂点の需要量 $b : V \to \mathbb{R}$ からなるネットワークが与えられたとき，フロー $\varphi : A \to \mathbb{R}$ が，各辺 $a \in A$ の容量制約

$$0 \le \varphi(a) \le u(a)$$

と各頂点 $v \in V$ の流量保存制約

$$\sum_{\{z \in V \mid (z,v) \in A\}} \varphi(z, v) - \sum_{\{w \in V \mid (v,w) \in A\}} \varphi(v, w) = b(v)$$

を満たすとき，φ を可能流という．以下，$\sum_{v \in V} b(v) = 0$ を仮定しておく．可能流 φ のなかで，費用

$$\sum_{a \in A} c(a)\varphi(a)$$

を最小とするものを**最小費用流**といい，最小費用流を求める問題が**最小費用流問題**である．特に，$b(v) = 0\ (\forall v \in V)$ であるとき，可能流を**循環流**という．最短路問題や最大流問題は最小費用流問題の特殊ケースと見なすことができる．また，与えられたグラフが 2 部グラフ $(V_1; V_2, A)$ であり，需要量に関して，$b(v) < 0\ (v \in V_1)$, $b(v) > 0\ (v \in V_2)$ で，辺容量がすべて ∞ である最小費用流問題はヒッチコック型の**輸送問題**とも呼ばれる．

最小費用流をみつけるアルゴリズムでは，フロー φ に対する補助ネットワーク $\mathcal{N}_\varphi = (G_\varphi = (V, A_\varphi), u_\varphi, c)$ が重要な役割を果たす．有向グラフ G_φ は V を頂点集合とし，辺集合は $A_\varphi = A_\varphi^{\mathrm{F}} \cup A_\varphi^{\mathrm{B}}$ で与える．ただし，$A_\varphi^{\mathrm{F}} = \{a \in A \mid \varphi(a) < u(a)\}$, $A_\varphi^{\mathrm{B}} = \{a^{\mathrm{r}} \mid a \in A, \varphi(a) > 0\}$ であり，a^{r} は a の逆向き辺を示す．$u_\varphi : A_\varphi \to \mathbb{R}$ は残余容量と呼ばれ，

$$u_\varphi(a) = \begin{cases} u(a) - \varphi(a) & (a \in A_\varphi^{\mathrm{F}}) \\ \varphi(a^{\mathrm{r}}) & (a \in A_\varphi^{\mathrm{B}}) \end{cases}$$

で定義する．辺の費用は，c を $A \cup \{a^{\mathrm{r}} \mid a \in A\}$ 上に

$$c(a) = \begin{cases} c(a) & (a \in A) \\ -c(a^{\mathrm{r}}) & (a^{\mathrm{r}} \in A) \end{cases}$$

と拡張し，これを A_φ 上に制限する．

可能流 φ に対する補助ネットワーク $\mathcal{N}_\varphi$ 上に負の費用の有向閉路 C が存在するとする（ここで，有向閉路とは，頂点と辺の交互列 $v_0, a_1, v_1, a_2, \cdots, a_k, v_k$ で，任意の $i = 0, \cdots, k-1$ に対して，辺 a_i の終点と辺 a_{i+1} の始点が v_i であり，$v_0 = v_k$，任意の $0 \leq i < j < k$ で $v_i \neq v_j$ を満たすものをいう）．すなわち，$\sum_{a \in A_\varphi(C)} c(a) < 0$ とする．ただし，$A_\varphi(C)$ は C に含まれる辺の集合を表す．このとき，$\alpha = \min\{u_\varphi(a) \mid a \in A_\varphi(C)\}$ とすると，$\alpha > 0$ であり，

$$\varphi'(a) = \begin{cases} \varphi(a) + \alpha & (a \in A(C)) \\ \varphi(a) - \alpha & (a^{\mathrm{r}} \in A(C)) \\ \varphi(a) & (\text{それ以外}) \end{cases}$$

と更新したフロー φ' も可能流である．また，

$$\sum_{a \in A} c(a)\varphi'(a) = \sum_{a \in A} c(a)\varphi(a) + \alpha \cdot \sum_{a \in A_\varphi(C)} c(a)$$

であり，$\sum_{a \in A_\varphi(C)} c(a) < 0$ なので，費用のより小さい可能流が得られたことになる．この，補助ネットワーク上の負の費用の有向閉路により，最小費用流の最適性条件を与えることができる．

定理 1 (負閉路最適性条件) 可能流 φ が最小費用流であるための必要十分条件は，φ に関する補助ネットワーク $\mathcal{N}_\varphi$ 上に負の費用の有向閉路が存在しないことである．

可能流を維持しながら，補助ネットワーク上の負の費用の有向閉路に沿って，フローの更新を繰り返し，最小費用流をみつけるアルゴリズムを**負閉路消去法**という．特に，負閉路として，補助ネットワーク上で，$\sum_{a \in A_\varphi(C)} c(a)/|A_\varphi(C)|$ を最小とする**最小平均閉路**の消去を繰り返すと，$\mathrm{O}(|V||A|^2 \log^2 |V|)$ 時間で最小費用流をみつけることができる．

次に，頂点のポテンシャル $p : V \to \mathbb{R}$ を用いた最適性条件を述べる．p に対して，辺 $a = (v, w)$ の簡約費用を $c_p(a) = c(a) - p(v) + p(w)$ で定義する．

定理 2 (簡約費用最適性条件) 可能流 φ が最小費用流であるための必要十分条件は，補助ネットワーク $\mathcal{N}_\varphi$ 上のすべての辺 $a \in A_\varphi$ で，簡約費用 $c_p(a)$ を非負とするポテンシャル p が存在することである．

ポテンシャル p は，最小費用流問題を線形計画問題の主問題としたときの，双対変数に対応する．容量制約を満たすフロー φ と，φ に対する簡約費用最適性条件を満たすポテンシャル p を維持しながら，流量保存条件を満たすように φ を更新するアルゴリズムに**最短路繰返し法**がある．以下，頂点 v に対し，残存量 $\sum_{\{z \in V \mid (z,v) \in A\}} \varphi(z, v) - \sum_{\{w \in V \mid (v,w) \in A\}} \varphi(v, w)$ を $e_\varphi(v)$ で表す．

最短路繰返し法

ステップ 0: $c(a) \geq 0$ のとき，$\varphi(a) = 0$ とし，$c(a) < 0$ のとき，$\varphi(a) = u(a)$ とする．$p(v) = 0\ (\forall v \in V)$ とする．

ステップ 1: 補助ネットワーク $\mathcal{N}_\varphi$ に新たな頂点 $\{s, t\}$ と辺 $\{(s, v) \mid v \in V, e_\varphi(v) > 0\} \cup \{(v, t) \mid v \in V, e_\varphi(v) < 0\}$ を加える．頂点 $v(\in V)$ に接続する新たに加えた辺の容量を $|e_\varphi(v)|$ とし，費用は 0 とする．このネットワーク上で，s から t への有向道が存在しなければ終了．そうでなければ，c_p を長さとしたときの s から t への最短路 P と s から各頂点への最短距離 d を求める．

ステップ 2（フローの更新）$\alpha := \min\{u_\varphi(a) \mid a \in A_\varphi(P)\}$ を求め，

$$\varphi(a) := \begin{cases} \varphi(a) + \alpha & (a \in A_\varphi) \\ \varphi(a) - \alpha & (a^{\mathrm{r}} \in A_\varphi) \\ \varphi(a) & (\text{それ以外}) \end{cases}$$

と更新．

ステップ 3（ポテンシャルの更新）

$$p(v) := \begin{cases} p(v) - d(v) & (d(v) < \infty) \\ p(v) & (d(v) = \infty) \end{cases}$$

とする．ステップ 1 へ．

フローを更新した後の補助ネットワークでも簡約費用最適性条件を満たすように，ステップ 3 でポテンシャルの更新を行う．よって，可能流が存在すれば，アルゴリズムが終了したとき，φ は最小費用流である．最短路繰返し法に，容量や残存量のスケーリングを組み込むことで，多項式時間のアルゴリズムをつくることができる．残存量のスケーリングと辺の縮約を組み込むことで，$\mathrm{O}(|A| \log |V|)$ 回最短路問題を解けば，最小費用流が得られることが知られている．

簡約費用最適性条件を利用したアルゴリズムには，

このほかにも，可能流とポテンシャルを維持し，簡約費用最適性条件を満たさない辺の両端点にフローを流すか，ポテンシャルの更新を繰り返す**主双対法**や**アウトオブキルタ法**などもある．

簡約費用最適性条件は，補助ネットワークを用いずに，

$$c_p(a) > 0 \Rightarrow \varphi(a) = 0$$
$$c_p(a) < 0 \Rightarrow \varphi(a) = u(a)$$
$$c_p(a) = 0 \Rightarrow 0 < \varphi(a) < u(a)$$

とも書ける．この条件を満たすようにポテンシャル p に対して，修正ネットワーク $\mathcal{M}^p = (G = (V, A), u^p, l^p, b)$ をつくる．ここで，

$$c_p(a) > 0 \Rightarrow u^p(a) = l^p(a) = 0$$
$$c_p(a) < 0 \Rightarrow u^p(a) = l^p(a) = u(a)$$
$$c_p(a) = 0 \Rightarrow u^p(a) = u(a), l^p(a) = 0$$

とする．修正ネットワーク $\mathcal{M}^p$ 上に容量制約 $l^p(a) \leq \varphi(a) \leq u^p(a)$ と流量保存条件を満たす φ があれば，簡約費用最適性条件を満たす．このときの p を最適ポテンシャルと呼ぶ．$\mathcal{M}^p$ 上に可能流が存在するための条件より，以下の性質が得られる．ここで，頂点の集合 X に対して，$\delta(X) = \{a \in A \mid a = (v, w), v \in X, w \in V \setminus X\}$ とし，$\bar{\kappa}^p(X) = \sum_{v \in V} b(v) + \sum_{a \in \delta(V \setminus X)} l^p(a) - \sum_{a \in \delta(X)} u^p(a)$ とする．

定理 3 (正カット最適性条件)　ポテンシャル p が最適であるための必要十分条件は，任意の非空な頂点の真部分集合 X に対して，$\bar{\kappa}^p(X) \leq 0$ が成立することである．

非空な頂点の真部分集合 X に対して，$\bar{\kappa}^p(X) > 0$ のとき，$\delta(X)$ を正カットとよぶ．正カット最適性条件より，修正ネットワーク上に正カットをみつけて，X のポテンシャルを更新することを繰り返せば，最適なポテンシャルをみつけられる．このアルゴリズムを**正カット消去法**といい，正カットの選択方法により多項式時間アルゴリズムが知られている．〔**繁野麻衣子**〕

参 考 文 献

[1] R. K. Ahuja et al.: Network Flows: Theory, Algorithms, and Applications, Prentice-Hall, 1993.

[2] D. Jungnickel : Graphs, Networks and Algorithms, Springer, 1999.

[3] 藤重　悟：グラフ・ネットワーク・組合せ論，共立出版，2002.

3.5 マッチング問題

matching problem

無向グラフ $G = (V, A)$ の辺集合 $M(\subseteq A)$ に対し，M のどの 2 辺も端点を共有しないとき M を**マッチング**という．要素数最大のマッチングを**最大マッチング**といい，最大マッチングをみつける問題を**最大マッチング問題**という．任意のマッチング M に対し，頂点 v が M に属する辺の端点となっているとき，v を **M–飽和**という．すべての頂点が M–飽和となるマッチング M を**完全マッチング**という．

定理 1 (タット (Tutte) の定理)　グラフ $G = (V, A)$ が完全マッチングをもつための必要十分条件は，任意の $X \subseteq V$ に対して，G から X を除いたグラフの奇数個の頂点からなる連結成分数が $|X|$ を超えないことである．

特に，2 部グラフにおいては，隣接頂点数で特徴づけできる．$X \subseteq V$ に対して，$N(X) = \{w \in V \mid (v, w) \in A, v \in X\}$ とする．

定理 2 (ホール (Hall) の定理)　2 部グラフ $G = (V_1; V_2, A)$ が完全マッチングをもつための必要十分条件は，任意の $X \subseteq V_1$，あるいは，$X \subseteq V_2$ に対して，$|X| \leq |N(X)|$ が成り立つことである．

任意のマッチング M に対し，M に属する辺と属さない辺が交互に現れる道を **M–交互道**という (ここで，道とは，すべて異なる頂点と辺の交互列 $v_0, a_1, v_1, a_2, \cdots, a_k, v_k$ で，任意の $i = 0, \cdots, k-1$ に対して，辺 a_i と辺 a_{i+1} の端点が v_i であるようなもののことである)．特に，M–交互道の始点 v_0 と終点 v_k がともに M–飽和ではないとき，**M–増加道**という．

M–増加路 P に含まれる辺の集合を $A(P)$ とすると，P 上でマッチングの辺を入れ替えた辺集合 $(M \setminus A(P)) \cup (A(P) \setminus M)$ はマッチングであり，M よりも要素数が増加している．逆に，グラフに M–増加路が存在しないとき，M は最大マッチングであることが知られている．そこで，最大マッチングを求めるアルゴリズムの多くは，任意のマッチングから始めて，M–

増加道に沿ってマッチングを更新することを繰り返す．

以下，マッチング M に対して，M–飽和でない頂点 r を始点とする M–増加道をみつける手続きである．

r を始点とする M–増加道の探索

ステップ 0: $W_1 = \emptyset; W_2 = \{r\}; T = \emptyset; F = A$ とする．

ステップ 1: 頂点 $v \in W_2$ を端点とする辺 $(v, w) \in F \backslash T$ をみつける．そのような辺が存在しなければ終了（r からの M–増加道は存在しない）．

ステップ 2: 辺 (v, w) の端点 w によって，以下のいずれかを実行．

2–1　$w \notin W_1 \cup W_2$ であり，w が M–飽和でないとき，$(W_1 \cup W_2, T \cup \{(v, w)\})$ 上での r から w へのパスが M–増加道となる．この M–増加道を出力して終了．

2–2　$w \notin W_1 \cup W_2$ であり，w が M–飽和のとき，w に接続する M の辺を (w, z) とする．$T := T \cup \{(v, w), (w, z)\}$ とし，$W_1 := W_1 \cup \{w\}$, $W_2 := W_2 \cup \{z\}$ と更新．ステップ 1 へ．

2–3　$w \in W_1$ のとき，$F := F \setminus \{(v, w)\}$ とする．ステップ 1 へ．

2–4　$w \in W_2$ のとき，$(W_1 \cup W_2, T)$ 上の v から w への道上の辺を F から除き，道上の頂点を縮約する．ステップ 1 へ．

ステップ 2–3 の場合には，辺 (v, w) は r を始点とする M–増加道に含まれることはないので，探索する辺の候補から削除する．ステップ 2–4 において $(W_1 \cup W_2, T)$ 上の v から w への道に辺 (v, w) を加えた閉路を花という．花は奇数本の辺からなり，花上で w に接続する辺は M に属さない．この花上の頂点 x に M に属さない辺 (x, y) が接続していたとき，r から y への M–交互道が存在する．この M–交互道は，花中は w から x までの偶数の辺からなる道を使う．よって，x が決まるまでは，花のなかのどの道を通るか断定できないため，花を 1 頂点にまとめる操作（縮約）を行い，M–増加道の探索を続ける．上述の手続きによって，M–増加道 P がみつかったらならば，マッチングを $(M \setminus A(P)) \cup (A(P) \setminus M)$ と更新をする．

M–飽和でない各頂点 r から，上述の手続きを繰り返すことで，マッチングの更新を行う．M–飽和でないどの頂点からも M–増加道がみつからないとき，この M が最大マッチングとなる．あるマッチング M において，M–飽和でない頂点 r からの M–増加道が存在しないとき，最大マッチング M^* で，r が M^*–飽和でないものが存在する．よって，一度，r からの M–増加道が存在しないことがわかったならば，頂点 r をグラフ上から削除できる．したがって，M–増加道の探索を $\mathrm{O}(|V|)$ 回行えば，最大マッチングが得られる．上に述べた M–増加道の探索手続きは，ステップ 2–4 の花の縮約をうまく行えば，$\mathrm{O}(|V|^2)$ 時間で実現可能であるので，$\mathrm{O}(|V|^3)$ 時間で最大マッチングを求めることができる．特に，与えられたグラフが 2 部グラフの場合は，奇数閉路を含まないので，ステップ 2–4 が起こることはない．このとき，M–増加道の探索手続きは $\mathrm{O}(|A|)$ 時間で実現できるので，$\mathrm{O}(|V||A|)$ 時間で 2 部グラフ上の最大マッチングを求めることができる．さらに，工夫を加えることによって，一般のグラフにおいても最大マッチングを $\mathrm{O}(\sqrt{|V|}|A|)$ 時間でみつけるアルゴリズムに改善されている．

マッチングの双対の概念に，頂点被覆がある．$X \subseteq V$ が**頂点被覆**であるとは，任意の辺 $a \in A$ の少なくとも一つの端点が X に含まれていることをいう．要素数が最小の頂点被覆を最小頂点被覆という．任意のマッチング M に対し，マッチングに含まれる辺の片方の端点はかならず頂点被覆に含まれているので，任意の頂点被覆 X に対して，$|M| \leq |X|$ が成り立つ．特に，2 部グラフ $G = (V_1; V_2, A)$ の場合は，最大マッチングの本数と最小頂点被覆の頂点数が一致する．M を最大マッチングとする．V_1 の頂点がすべて M–飽和であれば，V_1 が最小頂点被覆である．V_1 で M–飽和でない頂点があるとき，これらの頂点の集合から M–増加道の探索を繰り返し，頂点を W_1, W_2 に分ける．このとき，$W_2 \subseteq V_1$, $W_1 \subseteq V_2$ であり，W_2 から $V_2 \setminus W_1$ への辺は存在しない．よって，$(V_1 \setminus W_2) \cup W_1$ は頂点被覆である．さらに，M–増加道の探索で走査されたマッチングの辺は $|W_1|$ 本あり，走査されなかったマッチングの辺はすべて $V_1 \setminus W_2$ に接続しているので，$|V_1 \setminus W_2|$ 本である．よって，得られた頂点被覆の頂点数は $|M|$ と等しくなる．

無向グラフ $G = (V, A)$ と辺の費用 $c : A \to \mathbb{R}$ からなるネットワークが与えられたとき，費用 $\sum_{a \in M} c(a)$ が最小である完全マッチング M を**最小費用マッチン**

グといい，最小費用マッチングを求める問題を**最小費用マッチング問題**という．G が 2 部グラフのときは，**割当問題**とも呼ばれ，最小費用流問題の特殊ケースである．

任意のマッチング M に対し，M に属する辺と属さない辺が交互に現れる閉路を M–交互閉路という（ここで，閉路とは，始点と終点が一致する道である）．M–交互閉路 C の費用を $\sum_{a\in A(C)\setminus M} c(a) - \sum_{a\in A(C)\cap M} c(a)$ とする．ただし，$A(C)$ は閉路 C の辺集合である．完全マッチング M が最小費用マッチングであるための必要十分条件は，費用が負となる M–交互閉路が存在しないことである．最小費用マッチングを求めるアルゴリズムには，完全マッチングを維持しながら，負の M–交互閉路に沿って，マッチングの更新を行う方法と，空のマッチングから始め，負の M–交互閉路が生じないように，マッチングの辺を加えていく方法とがある．費用のスケーリングと組み合わせることで，$O(|V||A| + |V|\log|V|)$ 時間で最小費用マッチングが求められる．　〔繁野麻衣子〕

参考文献

[1] R. K. Ahuja et al.: Network Flows: Theory, Algorithms, and Applications, Prentice-Hall, 1993.

[2] D. Jungnickel : Graphs, Networks and Algorithms, Springer, 1999.

[3] 藤重　悟：グラフ・ネットワーク・組合せ論，共立出版，2002.

4 アルゴリズムの設計手法

4.1 分枝限定法

branch-and-bound method

分枝限定法は，組合せ最適化問題に対する厳密解法の一つである．ほとんどすべての組合せ最適化問題に適用可能であり，多項式時間アルゴリズムの構築が困難な問題に対する実用的解法として広く利用されている．

以下では，最適化問題として，最小化問題

$$\begin{aligned} \min \quad & f(x) \\ \text{s.t.} \quad & x \in F \subseteq X \end{aligned}$$

を考える．ここで，X は解全体からなる集合（解空間）であり，F は実行可能領域である．また，具体例として**一般化割当問題** (generalized assignment problem: GAP) を用いた説明を適宜行う．GAP は，与えられた n 個の仕事 $J = \{1, 2, \cdots, n\}$ のそれぞれを，資源制約を満たしつつ，m 個のエージェント $I = \{1, 2, \cdots, m\}$ のいずれかに割り当てる問題であり，割当コストの総和を最小化することが目的である．GAP は，仕事 j をエージェント i に割り当てるときに値 1，そうでないときに値 0 をとる 0–1 変数 x_{ij} $(i \in I, j \in J)$ を用いて，

$$\min \quad f(x) = \sum_{i \in I} \sum_{j \in J} c_{ij} x_{ij} \tag{1}$$

$$\text{s.t.} \quad \sum_{j \in J} a_{ij} x_{ij} \leq b_i, \qquad \forall i \in I \tag{2}$$

$$\sum_{i \in I} x_{ij} = 1, \qquad \forall j \in J \tag{3}$$

$$x_{ij} \in \{0, 1\}, \qquad \forall i \in I,\ \forall j \in J \tag{4}$$

と定式化される．ここで，c_{ij} と a_{ij} (≥ 0) は，仕事 j をエージェント i に割り当てたときのコストと資源要求量を，b_i (> 0) はエージェント i の利用可能資源をそれぞれ表す．GAP の解空間 X としては，たとえば，制約 (3) を満たす 0–1 ベクトル全体の集合を考えればよい．

分枝限定法の基本的な考え方は，与えられた問題を直接解くことが困難な場合，それをいくつかの小規模な問題（**部分問題**）に分解し，それらすべてを解くことで等価的にもとの問題を解こうというものである．ここで，問題を部分問題に分解する操作は**分枝操作**と呼ばれる．分枝操作は，一般に，解空間 X を，$X = X_1 \cup X_2 \cup \cdots \cup X_k$ が成り立つよう，いくつかの部分集合 $X_l \subset X$ $(l = 1, 2, \cdots, k)$ に分解することで実現される．すなわち，もとの問題を，k 個の部分問題 P_l $(l = 1, 2, \cdots, k)$

$$\begin{aligned} P_l: \quad \min \quad & f(x) \\ \text{s.t.} \quad & x \in F \cap X_l \end{aligned}$$

で置き換えるのである．このとき，各部分問題 P_l の最適値をそれぞれ f_l^* とすれば，もとの問題の最適値 f^* は

$$f^* = \min\{f_1^*, f_2^*, \cdots, f_k^*\}$$

で与えられるから，部分問題をすべて解くことができれば，もとの問題も解けたことになる．なお，P_l が実行不可能（すなわち，$F \cap X_l = \emptyset$）の場合には，$f_l^* = \infty$ と見なす．また，すべての部分問題が実行不可能であれば，もとの問題も実行不可能であることが結論づけられる．GAP の場合は分枝操作の例として，ある一つの変数 x_{ij} の値を，1 または 0 にそれぞれ固定した二つの部分問題に分解する（すなわち，解空間 X を，$x_{ij} = 1$ を満たす 0–1 ベクトル x の集合と，$\sum_{i' \in I \setminus \{i\}} x_{i'j} = 1$ を満たす 0–1 ベクトル x の集合の二つに分解する）方法が考えられる．これは，もとの問題を，「仕事 j をエージェント i に割り当てる場合」と，「仕事 j を i 以外のエージェントに割り当てる場合」の二つに場合分けして考えることに相当する．

分枝限定法では，部分問題もまた，分枝操作によってさらに小規模な部分問題に分解される．分枝操作が再帰的に行われることで，部分問題の規模はしだいに小さくなり，いずれ簡単に解くことができる規模にまで縮小するため，最終的にはすべての部分問題が解かれ，結果的にもとの問題が解かれることになる．ただ

し，分枝操作を可能なかぎり繰り返すとすると，結果的に解空間に含まれるすべての解を列挙してしまうことになる（GAP の場合，最終的に部分問題の解空間はただ一つの 0–1 ベクトルで構成されることになる）．そのため，分枝操作を行うだけでは，小規模な問題例しか実用的な計算時間で解くことができない．そこで，ある部分問題 P_l に対して，

(i) P_l を解くことができた，

(ii) P_l の最適値 f_l^* がもとの問題の最適値 f^* よりも大きいこと，もしくは f_l^* が，それまでの計算によって得られた最良の実行可能解（**暫定解**）の目的関数値（暫定値，f^* の上界を与える）以上であることが示された，

のいずれかが成り立つ場合には，P_l を以後の計算から除く（**終端する**）ことにする．(ii) の場合には，P_l を解くことなく P_l を終端することになるが，これは，P_l を解いたところで，最適解，もしくは暫定解よりもよい解は得られないことがわかるからである．以上の操作は**限定操作**と呼ばれ，分枝限定法の計算効率を高めるために必要不可欠なものである．

限定操作の実現には，通常，**下界値テスト**が用いられる．下界値テストでは，まず，部分問題 P_l の制約を一部緩和した問題 $\overline{P}_l$ を解く．ここで，$\overline{P}_l$ は比較的簡単に解くことができる問題を想定している．そして，以下のいずれかの場合に該当するかを調べ，該当する場合には，P_l を終端する．

(a) $\overline{P}_l$ の最適解 $\overline{x}^*$ が，P_l の実行可能解である（このとき，$\overline{x}^*$ は P_l の最適解でもある）．

(b) $\overline{P}_l$ が実行不可能である（このとき，P_l も実行不可能である）．

(c) $\overline{P}_l$ の最適値 $\overline{f}_l^*$ が，暫定値 z 以上である（$\overline{f}_l^*$ が f_ℓ^* の下界を与えることから，このとき，$f_l^* \geq \overline{f}_l^* \geq z$ が成り立つ）．

GAP の例では，緩和問題として，変数 x_{ij} の 0–1 制約「$x_{ij} \in \{0,1\}$」を「$0 \leq x_{ij} \leq 1$」に緩和した線形計画 (linear programming: LP) 問題（**LP 緩和問題**）を用いることができる（LP 問題は多項式時間で解ける）．なお，目的関数の係数 c_{ij} がすべて整数であれば，任意の実行可能解の目的関数値は整数となり，$f_l^* \geq \lceil \overline{f}_l^* \rceil$ が成り立つことから，$\lceil \overline{f}_l^* \rceil \geq z$ であれば P_l を終端することができる．

LP 緩和問題の最適解は，下界値テストだけでなく，分枝操作を適用する際にも利用される．分枝操作として，ある一つの変数を 1 か 0 に固定する場合には，値を固定する変数として，LP 緩和問題の最適解において値が 0.5 に近い変数を選択する方法などがよく用いられる．

分枝限定法の計算のある時点において，分解も終端もされていない部分問題を**活性**であるという．分枝限定法では，活性部分問題が存在するかぎり，活性部分問題の一つを選択し，限定操作によってそれを終端するか，終端することができない場合には，分枝操作によってそれを複数の部分問題に置き換える，という手順を繰り返す．活性部分問題がなくなったとき，分枝限定法は終了する．その時点で暫定解が得られていれば，それがもとの問題の最適解を与え，暫定解が得られていなければ，もとの問題には実行可能解が存在しないことが示される．なお，活性部分問題が残っている状態で計算を打ち切ったとしても，その時点での暫定解を近似最適解として利用することができる．このとき，得られた解が最適であるという保証はないが，残された活性部分問題のすべての下界値がわかれば，それらの最小値がもとの問題の下界値となるため，この値を用いて解の精度を測ることができる．

分枝限定法の計算過程は，しばしば**探索木**と呼ばれる根つき木を用いて表現される．探索木において，根はもとの問題に対応し，その他の節点は，自身の親から分枝操作によって生成された部分問題に対応する．限定操作を行わないとすれば，この木はすべての解を列挙する列挙木となるが，実際にはいくつかの節点（部分問題）が限定操作によって終端されるため，分枝限定法では，列挙木の一部分だけが生成されることになる．

一般に，下界値テストで用いる緩和問題は，その最適値が部分問題のよい下界値を与えるものであることが望ましい．精度の高い下界値が得られれば，下界値テストによって部分問題を終端できる可能性が高まるからである．下界値テストにおいて緩和問題を解く際に，下界値の精度を高める手段として**妥当不等式**を用いる方法がある．ここで，妥当不等式とは，任意の実行可能解が満たす線形不等式制約のことであり，**切除平面**とも呼ばれる．部分問題に対する妥当不等式のうち，LP 緩和問題の最適解が満たさないようなものをみつ

けることができれば，それをLP緩和問題に追加することで，よりよい下界値が得られると期待できる．この考え方を分枝限定法に組み込んだものを，**分枝カット法**（あるいは**分枝切除法**）と呼ぶ．GAPに対する簡単な例を以下に紹介する．ある部分問題のLP緩和問題を考え，その最適解を $\overline{x}^*$ とする．また，あるエージェント i に対し，$0 < \overline{x}^*_{ij} < 1$ を満たす j が存在するとする．この i に対し，$\overline{x}^*_{ij} > 0$ を満たす j を a_{ij} の降順に整列し，その結果を $j_1, j_2, \cdots$ とする（すなわち $a_{ij_1} \geq a_{ij_2} \geq \cdots$）．このとき，

$$\sum_{r=1}^{s-1} a_{ij_r} \leq b_i < \sum_{r=1}^{s} a_{ij_r}$$

を満たす s に対して，

$$\sum_{r=1}^{s} x_{ij_r} \leq s-1$$

は部分問題の妥当不等式となる．よって，$\overline{x}^*$ がこの制約を満たさない場合，この制約をLP緩和問題に追加することで，よりよい下界値が得られる可能性が高い．

良質の暫定解を分枝限定法の計算の早い段階で得ることも，下界値テストをより強力なものにする効果がある．たとえば，初期暫定値として精度の高いものを得るため，分枝限定法を実行する前に近似解法を適用することがしばしば行われる．分枝操作を開始した後も，活性部分問題に対して，その最適解を得ることが難しい場合にはなんらかの簡便な方法を用いて実行可能解を生成し，暫定解の更新を試みることも有効である．

活性部分問題のなかから次の計算対象としてどれを選ぶかの戦略は，**探索法**と呼ばれ，分枝限定法の性能に大きな影響を与えることが知られている．**深さ優先探索**は，最後に生成された部分問題を優先して選ぶ方法（探索木における深さが最大の活性部分問題を選ぶ方法であるといってもよい）であり，実装が比較的容易であること，計算途中において一時的に保持しておくべき活性部分問題の個数が低く抑えられるため，少ない記憶容量で計算を実行できること，などの利点により，しばしば利用される．ほかには，活性部分問題それぞれに対して最適値の推定値を計算しておき，その値が最小のものを優先する方法があり，**最良優先探索**や**発見的探索**と呼ばれる．この戦略を用いることで，よい暫定解を早くみつけられる可能性が高まるため，計算を途中で打ち切り，分枝限定法を近似解法として利用する場合などに有効であると考えられる．また，計算終了までに調べる部分問題の個数（探索木に現れる節点の個数）を低く抑えられることも期待できる．しかし，深さ優先探索に比べ多くの記憶容量を必要とする傾向にあり，実装もやや複雑になる．ここで，最適値の推定値として緩和問題の最適値（下界値）を用いることも可能であり，この場合，**最良下界探索**とも呼ばれる．〔野々部宏司〕

参考文献

[1] 茨木俊秀：組合せ最適化—分枝限定法を中心として，産業図書，1983.

4.2 動的計画法

dynamic programming

動的計画法は，最適化問題を解くための手法の一つであり，**最適性の原理**と呼ばれる問題構造を利用して計算効率を高めるものである．

動的計画法の基本的なアイデアは,「最適解の一部分に着目すると，それが，ある部分問題の最適解になっている」という性質をもつ問題に対し，部分問題の最適解を積み上げていくことでもとの問題の最適解を得ようというものである．より具体的には，最適解の再帰的構造を，最適解（あるいは最適値）に関する再帰式として表し，これを解くことによってもとの問題を解く．ただし，このとき，実際に再帰的な計算を行うわけではなく，ボトムアップ方式で小規模な部分問題から順に解いていくところに動的計画法の特徴がある．計算の途中で得られた部分問題の最適解の情報を，あとでより大規模な部分問題を解くときに利用できるよう保持しておくことで，同じ部分問題を繰り返し解くことを防ぐのである．

以下では，組合せ最適化問題に対する動的計画法によるアルゴリズムの例を三つあげる．

a. 0–1 ナップサック問題

0–1 ナップサック問題は以下のように定式化される．

$$\max \quad f(x) = \sum_{i=1}^{n} p_i x_i$$

$$\text{s.t.} \quad \sum_{i=1}^{n} w_i x_i \leq c,$$

$$x_i \in \{0, 1\}, \qquad i = 1, 2, \cdots, n$$

ここで，p_i は非負の整数，w_i と c は正の整数であるとする．各要素 i を利得が p_i で重さが w_i の品物，c をナップサックの許容重量と見なし，0–1 変数 x_i が値 1（値 0）をとるとき，品物 i をナップサックに入れる（入れない），と考えれば，この問題は，ナップサックの許容重量を超えない範囲で，できるかぎり利得が大きくなるよう品物をナップサックに入れる問題と考えることができる．

0–1 ナップサック問題を動的計画法を用いて解くために，整数 k $(1 \leq k \leq n)$，l $(0 \leq l \leq c)$ の組それぞれに対して,「k 個の品物 $\{1, 2, \cdots, k\}$ から総重量 l 以下の範囲で品物を選び，総利得 $\sum_{i=1}^{k} p_i x_i$ を最大にする問題」を部分問題として考え，その最適値を $f_k(l)$ とする．もとの問題の最適値は $f_n(c)$ で与えられ，これを求めることが最終的な目標である．

$f_k(l)$ は，以下のように再帰的に定義することができる．まず $k = 1$ の場合，許容重量 l が品物 1 の重量 w_1 未満であれば，品物を選ぶことはできず，$f_1(l) = 0$ であり，逆に l が w_1 以上であれば，品物 1 を選ぶのが最適で，$f_1(l) = w_1$ となる．$k \geq 2$ の場合は，$f_{k-1}(\bullet)$ の値を利用する．もし $l < w_k$ であれば，品物 k をナップサックに入れることはできないから，結局，$k-1$ 個の品物 $\{1, 2, \cdots, k-1\}$ から品物を選ぶことになり，$f_k(l) = f_{k-1}(l)$ である．一方，$l \geq w_k$ であれば，品物 k を選ぶか選ばないかの二つの選択肢があり，

(i) 品物 k を選ぶ場合，k に加え，残りの重量 $l - w_k$ 以下の範囲で $\{1, 2, \cdots, k-1\}$ から利得が最大になるよう品物を選ぶのが最適で，そのときの利得は $f_{k-1}(l - w_k) + p_k$,

(ii) 品物 k を選ばない場合，$\{1, 2, \cdots, k-1\}$ から重量 l 以下で利得が最大になるよう品物を選ぶのが最適で，そのときの利得は $f_{k-1}(l)$,

である．(i) と (ii) の利得のうち，値の大きいほうが $f_k(l)$ となる．つまり，$f_k(l)$ を求めるために，$\{1, 2, \cdots, k\}$ から品物を選ぶ選び方すべてを調べる必要はなく,「$f_{k-1}(l)$ を実現する選び方」と,「$f_{k-1}(l - w_k)$ を実現する選び方に品物 k を加えた選び方」の 2 通りだけを考えればよい．この性質が，最適性の原理である．以上の議論をまとめ，$f_k(l)$ を再帰的に定義すると，

$$f_1(l) = \begin{cases} 0, & l = 0, 1, \cdots, w_1 - 1, \\ p_1, & l = w_1, w_1 + 1, \cdots, c \end{cases}$$

$$f_k(l) = \begin{cases} f_{k-1}(l), & l = 0, 1, \cdots, w_k - 1, \\ \max\{f_{k-1}(l - w_k) + p_k, f_{k-1}(l)\}, & \\ \qquad\qquad l = w_k, w_k + 1, \cdots, c \end{cases}$$

$$k = 2, 3, \cdots, n$$

となる．この漸化式にしたがい，$k = 1, 2, \cdots, n$ の順

に $f_k(l)$ の計算を行うことによって，$O(nc)$ 時間で最適値 $f_n(c)$ を得ることができる．この計算時間は擬多項式オーダーであり，多項式オーダーではないが，単純にすべての組合せを列挙して調べる方法を考えると，その組合せの数は $O(2^n)$ であるから，c の値が極端に大きくないかぎり，動的計画法のほうが効率的である．

最適値 $f_n(c)$ だけでなく，それを実現する組合せ（最適解）も得たい場合には，各 $f_k(l)$ について，$f_k(l) = f_{k-1}(l-w_k)+p_k$ か $f_k(l) = f_{k-1}(l)$ のどちらが成立するか（つまり，総重量 l 以下で $\{1, 2, \cdots, k\}$ から品物を選ぶとしたら，品物 k を選ぶべきか否か）がわかるようにしておけばよい．ただし，便宜上，$f_0(l) = 0$ $(l = 0, 1, \cdots, c)$ とする．$f_n(c)$ が求まったのち，以下のように $f_k(l)$ を $k = n, n-1, \cdots, 1$ の順にたどることで最適解 x^* を求めることができる．

手順 0:

$l := c$，$k := n$ とする．

手順 $\boldsymbol{n-k+1}$:

$f_k(l) = f_{k-1}(l-w_k)$ であれば $x_k^* := 0$ とし，さもなくば $x_k^* := 1$，$l := l - w_k$ とする．

$k = 1$ であれば終了．さもなくば，$k := k-1$ として手順 $n-k+1$ へ．

b. 連鎖行列積問題

与えられた n 個の行列 A_i $(i = 1, 2, \cdots, n)$ に対し，それらの積 $A_1A_2\cdots A_n$ を計算することを考える．ただし，各行列 A_i の次元を $d_{i-1}\times d_i$ とする．この計算を，二つの行列の積の計算を $n-1$ 回行うことによって実現するものとし，その際の計算順序を括弧を用いて表現することにする．たとえば $n = 4$ の場合，

$$(A_1(A_2(A_3A_4))), (A_1((A_2A_3)A_4)),$$
$$((A_1A_2)(A_3A_4)), ((A_1(A_2A_3))A_4),$$
$$(((A_1A_2)A_3)A_4)$$

の計 5 通りが存在する．ここで，計算結果自体は計算順序に依存しないが，計算のために行われる乗算の回数は，計算順序に依存することに注意されたい．**連鎖行列積問題**とは，与えられた n 個の行列に対し，その行列積を計算するために行われる乗算の回数が最小になるように，計算順序を決定する（括弧をつける）問題である．

具体例として，$n = 3$，$(d_0, d_1, d_2, d_3) = (10, 2, 50, 3)$ の問題例について考えてみよう．$p\times q$ 行列 $A = (a_{lm})$ と，$q\times r$ 行列 $B = (b_{mn})$ の積 $C = (c_{ln})$ を考えると，C の各成分 c_{ln} は，q 個の積 $a_{lm}b_{mn}$ $(m = 1, 2, \cdots, q)$ の総和で求められる．C の次元は $p\times r$ なので，C を計算するのに，全体で pqr 回の乗算を行うことになる．このことから，行列積 $A_1A_2A_3$ を $((A_1A_2)A_3)$ の順序で計算する場合には，A_1A_2 の計算に $10\times 2\times 50 = 1000$ 回，$(A_1A_2)A_3$ の計算に（A_1A_2 の次元は 10×50 なので）$10\times 50\times 3 = 1500$ 回の，計 2500 回の乗算を行うことがわかる．しかし，$(A_1(A_2A_3))$ の順序で計算を行えば，乗算の回数は，A_2A_3 の計算に $2\times 50\times 3 = 300$ 回，$A_1(A_2A_3)$ の計算に $10\times 2\times 3 = 60$ 回の，計 360 回ですむ．

連鎖行列積問題を解くために，部分問題として，$1 \leq i \leq j \leq n$ を満たす整数 i，j の組それぞれについて，「行列積 $A_iA_{i+1}\cdots A_j$ の計算で行われる乗算の回数を最小化する問題」を考え，その最小回数を $f(i, j)$ とする．このとき，$f(1, n)$ がもとの問題の最適値である．$f(i, j)$ は，以下のように再帰的に定義することができる．

$$f(i,j) = \begin{cases} 0, & i = j \text{ のとき}, \\ \displaystyle\min_{i\leq k<j}\{f(i,k)+f(k+1,j)+d_{i-1}d_kd_j\} \\ & i < j \text{ のとき} \end{cases}$$

$i = j$ のときは，行列 A_i そのものが計算結果となるため，乗算を行う必要はなく，$f(i, j) = 0$ である．$i < j$ のとき，行列積 $A_i\cdots A_j$ の計算において最後に行う行列演算に着目すると，それは，前半部分の行列 $A_i\cdots A_k$ と後半部分の行列 $A_{k+1}\cdots A_j$ の積の計算であり，k のとりうる値は，$k = i, i+1, \cdots, j-1$ の $j-i$ 個である．そのそれぞれの場合について，計算に必要な最小乗算回数が「前半部分の計算に必要な回数 $f(i, k)$」と「後半部分の計算に必要な回数 $f(k+1, j)$」の和に，「前半部分と後半部分の積の計算に必要な回数 $d_{i-1}d_kd_j$」を加えた値として求められるので，これらの最小値をとれば，その値が $f(i, j)$ となる．

$f(i, j)$ の漸化式にしたがって効率よく $f(1, n)$ を求めるためには，$f(i, j)$ の値を $j-i$ の昇順に計算

していけばよい．たとえば $n=4$ の場合は，まず，$f(1,1)$，$f(2,2)$，$f(3,3)$，$f(4,4)$ を計算し（実際には計算することなく，すべて 0），次に $f(1,2)$，$f(2,3)$，$f(3,4)$ を計算，その次に $f(1,3)$，$f(2,4)$ を計算し，最後に $f(1,4)$ を計算すればよい．$f(i,j)$ の計算に必要な $f(i,k)$ や $f(k+1,j)$ については，すべて，「$k-i<j-i$」か「$j-(k+1)<j-i$」が成り立ち，それらの値は $f(i,j)$ よりも前に計算されるからである．この方法に基づくアルゴリズムの計算時間は，$\mathrm{O}(n^3)$ である．括弧のつけ方の場合の数は，$n-1$ 番目のカタラン数 $\frac{1}{n}\binom{2(n-1)}{n-1}$ と等しく，n に関して指数関数的に増加することから，動的計画法の効果を知ることができる．

なお，行列積 $A_1A_2\cdots A_n$ の計算を実際に最適な計算順序で行うためには，以下のようにすればよい．まず，各 $f(i,j)$ $(i<j)$ について，$f(i,j)=f(i,k)+f(k+1,j)+d_{i-1}d_kd_j$ を満たす k $(i\le k<j)$ の値を $k(i,j)$ として保持しておく．また，2 整数 i，j $(1\le i\le j\le n)$ を入力として受け取り，行列積 $A_i\cdots A_j$ の計算を行う手続きを，再帰呼出しを用いて定義する．すなわち，行列積 $A_i\cdots A_{k(i,j)}$ と行列積 $A_{k(i,j)+1}\cdots A_j$ を再帰呼び出しによって計算した後，それらの積を計算するのである．そして，$(i,j)=(1,n)$ を入力としてこの手続きを呼び出せば，再帰的計算によって，行列積 $A_1A_2\cdots A_n$ の計算が最小乗算回数を実現する順序で行われる．

c.　巡回セールスマン問題

巡回セールスマン問題とは，n 個の都市の集合 $V=\{1,2,\cdots,n\}$ と，都市 $i\in V$ から都市 $j\in V$ への移動距離 d_{ij} (≥ 0) が与えられたとき，ある都市から出発し，すべての都市をちょうど一度ずつ訪問してもとの都市に戻る巡回路のなかで，総移動距離が最短のものを求める問題である．以下では，一般性を失うことなく，都市 1 を出発点とする．

巡回セールスマン問題を動的計画法で解くために，都市の集合 $U\subseteq\{2,3,\cdots,n\}$ と都市 $i\in U$ に対して，「都市 1 を出発し，U に含まれる i 以外の都市すべてを訪問し，i に至る路のなかで移動距離が最短のものを求める問題」を部分問題として考え，その最短路長を $f(U,i)$ とする．このとき，もとの問題の最短巡回路長 f^* は，

$$f^*=\min_{2\le j\le n}\{f(\{2,3,\cdots,n\},j)+d_{j1}\}$$

で与えられる．これは，すべての巡回路を，最後に都市 1（出発点）へ戻ってくる直前に訪問する都市 j $(\neq 1)$ で分類して考えると，「都市 1 を出発し，j 以外のすべての都市を訪問して j に至る最短路の長さに，j から 1 への距離 d_{j1} を加えた長さ」がそれぞれの場合の最短巡回路長となり，f^* はその最小値で与えられるからである．$f(U,i)$ $(|U|\ge 2)$ についても同様に，都市 i の直前に訪問する都市 $j\in U\setminus\{i\}$ によって路の分類を行うことで，以下の漸化式

$$f(U,i)=\min_{j\in U\setminus\{i\}}\{f(U\setminus\{i\},j)+d_{ji}\}$$

が成り立つことがわかる．また，$|U|=1$ の場合には，$U=\{i\}$ として，

$$f(\{i\},i)=d_{1i}$$

が成り立つ．これらにしたがって，$|U|=1,2,\cdots,n-1$ の順に $f(U,i)$ の計算を行うことで，最短巡回路長 f^* を求めることができる．このアルゴリズムの計算時間は $\mathrm{O}(n^2 2^n)$ であり，実用的な計算時間で解くことのできる問題例は小規模なものに限られるが，それでも巡回路の総数 $(n-1)!$ よりは小さく，動的計画法の効果が現れている．

なお，最短巡回路自体を求めるためには，$f(U,i)$ および f^* の計算において，最小値を実現する j の値（すなわち，都市 i あるいは都市 1 の直前に訪問する都市）を保持しておき，0–1 ナップサック問題の場合と同様に，f^* が求まった後，$f(U,i)$ を $|U|=n-1,n-2,\cdots,1$ の順にたどればよい．　〔野々部宏司〕

参 考 文 献

[1]　T. コルメンほか著，浅野哲夫ほか訳：動的計画法．アルゴリズムの設計と解析手法（アルゴリズムイントロダクション 2），第 16 章，近代科学社，1995.

4.3 分割統治法

divide-and-conquer algorithm

与えられた問題をサイズの小さな部分問題に分割し，それぞれの部分問題の解を求め，得られた解をつなぎあわせてもとの問題の解を得る手法である．部分問題へ分割するフェーズを分割フェーズ，得られた解からもとの問題の解を求めるフェーズを統合フェーズと呼ぶことにする．以下に簡単な例を示す．

a. 最小値探索問題

n 個のデータ（整数）のなかの最小値を求める問題を考える．データを半分ずつの二つのデータ集合（A と B）に分割し,「A のなかで最小値を求める問題」と,「B のなかで最小値を求める問題」という，サイズの小さな二つの部分問題を考える．これが分割フェーズである．それぞれの問題に対して解が求まったら，もとの問題の解として，得られた二つの解のうち小さいほうを採用する．これが正しい解になっていることは，説明を要しないであろう．ここが統合フェーズである（なお，この例では単に片方を採用しているだけなので,「統合」という言葉はそぐわないかもしれないが，のちによりよい例を紹介する）．$n/2$ 個のデータのなかから最小値を求める二つの部分問題を並列に処理することができれば，処理時間の大幅な短縮が期待できる．

b. ソーティング問題

ソーティングとは，与えられた n 個のデータ（整数）を小さい順に並べ替える（「ソートする」ともいう）問題である．この問題に対する，マージソートというアルゴリズムを以下に紹介する．分割フェーズでは，与えられた n 個のデータを半分ずつ（A と B とする）に分割して,「A のデータをソートする問題」と,「B のデータをソートする問題」という，二つの部分問題をつくる（図 1）．

次に，各部分問題を解いて，ソートされた二つのデータ列を得る（図 2）．

15 34 9 8 12 5 21 25 34 43 3 29 18 32 38 2

部分問題 A
15 34 9 8 12 5 21 25

部分問題 B
34 43 3 29 18 32 38 2

図 1 問題の分割

A の解
5 8 9 12 15 21 25 34

B の解
2 3 18 29 32 34 38 43

図 2 各部分問題の解

統合フェーズでは，これら二つのデータ列を統合することにより，もとの問題の解を得る．統合の仕方は，以下の通りである．両方のデータ列の先頭要素どうしを比べ，小さいほうの要素を選択し，もとの問題の解の先頭要素とする．選ばれたデータは，部分問題の解から削除する．図 3 は，この操作を 1 回行ったあとの状態である．A の解の先頭の要素 5 と，B の解の先頭の要素 2 を比べ，2 のほうが小さいので，2 を取り出してもとの解の先頭の要素とし，2 を B の解から消去している．

A の解
5 8 9 12 15 21 25 34

B の解
3 18 29 32 34 38 43

もとの問題の解
2

図 3 統合フェーズ（1 ステップ後）

以後，同様の操作を繰り返していく．図 4 は，操作を 7 回施した後の状態を表している．

A の解
21 25 34

B の解
18 29 32 34 38 43

もとの問題の解
2 3 5 8 9 12 15

図 4 統合フェーズ（7 ステップ後）

（データ構造や具体的な実装にもよるが）分割の際は何もする必要はなく，長さ n_1 と n_2 のソートされた列を統合する計算時間は $O(n_1 + n_2)$ である．したがって，全体の計算時間は $O(n \log n)$ となる．ソーティングアルゴリズムに関するより詳細な議論は，文献 [1] を参照されたい．

c.　巡回セールスマン問題

n 個の町があり，自分は現在そのうちの一つ（s とする）にいるとする．s を出発し，残り $n-1$ 個のすべての町を（ちょうど一度ずつ）訪問し，最後に s に帰ってくる経路のうちで，最短のものを求める問題を**巡回セールスマン問題**という（ここでは，町は同一平面上に配置され，距離は平面上のユークリッド距離で定義されるものとする）．巡回路の数は $(n-1)!$ あるので，しらみつぶしの方法では莫大な計算時間がかかってしまう．アローラ (S. Arora) は，分割統治法の考え方を使うことにより，いくらでも最適に近い解（正確には，任意の正定数 ε に対して最適の $1+\varepsilon$ 倍以内の解）を求める多項式時間アルゴリズムを提案した．ここではその概要を紹介する．

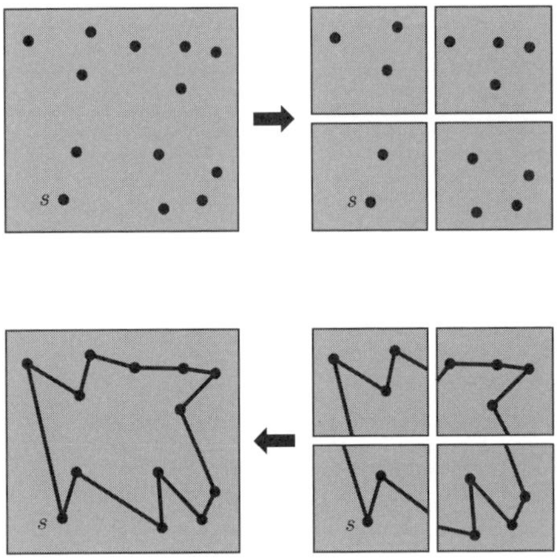

図 5　巡回セールスマン問題の分割フェーズと統合フェーズ

与えられた平面を四つの区画に分割し（分割フェーズ），それぞれの区画のなかで最適に近い経路を求める．得られた四つの経路を，境界をうまく調整しながらつなぎあわせて，全体の経路を得る（統合フェーズ，図 5 参照）．各区画内で経路を求める部分の処理や，境界でつなぎあわせる部分で誤差が生じるが，それをすべて合わせても ε 以内に収まるようにアルゴリズムのパラメータが設計されている．なお，分割された問題では巡回路ではなくパスを求めているので，部分問題がもとの問題そのままになっているわけではない．また，各部分問題が 1 本のパスだけでよいとはかぎらず，隣の区画とどうつながるかを念頭におき複数（多項式個程度）の解候補を求めておき，統合フェーズでは（やはり多項式個程度の）あらゆる組合せを試し，そのなかで経路長が最小になるものを選ぶ．これ以外にも，詳細を省いている部分が多数あるが，ここではこれ以上踏み込まない．詳しくは，文献 [2] を参照されたい．

〔宮 崎 修 一〕

参 考 文 献

[1]　石畑　清：アルゴリズムとデータ構造（岩波講座 ソフトウェア科学），岩波書店，1989.

[2]　玉木久夫：巡回セールスマン問題の近似アルゴリズム：天才アローラによる 20 年ぶりの急進展．情報処理学会誌，**39**(6): 566–573，1998.

4.4 乱択アルゴリズム

randomized algorithms

同じ入力に対しては常に決まった動きをする**決定性アルゴリズム**に対して，乱数を利用し乱数の出方によって挙動が変わるアルゴリズムを**乱択アルゴリズム**という．決定性の場合にはアルゴリズムに対してかならず都合の悪い入力が存在するような場合でも，乱数を使用することにより，「高い確率で」または「平均的に」よい結果（たとえば「計算時間の短さ」や「質のよい解」）が得られる場合がある．以下では乱択アルゴリズムの簡単な例を紹介する．また，参考文献として乱択アルゴリズムの良書 [1, 2] をあげておく．

a. データの探索

n 個のデータのなかに，必要なデータが k 個あり，そのうちどれでもよいから一つを得たいとする（n 個の箱のうち，k 個の箱に当たりが入っているという状況を想定すればよい．以下，この文脈で説明する）．箱を一つずつ順番に開けていくという単純なアルゴリズムを考えてみる．決定性のアルゴリズムでは，開ける順番が固定されているため，当たりが最後の k 個に入っているような，都合の悪い入力が必ず存在する．しかも，どのような順序づけをしても（すなわち，どのような決定性アルゴリズムを考えても），それに対して都合の悪い入力が存在する．つまり，最悪の入力に対する計算時間（箱を開ける回数）は $n-k+1$ となる．

一方,「n 個の箱のなかから 1 個を一様ランダムに選び，その箱を開ける」という操作を当たりが出るまで続ける確率アルゴリズムを考える．どこに当たりが入っていたとしても，当たりの箱を引き当てる確率は k/n である．よって，当たりが出るまでの計算時間の期待値は n/k である．また，たとえば $3n/k$ 回箱を開けても当たりを引かない確率は $(1/e)^3 \leq 0.05$ 以下となる．ただし e は自然対数の底である．すなわち，$3n/k$ 回試行すれば，95%の確率で解が求まることになる．

たとえば $k=n/3$ の場合，決定性のアルゴリズムでは最悪計算時間がほぼ $2n/3$ であるが，乱択アルゴリズムでは平均 3 回で答が求まることになり，大幅な改善である．

b. 最大充足問題

論理変数またはその否定をリテラルといい，リテラルの論理和を節と呼ぶ．和積形論理式とは，節の論理積からなる形の論理式である．たとえば $f = (x_1+\overline{x}_2+x_3)\cdot(x_2+\overline{x}_3+x_4)\cdot(\overline{x}_1+x_3)\cdot(\overline{x}_4)\cdot(x_3+x_4)$ は四つの論理変数および五つの節からなる和積形論理式である．ただし「+」は論理和を,「·」は論理積を表している．論理変数に 0 または 1 を代入して，できるだけ多くの節を充足させる問題を**最大充足問題**と呼ぶ．上記の例 f では，$x_2=1$, $x_3=1$, $x_4=0$（x_1 は任意）とすることにより，5 個すべての節を充足できるので，これが最適である．

各論理変数にランダムに（それぞれ確率 1/2 で）0 または 1 を割り当てるアルゴリズムを考える．k 個のリテラルをもつ節の場合，それが充足される確率は $(1-(1/2)^k)$ である．たとえばすべての節がちょうど 3 個のリテラルを含む論理式の場合，各節は確率 7/8 で充足されるので，f の節数を P とすると，充足される節数の期待値は $(7/8)P$ となる．最大でも P 個までしか充足できないので，この乱択アルゴリズムは 8/7–近似アルゴリズムである（4.5 節参照）．

c. *k* 番目に小さいデータの探索

n 個のデータ（正整数）のなかから，k 番目に小さいものを探す問題を考える．データを小さい順にソートしたあとに前から k 番目の値を取り出せば，正しい答えが求まる．このアルゴリズムの計算時間は $O(n\log n)$ である．ここでは，乱数を使うことにより，$O(n)$ に高速化することを考える．

アイデアは以下の通りである．求める「k 番目に小さい数」が存在する，ある程度狭い領域を乱択アルゴリズムにより絞り込む．ある程度狭いという意味は，その範囲内のデータをソートしても計算時間が $O(n)$ を超えないという意味であり，たとえばこの領域内のデータ数が $O(n/\log n)$ 個であれば十分である．

この領域を定めるために，与えられた n 個のデータのなかから一様ランダムに r 個のデータを選択する．これらがもし，ある程度均等に選ばれていたら，r 個のうちの小さいほうから rk/n 番目は，n 個のうちの小さいほうから k 番目付近であることが期待される．そこで，選択されたデータを小さい順にソートし，小さいほうから $(rk/n)-w$ 番目のデータ（l と呼ぶ）と $(rk/n)+w$ 番目のデータ（h と呼ぶ）を選ぶ．このソートはやはり $O(n)$ 時間でできなければならないので，上記と同様の議論から $r=O(n/\log n)$ とする．ここで，w を $n/\log^2 n$ ととると，(1) 求めるデータは l と h の間にある，(2) l と h の間にあるデータの個数は $O(n/\log n)$ である，の両方が高い確率で成り立つ（w を小さくとりすぎると条件 (1) を壊しやすくなり，大きくとりすぎると条件 (2) を壊しやすくなることに注意）．l がもとのデータのなかで小さいほうから何番目であるかは $O(n)$ 時間で計算できるので，以降は，上に述べた方法で所望のデータをみつけることができる．確率計算やパラメータ設定などの詳細は，文献 [1] を参照されたい．　〔宮 崎 修 一〕

参 考 文 献

[1] 玉木久夫：乱択アルゴリズム（アルゴリズム・サイエンスシリーズ），共立出版，2008.

[2] R. Motwani and P. Raghavan : Randomized Algorithms, Cambridge University Press, 1995.

4.5 近似アルゴリズム

approximation algorithm

最適化問題 Π の問題例 I における目的関数の最適値を OPT_I で表す．問題 Π が最小化問題であるとき，$\alpha\mathrm{OPT}_I$ 以下の目的関数値をもつ実行可能解を I の α 近似解と呼ぶ．ただし，ここで α は 1 以上の実数である．問題 Π が最大化問題であるときには，目的関数値が OPT_I/α 以上であるような実行可能解が α 近似解と呼ばれる．問題 Π の α 近似アルゴリズムとは，Π のどの問題例に対してもかならず α 近似解を計算するアルゴリズムのことを指す．このとき，α はこのアルゴリズムの近似比と呼ばれる．問題 Π に対して多項式時間 α 近似アルゴリズムが存在する場合，Π は α 近似可能であるといい，存在しない場合 α 近似不可能であるという．

通常，近似アルゴリズムには最適解を計算するよりも少ない計算量で近似解を計算することが求められる．特に，NP 困難に分類される最適化問題に対しては，$\mathrm{P}=\mathrm{NP}$ でないかぎり最適解を多項式時間で計算することは不可能である．このことから，近似アルゴリズムといった場合 NP 困難問題に対する多項式時間近似アルゴリズムを指すことが多い．また近似アルゴリズムと対比して，最適解を計算するアルゴリズムのことを厳密アルゴリズムと呼ぶことがある．

近似比が 1 に近ければ近いほど，近似アルゴリズムは最適解により近い解を出力することが保証されるため，性能がよいと評価される．そのようなアルゴリズムを許す問題は，大きな近似比をもつアルゴリズムしか許さない問題と比べ，よりやさしいといえる．つまり近似可能性は，計算量のように最適化問題の難しさの指標として用いることができる．近似可能性は，問題の困難性をより深く評価するための枠組みとして受け入れられている．

また，問題例 I とパラメータ $\varepsilon>0$ が与えられたときに，$(1+\varepsilon)$ 近似アルゴリズムを定義するような枠組みのことを近似スキームと呼ぶ．ε が定数に固定されているときに近似スキームによって与えられるアルゴリズムの計算量が問題例 I の入力サイズに関して多項式時間である場合，特に多項式時間近似スキームと呼ぶ（polynoimal time approximation scheme を略して **PTAS** と呼ばれることも多い）．問題例 I の入力サイズと $1/\varepsilon$ に関して多項式時間である場合は，完全多項式時間近似スキームと呼ぶ（fully polynomial time approximation scheme を略して **FPTAS** と呼ばれることも多い）．これらは，ε として十分小さい値をとることで，いくらでも最適解に近い解を計算するアルゴリズムを与えることができる．

完全多項式時間近似スキームの存在性は，擬多項式時間アルゴリズムの存在性と密接に関係する．たとえば，ナップサック問題については動的計画法に基づいた擬多項式時間アルゴリズムが知られているが，このアルゴリズムに前処理を付け加えることで，ナップサック問題に対する完全多項式時間近似スキームが得られる．一方，目的関数値が整数で任意の問題例の最適値が問題サイズの多項式で収まるような強 NP 困難問題（P ＝ NP でないかぎり擬多項式時間アルゴリズムが存在しない問題）は，P ＝ NP でないかぎり完全多項式時間近似スキームを許さないことが示されている．

a.　近似アルゴリズムの設計手法

近似アルゴリズムの設計手法には，厳密アルゴリズムを設計するための考え方をより洗練させたものが多い．最適解の目的関数値の見積もりとして最小化問題の場合は下界値，最大化問題の場合は上界値を用いアルゴリズムの近似比を導出することが，多くの場合において鍵となる．以下では，代表的な組合せ最適化問題に対する近似アルゴリズムを例として取り上げる．

1)　貪欲法

貪欲法は，その時点でよさそうにみえる選択肢を選ぶことを繰り返すことで解を構築していく方法である．これはいわば局所的な最適化を行っているのだが，大域的な視点を取り入れていないので多くの問題では最適解を得ることができない．しかし，問題によってはよい近似解を与えることがある．

NP 困難問題の一つである巡回セールスマン問題を例として取り上げる．この問題では，無向グラフ $G = (V, E)$ と，辺コスト c が与えられる．頂点 u と v を結ぶ辺を uv で表すことにする．G の巡回路とはすべての節点をちょうど一度ずつ訪れる路のことであり，巡回セールスマン問題の目的は最小コストの巡回路を求めることである．また，G が完全グラフ，c が非負であり，かつ任意の 3 点 $u, v, w \in V$ について三角不等式 $c(uw) \leq c(uv) + c(vw)$ を満たすという仮定があるとき，特に**メトリック巡回セールスマン問題**と呼ぶ．

ここでは，メトリック巡回セールスマン問題について，最近追加法と呼ばれる貪欲法に基づいたアルゴリズムを紹介する．現在の暫定路によって訪問される節点の集合を U で表す．最初に頂点一つを適当に選び（v_1 とする），初期設定として暫定路を v_1 のみからなる路，U を $\{v_1\}$ とする．アルゴリズムの計算途中において，$U \neq V$ であるとしよう．このときアルゴリズムは，$c(uv)$ を最小化する 2 頂点 $u \in U$ と $v \in V \setminus U$ を選択する．この時点の暫定路において u の直後に訪問されている頂点が w であるとき，暫定路を u の直後に v，その直後に w を訪問するように更新し，U も $U \cup \{v\}$ に更新する．アルゴリズムは $U = V$ となるまでこの操作を繰り返し，終了時点の暫定路を解として出力する．

最近追加法はメトリック巡回セールス問題に対する 2 近似アルゴリズムである．アルゴリズムが頂点 v を暫定路に挿入するときのコストの増加量は $c(uv) + c(vw) - c(uw)$ であるが，三角不等式より $c(vw) \leq c(vu) + c(uw)$ が成立するので，これは $2c(uv)$ 以下である．アルゴリズムの最初に用意される暫定路のコストは 0 であったので，最終的に出力される解のコストはこの値を合計したものである．一方，アルゴリズムの途中で選択された 2 頂点の組 u と v を結ぶ辺 uv からなる辺集合は，グラフ G の最小全域木となることが知られている．巡回路から辺を一つ取り除くと G の全域木となることから，最小全域木のコストは巡回路の最小コストの下界値である．このことから，最近追加法の出力解は最適解のコストの 2 倍以下であることがわかる．

2)　線形計画緩和に基づく近似アルゴリズム

組合せ最適化問題のほとんどは，線形整数計画問題によって定式化できるが，この問題を線形計画問題に緩和し，この線形計画問題の最適解からもとの問題の近似解を構成する手法が有効である場合がしばしば存在する．この際，鍵となるのは線形計画問題がもつある種の整数性である．ここでは，頂点被覆問題に対する2近似アルゴリズムを例として紹介する．

無向グラフ $G=(V,E)$ の頂点被覆とは，V の部分集合であり，かつ任意の辺に対してその辺が接続する頂点を少なくとも一つ含むようなもののことである．非負の頂点コスト c をもつ無向グラフが与えられたとき，そのグラフの頂点被覆のうちコスト最小のものを求める問題を**頂点被覆問題**と呼ぶ．

頂点被覆問題は，下のように定式化される線形整数計画問題によって表現することもできる．

$$
\begin{array}{lll}
\text{最小化} & \sum_{v \in V} c(v)x(v) & \\
\text{制約} & x(u)+x(v) \geq 1, & u,v \in E, \\
 & x(v) \in \{0,1\}, & v \in V.
\end{array}
$$

最後の制約 $x(v) \in \{0,1\}$ を $x(v) \geq 0$ に緩和すると，線形計画問題が得られる．制約の緩和によって最適解の目的関数値は増加しないので，この線形計画問題の最適値は頂点被覆問題の最適値の下界となっている．

線形計画問題の最適解は内点法や楕円体法などのアルゴリズムによって多項式時間で計算可能であるが，一般的には最適解は整数でない値をとる変数を含むので，緩和する前の問題の実行可能解とはならない．しかしながら，頂点被覆問題の緩和問題である前述の問題については，変数の値がすべて，0，1，もしくは1/2である最適解が存在する（**半整数性**）．1/2をとる変数の値を1に切り上げても，解の実行可能性は満たされ，かつ目的関数値は切り上げる前の2倍以下となる．つまり，線形計画問題の半整数性をもつ最適解を計算し，その最適解において1/2以上の値をとる変数に対応する頂点を選ぶことで，頂点被覆問題の2近似解が計算可能である．

このアルゴリズムでは，線形計画緩和の最適解においてすべての変数が半整数性というある種の整数性をもつことが重要であったが，一部の変数が整数性をもつときにそのような変数を切り上げて問題例を更新するという操作を繰り返す反復丸め法も知られている．

線形計画緩和に基づく近似アルゴリズムの欠点は，線形計画問題を解かなければならないことである．計算量や計算誤差などの観点から，内点法や楕円体法などのような線形計画問題を解くためのアルゴリズムの使用を避けられるのであれば，そちらの方法のほうがより望ましい．主双対法と呼ばれる方法では，線形計画緩和問題とその双対問題から組合せ最適化問題の近似解を構築するが，陽に線形計画問題の最適解を求めることなく，直接近似解を計算する．

b. 近似困難性

問題の近似可能性はその問題に対する近似アルゴリズムを与えることによって示されるが，その逆の近似**不可能性**については，独自の議論が必要である．最も基本的な方法は，問題間の関係を帰着操作によって示すことで，ある問題によって示された困難性を別の問題にも適用することである．この際，帰着操作の定義は計算量の困難性の議論とはやや異なり，以下のように定義される．最適化問題 Π_1 と Π_2 について考える．α_1 と α_2 を1以上の実数とする．問題 Π_1 の任意の問題例 I_1 から問題 Π_2 の問題例 I_2 を計算する多項式時間アルゴリズムと，I_2 の α_2 近似解から I_1 の α_1 近似解を計算する多項式時間が存在するとき，これらを問題 Π_1 から問題 Π_2 への帰着といい，このような帰着が存在すれば，Π_2 の α_2 以下の近似比での近似不可能性から Π_1 の α_1 近似不可能性を導くことができる．

例として巡回セールスマン問題を考えよう．α_1 を節点数に依存する任意の値，α_2 を1とする．このとき，巡回セールスマン問題はNP困難問題であることが知られているハミルトン閉路問題に帰着可能である．この事実より，巡回セールスマン問題には $\mathrm{P}=\mathrm{NP}$ でないかぎり節点数に依存する任意の値を近似比とする近似アルゴリズムは存在しないことがわかる．

近似不可能性を示す際の重要な道具として，PCP定理がある．これは，クラスNPを確率的な対話証明系で特徴づけたものであり，多くの組合せ最適化問題に対して近似困難性を与えるための基礎となっている．

〔福 永 拓 郎〕

参 考 文 献

[1] V. V. ヴァジラーニ著，浅野孝夫訳：近似アルゴリズム，シュプリンガー・フェアラーク東京，2002.

4.6 メタヒューリスティクス

metaheuristics

メタヒューリスティクスとは，最適化問題（特に組合せ最適化問題）に対する実用的な探索手法を設計するための一般的な枠組みを与えるものであり，そのような考え方に沿って設計されたさまざまなアルゴリズムの総称である．代表的なものとしては，アニーリング法，タブー探索法，遺伝アルゴリズムなどがあげられる．

最適化問題は，一般に，制約条件を満たす解集合 F のなかで目的関数 f の値を最小にする解（最適解と呼ばれる）の一つを求める問題である．F が組合せ的な構造をもつ場合，組合せ最適化問題と呼ぶ．NP 困難性に代表されるように，多くの組合せ最適化問題の大規模な問題例に対して，厳密な最適解を得ることは難しいことが知られている．しかし，応用の場面においては，厳密な最適解はかならずしも必要ではなく，よい解が速く求まれば十分である場合が多い．そこで，現実的な時間で良質の解を求めるために**近似解法** (approximation algorithm) や**発見的手法** (heuristics) が用いられる．その基本戦略として**欲張り法** (greedy method) や**局所探索法** (local search) があげられる．

欲張り法は局所的な評価基準に基づいて解を直接構成する逐次構築型のアルゴリズムであり，局所探索法は与えられた解を簡単な操作によって改善する手続きを反復する方法である．メタヒューリスティクスのなかには，局所探索法を基本として，その性能を高めるための手法と位置づけられるものが多数存在する．以下，局所探索法についていくつか定義を与えておく．解に加える小さな変形を**近傍操作**と呼び，近傍操作によって生成されうる解集合を**近傍** (neighborhood) という．局所探索法は，適当な初期解 x から始め，現在の解 x よりもよい解 x' が x の近傍内にあれば $x := x'$ と移動する操作を，近傍内に改善解がなくなるまで反復する方法である．近傍内に改善解が存在しない解を**局所最適解** (locally optimal solution) という．

局所探索法は多くの場合高い性能を発揮するが，局所最適解のなかには精度の低いものも存在するため，局所探索を一度適用しただけでは，そのような解を出力して停止してしまう可能性が残る．幸い，計算機性能が向上したおかげで，1 回の局所探索は通常短時間で行えるようになった．その結果，計算時間をさほど気にすることなく探索により多くの計算パワーを費やせるようになり，これを活かしてさらに精度の高い解を求めたいという要求が高まった．これに応えるための一般的枠組みを提供するのがメタヒューリスティクスである．

最適化問題においては，「よい解どうしは似通った構造をもっている」ことが多い．そこで，過去の探索で得られたよい解に似通った構造をもつ解を集中的に探索する方法が効果的であろうことが予想できる．メタヒューリスティクスの多くは，このような探索の**集中化** (intensification) と呼ばれる考え方に基づいて設計されている．一方，この考え方のみに基づいてアルゴリズムを設計すると，探索が狭い領域に限定されてしまい，よりよい解を見逃してしまう可能性がある．そこで，ときどきは一時的に解の構造を大きく崩し，未探索の領域に探索を移すこと（探索の**多様化** (diversification)）も必要である．これら相反する二つの動作をバランスよく行うことが成功の秘訣といえる．

集中化や多様化の実現方法としてしばしば用いられるアイデアには，以下のようなものがある．

① 複数の初期解に対して局所探索を行う．初期解の生成にはいろいろな方法があり，たとえば (a) ランダムに行う，(b) 欲張り法を用いる，(c) 過去の探索で得られたよい解を利用する（一つの解にランダムな変形を加える，あるいは二つの解を組み合わせる）などがあげられる．

② 改悪解への移動も許すことで，局所最適解であっても探索が停止しないようにする．

③ 目的関数 f とは異なる関数を解の評価に用いることによって，探索の高度な制御を行う．

いずれのアイデアも，具体的なルールの設計方法によって，探索の集中化と多様化のいずれにも利用できる．ただし，高い性能を得るには，これら個々のアイデアをどのように組み合わせて，全体としてどのようなアルゴリズムを構成するかも重要であり，その組み合わせ方によって遺伝アルゴリズムやアニーリング法など，多様なアルゴリズムがメタヒューリスティクスの枠組みのなかで提案されているのである．メタヒューリスティクスに含まれるアルゴリズムのいくつかを以下に紹介しておく．

最も単純な方法として，ランダムな初期解に局所探索法を適用する操作を反復し，得られた解のなかで最良のものを出力する方法があげられる．これを（ランダム）**多スタート局所探索法** ((random) multi-start local search) と呼ぶ．初期解としてランダムな解よりも精度の高いものを利用するために，欲張り法によって構築した解を利用する方法もある．しかし，欲張り法によって得られる解には多様性が期待できない．そこで，欲張り法にランダム性を加味した方法によって初期解を生成し，局所探索を行うという操作を反復する方法があり，**GRASP 法** (greedy randomized adaptive search procedure) と呼ばれている．

上述のような多スタート法では，各局所探索が独立に行われ，過去の探索履歴が活用されない．この点を改善する手法のなかで，単純でしかも比較的高い性能が期待できる方法として，**反復局所探索法** (iterated local search) があげられる．これは，過去の探索で得られた最良解 x^* にランダムな変形を加えたものを初期解として局所探索を行う操作を反復する方法である．初期解生成に用いるランダムな変形としては，適当な近傍のなかからランダムに解を選ぶ方法が自然であるが，このための近傍に局所探索と同じ近傍を用いると，局所探索の 1 回の移動によってすぐに x^* に戻ってしまう可能性がある．これを避けるため，局所探索の近傍より多少大きな近傍や，少しタイプの異なる近傍を利用することが推奨される．

局所探索法は局所最適解が一つ得られた時点で終了するが，多くの問題において局所最適解の周囲にさらによい解が潜んでいる可能性が高いことが経験的に知られている．そこで，そのような解をみつけるため，改悪解への移動を許し，局所最適解で探索が停止しないようにする方法がしばしば効果を発揮する．例としてアニーリング法とタブー探索法を以下にあげる．

アニーリング法 (simulated annealing) は，近傍内の各解に，解のよさに応じた確率（よい解ほど移動しやすい）を設定し，それにしたがって次の解を選ぶ．具体的には，現在の解 x の近傍内から解 x' をランダムに一つ選び，x から x' へ移動するか否かを以下に定める確率（遷移確率と呼ぶ）に応じて定める．x' が改善解であれば遷移確率は 1，そうでない場合は，x と x' の評価値の差を $\Delta\ (>0)$，$t\ (>0)$ をパラメータとして，遷移確率は $e^{-\Delta/t}$ である．パラメータ t は**温度**と呼ばれ，温度が高い（つまり t が大きい）ほど改悪解への移動が起きやすい．温度という用語は，アニーリング法が物理現象の焼きなましを模擬したものであることに由来する．探索の初期の段階では，温度 t を高めに設定することで探索空間をある程度自由に動きまわれるようにし，反復回数が増えるにつれて t を徐々に下げていくことで，その動きを通常の局所探索に近づけていく．

タブー探索法 (tabu search) は，現在の解 x から，x の近傍全体（あるいはその一部）のなかで最良の解 x' に移動する，という戦略を基本とする．x' が改悪解であっても解の移動が強制的に行われるため，局所最適解で探索が終了することなく，解の移動が継続される．しかし，現在の解 x が局所最適解である場合，x から近傍解 x' に移動したのち，同様の操作で x' の近傍内の最良解を求めると，再びもとの x に戻ってしまう可能性がある．一般に，いくつかの解を経由してもとの解に戻ってしまう現象のことを**サイクリング**と呼ぶ．タブー探索法では，**タブーリスト** (tabu list) と呼ばれる解集合 T を定義し，これに含まれる解への移動を禁止することで，サイクリングを防止する．タブーリストは，探索の状況に応じて随時更新される．

メタヒューリスティクスには，複数の解を保持しながらそれらを集団として改善していくタイプの手法もあり，総称して**多点探索**などと呼ばれる．そのような手法の代表例である**遺伝アルゴリズム** (genetic algorithm: GA) は，生物の進化にアイデアを得た方法である．現在保持している解集合 P に対し，**交叉** (crossover) および**突然変異** (mutation) の操作を加え，新しい解集合 Q を生成したのち，P と Q から**淘汰** (selection) の規則にしたがって解集合 $P' \subset P \cup Q$ を選択し，$P := P'$ とする操作を反復する．交叉は，二つまたはそれ以上の解を組み合わせることにより新たな解を生成する操作，突然変異は，一つの解に少しの変形を加えることで新たな解を生成する操作である．この枠組みに基づいて高い性能を得るには，(1) 交叉や突然変異によって得られた解を局所探索で改善しておく，(2) 交叉や突然変異の操作に問題構造を活かしたアルゴリズムを利用する，などの工夫を加える必要があることが多い．このように局所探索を加えたものを**遺伝的局所探索法**，局所探索にかぎらずさまざまな工夫を導入したものを**memetic アルゴリズム**などと呼ぶこともある．また，多点探索における種々のルールにおいて，上述のものがランダム性を比較的多用するのに対し，できるだけランダム性に頼らず，問題構造を利用したルールを導入するという考え方に基づいて設計されたアルゴリズムも提案されており，**散布探索法** (scatter search) と呼ばれている．

メタヒューリスティクスには，このほかにも多種多様なアルゴリズムが含まれる．より詳しくは[1, 2] などを参照されたい．〔柳 浦 睦 憲〕

参考文献

[1] 久保幹雄，J.P. ペドロソ: メタヒューリスティクスの数理，共立出版，2009.
[2] 柳浦睦憲，茨木俊秀: 組合せ最適化—メタ戦略を中心として（経営科学のニューフロンティア 2），朝倉書店，2001.

4.7 局所探索法

local search

最適化問題に対して，適当な解から出発し，現在の解に小さな修正を加えることで改善する操作を繰り返す方法を**局所探索法**と呼ぶ．**反復改善法** (iterative improvement)，**山登り法** (hill climbing) などと呼ぶこともある．

巡回セールスマン問題に対する簡単な例を一つ紹介しよう．この問題は，n 個の都市とそれらの間の距離が与えられたとき，すべての都市をちょうど 1 回ずつ訪れて出発地に戻る巡回路のうち，総距離最小のものを求める問題である．図 1 の例において，点は都市を表し，都市間の距離をそれらの間のユークリッド距離とする．巡回路において隣り合う都市の対を線で結ぶとき，図 1 の左の巡回路をその右のものへと少し修正すると，巡回路の長さが短くなる．適当な巡回路から始め，このような小さな修正を可能なかぎり繰り返せば，（最短とはいわないまでも）いい巡回路にたどりつくと予想できる．

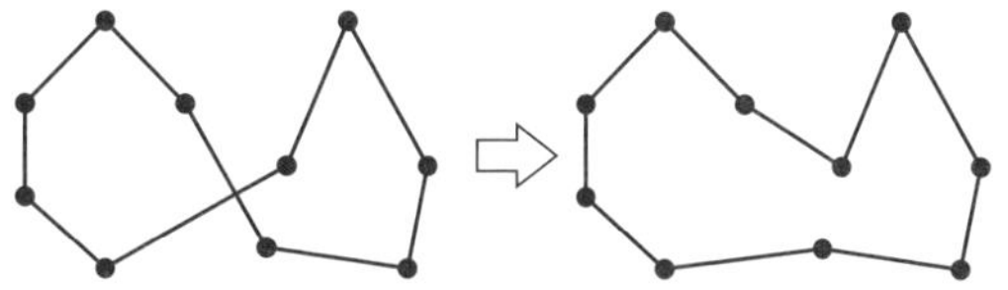

図 1　近傍内の解への移動の例

最適化問題は一般的に以下のように表される．

$$\begin{array}{ll} \text{最小化} & f(x) \\ \text{制約条件} & x \in F \end{array} \quad (1)$$

$f : F \to R$（R は実数の集合）を**目的関数**，F を**実行可能領域**と呼ぶ．F は制約条件を満たす解の全体を表し，個々の解 $x \in F$ を**実行可能解**と呼ぶ．$f(x)$ を最小にする実行可能解を**最適解**と呼び，その一つをみつけることが最適化問題の目標である．F が組合せ的な構造をもつ場合，(1) は**組合せ最適化問題**と呼ばれる．

NP 困難性に代表されるように，多くの組合せ最適化問題の大規模な問題例に対して，厳密な最適解を得ることは難しいことが知られている．そのような問題に対して近似的によい解を短時間で得るための手軽な方法として，局所探索法は広く利用されている．

以下では局所探索法の一般的枠組みをやや詳しく解説する．ある解 x に加える小さな修正を**近傍操作**，そのような操作により得られる解の集合 $N(x)$ を**近傍** (neighborhood) と呼ぶ．局所探索法は，適当な初期解から始め，現在の解 x の近傍のなかに x よりもよい解 $x' \in N(x)$ があれば $x := x'$ と置き換える操作を，可能なかぎり反復する方法である．近傍内によりよい解が存在しない解を**局所最適解** (locally optimal solution) という．これに対し，最適解を局所最適解と特に区別する場合には**大域最適解** (globally optimal solution) という．特別な場合を除き，局所最適解は一般には多数存在し，その多くは大域最適解とはかぎらない（線形計画問題に対するシンプレックス法や，最大流問題に対するフォード–ファルカーソン (Ford–Fulkerson) 法のように，局所最適解が大域最適解となる場合もある）．なお，局所探索法は元来このように常に改善解に移動する方法を指すが，最近ではそうとはかぎらないもの，すなわち改悪解への移動も許容するより広い枠組みを指すのにこの言葉が用いられることもある．

近傍は局所探索法の設計において最も重要なポイントの一つであり，近傍操作によって目的関数値が大きく変動しないように設計することが望ましい．代表的な例をいくつかあげておく．

巡回セールスマン問題は都市を訪れる順序によって解を表すことができるが，このように順列 σ で解を表せる問題に対しては，**挿入近傍**や**交換近傍**がよく用いられる（図 2）．挿入近傍は一つの都市を順列の他の位置に移動することで得られる解集合，交換近傍は二つの都市の順列における位置を交換することで得られる解集合である．

現在の巡回路において連続する三つ以下の都市を他の位置に挿入することによって得られる解集合を **Or–opt 近傍**と呼ぶ（図 3）．図では，隣り合う都市の間を点線で結び，実線は巡回路の一部（都市がいくつか連なったもの）を表す．これは挿入近傍の自然な拡張である．

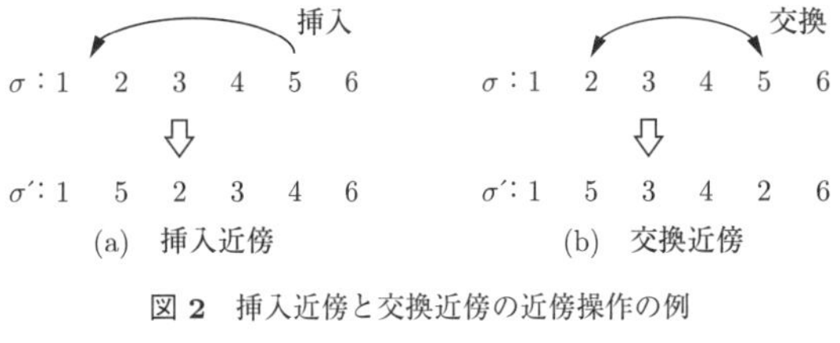

(a)　挿入近傍　　(b)　交換近傍

図 2　挿入近傍と交換近傍の近傍操作の例

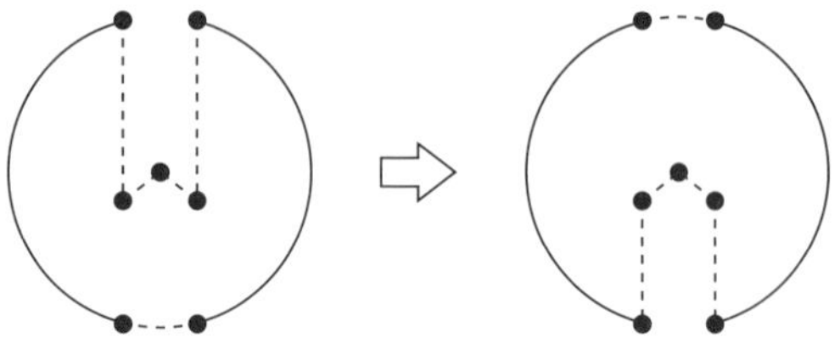

図 3　Or–opt 近傍の近傍操作の例

以上は順列に基づいて定義された近傍であったが，巡回セールスマン問題は，巡回路において隣り合う都市の対（以下枝と呼ぶ）の集合によって解を表すこともできるので，枝に注目した近傍を定義することもできる．枝をたかだか λ (≥ 2) 本交換することによって得られる解集合を **λ–opt 近傍**と呼ぶ．通常 $\lambda = 2$ か 3 が用いられる．図 1 は 2–opt 近傍の近傍操作の例である．

上で紹介したいくつかの近傍の関係をみてみると，Or–opt 近傍は 3–opt 近傍の特別な場合であり，交換近傍は 4–opt 近傍の特別な場合である．どの近傍が効果的であるかは問題によるが，巡回セールスマン問題に対しては，λ–opt 近傍 $(\lambda \leq 3)$ が効果的で，交換近傍はあまり有効ではない．その直感的理由として，巡回路長が枝集合によって定まるのに対し，交換する枝数が 4 と他の有効な近傍操作よりも多く，目的関数への影響が大きいことが考えられる．このほか，問題タイプに応じてさまざまな近傍が設計可能である．

近傍内に改善解があればその一つを発見し，そうでない場合には局所最適であることを結論する問題を，**改善解探索問題**と呼ぶ．局所探索は何度も反復してこの問題を解くので，これが高速に解けるように近傍を設計する必要がある．また，既存の近傍であっても，解きたい問題の構造を利用しつつデータ構造を工夫することで改善解探索問題をより高速に解ける場合があり，局所探索の効率化に有効である．一部の変数を固定して残りの変数の値を自由に設定することによって得られる解集合を近傍とするなど，近傍内を全探索するのが現実的でないような広い近傍を用い，整数計画問題に対する汎用ソルバを利用して改善解探索問題を解くというアイデアもあり，一定の成果をあげている．

近傍内の改善解は通常複数存在する．よって，近傍をどのような順序で探索し，どの改善解に移動するかによって，局所探索の動作は異なる．これを定めるルールを**移動戦略** (move strategy) という．近傍内をランダムな順序で調べていき，最初にみつかった改善解に移動する**即時移動戦略**と，近傍内の最良の解に移動する**最良移動戦略**の二つが代表的である．これらを比べると，多くの場合即時移動戦略のほうが高速であり，最終的に得られる局所最適解の精度には大きな差がない傾向にある．一方，近傍内の解の評価値を記憶しておき，解の移動の際にその更新を高速に行うというようなデータ構造の工夫が可能な場合，最良移動戦略のほうが有利な場合もある．また，これらの中間的な戦略もある．巡回セールスマン問題において挿入近傍を用いる場合にこの中間的戦略を行う一例を以下に示そう．都市をランダムな順序で調べていくが，各都市については，挿入位置をすべて調べて最良の位置を求め，それが改善解ならば即座に移動する，というものである．このような方法を**部分最良戦略**と呼ぶ．即時移動戦略よりも多少時間はかかるが，解の精度が若干改善される場合がある．

探索の対象となる解全体の集合を**探索空間** (search space) という．実行可能解の一つをみつけることと，近傍操作によって新たな実行可能解を生成することがともに容易な場合は，実行可能領域をそのまま探索空間としても困ることはない．しかし，問題によっては実行可能領域とは異なる探索空間を定義するほうが有効な場合がある．

たとえば，実行可能解の発見が容易でない問題に対しては，各制約条件の違反の程度をペナルティとして表し，それぞれに適当な重みをかけて目的関数に加えたものを解の評価関数とする方法がしばしば用いられる．ペナルティの重みを大きくすれば実行可能解が得られる可能性は上がるが，有効な探索を行うためにはペナルティは大きすぎないほうがよい傾向にあり，この調整は難しい．そのため，制約の満たしにくさや目的関数値とのバランスに応じて，ペナルティの重みを探索の進行とともに適応的に調整する方法がしばしば効果的である．

また，もとの問題に対する解とは見かけの異なる記号列（コード化された解）を探索の対象とし，探索中に訪れたそれぞれの記号列からもとの問題に対する解を構築（デコード）することによって探索を進める手法もしばしば有効である．

局所探索法は単純にみえるが，近傍，移動戦略，探索空間，解の評価法と，設計における自由度が大きく，さまざまな工夫を行うことが可能な奥の深い枠組みである．理論的には，最適性あるいは解の精度保証，多項式時間停止性などのよい性質を保証できないことが多く，そのよさを証明しにくい手法でもある．しかし，それでも実用上は成功例が多く，非常に有用である．局所探索法やその拡張について，より詳しくは文献[1, 2]などを参照されたい．

〔柳 浦 睦 憲〕

参 考 文 献

[1] E.H.L. Aarts and J.K. Lenstra, eds.: Local Search in Combinatorial Optimization, John Wiley, Chichester, 1997.

[2] 柳浦睦憲，茨木俊秀: 組合せ最適化—メタ戦略を中心として（経営科学のニューフロンティア 2），朝倉書店，2001.

5 グラフ

graph

グラフ G とは，空でない有限集合 $V(G)$ と，$V(G)$ の異なる要素の非順序対の集合 $E(G)$ からなるものであり，$G=(V,E)$ と書くこともある．$V(G)$ の要素は頂点 (vertex，複数形 vertices)，$E(G)$ の要素は辺 (edge) と呼ばれ，$V(G)$, $E(G)$ はそれぞれ G の頂点集合 (vertex set)，辺集合 (edge set) と呼ばれる．u,v をグラフ G の頂点とし，$e=\{u,v\}$ を G の辺とする（辺 $\{u,v\}$ を uv あるいは vu と書くこともある）．このとき，u と v は隣接 (adjacent) している，また u と e，v と e は接続 (incident) しているという．さらに，e は u と v をつなぐ (join) といい，u,v は e の端点 (end) と呼ばれる．e_1,e_2 を G の異なる辺としたとき，e_1 と e_2 が共通の端点をもつならば，e_1 と e_2 は隣接しているという．G の頂点 v に接続している辺の数を v の次数 (degree) という．次数が 0 の頂点は孤立点 (isolated vertex) と呼ばれる．

グラフ G,H に対して，$V(H)\subseteq V(G)$, $E(H)\subseteq E(G)$ が成り立つとき，H を G の部分グラフ (subgraph) という．特に，$V(H)=V(G)$ を満たす G の部分グラフ H は，G の全域部分グラフ (spanning subgraph) と呼ばれる．$S\subseteq V(G)$ としたとき，S による G の誘導部分グラフ (induced subgraph) とは，頂点集合を S とし，二つの端点がともに S に属している G の辺をすべて集めたものを辺集合とする，G の部分グラフのことである．また，$F\subseteq E(G)$ としたとき，F による G の辺誘導部分グラフ (edge-induced subgraph) とは，F に属する辺に接続する G の頂点をすべて集めたものを頂点集合とし，F を辺集合とする，G の部分グラフのことである．

グラフ G,H に対して，$V(G)$ から $V(H)$ への全単射 ρ が存在して，$\{u,v\}\in E(G)$ であるための必要十分条件が $\{\rho(u),\rho(v)\}\in E(H)$ であるとき，G と H は同型 (isomorphic) であるといい，ρ を G から H への同型写像 (isomorphism) という．

辺が一つもないグラフを空グラフ (empty graph) といい，頂点数が 1 のグラフを自明なグラフ (trivial graph) という．すべての頂点の次数が k に等しいグラフは k–正則グラフ (k–regular graph)，あるいは単に正則グラフと呼ばれる．任意の 2 頂点が隣接しているグラフを完全グラフ (complete graph) といい，頂点数が n の完全グラフは K_n で表される．$k\geq 2$ として，頂点集合が k 個の集合 $V_1,V_2,\cdots,V_k$ に分割され，各 V_i $(i=1,2,\cdots,k)$ による誘導部分グラフが空グラフとなるグラフを k–部グラフ (k–partite graph) という．特に，異なる分割集合に属する任意の 2 頂点が隣接しているときは完全 k–部グラフと呼ばれ，$K_{|V_1|,|V_2|,\cdots,|V_k|}$ で表される．$k=2$ のときは単にそれぞれ 2 部グラフ (bipartite graph)，完全 2 部グラフと呼ばれる．$V(G)$ を頂点集合とするグラフで，2 頂点 u, v が隣接するための必要十分条件が，u, v が G において隣接していない，により定義されるグラフを G の補グラフ $\overline{G}$ (complement) という．G の線グラフ (line graph) とは，G の辺集合を頂点集合とし，2 頂点 u,v が隣接するための必要十分条件が，u, v に対応する G の辺が隣接している，により定義されるグラフのことである．

頂点と辺の交互列 $u=v_0,e_1,v_1,e_2,\cdots,e_k,v_k=v$，ここで $e_i=\{v_{i-1},v_i\}$ $(1\leq i\leq k)$ は，すべての頂点 $v_0,v_1,\cdots,v_k$ が異なるとき（u から v への）道 (path)，$u=v$ で v 以外のすべての頂点 $v_0,\cdots,v_{k-1}$ が異なるとき閉路 (cycle) と呼ばれる．任意の 2 頂点間に道が存在するグラフは連結 (connected) であるといい，そうでないとき非連結 (disconnected) であるという．また，連結な極大部分グラフは連結成分 (connected component) と呼ばれる．閉路をもたないグラフを森 (forest)，閉路をもたない連結グラフを木 (tree) といい，木の頂点で次数が 1 のものを葉 (leaf) という．また，木のある一つの頂点を指定し，根 (root) と名づけたものを根つき木 (rooted tree) という．

$S\subset V(G)$ に対して，$G-S$ は G から S に属する頂点およびそれらに接続している辺をすべて取り除いて得られるグラフである．また，$F\subseteq E(G)$ に対して，$G-F$ は G から F に属するすべての辺を取り除いて得られるグラフである．特に，$S=\{v\}$ や $F=\{e\}$ のときは，$G-S$, $G-F$ を単にそれぞれ $G-v$, $G-e$ と書く．G より $G-v$，$G-e$ のほうが連結成分の数が多いとき，v を G のカット点 (cut-vertex)，e を G の橋 (bridge) という．$G-S$ が非連結あるいは自明なグラフとなるような $S \subset V(G)$ の最小濃度を G の**点連結度** (vertex-connectivity) という．点連結度が k 以上のグラフは k–点連結 (k–vertex-connected) であるという．点連結度，k–点連結は単にそれぞれ連結度，k–連結と呼ばれることもある．非自明なグラフ G に対して，$G-F$ が非連結となるような $F \subseteq E(G)$ の最小濃度を G の**辺連結度** (edge-connectivity) という（自明なグラフの辺連結度を 0 と定義することもある）．辺連結度が k 以上のグラフは k–辺連結（k–edge-connected）であるという．

グラフ G の辺 $e=\{u,v\}$ に対して，e を取り除き，u,v を新しい一つの頂点 v_e として同一視することを，G の辺 e の縮約といい，e の縮約の結果として得られるグラフを G/e と書く．すなわち，$V(G/e)=(V(G)-\{u,v\})\cup\{v_e\}$, $E(G/e)=\{\{x,y\}\in E(G) \mid \{x,y\}\cap\{u,v\}=\emptyset\}\cup\{\{v_e,z\} \mid \{\{u,z\},\{v,z\}\}\cap(E(G)-\{e\})\neq\emptyset\}$．$G$ の部分グラフ H に対して辺の縮約を（0 回以上）繰り返し行ってグラフ X が得られるとき，X（に同型なグラフ）は G のマイナー (minor) と呼ばれる．

G を n 個の頂点と m 本の辺をもつグラフとする．平面上に，G の頂点に対応する n 個の点と G の辺に対応する m 本の曲線が存在して，m 本の曲線は互いに端点を除いて共有点をもたず，任意の曲線 C に対して，C が辺 $e=\{u,v\}$ に対応しているとき，C の端点は頂点 u,v に対応しているならば，G は平面的グラフ (planar graph) と呼ばれる．また，このような平面上の点と曲線自体をそれぞれ頂点と辺とするものを**平面グラフ** (plane graph) という．すなわち，平面的グラフは，ある平面グラフに同型なグラフである．なお，特に混乱が生じないかぎり，平面的グラフは単に平面グラフと呼ばれることが多い．平面グラフ G に対して，G の面 (face) とは，任意の 2 点を曲線によってつなぐことが可能な平面の極大部分のことである，ただし，ここでいう 2 点をつなぐ曲線は，曲線上の各点が G の頂点に対応せず，かつ G の辺（曲線）上にはないという条件を満たすとする．平面グラフ G の面 F の境界 (boundary) とは，F に含まれる曲線によって F に属する点とつなぐことが可能な，G の頂点および辺（曲線）上のすべての点からなるものである．

多重グラフ (multigraph) とは，2 頂点間の辺の本数を 2 以上でも可とするものであり，そのような辺を多重辺 (multiple edges) と呼ぶ．また，多重グラフでは，同じ頂点どうしをつなぐ，ループ (loop) と呼ばれる辺も許している．多重グラフに対して，通常のグラフを単純グラフ (simple graph) と呼ぶことがある．与えられた連結な平面グラフ G に対して，次のような平面多重グラフ G_d を構成することができる．G の各面のなかに頂点を一つおき，これらの集合を G_d の頂点集合とする．G_d の 2 頂点 u,v に対して，対応する G の二つの面の境界に共通の辺があるとき，共通の各辺に対して，それと交差するように u,v をつなぐ辺を描く．また，各頂点 v に対して，対応する面の境界に G の橋があるとき，各橋に対してそれと交差するように v に接続するループを描く．このような G_d を G の双対グラフ (dual) という．

グラフの辺に向きをつけたものを，**有向グラフ** (directed graph) あるいは，ダイグラフ (digraph) という．すなわち，有向グラフ D とは，空でない有限集合 $V(D)$ と，$V(D)$ の要素の順序対の集合 $A(D)$ からなるものである．$V(D)$ の要素は頂点，$A(D)$ の要素は有向辺 (arc) と呼ばれる．有向グラフに対して，通常のグラフを無向グラフ (undirected graph) と呼ぶことがある．グラフに対する多重グラフと同様に，有向グラフに対しても多重有向グラフ (multidigraph) を考えることができる．グラフの辺は頂点集合の要素数 2 の部分集合に対応するが，この辺の定義を一般化したものとして，**超グラフ** (hypergraph) と呼ばれるものがある．超グラフ H とは，空でない有限集合 $V(H)$ と，$V(H)$ の空でない部分集合の集合 $E(H)$ からなるものである．また，グラフの頂点集合を有限集合から無限集合に一般化したものは無限グラフ (infinite graph) と呼ばれている．〔蓮 沼　徹〕

参 考 文 献

[1] G. Chartrand and L. Lesniak : Graphs & Digraphs, 4th ed., Chapman & Hall/CRC, 2004.
[2] R. Diestel : Graph Theory, 3rd ed., Springer, 2006.

6 グラフ探索

6.1 グラフのデータ構造

data strutures for graphs

一般に，コンピュータでデータを処理するためには，データをコンピュータが処理できる形で (さらに想定される処理操作を効率的にできるように) 表現し格納しなければならない．これをデータ構造という．グラフに対しても同様で，グラフや，グラフの頂点や辺が重みをもつネットワークなどによってモデル化された問題をコンピュータを用いて解くためには，グラフの構造やグラフの要素がもつ重みなどの情報を，データとしてコンピュータが処理できる形で表現しなければならない．そのために必要になるのがグラフを表現するデータ構造である．

グラフのデータ構造として代表的なものに，隣接行列 (表現) と隣接リスト (表現) がある．以下では，頂点や辺に重みをもたないグラフの構造を表現する場合でそれらを説明する．

a. 隣接行列

隣接行列 (adjacency matrix) は，グラフの 2 頂点の隣接関係 (辺の存在の有無) を行列で表現する方法である．グラフ G に対してその頂点集合を $V(G) = \{v_1, \cdots, v_n\}$ とするとき，隣接行列 $A = (a_{ij})$ は $n \times n$ の正方行列で，その第 i 行および第 i 列を頂点 v_i に対応させる．無向グラフに対しては，辺 $e = (v_i, v_j) \in E(G)$ であるとき，またそのときのみ $a_{ij} = a_{ji} = 1$ とし，それ以外の場合は $a_{ij} = a_{ji} = 0$ とする．有向グラフに対しても同様で，辺 $e = (v_i, v_j) \in E(G)$ であるとき，またそのときのみ $a_{ij} = 1$ とし，それ以外の場合は $a_{ij} = 0$ とする．次の図 1, 2 は，それぞれ無向グラフとその隣接行列の例である．定義より，無向グラフの隣接行列は対称行列となり，単純グラフの隣接行列の対角成分は 0 となる．

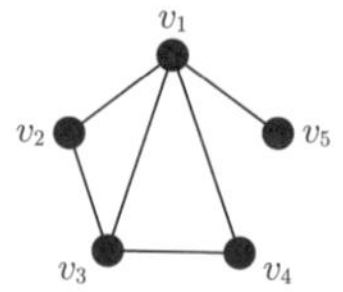

図 1　無向グラフ

$$
\begin{array}{c}
\begin{matrix} v_1 & v_2 & v_3 & v_4 & v_5 \end{matrix} \\
\begin{pmatrix}
0 & 1 & 1 & 1 & 1 \\
1 & 0 & 1 & 0 & 0 \\
1 & 1 & 0 & 1 & 0 \\
1 & 0 & 1 & 0 & 0 \\
1 & 0 & 0 & 0 & 0
\end{pmatrix}
\begin{matrix} v_1 \\ v_2 \\ v_3 \\ v_4 \\ v_5 \end{matrix}
\end{array}
$$

図 2　隣接行列

問題の入力としてのグラフ $G = (V, E)$ の大きさは，その頂点数 $|V|$ と辺数 $|E|$ をパラメータとして，$\Theta(|V| + |E|)$ である．ところが隣接行列表現は，2 頂点間の辺の存在だけでなく非存在も表すため $\Theta(|V|^2)$ の領域量を必要とし，これは一般には $|V| + |E|$ に関して線形でない．したがって，グラフを入力とする問題を解くアルゴリズムを設計する際に，そのデータ構造として隣接行列を用いると，入力サイズに関する線形時間アルゴリズムを期待することができない．

b. 隣接リスト

隣接リスト (adjacency list) は，各頂点に隣接する頂点を，その頂点に対するリストとして表現することで，2 頂点間の辺の存在を表す方法である．隣接リスト表現では，頂点番号をそのインデックスとする配列で頂点集合を表し，その配列の頂点番号をインデックスとする要素からの連結リストで各頂点の隣接頂点を表現することが多い．このとき，連結リストの各要素には頂点番号を値として格納する．たとえば，図 1 の無向グラフに対する隣接リストは図 3 のようになる．

隣接リスト表現に必要な領域量は $\Theta(|V| + |E|)$ であり，これはグラフ $G = (V, E)$ の大きさに対して線形を達成している．グラフを入力とする問題を解く高速なアルゴリズムを設計するためには，隣接リストは不可欠なデータ構造である．　〔宇 野 裕 之〕

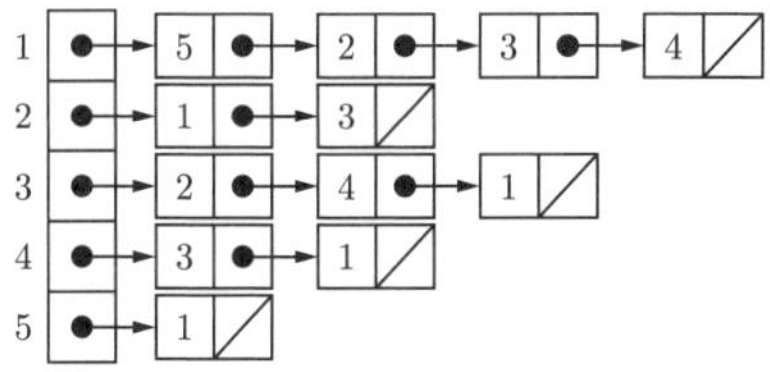

図 3 隣接リスト

参考文献

[1] M. T. Goodrich : Algorithm Design, John-Wiley, 2002.
[2] R. Sedgewick : Algorithms in C++. Addison-Wesley, 2002.

6.2 グラフの探索

search of graphs

グラフに対して動作するアルゴリズムを設計するためには，グラフの構造や，グラフの頂点や辺に与えられた重みなどの情報を得なければならない．そのためには，グラフのすべての頂点や辺を，組織的あるいは系統的に，もれなく重複なく巡回することが必要となり，このことを一般にグラフの探索 (search) という．頂点や辺を巡回することは，より具体的には「ある頂点を開始点として，頂点に接続する辺を規則的にたどることで隣接する頂点を発見する」ことで行われる．この様子から，グラフの探索をなぞり (traverse) ということもある．探索は，グラフのすべての頂点を訪問し，頂点や辺に訪問順に基づくラベルを与える．

探索は，それ自身がグラフの基本的な性質を知るアルゴリズムとなるばかりでなく，より高度なグラフ・ネットワークアルゴリズム設計のための基本技法である．代表的な探索の方法に，深さ優先探索と幅優先探索の二つがある．

a. 深さ優先探索

深さ優先探索 (depth-first search : DFS) はグラフの探索技法の一つである．その基本的なアイデアは，「まだ走査 (スキャン) されていない辺をもつ，最も新しく発見された頂点に接続する辺を走査することを繰り返す」というものである．ただし一つの辺は，無向グラフでは両端点から，有向グラフでは始点から終点の方向にだけ走査される．また深さ優先探索は，任意の頂点を開始点としてスタートすることができる．このアイデアを，手続き DFS として擬似コードで表現すると次のようになる．コードが再帰的であることに注意する．

手続き DFS(v)
頂点 v を「発見ずみ」にする；
for 各辺 (v, w) **do** {
  if 頂点 w が「未発見」である **then** DFS(w);
}

ここで各頂点は，その頂点が手続き DFS により「発見ずみ」であるか「未発見」であるかの情報を保持するものとする．そのうえで，深さ優先探索に基づくグラフ全体に対する探索手続き Explore_Graph は，グラフ G を引数とし，手続き DFS をサブルーチンとして，以下のように記述できる．

手続き Explore_Graph(G)
for 各頂点 v **do** v を「未発見」にする；
for「未発見」な各頂点 v **do** DFS(v);

こうすることで，グラフが非連結な場合でもグラフ全体を探索することができる．逆に，手続き Explore_Graph でサブルーチン DFS が呼び出される回数をカウントすることで，グラフの連結性 (あるいは連結成分数) がわかる．すなわち，深さ優先探索によりグラフの連結性の判定が可能であるということができる．この手続き Explore_Graph は，グラフを隣接リストで表現することで，$\Theta(|V|+|E|)$ の計算時間で実行可能である．

ここからは，連結なグラフ G に対する v を開始点とする深さ優先探索を考える．手続き DFS で，最初に未発見な頂点を発見する際に走査されたすべての辺 (木辺) が誘導する G の部分グラフは，頂点 v を根とする有向木となる．DFS を一度実行することで得られるこの有向木を深さ優先探索木 (DFS-tree) という．木辺以外の辺 (後退辺) は，深さ優先探索木の先祖と子孫の関係にある 2 頂点を結んでいることがわかる．深さ優先探索木において，この後退辺の有無を調べることで，グラフが巡回的であるかどうかの判定ができる．

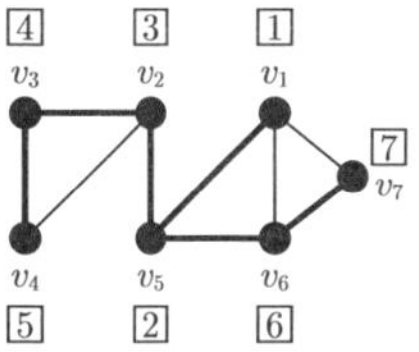

図 1　深さ優先探索
開始点を v_1 とし，頂点は添字の昇順に選ばれるとする．
太線は木辺，□ 内の数字は頂点の発見順を表す．

これら無向グラフの連結性や巡回性の判定のほかにも，DFS を実行することで，切断点や切断枝の検出，2 連結成分分解，有向グラフの強連結性の判定や強連結成分分解ならびに巡回性の判定，非巡回的な有向グラフのトポロジカルソートなどの基本的かつ重要な性質の判定や処理ができる．そればかりでなく，グラフの平面性のような高度な性質も，深さ優先探索というきわめて基本的な手続きで判定できることが知られている．

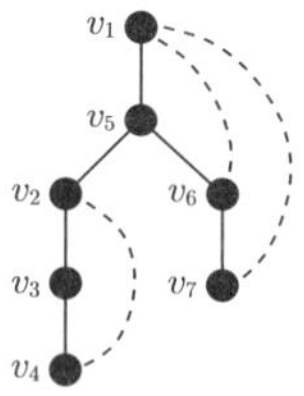

図 2　深さ優先探索木
実線は木辺，点線は後退辺を表す．

b.　幅優先探索

幅優先探索 (breadth-first search：BFS) はグラフの探索技法の一つである．その基本的なアイデアは，「まだ走査 (スキャン) されていない辺をもつ，最も古くに発見された頂点に接続する辺をすべて走査することを繰り返す」というものである．ただし一つの辺は，無向グラフでは両端点から，有向グラフでは始点から終点の方向にだけ走査される．また幅優先探索は，任意の頂点を開始点としてスタートすることができる．

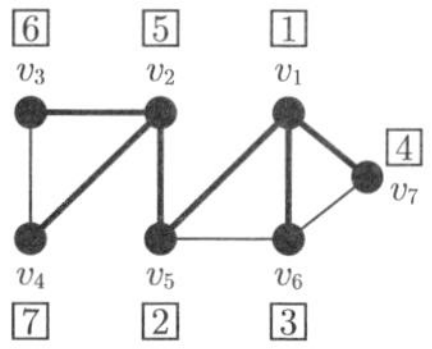

図 3　幅優先探索
開始点を v_1 とし，頂点は添字の昇順に選ばれるとする．
太線は木辺，□ 内の数字は頂点の発見順を表す．

幅優先探索も，(深さ優先探索と同様に) グラフに未発見な頂点が存在するかぎり BFS を呼び出すことで，その連結性を判定できるが，以下では簡単のためグラフの連結性を仮定した (一つの連結成分に対する) BFS を考える．ここでは，BFS で次に処理される頂点を，待ち行列として集合 Q に保持していることに注意する．さらに各頂点は，その頂点が手続き BFS により「発見ずみ」であるか「未発見」であるかの情報を保持するものとする．そのうえで，このアイデアを手続き BFS として擬似コードで表現すると次のようになる．

手続き BFS(s)
　for 各頂点 v **do** v を「未発見」にする；
　Q を $\{s\}$ で初期化する；
　while Q が空集合でない **do** {
　　Q の先頭の頂点を取り出し v とする；
　　頂点 v を「発見ずみ」にする；
　　for 各辺 (v, w) **do** {
　　　if 頂点 w が「未発見」である **then** Q の末尾
　　　に w を加える；
　　}
　}

手続き BFS で，最初に未発見な頂点を発見する際に走査されたすべての辺 (木辺) が誘導する G の部分グラフは，頂点 v を根とする有向木となる．これを**幅優先探索木** (BFS-tree) という．

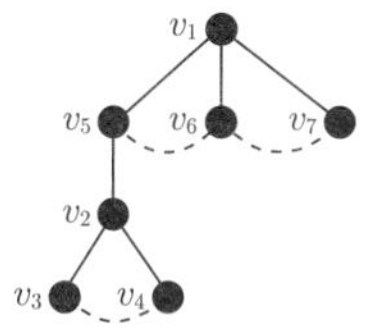

図 4　幅優先探索木
実線は木辺，点線はそれ以外を表す．

いま，グラフの 2 頂点 u, v の**距離** (distance) を，u, v 間の路のなかで，辺数が最小の路 (u, v–最短路) の辺数と定義する．グラフのある頂点 s から他の任意の頂点 w への最短路は，s を根とする有向木となり，これを**最短路木** (shortest path tree) と呼ぶ．BFS を一度実行することで得られる幅優先探索木は，最短路木になっている．すなわち，BFS は探索の開始点から他のすべての点への最短路を計算する．この考え方を一般化したものが，最短路問題に対する**ダイクストラ法** (Dijkstra's algorithm) として知られるアルゴリズムである．

この手続き BFS は，グラフを隣接リストで表現することで，$\Theta(|V|+|E|)$ の計算時間で実行可能である．また幅優先探索木において，木辺以外の辺が，最短距離が 2 以上異なる 2 頂点間に存在することがないという性質も容易にわかる．　〔宇 野 裕 之〕

参 考 文 献

[1] R. Sedgewick : Algorithms in C++, Addison-Wesley, 2002.

7 グラフ構造

7.1 メンガーの定理

Menger's theorem

$D=(V,A)$ を有向グラフとする．D の 2 頂点 s,t に対し，s から t への有向パスを $\boldsymbol{(s,t)}$**–パス**と呼ぶ．辺を共有しない 2 本の (s,t)–パスは互いに**辺素**であるという．D から辺集合 $F\subseteq A$ を削除したグラフにおいて (s,t)–パスが存在しないとき，F を $\boldsymbol{(s,t)}$**–カット**と呼ぶ．(s,t)–カット F の大きさを $|F|$ で表す．特に，大きさ最小の (s,t)–カットを最小 (s,t)–カットと呼ぶ．次は，メンガー[2] により示された，互いに辺素な (s,t)–パスの数と (s,t)–カットの大きさの関係を表した定理である．

定理 1（メンガーの定理，有向グラフ，辺素パス）　有向グラフ $D=(V,A)$ の任意の 2 頂点 $s,t\in V$ に対し，互いに辺素な (s,t)–パスの最大数は，最小 (s,t)–カットの大きさに等しい．

この定理は，**最大フロー最小カット定理**と**最大フローの整数性**[1] (辺容量が整数である有向グラフにおいて，2 頂点間の最大フローで，すべての辺のフロー値が整数であるものが存在するという性質) より証明できる．D のすべての辺の容量を 1 とし，s から t への最大フロー f を考える．f のフロー値を $v(f)$ で表す．最大フローの整数性より，各辺のフローの値は 0 または 1 と仮定できる．さらに，フロー保存則より，フロー値が 1 である辺の集合を $v(f)$ 本の互いに辺素な (s,t)–パスに分解できる．一方，最大フロー最小カット定理より $v(f)$ は最小 (s,t)–カットの大きさに等しいので，上記の定理が成り立つ．

また，互いに頂点を共有しないパスに関しても同様の性質が知られている．D の 2 頂点 $s,t\in V$ に対し，$\{s,t\}$ 以外の頂点を共有しない 2 本の (s,t)–パスは互いに**内部点素**であるという．D から頂点集合 $X\subseteq V-\{s,t\}$ を削除したグラフにおいて (s,t)–パスが存在しないとき，X を $\boldsymbol{(s,t)}$**–点カット**と呼び，その大きさを $|X|$ で表す．大きさ最小の (s,t)–点カットを最小 (s,t)–点カットと呼ぶ．

定理 2（メンガーの定理，有向グラフ，内部点素パス）　有向グラフ $D=(V,A)$ の $(s,t)\notin A$ である任意の 2 頂点 $s,t\in V$ に対し，互いに内部点素な (s,t)–パスの最大数は，最小 (s,t)–点カットの大きさに等しい．

この性質は，次のように示すことができる．多重辺を 1 本の辺に置き換えても互いに内部点素なパスの本数に影響しないため，一般性を失わず D を単純グラフと仮定する．D において次の二つの操作 (i), (ii) を行うことで新しいグラフ D^* を構成する (図 1 参照).

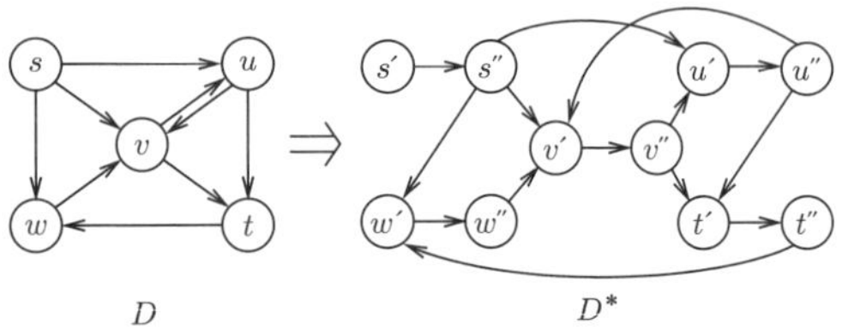

図 1　有向グラフ D の一例とそれに対応する D^*

(i) 各頂点 x を 2 頂点 x',x'' に分け，1 本の有向辺 (x',x'') により接続する．

(ii) 頂点 x から出る各有向辺 (x,y) を有向辺 (x'',y') に，また x へ入る各有向辺 (y,x) を有向辺 (y'',x') に置き換える．

操作 (i) と (ii) により加えられた D^* の辺の集合を，それぞれ A_1^* と A_2^* で表す．図 1 の例では，$A_1^*=\{(s',s''),(t',\ t''),(u',u''),(v',v''),(w',w'')\}$，$A_2^*$ は A_1^* 以外の辺の集合である．D^* の任意の (s'',t')–パス P^* をたどると A_2^* の辺と A_1^* の辺が交互に現れるが，そのうち A_2^* の辺だけ取り上げると D の (s,t)–パスが得られる (ただし，頂点の名前から $'$ と $''$ を除いて考える)．さらに，D の任意の (s,t)–パス P から同じ方法を逆にたどって，対応する (s'',t')–パス P^* を構成できる．したがって，D の任意の内部点素な

(s,t)–パスの集合と，同じ本数の D^* の互いに辺素な (s'',t')–パスの集合が対応する．ここで，D^* において A_1^* の各辺の容量を 1，A_2^* の各辺の容量を $|V|$ として，s'' から t' への最大フロー f を考える．定理 1 の証明と同様に最大フローの整数性を考慮すると，D^* において $v(f)$ 本の互いに辺素な (s'',t')–パスの存在性がいえる．前述の対応から，D において $v(f)$ 本の互いに内部点素な (s,t)–パスが存在する．このことから，$v(f) < |V|$ であることもわかる．一方，最大フロー最小カット定理より D^* の最小 (s'',t')–カット F の大きさは $v(f)$ である．辺容量の決め方と $v(f) < |V|$ より $F \subseteq A_1^*$ なので，F に対応する D の頂点集合は最小 (s,t)–点カットを与える．すなわち，定理 2 が成立する．

無向グラフについても同様の定理が成り立つ．ただし，無向グラフにおける (s,t)–パスは s と t を結ぶパスを表し，(s,t)–カットおよび (s,t)–点カットはこのパスに基づいて定義される．定理の証明は各無向辺を両方向の 2 本の有向辺に置き換えた有向グラフに定理 1, 2 を適用することで得られる．

定理 3（メンガーの定理，無向グラフ） $G = (V,E)$ を無向グラフ，s,t を G の任意の 2 頂点とする．

(i) 互いに辺素な (s,t)–パスの最大数は，最小 (s,t)–カットの大きさに等しい．

(ii) $(s,t) \notin E$ のとき，互いに内部点素な (s,t)–パスの最大数は，最小 (s,t)–点カットの大きさに等しい．

〔石 井 利 昌〕

参 考 文 献

[1] L. R. Ford and D. R. Fulkerson : Flows in Networks, Princeton University Press, Princeton, N.J., 1962.

[2] K. Menger : Zur allgemeinen Kurventheorie. *Fundamenta Mathematicae*, **10**: 96–115. 1927.

7.2 ホールの定理

Hall's theorem

V を有限集合，$\mathcal{S} = \{S_1, S_2, \cdots, S_n\}$ を V の部分集合の族とする．互いに異なる V の要素の集合 $X = \{x_1, x_2, \cdots, x_n\}$ は，各 i $(i = 1, 2, \cdots, n)$ に対し $x_i \in S_i$ を満たすとき，$\mathcal{S}$ の**横断**と呼ばれる．ホール[1] は，$\mathcal{S}$ の横断が存在するための必要十分条件に関して次の定理を示した．

定理 1（**ホールの定理**） $\mathcal{S}$ を V の部分集合族とする．$\mathcal{S}$ の横断が存在するための必要十分条件は，$\mathcal{S}$ の任意の部分集合 $\mathcal{S}'$ に対し，

$$|\mathcal{S}'| \leq |\cup_{S \in \mathcal{S}'} S| \tag{1}$$

が成り立つことである．

次は，ホールの定理の典型的な応用例の一つである．n 人の女性と m 人の男性がお見合いパーティに参加したとする．女性 i $(i = 1, 2, \cdots, n)$ が結婚してもよいと思う男性の集合を S_i とする．このとき，ホールの定理より，すべての女性が結婚してもよいと思う男性と (重複なく) ペアになれるための必要十分条件は条件 (1) が成立することである．この例から，ホールの定理は，**ホールの結婚定理**または単に**結婚定理**と呼ばれることもある．また，条件 (1) は**結婚条件**と呼ばれる．

ホールの定理は **2 部グラフ**のマッチングの一つの構造を表す定理とみることもできる．$\mathcal{S}$ に属す各 S_i に対応する頂点 u_i を用意し，$U = \{u_1, u_2, \cdots, u_n\}$ とする．$U \cup V$ を頂点集合とし，$v \in S_i$ を満たす $u_i \in U$ と $v \in V$ の各頂点対間に辺を加えて，2 部グラフ $G = (U, V; E)$ を構成する (すなわち，$E = \{(u_i, v) \mid S_i \in \mathcal{S}, v \in V, v \in S_i\}$ である)．G のつくり方から，$\mathcal{S}$ の任意の横断 $\{x_i \in S_i \mid i = 1, 2, \cdots, n\}$ に対し，G の辺集合 $M = \{(u_i, x_i) \mid i = 1, 2, \cdots, n\}$ は U のすべての頂点をマッチする (U のすべての頂点が M に属すどれかの辺の端点になっている) マッチングである．逆に，G において U のすべての頂点をマッチする任意のマッチング $\{(u_i, x_i) \mid i = 1, 2, \cdots, n\}$ に

対し，$\{x_i \in S_i \mid i = 1, 2, \cdots, n\}$ は $\mathcal{S}$ の横断である．このように，$\mathcal{S}$ の横断と G において U のすべての頂点をマッチするマッチングは 1 対 1 対応する．また，条件 (1) は，G において，U の任意の部分集合 U' に対し，

$$|U'| \leq |N_G(U')| \tag{2}$$

が成り立つことに対応する．ただし，$N_G(X)$ は G の頂点集合 X の隣接頂点集合を表す．したがって，定理 1 を次のように言い換えることができる．

定理 2（ホールの定理，2 部グラフのマッチング） 2 部グラフ $G = (U, V; E)$ において，U のすべての頂点をマッチするマッチングが存在するための必要十分条件は，U の任意の部分集合 U' に対し条件 (2) が成り立つことである．

以下では，ホールの定理の証明を与える．いくつかの証明方法が知られているが，ここではメンガーの定理（7.1 節の定理 2）を用いた証明を紹介する．まず，ある $U' \subseteq U$ に対し $|U'| > |N_G(U')|$ が成り立つ (すなわち，条件 (2) は成り立たない) 場合は，明らかに U' をすべてマッチするマッチングが存在しない．

逆に，条件 (2) が成り立つとき U のすべての頂点をマッチするマッチングが存在することを示す．このために，まず G から新しい有向グラフを構成する．G に新しい頂点 s と t を加え，s から U のすべての頂点へ有向辺を 1 本ずつ加え，さらに V のすべての頂点から t へ有向辺を 1 本ずつ加える．E のすべての辺は U から V への有向辺に置き換える．このようにして構成した有向グラフを D_G と表記する．このとき，G におけるマッチングと D_G における互いに内部点素な (s,t)–パスの集合が 1 対 1 対応することが容易にわかる．したがって，G において U のすべての頂点をマッチするマッチングの存在性を示すためには，D_G において互いに内部点素な (s,t)–パスの本数が $|U|$ 以上であることを証明すればよい．すなわち，メンガーの定理 (7.1 節の定理 2) より，D_G において最小 (s,t)–点カット W の大きさが $|U|$ 以上であることを証明すればよい．$U \subseteq W$ の場合は明らかなので，$U - W \neq \emptyset$ の場合を考える．W は (s,t)–点カットであることから，$N_G(U - W) \subseteq V \cap W$ が成り立つ．一方，条件 (2) より，$|U - W| \leq |N_G(U - W)| \leq |V \cap W|$ が得られる．したがって，$|W| = |U \cap W| + |V \cap W| \geq |U \cap W| + |U - W| = |U|$ が成立する．

〔石 井 利 昌〕

参 考 文 献

[1] P. Hall : On representatives of subsets. *J. Lond. Math. Soc.*, **10**: 26–30, 1935.

7.3 連結成分と強連結成分

connected components and strongly connected components

a. 連結成分

$G=(V,E)$ を無向グラフとする．2 頂点 $u,v \in V$ 間に (u,v)–パスが存在するとき，u と v は連結しているという．頂点集合 $V' \subseteq V$ 内の任意の 2 頂点が連結しているとき，V' は G において**連結**であるという．G において連結な極大頂点集合 V' (すなわち，V' を真に含む任意の頂点集合は G において連結でない) を，G の**連結成分**という．連結な極大頂点集合によって誘導される G の部分グラフを G の連結成分ということもある．特に，G が連結であるときは V のみが G の連結成分である．図 1 に，複数の連結成分 V_i $(i=1,2,3,4)$ をもつグラフの例を示す．

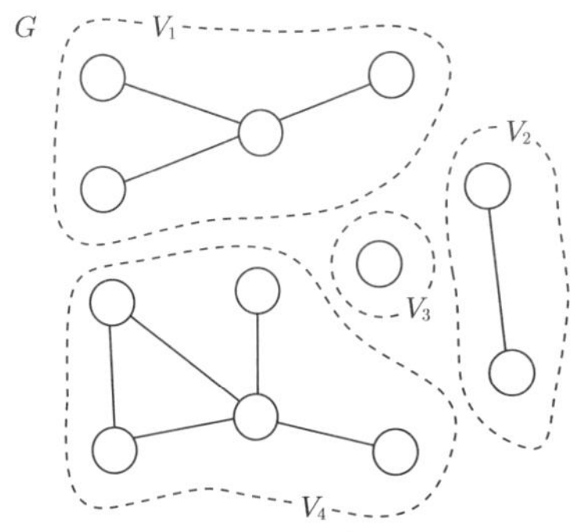

図 1　無向グラフ G の一例とその連結成分 V_i

連結成分に関して，次の性質 (i)〜(iii) が成立する．

(i) 任意の頂点 $v \in V$ はいずれかの連結成分に属す．

(ii) 異なる連結成分 V_i と V_j は $V_i \cap V_j = \emptyset$ を満たす．

(iii) 異なる連結成分 V_i と V_j をまたぐ辺は存在しない．すなわち，G から各連結成分を 1 頂点に縮約して得られるグラフは独立頂点からなる．

性質 (i) と (ii) については，言い換えると G のすべての連結成分の族 $\{V_1, V_2, \cdots, V_k\}$ は V の分割である．

これらの性質は次のように示すことができる．性質 (i) は，頂点 v 自身からなる集合 $\{v\}$ が G において連結であるため，v を含む連結成分はかならず存在することからわかる．性質 (ii) については，成立しないとすると，極大性よりある二つの連結成分 V_i と V_j が $V_i \cap V_j \neq \emptyset$, $V_i - V_j \neq \emptyset$, および $V_j - V_i \neq \emptyset$ を満たさなければならない．しかし，このとき明らかに $V_i \cup V_j$ も G において連結であるため，V_i または V_j の極大性に反する．性質 (iii) についても，ある二つの連結成分 V_i と V_j の間に辺が存在すれば $V_i \cup V_j$ が G において連結になり V_i または V_j の極大性に反することからわかる．

なお，G のすべての連結成分の計算は，深さ優先探索や幅優先探索により線形時間で行える．

b. 強連結成分

$D=(V,A)$ を有向グラフとする．2 頂点 $u,v \in V$ に対し，(u,v)–パスと (v,u)–パスがともに存在するとき，u と v は強連結しているという．頂点集合 $V' \subseteq V$ 内の任意の 2 頂点が強連結しているとき，V' は D において**強連結**であるという．D において強連結な極大頂点集合 V' を，D の**強連結成分**という．強連結な極大頂点集合によって誘導される D の部分グラフを G の強連結成分ということもある．図 2(a) の例では，各 V_i $(i=1,2,3,4,5)$ が強連結成分である．

強連結成分に関して，次の性質 (iv)〜(vi) が成立する．

(iv) 任意の頂点 $v \in V$ はいずれかの強連結成分に属す．

(v) 異なる強連結成分 V_i と V_j は $V_i \cap V_j = \emptyset$ を満たす．

(vi) D から各強連結成分を 1 頂点に縮約して得られるグラフ D' は有向閉路をもたない (換言すると D' は非巡回有向グラフである) (図 2(b) 参照)．

性質 (iv) と (v) から，無向グラフの連結成分と同様，D のすべての強連結成分の族 $\{V_1, V_2, \cdots, V_k\}$ は V の分割である．一方，図 2 の例でも確認できるように，連結成分の性質 (iii) とは異なり，どの強連結成分により誘導される部分グラフにも属さない辺が存在しうる．

性質 (iv) と (v) についてはそれぞれ性質 (i) と (ii)

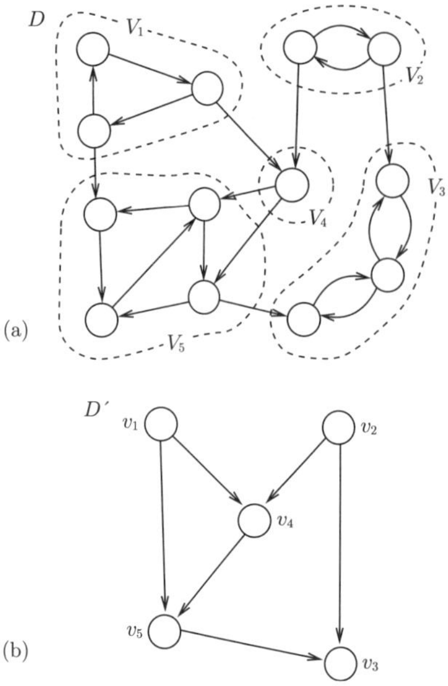

図 2 (a) 有向グラフ D の一例とその強連結成分 V_i と (b) D から各強連結成分 V_i を 1 頂点 v_i に縮約して得られる非巡回有向グラフ D'

と同様に示せるので省略する．性質 (vi) については，D' に有向閉路 C が存在すると仮定すると，C 上の頂点に対応する強連結成分の和集合も G において強連結になるため，強連結成分の極大性に矛盾する．

D のすべての強連結成分の計算については，深さ優先探索を工夫することにより線形時間で行える[1].

〔石 井 利 昌〕

参 考 文 献

[1] R. E. Tarjan : Depth-first search and linear graph algorithms. *SIAM J. Computing*, **1**: 146–160, 1972.

7.4 ゴモリー–フー木

Gomory-Hu tree

$G = (V, E, d)$ を各辺に非負実数重み $d : E \to \Re_+$ が付与された重みつき無向グラフとする．V の空でない真部分集合 X をカットと呼び，その大きさを X と $V - X$ をまたぐすべての辺の重み和で定義し，$d(X; G)$ と表記する．つまり，$d(X; G) = \sum\{d(u, v) \mid (u, v) \in E, u \in X, v \in V - X\}$ である．特に，2 頂点 s と t を分離するカット X は，$\boldsymbol{(s, t)}$**–カット**と呼ばれる．G の 2 頂点 $s, t \in V$ が与えられたとき，(s, t)–カット X のなかで $d(X; G)$ を最小にするものを最小 (s, t)–カットと呼び，その大きさ $d(X; G)$ を (s, t) 間の**局所辺連結度** $\lambda(s, t; G)$ と定義する．

ゴモリーとフー[1] は，G の局所辺連結度の集合 $\{\lambda(u, v; G) \mid u, v \in V\}$ において異なる値がたかだか $|V| - 1$ 個である性質を利用し，それらの値を決めている $|V| - 1$ 個のカットを一つの木として表現できることを示した．次の性質 (i), (ii) を満たし，G と同じ頂点集合 V をもつ重みつき無向木 $T = (V, F)$ を G の**ゴモリー–フー木**と呼ぶ．ただし，T から辺 e を除いたとき，二つの連結成分 X_e と $V - X_e$ に分かれるとする．

(i) 2 頂点 $u, v \in V$ に対し，T における (u, v)–パス上の辺の重みの最小値が $\lambda(u, v; G)$ に等しい．

(ii) T の各辺 $e = (u, v) \in F$ に対し，$d(X_e; T) = d(X_e; G)$ が成立する．

この性質 (ii) を言い換えると，カット X_e は G においても最小 (u, v)–カットである．さらに，これらの性質は，

> $((u, v) \in E$ とは限らない) 任意の 2 頂点対 $u, v \in V$ に対し，T における (u, v)–パス上の重み最小の辺を e とすると，カット X_e は G においても最小 (u, v)–カットである

ことを示している．これは，カット X_e が $d(X_e; G) = d(X_e; T) = \lambda(u, v; G)$ を満たし，さらに u と v を分離することからわかる．木上では 2 頂点間のパスが一意に定まることや各辺がカットに対応することから，ゴモリー–フー木 T が得られれば，G のすべて

の 2 頂点対 $u, v \in V$ に対し局所辺連結度 $\lambda(u, v; G)$ と最小 (u, v)–カットに関する情報を T を通して容易に把握できる．図 1 に，グラフ G とそのゴモリー–フー木 T の例を示す．たとえば，同図 (a) のグラフ G において $\lambda(v_6, v_{12}; G) = 2$ であるが，同図 (b) の木 T において，(v_6, v_{12})–パス上の辺重みの最小値は，辺 $e = (v_3, v_{11})$ の重み 2 である．また，カット $X_e = \{v_1, v_2, v_{11}, v_{12}, v_{13}\}$ (またはその補集合 $V - \{v_1, v_2, v_{11}, v_{12}, v_{13}\}$) は G における最小 (v_6, v_{12})–カットである．

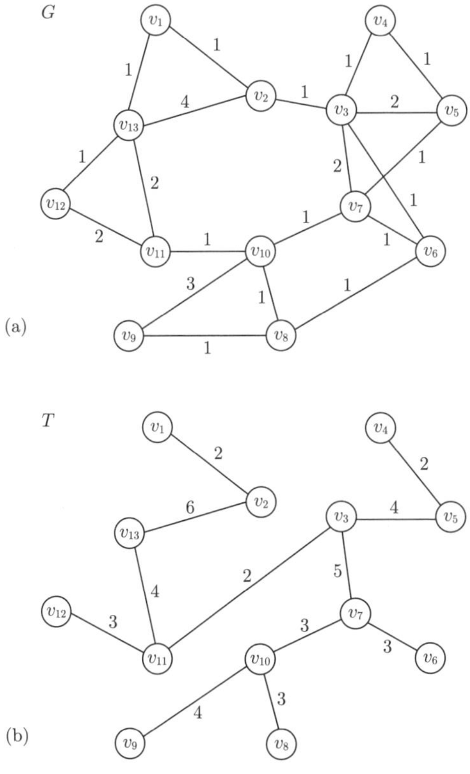

図 1　(a) 重みつき無向グラフ G と (b) そのゴモリー–フー木 T の一例

ゴモリーとフーは，ゴモリー–フー木が 2 頂点を分離する最小カットを $|V| - 1$ 回計算することにより構成できることも示している．次の補題は，この結果のキーとなる性質の一つである．

補題 1　重みつき無向グラフ $G = (V, E)$ の 2 頂点 $s, t \in V$ に対し，X を最小 (s, t)–カットとする．このとき，任意の 2 頂点 $u, v \in V - X$ に対し，$Y \cap X \neq \emptyset \neq X - Y$ なる最小 (u, v)–カット Y が存在すれば，$Y - X$ または $V - (X \cup Y)$ も最小 (u, v)–カットである．すなわち，$Y' \subseteq V - X$ なる最小 (u, v)–カット Y' が存在する．

証明　対称性から，$s \in X \cap Y$ と仮定する．$X \cap Y$ は (s, t)–カットなので，$d(X \cap Y; G) \geq d(X; G)$ が成り立つ．カット関数 d の性質 (劣モジュラ性)

$$d(X; G) + d(Y; G) \geq d(X \cap Y; G) + d(X \cup Y; G) \quad (1)$$

を利用すると，$d(X \cup Y; G) \leq d(Y; G) = \lambda(u, v; G)$ が得られる．一方，カット $X \cup Y$ は u と v を分離するので，$d(X \cup Y; G) \geq \lambda(u, v; G)$ が成り立つ．すなわち，$V - (X \cup Y)$ は最小 (u, v)–カットである．

以下に，ゴモリーとフーによるアルゴリズムの概略を示す．まず，V に対応する 1 頂点からなる木 T_1 から始め，次の手順にしたがい V のある部分集合に対応する頂点からなる木 T_k を $k = 2, 3, \cdots, n$ の順に構成していく．ただし，V の部分集合 X に対応する T_k の頂点を u_X と記す．

① T_k において，$|X| \geq 2$ なる頂点 u_X を一つ選択する．X から選択した 2 頂点 s, t に対し，G における最小 (s, t)–カット S と $\lambda(u, v; G)$ を計算する．このとき，S は，T_k の各頂点 u_Y $(\neq u_X)$ に対し $Y \cap S = \emptyset$ または $Y \subseteq S$ を満たすとする (補題 1 より，そのような S は存在する)．

② u_X を，$X' = X \cap S$ に対応する頂点 $u_{X'}$ と $X'' = X \cap (V - S)$ に対応する頂点 $u_{X''}$ に置き換え，この新しい 2 頂点を重み $\lambda(s, t; G)$ の辺 e で結ぶ．さらに，X_e が最小 (s, t)–カットとなるように u_X に接続していた T_k の各辺を $u_{X'}$ と $u_{X''}$ のうちいずれかに接続しなおす．この結果得られる木を T_{k+1} とおく．

詳細は略すが，最終的に得られる木 $T = T_n$ は G のゴモリー–フー木である．〔石 井 利 昌〕

参 考 文 献

[1] R. E. Gomory and T. C. Hu : Multi–terminal network flows. *SIAM J. App. Math.*, **9**: 551–570, 1961.

7.5 カクタス表現

cactus representation

$G=(V,E,d)$ を各辺に非負実数重み $d:E\to\Re_+$ が付与された重みつき無向グラフとする．G においてカットのなかで $d(X;G)$ を最小にするものを G の最小カットと呼び，その大きさ $d(X;G)$ を G の**辺連結度** $\lambda(G)$ と定義する．図 1(a) のグラフ G の辺連結度は 4 であり，カット $\{v_1\}$ やカット $\{v_1,v_2,v_3,v_{10}\}$ はいずれも G の最小カットである．ディニッツ (Dinits) ら[1] は，すべての最小カットの集合を**カクタス**と呼ばれる簡潔なグラフを用いて表現できることを示した．

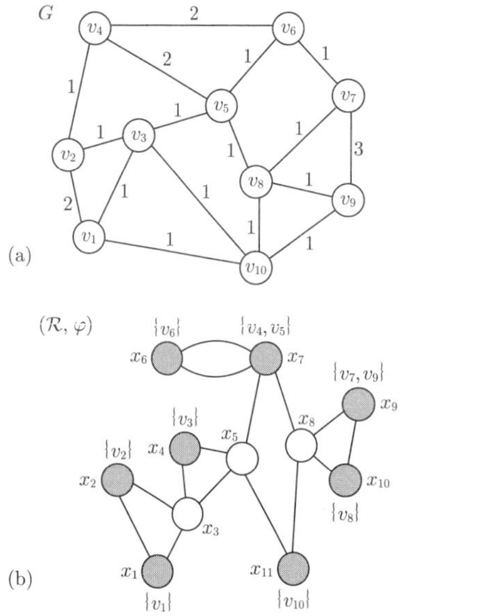

図 1 (a) 重みつき無向グラフ G と (b) $\mathcal{C}(G)$ の カクタス表現 $(\mathcal{R},\varphi)$ の一例

$G=(V,E)$ のすべての最小カットの集合を $\mathcal{C}(G)$ と記す．グラフ $\mathcal{R}=(W,F)$ と G から $\mathcal{R}$ への写像 $\varphi:V\to W$ の組 $(\mathcal{R},\varphi)$ は，次の (i) と (ii) を満たすとき，$\mathcal{C}(G)$ の**表現**と呼ばれる．ただし，$\mathcal{C}(\mathcal{R})$ は $\mathcal{R}$ のすべての最小カットの集合である．

(i) $\mathcal{R}$ の任意の最小カット $S\in\mathcal{C}(\mathcal{R})$ に対し，$X=\{u\in V\mid\varphi(u)\in S\}$ と $V-X=\{u\in V\mid\varphi(u)\in W-S\}$ により定義される G のカット X は $\mathcal{C}(G)$ に属する．

(ii) 逆に，G の任意のカット $X\in\mathcal{C}(G)$ に対し，$X=\{u\in V\mid\varphi(u)\in S\}$ かつ $V-X=\{u\in V(G)\mid\varphi(u)\in V(\mathcal{R})-S\}$ を満たす $\mathcal{R}$ の最小カット $S\in\mathcal{C}(\mathcal{R})$ が存在する．

特に，$\mathcal{R}$ がカクタスと呼ばれる特別なグラフであるとき，$(\mathcal{R},\varphi)$ を**カクタス表現**と呼ぶ．カクタスとは，どの二つの単純閉路もたかだか 1 頂点しか共有点をもたない連結グラフのことをいう．定義から，カクタスは木や閉路を特別な場合として含む．たとえば，図 1(b) のグラフはカクタスである．2 頂点以上からなるカクタス $\mathcal{R}$ において，$\mathcal{C}(\mathcal{R})$ に属す任意のカットは，削除すればグラフが非連結になる辺 (**橋辺**と呼ばれる) またはある一つの閉路に属する 2 本の辺に対応する．つまり，カクタスは非常に簡潔な最小カット構造をもつため，G のカット集合 $\mathcal{C}(G)$ に対するカクタス表現が得られれば，$\mathcal{C}(G)$ の構造を $\mathcal{R}$ を通して容易に把握できる．

図 1(b) の $(\mathcal{R}=(W,F),\varphi)$ は，同図 (a) のグラフ G の最小カット集合 $\mathcal{C}(G)$ のカクタス表現の例である．$\mathcal{R}$ の各頂点 x の横に，対応する G の頂点集合 $\varphi^{-1}(x)$ が付されている．このとき，$\mathcal{R}$ の頂点 x_3,x_5,x_8 のように，V のどの頂点 $v\in V$ も $\varphi(v)=x$ を満たさないような頂点 $x\in W$ が存在してもよい．このような $\mathcal{R}$ の頂点を**空頂点**という．図 1(b) では，空頂点は白い点で，それ以外は灰色の点で表されている．$(\mathcal{R},\varphi)$ が $\mathcal{C}(G)$ の表現であることは次のように確認できる．たとえば，$\mathcal{R}$ の最小カット $S=\{x_8,x_9,x_{10}\}$ に対し，$X=\{u\in V\mid\varphi(u)\in S\}=\{v_7,v_8,v_9\}$ により定義されるカット X は G の最小カットである．また，G の最小カット $X=\{v_1,v_2,v_3\}$ に対しては，$\mathcal{R}$ の最小カット $S=\{x_1,x_2,x_3,x_4\}$ (または $S'=\{x_1,x_2,x_3,x_4,x_5\}$) が存在する．

任意の重みつき無向グラフ G に対し，$\mathcal{C}(G)$ のカクタス表現が存在する．このことから，G の最小カットの総数は $O(|V|^2)$ である．また，カクタス表現の計算に関しては，永持ら[2] による $O(|V|(|E|+|V|\log|V|))$ 時間アルゴリズムが現在知られているなかで最速である．

また，$\lambda(G)$ が奇数のときは，$\mathcal{C}(G)$ を木 $\mathcal{R}$ を用いて表現できる．これは，次の性質から導くことができる．

$\lambda(G)$ が奇数のとき，どの異なる二つの最小カット

X_1, X_2 も互いに交さしない (換言すると, $X_1 \cap X_2$, $X_1 - X_2$, $X_2 - X_1$, $V - X_1 - X_2$ のうちいずれかは空である).

この性質が成立することは，ある $X_1, X_2 \in \mathcal{C}(G)$ が互いに交さすると仮定すると次のように矛盾を導けることからわかる．X_1 と X_2 に 7.4 節の式 (1) を適用することにより，$\lambda(G) + \lambda(G) = d(X_1; G) + d(X_2; G) \geq d(X_1 \cap X_2; G) + d(X_1 \cup X_2; G) \geq \lambda(G) + \lambda(G)$ が得られる．したがって，$X_1 \cap X_2$ は G の最小カットである．同様に，X_1 と $V - X_2$ に 7.4 節の式 (1) を適用することで

$$d(X_1; G) + d(X_2; G) \geq d(X_1 - X_2; G) + d(X_2 - X_1; G) \quad (1)$$

が得られることから，$X_1 - X_2$ も G の最小カットであるとわかる．したがって，$d(X_1 - X_2; G) + d(X_1 \cap X_2; G) - d(X_1; G) = \lambda(G)$ の関係式が成り立つ．一方，この等式の左辺は $X_1 - X_2$ と $X_1 \cap X_2$ をまたぐ辺の重み和の 2 倍に等しい．これは $\lambda(G)$ が奇数であることに矛盾する．〔石 井 利 昌〕

参 考 文 献

[1] E. A. Dinits et al.: On the structure of a family of minimal weighted cuts in a graph. A.A. Fridman, ed.: Studies in Discrete Optimization (in Russian), pp. 290–306, Nauka, Moscow, 1976.

[2] H. Nagamochi et al.:Constructing a cactus for minimum cuts of a graph in $O(mn+n^2 \log n)$ time and $O(m)$ space. *Inst. Electron. Inform. Comm. Eng. Trans. Information Systems.*, **E86-D**: 179–185, 2003.

7.6 極頂点部分集合

extreme vertex set

$G = (V, E, d)$ を各辺に非負実数重み $d : E \to \Re_+$ が付与された重みつき無向グラフとする．V の空でない真部分集合 X は，X の空でないすべての真部分集合 Y に対し，

$$d(Y; G) > d(X; G)$$

が成り立つとき，G の極頂点部分集合と呼ばれる．**極頂点集合**または**極値頂点集合**などと呼ばれることもある．定義より，各頂点 v の単一要素の集合 $\{v\}$ は極頂点部分集合であり，自明な**極頂点部分集合**と呼ばれる．G のすべての極頂点部分集合の族を $\mathcal{X}(G)$ と記す．極頂点部分集合 (またはその集合族) は，重みつき無向グラフのカット構造を表す一つの概念であり，渡辺と中村[2] により**辺連結度増加問題** (与えられたグラフに最小本数の辺を加えて，その辺連結度を目標値まで増加する問題) を解くために導入された．図 1 に，グラフ G とその極頂点部分集合族 $\mathcal{X}(G)$ の例を示す．この図では，各極頂点部分集合を破線で表している．ただし，自明な極頂点部分集合に関しては破線を省略している．つまり，$\mathcal{X}(G) = \{\{v_3, v_4, v_5\}, \{v_4, v_5\}, \{v_6, v_7, v_8, v_{10}\}, \{v_7, v_8\}, \{v_1\}, \{v_2\}, \cdots, \{v_{10}\}\}$ である．

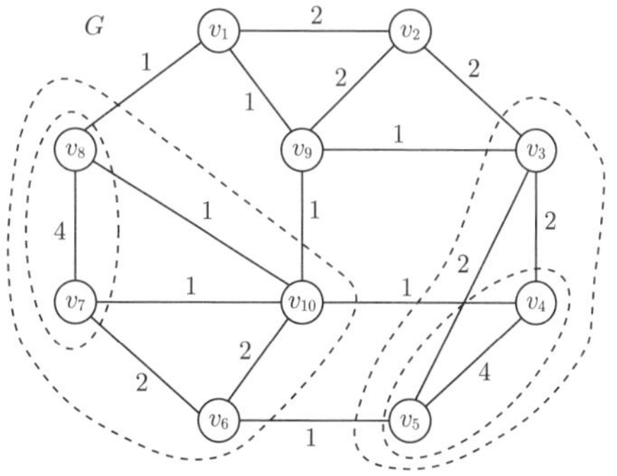

図 1 グラフ G の一例とその極頂点部分集合族 $\mathcal{X}(G)$

極頂点部分集合に関して，次の性質 (i)〜(iv) が成り立つ．ただし，V の部分集合族 $\mathcal{X} \subseteq 2^V$ は，$\mathcal{X}$ 内の任意の二つの集合 X と X' が $X \cap X' = \emptyset$, $X \subseteq X'$ または $X' \subseteq X$ を満たすとき，**ラミナ族**と呼ばれる．

(i) V の任意の空でない真部分集合 X は，$d(X';G) \leq d(X;G)$ を満たす極頂点部分集合 X' を部分集合として含む．

(ii) $\mathcal{X}(G)$ は G の最小カットを含む．すなわち，$\lambda(G) = \min\{d(X;G) \mid X \in \mathcal{X}(G)\}$.

(iii) $\mathcal{X}(G)$ はラミナ族である．

(iv) $|\mathcal{X}(G)| = O(|V|)$.

これらの性質は次のように示すことができる．(i) X' を $d(X';G) \leq d(X;G)$ を満たす X の極小部分集合とする ($X' = X$ の場合もある)．言い換えれば，X' の任意の空でない真部分集合 Y に対し，$d(Y;G) > d(X;G) \geq d(X';G)$ が成り立つ．このことは，X' が極頂点部分集合であることを示している．(ii) Z を G の最小カットとすると，性質 (i) より，Z は $d(X;G) \leq d(Z;G)$ である極頂点部分集合 X を含む．$\lambda(G) \leq d(X;G) \leq d(Z;G) = \lambda(G)$ より，X も G の最小カットである．(iii) ある二つの極部分頂点集合 X_1 と X_2 が $X_1 \cap X_2 \neq \emptyset$, $X_1 - X_2 \neq \emptyset$, および $X_2 - X_1 \neq \emptyset$ を満たすと仮定して矛盾を導く．このとき，X_1 と X_2 に 7.5 節の式 (1) を適用することにより $d(X_1;G) \geq d(X_1 - X_2;G)$ または $d(X_2;G) \geq d(X_2 - X_1;G)$ が得られるが，これは X_1 または X_2 が G の極頂点部分集合であることに矛盾する．(iv) 性質 (iii) より，各極頂点部分集合 X を頂点 v_X で表し，X_1 が X_2 に含まれる極大集合のとき頂点 v_{X_2} から頂点 v_{X_1} へ有向辺を引くことによって，根つき木の集合 (すなわち森) F を構成できる．F の葉はそれぞれ自明な極頂点部分集合に対応するため，葉の数は $|V|$ である．F の葉以外の頂点はそれぞれ 2 個以上の頂点を子にもつため，F の頂点数は $2|V| - 1$ 以下である．$|\mathcal{X}(G)|$ は F の頂点数に等しいので，$|\mathcal{X}(G)| = O(|V|)$ が得られる．

図 1 のグラフ G でも，これらの性質が成り立つことが確認できる．たとえば，$\mathcal{X}(G)$ に含まれるカット $\{v_6, v_7, v_8, v_{10}\}$ と $\{v_1\}$ は G の最小カットである．性質 (ii), (iv) より，$O(|V|)$ 個からなる極頂点部分集合族 $\mathcal{X}(G)$ を調べるだけで，グラフの辺連結度 $\lambda(G)$ が得られる．$\mathcal{X}(G)$ は，永持[1] により $O(|V|(|E| + |V| \log |V|))$ 時間で計算できることが示されており，このアルゴリズムが現在知られているなかで最速である．極頂点部分集合族は，辺連結度増加問題だけでなく，供給点配置問題や最小 k–カット問題といったグラフのカットに関する最適化問題を解くためにも応用される．〔石 井 利 昌〕

参 考 文 献

[1] H. Nagamochi : Graph algorithms for network connectivity problems. *J. Operations Res. Soc. Jpn.*, **47**: 199–223, 2004.

[2] T. Watanabe and A. Nakamura : Edge-connectivity augmentation problems. *J. Comput. System Sci.*, **35**: 96–144, 1987.

8 平面グラフ

8.1 オイラーの公式

Eüler's formula

連結な平面グラフの頂点数を n，辺数を m，面数を f としたときに，常に次の式が成立することがわかっている．

$$n - m + f = 2$$

ただしグラフの外側の面も数に入れている．これを（平面グラフに関する）**オイラーの公式**といい，オイラーによって 1752 年に与えられたとされる．オイラーの名を冠した公式は多いので，他と区別するために**オイラーの多面体公式** (Eüler's formula on polyhedra) ともいわれる．この名称は，連結平面グラフは多面体の一般化と考えられ，この式はもともと，多面体において成立する式として与えられたためである．

本公式の証明は以下のように帰納法によって与えることができる．まず $n = 1, m = 0, f = 1$ の自明なグラフについては公式は明らかに成立する．次に，$m \geq 1$ である任意の連結平面グラフ G は，次の (i), (ii) どちらかの方法で，辺数の 1 少ないある連結平面グラフ G' に変形することができる．

(i) G が閉路を含むとき：閉路上の辺を任意に 1 本削除する．

(ii) G が閉路を含まないとき：次数 1 の頂点が存在するので，それと，その頂点に接続する唯一の枝を削除する．

G' がオイラーの公式を満たせば G も満たすということは簡単に導くことができるので，帰納法によって，任意の連結平面グラフに対して公式が成立することを証明できる．

オイラーの公式は非常に基本的なので，そこからいろいろな性質を導くことができる．たとえば最短の閉路長が $h \geq 3$ であるような連結平面グラフについて

$$m \leq \frac{h}{h-2}(n-2) \qquad (1)$$

が成立する．この証明は以下の通りである．まず閉路長が h 以上であることから各面の周囲には少なくとも h 本の辺があり，さらに各辺はちょうど二つの面の周囲にあるので $hf \leq 2m$ が得られる．これをオイラーの公式に代入して f を消去すれば，本式が得られる．

式 (1) を用いることで，クラトフスキーの定理の定める平面グラフの**禁止マイナー** K_5 と $K_{3,3}$ が平面グラフでないことを以下のように簡単に証明することができる．

① K_5：$n = 5, m = 10, h = 3$ を式 (1) に代入することで矛盾を導ける．

② $K_{3,3}$：$n = 6, m = 9, h = 4$ を式 (1) に代入することで矛盾を導ける．

次の性質は，**四色定理**の証明においても真っ先に使用されるたいへん基本的なものであるが，これもオイラーの公式より得られる．

平面グラフには次数 5 以下の頂点が存在する．

この証明は以下の通りである．連結単純グラフで辺数が 6 以上のもので成立することを示せば十分である．グラフの単純性より $h \geq 3$ となるので，式 (1) より，$m \leq 3n - 6$ を得る．グラフの次数の総和を D とおくと，$D = 2m$ なので，上式に代入し m を消去することで

$$\frac{D}{n} \leq 6 - \frac{12}{n} < 6$$

を得る．これは次数の平均が 6 より小さいことを意味するので，次数が 5 以下の節点が存在しなければならないことがわかる．

なお，本公式は非連結なグラフについては成立しないが，**連結成分**の数を c とおくことで，非連結グラフでも成立する形

$$n - m + f = 1 + c$$

に一般化することができる．〔伊 藤 大 雄〕

参 考 文 献

[1] N. L. Biggs et al.: Graph Theory 1736–1936, Oxford University Press, 1998.

8.2 クラトフスキーの定理

Kuratowski's theorem

クラトフスキーの定理を直感的に表現すれば

> 非平面グラフは本質的に K_5 と $K_{3,3}$ しか存在しない

ということができる．この美しい定理はポーランドの数学者クラトフスキー (Kazimierz Kuratowski, 1896–1980) によって 1930 年に与えられた．

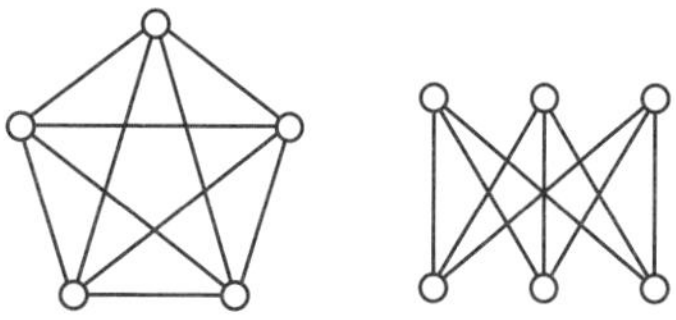

図 1　K_5（左）と $K_{3,3}$

K_5 とは 5 点よりなる**完全グラフ**で，$K_{3,3}$ はおのおの 3 点よりなる二つの部から構成される**完全 2 部グラフ**である（図 1 参照）．

本定理を正確に説明する．グラフ $G=(V,E)$ の辺 $(v,w)\in E$ の**細分** (subdivision) とは，その枝の中間に新しい点 u を加えること，すなわち辺 (v,w) を 2 本の辺 (v,u) と (u,w) で置き換えることをいう（図 2 参照）．さらに，グラフ G の適当な辺に細分の操作を何回か（0 回でもよい）加えて得られたグラフ G' を G の細分と呼ぶ．K_5 または $K_{3,3}$ の細分のことを**クラトフスキーグラフ**と呼ぶ．クラトフスキーの定理は以下のものである．

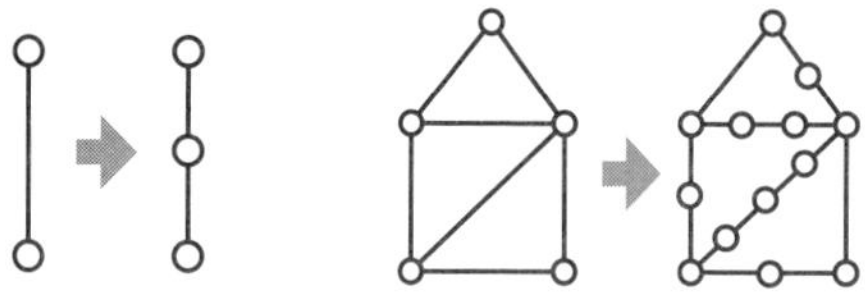

図 2　辺（左）とグラフの細分の例

定理 1　グラフ G が平面グラフである必要十分条件はクラトフスキーグラフを部分グラフとして含まないことである．

本定理はグラフの平面性判定などに重要な応用があるが，グラフマイナー理論との関係も重要である．グラフ G' がグラフ G の**位相的マイナー** (topological minor) であるとは，G が G' の細分を部分グラフとして含むことをいう．この用語を用いればクラトフスキーの定理は「グラフ G が平面グラフである必要十分条件は K_5 と $K_{3,3}$ のどちらも G の位相的マイナーではないことである」と言い換えることができる．

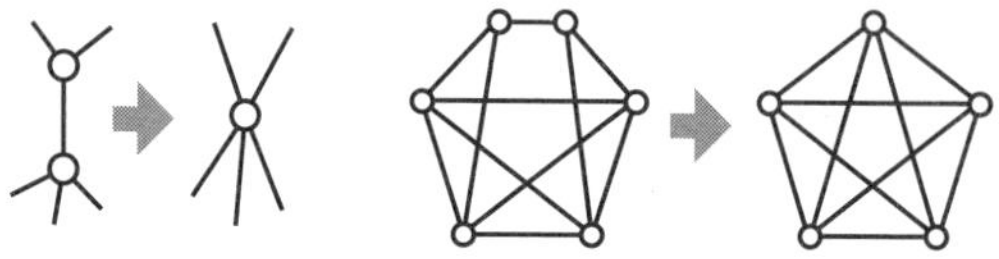

図 3　縮約の例

位相的マイナーの拡張概念としてマイナーがある．グラフ $G=(V,E)$ の辺 $(v,w)\in E$ の**縮約** (contraction) とは，辺 (v,w) を新しい点 $u_{(v,w)}$ で置き換えること，すなわち辺 (v,w) および v か w に接続する辺をすべて削除し，点 $u_{(v,w)}$ を追加し，さらに v または w と隣接していた点 $x\in V$ に対し辺 $u_{(v,w)}$ を追加することを意味する（図 3 参照）．グラフ G' がグラフ G の**マイナー** (minor) であるとは，G のある部分グラフに辺の縮約を何回か（0 回でもよい）適用して G' が得られることをいう．

定義から明らかなように，グラフ G の位相的マイナーはグラフ G のマイナーでもあるが，その逆は一般には成立しない．しかしクラトフスキーの定理は「位相的マイナー」を「マイナー」に置き換えても成立する．

定理 2（マイナー版）　グラフ G が平面グラフである必要十分条件は K_5 と $K_{3,3}$ のどちらも G のマイナーではないことである．

このマイナー版の定理を大幅に拡張したものが，ロバートソン (N. Robertson) とシーモア (P.D. Seymour) のグラフマイナー理論であるといえる．

〔伊藤大雄〕

参考文献

[1] R. Diestel : Graph Theory, 4th ed., Springer, 2010.
[2] C. L. リウ著，伊理正夫，伊理由美訳：組合せ数学入門 II，共立全書，1972.

8.3 平面性の判定

planarity testing

グラフが平面グラフであるためにはオイラーの公式

$$n - m + f = 2$$

(n, m, f はそれぞれグラフの頂点数，辺数，面数) を満足する必要がある．ただし，平面に埋め込んでいない状態で判定しなければならないので，f は不明である．しかしどの面も 3 本以上の辺で囲まれているということから，

$$m \leq 3n - 6$$

を満たさなければならないことがオイラーの公式より導かれる．したがって辺数がこれよりも多いグラフは平面グラフでないことが即座に判定できる．しかし上式を満たしていてもそれだけでは平面グラフであるとはかぎらず，精密な検査が必要である．

平面性判定アルゴリズムは入力の線形時間で行うことができる．最初に提案された線形時間アルゴリズムはホップクロフト (J.E. Hopcroft) とタージャン (R.E. Tarjan) が 1974 年に提案したものである[2]．このアルゴリズムはグラフの閉路を発見しては次々に平面に直接描画していくものであり，どの閉路を処理していくかを決めるのに深さ優先探索 (DFS) を用いることで線形時間を達成しているのであるが，少々複雑なのが難点であった．

グラフを平面に直接描画しなくても平面性を判定する方法はある．それはクラトフスキーの定理にしたがって，グラフ G が K_5 と $K_{3,3}$ の細分 (クラトフスキーグラフと呼ぶ) を部分グラフとして含むか (あるいは K_5 と $K_{3,3}$ が G のマイナーであるか) 否かを判定する方法である．任意の固定されたグラフ H に対し，グラフ G を入力として与えて H は G のマイナーであるか否かを判定するのは，G の点数を n とすると $O(n^3)$ 時間でできるので，この方法でも多項式時間アルゴリズムは得られる (現在では K_3 と $K_{3,3}$ にかぎれば線形時間でできる)．ただし，この方法では，平面グラフであるとの結果が得られても平面描画が直接は得られない，という欠点がある．

一方，グラフを直接平面描画する方法も欠点はある．それは，うまく埋め込めなかった場合に，アルゴリズム (あるいはそのプログラミング) が悪いせいではなく，そのグラフが平面グラフでないからであることを示す証拠がわかりにくいことである．

そこで，両者を合わせたアルゴリズム，すなわち，グラフを平面に埋め込みつつ，それができなかった場合は非平面性の証拠であるクラトフスキーグラフ (「8.2 クラトフスキーの定理」参照) を発見するという線形時間アルゴリズムがウィリアムソン (S.G. Williamson) によって 1984 年に提案されている．このアルゴリズムも深さ優先探索を基本としており，ホップクロフトとタージャンのアルゴリズムの延長上にあるといえる．

平面性判定アルゴリズムはその後も進化し続けている．平面描画の方法は，グラフ上の閉路を一つ描画し，そこに少しずつ残りの部分を描き加えていく方法が基本であるが，描き加えるときに，現在描かれているものの「内側」に描くか「外側」に描くかという二者択一がありえる．そのどちらにも描けない場合には，これまでの描画の一部を (外側に描いたのを内側に直すなど) 修正すれば描けるようになるかもしれない．この判定を再帰的に行う必要があり，ここをいかにシンプルに表現するかが改良の重要なポイントとなる．

そこで **PQ 木** (PQ–tree) を用いた千葉らの方法[1]，あるいはその改良形である **PC 木** (PC–tree) を用いたシンプルな構造のアルゴリズムが Shih と Hsu[3] によって提案されている． 〔伊 藤 大 雄〕

参 考 文 献

[1] N. Chiba et al.: A linear algorithm for embedding planar graphs using PQ–trees. *J. Comput. System Sci.*, **30**(1): 54–76, 1985.

[2] J. Hopcroft and R.E. Tarjan : Efficient planarity testing. *J. Assoc. Comput. Machin.*, **21**(4): 549–568, 1974.

[3] W. K. Shih and W. L. Hsu: A new planarity test. *Theoretical Computer Science*, **223**(1-2): 179–191, 1999.

8.4 グラフ描画

graph drawing

グラフの頂点および辺を図示したものをグラフの描画という．与えられたグラフをできるだけ「構造が理解しやすく」かつ「きれいに」描画することにより，各頂点間の関係を簡潔にわかりやすく表現することができる．求められる「きれいさ」および「見やすさ」にはさまざまな尺度があるが，一般的には，できるだけ辺の交差を少なくする，点と点の距離が一定程度離れている，各面の形がきれい，などが望ましい条件である．これらの条件をどのように優先させるかは，対象となるグラフの意味や求められる応用に依存するため，さまざまな条件に対応した多数の描画法が知られている．以下に代表的な描画法の例を示す．

平面描画： グラフ G の描画で，G の各辺が互いに交差しないものを G の**平面描画**という．図 1 に同じグラフの平面描画と非平面描画の例を示す．残念ながらすべてのグラフが平面描画をもつとはかぎらない．平面描画をもつグラフ G を**平面グラフ**という．

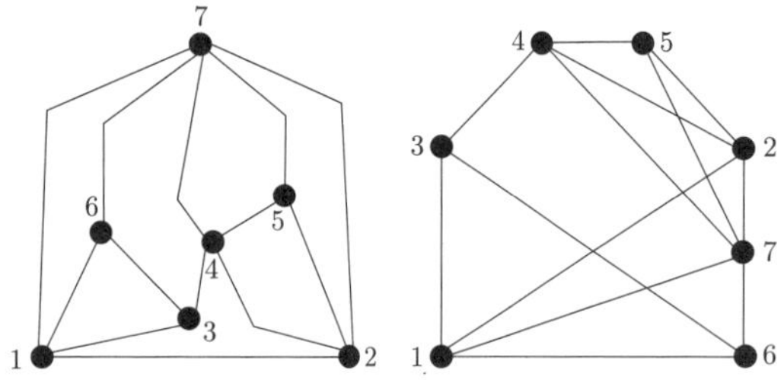

(a) (b)

図 1 (a) 平面描画と (b) 非平面描画

直線描画： 平面グラフ G の描画で，G の各辺が互いに交差しない直線分として描かれるものを G の**直線描画**という (図 2(a) 参照)．すべての平面グラフは直線描画をもつことが知られている．

凸描画： 平面グラフ G の直線描画で，すべての面が凸多角形であるものを G の**凸描画**という (図 2(b) 参照)．すべての平面グラフが凸描画をもつとはかぎらないが，すべての 3 連結平面グラフは凸描画をもつことが知られている．

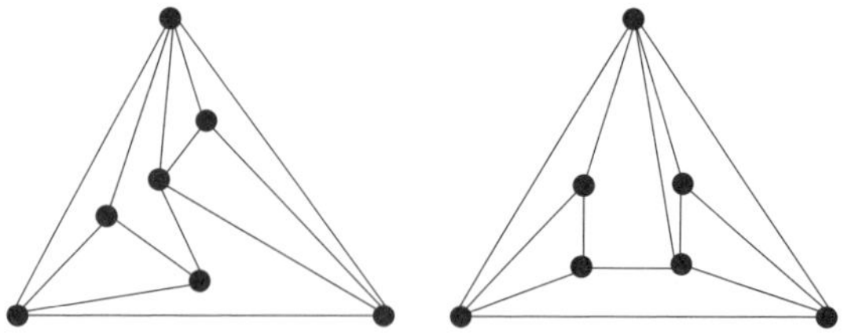

(a) (b)

図 2 (a) 直線描画と (b) 凸描画

直交描画： 平面グラフ G の描画で，G の各辺が水平あるいは垂直線分の連鎖で描かれるものを G の**直交描画**という (図 3(a) 参照)．

矩形描画： 平面グラフ G の描画で，G の各頂点が点として描かれ，各辺が互いに交差のない水平あるいは垂直線分で描かれ，各面が矩形で描かれるものを G の**矩形描画**という (図 3(b) 参照)．直交描画，矩形描画は VLSI フロアプランニング，VLSI レイアウト設計などに応用される．

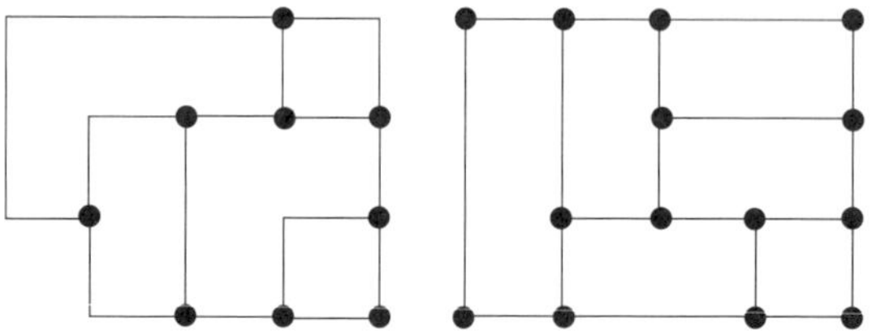

(a) (b)

図 3 (a) 直交描画と (b) 矩形描画

格子描画： グラフ G の描画で，G の各頂点が整数格子の格子点上にあるものを G の**格子描画**という (図 4(a) および (b) 参照)．格子描画では頂点と頂点との距離が少なくとも 1 以上離れているので，特定の箇所への頂点の密集が起こりにくい．

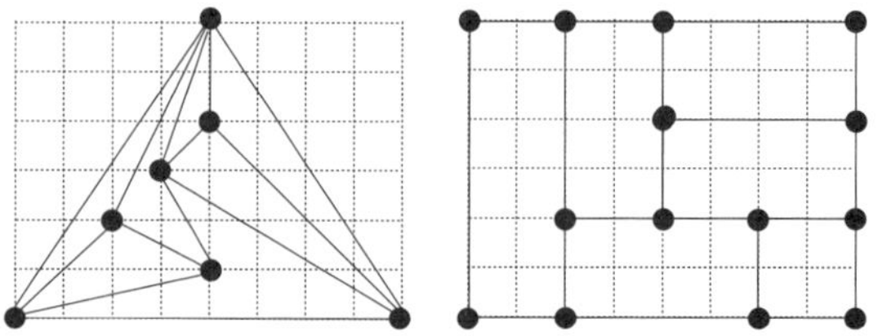

(a) (b)

図 4 (a) 格子直線描画と (b) 格子矩形描画

〔三 浦 一 之〕

参考文献

[1] T. Nishizeki and Md. S. Rahman : Planar Graph Drawing, Word Scientific, Singapore, 2004.

9 列挙アルゴリズム

enumeration algorithm

与えられた問題の解をすべてみつける問題を**列挙問題** (enumeration problem) といい，列挙問題を解くアルゴリズムを**列挙アルゴリズム**という．数の組合せで合計がちょうど b になるもの，グラフに含まれるパスなどをすべてみつける問題が列挙問題の例である．通常，解が無限個あるものは考えず，有限，特に組合せ的な問題の解を列挙することが多い．列挙は**生成** (generation) と呼ばれることもあり，特に入力が大きさのパラメータ n だけの場合，葉が n 枚の二分木や大きさ n の順列などでは生成と呼ばれることが多いようである．また，枚挙，listing や scanning とも呼ばれる．

最適化問題が目的関数を最小化 (最大化) する解を一つ求めるのに対し，列挙は問題の解をすべて求めるという点で，両者は求解問題の対極にある．問題がある種のシステムを表すものと思えば，最適化はシステムの極みを調べるものであり，列挙はシステム全体をとらえるものである．応用面では，最適化は解を一つしか出さないことから自動化システムの構築に向いており，列挙は逆にユーザにいくつかの解を提示して選択を行わせるという逐次的なシステム構築に向いている．また，炭素が 10 個で二重結合のない鎖状の炭化水素は本質的に何種類あるか，といった網羅的な探索にも向いている．

機械学習などの人工知能の分野では，最適化は分類や推定などの予測問題に用いられることが多く，逆に列挙はデータマイニングなど発見的な問題に用いられることが多い．特にデータマイニング分野の中心的な問題である，**パターンマイニング** (データベースに多く含まれるパターンをすべてみつけ出す問題) は列挙そのものであり，この分野では列挙アルゴリズムの研究が数多く行われている．学習された分類関数はそのまま自動化システムに応用されるが，データマイニングでみつかった解はユーザに提示され，逐次的に処理が進められるという点は最適化システムと同じである．

列挙の難しさは，解をすべてみつけなければならない**完全性** (探索の難しさ)，一つの解を複数回出力してはいけないという**重複の回避** (メモリに解をためることなく重複を回避)，本質的に同じものを同一と見なす**同型性の考慮** (グラフや行列の列挙で起きうる) がある．列挙は，組合せ最適化の分枝限定法をそのまま適用し，問題を再帰的に分割して解がないことが保証された時点で枝刈りをするという解法を構築することで，ある程度の効率で解ける．しかし多項式性を満たすような効率性の達成は簡単ではなく，より効率的な解法構築には他の手法が必要である．最適化には，問題や目的関数の構造から固有の最適条件を導き出すことで多くの効率的な解法が考案されてきた．対して列挙は一部の解の特徴づけでは効率化ができないため，それほど多くの手法が開発されてきているわけではなく，基本的な手法は大別して三つになる．以下ではその手法を紹介する．

a. バックトラック法

バックトラック法は，単調な集合族の要素 (メンバー) を列挙する手法である．集合族 $\mathcal{S}$ が単調であるとは，任意の $X \in \mathcal{S}$ に対して，その部分集合 $X' \subset X$ がすべて $\mathcal{S}$ に含まれることである．グラフの独立集合，クリーク，トランザクションデータベースの頻出集合，ナップサック問題の実行可能解などが単調な族を形成し，逆にグラフのパス，連結成分，極大独立集合，充足可能性問題の可能解などは単調な族を形成しない．

バックトラック法の基本的なアイデアは空集合から出発して一つずつ要素を追加し，求める解でないものになったら（単調な集合族からはみ出したら）一つ戻り，次の要素を追加して異なる解を探す，というものである．ただし，このままでは各解が複数回探索され，重複が発生するため，各反復では現在の解の要素の添字の最大 ($tail(X)$ と表記する) よりも大きな添字をもつ要素のみを追加することとし，常に添字最大の要素が最後に追加されるようにする．図 1 に例を示した．以下にバックトラック法を記述する．最初に空集合を引数として呼び出すことで，単調族のすべてのメンバーを列挙する．ただし $tail(\emptyset) = -\infty$ とする．

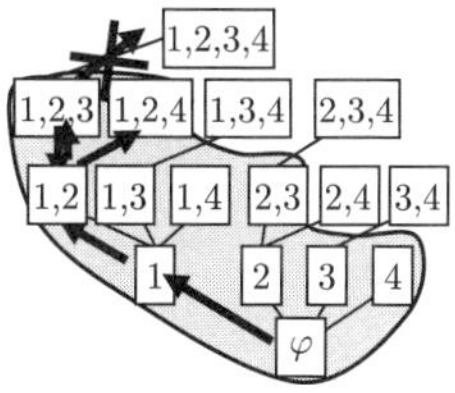

図 1 バックトラック法の例
囲まれた部分が単調な集合族.

Backtrack (X)
1. **if** X が解でない **return**
2. **output** X
3. **for each** $i > tail(X)$
   call Backtrack $(X \cup \{i\})$

バックトラック法の各反復では問題を再帰的に分割している，と見なすことができる．すると，解 X を受け取る反復は $X \cup E(tail(X))$ に含まれ，X を含む解を列挙する問題に対応する．ただし，$E(tail(X))$ は $tail(X)$ よりも大きな添字をもつ要素の集合である．そのような解集合はさらなる再帰呼出しによって，$X \cup \{i\} \cup E(i)$ に含まれ，$X \cup \{i\}$ を含む解の集合に分割され，再帰的に解かれる．

1)　例：ナップサック問題の解列挙

ナップサック問題の解列挙問題は，与えられた数 $A = \{a_1, \cdots, a_n\}$ と b に対して，A の部分集合 A' で，$\sum_{a \in A} a \leq b$ を満たすものをすべてみつけるものである．明らかに，この解は単調な族を構成する．ここで，$b > 0$ であるとし，$\sum_{a \in \emptyset} a = 0$ とすると，アルゴリズムは以下のようになる．

Knapsack (X, s)
1. **if** $s > b$ **return**
2. **output** X
3. **for each** $i > tail(X)$
   call Knapsack $(X \cup \{i\}, s + a_i)$

2)　例：極大解の列挙

解の集合 $\mathcal{F}$ のなかで，他者に真に含まれないような X，つまり $X \subset X'$ が任意の $X' \in \mathcal{F}$ について成り立たないような X を**極大解**という．バックトラック法の 1 に「$X \cup E(tail(X))$ に極大解が含まれなければ終了」という単純な枝刈り操作を加えることで，効率的な極大解の列挙が可能となる．完全な枝刈りでなく，十分条件のみでもある程度の高速化が得られる (分枝限定法と同じである)．ナップサック問題の場合，あらかじめ $a_1 \geq a_2 \geq \cdots \geq a_n$ が成り立つよう添字を付け替えることで，

$$a_i \notin X,\ s + \sum_{E(tail(i))} a_i \leq b - a_{i-1}$$

が，極大解が存在しない十分条件となる．また，これは必要条件でもあるため，ナップサック問題では完全な枝刈りが可能である．

b. 分割法

分割法 (binary partition) は，列挙する解の集合を再帰的に分割して問題を小さくし，最終的に解が一つ (定数個) になった時点で出力するという解法である．分割の数は 2 であることが多いが，それ以上でも問題はない．分割法のアルゴリズムは以下のように記述される．

BinaryPartition $(\mathcal{F})$
1. $\mathcal{F}$ を $\mathcal{F}_1, \mathcal{F}_2 \neq \emptyset$ である $\mathcal{F}_1$ と $\mathcal{F}_2$ に分割する
2. **call BinaryPartition** $(\mathcal{F}_1)$
3. **call BinaryPartition** $(\mathcal{F}_2)$

$\mathcal{F}$ は明示的には与えず，あるグラフのパスの集合，のように陰に与える．分割法の難しさは，かならず非空な解集合に分割することと，分割してできた問題がもとの問題と同型で，再帰的に処理できることである (空集合と全体集合に分割すると，無限に分割を繰り返す可能性がある)．これには限定した部分問題の解の存在判定が効率的にできるかが大きな鍵となる．たとえばグラフのパスやサイクル，マッチングに対しては多項式時間であるが，極大クリークや極小集合被覆では難しい．

例：2 部グラフの完全マッチングの列挙

与えられた 2 部グラフ $G = (V \cup U, E)$ の完全マッチングを列挙する分割法アルゴリズムを紹介する[2]．まず，G の**完全マッチング** M を一つ求め，出力する．次に，M とは異なる完全マッチング M' を求める．このような M' は，M の各枝 e について，$G \setminus e = (V \cup U, E \setminus \{e\})$ の完全マッチングを求めることで求められる．もしどの $G \setminus e$ も完全マッチングをもたないなら，M が G の唯一の完全マッチングであるの

で終了する．M' が存在するなら，ある枝 e^* を M と M' の対称差から選び，G の完全マッチング列挙問題を e^* を含まないものを列挙する問題と e^* を含むものを列挙する問題に分割する．前者は $G \setminus e^*$ の完全マッチングを列挙することで解け，後者は $G^+(e^*)$ の完全マッチングを列挙することで解ける．ここで $G^+(e^*)$ は G から e^* に隣接する枝を取り除いて得られるグラフである (e^* は取り除かない)．両者ともに2部グラフの完全マッチング列挙問題であるため，再帰的に解ける．例を図2に示した．

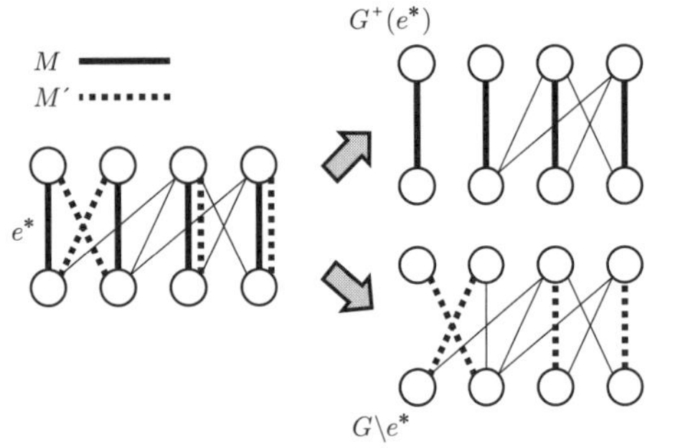

図2　完全マッチング列挙問題の分割例
左がもとのグラフ，右の二つのグラフが再帰的に解かれる問題．

このアルゴリズムは，各反復で最大 $|V \cup U|/2 + 1$ 個の完全マッチングを求める可能性がある．しかし，工夫により大幅に計算時間を短縮できる．まず，M が $G^+(e^*)$ の完全マッチングであることを利用し，$G^+(e^*)$ の完全マッチングを列挙する反復に M をわたすことで，最初の完全マッチングの計算を省略できる．$G \setminus e$ を受け取る反復には M' が同じ働きをする．また，M' の計算は，M に対する交互閉路をみつけることで効率よく行える．M の交互閉路とは，M の枝と M に含まれない枝が交互に現れるような G の閉路のことであり，交互閉路に沿って枝を入れ替えることにより，M 以外の完全マッチングが得られる．M 以外の完全マッチングが存在すれば，交互閉路はかならず存在する．交互閉路は，M の枝を U から V へ，それ以外は逆の向きづけを行ったグラフの有向閉路と1対1対応するため，線形時間で求まる．

EnumMatching$(G = (V \cup U, E), M)$
1. $C :=$ 向きづけを行ったグラフの有向閉路
2. **if** C が存在しない **output** M, **return**
3. $e^* :=$ ある $M \cap C$ の枝
4. **call EnumMatching**$(G^+(e^*), M)$
5. **call EnumMatching**$(G \setminus e^*, M \Delta C)$

c.　逆探索

上述の手法が解集合の性質に基づいて設計されているのに対し，**逆探索**[1] は解の近接性を利用する計算手法である．求める解の一部を根とし，根以外の解に対してなんらかの数理的・アルゴリズム的な方法で**親**を定義する．各解に対して親は一つであり，また親子関係が巡回的 (自身の先祖をたどると自身に戻る) でないようにする．このようにして得られた**親子関係**は，根である解を根とする (複数の) 有向根つき木 (**家系木**と呼ぶ) になる．逆探索は，この家系木の枝を逆向き (親から子) にたどることで探索を行い，すべての解をみつける．

与えられた親の子をみつけるには，まず子どもの候補を列挙し，各候補の親を計算することで親子関係の確認をする．逆探索は，親子関係の性質から完全性と重複のなさが簡単に確認できるところが利点である．

例：順序木の列挙

たかだか n 個の頂点をもつ順序木を列挙する逆探索アルゴリズムを紹介する[3]．**順序木**とは根つき木の各頂点に対し，その子どもの順序を与えたものであり，$\{1, \cdots, n\}$ 上の枝集合と各頂点の子どもの順序で与えられる．また，同型な順序木（頂点，根，子どもの順序を保存する同型写像が存在）は同一視し，同型な木を2回以上出力しないこととする．

まず，頂点一つからなる順序木を家系木の根と定め，残りの順序木 T に対し，その親を一番右の葉を取り除いて得られる木とする．一番右の葉とは，順序木の根から順序が最後の子ども，その子どもの子どもで順序が最後のもの，とたどることで得られる葉である．親はかならず頂点数が1小さい順序木になるので，この親子関係は巡回的ではない．図3に家系図の例を示した．

親から子どもを得るには，一番右の葉の先祖 (根と自身を含む) に，その一番最後の子どもの次に子どもを追加する．追加した頂点は新しい木の最も右の葉に

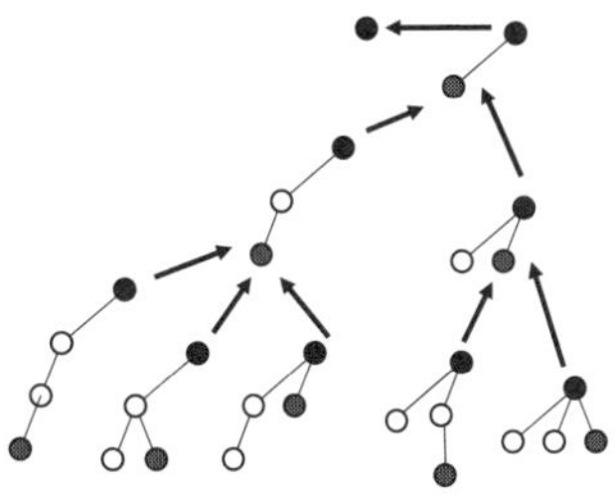

図 3　頂点数が 4 以下の根つき木の家系木
各木の色つきの頂点は，根と一番右の葉.

なるため，かならず子どもになる．アルゴリズムは以下のように記述される．引数の O は子どもの順序を表すデータである．

EnumOrderedTree$(T=(V,E),O)$
1. $v:=T$ の最も右の葉
2. **for each** v の先祖 u
3. 　$T',O':=u$ に最後の子どもを追加して得られる木とその子ども順序
4. 　**call EnumOrderedTree**(T',O')
5. **end for**

d. 列挙の計算量

一般的に列挙アルゴリズムは，ときに指数的に多くの解を出力する必要がある．そのため，入力の大きさ n に対する計算量を算定すると，単純に組合せをすべて調べるという指数的な時間を要するアルゴリズムが，計算量の意味で最適ということになる．しかし，解でないものを大量にチェックする解法が最適となると効率性の議論が空虚であるため，出力する解の数 M を考慮に入れた計算量で評価することが多い．特にアルゴリズムの計算量が n と M の多項式で表されるときに**出力多項式**と呼ばれ，効率性の尺度となっている．また，ある解が出力されてから次の解が出力されるまでの最大の計算時間を**遅延** (delay) と呼び，あるアルゴリズムの遅延が入力の多項式時間であるときに，**多項式遅延**と呼ぶ．通常 M は非常に大きくなるため，実用的に効率よい列挙アルゴリズムは，多項式遅延であるか，あるいは M に対して線形時間である必要がある．このような，出力する解の数に対する計算時間の変化を**出力依存性** (output sensitivity) と呼び，計算時間が出力する解の数に対して低次のオーダーであるアルゴリズムを**出力依存型** (output sensitive) と呼ぶこともある．

バックトラック法，分割法，逆探索ともに反復の数が出力する解のたかだか n 倍であるため，各反復が多項式時間であれば，多項式時間アルゴリズムになる．特にバックトラック法と分割法は多項式遅延であり，逆探索は家系木の高さが多項式オーダーであれば多項式遅延となる．家系木の高さが多項式オーダーに収まらない場合も，前後順序探索 (pre-post-ordering) と呼ばれる，偶数の深さの反復では再帰呼出しの前，そうでないときは再帰呼出しの後に解を出力するという手法で，多項式遅延を実現できる[4].

これまでに提案された多くの列挙アルゴリズムが出力多項式時間，および多項式遅延である．出力多項式時間アルゴリズムの存在が未解決である問題には，極小集合被覆 (極小ヒッティングセット，ハイパーグラフ双対化とも呼ばれる) や多面体の端点列挙などがある．解を一つ求める問題が NP 完全であるような充足可能性問題やハミルトン経路問題の場合，列挙の出力多項式時間達成は非常に難しいと考えられるが，これらの問題では単純な手法で多項式時間で解が一つ求まるにもかかわらず，出力多項式時間列挙が簡単ではないという点が興味深い．　〔宇 野 毅 明〕

参 考 文 献

[1] D. Avis and K. Fukuda : Reverse search for enumeration. *Disc. Appl. Math.*, **65**: 21–46, 1996.

[2] K. Fukuda and T. Matsui : Finding all the perfect matchings in bipartite graphs. *Appl. Math. Lett.*, **7**: 15–18, 1994.

[3] S. Nakano : Efficient generation of plane trees. *IPL*, **84**: 167–172, 2002.

[4] S. Nakano and T. Uno : Constant time generation of trees with specified diameter. *Proc. WG04*, LNCS **3353**: 33–45, 2004.

10　探索とデータ構造

10.1　集合操作

set operations

a.　集合と集合基本操作，木構造

要素 (element) の集まりを集合 (set) という．多くの要素を対象とした計算処理を行うとき，計算途中で各要素をその性質にしたがって分類する場面はしばしば現れる．アルゴリズム設計において，この分類した要素をひとまとめの「集合」として管理し効率的に利用することは重要である．以下では，集合に対する基本的な演算について概観する．

要素 a が集合 A に属する（属さない）ことを $a \in A$ ($a \notin A$) と書く．$|A|$ は A の位数 (cardinality)，すなわち要素の個数を示す．$|A| < \infty$ ならば，A は**有限集合** (finite set) であるという．集合 A のどの要素も集合 B の要素となっているとき，A は B の**部分集合**であるといい，$A \subseteq B$ と書く．$A \subseteq B$ かつ $A \neq B$ のとき，A は B の**真部分集合** (proper subset) であって，$A \subset B$ と書く．有限集合は通常 $A = \{a, c, f, e\}$ のように要素をすべて列挙することで表し，要素の並べ方によって区別しない．集合 A と B に対し，A と B の少なくとも一方に属する要素の集合を**和集合**といい，$A \cup B$ と記す．A と B の両方に属している要素の集合を**共通集合** (intersection) あるいは**積集合**といい，$A \cap B$ と記す．また，A には属すが B には属さない要素の集合を**差集合** (difference) といい，$A - B$ と記す．要素を一つももたない集合を**空集合** (empty set) と呼び，$\emptyset$ で示す．$A \cap B = \emptyset$ のとき，A と B は**互いに素** (disjoint) であるという．このとき，$A \cup B$ を求めることを**併合** (merge) という．なお，集合を集めたもの（つまり集合の集合）を**集合族** (family of sets) という．

以上は集合にまつわる基本演算の数学的な定義であるが，アルゴリズムが扱う集合はそのサイズが増加したり，減少したり，あるいは時間とともに変化することがある．以上を踏まえ，集合に関する代表的な演算や操作を以下にあげる．

① EMPTY(A): 空集合を A として準備する．

② INSERT(x, A): $A \cup \{x\}$ を A の値とする．すなわち，すでに $x \in A$ ならば A は変化せず，$x \notin A$ ならば x が A に加えられる．

③ DELETE(x, A): $A - \{x\}$ を A の値とする．$x \notin A$ ならば A は変化しない．

④ MEMBER(x, A): $x \in A$ ならば yes，$x \notin A$ ならば no を出力する．

このほかにも，後述のようにさまざまな集合操作がある．それぞれ採用するデータ構造により計算時間は異なる．アルゴリズムの計算対象にもよるが，通常はこれらすべてを実現する必要はない．

次に，ここで用いられる基本的なデータ構造である木（根つき木）を定義する．根つき木は，**根** (root) と呼ばれる一つの頂点があり，そこから他の任意の頂点へ路が存在する有向木のことをいう．ここで**木** (tree) といえば，単に根つき木を指すものとする．また図示する際には，根頂点を一番上におき，有向辺の方向を上から下へと定める（矢印は省略する）．木が上から下へ辺 (u, v) をもつとき，u は v の**親** (parent)，v は u の**子** (child) であるという．同じ親をもつ子においては左から右へ順序をつけ，特に最も左の子を**長男** (eldest brother) と呼ぶことがある．一つの木において u から v へ（上から下へ）向かう路が存在するとき，u は v の**先祖** (ancestor)，また v は u の**子孫** (desendant) であるという．各頂点は自分自身の先祖であり，かつ子孫でもあるが，自分以外の先祖（子孫）を**真の先祖** (**子孫**) と呼ぶ．真の子孫をもたない頂点は**葉** (leaf) と呼ばれる．木 T のそれぞれの頂点 u に対し，u を根としその子孫からなる木が存在するが，これらを T の**部分木** (subtree) と呼ぶ．木の頂点 u において，u から各葉までの最長路の長さを**高さ** (height)，根の高さをそ

の木の高さ (tree height) という．また根から u までの（唯一の）路の長さを u の深さ (depth) という．

以下では，配列やポインタによるリンク構造といった，標準的なプログラミング言語の知識と計算モデルの知識を仮定し，各種集合操作について説明する．ただし，配列の添字は0から数える (つまり $A[0], A[1], \cdots$) ものとする．集合 A の要素は A を配列と見なし，$A[i]$ などの形で参照することもある．各種操作（とそれを支えるデータ構造）の効率性は，主に計算量（「11. 計算の複雑さ」を参照）により評価する．

b. 併合–発見

まず代表的な集合操作の一つである，**併合–発見** (Union–Find) 操作を紹介する．台集合 U に対する分割を与える部分集合族 $\mathcal{S} = \{S_1, S_2, \cdots, S_m\}$ を考える．すなわち，各 S_i, S_j ($i \neq j$) は互いに素であり，$\bigcup_{i=1}^{m} S_i = U$ である．$|U| = n$ とする．このような互いに素な集合を順に併合していくプロセスはさまざまな計算に現れる．以下，次の二つの操作を実現するデータ構造について考える．

① FIND(x): 要素 x を含む集合の名前を返す．x がどの集合にも属していなければ定義されない．

② UNION(x, y): 要素 x を含む集合 S_i と要素 y を含む集合 S_j を併合する ($S_i = S_j$ ならば何も行わない)．ただし，$S_i \cap S_j = \emptyset$ を仮定しており，集合 S_i, S_j は対象となっている集合族から除去され，集合 $S_i \cup S_j$ が新たにその集合族に加わる．

これらを実現する，最も単純な方法の一つは配列の利用である．各 $x \in U$ に対応する配列 `set` を準備し，`set[x]` に x が所属する集合名をあらかじめ格納しておけば，対応する配列要素へのアクセスにより，FIND は高速に（定数時間で）実現することができる．ただし，このような配列を保持するためには，UNION の実行のたびに `set` を書き換えねばならず，単純な実装ではこれに $O(n)$ 時間を要するため，最大で $m-1$ 回の UNION を考えると $O(mn)$ 時間かかる．ただし，S_i と S_j を併合する際，常に小さいほうの集合名を大きいほうへ修正するものとすると，併合のたびごとに名前が書き変わるほうの集合は結果として倍以上の大きさになるから最終的にすべての集合が一つになったとしても，一つの要素が所属する集合の名前の変更回数は $\lfloor \log_2 n \rfloor$ 以下である．このことより，すべての併合に要する時間は併合の回数が最大 $m-1$ 回であることを考慮して $O(m \log n)$ と評価できる．

木による実現

集合 S に属するすべての要素を一つの木の頂点として表し，そのような集合族を図1のような森として実現することもできる．ただし，木の根には集合名も付随させておく．このデータ構造では，Union(S_i, S_j) の実現は簡単である．S_i を S_j へ併合するには，S_i の根を S_j の子とすればよく，時間計算量は $O(1)$ である．図2は，図1の S_3 を S_1 に併合した結果を示している．FIND(x) は，頂点 x から根までたどれば集合名がわかる．よって所要時間は頂点 x の深さに比例する．

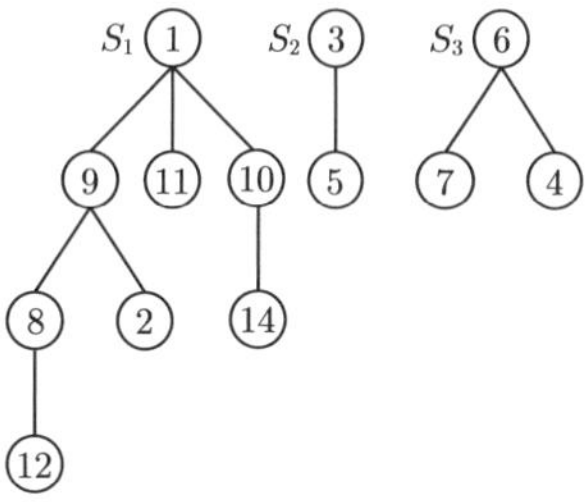

図1 集合族の森表現

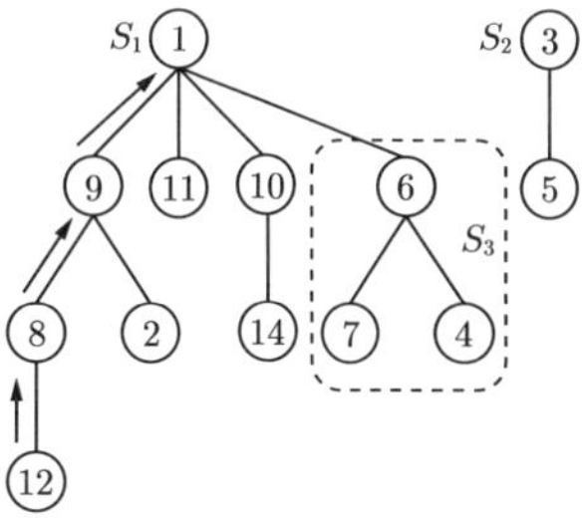

図2 S_3 を S_2 へ併合

FIND の計算量を評価するため，n 個の集合 $S_x = \{x\}, x = 1, 2, \cdots, n$ を初期状態として併合を進め，S_i と S_j を併合するとき，常に小さいほうを大きいほうの子頂点として加えていく場合を考える．このとき計算途中で現れた任意の木 S_x の高さは $\lceil \log_2 n \rceil$ 以下である．これにより FIND(x) の1回の計算量は $O(\log n)$ となる．

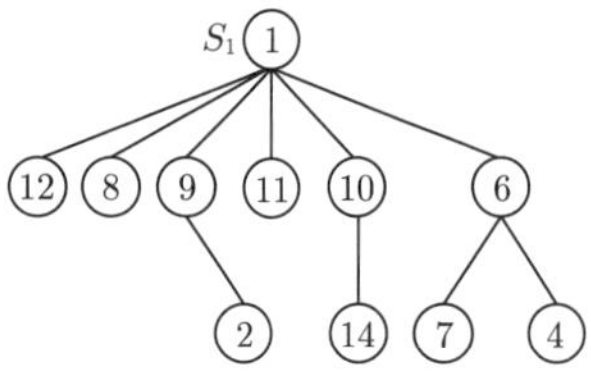

図 3 路の圧縮

S_x の高さをさらに小さくするために，**路の圧縮** (path compression) という手段がある．これは FIND(x) を実行するとき，頂点 x から根への路上にある頂点すべてを根の子としてしまうものである．例として，図 2 で FIND(12) を適用すると，12, 8, 9, 1 とたどり，路を圧縮し図 3 を得る．圧縮に要する手間は FIND(x) と同じオーダーである．このとき FIND と UNION がどのような順序でなされても m 回の FIND 操作を $O(m\alpha(m, n))$ 時間で実行できることが知られている．ここで $\alpha(m, n)$ はアッカーマン (Ackermann) 関数の逆関数と呼ばれるもので，増加の非常に遅い関数であり，実質的には定数と考えてよい．〔小 野 廣 隆〕

参 考 文 献

[1] T. コルメンほか著，浅野哲夫ほか訳：アルゴリズムの設計と解析手法（アルゴリズムイントロダクション 2），近代科学社，2007.

[2] 茨木俊秀：C によるアルゴリズムとデータ構造，昭晃堂，1999.

10.2 ハッシュ

hash

集合 A に対し，三つの演算

INSERT，DELETE，MEMBER

のみが適用されるとき，A を**辞書** (dictionary) という．辞書はしばしば**ハッシュ表** (hash table) というデータ構造で実現される．たとえば個人の連絡用メールアドレスを管理する辞書を考える．一つのアドレスはアルファベットの 20 文字以下であるとすると，$N = 26^{20} \sim 2.0 \times 10^{28}$ 個の名前が可能である．しかし，一個人が管理すべきメールアドレスの数 M はせいぜい 10^2 から 10^3 もあれば十分である．ハッシュ表ではあらかじめ B 個の場所を準備しておき，これら M 個の名前を格納する．ただし，名前 x を位置 $h(x)$ におく．この h は**ハッシュ関数** (hash function) と呼ばれ，可能なすべての名前に対し，$0, 1, \cdots, B-1$ のどれかの値をハッシュ値として割り当てる役割をもっている．

h は，ランダム性を有するものがよく，簡単な例では，$x = a_1 a_2 \cdots a_{20}$(ただし，各 a_i はアルファベットの 1 文字) に対し

$$h(x) \equiv \sum_{i=1}^{20} \mathrm{ord}(a_i) (\mathrm{mod}\, B)$$

と定める．ただし，ord(a) は a の整数コード（ASCII, JIS など）であり，(mod B) は整数 B で割った余りをとるという意味である．別法として，x のキー番号を n とするとき（すなわち，x は可能な N 個の n 番目），整数 n^2 の中央部分の $\log B$ 桁に基づいて定めることに相当する

$$h(x) \equiv \lfloor n^2/K \rfloor (\mathrm{mod}\, B)$$

もよく用いられる．ここで，定数 K は $BK^2 \sim N^2$ となるようにとる．

どのようなハッシュ関数によっても，異なる名前 x と y に同じ値を与えることがあり，この処理の仕方によって**外部ハッシュ法** (open hashing, overflow hash, chaining など) と**内部ハッシュ法** (closed hashing, open addressing など) に分かれる．いずれも INSERT, DELETE, MEMBER の平均時間は $O(M/B)$ となる．したがって，M/B が定数になるように B を定めておけば，$O(1)$ 時間といえる．ただし，最悪時間量はいずれも $O(M)$ である．

1)　外部ハッシュ法

この方法では同じハッシュ値をもつ名前を図 1 のようにポインタで連結して記憶する．それぞれの連結リストをバケットといい，番号が付されている．ハッシュ値のランダム性を仮定すればバケットの平均長は M/B である．このことより辞書の各操作の平均時間は $O(M/B)$ である．

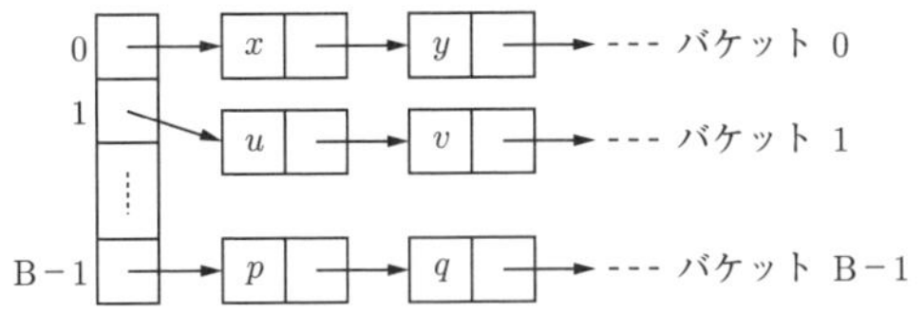

図 1　外部ハッシュ法

2)　内部ハッシュ法

この方法では大きさ B の配列にすべての名前を格納する（当然 $M \leq B$ である）．同じハッシュ値をもつ名前が出てきた場合には，衝突を回避するため新しいハッシュ値 $h_1(x), h_2(x), \cdots$ を次々と求め，最初にみつかった空きセルに蓄える．$h_i(x)$ の定め方にはいろいろな提案があるが，最も簡単なものは $h_i(x) = h(x)+i \bmod B$ である．すなわち $h(x)$ から後続するセルを順に調べ ($B-1$ の次は 0 に戻る)，最初の空きセルを用いる．内部ハッシュ法で MEMBER(x, A) を実行するには，セル $h(x)$ から始め，$h_i(x), i = 1, 2, \cdots$ を順に調べ x の存在を判定することになる．このとき空きセルであっても，まだどのような名前も入ったことがないのか，すでに入っていた名前が DELETE によって消されたのかによって役割が違うので，前者を “empty”，後者を “deleted” として区別する．こうしておけば，x を発見すればもちろん **true** を出力するが，empty タイプの空きセルを見いだすか，1 周しても x を発見しなかった場合に **false** を出力できる．

前述のように，内部ハッシュ法でもハッシュ値のランダム性を仮定すると各操作の平均実行時間が $O(M/B)$ であることを示すことができる．　〔小 野 廣 隆〕

参 考 文 献

[1] T. コルメンほか著，浅野哲夫ほか訳：数学的基礎とデータ構造（アルゴリズムイントロダクション 1），近代科学社，2007.

[2] 茨木俊秀：C によるアルゴリズムとデータ構造，昭晃堂，1999.

10.3 全順序集合に対する操作

manipulation of ordered set

これ以降では集合の要素間に順序が定義される場合を考える．x が y より小さい（先行する）ことを $x < y$ とし，$x = y$ または $x < y$ であることを $x \leq y$ と記す．この二項関係 $\leq$ が次の性質を満たすとき**全順序** (total order) という．

1. 反射律 (reflexivity): すべての x に対し，$x \leq x$.
2. 推移律 (transitivity): $x \leq y$ かつ $y \leq z$ ならば $x \leq z$.
3. 反対称律 (anti-symmetry): $x \leq y$ かつ $y \leq x$ ならば $x = y$.
4. 比較可能性 (comparability): 任意の x と y に対し，$x \leq y$ あるいは $y \leq x$.

集合 A の要素間に全順序が定義されているとき，A を**全順序集合** (ordered set) という．全順序集合では，先に紹介した操作に加えて以下のような操作もしばしば考えられる．

① Min(A): $A \neq \emptyset$ ならば，$\leq$ に関し最小の要素を返す．

② DeleteMin(x): $A \neq \emptyset$ のとき，最小の要素を A から除く．

全順序集合に対するデータ構造のうち，Insert, DeleteMin を実現するものを**優先度つき待ち行列** (priority queue) といい，さまざまな応用がある．これを実現する代表的なデータ構造に**ヒープ** (heap) がある．また Insert, Delete, Member, Min を実現するものも重要であり，**二分探索木** (binary search tree) や**平衡探索木**などのデータ構造が用いられる．以下，これらのデータ構造について説明する．

a. ヒープ

ここでは，木（根つき木）に基づくデータ構造であるヒープを紹介する．各頂点の子の数が 2 以下という木で，左の子と右の子を区別して扱うときこれを**二分木** (binary tree) という．またすべての頂点が二つの子をもつか，葉であるとき**全二分木** (full binary tree) という．特にすべての葉が同じ深さをもつものを**完全二分木** (complete binary tree) という．**ヒープ** (heap) は二分木を利用したデータ構造である．二分木の各頂点に以下の条件を満たした形でデータ（要素）を格納することを考える．

① 木の高さを h とするとき，深さ $h-1$ までの部分は完全二分木になっている．すなわち，深さ $h-2$ までの頂点はすべて 2 個の子をもち，葉頂点は深さ $h-1$ または h のみにある．さらに，深さ h の葉は木の左部分に詰められている．

② 頂点 v の親を u とするとき，それぞれに保持されている要素 x_v と x_u は $x_u \leq x_v$ を満たす．

この二分木に対して，頂点番号 $i = 0, 1, \cdots, n-1$ を木の上から下へ，同じ深さでは左から右へ走査した順に定め，すべての頂点が保持している要素を配列 $A[0], A[1], \cdots, A[n-1]$ に入れる．すなわち $A[0]$ には根の要素を，また $A[i]$ の左の子の要素は $A[2i+1]$ へ，右の子の要素は $A[2i+2]$ へ入れる．配列によるこのような二分木の実現をヒープと呼ぶ．

1) ヒープへの DeleteMin の適用

ヒープ条件②により，根は常に最少要素を保持している．このため DeleteMin(A) を実行するには根の要素 $A[0]$ を除けばよいが，これだけでは残された部分がヒープの条件を満たさないため，修正を施す必要がある．

修正は以下のように行う．まず木の最下段の最も右の要素を根へ移す．得られた木は条件①を満たすが，一般には条件②を満たさない．このため，条件②を満たすまで以下の操作を根から下へ順に繰り返す．現在の頂点の要素 a と，その二つの子の小さいほうの要素 b と比較し，$a > b$ であるならば，a と b を入れ替え，交換した頂点へと移動する．この交換により新たなヒープ条件②の違反が生じないことはすぐに確かめられる．また，計算手間はヒープの高さが要素数 n に対し，$h = \lfloor \log_2 n \rfloor$ であることから 1 回の DeleteMin につき $O(\log n)$ と評価できる．

2)　ヒープへの Insert の適用

ヒープへの新しい要素の挿入は，まず木の最下段の最も右の要素（完全二分木になっているならば，木の高さが 1 増える）に行う．これにより，条件①は満たされるが，一般には条件②は満たされない．このため，その要素と親の要素を比べ，親の要素のほうが大きければ互いに交換するという操作を根へ向かう路に沿って可能なかぎり続ける．もとのヒープが条件②を満たしていればこの操作により新たな条件②の違反は生じず，最終的にはこの操作により条件②を満たす二分木が得られることとなる．計算手間は DeleteMin と同様，1 回の Insert につき $O(\log n)$ と評価できる．

ヒープは実用上よく用いられるデータ構造であり，Insert と DeleteMin 以外にも Delete*(i, A)（A から $A[i]$ を取り除く）や DecreseKey(i, Δ, A)($A[i]$ に格納された値を $A[i]-\Delta$ に変更する，ただし $\Delta > 0$）などの操作が適用されることがある．これらに対する計算手間も $O(\log n)$ である．さらに，ヒープを高度化したフィボナッチヒープ (Fibonacci heap) というデータ構造も提案されており，平均的には Insert，DecreaseKey が $O(1)$，DeleteMin が $O(\log n)$ 時間で実行できる．

b.　二分探索木

全順序集合 A に対して，

Insert，　Delete，　Member，　Min

の 4 種の操作を効率よく実現するデータ構造として，**二分探索木** (binary search tree) を紹介する．なお，Delete(x, A) におけるあいまいさを除くため，ここでは A を（多重集合ではなく）集合と仮定する．すなわち $x = A[i]$ を満たす i はたかだか 1 個であるとする．二分探索木はヒープと同様，二分木を利用したデータ構造である．ヒープとは異なり，木の形状に関する制約は設けないが，以下を満たすものとする．

ある頂点の要素を x とするとき，その左部分木（左の子を根とする部分木）内の要素はすべて x より小さく，右部分木内の要素はすべて x より大きい

とする．ヒープとは制約が異なることに注意すること．この性質を用いると，木のすべての頂点を中順でなぞればすべての要素が整列して出力される．

1)　二分探索木上の操作

二分探索木の定義より Member(x, A) は木の根から順に子をたどることにより実現できる．現在到達している頂点の要素を y とすると，

(i) $x = y$ ならば $x \in A$ であるので，yes を返す．

(ii) $x > y$ ($x < y$) ならば，右（左）の子へ進む．そのような子がなければ no を返す．

Insert と Min も同様に考えることができる．Insert(x, A) には，まず Member(x, A) によって x を探す．x を発見すれば，x はすでに A の要素であるので何もしない．x が存在せず **false** を出力する状態になれば，その原因となった（つまり存在しなかった）左あるいは右の子のところに新しい頂点をつくり x を格納する．Min(A) の実行には，根から常に左の子を選びつつ降りていけばよい．

これに対し，Delete(x, A) には若干の工夫がいる．除くべき x は Member(x, A) によって発見できるが，要素を取り除いたあとでも二分探索木としての性質を保つ必要があるためである．x の頂点が葉ならば，そのまま削除すればよい．x の節点が子を一つだけもつときは，その子を x のところへ上げるだけでよい．最後に，x の頂点が子を 2 個もつ場合，右部分木の最小要素 y を Min によりみつけだし，それを x の位置へ移す．y が右部分木の葉であった場合はそのままでよいが，そうでなければ y を根とする部分木 B に Delete(y, B) を適用する．この Delete の再帰呼出しは，適用される部分木がしだいに小さくなるのでいずれ終了する．

2)　二分探索木上の計算手間

n 頂点の二分探索木は Insert を n 回適用して更生できる．n 要素の入れられる順序が等確率で起こるとした場合，Insert による構成手間を比較（上述の手順 (ii) に相当）の回数で見積もることにすると，これが平均比較回数 $O(\log n)$ であることを示すことができる．また他の操作についても同様に 1 操作当たりの平均比較回数が $O(\log n)$ である．一方最悪の場合，たとえば小さい要素から順に入ると，根から右下方向に n

要素が 1 列に並んだ高さ $n-1$ の木が得られることとなり，比較回数は $\Omega(n^2)$ となる．

c. 平衡探索木

二分探索木にさらに工夫を加え，木の高さが最悪でも $O(\log n)$ となるようにすると，INSERT, DELETE, MEMBER, MIN などの 1 操作当たりの最悪時間を $O(\log n)$ に抑えることが可能である．この目的に AVL 木，B 木，B^+ 木，2–3 木，2 色木 (red-black tree) などが用いられる．B 木と B^+ 木はパラメータ m (正整数) に基づいて，根と葉を除く各頂点が $\lceil m/2 \rceil$ 個以上，m 個以下の子をもつように構成された木で，外部記憶での探索によく用いられる．2–3 木は $m=3$ の B 木に相当する．2 色木は AVL 木を改良したもので，AVL のところで説明する回転が，INSERT などの操作 1 回当たり定数回ですむという特徴がある．これらの木は，各頂点において，その子頂点を根とするすべての部分木の高さがほぼ平衡しているので，**平衡探索木** (balanced search tree) と総称される．

AVL 木

次を満たす二分探索木を AVL 木という．

> どの頂点においても，その左部分木と右部分木の高さの差は 1 以下

n 頂点をもつ任意の AVL 木の高さは $O(\log n)$ であることは比較的簡単に示すことができる．

MEMBER と MIN は一般の二分探索木と同様に実行する．INSERT と DELETE も前半に関しては同様であるが，AVL 木の条件を維持するため若干の修正がいる．

紙面の都合上，ここでは INSERT(x, A) のみについて説明する．x を新しい位置に挿入するまでは一般の場合と同様である．その結果，部分木によってはその高さが 1 増加するので，x から根へと向かって修正作業が加えられる．

$h(T)$ で木 T の高さを表す．一般に頂点 y において，その左部分木 T_L と右部分木 T_R に関する状態を

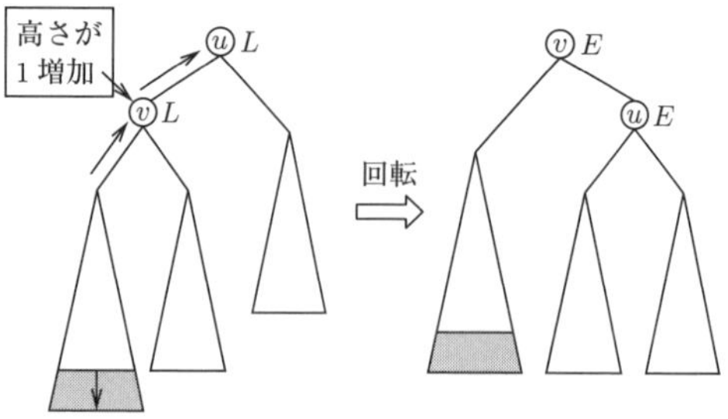

図 1 AVL 木の回転操作 ($s(v) = L$ のとき)

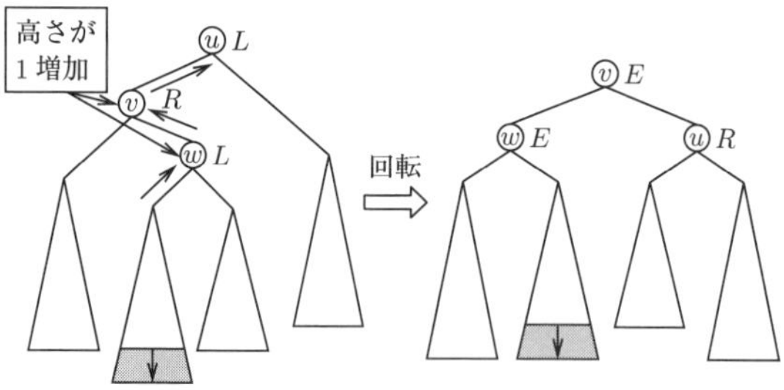

図 2 AVL 木の回転操作 ($s(v) = R$ のとき)

$$s(y) = \begin{cases} L, & h(T_L) > h(T_R) \\ R, & h(T_L) < h(T_R) \\ E, & h(T_L) = h(T_R) \end{cases}$$

と定める．修正の手順において，左の子 v からその親 u へ登ってきたところを考えよう (右の子からの場合も対称的に扱うことができる)．すなわち，v を根とする部分木の高さが 1 増えた状態にある (そうでなければ修正の必要はない)．このとき INSERT 実行前の $s(u)$ に応じて次の三つの場合が考えられる．

① $s(u) = R$: 左部分木の高さが 1 増えたため $s(u) = E$ に変わる．u を根とする部分木の高さは変化しないので，修正はこれで終了．

② $s(u) = E$: u の新しい状態は $s(u) = L$．u を根とする部分木は AVL 木であるが，u の高さが 1 増えているので，u の親へさかのぼり，修正を続行する．u が根ならば修正はここで終了．

③ $s(u) = L$: u は AVL 木の条件を満たさなくなるので，左子頂点 v の $s(v)$ に応じて図 1 あるいは図 2 の回転操作を施す (なお，図 2 では $s(w) = L$ を想定しているが，$s(w) = R$ でも同様である)．結果として得られるこの部分木は AVL 木の条件を満たしており，この部分の木の高さは修正前と等しい．よって，

u, v, w の新しい状態を図 2 の右図のように定めて，修正をここで終了する．

図 1 と図 2 の回転操作により，右部分木と左部分木の高さの差は常にたかだか 1 以下に抑えられ，これにより n 頂点をもつ AVL 木の高さは $O(\log n)$ に抑えられる．〔小 野 廣 隆〕

参 考 文 献

[1] T. コルメンほか著，浅野哲夫ほか訳：数学的基礎とデータ構造（アルゴリズムイントロダクション 1），近代科学社，2007.

[2] 茨木俊秀：C によるアルゴリズムとデータ構造，昭晃堂，1999.

10.4 整　　列

sorting

全順序 $\leq$ が定義されている n 要素からなる全順序つき多重集合 A が，$A[0], A[1], \cdots, A[n-1]$ の順で与えられたとする．このとき $A[1], A[2], \cdots, A[n]$ を $\leq$ にしたがい，小さなものから大きなものへ一列に並べ替えることを考える．これを**整列**という．同じ値の要素の順序は任意である．

整列のアルゴリズムは，実用上最も頻繁に用いられるものの一つである．整列の作業はしばしばデータベースなどの大量のデータに適用されるため，必ずしもすべてを計算機の主記憶上で実行できるとはかぎらない．すべてを主記憶上で実行する場合を**内部整列** (internal sorting)，外部の補助記憶（ハードディスクなど）を用いる場合を**外部整列** (external sorting) と区別する．内部整列，外部整列ともに多くの研究がなされているが，ここでは内部整列のみを扱う．なお外部整列では主記憶と補助記憶間のデータ転送の回数をいかに小さく抑えるかが重要となる．

整列アルゴリズムには，**バブルソート** (bubble sort)，**挿入ソート** (insertion sort) など単純で理解しやすいものから，実用上よく用いられる**クイックソート** (quick sort) など数多く提案されている．前の二つは単純で直観的にも理解しやすい反面，n 要素の整列に $O(n^2)$ 時間を要する．これに対し，クイックソートは最悪の場合同様に $O(n^2)$ 時間を要するものの，平均的には $O(n \log n)$ 時間で終了する．このほかに，最悪の場合でも $O(n \log n)$ 時間で終了する**マージソート** (merge sort)，**ヒープソート** (heap sort)(ヒープを用いたソート手法) なども提案されている．さらに，要素がある範囲に限定された整数であったり，一定長の単語である場合に $O(n)$ 時間で整列を行う，**バケットソート** (bucket sort) や，それを拡張した**基数ソート** (radix sort) なども提案されている．以下，代表的な整列法を紹介する．

a. 挿入ソート

次の手順を $i = 0, 1, \cdots, n-1$ について反復することによる整列法を挿入ソート (insertion sort) という：$A[0], A[1], \cdots, A[i]$ がすでに整列されている状態で（すなわち，$A[0] \leq A[1] \leq \cdots \leq A[i]$），$A[k] \leq A[i+1]$ を満たす最大の番号 k を求め，その後ろに $A[i+1]$ を挿入すると，$A[0] \leq \cdots \leq A[k] \leq A[i+1] \leq A[k+1] \leq \cdots \leq A[i]$ となる．これらを新しい配列 $A[0] \leq A[1] \leq \cdots \leq A[i+1]$ と見なし，i を $i+1$ に更新する．

$A[i+1]$ を挿入するには，$A[i], A[i-1], \cdots, A[k+1]$ を順にずらし，$A[k]$ の後ろに入れる．このため挿入ソートの最悪計算時間は $O(n^2)$ となる（$A[n-1] \leq A[n-2] \leq \cdots \leq A[0]$ の順に並んでいるデータを考えると $\Omega(n^2)$ となる）．

b. クイックソート

クイックソート (quick sort) は内部整列のなかで実用上最も高速であるとされている．

1) クイックソートのアイデア

要素 $A[0], A[1], \cdots, A[n-1]$ から軸要素 (pivot) を一つ選んだのち，全体を並べ替え，グループ $A[0], A[1], \cdots, A[k]$ の要素は a 以下，グループ $A[k+1], A[k+2], \cdots, A[n-1]$ の要素はすべて a より大きい値となるようにする．この分割の手続きを得られたグループそれぞれに再帰的に適用すると，最終的にすべての要素の整列が完了する．これがクイックソートのアイデアである．図1はこの手続きの実行例である．各深さにおいて対象とするグループが軸要素 a を用いて二つに分割される．グループが一つの要素からなるか，あるいは複数の要素があってもすべて同じ値ならば，分割は適用されない．最後に，葉の位置の要素を左から右にみると，すべての要素が整列されていることがわかる．

$A[i], A[i+1], \cdots, A[j]$ の分割は，軸要素さえ決まれば，別途 $j-i+1$ 個分の要素用の領域を利用し順に比較していくだけで実現できるので詳細は省略する（そのような作業領域を用意できない場合も，入替え用の領域を1要素分用意するだけで容易に実現できる）．

2) 軸要素の選び方

軸要素 a は，分割によって得られる二つのグループの大きさとほぼ等しくなるように選ぶのが望ましく，このとき再帰の深さは $O(\log n)$ となる．しかし，その選択に時間をかけるのではかえって逆効果であり，一般には次のような方法がよく用いられる．

(a) 整列される要素から一様ランダムに一つを選ぶ．

(b) 左端，右端，真ん中の位置の3要素の中央値を選ぶ．

(c) 左からみて最初に得られた二つの異なる値の小さいほうをとる．

前述の図1では選択法 (c) を用いている．

3) クイックソートの時間計算量

クイックソートの最悪計算時間は軸要素の選択と，分割の計算手間とそれらの再帰呼出しの回数により見積もることができ，$O(n^2)$ である．また各分割において，小さなグループの大きさが常に1となる場合の計算手間が $\Omega(n^2)$ であることから，この見積もりが正確であることがわかる．

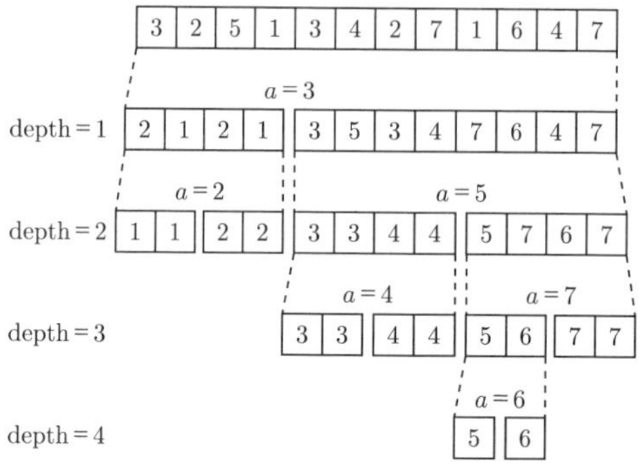

図1 クイックソートの実行例

一方，$A[0], A[1], \cdots, A[n-1]$ の順列が等確率で現れたときのクイックソートの平均時間計算量については，上述いずれの軸要素選定法に対しても $O(n \log n)$ となることを示すことができる．

c. マージソート

ソートずみの二つの列を併合し，新たなソートされた列を得ることを考える．これには単にそれぞれの列の先頭から順に要素をみて順に並べていけばよい．マージソート (merge sort) はこれを利用した分割統治法に基づくソートアルゴリズムである．

マージソートは与えられた $A[i], A[i+1], \cdots, A[j]$ を，まず $A[i], A[i+1], \cdots, A[\lfloor (i+j)/2 \rfloor]$ と $A[\lfloor (i+j)/2 \rfloor + 1], A[\lfloor (i+j)/2 \rfloor + 2], \cdots, A[j]$ のほぼ同じサイズに二分割する．次にそれぞれを再帰的にソートしたのち，これをソートした形でマージし，出力する．

二つのサイズ m のソート列 A, A' をソートした形の配列 B として出力するには，それぞれの先頭から順に要素を大小比較し，小さいものを B に先頭から格納していけばよい．時間計算量は $\Theta(n \log n)$ である．

d. バケットソートと基数ソート

バケットソート (bucket sort) と基数ソート (radix sort) は，これまでみたアルゴリズムで用いられている「値の大小によって要素対を交換する」という操作に基づかない．その代わり，適当数のバケット（配列をイメージすればよい）を準備しておき,「要素の値で決まる位置のバケットにその要素を挿入する」という操作を適用する．

バケットソートは 1 桁の整数の整列，基数ソートは K 桁の整数に用いられる．いずれも適当な仮定のもとで n 要素の整列を $O(n)$ 時間で実行できる．

1) バケットソート

各要素は整数で 0 以上 $m-1$ 以下の値をとるとする（すなわち，それぞれを m 進数の 1 桁の数値と見なす）．バケットソートでは，m 個のバケット $B[j], j = 0, 1, \cdots, m-1$ を準備する必要がある．したがって，m が非常に大きかったり，実数のように無限の可能性をとりうるものについては，m 個のバケットを格納するための領域が大きすぎる，あるいは不可能であるという理由で，この方法には適していない．

バケットソートのアルゴリズムは，各要素 $A[i]$ をバケット $B[A[i]]$ に入れるというものである．各バケットにはいくつの要素が入るかわからないので，通常ポインタを用いて実現する．そのあと，バケットを $B[j]$，$j = m-1, m-2, \cdots, 0$ の順に走査し，各バケット内の要素を前から順に配列 $A[i]$ の後ろから $i = n-1, n-2, \cdots, 0$ の順に戻していくと，$A[0]$ から $A[n-1]$ にもとの n 要素が整列されて入ることになる．

時間計算量は，m 個の空バケットの準備に $O(m)$，n 要素 $A[i]$ をバケットに入れるのに $O(n)$，それらをもとの配列 A に戻すのに m 個のバケットの操作と n 要素の移動が必要なことから，全体で $O(m+n)$ となる．つまり，$m = O(n)$ であれば，$O(n)$ である．

2) 基数ソート

各要素が 0 以上 $m^K - 1$ 以下の整数値，すなわち K 桁の m 進数であるとき，各桁ごとに合計 K 回のバケットソートを適用すると，すべての要素を整列できる．時間量はバケットソートの時間量の K 倍で，$O(K(m+n))$ であり，K が定数で $m = O(n)$ であれば $O(n)$ と書くことができる．整数の m を基数とする表現を利用しているため，この名がある．手順は，まず各要素 $A[i]$ の第 1 桁 (最小桁) に注目してバケットソートを行い，同様の操作を第 2 桁目，3 桁目と K 桁目まで繰り返す．バケットソートの性質より，ある桁において同じ値をとった要素については，もとの配列においても前後関係が反復後も保存されている．これにより，第 K 桁目のバケットソート終了後には，すべての要素が整列されている．

e. ソートアルゴリズムの計算量の下界

どのようなソートアルゴリズムであっても，2 要素の大小比較に基づいて計算の進行を制御しているかぎり，下界値 $\Omega(n \log n)$ の計算量が必要である．これは比較による計算過程が二分木として表されること，n 要素からなる全順序の初期配置が $n!$ 通りあり，それぞれがその二分木の葉に対応することから得られる．先にあげたものでは，挿入ソート，ヒープソート，クイックソート，マージソートがこれに当たる．一方，バケットソートと基数ソートはこのなかには含まれず，実際，$m = O(n)$ とできる場合，$O(n)$ となりうる．

〔小 野 廣 隆〕

参 考 文 献

[1] T. コルメンほか著，浅野哲夫ほか訳：数学的基礎とデータ構造（アルゴリズムイントロダクション 1），近代科学社，2007.

[2] R. セジウィック著，野下浩平ほか訳：基礎・整列（アルゴリズム C，1），近代科学社，1996.

[3] 茨木俊秀：C によるアルゴリズムとデータ構造，昭晃堂，1999.

11　計算の複雑さ

ある問題に対するアルゴリズムとは，どのような問題例が与えられても有限時間内で正しい答えを出すことができる計算手続きである．通常，ある問題を解くアルゴリズムは複数存在し，必要とする計算量も異なる．しかし，個々の問題はどのようなアルゴリズムを用いたとしても，それより小さくできないという根源的な計算量をもつはずである．この根源的な計算量を扱うのが計算の複雑さの理論である．本章では計算の複雑さの理論の基本的な考え方について説明する．

11.1 チューリング機械

Turing machine

チューリング機械は，コンピュータの機能を極限にまで単純化した理論モデルである．図1に示すように，有限状態をもつ制御部と，無限個のセル (cell) を並べた1次元テープからなっている．テープ上の各セルには与えられたアルファベットの1文字を書くことができる．制御部はヘッドを通じて一つのセルを読み，その結果と制御部の状態を参照して，同じセル上に書く文字と次に遷移すべき状態を指示するとともに，ヘッドを右あるいは左に1セル動かすことができる．チューリング (Turing) はこの機械を有限ステップ働かせて計算できることを**計算可能** (computable) と呼んだ．

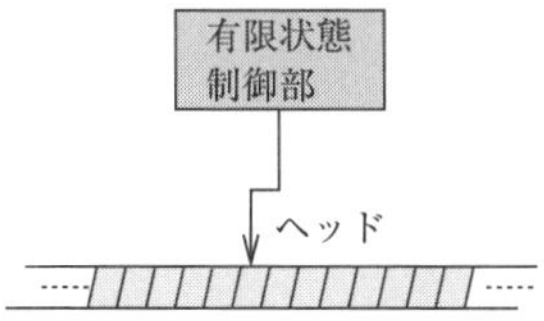

図1　チューリング機械

現在のコンピュータにさらに近い理論モデルに図2の **RAM** (random access machine) がある．内部の制御カウンタ (control counter) は，現在プログラムのどの命令を実行中かを示す．読み取り（書き込み）命令では，入力（出力）テープ上で現在参照しているセルの内容を読んだあと（セルへ1文字出力したあと）テープを1セル進める．命令には，四則演算，ジャンプ命令など基本的な操作がすべて含まれている．計算は累算器（accumulator）上で行われ，その結果を無限個準備された記憶レジスタ（memory register）の一つに保持すること，また任意の記憶レジスタの内容を累算器に移し参照するという操作が可能である．

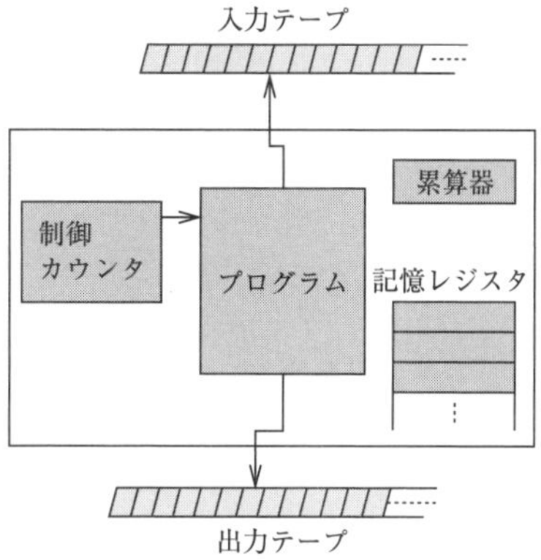

図2　RAM

RAMでは，通常，入出力テープの1セル，累算器および記憶レジスタのそれぞれに，任意の大きさの整数を格納できるとする．記憶レジスタが無限個あるという仮定と合わせ，これらは実在のコンピュータとは異なる理論的抽象化である．その結果，RAMの計算能力はチューリング機械や他の計算モデルと同等になる．

〔小 野 廣 隆〕

参 考 文 献

[1] 茨木俊秀：アルゴリズムとデータ構造，昭晃堂，1986.
[2] 岩間一雄：アルゴリズム理論入門，昭晃堂，2001.
[3] M. R. Garey and D. S. Johnson: Computers and Intractability: A Guide to the Theory of NP-Completeness, W. H. Freeman, 1979.

11.2 計算量(オーダー記法)

computational complexity

アルゴリズムの計算量の評価について説明する.

a. アルゴリズムのステップ数

ある問題を解くアルゴリズムは,入力として与えられた問題例に対し,有限ステップの計算で正しい答えを出力する.しかし,実用性の観点からは単に有限ステップで停止するだけでは十分ではなく,どの程度の有限かが重要である.ステップ数を数えるには,何をもって一つの基本ステップと見なすかという基準が必要である.これは想定する計算機のモデル(チューリング機械やRAM)に依存する.たとえば,チューリング機械で n セル離れた二つのセルにアクセスすることを考えると,ヘッドの移動が1セルずつということから,n ステップは必要である.これに対し,RAMではどの位置にある記憶レジスタにも直ちにアクセスできるとしているので,二つの数字は2ステップでアクセスできる.離散アルゴリズムの分野では,通常,RAMの1ステップ,つまり四則演算や記憶レジスタへのアクセスなどの基本操作を基準にとる.また議論を簡単にするため,計算に現れる数字や文字はどのようなものであっても記憶レジスタの1語に格納できると見なすことが多い.しかし,きわめて大きな数字を処理することが本質的である問題では,整数 n を a 進表現するには $\lceil \log_a n \rceil$ 桁必要であることを考慮して評価することが必要になる.アルゴリズムのステップ数は,計算の実行時間と直接関係しているので**時間量** (time complexity) あるいは**計算手間**と呼ばれる.これに対し,アルゴリズムの実行に際し,計算途中経過を保持するために必要な記憶領域の広さも重要な評価基準であって,**領域量** (space complexity) という.両者をまとめて**計算量**と呼ぶ.

b. 関数のオーダー記法 O, Ω, Θ

計算量 $T(n)$ の上界値を評価するとき,$T(n) = O(f(n))$ という記法を用い,オーダー $f(n)$ と読む.ある正定数 c と n_0 が存在して,n_0 以上の n に対し常に

$$T(n) \leq cf(n)$$

が成立するという意味である.たとえば $n^2, 100n^2, 0.5n^2 + 1000n$ などはすべて $O(n^2)$ と表すことができる.定義より,$T_1(n) = O(f(n)), T_2(n) = O(g(n))$ のとき $T_1(n)+T_2(n) = O(\max\{f(n), g(n)\}), T_1(n)\cdot T_2(n) = O(f(n)\cdot g(n))$ などが成立する.特に $O(1)$ は**定数オーダー** (constant order) と呼ばれ,n に独立なある定数で抑えられることを意味する.定数オーダーの時間量を簡単に**定数時間** (constant time) ともいう.オーダー記法は関数の細部を無視し,n が無限大に発散していくときの漸近的な挙動を議論するのに非常に便利である.

なお,オーダー表記は元来は集合表記であり,その意味で $2.5n^2 = O(n^2)$ のような表現は厳密な意味での統合ではない.たとえば $100n^2 = O(n^2)$ と $2.5n^2 = O(n^2)$ はともに正しいが,$100n^2 = 2.5n^2$ とは結論づけられない.このような混乱を避けるため $O(\bullet)$ を含む表現では,「等式の右辺が左辺より精度の高い情報を提供することはない」ようにする.たとえば,$2.5n^2 = O(n^2)$ は正しいが,$O(n^2) = 2.5n^2$ は正しくない表記である.

計算量の下界値のオーダーを表すには,記法 $\Omega(\bullet)$ を用いる.$T(n) = \Omega(f(n))$ とは,ある正定数 c が存在して,無限個の n に対し,

$$T(n) \geq cf(n)$$

が成立することを意味する.定義が $O(f(n))$ と対称的でないのは,n が奇数のとき $T(n) = n^2$,偶数のとき $T(n) = n^3$ のような場合に,$T(n) = \Omega(n^3)$ と主張するためである.Ω を含む等式の右辺と左辺の関係は,O と同様に約束する.

最後に,$T(n) = \Theta(f(n))$ とは,ある正定数 c_1, c_2 と n_0 が存在して,n_0 以上の n に対し常に

$$c_1 f(n) \leq T(n) \leq c_2 f(n)$$

が成立するという意味である.$T(n) = \Theta(f(n))$ が成立する場合,$T(n) = O(f(n))$ と $T(n) = \Omega(f(n))$ の両方が成立するが,Ω の定義のため逆は必ずしも成立

しない．

c. 問題例の規模と計算量

同じアルゴリズムでも，入力する問題例に応じて所要計算量は変化する．大規模な問題例は計算量も大きくなるのが普通である．問題例の規模は，通常，それを入力するために必要なデータ長で表す．さて問題例の入力長が $O(N)$ であるとき，対象とするアルゴリズムのオーダーを N の関数として表したい．もちろんオーダーよりも厳密な評価が望ましいが，かぎられた場合を除き困難である．また，計算モデルにも依存するので一般性のある結果は得がたい．しかしそのためには，規模 $O(N)$ の問題例が数多く存在することに注意しなければならない．全体の評価法に実用上次の 2 種がよく用いられる．

① 最悪計算量 (worst case complexity)：規模 $O(N)$ のすべての問題例のなかで最大の計算量を求める．

② 平均計算量 (average complexity)：規模 $O(N)$ の問題例のそれぞれの生起確率に基づいて計算量の平均を求める．

以下では，単に計算量といった場合，最悪計算量を指す．

d. 多項式時間

ある問題を実用的に処理しうるか，あるいは手に負えない難しい問題であるかの区別を，多項式時間 (polynomial time) アルゴリズムをもつかどうかで判断することがよくある．ここで多項式（オーダー）とは，ある定数 k を用いて，$O(N^k)$ と書けるという意味である．ただし，N は問題例の入力長である．多項式オーダーでないものの例としては，$O(N^{\log N})$，$O(k^N)$, $O(k^{k^N})$ などいろいろ考えられる．〔小 野 廣 隆〕

参 考 文 献

[1] 茨木俊秀：アルゴリズムとデータ構造，昭晃堂，1986.
[2] 岩間一雄：アルゴリズム理論入門，昭晃堂，2001.
[3] M. R. Garey and D. S. Johnson : Computers and Intractability : A Guide to the Theory of NP-Completeness, W. H. Freeman, 1979.

11.3 クラス NP と NP 完全性

class NP and NP complete

問題にはごく簡単に解けるものから，きわめて困難なものまで多種存在する．問題を扱いやすいものと扱いにくいものとを区別するのによく用いられるのが 11.2 節の最後で述べた，多項式オーダーか否かの分類である．ここでは特に多項式時間では解けないことを示すと予想されている NP 完全（困難）性の概念について説明する．

a. クラス P

多項式時間で解ける問題のクラスを P と記す．これを実用的に解きうる問題のクラスとする．ある問題 A がクラス **P** に属することを示すには，A を解く多項式時間アルゴリズムを具体的に与えればよい．

一方，この逆を示すことは容易ではないように思える．いくら A を解く個々のアルゴリズムが P に属さないことを示せたとしても，A を解く P に属するアルゴリズムが存在しないとはかぎらないためである．このような状況において，後述の NP 困難性の概念は，ある問題が P に属しそうもないことを主張するのに有用なものとなる．

b. 非決定計算

前述のように，通常の（決定性）チューリング機械は有限状態制御部の状態とテープから読み込んだアルファベットによって次の動作（テープへの読み書き，ヘッドの移動，状態の遷移）を一意に決定する．これに対し，**非決定性チューリング機械** (nondeterministic Turing machine) の動作は，制御部の状態とテープから読み込んだアルファベットから，かならずしも一意に動作が決定されない．このため同じ状態と同じアルファベットの組合せから，複数の動作が起こりうる可能性があり，計算パスは次々と分岐拡大していく．その木構造の一つの枝で計算が正しく終了したとき非決定性チューリング機械が停止したと考える．このような計算を非

決定性計算 (nondeterministic computation) という．

c. クラス NP

以下では，答えとして yes あるいは no が要求される，**決定問題** (decision problem) に話を限定する．決定問題 A に対し，ある非決定性アルゴリズムが存在して，規模 N の任意の問題例について，それが yes の答えをもつ場合には，計算パスのなかに N の多項式オーダー長で yes を与えるものが少なくとも 1 本存在するならば（他のパスは no を与えても，またかならずしも停止しなくともよい），A は**クラス NP** (nondeterministic polynomial) に属するという．なお，答えが no の場合には，どの計算パスも yes を与えてはならないが，計算パスが多項式オーダー長で停止することはかならずしも要求していない．

クラス P に属する問題の集合を P，クラス NP に属する問題の集合を NP と表すと，定義より $P \subseteq NP$ は明らかである．さらに決定性計算と非決定性計算の能力の違いを考えると $P \subset NP$ も明らかであるように思われる．しかし，この性質はまだ証明されておらず，計算の複雑さの理論における最大の未解決問題として残されている．

d. 問題間の帰着可能性

決定問題 A と決定問題 B の複雑さを互いに比較するために，**帰着可能性** (reducibility) の概念が利用される．すなわち，

> A の任意の問題例 X に対し，B の問題例 $f(X)$ を構成でき，A における X の答（yes または no）と B における $f(X)$ の答えが一致するとき，A は B に帰着可能である．

ただし，f は計算可能な ($f(X)$ を計算するアルゴリズムが存在する) 変換であるとする．特に，f が多項式時間で計算できる場合には，**多項式的に帰着可能** (polynomially reducible) という．A が B に帰着可能であるとき，一般的に A と B の複雑さの間に

$$(A \text{ の複雑さ}) \leq (\text{変換 } f \text{ の複雑さ}) + (B \text{ の複雑さ})$$

という関係が成り立つ．特に，f が多項式時間で計算できる場合，$B \in P$ なら $A \in P$，また $A \notin P$ なら $B \notin P$ などが成り立つ．

例 論理変数 $x_i, i = 1, 2, \cdots, n$ のリテラル（論理変数自身，またはその否定）からなる論理節 $C_j, j = 1, 2, \cdots, m$ による積標準形 (CNF) の論理式 $\phi = \bigwedge C_j$ が与えられたとき，$\phi = 1$ となるような各論理変数への 0–1 の割当てが存在するか，という問題を**充足可能性問題** (satisfiability : SAT) という．無向グラフ $G = (V, E)$ の頂点集合 $U \subseteq V$ が，頂点被覆であるとは，任意の枝 $e \in E$ の少なくとも一方の端点が U に属している（カバーする）ことをいう．このとき，以下を**頂点被覆問題** (vertex cover : VC) と呼ぶ．

入力：グラフ $G = (V, E)$ および正整数 k.

出力：G に $|U| = k$ を満たす頂点被覆 U が存在すれば yes，そうでなければ no.

以下では，SAT から VC への多項式時間帰着を示す．SAT の問題例 $\phi = \bigwedge_{j=1}^{m} C_j$ が与えられたとき，VC の問題例としてグラフ $G_\phi = (V_1 \cup V_2, E_1 \cup E_2 \cup E_3)$ を次のように構成する．$V_1 = \{x_1, \cdots, x_n, \overline{x}_1, \cdots, \overline{x}_n,\}$，$V_2 = \bigcup_j^m \{l_j(y) \mid y \in C_j\}$，$E_1 = \{(x_i, \overline{x}_i) \mid i = 1, \cdots, n\}$，$E_2 = \bigcup_j^m \{(y, l_j(y))\}$，$E_3 = \bigcup_j^m \{(l_j(y), l_j(y')) \mid y, y' \in C_j, y \neq y'\}$．ここで，$y$ はリテラルを，$l_j(y)$ は各 C_j 節におけるリテラルに対応して準備した頂点である．このグラフ G_ϕ に対し，$k = n + \sum_j^m (|C_j| - 1)$ とする．

まず ϕ が充足可能であるとすると，そのときの各 x_i に対する割当てに対応する形で V_1 から頂点を選び，これらと E_2 の辺では結ばれていない V_2 の頂点を選んで U' をつくると，この U' のサイズは k 以下となり，また E_1, E_2, E_3 すべての辺をカバーしている．詳細は省略するが，逆に，サイズ k 以下の G_ϕ の頂点被覆 U があったとき，$\phi = 1$ とする割当てを構築できることも示すことができる．

e. NP 困難性と NP 完全性

これ以後の議論では簡単のため「多項式的」という言葉を省略する．クラス NP の任意の問題 A がある別

の問題 B に帰着可能であれば，B は **NP 困難** (NP–hard) であるという．さらに，この B 自身が NP に属していれば，B は **NP 完全**であるという．

言い換えれば，NP 困難性は NP に属するどの問題と比較してもそれ以上難しいこと，また NP 完全性は，NP のなかで最も難しい問題であることを意味している．すでに述べたように $\mathrm{P} \neq \mathrm{NP}$ が予想されるから，これは NP 困難問題 B が $B \notin P$ である（すなわち，多項式時間では解けない）ことを強く示唆している．なお最初に発見された NP 完全問題は上述の SAT である．これはクック (S. A. Cook) による発見であり，クックは任意の NP に属する問題（すなわち任意の非決定性アルゴリズムにより多項式時間で yes 判定が可能な問題）が，SAT へ帰着可能であることを示した．

さて，ある問題 B が NP 困難であることを証明するにはどのような手順を踏めばよいだろうか．クックの証明のように任意の NP に属する問題が B に帰着可能であることを示さねばならないのであろうか．便利なことに，ある NP 困難な問題があれば（たとえば SAT），その結果を利用することができる．すなわち，「適当な NP 困難問題 A を選び，A が B に帰着可能であることを示す」ことができれば B は NP 困難である．なぜなら帰着可能性の関係は定義より推移的であるので，任意の $A' \in NP$ は A に帰着可能（A の NP 困難性より），さらに A' は B へ帰着可能であるから，推移律によって A' は B へ帰着可能であるからである．これは B の NP 困難性を意味する．B の NP 完全性を示すには，さらに $B \in NP$ を示せばよい．

以上と SAT の NP 困難性により，頂点被覆問題 (VC) も NP 困難（NP 完全）であることがわかる．

〔小 野 廣 隆〕

参 考 文 献

[1]　茨木俊秀：アルゴリズムとデータ構造，昭晃堂，1986.
[2]　岩間一雄：アルゴリズム理論入門，昭晃堂，2001.
[3]　M. R. Garey and D. S. Johnson : Computers and Intractability : A Guide to the Theory of NP-Completeness, W. H. Freeman, 1979.

12 論理関数

12.1 論理関数

Boolean function

0 (偽)，あるいは，1 (真) の値をとる変数を論理変数（あるいは，命題変数）と呼ぶ．論理関数（あるいは，ブール関数）f とは，n 個の論理変数 $x_1, x_2, \cdots, x_n$ の値に応じて 0，あるいは，1 の値をとる関数，すなわち，$f : \{0,1\}^n \to \{0,1\}$ である．論理関数はディジタル機器の論理設計や世のなかの事象の論理的な記述としてさまざまな場面に登場する．

$f(x) = 1$ を満たす 0–1 ベクトル $x \in \{0,1\}^n$ を f の真ベクトル，$f(x) = 0$ を満たす 0–1 ベクトル $x \in \{0,1\}^n$ を f の偽ベクトルという．論理関数の定義域 $\{0,1\}^n$ は有限であるため，定義域の要素である各ベクトルの真偽を明記すれば，論理関数は定義できる．このような真偽の表を真理値表と呼ぶ．たとえば，表 1 に真理値表によって定義された 3 変数論理関数の例を示す．定義域の要素であるベクトルは 2^n 個存在し，それぞれに対して真偽を割り当てるため，n 変数論理関数は 2^{2^n} 個存在する．

表 1　論理関数の真理値表

x_1	x_2	x_3	f
1	1	1	0
1	1	0	1
1	0	1	0
1	0	0	1
0	1	1	1
0	1	0	0
0	0	1	0
0	0	0	0

a. 論理式による表現

論理関数は，上記のように真理値表を用いた表現以外にも多項式，二分決定図，論理式などさまざまな表現法をもつことが知られている．ここでは，表 2, 3 にある論理和（$\vee$），論理積（$\wedge$），否定（$\neg$）の 3 種類の演算を用いた論理式による表現を考える．以下では記号を簡単化して，論理積 $u \wedge v$ を uv，また，否定 $\neg v$ を $\overline{v}$ のように記す．

表 2　否定

v	$\neg v$
1	0
0	1

表 3　論理和と論理積

u	v	$u \vee v$	$u \wedge v$
1	1	1	1
1	0	1	0
0	1	1	0
0	0	0	0

変数 v に対して，v を正リテラル，$\overline{v}$ を負リテラルと呼ぶ．いくつかのリテラルからなる論理積，論理和で矛盾する対 v，$\overline{v}$ を含まないものをそれぞれ項，節と呼ぶ．たとえば，$x_1\overline{x}_2\overline{x}_3x_5$ は項であるが，$x_1\overline{x}_2\overline{x}_5x_5$ は項ではない．また，$x_1 \vee \overline{x}_2 \vee x_3$ は節であるが，$x_1 \vee \overline{x}_1 \vee x_3$ は節ではない．

0–1 ベクトル $x \in \{0,1\}^n$ に対して，その要素 x_i の値が 1 であれば正リテラル x_i，0 であれば負リテラル $\overline{x}_i$ を考え，n 個のリテラルからなる項をつくる．たとえば，(110) からは項 $x_1x_2\overline{x}_3$ がつくられる．このようにつくられた項は，対応するベクトルだけに 1（それ以外のすべてのベクトルに 0）を与える論理式であり，最小項と呼ばれる．論理関数 f の真理値表が与えられたならば，f の真ベクトルから上記のように最小項をつくり，それらをすべて論理和でつなげれば，f の論理式表現が得られる．たとえば，表 1 の論理関数 f は，3 個の真ベクトル (110)，(100)，(011) をもつ．それらのベクトルから最小項 $x_1x_2\overline{x}_3$，$x_1\overline{x}_2\overline{x}_3$，$\overline{x}_1x_2x_3$ をつくり，それらの論理和をとることにより f の論理表現

$$f = x_1x_2\overline{x}_3 \vee x_1\overline{x}_2\overline{x}_3 \vee \overline{x}_1x_2x_3 \qquad (1)$$

ができる．このようにいくつかの項 $t_1, t_2, \cdots, t_m$ の論理和 $t_1 \vee t_2 \vee \cdots \vee t_m$ を，論理関数の**論理和形**（DNF）といい，さらに，各項 t_j が最小項のとき，**論理和標準形**という．上記の議論から任意の論理関数は，論理和形で表現可能であることがわかる．当然論理和形での表現は一意ではない．たとえば，表1の論理関数 f

$$f = x_1\overline{x}_3 \vee \overline{x}_1 x_2 x_3 \qquad (2)$$

とも表現できる．

f の論理和標準形はその真ベクトルから構成された．以下では，偽ベクトルから構成される論理積標準形を考える．0–1 ベクトル $x \in \{0,1\}^n$ に対して，その要素 x_i の値が1であれば負リテラル $\overline{x}_i$，0であれば正リテラル x_i を考え，n 個のリテラルからなる節をつくる．たとえば，(110) からは論理和 $\overline{x}_1 \vee \overline{x}_2 \vee x_3$ がつくられる．このようにつくられた節は，対応するベクトルだけに0（それ以外のすべてのベクトルに1）を与える論理式であり，**最大節**（あるいは，**最大項**）と呼ばれる．論理関数 f の真理値表が与えられたならば，f の偽ベクトルから上記のように最大節をつくり，それらをすべて論理積でつなげれば，f の論理式表現が得られる．たとえば，表1の論理関数 f は，5個の真ベクトル (111), (101), (010), (001), (000) をもつ．それらのベクトルから最大節 $\overline{x}_1 \vee \overline{x}_2 \vee \overline{x}_3$, $\overline{x}_1 \vee x_2 \vee \overline{x}_3$, $x_1 \vee \overline{x}_2 \vee x_3$，$x_1 \vee x_2 \vee \overline{x}_3$，$x_1 \vee x_2 \vee x_3$ をつくり，それらの論理積をとることにより f の論理表現

$$f = (\overline{x}_1 \vee \overline{x}_2 \vee \overline{x}_3)(\overline{x}_1 \vee x_2 \vee \overline{x}_3)(x_1 \vee \overline{x}_2 \vee x_3)$$
$$(x_1 \vee x_2 \vee \overline{x}_3)(x_1 \vee x_2 \vee x_3)$$

ができる．いくつかの節 $c_1, c_2, \cdots, c_m$ の論理積 $c_1 \wedge c_2 \wedge \cdots \wedge c_m$ を，論理関数の**論理積形**（CNF）といい，さらに，各節 c_j が最大節のとき，**論理積標準形**という．上記から任意の論理関数は，論理和形でも表現可能であることがわかる．論理和形と同様に，論理関数の論理積形による表現は一意ではない．

このように論理関数は論理和形や論理積形で記述できる．すなわち，論理和，論理積，否定の3種類の演算を用いれば，定義可能であることがわかる．この3種類の演算すべてが必要か，というとそうではない．ド・モルガンの法則

$$\overline{u \wedge v} = \overline{u} \vee \overline{v}$$

$$\overline{u \vee v} = \overline{u} \wedge \overline{v}$$

により，項と節はそれぞれ

$$l_1 \wedge l_2 \wedge \cdots \wedge l_k = \overline{\overline{l}_1 \vee \overline{l}_2 \vee \cdots \vee \overline{l}_k},$$
$$l_1 \vee l_2 \vee \cdots \vee l_k = \overline{\overline{l}_1 \wedge \overline{l}_2 \wedge \cdots \wedge \overline{l}_k}$$

と記述できるので，論理和と否定，あるいは，論理積と否定だけを用いれば，論理関数を表現できる．

b. 論理和形と論理積形の簡単化

論理関数の論理和形を考えたとき，論理和標準形は最も長い論理和形だということができる．実用上は当然，短い表現が求められている．

二つの論理関数 f と g が，任意の0–1ベクトル x に対して $f(x) \leq g(x)$ を満たすとき，$f \leq g$ と記す．また，$f \leq g$，かつ，$f \neq g$ のとき，$f < g$ と記す．論理関数 f に対して，項 t が $t \leq f$ を満たすとき，t を f の**内項**と呼ぶ．定義から，f の論理和形に現れる任意の項は，f の内項である．t が f の内項であり，かつ，どんな真部分項（t から1個以上のリテラルを除いて得られた項）も内項にならないものを f の**主項**という．たとえば，$x_1x_2\overline{x}_3$，$x_1\overline{x}_2\overline{x}_3$，$\overline{x}_1x_2x_3$，$x_1\overline{x}_3$ は，表1の論理関数 f の内項であり，そのうち $\overline{x}_1x_2x_3$，$x_1\overline{x}_3$ は主項である．主項のみからなる論理和形を**主論理和形**という．論理関数の論理和形による表現を考えると主論理和形が簡潔な記述といえる．表1の論理関数 f に対して，式 (1) は主論理和形ではなく，式 (2) は主論理和形である．

それでは，どうすれば主論理和形が得られるのだろうか？　関数の論理和形 $f = \bigvee_i t_i$ が与えられたとき，各項 t_i から内項という性質を保ちつつ，できるだけリテラルを除去すると主項 t_i^* が得られる．この主項は，$t_i \leq t_i^* \leq f$ を満たすので，t_i を t_i^* に置き換えることによって f の主論理和形 $\bigvee_i t_i^*$ が得られる．したがって，任意の論理関数は主論理和形をもつ．式 (1) にこのアルゴリズムを適用すると主論理和形 (2) を得る．一般に各項からどの順番でリテラルを除くかによって得られる主論理和形は違い，得られる主論理和形は一意ではない．また，上記のアルゴリズムはかならずしも最短な論理和形を求めない．たとえば，

$$f = x_1\overline{x}_2 \vee \overline{x}_1 x_2 \vee x_2\overline{x}_3 \vee \overline{x}_2 x_3 \quad (3)$$

$$= x_1\overline{x}_2 \vee x_2\overline{x}_3 \vee x_3\overline{x}_1 \quad (4)$$

はともに主論理和形であり，同じ論理関数を表現する．式 (4) は，式 (3) より短かく簡潔な表現といえる（実は式 (4) が最短な論理和形である）．ここで，式 (3) に上記のアルゴリズムを適用してみよう．式 (3) は主論理和形なので何も変化せず，上記のアルゴリズムが最短な論理和形を求めないことがわかる．

この考察から，論理関数が論理和形として与えられていたとしても，最短な論理和形を得ることは単純ではなく，一般に NP 困難であることが知られている．

次に，論理関数の論理積形を考えよう．論理積形は論理和形と双対な関係にあるため，論理和形における議論と同じようなことが論理積形でもいえる．

論理関数 f に対して，節 c が $c \geq f$ を満たすとき，c を f の外節と呼ぶ．定義から，f の論理積形に現れる任意の節は，f の外節である．c が f の外節であり，かつ，どんな真部分節（t から 1 個以上のリテラルを除いて得られた節）も外節にならないものを f の主節という．たとえば，$\overline{x}_1 \vee \overline{x}_3$，$x_1 \vee x_2$ は，表 1 の論理関数 f の主節である．主節のみからなる論理積形を主論理積形という．論理和形と同様に，関数の論理積形が与えられたとき，各節から外節という性質を保ちつつ，できるだけリテラルを除去して主節を求める．その後，もとの外節を得られた主節に置き換えることによって主論理積形を得る．したがって，任意の論理関数は主論理積形をもつ．また，論理和形と同様に，得られる主論理積形は一意ではなく，このアルゴリズムはかなずしも最短な論理積形を求めない．

〔牧 野 和 久〕

参 考 文 献

[1] Y. Crama and P. L. Hammer : Boolean Functions-Theory, Algorithms and Applications, Cambridge University Press, Cambridge, UK, 2011.

12.2 単調関数

monotone function

二つのベクトル $x, y \in \{0,1\}^n$ が $x_i \leq y_i$（$i = 1, 2, \cdots, n$）を満たすとき $x \leq y$ と記す．たとえば，$(0101) \leq (0111)$，$(1001) \leq (1111)$ であるが，$(0101) \not\leq (1001)$，かつ，$(0101) \not\geq (1001)$ であり，比較不可能である．論理関数 f が $x \leq y$ である任意の 0–1 ベクトル x と y に対して，$f(x) \leq f(y)$ を満たすとき，f を**単調**（あるいは，正）であるという．

たとえば，表 1 の論理関数は単調である．定義から，たとえば，(100) が真ベクトルであることがわかっていれば，(110)，(101)，(111) も真ベクトルであることがわかる．したがって，x が真ベクトルでかつ $y < x$（$y \leq x$ かつ $y \neq x$）であるすべてのベクトルが偽であるとき，x を極小真ベクトルと呼ぶとき，極小な真ベクトルがすべてわかっていれば，**単調関数**の表現が得られる．たとえば，表 1 の単調関数 f は二つの極小真ベクトル (100), (011) をもつので，

$$f(x) = \begin{cases} 1 & \text{もし } x \geq (100) \text{ あるいは，} \\ & \quad x \geq (011) \text{ ならば} \\ 0 & \text{その他} \end{cases}$$

と表現できる．逆に，x が偽ベクトルでかつ $y > x$ であるすべてのベクトルが真であるとき，x を極大偽ベクトルと呼ぶと，極大偽ベクトルで論理関数を表現できる．表 1 の例では，単調関数が二つの極大偽ベクトル (010), (001) をもつので，

$$f(x) = \begin{cases} 0 & \text{もし } x \leq (001) \text{ あるいは，} \\ & \quad x \leq (010) \text{ ならば} \\ 1 & \text{その他} \end{cases}$$

表 1 単調な論理関数の例

x_1	x_2	x_3	f
1	1	1	1
1	1	0	1
1	0	1	1
1	0	0	1
0	1	1	1
0	1	0	0
0	0	1	0
0	0	0	0

次に，単調関数の論理和形，論理積形を考えてみよう．よく知られているように論理関数 f が単調であるための必要十分条件は，f が単調な（否定を用いない）論理和形，論理積形で表現可能なことである．表 1 の単調関数 f は，

$$f = x_1 \vee x_2 x_3 \quad (1)$$

$$= (x_1 \vee x_2)(x_1 \vee x_3) \quad (2)$$

と表現される．もう少し詳細にいうと，単調関数の任意の主項や主積は単調であり，主項 $t = \bigwedge_{i \in P} x$ は極小真ベクトル $x^{(t)}$ と以下のように一対一対応している．

$$i \in P \Longleftrightarrow x_i^{(t)} = 1$$

また，主積 $c = \bigvee_{i \in P} x$ は極大偽ベクトル $y^{(c)}$ と一対一対応している．

$$i \in P \Longleftrightarrow y_i^{(c)} = 0$$

表 1 の単調関数 f は，二つの主項 x_1 と $x_2 x_3$ をもち，それぞれ極小真ベクトル (100) と (011) と対応する．また，二つの主積 $(x_1 \vee x_2)$ と $(x_1 \vee x_3)$ はそれぞれ極大偽ベクトル (001) と (010) に対応する．

各極小真ベクトル x を真とする主項は x に対応する主項のみであるため，単調関数の主論理和形は一意である．同様に，各極大偽ベクトル y を偽とする主積は，y に対応する主積のみであるため，単調関数の主論理積形も一意である．式 (1), (2) はそれぞれ表 1 の単調関数の主論理和形，主論理積形である．

このことから簡潔な論理和形は，(極小真ベクトルに対応する）主項すべてからなる論理和形であり，簡潔な論理積形は，(極大偽ベクトルに対応する）主積すべてからなる論理積形であることがわかる．

〔牧 野 和 久〕

参 考 文 献

[1] Y. Crama and P. L. Hammer : Boolean Functions-Theory, Algorithms and Applications, Cambridge University Press, Cambridge, UK, 2011.

12.3 ホーン関数

Horn function

たかだか 1 個の正リテラルを含む節（ホーン節）のみからなる論理積形をホーン論理積形と呼び，ホーン論理積形で表現可能な論理関数をホーン関数という．たとえば，

$$f = (\overline{x}_1 \vee \overline{x}_2 \vee x_3)(\overline{x}_2 \vee \overline{x}_4)(\overline{x}_4 \vee x_1)$$

はホーン関数である．ホーン節はいくつかの命題変数が真のとき，他の変数も真になることを示すホーン規則と呼ばれる自然な論理的ルールを表現している．たとえば，ホーン節

$$\overline{x}_1 \vee \overline{x}_2 \vee \cdots \vee \overline{x}_k \vee x_0$$

は，ホーン規則

$$x_1 \wedge x_2 \wedge \cdots \wedge x_k \Longrightarrow x_0$$

と等価である．ただし，$\Longrightarrow$ は含意を意味する．このように，ホーン関数は自然な論理的なルールの集合として表すことができるものであり，また，充足可能性問題が線形時間で解くことができるため人工知能や論理プログラミングなどの分野で幅広く用いられている．

ホーン論理積形の定義において「たかだか 1 個」という制約条件を「0 個」と厳しくすると負リテラルのみからなる論理積形（負論理積形）を得る．負論理積形は負関数（$x \leq y$ である任意の 0–1 ベクトル x と y に対して，$f(x) \geq f(y)$ を満たす関数）を表現するので，ホーン関数は，単調（正）論理関数と同等な負関数を拡張したものである．

次に，ホーン関数の真ベクトル集合を用いた特徴付けをみてみよう．二つのベクトル $x, y \in \{0,1\}^n$ から新しいベクトルを生成する演算 $\wedge$ を

$$x \wedge y = (x_1 \wedge y_1, x_2 \wedge y_2, \cdots, x_n \wedge y_n)$$

と定義する．たとえば，$(0011) \wedge (0110) = (0010)$ となる．ベクトル集合 $X \subseteq \{0,1\}^n$ が任意の $x, y \in X$ に対して $x \wedge y \in X$ であるとき，X は $\wedge$ に関して閉じているという．論理関数 f がホーンである必要十分条件は，

その真ベクトル集合 $T(f) = \{x \in \{0,1\}^n \mid f(x) = 1\}$ が $\wedge$ に関して閉じていることである．このことからもホーン関数が負関数の自然な拡張になっていることがわかる．〔牧 野 和 久〕

参 考 文 献

[1] Y. Crama and P. L. Hammer : Boolean Functions-Theory, Algorithms and Applications, Cambridge University Press, Cambridge, UK, 2011.

12.4 充足可能性問題

satisfiability problem

充足可能性問題とは，**論理積形**（CNF）φ が与えられたとき，論理方程式 $\varphi(x) = 1$ の解があるかどうかを判定する問題である．

入力：論理積形 φ
出力：$\varphi(x) = 1$ となるベクトル $x \in \{0,1\}^n$ があれば yes，そうでなければ no.

たとえば，

$$\varphi = (x_1 \vee x_2)(\overline{x}_2 \vee x_3 \vee \overline{x}_4)(\overline{x}_1 \vee \overline{x}_2 \vee x_4) \quad (1)$$

に対して，$\varphi(1,1,1,1) = 1$ となるので，充足可能性問題の出力は yes である．充足可能性問題は人工知能などの分野で幅広い応用をもつことが知られているが，代表的な NP 完全問題であり，多項式時間で解けるかどうか未だに分かっていない．

この解のあるなしを判定する充足可能性問題が解ければ，論理方程式 $\varphi(x) = 1$ の解 $x \in \{0,1\}^n$ を探す，探索問題も容易に解ける．まず，φ を入力として充足可能性問題を解く．もし no ならば，方程式の解はない．もし yes ならば，φ のなかに現れる変数 x_1 を $x_1 = 1$ と固定した論理積形 $\varphi_{x_1=1}$ を入力として充足可能性問題を解く．もし yes ならば，方程式の解のなかで $x_1 = 1$ であるものがあるので，今後は $x_1 = 1$ と固定する．もし no ならば，もとの方程式は解をもつので，$x_1 = 0$ となる解が存在する．したがって今後は $x_1 = 0$ と固定する．このように変数を次々に固定されることによって，方程式の解を求めることができる．

充足可能性問題は NP 完全問題であり，効率的に解くことができない（と信じられている）問題であるが，入力の論理積形を限定すると多項式時間で解けることが知られている．

各節がたかだか k 個のリテラルをもつ論理積形を k–論理積形（あるいは k–CNF）と呼ぶ．たとえば，式 (1) は 3–論理積形である．入力が 2–論理積形であるとき，充足可能性問題は多項式時間で解けることが知られている．しかし，入力を 3–論理積形と限定しても，一般の充足可能性問題と同様にNP完全である．また，入力がホーン論理積形であるとき充足可能性問題は多項式時間で解けることも知られている．

〔牧 野 和 久〕

参 考 文 献

[1] Y. Crama and P. L. Hammer : Boolean Functions-Theory, Algorithms and Applications, Cambridge University Press, Cambridge, UK, 2011.

12.5 論理関数の双対化

dualization of Boolean function

論理関数 f に対する双対関数 f^d は，

$$f^d(x) = \overline{f}(\overline{x})$$

と定義される．ただし，$\overline{x}$ は，論理変数ベクトル $x = (x_1, x_2, \cdots, x_n)$ の補ベクトル $(\overline{x}_1, \overline{x}_2, \cdots, \overline{x}_n)$ を示す．定義より，任意の論理関数に対して $(f^d)^d = f$ となる．また，有名なド・モルガン (De Morgan) の定理によって，論理関数 f が論理変数，定数 (0 や 1) に否定 $^-$，論理和 $\vee$，および，論理積 $\wedge$ の演算をほどこしたものとして表現されているならば，その双対関数 f^d の表現は，演算 $\vee$ と $\wedge$，さらに，定数 0 と 1 をそれぞれ入れ換えることによって得られる．たとえば，論理関数

$$f = x_1\overline{x}_2 \vee \overline{x}_2\overline{x}_3 \vee x_3x_4 \tag{1}$$

を考えよう．この双対関数は，定義より

$$f^d = \overline{\overline{x}_1\overline{\overline{x}}_2 \vee \overline{\overline{x}}_2\overline{\overline{x}}_3 \vee \overline{x}_3\overline{x}_4} = \overline{\overline{x}_1x_2 \vee x_2x_3 \vee \overline{x}_3\overline{x}_4}$$

となる．ここで，二重否定が肯定となることに注意されたい．右辺の外側の否定に対してド・モルガンの定理を用いると，

$$f^d = \overline{\overline{x}_1x_2 \vee x_2x_3 \vee \overline{x}_3\overline{x}_1} \;=\; \overline{\overline{x}_1x_2} \wedge \overline{x_2x_3} \wedge \overline{\overline{x}_3\overline{x}_4}$$

を得る．さらに，右辺の各項に対する三つの否定に対してド・モルガンの定理を用いると，

$$f^d = (x_1 \vee \overline{x}_2)(\overline{x}_2 \vee \overline{x}_3)(x_3 \vee x_4) \tag{2}$$

を得る．論理関数の双対化問題とは，論理関数 f の論理和形が与えられたときに，その双対関数 f^d の論理和形を求める問題である．たとえば，式 (1) の論理和形から式 (2) と等価な論理和形

$$f^d = x_1\overline{x}_3x_4 \vee \overline{x}_2x_3 \vee \overline{x}_2x_4 \tag{3}$$

を求める問題である．ド・モルガンの定理より，双対化問題は論理関数の論理積形 φ からそれと等価な論理和形 ψ を求める問題，たとえば，式 (2) から式 (3)

を求める問題と見なすこともできる．すなわち，論理方程式 $\varphi(x) = 1$ の解を論理和形 ψ によって表現しようという問題である．ψ の各項から簡単に論理方程式の解を求めることができるため，この双対化問題は充足可能性問題より簡単な問題にはならない．より正確にいうと，一般に論理和形 ψ の長さは，入力長（すなわち，論理積形 φ の長さ）の指数倍になることがあり，このような問題に対しては，入力長と（最短な）出力長を基準にしてその計算量を論じる．このとき，充足可能性問題の計算困難性から，$\mathrm{P} \neq \mathrm{NP}$ の仮定のもとで，双対化問題は出力多項式時間（入力長と出力長両方に対する多項式時間）アルゴリズムが存在しないことがわかる．また，論理積形と論理和形が与えられたとき，それらが等価であるかを判定する双対性判定問題が多項式時間で解けることと双対化問題が出力多項式時間アルゴリズムをもつことが等価である．

この双対化問題は，数理計画，人工知能，ゲーム理論，学習理論，計算幾何，データマイニングなどの分野でさまざまな応用をもつ．特に，単調な論理関数に対して近年さかんに研究されている．〔牧 野 和 久〕

参 考 文 献

[1] Y. Crama and P. L. Hammer : Boolean Functions-Theory, Algorithms and Applications, Cambridge University Press, Cambridge, UK, 2011.

VI

数理計画関連

1　数理計画法

mathematical programming

自然科学，工学，社会科学などのさまざまな分野において，与えられた条件を満たす選択肢のなかから，所与の目的に対して最良のものをみつける問題がよく現れる[1]．そのような問題のなかでも，問題の条件や目的が数式で記述されている問題を**数理計画問題** (mathematical programming problem) あるいは**最適化問題** (optimization problem) と呼ぶ．数理計画法は，数理計画問題の性質を解明し，その性質を利用した解法の開発を行う方法論である．

数理計画問題において，決定すべき変量を**決定変数** (decision variable) と呼ぶ．目的を数値化する決定変数の関数を**目的関数** (objective function) と呼ぶ．たとえば，利益の最大化を考えているときは利益が目的関数となり，コストの最小化を考えているときはコストが目的関数となる．そのため，コストの最小化問題を考えているときは，目的関数のことを**コスト関数** (cost function) と呼ぶこともある．決定変数が満たすべき条件を**制約条件** (constraints) と呼び，制約条件を満たす決定変数を**実行可能解** (feasible solution) あるいは許容解と呼ぶ．実行可能解の集合を**実行可能集合** (feasible region) と呼ぶ．数理計画問題は，実行可能集合のなかから，目的関数を最大または最小とする実行可能解をみつける問題ということができる．目的関数 f の最大化は，$-f$ の最小化と等しいため，以下では，最小化のみを考えることにする．

目的関数 $f: R^n \to R$，実行可能集合 $\mathcal{F} \subseteq R^n$ が与えられたとき，数理計画問題は次のように記述される．

$$\begin{array}{ll} \min & f(x) \\ \text{subject to} & x \in \mathcal{F} \end{array}$$

ここで，“min” は「最小化せよ」，“subject to” は「以下の条件のもとで」という意味である．目的が最大化の場合には min の代わりに max を用いる．

数理モデルで表された制約条件は，通常，等式で表された条件，不等式で表された条件，それら以外の条件に区別することができる．以下では，関数 $h_i, i = 1, \cdots, m$ を用いて等式の条件を，関数 $g_j, j = 1, \cdots, r$ を用いて不等式の条件を表し，集合 $S \subset R^n$ を用いて等式や不等式で表しにくい条件を表すことにする．たとえば,「各決定変数の値は整数となる」というような等式や不等式で表しにくい条件は，$S = Z^n$ として表す．また，$h_i(x) = 0$ を**等式制約** (equality constraints)，$g_j(x) \leq 0$ を**不等式制約** (inequality constraints) と呼ぶ．

これらの関数および集合を用いると，実行可能集合は

$$\mathcal{F} = \{x \in S \mid h_i(x) = 0 \ (i = 1, \cdots, m), \quad g_j(x) \leq 0 \ (j = 1, \cdots, r)\}$$

と表すことができる．

数理計画問題において，すべての $x \in \mathcal{F}$ に対して $f(\overline{x}) \leq f(x)$ が成り立つ実行可能解 $\overline{x}$ を**大域的最適解** (global optimum) または**大域的最小解** (global minimum) と呼ぶ．また，大域的最小解の目的関数値を**大域的最小値**と呼ぶ．

その点が大域的最小解であるかどうか知るためには，実行可能集合 $\mathcal{F}$ 上のすべての点の関数値を知る必要がある．そのため，特別な問題を除いて，$\overline{x}$ が大域的最小解であるかどうかの判別は難しい．そこで，次に定義する**局所的最小解** (local minimum) を考える．点 $\widehat{x} \in \mathcal{F}$ に対して，$\widehat{x}$ の近傍 $N \subseteq R^n$ で $f(\widehat{x}) \leq f(x) \ \ \forall x \in N \cap \mathcal{F}, x \neq \widehat{x}$ となるものが存在するとき，$\widehat{x}$ を局所的最小解と呼ぶ．

これまでに，局所的最小解 (あるいは大域的最小解) であるかどうかを判別することが可能な条件がいくつか調べられている．そのような条件を**最適性の条件** (optimality condition) と呼ぶ．関数の勾配情報だけで最適性を判定する**カルーシュ–キューン–タッカー** (Karush–Kuhn–Tucker) **条件**は，数理計画法の主要な理論的成果の一つである[2]．また，連続最適化問題に対する多くの解法はカルーシュ–キューン–タッカー条件に基づいて開発されている[3]．

目的関数や制約条件の特徴に応じて，数理計画問題の理論的な性質は異なる[1]．また，数理計画問題の解法はその問題の性質に基づいて開発されていることが

多い．問題の性質を知り，効率のよい解法を使うためには，問題の分類を知る必要がある．

決定変数が連続的な値をとることが許された数理計画問題を**連続最適化** (continuous optimization) と呼ぶ．一方，離散的な値をとることが要求されている問題を**組合せ最適化** (combinatorial optimization, discrete optimization) と呼ぶ．決定変数の一部が連続値をとり，残りを離散値をとるような場合は混合問題と呼ぶ．

連続最適化は，通常は $S = R^n$ であり，**非線形計画問題** (nonlinear programming problem) と呼ばれることもある．制約条件がない問題，つまり，$\mathcal{F} = R^n$ である問題を**制約なし最小化問題** (unconstrained optimization problem) あるいは無制約最小化問題という．目的関数 f および制約を表す関数 h_i と g_j が 1 次関数である数理計画問題を**線形計画問題** (linear programming problem) と呼ぶ．線形計画問題は，数理計画法において最もよく研究されており，単体法，内点法など，大規模な問題を効率よく解ける手法が開発されている．目的関数が 2 次関数であり，制約条件が 1 次関数で表されている問題を **2 次計画問題** (quadratic programming problem) と呼ぶ．連続最適化において，理論的にも解法においても重要となるのは，実行可能集合 $\mathcal{F}$ が凸集合であり，目的関数が凸関数である**凸計画問題** (convex programming problem) である．線形計画問題や，目的関数が凸である 2 次計画問題は，凸計画問題である．カルーシュ–キューン–タッカー条件は局所的最小解が満たすべき必要条件であるが，凸計画問題においては，その条件を満たす点が大域的最適解となることが知られている[2]．決定変数が半正定値対称行列であり，目的関数および制約を表す関数が 1 次関数である問題を**半正定値計画問題** (semidefinite programming problem) という．

組合せ最適化において，決定変数が整数で表されている問題を**整数計画問題** (integer programming problem) と呼ぶ．特に，決定変数が 0 または 1 で表されているとき，0–1 整数計画問題と呼ぶ．組合せ最適化問題では，決定変数のとりうる状態が有限であることが多い．そのようなときには，すべての状態を調べることによって，最適解を求めることができる．しかし，通常は，状態数が決定変数の数の指数に比例するため，より効率のよい解法が必要となる．組合せ最適化においては，問題の難しさに応じて，問題を P，NP 完全や NP 困難などと分類することができる．最近では，連続最適化の凸性に関連した性質を用いた分類を行う試みがなされている．

最後に，より複雑な数理計画問題を紹介しよう．現実の問題では，目的が二つ以上あるようなことが多い．そのような問題を**多目的最適化問題** (multi-objective optimization problem) と呼ぶ．決定変数の数または制約条件の数が無限に存在する問題を**半無限計画問題** (semi-infinite programming problem) と呼ぶ．半無限計画問題は制御や信号処理などの分野によく現れる問題である．目的関数や制約条件が不確定あるいは不確実な問題は**確率計画問題** (statical programming problem) や**ロバスト最適化問題** (robust optimization problem) として定式化することができる．これらの問題は半無限計画問題と密接な関係がある．

〔山 下 信 雄〕

参 考 文 献

[1] 久保幹雄ほか編：応用数理計画ハンドブック，朝倉書店，2002.
[2] 福島雅夫：非線形最適化の基礎，朝倉書店，2001.
[3] J. Nocedal and S.J. Wright : Numerical Optimization, Springer, New York, 1999.

2 凸解析

convex analysis

最適化問題を理論的に取り扱う際には，しばしば集合や関数の凸性が重要な役割を果たす．**凸解析**は，凸集合の構造や凸関数のもつさまざまな性質を明らかにする学問分野であり，国内外ですでにいくつかの成書が著されている[1, 2]．ここでは，アフィン集合，凸集合，錐，凸関数などの基本的な概念について述べたあと，双対理論において重要な役割を果たす共役関数と，微分不可能な最適化問題に対する最適性条件を考える際に必要となる劣微分について解説する．

a. アフィン集合

実数を成分とする n 次元ベクトル全体の集合を $\Re^n$ と書く．ベクトル空間 $\Re^n$ の部分集合で，和とスカラー倍について閉じているもの，すなわち，式

$$\boldsymbol{x}, \boldsymbol{y} \in W,\ \alpha \in \Re \ \Rightarrow\ \boldsymbol{x} + \boldsymbol{y} \in W,\ \alpha\boldsymbol{x} \in W$$

を満たす集合 $W \neq \emptyset$ を $\Re^n$ の**部分空間** (subspace) という．そのとき，任意の $\boldsymbol{x}^{(1)}, \cdots, \boldsymbol{x}^{(m)} \in W$ と $\alpha_1, \cdots, \alpha_m \in \Re$ に対して $\boldsymbol{x} = \sum_{k=1}^{m} \alpha_k \boldsymbol{x}^{(k)} \in W$ となるが，このようなベクトル $\boldsymbol{x}$ を $\boldsymbol{x}^{(1)}, \cdots, \boldsymbol{x}^{(m)}$ の**1 次結合** (linear combination) という．さらに，

$$\sum_{k=1}^{m} \alpha_k \boldsymbol{x}^{(k)} = \boldsymbol{0} \ \Rightarrow\ \alpha_1 = \cdots = \alpha_m = 0$$

が成り立つとき，$\boldsymbol{x}^{(1)}, \cdots, \boldsymbol{x}^{(m)}$ は**1 次独立** (linearly independent) であるという．部分空間 W に含まれる 1 次独立なベクトルの最大数を，W の**次元** (dimension) という．たとえば，原点を通る平面は，2 次元の部分空間である．

一方，次式を満たす $\Re^n$ の部分集合 $M \neq \emptyset$ を**アフィン集合** (affine set) という．

$$\boldsymbol{x}, \boldsymbol{y} \in M,\ \alpha \in \Re \ \Rightarrow\ (1-\alpha)\boldsymbol{x} + \alpha\boldsymbol{y} \in M$$

明らかに，アフィン集合 M の任意の異なる 2 点を通る直線は M に含まれる．また，M がアフィン集合であるとき，これを $\boldsymbol{d} \in \Re^n$ だけ平行移動した集合 $\{\boldsymbol{x} + \boldsymbol{d} \,|\, \boldsymbol{x} \in M\}$ もアフィン集合である．とくに，原点を含むアフィン集合は部分空間である．

任意の集合 $S \subseteq \Re^n$ を含む包含関係の意味で最小のアフィン集合を S の**アフィン包** (affine hull) といい，$\mathrm{aff}\, S$ と書く．一般に，$\mathrm{aff}\, S$ に平行な部分空間の次元を，その集合 S の次元と定める．孤立点，直線，平面は，それぞれ 0 次元，1 次元，2 次元のアフィン集合である．また，$n-1$ 次元のアフィン集合を，$\Re^n$ の**超平面** (hyperplane) という．

ベクトル空間 $\Re^n$ の超平面 H は，$\Re^n$ のあるベクトル $\boldsymbol{a} \neq \boldsymbol{0}$ とスカラー $\beta \in \Re$ を用いて

$$H = \{\boldsymbol{x} \,|\, \boldsymbol{a}^\top \boldsymbol{x} = \beta\}$$

と表現できる．一般に，アフィン集合は有限個の超平面の共通部分であるから，$\Re^n$ のアフィン集合 M は，$m \times n$ 実行列 A と $\Re^m$ のベクトル $\boldsymbol{b}$ を用いて

$$M = \{\boldsymbol{x} \,|\, A\boldsymbol{x} = \boldsymbol{b}\}$$

と表現できる．

b. 凸集合

ベクトル空間 $\Re^n$ の部分集合 S で，次式を満たすものを**凸集合** (convex set) という．

$$\boldsymbol{x}, \boldsymbol{y} \in S,\ \alpha \in (0, 1) \ \Rightarrow\ (1-\alpha)\boldsymbol{x} + \alpha\boldsymbol{y} \in S$$

定義より，凸集合 S の任意の 2 点を結ぶ線分は S に含まれる．凸集合の例として，アフィン集合や，次式で定義される**半空間** (half space) がある．

$$S = \{\boldsymbol{x} \in \Re^n \,|\, \boldsymbol{a}^\top \boldsymbol{x} \leq \beta\}$$

ただし，$\boldsymbol{a} \neq \boldsymbol{0}$．有限個または無限個の凸集合の共通集合もまた凸集合である．とくに，有限個の半空間の共通集合を**凸多面集合** (polyhedral convex set) という．有界な凸多面集合を**凸多面体** (convex polytope) と呼んで区別することもある．凸多面集合は，$m \times n$ 実行列 A と $\Re^m$ のベクトル $\boldsymbol{b}$ を用いて

$$P = \{\boldsymbol{x} \in \Re^n \,|\, A\boldsymbol{x} \leq \boldsymbol{b}\}$$

と表現できる．この式からわかるように，線形計画問題の実行可能領域は凸多面集合である．

集合 $S, T \subseteq \Re^n$ が凸集合ならば，それらの和

$$S + T = \{\boldsymbol{x} + \boldsymbol{y} \,|\, \boldsymbol{x} \in S, \boldsymbol{y} \in T\}$$

は凸集合であり，任意の $\alpha \in \Re$ に対してスカラー倍

$$\alpha S = \{\alpha \boldsymbol{x} \,|\, \boldsymbol{x} \in S\}$$

も凸集合である．一般に $(\alpha + \beta)S \subseteq \alpha S + \beta S$ であるが，とくに S が凸集合ならば次式が成り立つ．

$$(\alpha + \beta)S = \alpha S + \beta S \quad (\alpha \geq 0,\, \beta \geq 0)$$

和が 1 となる非負の定数による $m+1$ 個の点 $\boldsymbol{x}^{(0)}$, $\boldsymbol{x}^{(1)}, \cdots, \boldsymbol{x}^{(m)} \in \Re^n$ の 1 次結合，すなわち，式

$$\boldsymbol{x} = \sum_{k=0}^{m} \alpha_k \boldsymbol{x}^{(k)} \left(\sum_{k=0}^{m} \alpha_k = 1, \right. \\ \left. \alpha_0 \geq 0, \alpha_1 \geq 0, \cdots, \alpha_m \geq 0 \right)$$

で定義されるベクトル $\boldsymbol{x}$ を点 $\boldsymbol{x}^{(0)}, \boldsymbol{x}^{(1)}, \cdots, \boldsymbol{x}^{(m)}$ の**凸結合** (convex combination) という．点 $\boldsymbol{x}^{(0)}$, $\boldsymbol{x}^{(1)}, \cdots, \boldsymbol{x}^{(m)}$ の凸結合全体の集合を P とするとき，P は次元がたかだか m の凸多面体である．とくに，その次元がちょうど m になるとき，P を **m 次元単体** (m dimensional simplex) という． 明らかに，1 次元単体は線分，2 次元単体は三角形，3 次元単体は四面体である．一般に，凸集合の次元は，それに含まれる単体の次元の最大値に等しい．

集合 S が凸であるための必要十分条件は，S の任意の点の凸結合が S に含まれることである．集合 $S \subseteq \Re^n$ を含む包含関係の意味で最小の凸集合を S の**凸包** (convex hull) といい，co S と書く．集合 S の凸包は，S を包含するすべての凸集合の共通集合であり，S に属するたかだか $n+1$ 個の点の凸結合全体の集合である (**カラテオドリ (Carathéodory) の定理**)．

c. 錐

ベクトル空間 $\Re^n$ の部分集合 C で，条件

$$\boldsymbol{x} \in C,\, \alpha \geq 0 \;\Rightarrow \alpha \boldsymbol{x} \in C$$

を満たすものを**錐** (cone) という．定義より，原点を始点とし，錐 C の任意の点を通る半直線は C に含まれる．凸集合である錐を，とくに**凸錐** (convex cone) という．凸錐は，和と非負のスカラー倍について閉じた集合，すなわち，条件

$$\boldsymbol{x}, \boldsymbol{y} \in C,\, \alpha \geq 0 \;\Rightarrow\; \boldsymbol{x} + \boldsymbol{y} \in C,\, \alpha \boldsymbol{x} \in C$$

を満たす $\Re^n$ の部分集合である．凸錐の例として，式

$$C_1 = \left\{ (x_1, x_2, \cdots, x_n)^\top \;\middle|\; x_1 \geq \sqrt{x_2^2 + \cdots + x_n^2} \right\}$$

で定義される **2 次錐** (second order cone) がある．$\Re^3$ の 2 次錐は，原点を頂点とする $90°$ 開いた円錐である．また，凸多面集合である錐を**凸多面錐** (polyhedral convex cone) という．ベクトル $\boldsymbol{a}^{(1)}, \cdots, \boldsymbol{a}^{(m)} \in \Re^n$ の非負 1 次結合全体の集合

$$C_2 = \left\{ \sum_{k=1}^{m} \alpha_k \boldsymbol{a}^{(k)} \;\middle|\; \alpha_1 \geq 0, \cdots, \alpha_m \geq 0 \right\}$$

は凸多面錐の典型的な例である．

錐はかならずしも「先のとがった領域」を意味するとは限らない．実際，原点を通る平面は凸錐の定義を満たす．また，有限個または無限個の錐の共通集合や合併集合も錐である．たとえば，原点を通る超平面で構成される半空間の共通集合

$$C_3 = \{\boldsymbol{u} \in \Re^n \,|\, (\boldsymbol{a}^{(k)})^\top \boldsymbol{u} \leq 0 \; (k = 1, \cdots, m)\}$$

は凸多面錐である．

錐 $C \subseteq \Re^n$ に属するすべてのベクトルと直角または鈍角をなすベクトルの集合，すなわち，式

$$C^* = \{\boldsymbol{u} \in \Re^n \,|\, \boldsymbol{u}^\top \boldsymbol{x} \leq 0 \; (\boldsymbol{x} \in C)\}$$

で定義される集合 C^* を C の**極錐** (polar cone) という．たとえば，上述の凸多面錐 C_2 と C_3 は互いにもう一方の極錐となっている．

極錐の定義より，二つの錐 C, D に対して

$$C \subseteq D \Rightarrow D^* \subseteq C^*, \quad (C \cup D)^* = C^* \cap D^*$$

が成り立つ．また，錐 C が凸集合や閉集合でなくても，その極錐 C^* は閉集合である凸錐，すなわち，**閉凸錐** (closed convex cone) になる．とくに，C 自身が閉凸錐ならば，$C^{**} = C$ となる．

d. 凸関数

以下では，関数値として $-\infty$ や $+\infty$ もとれる**拡張実数値関数** (extended real-valued function) を考える．たとえば，集合 $S \subseteq \Re^n$ に対して，式

$$\delta_S(\boldsymbol{x}) = \begin{cases} 0 & (\boldsymbol{x} \in S) \\ +\infty & (\boldsymbol{x} \notin S) \end{cases}$$

で定義される拡張実数値関数 δ_S を S の**標示関数** (indicator function) というが，δ_S を最小化することと，$\boldsymbol{x} \in S$ をみつけることは等価である．拡張実数値関数 f において，$f(\boldsymbol{x}) < +\infty$ となる変数 $\boldsymbol{x}$ の集合を f の**実効定義域** (effective domain) といい，dom f と書く．明らかに，dom $\delta_S = S$ である．

ベクトル空間 $\Re^n$ 上で定義された拡張実数値関数 f に対して，次式で定義される $\Re^{n+1}$ の部分集合 epi f を f の**エピグラフ** (epigraph) という．

$$\mathrm{epi}\, f = \{(\boldsymbol{x}^\top, \beta)^\top \,|\, f(\boldsymbol{x}) \leq \beta\}$$

エピグラフが凸集合となる関数を**凸関数** (convex function) という．さらに，関数値として $-\infty$ をとることがなく，実効定義域が空でない凸関数を**真凸関数** (proper convex function) という．集合 S が空でない凸集合ならば，関数 δ_S は真凸関数である．なお，$-f$ が凸関数であるとき，f を**凹関数** (concave function) といい，凸関数かつ凹関数である関数を**アフィン関数** (affine function) という．

真凸関数は次のような性質をもつ．関数 $f_1(\boldsymbol{x}), \cdots, f_m(\boldsymbol{x})$ が真凸関数であり，$\mathrm{dom}\, f_1 \cap \cdots \cap \mathrm{dom}\, f_m \neq \emptyset$ であるとき，$f(\boldsymbol{x}) = \sup\{f_1(\boldsymbol{x}), \cdots, f_m(\boldsymbol{x})\}$ も真凸関数である．さらに，$\alpha_1 \geq 0, \cdots, \alpha_m \geq 0$ ならば，$\sum_{i=1}^m \alpha_i f_i(\boldsymbol{x})$ も真凸関数である．

拡張実数値関数 f が関数値として $-\infty$ をとることがないとき，f が凸関数であるための必要十分条件は，次式が成り立つことである．

$$\begin{aligned} &\boldsymbol{x}, \boldsymbol{y} \in \Re^n,\ \alpha \in (0,1) \\ &\quad \Rightarrow f((1-\alpha)\boldsymbol{x} + \alpha\boldsymbol{y}) \leq (1-\alpha) f(\boldsymbol{x}) + \alpha f(\boldsymbol{y}) \end{aligned}$$

この条件は，凸関数 $y = f(\boldsymbol{x})$ のグラフ (graph)

$$\mathrm{graph}\, f = \{(\boldsymbol{x}^\top, \beta)^\top \,|\, f(\boldsymbol{x}) = \beta\}$$

が，2 点 $(\boldsymbol{x}^\top, f(\boldsymbol{x}))^\top$，$(\boldsymbol{y}^\top, f(\boldsymbol{y}))^\top$ を結ぶ線分より上にはこないことを意味している．また，条件

$$\begin{aligned} &\boldsymbol{x}, \boldsymbol{y} \in \mathrm{dom} f,\ \boldsymbol{x} \neq \boldsymbol{y},\ \alpha \in (0,1) \\ &\quad \Rightarrow f((1-\alpha)\boldsymbol{x} + \alpha\boldsymbol{y}) < (1-\alpha) f(\boldsymbol{x}) + \alpha f(\boldsymbol{y}) \end{aligned}$$

が成り立つとき，関数 f を**狭義凸関数** (strictly convex function) という．さらに，ある定数 $\sigma > 0$ が存在して，次式が成り立つとき，関数 f を係数 $\sigma > 0$ の**強凸関数** (strongly convex function) という．

$$\begin{aligned} &\boldsymbol{x}, \boldsymbol{y} \in \mathrm{dom} f,\ \alpha \in (0,1) \\ &\quad \Rightarrow f((1-\alpha)\boldsymbol{x} + \alpha\boldsymbol{y}) \leq (1-\alpha) f(\boldsymbol{x}) + \alpha f(\boldsymbol{y}) \\ &\qquad\qquad - \frac{1}{2}\sigma\alpha(1-\alpha)\|\boldsymbol{x} - \boldsymbol{y}\|^2 \end{aligned}$$

強凸関数は狭義凸関数であり，狭義凸関数は凸関数であるが，逆はいずれも成り立たない．たとえば，$f(x) = x$ は凸関数であるが狭義凸関数ではない．$f(x) = x^4$ は狭義凸関数であるが，強凸関数ではない．一方，$f(x) = x^2$ は $\sigma = 2$ の強凸関数である．

関数 f が dom$f$ において微分可能であるとき，f が凸関数であるための必要十分条件は

$$\boldsymbol{x}, \boldsymbol{y} \in \mathrm{dom} f \ \Rightarrow\ f(\boldsymbol{y}) \geq f(\boldsymbol{x}) + \nabla f(\boldsymbol{x})^\top (\boldsymbol{y} - \boldsymbol{x})$$

と記述できる．ただし，$\nabla f(\boldsymbol{x})$ は次式で定義される f の $\boldsymbol{x} \in \Re^n$ における**勾配** (gradient) である．

$$\nabla f(\boldsymbol{x}) = \left(\frac{\partial f(\boldsymbol{x})}{\partial x_1}, \cdots, \frac{\partial f(\boldsymbol{x})}{\partial x_n}\right)^\top$$

さらに，f が 2 回連続的微分可能ならば，式

$$\nabla^2 f(\boldsymbol{x}) = \begin{pmatrix} \dfrac{\partial^2 f(\boldsymbol{x})}{\partial^2 x_1} & \cdots & \dfrac{\partial^2 f(\boldsymbol{x})}{\partial x_1 \partial x_n} \\ \vdots & \ddots & \vdots \\ \dfrac{\partial^2 f(\boldsymbol{x})}{\partial x_n \partial x_1} & \cdots & \dfrac{\partial^2 f(\boldsymbol{x})}{\partial^2 x_n} \end{pmatrix}$$

で定義される f のヘッセ行列 (Hessian matrix) を用いて f の凸性を特徴づけることができる．一般に，$n \times n$ 行列 A は，条件

$$\boldsymbol{u} \in \Re^n \ \Rightarrow\ \boldsymbol{u}^\top A \boldsymbol{u} \geq 0$$

を満たすとき**半正定値** (positive semidefinite) といい，条件

$$\boldsymbol{0} \neq \boldsymbol{u} \in \Re^n \ \Rightarrow\ \boldsymbol{u}^\top A \boldsymbol{u} > 0$$

を満たすとき**正定値** (positive definite) という．関数

f が凸であるための必要十分条件は，$\nabla^2 f(\boldsymbol{x})$ が任意の $\boldsymbol{x} \in \mathrm{dom} f$ で半正定値となることであり，f が定数 σ の強凸関数となるための必要十分条件は，$\nabla^2 f(\boldsymbol{x}) - \sigma I$ が任意の $\boldsymbol{x} \in \mathrm{dom} f$ で半正定値となることである．なお，任意の $\boldsymbol{x}$ において $\nabla^2 f(\boldsymbol{x})$ が正定値ならば f は狭義凸関数であるが，逆は成り立つとは限らない．

拡張実数値関数 f に対して，次式で定義される集合 $L_f(\beta)$ を f の**準位集合** (level set) という．

$$L_f(\beta) = \{\boldsymbol{x} \mid f(\boldsymbol{x}) \leq \beta\}$$

関数 f が凸関数であるとき，任意の $\beta \in \Re$ に対して $L_f(\beta)$ は凸集合である．逆に，任意の $\beta \in \Re$ に対して $L_f(\beta)$ が凸集合となる関数 f を**準凸関数** (quasi-convex function) という．一方，条件

$$\nabla f(\boldsymbol{x})^\top (\boldsymbol{y} - \boldsymbol{x}) \geq 0 \;\Rightarrow\; f(\boldsymbol{y}) \geq f(\boldsymbol{x})$$

を満たす微分可能な関数 f を**擬凸関数** (pseudo-convex function) という．一般に，凸関数は準凸関数であり，微分可能な凸関数は擬凸関数であるが，いずれも逆は成り立たない．また，擬凸関数は準凸関数である．たとえば，$f(x) = -e^x$ は擬凸関数かつ準凸関数であるが，同時に凹関数でもある．

e.　共役関数

ベクトル空間 $\Re^n$ 上の拡張実数値関数 f が，条件

$$f(\boldsymbol{x}) = \lim_{\varepsilon \to +0} \inf\bigl\{f(\boldsymbol{y}) \bigm| \|\boldsymbol{y} - \boldsymbol{x}\| \leq \varepsilon\bigr\}$$

を満たすとき，点 $\boldsymbol{x}$ において**下半連続** (lower semi-continuous) という．関数の下半連続性は，エピグラフや準位集合を用いて特徴づけることもできる．実際，関数 f が任意の $\boldsymbol{x} \in \Re^n$ において下半連続であること，$\mathrm{epi}\, f$ が閉集合であること，$L_f(\beta)$ が任意の $\beta \in \Re$ に対して閉集合となることは等価である．また，下半連続である真凸関数を**閉真凸関数** (closed proper convex function) という．たとえば，集合 S が空でない閉凸集合であるとき，標示関数 δ_S は閉真凸関数である．

真凸関数 f に対して，次式で定義される関数 f^* を f の**共役関数** (conjugate function) という．

$$f^*(\boldsymbol{u}) = \sup\{\boldsymbol{u}^\top \boldsymbol{x} - f(\boldsymbol{x}) \mid \boldsymbol{x} \in \Re^n\}$$

定義より常に $f(\boldsymbol{x}) \geq \boldsymbol{u}^\top \boldsymbol{x} - f^*(\boldsymbol{u})$ となるから，f が 1 変数関数である場合を考えると，f のグラフより上にくることがないような傾き z の直線の縦軸に対する切片の符号を反転したものが $f^*(z)$ である．たとえば，1 変数の指数関数や符号反転して凸関数にした対数関数の共役関数は，次のようになる．

$$f_1(x) = e^{\lambda x} \quad (\lambda \neq 0)$$
$$\Rightarrow f_1^*(u) = \begin{cases} \dfrac{u}{\lambda}\Bigl(\log \dfrac{u}{\lambda} - 1\Bigr) & \Bigl(\dfrac{u}{\lambda} > 0\Bigr) \\ 0 & (u = 0) \\ +\infty & \Bigl(\dfrac{u}{\lambda} < 0\Bigr) \end{cases}$$
$$f_2(x) = \begin{cases} -\log x - \dfrac{1}{2} & (x > 0) \\ +\infty & (x \leq 0) \end{cases}$$
$$\Rightarrow f_2^*(u) = \begin{cases} -\log(-u) - \dfrac{1}{2} & (u < 0) \\ +\infty & (u \geq 0) \end{cases}$$

また，アフィン関数や凸 2 次関数の共役関数は

$$f_3(\boldsymbol{x}) = \boldsymbol{a}^\top \boldsymbol{x} + \beta \Rightarrow f_3^*(\boldsymbol{u}) = \delta_{\{\boldsymbol{a}\}}(\boldsymbol{u}) - \beta$$
$$f_4(\boldsymbol{x}) = \frac{1}{2}\boldsymbol{x}^\top Q \boldsymbol{x} + \boldsymbol{c}^\top \boldsymbol{x} \;\; (Q : \text{正定値対称行列})$$
$$\Rightarrow f_4^*(\boldsymbol{u}) = \frac{1}{2}(\boldsymbol{u} - \boldsymbol{c})^\top Q^{-1} (\boldsymbol{u} - \boldsymbol{c})$$

となる．このように，関数 f の値が常に有限であっても，共役関数 f^* は関数値として $+\infty$ をとることがある．なお，f が強凸関数ならば，$\mathrm{dom}\, f^* = \Re^n$，すなわち，共役関数 f^* は常に有限値をとる．また，閉真凸関数 f が偶関数ならば，f^* も偶関数になる．

定義より，二つの真凸関数 f_1, f_2 に対して

$$f_1(\boldsymbol{x}) \leq f_2(\boldsymbol{x}) \quad (\boldsymbol{x} \in \Re^n)$$
$$\Rightarrow f_1^*(\boldsymbol{u}) \geq f_2^*(\boldsymbol{u}) \quad (\boldsymbol{u} \in \Re^n)$$

が成り立つ．一般に，真凸関数 f の共役関数 f^* は閉真凸関数となる．また，f 自身が閉真凸関数ならば，$f^{**} = f$ となる．

f.　劣微分

真凸関数 f と点 $\boldsymbol{x} \in \mathrm{dom}\, f$ に対して，式

$$f'(\boldsymbol{x}; \boldsymbol{d}) = \lim_{t \to +0} \frac{f(\boldsymbol{x} + t\boldsymbol{d}) - f(\boldsymbol{x})}{t}$$

で定義される値を点 $\boldsymbol{x}$ における方向 $\boldsymbol{d}$ に関する**方向微分係数** (directional derivative) という．値として $-\infty$ や $+\infty$ も許せば，方向微分係数はかならず存在する．とくに，f が $\boldsymbol{x}$ で微分可能ならば，任意の $\boldsymbol{d} \in \Re^n$ に

対して $f'(\boldsymbol{x};\boldsymbol{d}) = \nabla f(\boldsymbol{x})^\top \boldsymbol{d}$ である．

関数 f が真凸で $\boldsymbol{x} \in \mathrm{dom}\, f$ であるとき，方向微分係数 $f'(\boldsymbol{x};\boldsymbol{d})$ は $\boldsymbol{d}$ に関する凸関数となり，式

$$f'(\boldsymbol{x};\alpha\boldsymbol{d}) = \alpha f'(\boldsymbol{x};\boldsymbol{d}) \quad (\alpha > 0)$$

を満たす (関数 $f'(\boldsymbol{x};\bullet)$ は**正斉次** (positively homogeneous) であるという)．なお，方向微分係数は $-\infty$ となる場合があるため，f が真凸関数であっても $f'(\boldsymbol{x};\bullet)$ は真凸関数になるとは限らない．

真凸関数 f と点 $\boldsymbol{x} \in \mathrm{dom}\, f$ に対して，条件

$$\boldsymbol{y} \in \Re^n \Rightarrow f(\boldsymbol{y}) \geq f(\boldsymbol{x}) + \boldsymbol{s}^\top(\boldsymbol{y} - \boldsymbol{x})$$

を満たすベクトル $\boldsymbol{s} \in \Re^n$ 全体の集合を f の $\boldsymbol{x}$ における**劣微分** (subdifferential) といい，$\partial f(\boldsymbol{x})$ と書く．また，劣微分の要素を**劣勾配** (subgradient) という．真凸関数 f の実行定義域 $\mathrm{dom}\, f$ 上の点 $\boldsymbol{x}$ において，ある $\gamma > 0$ が存在して

$$\boldsymbol{y} \in \Re^n \Rightarrow f(\boldsymbol{y}) \geq f(\boldsymbol{x}) - \gamma\|\boldsymbol{y} - \boldsymbol{x}\|$$

が成り立つならば，$\partial f(\boldsymbol{x}) \neq \emptyset$ であり，劣勾配 $\boldsymbol{s} \in \partial f(\boldsymbol{x})$ は次式を満たす準位集合 $L_f(f(\boldsymbol{x}))$ の**法線ベクトル** (normal vector) になる．

$$\boldsymbol{y} \in L_f(f(\boldsymbol{x})) \Rightarrow \boldsymbol{s}^\top(\boldsymbol{y} - \boldsymbol{x}) \leq 0$$

さらに，真凸関数の実効定義域における劣微分は閉凸集合であり，その標示関数 $\delta_{\partial f(\boldsymbol{x})}(\boldsymbol{s})$ は，方向微分係数 $f(\boldsymbol{x};\bullet)$ の共役関数になる．なお，f が $\boldsymbol{x}$ で微分可能ならば $\partial f(\boldsymbol{x}) = \{\nabla f(\boldsymbol{x})\}$ である．

〔山 川 栄 樹〕

参 考 文 献

[1] 福島雅夫：非線形最適化の基礎，朝倉書店，2001.
[2] R.T. Rockafellar : Convex Analysis, Princeton University Press, 1970.

3　線形計画問題

3.1 双対問題と感度分析

dual problem and sensitivity analysis

行列 $A \in R^{m\times n}$ およびベクトル $b \in R^m$, $c \in R^n$ を用いて定義された線形計画問題

$$\begin{aligned}&\min c^\top x\\ &\text{s.t. } Ax = b, \quad x \geq 0 \qquad (1)\end{aligned}$$

を考える．ただし，$x \in R^n$ は変数ベクトルで，$n > m$, $\text{rank}(A) = m$, $b \geq 0$ と仮定する．このように定式化された問題を標準形 (standard form) と呼ぶ．行列 A を正則な m 次の小行列 B を用いて，$A = [B \;\; N]$ と分割し，さらに

$$x = \begin{pmatrix} x_B \\ x_N \end{pmatrix}, \quad c = \begin{pmatrix} c_B \\ c_N \end{pmatrix}$$

と分割すれば，条件 $Ax = b$ は

$$Bx_B + Nx_N = b \qquad (2)$$

と表せる．ここで，左から B^{-1} をかけると x_B は

$$x_B = B^{-1}b - B^{-1}Nx_N \qquad (3)$$

となる．x が問題 (1) の制約条件を満たすとき，x は実行可能 (feasible) であるという．また式 (3) において，

$$x_N = 0, \quad x_B = B^{-1}b$$

で与えられる解を基底解 (basic solution) と呼ぶ．

一方，問題 (1) の目的関数は，式 (3) を使って x_B を消去すると，

$$\begin{aligned}c^\top x &= c_B^\top x_B + c_N^\top x_N\\ &= c_B^\top B^{-1}b + (c_N^\top - c_B^\top B^{-1}N)x_N\end{aligned}$$

と x_N だけで表せる．x_N の係数，すなわち (行) ベクトル $c_N^\top - c_B^\top B^{-1}N$ の要素を x_N の相対 (あるいは縮約) コスト (reduced cost) 係数と呼ぶ．$x_N = 0$ である実行可能基底解 x に対して，相対コスト係数がすべて非負，すなわち

$$c_N^\top - c_B^\top B^{-1}N \geq 0 \qquad (4)$$

ならば目的関数値を改善することは不可能である．したがって，次の定理が成り立つ．

最適性の定理　ある実行可能基底解 $x = \binom{x_B}{x_N}$ に対して，x_N の相対コスト係数がすべて非負，すなわち不等式 (4) が成立しているとき，

$$x = \begin{pmatrix} B^{-1}b \\ 0 \end{pmatrix}$$

は問題 (1) の最適解の一つである．

a.　双対問題

すべての線形計画問題には，対になるもう一つの線形計画問題が存在する．標準形に定式化された問題 (1) に対して，次のように定義された線形計画問題

$$\begin{aligned}&\max b^\top w\\ &\text{s.t. } A^\top w \leq c \qquad (5)\end{aligned}$$

を考える．ただし，$w \in R^m$ である．問題 (1) を**主問題** (primal problem) と呼ぶとき，問題 (5) を**双対問題** (dual problem) と呼ぶことにする．ただし，主と双対の関係はあくまでも相対的なものであり，(5) を主問題と考えれば，その双対問題は (1) である．また線形計画問題の制約条件の形はさまざまであり，そのすべてに対して双対問題は存在するが，それをおのおの記述することは不必要である．なぜなら与えられた問題を標準形に変形し，(1) と (5) の双対関係にならってその双対問題を導出するという手順であらゆる線形計画問題の双対問題が記述できる．実際

$$\begin{aligned}&\min c^\top x\\ &\text{s.t. } Ax \geq b, \quad x \geq 0 \qquad (6)\end{aligned}$$

なる形に定式化された問題の双対問題は，

$$\max b^\top w$$
$$\text{s.t. } A^\top w \le c, \quad w \ge 0 \tag{7}$$

であるが，これは以下のようにして導くことができる．問題 (6) にスラック変数を導入して

$$\min c^\top x$$
$$\text{s.t. } Ax - s = b, \quad x \ge 0, \quad s \ge 0$$

であるが，あらためて変数 $\binom{x}{s}$ に対して書き換えると

$$\min (c^\top \ \ 0) \begin{pmatrix} x \\ s \end{pmatrix}$$
$$\text{s.t. } [A \ \ -I] \begin{pmatrix} x \\ s \end{pmatrix} = b, \quad \begin{pmatrix} x \\ s \end{pmatrix} \ge 0$$

となる．この標準形問題の双対問題は (5) から

$$\max b^\top w$$
$$\text{s.t. } [A \ \ -I]^\top w \le \begin{pmatrix} c \\ 0 \end{pmatrix}$$

と書くことができ，制約条件を書き下せば問題 (7) に帰着できる．ただし，I は単位行列である．したがって，以下では問題 (1) とその双対関係にある問題 (5) に対するさまざまな結果を紹介する．

まずは，簡単に示すことができる以下の**弱双対定理** (weak duality theorem) を導く．

弱双対定理　主問題 (1) の任意の実行可能解 x と，双対問題 (5) の任意の実行可能解 w に対して，$c^\top x \ge b^\top w$ が成立する．

証明　(5) の制約条件の両辺に $x \ge 0$ をかけて，

$$x^\top c \ge x^\top (A^\top w) = (Ax)^\top w = b^\top w$$

となる．ただし，最後の等号は主問題 (1) の制約条件から導かれる．

系 1　主問題 (1) の実行可能解 x と双対問題 (5) の実行可能解 w が $c^\top x = b^\top w$ を満たすとき，x は主問題の最適解，w は双対問題の最適解である．

系 2　もしどちらかの問題が有界でない目的関数値をもてば，他方は実行可能解をもたない．

弱双対定理は，主問題 (1) の目的関数値は双対問題 (5) のそれより小さくないということを意味している．両者の値が一致するときどのような事実が成立しているかについて記述したのが，次の双対定理 (duality theorem) である．

双対定理　もし主問題 (1) か双対問題 (5) のどちらかに最適解が存在すれば，他方にも最適解が存在し，それぞれの目的関数値は等しい．

証明　主問題 (1) が最適解をもつとき，双対問題 (5) は実行可能で，それぞれの目的関数値が等しいことを示す．問題 (1) の最適基底解を $x_B = B^{-1}b$, $x_N = 0$ とし，$w = (B^{-1})^\top c_B$ と定義する．

$$c - A^\top w = \begin{pmatrix} c_B \\ c_N \end{pmatrix} - \begin{pmatrix} B^\top \\ N^\top \end{pmatrix} (B^{-1})^\top c_B$$
$$= \begin{pmatrix} 0 \\ c_N - N^\top (B^{-1})^\top c_B \end{pmatrix} \ge 0$$

より，双対問題 (5) は実行可能である．また，$c^\top x = c_B^\top B^{-1} b = b^\top w$ が成立するから，題意は示された．

ここで双対問題に関する結果を実例から解釈してみたい．まず問題 (1) をある企業体の生産活動における意思決定問題と考えよう．具体的には，各 b_i を使用可能な資源量，各 a_{ij} を生産物 j を 1 単位生産するために必要とする資源量，各 c_j をその生産コストとすれば，(1) は資源制約のもとでのコスト最小なる生産計画 x をたてる問題と見なせる．

一方，w_i を資源 i の価値と考えると，1 単位の生産物 j がどれだけの資源から生産されているかを考慮すればその価値は $\sum_i a_{ij} w_i$ で計算できる．よって双対問題 (5) は，各生産物に生産コストより高い価値をつけられないという制約のもとで資源全体の価値を最大に見積もる問題と解釈することができる．したがって，弱双対定理は生産に無駄があった場合は資源のもつ価値よりも大きい生産コストが必要となることを意味し，双対定理は最適な生産が行われたときの総コストは正しく評価された資源の価値と一致することを意味している．

b.　感度分析

生産計画問題においては，生産コスト c_j や資源量 b_i

が増減することが最適生産量に敏感に影響を及ぼすと考えられる．問題のデータが変化したとき，目的関数や最適基底にどのような影響を与えるかを調べることを感度分析 (sensitivity analysis) と呼ぶ．

ここでは，主問題 (1) の制約条件の右辺の定数が少しだけ変化する場合

$$\min c^\top x$$
$$\text{s.t. } Ax = b + \Delta b, \quad x \geq 0 \tag{8}$$

を考える．このとき，目的関数値や最適解はどうなるのであろうか．

問題 (1) の最適基底解

$$x^* = \begin{pmatrix} x_B^* \\ x_N^* \end{pmatrix} = \begin{pmatrix} B^{-1}b \\ 0 \end{pmatrix}$$

が退化 (degenerate) していないとしよう．ただし，基底解が退化しているとは基底変数のなかに一つ以上 0 が存在することをいう．Δb の変化で問題 (8) の最適基底が問題 (1) と変わらない条件は

$$B^{-1}(b + \Delta b) \geq 0$$

となる．とくに問題 (1) が退化していない ($B^{-1}b > 0$) とき，上の不等式を満たすような Δb がかならず存在する．さらにそのようなとき，問題 (8) の目的関数値は同じ基底を用いて $c_B^\top B^{-1}(b + \Delta b)$ と表されるから，問題 (1) との差を計算すると

$$c_B^\top B^{-1}(b + \Delta b) - c_B^\top B^{-1}b = w^\top \Delta b$$

である．よって，b の第 i 成分 b_i が 1 単位増えるとき，目的関数の最小値は w_i 増えることがわかる．

ここで問題 (1) を a. で考えた生産計画の問題と見なして，感度分析の結果を適用してみよう．資源 i を 1 単位増やしたときの最適な生産コストの増分が w_i であるということは，w_i は新たに資源 i を仕入れる際に支払ってもよい金額の最大値を示している．よって，w_i を資源 i の潜在価格と呼ぶ．また $w_i = 0$ の場合，資源 i は現在の生産活動では価値がない，すなわち資源 i に余剰が生じていると判断できる．

〔茨木　智〕

参考文献

[1] V. Chvatal : Linear Programming, W.H.Freeman, New York, 1983. 坂田省二郎，藤野和建訳：線形計画法 (上)，(下)，啓学出版，1986.

3.2 シンプレックス法

simplex method

a. シンプレックス法の考え方

式 (1) の標準形の線形計画問題を考える（式 (1)〜(3) は 3.1 節の式 (1)〜(3) の再掲）．

$$\min c^\top x$$
$$\text{s.t. } Ax = b, \quad x \geq 0 \tag{1}$$

制約条件が定める実行可能領域は凸多面体となり，その多面体の頂点の一つ一つが問題 (1) の実行可能基底解である．最適解を求めるためにはこれらの頂点だけを探索対象にすることで十分であることに注意しよう．シンプレックス法は，ある頂点からスタートして連続的に目的関数を改善しながら頂点をたどった後，「最適な」頂点をみつけだすアプローチである．

さて，これらの頂点の座標は，n 個の変数 x_j のうち適当な $n-m$ 個を 0 と固定し，残りの m 個の変数の連立方程式 $Ax = b$ を解くことで求められる．言い換えれば，二つのベクトル $x_B \in R^m$ および $x_N \in R^{(n-m)}$ を用いて，等式 $Ax = b$ を基底表現 (2)

$$Bx_B + Nx_N = b \tag{2}$$

で表したとすると，頂点の座標は連立方程式

$$x_N = 0, \quad Bx_B = b$$

から計算できるということである．したがって，問題 (1) を解くとは行列 A から最適な基底行列 B をみつけることでもあり，シンプレックス法は，ある実行可能な初期基底解から，目的関数値を改善する新たな実行可能基底解を逐次求めていく解法であるともいえる．

それではシンプレックス法の基底解の更新手順について詳しくみていこう．ただし，基底解は退化していないとする．前項の最適性の定理から，x が最適解でないときは相対コスト係数の少なくとも一つは負であった．そのうちの一つに対応する非基底変数を x_k と表すことにすると，x_k の値を 0 から少し増加させると目

的関数値を減らすことが期待できる．

さて次に制約条件を破ることなく，x_k をどれくらい増やすことができるかについて考える．行列 A の x_k に対応した列を $a_k \in R^m$ とし，ベクトル x_N の x_k 以外は 0 に固定することを考慮すると，式 (3)

$$x_B = B^{-1}b - B^{-1}Nx_N \tag{3}$$

は

$$x_B = B^{-1}b - B^{-1}(x_k a_k) \tag{4}$$

と表せる．ここで，ベクトル $\bar{b} = B^{-1}b$ および $\bar{a} = B^{-1}a_k$ と定義すれば，式 (4) は

$$x_B = \bar{b} - x_k\bar{a} = \begin{bmatrix} \bar{b}_1 \\ \vdots \\ \bar{b}_m \end{bmatrix} - x_k \begin{bmatrix} \bar{a}_1 \\ \vdots \\ \bar{a}_m \end{bmatrix}$$

となる．$\bar{a}$ のすべての要素が 0 以下であれば，非負条件 $x_B \geq 0$ を破ることなく x_k をいくらでも大きくでき，その結果目的関数値をいくらでも小さくできるため，問題が有界でないことがわかる．よって，以下の定理が成り立つ．

定理 相対コスト係数が負であるようなある非基底変数 x_k に対して，$\bar{a} = B^{-1}a_k \leq 0$ ならば，問題 (1) は有界でない．

一方，問題 (1) が有界であるときは，x_k をいくらでも大きくできるわけではない．なぜなら，ベクトル $\bar{a}$ の正の要素に対して

$$\delta = \bar{b}_p/\bar{a}_p = \min_i \{\bar{b}_i/\bar{a}_i |\ \bar{a}_i > 0\} \tag{5}$$

を計算したとき，x_k を δ より大きくすると，対応する基底変数が $x_p = \bar{b}_p - x_k\bar{a}_p < 0$ となり，非負条件を破ってしまうからである．ちょうど $x_k = \delta$ としたとき，$x_p = 0$ となり，それ以外の基底変数も非負条件を満たしたまま新しい値に変化する．目的関数値の減少量も計算できて，

$$\begin{aligned}(c_N^\top - c_B^\top B^{-1}N)x_N &= c_N^\top x_N - c_B^\top B^{-1}(\delta a_k) \\ &= \delta(c_k - c_B^\top B^{-1}a_k)\end{aligned}$$

だけ変化する．基底解が退化していなければ $\bar{b} = B^{-1}b > 0$ であるから，式 (5) で計算される δ は正であり，したがって目的関数の値は常に減少する．シンプレックス法がたどる基底解 (=制約条件が形づくる凸多面体の頂点) の総数は有限なので，問題が有界であるなら，シンプレックス法は有限回の反復回数で最適解をみつけて停止する．以上の手順をアルゴリズムとしてまとめる．

シンプレックス法アルゴリズム

ステップ 0（初期化）: 初期実行可能基底解 x_B, x_N を求める．

ステップ 1（最適性のチェック）: 相対コスト係数のベクトル $c_N - c_B B^{-1}N$ を計算する．すべての要素が非負ならば，計算終了．現在の解が最適解である．そうでなければ，相対コスト係数が負であるような非基底変数 x_k を選ぶ．

ステップ 2（有界性のチェック）: ベクトル $\bar{b} = B^{-1}b$ および $\bar{a} = B^{-1}a_k$ を計算する．$\bar{a}$ のすべての要素が 0 以下であれば，計算終了．問題は有界でない．そうでなければ，式 (5) の δ を求める．

ステップ 3（基底の更新）: $x_k = \delta$，$x_B = \bar{b} - \delta\bar{a}$ を計算する．基底を更新して，ステップ 1 に戻る．

このアルゴリズムを実行するうえでの注意点をあげる．

①ステップ 0 において，初期実行可能解が得られているところからスタートしたが，一般の場合それを簡単に求めることはかならずしも自明ではない．

②毎回 B^{-1} を求める必要があるのか．

③基底解が退化していないと仮定したが，退化している場合はどうなるのか．

以下ではこれらの注意点の対処法について考えてみよう．

b. 2 段階シンプレックス法

ここでは初期実行可能基底解を求めるための方法として，**2 段階シンプレックス法**を紹介する．問題 (1) に対して，新たに人為変数 (artificial variables) と呼ばれる変数 $y \in R^m$ を導入した次の線形計画問題を考える．

$$\begin{aligned}&\min \sum y_j \\ &\text{s.t. } Ax + y = b, \quad x \geq 0, \quad y \geq 0\end{aligned} \tag{6}$$

この問題は $x=0,\ y=b$ という実行可能基底解をもつことがわかるので，それを初期解として問題 (6) を解くためにシンプレックス法をスタートすることができる．問題 (1) が実行可能であるとき，問題 (6) の最適解において $y=0$，すなわち目的関数値は 0 となり，そのときの x が問題 (5) の初期実行可能基底解とできる．(6) の最適解における目的関数が正値となった場合は，問題 (1) が実行可能でないことを示す．このように，初期実行可能基底解を求める手順を加えたものを 2 段階シンプレックス法と呼び，問題 (6) を解くステップのことを，2 段階シンプレックス法の第 1 段階，第 1 段階で得られた x を初期値として，問題 (1) を解くステップのことを第 2 段階という．2 段階シンプレックス法をフローチャートの形で図 1 にまとめる．

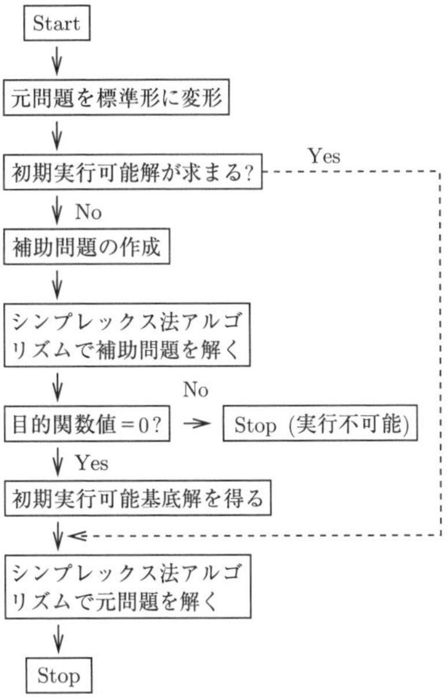

図 1　2 段階シンプレックス法のフローチャート

c.　シンプレックスタブローによる計算

シンプレックス法アルゴリズムの反復計算を効率よく行うために，タブロー形式で記述していくことが便利な場合がある．シンプレックスタブロー (simplex tableau) と呼ばれる表には，各反復で選ばれた基底に応じて以下のように計算された係数が記入されている．

1)　タブロー形式

	基底	非基底	右辺
目的関数	0	$c_N^\top - c_B^\top B^{-1}N$	$-c_B^\top B^{-1}b$
制約条件	I	$B^{-1}N$	$B^{-1}b$

ただし，常に列は基底部分と非基底部分とに別れているわけではなく，適宜列の入替えを行った結果としてタブロー形式のようにできるという意味であることに注意する．また，このタブロー形式を保持していくことによって，常に目的関数の行の非基底部分には相対コストが，右辺には関数値に -1 をかけたものが，制約条件の行の右辺には基底変数の値が入っていることにも注意する．

タブロー形式を用いてシンプレックス法アルゴリズムを計算する方法を解説する．まずステップ 0 は，初期実行可能基底解がわかっていれば，タブロー形式どおりに初期タブローを計算する．ただし，逆行列 B^{-1} を陽に求めて積を計算するわけではなく，線形代数における (行) 基本変形によって，B^{-1} の積を計算すればよい．また 2 段階シンプレックス法の第 1 段階の問題 (6) の場合，初期タブローは

$-e^\top A$	0	$-e^\top b$
A	I	b

となる．ただし，$e^\top=(1,1,\cdots,1)$ である．

次にステップ 1 の最適性のチェックであるが，目的関数の行の非基底部分に相対コストが計算されているので，その値の符号を調べればよい．負のコストがあれば，そのうちの一つの列（この非基底変数を x_k とする）を選んで次のステップへ進む．

ステップ 2 の有界性のチェックでまず計算する $\bar{b}$ および $\bar{a}$ もすでにタブロー形式のなかで求まっている．すなわち制約条件の行の右辺の部分に $\bar{b}$，Step 1 で選んだ x_k の列に $\bar{a}$ が含まれている．したがって，$\bar{a}$ の符号のチェックを行ったあと，正の要素だけに対して比 $\bar{b}_i/\bar{a}_i$ を計算して，最小となる行 p をみつける．この結果，x_k が非基底から基底変数に，x_p が基底から非基底変数に入れ替わる．タブローにおいて p 行をピボット行，k 列をピボット列，そして p 行 k 列の要素をピボット要素と呼ぶ．

ステップ 2 においてピボット要素が決定されたのに引き続き，ステップ 3 では基底の更新，すなわちピボット列の基底への移動が行われる．その際，タブロー形

式を保持するために，まずピボット要素が1となるようにピボット行をピボット要素の値 $\overline{a}_p$ で一律に割る．次に，ピボット列のピボット要素以外の値が0となるように(行)基本変形を施す．この操作によって，タブロー形式を保ったままピボット列が基底に入る（その結果 x_p は基底から出ていく）ことになる．

2) タブロー形式によるシンプレックス法アルゴリズム

ステップ0（初期化）：初期実行可能基底に対して，初期タブローを求める．

ステップ1（最適性のチェック）：タブローの最初の行(目的関数の行)の相対コスト係数が非負ならば，計算終了．現在の解が最適解である．そうでなければ，相対コスト係数が負であるような列(ピボット列)を一つ選ぶ．

ステップ2（有界性のチェック）：ピボット列のすべての要素が0以下であれば，計算終了．問題は有界でない．そうでなければ，正の要素だけに対して右辺の要素をそれらの各要素で割った値を求める．その商のなかで最も小さい値を δ とし，その行をピボット行，ピボット列と交さする要素をピボット要素とする．

ステップ3（基底の更新）：ピボット行のすべての要素をピボット要素で割る．ピボット列のピボット要素以外の値を0にするよう行基本変形を行い，ステップ1に戻る．

d. 退　化

ここでは，退化している基底解が現れる場合について考える．まずは以下の例題を用いて，基底解が退化していてもシンプレックス法アルゴリズムにさほど問題を与えない場合をみていこう．2変数の線形計画問題

$$\begin{aligned}&\min -x_1 - 2x_2\\&\text{s.t. } x_1 + x_2 \leq 3, \quad 2x_1 + 3x_2 \leq 6,\\&\qquad x_1 \geq 0, \quad x_2 \geq 0\end{aligned} \tag{7}$$

を考える．問題(7)の標準形

$$\begin{aligned}&\min\ -x_1 - 2x_2\\&\text{s.t.}: x_1 + x_2 + x_3 = 3,\\&\qquad 2x_1 + 3x_2 + x_4 = 6\\&\qquad x_1, \cdots, x_4 \geq 0\end{aligned}$$

に対して，基底変数は x_3, x_4，非基底変数は x_1, x_2 という自明な基底解がみつかるので，シンプレックス法アルゴリズムのステップ0の初期タブローをつくると

−1	−2	0	0	0
1*	1	1	0	3
2	3	0	1	6

となる．相対コストに負のものが複数存在するので，ステップ1において1列目をピボット列に選ぶ．ステップ2において右辺はすべて非負なので，式(5)の δ を求めると，

$$\delta = 3 = \min\{3/1, 6/2\}$$

すなわち，どちらの行でもよいことがわかったので上の行をピボット行として選び(上のタブローの $*$ をつけた要素がピボット要素となる)，ステップ3の基底の更新をして得られた第2番目のタブローが

0	−1	1	0	3
1	1	1	0	3
0	1*	−2	1	0

である．いま得られた基底解は退化していて，下の行の右辺，すなわち基底変数 $x_4 = 0$ となっていることに注意する．

ここでアルゴリズムの2反復目に入る．相対コストが負である2列目がピボット列として選ばれ，ステップ2のピボット行の選択に移る．式(5)の δ の計算は

$$\delta = 0 = \min\{3/1, 0/1\}$$

であるから，下の行がピボット行，$*$ をつけた要素がピボット要素となる．ピボット行の右辺は0であるから，退化した基底変数が基底から出る変数に選ばれたことがわかる．このとき基底更新後のタブローは

0	0	−1	1	3
1	0	3*	−1	3
0	1	−2	1	0

となり目的関数値の改善は得られないが，これは退化した基底変数を選んだときにみられる現象である．ただし，今回の例では引き続きシンプレックス法アルゴ

リズムを適用していくと最適解に到達するのでさほど退化を気にする必要はない．

3 反復目でもこれまでと同様にピボット要素を定めると $*$ をつけた要素に唯一に決まり，その軸を中心にタブローを更新すると，

1/3	0	0	2/3	4
1/3	0	1	−1/3	1
2/3	1	0	1/3	2

となって，相対コストがすべて非負となる．よって，

$$x_1 = 0, \quad x_2 = 2, \quad x_3 = 1, \quad x_4 = 0$$

および目的関数値 $= -4$ という最適解を得る．

この例では，たとえ計算の途中で退化した基底解が選ばれたとしても，アルゴリズムの計算ルールに基づいて進めていくことで退化の状態が解消されて最適解にたどり着くことができた．実際上の多くの場合は，この例のように退化の問題を考慮しなくてもよい．

ところが，なかにはいくら基底を入れ替えても退化が解消されず，そのうち再度同じ基底が現れることもある．これは**循回** (cycling) と呼ばれる現象で，シンプレックス法アルゴリズムの実行中に巡回が起きた場合，無限ループに陥って永久に終了しない．しかし，これを技術的に回避する手法がいくつか提案されている．たとえば，Bland の最小添字規則や辞書式摂動法などがそれに当たる．また，数値計算中の丸め誤差によって，自然に摂動が問題に付与されてしまうこともある．

〔茨 木 智〕

参 考 文 献

[1] V. Chvatal : Linear Programming, W.H.Freeman, New York, 1983. 坂田省二郎，藤野和建訳：線形計画法 (上)，(下)，啓学出版，1986.

3.3 （線形計画の）内点法

interior point method (for LP)

線形計画問題に対する**内点法**は，線形計画問題の解を求める逐次反復解法であり，問題の許容解集合の内部に点列を生成する特徴をもつ．特に弱多項式時間の解法であることが示されており，凸 2 次計画問題や，半正定値行列を変数とする半正定値計画問題，2 次錐計画問題，さらにそれらの問題を含む，より広い凸計画問題にも拡張されている．また実用的には大規模問題に有効であるとされ，線形計画問題に対する多くの商用ソフトウェアに組み込まれている．

内点法には大きく分けて，主問題または双対問題のどちらか一方の許容解集合内部に点列を生成する**主内点法**と，主問題および双対問題の双方の許容解集合内部に点列を生成する**主双対内点法**がある．以下では，対数障壁関数を用いた主内点法を例として，内点法の基本となる考え方を紹介したのち，現在最も普及している主双対内点法について述べる．

a. 基本となる考え方—主内点法を例として—

与えられた $m \times n$ 実行列 A，m 次元実ベクトル b，n 次元実ベクトル c に対して，以下のような不等式制約の線形計画問題 (P) を考える．

$$\text{(P)}\quad \text{最小化}\quad c^\top u$$
$$\text{制約}\ Au \geq b,\ u \geq 0$$

例として，$m = 4, n = 2$ であり，A, b, c が以下のように与えられているとする．

$$A = \begin{pmatrix} 4 & -1 \\ 6 & -4 \\ 2 & -8 \\ -2 & -1 \end{pmatrix},\quad b = \begin{pmatrix} -1 \\ -9 \\ -35 \\ -10 \end{pmatrix},\quad c = \begin{pmatrix} 0 \\ -1 \end{pmatrix} \tag{1}$$

問題 (P) の許容解からなる集合 $S_P = \{u \in \mathbb{R}^n \mid Au \geq b,\ u \geq 0\}$ は多面体をなし，特に式 (1) に対する許容解集合 S_P

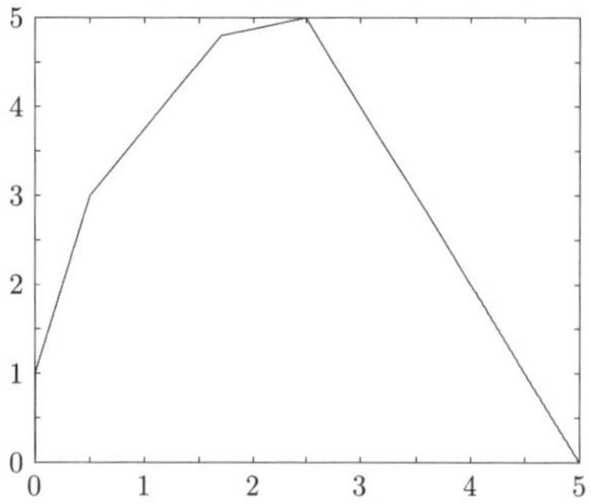

図 1 許容解集合 S_P

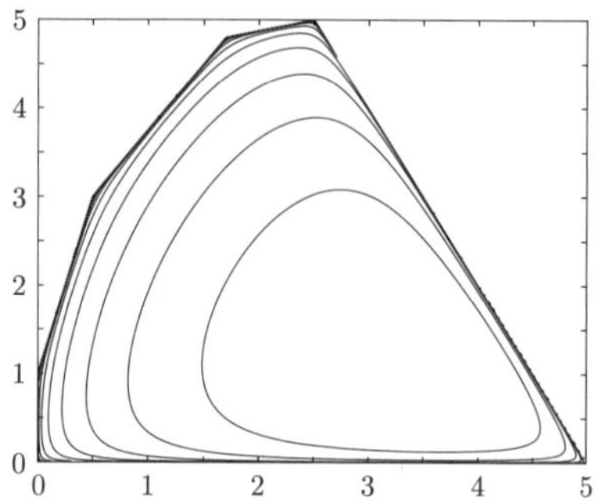

図 2 関数 Ψ^P の等高線

$$S_P = \{(u_1, u_2) \mid 4u_1 - u_2 \geq -1,\ 6u_1 - 4u_2 \geq -9,$$
$$2u_1 - 8u_2 \geq -35, \quad -2u_1 - u_2 \geq -10,$$
$$u_1 \geq 0,\ u_2 \geq 0\}$$

は図 1 のように与えられる．この問題に対して，一般的なシンプレックス法では，自明な許容解である原点 $(0,0)$ からスタートして，

$$(0,0) \ \to \ (0,1) \ \to \ (1/2,3) \ \to (17/10, 24/5) \ \to \ (5/2, 5)$$

のように，目的関数である $-u_2$ の値を単調に減少させながら，多面体 S_P の端点をたどって，最適解 $(5/2, 5)$ に至る．一方，主内点法は多面体 S_P の内部に，かならずしも目的関数値を単調に減少させない点列を生成する．集合 $S_P = \{u \in \mathbb{R}^n \mid Au \geq b,\ u \geq 0\}$ の内部 $\operatorname{int} S_P$ が非空であるとき，$\operatorname{int} S_P$ 上で定義される**対数障壁関数** $\Psi^P : \operatorname{int} S_P \to \mathbb{R}$ を考える．

$$\Psi^P(u) = -\left(\sum_{i=1}^{m} \log(a_i u - b_i) + \sum_{j=1}^{n} \log u_j\right)$$

だたし a_i $(i = 1, 2, \cdots, m)$ は行列 A の行ベクトルを表す．図 2 は式 (1) に対する関数 Ψ^P の等高線を示している．集合 $\operatorname{int} S_P$ 上で点列が S_P の境界上に近づくと関数値は発散する．さらにこの関数と目的関数 $c^\top u$ を正のパラメータ $\mu > 0$ で結合した次の関数 $P_\mu(u) : \operatorname{int} S_P \to \mathbb{R}$ を考える．

$$\Psi_\mu^P(u) = c^\top u - \mu\left(\sum_{i=1}^{m} \log(a_i u - b_i) + \sum_{j=1}^{n} \log u_j\right)$$

図 3 は式 (1) に対して $\mu = 0.1$ としたときの関数 Ψ_μ^P の等高線を示している．

許容解集合の内部 $\operatorname{int} S_P$ が非空であり，問題 (P) の

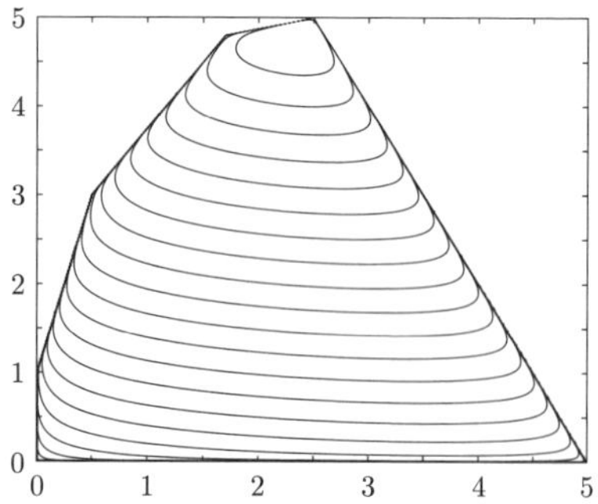

図 3 関数 Ψ_μ^P の等高線

最適解の集合 S_P^* が有界であるとき，任意の $\mu > 0$ に対して関数 Ψ_μ^P は唯一の最小解 $u(\mu) \in \operatorname{int} S$ をもつ．与えられた $\mu^0 > 0$ に対して，各 $\mu \in (0, \mu^0]$ に対する最小解 $u(\mu)$ を集めた集合 $\{u(\mu) \mid \mu \in (0, \mu^0]\}$ を問題 (P) に対する**中心パス**と呼ぶ．$\mu \to 0$ にしたがって中心パスは問題 (P) の最適解に収束することが知られている．

対数障壁関数を用いた主内点法は，この中心パスをニュートン (Newton) 法などの逐次近似手法を用いて追跡する反復解法である．二つの仮定

仮定 (P1) 主問題 (P) の許容解集合の内部 $\operatorname{int} S_P$ が非空であり，最適解の集合 S_P^* が有界である．

仮定 (P2) 主問題 (P) に対する中心パスの起点 $u(\mu^0)$ に十分に近い初期点 $u^0 \in \operatorname{int} S_P$ が与えられている．

が満たされているならば，対数障壁関数を用いた主内点法によって弱多項式時間の計算量で厳密な最適解が得られることが知られている．

b. 主双対内点法

しかし一般の線形計画問題は上記の仮定 (P1), (P2) をかならずしも満たしていない．特に最適解の集合の有界性に関する仮定 (P1) は一見厳しく思われる．この仮定を考察するため，問題 (P) の双対問題 (D) を考えよう．

$$\text{(D)}\quad \text{最大化}\quad b^\top v$$
$$\text{制約}\quad A^\top v \le c,\ v \ge 0$$

双対問題 (D) が許容解をもつのであれば，双対定理より，主問題 (P) と双対問題 (D) の最適解は必ず存在し，以下の方程式

$$Au \ge b,\ u \ge 0,\ A^\top v \le c,\ v \ge 0,\ c^\top u - b^\top v = 0$$

の解として与えられる．よって，問題 (P) と同じ不等式制約で与えられる主双対問題 (PD)

$$\text{(PD)}\quad \text{最小化}\quad c^\top u - b^\top v$$
$$\text{制約}\quad Au \ge b,\ -A^\top v \ge -c,\ u \ge 0,\ v \ge 0$$

に対して a. における主内点法の議論を適用することができ，以下の二つの仮定

仮定 (PD1)　主双対問題 (PD) の許容解集合の内部 $\mathrm{int}\, S_{PD}$ が非空であり，最適解の集合 S^*_{PD} が有界である．

仮定 (PD2)　主双対問題 (PD) に対する中心パスの起点 $(x(\mu^0), y(\mu^0))$ に十分に近い初期点 $(x^0, y^0) \in \mathrm{int}\, S_{PD}$ が与えられている．

が満たされるならば，（主双対問題 (PD) のサイズは問題 (P) のたかだか 2 倍であるので）やはり弱多項式時間の計算量で主双対問題 (PD) の最適解を算出することができる．

さらに主問題 (P) と双対問題 (D) がともに許容解をもつのであれば，主問題 (P) の最適解の集合 S^*_P，双対問題 (D) の最適解の集合 S^*_D，主双対問題 (PD) の最適解の集合 S^*_{PD} の間には，

$$S^*_{PD} = S^*_P \times S^*_D \tag{2}$$

の関係が成り立つ．

以上を眺めたうえで，a. の仮定 (P1) を見直そう．実は，仮定 (P1) は以下の二つの仮定と等価であることが知られている[4].

仮定 (D1)　主問題 (D) の許容解集合の内部 $\mathrm{int}\, S_D$ が非空であり，最適解の集合 S^*_D が有界である．

仮定 (PD1′)　主双対問題 (PD) の許容解集合の内部 $\mathrm{int}\, S_{PD} = \mathrm{int}\, S_P \times \mathrm{int}\, S_D$ が非空である．

このことと式 (2) より，以下の関係が成り立つことがわかる．

$$\text{仮定 (PD2)} \Rightarrow \text{仮定 (PD1}'\text{)}$$
$$\Rightarrow \text{仮定 (P1) かつ仮定 (D1)} \Rightarrow \text{仮定 (PD1)}.$$

すなわち，主双対問題 (PD) を主問題としてとらえて主内点法を適用すると，a. の議論では仮定 (PD1) と仮定 (PD2) が必要であったが，実は仮定 (PD2) のみで十分であることになり，かなりすっきりする．現在最も広く用いられている主双対内点法は，この性質に加え，主双対問題 (PD) に対する対数障壁関数の性質を利用した内点法である．

主双対問題 (PD) に対する対数障壁関数 Ψ^{PD}_μ : $\mathrm{int}\, S_{PD} \to \mathbb{R}$ は以下のように与えられる．

$$\Psi^{PD}_\mu(u,v)$$
$$= (c^\top u - b^\top y) - \mu\left(\sum_{i=1}^m \log(a_i u - b_i)\right.$$
$$\left. + \sum_{j=1}^n \log(-(a^j)^\top v + c_j) + \sum_{j=1}^n \log u_j + \sum_{i=1}^m \log v_i\right)$$

ただし，a^j $(j = 1, 2, \cdots, n)$ は行列 A の列ベクトルである．いま新たに二つの変数

$$w = Au - b,\quad z = -A^\top v + c$$

を導入することにする．S_{PD} 上の点 (u, v) では，

$$c^\top u - b^\top v = (z + A^\top v)^\top u - (Au - w)^\top v = z^\top u + w^\top v$$

であることを利用し，

$$x = \begin{pmatrix} u \\ v \end{pmatrix},\quad y = \begin{pmatrix} z \\ w \end{pmatrix}$$

とおけば，(u, v) が対数障壁関数 Ψ^{PD}_μ の最小解であるための条件は，以下で与えられる．

$$y = Mx + q, \quad Xy = \mu e, \quad (x, y) > (0, 0) \qquad (3)$$

ただし，

$$M = \begin{pmatrix} O & -A^{\top} \\ A & O \end{pmatrix}, \quad q = \begin{pmatrix} c \\ -b \end{pmatrix}$$

であり，X はベクトル x の要素 x_i $(i = 1, 2, \cdots, n)$ を対角要素にもつ対角行列，$e \in \mathbb{R}$ は要素がすべて 1 のベクトルである．主双対問題 (PD) に対する**中心パス**は，

$$\{(x(\mu), y(\mu)) \mid y(\mu) = Mx(\mu) + q,$$
$$X(\mu)y(\mu) = \mu e, \quad (x, y) \geq (0, 0), \quad \mu \in (0, \mu^0]\}$$

で与えられ，主双対内点法はこのパスをニュートン法などの逐次近似手法を用いて追跡する反復解法である．

上述したように主双対内点法は，仮定 (PD2) さえ満たされれば，弱多項式時間の計算量で厳密な最適解を算出する．では仮定 (PD2) はどのようにクリアすればよいだろうか．

等式制約 $y = Mx + q$ を無視できるとすれば，それ以外の中心パスの制約を満たす点は容易にみつけられる．すなわち等式制約については非許容であるが，その他の条件を満たす初期点 (x^0, y^0) は簡単に求めることができる．このような初期点から点列を生成して，もとの問題の許容性や最適解に関する情報を与える解法として，**非許容初期点内点法**と**自己双対内点法**があり，多くのソフトウェアにおいて実装されている．

c. 内点法の研究の経緯

最後に，線形計画問題に対する内点法研究の経緯を簡単に述べておく．内点法の研究は 1984 年に提案された**カーマーカー** (Karmarkar) **法**[1] に始まる．カーマーカー法は弱多項式時間のアルゴリズムであるが，特殊な線形計画問題を対象とし，特殊な射影変換を用いて探索方向を決定するなど，あまり平易とはいえない特徴をもっている．より一般的で記述が簡潔なアルゴリズムとして提案された解法が，アフィン変換を用いて探索方向を決定する**アフィン変換法**であり，ロシアの数学者 Dikin が 1967 年に同じ解法を提案していたことでも話題となった．アフィン変換法は実用的であり，大域的収束性が示されているが，弱多項式時間性についてはいまだ不明である．

他方，ホモトピー法，ニュートン法など従来の解析的手法を用いて内点法を構築する試みも行われた．なかでも大きな役割を果たしたのは，Sonnevend による中心パスの概念であり，Renegar はこれをニュートン法で数値的に追跡することでも弱多項式時間性が得られることをはじめて示した．主双対内点法はこれらの研究の延長として，1987 年に小島–水野–吉瀬と田辺によりはじめて提案された．1989 年，Mehrotra は主双対内点法をベースにより実用性の高い**予測子修正子法**を提案した．予測子修正子法は現在最も普及している内点法の一つである．以上の解法については[3, 4] などを参照されたい．

なぜ内点法は弱多項式時間のアルゴリズムなのか．1994 年，Nesterov と Nemirovskii[2] は，**自己整合関数**の概念を導入し，対数障壁関数が自己整合関数であること，さらにニュートン法によって自己整合関数の最小化が効率よく行えることを示し，弱多項式時間性が得られる根拠を示した．この研究は，1990 年代から活発に行われている，半正定値計画問題や 2 次錐計画問題などに対する内点法の研究の重要な基礎となっている．

内点法が記述された和書も多く出版されている．内点法研究の全体像をつかみ，研究の核となる部分のイメージをとらえるためには[4] が優れている．逆に[5] では自己双対内点法に対象を限定して，その理論的性質の詳細な証明を記述している．　〔吉 瀬 章 子〕

参 考 文 献

[1] K. Karmarkar : A new polynomial-time algorithm for linear programming. *Combinatorica*, **4**: 373–395, 1984.

[2] Y. Nesterov and A. S. Nemirovskii : Interior Point Polynomial Algorithms in Convex Programming, SIAM, 1994.

[3] S.J.Wright : Primal-Dual Interior-Point Methods, SIAM, 1996.

[4] 小島政和ほか：内点法（経営科学のニューフロンティア 9），朝倉出版，2001.

[5] 並木　誠，吉瀬章子：線形計画法．久保幹雄ほか編：応用数理計画ハンドブック，第 5 章，朝倉書店，2002.

4 凸計画問題

4.1 凸2次計画問題

convex quadratic programming problem

2 次計画問題は，最適化問題の一つであり，線形な等式・不等式制約のもとで，2 次の目的関数を最大化，あるいは最小化する問題である．特に，凸な 2 次関数を最小化する問題を**凸 2 次計画問題**と呼び，制約つき最適化問題の解法としてよく用いられる**逐次 2 次計画法**や，サポートベクターマシンなどにおいて重要な役割をもつ．

一般の 2 次計画問題は NP 困難であることが知られているが，凸 2 次計画問題に対しては弱多項式時間で問題を解く解法（線形計画問題に対する主双対内点法を拡張した解法）が存在し，現在では 1 万変数程度の大規模の問題まで商用ソフトウェアで解くことが可能になっている．

Q を $n \times n$ 実対称行列，A を $m \times n$ 実行列，b を m 次元実ベクトル，c を n 次元実ベクトル c とする．以下の不等式制約の凸 2 次計画問題 (P) を考えよう．

$$
\begin{aligned}
\text{(P)}\quad & \text{最小化}\ \ \frac{1}{2}u^\top Qu + c^\top u \\
& \text{制約}\ \ Au \geq b,\ u \geq 0
\end{aligned}
$$

ここで Q が対称であることを仮定しているが，Q が非対称であっても $u^\top Qu = (1/2)u^\top(Q+Q^\top)u$ が成り立つことから，この仮定によって一般性は失われない．Q が半正定値であるとき，またこのときにかぎり 2 次関数 $(1/2)u^\top Qu + c^\top u$ は凸であり，(P) は凸 2 次計画問題となる．

制約 $Au \geq b$，$u \geq 0$ それぞれに対するラグランジュ (Lagrange) 乗数 u, z を導入し，

$$
M = \begin{pmatrix} Q & -A^\top \\ A & O \end{pmatrix},\quad q = \begin{pmatrix} c \\ -b \end{pmatrix}
$$

とすると，問題 (P) の最適性条件は以下で与えられる[2].

$$
\begin{aligned}
& y = Mx + q,\quad x^\top y = 0, \\
& x = \begin{pmatrix} u \\ v \end{pmatrix} \geq \begin{pmatrix} 0 \\ 0 \end{pmatrix},\quad y = \begin{pmatrix} z \\ w \end{pmatrix} \geq \begin{pmatrix} 0 \\ 0 \end{pmatrix}
\end{aligned}
\tag{1}
$$

式 (1) を満たす (x, y) を求める問題は線形相補性問題と呼ばれる．特に凸 2 次計画問題のように Q が半正定値行列であるとき，M も（非対称な）半正定値行列となり，$y = Mx + q$, $y' = Mx' + q$ を満たす (x, y) と (x', y') に対して単調性と呼ばれる以下の性質をもつ．

$$
(x - x')^\top (y - y') = (x - x')M(x - x') \geq 0
$$

すなわち凸 2 次計画問題の最適解を求めることは，単調な線形相補性問題を解くことに帰着される．

凸 2 次計画問題に対して提案されているさまざまな解法は大別して，有効制約法，単調な線形相補性問題に対するレムケ (Lemke) 法，単調な線形相補性問題に対する内点法，錐最適化問題に対する内点法の四つに分類することができる．凸 2 次計画問題を解く商用ソフトウェアでは，有効制約法と単調な線形相補性問題に対する内点法が実装されている場合が多い．

1) 有効制約法

制約つき最適化問題に対する勾配射影法を拡張した解法であり，線形計画問題に対するシンプレックス法と類似点が多い．2 段階シンプレックス法と同様，まず問題の許容解が存在するかどうかを判定し，存在する場合は許容解を一つ算出する．許容解が得られたあとは，最適性の条件 (1) のうち，$v \geq 0$ と $z \geq 0$ 以外の制約をすべて満たす点列 $\{(x^k, y^k)\}$ を生成し最終的にすべての条件を満たす (x, y) を求める解法である[1].

2) 単調な線形相補性問題に対するレムケ法

不動点アルゴリズムの一つであり，有効制約法と同様にピボット演算を行うので，線形計画問題に対するシンプレックス法の拡張と見なすこともできる．最適性の条件 (1) のうち，$x^\top y = 0$, $x \geq 0$, $y \geq 0$ の制約

を満たす点列 $\{(x^k, y^k)\}$ を生成する．(Q の半正定値性を含む）ある条件のもとでは有限回で終了することが知られている[2].

3) 単調な線形相補性問題に対する内点法

単調な線形相補性問題に対する**内点法**は，線形計画問題に対する主双対内点法を拡張した解法であり，最適性の条件 (1) のうち，$x \geq 0,\ y \geq 0$ の制約をより強めて $x > 0,\ y > 0$ とし，それ以外の制約をパラメトリックに近似した方程式群を考え，これら解をニュートン法などで逐次的に近似する反復解法である．線形計画問題に対する内点法と同様に，弱多項式時間で問題を解くことが示されている[3].

4) 錐最適化問題に対する内点法

1990 年代以降活発に研究されている**錐最適化問題**は，内部が非空である閉凸錐 $K \subset \mathbb{R}^N$ と双線形作用素 $(u, v) \in \mathbb{R}^N \times \mathbb{R}^N \mapsto \langle u, v\rangle$ に対して，

$$\begin{aligned}&\text{最小化}\ \ \langle c, x\rangle\\&\text{制約}\ \ \langle a_i, x\rangle = b_i\ (i = 1, 2, \cdots, M),\ x \in K\end{aligned}$$

として与えられる．$K = \{x \in \mathbb{R}^n \mid x \geq 0\}$, $\langle u, v\rangle = u^\top v$ とすると線形計画問題となるように，線形計画問題を含む凸最適化問題のクラスである．特に

$$\begin{aligned}K = \Big\{&x = (x_0, x_1) \in \mathbb{R} \times \mathbb{R}^{N-1}\\&\Big|\ \sqrt{x_1^2 + x_2^2 + \cdots + x_{N-1}^2} \leq x_0\Big\},\\\langle u, v\rangle &= u^\top v\end{aligned}$$

であるとき **2 次錐最適化問題**と呼び，

$$K = \left\{X \in \mathbb{R}^{n\times n} \mid X \text{ は半正定値対称行列}\right\},$$
$$\langle U, V\rangle = \sum_{i=1}^{n}\sum_{j=1}^{n} U_{ij}V_{ij}$$

であるとき**半正定値最適化問題**と呼ぶ．2 次錐最適化問題，半正定値最適化問題に対しては，線形計画問題に対する内点法を拡張したさまざまな内点法が提案されており，SDPA，SeDuMi，SDPT3 などの無償のソフトウェアも利用可能である．凸 2 次計画問題を拡張した，凸 2 次制約凸 2 次計画問題

$$\begin{aligned}\text{(P)}\ \ &\text{最小化}\ \ \frac{1}{2}x^\top Q_0 x + c_0^\top x\\&\text{制約}\ \ \frac{1}{2}x^\top Q_i x + c_i^\top x + b_i \leq 0\\&(i = 1, 2, \cdots, p)\end{aligned}$$

（ただし，$Q_i\ (i = 0, 1, \cdots, p)$ は半正定値対称行列）は，2 次錐最適化問題，半正定値最適化問題のそれぞれの形に等価に変形でき，上記の内点法のソフトウェアを適用することができる[3, 4]. 〔吉瀬章子〕

参考文献

[1] R. Fletcher : Practical Methods of Optimization, 2nd ed., John Wiley, 1987.

[2] M. S. Bazaraa et al.: Nonlinear Programming Theory and Algorithms, 2nd ed., John Wiley, 1993.

[3] 小島政和ほか：内点法（経営科学のニューフロンティア 9），朝倉書店，2001.

[4] 矢部　博：工学基礎 最適化とその応用，数理工学社，2006.

4.2 半正定値計画問題

semidefinite programming (SDP) problem

半正定値計画問題は凸計画問題の一種であり，線形計画問題の自然な拡張と見なすことができる．行列の固有値に関する制約を取り扱うことができるため，種々の凸な非線形計画問題を半正定値計画問題として定式化できる．また，線形計画問題の解法である内点法が半正定値計画問題に対して拡張されており，多項式時間で最適解が得られることが示されている．特に主双対内点法に基づく優れたソフトウェアがいくつも開発されており，実用的にも半正定値計画問題を効率よく解くことができる．大規模な半正定値計画問題に対しても，疎性や群論的対称性，並列計算などを利用する解法やソフトウェアが提案されている．このように，半正定値計画問題は多くの応用と効率的な解法の両方をもつため，重要である．

a. 定　義

n 次の実対称行列の集合を $\mathcal{S}^n$ で表す．行列 U, $V \in \mathcal{S}^n$ の内積を $U \bullet V$ と書き，

$$U \bullet V = \mathrm{tr}(U^\top V) = \sum_{i=1}^{n}\sum_{j=1}^{n} U_{ij}V_{ij}$$

で定義する．行列 $X \in \mathcal{S}^n$ が条件 $\boldsymbol{q}^\top X \boldsymbol{q} \geq 0$ $(\forall \boldsymbol{q} \in \mathbb{R}^n)$ を満たすとき，X は**半正定値**であるといい，$X \succeq O$ と書く．条件 $X \succeq O$ は，X のすべての**固有値**が非負であることと等価である．$A_i \in \mathcal{S}^n$ $(i = 1, \cdots, m)$, $\boldsymbol{b} \in \mathbb{R}^m$, $C \in \mathcal{S}^n$ が与えられたとき，次の形の最適化問題を半正定値計画問題の**等式標準形**と呼ぶ．

$$\left.\begin{array}{ll} \displaystyle\min_{X \in \mathcal{S}^n} & C \bullet X \\ \text{s.t.} & A_i \bullet X = b_i, \quad i = 1, \cdots, m, \\ & X \succeq O \end{array}\right\} \qquad (1)$$

ここで，問題 (1) の変数は n 次の対称行列 X である．また，目的関数および等式制約は線形であり，**半正定値制約** $X \succeq O$ のみが非線形である．集合 $\{X \in \mathcal{S}^n \mid X \succeq O\}$ は凸集合であるから，半正定値計画問題 (1) は凸計画問題である．

問題 (1) に対して，最適化問題

$$\left.\begin{array}{ll} \displaystyle\max_{\boldsymbol{y}, Z} & \displaystyle\sum_{i=1}^{m} b_i y_i \\ \text{s.t.} & \displaystyle\sum_{i=1}^{m} y_i A_i + Z = C, \\ & Z \succeq O \end{array}\right\} \qquad (2)$$

を**双対問題**と呼ぶ．このとき，もとの問題 (1) を主問題と呼ぶ．双対問題 (2) もまた半正定値計画問題であり，実際，適当な変換を施すことで等式標準形 (1) の形式に帰着することができる．

問題 (2) の制約は実質的には

$$C - \sum_{i=1}^{m} y_i A_i \succeq O \qquad (3)$$

と表せる．式 (3) の形式の条件を，**線形行列不等式**と呼ぶ．問題 (2) は，線形行列不等式を制約とし，線形の目的関数をもつ問題とみることができる．さらに，複数の線形行列不等式

$$C^{(p)} - \sum_{i=1}^{m} y_i A_i^{(p)} \succeq O, \quad p = 1, \cdots, r \qquad (4)$$

を制約にもつ最適化問題を考える．条件 (4) は，ブロック対角行列の半正定値制約

$$\begin{bmatrix} C^{(1)} & \ldots & O \\ \vdots & \ddots & \vdots \\ O & \ldots & C^{(r)} \end{bmatrix} - \sum_{i=1}^{m} y_i \begin{bmatrix} A_i^{(1)} & \ldots & O \\ \vdots & \ddots & \vdots \\ O & \ldots & A_i^{(r)} \end{bmatrix} \succeq O$$

に等価である．したがって，複数の線形行列不等式を制約とする場合も半正定値計画問題である．

b. 種々の凸計画問題との関係

行列 $A_1, \cdots, A_m$, C がすべて対角行列である場合を考える．それぞれの対角項を $A_i = \mathrm{diag}(\boldsymbol{a}_i)$ $(i = 1, \cdots, m)$, $C = \mathrm{diag}(\boldsymbol{c})$ と表すと，式 (3) は線形不等式系 $\boldsymbol{c} - \sum_{i=1}^{m} \boldsymbol{a}_i y_i \geq \boldsymbol{0}$ に等価である．このとき，問題 (2) は線形計画問題に帰着する．したがって，半正定値計画問題は線形計画問題を特別な場合として含む．

$x_0 \in \mathbb{R}, \boldsymbol{x}_1 \in \mathbb{R}^{n-1}$ に対する 2 次錐制約 $x_0 \geq \|\boldsymbol{x}_1\|_2$ は，半正定値制約

$$\begin{bmatrix} x_0 & \boldsymbol{x}_1^\top \\ \boldsymbol{x}_1 & x_0 I \end{bmatrix} \succeq O$$

と等価である．したがって，半正定値計画問題は 2 次錐計画問題を特別な場合として含んでいる．また，たとえば凸 2 次計画問題は 2 次錐計画問題に含まれるから，半正定値計画問題にも含まれることがわかる．

c. 双対定理

主問題 (1) の制約をすべて満たす X を，(1) の実行可能解と呼ぶ．さらに実行可能解 X が正定値であるとき，**内点実行可能解**と呼ぶ．同様に，双対問題 (2) の制約をすべて満たす $(\boldsymbol{y}, Z)$ を (2) の実行可能解と呼び，特に Z が正定値であるときに内点実行可能解と呼ぶ．

X および $(\boldsymbol{y}, Z)$ を実行可能解とすると，主問題と双対問題の目的関数の間に

$$C \bullet X - \boldsymbol{b}^\top \boldsymbol{y} = X \bullet Z \geq 0$$

が成り立つ (弱双対性)．このことから，もし両者の目的関数値が一致すれば，X および $(\boldsymbol{y}, Z)$ は最適解である．以下に示す**双対定理**は，この逆を保証するものである．

定理 1 (双対定理)　主問題 (1) と双対問題 (2) の双方に，内点実行可能解が存在することを仮定する．このとき，それぞれの問題に最適解が存在する．また，実行可能解 X^* および $(\boldsymbol{y}^*, Z^*)$ が最適解であるための必要十分条件は，主問題と双対問題の目的関数値が一致することである．

ここで，$X, Z \succeq O$ に対して，条件 $X \bullet Z = 0$ は相補性条件 $XZ = O$ と等価である．したがって，X^* および $(\boldsymbol{y}^*, Z^*)$ が問題 (1) および (2) の最適解であるための必要十分条件 (最適性条件) は，

$$A_i \bullet X^* = b_i, \quad i = 1, \cdots, m, \tag{5}$$

$$\sum_{i=1}^{m} y_i^* A_i + Z^* = C, \tag{6}$$

$$X^* \succeq O, \quad Z^* \succeq O, \quad X^* Z^* = O \tag{7}$$

で与えられる．条件 (7) にみるように，主問題の変数 X^* および双対問題の変数 Z^* に対して半正定値制約と**相補性条件**が課せられることが，半正定値計画問題の最適性条件の特徴である．条件 (5)～(7) は，半正定値計画問題の代表的な解法である主双対内点法の設計における基礎となっている．

d. 半正定値計画問題の応用

半正定値計画問題は，組合せ最適化や種々の非線形最適化をはじめとして，制御，データマイニング，行列補完，量子化学，構造最適化などさまざまな分野に応用がある．

1) 固有値最適化

定行列 $P_i \in \mathcal{S}^n$ $(i = 0, 1, \cdots, m)$ を用いて，$P(\boldsymbol{x})$ を

$$P(\boldsymbol{x}) = P_0 + \sum_{i=1}^{m} x_i P_i \tag{8}$$

で定義する．$P(\boldsymbol{x})$ の固有値のうち最大のものを $\lambda_{\max}(P(\boldsymbol{x}))$ で表し，最大固有値最小化問題

$$\min_{\boldsymbol{x}} \quad \lambda_{\max}(P(\boldsymbol{x})) \tag{9}$$

を考える．このような問題は，線形システムの安定性などに応用がある．

たとえば，行列

$$P(\boldsymbol{x}) = \begin{bmatrix} 1 + x_1 & x_2 \\ x_2 & 1 - x_1 \end{bmatrix}$$

の固有値は $1 \pm \sqrt{x_1^2 + x_2^2}$ である．つまり

$$\lambda_{\max}(P(\boldsymbol{x})) = 1 + \sqrt{x_1^2 + x_2^2}$$

であるから，問題 (9) の最適解は $\boldsymbol{x}^* = \boldsymbol{0}$ である．ここで，最適解 $\boldsymbol{x}^*$ において関数 $\lambda_{\max}(P(\bullet))$ は微分不可能であり，$P(\boldsymbol{x}^*)$ の二つの固有値は重複している．このように，問題 (9) の最適解ではしばしば最大固有値が重複して，目的関数が連続微分不可能となり，このことが問題を難しくしている．

ここで，条件 $\lambda_{\max}(P(\boldsymbol{x})) \leq t$ は $\lambda_{\max}(P(\boldsymbol{x}) - tI) \leq 0$ と等価である．したがって，問題 (9) は，半正定値計画問題

$$\left.\begin{array}{ll} \min\limits_{\boldsymbol{x}, t} & t \\ \text{s.t.} & tI - P(\boldsymbol{x}) \succeq O \end{array}\right\} \tag{10}$$

に帰着できる．問題 (10) を内点法で解く場合は，$\lambda_{\max}(P(\boldsymbol{x}))$ の微分可能性とは関係なく最適解を求めることができることが利点である．

次に，一般固有値問題

$$P(\boldsymbol{x})\boldsymbol{\phi} = \omega Q(\boldsymbol{x})\boldsymbol{\phi} \tag{11}$$

を考える．ここで，$P(\boldsymbol{x})$ の定義 (8) と同様に

$$Q(\boldsymbol{x}) = Q_0 + \sum_{i=1}^{m} x_i Q_i$$

とおき，さらに $Q_0 \in \mathcal{S}^n$ は正定値，$Q_i \in \mathcal{S}^n$ $(i = 1,\cdots,m)$ は半正定値であるとする．一般固有値問題 (11) の固有値の最小値を $\omega_{\min}(\boldsymbol{x})$ で表し，その下限値制約を考慮した次の最適化問題を考える．

$$\left.\begin{array}{ll} \min\limits_{\boldsymbol{x}} & \boldsymbol{c}^\top \boldsymbol{x} \\ \text{s.t.} & \omega_{\min}(\boldsymbol{x}) \geq \overline{\omega}, \\ & \boldsymbol{x} \geq \boldsymbol{0} \end{array}\right\} \tag{12}$$

問題 (12) は，弾性体の自由振動の固有振動数に関する制約を考慮した最適化問題などに応用があり，その場合には $P(\boldsymbol{x})$ および $Q(\boldsymbol{x})$ は剛性および質量を表すような行列である．レイリー (Rayleigh) 商に関する公式

$$\min_{\boldsymbol{\phi}\in\mathbb{R}^n} \left\{ \frac{\boldsymbol{\phi}^\top P(\boldsymbol{x})\boldsymbol{\phi}}{\boldsymbol{\phi}^\top Q(\boldsymbol{x})\boldsymbol{\phi}} \mid \boldsymbol{\phi} \neq \boldsymbol{0} \right\} = \omega_{\min}(\boldsymbol{x})$$

を用いると，条件 $\omega_{\min}(\boldsymbol{x}) \geq \overline{\omega}$ は条件 $P(\boldsymbol{x}) - \overline{\omega}Q(\boldsymbol{x}) \succeq O$ に等価であることがわかる．したがって，問題 (12) は次の半正定値計画問題に帰着できる．

$$\left.\begin{array}{ll} \min\limits_{\boldsymbol{x}} & \boldsymbol{c}^\top \boldsymbol{x} \\ \text{s.t.} & P(\boldsymbol{x}) - \overline{\omega}Q(\boldsymbol{x}) \succeq O, \\ & \boldsymbol{x} \geq \boldsymbol{0} \end{array}\right\}$$

2)　組合せ最適化

$W \in \mathcal{S}^n$ を定行列，x_i を -1 または 1 だけをとる変数として，最適化問題

$$\left.\begin{array}{ll} \min\limits_{\boldsymbol{x}} & \boldsymbol{x}^\top W \boldsymbol{x} \\ \text{s.t.} & x_i \in \{-1,1\}, \quad i = 1,\cdots,n \end{array}\right\} \tag{13}$$

を考える．組合せ最適化におけるグラフの最大カット問題は，この形式の問題に帰着できる．

問題 (13) の目的関数は

$$\boldsymbol{x}^\top W \boldsymbol{x} = W \bullet (\boldsymbol{x}\boldsymbol{x}^\top)$$

と書きなおせる．$\boldsymbol{x}$ が (13) の制約を満たすとき，行列 $\boldsymbol{x}\boldsymbol{x}^\top$ は階数が 1 の半正定値対称行列であり，その対角要素はすべて 1 である．実際，

$$\begin{aligned} &\{\boldsymbol{x}\boldsymbol{x}^\top \mid \boldsymbol{x} \in \{-1,1\}^n\} \\ &\quad = \{Y \in \mathcal{S}^n \mid Y \succeq O,\ \operatorname{rank} Y = 1, \\ &\qquad\qquad Y_{ii} = 1\ (i = 1,\cdots,n)\} \end{aligned}$$

が成り立つ．このうち，$\operatorname{rank} Y = 1$ の条件を除くことで，次の最適化問題が得られる．

$$\left.\begin{array}{ll} \min\limits_{Y\in\mathcal{S}^n} & W \bullet Y \\ \text{s.t.} & Y_{ii} = 1, \quad i = 1,\cdots,n, \\ & Y \succeq O \end{array}\right\} \tag{14}$$

この問題は半正定値計画問題であり，もとの問題 (13) の緩和問題になっている．したがって，問題 (14) の最適値は問題 (13) の最適値の下界を与える．問題 (14) の最適解 Y を用いて，問題 (13) の近似解 $\boldsymbol{x}$ を生成する手法が提案されている．詳しくは文献[1, 2] を参照されたい．このほかにも，さまざまな組合せ最適化問題に対して，半正定値計画問題を利用した近似解法が提案されている．

3)　非凸型の 2 次計画問題

前節と同様の考え方を用いることで，非凸型の 2 次計画問題に対しても半正定値計画緩和を導くことができる．2 次関数 $g_0, g_1, \cdots, g_m$ を

$$g_i(\boldsymbol{x}) = \boldsymbol{x}^\top Q_i \boldsymbol{x} + \boldsymbol{p}_i^\top \boldsymbol{x} + r_i$$

で定める．ただし，$Q_i \in \mathcal{S}^n$ は半正定値とはかぎらない．最適化問題

$$\left.\begin{array}{ll} \min\limits_{\boldsymbol{x}} & g_0(\boldsymbol{x}) \\ \text{s.t.} & g_i(\boldsymbol{x}) \leq 0, \quad i = 1,\cdots,m \end{array}\right\} \tag{15}$$

は，凸とはかぎらない問題である．ここで，各 g_i は

$$g_i(\boldsymbol{x}) = \begin{bmatrix} r_i & \boldsymbol{q}_i^\top/2 \\ \boldsymbol{q}_i/2 & Q_i \end{bmatrix} \bullet \begin{bmatrix} 1 & \boldsymbol{x}^\top \\ \boldsymbol{x} & \boldsymbol{x}\boldsymbol{x}^\top \end{bmatrix}$$

と表せることに注目すると，問題 (15) に対して次のような緩和問題を得ることができる．

$$\left.\begin{array}{ll}\min\limits_{\boldsymbol{x}\in\mathbb{R}^n, Y\in\mathcal{S}^n} & Q_0 \bullet Y + \boldsymbol{p}_0^\top \boldsymbol{x} + r_0 \\ \text{s.t.} & Q_i \bullet Y + \boldsymbol{p}_i^\top \boldsymbol{x} + r_i \leq 0, \\ & \qquad i = 1, \cdots, m, \\ & \begin{bmatrix} 1 & \boldsymbol{x}^\top \\ \boldsymbol{x} & Y \end{bmatrix} \succeq O \end{array}\right\} \quad (16)$$

半正定値計画問題 (16) の最適値は問題 (15) の最適値の下界を与える．特に，$Q_i \succeq O$ $(i = 0, 1, \cdots, m)$ ならば，双方の最適値は一致し，問題 (16) の最適解 $(\boldsymbol{x}^*, Y^*)$ のうち $\boldsymbol{x}^*$ は問題 (15) の最適解でもある．

問題 (15) において，各 $g_i(\boldsymbol{x})$ が 2 次とはかぎらない $\boldsymbol{x}$ の多項式であるような最適化問題を，**多項式最適化問題** (polynomial optimization problem) と呼ぶ．半正定値計画緩和を用いて多項式最適化問題を解く手法が，近年さかんに研究されている．

4) シュアーの補元の半正定値性とその応用

最適化問題を半正定値計画問題として定式化する際には，ブロック行列のもつ性質がしばしば有用である．たとえば，ブロック行列の半正定値性とシュアー (Schur) の補元には，次の関係がある．$A \in \mathcal{S}^n$, $B \in \mathcal{S}^m$, $C \in \mathbb{R}^{n\times m}$ とする．A が正定値であるとき，

$$\begin{bmatrix} A & C \\ C^\top & B \end{bmatrix} \succeq O \quad \Leftrightarrow \quad B - C^\top A^{-1} C \succeq O \quad (17)$$

が成り立つ．

たとえば，凸 2 次不等式

$$\boldsymbol{x}^\top Q \boldsymbol{x} + \boldsymbol{p}^\top \boldsymbol{x} + r \leq 0 \quad (18)$$

を考える．ここで，$Q \in \mathcal{S}^n$ は半正定値であり，$Q = LL^\top$ を満たす行列 $L \in \mathbb{R}^{n\times n}$ が存在する (Q の Cholesky 分解を考えればよい)．式 (17) において $A = I$, $C = L^\top \boldsymbol{x}$ などとおくことで，式 (18) は線形行列不等式

$$\begin{bmatrix} I & L^\top \boldsymbol{x} \\ \boldsymbol{x}^\top L & -\boldsymbol{p}^\top \boldsymbol{x} - r \end{bmatrix} \succeq O$$

に帰着できることがわかる．したがって，凸 2 次の目的関数や制約をもつ最適化問題 (凸 2 次制約凸 2 次計画問題) は，半正定値計画問題に含まれる．

別の例として，機械・建築などで用いられる構造物の最適設計問題を考える．構造物を特徴づける行列の一つである剛性行列は，多くの場合，対称な半正定値行列 K_i $(i = 1, \cdots, m)$ を用いて

$$K(\boldsymbol{x}) = \sum_{i=1}^{m} x_i K_i$$

と書ける．ここで，x_i は構造物の各要素に対応する設計変数であり，たとえば棒材の断面積や板要素の厚さを表す．外力 $\boldsymbol{f}$ に対する構造物の剛性の指標として，コンプライアンス $\boldsymbol{f}^\top K(\boldsymbol{x})^{-1} \boldsymbol{f}$ がよく用いられる．コンプライアンスは小さいほど構造物の剛性が大きいため，その上限値 $\overline{w}$ を指定すると，最適化問題は次のように定式化できる．

$$\left.\begin{array}{ll}\min\limits_{\boldsymbol{x}} & \boldsymbol{c}^\top \boldsymbol{x} \\ \text{s.t.} & \boldsymbol{f}^\top K(\boldsymbol{x})^{-1} \boldsymbol{f} \leq \overline{w}, \\ & \boldsymbol{x} \geq \overline{\boldsymbol{x}} \end{array}\right\} \quad (19)$$

ただし，$\overline{x}_i \geq 0$ は設計変数 x_i の下限値である．

$\overline{x}_i > 0$ $(i = 1, \cdots, m)$ ならば実行可能解 $\boldsymbol{x}$ に対して $K(\boldsymbol{x})$ は正定値であり，式 (17) を用いることで問題 (19) は次の半正定値計画問題に変形できる．

$$\left.\begin{array}{ll}\min\limits_{\boldsymbol{x}} & \boldsymbol{c}^\top \boldsymbol{x} \\ \text{s.t.} & \begin{bmatrix} \overline{w} & \boldsymbol{f}^\top \\ \boldsymbol{f} & K(\boldsymbol{x}) \end{bmatrix} \succeq O, \\ & \boldsymbol{x} \geq \overline{\boldsymbol{x}} \end{array}\right\} \quad (20)$$

$\overline{\boldsymbol{x}} = \boldsymbol{0}$ のときは，$K(\boldsymbol{x}) \succeq O$ は正則とはかぎらない．この場合は，コンプライアンスをより一般的に

$$w(\boldsymbol{x}; \boldsymbol{f}) = \max_{\boldsymbol{u}} \left\{ 2\boldsymbol{f}^\top \boldsymbol{u} - \boldsymbol{u}^\top K(\boldsymbol{x}) \boldsymbol{u} \right\}$$

で定義する．実際，$K(\boldsymbol{x})$ が正則ならば $w(\boldsymbol{x}; \boldsymbol{f}) = \boldsymbol{f}^\top K(\boldsymbol{x})^{-1} \boldsymbol{f}$ である．実は，$\overline{\boldsymbol{x}} = \boldsymbol{0}$ の場合に，制約条件として $w(\boldsymbol{x}; \boldsymbol{f}) \leq \overline{w}$ を考えた最適化問題が問題 (20) と等価であることを示すことができる．

次に，外力 $\boldsymbol{f}$ に不確定性を考慮し，$\boldsymbol{f}$ が楕円体

$$F = \{ Q\boldsymbol{e} \mid \|\boldsymbol{e}\| \leq 1 \}$$

のなかにあることしか知られていない場合を考える．ただし，Q は定行列である．任意の $\boldsymbol{f} \in F$ に対してコンプライアンス制約を課すような**ロバスト最適化問題**は，

$$\left.\begin{array}{ll}\min\limits_{\boldsymbol{x}} & \boldsymbol{c}^\top \boldsymbol{x} \\ \text{s.t.} & w(\boldsymbol{x}; \boldsymbol{f}) \leq \overline{w} \quad (\forall \boldsymbol{f} \in F), \\ & \boldsymbol{x} \geq \boldsymbol{0} \end{array}\right\} \quad (21)$$

と定式化できる．問題 (21) は，半正定値計画問題

$$\left.\begin{array}{ll}\min\limits_{\boldsymbol{x}} & \boldsymbol{c}^\top \boldsymbol{x}\\ \text{s.t.} & \begin{bmatrix}\overline{w}I & Q^\top\\ Q & K(\boldsymbol{x})\end{bmatrix}\succeq O,\\ & \boldsymbol{x}\geq \boldsymbol{0}\end{array}\right\}\qquad(22)$$

と等価であることが知られている．詳しくは文献[1] を参照されたい．　〔寒 野 善 博〕

参 考 文 献

[1] A. Ben-Tal and A. Nemirovski: Lectures on Modern Convex Optimization: Analysis, Algorithms, and Engineering Applications, SIAM, Philadelphia, 2001.

[2] H. Wolkowicz et al., eds.: Handbook on Semidefinite Programming: Theory, Algorithms and Applications, Kluwer Academic Publishers, Boston, 2000.

[3] 小島政和ほか：内点法（経営科学のニューフロンティア 9），朝倉書店，2001.

4.3 2次錐計画問題

second-order cone programming (SOCP) problem

2 次錐計画問題は凸計画問題の一種である．特に，錐線形計画問題の枠組みに含まれる問題であり，凸 2 次計画問題などの重要な問題を含んでいる．解法としては，線形計画問題や半正定値計画問題と同様の内点法が提案されており，これを用いると多項式時間で 2 次錐計画問題の最適解を求めることができる．

a. 定　義

$x_0 \in \mathbb{R}$, $\boldsymbol{x}_1 \in \mathbb{R}^{k-1}$ とするとき，集合

$$\mathcal{C}_k = \{(x_0, \boldsymbol{x}_1) \mid x_0 \geq \|\boldsymbol{x}_1\|\}$$

を k 次元の **2 次錐** (second-order cone) と呼ぶ．ただし，$\|\boldsymbol{x}_1\|$ は $\boldsymbol{x}_1$ のユークリッド (Euclid) ノルムを表す．2 次錐 $\mathcal{C}_k$ は凸錐である．k 次元のベクトル $\boldsymbol{x} = (x_0, \boldsymbol{x}_1)$ に対する条件 $\boldsymbol{x} \in \mathcal{C}_k$ を 2 次錐制約と呼ぶ．

いくつかの 2 次錐制約と線形の等式で表された制約のもとで線形の目的関数を最小化するような最適化問題を，2 次錐計画問題と呼ぶ．たとえば，$\boldsymbol{x}$ を変数とする最適化問題

$$\left.\begin{array}{ll}\min\limits_{\boldsymbol{x}=(x_0,\boldsymbol{x}_1)} & \boldsymbol{c}^\top \boldsymbol{x}\\ \text{s.t.} & A\boldsymbol{x} = \boldsymbol{b},\\ & x_0 \geq \|\boldsymbol{x}_1\|\end{array}\right\}$$

は，2 次錐制約を一つ含む 2 次錐計画問題である．より一般的に，$\boldsymbol{x}_1, \cdots, \boldsymbol{x}_r$ を変数として，各 $\boldsymbol{x}_i \in \mathbb{R}^{n_i}$ が 2 次錐 $\mathcal{C}_{n_i}$ に属するという制約を課す問題

$$\left.\begin{array}{ll}\min\limits_{\boldsymbol{x}_1,\cdots,\boldsymbol{x}_r} & \displaystyle\sum_{i=1}^{r} \boldsymbol{c}_i^\top \boldsymbol{x}_i\\ \text{s.t.} & \displaystyle\sum_{i=1}^{r} A_i \boldsymbol{x}_i = \boldsymbol{b},\\ & x_{i0} \geq \|\boldsymbol{x}_{i1}\|, \quad i = 1, \cdots, r\end{array}\right\}\qquad(1)$$

も 2 次錐計画問題である．ただし，$A_i \in \mathbb{R}^{m\times n_i}$ $\boldsymbol{b} \in \mathbb{R}^m$, $\boldsymbol{c}_i \in \mathbb{R}^{n_i}$ $(i = 1, \cdots, r)$ である．問題 (1) を，**2 次錐計画問題の等式標準形**と呼ぶ．このとき，もう一つの 2 次錐計画問題

$$\left.\begin{array}{lll}\max\limits_{\boldsymbol{y},\boldsymbol{z}_1,\cdots,\boldsymbol{z}_r} & \boldsymbol{b}^\top\boldsymbol{y} & \\ \text{s.t.} & A_i^\top\boldsymbol{y}+\boldsymbol{z}_i=\boldsymbol{c}_i, & i=1,\cdots,r, \\ & z_{i0}\geq\|\boldsymbol{z}_{i1}\|, & i=1,\cdots,r\end{array}\right\} \quad (2)$$

を考え，問題 (1) の**双対問題**と呼ぶ．これに対して，もとの問題 (1) を主問題と呼ぶ．

双対定理・内点法 2 次錐計画問題の主問題 (1) と双対問題 (2) の間には，半正定値計画問題と同様の双対定理が成り立つ．すなわち，内点実行可能解の存在を仮定すると，双方の問題に最適解が存在し，両者の最適値が一致する．また，2 次錐計画問題の代表的な解法は主双対内点法であり，これも半正定値計画問題に対する主双対内点法と多くの共通点をもつ．ここで，半正定値計画問題として定式化された問題が 2 次錐計画問題にも変換できる場合には，2 次錐計画問題として解いたほうが効率がよいことが多い．詳しくは文献[2, 3]を参照されたい．

b. 種々の凸計画問題との関係

1 次元の 2 次錐は，半直線 $\mathcal{C}_1=\{x_0 \mid x_0\geq 0\}$ である．このとき，2 次錐制約は通常の非負制約に帰着する．したがって，2 次錐計画問題は線形計画問題を特別な場合として含んでいる．

2 次錐制約 $(x_0,\boldsymbol{x}_1)\in\mathcal{C}_k$ は，行列

$$\begin{bmatrix} x_0 & \boldsymbol{x}_1^\top \\ \boldsymbol{x}_1 & x_0 I\end{bmatrix}$$

が半正定値であることと等価である．したがって，半正定値計画問題は 2 次錐計画問題を特別な場合として含んでいる．

c. 2 次錐計画問題の応用

2 次錐計画問題は，以下にあげる例のほか，ロバスト最適化問題，種々の最適設計問題，構造物の非線形解析などのさまざまな応用があることが知られている．

1) ノルム和最小化問題

平面上の**施設配置問題**を考える．配置したい公共施設の位置を $\boldsymbol{x}\in\mathbb{R}^2$, 住民の位置を $\boldsymbol{d}_1,\cdots,\boldsymbol{d}_r$ とおく．住民から施設までのユークリッド距離の総和 $\sum_{i=1}^r\|\boldsymbol{x}-\boldsymbol{d}_i\|$ を最小化するような施設の位置 $\boldsymbol{x}$ を求めたい．もう少し一般的には，

$$\min_{\boldsymbol{x}} \quad \sum_{i=1}^r\|A_i\boldsymbol{x}+\boldsymbol{b}_i\| \quad (3)$$

という問題を考える．補助変数 t_i を導入することで，問題 (3) を 2 次錐計画問題

$$\left.\begin{array}{ll}\min\limits_{\boldsymbol{x},\boldsymbol{t}} & \sum\limits_{i=1}^r t_i \\ \text{s.t.} & t_i\geq\|A_i\boldsymbol{x}+\boldsymbol{b}_i\|, \quad i=1,\cdots,r\end{array}\right\}$$

に帰着できる．より一般的に，ベクトルの p 乗ノルム $(1\leq p\leq\infty)$ の和の最小化問題は 2 次錐計画問題として定式化できる (文献[2] 参照).

2) 双曲型制約とその応用

$x,y\in\mathbb{R}$ および $\boldsymbol{w}\in\mathbb{R}^n$ に関する**双曲型制約**

$$xy\geq\boldsymbol{w}^\top\boldsymbol{w}, \quad x\geq 0, \quad y\geq 0$$

は，2 次錐制約を用いて

$$x+y\geq\left\|\begin{bmatrix}x-y\\ 2\boldsymbol{w}\end{bmatrix}\right\|$$

と書くことができる．

たとえば，Q を半正定値対称行列として，$\boldsymbol{x}$ に関する**凸 2 次制約**

$$\boldsymbol{x}^\top Q\boldsymbol{x}+\boldsymbol{p}^\top\boldsymbol{x}+r\leq 0 \quad (4)$$

を考える．このとき，$(Q^{1/2})^\top(Q^{1/2})=Q$ を満たす行列 $Q^{1/2}$ を用いて，式 (4) を $-\boldsymbol{p}^\top\boldsymbol{x}-r\geq(Q^{1/2}\boldsymbol{x})^\top(Q^{1/2}\boldsymbol{x})$ と書き直すことができる．これを双曲型制約とみることで，式 (4) は 2 次錐制約

$$-\boldsymbol{p}^\top\boldsymbol{x}-r+1\geq\left\|\begin{bmatrix}-\boldsymbol{p}^\top\boldsymbol{x}-r-1\\ 2Q^{1/2}\boldsymbol{x}\end{bmatrix}\right\|$$

に変形できる．したがって，**凸 2 次計画問題**

$$\left.\begin{array}{ll}\min\limits_{\boldsymbol{x}} & \boldsymbol{x}^\top Q\boldsymbol{x}+\boldsymbol{p}^\top\boldsymbol{x} \\ \text{s.t.} & A\boldsymbol{x}\geq\boldsymbol{b}\end{array}\right\}$$

は，2 次錐計画問題

$$\left.\begin{array}{ll}\min\limits_{\boldsymbol{x},t} & t \\ \text{s.t.} & -\boldsymbol{p}^\top\boldsymbol{x}+t+1 \geq \left\|\begin{bmatrix}-\boldsymbol{p}^\top\boldsymbol{x}+t-1 \\ 2Q^{1/2}\boldsymbol{x}\end{bmatrix}\right\|, \\ & A\boldsymbol{x} \geq \boldsymbol{b}\end{array}\right\}$$

に帰着できる．同様に，凸2次制約凸2次最小化問題も，2次錐計画問題として定式化できる．なお，Q が正定値である場合には，$Q^{1/2}$ を正定値対称行列に選ぶことができ，式 (4) を

$$\sqrt{\boldsymbol{p}^\top Q^{-1}\boldsymbol{p}/4-r} \geq \|Q^{1/2}\boldsymbol{x}+Q^{-1/2}\boldsymbol{p}/2\|$$

という2次錐制約に変形することもできる．

3) クーロン摩擦則

3次元空間内にある剛体を m 本のロボットの指でつかむことが可能かを判定したい．簡単のため，座標系の原点は剛体の重心に選び，外力としては重力 $\boldsymbol{f}$ のみを考える．また，ロボットの指も剛体と見なし，指 i は剛体表面の指定された点 $\boldsymbol{x}_i \in \mathbb{R}^3$ をつかむものとする．$\boldsymbol{x}_i$ における剛体表面の内向き単位法線ベクトルを $\boldsymbol{e}_i$，指が剛体に及ぼす力を $\boldsymbol{q}_i \in \mathbb{R}^3$ で表すと，$\boldsymbol{q}_i$ の法線方向成分 $\boldsymbol{r}_{\mathrm{n}i}$ および接線方向成分 $\boldsymbol{r}_{\mathrm{t}i}$ は

$$\boldsymbol{r}_{\mathrm{n}i} = (\boldsymbol{e}_i\boldsymbol{e}_i^\top)\boldsymbol{q}_i, \quad \boldsymbol{r}_{\mathrm{t}i} = (I-\boldsymbol{e}_i\boldsymbol{e}_i^\top)\boldsymbol{q}_i$$

で表される．このうち，$\boldsymbol{r}_{\mathrm{t}i}$ は剛体と指との間に生じる摩擦力に相当する．摩擦則としてクーロン (Coulomb) 則を仮定し，摩擦係数を μ とおくと，剛体が指に対して静止している場合には

$$\|\boldsymbol{r}_{\mathrm{t}i}\| \leq \mu\|\boldsymbol{r}_{\mathrm{n}i}\|$$

が成り立つ．

指が剛体をつかんでいられるための条件は，力とモーメントの釣合式

$$\sum_{i=1}^m \boldsymbol{q}_i = -\boldsymbol{f}, \quad \sum_{i=1}^m \boldsymbol{x}_i \times \boldsymbol{q}_i = \boldsymbol{0}$$

が満たされることである．それぞれの指が負担できる力の大きさの上限が $\overline{q}$ であるとき，ロボットが剛体をつかむことが可能か否かは，次の2次錐計画問題を解くことで判定できる．

$$\left.\begin{array}{ll}\min\limits_{\boldsymbol{q}_1,\cdots,\boldsymbol{q}_m,t} & t \\ \text{s.t.} & \displaystyle\sum_{i=1}^m \boldsymbol{q}_i = -\boldsymbol{f}, \quad \sum_{i=1}^m \boldsymbol{x}_i \times \boldsymbol{q}_i = \boldsymbol{0}, \\ & \mu\boldsymbol{e}_i^\top\boldsymbol{q}_i + t \geq \|(I-\boldsymbol{e}_i\boldsymbol{e}_i^\top)\boldsymbol{q}_i\|, \\ & \qquad\qquad i=1,\cdots,m, \\ & \overline{q} \geq \|\boldsymbol{q}_i\|, \quad i=1,\cdots,m\end{array}\right\}$$

ここで，この問題の最適値が0以下ならば剛体をつかむことが可能であり，最適値が正ならば不可能である．

〔寒 野 善 博〕

参 考 文 献

[1] F. Alizadeh and D. Goldfarb: Second-order cone programming. *Math. Program.*, **95**: 3–51, 2003.

[2] A. Ben-Tal and A. Nemirovski: Lectures on Modern Convex Optimization: Analysis, Algorithms, and Engineering Applications. SIAM, Philadelphia, 2001.

[3] 小島政和ほか：内点法（経営科学のニューフロンティア 9），朝倉書店，2001.

5　不確実性下の最適化

5.1　確率計画問題

stochastic programming problem

数理計画問題を記述するデータが不確定な場合のアプローチとして，大きく分けて，ロバスト最適化法と確率計画法が知られている．不確定なデータに陽にあるいは陰に確率分布を仮定して定式化された問題を**確率計画問題**と呼び，確率計画問題に定式化し，それを解く数値計算手法までを含めて**確率計画法** (stochastic programming) と呼ぶ．

不確定な状況下での意思決定問題として，確率変数 $\boldsymbol{u}$ を含んだ以下の最適化問題を考える．

$$\begin{array}{lll} \text{最小化：} & f_0(\boldsymbol{x},\boldsymbol{u}) & \\ \text{条件：} & f_i(\boldsymbol{x},\boldsymbol{u}) \leq 0, & i=1,\cdots,m_1, \\ & g_j(\boldsymbol{x}) \leq 0, & j=1,\cdots,m_2 \end{array} \quad (1)$$

ここで，$\boldsymbol{u} \in \mathcal{R}^l$ はある既知の確率分布にしたがう確率変数ベクトル，$\boldsymbol{x} \in \mathcal{R}^n$ は意思決定変数，$f_0(\boldsymbol{x},\boldsymbol{u}) : \mathcal{R}^n \times \mathcal{R}^l \to \mathcal{R}$ は目的関数，$f_i(\boldsymbol{x},\boldsymbol{u}) : \mathcal{R}^n \times \mathcal{R}^l \to \mathcal{R}$ と $g_j(\boldsymbol{x}) : \mathcal{R}^n \to \mathcal{R}$ は制約条件を表す関数とする ($i=1,\cdots,m_1, j=1,\cdots,m_2$)．問題 (1) は，確率変数 $\boldsymbol{u}$ の実現値に応じて最適化問題が定まるため，このままではうまく解く術がない．そこで，$\boldsymbol{u}$ の確率分布の情報を利用して確率変数を含まない形の最適化問題を導出し，これを解くことによって意思決定 $\boldsymbol{x}$ がなされる．たとえば，問題 (1) において，目的関数や制約式左辺について期待値 $\mathrm{E}_{\boldsymbol{u}}[f_i(\boldsymbol{x},\boldsymbol{u})]$ や分散 $\mathrm{V}_{\boldsymbol{u}}[f_i(\boldsymbol{x},\boldsymbol{u})]$ が存在するならば，これらを用いることにより，確率変数を含まない形の最適化問題を導出することができる．

古くから研究されている代表的な確率計画法は，**2段階確率計画法** (two-stage stochastic programming) と**確率制約条件計画法** (probabilistic constrained programming) である．2段階確率計画法ついて 1955 年に Dantzig[3] と Beale[1] によって独立に研究がなされた．償還請求 (リコース，recourse) という言葉を強調して，償還請求を有する確率計画法 (stochastic programming with recourse) とも呼ばれる．また，その後 1959 年に Charnes と Cooper[2] によって確率制約条件計画法が提案された．当時は**機会制約条件計画法** (chance-constrained programming) と呼ばれていたが，最近は確率制約条件計画法と呼ばれることが多いようである．どちらにおいても，一般的な定式化に対して解法を構築することが難しいので，問題固有の構造を利用した特殊解法や近似解法の研究が数多くなされている．

a.　2 段階確率計画問題

2 段階確率計画問題では，意思決定のプロセスは 2 段階に分けられる．第 1 段では確率変数 $\boldsymbol{u}$ の実現前に意思決定 $\boldsymbol{x}$ が行われ，確率変数 $\boldsymbol{u}$ の実現値が得られたあとの第 2 段において，最適な調整 $\boldsymbol{y}$ (目標からはずれた際のリスクの最小化) がなされる．期首に仕入れて期末に残った在庫を破棄しなければならない品物に対する離散時間の確率的在庫モデル (新聞売り子問題として知られている) は，2 段階確率計画問題の最もシンプルな例である．

例として，制約条件の係数に確率変数を含む線形計画問題を考える．

$$\begin{array}{ll} \text{最小化：} & \boldsymbol{c}^\top \boldsymbol{x} \\ \text{条件：} & \boldsymbol{T}(\boldsymbol{u})\boldsymbol{x} = \boldsymbol{h}(\boldsymbol{u}),\ \boldsymbol{A}\boldsymbol{x} = \boldsymbol{b},\ \boldsymbol{x} \geq \boldsymbol{0} \end{array}$$

$\boldsymbol{c} \in \mathcal{R}^n, \boldsymbol{A} \in \mathcal{R}^{m_2 \times n}, \boldsymbol{b} \in \mathcal{R}^{m_2}$ は既知で，$\boldsymbol{T}(\boldsymbol{u}) \in \mathcal{R}^{m_1 \times n}, \boldsymbol{h}(\boldsymbol{u}) \in \mathcal{R}^{m_1}$ は確率変数 $\boldsymbol{u}$ に依存する行列およびベクトルである．2 段階確率計画問題では，確率変数 $\boldsymbol{u}$ の実現前に意思決定 $\boldsymbol{x}$ が行われたことによる外れ具合 $\boldsymbol{h}(\boldsymbol{u}) - \boldsymbol{T}(\boldsymbol{u})\boldsymbol{x}$ を第 2 段において矯正するために，リコース (recourse) 変数を導入する．具体的には，

$$\boldsymbol{W}\boldsymbol{y}(\boldsymbol{u}) = \boldsymbol{h}(\boldsymbol{u}) - \boldsymbol{T}(\boldsymbol{u})\boldsymbol{x},\ \boldsymbol{y}(\boldsymbol{u}) \geq \boldsymbol{0}$$

を満たす，リコース行列 $\boldsymbol{W} \in \mathcal{R}^{m_1 \times l}$，およびリコー

ス変数 $\boldsymbol{y}(\boldsymbol{u}) \in \mathcal{R}^l$ を導入する．第1段の変数 $\boldsymbol{x}$ は $\boldsymbol{u}$ を観測する前に決定されるのに対し，第2段の変数 $\boldsymbol{y}(\boldsymbol{u})$ は $\boldsymbol{u}$ を観測したのちに決定される．$\boldsymbol{q} \in \mathcal{R}^l$ を適当に定めて，第1段での結果 $\boldsymbol{x}$ によって目標からはずれた際のコスト $\boldsymbol{q}^\top \boldsymbol{y}(\boldsymbol{u})$ を第2段で最小化することを考える．この定式化は2段階確率計画問題と呼ばれ，次のように定式化される．

$$
\begin{aligned}
&\text{最小化：} && \boldsymbol{c}^\top \boldsymbol{x} + \mathrm{E}_{\boldsymbol{u}}[\boldsymbol{q}^\top \boldsymbol{y}(\boldsymbol{u})] \\
&\text{条件：} && \boldsymbol{T}(\boldsymbol{u})\boldsymbol{x} + \boldsymbol{W}\boldsymbol{y}(\boldsymbol{u}) = \boldsymbol{h}(\boldsymbol{u}), \\
& && \boldsymbol{A}\boldsymbol{x} = \boldsymbol{b},\ \boldsymbol{x} \geq \boldsymbol{0},\ \boldsymbol{y}(\boldsymbol{u}) \geq \boldsymbol{0}
\end{aligned} \tag{2}
$$

確率変数 $\boldsymbol{u}$ の分布が有限な離散分布 ($\boldsymbol{u}$ のとりうる値は $\boldsymbol{u}_1, \cdots, \boldsymbol{u}_K$ であり，$\boldsymbol{u} = \boldsymbol{u}_k$ となる確率が p_k $(k = 1, \cdots, K)$) の場合，問題 (2) の変数 $\boldsymbol{y}(\boldsymbol{u}_k)$ を $\boldsymbol{y}_k$ と書き換えることにより，問題 (2) は $\boldsymbol{x}, \boldsymbol{y}_1, \cdots, \boldsymbol{y}_K$ を変数とする線形計画問題

$$
\begin{aligned}
&\text{最小化：} && \boldsymbol{c}^\top \boldsymbol{x} + \sum_{k=1}^{K} p_k \boldsymbol{q}^\top \boldsymbol{y}_k \\
&\text{条件：} && \boldsymbol{T}(\boldsymbol{u}_k)\boldsymbol{x} + \boldsymbol{W}\boldsymbol{y}_k = \boldsymbol{h}(\boldsymbol{u}_k),\quad k = 1, \cdots, K, \\
& && \boldsymbol{A}\boldsymbol{x} = \boldsymbol{b},\ \boldsymbol{x} \geq \boldsymbol{0},\ \boldsymbol{y}_k \geq \boldsymbol{0},\quad k = 1, \cdots, K
\end{aligned}
$$

と等価になる．この線形計画問題は，**双対分解原理** (dual decomposition principle) が適用可能な構造を有しており，この構造を利用した，**L 字形法** (L-shaped method) と呼ばれる効率的な解法が考案されている[4, 5]．

確率変数 $\boldsymbol{u}$ の分布について有限な離散分布に限らず一般的な分布を仮定した場合や，問題 (1) の関数がすべて線形の場合だけでなく非線形を仮定した場合についても研究が進められている．さらに，意思決定を2段階以上に拡張した**多段階確率計画問題** (multistage stochastic programming problem) が提案されており，適当な仮定のもと，動的計画法を利用して再帰的に解く方法が一般的に用いられている．

b. 確率制約条件計画問題

「制約条件がかならずしも満たされなくても，ある確率以上で満たされればよい」という確率制約条件 (probabilistic constraint) を含んだ問題を指す．問題 (1) の制約条件 $f_i(\boldsymbol{x}, \boldsymbol{u}) \leq 0,\ i = 1, \cdots, m_1$ を確率 α 以上で満たすという条件は

$$
\Pr\{f_1(\boldsymbol{x}, \boldsymbol{u}) \leq 0, \cdots, f_{m_1}(\boldsymbol{x}, \boldsymbol{u}) \leq 0\} \geq \alpha
$$

で記述される．さらに，目的関数 $f_0(\boldsymbol{x}, \boldsymbol{u})$ について期待値 $\mathrm{E}_{\boldsymbol{u}}[f_0(\boldsymbol{x}, \boldsymbol{u})]$ をとれば E–モデル，分散 $\mathrm{V}_{\boldsymbol{u}}[f_0(\boldsymbol{x}, \boldsymbol{u})]$ をとれば V–モデルと呼ばれる．つまり，E–モデルは

$$
\begin{aligned}
&\text{最小化：} && \mathrm{E}_{\boldsymbol{u}}[f_0(\boldsymbol{x}, \boldsymbol{u})] \\
&\text{条件：} && \boldsymbol{x} \in B(\alpha) := \{\widetilde{\boldsymbol{x}} \mid \Pr\{f_1(\widetilde{\boldsymbol{x}}, \boldsymbol{u}) \\
& && \qquad \leq 0, \cdots, f_{m_1}(\widetilde{\boldsymbol{x}}, \boldsymbol{u}) \leq 0\} \geq \alpha\}, \\
& && g_j(\boldsymbol{x}) \leq 0,\ j = 1, \cdots, m_2
\end{aligned} \tag{3}
$$

となる．$B(\alpha)$ は一般には凸集合でないが，各関数 $f_i(\boldsymbol{x}, \boldsymbol{u}),\ i = 1, \cdots, m_1$ が $(\boldsymbol{x}, \boldsymbol{u})$ について凸関数で，かつ確率変数 $\boldsymbol{u}$ が対数凹確率分布 (logconcave probability distribution) にしたがうならば，$B(\alpha)$ は凸集合になることが知られている．対数凹確率分布とは，確率密度関数 $p(\boldsymbol{u})$ が任意の $\boldsymbol{u}_1, \boldsymbol{u}_2, 0 < \lambda < 1$ に対して

$$
p(\lambda \boldsymbol{u}_1 + (1 - \lambda)\boldsymbol{u}_2) \geq [p(\boldsymbol{u}_1)]^{\lambda}[p(\boldsymbol{u}_2)]^{(1-\lambda)}
$$

が成り立つことをいう．対数凹確率分布は正規分布，指数分布，一様分布などを含むことが知られている．さらに，目的関数，制約関数 $g_j(\boldsymbol{x}),\ j = 1, \cdots, m_2$ が凸関数ならば，問題 (3) は凸計画問題となり，取扱いが比較的容易である．

c. その他の確率計画問題

確率計画では通常，確率変数 $\boldsymbol{u}$ の分布関数が既知であると仮定するが，確率変数 $\boldsymbol{u}$ の分布関数が未知な場合には，観測データに基づいた経験分布を代わりに用いることもある．そこで，未知の分布に基づく確率計画問題に対して，経験分布を用いて解くことによる最適値の誤差はどれくらいかを統計的に推定するような研究もさかんに行われている．

また，近年，ファイナンス (特に，ポートフォリオ選択と呼ばれる，資産配分比率の決定) などへの応用に焦点を当てた研究も多くなってきている．ポートフォリオ全体のリスクの大きさを表す尺度 (リスク尺度と呼ぶ) には，分散や VaR (Value at Risk)，そして最近注目を集めている Tail-VaR (Conditional VaR ともいう) などがある．これらのリスク尺度を最小化する

ような最適ポートフォリオ選択問題が提案されている．

〔武田朗子〕

参考文献

[1] E. M. L. Beale : On minimizing a convex function subject to linear inequalities. *J. Royal Statist. Soc.*, Ser. B, **17**: 173–184, 1955.

[2] A. Charnes and W. W. Cooper : Chance-constrained programming. *Management Sci.*, **6**: 73–79, 1959.

[3] G. B. Dantzig : Linear programming under uncertainty. *Management Sci.*, **1**: 197–206, 1955.

[4] A. Shapiro et al.: Lectures on Stochastic Programming : Modeling and Theory, SIAM, Philadelphia, 2009.

[5] 椎名孝之：確率計画法．久保幹雄ほか編：応用数理計画ハンドブック，pp.710–769，朝倉書店，2002.

5.2 ロバスト最適化

robust optimization

数理計画問題を記述するデータが不確定な場合のアプローチとして，大きく分けて，ロバスト最適化法と確率計画法が知られている．ロバスト最適化では，不確定なデータの生じうる範囲をあらかじめ設定し，そのなかで最も都合の悪い状況が生じた場合を想定したモデル化が行われている．そのモデリング技法およびその解法を含めて，**ロバスト最適化法**と呼ばれている．

Ben-Tal と Nemirovski[1] が 1998 年にロバスト最適化法を提案して以来，不確定なデータの変動に対して頑健 (ロバスト) な意思決定を行うための手法として注目され，さかんに研究が行われるようになった．最悪状況を想定した意思決定方法は新しいものではなく，1973 年に Soyster[4] によってすでに用いられていたが，Ben-Tal と Nemirovski の研究をきっかけに，再び脚光を浴びるようになった．また，時期を同じくして，ロバスト制御の流れから El Ghaoui と Lebret[3] が同様の定式化を示している．

不確定な状況下での意思決定問題，つまり不確定なデータ $\boldsymbol{u}$ を含んだ意思決定問題として，以下の最適化問題を考える．

$$\begin{array}{lll} \text{最小化：} & f_0(\boldsymbol{x}, \boldsymbol{u}_0) & \\ \text{条件：} & f_i(\boldsymbol{x}, \boldsymbol{u}_i) \leq 0, & i = 1, \cdots, m_1, \\ & g_j(\boldsymbol{x}) \leq 0, & j = 1, \cdots, m_2 \end{array} \tag{1}$$

ここで，$\boldsymbol{u}_i \in \mathcal{R}^l$ は不確定なデータ，$\boldsymbol{x} \in \mathcal{R}^n$ は意思決定変数，$f_0(\boldsymbol{x}, \boldsymbol{u}_0) : \mathcal{R}^n \times \mathcal{R}^l \to \mathcal{R}$ は目的関数，$f_i(\boldsymbol{x}, \boldsymbol{u}_i) : \mathcal{R}^n \times \mathcal{R}^l \to \mathcal{R}$ と $g_j(\boldsymbol{x}) : \mathcal{R}^n \to \mathcal{R}$ は制約条件を表す関数とする ($i = 1, \cdots, m_1$, $j = 1, \cdots, m_2$)．ここで，目的関数や制約式ごとに異なる不確定なデータ $\boldsymbol{u}_0, \boldsymbol{u}_1, \cdots, \boldsymbol{u}_{m_1}$ が含まれていることに注意したい．これは制約ごとの不確実性 (constraint-wise uncertainty) や行ごとの不確実性 (row-wise uncertainty) と呼ばれ，ロバスト最適化問題を扱いやすくするための仮定である．

問題 (1) の不確定なデータ $\boldsymbol{u}_i$ が生じうる範囲を**不確実性集合** (uncertainty set) と呼び，ここでは $\mathcal{U}_i$ と

記述する．各データ $\boldsymbol{u}_i$ に対して $\mathcal{U}_i \subset \mathcal{R}^l$ を仮定すると，ロバスト最適化問題は一般に，次のように定式化される．

$$
\begin{aligned}
&\text{最小化：} && \sup_{\boldsymbol{u}_0 \in \mathcal{U}_0} f_0(\boldsymbol{x}, \boldsymbol{u}_0) \\
&\text{条件：} && f_i(\boldsymbol{x}, \boldsymbol{u}_i) \le 0, \ \ \forall \boldsymbol{u}_i \in \mathcal{U}_i, \quad i = 1, \cdots, m_1, \\
& && g_j(\boldsymbol{x}) \le 0, \qquad\qquad\qquad\quad j = 1, \cdots, m_2
\end{aligned} \tag{2}
$$

不確実性集合 $\mathcal{U}_i$ の要素が無限にある場合には，問題 (2) には無限本の制約式が含まれることになる．ロバスト最適化問題は，不確定なデータ $\boldsymbol{u}_i$ に対してあらゆる可能性を想定してつくられた制約式に対して，すべて満たす解のなかから，最も目的関数値の小さいものをみつける問題である．不確定なデータを含んだ制約式については

$$
f_i(\boldsymbol{x}, \boldsymbol{u}_i) \le 0, \ \ \forall \boldsymbol{u}_i \in \mathcal{U}_i \Leftrightarrow \sup_{\boldsymbol{u}_i \in \mathcal{U}_i} f_i(\boldsymbol{x}, \boldsymbol{u}_i) \le 0
$$

が成り立つので，sup をとった最も厳しい制約式表現 1 本で書き換えてもかまわない．

不確実な問題であっても，実際に最適化問題を構築する際に，問題の入力データ $\boldsymbol{u}_i, i = 1, \cdots, m$ のとる値を一つに決めてしまうことが多い．Ben-Tal と Nemirovski[2] は，$\boldsymbol{u}_i$ を一つ決めて得られる最適化問題の解が，$\boldsymbol{u}_i$ を微小に変動させた制約式 $f_i(\boldsymbol{x}, \boldsymbol{u}_i) \le 0$ を大きく破ってしまう例を示している．最適トラス設計や化学プロセス設計問題では，入力データ $\boldsymbol{u}_i$ の微小な変動によって解が大きく制約を破ると，大きな事故につながる可能性がある．ロバスト最適化による解は，$\boldsymbol{u}_i$ が想定範囲内 $\mathcal{U}_i$ で動くぶんには制約式を破ることはないため，微小な変動に対して頑健な解が必要とされる分野では，ロバスト最適化法が役立つ．

$\mathcal{U}_i$ の要素が無限にある場合には，問題 (2) は無限本の制約式を含む問題になり，一般に求解は困難である．そこで，線形不等式制約 1 本の最もシンプルな，不確定なデータ $\boldsymbol{a}$ を含んだ線形計画問題に対するロバスト最適化問題

$$
\begin{aligned}
&\text{最小化：} && \boldsymbol{c}^\top \boldsymbol{x} \\
&\text{条件：} && \boldsymbol{a}^\top \boldsymbol{x} \le b, \ \forall \boldsymbol{a} \in \mathcal{U}
\end{aligned} \tag{3}
$$

を例にあげ，$\mathcal{U}$ が矩形や楕円形であれば，ロバスト最適化問題を解きやすい問題に帰着できることを示す．

矩形不確実性集合 (box uncertainty set) の場合

不確定なデータ $\boldsymbol{a} \in \mathcal{R}^n$ に対して $\mathcal{U} = \{\boldsymbol{u} : \boldsymbol{a}_0 - \overline{\boldsymbol{a}} \le \boldsymbol{u} \le \boldsymbol{a}_0 + \overline{\boldsymbol{a}}\} \subset \mathcal{R}^n$ を仮定する (ただし $\boldsymbol{a}_0 \in \mathcal{R}^n$, $\overline{\boldsymbol{a}} \in \mathcal{R}^n$ は非負ベクトル)．$\overline{\boldsymbol{a}} \ge \boldsymbol{0}$ の仮定より，問題 (3) の制約式は 1 本の不等式

$$
\max_{\boldsymbol{a} \in \mathcal{U}} \boldsymbol{a}^\top \boldsymbol{x} = \boldsymbol{a}_0^\top \boldsymbol{x} + \overline{\boldsymbol{a}}^\top |\boldsymbol{x}| \le b \tag{4}
$$

で表される．ここで，$|\boldsymbol{x}|$ はベクトル $\boldsymbol{x}$ の各要素について絶対値をとってつくられたベクトルとする．さらに，新たな変数 $\boldsymbol{y} \in \mathcal{R}^n$ を導入して，この制約式を

$$
\boldsymbol{a}_0^\top \boldsymbol{x} + \overline{\boldsymbol{a}}^\top \boldsymbol{y} \le b, \quad -\boldsymbol{y} \le \boldsymbol{x} \le \boldsymbol{y}, \ \ \boldsymbol{y} \ge \boldsymbol{0}
$$

と記述すると，ロバスト線形計画問題 (3) は線形計画問題として定式化される．$\mathcal{U}$ は直方体であり，その角は，各成分について上限もしくは下限値がとられる極端な状況に対応している．さらに，式 (4) より，ロバスト最適化問題ではこの極端な状況のみ考慮されることがわかる．この手法は Soyster[4] によって提案されたものの，得られる最適意思決定は過度に保守的 (too conservative) になりがちであると評価されている．

楕円形不確実性集合 (ellipsoidal uncertainty set) の場合

不確定なデータ $\boldsymbol{a} \in \mathcal{R}^n$ に対して $\mathcal{U} = \{\boldsymbol{a}_0 + \boldsymbol{A}\boldsymbol{u} : \|\boldsymbol{u}\| \le 1\} \subset \mathcal{R}^n$ を仮定する (ただし，$\boldsymbol{a}_0 \in \mathcal{R}^n, \boldsymbol{u} \in \mathcal{R}^l$，$\boldsymbol{A} \in \mathcal{R}^{n \times l}$，$\|\bullet\|$ はユークリッドノルム)．$\mathcal{U}$ は，$\boldsymbol{a}_0$ を中心にもつ楕円体 (柱) を表している．不確定なデータのとりうる範囲として楕円形の $\mathcal{U}$ を想定することで，各成分が上・下限値を同時にとるような極端な状況を排除することができる．この $\mathcal{U}$ のもとで，問題 (3) の制約式左辺は

$$
\max_{\boldsymbol{u} : \|\boldsymbol{u}\| \le 1} (\boldsymbol{a}_0 + \boldsymbol{A}\boldsymbol{u})^\top \boldsymbol{x} = \boldsymbol{a}_0^\top \boldsymbol{x} + \max_{\boldsymbol{u} : \|\boldsymbol{u}\| \le 1} (\boldsymbol{A}^\top \boldsymbol{x})^\top \boldsymbol{u}
$$

となる．上式の最適解は $\boldsymbol{u}^* = \boldsymbol{A}^\top \boldsymbol{x} / \|\boldsymbol{A}^\top \boldsymbol{x}\|$ と陽に得られ，問題 (3) の制約式は 1 本の制約式 $\boldsymbol{a}_0^\top \boldsymbol{x} + \|\boldsymbol{A}^\top \boldsymbol{x}\| \le b$ で表現される．つまり，ロバスト線形計画問題 (3) は，2 次錐計画問題

$$
\begin{aligned}
&\min_{\boldsymbol{x}} \ \ \boldsymbol{c}^\top \boldsymbol{x} \\
&\text{s.t.} \ \ \boldsymbol{a}_0^\top \boldsymbol{x} + \|\boldsymbol{A}^\top \boldsymbol{x}\| \le b
\end{aligned}
$$

に変形され，内点法で効率的に解くことができる．

不確定なデータを含む最適化問題への解法として，

ロバスト最適化法は確率計画法と比べてかなり新しい手法である．どのような研究がなされているのか，簡単にまとめる．

①解きやすいロバスト最適化問題の構築方法：不確定なデータを含んだ最適化問題 (線形計画問題，2 次錐計画問題，半正定値計画問題，離散最適化問題など) を扱いやすいロバスト最適化問題に定式化するための，不確定データの記述方法が研究されている．

②確率分布の利用：不確定なデータに対して不確実性集合だけでなく確率分布も仮定したうえで，制約式を破る確率に関する精度保証のついた解法が提案されている．

③ロバスト多段階最適化への拡張：ロバスト最適化問題 (2) では，不確定なデータ $\boldsymbol{u}_0, \cdots, \boldsymbol{u}_{m_1}$ が実現する前に意思決定がなされている．これを意思決定のプロセスを多段階に分けて，第 1 段では不確定データの実現前に意思決定が行われ，不確定データの実現値が得られた後に，第 1 段での意思決定を受けて第 2 段では適切な調整がなされるものとする．これを多段階繰り返すことにより，ロバスト多段階最適化が行われる．

④ロバスト最適化法の応用事例への適用：どんな種類の金融商品にどの程度の割合で資産を割り振るかを決めるポートフォリオ問題に対して，各資産の収益率に関する平均値や資産間の分散・共分散行列について不確定という仮定に基づいて，さまざまなロバスト最適化問題が提案されている．また，観測値を用いて重回帰モデルや判別モデルといった統計モデルを構築する際に，観測値に観測誤差が含まれていて不確定であるとの仮定に基づいて，ロバスト最適化問題が提案されている．そのほかにも，在庫管理や建築構造設計に対するロバスト最適化の適用などさまざまな応用研究が進められている． 〔武 田 朗 子〕

参 考 文 献

[1] A. Ben-Tal and A. Nemirovski : Robust convex optimization. *Math. Operations Res.*, **23**: 769–805, 1998.

[2] A. Ben-Tal and A. Nemirovski : Robust solutions of linear programming problems contaminated with uncertain data. *Math. Program.*, **88**: 411–424, 2000.

[3] L. El Ghaoui and H. Lebret : Robust solutions to least-squares problems with uncertain data. *SIAM J. Matrix Anal. Appl.*, **18**: 1035–1064, 1997.

[4] A.L. Soyster : Convex programming with set-inclusive constraints and applications to inexact linear programming. *Operations Res.*, **21**: 1154–1157, 1973.

6 ゲーム理論と意思決定

6.1 ゲーム理論

game theory

ゲーム理論は，複数のプレイヤーが，互いの行動に影響を受けながら，おのおのの目的を達成しようと行動する状況を，数理的にモデル化し，プレイヤー間の利害対立や協力の分析を行う研究である．ゲーム理論は，数理的な観点や経済学のモデルへの応用という観点にとどまらず，政治学，社会学，哲学，心理学，生物学，工学といった多岐の分野に応用されている．ゲーム理論のモデルは，非協力ゲームと協力ゲームに大別される．非協力ゲームの代表例は，戦略形ゲーム (strategic game) と展開形ゲーム (extensive game) であり，協力ゲームの代表例は，交渉ゲーム (bargaining game) と提携形ゲーム (coalitional game) である．

a. 戦略形ゲーム

最初に，戦略形ゲームを，その代表例である囚人のジレンマを用いて説明する．戦略形ゲームとは，プレイヤーが同時に戦略を決めるゲームである．囚人のジレンマでは，犯罪の共犯者である 2 人の囚人が，検事から別々に取り調べを受ける状況を想定している．囚人の立場からは，2 人とも黙秘することで犯罪が立証されずに，余罪による軽い刑罰を受けるという状況が望ましい．しかし，一方のみが自白した場合には，自白したほうの罪が軽くなり黙秘したほうの罪が重くなるという共犯証言の制度によって，2 人とも自白してしまう可能性が生じる．以下では，この状況をモデル化した戦略形ゲームを説明する．

2 人の囚人を，それぞれ，プレイヤー 1 と 2 で表し，各プレイヤーが選ぶことのできる戦略集合を $S := \{(1,0)^\top, (0,1)^\top\}$ で表す．ただし，記号 $^\top$ で，転置（行と列の交換）を表す．$(1,0)^\top$ は黙秘を意味し，$(0,1)^\top$ は自白を意味する．各プレイヤーの利得を，2 人とも黙秘の場合には 5，自分だけが自白する場合には 6，自分だけが黙秘の場合には -4，2 人とも自白の場合には -3 と定める．プレイヤー 1 と 2 の戦略が，それぞれ，x と y であるときの各プレイヤーの利得関数 $f_1(x,y)$ と $f_2(x,y)$ は，利得行列

$$A := \begin{pmatrix} 5 & -4 \\ 6 & -3 \end{pmatrix}$$

を用いて，$f_1(x,y) = x^\top Ay, f_2(x,y) = y^\top Ax$ と表すことができる．すなわち，各プレイヤーの利得は，自分の選ぶ戦略（A の行）と相手の選ぶ戦略（A の列）によって決まる．関係式

$$f_1(x^*,y^*) = \max_{x\in S} f_1(x,y^*),$$
$$f_2(x^*,y^*) = \max_{y\in S} f_2(x^*,y) \qquad (1)$$

を満たすプレイヤーの戦略の組 (x^*,y^*) が，ナッシュ均衡 (Nash equilibrium) と呼ばれる．ナッシュ均衡では，相手のプレイヤーが戦略を変えない場合に自分だけが戦略を変える動機をもたない．このため，ナッシュ均衡は，非協力ゲームにおいて，合理的なプレイヤーの落ち着く戦略の組と考えられる．囚人のジレンマでは，ナッシュ均衡は，$(x^*,y^*) = ((0,1)^\top,(0,1)^\top)$，すなわち，2 人とも自白という戦略の組だけであり，2 人とも利得 -3 を得るという望ましくない結果になる．

囚人のジレンマでは，2 人のプレイヤーの戦略集合と利得が対称であったが，一般に，各プレイヤーの戦略が有限個の戦略形ゲームは，おのおのの利得行列の組で表現することができる．利得関数が利得行列の 2 次形式で表されるため，双行列ゲーム (bimatrix game) と呼ばれる．双行列ゲームにおいて，常にナッシュ均衡が存在するとはかぎらない．たとえば，3 種類の戦略をもつ対称な 2 人による双行列ゲームを考え，利得行列を

$$B := \begin{pmatrix} 0 & 1 & -1 \\ -1 & 0 & 1 \\ 1 & -1 & 0 \end{pmatrix}$$

とする．このゲームは，戦略 $(1,0,0)^\top, (0,1,0)^\top,$

$(0,0,1)^\top$ を，それぞれ，グー，チョキ，パーとみれば，じゃんけんのモデルであり，ナッシュ均衡は存在しない．

双行列ゲームでは，戦略集合を，確率的に選べるように拡張して考えることが多い．拡張した戦略は，**混合戦略** (mixed strategy) と呼ばれる．じゃんけんの例では，混合戦略の集合は，$S = \{x \in \mathbb{R}^3_+ \mid x_1+x_2+x_3 = 1\}$，すなわち，グー，チョキ，パーに割り当てる確率の組となる．これと対比させて，拡張する前の戦略，すなわち，確率 1 で選ぶ戦略を**純粋戦略** (pure strategy) と呼ぶ．混合戦略を許す場合，利得関数は，得られる利得の期待値を表す．純粋戦略の範囲内でナッシュ均衡が存在しない双行列ゲームであっても，戦略集合を混合戦略に拡張した場合には，常にナッシュ均衡が存在する．これは，不動点定理を用いて証明されるが，一意であるとはかぎらない．じゃんけんの例では，$(x^*, y^*) = ((1/3, 1/3, 1/3)^\top, (1/3, 1/3, 1/3)^\top)$，すなわち，2 人ともグー，チョキ，パーを等確率で出すという戦略の組が唯一のナッシュ均衡となる．混合戦略の範囲内でのナッシュ均衡ということを明確にするため，混合ナッシュ均衡と呼ぶこともある．

双行列ゲームにおいて，その存在が保証される混合ナッシュ均衡であるが，大規模な問題で混合ナッシュ均衡を計算できるかどうかは別問題である．特に，あらゆる戦略の組に対して，2 人の利得関数の和が 0 になるようなゼロ和双行列ゲームにおいては，混合ナッシュ均衡計算問題は，線形計画問題に帰着される．ゼロ和双行列ゲームであるじゃんけんの例で説明しよう．2 人の利得関数の和が常にゼロなので，プレイヤー 2 は，プレイヤー 1 の利得関数 $f_1(x, y)$ を最小化することになり，混合ナッシュ均衡 (x^*, y^*) は，以下の関係式を満たす．

$$f_1(x^*, y^*) = \max_{x\in S}\min_{y\in S} f_1(x, y) = \min_{y\in S}\max_{x\in S} f_1(x, y) \tag{2}$$

関係式 (2) は，ゼロ和双行列ゲームにおけるミニマックス定理と呼ばれる．式 (2) の最初の等式で，双対性を用いて $\min_{y\in S} f_1(x, y)$ を最大化問題に変換すれば，$f_1(x^*, y^*)$ と x^* を求める問題は，以下の線形計画問題に帰着される．

$$\begin{array}{ll} \text{maximize} & z \\ \text{subject to} & (x, z) \in \mathbb{R}^3 \times \mathbb{R} \\ & B^\top x - (1, 1, 1)^\top z \geq 0 \\ & x_1 + x_2 + x_3 = 1 \\ & x \geq 0 \end{array} \tag{3}$$

ただし，$B^\top x - (1,1,1)^\top z \geq 0$ と $x \geq 0$ は，ベクトルのすべての成分が 0 以上であることを表す．同様に，y^* を求める問題も線形計画問題に帰着できる．

ゼロ和でない一般の双行列ゲームにおいて，混合ナッシュ均衡を計算する方法としては，変分不等式問題に帰着して計算するレムケ–ホーソン (Lemke–Howson) アルゴリズムなどがある．しかし，一般の双行列ゲームにおける混合ナッシュ均衡計算問題は，理論的には，多項式時間では計算できないと考えられている PPAD 完全と呼ばれるクラスの問題に属する．ここでは，双行列ゲームに絞って説明したが，一般に，n 人のプレイヤーからなり，各プレイヤーの利得がなんらかの関数として与えられる戦略形ゲームに対しても，同様にナッシュ均衡は定義され，合理的なプレイヤーの落ち着く戦略の組として用いられる．

b. 展開形ゲームと繰り返しゲーム

展開形ゲームは，戦略形ゲームと異なり，プレイヤーの手番を考慮するゲームである．展開形ゲームでは，各プレイヤーは，自分の手番で行動を選ぶことができる．一般に，複数の手番をもつプレイヤーを考えるため，各手番でとる行動を選択と呼び，各手番の選択の流列を戦略と呼んで区別する．たとえば，チェスや将棋では，交互に手番がある展開形ゲームにモデル化される．通常，選択の数が有限であるような展開形ゲームは，各手番を節点に対応させ，各選択を枝に対応させることによって，グラフ理論の木の形式で表現される．

最も基本的な展開形ゲームは，リーダーフォロワーゲーム（シュタッケルベルグ (Stackelberg) ゲームとも呼ばれる）である．リーダーフォロワーゲームとは，2 人のプレイヤーが，それぞれ，一つずつの手番をもつゲームである．先手のプレイヤーをリーダー，後手のプレイヤーをフォロワーと呼ぶ．リーダーの各選択に対するフォロワーの最適応答選択を考慮してリーダーの最適化問題を解けば，ナッシュ均衡が得られる．特に，リーダーフォロワーゲームのナッシュ均衡は，シュタッケルベルグ均衡とも呼ばれる．数理的にみると，シュタッケルベルグ均衡計算問題は，2段階最適化問題，あるいは，均衡制約をもつ最適化問題と呼ばれるタイプの問題に属する．

展開形ゲームでは，各プレイヤーの手番を考慮するため，他のプレイヤーの過去の手番における選択を知ることができるかなどの情報という観点が重要となる．特に，各プレイヤーが，各手番において，それ以前のあらゆるプレイヤーの手番における選択*1を知ったうえで，選択を行うことができるゲームが，**完全情報ゲーム** (perfect information game) である．有限の手番と有限の選択からなる完全情報ゲームでは，純粋戦略の範囲内でナッシュ均衡が存在する．一方，各プレイヤーが，各手番において，それ以前の自分の手番での選択と利用可能だった情報をすべて記憶しているゲームが，**完全記憶ゲーム** (perfect recall game) である．完全記憶ゲームでは，自分以外のプレイヤーの選択については，過去の手番であってもわからない可能性がある．完全記憶ゲームでは，混合戦略の範囲内でナッシュ均衡が存在する．

また，展開形ゲームにかぎった概念ではないが，各プレイヤーが，固有の不確実性をもち，他のプレイヤーに関する不確実性に対して整合的な予想をもったうえで，おのおのの条件つき期待利得を最大化するゲームが，**ベイジアンゲーム** (Bayesian game) である．ベイジアンゲームのように自分と相手がもつ情報が非対称であるゲームにおいては，情報が伝達可能であるという仮定がおかれることもある．情報伝達を考慮すると，「各プレイヤーの自発的な情報伝達が行われるか？」，「各プレイヤーが正しく情報開示を行って望ましい均衡を達成するメカニズムが設計可能か？」といった問題の分析が可能となる．一般に，このような研究は，情報の経済学と呼ばれている．

展開形ゲームでは，ナッシュ均衡だけでは不十分であり，さらに強い安定性の条件を満たす均衡の重要性が指摘されている．一般に，このような研究は，均衡の精緻化と呼ばれ，多くの均衡概念が構築され，分析されている．そのなかでも，展開型ゲームにおける重要な均衡概念は，部分ゲーム完全均衡 (subgame perfect equilibrium) である．**部分ゲーム完全均衡**とは，ナッシュ均衡のなかで，あらゆる部分ゲームに対してもナッシュ均衡となるような戦略の組である．ただし，部分ゲームとは，もとのゲームの途中の手番を最初の手番と見なしたゲームのことである．完全記憶ゲームでは，混合戦略の範囲内で部分ゲーム完全均衡が存在する．他の代表的な均衡概念としては，微小な摂動を考慮した場合の安定性に着目した完全均衡があげられる．

これまでは，ゲームは1回かぎり行われることを前提としてきたが，同一のゲームが繰り返し行われる状況をモデル化したものが，**繰り返しゲーム** (repeated game) である．繰り返しゲームにおいては，プレイヤーは，過去に行われたゲームの結果に依存した戦略をとることができるため，協調，裏切り，仕返しなどの戦略の分析が可能となる．前述の囚人のジレンマの例が，無限回，繰り返されるようなゲームを考えよう．各プレイヤーが，j 回目のゲームにおける利得 a_j を金利10% で割り引いた $\sum_{j=1}^{\infty} a_j/1.1^{j-1}$ を総利得と考えることにする．このとき，2人とも自白し続けるという戦略の組もナッシュ均衡であるが，2人とも「j 回目で，$j-1$ 回目以前に相手が1回も自白しなかった場合にのみ黙秘するが，それ以外では自白する ($j=1,2,\cdots$)」という戦略の組もナッシュ均衡になる．1回かぎりのゲームでは，2人とも自白というナッシュ均衡しか存在しなかったのが，無限回繰り返しゲームを考えることで，囚人にとってより望ましいナッシュ均衡が存在する．このように，繰り返しゲームでは，非協力ゲームであっても，協調行動を意味するナッシュ均衡が生じる場合がある．

c. 協力ゲーム

ここまで，各プレイヤーがおのおのの利得最大化だけを考える非協力ゲームの説明をしてきたが，ここでは，プレイヤー間の協力の分析を主眼としたゲームを説明する．2人ゲームにおける交渉を分析する代表的なモデルが，**ナッシュ交渉問題** (Nash bargaining problem) である．ナッシュ交渉問題は，実現可能な利得ベクト

*1 展開形ゲームでは，外生的な不確実性を，自然が選択する手番，偶然手番で表すことがあるが，以前の偶然手番における選択も既知とする．

ル全体の集合と，現在の利得ベクトルの組として定義され，ナッシュ交渉解と呼ばれる概念が，2 人の交渉による合意点として用いられる．一方，n 人による協力ゲームの代表例が，譲渡可能な効用をもつ提携形ゲームである．譲渡可能な効用をもつとは，複数のプレイヤーによる提携によって得た利得をメンバー間で自由に配分できることを意味する．以下では，譲渡可能な効用をもつ提携形ゲームを説明する．

例として，プレイヤー 1, 2, 3 からなる多数決を考える．この多数決ゲームでは，2 人以上が提携することで，なんらかの意思決定が可能となる．意思決定を行ったときの利得を 1 とすると，このゲームは，以下のように，関数 v で表される．

$$v(\{i\}) = 0 \quad (i = 1, 2, 3),$$
$$v(\{1,2\}) = v(\{2,3\}) = v(\{1,3\}) = v(\{1,2,3\}) = 1$$

プレイヤー全体の集合の空でない部分集合を提携と呼ぶ．各提携に対して利得を与える関数 v は，ゲームの特性関数と呼ばれ，ゲームと同一視される．通常，特性関数の優加法性，すなわち，任意の提携 U と T に対して

$$v(U \cup T) \geq v(U) + v(T)$$

が成り立つと仮定する．実際，前述の 3 人多数決ゲームは，優加法的なゲームである．以下では，優加法的な n 人ゲーム v における配分の問題を考える．優加法的なゲームでは，全体提携が合理的な提携であるため，全体提携によって得られる総利得のプレイヤー間での配分が問題となる．プレイヤー間の利得の合理的な配分に関して，さまざまな概念が構築され，分析されている．

その代表的な概念である**コア** (core) とは，すべての提携 U に対して，

$$\sum_{i \in U} x_i \geq v(U) \tag{4}$$

を満たす配分 $x \in \mathbb{R}^n$ のことである．ただし，x の各成分は，各プレイヤーへの利得の配分額を表す．配分 x がコアに属する場合には，どのプレイヤーも全体提携から離脱する動機をもたない．ただし，ゲームによっては，コアが複数ある場合も，存在しない場合もある．実際，前述の 3 人多数決ゲームでは，コアは存在しない．優加法的なゲームでは，コアの定義式 (4) から，コアが存在するかどうかの判別は，線形計画問題に帰着される．同様に，一意的な配分を与えるものではないが，安定集合 (stable set) やカーネル (kernel) も代表的な概念である．

一方，シャープレイ値 (Shapley value) は，常に一意的な配分を与える概念である．プレイヤー i のシャープレイ値とは，

$$\sum_{U \text{ s.t.} i \in U} \frac{(|U|-1)!(n-|U|)!}{n!} (v(U) - v(U \backslash \{i\})) \tag{5}$$

である．ただし，i を含むすべての提携 U に対して和をとり，$|U|$ は集合 U の要素数を表す．たとえば，前述の 3 人多数決ゲームにおけるシャープレイ値は，$(1/3, 1/3, 1/3)$ である．プレイヤー i のシャープレイ値は，n 人のプレイヤーがランダムな順序で全体提携を形成するときの限界貢献度の期待値と解釈することができる．また，最大不満の最小化という基準で一意的な配分を与える仁 (nucleolus) も代表的な概念である．

以上，非協力ゲームと協力ゲームについて説明したが，現実の人間の行動は，ナッシュ均衡のような合理的な戦略で説明がつかない場合もあることが確認されている．そこで，限定合理性と呼ばれる概念を用いて，現実に合ったゲーム理論を構築する研究も発展している．最後に，ゲーム理論の体系的な教科書としては，[1] があげられる．　〔西 原　理〕

参 考 文 献

[1] 岡田　章：ゲーム理論，有斐閣，1996.

6.2 多目的最適化

multi-objective optimization

現実の最適化問題では，たとえば，二酸化炭素の排出量を最小にしつつ，利益を最大化したいなどのように，複数の目的関数をもつことがある．複数の目的関数をもつ最適化問題は，**多目的最適化問題** (multi-objective optimization problem) や**多目的計画問題** (multiple objective programming problem) と呼ばれる．多目的最適化問題では，目的関数が複数あるので，通常の最適解の概念がそのまま当てはまらない．また，多目的最適化問題をどのように扱うかにより種々のアプローチが考えられている．ここでは，基本的な解概念と性質，いくつかのアプローチを紹介する．

一般に，多目的最適化問題は次のように表せる．

$$\begin{array}{ll} \text{minimize} & \boldsymbol{f}(\boldsymbol{x}) = (f_1(\boldsymbol{x}), f_2(\boldsymbol{x}), \cdots, f_p(\boldsymbol{x})) \\ \text{subject to} & \boldsymbol{x} \in X \end{array} \tag{1}$$

ただし，$\boldsymbol{x} \in \mathbf{R}^n$，$f_j : \mathbf{R}^n \to \mathbf{R}$, $j = 1, 2, \cdots, p$ であり, $X \subseteq \mathbf{R}^n$ は閉集合である．通常の最適化問題では，最小化する関数は一つ，すなわちスカラー関数であるが，問題 (1) では，最小化すべき関数は p 個あり，p 次元のベクトル関数となっている．したがって，通常の最適化問題のように，すべての実行可能解 $\boldsymbol{x} \in X$ に対して，$\boldsymbol{f}(\boldsymbol{x}^*) \leq \boldsymbol{f}(\boldsymbol{x})$，すなわち，

$$f_j(\boldsymbol{x}^*) \leq f_j(\boldsymbol{x}), \quad j = 1, 2, \cdots, p$$

となる**完全最適解** $\boldsymbol{x}^* \in X$ は存在するとはかぎらない．

そこで，次の**パレート最適解** $\widehat{\boldsymbol{x}} \in X$ を問題 (1) の解として考える．すなわち，パレート最適解 $\widehat{\boldsymbol{x}}$ は，

$$f_j(\boldsymbol{x}) \leq f_j(\widehat{\boldsymbol{x}}), \quad j = 1, 2, \cdots, p$$

かつ，いずれかの $j' \in \{1, 2, \cdots, p\}$ に対して，

$$f_{j'}(\boldsymbol{x}) < f_{j'}(\widehat{\boldsymbol{x}})$$

となる実行可能解 $\boldsymbol{x} \in X$ が存在しないような実行可能解である．別の言い方をすれば，パレート最適解は，ある目的関数を改善しようとすれば他のいずれかの目的関数を改悪せざるをえないような実行可能解，あるいは，自分より優るものが存在しない実行可能解ということができる．パレート最適解は，**有効解**や**非劣解**と呼ばれることもある．

パレート最適解を少し弱めた解概念として，弱パレート最適解がある．**弱パレート最適解** $\overline{\boldsymbol{x}}$ は，

$$f_j(\boldsymbol{x}) < f_j(\overline{\boldsymbol{x}}), \quad j = 1, 2, \cdots, p$$

となる実行可能解 $\boldsymbol{x} \in X$ が存在しないような実行可能解である．パレート最適解では，すべての目的関数について劣ることなく，かつ，少なくとも一つの目的関数に関して優る解の存在を調べたが，弱パレート最適解では，すべての目的関数について優る解の存在を調べている．弱パレート最適解は，**弱有効解**や**弱非劣解**と呼ばれることもある．

完全最適解が存在すれば，それはパレート最適解であり，パレート最適解は弱パレート最適解でもある．すなわち，次式のようになる．

$$\begin{array}{l} \text{完全最適解集合} \subseteq \text{パレート最適解集合} \\ \qquad\qquad\qquad \subseteq \text{弱パレート最適解集合} \end{array}$$

$p = 2$ の場合に，$\boldsymbol{f}(X) = \{\boldsymbol{f}(\boldsymbol{x}) \mid \boldsymbol{x} \in X\}$ を用いて，完全最適解，パレート最適解，弱パレート最適解を図示すると，図 1(a), (b) のようになる．図 1(a) のように f_1，f_2 が同時に最小になる点が存在すれば，それに対応する $\boldsymbol{x}$ が完全最適解になる．一方，図 1(b) のように f_1，f_2 を同時に最適にする点が存在しなければ，完全最適解は存在しない．この場合，パレート最適解は無数に存在し，図のパレート最適曲面上の任意の点に対応する $\boldsymbol{x}$ がパレート最適解になる．弱パレート最適解も無数に存在し，弱パレート最適曲面上の任意の点に対応する $\boldsymbol{x}$ が弱パレート最適解になる．図 1(b) に示すように，$f(X)$ の境界面の一部がいずれかの目的関数の軸と平行になる場合に，弱パレート最

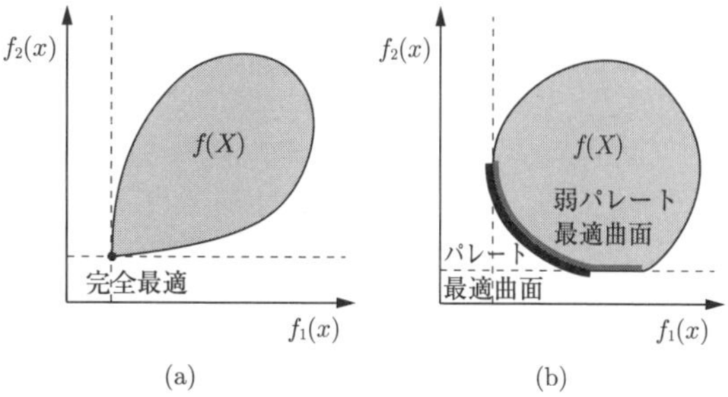

図 1 多目的最適解の解概念

適であってパレート最適でない解が存在する．

通常，多目的最適化問題には完全最適解は存在しないので，パレート最適解のなかから意思決定者が最も好む解を選ぶことになる．この解選択を支援する方法として，複数の目的関数を一つの目的関数に統合して解を求める方法，すべての，あるいは多くのパレート最適解を列挙する方法，意思決定者から対話により随時選好情報を引き出し望ましい解を探索する対話型手法などが考えられている．ここでは，これらの手法の基礎となるパレート最適解の一つを求めるスカラー化手法を二，三紹介しよう．

最もよく利用されるスカラー化手法は，**線形加重和最小化**である．この方法では，各目的関数 f_i に重み w_i を与え，問題 (1) の解候補を 1 目的最適化問題，

$$\begin{aligned} &\text{minimize} \quad \sum_{i=1}^{p} w_i f_i(\boldsymbol{x}) \\ &\text{subject to} \quad \boldsymbol{x} \in X \end{aligned} \tag{2}$$

の解として求める方法である．$w_i > 0, i = 1, 2, \cdots, p$ であれば，問題 (2) の最適解はかならずパレート最適解になる．また，$w_i \geq 0, i = 1, 2, \cdots, p$ で，いずれかの w_i が正であれば，問題 (2) の最適解は弱パレート最適解になることが保証される．特に，その解が問題 (2) の唯一解であれば，パレート最適解になる．一方，実行可能解集合 X が凸集合で，$f_i, i = 1, 2, \cdots, p$ が凸関数であれば，$w_i \geq 0, i = 1, 2, \cdots, p$ で，いずれかの w_i が正となる範囲で $w_i, i = 1, 2, \cdots, p$ を調整することにより，任意の弱パレート最適解が問題 (2) の最適解として求められる．しかし，X，$f_i, i = 1, 2, \cdots, p$ のいずれかが凸でなければ，図 2(a) に示すように，$f(X)$ の凹んだ部分にパレート最適解が存在することがあり，問題 (2) の $w_i, i = 1, 2, \cdots, p$ を変化させてもすべてのパレート最適解が求められるとはかぎらない．

チェビシェフスカラー化手法は，各目的関数 f_i に適当な基準値 $\overline{y}_i$ と重み w_i を与え，問題 (1) の解候補を

$$\begin{aligned} &\text{minimize} \quad \max_{i=1,2,\cdots,p} w_i(f_i(\boldsymbol{x}) - \overline{y}_i) \\ &\text{subject to} \quad \boldsymbol{x} \in X \end{aligned} \tag{3}$$

なる最適化問題の解として求める方法である．$w_i > 0$, $i = 1, 2, \cdots, p$ であれば，問題 (3) の最適解はかならず弱パレート最適解になる．また，$w_i \geq 0$, $i = 1, 2, \cdots, p$ で，いずれかの w_i が正であるとき，問題 (2) が唯一の最適解をもてば，その解はパレート最適解である．逆に，任意の弱パレート最適解は，ある $w_i > 0$, $i = 1, 2, \cdots, p$, $\overline{y}_i$, $i = 1, 2, \cdots, p$ をもつ問題 (3) の最適解となる．線形加重和最小化と異なり，チェビシェフスカラー化手法では，図 2(b) に示すように，X や f_i が非凸であっても，w_i と $\overline{y}_i$, $i = 1, 2, \cdots, p$ をうまく調整することにより，任意の弱パレート最適解を求めることができる．

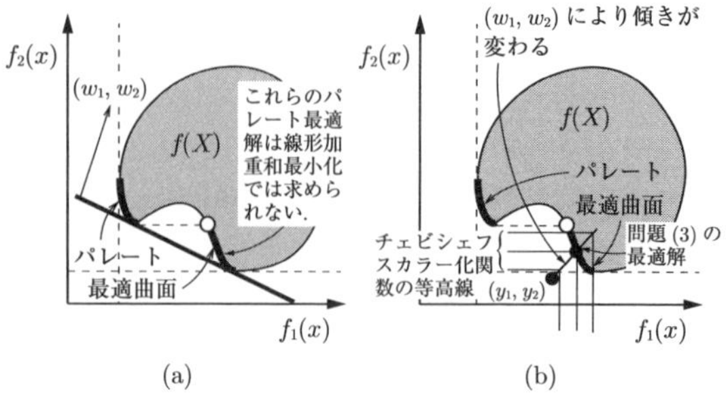

図 2　スカラー化手法

問題 (3) の最適解はパレート最適解とはかぎらない．この弱点を補った手法が**拡大チェビシェフスカラー化手法**である．この方法では，問題 (3) の目的関数を

$$\begin{aligned} \text{minimize} \quad &\max_{i=1,2,\cdots,p} w_i(f_i(\boldsymbol{x}) - \overline{y}_i) \\ &+\alpha \sum_{i=1}^{p} w_i(f_i(\boldsymbol{x}) - \overline{y}_i) \end{aligned} \tag{4}$$

に置き換えた問題を解く．パラメータ α および w_i, $i = 1, 2, \cdots, p$ が正であれば，この問題の最適解はかならずパレート最適解になる．$\alpha > 0$ を十分小さく設定すれば，チェビシェフスカラー化手法と同様に，非凸の場合でもうまく取り扱うことができる．

〔乾 口 雅 弘〕

参 考 文 献

[1] 中山弘隆，谷野哲三：多目的計画法の理論と応用，計測自動制御学会，1994.

7 非線形計画問題

いくつかの制約条件を満たす変数の組のうちで，**目的関数** (objective function) と呼ばれる関数の値を最大または最小にするものを求める問題を，**最適化問題** (optimization problem) という．以下では，ベクトル空間 $\Re^n$ 上で定義された実数値関数 f, g_i $(i = 1, \cdots, l)$, h_j $(j = 1, \cdots, m)$ を用いて，次式のように定式化できる最適化問題を考える．

$$\begin{aligned} &\text{目的関数：} \quad f(\boldsymbol{x}) \to \text{最小} \\ &\text{制約条件：} \quad \boldsymbol{g}(\boldsymbol{x}) \leq \boldsymbol{0} \\ &\qquad\qquad\quad\ \ \boldsymbol{h}(\boldsymbol{x}) = \boldsymbol{0} \end{aligned}$$

ただし，$\boldsymbol{g}(\boldsymbol{x}) = (g_1(\boldsymbol{x}), \cdots, g_l(\boldsymbol{x}))^\top$，$\boldsymbol{h}(\boldsymbol{x}) = (h_1(\boldsymbol{x}), \cdots, h_m(\boldsymbol{x}))^\top$ である（これらを**制約関数** (constraint function) という）．最適化問題に含まれる関数 f, g_i, h_j がいずれもアフィン関数である最適化問題を**線形計画問題** (linear programming problem) といい，f, g_i, h_j のいずれかがアフィン関数でない問題を**非線形計画問題** (nonlinear programming problem) という．また，f, g_i が凸関数で h_j がアフィン関数である最適化問題を，**凸計画問題** (convex programming problem) という．ここでは，最適化問題の解が満たすべき条件である**最適性条件** (optimality condition) と，最適化問題の解を数値的に求めるアルゴリズムを設計する際の基本的な考え方の一つである双対定理について解説する．より詳細な議論は，文献[1, 2] などを参照されたい．

7.1 最適性条件

optimality condition

ここでは，上述の最適化問題を構成する目的関数や制約関数が，必要な回数だけ連続的微分可能である場合を考える．最適性条件は，目的関数の値が減少する方向に移動しようとすると，等式制約条件を与える制約関数の値が変化するか，現在等式で成り立っている不等式制約条件を与える制約関数の値が増えてしまうという状況を，連立方程式や不等式の形で表現したものである．以下ではまず，**制約なし最適化問題** (unconstrained optimization problem) の最適解が満たす条件について述べる．次に，不等式制約つき最適化問題に対して，1 回微分の情報のみを利用する最適性条件と，2 回微分の情報も利用する最適性条件を解説する．最後に，等式制約条件と不等式制約条件の双方をもつ一般の非線形計画問題に対して，これらの最適性条件を拡張する．

a. 最適解

制約条件を満足する変数 $\boldsymbol{x}$ を，もとの最適化問題の**実行可能解** (feasible solution) という．また，実行可能解全体の集合

$$S = \{\boldsymbol{x} \in \Re^n \,|\, \boldsymbol{g}(\boldsymbol{x}) \leq \boldsymbol{0},\, \boldsymbol{h}(\boldsymbol{x}) = \boldsymbol{0}\}$$

を**実行可能領域** (feasible region) という．

実行可能領域 S のなかで，目的関数 f の値を最小にする点 $\boldsymbol{x}$ を，もとの最適化問題の**大域的最適解** (global optimal solution) という．一方，実行可能解 $\boldsymbol{x}^* \in S$ に対して正の数 ε が存在して，条件

$$\boldsymbol{x} \in S,\, \|\boldsymbol{x} - \boldsymbol{x}^*\| < \varepsilon \ \Rightarrow\ f(\boldsymbol{x}) \geq f(\boldsymbol{x}^*)$$

が成り立つとき，$\boldsymbol{x}^*$ を**局所的最適解** (local optimal solution) という．また，ある $\varepsilon > 0$ に対して条件

$$\boldsymbol{x}^* \neq \boldsymbol{x} \in S,\, \|\boldsymbol{x} - \boldsymbol{x}^*\| < \varepsilon \ \Rightarrow\ f(\boldsymbol{x}) > f(\boldsymbol{x}^*)$$

が成り立つとき，$\boldsymbol{x}^*$ を**狭義局所的最適解** (strict local optimal solution) という．凸計画問題の局所的最適解は大域的最適解となるが，一般の最適化問題においては，大域的最適解とは異なる局所的最適解も存在することに注意する必要がある．

b. 制約なし最適化問題

点 $\boldsymbol{x}^* \in \Re^n$ が，制約なし最適化問題

$$\text{目的関数：} f(\boldsymbol{x}) \rightarrow \text{最小}$$

の局所的最適解であるとき，次式が成り立つ．

$$\nabla f(\boldsymbol{x}^*) = \mathbf{0}$$

この条件は，1 回微分の情報のみを用いているので，**1 次の最適性条件** (first order optimality condition) と呼ばれる．関数 f が凸であるとき，この条件は $\boldsymbol{x}^*$ が大域的最適解であるための必要十分条件となるが，f が凸関数でない場合には，$\boldsymbol{x}^*$ が局所的最適解であるための必要条件にすぎない．一般に，この条件が成り立つ点 $\boldsymbol{x}^*$ を，もとの制約なし最適化問題の**停留点** (stationary point) という．

さらに，$\boldsymbol{x}^*$ が制約なし最適化問題の局所的最適解ならば，$\nabla^2 f(\boldsymbol{x}^*)$ は半正定値，すなわち，

$$\boldsymbol{u} \in \Re^n \;\Rightarrow\; \boldsymbol{u}^\top \nabla^2 f(\boldsymbol{x}^*) \boldsymbol{u} \geq 0$$

となる．これを **2 次の必要条件** (second order necessary condition) という．この条件は，目的関数 f が局所的最適解 $\boldsymbol{x}^*$ の近傍で凸関数であることを表している．ただし，この条件もあくまで必要条件であり，十分条件ではない．たとえば，$f(x_1, x_2) = x_1^2 - x_2$ は $\Re^2$ の凸関数であるが，任意の $\boldsymbol{x} = (x_1, x_2)^\top \in \Re^2$ で $\nabla f(\boldsymbol{x}) \neq \mathbf{0}$ である．

一方，$\boldsymbol{x}^* \in \Re^n$ が 1 次の最適性条件 $\nabla f(\boldsymbol{x}^*) = \mathbf{0}$ を満たし，かつ，$\nabla^2 f(\boldsymbol{x}^*)$ が正定値，すなわち，

$$\mathbf{0} \neq \boldsymbol{u} \in \Re^n \;\Rightarrow\; \boldsymbol{u}^\top \nabla^2 f(\boldsymbol{x}^*) \boldsymbol{u} > 0$$

となるとき，$\boldsymbol{x}^*$ は制約なし最適化問題の狭義局所的最適解となる．これを **2 次の十分条件** (second order sufficient condition) という．この条件は，目的関数 f が停留点 $\boldsymbol{x}^*$ の近傍で狭義凸関数であることを要求するものである．

c. 不等式制約つき最適化問題

次に，不等式制約条件のみをもつ最適化問題

$$\begin{aligned} &\text{目的関数：} && f(\boldsymbol{x}) \rightarrow \text{最小} \\ &\text{制約条件：} && g_i(\boldsymbol{x}) \leq 0 \quad (i = 1, \cdots, l) \end{aligned}$$

の局所的最適解が満たすべき条件について考える．この問題の実行可能領域 S は次式で定義できる．

$$S = \{\boldsymbol{x} \in \Re^n \,|\, g_i(\boldsymbol{x}) \leq 0 \; (i = 1, \cdots, l)\}$$

実行可能解 $\overline{\boldsymbol{x}} \in S$ に対して，錐 $F(\overline{\boldsymbol{x}}), G(\overline{\boldsymbol{x}})$ を式

$$\begin{aligned} F(\overline{\boldsymbol{x}}) &= \{\boldsymbol{u} \in \Re^n \,|\, \nabla f(\overline{\boldsymbol{x}})^\top \boldsymbol{u} < 0\} \\ G(\overline{\boldsymbol{x}}) &= \{\boldsymbol{u} \in \Re^n \,|\, \nabla g_i(\overline{\boldsymbol{x}})^\top \boldsymbol{u} < 0 \; (i \in \mathcal{I}(\overline{\boldsymbol{x}}))\} \end{aligned}$$

で定義する．ただし，$\mathcal{I}(\overline{\boldsymbol{x}})$ は $\overline{\boldsymbol{x}} \in S$ において等式で成り立つ制約条件（**有効な制約条件** (active constraint) という）の添字集合

$$\mathcal{I}(\overline{\boldsymbol{x}}) = \{i \,|\, g_i(\overline{\boldsymbol{x}}) = 0, \; i = 1, \cdots, l\}$$

である．実行可能解 $\overline{\boldsymbol{x}} \in S$ からベクトル $\boldsymbol{u} \in F(\overline{\boldsymbol{x}})$ の方向へ移動すると，移動量が十分小さければ目的関数 f の値は減少する．すなわち，$F(\overline{\boldsymbol{x}})$ の要素は f の $\overline{\boldsymbol{x}} \in S$ における**降下方向** (descent direction) を表している．一方，$G(\overline{\boldsymbol{x}})$ は S の $\overline{\boldsymbol{x}}$ における**線形化錐** (linearizing cone) と呼ばれている．点 $\overline{\boldsymbol{x}} \in S$ からベクトル $\boldsymbol{u} \in G(\overline{\boldsymbol{x}})$ の方向へ移動しても，移動量が十分小さければ関数 $g_i \; (i \in \mathcal{I}(\overline{\boldsymbol{x}}))$ の値は 0 より減少するので，実行可能領域 S から逸脱しない．すなわち，$G(\overline{\boldsymbol{x}})$ の要素は S の $\overline{\boldsymbol{x}}$ における**許容方向** (feasible direction) を表している．

したがって，$\boldsymbol{x}^*$ が局所的最適解ならば，条件

$$F(\boldsymbol{x}^*) \cap G(\boldsymbol{x}^*) = \emptyset$$

が成り立つ．この条件は，次のような連立 1 次方程式および不等式の解の存在条件に書き換えられる．すなわち，$\boldsymbol{x}^*$ が局所的最適解ならば，式

$$\begin{aligned} &\xi_0^* \nabla f(\boldsymbol{x}^*) + \textstyle\sum_{i=1}^{l} \xi_i^* \nabla g_i(\boldsymbol{x}^*) = \mathbf{0} \\ &g_i(\boldsymbol{x}^*) \leq 0, \; \xi_i^* \geq 0, \; \xi_i^* g_i(\boldsymbol{x}^*) = 0 \quad (i = 1, \cdots, l) \\ &(\xi_0^*, \xi_1^*, \cdots, \xi_l^*)^\top \neq \mathbf{0} \end{aligned}$$

を満たす $\xi_0^*, \xi_1^*, \cdots, \xi_l^*$ が存在する．この最適性条件は**フリッツ・ジョン条件** (Fritz John conditions) と呼ばれる 1 次の必要条件である．

フリッツ・ジョン条件において，式 $\xi_i^* g_i(\boldsymbol{x}^*) = 0$ は ξ_i^* と $g_i(\boldsymbol{x}^*)$ の少なくとも一方が 0 になることを要求する条件であり，**相補性条件** (complementarity condition) と呼ばれる．相補性条件により，不等式制約条件 $g_i(\boldsymbol{x}) \leq 0$ が $\boldsymbol{x}^*$ において有効でなければ，対応する ξ_i^* の値は 0 になる．

なお，$\nabla g_i(\boldsymbol{x}^*) = \mathbf{0} \, (i \in \mathcal{I}(\boldsymbol{x}^*))$ ならば $G(\boldsymbol{x}^*) = \emptyset$

となる．そのとき，フリッツ・ジョン条件は目的関数の形状に関係なく $\xi_0^* = 0$ で成立するので，最適性条件としての有効性は非常に乏しいものになる．

そこで，局所的最適解 $\boldsymbol{x}^*$ において $G(\boldsymbol{x}^*) \neq \emptyset$ と仮定する．そのとき，条件 $F(\boldsymbol{x}^*) \cap G(\boldsymbol{x}^*) = \emptyset$ は次のように書き換えられる．

$$-\nabla f(\boldsymbol{x}^*) \in G^*(\boldsymbol{x}^*)$$

ただし，$G^*(\boldsymbol{x}^*)$ は $G(\boldsymbol{x}^*)$ の極錐である．この条件は，さらに次のような連立 1 次方程式および不等式の解の存在条件に書き換えられる．すなわち，局所的最適解 $\boldsymbol{x}^*$ において $G(\boldsymbol{x}^*) \neq \emptyset$ ならば，式

$$\nabla f(\boldsymbol{x}^*) + \textstyle\sum_{i=1}^{l} \lambda_i^* \nabla g_i(\boldsymbol{x}^*) = \mathbf{0}$$
$$g_i(\boldsymbol{x}^*) \leq 0,\ \lambda_i^* \geq 0,\ \lambda_i^* g_i(\boldsymbol{x}^*) = 0 \ \ (i = 1, \cdots, l)$$

を満たす $\lambda_1^*, \cdots, \lambda_l^*$ が存在する．この最適性条件は**カルーシュ–キューン–タッカー条件** (Karush–Kuhn–Tucker conditions)，あるいは，**KKT 条件** (KKT conditions) と呼ばれる．KKT 条件は，一般に点 $\boldsymbol{x}^*$ が局所的最適解であるための必要条件であって十分条件ではないが，関数 f, g_i が凸関数ならば，$\boldsymbol{x}^*$ が大域的最適解であるための必要十分条件となる．

相補性条件 $\lambda_i^* g_i(\boldsymbol{x}^*) = 0$ に注意すると，$\lambda_i^* = 0 \ (i \notin \mathcal{I}(\boldsymbol{x}^*))$ となるから，KKT 条件の第 1 式は

$$\nabla f(\boldsymbol{x}^*) + \textstyle\sum_{i \in \mathcal{I}(\boldsymbol{x}^*)} \lambda_i^* \nabla g_i(\boldsymbol{x}^*) = \mathbf{0}$$

と書き換えられる．さらに，$\lambda_i^* \geq 0$ に注意すると，局所的最適解 $\boldsymbol{x}^*$ において，目的関数の勾配 $\nabla f(\boldsymbol{x}^*)$ は，有効な制約条件の勾配 $\nabla g_i(\boldsymbol{x}^*) \ (i \in \mathcal{I}(\boldsymbol{x}^*))$ の非負 1 次結合と釣合い関係にあることがわかる．

ここで，もとの不等式制約つき最適化問題に対する**ラグランジュ関数** (Lagrange function) を，式

$$L(\boldsymbol{x}, \boldsymbol{\lambda}) = f(\boldsymbol{x}) + \textstyle\sum_{i=1}^{l} \lambda_i g_i(\boldsymbol{x})$$

で定義する．ただし，$\boldsymbol{\lambda} = (\lambda_1, \cdots, \lambda_l)^\top \in \Re^l$ は**ラグランジュ乗数** (Lagrange multiplier) である．ラグランジュ関数を用いてベクトル表現に直すと，KKT 条件は次のように書き換えられる．

$$\nabla_x L(\boldsymbol{x}^*, \boldsymbol{\lambda}^*) = \mathbf{0}$$
$$\boldsymbol{g}(\boldsymbol{x}^*) \leq \mathbf{0},\ \boldsymbol{\lambda}^* \geq \mathbf{0},\ (\boldsymbol{\lambda}^*)^\top \boldsymbol{g}(\boldsymbol{x}^*) = 0$$

フリッツ・ジョン条件が $\xi_0^* > 0$ で成り立つとき，$\lambda_i^* = \xi_i^* / \xi_0^* \ (i = 1, \cdots, l)$ とおけば KKT 条件が得られる．条件 $G(\boldsymbol{x}^*) \neq \emptyset$ のように，$\xi_0^* > 0$ となり，KKT 条件を満たすラグランジュ乗数の存在を保証する仮定を**制約想定** (constraint qualification) という．とくに，$G(\boldsymbol{x}^*) \neq \emptyset$ は**コトル制約想定** (Cottle's constraint qualification) と呼ばれており，この仮定が成立すると，KKT 条件を満たすラグランジュ乗数 $\boldsymbol{\lambda}^*$ の集合は有界となる．不等式制約つき最適化問題に対する制約想定として実用上よく使われるものに，**スレータ制約想定** (Slater's constraint qualification) や **1 次独立制約想定** (linear independence constraint qualification) がある．スレータ制約想定は，有効な制約条件が凸関数であり，式

$$\{\boldsymbol{x} \in \Re^n \,|\, g_i(\boldsymbol{x}) < 0 \ (i = 1, \cdots, l)\} \neq \emptyset$$

が成立することを仮定する．一方，1 次独立制約想定は，局所的最適解において有効な制約条件の勾配が 1 次独立になることを仮定する．KKT 条件の第 1 式より，1 次独立制約想定が成り立てば，KKT 条件を満たすラグランジュ乗数はただ一つに決まる．

ラグランジュ乗数 $\boldsymbol{\lambda} = (\lambda_1, \cdots, \lambda_l)^\top$ において，値が正となる成分の添字集合を

$$\mathcal{I}_+(\boldsymbol{\lambda}) = \{i \,|\, \lambda_i > 0\}$$

と書くことにする．局所的最適解 $\boldsymbol{x}^*$ において KKT 条件を満たすラグランジュ乗数 $\boldsymbol{\lambda}^*$ が存在するとき，相補性条件より $\mathcal{I}_+(\boldsymbol{\lambda}^*) \subseteq \mathcal{I}(\boldsymbol{x}^*)$ が成り立つ．とくに，$\mathcal{I}_+(\boldsymbol{\lambda}^*) = \mathcal{I}(\boldsymbol{x}^*)$ となるとき，すなわち，有効な制約条件に対応するラグランジュ乗数の成分がかならず正となるとき，**狭義相補性** (strict complementarity) が成り立つという．

不等式制約つき最適化問題に対する 2 次の最適性条件を考えるために，KKT 条件を満たす点 $\boldsymbol{x}^* \in S$ と対応するラグランジュ乗数 $\boldsymbol{\lambda}^*$ に対して，四つの集合

$$\partial S(\boldsymbol{x}^*) = \{\boldsymbol{x} \in S \,|\, g_i(\boldsymbol{x}) = 0 \ (i \in \mathcal{I}(\boldsymbol{x}^*))\}$$
$$T(\boldsymbol{x}^*) = \{\boldsymbol{u} \in \Re^n \,|\, \nabla g_i(\boldsymbol{x}^*)^\top \boldsymbol{u} = 0 \ (i \in \mathcal{I}(\boldsymbol{x}^*))\}$$
$$U(\boldsymbol{x}^*, \boldsymbol{\lambda}^*) = \{\boldsymbol{u} \in \Re^n \,|\, \nabla g_i(\boldsymbol{x}^*)^\top \boldsymbol{u} = 0 \ (i \in \mathcal{I}_+(\boldsymbol{\lambda}^*)),\ \nabla g_i(\boldsymbol{x}^*)^\top \boldsymbol{u} \leq 0 \ (i \in \mathcal{I}(\boldsymbol{x}^*) \setminus \mathcal{I}_+(\boldsymbol{\lambda}^*))\}$$
$$V(\boldsymbol{x}^*, \boldsymbol{\lambda}^*) = \{\boldsymbol{u} \in \Re^n \,|\, \nabla g_i(\boldsymbol{x}^*)^\top \boldsymbol{u} = 0 \ (i \in \mathcal{I}_+(\boldsymbol{\lambda}^*))\}$$

を考える．集合 $\partial S(\boldsymbol{x}^*)$ は，点 $\boldsymbol{x}^*$ において有効な

不等式制約条件が定める実行可能領域 S の境界である．また，集合 $T(\boldsymbol{x}^*)$ は線形化錐 $G(\boldsymbol{x}^*)$ の境界であり，境界面 $\partial S(\boldsymbol{x}^*)$ を点 $\boldsymbol{x}^*$ において 1 次近似することによって得られる $\Re^n$ の部分空間である．一般に，$T(\boldsymbol{x}^*) \subseteq U(\boldsymbol{x}^*, \boldsymbol{\lambda}^*) \subseteq V(\boldsymbol{x}^*, \boldsymbol{\lambda}^*)$ であるが，狭義相補性が成り立つ場合には $T(\boldsymbol{x}^*) = U(\boldsymbol{x}^*, \boldsymbol{\lambda}^*) = V(\boldsymbol{x}^*, \boldsymbol{\lambda}^*)$ となる．

不等式制約つき最適化問題に対する 2 次の必要条件は，次のように記述できる．点 $\boldsymbol{x}^*$ を 1 次独立制約想定が成り立つ局所的最適解とする．そのとき，KKT 条件を満たすラグランジュ乗数 $\boldsymbol{\lambda}^*$ が存在し，

$$\boldsymbol{u} \in U(\boldsymbol{x}^*, \boldsymbol{\lambda}^*) \ \Rightarrow\ \boldsymbol{u}^\top \nabla_x^2 L(\boldsymbol{x}^*, \boldsymbol{\lambda}^*)\, \boldsymbol{u} \geq 0$$

が成り立つ．この条件は，局所的最適解 $\boldsymbol{x}^*$ から集合 $U(\boldsymbol{x}^*, \boldsymbol{\lambda}^*)$ の方向に移動するとき，ラグランジュ関数が局所的に凸と見なせることを表している．

一方，不等式制約つき最適化問題に対する 2 次の十分条件は次のように記述できる．点 $\boldsymbol{x}^* \in \Re^n$ を KKT 条件を満たす実行可能解，$\boldsymbol{\lambda}^* \in \Re^l$ を対応するラグランジュ乗数とする．そのとき，条件

$$\mathbf{0} \neq \boldsymbol{u} \in U(\boldsymbol{x}^*, \boldsymbol{\lambda}^*) \ \Rightarrow\ \boldsymbol{u}^\top \nabla_x^2 L(\boldsymbol{x}^*, \boldsymbol{\lambda}^*)\, \boldsymbol{u} > 0$$

が成り立つならば，$\boldsymbol{x}^*$ は狭義局所的最適解である．包含関係 $U(\boldsymbol{x}^*, \boldsymbol{\lambda}^*) \subseteq V(\boldsymbol{x}^*, \boldsymbol{\lambda}^*)$ に注意すると，やや強い仮定であるもの，より取り扱いやすい条件

$$\mathbf{0} \neq \boldsymbol{u} \in V(\boldsymbol{x}^*, \boldsymbol{\lambda}^*) \ \Rightarrow\ \boldsymbol{u}^\top \nabla_x^2 L(\boldsymbol{x}^*, \boldsymbol{\lambda}^*)\, \boldsymbol{u} > 0$$

を十分条件とすることもできる．

d. 等式・不等式制約つき最適化問題

等式制約と不等式制約の双方をもつ最適化問題

目的関数：　$f(\boldsymbol{x}) \to$ 最小

制約条件：　$g_i(\boldsymbol{x}) \leq 0 \quad (i = 1, \cdots, l)$

　　　　　　$h_j(\boldsymbol{x}) = 0 \quad (j = 1, \cdots, m)$

について考える．この問題の実行可能領域は，式

$$S = \{\boldsymbol{x} \,|\, g_i(\boldsymbol{x}) \leq 0 \ (i = 1, \cdots, l),\ h_j(\boldsymbol{x}) = 0 \ (j = 1, \cdots, m)\}$$

で定義できる．等式制約条件 $h_j(\boldsymbol{x}) = 0$ が二つの不等式制約条件

$$h_j(\boldsymbol{x}) \leq 0, \quad -h_j(\boldsymbol{x}) \leq 0$$

と等価であることを利用すると，不等式制約つき最適化問題に対する最適性条件を拡張できる．

まず，等式・不等式制約つき最適化問題に対するラグランジュ関数を次式で定義する．

$$L(\boldsymbol{x}, \boldsymbol{\lambda}, \boldsymbol{\mu}) = f(\boldsymbol{x}) + \sum_{i=1}^{l} \lambda_i g_i(\boldsymbol{x}) + \sum_{j=1}^{m} \mu_j h_j(\boldsymbol{x})$$

ただし，$\boldsymbol{\lambda} = (\lambda_1, \cdots, \lambda_l)^\top$ と $\boldsymbol{\mu} = (\mu_1, \cdots, \mu_m)^\top$ はそれぞれ不等式制約条件および等式制約条件に対するラグランジュ乗数である．また，実行可能解 $\overline{\boldsymbol{x}} \in S$ に対して，集合 $H(\overline{\boldsymbol{x}})$ を次式で定義する．

$$H(\overline{\boldsymbol{x}}) = \{\boldsymbol{u} \in \Re^n \,|\, \nabla \boldsymbol{h}_j(\overline{\boldsymbol{x}})^\top \boldsymbol{u} = 0 \ (j = 1, \cdots, m)\}$$

そのとき，KKT 条件は次のように記述できる．すなわち，等式・不等式制約つき最適化問題の局所的最適解 $\boldsymbol{x}^*$ において，$\nabla \boldsymbol{h}_j(\boldsymbol{x}^*)$ $(j = 1, \cdots, m)$ が 1 次独立で，$G(\boldsymbol{x}^*) \cap H(\boldsymbol{x}^*) \neq \emptyset$ ならば，式

$$\nabla f(\boldsymbol{x}^*) + \sum_{i=1}^{l} \lambda_i^* \nabla g_i(\boldsymbol{x}^*) + \sum_{j=1}^{l} \mu_j^* \nabla h_j(\boldsymbol{x}^*) = \mathbf{0}$$
$$g_i(\boldsymbol{x}^*) \leq 0,\ \lambda_i^* \geq 0,\ \lambda_i^* g_i(\boldsymbol{x}^*) = 0 \ \ (i = 1, \cdots, l)$$
$$h_j(\boldsymbol{x}^*) = 0 \ \ (j = 1, \cdots, m)$$

を満たすラグランジュ乗数 $\boldsymbol{\lambda}^* = (\lambda_1^*, \cdots, \lambda_l^*)^\top$ と $\boldsymbol{\mu}^* = (\mu_1^*, \cdots, \mu_m^*)^\top$ が存在する．KKT 条件の第 1 式は，ラグランジュ関数の勾配 $\nabla_x L(\boldsymbol{x}, \boldsymbol{\lambda}, \boldsymbol{\mu})$ が $\boldsymbol{x}^*, \boldsymbol{\lambda}^*, \boldsymbol{\mu}^*$ において $\mathbf{0}$ になることを表している．なお，不等式制約条件に対するラグランジュ乗数 $\lambda_1^*, \cdots, \lambda_l^*$ には非負条件がつくのに対して，等式制約条件に対するラグランジュ乗数 $\mu_1^*, \cdots, \mu_m^*$ には非負条件がつかないことに注意する必要がある．

上記の KKT 条件において，$\nabla \boldsymbol{h}_j(\boldsymbol{x}^*)$ $(j = 1, \cdots, m)$ の 1 次独立性と $G(\boldsymbol{x}^*) \cap H(\boldsymbol{x}^*) \neq \emptyset$ の仮定は，不等式制約つき最適化問題に対するコトル制約想定を拡張したものであり，**マンガサリアン–フロモヴィッツ制約想定** (Mangasarian–Fromovitz constraint qualification) と呼ばれている．同様に，スレータ制約想定や 1 次独立制約想定も拡張できる．等式・不等式制約つき最適化問題に対するスレータ制約想定では，局所的最適解において有効な不等式制約条件が凸関数，すべての等式制約条件がアフィン関数であり，

次式が成り立つことを仮定する．

$$\{\boldsymbol{x} \in \Re^n \,|\, g_i(\boldsymbol{x}) < 0 \; (i = 1, \cdots, l) \\ h_j(\boldsymbol{x}) = 0 \; (j = 1, \cdots, m)\} \neq \emptyset$$

また，1次独立制約想定では，局所的最適解において有効な不等式制約条件の勾配と，すべての等式制約条件の勾配が1次独立になることを仮定する．

さらに，2次の最適性条件を等式・不等式制約つき最適化問題に拡張するために，KKT 条件を満たす点 $\boldsymbol{x}^* \in S$ と対応するラグランジュ乗数 $\boldsymbol{\lambda}^*$ および $\boldsymbol{\mu}^*$ に対して，集合 $U(\boldsymbol{x}^*, \boldsymbol{\lambda}^*)$ と $V(\boldsymbol{x}^*, \boldsymbol{\lambda}^*)$ を式

$$\begin{aligned} U(\boldsymbol{x}^*, \boldsymbol{\lambda}^*) = \{\boldsymbol{u} \in \Re^n | &\nabla g_i(\boldsymbol{x}^*)^\top \boldsymbol{u} = 0 \, (i \in \mathcal{I}_+(\boldsymbol{\lambda}^*)), \\ &\nabla g_i(\boldsymbol{x}^*)^\top \boldsymbol{u} \leq 0 \, (i \in \mathcal{I}(\boldsymbol{x}^*) \setminus \mathcal{I}_+(\boldsymbol{\lambda}^*)), \\ &\nabla h_j(\boldsymbol{x}^*)^\top \boldsymbol{u} = 0 \, (j = 1, \cdots, m)\} \\ V(\boldsymbol{x}^*, \boldsymbol{\lambda}^*) = \{\boldsymbol{u} \in \Re^n | &\nabla g_i(\boldsymbol{x}^*)^\top \boldsymbol{u} = 0 \, (i \in \mathcal{I}_+(\boldsymbol{\lambda}^*)), \\ &\nabla h_j(\boldsymbol{x}^*)^\top \boldsymbol{u} = 0 \, (j = 1, \cdots, m)\} \end{aligned}$$

のように定義しなおす．そのとき，等式・不等式制約つき最適化問題に対する2次の必要条件は，次のように記述できる．点 $\boldsymbol{x}^*$ を1次独立制約想定が成り立つ局所的最適解とするとき，KKT 条件を満たすラグランジュ乗数 $\boldsymbol{\lambda}^*$ と $\boldsymbol{\mu}^*$ が存在し，

$$\boldsymbol{u} \in U(\boldsymbol{x}^*, \boldsymbol{\lambda}^*) \Rightarrow \boldsymbol{u}^\top \nabla_x^2 L(\boldsymbol{x}^*, \boldsymbol{\lambda}^*, \boldsymbol{\mu}^*) \boldsymbol{u} \geq 0$$

が成り立つ．

一方，等式・不等式制約つき最適化問題に対する2次の十分条件は，次のように記述できる．点 $\boldsymbol{x}^* \in \Re^n$ を KKT 条件を満たす実行可能解，$\boldsymbol{\lambda}^* \in \Re^l$ および $\boldsymbol{\mu}^* \in \Re^m$ を対応するラグランジュ乗数とする．そのとき，条件

$$\boldsymbol{0} \neq \boldsymbol{u} \in U(\boldsymbol{x}^*, \boldsymbol{\lambda}^*) \;\Rightarrow\; \boldsymbol{u}^\top \nabla_x^2 L(\boldsymbol{x}^*, \boldsymbol{\lambda}^*, \boldsymbol{\mu}^*) \, \boldsymbol{u} > 0$$

が成り立つならば，$\boldsymbol{x}^*$ は狭義局所的最適解である．包含関係 $U(\boldsymbol{x}^*, \boldsymbol{\lambda}^*) \subseteq V(\boldsymbol{x}^*, \boldsymbol{\lambda}^*)$ より，この結果は $U(\boldsymbol{x}^*, \boldsymbol{\lambda}^*)$ を $V(\boldsymbol{x}^*, \boldsymbol{\lambda}^*)$ で置き換えても成り立つ．

〔山 川 栄 樹〕

参 考 文 献

[1] 福島雅夫：非線形最適化の基礎，朝倉書店，2001.
[2] 今野　浩，山下　浩：非線形計画法，日科技連，1978.

7.2 双 対 定 理

duality theorem

ベクトル空間 $\Re^n$ 上で定義された拡張実数値関数 θ を目的関数とする非線形計画問題

$$\begin{aligned} &\text{目的関数：} && \theta(\boldsymbol{x}) \to \text{最小} \\ &\text{制約条件：} && \boldsymbol{x} \in X \end{aligned}$$

と，ベクトル空間 $\Re^l$ 上で定義された拡張実数値関数 ω を目的関数とするもう一つの非線形計画問題

$$\begin{aligned} &\text{目的関数：} && \omega(\boldsymbol{v}) \to \text{最大} \\ &\text{制約条件：} && \boldsymbol{v} \in V \end{aligned}$$

を考える．ただし，$X \subseteq \Re^n, V \subseteq \Re^l$ である．もし，

$$\boldsymbol{x} \in X, \; \boldsymbol{v} \in V \;\Rightarrow\; \theta(\boldsymbol{x}) \geq \omega(\boldsymbol{v})$$

が成り立てば，一方の問題を解くことによって，もう一方の問題の最適解における目的関数値をある程度予測できる．このような場合，これら二つの問題の間に**弱い双対性** (weak duality) が成立するといい，前者を**主問題** (primal problem)，後者を**双対問題** (dual problem) と呼ぶ．さらに，

$$\inf\{\theta(\boldsymbol{x}) \,|\, \boldsymbol{x} \in X\} = \sup\{\omega(\boldsymbol{v}) \,|\, \boldsymbol{v} \in V\}$$

となるとき，二つの問題の間に**双対性** (duality) が成立するという．とくに，それぞれの問題に最適解 $\boldsymbol{x}^* \in X$ と $\boldsymbol{v}^* \in V$ が存在して条件

$$+\infty > \theta(\boldsymbol{x}^*) = \omega(\boldsymbol{v}^*) > -\infty$$

を満たすとき，二つの問題の間に**強い双対性** (strong duality) が成立するという．これに対して，

$$\inf\{\theta(\boldsymbol{x}) \,|\, \boldsymbol{x} \in X\} > \sup\{\omega(\boldsymbol{v}) \,|\, \boldsymbol{v} \in V\}$$

である場合，二つの問題の間には**双対性のギャップ** (duality gap) が存在するという．

ここでは，もとの問題が凸計画問題である場合を中心に，共役関数やラグランジュ関数を用いて双対問題を構成する方法と，強い双対性が成立するための条件について解説する．

a. 共役関数を用いた双対問題

ここでは，ベクトル空間 $\Re^n$ 上の実数値関数 f および $g_i\,(i=1,\cdots,l)$ を用いて定義される不等式制約つき最適化問題

$$\begin{array}{ll}\text{目的関数：} & f(\boldsymbol{x}) \to \text{最小} \\ \text{制約条件：} & g_i(\boldsymbol{x}) \leq 0 \quad (i=1,\cdots,l)\end{array}$$

を主問題として，その双対問題を構成することを考える．数理計画法を現実の問題に適用する際には，目的関数や制約条件が微小に変化した場合に，最適解や最適解における目的関数値がどのように変化するかを分析することが少なくない．そこで，目的関数と制約関数にパラメータ $\boldsymbol{y} \in \Re^m$ を含む**主摂動問題** (primal perturbation problem)

$$\begin{array}{ll}\text{目的関数：} & \overline{f}(\boldsymbol{x},\boldsymbol{y}) \to \text{最小} \\ \text{制約条件：} & \overline{g}_i(\boldsymbol{x},\boldsymbol{y}) \leq 0 \quad (i=1,\cdots,l)\end{array}$$

を考える．ただし，$\overline{f}$ と $\overline{g}_i\,(i=1,\cdots,l)$ は，条件

$$\begin{aligned}&\overline{f}\,(\boldsymbol{x},\boldsymbol{0}) = f(\boldsymbol{x}) \\ &\overline{g}_i(\boldsymbol{x},\boldsymbol{0}) = g_i(\boldsymbol{x}) \quad (i=1,\cdots,l)\end{aligned}$$

を満たす $\Re^{n+m}$ 上の実数値関数で，それぞれ**摂動目的関数** (perturbed objective function)，**摂動制約関数** (perturbed constraint function) と呼ばれる．さらに，$\Re^n \times \Re^m$ 上の拡張実数値関数 φ を式

$$\varphi(\boldsymbol{x},\boldsymbol{y}) = \begin{cases}\overline{f}(\boldsymbol{x},\boldsymbol{y}) & (\overline{g}_i(\boldsymbol{x},\boldsymbol{y}) \leq 0\,(i=1,\cdots,l)) \\ +\infty & (\text{上記以外})\end{cases}$$

で定義すると，主摂動問題は制約なし最適化問題

$$\text{目的関数：}\varphi(\boldsymbol{x},\boldsymbol{y}) \to \text{最小}$$

に書き換えられる．また，関数 φ を $\boldsymbol{x} \in \Re^n$ について最小化することによって得られる値を

$$\Phi(\boldsymbol{y}) = \inf\{\varphi(\boldsymbol{x},\boldsymbol{y}) \,|\, \boldsymbol{x} \in \Re^n\}$$

と書く．関数 Φ は，主摂動問題が最適解をもつ場合の最適値を表す関数であり，一般に**主摂動関数** (primal perturbation function) と呼ばれている．

関数 $\overline{f}$ および $\overline{g}_i\;(i=1,\cdots,l)$ がいずれも $\Re^{n+m}$ 上の凸関数であるとき，関数 φ の実効定義域

$$\operatorname{dom}\varphi = \{(\boldsymbol{x}^\top,\boldsymbol{y}^\top)^\top \,|\, \overline{g}_i(\boldsymbol{x},\boldsymbol{y}) \leq 0\;(i=1,\cdots,l)\}$$

は空でない閉凸集合であり，関数 φ は $\Re^{n+m}$ 上の閉真凸関数となる．そこで，関数 φ の共役関数を用いて，$\Re^n \times \Re^m$ 上の拡張実数値関数 ψ を式

$$\begin{aligned}\psi(\boldsymbol{u},\boldsymbol{v}) &= -\varphi^*(\boldsymbol{u},\boldsymbol{v}) \\ &= \inf\{\varphi(\boldsymbol{x},\boldsymbol{y}) - \boldsymbol{u}^\top\boldsymbol{x} - \boldsymbol{v}^\top\boldsymbol{y} \,|\, \boldsymbol{x} \in \Re^n, \boldsymbol{y} \in \Re^m\}\end{aligned}$$

で定義する．さらに，関数 θ と ω をそれぞれ式

$$\theta(\boldsymbol{x}) = \varphi(\boldsymbol{x},\boldsymbol{0}), \quad \omega(\boldsymbol{v}) = \psi(\boldsymbol{0},\boldsymbol{v})$$

で定義すれば，共役関数の定義より

$$\begin{aligned}&\boldsymbol{x} \in \Re^n,\ \boldsymbol{v} \in \Re^m \\ &\quad \Rightarrow \theta(\boldsymbol{x}) = \varphi(\boldsymbol{x},\boldsymbol{0}) \geq \psi(\boldsymbol{0},\boldsymbol{v}) = \omega(\boldsymbol{v})\end{aligned}$$

が成り立つ．よって，制約なし最適化問題

$$\text{(P)} \quad \text{目的関数：}\theta(\boldsymbol{x}) \to \text{最小}$$

と，もう一つの制約なし最適化問題

$$\text{(D)} \quad \text{目的関数：}\omega(\boldsymbol{v}) \to \text{最大}$$

の間に弱い双対性が成立する．問題 (P) はもとの不等式制約つき最適化問題と等価であるから，問題 (D) をもとの問題の双対問題と見なすことができる．なお，弱い双対性より，

$$\inf\{\theta(\boldsymbol{x}) \,|\, \boldsymbol{x} \in \Re^n\} \geq \sup\{\omega(\boldsymbol{v}) \,|\, \boldsymbol{v} \in \Re^m\}$$

となるが，ある $\overline{\boldsymbol{x}} \in \Re^n$ と $\overline{\boldsymbol{v}} \in \Re^m$ が存在して

$$+\infty > \theta(\overline{\boldsymbol{x}}) = \omega(\overline{\boldsymbol{v}}) > -\infty$$

が成り立つならば，$\overline{\boldsymbol{x}}$ と $\overline{\boldsymbol{v}}$ はそれぞれ問題 (P) と双対問題 (D) の最適解となることが証明できる．

ところで，関数 ψ と共役関数の定義より，

$$\begin{aligned}\omega(\boldsymbol{v}) &= \psi(\boldsymbol{0},\boldsymbol{v}) \\ &= \inf\{\varphi(\boldsymbol{x},\boldsymbol{y}) - \boldsymbol{0}^\top\boldsymbol{x} - \boldsymbol{v}^\top\boldsymbol{y} \,|\, \boldsymbol{x} \in \Re^n, \boldsymbol{y} \in \Re^m\} \\ &= \inf\{\inf\{\varphi(\boldsymbol{x},\boldsymbol{y}) \,|\, \boldsymbol{x} \in \Re^n\} - \boldsymbol{v}^\top\boldsymbol{y} \,|\, \boldsymbol{y} \in \Re^m\} \\ &= \inf\{\Phi(\boldsymbol{y}) - \boldsymbol{v}^\top\boldsymbol{y} \,|\, \boldsymbol{y} \in \Re^m\}\end{aligned}$$

を得る．また，関数 φ が閉真凸関数ならば，関数 Φ は拡張凸関数となるので，$\Phi(\boldsymbol{0})$ が有限値であれば，劣微分 $\partial\Phi(\boldsymbol{0})$ を定義できる．さらに，$\boldsymbol{v}$ が $\partial\Phi(\boldsymbol{0})$ の要素ならば，任意の $\boldsymbol{y} \in \Re^m$ に対して不等式

$$\Phi(\boldsymbol{y}) \geq \Phi(\mathbf{0}) + \boldsymbol{v}^\top(\boldsymbol{y} - \mathbf{0})$$

が成り立つから，$\boldsymbol{v} \in \partial\Phi(\mathbf{0})$ は

$$\omega(\boldsymbol{v}) = \Phi(\mathbf{0})$$

と等価である．なお，$\Phi(\mathbf{0}) = \inf\{\theta(\boldsymbol{x}) \mid \boldsymbol{x} \in \Re^n\}$ であり，問題 (P) が最適解をもてばこの値は有限になる．結局，問題 (P) が最適解 $\boldsymbol{x}^*$ をもち，$\partial\Phi(\mathbf{0}) \neq \emptyset$ ならば，$\boldsymbol{v}^* \in \partial\Phi(\mathbf{0})$ は問題 (D) の最適解となり，問題 (P) と問題 (D) の間に強い双対性

$$+\infty > \theta(\boldsymbol{x}^*) = \omega(\boldsymbol{v}^*) > -\infty$$

が成り立つ．

同様に，関数 ψ を $\boldsymbol{v} \in \Re^m$ について最大化することによって得られる値を与える関数

$$\Psi(\boldsymbol{u}) = \sup\{\psi(\boldsymbol{u}, \boldsymbol{v}) \mid \boldsymbol{v} \in \Re^m\}$$

は**双対摂動関数** (dual perturbation function) と呼ばれる．関数 ψ が閉真凸関数ならば，その共役関数 $-\psi$ は閉真凸関数となるから，$-\Psi$ は拡張凸関数となる．したがって，問題 (D) が最適解 $\boldsymbol{v}^*$ をもち，$\partial(-\Psi)(\mathbf{0}) \neq \emptyset$ ならば，$\boldsymbol{x}^* \in \partial(-\Psi)(\mathbf{0})$ は問題 (P) の最適解となり，最適解における目的関数値 $\omega(\boldsymbol{v}^*)$ と $\theta(\boldsymbol{x}^*)$ は一致する．

なお，ある正の数 γ が存在して，条件

$$\boldsymbol{y} \in \Re^m \;\Rightarrow\; \Phi(\boldsymbol{y}) \geq \Phi(\mathbf{0}) - \gamma\|\boldsymbol{y}\|$$

が成り立てば $\partial\Phi(\mathbf{0}) \neq \emptyset$ となる．この条件は，もとの不等式制約つき最適化問題の目的関数または制約条件を微小に変動させても，最適解における目的関数値が急激に減少しないことを要求している．もとの問題が凸計画問題で，スレータ (Slater) 制約想定

$$\{\boldsymbol{x} \in \Re^n \mid g_i(\boldsymbol{x}) < 0 \ (i = 1, \cdots, l)\} \neq \emptyset$$

が成り立つならばこの条件は満たされ，問題 (P) と問題 (D) の間に強い双対性が成立する．

b. ラグランジュ双対問題

不等式制約つき最適化問題に対して，式

$$L(\boldsymbol{x}, \boldsymbol{\lambda}) = \begin{cases} f(\boldsymbol{x}) + \sum_{i=1}^{l} \lambda_i g_i(\boldsymbol{x}) & (\boldsymbol{\lambda} \geq \mathbf{0}) \\ -\infty & (\text{上記以外}) \end{cases}$$

で定義される拡張実数値関数を考える．カルーシュ–キューン–タッカー (Karush–Kuhn–Tucker) 条件を想起すると容易に理解できるように，ラグランジュ乗数 $\boldsymbol{\lambda} = (\lambda_1, \cdots, \lambda_l)^\top$ は非負の値をとることが要求される．上の関数は，条件 $\boldsymbol{\lambda} \geq \mathbf{0}$ が成り立たない場合にその値を $-\infty$ と定めることによって，通常のラグランジュ関数の定義域を $\Re^n \times \Re^l$ 全体に拡げたものである．

関数 L に対して，二つの拡張実数値関数

$$\xi(\boldsymbol{x}) = \sup\{L(\boldsymbol{x}, \boldsymbol{\lambda}) \mid \boldsymbol{\lambda} \in \Re^l\}$$
$$\zeta(\boldsymbol{\lambda}) = \inf\{L(\boldsymbol{x}, \boldsymbol{\lambda}) \mid \boldsymbol{x} \in \Re^n\}$$

を考える．そのとき，

$$\boldsymbol{x} \in \Re^n, \boldsymbol{\lambda} \in \Re^l \;\Rightarrow\; \xi(\boldsymbol{x}) \geq L(\boldsymbol{x}, \boldsymbol{\lambda}) \geq \zeta(\boldsymbol{\lambda})$$

が成り立つから，制約なし最適化問題

$$(\mathrm{P}_L) \quad \text{目的関数：} \xi(\boldsymbol{x}) \to \text{最小}$$

と，もう一つの制約なし最適化問題

$$(\mathrm{D}_L) \quad \text{目的関数：} \zeta(\boldsymbol{\lambda}) \to \text{最大}$$

の間に弱い双対性が成立する．ここで，

$$\xi(\boldsymbol{x}) = \sup\left\{ f(\boldsymbol{x}) + \sum_{i=1}^{l} \lambda_i g_i(\boldsymbol{x}) \mid \boldsymbol{\lambda} \geq \mathbf{0} \right\} = \begin{cases} f(\boldsymbol{x}) & (g_i(\boldsymbol{x}) \leq 0 \ (i = 1, \cdots, l)) \\ +\infty & (\text{上記以外}) \end{cases}$$

となることに注意すると，問題 (P_L) はもとの不等式制約つき最適化問題と等価であることがわかる．よって，問題 (D_L) をもとの問題の双対問題と考えることができる．問題 (D_L) はもとの問題のラグランジュ関数に基づいているので，**ラグランジュ双対問題** (Lagrangian dual problem) と呼ばれる．

弱い双対性より，

$$\inf\{\xi(\boldsymbol{x}) \mid \boldsymbol{x} \in \Re^n\} \geq \sup\{\zeta(\boldsymbol{\lambda}) \mid \boldsymbol{\lambda} \in \Re^l\}$$

となるが，もしある $\boldsymbol{x}^* \in \Re^n, \boldsymbol{\lambda}^* \in \Re^l$ が存在して

$$\xi(\boldsymbol{x}^*) = \zeta(\boldsymbol{\lambda}^*)$$

となるならば，$\boldsymbol{x}^*, \boldsymbol{\lambda}^*$ はそれぞれ問題 (P_L) および問題 (D_L) の最適解であり，次式が成り立つ．

$$\sup\{L(\boldsymbol{x}^*, \boldsymbol{\lambda}) \mid \boldsymbol{\lambda} \in \Re^l\} = L(\boldsymbol{x}^*, \boldsymbol{\lambda}^*) = \inf\{L(\boldsymbol{x}, \boldsymbol{\lambda}^*) \mid \boldsymbol{x} \in \Re^n\}$$

すなわち，任意の $\boldsymbol{x} \in \Re^n$, $\boldsymbol{\lambda} \in \Re^l$ に対して

$$L(\boldsymbol{x}^*, \boldsymbol{\lambda}) \leq L(\boldsymbol{x}^*, \boldsymbol{\lambda}^*) \leq L(\boldsymbol{x}, \boldsymbol{\lambda}^*)$$

となる．このような点 $(\boldsymbol{x}^*, \boldsymbol{\lambda}^*)$ をラグランジュ関数 L の鞍点 (saddle point) という．

逆に，点 $(\boldsymbol{x}^*, \boldsymbol{\lambda}^*)$ が L の鞍点ならば，

$$\begin{aligned}\xi(\boldsymbol{x}^*) &= \sup\{L(\boldsymbol{x}^*, \boldsymbol{\lambda}) \mid \boldsymbol{\lambda} \in \Re^l\} \\ &= L(\boldsymbol{x}^*, \boldsymbol{\lambda}^*) \\ &= \inf\{L(\boldsymbol{x}, \boldsymbol{\lambda}^*) \mid \boldsymbol{x} \in \Re^n\} = \zeta(\boldsymbol{\lambda}^*)\end{aligned}$$

より

$$\begin{aligned}\inf\{\xi(\boldsymbol{x}) \mid \boldsymbol{x} \in \Re^n\} &\leq \xi(\boldsymbol{x}^*) \\ &= \zeta(\boldsymbol{\lambda}^*) \leq \sup\{\zeta(\boldsymbol{\lambda}) \mid \boldsymbol{\lambda} \in \Re^l\}\end{aligned}$$

となる．ところが，弱い双対性より

$$\inf\{\xi(\boldsymbol{x}) \mid \boldsymbol{x} \in \Re^n\} \geq \sup\{\zeta(\boldsymbol{\lambda}) \mid \boldsymbol{\lambda} \in \Re^l\}$$

であるから

$$\begin{aligned}\xi(\boldsymbol{x}^*) &= \inf\{\xi(\boldsymbol{x}) \mid \boldsymbol{x} \in \Re^n\} \\ &= \sup\{\zeta(\boldsymbol{\lambda}) \mid \boldsymbol{\lambda} \in \Re^l\} = \zeta(\boldsymbol{\lambda}^*)\end{aligned}$$

が成り立つ．すなわち，ラグランジュ関数に鞍点が存在することと，問題 (P_L) および (D_L) に最適解が存在して強い双対性が成り立つことは等価である．

なお，もとの不等式制約つき最適化問題において，関数 f と $g_i\,(i = 1, \cdots, l)$ が微分可能な凸関数であり，$\boldsymbol{x}^* \in \Re^n$ と $\boldsymbol{\lambda}^* \in \Re^l$ が KKT 条件

$$\begin{aligned}&\nabla f(\boldsymbol{x}^*) + \sum_{i=1}^{l} \lambda_i^* \nabla g_i(\boldsymbol{x}^*) = \boldsymbol{0} \\ &g_i(\boldsymbol{x}^*) \leq 0,\ \lambda_i^* \geq 0,\ \lambda_i^* g_i(\boldsymbol{x}^*) = 0 \quad (i = 1, \cdots, l)\end{aligned}$$

を満足すれば，$\boldsymbol{x}^*$ と $\boldsymbol{\lambda}^*$ はそれぞれ問題 (P_L) および (D_L) の最適解となり，強い双対性

$$+\infty > \xi(\boldsymbol{x}^*) = \zeta(\boldsymbol{\lambda}^*) > -\infty$$

が成り立つ．

ラグランジュ双対問題は，前節で述べた共役関数を用いる方法を用いて導くことも可能である．もとの不等式制約つき最適化問題に対して，摂動目的関数と摂動制約関数をそれぞれ次式で定義する．

$$\begin{aligned}\overline{f}(\boldsymbol{x}, \boldsymbol{y}) &= f(\boldsymbol{x}) \\ \overline{g}_i(\boldsymbol{x}, \boldsymbol{y}) &= g_i(\boldsymbol{x}) - y_i \quad (i = 1, \cdots, l)\end{aligned}$$

そのとき，主摂動問題は，

$$\begin{aligned}&\text{目的関数：}\quad f(\boldsymbol{x}) \to \text{最小} \\ &\text{制約条件：}\quad g_i(\boldsymbol{x}) \leq y_i \quad (i = 1, \cdots, l)\end{aligned}$$

と記述できる．もとの問題が，品質に関する制約条件のもとで生産コストを最小にする問題であるとき，主摂動問題を解けば，品質に関する制約条件を $\boldsymbol{y}$ だけ緩和することによって必要なコストがどれだけ減少するかを知ることができる．

関数 φ を式

$$\varphi(\boldsymbol{x}, \boldsymbol{y}) = \begin{cases} f(\boldsymbol{x}) & g_i(\boldsymbol{x}) \leq y_i \quad (i = 1, \cdots, l) \\ +\infty & (\text{上記以外}) \end{cases}$$

で定義すると，双対問題の目的関数 ω は

$$\begin{aligned}\omega(\boldsymbol{v}) &= \psi(\boldsymbol{0}, \boldsymbol{v}) = -\varphi^*(\boldsymbol{0}, \boldsymbol{v}) \\ &= \inf\{f(\boldsymbol{x}) - \boldsymbol{v}^\top \boldsymbol{y} \mid g_i(\boldsymbol{x}) \leq y_i (i = 1, \cdots, l)\} \\ &= \begin{cases} \inf\{f(\boldsymbol{x}) - \sum_{i=1}^{l} v_i g_i(\boldsymbol{x}) \mid \boldsymbol{x} \in \Re^n\} \\ \qquad\qquad (\boldsymbol{v} \leq \boldsymbol{0}) \\ -\infty \qquad (\text{上記以外}) \end{cases} \\ &= \zeta(-\boldsymbol{v})\end{aligned}$$

となる．よって，$\boldsymbol{\lambda} = -\boldsymbol{v}$ と変数変換すれば，ラグランジュ双対問題 (D_L) は問題 (D) に帰着する．

最後に，もとの制約つき最適化問題が線形計画問題，2 次計画問題などの特別な凸計画問題である場合において，ラグランジュ双対問題がどのような問題になるかを考える．まず，線形計画問題

$$\begin{aligned}&\text{目的関数：}\quad \boldsymbol{c}^\top \boldsymbol{x} \to \text{最小} \\ &\text{制約条件：}\quad A\boldsymbol{x} \geq \boldsymbol{b}, \quad \boldsymbol{x} \geq \boldsymbol{0}\end{aligned}$$

について考える．ただし，A は $m \times n$ 行列，$\boldsymbol{b} \in \Re^m$ と $\boldsymbol{c} \in \Re^n$ はベクトルである．ラグランジュ関数は

$$L(\boldsymbol{x}, \boldsymbol{\lambda}, \boldsymbol{\mu}) = \begin{cases} \boldsymbol{c}^\top \boldsymbol{x} - \boldsymbol{\lambda}^\top (A\boldsymbol{x} - \boldsymbol{b}) - \boldsymbol{\mu}^\top \boldsymbol{x} \\ \qquad\qquad (\boldsymbol{\lambda} \geq \boldsymbol{0},\ \boldsymbol{\mu} \geq \boldsymbol{0}) \\ -\infty \qquad (\text{上記以外}) \end{cases}$$

となるから，ラグランジュ双対問題の目的関数 ζ は式

$$\begin{aligned}\zeta(\boldsymbol{\lambda}, \boldsymbol{\mu}) &= \inf\{L(\boldsymbol{x}, \boldsymbol{\lambda}, \boldsymbol{\mu}) \mid \boldsymbol{x} \in \Re^n\} \\ &= \begin{cases} \boldsymbol{b}^\top \boldsymbol{\lambda} & (A^\top \boldsymbol{\lambda} + \boldsymbol{\mu} = \boldsymbol{c},\ \boldsymbol{\lambda} \geq \boldsymbol{0},\ \boldsymbol{\mu} \geq \boldsymbol{0}) \\ -\infty & (\text{上記以外}) \end{cases}\end{aligned}$$

で定義される．よって，変数 $\boldsymbol{\mu}$ を消去すれば，ラグランジュ双対問題は次のように記述できる．

$$\text{目的関数：}\quad \boldsymbol{b}^\top \boldsymbol{\lambda} \to \text{最大}$$
$$\text{制約条件：}\quad A^\top \boldsymbol{\lambda} \le \boldsymbol{c}, \quad \boldsymbol{\lambda} \ge \boldsymbol{0}$$

もとの問題は n 個の非負変数と m 本の不等式制約条件をもつ線形計画問題であるが，ラグランジュ双対問題は m 個の非負変数と n 本の不等式制約条件をもつ線形計画問題となる．とくに，m が n に比べて大きい場合には，もとの問題よりもラグランジュ双対問題のほうが解きやすい場合が多い．

次に，もとの問題が凸 2 次計画問題

$$\text{目的関数：}\quad \frac{1}{2}\boldsymbol{x}^\top Q\boldsymbol{x} + \boldsymbol{c}^\top \boldsymbol{x} \to \text{最小}$$
$$\text{制約条件：}\quad A\boldsymbol{x} \ge \boldsymbol{b}, \quad \boldsymbol{x} \ge \boldsymbol{0}$$

である場合を考える．ただし，Q は $n \times n$ 正定値対称行列，A は $m \times n$ 行列，$\boldsymbol{b} \in \Re^m$ と $\boldsymbol{c} \in \Re^n$ はベクトルである．ラグランジュ関数は

$$L(\boldsymbol{x}, \boldsymbol{\lambda}, \boldsymbol{\mu}) = \begin{cases} \dfrac{1}{2}\boldsymbol{x}^\top Q\boldsymbol{x} + \boldsymbol{c}^\top \boldsymbol{x} - \boldsymbol{\lambda}^\top (A\boldsymbol{x} - \boldsymbol{b}) \\ \qquad\qquad - \boldsymbol{\mu}^\top \boldsymbol{x} \quad (\boldsymbol{\lambda} \ge \boldsymbol{0},\, \boldsymbol{\mu} \ge \boldsymbol{0}) \\ -\infty \qquad\qquad (\text{上記以外}) \end{cases}$$

となるから，$\boldsymbol{\lambda} \ge \boldsymbol{0}, \boldsymbol{\mu} \ge \boldsymbol{0}$ のとき，ラグランジュ関数の値を最小にする $\boldsymbol{x}$ は次式で求められる．

$$\boldsymbol{x} = Q^{-1}(A^\top \boldsymbol{\lambda} + \boldsymbol{\mu} - \boldsymbol{c})$$

このとき，ラグランジュ双対問題の目的関数 ζ は式

$$\begin{aligned} \zeta(\boldsymbol{\lambda}, \boldsymbol{\mu}) &= \inf\{L(\boldsymbol{x}, \boldsymbol{\lambda}, \boldsymbol{\mu}) \,|\, \boldsymbol{x} \in \Re^n\} \\ &= \begin{cases} -\dfrac{1}{2}(A^\top \boldsymbol{\lambda} + \boldsymbol{\mu} - \boldsymbol{c})^\top Q^{-1}(A^\top \boldsymbol{\lambda} + \boldsymbol{\mu} - \boldsymbol{c}) \\ \qquad\qquad + \boldsymbol{b}^\top \boldsymbol{\lambda} \ (\boldsymbol{\lambda} \ge \boldsymbol{0},\, \boldsymbol{\mu} \ge \boldsymbol{0}) \\ -\infty \qquad\qquad (\text{上記以外}) \end{cases} \end{aligned}$$

で定義されるから，ラグランジュ双対問題は

$$\text{目的関数：}\frac{1}{2}(A^\top \boldsymbol{\lambda} + \boldsymbol{\mu} - \boldsymbol{c})^\top Q^{-1}(A^\top \boldsymbol{\lambda} + \boldsymbol{\mu} - \boldsymbol{c}) - \boldsymbol{b}^\top \boldsymbol{\lambda} \to \text{最小}$$
$$\text{制約条件：}\boldsymbol{\lambda} \ge \boldsymbol{0},\ \boldsymbol{\mu} \ge \boldsymbol{0}$$

と記述される．ラグランジュ双対問題は非頁条件のみをもつ凸 2 次計画問題となるため，もとの問題に比べて解きやすくなる場合も少なくない．〔山 川 栄 樹〕

参 考 文 献

[1] 福島雅夫：非線形最適化の基礎，朝倉書店，2001.
[2] 今野　浩，山下　浩：非線形計画法，日科技連，1978.

8　制約なし最適化手法

8.1 ニュートン法

Newton's method

ニュートン法には，次のように非線形方程式に対する解法と，制約なし最小化問題に対する解法がある[1].

F を R^n から R^n への関数とする．非線形方程式

$$F(x) = 0$$

の解を求めるニュートン法は

$$x_{k+1} = x_k - F'(x_k)^{-1}F(x_k)$$

として点列を生成する．ここで，$F'(x_k)$ は F のヤコビ行列である．

一方，制約なし最小化問題

$$\min_{x\in R^n} f(x)$$

に対するニュートン法は

$$x_{k+1} = x_k - \nabla^2 f(x_k)\nabla f(x_k)$$

として点列を生成する．制約なし最小化問題の最適性の 1 次の必要条件は非線形方程式 $\nabla f(x) = 0$ として表される．この非線形方程式を解くニュートン法を考えると，制約なし最小化問題のニュートン法と一致することがわかる．

それぞれのニュートン法とも，①解のそばから始め，②ある種の正則性と③強い微分可能性が成り立てば，解に 2 次収束することが知られている[1]．実際，非線形方程式の解を x_* としたとき，①$\|x_0 - x_*\|$ が十分小さく，②$F'(x_*)$ が正則で，③F が 2 回連続的微分可能であれば，

$$\begin{aligned}\|x_{k+1}-x_*\| &= \|x_k-x_*-F'(x_k)^{-1}(F(x_k)-F(x_*))\| \\ &\le \|F'(x_k)^{-1}\|\|F'(x_k)(x_k - x_*) \\ &\quad -F(x_k) + F(x_*)\| \\ &= O(\|x_k - x_*\|^2)\end{aligned}$$

となり，点列 $\{x_k\}$ は x_* に 2 次収束する．

一方，x_k が解から離れているときは，$F'(x_k)$ が正則とならなかったり，$\nabla^2 f(x_k)$ が正定値行列とならないことがある．そのようなときには，次の反復点 x_{k+1} を求めることができない．そこで，なんらかの工夫を用いて，次の反復点を求めることが行われる．そのような工夫の代表的な手法が，非線形方程式においては**レーベンバーグ–マルカート** (Levenberg–Marquardt) **法**であり，制約なし最小化問題においては**信頼領域法** (trust region method) である[2].

まず，レーベンバーグ–マルカート法について説明しよう．ニュートン法は $F(x)$ を x_k のまわりで 1 次近似した関数の零点を次の反復点とする手法である．つまり，

$$F(x_k) + F'(x_k)(x - x_k) = 0$$

の解を x_{k+1} とする．ここで，両辺に $F'(x_k)^\top$ をかけると，

$$F'(x_k)^\top F(x_k) + F'(x_k)^\top F'(x_k)(x - x_k) = 0$$

となり，線形方程式の係数行列 $F'(x_k)^\top F'(x_k)$ は半正定値行列となる．ここでさらに正則化項を付け加えた

$$F'(x_k)^\top F(x_k) + (F'(x_k)^\top F'(x_k) + \lambda I)(x - x_k) = 0$$

を考えよう．$\lambda > 0$ のとき，係数行列 $F'(x_k)^\top F'(x_k) + \lambda I$ は正定値行列となるため，この線形方程式の解は存在して，一意に定まる．この一意解を次の反復点とするのが，レーベンバーグ–マルカート法である．

次に信頼領域法を説明しよう．制約なし最小化問題に対するニュートン法は $f(x)$ を x_k のまわりで 2 次近似した関数の最小点を次の反復点とする手法と考えられる．つまり，2 次近似した関数を

$$\begin{aligned}m(x) = f(x_k) &+ \nabla f(x_k)^\top (x - x_k) \\ &+ \frac{1}{2}(x - x_k)^\top \nabla^2 f(x_k)(x - x_k)\end{aligned}$$

とすると，x_{k+1} は

$$\min_{x\in R^n} m(x)$$

の解となる．しかし，$\nabla^2 f(x_k)$ が正定値行列でないときは，問題の解が求まらないことがある．そこで，実行可能集合を制限した

$$\min_{\|x-x_k\|\le\Delta_k} m(x) \tag{1}$$

を考え，この問題の解を次の反復点の候補とする手法が信頼領域法である．ここで，実行可能集合を**信頼領域**といい，信頼領域の半径 Δ_k を**信頼半径**と呼ぶ．信頼領域法では，モデル関数 m の精度に応じて，信頼半径を調節することによって大域的収束性を保証する．

部分問題 (1) は非凸な最適化問題である．$\overline{x}$ が部分問題の大域的最小解であるための必要十分条件は，次の条件を満足する $\mu\in R$ が存在することである[2].

(a) $(\nabla^2 f(x_k)+\mu I)(\overline{x}-x_k)=-\nabla f(x_k)$

(b) $\|\overline{x}-x_k\|\le\Delta_k,\ \mu\ge 0$

(c) $\mu(\|\overline{x}-x_k\|-\Delta_k)=0$

(d) $\nabla^2 f(x_k)+\mu I$ は半正定値

この条件を (近似的に) 満たす点を効率よく求める手法としてドッグレッグ (dog-leg) 法がある[2].

非線形方程式 $F(x)=0$ は $f(x)=\|F(x)\|^2$ の最小化問題と見なすことができる．このとき，f のモデル関数として，$m(x)=\|F(x_k)+F'(x_k)(x-x_k)\|^2$ を考えてみよう．このモデル関数を用いて，$\|F(x)\|^2$ の最小化に対する信頼領域法を構築することができる[2].このとき，部分問題の解は上記の条件 (a) より，

$$(F'(x_k)^\top F'(x_k)+\mu I)(\overline{x}-x_k)=-F'(x_k)^\top F(x_k)$$

を満たす μ が存在することである．これは，$\lambda=\mu$ としたレーベンバーグ–マルカート法にほかならない．このように非線形方程式に対するレーベンバーグ–マルカート法と，制約なし最小化問題に対する信頼領域法には密接な関係がある．　〔山 下 信 雄〕

参 考 文 献

[1] J. E. Dennis and R. B. Schnabel : Numerical Methods for Unconstrained Optimization and Nonlinear Equations, SIAM, Philadelphia, 1987.
[2] J. Nocedal and S.J. Wright : Numerical Optimization, Springer, New York, 1999.

8.2 準ニュートン法

quasi-Newton method

準ニュートン法は制約なし最小化問題の解法の一つである[2]．以下では，目的関数 f は R^n から R の 2 回連続微分可能な関数とする．

準ニュートン法は，点 $x_k\in R^n$ が与えられたときに，まず探索方向 d_k を

$$d_k=-H_k\nabla f(x^k)$$

と計算し，次に $f(x_k+t_kd_k)<f(x_k)$ となるステップ幅 t_k を求め，最後に $x_{k+1}=x_k+t_kd_k$ とする反復法である．ここで，H_k は $n\times n$ の対称行列である．$H_k=I$ のときは最急降下法，$H_k=\nabla^2 f(x^k)^{-1}$ のときはニュートン法とみることができる．準ニュートン法の収束性は，用いる行列 H_k の性質による．大域的収束性には H_k の正定値性が重要となる．H_k が正定値であれば，

$$\nabla f(x_k)^\top d_k=-\nabla f(x_k)^\top H_k\nabla f(x_k)<0$$

が成り立つため，d_k は f の降下方向となる．そのため，適当なルールに基づくステップ幅と組み合わせれば，準ニュートン法によって生成された点列は停留点に大域的収束する．一方，高速な収束を得るためには H_k の逆行列 B_k がヘッセ行列によく近似されている必要がある．実際，B_k がヘッセ行列に近ければ，d_k はニュートン法による探索方向に近くなるため，ニュートン法と同様の高速な収束が期待できる．そこで，$B_k\approx\nabla^2 f(x_k)$ となるための条件を考えよう．$\nabla f(x)$ のテイラー展開を考えると，

$$\nabla f(x_k)-\nabla f(x_{k+1})\approx\nabla^2 f(x_{k+1})(x_k-x_{k+1})$$

となるので，$s_k=x_{k+1}-x_k$，$y_k=\nabla f(x_{k+1})-\nabla f(x_k)$ としたとき，

$$B_{k+1}s_k=y_k \tag{1}$$

となるように B_{k+1} を構成すれば，B_{k+1} にヘッセ行列の情報をもたせることができるはずである．この条件 (1) を**セカント条件** (secant condition) と呼ぶ．こ

れまでにセカント条件を満たす正定値対称行列 B_k の更新規則が数多く提案されている．それらのなかでも，現在最も有効とされている更新規則が次の **BFGS** (Broyden–Fletcher–Goldfarb–Shanno) 更新である．

a. BFGS 更新

$$B_{k+1} = B_k - \frac{B_k s_k (B_k s_k)^\top}{(s_k)^\top B_k s_k} + \frac{y_k y_k^\top}{s_k^\top y_k}$$

BFGS 更新による B_{k+1} は，B_k が正定値行列であり $s_k^\top y_k > 0$ のとき，次の凸計画問題の解となる[1].

$$\begin{array}{ll} \min & \psi(B_k^{-1} B) \\ \text{subject to} & B s_k = y_k \\ & B \text{ は半正定値対称行列} \end{array}$$

ただし，$\psi : R^{n\times n} \to R$ は次式で定義された狭義凸関数である．

$$\psi(A) = \mathrm{trace}(A) - \ln\det(A)$$

正定値対称行列 A の固有値を $\lambda_i, i = 1, \cdots, n$ とすると，$\psi(A) = \sum_{i=1}^n (\lambda_i - \ln\lambda_i)$ となるから，$\psi(A)$ は A が単位行列のとき最小値をとる．$\psi(B_k^{-1}B)$ は，$B = B_k$ のとき最小となる狭義凸関数であるため，B と B_k との「距離」を表していると考えることができる．そのため，BFGS 更新による B_{k+1} は，セカント条件を満たす正定値対称行列のうち，B_k からの ψ で測った「距離」が最小となるものである．

条件 $s_k^\top y_k > 0$ が成り立たないときは，BFGS 更新による B_{k+1} は正定値行列にならないことがある．しかし，次のウルフのルール (Wolfe's rule) を満たすようにステップ幅を定めれば，この条件はかならず満たされる．

b. ウルフのルール

適当に選んだ定数 $0 < \rho_1 < \rho_2 < 1$ に対して，次の二つの条件を満たす $t_k > 0$ をステップ幅とする．

$$f(x_k + t_k d_k) - f(x_k) \le \rho_1 t_k \nabla f(x_k)^\top d_k$$
$$\nabla f(x_k + t_k d_k)^\top d_k \ge \rho_2 \nabla f(x_k)^\top d_k$$

実際，

$$\begin{aligned} s_k^\top y_k &= t_k d_k^\top (\nabla f(x_{k+1}) - \nabla f(x_k)) \\ &\ge t_k(\rho_2 - 1)\nabla f(x_k)^\top d_k > 0 \end{aligned}$$

となる．ウルフのルールを満たすステップ幅の計算方法は[2] に掲載されている．

準ニュートン法では，B_{k+1} の逆行列 H_{k+1} を用いて，探索方向 d_k が計算される．その際に，有益となるのが，次式で表される H_k の BFGS 更新式である．

$$\begin{aligned} H_{k+1} = H_k &- \frac{H_k y_k s_k^\top + s_k (H_k y_k)^\top}{s_k^\top y_k} \\ &+ \left(1 + \frac{(y^k)^\top H_k y^k}{s_k^\top y_k}\right) \frac{s_k s_k^\top}{s_k^\top y_k} \end{aligned} \qquad (2)$$

簡単な計算を行えば，$H_{k+1}B_{k+1} = I$ を確かめることができる．H_k, s_k, y_k が与えられたとき，H_{k+1} は $O(n^2)$ の計算で求めることができる．

BFGS 更新とウルフのルールを用いた準ニュートン法は以下のように記述される．

c. 準ニュートン法

ステップ 0 (初期設定)：適当に初期点 x_0 と H_0 を決める．$k := 0$ とする．

ステップ 1 (終了判定)：終了条件を満たしているとき，x_k を解として終了．

ステップ 2 (探索方向の計算)：$d_k = -H_k \nabla f(x_k)$ とする．

ステップ 3 (直線探索)：ウルフのルールを満たすステップ幅 t_k を求める．

ステップ 4 (更新)：$x_{k+1} := x_k + t_k d_k$ とし，BFGS 更新によって H_{k+1} を求める．$k := k + 1$ として，ステップ 1 へ．

BFGS 更新を用いた準ニュートン法は，適当な仮定のもとで，大域的収束かつ超 1 次収束する．

BFGS 更新の欠点として，実装するためにたくさんのメモリーが必要となることがあげられる．大規模な問題では，目的関数のヘッセ行列が疎になることが多い．疎な行列の演算は，データ構造を工夫することによって，少ないメモリーで実行することができる．しかしながら，BFGS 更新で生成される行列 B_k は，更新式中にある $s_k s_k^\top$ などが密な行列になるため，疎な行列にならない．このような欠点を克服する手法が以下で紹介する記憶制限つき **BFGS 法** (L–BFGS 法) と部分分割 (partially separable) BFGS 法である．

H_k の更新は

$$H_{k+1} = \left(I - \frac{s_k y_k^\top}{s_k^\top y_k}\right) H_k \left(I - \frac{y_k s_k^\top}{s_k^\top y_k}\right) + \frac{s_k s_k^\top}{s_k^\top y_k}$$
$$= V_k H_k (V_k)^\top + S_k \qquad (3)$$

と書き直すことができる．ここで，

$$V_k = I - \frac{s_k y_k^\top}{s_k^\top y_k}, \quad S_k = \frac{s_k s_k^\top}{s_k^\top y_k}$$

である．行列 V_k, S_k に関する演算はベクトル s_k, y_k を用いて計算できることに注意しよう．関係 (3) を用いると BFGS 更新で生成される H_{k+1} は

$$H_{k+1} = V_k H_k V_k + S_k$$
$$= V_k V_{k-1} H_{k-1} V_{k-1} V_k + S_k + V_k S_{k-1} V_k$$
$$\vdots$$

と展開することができる．$s_1, \cdots, s_k$ および $y_1, \cdots, y_k$ が保存できていたら，H_{k+1} を構成することができる．しかしながら，$k \geq n$ であるときには，$n \times n$ 行列を保存するよりもメモリーが必要になり，計算時間もかかる．そこで，記憶する s_i, y_i のペアの数 m を限定し，上記の更新を用いて H_{k+1} を作成するのが記憶制限つき BFGS 法である．そのとき，m 反復前の H_{k-m} があれば通常の BFGS と同じになるが，それでは $O(n^2)$ の記憶容量が必要となる．そこで H_{k-m} の代わりに対角行列，たとえば単位行列 I を用いることによって，記憶容量を抑える．上記の更新では V_k, S_k が計算する必要があるように思われるが，実際に探索方向を求めるためには $H_k \nabla f(x^k)$ が計算できればよい．このとき V_k, S_k がベクトルの積で表現されていることを用いれば，陽に V_k, S_k, H_k を計算しなくても，探索方向を求めることができる．この計算は $O(mn)$ でできる．また，必要となるベクトルを保存する記憶容量は $O(mn)$ ですむ．ただし，m が小さいときは取り込めるヘッセ行列の情報も少なくなるため，理論的には 1 次収束しか保証できない．実際に，数値実験においても，解におけるヘッセ行列の条件数が悪い問題においては，収束がおそくなることが報告されている．しかし，1 回の反復にかかる計算時間が少ないため，高精度の解が必要とされないときには，十分実用的な解法である．

次に，目的関数の構造を利用した準ニュートン法を紹介しよう．目的関数 f が

$$f(x) = \sum_{i=1}^{p} f_i(x_{C_i})$$

と表すことができるとき，f は部分的に分割可能であるという．ここで，$C_i, i = 1, \cdots, p$ は $\{1, 2, \cdots, n\}$ の部分集合であり，f_i は $R^{|C_i|}$ から R への関数である．さらに，x_{C_i} は $x_i, i \in C_i$ を縦に並べた $|C_i|$ 次元ベクトルである．実際の応用問題の多くは，部分的に分割可能な関数である．

部分分割 BFGS 法は，まず，f_i の近似ヘッセ行列 B_k^i を BFGS 更新で計算し，

$$B_k = \sum_{i=1}^{p} \Pi(C_i, B_k^i)$$

とすることによって，f の近似ヘッセ行列を生成する方法である[2]．ここで，$\Pi(D, A)$ は，$D = \{d_1, d_2, \cdots, d_q\} \subseteq \{1, 2, \cdots, n\}$，$A \in R^{q \times q}$ としたとき，$(d_i, d_j), i, j = 1, \cdots, q$ に対応した成分は A_{ij}，それ以外は 0 となる $n \times n$ 行列である．また，B_k^i の更新は

$$B_{k+1}^i = B_k^i - \frac{B_k^i s_{k,i} (B_k^i s_{k,i})^\top}{(s_{k,i})^\top B_k^i s_{k,i}} + \frac{y_{k,i} (y_{k,i})^\top}{(s_{k,i})^\top y_{k,i}}$$

で与えられる．ただし，

$$s_{k,i} := (x_{k+1})_{C_i} - (x_k)_{C_i},$$
$$y_{k,i} := \nabla_{x_{C_i}} f_i((x_{k+1})_{C_i}) - \nabla_{x_{C_i}} f_i((x_k)_{C_i})$$

である．

一般に $|C_i| << n$ であることから，部分分割 BFGS 法は少ないメモリーで実装できる．また，f を分割した各 f_i に対して近似ヘッセ行列を構成するため，f に対してそのまま BFGS 更新を使う場合と比べて，よりよい近似行列 B_k を得ることができる．

一方，逆行列 H_k の更新式ではないため，探索方向を求めるために線形方程式 $B_k d = -\nabla f(x^k)$ を解かなければならない．また，f_i が凸関数でないときには，一般に $s_{k,i}^\top y_{k,i} > 0$ が成り立たないため，B_k^i が正定値行列にならないことがある．そのようなときは，B_k も正定値行列とならないため，信頼領域法と組み合わせて用いる必要がある．

最後に，制約つきの問題に対する準ニュートン法に

ついてふれておこう．制約つきの問題においても，目的関数や制約を表す関数のヘッセ行列 (あるいは近似ヘッセ行列) の情報を用いることによって，高速に収束する解法を構築することができる．近似ヘッセ行列を用いる場合は，通常は，目的関数ではなくラグランジュ関数の近似ヘッセ行列を使う．しかし，ラグランジュ関数では，一般に，$y_k^\top s_k > 0$ が成り立たないため，BFGS 更新によって生成される近似ヘッセ行列は正定値行列とならない．そのようなときは，次のように y_k を修正した $\widetilde{y}_k$ を用いた**修正 BFGS 更新**が用いられる．

$$\widetilde{y}_k := \theta y_k + (1-\theta)B_k s_k$$

ここで

$$\theta := \begin{cases} 1 & y_k^\top s_k \geq 0.2 s_k^\top B_k s_k \text{のとき} \\ \dfrac{0.8 s_k^\top B_k s_k}{s_k^\top B_k s_k - y_k^\top s_k} & \text{それ以外のとき} \end{cases}$$

である．このとき，$\theta \in (0,1]$ であり，$\widetilde{y}_k^\top s_k > 0$ が成り立つことがわかる．　〔山 下 信 雄〕

参 考 文 献

[1] R. Fletcher : A new result for quasi-Newton formulae. *SIAM J. Optimization*, **1**: 18–21, 1991.
[2] J. Nocedal and S.J. Wright : Numerical Optimization, Springer, New York, 1999.

8.3 直接探索法

direct search method

応用問題のなかには，目的関数の微分値が計算できなかったり，できたとしても時間がかかるものがある．そのようなときは，関数値だけを用いて最適化を行う必要がある．**直接探索法**はそのような手法の一つであり，現在点のまわりにあるいくつかの点のなかから，関数値の一番低い点に進むというシンプルな手法である[1].

ネルダー–ミード (Nelder–Mead) 法は直接探索法の一つである．ネルダー–ミード法では，最小解に収束するような n 次元単体の列を生成する．このため，ネルダー–ミード法は**単体法**と呼ばれることもある．以下では，現在の n 次元単体の頂点を $x_0, x_1, x_2, \cdots, x_n$ とし，それらは $f(x_0) \leq f(x_1) \leq f(x_2) \leq \cdots \leq f(x_n)$ となるように番号がつけられているとする．また，最小点と最大点を明確にするために $x_{\max} := x_n$, $x_{\min} := x_0$ とする．ネルダー–ミード法では，まず，現在の単体の頂点のなかで目的関数値が大きい点 $x_{\max}$ を $f(x_{\max}) > f(x_{\rm new})$ となるような $x_{\rm new}$ と入れ替えることによって，新しい単体を生成することを考える．頂点 $x_{\max}$ の目的関数値はそれ以外の頂点の目的関数値よりも大きいので，$x_{\max}$ から他の点 $\{x_0, x_1, \cdots, x_{n-1}\}$ の平均点 $x_c = (1/n)\sum_{i=0}^{n-1} x_i$ の方向に $x_{\rm new}$ がありそうである．つまり，$x_{\rm new}$ を次の $L(t)$ とすることを考える．

$$L(t) = x_{\max} + t(x_c - x_{\max})$$

$x_{\max}$ を他の頂点で構成される平面の反対側に移した点 $L(2)$ を反射点と呼び，$x_{\rm ref}$ と表す．もし $f(x_{\rm ref}) < f(x_{\max})$ となれば，$x_{\rm new} = x_{\rm ref}$ とすることを考える．ここで，$f(x_{\rm ref}) < f(x_{\min})$ のときには，反射点よりもさらに先の点 $L(3)$ を調べる．点 $L(3)$ を拡張点と呼び，$x_{\rm exp}$ と表す．そして $f(x_{\rm exp}) < f(x_{\rm ref})$ であれば，$x_{\rm new} = x_{\rm exp}$ とする．一方，$f(x_{\rm ref}) > f(x_{\max})$ であれば，現在の単体の内部の点 $L(1/2)$ と外部の点 $L(3/2)$ を調べる．それぞれを内部縮小点，外部縮小点と呼び，$x_{\rm Icon}$, $x_{\rm Econ}$ と表すことにする．ここで，$f(x_{\rm Icon}) < f(x_{\max})$ であれば，$x_{\rm new} = x_{\rm Icon}$ とする．

$f(x_{\mathrm{Icon}}) \geq f(x_{\max})$ かつ $f(x_{\mathrm{Econ}}) < f(x_{\max})$ であれば，$x_{\mathrm{new}} = x_{\mathrm{Econ}}$ とする．反射点も縮小点も関数値が $x_{\max}$ の関数値より小さくならない場合もある．そのようなときは，$x_{\max}$ を入れ替えるだけでなく，単体のすべての頂点の入れ替えを考える．現在の頂点のなかで，$x_{\min}$ の関数値が一番小さいので，すべての頂点を $x_{\min}$ に近づけた点と入れ替えた単体を生成する．そのような操作を単体縮小と呼ぶ．これは，各頂点 x_i を $(x_i + x_{\min})/2$ と入れ替えることによって実行できる．

これまでの説明をまとめると，ネルダー–ミード法は以下のように記述できる．

a. ネルダー–ミード法

ステップ 0 (初期化)：初期 n 次元単体 $\{x_0, x_1, \cdots, x_n\}$ を選ぶ．

ステップ 1 (並び替え)：$f(x_0) \leq f(x_1) \leq f(x_2) \leq \cdots \leq f(x_n)$ となるよう頂点の並び替えを行う．$x_{\min} = x_0, x_{\max} = x_n$ とする．

ステップ 2 (反射)：もし $f(x_{\mathrm{ref}}) \leq f(x_{\min})$ ならばステップ 3 へ．もし $f(x_{\mathrm{ref}}) > f(x_{\max})$ ならステップ 4 へ．どちらでもなければ，x_n を x_{ref} に置き換えて，ステップ 1 へ．

ステップ 3 (拡張)：もし，$f(x_{\mathrm{ref}}) \leq f(x_{\exp})$ であれば，x_n を x_{ref} に置き換えて，ステップ 1 へ．そうでなければ，x_n を $x_{\exp}$ に置き換えて，ステップ 1 へ．

ステップ 4 (縮小)：もし，$f(x_{\mathrm{Icon}}) \leq f(x_{\max})$ であれば，x_n を x_{Icon} に置き換えて，ステップ 1 へ．もし，$f(x_{\mathrm{Econ}}) \leq f(x_{\max})$ であれば，x_n を x_{Econ} に置き換えて，ステップ 1 へ．そうでなければ，ステップ 5 へ．

ステップ 5 (単体縮小)：単体縮小を行い，ステップ 1 へ．

ネルダー–ミード法は，目的関数値を計算するだけで実行できる非常に単純なアルゴリズムである．しかしながら，大域的収束性は保証されていない[1]．

次に大域的収束が保証された直接探索法を紹介する．いま，現在点 x_k とそこからの方向 $d_i \in R^n, i = 1, \cdots, n$ を考える．このとき，f が方向微分可能であれば，d_i 方向の方向微分は，十分小さい正数 t を用いて

$$f'(x_k; d_i) \approx \frac{f(x_k + td_i) - f(x_k)}{t} \tag{1}$$

と近似できる．最適性の 1 次の必要条件は，すべての方向 $d \in R^n$ に対して，$f'(x_k; d) \geq 0$ となることであるから，すべての $d_i, i = 1, \cdots, n$ に対して，$f(x_k + td_i) - f(x) \geq 0$ となることは，その必要条件（を近似した条件）となる．この条件が，直接探索法の大域的収束性を保証する条件になる．

いま，探索する方向の集合を $D = \{d_1, d_2, \cdots, d_m\}$ とする．このとき D の各ベクトルで張られる錐が全空間となるとき，つまり，

$$\left\{ d \;\middle|\; d = \sum_{i=1}^{m} \alpha_i d_i,\ \alpha_i \geq 0\ (i = 1, \cdots, m) \right\} = R^n$$

が成り立つとき，D は **positively spanning set** という．さらに，D の要素が一つでも抜けたら，positively spanning set にならないとき，D は正基底であるという．

b. 直接探索法

ステップ 0：正基底 D_0 と $\alpha_0 > 0$, x_0 を選ぶ．$k = 0$ とする．

ステップ 1：$f(x_k) > f(x_k + \alpha_k d)$ となる $d \in D_k$ をみつける．みつからなければステップ 2 へ．みつかればステップ 3 へ．

ステップ 2：$x_{k+1} = x_k + \alpha_k d$ とし，正基底 D_k を更新する．$k = k + 1$ とし，ステップ 1 へ．

ステップ 3：α_k を小さくし，正基底 D_k を更新して，ステップ 1 へ．

いま，D が正基底であり，十分小さい正数 ε とすべての $d_i \in D$ に対して，$f(x + \varepsilon d_i) \geq f(x)$ が成り立つとしよう．このとき，式 (1) より

$$\nabla f(x)^\top d_i \approx \frac{f(x + \varepsilon d_i) - f(x)}{\varepsilon} \geq 0$$

が成り立つ．D は正基底であるから，$\nabla f(x) \approx 0$ ということがいえる．つまり，ステップ 3 にきたときに α_k が十分小さくなっていれば，よい近似解が求まっていることになる．

直接探索法は，f の勾配やヘッセ行列の情報を使っていないため，収束が遅い．そのため，直接探索法は，いくつかの高速化するテクニックと組み合わせて用いられる[1]．高速化に使われるテクニックに，代理関数 (surrogate function) と探索ステップ (search step) が

ある．代理関数は，これまで得られた関数の情報などを使って構築された計算のしやすい f の近似関数のことである．ステップ 1 において，無作為に $d \in D$ を選ぶのではなく，$x_k + d$ における代理関数の値が小さくなる d から順に調べれば，f の関数評価回数を減らすことが期待できる．一方，探索ステップとは，ステップ 1 を実行する前に，適当なヒューリスティクスによって関数を減少させる点を探すことである．たとえば，代理関数の最小点をとりあえず調べ，その点の f の関数値が実際に小さければ，そこに移動し，そうでなければ，あらためてステップ 1 を実行する．

〔山 下 信 雄〕

参 考 文 献

[1] A. R. Conn et al.: Introduction to Derivative-Free Optimization (MPS-SIAM Series on Optimization), SIAM, Philadelphia, 2009.

8.4 共役勾配法

conjugate gradient method

共役勾配法は，係数行列 $A \in \boldsymbol{R}^{n\times n}$ が正定値対称であるような連立 1 次方程式

$$A\boldsymbol{x} = \boldsymbol{b}, \quad \boldsymbol{x} \in \boldsymbol{R}^n, \quad \boldsymbol{b} \in \boldsymbol{R}^n \tag{1}$$

を解くために Hestenes と Stiefel によって 1952 年に開発された．その後，問題 (1) が狭義凸 2 次関数最小化問題

$$\min_{x \in R^n} \quad f(x) = \frac{1}{2}\boldsymbol{x}^\top A\boldsymbol{x} - \boldsymbol{b}^\top \boldsymbol{x} \tag{2}$$

と同値になることを利用し，1964 年に Fletcher と Reeves は，Hestenes と Stiefel の共役勾配法を拡張して一般の無制約最適化問題に適用可能な数値解法を提案した．ここでは前者の方法を線形共役勾配法，後者の方法を非線形共役勾配法と呼ぶ．

a. 線形共役勾配法

線形共役勾配法は非定常反復法の一種で，任意の初期近似解 $\boldsymbol{x}_0$ からスタートし更新式

$$\boldsymbol{x}_{k+1} = \boldsymbol{x}_k + \alpha_k \boldsymbol{d}_k \tag{3}$$

により点列を更新する．ここで，α_k, $\boldsymbol{d}_k$ はそれぞれステップ幅，探索方向と呼ばれる．

ステップ幅と探索方向の導出についてはいくつかの解釈があるが，ここでは線形共役勾配法を式 (1) と同値な狭義凸 2 次関数最小化問題 (2) を解くための解法として導出する．

まず，問題 (2) において目的関数の等高線が同心円 (つまり，A が単位行列の定数倍) になる場合を考えよう．このとき，$\boldsymbol{d}_k$ として $\boldsymbol{R}^n$ の直交基底をなすベクトルを選び，ステップ幅 α_k を f の $\boldsymbol{d}_k$ 方向における 1 次元最小化，すなわち，$\alpha_k = \mathrm{argmin}_\alpha\, f(\boldsymbol{x}_k + \alpha \boldsymbol{d}_k)$ となるように選んだ場合，反復式 (3) によって生成される点列はたかだか n 回で解に到達する．しかし，一般には f の等高線は楕円となり，この方法は効率がよいとはいえない．よって，$A = P^\top P$ ($P \in \boldsymbol{R}^{n\times n}$ は正則)

と分解し，$\boldsymbol{x}' = P\boldsymbol{x}$ と変数変換を行うことで，等高線が同心円であるような問題に変換することを考える．ここで変数変換後の $\boldsymbol{x}'$ の空間での直交条件 $(\boldsymbol{u}')^\top \boldsymbol{v}' = (P\boldsymbol{u})^\top (P\boldsymbol{v}) = 0$ は，もとの $\boldsymbol{x}$ の空間では，

$$\boldsymbol{u}^\top A\boldsymbol{v} = 0 \tag{4}$$

を意味する．よって，$\boldsymbol{d}_i^\top A\boldsymbol{d}_j = 0\ (i \neq j)$ であるような n 本の探索ベクトル $\boldsymbol{d}_0, \cdots, \boldsymbol{d}_{n-1}$ が得られれば，順次，$\boldsymbol{d}_k$ 方向に1次元最小化するステップ幅を用いることにより，たかだか n 回の反復で解を得ることができる．

一般にベクトル $\boldsymbol{u}$ と $\boldsymbol{v}$ が式 (4) を満たすとき $\boldsymbol{u}$ と $\boldsymbol{v}$ は (A に関して) 互いに共役であるという．また，重みつきの内積を $(\boldsymbol{u}, \boldsymbol{v})_A = \boldsymbol{u}^\top A\boldsymbol{v}$ と定義すると，この共役性はこの内積の意味での直交性 (**$\boldsymbol{A}$–直交**) を意味する．

線形共役勾配法では残差ベクトル $\boldsymbol{r}_k = \boldsymbol{b} - A\boldsymbol{x}_k\ (k = 0, 1, \cdots, n-1)$ を用いて共役な探索方向を生成する．まず，初期探索方向として $\boldsymbol{d}_0 = \boldsymbol{r}_0$ を選択する．あとは再帰的に，探索方向である $\boldsymbol{d}_k$ 方向に1次元最小化するステップ幅，すなわち $\alpha_k = \mathrm{argmin}_\alpha\ f(\boldsymbol{x}_k + \alpha\boldsymbol{d}_k)$ となる α_k を選び点列を更新し，重みつきの内積を用いた (修正) グラム–シュミット (Gram–Schmidt) の直交化を行い探索方向 $\boldsymbol{d}_{k+1}$ を生成する，という手順を繰り返すことにより互いに共役な方向を順次構成していく．

上で述べた理論より，線形共役勾配法によって生成された k 回目の近似解 $\boldsymbol{x}_k$ はアフィン空間 $\boldsymbol{x}_0 + \mathrm{Span}\{\boldsymbol{d}_0, \cdots, \boldsymbol{d}_{k-1}\}$ 上で目的関数 f を最小化する点となる．ここで $\mathrm{Span}\{\boldsymbol{d}_0, \cdots, \boldsymbol{d}_{k-1}\} = \mathrm{Span}\{\boldsymbol{r}_0, A\boldsymbol{r}_0, \cdots, A^{k-1}\boldsymbol{r}_0\}$ であることに注意しよう．部分空間 $\mathrm{Span}\{\boldsymbol{r}_0, A\boldsymbol{r}_0, \cdots, A^{k-1}\boldsymbol{r}_0\}$ はクリロフ部分空間と呼ばれており，線形共役勾配法以外にもクリロフ部分空間に基づいた方法が数多く提案されている．それらはクリロフ部分空間法と呼ばれ統一的に扱われている．

次に線形共役勾配法のアルゴリズムの詳細について述べる．上記の α_k，$\boldsymbol{d}_k, \boldsymbol{r}_k$ は共役性や目的関数 f が狭義凸2次関数であるなどの条件を使用することにより $k \geq 0$ に対して

$$\alpha_k = \frac{\|\boldsymbol{r}_k\|^2}{\boldsymbol{d}_k^\top A\boldsymbol{d}_k}, \tag{5}$$

$$\boldsymbol{r}_{k+1} = \boldsymbol{r}_k - \alpha_k A\boldsymbol{d}_k, \tag{6}$$

$$\boldsymbol{d}_{k+1} = \boldsymbol{r}_{k+1} + \beta_{k+1}\boldsymbol{d}_k, \tag{7}$$

$$\beta_{k+1} = \frac{\|\boldsymbol{r}_{k+1}\|^2}{\|\boldsymbol{r}_k\|^2}$$

という計算の簡単な表現に書き換えることができる．したがって実際のアルゴリズムは，これらの表現を利用して以下のように与えられる．

ステップ 0：初期点 $\boldsymbol{x}_0$ を与え，$k := 0$, $\boldsymbol{d}_0 := \boldsymbol{r}_0$ とする．

ステップ 1：ステップ幅 α_k を式 (5) により計算し，式 (3) により点列を更新する．

ステップ 2：残差ベクトル $\boldsymbol{r}_{k+1}$ を式 (6) により計算する．$\|\boldsymbol{r}_{k+1}\|$ が十分小さくなったら終了し，$\boldsymbol{x}_{k+1}$ を解とする．

ステップ 3：探索方向 $\boldsymbol{d}_{k+1}$ を式 (7) により計算し，$k := k + 1$ としてステップ 1 へ戻る．

線形共役勾配法は提案された当初，理論的にはたかだか n 回で解に達するという性質から直接法と考えられていたが，丸め誤差に弱いということが判明し，研究が停滞した時期があった．しかし，線形共役勾配法は「各反復で必要な行列とベクトルの積の計算は $A\boldsymbol{d}_k$ の1回だけである」,「等高線を円に近づけるような前処理をアルゴリズムに組み込む工夫が，大規模な問題に非常に有効である」などという性質から反復法として再度注目され，現在では係数行列が正定値対称であるような大規模連立1次方程式を解くための標準的な数値解法となっている．また，係数行列が正定値対称ではないような問題 (1) に対しても線形共役勾配法の拡張法や改良法がさかんに研究されている．たとえば，係数行列が非対称な問題に対する数値解法として双共役勾配法 (BiCG 法) やその改良版である2乗共役勾配法 (CGS 法)，安定化双共役勾配法 (Bi–CGSTAB 法) などがある．前処理や拡張法・改良法などに関連する話題は参考文献[1] を参照されたい．

b. 非線形共役勾配法

非線形共役勾配法は，一般の無制約最適化問題

$$\min_{x \in R^n} \quad f(\boldsymbol{x})$$

の解法として Fletcher と Reeves によって最初に提案

された．彼らは，f が 2 次関数の場合には勾配ベクトルが $\nabla f(\boldsymbol{x}_k) = -\boldsymbol{r}_k$ となることから，一般の f に対して，次のアルゴリズムを提案した．

ステップ 0：初期点 $\boldsymbol{x}_0$ を与え，$k := 0, \boldsymbol{d}_0 := -\nabla f(\boldsymbol{x}_0)$ とする．

ステップ 1：直線探索によりステップ幅 α_k を決定し，式 (3) により点列を更新する．

ステップ 2：$\|\nabla f(\boldsymbol{x}_{k+1})\|$ が十分小さくなったら終了し，$\boldsymbol{x}_{k+1}$ を解とする．

ステップ 3：探索方向 $\boldsymbol{d}_{k+1}$ を

$$\boldsymbol{d}_{k+1} = -\nabla f(\boldsymbol{x}_{k+1}) + \beta_{k+1}\boldsymbol{d}_k,$$
$$\beta_{k+1} = \frac{\|\nabla f(\boldsymbol{x}_{k+1})\|^2}{\|\nabla f(\boldsymbol{x}_k)\|^2}$$

により計算し，$k := k+1$ としてステップ 1 へ戻る．

目的関数が一般の非線形関数の場合には，ステップ 1 で正確な直線探索を行うことが困難なので，通常は非厳密な直線探索を行う．非線形共役勾配法では，以下のウルフ (Wolfe) 条件

$$f(\boldsymbol{x}_k + \alpha_k\boldsymbol{d}_k) - f(\boldsymbol{x}_k) \leq \delta\alpha_k\nabla f(\boldsymbol{x}_k)^\top\boldsymbol{d}_k,$$
$$\nabla f(\boldsymbol{x}_k + \alpha_k\boldsymbol{d}_k)^\top\boldsymbol{d}_k \geq \sigma\nabla f(\boldsymbol{x}_k)^\top\boldsymbol{d}_k$$

$(0 < \delta < \sigma < 1)$ またはその変種を満たすステップ幅を用いるのが一般的である．

Fletcher と Reeves により最初に与えられたアルゴリズムでは $\beta_{k+1} = \beta_{k+1}^{FR} := \|\nabla f(\boldsymbol{x}_{k+1})\|^2/\|\nabla f(\boldsymbol{x}_k)\|^2$ としているが，非線形共役勾配法は線形共役勾配法と異なり，パラメータ β_k は一意には決定されない．そのため，β_k の選択法が研究されており，Fletcher と Reeves の選択法のほかに有名な公式として Polak–Ribière (PR), Hestenes–Stiefel (HS), Dai–Yuan (DY) などがあり，それぞれ

$$\beta_{k+1}^{PR} := \frac{\nabla f(\boldsymbol{x}_{k+1})^\top\boldsymbol{y}_k}{\|\nabla f(\boldsymbol{x}_k)\|^2},$$
$$\beta_{k+1}^{HS} := \frac{\nabla f(\boldsymbol{x}_{k+1})^\top\boldsymbol{y}_k}{\boldsymbol{d}_k^\top\boldsymbol{y}_k},$$
$$\beta_{k+1}^{DY} := \frac{\|\nabla f(\boldsymbol{x}_{k+1})\|^2}{\boldsymbol{d}_k^\top\boldsymbol{y}_k}$$

で与えられる．ただし，$\boldsymbol{y}_k = \nabla f(\boldsymbol{x}_{k+1}) - \nabla f(\boldsymbol{x}_k)$ とする．これらの β_{k+1} は線形の場合には同値な式となるが非線形の場合には，アルゴリズムの挙動も異なる．そのため，それぞれの方法に対する収束性が議論されている．収束性の詳細については文献[2] を参照されたい．

非線形共役勾配法は 1960 年代後半〜70 年代にさかんに研究が行われていたが，準ニュートン法の発達もあり，一時はほとんど研究されていなかった．しかし，行列演算を必要としないという特徴により，大規模な無制約最適化問題に対する数値解法として，近年，再び注目を集めている．特に，大規模な無制約最適化問題に対して，さまざまな数値実験の結果に基づいて，非常に有効なパラメータ β_{k+1} の選択法もいくつか提案されており，今後のさらなる発展が期待される．近年の非線形共役勾配法の研究動向や関連する話題は文献[2] が詳しい．　〔成 島 康 史〕

参 考 文 献

[1] J.J. ドンガラほか著，長谷川里美ほか訳：反復法 Templates，朝倉書店，1996.

[2] W.W. Hager and H. Zhang : A survey of nonlinear conjugate gradient methods. *Pacific J. Optimization*, **2**: 35–58, 2006.

8.5 微分不可能な方程式と最適化問題

nondifferentiable equations and optimization problem

ニュートン法や準ニュートン法など，非線形計画問題に対する高速な解法は，目的関数の勾配 (やヘッセ行列) を必要としている．一方，目的関数が微分可能ではない，あるいは微分可能であっても，2 回微分可能でない応用問題は数多く存在する．そのようなときは，勾配を用いる準ニュートン法やヘッセ行列を用いるニュートン法は適用できない．ここでは，勾配やヘッセ行列を用いない最適化手法として，**劣勾配法** (subgradient method)[2]，**バンドル法** (bundle method)[2]，**一般化ニュートン法** (generalized Newton method)[3] を紹介する．以下では簡単のため制約なし最小化問題を考える．

まず，微分不可能な凸関数 f の最小化問題に対する劣勾配法，バンドル法を紹介しよう．f が微分可能な凸関数であるとき，

$$f(x) - f(y) \geq \nabla f(y)^\top (x - y)$$

が成り立つ．f が微分不可能なとき，これを一般化して，

$$f(x) - f(y) \geq \eta^\top (x - y) \tag{1}$$

が成り立つベクトル η を f の y における**劣勾配** (subgradient) と呼ぶ[1]．f が微分可能なとき劣勾配は唯一であるが，微分不可能なときは式 (1) を満たす η は無数に存在する．そこで，そのような集合を

$$\partial f(y) = \{\eta \mid f(x) - f(y) \geq \eta^\top (x - y),\ \forall x \in R^n\}$$

と定義する．

最急降下法において勾配の代わりに劣勾配を用いるのが劣勾配法である．

a. 劣勾配法

ステップ 0: $x_0 \in R^n$ を選び，$k = 0$ とする．
ステップ 1: 劣勾配 $\eta_k \in \partial f(x_k)$ を求める．
ステップ 2: x_k が終了条件を満たしていれば終了する．
ステップ 3: 適当なステップ幅 t_k を求め，$x_{k+1} = x_k - t_k(\eta_k/\|\eta_k\|)$ とする．
ステップ 4: $k = k + 1$ として，ステップ 1 へ．

ベクトル $-\eta$ は降下方向にならないことがあるため，$f(x_{k+1}) < f(x_k)$ となるようなステップ幅 t_k が存在しないことがある．しかし，以下の定理に与えるようなステップ幅を用いれば劣勾配法は大域的収束する．

定理 1 ステップ幅は $\alpha, \beta > 0$ を用いて，

$$t_k = \frac{1}{\alpha + \beta k}$$

と決められているとする．さらに，すべての k に対して，不等式 $\|\eta_k\| \leq L$ を満たす正の定数 L が存在すると仮定する．このとき，

$$\lim_{k \to \infty} \min_{i=1,\cdots,k} \{f(x_i) - f(x_*)\} = 0$$

となる．ここで，x_* は問題の最小解である．

劣勾配法では，過去の勾配の情報を使っていない．そのため，最急降下法と同様に高速な収束は期待できない．過去の勾配の情報を用いて，目的関数 f をモデル化したものを構成し，それに基づいて点列を生成する手法が切除平面法である．

これまでの反復において，点列 $x_0, \cdots, x_k$ が生成されており，それぞれの点での劣勾配 $\eta_0, \cdots, \eta_k$ が求まっているとしよう．このとき，$\widehat{f}_k$ を以下のように構成する．

$$\widehat{f}_k(x) := \max_{i=1,\cdots,k} \left\{ f(x_i) + (\eta_i)^\top (x - x_i) \right\}$$

$\widehat{f}_k$ は凸関数である．さらに，f の凸性より，任意の $i = 1, \cdots, k$ に対して，$f(x) \geq f(x_i) + (\eta_i)^\top (x - x_i)$ が成り立つことから，$f(x) \geq \widehat{f}_k(x)$ である．さらに，定義より明らかに，

$$\widehat{f}_k(x) \geq \widehat{f}_{k-1}(x) \geq \cdots \geq \widehat{f}_1(x) \geq \widehat{f}_0(x)$$

が成り立つ．つまり，x_k を適切に選んでいけば，$\widehat{f}_k$ は f のよい近似関数になることが期待できる．最小化問題

$$\begin{array}{ll} \min & \widehat{f}_k(x) \\ \text{s.t.} & x \in R^n \end{array} \tag{2}$$

の解を次の反復点 x_{k+1} とする手法が切除平面法である．問題 (2) は，線形計画問題に変換することができる．線形計画問題が有界とならないとき，適当な有界

閉集合 C を用意し，問題 (2) の代わりに，

$$\begin{array}{ll} \min & \widehat{f}_k(x) \\ \text{s.t.} & x \in C \end{array} \tag{3}$$

を用いることがある．

切除平面法は，問題によっては，その振舞いが悪くなることが知られている．また，反復がすすむにつれて，解くべき線形計画問題の制約の数が増えていくため，部分問題 (2) を解くのが難しくなるという欠点もある．

そのような欠点を克服するために，問題 (2) の代わりに，(2) の目的関数に 2 次関数 $\mu_k\|x-x_k\|^2$ を加えた次の問題を用いる手法がバンドル法である．

$$\begin{array}{ll} \min & \widehat{f}_k(x)+\mu_k\|x-x_k\|^2 \\ \text{s.t.} & x \in R^n \end{array} \tag{4}$$

μ_k は現在の点との距離を調整するパラメータである．問題 (4) は凸 2 次計画問題として定式化できる．さらに，問題 (4) は 2 次の項のおかげで，かならず解をもつ．そのため，切除平面法のように，有界閉集合 C を考える必要がない．また，問題 (4) と等値な凸 2 次計画問題は有効となる制約の数は限られているため，有効制約法などで効率よく解を求めることができる．

バンドル法では，大域的収束を保証するために，信頼領域法と同様のアイデアを用いて，点列の更新を行う．つまり，y_{k+1} を (4) の解とすると，

$$\rho_k = \frac{f(x_k)-f(y_{k+1})}{f(x_k)-\left(\widehat{f}_k(y_{k+1})+\mu_k\|y_{k+1}-x_k\|^2\right)} \tag{5}$$

を計算し，この ρ_k を用いて，モデル関数 $\widehat{f}_k$ のよさを判定する．もし，ρ_k が十分大きな値をとっていれば，$x_{k+1}=y_{k+1}$ として更新する．一方，ρ_k が小さいときには，モデルが悪いと判断して，x_{k+1} は x_k のままとし，$\widehat{f}_k$ を $\widehat{f}_{k+1}$ と更新することによってモデルの改善を行う．

b. バンドル法

ステップ 0: $\alpha\in(0,1)$ とする．x_0 を適当に選ぶ．$f(x_0)$ と $\eta_0\in\partial f(x_0)$ を求める．$\widehat{f}_0(x)=f(x_0)+(\eta_0)^\top(x-x_0)$ とする．$k=0$ とする．

ステップ 1: 部分問題 (4) を解いて，その解を y_{k+1} とする．

ステップ 2: y_{k+1} が終了条件を満たせば終了．

ステップ 3: $f(y_{k+1})$ と劣勾配 $\eta_{k+1}\in\partial f(y_{k+1})$ を求める．

ステップ 4: 式 (5) によって ρ_k を計算する．もし，$\rho_k\geq\alpha$ であれば $x_{k+1}=y_{k+1}$ とする．そうでなければ，$x_{k+1}=x_k$ とする．

ステップ 5: モデル関数を更新する．

$$\widehat{f}_{k+1}(x):=\max\{\widehat{f}_k(x), f(y_{k+1})+(\eta_{k+1})^\top(x-y_{k+1})\}$$

ステップ 6: $k=k+1$ としてステップ 1 へ．

バンドル法は，劣勾配法と比べて，少ない反復回数で解を求めることができる．しかし，反復ごとに 2 次計画問題を解かなければならない．精度の高い解を必要としないようなときは，劣勾配法で十分な場合も多い．

次に，微分不可能な局所的リプシッツ連続関数 $H: R^n\to R^n$ が与えられたとき，非線形方程式

$$H(x)=0$$

の解法である一般化ニュートン法[3] を紹介しよう．目的関数 f が微分可能であるが，2 回微分可能でないような制約なし最小化問題においては，$H(x)=\nabla f(x)$ とすることによって，一般化ニュートン法を適用することができる．

局所的リプシッツ連続関数 H は，ほとんど至るところで微分可能であり，次の B 微分と呼ばれる一般化された微分をもつことが知られている．

定義 1　次式で定義される集合を $G: R^n\to R^m$ の x における **B** 微分と呼ぶ．

$$\partial_{\mathrm{B}}G(x):=\left\{\lim_{\substack{x_i\in D_G\\ x_i\to x}} G'(x_i)\right\}$$

ここで，D_G は G が微分可能な点の集合である．

B 微分の B は Bouligand の略である．R^n から R^m への関数に対する B 微分は $m\times n$ 行列の集合である．

c. 一般化ニュートン法

H の B 微分が計算できるとき，一般化ニュートン法は，次式によって点列 $\{x_k\}$ を生成する．

$$x_{k+1} := x_k - V_k^{-1} H(x_k) \tag{6}$$

ここで，$V_k \in \partial_{\mathrm{B}} H(x_k)$ である．

微分可能な非線形方程式に対するニュートン法が 2 次収束するための条件は，(a) ある点で関数を 1 次近似したとき，その近似誤差がその点と解との距離の 2 乗で押さえらること（たとえば 2 回微分可能性）と (b) 関数のヤコビ行列が解において正則であることであった．一般化ニュートン法が 2 次収束するためにも，同様の性質が必要とされており，それに関連した概念が定義されている．

まず，関数の 1 次近似の近似誤差に関連して，次に定義する微分可能性に関連した概念がある[4]．以下では $\partial H(x)$ は $\partial_{\mathrm{B}} H(x)$ の凸包 (Clarke の劣微分) を表す．

定義 2　もし, すべての d に対して, 極限

$$\lim_{\substack{H \in \partial H(x+td') \\ d' \to d,\, t \downarrow 0}} Hd'$$

が存在するなら，H は x で半平滑 (semismooth) という．さらに，すべての $d \to 0$ とすべての $V \in \partial H(x+d)$ に対して，

$$Vd - H'(x; d) = O(\|d\|^2)$$

なら，H を x で強半平滑 (strongly semismooth) という．

半平滑性は，方向微分可能性と微分可能性の間に入る概念と考えられている．また，min 関数などを含む多くの関数が (強) 半平滑であることが知られている．

次にニュートン法におけるヤコビ行列の正則性に関連した，一般化ニュートン法における正則性を定義する[3]．

定義 3　もし，すべての $V \in \partial_{\mathrm{B}} H(x_*)$ が正則ならば，x_* は H に関して **BD 正則** (BD–regular) であるという．

このような定義のもと，次の定理が示されている[3]．

定理 2　初期点が解 x_* の十分近くにあるものとする．さらに，x_* が H に関して BD 正則であり，H は x_* において強半平滑であるとする．このとき，反復法 (6) によって生成された点列 $\{x_k\}$ は解 x_* に 2 次収束する．

〔山 下 信 雄〕

参 考 文 献

[1] 福島雅夫：非線形最適化の基礎，朝倉書店，2001.

[2] J. Hiriart-Urruty and C. Lemaréchal : Convex Analysis and Minimization Algorithms, Springer, 1993.

[3] L. Qi : Convergence analysis of some algorithms for solving nonsmooth equations. *Math. Operations Res.*, **18**: 227–244, 1993.

[4] L. Qi and J. Sun : A nonsmooth version of Newton's method. *Math. Program.*, **58**: 353–367, 1993.

8.6 大域的最適化

global optimization

a. 大域的最適化問題

目的関数 $f(x)$ がユークリッド空間 $\Re^n$ 上で定義された実数値関数であり，実行可能領域 X が $\Re^n$ 全体もしくはその閉部分集合である以下の最適化問題を考える．

$$\begin{array}{ll}\text{目的関数} & f(x) \to \text{最小化}\\ \text{制約条件} & x \in X,\end{array}$$

ここで決定変数 x は連続変数であるとする．すべての実行可能解 $x \in X$ に対して $f(x^*) \leq f(x)$ を満足する解 x^* は**大域的最適解** (global optimum) と呼ばれ，最適化の目的はこの大域的最適解を求めることにある．また，ある近傍 $N(x) := \{y \in X | \|y - x\| \leq r\}$ が存在し（r は適当な正の定数），近傍内のすべての実行可能解 x に対して $f(\overline{x}) \leq f(x)$ を満足する解 $\overline{x}$ は**局所的最適解** (local optimum) と呼ばれる．大域的最適解も局所的最適解の一つであるが，すべての局所的最適解が大域的に最適であるような問題は，目的関数と実行可能領域がともに凸性を満たす凸計画問題 (convex programming problem) のような特別な構造をもつ問題に限られる．そのため，そういった構造をもたない一般の最適化問題は，目的関数値が異なる複数の局所的最適解が存在することがしばしばあり（図 1），大域的最適解を求めることは非常に困難である．なぜなら，ある解の局所的な最適性は，その解の目的関数の微分値や局所的な情報を用いてカルーシュ–キューン–タッカー条件 (Karush-Kuhn-Tucker conditions) により検証できるのに対し，ある局所的最適解の大域的な最適性は，原則的にはすべての局所的最適解との比較を行う必要があるためである．

このように多数の局所的最適解をもつ問題は，**大域的最適化問題** (global optimization problem) や多極値大域的最適化問題 (multi–extremal global optimization problem) と呼ばれる．また，その大域的最適解（もしくは良質な局所的最適解）を求めることは大域的最適化と呼ばれる．ただし，求解の困難な問題として知られている NP 困難な組合せ最適化問題や，連続変数と離散変数の両方を決定変数として含む混合整数計画問題も多数の局所的最適解をもち大域的最適化問題と呼ばれるため，連続変数のみを決定変数にもつ大域的最適化問題は，区別のため**連続大域的最適化問題** (continuous global optimization problem) と呼ばれることもある．以下では連続大域的最適化問題について述べる．

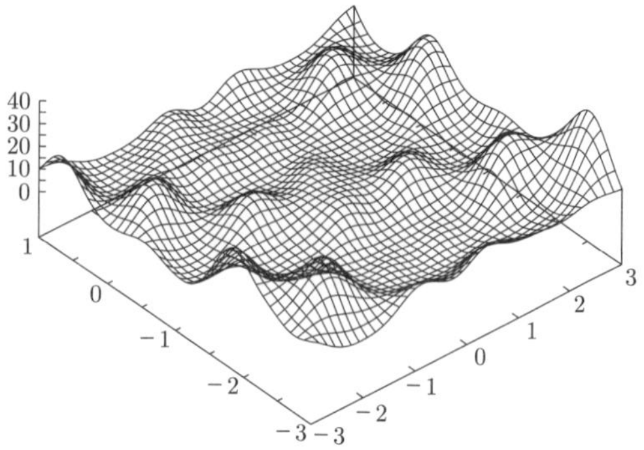

図 1　多数の局所的最適解をもつ大域的最適化問題

工学から経済学，社会学，生物学などさまざまな領域で用いられるモデルには，しばしば非線形性や非凸性が含まれており，そのようなモデルを用いた意思決定や解析には大域的最適化が必要になることが多い．実際に，生命工学，データ解析，環境管理，財務計画，プロセス制御，リスク管理，モデリングといったさまざまな分野で大域的最適化手法が適用されている．以下に代表的な大域的最適化問題の例を示す．

①**双線形計画問題** (bilinear programming problem)　目的関数が双線形関数，実行可能領域が凸多面体として与えられる問題．

②**2 次計画問題** (quadratic programming problem)　目的関数が非凸 2 次関数，実行可能領域が凸多面体として与えられる問題．

③**分数計画問題** (fractional programming problem)　二つの関数の比を目的関数にもつ最適化問題．

④**幾何計画問題** (geometric programming problem)　決定変数の累乗の重みつき和として表される関数により目的関数と制約条件が与えられる問題．

⑤**凹計画問題** (concave programming problem)　目的関数が凹，実行可能領域が凸多面体として与えら

れる問題.

⑥**DC 計画問題** (D.C. programming problem) 二つの凸関数の差で定義される関数により目的関数が与えられ，実行可能領域が凸である問題.

⑦**逆凸計画問題** (reverse convex programming problem) 実行可能集合が閉凸集合と開凸集合の差によって与えられる最適化問題. 目的関数が凸であっても一般に求解は難しい.

⑧**リプシッツ最適化問題** (Lipschitz optimization problem) リプシッツ条件を満たす関数により目的関数や制約条件が与えられる問題.

ほかにも，多段階最適化問題 (multilevel optimization problem)，ネットワーク計画 (network programming problem)，乗法計画問題 (multiplicative programming problem)，相補性問題 (complementarity problem) などさまざまなモデルも大域的最適化問題となりうる.

b. 求解方法

1) 厳密解法

大域的最適化を行う際，上記で分類したようなおのおのの問題の構造を利用し，その問題に特化することで効率的に求解を行う解法が研究されている. 大域的最適解を決定論的に厳密に求める解法や確率 1 で大域的最適解に収束することが保障される確率的な解法などがある. 一様グリッド法 (uniform grid method)，領域被覆法 (space covering method)，単純なランダム探索法 (pure random search method) といった素朴な方法は，比較的低次元な問題にのみ限定された解法である. また，列挙法 (enumeration method)，全数探索 (exhaustive search) などの完全探索法 (complete search approach) は，比較的求解が容易な構造をもつ問題に適用可能である. より高度な解法の代表例として，ホモトピー法 (homotopy method)，逐次近似法 (successive approximation method)，分枝限定法 (branch and bound algorithm)，ベイジアン探索 (分割) 法 (Bayesian search (partition) algorithm)，適応型確率探索法 (adaptive stochastic search method) などがある[2].

ここでは，凹計画問題に対する厳密解法を考える. 凹計画問題に対する解法は大域的最適化の基本となる手法であり，他の問題に対する解法を構成するうえでも重要な役割を担っている. 実際，DC 計画問題，逆凸計画問題やリプシッツ最適化問題などといった多くの大域的最適化問題は，凹計画問題の求解法を拡張することにより求解が可能である.

凹計画問題では，一般に実行可能領域 X の複数の端点が局所的最適解となるが，その端点数は膨大であるため，そのなかから大域的最適解をみつけだす作業は NP 困難であることが知られている. しかし，問題の構造をうまく利用することで，大規模な問題でないかぎり厳密に求解可能である. この問題に対する厳密解法として，凹性カット法 (concavity cut method)，外部近似法 (outer approximation method)，および分枝限定法 (branch-and-bound method) などが知られている[1]. 以下では，凹計画問題の実行可能領域は線形不等式の集合によって与えられる凸多面体とする.

i) 凹性カット法

凹性カット法は，実行可能集合から大域的最適解が存在しない領域を逐次削除する方法である. 現在得られている暫定解を $\overline{x}$ とする. まず，局所的最適解を与える端点解 $\widehat{x}$ を見つけ，その目的関数値 $f(\widehat{x})$ を評価する. それが現在の暫定値 $f(\overline{x})$ より大きい場合は目的間数 f の凹性を利用することで，任意の $x \in X \cap H$ について $f(x) \geq f(\overline{x})$ となるような端点解 $\widehat{x}$ を含む半空間 H をみつける. 次に，X から $X \cap H$ を削除し，得られた集合を新たな X とする. 凹性カットと呼ばれるこの操作を繰り返し，もし $X \subset X \cap H$ であれば，その時点での暫定解が大域的最適解である. さらに，目的関数が凹 2 次関数であれば，より効率的なカットを行う方法も考案されている.

ii) 外部近似法

外部近似法では，実行可能集合 X を外部から近似する比較的単純な凸多面体 P を構成し，それを逐次カットしていく方法である. まず，$X \subset P$ を満たす，n 次元単体や矩形などの単純な凸多面体 P を準備し，P 上で $f(x)$ を最小化する. この凹最小化問題は，P の端点数が少ないため，最小解 $\widehat{x}$ は列挙法などにより容易に求解可能である. この解 $\widehat{x}$ が制約を満たさない場合，そのなかの一つの制約式の表す半空間と P との共通部分を求め，それを新たに P とする. 実行可能集合 X

は P の部分集合であり最小解 $\hat{x}$ は大域的最適値の下界値を与えるため，以上の操作を繰り返して $\bar{x} \in X$ となれば，$\bar{x}$ は大域的最適解である．

iii) 分枝限定法

基本的には，組合せ最適化問題に使われる**分枝限定法**と同様な方法である．実行可能集合（もしくはそれを含む矩形などの単純な凸多面体）をいくつかの部分に分割し，これらの分割された領域に対して，以下の限定操作および分枝操作を繰り返す．

①限定操作　領域 P 上における $f(x)$ の下界値を計算し，その値がそれまでに得られた暫定解の目的関数値以上ならばその領域を考察の対象から外す．

②分枝操作　領域 P を複数の領域に分割する．

領域 P が凸であれば，その P での $f(x)$ の下界値は，P において常に $f(x)$ の最大の下界値を与える凸関数 $F(x)$ を用いて，P 上で $F(x)$ の最小化問題を解くことで求まる．この $F(x)$ は凸包絡関数 (convex envelope function) と呼ばれ，凹計画においてよく用いられている．

2) ヒューリスティック・メタヒューリスティック解法

厳密解法とは逆に，特定の問題に特化するのではなく，広い範囲の問題に対して汎用的に適用できるように設計された求解法も研究されている．この場合，厳密に大域最適解を求めることは実際には不可能と考えられるため，現実的な時間内に良質な局所的最適解を求めることが目標とされる．これらの方法は，**ヒューリスティックもしくはメタヒューリスティック解法**と呼ばれ，良質な解を探すための基本的なコンセプトに基づいた設計がなされており，そのコンセプトを表した名前がつけられることが多い．どの方法においても，実行可能領域を広く探索して多様な解を評価する大域的な探索と良質な解の存在する可能性の高い領域での集中的な探索の二つの間のバランスの調節にさまざまな工夫がみられる．ただし，実際に具体的な最適化問題に対してメタヒューリスティック解法を適用する際には，問題の構造を利用して探索効率を上げるような実装がしばしば行われている．

これらの解法の代表的な解法として，ランダム探索法やグリッド探索法 (もしくはさらに洗練された大域的な探索法) と局所探索法をヒューリスティックに組み合わせた方法 (“globalized” extensions of local search methods) や，目的関数を小さく見積もり得られた近似的な凸関数を用いて求解する方法 (approximate convex global underestimation)，適応的に構成した補助関数を用いて局所的最適解を逐次的に更新する方法 (sequential improvement of local optima)，より少数の局所的最適解をもつ，よりなめらかな関数を用いて，もとの目的関数の最適解をたどる連続変形法 (continuation method) といった方法などがある[3].

また，NP 困難な組合せ最適化問題に対するメタヒューリスティック解法を連続大域的最適化問題に対して拡張した，タブーサーチ (tabu search)，シミュレーティッドアニーリング (simulated annealing)，遺伝的アルゴリズム (genetic algorithm: GA) といった方法もよく用いられる[3]．さらに，近年では，遺伝的アルゴリズムと同様に進化戦略 (evolution strategy) の一種である微分進化法（差分進化法）(differential evolution: DE) や群知能 (swarm intelligence) の手法の一つである粒子群最適化法 (particle swarm optimization: PSO) といった連続大域的最適化問題に対して設計された多点探索法なども用いられている．

これらのメタヒューリスティック解法は単独で用いられるだけでなく，問題に応じて複数の解法（の一部）を組み合わせた方法も多数提案されている．以下では，これらの解法の代表例を紹介する．

①多スタート局所探索法　初期点をランダムに（もしくは適当な確率的な方法により）多数選び，そのおのおのから局所探索法を行うことで良質な局所的最適解を得る方法．

②シミュレーティッドアニーリング　現在の解の近傍を定義し，そこからランダムに選んだ解が現在の解より優れていれば確率 1 でその解に移動し，そうでなければ，探索の初期ではその解を比較的高い確率で受理し移動する方法．探索が進むにつれ改悪解の受理確率を減らし，最終的には改良解のみ受理する．受理確率を与える関数や受理確率を減少させるスピード，終了条件などをさまざまに工夫したものが提案されている．

③タブーサーチ　基本的には近傍探索法に基づいて近傍内の現在の解以外の最良解への更新を行うが，最

近訪れた解のリスト（タブーリスト）を保持し，そこに記載された解への移動を禁止することで，望ましくない局所的最適解で探索が滞ることを避ける方法．連続最適化問題に適用する際は，実行可能領域全体を多数のセルに分割し，タブーリストには最近訪れた解が含まれるセルを登録することでそのセルへの移動を禁止するといった方法が用いられる．

④遺伝的アルゴリズム　多数の個体（解）からなる世代（個体群）を考え，その多様性を維持しながら全体の目的関数値を改善していく方法．世代から選択した二つの個体の性質を一部ずつ踏襲した新しい個体を生成する交叉操作と，個体の一部をランダムに変更する突然変異操作により新たな個体を生成し，目的関数値に応じて定まる適応度を用いて，各個体を確率的に選択し次世代を決定する．これらの操作を繰り返して世代を更新する．連続最適化問題に適用する際は，交叉操作として二つの個体の線形結合を用いたり，さらに適当な確率分布を用いるといった方法がとられる．

⑤微分進化法　連続最適化問題に対する進化戦略アルゴリズムの一つであり，遺伝的アルゴリズムと同様に多数の解集合を進化させていく．解集合からランダムに選択した二つの解の差分や最良解などを，別に選択した解に加えることで新たな解を生成し，適宜，突然変異を加えて集団の多様性を維持する．

⑥粒子群最適化法　昆虫や魚の群の挙動を模した探索手法であり，パーティクルと呼ばれる複数の解が情報交換しながら同期して実行可能領域内を探索する方法である．おのおののパーティクルは自身がみつけた最良解とパーティクル群全体のみつけた最良解の二つの情報をもち，次の探索点は二つの最良解への方向にいままでの探索軌道に対する慣性を加えて確率的に決定される．〔巽　啓司〕

参 考 文 献

[1] R. Horst et al.: Introduction to Global Optimization, Kluwer Academic Publishers, MA, 1995.

[2] P. M. Pardalos and E. Romeijn, eds.: Handbook of Global Optimization, Kluwer Academic Publishers, Boston, 1995.

[3] P. M. Pardalos and H. E. Romeijn, eds.: Handbook of Global Optimization Vol.2: Heuristic Approaches, Kluwer Academic Publishers, Boston, 2002.

9 制約つき最適化手法

9.1 ペナルティ法

penalty method

ペナルティ法は制約つき非線形最適化問題 (nonlinear programming problem：NLP) を解くための一つの手法である．ペナルティ法は逐次2次計画法や（NLPに対する）内点法などと比べると古い解法であり，また解への収束速度も劣るが，アルゴリズムが比較的単純であることから，状況に応じて現在も利用されることがある．

a. 準　備

ここでは次のような NLP を考える．

$$\begin{aligned} &\underset{\boldsymbol{x}}{\text{minimize}} \quad f(\boldsymbol{x}) \\ &\text{subject to} \quad \boldsymbol{g}(\boldsymbol{x}) \leq \boldsymbol{0},\ \boldsymbol{h}(\boldsymbol{x}) = \boldsymbol{0} \end{aligned} \tag{1}$$

ただし，$f : \mathbb{R}^n \to \mathbb{R}$, $\boldsymbol{g}(\boldsymbol{x}) = (g_1(\boldsymbol{x}), \cdots, g_p(\boldsymbol{x}))^\top$, $g_i : \mathbb{R}^n \to \mathbb{R}(i = 1, \cdots, p)$, $\boldsymbol{h}(\boldsymbol{x}) = (h_1(\boldsymbol{x}), \cdots, h_q(\boldsymbol{x}))^\top$, $h_j : \mathbb{R}^n \to \mathbb{R}(j = 1, \cdots, q)$ であり，これらはいずれも連続的微分可能であるものとする．また，問題 (1) の実行可能領域を S とする．すなわち，$S := \{\boldsymbol{x} \mid \boldsymbol{g}(\boldsymbol{x}) \leq \boldsymbol{0},\ \boldsymbol{h}(\boldsymbol{x}) = \boldsymbol{0}\}$ である．

$\boldsymbol{g}(\boldsymbol{x}) \leq \boldsymbol{0}, \boldsymbol{h}(\boldsymbol{x}) = \boldsymbol{0}$ に対するラグランジュ乗数 (Lagrange multiplier) をそれぞれ $\boldsymbol{\lambda} = (\lambda_1, \cdots, \lambda_p)^\top$, $\boldsymbol{\mu} = (\mu_1, \cdots, \mu_q)^\top$ とすると，問題 (1) に対する**カルーシュ–キューン–タッカー条件** (Karush–Kuhn–Tucker conditions：**KKT 条件**) は以下のようになる．

$$\begin{aligned} &\nabla f(\boldsymbol{x}) + \nabla \boldsymbol{g}(\boldsymbol{x})\boldsymbol{\lambda} + \nabla \boldsymbol{h}(\boldsymbol{x})\boldsymbol{\mu} = \boldsymbol{0} \\ &\boldsymbol{g}(\boldsymbol{x}) \leq \boldsymbol{0},\ \boldsymbol{\lambda} \geq \boldsymbol{0},\ \boldsymbol{g}(\boldsymbol{x})^\top \boldsymbol{\lambda} = 0 \\ &\boldsymbol{h}(\boldsymbol{x}) = \boldsymbol{0} \end{aligned} \tag{2}$$

ここで，$\nabla \boldsymbol{g}(\boldsymbol{x}) = (\nabla g_1(\boldsymbol{x}), \cdots, \nabla g_p(\boldsymbol{x}))$ である（$\nabla \boldsymbol{h}(\boldsymbol{x})$ も同様）．

b. ペナルティ関数

ペナルティ法ではペナルティ関数 (penalty function) と呼ばれる関数を用いる．ペナルティ関数とは，目的関数と制約条件の充足度を同時に表現する関数である．問題 (1) に対するペナルティ関数には次のようなものがあげられる．

$$\psi(\boldsymbol{x};\sigma) = f(\boldsymbol{x}) + \frac{\sigma}{2}\left[\sum_{i=1}^{p} g_i^+(\boldsymbol{x})^2 + \sum_{j=1}^{q} h_j(\boldsymbol{x})^2\right]$$

$$\phi(\boldsymbol{x};\rho) = f(\boldsymbol{x}) + \rho\left[\sum_{i=1}^{p} g_i^+(\boldsymbol{x}) + \sum_{j=1}^{q} |h_j(\boldsymbol{x})|\right]$$

ここで $g_i^+(\boldsymbol{x}) := \max\{g_i(\boldsymbol{x}), 0\}$ であり，$\sigma > 0$ や $\rho > 0$ はペナルティパラメータと呼ばれる正の定数である．

ペナルティ関数の値は，目的関数と，制約条件の違反量に相当する値にペナルティパラメータを乗じたものの和となる．ここで $\boldsymbol{x} \in S$ であれば，$\psi(\boldsymbol{x};\sigma), \phi(\boldsymbol{x};\rho)$ とも目的関数 $f(\boldsymbol{x})$ と一致することに注意する．

$\psi(\boldsymbol{x};\sigma), \phi(\boldsymbol{x};\rho)$ は，制約条件の違反量をどのように定めるかという点で異なっている．$\psi(\boldsymbol{x};\sigma)$ では全体の違反量を各制約式の違反量の 2 乗和で定めていることから，2 次ペナルティ関数 (quadratic penalty function) と呼ばれる．一方，$\phi(\boldsymbol{x};\rho)$ では全体の違反量を各制約式の違反量の l_1 ノルムで定めていることから，l_1 ノルムによるペナルティ関数 (l_1-norm penalty function) と呼ばれる．

$\psi(\boldsymbol{x};\sigma), \phi(\boldsymbol{x};\rho)$ は以下の性質をもつ[1]．

定理 1　$\min_{\boldsymbol{x}} \psi(\boldsymbol{x};\sigma_k)$ の大域的最適解を $\boldsymbol{x}_k$ とする．このとき $\sigma_k \uparrow \infty$ であるならば，点列 $\{\boldsymbol{x}_k\}$ の集積点は問題 (1) の大域的最適解である．

定理 2　$(\boldsymbol{x}^*, \boldsymbol{\lambda}^*, \boldsymbol{\mu}^*)$ が問題 (1) に対する KKT 条件 (2) を満たしているものとする．このとき，

$$\rho > \max\{\lambda_1^*, \cdots, \lambda_p^*, |\mu_1^*|, \cdots, |\mu_q^*|\}$$

であれば，$\boldsymbol{x}^*$ は $\min_{\boldsymbol{x}} \phi(\boldsymbol{x};\rho)$ の局所的最適解である．

定理 1, 定理 2 からわかるように, $\psi(\boldsymbol{x};\sigma)$ と $\phi(\boldsymbol{x};\rho)$ では最適解を得るためのペナルティパラメータの性質が異なる．すなわち，$\min_{\boldsymbol{x}}\psi(\boldsymbol{x};\sigma)$ の解が問題 (1) の最適解であるためには σ を無限大にする必要があるのに対し，KKT 条件を満たすような $(\boldsymbol{x}^*,\boldsymbol{\lambda}^*,\boldsymbol{\mu}^*)$ が存在するならば，ρ の値が有限であっても $\min_{\boldsymbol{x}}\phi(\boldsymbol{x};\rho)$ の解が問題 (1) の（局所的）最適解となる．ただし，ρ をどの程度の大きさに設定すれば十分であるかは，一般に問題を解く前には不明である．

図 1, 図 2 は，次の問題に対する $\psi(\boldsymbol{x};\sigma),\phi(\boldsymbol{x};\rho)$ を，ペナルティパラメータの設定を変化させて描いたものである．

$$\begin{aligned}&\underset{x}{\text{minimize}} \quad f(x)=x^2\\&\text{subject to} \quad 1-x\leq 0\end{aligned} \tag{3}$$

問題 (3) の最適解は $x^*=1$ であり，そのときの目的関数値は 1 である．図 1, 図 2 より，定理 1, 定理 2 で述べた性質を観察することができる．

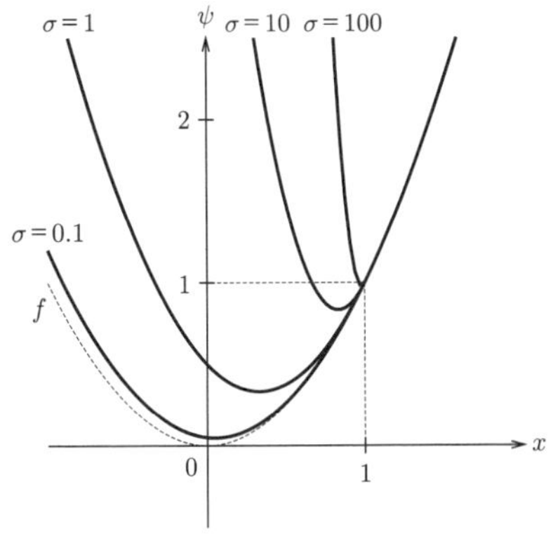

図 1　$\psi(\boldsymbol{x};\sigma)$ の変化の様子

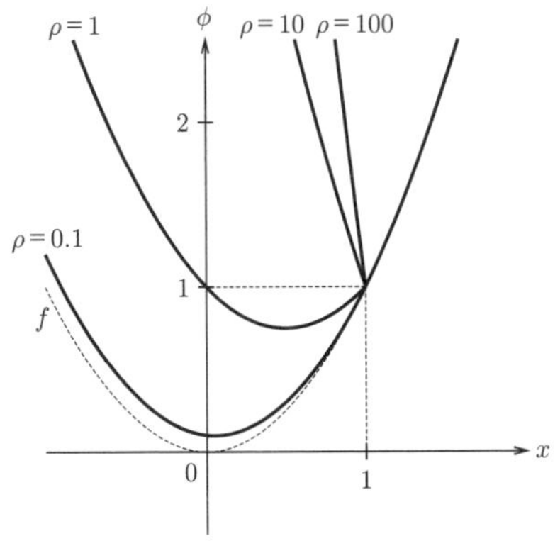

図 2　$\phi(\boldsymbol{x};\rho)$ の変化の様子

c. ペナルティ法とその収束性

ここでは，問題 (1) の解法としてペナルティ関数 $\psi(\boldsymbol{x};\sigma)$ を用いたペナルティ法を説明する．そのアルゴリズムは以下の通りである．

アルゴリズム **PENALTY**

ステップ 0: ペナルティパラメータの初期値 σ_0 と更新係数 $c>1$ を定める．$k:=0$ とする．

ステップ 1: $\psi(\boldsymbol{x};\sigma_k)$ を局所的に最小にする点 $\boldsymbol{x}_k$ を求める．

ステップ 2: $\boldsymbol{x}_k$ が S に十分近ければ（制約条件を十分に満たしていれば），$\boldsymbol{x}_k$ を解として出力し計算終了．さもなくば $\sigma_{k+1}:=c\sigma_k$ とする．

ステップ 3: $k:=k+1$ としてステップ 1 へ．

アルゴリズム PENALTY は次のような性質をもつ[1].

定理 3　アルゴリズム PENALTY が生成する点列 $\{\boldsymbol{x}_k\}$ に対して，$\lim_{k\to\infty}\boldsymbol{x}_k=\boldsymbol{x}^*$ であり，$\boldsymbol{x}^*\in S$ であるものとする．また，$\nabla g_i(\boldsymbol{x}^*)$ $(i\in I^*:=\{i\mid g_i(\boldsymbol{x}^*)=0\})$, $\nabla h_j(\boldsymbol{x}^*)$ $(j=1,\cdots,q)$ が 1 次独立であるものとする（これを **1 次独立制約想定**という）．さらに，$\lim_{k\to\infty}(-\sigma_k g_i(\boldsymbol{x}_k))=\lambda_i^*$ $(i\in I^*)$, $\lim_{k\to\infty}(-\sigma_k h_j(\boldsymbol{x}_k))=\mu_j^*$ $(j=1,\cdots,q)$ であるものとし，$\lambda_i^*=0$ $(i\notin I^*)$ とする．このとき，$(\boldsymbol{x}^*,\boldsymbol{\lambda}^*,\boldsymbol{\mu}^*)$ は問題 (1) に対する KKT 条件 (2) を満たす．

アルゴリズム PENALTY のステップ 1 において解くべき問題

$$\min_{\boldsymbol{x}}\psi(\boldsymbol{x},\sigma_k) \tag{4}$$

は制約のない非線形最適化問題である．また，$\psi(\boldsymbol{x},\sigma_k)$ は $\max\{\bullet,0\}$ という微分不可能な関数を含むが，これが 2 乗されているので連続的微分可能である．したがって，この問題の解法には最急降下法や準ニュートン法などの 1 階微分を用いる手法を適用することができる．しかし $\psi(\boldsymbol{x},\sigma_k)$ は 2 回連続的微分可能ではないため，2 階微分を用いるような解法（たとえばニュートン法や信頼領域法）を直接利用することはできない．また，

σ_k を大きくすると，問題 (4) が数値的に解きにくくなることもしばしば問題となる．

ここでは $\psi(\boldsymbol{x};\sigma)$ を利用したペナルティ法を説明したが，代わりに $\phi(\boldsymbol{x};\rho)$ を用いる手法を考えることもできる．しかし $\phi(\boldsymbol{x};\rho)$ は微分不可能な点をもつため，$\min_{\boldsymbol{x}} \phi(\boldsymbol{x};\rho)$ の局所的最適解を求める数値的解法を構成することは困難である．そのため，$\phi(\boldsymbol{x};\rho)$ を用いたペナルティ法が利用されることは少ない．ただし定理 2 からわかるように，ρ が十分大きければ，$\phi(\boldsymbol{x}_k;\rho)$ の値を計算することで点列 $\{\boldsymbol{x}_k\}$ が解に近づいているかどうかを調べることが可能である．そのため，$\phi(\boldsymbol{x};\rho)$ は解との距離を測る関数（これをメリット関数という）として，ペナルティ法以降に提案された逐次 2 次計画法や（NLP に対する）内点法などで広く利用されている．

d. 実問題への適用

問題 (1) を構成する関数の連続的微分可能性が保証されているような問題では，ペナルティ法を用いる利点はあまりない．そのような場合は，計算速度と計算精度の両面から，逐次 2 次計画法や内点法などを利用するのが望ましい．ただし，問題を構成する関数の連続的微分可能性が保証されてないが問題 (4) の解を比較的簡便に得ることができる場合や，あるいは（収束速度が遅くとも）自らアルゴリズムを簡便に実装したい場合には選択肢となりうる．

アルゴリズム PENALTY を実際に利用する場合には，ペナルティパラメータの更新係数 c の選び方が重要である．上に示したアルゴリズムでは各反復で一定の係数を利用するものとしているが，反復ごとに更新係数 c_k を定めることも可能である．この場合，ステップ 1 で $\min_{\boldsymbol{x}} \psi(\boldsymbol{x},\sigma_k)$ の解を容易に得られた場合にはさらなる改善を狙って c_k を前回よりも大きく設定する，あるいは解を得るのが困難であった場合には小さく設定するなどの方法が考えられる．〔檀　寛成〕

参考文献

[1] J. Nocedal and S. J. Wright: Numerical Optimization, 2nd ed., Springer, 2006.

9.2 逐次 2 次計画法

sequential quadratic programming (SQP) method

逐次 2 次計画 (SQP) 法は，非線形計画問題 (nonlinear programming problem：NLP) を解くうえで広く使われている解法の一つである．

SQP 法の基本的な考え方は，その名前の通り，2 次計画問題 (quadratic programming problem：QP) を部分問題として繰り返し解くことでもとの問題の解に収束するような点列を生成する，というものである．

a. 準　備

ここでは次のような NLP を考える．

$$\begin{aligned} &\underset{\boldsymbol{x}}{\text{minimize}} \quad f(\boldsymbol{x}) \\ &\text{subject to} \quad \boldsymbol{g}(\boldsymbol{x}) \leq \boldsymbol{0},\ \boldsymbol{h}(\boldsymbol{x}) = \boldsymbol{0} \end{aligned} \tag{1}$$

ただし，$f : \mathbb{R}^n \to \mathbb{R}$, $\boldsymbol{g}(\boldsymbol{x}) = (g_1(\boldsymbol{x}), \cdots, g_p(\boldsymbol{x}))^\top$, $g_i : \mathbb{R}^n \to \mathbb{R}$ $(i = 1, \cdots, p)$, $\boldsymbol{h}(\boldsymbol{x}) = (h_1(\boldsymbol{x}), \cdots, h_q(\boldsymbol{x}))^\top$, $h_j : \mathbb{R}^n \to \mathbb{R}$ $(j = 1, \cdots, q)$ であり，これらはいずれも 2 回連続的微分可能であるものとする．

問題 (1) に対する**ラグランジュ関数** (Lagrangian) は

$$L(\boldsymbol{x}, \boldsymbol{\lambda}, \boldsymbol{\mu}) = f(\boldsymbol{x}) + \boldsymbol{\lambda}^\top \boldsymbol{g}(\boldsymbol{x}) + \boldsymbol{\mu}^\top \boldsymbol{h}(\boldsymbol{x})$$

と定義される．ここで，$\boldsymbol{\lambda} = (\lambda_1, \cdots, \lambda_p)^\top, \boldsymbol{\mu} = (\mu_1, \cdots, \mu_q)^\top$ はそれぞれ $\boldsymbol{g}(\boldsymbol{x}) \leq \boldsymbol{0}$, $\boldsymbol{h}(\boldsymbol{x}) = \boldsymbol{0}$ に対する**ラグランジュ乗数** (Lagrange multiplier) である．

問題 (1) に対する**カルーシュ–キューン–タッカー条件** (Karush–Kuhn–Tucker conditions：**KKT 条件**) は次のようになる．

$$\begin{aligned} &\nabla_{\boldsymbol{x}} L(\boldsymbol{x}, \boldsymbol{\lambda}, \boldsymbol{\mu}) \\ &\quad = \nabla f(\boldsymbol{x}) + \nabla \boldsymbol{g}(\boldsymbol{x})\boldsymbol{\lambda} + \nabla \boldsymbol{h}(\boldsymbol{x})\boldsymbol{\mu} = \boldsymbol{0} \\ &\boldsymbol{g}(\boldsymbol{x}) \leq \boldsymbol{0},\ \boldsymbol{\lambda} \geq \boldsymbol{0},\ \boldsymbol{g}(\boldsymbol{x})^\top \boldsymbol{\lambda} = 0 \\ &\boldsymbol{h}(\boldsymbol{x}) = \boldsymbol{0} \end{aligned} \tag{2}$$

ここで，$\nabla \boldsymbol{g}(\boldsymbol{x}) = (\nabla g_1(\boldsymbol{x}), \cdots, \nabla g_p(\boldsymbol{x}))$ である ($\nabla \boldsymbol{h}(\boldsymbol{x})$ も同様)．KKT 条件は，この条件を満たすような $(\boldsymbol{x}^*, \boldsymbol{\lambda}^*, \boldsymbol{\mu}^*)$ に関して，$\boldsymbol{x}^*$ が局所的最適解であるための（1 次の）必要条件であり，十分条件ではな

い．しかし，現実問題では KKT 条件を満たすような点が局所的最適解でないような例はまれである．このことから，NLP に対する解法は式 (2) を満たすような $(\boldsymbol{x}^*, \boldsymbol{\lambda}^*, \boldsymbol{\mu}^*)$ を求めるように構成されることが多い．

b. SQP 法の基本形と局所的収束性

現在の反復点が $(\boldsymbol{x}_k, \boldsymbol{\lambda}_k, \boldsymbol{\mu}_k)$ であるとき，SQP 法においては，次のような部分問題を解く．

$$\begin{aligned}\underset{\Delta\boldsymbol{x}}{\text{minimize}}\quad & \frac{1}{2}\Delta\boldsymbol{x}^\top B_k \Delta\boldsymbol{x} + \nabla f(\boldsymbol{x}_k)^\top \Delta\boldsymbol{x}\\ \text{subject to}\quad & \boldsymbol{g}(\boldsymbol{x}_k) + \nabla \boldsymbol{g}(\boldsymbol{x}_k)^\top \Delta\boldsymbol{x} \leq \boldsymbol{0}\\ & \boldsymbol{h}(\boldsymbol{x}_k) + \nabla \boldsymbol{h}(\boldsymbol{x}_k)^\top \Delta\boldsymbol{x} = \boldsymbol{0}\end{aligned} \tag{3}$$

ここで B_k はラグランジュ関数のヘッセ行列 $\nabla^2_{\boldsymbol{x}} L(\boldsymbol{x}_k, \boldsymbol{\lambda}_k, \boldsymbol{\mu}_k)$，ないしはその近似行列である．この近似行列の設定方法によってさまざまな SQP 法を考えることができるが，これについては c. で述べる．

問題 (3) の最適解を $\Delta\boldsymbol{x}_k$ とし，対応するラグランジュ乗数を $\boldsymbol{\lambda}_{k+1}, \boldsymbol{\mu}_{k+1}$ とする．このとき，問題 (3) に対する KKT 条件は

$$\begin{aligned}& B_k\Delta\boldsymbol{x}_k + \nabla f(\boldsymbol{x}_k)\\ &\qquad + \nabla \boldsymbol{g}(\boldsymbol{x}_k)\boldsymbol{\lambda}_{k+1} + \nabla \boldsymbol{h}(\boldsymbol{x}_k)\boldsymbol{\mu}_{k+1} = \boldsymbol{0}\\ & \boldsymbol{g}(\boldsymbol{x}_k) + \nabla \boldsymbol{g}(\boldsymbol{x}_k)^\top \Delta\boldsymbol{x}_k \leq \boldsymbol{0},\ \boldsymbol{\lambda}_{k+1} \geq \boldsymbol{0},\\ &\qquad (\boldsymbol{g}(\boldsymbol{x}_k) + \nabla \boldsymbol{g}(\boldsymbol{x}_k)^\top \Delta\boldsymbol{x}_k)^\top \boldsymbol{\lambda}_{k+1} = \boldsymbol{0}\\ & \boldsymbol{h}(\boldsymbol{x}_k) + \nabla \boldsymbol{h}(\boldsymbol{x}_k)^\top \Delta\boldsymbol{x}_k = \boldsymbol{0}\end{aligned} \tag{4}$$

となる．一方，もとの問題 (1) に対する KKT 条件 (2) を $(\boldsymbol{x}^*, \boldsymbol{\lambda}^*, \boldsymbol{\mu}^*)$ のまわりで $\boldsymbol{x}$ について 1 次近似すると，次のようになる．

$$\begin{aligned}& \nabla^2_{\boldsymbol{x}} L(\boldsymbol{x}, \boldsymbol{\lambda}^*, \boldsymbol{\mu}^*)\Delta\widehat{\boldsymbol{x}} + \nabla_{\boldsymbol{x}} L(\boldsymbol{x}, \boldsymbol{\lambda}^*, \boldsymbol{\mu}^*)\\ &\quad = \nabla^2_{\boldsymbol{x}} L(\boldsymbol{x}, \boldsymbol{\lambda}^*, \boldsymbol{\mu}^*)\Delta\widehat{\boldsymbol{x}} + \nabla f(\boldsymbol{x})\\ &\qquad + \nabla \boldsymbol{g}(\boldsymbol{x})\boldsymbol{\lambda}^* + \nabla \boldsymbol{h}(\boldsymbol{x})\boldsymbol{\mu}^* = \boldsymbol{0}\\ & \boldsymbol{g}(\boldsymbol{x}) + \nabla \boldsymbol{g}(\boldsymbol{x})^\top \Delta\widehat{\boldsymbol{x}} \leq \boldsymbol{0},\ \boldsymbol{\lambda}^* \geq \boldsymbol{0},\\ &\qquad (\boldsymbol{g}(\boldsymbol{x}) + \nabla \boldsymbol{g}(\boldsymbol{x})^\top \Delta\widehat{\boldsymbol{x}})^\top \boldsymbol{\lambda}^* = \boldsymbol{0}\\ & \boldsymbol{h}(\boldsymbol{x}) + \nabla \boldsymbol{h}(\boldsymbol{x})^\top \Delta\widehat{\boldsymbol{x}} = \boldsymbol{0}\end{aligned} \tag{5}$$

ここで $\Delta\widehat{\boldsymbol{x}} := \boldsymbol{x}^* - \boldsymbol{x}$ である．

式 (4) と 式 (5) を比較すると，形式的にはまったく同じであることがわかる．これより，$\boldsymbol{x}_k \simeq \boldsymbol{x}^*, \boldsymbol{\lambda}_{k+1} \simeq \boldsymbol{\lambda}^*, \boldsymbol{\mu}_{k+1} \simeq \boldsymbol{\mu}^*$ であり，B_k が $\nabla^2_{\boldsymbol{x}} L(\boldsymbol{x}^*, \boldsymbol{\lambda}^*, \boldsymbol{\mu}^*)$ のよい近似になっていれば，問題 (1) の部分問題として式 (3) を解くことと，問題 (1) の KKT 条件 (2) を $\boldsymbol{x}$ について 1 次近似して得られる方程式系 (5) を満たす点を求めることがほぼ同じ意味であることがわかる．この事実が SQP 法の根幹にほかならない．

このことから，次のようなアルゴリズムを考えることができる．

アルゴリズム SQP

ステップ 0: 初期点 $(\boldsymbol{x}_0, \boldsymbol{\lambda}_0, \boldsymbol{\mu}_0)$ を定める．$k := 0$ とする．

ステップ 1: 部分問題 (3) を解き，$(\Delta\boldsymbol{x}_k, \boldsymbol{\lambda}_{k+1}, \boldsymbol{\mu}_{k+1})$ を求める．$\boldsymbol{x}_{k+1} := \boldsymbol{x}_k + \Delta\boldsymbol{x}_k$ とする．

ステップ 2: $(\boldsymbol{x}_{k+1}, \boldsymbol{\lambda}_{k+1}, \boldsymbol{\mu}_{k+1})$ が KKT 条件 (2) を十分な精度で満たしていれば，これを解として出力し，計算終了．

ステップ 3: $k := k+1$ としてステップ 1 へ．

ここで，ステップ 2 における部分問題 (3) の解法については d. で述べる．

ここで以下の仮定を設ける．

仮定 1

(i) KKT 条件 (2) を満たす $(\boldsymbol{x}^*, \boldsymbol{\lambda}^*, \boldsymbol{\mu}^*)$ が存在する．

(ii) $\nabla g_i(\boldsymbol{x}^*)$ $(i \in I^* := \{i \mid g_i(\boldsymbol{x}^*) = 0\}), \nabla h_j(\boldsymbol{x}^*)$ $(j = 1, \cdots, q)$ が 1 次独立である（**1 次独立制約想定**）．

(iii) $\lambda_i^* > 0$ $(i \in I^*)$.

(iv) $W = \{\boldsymbol{y} \in \mathbb{R}^n \mid \nabla g_i(\boldsymbol{x}^*)^\top \boldsymbol{y} = 0\ (i \in I^*),\ \nabla h_j(\boldsymbol{x}^*)^\top \boldsymbol{y} = 0\ (j = 1, \cdots, q)\}$ に対して $\boldsymbol{y}^\top \nabla^2_{\boldsymbol{x}} L(\boldsymbol{x}^*, \boldsymbol{\lambda}^*, \boldsymbol{\mu}^*)\boldsymbol{y} > 0$ $(\forall \boldsymbol{y} \in W, \boldsymbol{y} \neq \boldsymbol{0})$.

このとき，アルゴリズム SQP について次の定理が成立する[1].

定理 1　部分問題 (3) において

$$B_k := \nabla^2_{\boldsymbol{x}} L(\boldsymbol{x}_k, \boldsymbol{\lambda}_k, \boldsymbol{\mu}_k)$$

と定めるものとする．このとき，仮定 1 が成立し，$\|\boldsymbol{x}_0 - \boldsymbol{x}^*\|$ が十分小さいならば，アルゴリズム SQP が生成する点列 $\{\boldsymbol{x}_k\}$ は $\boldsymbol{x}^*$ に 2 次収束する．

c. 大域的収束性をもつ SQP 法

定理 1 からわかるように，アルゴリズム SQP は速い収束性をもつものの，初期点が局所的最適解の近傍にある必要がある（これを局所的収束性という）．その困難を克服するために，**準ニュートン法** (quasi-Newton method) に基づく SQP 法が提案されている．

この SQP 法では，式 (3) における行列 B_k を準ニュートン法によって定める．具体的には B_k を次のように更新する．

$$B_{k+1} = B_k - \frac{B_k \boldsymbol{s}_k (B_k \boldsymbol{s}_k)^\top}{\boldsymbol{s}_k^\top B_k \boldsymbol{s}_k} + \frac{\boldsymbol{z}_k \boldsymbol{z}_k^\top}{\boldsymbol{s}_k^\top \boldsymbol{z}_k} \tag{6}$$

ただし，

$$B_0 = I$$

$$\boldsymbol{s}_k = \boldsymbol{x}_{k+1} - \boldsymbol{x}_k$$

$$\begin{aligned}\boldsymbol{q}_k = \nabla_{\boldsymbol{x}} L(\boldsymbol{x}_{k+1}, \boldsymbol{\lambda}_{k+1}, \boldsymbol{\mu}_{k+1}) \\ -\nabla_{\boldsymbol{x}} L(\boldsymbol{x}_k, \boldsymbol{\lambda}_{k+1}, \boldsymbol{\mu}_{k+1})\end{aligned}$$

$$\boldsymbol{z}_k = \theta_k \boldsymbol{q}_k + (1-\theta_k) B_k \boldsymbol{s}_k$$

$$\theta_k = \begin{cases} 1, & \boldsymbol{s}_k^\top \boldsymbol{q}_k \geq 0.2 \boldsymbol{s}_k^\top B_k \boldsymbol{s}_k \\ \dfrac{0.8 \boldsymbol{s}_k^\top B_k \boldsymbol{s}_k}{\boldsymbol{s}_k^\top (B_k \boldsymbol{s}_k - \boldsymbol{q}_k)}, & \text{そうでないとき} \end{cases}$$

である．この更新公式は，制約なし NLP に対する準ニュートン法の BFGS 公式を改良したもので，**修正 BFGS 公式**と呼ばれる．

このように B_k を定めると，部分問題 (3) は次のような性質をもつ．

①部分問題 (3) の構成において 2 階微分の情報が不要になる．

②反復点が解の近傍に近づくと B_k が $\nabla^2 L$ のよい近似になり，速い収束が期待できる．

③H_k が正定値対称行列になるため，部分問題 (3) の解がメリット関数の降下方向を与える．

ここでメリット関数とは，現在の反復点と解との距離を測るための関数であり，SQP 法では l_1–ノルムを用いた正確なメリット関数 (l_1–norm exact merit function)

$$\phi(\boldsymbol{x};\rho) = f(\boldsymbol{x}) + \rho \left[\sum_{i=1}^{p} g_i^+(\boldsymbol{x}) + \sum_{j=1}^{q} |h_j(\boldsymbol{x})| \right] \tag{7}$$

がよく用いられる．ここで $g_i^+(\boldsymbol{x}) := \max\{g_i(\boldsymbol{x}), 0\}$ であり，$\rho > 0$ はペナルティパラメータと呼ばれる正の定数である．式 (7) の第 1 項は問題 (1) の目的関数であり，第 2 項は制約条件の違反量に相当している．

$\phi(\boldsymbol{x};\rho)$ は微分不可能な点をもつが，方向 $\boldsymbol{d}$ に対する 1 次近似は可能であり，

$$\begin{aligned}\phi_l(\boldsymbol{x}, \boldsymbol{d}; \rho) &= f(\boldsymbol{x}) + \nabla f(\boldsymbol{x})^\top \boldsymbol{d} \\ &+ \left[\sum_{i=1}^{p} \max\{g_i(\boldsymbol{x}) + \nabla g_i(\boldsymbol{x})^\top \boldsymbol{d}, 0\} \right. \\ &\left. + \sum_{j=1}^{q} |h_j(\boldsymbol{x}) + \nabla h_j(\boldsymbol{x})^\top \boldsymbol{d}| \right]\end{aligned}$$

となる．ここで $\Delta\phi(\boldsymbol{x}, \boldsymbol{d}; \rho) = \phi_l(\boldsymbol{x}, \boldsymbol{d}; \rho) - \phi(\boldsymbol{x}; \rho)$ とする．

このとき，次のようなアルゴリズムを考えることができる．

アルゴリズム SQP–BFGS

ステップ 0: 初期点 $(\boldsymbol{x}_0, \boldsymbol{\lambda}_0, \boldsymbol{\mu}_0)$ を定める．$k := 0$ とする．

ステップ 1: 式 (6) により B_k を定め，部分問題 (3) を解き，$(\Delta\boldsymbol{x}_k, \boldsymbol{\lambda}_{k+1}, \boldsymbol{\mu}_{k+1})$ を求める．

ステップ 2: $0 < \xi < 1, 0 < \alpha < 1$ に対して

$$\begin{aligned}&\phi(\boldsymbol{x}_k + \alpha^l \Delta\boldsymbol{x}_k; \rho) \\ &\quad \leq \phi(\boldsymbol{x}_k; \rho) + \xi \alpha^l \Delta\phi(\boldsymbol{x}_k, \Delta\boldsymbol{x}_k; \rho)\end{aligned} \tag{8}$$

を満たすような最小の非負整数 $l = 0, 1, \cdots$ を求め，$\boldsymbol{x}_{k+1} = \boldsymbol{x}_k + \alpha^l \Delta\boldsymbol{x}_k$ とする．

ステップ 3: $(\boldsymbol{x}_{k+1}, \boldsymbol{\lambda}_{k+1}, \boldsymbol{\mu}_{k+1})$ が KKT 条件 (2) を十分な精度で満たしていれば，$(\boldsymbol{x}_{k+1}, \boldsymbol{\lambda}_{k+1}, \boldsymbol{\mu}_{k+1})$ を解として出力し，計算終了．

ステップ 4: $k := k+1$ としてステップ 1 へ．

ここでステップ 2 で求める α^l をステップサイズといい，式 (8) は **Armijo** のステップサイズルールと呼ばれる計算方法である．式 (8) を満たすような l はかならず求まることが知られている．

このとき，いくつかの仮定のもとで次の定理が成立する[1].

定理 2 アルゴリズム SQP–BFGS において，各反復 k で

$$\rho > \max\{\lambda_{1k}, \cdots, \lambda_{pk}, |\mu_{1k}|, \cdots, |\mu_{qk}|\} \quad (9)$$

が成立していれば，生成される点列 $\{\boldsymbol{x}_k\}$ は大域的収束し，その極限 $\boldsymbol{x}^*$ は問題 (1) の局所的最適解である．ただし，$\lambda_{ik}(i = 1, \cdots, p)$ は $\boldsymbol{\lambda}_k$ の i 番目の要素を表す ($\mu_{jk}(j = 1, \cdots, q)$ も同様)．またある $\widehat{k}$ が存在し，任意の $k \geq \widehat{k}$ に対してステップ 1 で $\alpha^l = 1$ となる（すなわち $l = 0$ となる）ならば，アルゴリズム SQP–BFGS は超 1 次収束する．

定理 2 の後半の条件は多くの場合に成立するが，これが成立しない場合についても研究が行われている．これについては d の「3) マラトス効果」を参照のこと．

d. 実問題への適用

ここでは，実問題に SQP 法を適用する際に注意すべきことについていくつか述べる．

1) 部分問題の解法

SQP 法における計算時間で最も支配的なのは，部分問題 (3) を解く部分である．したがってこの問題を効率的に解くことが重要であるが，この問題の性質は目的関数の 2 次の項を定める行列 B_k に大きく依存する．

$B_k := \nabla^2_{\boldsymbol{x}} L(\boldsymbol{x}_k, \boldsymbol{\lambda}_k, \boldsymbol{\mu}_k)$ とする場合，B_k の正定値性は保証されない．したがって問題 (3) はかならずしも凸 2 次計画問題にはならないため，その求解は容易ではない．また，このときは問題 (3) の解がかならずしもメリット関数の降下方向ではないため，信頼領域法などと組み合わせる必要がある．

一方，B_k を修正 BFGS 法で定める場合は，B_k の正定値性が保証される．したがって問題 (3) は凸 2 次計画問題となるため，有効制約法などの効率よい解法を利用することができる．またこのときは問題 (3) の解がメリット関数の降下方向になるという長所がある．

反復の途中で I^* が正しく推定できるような場合には，部分問題として次の線形方程式系を考えてもよい．

$$\begin{aligned} & B_k \Delta \boldsymbol{x} + \nabla f(\boldsymbol{x}_k) + \nabla \boldsymbol{g}_{I^*}(\boldsymbol{x}_k) \boldsymbol{\lambda}_{I^*,k+1} \\ & \quad + \nabla \boldsymbol{h}(\boldsymbol{x}_k) \boldsymbol{\mu}_{k+1} = \boldsymbol{0} \\ & \boldsymbol{g}_{I^*}(\boldsymbol{x}_k) + \nabla \boldsymbol{g}_{I^*}(\boldsymbol{x}_k)^\top \Delta \boldsymbol{x} = \boldsymbol{0} \\ & \boldsymbol{h}(\boldsymbol{x}_k) + \nabla \boldsymbol{h}(\boldsymbol{x}_k)^\top \Delta \boldsymbol{x} = \boldsymbol{0} \end{aligned} \quad (10)$$

ここで $\boldsymbol{g}_{I^*}$ は，$g_i\ (i = 1, \cdots, p)$ のうち $i \in I^*$ となるような g_i を集めて構成したものである ($\nabla \boldsymbol{g}_{I^*}, \boldsymbol{\lambda}_{I^*,k+1}$ も同様)．式 (10) を満たす $(\Delta \boldsymbol{x}_k, \boldsymbol{\lambda}_{I^*,k+1}, \boldsymbol{\mu}_{k+1})$ が $g_i(\boldsymbol{x}_k) + \nabla g(\boldsymbol{x}_k) \Delta \boldsymbol{x}_k < 0\ (i \notin I^*)$ を満たすならば，これは式 (4) も満たすことがわかる（ただし $\lambda_i^* = 0\ (i \notin I^*)$ とする)．式 (10) は部分問題 (3) に比べて速く解くことができる．このことより，解の近傍では部分問題の代わりに式 (10) を用いることも可能である．ただし，I^* の推定を誤ったことがわかった場合には手戻りが発生する．

2) メリット関数のパラメータ調整

アルゴリズム SQP–BFGS では，ペナルティパラメータ ρ が式 (9) を満たす程度に大きい値であるものと仮定していた．しかし，極端に大きく設定すると数値的安定性を欠くためよくない．

実際には，各反復ごとに ρ_k を定めることとし，部分問題 (3) の解におけるラグランジュ乗数を参考にしながら定めることが多い．たとえば，ある定数 $c > 1$ を用いて

$$\rho_k = \max\{\rho_{k-1}, c \cdot \max\{\lambda_{1k}, \cdots, \lambda_{pk}, |\mu_{1k}|, \cdots, |\mu_{qk}|\}\}$$

などとする方法が考えられる．さらに，各制約式ごとにペナルティパラメータを定めてもよい．その場合，$g_i(\boldsymbol{x}) \leq 0\ (i = 1, \cdots, p)$，$h_j(\boldsymbol{x}) = 0\ (j = 1, \cdots, q)$ に対してそれぞれ

$$\overline{\rho}_{ik} = \max\{\rho_{i,k-1}, c\lambda_{ik}\},\ \widehat{\rho}_{jk} = \max\{\rho_{j,k-1}, c\mu_{ik}\}$$

などと定め，メリット関数を

$$\phi_k(\boldsymbol{x}; \overline{\boldsymbol{\rho}}_k, \widehat{\boldsymbol{\rho}}_k) = f(\boldsymbol{x}) + \sum_{i=1}^{p} \overline{\rho}_{ik} g_i^+(\boldsymbol{x}) + \sum_{j=1}^{q} \widehat{\rho}_{jk} |h_j(\boldsymbol{x})|$$

$(\overline{\boldsymbol{\rho}}_k = (\overline{\rho}_{1k}, \cdots, \overline{\rho}_{pk})^\top$，$\widehat{\boldsymbol{\rho}}_k$ も同様) などとすればよい．

3) マラトス効果

SQP 法などのように，l_1–ノルムによる正確なメリット関数を用いてステップサイズを定める場合には，反復点が解の十分近くにある場合でもステップサイズとして 1 が採用されない場合がある．このような現象は，

発見者の名前にちなみマラトス (Maratos) 効果と呼ばれる．

次の問題はマラトス効果が生じる例である[2]．

$$\begin{array}{ll} \underset{\boldsymbol{x}=(x_1,x_2)^\top}{\text{minimize}} & 2(x_1^2+x_2^2-1)-x_1 \\ \text{subject to} & x_1^2+x_2^2-1=0 \end{array} \tag{11}$$

この問題の最適解は $\boldsymbol{x}^*=(1,0)^\top$ であり，対応するラグランジュ乗数は $\mu^*=1.5$ である．また，この問題に対するメリット関数 $\phi(\boldsymbol{x};\rho)$ の等高線は図 1 のようになる（$\rho=5$ の場合．内側からメリット関数の値が $-0.5, 0.0, 0.5$ となる等高線である）．最適解の付近で等高線が密に詰まっていることがわかる．

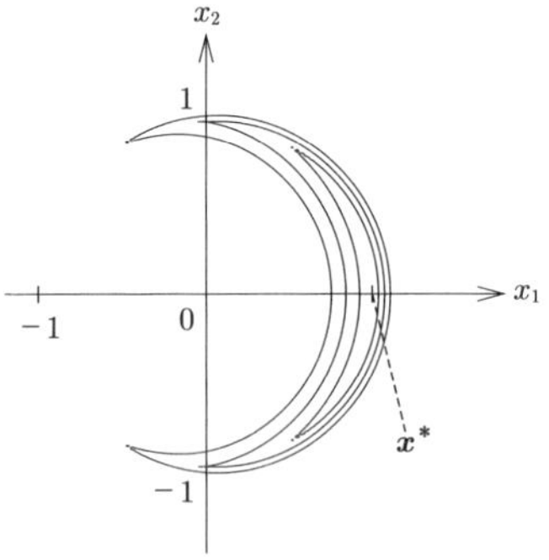

図 1　ペナルティ関数の等高線

ここで，現在の反復点が $\boldsymbol{x}_k=(\cos\theta,\sin\theta)^\top$ であるものとする．$\boldsymbol{x}_k$ は実行可能解であることに注意する．$\boldsymbol{x}_k$ において問題 (11) の制約条件を線形近似すると，

$$2\cos\theta\Delta x_1+2\sin\theta\Delta x_2=0$$

となる．これが部分問題の制約条件になる．

このときの探索方向 $\Delta\boldsymbol{x}_k$ を図示すると図 2 のようになる（見やすくするために拡大して書いてある）．等高線が密に詰まっているため，ステップサイズを大きくとるとメリット関数の値がすぐに増加してしまう．したがって，ステップサイズとして 1 が採用されず，速い収束を望むことができない．

このような現象は，メリット関数が微分不可能であること，また非線形の制約条件を線形近似するために生じるものであるが，実際の問題に対してこのような現象が生じることは多くはない．

このような問題に対する対策としては，かならずしもメリット関数値が減少しないような反復点への移動を許す非単調探索や，複数の探索方向を組み合わせてよりよい探索方向を得る手法などが提案されている．

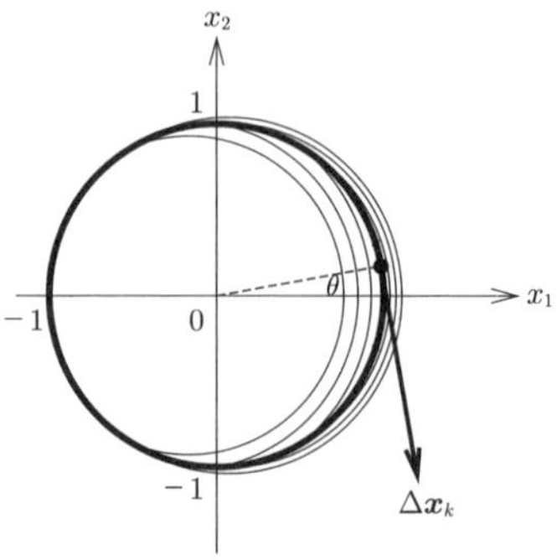

図 2　マラトス効果

4)　部分問題が実行不可能な場合

SQP 法では制約条件を線形近似するため，もとの問題 (1) が実行可能であっても，部分問題 (3) が実行不可能になることがある．アルゴリズム SQP–BFGS でこのようなことが生じた場合には，問題 (3) の代わりに次の問題を解けばよい．

$$\begin{array}{ll} \underset{\Delta\boldsymbol{x},\boldsymbol{\zeta},\boldsymbol{\eta}}{\text{minimize}} & \frac{1}{2}\Delta\boldsymbol{x}^\top B_k\Delta\boldsymbol{x}+\nabla f(\boldsymbol{x}_k)^\top\Delta\boldsymbol{x} \\ & \quad +M\left[\sum_{i=1}^{p}\zeta_i+\sum_{j=1}^{q}\eta_j\right] \\ \text{subject to} & \boldsymbol{g}(\boldsymbol{x}_k)+\nabla\boldsymbol{g}(\boldsymbol{x}_k)^\top\Delta\boldsymbol{x}\le\boldsymbol{\zeta} \\ & -\boldsymbol{\eta}\le\boldsymbol{h}(\boldsymbol{x}_k)+\nabla\boldsymbol{h}(\boldsymbol{x}_k)^\top\Delta\boldsymbol{x}\le\boldsymbol{\eta} \\ & \boldsymbol{\zeta}\ge\boldsymbol{0},\ \boldsymbol{\eta}\ge\boldsymbol{0} \end{array}$$

ただし，$M>0$ は十分大きな定数である．M が十分大きければ，この問題の解 $\Delta\boldsymbol{x}_k$ はメリット関数の降下方向になるため，アルゴリズム SQP–BFGS は破綻せずに実行することができる．　〔檀　寛成〕

参考文献

[1] P. T. Boggs and J. W. Tolle: Sequential Quadratic Programming. *Acta Numerica*, **4**: 1–51, 1995.

[2] M. J. D. Powell: Convergence properties of algorithms for nonlinear optimization. *SIAM Rev.*, **28**: 487–500, 1986.

9.3 （NLP に対する）内点法

interior point method (for NLP)

非線形計画問題 (nonlinear programming problem: NLP) に対する**内点法**は，比較的最近（1990 年代）になって提案された手法である．その理論的土台になっているのは，線形計画問題に対する主双対内点法である．これを非線形計画問題に拡張することによって，理論的にも実装上も優れた手法が構成されている．

a. アルゴリズムとその大域的収束性

ここでは以下のような問題を考える．

$$\begin{aligned} &\underset{\boldsymbol{x}}{\text{minimize}} && f(\boldsymbol{x}) \\ &\text{subject to} && \boldsymbol{g}(\boldsymbol{x}) = 0, \ \ \boldsymbol{x} \geq \boldsymbol{0} \end{aligned} \tag{1}$$

ただし，$f : \mathbb{R}^n \to \mathbb{R}$, $\boldsymbol{g}(\boldsymbol{x}) = (g_1(\boldsymbol{x}), \cdots, g_m(\boldsymbol{x}))^\top$, $g_i : \mathbb{R}^n \to \mathbb{R}\ (i = 1, \cdots, m)$ であり，これらはいずれも 2 回連続的微分可能であるものとする*1.

問題 (1) に対する**ラグランジュ関数** (Lagrangian) は次のように書くことができる．

$$L(\boldsymbol{x}, \boldsymbol{y}, \boldsymbol{z}) = f(\boldsymbol{x}) - \boldsymbol{y}^\top \boldsymbol{g}(\boldsymbol{x}) - \boldsymbol{z}^\top \boldsymbol{x}$$

ここで，$\boldsymbol{y}, \boldsymbol{z}$ はそれぞれ $\boldsymbol{g}(\boldsymbol{x}) = \boldsymbol{0}, \boldsymbol{x} \geq \boldsymbol{0}$ に対するラグランジュ乗数である．

このとき，問題 (1) に対する**カルーシュ–キューン–タッカー条件** (Karush–Kuhn–Tucker conditions: **KKT 条件**) は次のように書くことができる．

$$R(\boldsymbol{x}, \boldsymbol{y}, \boldsymbol{z}) = \begin{bmatrix} \nabla_{\boldsymbol{x}} L(\boldsymbol{x}, \boldsymbol{y}, \boldsymbol{z}) \\ \boldsymbol{g}(\boldsymbol{x}) \\ XZ\boldsymbol{e} \end{bmatrix} = \begin{bmatrix} \nabla f(\boldsymbol{x}) - \nabla \boldsymbol{g}(\boldsymbol{x})\boldsymbol{y} - \boldsymbol{z} \\ \boldsymbol{g}(\boldsymbol{x}) \\ XZ\boldsymbol{e} \end{bmatrix} = \boldsymbol{0} \tag{2}$$

*1 問題 (1) には $\boldsymbol{g}(\boldsymbol{x}) \leq \boldsymbol{0}$ と表現されるような一般の不等式制約が含まれていないが，これはスラック変数を導入することで，$\boldsymbol{g}(\boldsymbol{x}) + \boldsymbol{s} = \boldsymbol{0}$, $\boldsymbol{s} \geq \boldsymbol{0}$ という等式制約と変数の非負制約に変形することができる．また，非負制約をもたないような変数 x_t に対しては，非負制約をもつ二つの変数 $x'_t \geq 0, x''_t \geq 0$ を用いて $x_t = x'_t - x''_t$ とし，x_t を x'_t, x''_t で置き換えればよい．

ここで，$\nabla \boldsymbol{g}(\boldsymbol{x}) = (\nabla g_1(\boldsymbol{x}), \cdots, \nabla g_m(\boldsymbol{x}))$, $X = \text{diag}(x_1, \cdots, x_n)$, $Z = \text{diag}(z_1, \cdots, z_n)$, $\boldsymbol{e} = (1, \cdots, 1)^\top$ である．ただし，$\text{diag}(a_1, \cdots, a_n)$ とは $a_1, \cdots, a_n$ を対角成分とする対角行列である．

問題 (1) に対して，次の問題を考える．

$$\begin{aligned} &\underset{\boldsymbol{x}}{\text{minimize}} && f(\boldsymbol{x}) - \mu \sum_{i=1}^{n} \log x_i \\ &\text{subject to} && \boldsymbol{g}(\boldsymbol{x}) = 0, \ \ \boldsymbol{x} > \boldsymbol{0} \end{aligned} \tag{3}$$

ここで，μ は正の値をとるパラメータである．目的関数の第 2 項に注目すれば，制約条件 $\boldsymbol{x} > 0$ は自然に満たされることに注意する．

問題 (3) から制約条件 $\boldsymbol{x} > \boldsymbol{0}$ を除いた問題に対する KKT 条件は次のようになる．

$$\begin{aligned} &\nabla f(\boldsymbol{x}) - \mu X^{-1}\boldsymbol{e} - \nabla \boldsymbol{g}(\boldsymbol{x})\boldsymbol{y} = \boldsymbol{0} \\ &\boldsymbol{g}(\boldsymbol{x}) = \boldsymbol{0} \end{aligned} \tag{4}$$

ここで，$\boldsymbol{z} = \mu X^{-1}\boldsymbol{e}$ とすると，式 (4) は次のように書くことができる．

$$\widehat{R}(\boldsymbol{x}, \boldsymbol{y}, \boldsymbol{z}; \mu) = \begin{bmatrix} \nabla f(\boldsymbol{x}) - \nabla \boldsymbol{g}(\boldsymbol{x})\boldsymbol{y} - \boldsymbol{z} \\ \boldsymbol{g}(\boldsymbol{x}) \\ XZ\boldsymbol{e} - \mu\boldsymbol{e} \end{bmatrix} = \boldsymbol{0} \tag{5}$$

式 (2) と式 (5) を比較すると，$\mu \downarrow 0$ とすることで両者が漸近的に一致すると考えられる．このことから，次のようなアルゴリズムを考えることができる．

アルゴリズム IP–NLP

ステップ 0: $M > 0$, $\mu_0 > 0$ を与える．$k := 0$ とする．

ステップ 1: $\|\widehat{R}(\boldsymbol{x}_{k+1}, \boldsymbol{y}_{k+1}, \boldsymbol{z}_{k+1}; \mu_k)\| \leq M\mu_k$ を満たすような $(\boldsymbol{x}_{k+1}, \boldsymbol{y}_{k+1}, \boldsymbol{z}_{k+1})$ を求める．

ステップ 2: $(\boldsymbol{x}_{k+1}, \boldsymbol{y}_{k+1}, \boldsymbol{z}_{k+1})$ が KKT 条件 (2) を十分な精度で満たしていれば，これを解として出力し，計算終了．

ステップ 3: μ_{k+1} を $0 < \mu_{k+1} < \mu_k$ となるように選ぶ．

ステップ 4: $k := k + 1$ とし，ステップ 1 へ．

アルゴリズム IP–NLP について，次の定理が成立する[1].

定理 1 点列 $\{(\boldsymbol{x}_k, \boldsymbol{y}_k, \boldsymbol{z}_k)\}$ が集積点をもてば，それ

は KKT 条件 (2) を満たす.

b. アルゴリズムの性能

アルゴリズム IP–NLP の性能は，以下の 2 点に大きく左右される.

① ステップ 1 において $(\boldsymbol{x}_{k+1}, \boldsymbol{y}_{k+1}, \boldsymbol{z}_{k+1})$ をどのように求めるか

② ステップ 3 において μ_k をどのように更新するか

ステップ 1 は非線形方程式系 (5) を近似的に解くことにほかならない．そのために，方程式系 (5) に対してニュートン (Newton) 法を適用する．このとき，ニュートン方程式は次のようになる.

$$\begin{bmatrix} \nabla^2_{\boldsymbol{x}} L(\boldsymbol{x},\boldsymbol{y},\boldsymbol{z}) & -\nabla \boldsymbol{g}(\boldsymbol{x}) & -I \\ \nabla \boldsymbol{g}(\boldsymbol{x})^T & O & O \\ Z & O & X \end{bmatrix} \begin{bmatrix} \Delta \boldsymbol{x} \\ \Delta \boldsymbol{y} \\ \Delta \boldsymbol{z} \end{bmatrix} = - \begin{bmatrix} \nabla_{\boldsymbol{x}} L(\boldsymbol{x},\boldsymbol{y},\boldsymbol{z}) \\ \boldsymbol{g}(\boldsymbol{x}) \\ XZ\boldsymbol{e} - \mu \boldsymbol{e} \end{bmatrix} \tag{6}$$

このニュートン法が大域的収束するためには，適切なメリット関数を用いてステップサイズを定める必要がある．式 (5) は問題 (3) に対する KKT 条件であるので，メリット関数としては問題 (3) に対するメリット関数

$$\phi(\boldsymbol{x};\rho) = f(\boldsymbol{x}) - \mu \sum_{i=1}^{n} \log x_i + \rho \sum_{j=1}^{m} |g_j(\boldsymbol{x})| \tag{7}$$

が利用できる．このとき，ρ が十分大きく $\nabla^2_{\boldsymbol{x}} L(\boldsymbol{x},\boldsymbol{y},\boldsymbol{z})$ が半正定値行列であれば式 (6) の解が式 (7) の関数 ϕ の降下方向になることが知られている[1]. $\nabla^2_{\boldsymbol{x}} L(\boldsymbol{x},\boldsymbol{y},\boldsymbol{z})$ が半正定値行列になるためには問題が凸計画問題であればよいが，そうでなければ式 (6) の解が降下方向になるとはかぎらない．この問題を解消するために，準ニュートン法を用いて $\nabla^2_{\boldsymbol{x}} L(\boldsymbol{x},\boldsymbol{y},\boldsymbol{z})$ を正定値行列で近似する方法を用いることができる*2.

アルゴリズム IP–NLP の収束速度は，上で述べた方程式系 (5) の近似解を得るための方法（ニュートン法もしくは準ニュートン法）と，パラメータ μ の更新方法によって決まる．適当な仮定のもとで，2 次収束や超 1 次収束するようなアルゴリズムを構成できることが知られている[1].

*2 その他，正定値性の保証のない $\nabla^2_{\boldsymbol{x}} L(\boldsymbol{x},\boldsymbol{y},\boldsymbol{z})$ をそのまま用いる代わりに，信頼領域法と組み合わせる方法なども提案されている.

c. 実問題への適用

1) ニュートン方程式の取扱い

内点法の実装においては，ニュートン方程式 (6) をこのままの形で扱うことは少ない．式 (6) の 3 段目のブロックに注目すると，

$$\Delta \boldsymbol{z} = -X^{-1} Z \Delta \boldsymbol{x} - Z\boldsymbol{e} + \mu X^{-1} \boldsymbol{e}$$

となることがわかる．これを利用して式 (6) を整理すると

$$\begin{bmatrix} \nabla^2_{\boldsymbol{x}} L(\boldsymbol{x},\boldsymbol{y},\boldsymbol{z}) + X^{-1}Z & \nabla \boldsymbol{g}(\boldsymbol{x}) \\ \nabla \boldsymbol{g}(\boldsymbol{x})^T & O \end{bmatrix} \begin{bmatrix} \Delta \boldsymbol{x} \\ -\Delta \boldsymbol{y} \end{bmatrix} = - \begin{bmatrix} \nabla f(\boldsymbol{x}) - \nabla \boldsymbol{g}(\boldsymbol{x})\boldsymbol{y} - \mu X^{-1}\boldsymbol{e} \\ \boldsymbol{g}(\boldsymbol{x}) \end{bmatrix} \tag{8}$$

となる．式 (8) に現れる係数行列は対称行列であるため，数値的に扱いやすいというメリットがある.

2) 逐次 2 次計画法との比較

線形計画問題に対する内点法同様，非線形計画問題に対する内点法も非常によく機能する．この理由には，アルゴリズム内部の主たる計算が線形方程式系の求解で構成されていることがあげられる．線形方程式系の求解アルゴリズムはこれまでも広く研究されてきているし，また優れた実装も知られている．このことが内点法の高速な計算速度につながっている.

一方，逐次 2 次計画法は，内部で 2 次計画問題を繰り返し解く．この 2 次計画問題の求解には有効制約法が使われることが多い．有効制約法は，各反復で有効制約（解において等式が成立する制約）に集中しながら計算を行うため，有効制約が少ないほど高速に解を求めることが期待される．これに対し内点法は，各反復において，すべての制約の勾配を含む線形方程式系を解くことになっている.

このことから，一般的な傾向として，有効制約が少なくなるような問題では逐次 2 次計画法が，有効制約

数がそれほど少なくないような問題では内点法が高速に解を得られる可能性が高い．

また，もとの問題の係数がわずかに変化した問題を繰り返し解くような場合には，有効制約がほとんど変化しないと考えられる．この場合は，以前の求解における有効制約の情報を用いた逐次 2 次計画法が有利になることがある．〔檀　寛成〕

参考文献

[1] 小島政和ほか：内点法（経営科学のニューフロンティア 9），朝倉書店，2001.

9.4 半無限計画問題

semi–infinite programming (SIP) problem

通常の数理計画問題では，決定変数の次元および制約の個数はいずれも有限である．一方，決定変数の次元は有限であるが，制約が「無限個」存在するような問題を**半無限計画問題**[*1]と呼ぶ．具体的には次のように表される問題である．

$$\begin{aligned}&\text{minimize}\ \ f(\boldsymbol{x})\\&\text{subject to}\ \ g(\boldsymbol{x},\boldsymbol{t})\le 0\quad(\forall\boldsymbol{t}\in T)\end{aligned}\tag{1}$$

ここで，$T\subset\mathbb{R}^m$ はコンパクト集合であり，一般に無限個の要素をもつ．また，$f:\mathbb{R}^n\to\mathbb{R}$ および $g:\mathbb{R}^n\times T\to\mathbb{R}$ はそれぞれ与えられた関数である．もし T が有限個の要素しかもたない集合，すなわち $T=\{\boldsymbol{t}_1,\boldsymbol{t}_2,\cdots,\boldsymbol{t}_l\}$ であるならば，$g_i(\boldsymbol{x}):=g(\boldsymbol{x},\boldsymbol{t}_i)$ $(i=1,2,\cdots,l)$ とおくことにより，SIP (1) は通常の数理計画問題[*2]に帰着できる．

通常の数理計画問題では，実行可能解をみつけるのは困難であっても，ある点 $\overline{\boldsymbol{x}}\in\mathbb{R}^n$ が与えられたときに，それが実行可能であるかどうかを判定するのは比較的容易である．しかし，SIP の場合，それは一般に容易ではない．たとえば，点 $\overline{\boldsymbol{x}}$ が SIP(1) において実行可能であることを確認するためには，すべての $\boldsymbol{t}\in T$ において $g(\overline{\boldsymbol{x}},\boldsymbol{t})\le 0$ であること，すなわち，$\sup_{\boldsymbol{t}\in T}g(\overline{\boldsymbol{x}},\boldsymbol{t})\le 0$ であることを確認しなくてはならない．

a. 半無限計画問題の応用例

SIP には，形状最適化，ロボット工学など多くの応用があることが知られている[2,3]．ここでは，その一例として複素チェビシェフ近似による FIR (finite impulse response) フィルタ設計問題をあげる．$h_0,h_1,\cdots,h_{n-1}$ を長さ n の FIR フィルタの係数（インパルス応答）とし，係数ベクトルを $\boldsymbol{h}:=$

*1 決定変数が無限次元で制約の個数が有限個の問題も半無限計画問題といわれるが，ここでは式 (1) の形の問題のみを取り扱うものとする．

*2 以後，決定変数の次元および制約の個数はいずれも有限であるような数理計画問題を，半無限計画問題と区別して，「通常の数理計画問題」と呼ぶことにする．

$(h_0, h_1, \cdots, h_{n-1})^\top \in \mathbb{R}^n$ としよう．このとき，FIR フィルタの周波数応答は $H(\boldsymbol{h}, \omega) = \sum_{k=0}^{n-1} h_k e^{-jk\omega}$ であることが知られている．ただし，$j = \sqrt{-1}$ である．ここで，フィルタの周波数応答 $H(\boldsymbol{h}, \omega)$ が，帯域 $\Omega \subseteq [0, 2\pi]$ 上で所望応答 $G(\omega)$ にできるだけ近くなるように，係数ベクトル $\boldsymbol{h}$ を定める（フィルタを設計する）ことを考える．そのためには，帯域 Ω においてフィルタの周波数応答と所望応答との最大誤差を最小化する問題，すなわち，

$$\underset{h}{\text{minimize}} \quad \max_{\omega \in \Omega} |H(\boldsymbol{h}, \omega) - G(\omega)|$$

を解いて係数ベクトル $\boldsymbol{h}$ を求めることが考えられる．ここで，補助変数 $\gamma \in \mathbb{R}$ を導入すると，次のような等価な問題を得るが，これは SIP にほかならない．

$$\begin{array}{ll} \underset{\gamma, h}{\text{minimize}} & \gamma \\ \text{subject to} & |H(\boldsymbol{h}, \omega) - G(\omega)| \leq \gamma \quad (\forall \omega \in \Omega) \end{array}$$

b. 線形半無限計画問題

SIP (1) において f および $g(\bullet, \boldsymbol{t})$ が任意の $\boldsymbol{t} \in T$ に対して線形である場合，すなわち，次のように表される問題を**線形半無限計画問題** (linear semi-infinite programming problem: LSIP) という．

$$\begin{array}{ll} \text{minimize} & \boldsymbol{c}^\top \boldsymbol{x} \\ \text{subject to} & \boldsymbol{a}(\boldsymbol{t})^\top \boldsymbol{x} - b(\boldsymbol{t}) \geq 0 \quad (\forall \boldsymbol{t} \in T) \end{array} \quad (2)$$

ここで，$\boldsymbol{c} \in \mathbb{R}^n$ および $\boldsymbol{a} : T \to \mathbb{R}^n$, $b : T \to \mathbb{R}$ は与えられたベクトルおよび関数である．

LSIP は線形計画問題 (linear programming problem : LP) の一般化と考えることができる．しかし，LP の実行可能集合が多面体であるのに対して，LSIP の実行可能集合は「非線形」な凸集合になりうる．たとえば，実行可能集合が $S := \{\boldsymbol{x} \in \mathbb{R}^2 \mid x_1 \cos\theta + x_2 \sin\theta - 1 \leq 0 \ (\forall \theta \in [0, 2\pi])\}$ で与えられるような LSIP を考えてみよう．このとき，集合 S は（無限個の）線形不等式制約で記述されているが，多面体ではなく，原点を中心とした半径 1 の円の境界および内部からなる集合である．

また，LP に対する双対性理論を LSIP に対して拡張することができる．$B(T)$ を T 上のボレル測度 (Borel measure) の集合とし，$B_+(T) := \{\mu \in B(T) \mid \mu \geq 0\}$ とする．このとき，関数 $\boldsymbol{a}$ および b が T 上で連続であるならば，LSIP (2) の自然な形の双対問題は

$$\begin{array}{ll} \text{maximize} & \displaystyle\int_T b(\boldsymbol{t}) \mu(\mathrm{d}\boldsymbol{t}) \\ \text{subject to} & \displaystyle\int_T \boldsymbol{a}(\boldsymbol{t}) \mu(\mathrm{d}\boldsymbol{t}) = \boldsymbol{c}, \quad \mu \in B_+(T) \end{array}$$

で与えられる．LSIP (2) は一般に無限個の制約をもつため，双対問題の変数はこのように測度として与えられる．しかし，このままでは扱いづらいので，次のようなハール (Haar) の双対問題を取り扱うことが多い．

$$\begin{array}{ll} \text{maximize} & \displaystyle\sum_{\boldsymbol{t} \in T} b(\boldsymbol{t}) \lambda(\boldsymbol{t}) \\ \text{subject to} & \displaystyle\sum_{\boldsymbol{t} \in T} \boldsymbol{a}(\boldsymbol{t}) \lambda(\boldsymbol{t}) = \boldsymbol{c}, \ \lambda \in \mathbb{R}_+^{(T)} \end{array}$$

ここで，$\mathbb{R}_+^{(T)}$ は関数 $\lambda : T \to \mathbb{R}$ を要素とする集合であり，$\mathbb{R}_+^{(T)} := \{\lambda \mid \lambda(\boldsymbol{t}) \geq 0 \ (\forall \boldsymbol{t} \in T), \ |\mathrm{supp}\,\lambda| < \infty\}$ で与えられる．ただし，$\mathrm{supp}\,\lambda := \{\boldsymbol{t} \in T \mid \lambda(\boldsymbol{t}) > 0\}$ である．また，$\sum_{\boldsymbol{t} \in T}$ は $\mathrm{supp}\,\lambda \subset T$ に属する有限個の要素に対する総和を意味する．

LP では主問題と双対問題に対して強双対性が常に成り立つことが知られているが，LSIP ではかならずしもそれが成り立つとはかぎらない．実際，強双対性が成り立つためには，いくつかの（多くの場合で成り立つ）条件が必要である[1]．

c. 制約想定とカルーシュ–キューン–タッカー条件

通常の数理計画問題では，制約想定が成り立つという仮定のもとでカルーシュ–キューン–タッカー (Karush–Kuhn–Tucker : KKT) 条件が最適性の必要条件となることが知られているが，SIP に対しても同様のことがいえる．ベクトル $\overline{\boldsymbol{x}}$ を SIP (1) の任意の実行可能解とし，集合 $\mathcal{A}(\overline{\boldsymbol{x}})$ を $\mathcal{A}(\overline{\boldsymbol{x}}) := \{\boldsymbol{t} \in T \mid g(\overline{\boldsymbol{x}}, \boldsymbol{t}) = 0\}$ で定義する（有効添字集合）．また，任意の $\boldsymbol{t} \in T$ に対して，関数 f および $g(\bullet, \boldsymbol{t})$ は連続的微分可能であるものとする．

SIP に対する制約想定として，特に以下の三つがよく知られている．

1 次独立制約想定 $\mathcal{A}(\overline{\boldsymbol{x}})$ が有限集合であり，ベクトル $\nabla_x g(\overline{\boldsymbol{x}}, \boldsymbol{t})$ $(\boldsymbol{t} \in \mathcal{A}(\overline{\boldsymbol{x}}))$ が 1 次独立である．

スレーター (Slater) 制約想定 任意の $\boldsymbol{t} \in T$ に対して $g(\bullet, \boldsymbol{t})$ が凸関数であり，$g(\boldsymbol{x}_0, \boldsymbol{t}) < 0\ (\forall \boldsymbol{t} \in T)$ となる $\boldsymbol{x}_0$ が存在する．

マンガサリアン–フロモヴィッツ (Mangasarian–Fromovitz：M–F) 制約想定 あるベクトル $\boldsymbol{d} \in \mathbb{R}^n$ が存在して，$\nabla_x g(\overline{\boldsymbol{x}}, \boldsymbol{t})^\top \boldsymbol{d} < 0\ (\forall \boldsymbol{t} \in \mathcal{A}(\overline{x}))$ を満たす．

これら三つのうち，最も弱いのが M–F 制約想定である．実際，1 次独立制約想定かスレーター制約想定のいずれかが成り立てば，M–F 制約想定も自動的に成り立つことが知られている．

定理 1 $\overline{\boldsymbol{x}}$ を M–F 制約想定を満たすような SIP (1) の局所的最適解であるとする．このとき，$p \leq n$ であるような $\boldsymbol{t}_1, \cdots, \boldsymbol{t}_p \in \mathcal{A}(\overline{\boldsymbol{x}})$，および $\lambda_1, \cdots, \lambda_p \geq 0$ が存在して，

$$\nabla f(\overline{\boldsymbol{x}}) + \sum_{i=1}^{p} \lambda_i \nabla_x g(\overline{\boldsymbol{x}}, \boldsymbol{t}_i) = \boldsymbol{0} \tag{3}$$

が成り立つ．

式 (3) が SIP (1) に対する KKT 条件にほかならない．また，通常の凸計画問題と同様，f および $g(\bullet, \boldsymbol{t})$ が凸であるならば，KKT 条件は最適性の十分条件にもなる．

d. アルゴリズム

SIP (1) を解くためのアルゴリズムおよびその枠組みについていくつか紹介する．なお，以下では表記の簡単のため，SIP (1) において集合 T を $T' \subset T$ で置き換えた緩和問題を $\mathrm{RP}(T')$ と書く．もし $|T'| < \infty$ ならば，$\mathrm{RP}(T')$ は通常の数理計画問題にほかならないので，ニュートン法や逐次 2 次計画法などを適用して解けることが期待できる．

SIP に対するアルゴリズムのなかで，最も基本的なものが**離散化法** (discretization method) である．離散化法では，$|T_k| < \infty$ かつ $\lim_{k\to\infty} \mathrm{dist}(T_k, T) = 0$*3 となるような T のグリッド部分集合 T_k を生成し，$k \to \infty$ とすることにより $\mathrm{RP}(T_k)$ の解 $\boldsymbol{x}^k$ を SIP (1) の解へと収束させることを考える．この手法は直感的にもわかりやすく，実装も比較的容易ではあるが，k が大きくなるにつれて緩和問題 $\mathrm{RP}(T_k)$ の制約の数が無限に大きくなるため，かならずしも効率的な手法とはいえない．

離散化法の欠点を補うため，$\boldsymbol{t}^k_{\mathrm{rmv}} \in T_k$ および $\boldsymbol{t}^k_{\mathrm{add}} \in T \setminus T_k$ に対して，$T_{k+1} := T_k \setminus \{\boldsymbol{t}^k_{\mathrm{rmv}}\} \cup \{\boldsymbol{t}^k_{\mathrm{add}}\}$ というふうに集合 T_k を更新していく手法が考えられる．この手法は，T_k に属する要素と属しない要素とを「交換」しながら T_k を更新していくことから，**交換法** (exchange method) と呼ばれる．交換法では $|T_k|$ は一般に有界であるため，各反復における有限緩和問題 $\mathrm{RP}(T_k)$ のサイズが発散することはない．しかし，$\mathrm{RP}(T_k)$ の解 $\boldsymbol{x}^k$ を SIP (1) の解へ収束させるためには，交換要素である $\boldsymbol{t}^k_{\mathrm{rmv}}$ と $\boldsymbol{t}^k_{\mathrm{add}}$ をうまく選んでやる必要がある（場合によっては，交換要素の数は二つ以上でもよい）．LSIP に対する交換法の一種として，LP の単体法を拡張した双対単体主交換法 (dual-simplex primal-exchange method)[1] が知られているが，この手法は，基底集合 T_k および非基底集合 $T \setminus T_k$ から要素を一つずつ選んで交換（いわゆるピボット操作）することにより，暫定解 $\boldsymbol{x}^k$ を SIP (1) の解へと収束させるものである．

離散化法および交換法は，有限緩和問題 $\mathrm{RP}(T_k)$ の解を本来の SIP の解へと収束させるものであった．一方，**局所帰着法** (local reduction method) では，SIP の無限個の制約を局所的に定義される有限個の陰関数を用いて等価に書き換えることを考える．SIP (1) の実行可能解を $\overline{\boldsymbol{x}}$ とし，$\boldsymbol{t}$ を変数とする最大化問題

$$\begin{array}{ll} \text{maximize} & g(\overline{\boldsymbol{x}}, \boldsymbol{t}) \\ \text{subject to} & \boldsymbol{t} \in T \end{array}$$

の「局所的」最適解の集合を $L_{\mathrm{opt}}(\overline{\boldsymbol{x}}) \subseteq T$ としよう．このとき，次の定理が成り立つ．

定理 2 SIP (1) の実行可能解 $\overline{\boldsymbol{x}}$ において，関数 f, g が連続性とある種の正則性（詳細は文献[3] の第 7 章を参照）を満たすものとする．このとき，$\overline{\boldsymbol{x}}$ の開近傍 $\mathcal{N}(\overline{\boldsymbol{x}})$ および正の整数 $r = r(\overline{\boldsymbol{x}})$ が存在して，任意の $\boldsymbol{x} \in \mathcal{N}(\overline{\boldsymbol{x}})$ に対して $|L_{\mathrm{opt}}(\boldsymbol{x})| = r$ かつ $L_{\mathrm{opt}}(\boldsymbol{x}) = \{\boldsymbol{t}_1(\boldsymbol{x}), \cdots, \boldsymbol{t}_r(\boldsymbol{x})\}$ となるような陰関数

*3 $X \subset Y$ であるような二つの集合に対して，それらの距離を $\mathrm{dist}(X, Y) := \sup_{y\in Y} \inf_{x\in X} \|x - y\|$ で定義する．たとえば，$T = [0, 1]$ のとき，$T_k := \{0, k^{-1}, 2k^{-1}, \ldots, (k-1)k^{-1}, 1\}$ とすれば，$\mathrm{dist}(T_k, T) = (2k)^{-1}$ となる．

$\boldsymbol{t}_1, \cdots, \boldsymbol{t}_r$ が存在する.

したがって，SIP (1) の大域的最適解 $\boldsymbol{x}^*$ において定理 2 の仮定が成り立てば，無限個の制約は，$\boldsymbol{x}^*$ の近傍で有限個の制約 $g(\boldsymbol{x}, \boldsymbol{t}_1(\boldsymbol{x})) \leq 0, \cdots, g(\boldsymbol{x}, \boldsymbol{t}_r(\boldsymbol{x})) \leq 0$ に書き換えることができる．しかし，$\boldsymbol{t}_1, \cdots, \boldsymbol{t}_r$ は陰関数なので，それらの値が容易に計算できるとはかぎらないことに注意する.

最初にも述べたように，SIP は通常の数理計画問題を拡張したクラスの問題である．しかし，その SIP をさらに拡張したクラスの問題として近年注目を集めているのが，一般化半無限計画問題 (generalized semi-infinite programming problem: GSIP)[2] である．GSIP は，問題 (1) において集合 T が $\boldsymbol{x}$ に依存するような問題，すなわち，集合 T を点–集合写像 $T(\boldsymbol{x})$ で置き換えたような問題である．GSIP は一見 SIP によく似た形をしているが，実際は SIP よりもはるかに複雑で難しい問題であり，これといった解法が確立されていないのが現状である.

〔林 俊介〕

参 考 文 献

[1] M. Goberna and M. Lopéz : Linear Semi-infinite Optimization, John Wiley, 1998.

[2] M. Lopéz and G. Still : Semi-infinite programming. *European J. Operational Res.*, **180**: 491–518, 2007.

[3] R. Reemtsen and J. Rückmann : Semi-Infinite Programming, Kluwer Academic Publishers, 1998.

10 均衡問題

10.1 変分不等式

variational inequality

S を R^n の空でない閉凸部分集合，F を R^n から R^n への写像とする．このとき，不等式

$$\langle F(x^*), x - x^* \rangle \geq 0 \quad \text{for all} \quad x \in S \tag{1}$$

を満たす点 $x^* \in S$ を求める問題が**変分不等式**である．ここで，$x = (x_1, \cdots, x_n)^\top$ は R^n のベクトル，$F(x) = (F_1(x), \cdots, F_n(x))^\top$ であり，$\langle x, y \rangle = \sum_{i=1}^n x_i y_i$ は R^n の内積を表す．

式 (1) の幾何学的意味は，点 x^* においてベクトル $F(x^*)$ が凸集合 S の内向き法線 (inward normal) ベクトルとなっていることである．2 次元の場合の変分不等式の例を図 1 に示す．図において，影をつけた部分は集合 S であり，矢印は写像 F のベクトル場である．点 x^* においてベクトル $F(x^*)$ が集合 S の内向き法線になっていることから，問題の解となっていることがわかる．一方，点 x' が解でないことは，ベクトル $F(x')$ と鈍角をなす点 y が集合 S に存在し，

$$\langle F(x'), y - x' \rangle < 0$$

となることからわかる．

変分不等式問題は，もともと G. Stampacchia らによって，1960 年代半ばに自由境界問題やステファン問題 (Stefan problem) などの数理物理学で重要な問題を定式化，解析するのに導入されたものである[2]．その後，1980 年頃に交通流均衡問題 (traffic equilibrium problem) の一つであるワードロップ均衡 (Wardrop equilibrium) が有限次元の変分不等式 (1) に定式化された．それ以来，**交通流割当て問題** (traffic assignment problem)，ワルラスの均衡 (Walrasian equilibrium)，**クールノー–ナッシュ均衡** (Cournot–Nash equilibrium) など，工学や経済学における多くの重要な均衡問題 (equilibrium problem) を定式化するのに用いられている．

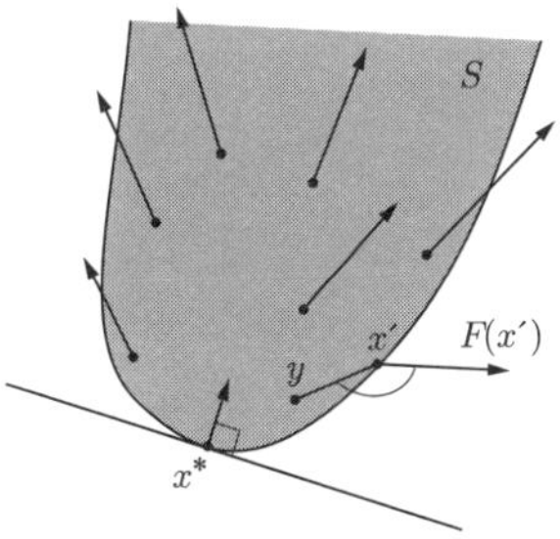

図 1　変分不等式

均衡問題を変分不等式問題に定式化する簡単な例として，**双行列ゲーム** (bimatrix game) の**ナッシュ均衡点** (Nash equilibrium) について考える．$m \times n$ 行列 A, B をそれぞれプレイヤー 1,2 の利得行列とする．m 次元ベクトル $p = (p_1, \cdots, p_m)^\top$ をプレイヤー 1 の混合戦略とすると，p は凸集合 $S_1 = \{p \in R^m | \sum_{i=1}^m p_i = 1,\ p_i \geq 0,\ i = 1, \cdots, m\}$ の要素である．同様に，n 次元ベクトル $q = (q_1, \cdots, q_n)^\top$ をプレイヤー 2 の混合戦略とすると，q は凸集合 $S_2 = \{q \in R^n | \sum_{j=1}^n q_j = 1,\ q_j \geq 0,\ j = 1, \cdots, n\}$ の要素である．プレイヤー 1 が戦略 p，プレイヤー 2 が戦略 q を選んだとき，$p^\top Aq$ はプレイヤー 1 の期待利得，$p^\top Bq$ はプレイヤー 2 の期待利得である．各プレイヤーは，独立に自らの期待利得を最大化するような戦略を選択するものとする．このとき，戦略 p^*, q^* が双行列ゲーム (A, B) のナッシュ均衡点であるとは，不等式

$$\begin{aligned} (p^*)^\top Aq^* &\geq p^\top Aq^* \qquad \text{for all} \quad p \in S_1 \\ (p^*)^\top Bq^* &\geq (p^*)^\top Bq \quad \text{for all} \quad q \in S_2 \end{aligned} \tag{2}$$

を満たすことである．この式の意味は，それぞれのプレイヤーが自分だけ現在の戦略を変えても，決して期待利得が増えることはないということであり，互いに現在の戦略を変えることができない均衡状態にあることを意味している．ベクトル x を

$$x = \begin{pmatrix} p \\ q \end{pmatrix}$$

とおき，行列 M を

$$M = \begin{pmatrix} 0 & -A \\ -B^\top & 0 \end{pmatrix}$$

さらに，凸集合 S を $S = S_1 \times S_2$ とおくと，条件 (2) は以下の変分不等式に定式化できる．

$$\langle Mx^*, x - x^* \rangle \geq 0 \quad \text{for all} \quad x \in S$$

変分不等式問題 (1) は，最適化問題，相補性問題 (complementarity problem) などの数理計画法で重要な多くの問題と関連がある．最も単純な例は，非線形方程式 (nonlinear equation) である．集合 S を全空間，すなわち $S = R^n$ とおくと問題 (1) は非線形方程式

$$F(x) = 0 \tag{3}$$

の解 x^* を求める問題になる．次に，R^n の閉凸部分集合 S のもとで，微分可能な関数 $\varphi : R^n \to R$ を最小化する制約つき最適化問題

$$\begin{array}{ll} \text{minimize} & \varphi(x) \\ \text{subject to} & x \in S \end{array} \tag{4}$$

を考える．この問題の 1 次の最適性の必要条件は，

$$\langle \nabla\varphi(x^*), x - x^* \rangle \geq 0 \quad \text{for all } x \in S \tag{5}$$

であるが，これは変分不等式 (1) において $F = \nabla\varphi$ としたものである．特に，関数 φ が凸ならば，最適性条件 (5) は x^* が問題 (4) の最適解であるための必要十分条件となる．

変分不等式の重要な特別な場合が相補性問題である．相補性問題とは，次の等式と不等式の組を同時に満たすベクトル $x^* \in R^n$ をみつける問題である．

$$x^* \geq 0, \quad F(x^*) \geq 0, \quad \langle x^*, F(x^*) \rangle = 0 \tag{6}$$

この問題は，変分不等式 (1) において，集合 S を R^n の**非負象限** (nonnegative orthant) $R^n_+ = \{x \in R^n | x_i \geq 0, i = 1, \cdots, n\}$ とおいた問題，すなわち

$$\langle F(x^*), x - x^* \rangle \geq 0 \quad \text{for all} \quad x \in R^n_+ \tag{7}$$

を満たすベクトル $x^* \in R^n_+$ をみつける問題と等価である．問題 (6) と (7) の等価性は，「10.2 相補性問題」で示す．

変分不等式問題 (1) と等価な定式化をいくつか紹介する．まず，R^n の閉凸部分集合 S に対し，点 x における**法線錐** (normal cone)$N_S(x)$ を以下で定義する．

$$N_S(x) = \begin{cases} \{y \in R^n | \langle y, z - x \rangle \\ \quad \leq 0 \ \text{ for all } \ z \in S\} & \text{if } x \in S \\ \emptyset & \text{if } x \notin S \end{cases} \tag{8}$$

2 次元における法線錐の例を図 2 に示す．法線錐の定義を用いると，点 x^* が変分不等式 (1) の解であることはベクトル $-F(x^*)$ が $N_S(x^*)$ の要素であること，すなわち，

$$0 \in F(x) + N_S(x) \tag{9}$$

と書くことができる．これはまた，点集合写像 (set-valued mapping) $F(x) + N_S(x)$ の零点を求める問題と見なすことができ，**一般化方程式** (generalized equation) とも呼ばれる．

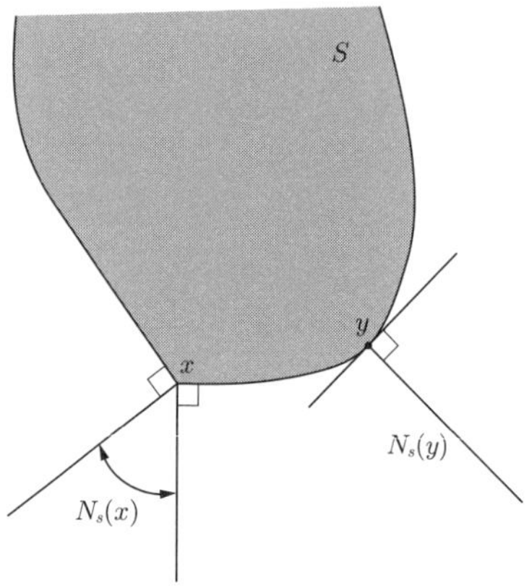

図 2　法線錐

点 x の閉凸集合 S への**正射影** (orthogonal projection) とは，以下の最適化問題の唯一の解 y^* のことである．

$$\begin{array}{ll} \text{minimize} & \frac{1}{2}\langle y - x, y - x \rangle \\ \text{subject to} & y \in S \end{array} \tag{10}$$

この問題の解を $\text{Proj}_S(x)$ と記すことにする．問題 (10) の目的関数は y に関して凸であるから，最適性の条件 (5) は必要十分となる．したがって，$y^* = \text{Proj}_S(x)$ が問題 (10) の解であることは，以下の不等式を満たすことと等価である．

$$\langle \text{Proj}_S(x) - x, z - \text{Proj}_S(x) \rangle \geq 0 \quad \text{for all} \quad z \in S \tag{11}$$

ここで，R^n から R^n への写像 H を

$$H(x) = \mathrm{Proj}_S(x - F(x)) \tag{12}$$

と定義すると，変分不等式問題 (1) および不等式 (11) より，x^* が問題 (1) の解であることと，x^* が写像 H の不動点 (fixed point)，すなわち，

$$x^* = H(x^*) \tag{13}$$

となることが等価であることを示すことができる．

変分不等式 (1) において，集合 S が微分可能な凸関数 $c_i : R^n \to R$ $(i = 1, \cdots, m)$ とアフィン関数 $h_i : R^n \to R$ $(j = 1, \cdots, l)$ を用いて，

$$S = \{x \in R^n \mid c_i(x) \le 0, \quad i = 1, \cdots, m, \quad h_j(x) = 0, \quad j = 1, \cdots, l\} \tag{14}$$

と定義されている場合を考える．このとき，問題 (1) の解 x^* において，たとえば，**スレーターの制約想定** (Slater's constraint qualification) のような制約想定が満たされていれば，以下の変分不等式に対する**カルーシュ–キューン–タッカー** (Karush–Kuhn–Tucker) **条件**が成り立つ．

$$\begin{aligned} &F(x^*) + \sum_{i=1}^{m} \lambda_i^* \nabla c_i(x^*) + \sum_{j=1}^{l} \pi_j^* \nabla h_j(x^*) = 0, \\ &c_i(x^*) \le 0, \ \lambda_i^* \ge 0, \ \lambda_i^* c_i(x^*) = 0, \ i = 1, \cdots, m, \\ &h_j(x^*) = 0, \ j = 1, \cdots, l \end{aligned} \tag{15}$$

ここで，$\lambda = (\lambda_1, \cdots, \lambda_m)^\top$ および $\mu = (\mu_1, \cdots, \mu_l)^\top$ はラグランジュ乗数 (Lagrange multiplier) である．

変分不等式の解法としては，非線形方程式 (3) や相補性問題 (6) に対するニュートン法などの反復法を応用したもの，式 (13) の定式化に基づく不動点アルゴリズムや射影法，式 (9) の定式化に基づいた作用素分割法や近接点法などが提案されている．有限次元の変分不等式に対する解法や，その他の性質については参考文献[1]，また，数理物理の問題に対する応用は参考文献[2] を参照されたい．　〔田 地 宏 一〕

参 考 文 献

[1] F. Facchinei and J.S. Pang : Finite-Dimensional Variational Inequalities and Complementarity Problems, vol. I II, Springer, New York, 2003.

[2] D. Kinderlehrer and G. Stampacchia : An Introduction to Variational inequalities and Their Applications, Academic Press, New York, 1980.

10.2 相補性問題

complementarity problem

相補性問題とは，次の不等式と等式の組を同時に満たすベクトル $x^* \in R^n$ をみつける問題である．

$$x^* \ge 0, \quad F(x^*) \ge 0, \quad \langle x^*, F(x^*) \rangle = 0 \tag{1}$$

ここで，$x = (x_1, \cdots, x_n)^\top$ は R^n のベクトル，$F(x) = (F_1(x), \cdots, F_n(x))^\top$ は R^n から R^n への写像，$\langle x, y \rangle = \sum_{i=1}^n x_i y_i$ は R^n の内積を表す．また，ベクトルどうしの不等式 $x \ge y$ は，すべての添字 i について $x_i \ge y_i$ が成り立つことを意味する．幾何学的には，式 (1) は，要素がすべて非負であるようなベクトル x^* と $F(x^*)$ が直交することを意味している．また，成分ごとに表せば，問題 (1) と等価な表現として，

$$x_i^* \ge 0, \quad F_i(x^*) \ge 0, \quad x_i^* F_i(x^*) = 0 \quad (i = 1, \cdots, n) \tag{2}$$

と書くことができる．式 (2) は，相補性問題 (1) の解 x^* においては，非負の x_i^*, $F_i(x^*)$ のうち，少なくともいずれか一方が 0 とならねばならないことを意味しており，さらなる等価な表現として，すべての $i = 1, \cdots, n$ について

$$\begin{aligned} x_i^* = 0 &\implies F_i(x^*) \ge 0 \\ x_i^* > 0 &\implies F_i(x^*) = 0 \end{aligned} \tag{3}$$

が成り立つことと表すことができる．

相補性問題 (1) において，写像 F がアフィン関数 (affine function)，すなわち，$n \times n$ 行列 M と n 次元ベクトル q を用いて $F(x) = Mx + q$ と表されるときには，

$$x^* \ge 0, \quad Mx^* + q \ge 0, \quad \langle x^*, Mx^* + q \rangle = 0 \tag{4}$$

となるが，これは**線形相補性問題** (linear complementarity problem) と呼ばれる．それ以外のときは**非線形相補性問題** (nonlinear complementarity problem) と呼ばれる．

まず，次の 2 次計画問題を考える．

$$\begin{aligned} &\text{minimize} \quad \frac{1}{2} z^\top Q z + c^\top z \\ &\text{subject to} \quad Az \ge b, \quad z \ge 0 \end{aligned} \tag{5}$$

ここで，Q は $n\times n$ 対称行列，c は n 次元ベクトル，A は $m\times n$ 行列，b は m 次元ベクトルである．行列 Q がゼロ行列であるときには，この問題は線形計画問題となることに注意する．問題 (5) のカルーシュ–キューン–タッカー (Karush–Kuhn–Tucker) 条件は，ラグランジュ乗数ベクトル $\lambda=(\lambda_1,\cdots,\lambda_m)^\top$ を用いて

$$\begin{aligned} &Qz+c-A^\top\lambda\geq 0,\quad z\geq 0,\\ &\quad z^\top(Qz+c-A^\top\lambda)=0 \\ &Az-b\geq 0,\quad \lambda\geq 0,\quad \lambda^\top(Az-b)=0 \end{aligned}\tag{6}$$

と書ける．条件 (6) を満たすベクトルの組 z^* と λ^* を求める問題は，行列 M とベクトル q をそれぞれ

$$M=\begin{pmatrix} Q & -A^\top \\ A & 0 \end{pmatrix},\quad q=\begin{pmatrix} c \\ -b \end{pmatrix}$$

と定義し，さらにベクトル $x=(z^\top,\lambda^\top)^\top$ と定義すれば，線形相補性問題 (4) となる．

双行列ゲーム (A,B) のナッシュ均衡解，

$$\begin{aligned} &(p^*)^\top Aq^*\geq p^\top Aq^* &&\text{for all}\ \ p\geq 0\\ &\quad\text{and}\ \sum_{i=1}^m p_i=1 \\ &(p^*)^\top Bq^*\geq (p^*)^\top Bq &&\text{for all}\ \ q\geq 0\\ &\quad\text{and}\ \sum_{j=1}^n q_i=1 \end{aligned}\tag{7}$$

は変分不等式に定式化できる (詳細は「10.1 変分不等式」参照)．ここで，一般性を失うことなく，行列 A,B の要素がすべて正であるとすると，要素がすべて 1 である m 次元ベクトル 1_m と n 次元ベクトル 1_n を用いて，条件 (7) は等価な線形相補性問題

$$\begin{aligned} &p\geq 0,\quad -Aq+1_m\geq 0,\quad \langle p,-Aq+1_m\rangle=0\\ &q\geq 0,\quad -B^\top p+1_n\geq 0,\quad \langle q,-B^\top p+1_n\rangle=0 \end{aligned}\tag{8}$$

の解 (p^*,q^*) を求める問題として定式化できる．

このように，線形相補性問題はもともと，線形計画問題，2 次計画問題，双行列ゲームの一般化と見なされていた問題である．一方，相補性という用語は，線形計画法における相補性定理 (complementarity theorem) やカルーシュ–キューン–タッカー条件に含まれる相補条件で用いられていた．相補性問題が独立した問題として認識されるようになったのは，1960 年半ばにレムケ (C. E. Lemke) らによって，式 (8) の定式化を利用した双行列ゲームに対する枢軸変換法を用いた解法が提案され，さらにその後，**レムケ法** (Lemke's complementary pivoting method) として知られている，より一般的な線形相補性問題 (4) の解法に拡張されてからである．それ以降，相補性問題は変分不等式問題と同じように，多くの均衡問題を定式化するのに用いられている．

相補性問題は，変分不等式において制約集合を非負象限にした特殊な場合であることを「10.1 変分不等式」で述べたが，相補性問題の重要かつ自然な拡張として，**箱形制約つき変分不等式問題** (box-constrained variational inequality problem) がある．この問題は，以下で定義される不等式の解 $x^*\in S$ を求める問題である．

$$\langle F(x^*),x-x^*\rangle\geq 0\ \ \text{for all}\ \ x\in S \tag{9}$$

ただし，集合 S は

$$S=\{x\in R^n|l_i\leq x_i\leq u_i, i=1,\cdots,n\} \tag{10}$$

で表される R^n の直方体 (rectangle) である．ここで，l_i, u_i は $l_i<u_i$ を満たす実数であるが，$l_i=-\infty$(x_i に対する下限制約なし)，$u_i=\infty$(x_i に対する上限制約なし) およびその両方 (x_i は制約なし) を許すものとする．

問題 (9) が，相補性問題 (1) の自然な拡張となっていることは以下のように示される．まず，容易にわかるように，ベクトル $x^*\in S$ が問題 (9) の解であることと，すべての $i=1,\cdots,n$ に対して不等式

$$F_i(x^*)(x_i-x_i^*)\geq 0\ ,\ l_i\leq {}^\forall x_i\leq u_i \tag{11}$$

が同時に成立することは等価である．さらにこの条件 (11) は，以下のように表現することができる．

$$\begin{aligned} x_i^*=l_i &\Longrightarrow F_i(x^*)\geq 0\\ l_i<x_i^*<u_i &\Longrightarrow F_i(x^*)=0\\ x_i^*=u_i &\Longrightarrow F_i(x^*)\leq 0 \end{aligned}\tag{12}$$

ここで，すべての $i=1,\cdots,n$ について $l_i=0$ かつ $u_i=\infty$ とすると，式 (10) で表される直方体は R^n の非負象限 R_+^n となり，条件 (12) は相補性問題 (1) と等価な条件 (3) と一致する．

箱形制約つき変分不等式問題 (9) において特に重

要な場合は，$\{1,\cdots,n\}$ の部分集合 I_+ に対する変数には非負制約，すなわち，$l_i=0$ かつ $u_i=\infty$, $i\in I_+$ があり，残りの変数には制約がない，すなわち，$l_i=-\infty$ かつ $u_i=\infty$, $i\in\{1,\cdots,n\}\backslash I_+$ の場合である．この場合は，**混合相補性問題** (mixed complementarity problem) と呼ばれる．制約なしの変数を $x\in R^n$，非負制約つきの変数を $y\in R^m$ とし，さらに写像 $F:R^n\times R^m\to R^n$ と $G:R^n\times R^m\to R^m$ を用いれば，混合相補性問題は，

$$\begin{aligned}&F(x^*,y^*)=0\\&y^*\geq 0,\ G(x^*,y^*)\geq 0,\ \langle y^*,G(x^*,y^*)\rangle=0\end{aligned}\tag{13}$$

を満たすベクトル $x^*\in R^n$ と $y^*\in R^m$ を求める問題と表すことができる．

等式不等式制約をもつ非線形計画問題，

$$\begin{aligned}&\text{minimize} && f(z)\\&\text{subject to} && c_i(z)\leq 0,\quad i=1,\cdots,m\\& && h_j(z)=0,\quad j=1,\cdots,l\end{aligned}\tag{14}$$

のカルーシュ–キューン–タッカー条件は，不等式制約 $c_i(z)\leq 0$ に対するラグランジュ乗数 λ_i および等式制約 $h_j(z)=0$ に対するラグランジュ乗数 π_j を用いて，

$$\begin{aligned}&\nabla f(z)+\sum_{i=1}^{m}\lambda_i\nabla c_i(z)+\sum_{j=1}^{l}\pi_j\nabla h_j(z)=0\\&c_i(z)\leq 0,\ \lambda_i\geq 0,\ \lambda_i c_i(z)=0,\ i=1,\cdots,m\\&h_j(z)=0,\ j=1,\cdots,l\end{aligned}\tag{15}$$

と表されるが，これは $x=(z^\top,\pi^\top)^\top$, $y=\lambda$ とおき，写像 F,G をそれぞれ

$$F(z,\pi,\lambda)=\begin{pmatrix}\nabla f(z)+\sum_{i=1}^{m}\lambda_i\nabla c_i(z)\\ \qquad+\sum_{j=1}^{l}\pi_j\nabla h_j(z),\\ -c(z)\end{pmatrix}$$
$$G(z,\pi,\lambda)=h(z)$$

と定義すると，混合相補性問題 (13) に定式化できる．同様に，変分不等式に対する KKT 条件（「10.1 変分不等式」の式 (15)）もまた混合相補性問題の例である．

混合相補性問題 (13) において，関数 F,G がともにアフィン関数のときには，混合線形相補性問題 (mixed linear complementarity problem) と呼ばれる．代表的な例は，標準形の線形計画問題

$$\begin{aligned}&\text{minimize} && c^\top x\\&\text{subject to} && Ax=b,\quad x\geq 0\end{aligned}\tag{16}$$

に対する KKT 条件である．y を双対変数，z をスラック変数とすると，問題 (16) の KKT 条件は

$$\begin{aligned}&Ax-b=0\\&A^\top y+z-c=0\\&x\geq 0,\ z\geq 0,\ \langle x,z\rangle=0\end{aligned}\tag{17}$$

という混合線形相補性問題となる．

相補性問題 (1) の別の拡張を紹介するために，R^n の閉凸錐 K の**双対錐** (dual cone)K^* を以下で定義する（図 1 を参照）．

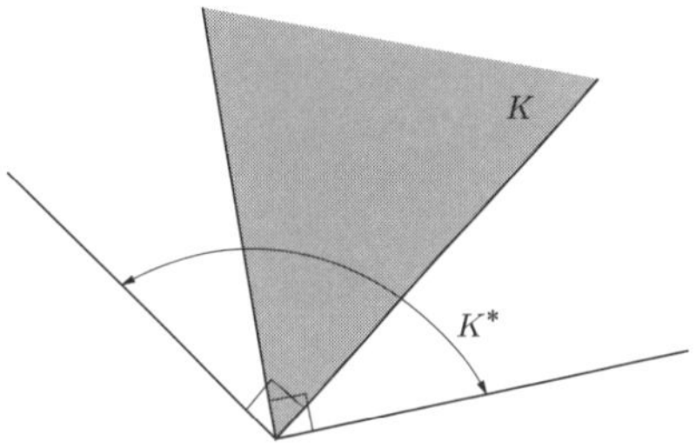

図 1　双対錐

$$K^*=\{y\in R^n|\langle x,y\rangle\geq 0,{}^\forall x\in K\}\tag{18}$$

さらに，閉凸錐 K が与えられたとき，相補性問題を以下を満たす x^* を求める問題として定義する．

$$x^*\in K, F(x^*)\in K^*, \langle x^*,F(x^*)\rangle=0\tag{19}$$

錐 K として非負象限 R^n_+ をとると，容易にわかるようにその双対錐もまた非負象限 R^n_+ となる．したがってこのとき，問題 (19) は問題 (1) と一致する．また，K として全空間 $K=R^n$ とするとその双対錐は $K^*=\{0\}$ となるので，この場合は問題 (19) は非線形方程式 $F(x^*)=0$ となる．同様に，$K=R^n\times R^m_+$ とすると $K^*=\{0\}\times R^m_+$ となるので，この場合は混合相補性問題 (13) となる．したがって，問題 (19) もまた相補性問題 (1) の自然な拡張である．

数理計画法において，特に重要な場合は，錐 K が**自己双対錐** (self-dual cone)，すなわち $K^*=K$ となる場合である．上で述べたように，非負象限 R^n_+ は自己双対錐の一つであり，この場合は問題 (19) は普通の相補性問題 (1) となる．そのほかの自己双対錐の例

としては，2 次錐 (second order cone，ローレンツ錐 (Lorentz cone) とも呼ばれる）と，$n \times n$ 半正定値対称行列がつくる錐がある．錐 K を 2 次錐とした問題は **2 次錐相補性問題** (second order cone complementarity problem)，また，K として半正定値対称行列がつくる錐とおいた問題は**半正定相補性問題** (semidefinite complementarity problem) と呼ばれる．2 次錐相補性問題や半正定相補性問題は，それぞれ 2 次錐計画問題や半正定値計画問題に対する主双対内点法の基礎となっているほか，ロバストゲーム理論などの定式化に用いられている．

相補性問題の解法は，前述した線形相補性問題に対するレムケ法に始まる．その後，線形相補性問題に対し，レムケ法のような枢軸変換法に基づく解法，射影ガウス–ザイデル法 (projected Gauss–Seidel method) のような行列分割法などが提案されている．また，非線形相補性問題に対しては，変分不等式と同じように非線形方程式に対するニュートン法などを応用した反復解法が提案されている．なお，計算量の観点からみると，ナップサック問題を線形相補性問題に帰着させることができるので，一般の線形相補性問題の解を求めることは NP 完全である．

主に相補性問題の解法として近年発展してきたものに，**一般化ニュートン法** (generalized Newton method，半平滑ニュートン法 (semismooth Newton method) とも呼ばれる）や，**平滑化法** (smoothing method) がある．これらを紹介するために，いわゆる **NCP 関数** (NCP function) を導入する．NCP 関数 $\phi : R^2 \to R$ とは，以下のような性質を満たす 2 変数関数のことである．

$$\phi(a,b) = 0 \Longleftrightarrow a \geq 0,\ b \geq 0,\ ab = 0 \qquad (20)$$

NCP 関数の例としては，min 関数

$$\phi(a,b) = \min(a,b) = a - \max(0, a-b)$$

やフィッシャー–バーマイスター (Fischer–Burmeister) 関数 (FB 関数)

$$\phi(a,b) = a + b - \sqrt{a^2 + b^2}$$

などがある．

min 関数や FB 関数を用いると，相補性問題 (1) は補助変数 $y \in R^n$ を用いて等価な非線形方程式，

$$H(x,y) = \begin{pmatrix} F(x) - y \\ \Phi(x,y) \end{pmatrix} = 0 \qquad (21)$$

に定式化できる．ここで，$\Phi(x,y)$ は $\phi(x_i, y_i)$ を成分とする関数である．関数 $\min(a,b)$ は $a = b$ となる点で微分不可能であり，また，FB 関数は点 $(0,0)$ で微分できないため，関数 H もまた一般には微分不可能である．しかしながら，$\min(a,b)$ や FB 関数はともに半平滑というよい性質をもっている．そのため，通常のヤコビ行列の代わりに一般化ヤコビ行列 (generalized Jacobian) を用いて構成される一般化ニュートン法は，解の近くで超 1 次または 2 次収束することが示されている．特に，FB 関数の 2 乗は連続的微分可能となるので，FB 関数を用いた定式化 (21) に対しては，$(1/2)\|H(x,y)\|^2$ をメリット関数とする大域的に収束する一般化ニュートン法が構成できる．

一方，平滑化法では，パラメータ μ を 0 へ収束させたときに NCP 関数 ϕ に一様収束するような，なめらかな ϕ の近似関数を用いる．min 関数に対する近似関数としては Chen–Harker–Kanzow–Smale の平滑化関数 (CHKS smoothing function)

$$\psi(\mu,a,b) = \frac{1}{2}\left(a + b - \sqrt{(a-b)^2 + 4\mu^2}\right)$$

などが，また FB 関数に対しては平滑化 FB 関数 (smoothed FB function)

$$\psi(\mu,a,b) = a + b - \sqrt{a^2 + b^2 + \mu^2}$$

が用いられる．平滑化法では，非線形方程式 (21) の NCP 関数の部分を，平滑近似した関数で置き換えた次の方程式

$$\overline{H}(\mu,x,y) = \begin{pmatrix} F(x) - y \\ \Psi(\mu,x,y) \end{pmatrix} = 0 \qquad (22)$$

を用いる．ここで，$\Psi(\mu,x,y)$ は $\psi(\mu,x_i,y_i)$ を成分とする関数である．そして，パラメータ μ を 0 へ近づけながら，方程式 (22) の解を求め，もとの問題の解を得る．関数 $\overline{H}$ は，μ が 0 でないかぎりはなめらかであるから，方程式 (22) の解を求めるときには，普通のニュートン法を用いることができ，そのような方法は平滑化ニュートン法 (smoothing Newton method) と呼ばれる．

線形相補性問題に対するさまざまな解法や，理論的な性質については参考文献[1] を，また，一般化ニュートン法や平滑化法の詳細をはじめ，非線形相補性問題の理論やその他の解法については参考文献[2] を参照されたい．　〔田 地 宏 一〕

参 考 文 献

[1] R. W. Cottle et al.: The Linear Complementarity Problem, Academic Press, San Diego, 1992.

[2] F. Facchinei and J.S. Pang : Finite-Dimensional Variational Inequalities and Complementarity Problems, vol. I, II, Springer, New York, 2003.

10.3 2レベル最適化問題とMPEC

bilevel programming problem and MPEC

2 レベル最適化問題は，制約条件に最適化問題を含むような問題である．言い換えると，決定変数の一部が最適化問題の最適解となっているという制約をもつ問題であり，以下のように表される．

$$\begin{array}{lll}(P_1) & \text{minimize}_x & f_1(x,y) \\ & \text{subject to} & (x,y)\in X_1 \\ & \text{ただし } y \text{ は最適化問題 } (P_2) \text{ の解} & \\ & (P_2)\quad \text{minimize}_y & f_2(x,y) \\ & \qquad\quad\ \text{subject to} & (x,y)\in X_2\end{array} \tag{1}$$

ここで，$X_i(i=1,2)$ は通常の非線形計画問題のように，等式と不等式の組によって表される制約集合である．また，問題 (P_2) において，x はパラメータ（外生変数）として取り扱われる．

この問題は，以下のように解釈できる．2 人の意思決定者 1, 2 がそれぞれ最適化問題 (P_1), (P_2) を用いて意思決定（すなわち，x, y の値を決定する）を行う．まず，意思決定者 1 が変数 x の値を決めると，意思決定者 2 はその x に対する最適化問題 (P_2) の解として変数 y の値を決める．逆にいえば，x の値が与えられないかぎり，意思決定者 2 はみずからの意思決定を行うことができない．一方，変数 y の値は変数 x を決めれば自動的に決まるので，意思決定者 1 は x の値のみを決めて最適化問題 (P_1) を解けばよい．

このように，2 レベル最適化問題 (1) は，階層構造をもった最適化問題であり，問題 (P_1) の意思決定者は先導者 (leader)，問題 (P_2) の意思決定者は追従者 (follower) と呼ばれる．さらに，階層構造が三つ以上の多レベル最適化問題 (multilevel programming problem) も提案されている．

2 レベル最適化問題の代表的な例は，シュタッケルベルク均衡 (Stackelberg equilibrium) である．二つの企業 1, 2 が同じ製品を製造する複占 (duopoly) の状況を考える．企業 $i(i=1,2)$ の供給量を $q_i \geq 0$ とすると，製品の価格は総供給量 q_1+q_2 の関数として $p(q_1+q_2)$ で定まる．また，企業 i が q_i 供給

するときの費用を $c_i(q_i)$ とすると，企業 i の利潤は $\pi_i(q_1, q_2) = q_i p(q_1 + q_2) - c_i(q_i)$ である．各企業は，それぞれの利潤を最大化するように供給量を決める．企業 1 と企業 2 が対等な関係にある場合には，各企業の供給量 $(\bar{q}_1, \bar{q}_2)$ はクールノー–ナッシュ均衡の解として以下の不等式を満たすように決まる．

$$\begin{aligned} \pi_1(\bar{q}_1, \bar{q}_2) &\geq \pi_1(q_1, \bar{q}_2) \quad {}^\forall q_1 \geq 0 \\ \pi_2(\bar{q}_1, \bar{q}_2) &\geq \pi_2(\bar{q}_1, q_2) \quad {}^\forall q_2 \geq 0 \end{aligned} \tag{2}$$

一方，企業 1 の支配力が強く，先に供給量 q_1 を決定する場合を考える．このとき，企業 2 は企業 1 の供給量を知ったうえで，みずからの利潤を最大化するように供給量 q_2 を決定する．したがってこの場合，各企業の供給量 (q_1^*, q_2^*) は，企業 1 を先導者，企業 2 を追従者とする以下の 2 レベル最適化問題の解として得られる．

$$\begin{array}{lll} (P_1) & \text{maximize}_{q_1} & \pi_1(q_1, q_2^*) \\ & \text{subject to} & q_1 \geq 0 \\ & \text{ただし } q_2^* \text{は最適化問題 } (P_2) \text{ の解} & \\ & (P_2) \quad \text{maximize}_{q_2} & \pi_2(q_1, q_2) \\ & \qquad\quad \text{subject to} & q_2 \geq 0 \end{array} \tag{3}$$

このようにして決まる供給量 (q_1^*, q_2^*) をシュタッケルベルク均衡という．

2 レベル最適化問題 (1) において，問題 (P_1), (P_2) の両方が線形計画問題であるものは **2 レベル線形計画問題** (bilevel linear programming problem) と呼ばれる．これは，適当な大きさの行列 A_1, A_2, B_1, B_2 と列ベクトル b_1, b_2, c_1, d_1, d_2 を用いて

$$\begin{array}{lll} (P_1) & \text{minimize}_x & c_1^\top x + d_1^\top y \\ & \text{subject to} & A_1 x + B_1 y \leq b_1 \\ & \text{ただし } y \text{ は最適化問題 } (P_2) \text{ の解} & \\ & (P_2) \quad \text{minimize}_y & d_2^\top y \\ & \qquad\quad \text{subject to} & B_2 y \leq b_2 - A_2 x \end{array} \tag{4}$$

と表される．2 レベル最適化問題に対しては，ペナルティ法やバンドル法を用いた解法が提案されている．ただし，計算量の観点からは，2 レベル線形計画問題の ε 近似最適解を求めることも NP 困難であることが知られており，分枝限定法などの大域的最適化法も提案されている．

MPEC とは，制約条件のなかに，変分不等式問題や相補条件を含むような最適化問題である．均衡制約をもつ数理計画問題 (mathematical program with equilibrium constraints) の英語名の頭文字をとって **MPEC**（エムペック）と呼ばれている．この問題は，たとえば以下のように表される．

$$\begin{array}{ll} \text{minimize} & f(x, y) \\ \text{subject to} & (x, y) \in X \\ & y \in \mathcal{S}(x) \end{array} \tag{5}$$

ここで，f は実数値関数，X は等式や不等式の組で表現される普通の制約集合である．また，$y \in \mathcal{S}(x)$ は均衡制約と呼ばれ，たとえば，集合 $\mathcal{S}(x)$ は x をパラメータとするパラメトリック変分不等式問題

$$\langle F(x, y^*), y - y^* \rangle \geq 0 \quad \text{for all} \quad y \in Y(x) \tag{6}$$

の解 y^* 全体の集合として表現される．ここで，$Y(x)$ は x に依存して定まる閉凸集合であるが，これが常に非負象限となるときには，パラメトリック変分不等式 (6) はパラメトリック相補性問題に書き換えることができ，MPEC(5) は次の相補制約をもつ数理計画問題 (mathematical programming with complementarity constraints : MPCC)

$$\begin{array}{ll} \text{minimize} & f(x, y) \\ \text{subject to} & (x, y) \in X \\ & y \geq 0, \ F(x, y) \geq 0, \ \langle y, F(x, y) \rangle = 0 \end{array} \tag{7}$$

となる．

また，2 レベル最適化問題 (1) において，追従者の問題 (P_2) が等価な KKT 条件に書き換えられる場合には MPEC となる．たとえば，2 レベル線形計画問題 (4) は，問題 (P_2) に対するラグランジュ乗数 λ を用いることにより，次の等価な MPEC に書き換えられる．

$$\begin{array}{ll} \text{minimize} & c_1^\top x + d_1^\top y \\ \text{subject to} & A_1 x + B_1 y \leq b_1 \\ & d_2 + B_2^\top \lambda = 0 \\ & \lambda \geq 0, \ A_2 x + B_2 y \leq b_2, \\ & \langle \lambda, A_2 x + B_2 y - b_2 \rangle = 0 \end{array} \tag{8}$$

MPEC は，均衡状態によって状態が決まるシステムに対する設計問題や意思決定問題を，より直接的にモデル化する数理計画問題であり，交通ネットワークの設計問題，競合下にある施設配置問題，クールノー市場に対する政策決定問題，接触やクーロン摩擦を伴う

力学系の設計・制御問題などのモデル化に用いられている．

MPEC は取扱いの難しい問題である．実際，相補制約をもつ問題 (7) において，相補制約は一見単なる等式・不等式制約の組にみえるが，この相補制約を満たす実行可能解においては，マンガサリアン–フロモヴィッツ (Mangasarian–Fromovitz) の制約想定が成り立たないことが示されている．そのため，一般的な非線形計画の解法をそのまま適用することは困難であり，均衡制約の取扱いに工夫を凝らしたペナルティ法や内点法，また，均衡制約を等価な微分不可能な方程式に置き換えた定式化に基づく解法などが提案されている．

2 レベル最適化問題の応用や解法については参考文献[1] を，また MPEC の理論や応用に関しては参考文献[2] を参照されたい．〔田 地 宏 一〕

参 考 文 献

[1] A. Migdalas et al. (eds.) : Multilevel Optimization: Algorithms and Applications, Kluwer Academic Publishers, Dordrecht, 1998.

[2] Z.-Q. Luo et al.: Mathematical Programs with Equilibrium Constraints, Cambridge University Press, Cambridge, 1996.

11 金融工学

11.1 ポートフォリオ選択モデル

portfolio selection model

投資家は，投資資金を，株式，債券，不動産，デリバティブ（金融派生商品）などさまざまな種類の資産に投資して運用を行っている．投資家が運用している資産の組が，ポートフォリオと呼ばれる．ポートフォリオの構成は，資金運用の目的によって大きく異なる．たとえば，高い収益性を目指すヘッジファンドでは，積極的にデリバティブへ投資を行うものもあるが，安定性を重視する運用機関では，債券への投資比率が大きくなる．通常，巨額の資金を運用する機関投資家は，アセットアロケーションと個別銘柄選択の 2 段階に分けて，ポートフォリオ選択を行う．アセットアロケーションとは，国内株式，国内債券，海外株式，海外債券といった大きな資産クラスへの投資比率を決めることである．すなわち，一度にあらゆる個別銘柄への投資比率を決めるのでなく，アセットアロケーションによって資産クラスへの投資比率を決めたあとで，各資産クラス内の個別銘柄への投資比率を決める．以下で説明するポートフォリオ選択モデルは，主に，株式の個別銘柄選択において応用されている．

a. 平均分散モデル

1950 年代，マルコヴィッツ (Markowitz)[1] によって，ポートフォリオ選択問題は，数理計画問題にモデル化された．マルコヴィッツは，ポートフォリオの収益率の分散をリスクと見なし，期待収益率が高く分散が低いポートフォリオを求めるモデルを考えた．このポートフォリオ選択モデルは，**平均分散モデル** (mean-variance model) と呼ばれ，現在でも最も基本的なモデルである．ここでは，平均分散モデルを説明する．

一定期間，一定の投資資金を運用する投資家を考える．期中でのポートフォリオの調節は行わないこととする．取引可能な n 種類の資産の一定期間の収益率を，確率変数 X_i $(i=1,2,\cdots,n)$ で表すことにする．実際には，X_i は，過去の資産価格データなどから統計的に推定される．収益率 X_i の期待値を $\mu_i := \mathbb{E}[X_i]$ で表し，X_i と X_j の共分散を $\sigma_{i,j} := \mathbb{C}ov[X_i, X_j]$ で表す．期首において，資産*1 X_i への投資比率が $x_i(\geq 0)$ であるポートフォリオを考える．このポートフォリオの収益率 $X^\top x = \sum_{i=1}^n X_i x_i$ の期待値は，$\mathbb{E}[X^\top x] = \mu^\top x$ であり，分散は，$\mathbb{V}[X^\top x] = x^\top[\sigma_{i,j}]x$ である．ただし，X, μ, x は，それぞれ，i 番目の要素が X_i, μ_i, x_i である n 次元縦ベクトルを表し，$[\sigma_{i,j}]$ は i 行 j 列成分が $\sigma_{i,j}$ である n 次正方行列（X の分散共分散行列）を表し，記号 $^\top$ は転置（行と列の交換）を表す．このとき，ポートフォリオの期待収益率が一定の値 a 以上という条件のもとで，収益率の分散を最小化するポートフォリオを求める問題は，

$$\begin{array}{ll} \text{minimize} & x^\top[\sigma_{i,j}]x \\ \text{s.t.} & x \in \mathbb{R}^n \\ & \mu^\top x \geq a \\ & \sum_{i=1}^n x_i = 1 \\ & x_i \geq 0 \qquad (i=1,2,\cdots,n) \end{array} \tag{1}$$

となる．ここでは，各資産の空売りを許さない問題を考え，$x_i \geq 0$ という条件をつけている．

問題 (1) の最適解は，期待収益率が高く相関が低い資産に分散投資したポートフォリオとなる傾向がある．これは，相関が低い資産を多く組み入れるほど，ポートフォリオの分散が減少するためである．一般に，このような効果は分散効果と呼ばれる．ただし，問題 (1) では，各資産の取引にかかる固定費用や最低取引単位を考慮していない．投資資金の少ない個人投資家の場合，固定費用や最低取引単位の影響が大きいため，分散投資が最適であるとは限らない．

数理的な観点からみると，問題 (1) は，2 次計画問題と呼ばれる数理計画問題に分類される．さらに，分散共分散行列 $[\sigma_{i,j}]$ が半正定値行列なので目的関数が

*1 記号の簡略化のため，資産とその収益率を同じ記号で表す．

凸2次関数であり，問題 (1) は，凸2次計画問題という解きやすいタイプの問題である．平均分散モデルが発表された当初，大規模な問題の場合，問題 (1) の最適解を計算することが難しかったが，現在では，計算機とアルゴリズムの双方の大幅な発達によって，効率よく最適解を計算することができる．

シャープ (Sharpe) は，経済学的な観点からマルコヴィッツの平均分散モデルを多数の投資家による均衡モデルに発展させた．このモデルは，**CAPM** (capital asset pricing model) と呼ばれ，資産価格理論において最も基本的なモデルである．ただし，すべての投資家が同一の情報をもち平均分散モデルの基準で取引を行うことや，無リスク資産を含むすべての資産の空売りができることなどの強い仮定を必要とする．図 1 のように，各リスク資産の収益率の期待値と標準偏差をプロットする．このとき，無リスク資産を含まないポートフォリオで，平均分散モデルの基準から効率的なポートフォリオを考えると，**効率的フロンティア** (efficient frontier) と呼ばれる曲線が得られる．すなわち，効率的フロンティア上のポートフォリオに対しては，無リスク資産を含まずに期待収益率がより高く分散がより小さくなるようなポートフォリオは存在しない．CAPM では，各投資家は無リスク資産と市場ポートフォリオ (market portfolio) からなる CML (capital market line) 上のポートフォリオで資金運用を行うことが示される．ただし，図 1 のように，無リスク資産から効率的フロティアへの接線が CML であり，市場ポートフォリオは，その接点に位置するポートフォリオである．市場ポートフォリオの収益率を表す確率変数を X_M，その期待値を μ_{M} とし，無リスク資産の収益率を r とする．このとき，CAPM では，各資産 X_i の期待収益率 μ_i と $\beta_i := \mathbb{C}ov[X_i, X_{\mathrm{M}}]/\mathbb{V}[X_{\mathrm{M}}]$ に対して

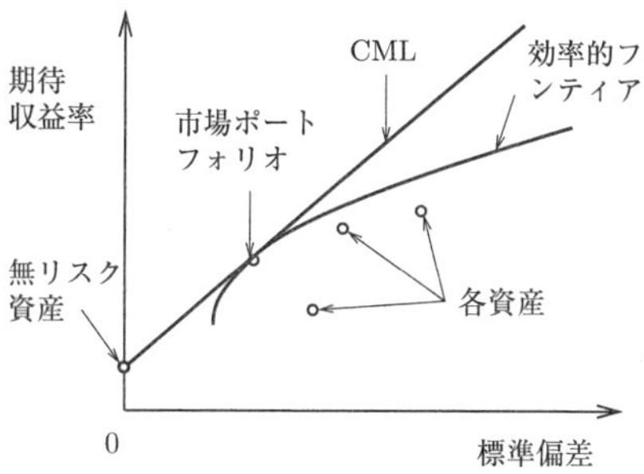

図 1　効率的フロンティア，市場ポートフォリオ，CML

$$\mu_i = r + \beta_i(\mu_{\mathrm{M}} - r)$$

が成り立つ．β_i はベータと呼ばれ，市場ポートフォリオとの相関を表す指標として用いられている．

b. $\mathbf{VaR}_\varepsilon$ と $\mathbf{CVaR}_\varepsilon$ をリスクととらえるモデル

平均分散モデル以降，多くのポートフォリオ選択モデルが構築され，数理的な観点と経済学的な観点の両面から，研究が発展してきた．たとえば，今野と山崎による平均絶対偏差モデルは，問題 (1) で，目的関数を絶対偏差に代えることによって，線形計画問題に帰着している．別の代表的なモデルでは，以下の目的関数を考える．

$$\begin{array}{lll} \text{maximize} & y & \\ \text{s.t.} & (x, y) \in \mathbb{R}^n \times \mathbb{R} & \\ & \mathbb{P}[X^\top x < y] \le \varepsilon & (2) \\ & \sum_{i=1}^n x_i = 1 & \\ & x_i \ge 0 \ (i = 1, 2, \cdots, n) & \end{array}$$

ただし，$\varepsilon \in (0, 1)$ を正の定数とし，$\mathbb{P}[X^\top x < y]$ をポートフォリオの収益率 $X^\top x = \sum_{i=1}^n X_i x_i$ が y を下回る確率とする．以下では，単純化のため，確率変数 $X^\top x$ の累積分布関数は連続な狭義単調増加関数とし，$X^\top x$ の ε 分位点が一意に定まる場合を考えることにする．このとき，問題 (2) は，ε 分位点が最大となるポートフォリオを求める問題である．一般に，確率変数の ε 分位点の -1 倍が，$\mathbf{VaR}_\varepsilon$ (ε-value at risk)*2 と呼ばれる．したがって，問題 (2) は，VaR_ε が最小となるポートフォリオを求める問題である．問題 (2) の制約条件に，平均分散モデルと同様に $\mu^\top x \ge a$ を追加すれば，期待収益率が a 以上という条件のもとで VaR_ε を最小化する問題になる．一般に，収益率が非対称な分布をもつ場合，上方と下方の両方のリスクを含む分散よりも，下方リスクだけを表す VaR_ε でリスク評価を行うほうが自然である．実際のリスク評価では VaR_ε ($\varepsilon = 1 \sim 5\%$) が用いられることが多い．

しかし，リスク測度という観点からみると，VaR_ε に

*2　ポートフォリオの損失分布の $1 - \varepsilon$ 分位点を指す場合もある．

よる評価も十分ではない．リスク評価において望ましい性質をもつものは，コヒーレントなリスク測度 (coherent risk measure) と呼ばれるが，VaR_ε は，コヒーレントなリスク測度ではない．コヒーレントなリスク測度として代表的なものが，$\mathbf{CVaR}_\varepsilon$ (ε-conditional value at risk)*3 である．確率変数 $X^\top x$ の累積分布関数が連続な狭義単調増加関数であるという仮定のもとでは，$X^\top x$ の $\mathrm{CVaR}_\varepsilon$ は，次式で定義される．

$$\mathrm{CVaR}_\varepsilon := -\frac{1}{\varepsilon}\mathbb{E}[X^\top x 1_{\{X^\top x \le -\mathrm{VaR}_\varepsilon\}}] \tag{3}$$

ただし，$1_{\{\cdot\}}$ で定義関数を表す．VaR_ε の定義から，

$$\mathbb{P}[X^\top x \le -\mathrm{VaR}_\varepsilon] = \varepsilon$$

なので，式 (3) は，$X^\top x \le -\mathrm{VaR}_\varepsilon$ という条件のもとでの $-X^\top x$ の期待値である．

$\mathrm{CVaR}_\varepsilon$ の定義式 (3) は VaR_ε よりも複雑にみえるが，Rockafellar と Uryasev によって，VaR_ε を最小化する問題よりも $\mathrm{CVaR}_\varepsilon$ を最小化する問題のほうが，数理的に解きやすい問題であることが示された．実際，関数 $F_\varepsilon(x,y)$ を

$$F_\varepsilon(x,y) := y + \frac{1}{\varepsilon}\mathbb{E}[\max(-X^\top x - y, 0)]$$

と定めると，

$$\mathrm{CVaR}_\varepsilon = \min_{y\in\mathbb{R}} F_\varepsilon(x,y) \tag{4}$$

という性質が成り立つ．式 (4) より，期待収益率が a 以上という条件のもとで $\mathrm{CVaR}_\varepsilon$ が最小となるポートフォリオを求める問題は，以下の問題に帰着される．

$$\begin{array}{ll} \text{minimize} & F_\varepsilon(x,y) \\ \text{s.t.} & (x,y)\in\mathbb{R}^n\times\mathbb{R} \\ & \mu^\top x \ge a \\ & \sum_{i=1}^n x_i = 1 \\ & x_i \ge 0 \qquad (i=1,2,\cdots,n) \end{array} \tag{5}$$

$F_\varepsilon(x,y)$ が凸関数なので，問題 (5) は凸計画問題である．さらに，$F_\varepsilon(x,y)$ に含まれる期待値の項を離散近似すれば，線形計画問題になる．また，ほとんどの場合，問題 (5) の最適解 (x^*, y^*) に対して $y^* = \mathrm{VaR}_\varepsilon$ が成り立ち，$\mathrm{CVaR}_\varepsilon$ を最小化するポートフォリオの VaR_ε も同時に求められるという利点もある．

*3 期待ショートフォールとも呼ばれる．

c. 多期間ポートフォリオ選択モデル

ここまで 1 期間のポートフォリオ選択モデルの説明をしてきたが，ここでは，期中にポートフォリオを調節できるような**多期間のポートフォリオ選択モデル**について説明する．多期間ポートフォリオ選択に関しては，経済学において重要な**最適消費投資問題**として多くの研究が行われてきた．以下では，1970 年代にマートン (Merton) によって分析されたブラック–ショールズ (Black-Scholes) モデル*4 における最適消費投資問題を説明する．

一定の利率 $r(\ge 0)$ をもつ無リスク資産と一種類のリスク資産 X だけからなるブラック–ショールズモデルを考える．取引費用や取引が市場に与える影響などといった取引で生じる摩擦は考えず，資産 X の配当はないと仮定する．さらに，時点 t での原資産価格 $X(t)$ は，正の定数 $X(0)$ から出発し，幾何ブラウン運動

$$\mathrm{d}X(t) = \mu X(t)\mathrm{d}t + \sigma X(t)\mathrm{d}B(t) \tag{6}$$

にしたがって変動すると仮定する．ただし，$\mu(\ge r), \sigma(>0)$ は定数であり，$B(t)$ は 1 次元標準ブラウン運動を表す．時点 t において，リスク資産への投資比率を $\theta(t)\in[0,1]$ と表し，消費率を $c(t)(\ge 0)$ と表す．$\theta(t)$ と $c(t)$ は，時点 t までの情報をもとに連続的に制御できるような確率過程とする．このように資金運用と消費を行う場合の時点 t におけるポートフォリオの価値を $Y(t)$ とすると，$Y(t)$ は確率微分方程式

$$\begin{aligned} \mathrm{d}Y(t) = ((r(1-\theta(t)) + \mu\theta(t))Y(t) \underbrace{-c(t)}_{\text{消費}})\mathrm{d}t \\ + \sigma\theta(t)Y(t)\mathrm{d}B(t) \end{aligned} \tag{7}$$

にしたがう．式 (7) で，無リスク資産とリスク資産の価値の変動に加えて，消費による減少の項 $-c(t)$ があることに注意する．

時点 t における消費 $c(t)$ から得られる効用を CRRA 型効用関数にしたがって $c(t)^\gamma/\gamma$ とし，時間割引率 ρ で割り引いた効用の和を最大化する問題を考える．ただし，γ は $\gamma\in(0,1)$ を満たす定数とし，ρ は

*4 「11.2 オプション価格づけ理論」を参照．

$$\rho > \gamma r + \frac{\gamma(\mu - r)^2}{2\sigma^2(1-\gamma)}$$

を満たす定数とする．また，

$$0 \le \frac{(\mu - r)^2}{2\sigma^2(1-\gamma)} \le 1$$

を仮定する．初期資産 $Y(0) = y > 0$ をもつ投資家が最適消費投資戦略 $\{c(t), \theta(t)\}_{t\ge 0}$ を求める問題は，次の確率制御問題に帰着される．

$$V(y) = \sup_{\{c(t),\theta(t)\}_{t\ge 0}} \mathbb{E}\left[\int_0^\infty e^{-\rho t}\frac{c(t)^\gamma}{\gamma}\mathrm{d}t\right] \qquad (8)$$

ただし，問題 (8) で，$\{c(t), \theta(t)\}_{t\ge 0}$ は，$c(t) \ge 0, 0 \le \theta(t) \le 1$ に加えて $Y(t) \ge 0$ $(t \ge 0)$ を満たす範囲内で制御される．

確率制御問題 (8) に対するハミルトン–ヤコビ–ベルマン (Hamilton–Jacobi–Bellman) 方程式から，価値関数 $V(y)$ は

$$V(y) = Ky^\gamma$$

となり，最適制御は

$$(c(t), \theta(t)) = \left((K\gamma)^{\frac{1}{\gamma-1}}Y(t), \frac{\mu - r}{\sigma^2(1-\gamma)}\right) \qquad (t \ge 0) \qquad (9)$$

となる．ただし，

$$K := \frac{1}{\gamma}\left(\frac{1}{1-\gamma}\left(\rho - \gamma r - \frac{\gamma(\mu - r)^2}{2\sigma^2(1-\gamma)}\right)\right)^{\gamma-1}$$

である．式 (9) は，各時点 t において，ポートフォリオの一定割合を消費し，残額を一定の比率で無リスク資産とリスク資産に振り分ける戦略が最適であることを意味する．この研究以降，多資産からなる一般的なモデルのもとで，多期間最適消費投資モデルの研究が発展してきた．最適制御の存在など理論的な性質に関する研究は発展しているが，複雑なモデルにおいて最適制御を計算することは難しい．このため，多期間ポートフォリオ選択モデルの現実の資金運用への応用は 1 期間モデルに比べて発展途上である．

〔西 原　理〕

参 考 文 献

[1] H. Markowitz : Portfolio selection. *Journal of Finance*, **7** : 77–91, 1952.

11.2 オプション価格づけ理論

option pricing theory

デリバティブとは，株価や金利，為替レートといった資産価格や指数の変動に基づいて買い手と売り手のペイオフが決定される金融派生商品である．先物やコールオプション，プットオプションが代表例である．企業や投資家は，リスクをヘッジする目的や資金運用の収益性を高める目的で，さまざまな種類のオプションを取引しており，オプション価格評価の理論的な枠組みを与える**オプション価格づけ理論**は，その取引において重要な役割を果たしている．

a. コールオプションとプットオプション

最初に，代表的なオプションであるヨーロッパ型とアメリカ型のコールオプションとプットオプションについて説明する．日本では，日経 225 オプションや個別株オプションといったヨーロッパ型のコールオプションとプットオプションが証券取引所で取引されている．資産 X の上に書かれた満期日 T，行使価格 K のヨーロッパ型コール（プット）オプションとは，満期日 T に資産 X の 1 単位を，資産の市場価格に関係なく，価格 K で購入する（売却する）権利を意味する．権利を行使できる日が満期日のみであるオプションが「ヨーロッパ型」と呼ばれる．また,「コールオプション」は購入する権利であることを示し,「プットオプション」は売却する権利であることを示す．

オプションがその上に派生するという意味で，資産 X をオプションの原資産と呼ぶ．$X(t)$ を原資産の時点 t における市場価格とする．満期時点 T における原資産の市場価格 $X(T)$ が行使価格 K よりも安ければ，権利を行使するよりも，市場で資産を購入したほうが安いので，コールオプションの保有者は権利を行使しない．逆に，市場価格が K よりも高ければ，コールオプションの保有者は権利を行使する．通常，権利行使の際には原資産の受け渡しの代わりに清算が行われ，オプションの保有者は，市場価格と行使価格との差額 $X(T) - K$ を得ることができる．すなわち，ヨー

ロッパ型コールオプションの保有者は，満期時点 T にペイオフ $\max\{X(T)-K,0\}$ を得る．逆に，売却する権利を考えると，ヨーロッパ型プットオプションの保有者は，満期日 T にペイオフ $\max\{K-X(T),0\}$ を得る．

「ヨーロッパ型」が権利を行使できる日が満期日のみであるのに対し，満期日までの期間にいつでも権利を行使できるオプションを「アメリカ型」と呼ぶ．つまり，資産 X の上に書かれた満期日 T，行使価格 K のアメリカ型コール（プット）オプションとは，満期日 T までの任意のタイミングで，資産 X の 1 単位を，価格 K で購入する（売却する）権利を意味する．ただし，オプションの保有者は，満期日 T までの原資産価格の情報 $\{X(t)\}_{0\le t\le T}$ を知ったうえで権利行使のタイミング τ を選べるのではなく，τ 時点までの情報 $\{X(t)\}_{0\le t\le \tau}$ で権利を行使するか否かの判断を行わなければいけない．また，一度権利を行使してしまえば，あとから取り消すことはできない．

上記の 4 種類のオプションが代表的であるが，現在では，これらよりも複雑なペイオフ構造をもつエキゾチックスと呼ばれるオプションも多く取引されている．たとえば，原資産価格がある一定の境界に到達した時点で権利が消滅あるいは発生するようなバリアオプションや原資産価格の期中の平均値に依存するペイオフをもつアジアンオプションなどが有名である．こういったオプションの場合，原資産価格が変動してきた経路に関する情報も重要になるため，オプション価格評価は難しくなる．

b. ブラック–ショールズの公式

オプションの合理的な価格を求める理論が，1970 年代のブラック–ショールズ (Black–Scholes) モデル[1] によって始まったオプション価格づけ理論である．通常，オプション価格づけ理論では，損失するリスクがなければ得をする可能性がないという**無裁定条件** (no-arbitrage condition) のもとでのオプション価格，すなわちオプションの無裁定価格を求める．以下では，最も基本的なモデルであるブラック–ショールズモデルを紹介する．一定の利率 $r(\ge 0)$ をもつ無リスク資産と一種類のリスク資産 X だけからなる市場を考える．取引費用や取引が市場に与える影響などといった取引で生じる摩擦は考えない．さらに，原資産価格 $X(t)$ が正の定数 $X(0)$ から出発し，観測確率測度 $\mathbb{P}$ の下での確率微分方程式*1

$$\mathrm{d}X(t)=\mu X(t)\mathrm{d}t+\sigma X(t)\mathrm{d}B(t) \tag{1}$$

にしたがって変動すると仮定する．ただし，$\mu,\sigma(>0)$ は定数であり，$B(t)$ は 1 次元標準ブラウン運動を表す．確率過程 (1) の解 $X(t)$ は

$$X(t)=X(0)e^{\mu t-\frac{\sigma^2 t}{2}+\sigma B(t)}$$

と表すことができ，**幾何ブラウン運動**と呼ばれる．

時点 t でリスク資産の価格が $X(t)=x$ のとき，資産 X の上に書かれた満期日 T，行使価格 K のヨーロッパ型コールオプションの価格を $C_E(x,t)$ で表す．時点 t で，コールオプション C_E の 1 単位の買いポジションと，リスク資産 X の $\partial C_E(x,t)/\partial x$ 単位の売りポジションからなるポートフォリオをつくり，自己調達的に運用する．自己調達的に運用するとは，外部と資金のやりとりをせずにポートフォリオを運用することを意味する．伊藤の公式を用いると，このポートフォリオの微小時間での増分が

$$\left(\frac{\partial C_E}{\partial t}(x,t)+\frac{\sigma^2x^2}{2}\frac{\partial^2 C_E}{\partial x^2}(x,t)\right)\mathrm{d}t \tag{2}$$

となることがわかる．式 (2) がブラウン運動の変動 $\mathrm{d}B(t)$ に依存しないことに注意すると，無裁定条件より，式 (2) は，このポートフォリオと等しい価値をもつ無リスク資産の増分

$$r\left(C_E(x,t)-x\frac{\partial C_E}{\partial x}(x,t)\right)\mathrm{d}t \tag{3}$$

と一致しなければいけない．式 (2) = 式 (3) から得られる偏微分方程式が，

$$\begin{aligned}&\frac{\partial C_E}{\partial t}(x,t)+rx\frac{\partial C_E}{\partial x}(x,t)+\frac{\sigma^2x^2}{2}\frac{\partial^2 C_E}{\partial x^2}(x,t)\\&\quad=rC_E(x,t)\end{aligned} \tag{4}$$

であり，**ブラック–ショールズ方程式**と呼ばれている．

満期時点 T における境界条件

$$C_E(x,T)=\max\{x-K,0\} \tag{5}$$

*1 確率微分方程式の基本的な性質（伊藤の公式，Girsanov の定理，Feynman-Kac の公式など）については，入門書[3] を参照．

を与えて式 (4) を解くと，コールオプション価格 $C_E(x,t)$ の解析解が得られる．

$$C_E(x,t) = x\Phi(d_+) - Ke^{-r(T-t)}\Phi(d_-) \qquad (6)$$

ただし，$\Phi(\cdot)$ は標準正規分布の累積分布関数であり，d_+ と d_- は以下の式で定義される．

$$d_+ := \frac{\log(x/K) + (T-t)\left(r + \sigma^2/2\right)}{\sigma\sqrt{T-t}}$$

$$d_- := \frac{\log(x/K) + (T-t)\left(r - \sigma^2/2\right)}{\sigma\sqrt{T-t}}$$

同様に，時点 t でリスク資産の価格が $X(t) = x$ のとき，資産 X の上に書かれた満期日 T，行使価格 K のヨーロッパ型プットオプションの価格 $P_E(x,t)$ は，ブラック–ショールズ方程式と満期時点 T における境界条件

$$P_E(x,T) = \max\{K - x, 0\}$$

を用いると

$$P_E(x,t) = Ke^{-r(T-t)}\Phi(-d_-) - x\Phi(-d_+) \qquad (7)$$

となる．$C_E(x,t)$ と $P_E(x,t)$ の間に一般的に成り立つコールプットパリティと呼ばれる関係式

$$C_E(x,t) - P_E(x,t) = x - Ke^{-r(T-t)}$$

を用いて，一方のオプション価格から他方のオプション価格を導出することもできる．オプション価格 (6) と式 (7) がブラック，ショールズ，マートン (Merton) によって導出されたブラック–ショールズの公式である．

満期時点においてペイオフの支払い義務をもつオプションの売り手側の立場からみると，$C_E(X(t),t) - X(t)\partial C_E(X(t),t)/\partial x$ の無リスク資産と $\partial C_E(X(t),t)/\partial x$ 単位のリスク資産からなる自己調達的なポートフォリオによって，将来の支払いリスクを完全にヘッジすることができる．このように原資産によってオプションのペイオフを複製するポートフォリオは，**複製ポートフォリオ** (replicating portfolio) と呼ばれる．特に，$\partial C_E(x,t)/\partial x$ はデルタと呼ばれるオプション価格の感度分析における重要な指標であり，リスク資産が常にデルタ単位になるようにポートフォリオを調節する複製戦略は**デルタヘッジ** (delta hedging) と呼ばれる．

c.　リスク中立測度を用いた価格づけ

ブラック–ショールズモデルにおいて，観測確率測度 $\mathbb{P}$ を

$$\mathrm{d}\widetilde{\mathbb{P}} := e^{-\frac{(\mu-r)B(T)}{\sigma} - \frac{(\mu-r)^2 T}{2\sigma^2}}\mathrm{d}\mathbb{P}$$

によって定義される確率測度 $\widetilde{\mathbb{P}}$ に変換することを考える．確率測度 $\mathbb{P}$ のもとで式 (1) にしたがう $X(t)$ は，Girsanov の定理より，確率測度 $\widetilde{\mathbb{P}}$ のもとでは

$$\mathrm{d}X(t) = rX(t)\mathrm{d}t + \sigma X(t)\mathrm{d}\widetilde{B}(t)$$

にしたがう．ただし，$\widetilde{B}(t) := (\mu - r)t/\sigma + B(t)$ は，確率測度 $\widetilde{\mathbb{P}}$ のもとでの 1 次元標準ブラウン運動である．このとき，Feynman-Kac の公式より，境界条件 (式 (5)) を満たすブラック–ショールズ方程式 (4) の解は，

$$C_E(x,t) = \mathbb{E}^{\widetilde{\mathbb{P}}}[e^{-r(T-t)}\max\{X(T) - K, 0\} \mid X(t) = x] \qquad (8)$$

と表すことができる．ただし，$\mathbb{E}^{\widetilde{\mathbb{P}}}[\cdot \mid X(t) = x]$ は，確率測度 $\widetilde{\mathbb{P}}$ のもとでの $X(t) = x$ という条件つき期待値を表す．すなわち，原資産市場のリスク評価を考慮して確率測度を変換することで，オプション価格を，将来のペイオフの期待割引価値として表すことができる．

あらゆるオプションの価格が将来のペイオフの $\widetilde{\mathbb{P}}$ のもとでの期待割引価値と一致するので，確率測度 $\widetilde{\mathbb{P}}$ は**リスク中立測度** (risk-neutral measure) と呼ばれる*2．たとえば，ヨーロッパ型プットオプションの価格 $P_E(x,t)$ は，

$$P_E(x,t) = \mathbb{E}^{\widetilde{\mathbb{P}}}[e^{-r(T-t)}\max\{K - X(T), 0\} \mid X(t) = x]$$

であり，アメリカ型プットオプションの価格 $P_{\mathrm{A}}(x,t)$ は，最適停止問題の価値関数

$$P_{\mathrm{A}}(x,t) = \sup_{\tau \in \mathcal{T}_{t,T}} \mathbb{E}^{\widetilde{\mathbb{P}}}[e^{-r(\tau-t)}\max\{K - X(\tau), 0\} \mid X(t) = x]$$

*2　同じことであるが，あらゆるオプションの割引価値が $\widetilde{\mathbb{P}}$ の下でマルチンゲールとなるので，同値マルチンゲール測度 (equivalent Martingale measure) とも呼ばれる．

となる．ただし，$T_{t,T}$ は時点 t 以降 T 以前の停止時刻全体の集合である．停止時刻とは，直観的にいえば，権利を行使するか否かの判断が，その時点までの $X(t)$ の情報だけで行われるような時刻である．配当のないブラック–ショールズモデルにおいて，アメリカ型コールオプションの価格は，ヨーロッパ型の価格 (6) と等しいが，アメリカ型プットオプションの価格は，ヨーロッパ型の価格 (7) よりも大きくなる．一般に，アメリカ型オプションでは，権利を行使するタイミングに自由度があるため，ヨーロッパ型オプションの価値に加えて，早期行使プレミアムと呼ばれるプラスアルファの価値が存在する．アメリカ型オプションの価格も，権利を行使しない領域ではブラック–ショールズ方程式を満たすが，境界条件が自由境界となるため，解くのが難しくなる．ブラック–ショールズモデルにおいても，ヨーロッパ型であれアメリカ型であれ，複雑なペイオフをもつオプションの価格をブラック–ショールズの公式のような閉じた形の式で求められることは少ない．オプション価格の数値計算では，偏微分方程式を数値的に解く方法と，リスク中立測度の下での期待値をモンテカルロシミュレーションによって計算する方法が一般的である．また，アメリカ型オプションの場合，2項モデルなどの離散時間モデルへ近似したうえで動的計画法を用いて計算することもある．

d. オプション価格づけ理論の発展

ブラック–ショールズモデル以降，より現実に即した多くの市場モデルが構築され，そのもとでさまざまな種類のオプションの価格評価が行われてきた．市場モデルは，大きく分けると，**完備市場モデル** (complete market model) と**非完備市場モデル** (incomplete market model) に分類される．完備市場モデルとは，ブラック–ショールズモデルのように，各オプションに対して複製ポートフォリオが存在するモデルであり，非完備市場モデルとは，複製ポートフォリオがないようなオプションが存在してしまうモデルである．Harrison, Kreps, Pliska らによって始まった一連の研究により，一般的な設定の下で，市場が無裁定であることとリスク中立測度が存在することの同値性，さらに，市場が完備であることとリスク中立測度が一意に存在することの同値性が示されてきた．連続時間モデルにおけるこれらの同値性の議論は難しいが，2 時点離散状態モデルにおける無裁定性とリスク中立測度の存在の同値性は，線形計画問題の双対性としてとらえることができる．完備市場モデルにおけるオプション価格は，リスク中立測度のもとでの期待値の計算によって行われることが多い．一方，非完備市場モデルにおいては，無裁定条件だけではオプションの価格は一意に定まらず，価格幅が生じてしまう．このため，非完備市場モデルにおいては，効用無差別価格など新しい基準を用いたオプション価格づけ理論の研究が進んでいる．

1980 年代以降，オプション価格づけ理論は，天然資源の開発権といった金融オプションと同様な性質をもつ権利の評価などに応用されてきた．これらの実物投資に関する権利は，金融オプションと対比させて，リアルオプションと呼ばれている．リアルオプションの研究によって，オプション価格づけ理論は，金融市場を超えて，実物投資プロジェクトの評価，投資戦略の決定など幅広い分野で発展している．リアルオプションの手法を用いると，不確実性を考慮したプロジェクト価値の評価や最適な投資戦略の決定が可能になる．その一方，リアルオプションの場合，複製ポートフォリオが存在しない場合が多く，オプションの構造，保有者や利害関係者も複雑になるため，金融オプションに対する理論をそのまま適用できる場合は少なく，問題に応じたモデルの構築と分析が必須である．最後に，オプション価格づけ理論の教科書は多数あるが，標準的なものとして，[2] をあげる．〔西 原　理〕

参 考 文 献

[1] F. Black and M. Scholes : The pricing options and corporate liabilities. *Journal of Political Economy*, **81** : 637–654, 1973.

[2] R. J. Elliott and P. E. Kopp : Mathematics of Financial Markets, Springer, New York, 2005.

[3] ベァーント・エクセンダール著，谷口説男訳：確率微分方程式　入門から応用まで，シュプリンガー・フェアラーク東京，1999.

索　　引

太字の数字はその語が見出し項目となっていることを示す.
また索引に取り上げられた語は本文中では太字で示した.

ケ

コ

サ

シ

ス

セ

ソ

タ

ト

ナ

ニ

ヌ

ネ

ノ

へ

ロ

ワ

欧 文

MEMO

数理工学事典　　定価はカバーに表示

2011年11月30日　初版第1刷

編　者　太　田　快　人
酒　井　英　昭
高　橋　　　豊
田　中　利　幸
永　持　　　仁
福　島　雅　夫

発行者　朝　倉　邦　造

発行所　株式会社　朝　倉　書　店

東京都新宿区新小川町 6-29
郵便番号　162-8707
電　話　03(3260)0141
FAX　03(3260)0180
http://www.asakura.co.jp

〈検印省略〉

中央印刷・渡辺製本

ISBN 978-4-254-28003-6　C 3550　Printed in Japan